FRIEDRICHS FACH- UND TABELLENBÜCHER
BEGRÜNDET VON DIREKTOR WILHELM FRIEDRICH
HERAUSGEGEBEN VON OBERINGENIEUR ADOLF TEML

TABELLENBUCH FÜR ELEKTROTECHNIK

Zum Unterricht in Fachkunde, Fachrechnen und Fachzeichnen der Berufs-, Berufsfach- und Fachschulen sowie zur eigenen Fortbildung und zum praktischen Gebrauch für Elektroinstallateure und Elektrotechniker

von

WILHELM FRIEDRICH — CARL SCHAUB
ADOLF TEML — GOTTFRIED VOLTZ

452. bis 457. Auflage

FERD. DÜMMLERS VERLAG · BONN

Dümmlerbuch 5301

1 2 3 4 5 6 7 8 9 10 11 12 13 14 15 16 17 18 19 20 21 22 23 24

In der Reihe FRIEDRICHs FACH- UND TABELLENBÜCHER sind ferner erschienen:

Tabellenbuch für Metallgewerbe. Von W. Friedrich, bearbeitet von A. Teml. 1065.–1080., völlig neubearbeitete und erweiterte Auflage. IV, 252 Seiten mit zahlreichen Abbildungen, mit Registertasten und Sachregister. Dümmlerbuch 5101

Tabellenbuch für Bau- und Holzgewerbe. Von W. Friedrich, bearbeitet von P. Plogstert und A. Teml. 250.–255. Auflage. IV, 220 Seiten mit zahlreichen Abbildungen, mit Registertasten und Sachregister. Dümmlerbuch 5401

Elektrotechnisches Schaltungsbuch. Von W. Friedrich, F. Jeß, F. Köhne und A. Teml. 186.–193. Auflage. 171 Seiten mit zahlreichen Abbildungen. Dümmlerbuch 5325

Die DIN-gerechte Werkzeichnung. Anleitung und Nachschlagebuch. Von W. Groß und K. Wilhelm. 64.–66., völlig neubearbeitete Auflage nach den neuesten DIN-Vorschriften. 64 Seiten. Dümmlerbuch 5105

Methodische Normschriftübungen. Schrägschrift (*Kursivschrift*). Von W. Friedrich. 9. Auflage. Nach DIN 16/67 neu gezeichnet. 6 Seiten (Faltblatt). Dümmlerbuch 5107

Das Fachzeichnen des Metallgewerbes. Mit Lehrgangsskizzen, Fachzeichnungen, Übungsaufgaben. Von E. Jachmann, neu bearbeitet von A. Teml. 50.–51. Auflage. 128 Seiten mit zahlreichen Abbildungen. Dümmlerbuch 5106

Radiotaschenbuch. Von F. Stejskal. Erweiterte Neubearbeitung in zwei Bänden mit dem Titel: Elektronik-Taschenbuch, in Vorbereitung. Dümmlerbuch 5327

Weitere Dümmlerbücher für den Elektrotechniker:

Fachkunde für Elektriker. Von W. Blatzheim. 5 Teile:

1. Allgemeine Elektrotechnik. 156 Seiten, 215 Abbildungen, 6 Zahlentafeln. Dümmlerbuch 5335
2. Elektrische Maschinen und Meßgeräte. 321 Seiten, 350 Abbildungen, 5 Zahlentafeln. Dümmlerbuch 5336
3. Installation von Starkstromanlagen und Lichttechnik. 316 Seiten, 308 Abbildungen, 34 Zahlentafeln. Dümmlerbuch 5337
4. Fachrechnen für Elektriker. 139 Seiten, 50 Abbildungen, 11 Zahlentafeln. Dümmlerbuch 5338
   Lösungsheft dazu. 12 Seiten. Dümmlerbuch 5338a
5. Leitungsberechnung (vergriffen). Dümmlerbuch 5339

Elektronische Schaltungen. Eine Einführung in die Transistortechnik. Deutsche Ausgabe von Cattermole's "Transistor circuits". 462 Seiten, 312 Abbildungen. Dümmlerbuch 5330

Die Grundgesetze des elektromagnetischen Feldes. Von H. A. Ristau. Band 3/4 der MNT-Reihe:

1. Das elektrische Feld. 95 Seiten, 61 Abbildungen. Dümmlerbuch 4203
2. Das magnetische Feld. 126 Seiten, 57 Abbildungen. Dümmlerbuch 4204

ISBN 3–427–**5301**6–7

Printed in Germany by E. Gundlach KG. Bielefeld
Umschlagentwurf: H. Geißler - Titelfoto: Archiv RWE Essen

Vorwort zur 452. bis 457. Auflage

Mit dem vorliegenden Tabellenbuch für Elektrotechnik erhalten die Lehrer und Schüler der Berufs-, Berufsfach- und Fachschulen den Nachdruck eines fachlichen Nachschlagewerkes, dessen Gebrauch sie zu höheren Leistungen befähigen soll. Sie finden darin einesteils Antwort auf viele Fragen, die ihnen bei ihrer Arbeit täglich entgegentreten können. Andernteils sollen ihnen die Zahlentafeln das Fachrechnen erleichtern, sollen vor allem viele Nebenrechnungen entbehrlich machen, die zeitraubend sind und leicht Fehler verursachen.

Die vom Verband Deutscher Elektrotechniker (VDE) herausgegebenen Vorschriften unterliegen ständiger Bearbeitung und Ergänzung. Verbindlich sind deshalb nur die jeweils neuesten Ausgaben der VDE-Vorschriften sowie die in der Elektrotechnischen Zeitschrift (ETZ) veröffentlichten Mitteilungen.

Für Ergänzungs- und Verbesserungsvorschläge bin ich stets dankbar.

Der Verfasser

In diesem Buch sind die Normen nach dem Stand vom Juni 1964 berücksichtigt. Verbindlich sind jedoch nur die jeweils neuesten Ausgaben der Normblätter des Deutschen Normenausschusses selbst, die vom Beuth-Vertrieb, Berlin W 15, Uhlandstraße 175, und Köln, Friesenplatz 16, bezogen werden können.

Inhaltsverzeichnis

Die vier Grundrechnungsarten

Zusammenzählen oder Addieren	**4** Summand + plus (und) **19** Summand = gleich **23** Summe
Abziehen oder Subtrahieren	**39** Minuend — minus (weniger) **14** Subtrahend = gleich **25** Differenz
Malnehmen oder Multiplizieren	7×3 = **21** oder 7 · 3 = **21** Faktor mal Faktor gleich Produkt
Teilen oder Dividieren	**15** Dividend : durch **3** Divisor = gleich **5** Quotient

Bruchrechnung

Echte Brüche | **Dezimalbrüche**

$\frac{1}{2} = \frac{5}{10} = 0{,}5$

$\frac{1}{4} = \frac{25}{100} = 0{,}25$

$\frac{1}{8} = \frac{125}{1000} = 0{,}125$

$\frac{3}{8} = \frac{375}{1000} = 0{,}375$

$2\frac{3}{8} = \frac{19}{8} = 2{,}375$

$\frac{19}{8}$ unechter Bruch, Wert > 1.

Verwandeln in echten Bruch und Bruch kürzen:

$0{,}875 = \frac{875}{1000} = \frac{7 \cdot 125}{8 \cdot 125} = \frac{7}{8}$

Verwandeln in Dezimalbruch:

$\frac{9}{11} = 9:11 = 0{,}818181\ldots$

Bruch erweitern mit 6:

$\frac{8}{17} = \frac{8 \cdot 6}{17 \cdot 6} = \frac{48}{102}$

Mit Bruch multiplizieren:

$5 \cdot \frac{2}{11} = \frac{5 \cdot 2}{11} = \frac{10}{11}$

Gleichnamigmachen von Brüchen:

$\frac{1}{6} = 2:12$

$\frac{3}{4} = 9:12$

$\frac{2}{3} = 8:12$

$\frac{1}{2} = 6:12$

Hauptnenner ist 12.

Zus. $25:12 = \frac{25}{12} = 2\frac{1}{12}$

15:3 schreibt man auch als unechten Bruch $\frac{15}{3}$ $\left(\frac{\text{Zähler } 15}{\text{Nenner } 3}\right)$;

$\frac{1}{9}$ und $\frac{3}{8}$ sind echte Brüche, deren Werte kleiner sind als **1.**

1. Aufgabe: Addiere 9,3 kg + 350 g + 7,63 kg + 4 kg 12 g

Bei der Lösung schreibt man die Werte als Dezimalbrüche untereinander; **Komma unter Komma!**

9,300 kg
0,350 kg
7,630 kg
4,012 kg
21,292 kg

2. Aufgabe: 437,8 hl — 451 l = ?
1 hl = 100 l

437,80 hl
—4,51 hl
433,29 hl

3. Aufgabe: Eine Blechtafel ist 2,3 m lang und 1,535 m breit.
Fläche A = ? m².

1,535 · 2,3
4605
3070
A = 3,5305 m²

Merke: Das Produkt erhält so viel Stellen nach dem Komma, wie die Faktoren zusammen haben.

4. Aufgabe: Ein rechteckiges Grundstück soll 5,45 m breit und 135,5 m² groß werden. Länge = ? m.

Merke: Man rückt die Kommas um je so viel Stellen nach rechts, daß der Divisor eine ganze Zahl wird. Für fehlende Zifferstellen im Dividend werden Nullen ergänzt.
135,5 : 5,45 = 13550 : 545

```
13550 : 545 = 24,862 m
1090          beträgt die
 2650          Länge.
 2180
  4700
  4360
   3400
   3270
    1300
    1090
```

Brüche werden multipliziert, indem man Zähler mit Zähler und Nenner mit Nenner multipliziert:

$\frac{2}{3} \cdot \frac{4}{11} = \frac{2 \cdot 4}{3 \cdot 11} = \frac{8}{33}$

Durch einen Bruch wird dividiert, indem man mit dem Kehrwerte (reziproken) multipliziert:

$28 : \frac{7}{4} = 28 \cdot \frac{4}{7} = \frac{28 \cdot 4}{7} = 16$ | $\frac{3}{8} : \frac{4}{5} = \frac{3 \cdot 5}{8 \cdot 4} = \frac{15}{32}$

Pythagoreischer Lehrsatz

In jedem rechtwinkligen Dreieck ist das Hypotenusenquadrat gleich der Summe der beiden Kathetenquadrate:
$c^2 = a^2 + b^2 \qquad c = \sqrt{a^2 + b^2}$

Beispiel für $a = 3$, $b = 4$, $c = 5$: $5^2 = 4^2 + 3^2 \quad 25 = 16 + 9$

Höhensatz: Höhenquadrat ist gleich dem Rechteck aus den Abschnitten der Hypotenuse: $h^2 = d \cdot e$; $h = \sqrt{d \cdot e}$

Kathetensatz: Kathetenquadrat gleich dem Rechteck aus der Hypotenuse und der Projektion der Kathete auf die Hypotenuse: $a^2 = c \cdot d \qquad a = \sqrt{c \cdot d}$

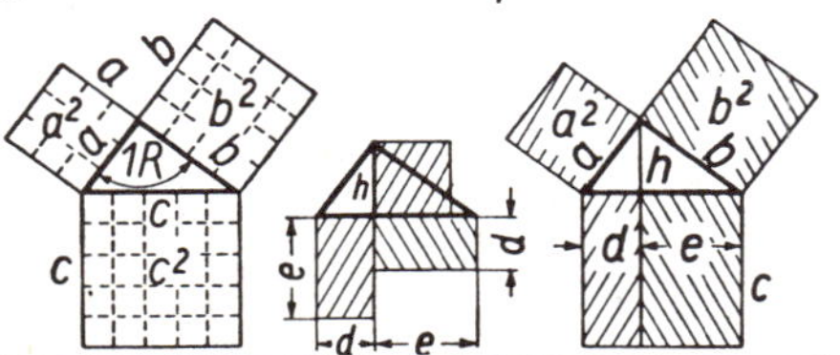

Nutzanwendung: Mit Hilfe einer geschlossenen Schnur, die in Längen 3 : 4 : 5 durch Knoten geteilt ist, kann man einen rechten Winkel bilden.

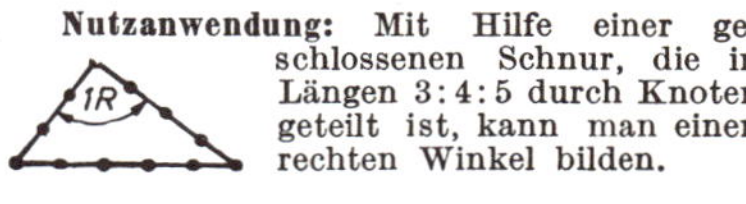

Anwendung beim Anreißen

Die Entfernung c = 260 mm soll eingehalten werden. Gemessen: a = 208 mm, b = 156 mm.

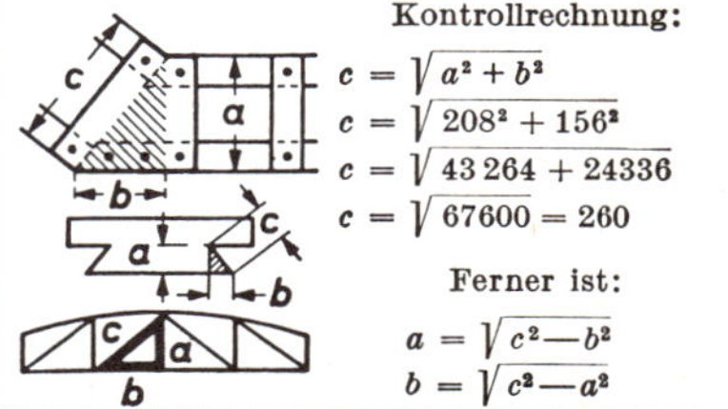

Kontrollrechnung:

$c = \sqrt{a^2 + b^2}$

$c = \sqrt{208^2 + 156^2}$

$c = \sqrt{43\,264 + 24336}$

$c = \sqrt{67600} = 260$

Ferner ist:

$a = \sqrt{c^2 - b^2}$

$b = \sqrt{c^2 - a^2}$

Beispiele (eiserner Stoff) für Rechenübungen

Addition

Zahlen lesen und schreiben

4 579 583 645 301 900 010 009 5 067 003 25 793 476 312 14 510 013	15,54302 Obigen Dezimalbruch lies: fünfzehn Komma fünf vier drei null zwo.

Vierzehnmillionenfünfhundertzehntausenddreizehn.

Addieren senkrecht

	1	2	3	4
5	306	99 542	1 532 603	125,069
6	36 504	608 125	69 154 001	1 993,546
7	1 090	1067 914	12 800	6 826,5
8	204 006	1 003	3 054 008	9 014,125

Schreibe Einer, Zehner, Hunderter usw. und Kommas genau untereinander.

Mehrfach benannte Zahlen:

	4 Grs.	5 Dtz.	7 Stck.
+	5 Grs.	8 Dtz.	4 Stck.
	9 Grs.	13 Dtz.	11 Stck.
=	10 Grs.	1 Dtz.	11 Stck.
	13 J.	11 Mon.	17 Tg.
+	11 J.	10 Mon.	29 Tg.
	24 J.	21 Mon.	46 Tg.
=	25 J.	10 Mon.	16 Tg.
	136 Stdn.	23 Min.	29 Sek.
—	51 Stdn.	15 Min.	21 Sek.
=	85 Stdn.	8 Min.	8 Sek.
	17 Stdn.	3 Min.	19 Sek.
—	4 Stdn.	19 Min.	35 Sek.
=	12 Stdn.	43 Min.	44 Sek.

Subtraktion. Einer unter Einer — Komma unter Komma.

793	9 307	14 004,24	1 067,025	793	14 004,24
— 562	— 2 439	— 9 015,3	— 879,146	— 562	— 9 015,3
231	6 868	4 988,94	187,879	231	4 988,94
				+ 562	+ 9 015,3
				793	14 004,24

Prüfe die Richtigkeit. Differenz und Subtrahend addiert, ergeben die Vollzahl.

Multiplikation

25 · 10 = 250 25 · 100 = 2500 25 · 1000 = 25 000

Eine Zahl wird mit 10, 100, 1000 usw. multipliziert, indem man so viel Nullen anhängt, wie der Multiplikator Nullen hat.

2 versch. Schreibweisen:

930 × 45	930 × 45	9034,21 · 4002,07
3720	4650	6323947
4650	3720	1806842
41850	41850	3613684
		36155540,8147

Division

3600 : 10 = 360; 3600 : 100 = 36; 3600 : 1000 = 3,6

Eine Zahl wird durch 10, 100, 1000 usw. dividiert, indem man von rechts nach links so viel Stellen abstreicht, wie der Teiler (Divisor) Nullen hat.

745 : 3 = 248 (Rest 1) = $248\frac{1}{3}$ = 248,333...

40 654 : 14 = 2903 Rest 12
28
126
126
054
42
12

$= 2903\frac{12}{14}$

$= 2903\frac{6}{7}$

= 2903,857...

179,04 : 6 = 29,84
12
59
54
50
48
24

42 : 0,6 = 420 : 6 = 70

6,54 : 0,6 = 65,4 : 6 = 10,9

Bruchrechnung

Addieren und Subtrahieren der Brüche

$\frac{1}{5} + \frac{2}{5} + \frac{3}{5} = \frac{6}{5} = 1\frac{1}{5}$

$\frac{7}{8} - \frac{3}{8} - \frac{1}{8} + \frac{2}{8} = \frac{5}{8}$

Ungleichnamige Brüche müssen gleichnamig gemacht werden.

$\frac{2}{3} + \frac{1}{4} = \frac{8}{12} + \frac{3}{12} = \frac{11}{12}$

$\frac{4}{5} - \frac{1}{2} = \frac{8}{10} - \frac{5}{10} = \frac{3}{10} = 0{,}3$

Multiplizieren und Dividieren der Brüche

1. Bruch mal Zahl: $\frac{5}{6} \cdot 3 = \frac{5 \cdot 3}{6} = \frac{15}{6} = 2\frac{1}{2}$ oder $\frac{5}{6} \cdot 3 = \frac{5}{6:3} = \frac{5}{2} = 2\frac{1}{2}$

Entweder Zähler multiplizieren oder Nenner dividieren.

2. Bruch mal Bruch: $\frac{2}{3} \cdot \frac{4}{11} = \frac{8}{33}$ | $\frac{3}{5} \cdot \frac{4}{9} = \frac{12}{45} = \frac{4}{15}$

3. Bruch durch Zahl: $\frac{8}{9} : 4 = \frac{8:4}{9} = \frac{2}{9}$ oder $\frac{8}{9} : 4 = \frac{8}{9 \cdot 4} = \frac{8}{36} = \frac{2}{9}$

Entweder Zähler dividieren oder Nenner multiplizieren.

4. Bruch durch Bruch: $\frac{3}{8} : \frac{4}{5} = \frac{3}{8} \cdot \frac{5}{4} = \frac{15}{32}$ | $\frac{3}{8} : \frac{3}{4} = \frac{3 \cdot 4}{8 \cdot 3} = \frac{1}{2}$

Man multipliziert mit dem Kehrwert (reziproken Wert) des Teilers.

Prozentrechnung

% = Prozent = für 100 = auf 100 = vom Hundert (v.H.)

1% = 1 v.H. = $\frac{1}{100}$ = 0,01 der ganzen Zahl

3½% = 3,5% = 0,035 der ganzen Zahl

4,5% = 5%—0,5% | 5% = Zahl : 20 | 0,5‰ = Zahl : 200

4,5% v. 3408 DM =	3408 : 20 =	170,40 DM
	3408 : 200 =	— 17,04 DM
		153,36 DM

oder $\frac{3408 \cdot 4{,}5}{100}$ = 3408 · 0,045 = **153,36 DM**

2% = Zahl : 50, 2½% = Zahl : 40, $3\frac{1}{3}$% = Zahl : 30

1% v. 3408 DM	= 3408 : 100 =	34,08 DM
2,5% v. 3408 DM	= 3408 : 40 =	85,20 DM
$3\frac{1}{3}$% v. 3408 DM	= 3408 : 30 =	113,60 DM
3,5% v. 3408 DM	= (3408 · 3,5) : 100 =	119,28 DM
5,5% v. 3408 DM	= 3408 : 20 =	170,40 DM
	3408 : 200 =	+ 17,04 DM
		187,44 DM

oder $\frac{3408 \cdot 5{,}5}{100}$ = 3408 · 0,055 = **187,44 DM**

‰ = Promille = für 1000 = auf 1000 = vom Tausend (v. T.)

Eine Werkstatt ist mit 45 000 DM gegen Feuerschaden versichert. Wie groß ist die Prämie bei 1½‰?

Auf 1 000 DM = 1,50 DM
Auf 45 000 DM = 45 · 1,50 = **67,50 DM**

Angewandte Aufgaben

(besonders für Kopfrechnen geeignet): 1. Jemand bezahlt mit einem 10-DM-Schein. Wieviel erhält er zurück, wenn er zu zahlen hat a) 4 DM, b) 3,75 DM, c) 2,90 DM, d) 9,81 DM, e) 4,33 DM, f) 2,07 DM usw.?

2. 15 Arbeiter vollenden eine Arbeit in 14 Tg. Wie lange arbeiten a) 1, b) 5, c) 3, d) 10, e) 20 Arbeiter daran?

3. Ein Schlosser verdient stündlich 3,15 DM. Er arbeitet tägl. 8 Std. Wieviel verdient er a) täglich, b) wöchentl., c) monatl. (20 Arbeitstage), d) bar bei 15% Abzug für Kassen usw.?

4. Die 8 m breite Giebelwand eines Hauses mißt bis zum Dache 9 m, bis zur Spitze (First) 13 m. Wieviel kostet der Giebelwandanstrich, wenn für 1 m² 0,90 DM berechnet werden und für Tür und Fenster 12 m² abgehen?

4. Lösung: Die Giebelwandfläche besteht aus Rechteck + Dreieck.

Rechteck = 8 × 9 = 72 m²

Dreieck = $\frac{8 \cdot (13-9)}{2} = \frac{8 \cdot 4}{2}$ = 16 m²

88 m²

Tür und Fenster — 12 m²

Anstrichfläche = 76 m²

76 · 0,90 = **68,40 DM** kostet der Anstrich.

Friedrichsche Formeln für die Zinsberechnung

Das Jahr wird zu 360 Tagen, der Monat zu 30 Tagen gerechnet

A. Zinsen werden gesucht

I. Zinsen in Pfennig auf 1 Jahr

$$= \text{Kapital in DM} \times \text{Zinsfuß}$$

II. Zinsen in Pf für Jahre

$$= \text{Kapital in DM} \times \text{Zinsfuß} \times \text{Anzahl der Jahre}$$

III. Zinsen in Pf für Monate

$$= \frac{\text{Kapital in DM} \times \text{Zinsfuß} \times \text{Anzahl der Monate}}{12}$$

IV. Zinsen in Pf für Tage

$$= \frac{\text{Kapital in DM} \times \text{Zinsfuß} \times \text{Anzahl der Tage}}{360}$$

V. Zinsen in Pf für Monate und Tage

$$= \frac{\text{Kap. in DM} \times \text{Zinsfuß} \times (\text{Monat} \times 30 + \text{Tage})}{360}$$

B. Zinsfuß wird gesucht

VI. $\text{Zinsfuß} = \frac{\text{Zinsen in Pf auf 1 Jahr}}{\text{Kapital in DM}}$

VII. $\text{Zinsfuß} = \frac{\text{Zinsen in Pf}}{\text{Kapital in DM} \times \text{Anzahl der Jahre}}$

VIII. $\text{Zinsfuß} = \frac{\text{Zinsen in Pf} \times 12}{\text{Kapital in DM} \times \text{Anzahl der Monate}}$

IX. $\text{Zinsfuß} = \frac{\text{Zinsen in Pf} \times 360}{\text{Kapital in DM} \times \text{Anzahl der Tage}}$

X. $\text{Zinsfuß} = \frac{\text{Zinsen in Pf} \times 360}{\text{Kap. in DM} \times (\text{Monat} \times 30 + \text{Tage})}$

C. Kapital wird gesucht

XI. $\text{Kapital in DM} = \frac{\text{Zinsen in Pf auf 1 Jahr}}{\text{Zinsfuß}}$

XII. $\text{Kapital in DM} = \frac{\text{Zinsen in Pf}}{\text{Zinsfuß} \times \text{Anzahl der Jahre}}$

XIII. $\text{Kapital in DM} = \frac{\text{Zinsen in Pf} \times 12}{\text{Zinsfuß} \times \text{Anzahl der Monate}}$

XIV. $\text{Kapital in DM} = \frac{\text{Zinsen in Pf} \times 360}{\text{Zinsfuß} \times \text{Anzahl der Tage}}$

XV. $\text{Kapital in DM} = \frac{\text{Zinsen in Pf} \times 360}{\text{Zinsfuß} \times (\text{Mon.} \times 30 + \text{Tage})}$

D. Zeit wird gesucht

XVI. Anzahl der Jahre

$$= \frac{\text{Zinsen in Pf}}{\text{Kapital in DM} \times \text{Zinsfuß}}$$

XVII. Anzahl der Monate

$$= \frac{\text{Zinsen in Pf} \times 12}{\text{Kapital in DM} \times \text{Zinsfuß}}$$

XVIII. Anzahl der Tage

$$= \frac{\text{Zinsen in Pf} \times 360}{\text{Kapital in DM} \times \text{Zinsfuß}}$$

XIX. Anzahl der Tage

$$= \frac{(\text{Endkapital} - \text{Anfangskapital}) \times 36\,000}{\text{Anfangskapital} \times \text{Zinsfuß}}$$

E. Verdoppelung des Kapitals

(ohne Zinseszinsen)

XX. $\text{Anzahl der Jahre} = \frac{100}{\text{Zinsfuß}}$

1. Beispiel: 2500 DM zu 4½ % ergeben in 1 Jahr nach Formel I:
2500 × 4,5 = 11 250 Pf = **112,50 DM Zinsen**

2. Beispiel: Hypothek = 12 800 DM zu 4¼ %
Zinsen in 3 Mon. = ? DM

Lösung: Gemäß Formel III sind die

$$\text{Zinsen in Pf} = \frac{12\,800 \times 4{,}25 \times 3}{12}$$

$$\text{Zinsen} = 13\,600 \text{ Pf} = \mathbf{136{,}00 \text{ DM}}$$

3. Beispiel: Jemand erhält für 4 Jahre auf 338 DM Ersparnis 45,06 DM Zinsen. Zinsfuß = ?

Lösung: Nach Formel VII ist der

$$\text{Zinsfuß} = \frac{4506}{338 \times 4}$$

$$\text{Zinsfuß} = 4506 : 1352 = 3{,}333 = 3\tfrac{1}{3}\,\%$$

4. Beispiel: Eine Bank rechnet für 1550 DM auf 18 Tage 4,65 DM Zinsen. Zinsfuß = ?

Lösung: Nach Formel IX ist

$$\text{Zinsfuß} = \frac{465 \times 360}{1550 \times 18} = \frac{465 \times 2}{155}$$

$$\text{Zinsfuß} = 930 : 155 = 6\,\%.$$

5. Beispiel: Wieviel DM hat jemand gespart, der bei 3½ % Verzinsung monatlich 65,00 DM Zinsen erhält?

Lösung: Gemäß Formel XIII ergibt sich

$$\text{Kapital} = \frac{6500 \times 12}{3{,}5 \times 1}$$

$$\text{Kapital} = 78\,000 : 3{,}5 \approx \mathbf{22\,286} \text{ DM}$$

6. Beispiel: Zinsen für 4 Monate 12 Tage = 33,66 DM bei 3 % Verzinsung. Kapital = ?

Lösung: Aus Formel XV ergibt sich

$$\text{Kapital} = \frac{3366 \times 360}{3 \times (4 \times 30 + 12)}$$

$$\text{Kapital} = \frac{3366 \times 360}{3 \times (120 + 12)} = \frac{3366 \times 360}{3 \times 132}$$

$$\text{Kapital} = \frac{3366 \times 10}{11} = \mathbf{3\,060 \text{ DM}}$$

7. Beispiel: In welcher Zeit ergeben 7300 DM zu 4¼ % 134,44 DM Zinsen?

Lösung: Nach Formel XVIII ist

$$\text{Anzahl der Tage} = \frac{13\,444 \times 360}{7300 \times 4{,}25}$$

$$\text{Anzahl der Tage} = \frac{4\,839\,840}{31\,025} \approx 156 \text{ Tage}$$

$$\text{Zeit} = \mathbf{5 \text{ Monate } 6 \text{ Tage}}$$

8. Beispiel: In welcher Zeit wachsen 1200 DM mit einfachen Zinsen zu 4 % an auf 1500 DM?

Lösung: Nach Formel XIX wird

$$\text{Anzahl der Tage} = \frac{(1500 - 1200) \times 36\,000}{1200 \times 4}$$

$$\text{Anzahl der Tage} = \frac{300 \times 36\,000}{1200 \times 4} = 75 \times 30 = 2250$$

$$2250 \text{ Tage} = \frac{2250}{360} = 6\,\frac{90}{360} \text{ Jahre} = \mathbf{6 \text{ Jahre } 3 \text{ Monate}}$$

9. Beispiel: Gemäß Formel XX ist bei $4\frac{5}{6}$ % Verzinsung die Zinsensumme gleich der Kapitalsumme nach

$$\frac{100}{4\frac{5}{6}} = 100 : \frac{29}{6} = 100 \times \frac{6}{29} = \frac{600}{29} = 20{,}69 \text{ Jahren}$$

$$0{,}01 = \frac{1}{100} \text{ Jahr} = 3{,}6 \text{ Tage}$$

$$0{,}69 = \frac{69}{100} \text{ Jahr} = 69 \times 3{,}6 \approx 248 \text{ Tage} = 8 \text{ Monate } 8 \text{ Tage}$$

Demnach ist die Zinsensumme gleich der Kapitalsumme nach **20 Jahren 8 Monaten 8 Tagen.**

1*

2

Einheiten von Länge, Fläche, Volumen und Masse (siehe auch S. 277)

Länge:

1 Meter (m) = 100 Zentimeter (cm) = 1000 Millimeter (mm) = 1 000 000 Mikron (μ).
1 m = 10 Dezimeter (dm).
1 Kilometer (km) = 1000 m.
1 deutsche Meile (geographische Meile) = 7,420 km (meistens gerechnet = 7,5 km).
1 Seemeile = 10 Kabellängen = 1852 m.
1 englische Meile = 1760 Yards = 1609 m.
1 Yard = 3 engl. Fuß = 36 engl. Zoll (″) = 91,44 cm
1 engl. Zoll = 25,4 mm (genau 25,399956 mm).
1 preuß. Zoll = 26,154 mm.

Engl. Zoll in mm:

engl. Zoll	$\frac{1}{64}$	$\frac{1}{32}$	$\frac{1}{16}$	$\frac{1}{8}$	$\frac{3}{16}$	$\frac{1}{4}$
mm	0,397	0,794	1,587	3,175	4,762	6,350

engl. Zoll	$\frac{3}{8}$	$\frac{1}{2}$	$\frac{5}{8}$	$\frac{3}{4}$	$\frac{7}{8}$	1″
mm	9,525	12,700	15,875	19,050	22,225	25,400

Fläche:

1 Quadratmeter (m^2) = 100 Quadratdezimeter (dm^2) = 10 000 Quadratzentimeter (cm^2) = 1 000 000 Quadratmillimeter (mm^2).
1 Quadratkilometer (km^2) = 100 Hektar (ha) = 10 000 Ar (a) = 1 000 000 Quadratmeter (m^2).

Volumen:

1 Kubikmeter (m^3) = 1000 Kubikdezimeter (dm^3).
1 m^3 = 1 000 000 Kubikzentimeter (cm^3) = 1 000 000 000 Kubikmillimeter (mm^3).
1 dm^3 = 1 Liter (l). — 1 Hektoliter (hl) = 100 l.

Masse:

1 cm^3 Wasser (von 4°) hat eine Masse von 1 Gramm (g)
1 dm^3 = 1 l Wasser hat eine Masse von 1 kg = 1000 g.
1 m^3 Wasser hat eine Masse von 1 Tonne (t) = 1000 kg = 20 Zentner.
1 Doppelzentner (dz) = 200 Pfund = 100 kg.
1 Zentner (Ztr.) = 100 Pfund = 50 kg.
1 engl. Pfund = 0,4536 kg. — 1 kg = 2,2046 e. Pfd.

Formeln für die Flächenberechnung:

Quadrat:

$D = 1{,}4142 \cdot a$

$A = a \cdot a = a^2$

$a = \sqrt{A}$

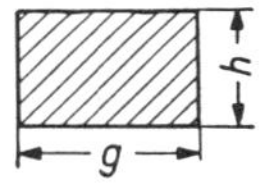

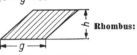

Rechteck: Fläche $A = g \cdot h$

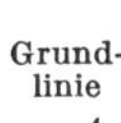

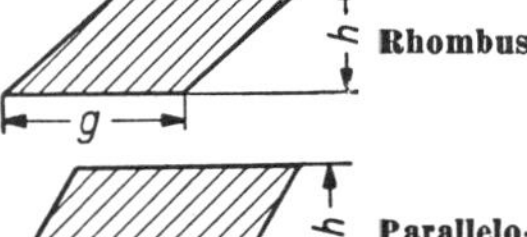

Rhombus: Grundlinie $g = \frac{A}{h}$

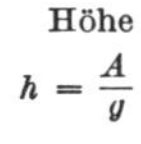

Parallelogramm: Höhe $h = \frac{A}{g}$

Trapez

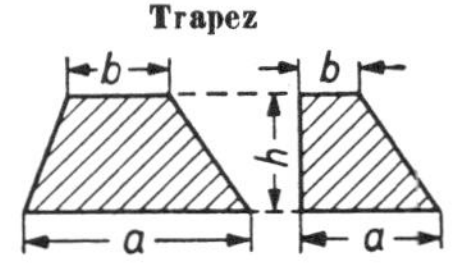

$A = \frac{a+b}{2} \cdot h$

$h = \frac{2A}{a+b}$

$a = \frac{2A}{h} - b$

$b = \frac{2A}{h} - a$

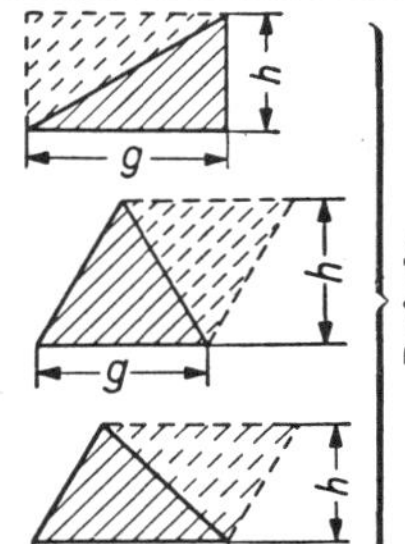

Dreieck: Das Dreieck ist die Hälfte eines Rechtecks, Rhombus, Parallelogramms

$A = \frac{g \cdot h}{2}$

$h = \frac{2A}{g}$

$g = \frac{2A}{h}$

Vieleck:

Zerlegung in Dreiecke:

$A = A_1 + A_2 + A_3$

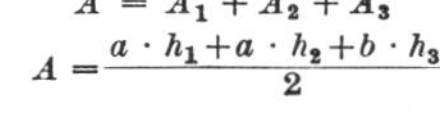

$A = \frac{a \cdot h_1 + a \cdot h_2 + b \cdot h_3}{2}$

Kreis:

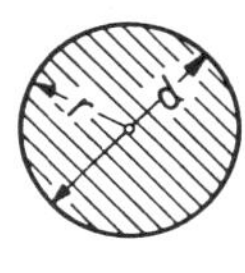

d = Kreisdurchmesser (Kreis-⌀)
r = Radius = Halbmesser
Umfang: $U = \pi \cdot d = \pi \cdot 2r$

$A = \frac{\pi \cdot d^2}{4}$

oder $A = \pi \cdot r^2$

$\pi = 3{,}14159265\ldots \approx 3{,}14$

Kreisring:

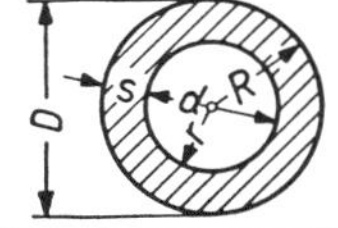

$s = R - r$

$A = \pi\,(R^2 - r^2)$

oder $A = \pi\,(d + s) \cdot s$

oder $A = \frac{\pi \cdot D^2}{4} - \frac{\pi \cdot d^2}{4}$

Kreisausschnitt:

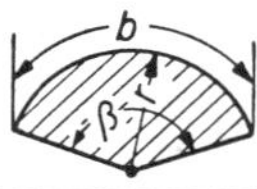

Bogenlänge $b = \frac{\pi \cdot r \cdot \beta}{180}$

$\beta = \frac{180\,b}{\pi \cdot r}$ $\quad A = \frac{b \cdot r}{2}$

Kreisabschnitt:

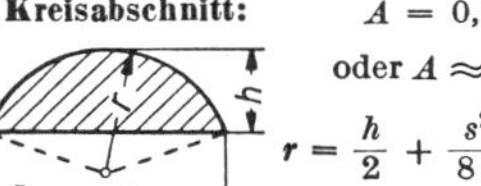

$A = 0{,}5\,b \cdot r - 0{,}5\,s\,(r - h)$

oder $A \approx \frac{h}{6\,s}\,(3\,h^2 + 4\,s^2)$

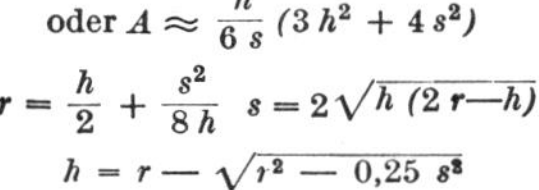

$r = \frac{h}{2} + \frac{s^2}{8\,h}$ $\quad s = 2\sqrt{h\,(2\,r - h)}$

$h = r - \sqrt{r^2 - 0{,}25\,s^2}$

Ellipse:

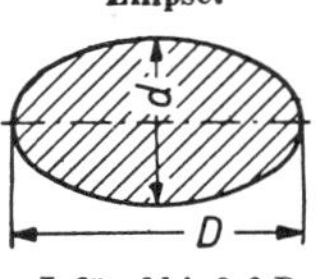

$A = \frac{\pi \cdot d \cdot D}{4}$

Friedrichsche Formeln für den Umfang:

I. $U \approx \frac{7\,d}{20} + \frac{19\,d^2}{20\,D} + 2\,D$

II. $U \approx \frac{6\,d}{10} + \frac{11\,d^2}{20\,D} + 2\,D$

I. für d bis $0{,}6\,D$
II. für $d > 0{,}6\,D$

Ellipsenumfang (Meyersche Formel): $U \approx 2\,\frac{\pi \cdot D \cdot d + (D-d)^2}{D+d} = 2\,\frac{D^2 + d^2 + (\pi - 2)\,D\,d}{D+d}$

Formeln für die Körperberechnung

Merke: Die technische Zeichnung im Maschinenbau enthält alle Maße in mm. Bei Massenbestimmungen und Festigkeitsrechnungen verwandelt man meistens mm in cm und rechnet in cm, cm^2 und cm^3. Vgl. Anmerkung zu den Dichten.

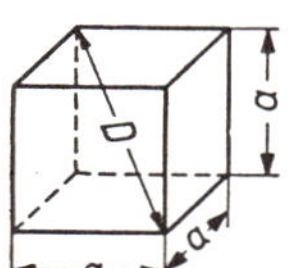

Würfel (Kubus)

Rauminhalt:

$V = a \cdot a \cdot a = a^3$

Kantenlänge: $a = \sqrt[3]{V}$

Raumdiagonale $D = a \cdot \sqrt{3}$

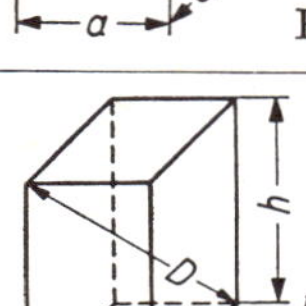

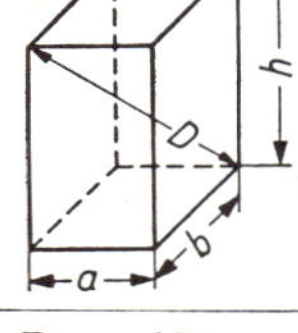

Prisma

$V =$ Grundfläche $\times$ Höhe

$V = a \cdot b \cdot h \qquad V = A \cdot h$

$h = \frac{V}{A} \qquad a = \frac{V}{b \cdot h} \qquad b = \frac{V}{a \cdot h}$

$D = \sqrt{a^2 + b^2 + h^2}$

Pyramide

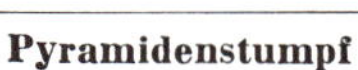

$V = \frac{a \cdot b \cdot h}{3} = \frac{A \cdot h}{3}$

$h_b = \sqrt{h^2 + \frac{a^2}{4}}$

$L = \sqrt{h_b^2 + \frac{b^2}{4}}$

h_a und h_b = Flächenhöhen
L = Kantenlänge

Pyramidenstumpf

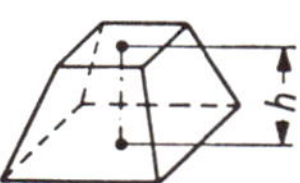

Rauminhalt genau:

$V = \frac{h}{3}\left(A + A_1 + \sqrt{A \cdot A_1}\right)$

A u. A_1 sind die Grundflächen.

In der Praxis gebrauchte (angenäherte) Formel: $V \approx h\,\frac{A + A_1}{2}$

Gültig für $A_1 : A = 0{,}35$ oder größer.

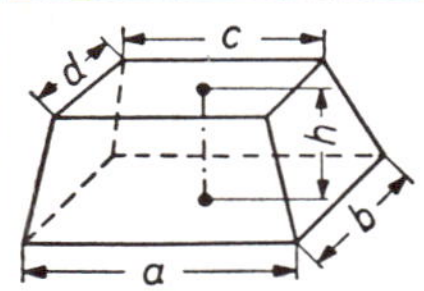

Ponton

Das Ponton hat im Gegensatz z. Pyramidenstumpf verschieden geneigte Seitenflächen; die Grundflächen sind nicht ähnlich.

$V = \frac{h}{6}(2\,ab + ad + bc + 2\,cd)$

Kegel

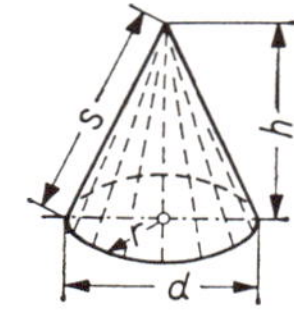

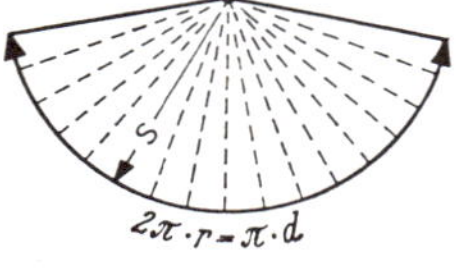

Mantelfläche $A_M = \frac{\pi \cdot d \cdot s}{2}$ $\qquad V = \frac{A \cdot h}{3}$

Kegelstumpf

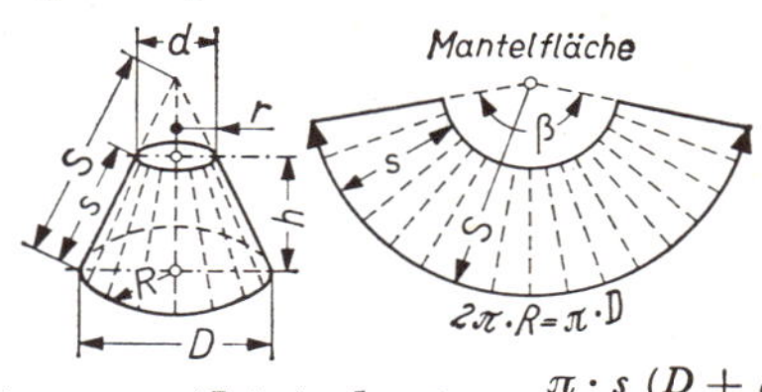

$A_M = \pi \cdot s\,(R + r)$ oder $A_M = \frac{\pi \cdot s\,(D + d)}{2}$

$V = \frac{\pi \cdot h}{3}(R \cdot r + R^2 + r^2)$

oder $V = \frac{\pi \cdot h}{12}(D \cdot d + D^2 + d^2)$

D und d sind die Durchmesser der Grundkreise.

$\beta = D \cdot 180 / S$

Zylinder

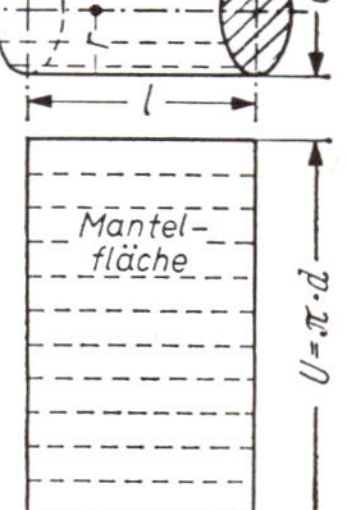

Die Mantelfläche ist ein Rechteck:

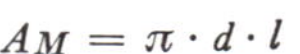

$A_M = \pi \cdot d \cdot l$

Rauminhalt:

$V = \pi \cdot r^2 \cdot l$

oder

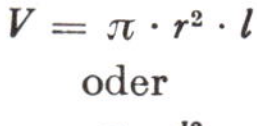

$V = \frac{\pi \cdot d^2}{4} \cdot l$

$= 0{,}785 \cdot d^2 \cdot l$

Hohlzylinder

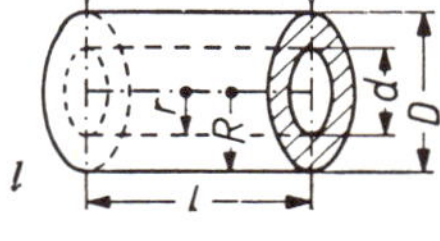

$V = \pi\,(R^2 - r^2)\;l$

$V = \pi\,(d + s) \cdot s \cdot l$

$V = \left(\frac{\pi \cdot D^2}{4} - \frac{\pi \cdot d^2}{4}\right) l$

Zylindrischer Ring

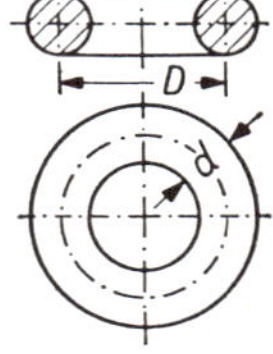

Mantelfläche:

$A_M = \pi \cdot d \cdot \pi \cdot D$

Rauminhalt:

$V = \frac{\pi \cdot d^2}{4}\,\pi \cdot D$

Kugel

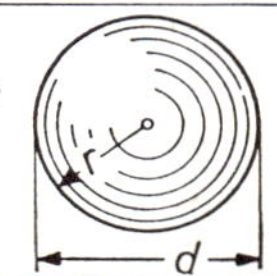

Mantelfläche: $A_M = \pi \cdot d^2$

$V = \frac{4}{3}\pi r^3 = \frac{\pi \cdot d^3}{6}$

$V = 4{,}189\,r^3 = 0{,}5236\,d^3$

Die Guldinschen Regeln

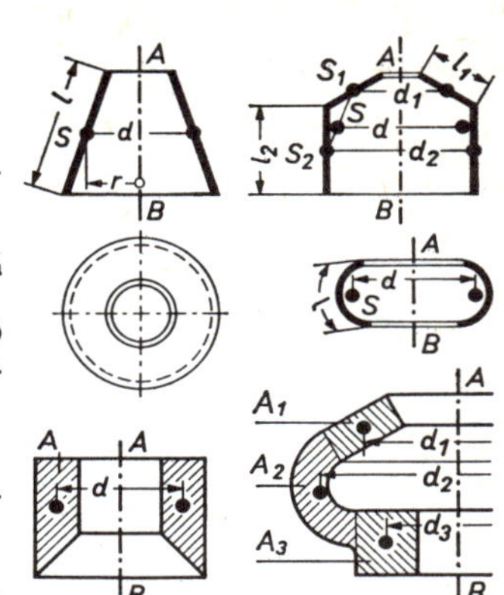

1. Mantel von Umdrehungsflächen:

$A_M = 2\pi r \cdot l$ oder $A_M = \pi d \cdot l$

$2\pi r = \pi d =$ Schwerpunktsweg. $l =$ Länge der Erzeugenden.
$S =$ Schwerpunkt der Erzeugenden. $AB =$ Drehachse.

$A_M = \pi d_1 \cdot l_1 + \pi d_2 \cdot l_2 = \pi d\ (l_1 + l_2)$

Besteht die Erzeugende aus n Teilen $l_1, l_2, l_3, \ldots$ mit den Schwerpunktsabständen $r_1, r_2, r_3, \ldots$, so gilt:

$A_M = 2\pi$ mal Summe aller $r \cdot l$ $A_M = 2\pi \cdot \Sigma\,(r \cdot l)$

$\Sigma\,(r \cdot l)$ lies: Summe aller r mal l.

2. Rauminhalt von Umdrehungskörpern:

$V = \pi d \cdot A = 2\pi r \cdot A$ $A =$ erzeugende Fläche.
$\pi d = 2\pi r =$ Schwerpunktsweg. $S =$ Schwerpunkt der Fläche.

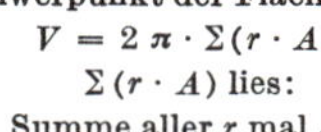
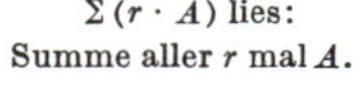

$V = \pi d_1 \cdot A_1 + \pi d_2 \cdot A_2 + \pi d_3 \cdot A_3$

$V = 2\pi r_1 \cdot A_1 + 2\pi r_2 \cdot A_2 + 2\pi r_3 \cdot A_3$

$V = 2\pi \cdot \Sigma(r \cdot A)$
$\Sigma\,(r \cdot A)$ lies:
Summe aller r mal A.

Reindichte[1]) (-wichte), Rohdichte[2]) (-wichte)

Merke: Die Dichte ϱ (Wichte γ) eines Stoffes ist der Quotient $m{:}V$ $(G{:}V)$ aus Masse m (Gewicht G) und Volumen V; $m = V \cdot \varrho$ $(V = G{:}\gamma)$. Der Zahlenwert der Dichte und der Wichte ist gleich; der Zahlenwert der Dichte gibt an, welche Masse 1 cm³ des Körpers in g, 1 dm³ in kg und 1 m³ in t hat. — (Wasser: Luft = 1 : 0,0013.)

1. Feste Körper:

Stoff	Dichte
Aluminium	2,7
Aluminiumbronze	7,7
Anthrazit	1,4···1,7
Antimon	6,7
Asbest, natürl.	2,1···2,8
Asbestpappe	1,2
Asphalt	1,1···1,4

Bausteine (i. Mittel)

Stoff	Dichte
Basalt	3,0
Beton	2,2
Dolomit	2,9
Feldsteine	2,6
Granit	2,8
Kalksteine	2,6
Sandsteine	2,6
Schamottesteine	1,9
Syenit	2,7
Tuffstein	2,0
Ziegel, Klinker	1,9
„ , Mauer	1,8
Bimsstein, natürl.	0,4···0,9
Blei	11,3
Bleibronze	9,5
Brauneisenstein	3,4···4,0
Braunkohle	1,2···1,5
Bronze	8,5
Calciumcarbid	2,26
Chrom	7,1
Diamant	3,5
Eis bei 0°	0,9
Erde	1,3···2,0
Flußstahl	7,85
Gips, gebrannt	1,81
Glas, Fenster-	2,5
„ , Draht-	2,6
„ , Kristall-	2,9
Gold	19,3
Graphit	2,2
Grauguß	7,25
Gummi (i. Mittel)	1,45
Guttapercha	1,02

Hölzer

(i.M.)	trocken 12%	frisch
Ahorn	0,66	0,95
Birke	0,65	0,96
Buchsbaum	0,95	—
Ebenholz	1,26	—
Eiche	0,69	1,04
Erle (Else)	0,53	0,82
Esche	0,69	0,80
Fichte (Rottanne)	0,45	0,8
Hickory	0,81	—
Kiefer	0,56	0,8
Linde	0,53	0,74
Nußbaum	0,68	0,92
Obstbaum	0,65	1,0
Pappel	0,45	0,85
Pockholz	1,23	—
Rotbuche	0,72	1,0
Tanne	0,45	1,0
Ulme (Rüster)	0,68	0,96
Weide	0,56	0,85
Weißbuche	0,83	1,05

Stoff	Dichte
Kalk, gelöscht	1,2
Kalkmörtel (i. Mittel)	1,7
Kautschuk	0,94
Kies, naß	2,0
„ , trocken	1,8
Kochsalz	2,15
Koks	1,6···1,9
„ , lose i. Stck.	0,5
Kork	0,25···0,35
Kreide	1,8···2,6
Kupfer	8,9
Leder	0,86
Lehm, frisch	2,1
Lehm, trocken	1,5
Magnesium-Gußleg.	1,8
Marmor (i. Mittel)	2,8

Mauerwerk (i. Mittel)

Stoff	Dichte
Bruchstein, Granit	2,8
Klinker	1,9
Mauerziegel	1,8
Sandstein	2,6
Stahlbeton	2,4
Stampfbeton	2,2
Messing (i. Mittel)	8,5
Neusilber	8,7
Nickel	8,9
Phosphorbronze (i.M.)	8,6
Papier	0,7···1,2
Pech	1,25···1,33
Platin	21,4
Porzellan	2,45
Preßkohle (i. Mittel)	1,25
Roheisen, weiß (i. M.)	7,4
„ , grau „	7,2
Roteisenstein (i. M.)	4,7
Sand, naß	2,0
„ , erdfeucht	1,8
Schamotte	1,9···2,1
Schiefer	2,8
Schlacke (Hochofen)	2,5···3,0
Schmirgel	4,0
Schnee, lose, trocken	0,125
„ „ , naß bis	0,95
Schweißstahl	7,8
Schwerspat	4,25
Silber	10,5
Spateisenstein	3,8
Stahl (i. Mittel)	7,85
Steinkohle, Stück	1,2···1,5
geschichtet (i. M.)	0,9
Ton, trocken	1,8
Ton, naß	2,1
Torf	0,6
Vulkanfiber	1,1···1,5
Weißmetall (i. Mittel)	7,1
Wismut	9,8
Wolfram	19,3
Zementmörtel	1,8···2,3
Zink	7,1
Zinkblende	3,9···4,2
Zinn	7,3

2. Flüssige Körper bei 15°:

Stoff	Dichte
Äther	0,73
Alkohol	0,79
Benzin	0,68···0,81
Benzol	0,87···0,89
Glycerin	1,13···1,26
Leinöl, gekocht	0,94
Meerwasser	1,03
Mineralschmieröl	0,9···0,92
Petroleum (i. Mittel)	0,8
Quecksilber	13,558

3. Gase und Dämpfe in kg/Nm³ bei 0° und 760 Torr*)

Stoff	Dichte
Acetylen	1,171
Ammoniak	0,771
Generatorgas	1,14
Gichtgas	1,28
Kohlenoxid	1,25
Kohlensäure	1,977
Luft	1,29
Luftgas	1,19
Propan	2,019
Sauerstoff	1,429
Stadtgas	0,549
Stickoxid	1,34
Stickstoff	1,25
Wasserdampf	0,768
Wasserstoffgas	0,09

1 m³ geschichtet hat im Mittel eine Masse in kg: Braunkohle = 750, Eis = 900, Erde = 1700, Formsand = 1200, Getreide = 680, Heu und Stroh = 150, Holz = 400···650, Holzkohle = 200, gebrannter Kalk = 1000, Koks = 400···500, Preßkohle = 1000, Steinkohle = 900···950, Torf (lufttrocken) = 325···410, Portlandzement (eingelaufen) ≈ 1200 kg, (eingerüttelt) ≈ 1900 kg.

[1]) Reindichte bezieht sich auf das Volumen des Feststoffes (Dichte = g/cm³)
[2]) Rohdichte bezieht sich auf das Volumen der ganzen Stoffmenge (einschließlich Hohlräume)

*) $1\ \text{Torr} = \frac{1}{760}$ atm

Algebra (Arithmetik)

Anstatt mit Zahlengrößen kann mit Buchstaben gerechnet werden. In einer Rechnung hat ein bestimmter Buchstabe immer den gleichen Wert.

Positive Werte: $+1;\quad +3;\quad +a;\quad +3b;\quad +2(a+b)$

Werte ohne Vorzeichen sind positiv: $3;\quad 2a;\quad 4{,}5x$

Negative Werte: $-1;\quad -0{,}5;\quad -2{,}3a;\quad -3(a+b)$

Addition: $3a+2a = 5a;\quad 4b+b = 5b;\quad x+x = 2x$

$2a+b+4+a+5b = 3a+6b+4;\quad 0{,}4a+1{,}1a = 1{,}5a$

Subtraktion: $7b-2b-b = 4b;\quad b-4b = -3b$

$15+14a-5b-6-7b-8a = 9+6a-12b$

Multiplikation: $3\cdot 4a = 12a;\quad 3a\cdot 5b = 15ab$

$$\frac{3a}{2}\cdot\frac{7b}{6a} = \frac{3\cdot 7\cdot a\cdot b}{2\cdot 6\cdot a} = \frac{21ab}{12a} = \frac{7b}{4} = 1{,}75b$$

Division: $14c:7 = 2c;\quad 18d:6d = 3;\quad a:a = 1$

$$8c:2d = \frac{8c}{2d} = \frac{4c}{d};\quad \frac{9x}{8y}:\frac{3a}{4y} = \frac{9x\cdot 4y}{8y\cdot 3a} = \frac{3x}{2a}$$

Klammerwerte: $3(a+b) = 3a+3b;\quad 4(c+1) = 4c+4$

$-3(x+y) = -3x-3y;\quad -4(-2+a) = 8-4a$

$+6(-1+b) = -6+6b;\quad 3a(2b-3) = 6ab-9a$

Zwei gleiche Vorzeichen ergeben positive Werte.
Zwei ungleiche Vorzeichen ergeben negative Werte.

$+\;+\;=\;+$	$+\;-\;=\;-$	$3a+(+5a) = +8a$
$-\;-\;=\;+$	$-\;+\;=\;-$	$3a-(-5a) = +8a$
$-3\cdot -5 = +15$		$3a+(-5a) = -2a$
$-3\cdot +5 = -15$		$3a-(+5a) = -2a$

Mehrgliedrige Andrücke (Faktoren) setzt man in Klammern. Sie werden multipliziert, indem man jedes Glied eines Faktors mit jedem Glied der anderen Faktoren multipliziert.

$(a+3b)\cdot(2c+d) = a\cdot 2c+a\cdot d+3b\cdot 2c+3b\cdot d$
$= 2ac+ad+6bc+3bd$

$(3c-4)\cdot(2-2a) = 6c-6ac-8+8a$

Potenzen: Eine Potenz ist die verkürzte Schreibweise einer fortlaufenden Multiplikation gleicher Faktoren.

$a\cdot a = a^2;\quad b\cdot b\cdot b = b^3;\quad 3\cdot 3 = 3^2$

In der Potenz 5^3 nennt man 5 die Grundzahl (Basis), 3 die Hochzahl (Exponent). — Potenzen mit gleicher Grundzahl werden multipliziert (dividiert), indem man die Hochzahlen addiert (subtrahiert).

$a^2\cdot a^3 = a^{2+3} = a^5;\quad 3^2\cdot 3^3 = 3^{2+3} = 3^5 = 243$

$c^5 : c^2 = c^{5-2} = c^3;\quad 2^5 : 2^2 = 2^{5-2} = 2^3 = 8$

$$\frac{5^5\cdot 3^2}{5^3\cdot 3^4} = \frac{5^{5-3}}{3^{4-2}} = \frac{5^2}{3^2} = \left(\frac{5}{3}\right)^2;\quad \frac{b^a\cdot c^a}{x^a} = \left(\frac{bc}{x}\right)^a$$

$$\frac{5^2\cdot 6^2}{3^2} = \left(\frac{5\cdot 6}{3}\right)^2 = 10^2 = 100;\quad a^3 : a^3 = a^0 = 1$$

Wurzeln sind die Umkehrung der Potenzen. Sie sind eine andere Schreibweise für Potenzen mit gebrochenen Hochzahlen.

$$b^{0,5} = b^{\frac{1}{2}} = \sqrt{b}$$

$$100^{\frac{1}{2}} = \sqrt{100} = 10\;;\quad 10000^{\frac{1}{4}} = \sqrt[4]{10000} = 10$$

$$\sqrt{4^2} = \sqrt{16} = \sqrt{4\cdot 4} = 4;\quad \sqrt[3]{125} = \sqrt[3]{5\cdot 5\cdot 5} = 5$$

$$b^{\frac{6}{3}} = b^{6:3} = \sqrt[3]{b^6};\quad \sqrt[3]{10^6} = 10^{6:3} = 10^2 = 100$$

$$\sqrt{\frac{4}{3}} = \sqrt{\frac{4\cdot 3}{3\cdot 3}} = \frac{2}{3}\sqrt{3};\quad \sqrt[4]{16} = \sqrt{\sqrt{16}} = \sqrt{4} = 2$$

$$\sqrt[4]{81x^8} = \sqrt[4]{81}\cdot\sqrt[4]{x^8} = 3\cdot x^{8:4} = 3x^2$$

$$\sqrt[a]{b}\cdot\sqrt[a]{d} = \sqrt[a]{b\cdot d};\quad \sqrt[3]{8}\cdot\sqrt[3]{27} = 2\cdot 3 = 6$$

$$\sqrt[a]{b}:\sqrt[a]{d} = \sqrt[a]{b:d};\quad \sqrt{20}:\sqrt{5} = \sqrt{20:5} = \sqrt{4} = 2$$

$$\sqrt[a]{b^c} = \left(\sqrt[a]{b}\right)^c = b^{c:a};\quad \sqrt[3]{8^2} = \left(\sqrt[3]{8}\right)^2 = 4$$

$$\sqrt{4^3} = \left(\sqrt{4}\right)^3 = 2^3 = 8;\quad \sqrt[a]{b^a} = b^{a:a} = b^1 = b$$

$$\sqrt[6]{a^{15}} = a^{15:6} = a^{5:2} = \sqrt{a^5};\quad \sqrt[3]{2^9} = 2^{9:3} = 2^3$$

$$\sqrt[a]{\sqrt[c]{b}} = \sqrt[a\cdot c]{b};\quad \sqrt[3]{\sqrt[4]{4096}} = \sqrt[12]{4096} = 2$$

$$\sqrt[12]{4096} = \sqrt[4]{\sqrt[3]{4096}} = \sqrt[4]{16} = \sqrt{\sqrt{16}} = \sqrt{4} = 2$$

Aufgaben: Aus den Zahlentafeln S. 13 bis 21 sind die nachstehenden Werte abzulesen.

$20{,}3^2;\quad 20{,}3^3;\quad 0{,}6^2;\quad 44{,}8^3;\quad 0{,}25^2;\quad 0{,}25^3;$

$\sqrt{81};\quad \sqrt{14{,}1};\quad \sqrt{41{,}3};\quad \sqrt{99};\quad \sqrt{0{,}1};\quad \sqrt{0{,}01};$

$\sqrt[3]{64};\quad \sqrt[3]{14{,}1};\quad \sqrt[3]{99};\quad \sqrt[3]{19{,}9};\quad \sqrt[3]{0{,}2};\quad \sqrt[3]{0{,}01}$

Kreisumfänge U bei $d = 2;\ 4{,}8;\ 39{,}8;\ 97{,}1$ cm
Kreisflächen A in cm² bei $d = 4{,}8;\ 39{,}8;\ 97{,}1$ cm
Kreisdurchmesser d bei $U = 3{,}142;\ 58{,}12;\ 7{,}854.$
d bei $A = 86{,}59;\ 304{,}8;\ 3197;\ 7238;\ 22{,}9.$
Aus den Spalten 2 und 3 sind abzulesen:

$\sqrt{121};\quad \sqrt{171{,}6};\quad \sqrt{3260};\quad \sqrt{6162};\quad \sqrt{9860};$

$\sqrt[3]{729};\quad \sqrt[3]{9938};\quad \sqrt[3]{96703};\quad \sqrt[3]{287496};\quad \sqrt[3]{862801}.$

Gleichungen mit einer Unbekannten

$x = 17+4$; $x = 21$ | $x = 17-4$; $x = 13$ | $x-4 = 17$; $x = 17+4$; $x = 21$ | $x+4 = 17$; $x = 17-4$; $x = 13$

$$\begin{aligned} 3x+12 &= x+24\\ 3x-x &= 24-12\\ 2x &= 12\\ x &= 6 \end{aligned}\qquad \begin{aligned} \frac{x}{3} &= 5\\ x &= 5\cdot 3\\ x &= 15 \end{aligned}\qquad \begin{aligned} \frac{x}{2}+\frac{x}{3} &= 10\\ \frac{3x}{6}+\frac{2x}{6} &= \frac{60}{6}\\ 3x+2x &= 60\\ 5x &= 60\\ x &= 12 \end{aligned}$$

$$\begin{aligned} x &= 3\,(4+a)-5\\ x &= 12+3a-5\\ x &= 7+3a \end{aligned}$$

$$\begin{aligned} 4x &= -16\\ x &= -16:4\\ x &= -4 \end{aligned}\qquad \begin{aligned} dx &= 0\\ x &= 0:d\\ x &= 0 \end{aligned}\qquad \begin{aligned} 108-x &= -32\\ 108+32 &= x\\ 140 &= x \end{aligned}$$

$$\begin{aligned} 44:2x &= 11\\ 44 &= 11\cdot 2x\\ 44 &= 22x\\ 44:22 &= x\\ 2 &= x \end{aligned}\qquad \begin{aligned} 4\,(10-2x)-6\,(x+5{,}5) &= 0\\ 40-8x-6x-33 &= 0\\ 40-33 &= 8x+6x\\ 7 &= 14x\\ 7:14 &= x\\ 0{,}5 &= x \end{aligned}$$

$$\begin{aligned} 16 &= \frac{12-2x}{0{,}5}\\ 16\cdot 0{,}5 &= 12-2x\\ 8 &= 12-2x\\ 2x &= 12-8\\ 2x &= 4\\ x &= 2 \end{aligned}\qquad \begin{aligned} \frac{1}{3}x+\frac{1}{4}x &= 7\\ \frac{x\cdot 12}{3}+\frac{x\cdot 12}{4} &= 7\cdot 12\\ 4x+3x &= 84\\ 7x &= 84\\ x = 84:7\qquad x &= 12 \end{aligned}$$

Gleichungen mit zwei Unbekannten

Einsetzungsmethode

$$\begin{aligned} 3x+2y &= 18 &\quad \text{I}\\ 4x+y &= 19 &\quad \text{II} \end{aligned}$$

Bestimme zunächst y aus Gleichung II: . . . . $y = 19-4x$
Setze y in Gl. I ein: $3x+2\,(19-4x) = 18$
Rechne x aus: . . . . . . $3x+38-8x = 18$
$38-18 = 8x-3x$
$20 = 5x\qquad 4 = x$

Setze x in Gl. II ein: $4\cdot 4+y = 19$
Rechne y aus: $16+y = 19$
$y = 19-16$
$y = 3$

Probe bei Gleichung I: $3\cdot 4+2\cdot 3 = 18$; $12+6 = 18$

Probe bei Gleichung II: $4\cdot 4+3 = 19$; $16+3 = 19$

Algebra (Fortsetzung) — Dekadische Logarithmen

Gleichsetzungsmethode:
Löse beide Gleichungen nach y auf. Dann sind die rechten Seiten beider Gleichungen gleich:

$$\begin{vmatrix} 3x + 2y = 18 \\ 4x + y = 19 \end{vmatrix} \begin{matrix} \text{I} \\ \text{II} \end{matrix}$$

$$2y = 18 — 3x$$

$$\begin{vmatrix} y = 9 — 1{,}5x \\ y = 19 — 4x \end{vmatrix} \begin{matrix} \text{I} \\ \text{II} \end{matrix}$$

$$9 — 1{,}5x = 19 — 4x \quad | \quad y = 19 — 4 \cdot 4$$

$$—1{,}5x + 4x = 19 — 9 \quad | \quad y = 19 — 16$$

$$2{,}5\ x = 10 \ | \ x = 10 : 2{,}5 = 4 \quad | \quad y = 3$$

Additions- bzw. Subtraktionsmethode

$$\begin{vmatrix} 3x + 2y = 18 \\ 4x + y = 19 \end{vmatrix} \begin{matrix} \text{I} \\ \text{II} \end{matrix}$$

Gleichung II erweitert man mit 2 und erhält

$$\begin{vmatrix} 3x + 2y = 18 \\ 8x + 2y = 38 \end{vmatrix} \begin{matrix} — \\ + \end{matrix}$$

Alsdann subtrahiert man Gleichung I von II.

$$5x = 20 \quad | \quad 4 \cdot 4 + y = 19 \ (x \text{ eingesetzt})$$

$$x = 4 \quad | \quad 16 + y = 19 \ | \ y = 19 — 16 = 3$$

Quadratische Gleichungen

ergeben positive und negative Werte für die Unbekannte

$$x^2 = 25 \quad | \quad \text{Denn } +5 \cdot +5 = 25$$

$$x = \pm\sqrt{25} \quad | \quad —5 \cdot —5 = 25$$

$$x_1 = 5;\ x_2 = —5 \quad | \quad \sqrt{25} = \pm 5$$

$$3x^2 = x^2 + 32$$

$$3x^2 — x^2 = 32$$

$$2x^2 = 32$$

$$x^2 = 16$$

$$x = \sqrt{16}$$

$$x_1 = 4;\ x_2 = —4$$

Log 1···500

Zahl N	0	1	2	3	4	5	6	7	8	9
0	—∞	0000	3010	4771	6021	6990	7782	8451	9031	9542
1	0000	0414	0792	1139	1461	1761	2041	2304	2553	2788
2	3010	3222	3424	3617	3802	3979	4150	4314	4472	4624
3	4771	4914	5051	5185	5315	5441	5563	5682	5798	5911
4	6021	6128	6232	6335	6435	6532	6628	6721	6812	6902
5	6990	7076	7160	7243	7324	7404	7482	7559	7634	7709
6	7782	7853	7924	7993	8062	8129	8195	8261	8325	8388
7	8451	8513	8573	8633	8692	8751	8808	8865	8921	8976
8	9031	9085	9138	9191	9243	9294	9345	9395	9445	9494
9	9542	9590	9638	9685	9731	9777	9823	9868	9912	9956
10	0000	0043	0086	0128	0170	0212	0253	0294	0334	0374
11	0414	0453	0492	0531	0569	0607	0645	0682	0719	0755
12	0792	0828	0864	0899	0934	0969	1004	1038	1072	1106
13	1139	1173	1206	1239	1271	1303	1335	1367	1399	1430
14	1461	1492	1523	1553	1584	1614	1644	1673	1703	1732
15	1761	1790	1818	1847	1875	1903	1931	1959	1987	2014
16	2041	2068	2095	2122	2148	2175	2201	2227	2253	2279
17	2304	2330	2355	2380	2405	2430	2455	2480	2504	2529
18	2553	2577	2601	2625	2648	2672	2695	2718	2742	2765
19	2788	2810	2833	2856	2878	2900	2923	2945	2967	2989
20	3010	3032	3054	3075	3096	3118	3139	3160	3181	3201
21	3222	3243	3263	3284	3304	3324	3345	3365	3385	3404
22	3424	3444	3464	3483	3502	3522	3541	3560	3579	3598
23	3617	3636	3655	3674	3692	3711	3729	3747	3766	3784
24	3802	3820	3838	3856	3874	3892	3909	3927	3945	3962
25	3979	3997	4014	4031	4048	4065	4082	4099	4116	4133
26	4150	4166	4183	4200	4216	4232	4249	4265	4281	4298
27	4314	4330	4346	4362	4378	4393	4409	4425	4440	4456
28	4472	4487	4502	4518	4533	4548	4564	4579	4594	4609
29	4624	4639	4654	4669	4683	4698	4713	4728	4742	4757
30	4771	4786	4800	4814	4829	4843	4857	4871	4886	4900
31	4914	4928	4942	4955	4969	4983	4997	5011	5024	5038
32	5051	5065	5079	5092	5105	5119	5132	5145	5159	5172
33	5185	5198	5211	5224	5237	5250	5263	5276	5289	5302
34	5315	5328	5340	5353	5366	5378	5391	5403	5416	5428
35	5441	5453	5465	5478	5490	5502	5514	5527	5539	5551
36	5563	5575	5587	5599	5611	5623	5635	5647	5658	5670
37	5682	5694	5705	5717	5729	5740	5752	5763	5775	5786
38	5798	5809	5821	5832	5843	5855	5866	5877	5888	5899
39	5911	5922	5933	5944	5955	5966	5977	5988	5999	6010
40	6021	6031	6042	6053	6064	6075	6085	6096	6107	6117
41	6128	6138	6149	6160	6170	6180	6191	6201	6212	6222
42	6232	6243	6253	6263	6274	6284	6294	6304	6314	6325
43	6335	6345	6355	6365	6375	6385	6395	6405	6415	6425
44	6435	6444	6454	6464	6474	6484	6493	6503	6513	6522
45	6532	6542	6551	6561	6571	6580	6590	6599	6609	6618
46	6628	6637	6646	6656	6665	6675	6684	6693	6702	6712
47	6721	6730	6739	6749	6758	6767	6776	6785	6794	6803
48	6812	6821	6830	6839	6848	6857	6866	6875	6884	6893
49	6902	6911	6920	6928	6937	6946	6955	6964	6972	6981
50	6990	6998	7007	7016	7024	7033	7042	7050	7059	7067

Log 500···1000

Zahl N	0	1	2	3	4	5	6	7	8	9
50	6990	6998	7007	7016	7024	7033	7042	7050	7059	7067
51	7076	7084	7093	7101	7110	7118	7126	7135	7143	7152
52	7160	7168	7177	7185	7193	7202	7210	7218	7226	7235
53	7243	7251	7259	7267	7275	7284	7292	7300	7308	7316
54	7324	7332	7340	7348	7356	7364	7372	7380	7388	7396
55	7404	7412	7419	7427	7435	7443	7451	7459	7466	7474
56	7482	7490	7497	7505	7513	7520	7528	7536	7543	7551
57	7559	7566	7574	7582	7589	7597	7604	7612	7619	7627
58	7634	7642	7649	7657	7664	7672	7679	7686	7694	7701
59	7709	7716	7723	7731	7738	7745	7752	7760	7767	7774
60	7782	7789	7796	7803	7810	7818	7825	7832	7839	7846
61	7853	7860	7868	7875	7882	7889	7896	7903	7910	7917
62	7924	7931	7938	7945	7952	7959	7966	7973	7980	7987
63	7993	8000	8007	8014	8021	8028	8035	8041	8048	8055
64	8062	8069	8075	8082	8089	8096	8102	8109	8116	8122
65	8129	8136	8142	8149	8156	8162	8169	8176	8182	8189
66	8195	8202	8209	8215	8222	8228	8235	8241	8248	8254
67	8261	8267	8274	8280	8287	8293	8299	8306	8312	8319
68	8325	8331	8338	8344	8351	8357	8363	8370	8376	8382
69	8388	8395	8401	8407	8414	8420	8426	8432	8439	8445
70	8451	8457	8463	8470	8476	8482	8488	8494	8500	8506
71	8513	8519	8525	8531	8537	8543	8549	8555	8561	8567
72	8573	8579	8585	8591	8597	8603	8609	8615	8621	8627
73	8633	8639	8645	8651	8657	8663	8669	8675	8681	8686
74	8692	8698	8704	8710	8716	8722	8727	8733	8739	8745
75	8751	8756	8762	8768	8774	8779	8785	8791	8797	8802
76	8808	8814	8820	8825	8831	8837	8842	8848	8854	8859
77	8865	8871	8876	8882	8887	8893	8899	8904	8910	8915
78	8921	8927	8932	8938	8943	8949	8954	8960	8965	8971
79	8976	8982	8987	8993	8998	9004	9009	9015	9020	9025
80	9031	9036	9042	9047	9053	9058	9063	9069	9074	9079
81	9085	9090	9096	9101	9106	9112	9117	9122	9128	9133
82	9138	9143	9149	9154	9159	9165	9170	9175	9180	9186
83	9191	9196	9201	9206	9212	9217	9222	9227	9232	9238
84	9243	9248	9253	9258	9263	9269	9274	9279	9284	9289
85	9294	9299	9304	9309	9315	9320	9325	9330	9335	9340
86	9345	9350	9355	9360	9365	9370	9375	9380	9385	9390
87	9395	9400	9405	9410	9415	9420	9425	9430	9435	9440
88	9445	9450	9455	9460	9465	9469	9474	9479	9484	9489
89	9494	9499	9504	9509	9513	9518	9523	9528	9533	9538
90	9542	9547	9552	9557	9562	9566	9571	9576	9581	9586
91	9590	9595	9600	9605	9609	9614	9619	9624	9628	9633
92	9638	9643	9647	9652	9657	9661	9666	9671	9675	9680
93	9685	9689	9694	9699	9703	9708	9713	9717	9722	9727
94	9731	9736	9741	9745	9750	9754	9759	9764	9768	9773
95	9777	9782	9786	9791	9795	9800	9805	9809	9814	9818
96	9823	9827	9832	9836	9841	9845	9850	9854	9859	9863
97	9868	9872	9877	9881	9886	9890	9894	9899	9903	9908
98	9912	9917	9921	9926	9930	9934	9939	9943	9948	9952
99	9956	9961	9965	9969	9974	9978	9983	9987	9991	9996
100	0000	0004	0009	0013	0017	0022	0026	0030	0035	0039

Logarithmen (Fortsetzung)

Der Logarithmus (lg) als 2. Umkehrung der Potenzrechnung ist ein Potenzexponent. Ist a die Basis, m die Hochzahl und c die Potenz, so gilt

$$a^m = c \qquad 10^2 = 100$$

1. Umkehrung $\sqrt[m]{c} = a \qquad \sqrt{100} = 10$
2. Umkehrung ${}^a\log c = m \qquad {}^{10}\lg 100 = 2$
(Lies: lg c zur Basis a gleich m.)

Als Basis kann jede beliebige Zahl genommen werden.

Alle Logarithmen gleicher Basis bilden ein Logarithmensystem. Ist diese Basis e = 2,71828..., so spricht man von **natürlichen Logarithmen***) (Kennzeichen ln); e wurde durch Entwicklung der Reihe

$$1 + \frac{1}{1} + \frac{1}{1 \cdot 2} + \frac{1}{1 \cdot 2 \cdot 3} + \frac{1}{1 \cdot 2 \cdot 3 \cdot 4} + \ldots \text{gefunden.}$$

Die natürlichen Logarithmen werden hauptsächlich in der höheren Mathematik und in theoretischen Berechnungen benutzt. **Künstliche Logarithmen** sind alle anderen mit beliebiger Basis. Unter ihnen sind von Bedeutung die **Briggsschen** oder **dekadischen** oder **gewöhnlichen Logarithmen,** auch **Zehner-Logarithmen** genannt, bei denen die Basis a = 10 ist. Für die ganzen Potenzen von 10 sind die Briggsschen Logarithmen leicht zu bestimmen.

$$\begin{array}{lrl} \lg 1000 = 3, & \text{da } 10^3 = & 1000 \\ \lg 100 = 2, & \text{da } 10^2 = & 100 \\ \lg 10 = 1, & \text{da } 10^1 = & 10 \\ \lg 1 = 0, & \text{da } 10^0 = & 1 \\ \lg 0{,}1 = -1, & \text{da } 10^{-1} = & 0{,}1 \\ \lg 0{,}01 = -2, & \text{da } 10^{-2} = & 0{,}01 \\ \lg 0{,}001 = -3, & \text{da } 10^{-3} = & 0{,}001 \text{ usw.} \end{array}$$

Demnach haben die Zahlen über 1 positive, die Zahlen 0···1 negative Logarithmen. Die Logarithmen der Zahlen von 1···10 müssen zwischen 0 und 1, die von 10···100 zwischen 1 und 2 liegen, usw.

Die Logarithmen bestehen also aus einer ganzen Zahl, **Kennziffer** genannt, und aus dem Dezimalbruch nach dem Komma, **Mantisse** genannt.

Jede Logarithmentafel enthält nur die Mantissen; je nach der erforderlichen Genauigkeit werden Tafeln mit 3-, 4-, 5-, 6- oder gar 10- und 12stelligen Mantissen verwandt. Die nebenstehende Logarithmentafel genügt in allen Fällen, bei denen eine Genauigkeit von 3 Einheiten ausreicht. Die Kennziffer hat man selbst zu bestimmen und hinzuzufügen.

Beispiele:
lg 3480 = 3,5416
lg 348 = 2,5416
lg 34,8 = 1,5416
lg 3,48 = 0,5416

Regel 1: Beim Logarithmus ist die Kennziffer stets um 1 kleiner als die Stellenzahl vor dem Komma der Zahl, zu der der Logarithmus gesucht wird.

Beispiele:
lg 0,348 = 0,5416—1
lg 0,0348 = 0,5416—2
lg 0,00348 = 0,5416—3

Die negative Kennziffer des Logarithmus von Dezimalbrüchen ist so groß wie die Anzahl der Nullen vor den geltenden Ziffern.

Bei gleichen Ziffern der Zahl behält die Mantisse stets gleiche Ziffern (siehe Beispiel); nur die Kennziffer ändert sich.

Das Rechnen mit Logarithmen

bietet eine bedeutende Zeitersparnis beim Multiplizieren, Dividieren und besonders beim Potenzieren und Radizieren (Wurzelziehen), weil diese 4 Rechnungsarten jeweils um eine Stufe erniedrigt werden, wie nachstehende Aufstellung zeigt:

Rechnungsart	wird zurückgeführt auf	Regel
Multiplizieren	Addieren	$\lg (a \cdot b) = \lg a + \lg b$
Dividieren	Subtrahieren	$\lg \frac{a}{b} = \lg a - \lg b$
Potenzieren	Multiplizieren	$\lg a^n = n \cdot \lg a$
Radizieren	Dividieren	$\lg \sqrt[n]{a} = \frac{1}{n} \cdot \lg a$

Das Rechnen mit Logarithmen geht in 3 Stufen vor sich:
1. Von der Zahl (Numerus) zum Logarithmus.
2. Durchführung des Rechenvorganges nach den 4 Regeln.
3. Vom logarithmischen Ergebnis zurück zur Zahl.

Hier gilt als Regel 2:
Das Ergebnis ist stets um eine Stelle größer, als die positive Kennziffer angibt. Ist z. B. die Kennziffer 1, so ist das Ergebnis 2stellig; ist die Kennziffer 2, so ist es 3stellig, usw.

Bei negativer Kennziffer sind der Zahl so viele Nullen vorzusetzen, wie die Kennziffer angibt, einschließlich der Null vor dem Komma.

Beispiel:

Gegebene Zahl	Zugehöriger Logarithmus
251	2,3997
18,7	1,2718
9,34	0,9703
0,683	0,8344—1

Gegebener Logarithmus	Zugehörige Zahl
2,4728	297
1,0453	11,1
0,7308	5,38
0,0969—1	0,125

In der Tafel finden sich nur die Mantissen. Die Kennziffern hat man selbst nach Regel 1 hinzuzufügen. Um z. B. lg 251 zu bestimmen, sucht man in der N-Spalte die Zahl 25 und fährt in der Reihe nach rechts bis zur Spalte 1. Hier findet man 3997, die **Mantisse** des lg 251 (lies Logarithmus zu 251). Da die Zahl 251 zwischen 100 und 1000 liegt, heißt ihre Kennziffer 2. Es ist also lg 251 = 2,3997.

Beispiele:

$$\lg \frac{2{,}8 \cdot 0{,}3}{17^3} = \lg 2{,}8 + \lg 0{,}3 - 3 \cdot \lg 17$$

$$\begin{array}{rl} \lg 2{,}8 = & 0{,}4472 \\ + \lg 0{,}3 = & \underline{0{,}4771-1} \\ \lg = & 0{,}9243-1 \\ -3 \cdot \lg 17 = & 3{,}6912 \end{array}$$

Um 3,6912 von 0,9243—1 abziehen zu können, zählt man vorn 3 hinzu und zieht hinten 3 ab.

$$\begin{array}{l} 3{,}9243-4 \\ \underline{3{,}6912} \\ 0{,}2331-4; \end{array} \quad \textbf{Ergebnis} = \mathbf{0{,}000171}$$

Aufgabe:	lg	Lösung:
75,9 · 9,25 = ?	lg 75,9 = 1,8802 + lg 9,25 = 0,9661 lg N = 2,8463	lg N = 2,8463 N = **702**
193 : 8,93 = ?	lg 193 = 2,2856 — lg 8,93 = 0,9509 lg N = 1,3347	lg N = 1,3347 N ≈ **21,6**
$7{,}77^3$ = ?	3 · lg 7,77 = 3 · 0,8904 = 2,6712	lg N = 2,6712 N = **469**
$\sqrt[5]{914}$ = ?	$\frac{1}{5}$ · lg 914 = = 2,9609 : 5 = 0,5922	lg N = 0,5922 N = **3,91**

$$\lg \sqrt[5]{\left(\frac{14^2 \cdot 0{,}15}{18 \cdot 19{,}2}\right)^3}$$

$$= \frac{3}{5} [(2 \cdot \lg 14 + \lg 0{,}15) - (\lg 18 + \lg 19{,}2)]$$

$$\begin{array}{rl} 2 \cdot \lg 14 = & 2{,}2922 \\ + \lg 0{,}15 = & \underline{0{,}1761-1} \\ & 2{,}4683-1 \\ \lg 18 = & 1{,}2553 \\ + \lg 19{,}2 = & \underline{1{,}2833} \\ = & 2{,}5386 \end{array} \qquad (\lg 14 = 1{,}1461)$$

$$(+1 \text{ bzw. } -1) \quad \begin{array}{r} 3{,}4683-2 \\ -\ \underline{2{,}5386} \\ 0{,}9297-2 \end{array}$$

$$\frac{3}{5} (0{,}9297-2) = (2{,}7891-6) : 5 =$$

$$= (1{,}7891-5) : 5 = 0{,}3578-1$$

$$= \mathbf{0{,}228}$$

(Um die negative Kennziffer —6 ohne Rest teilen zu können, wurde bei 2,7891 —6 vorn 1 abgezogen und hinten 1 hinzugezählt.)

Hierauf sucht man in der Tafel die Mantisse 3578 auf und findet hierzu den Numerus (die Zahl) 0,228.

*) $\ln N \approx 2{,}3026 \lg N$ bzw. $\lg N \approx 0{,}4343 \ln N$

3

Das Rechenstabrechnen

Der Rechenstab oder Rechenschieber dient vor allem zur schnellen und sicheren Auffindung schwieriger Produkte und Quotienten mit einer für die Praxis ausreichenden Genauigkeit. Er ist zur Überprüfung und überschläglichen Erledigung technischer oder kaufmännischer Berechnungen besonders geeignet.

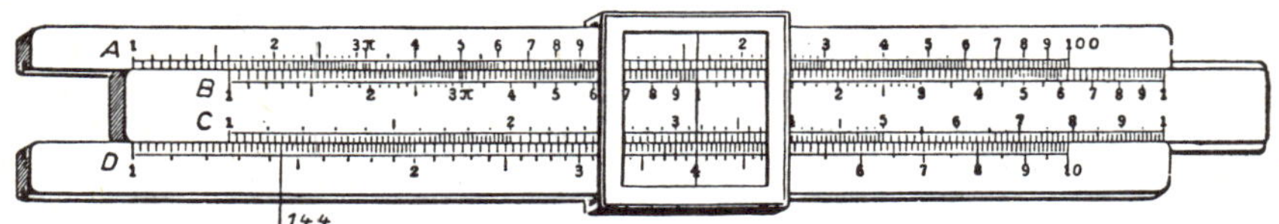

Der unseren Betrachtungen zugrunde gelegte Rechenstab besteht aus dem Körper (Lineal) und dem in einer Nute verschiebbaren Schieber. Über beiden Teilen gleitet der Läufer mit dem Teilstrich. Körper und Schieber sind mit Skalen versehen; in unserer Abbildung sind es vier, die mit *A*, *B*, *C*, *D* bezeichnet sind. — Der besseren Deutlichkeit halber wurden in der Abbildung Zwischenteilstriche fortgelassen.

Da die Skalen des Rechenstabes logarithmischen Maßstab aufweisen, so hat das Rechenstabrechnen als Grundlage das Logarithmenrechnen; für Multiplizieren, Dividieren usw. gelten die gleichen Regeln wie für den Logarithmus (Potenzexponenten).

Summen der Strecken ergeben demnach Zahlenprodukte, ihre Differenzen Zahlenquotienten:

$$\lg a + \lg b = \lg (a \cdot b)$$

$$\lg a - \lg b = \lg \frac{a}{b}$$

An einem 28 cm langen Rechenstab kann man bis zu 3 Ziffern einstellen und ablesen. Die Stellenzahl muß besonders ermittelt werden. Die Ablesung 144 kann z. B. bedeuten: 14,4 oder 1,44 oder 0,144 oder 0,0144 oder 144 oder 1440 usw. Man zählt die Stellen vor dem Komma (14,4 = zweistellig, 1,44 = einstellig usw.), bei Dezimalbrüchen die Nullen nach dem Komma (0,144 = nullstellig oder 0,0144 = — einstellig usw.).

Fleißiges Üben bringt Sicherheit.

1. Die Multiplikation

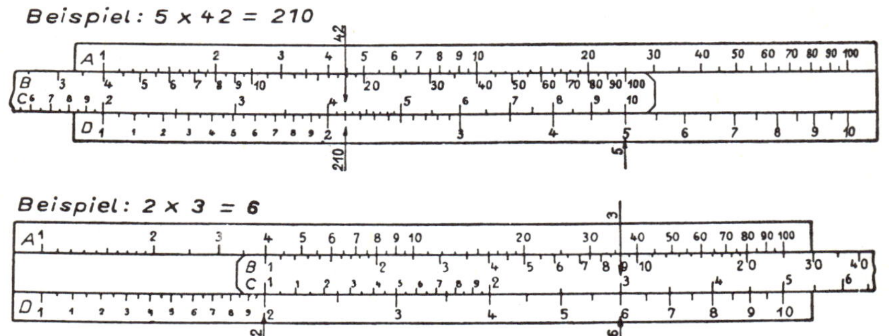

Regel (siehe Beispiel 2 × 3 = 6):
Man stellt über den ersten auf Skala *D* ermittelten Faktor (2) den linken (1) oder rechten (10) Kennstrich des Schiebers, je nachdem es der zweite Faktor (3) erfordert, der mit dem Läuferstrich auf Skala *C* gesucht wird. Die darunterstehende Ziffer (6) auf Skala *D* ist das Ergebnis.

Bei drei und mehr Faktoren multipliziert man zunächst die beiden ersten miteinander, ihr Produkt mit dem dritten Faktor usw.

Ermittlung der Stellenzahl bei Multiplikationen

Man addiert die Stellenzahl der Faktoren, merkt sich, wie oft der linke Kennstrich benutzt wurde, und zieht die Anzahl dieser Benutzungen von der Stellensumme ab.

Beispiel: 0,3 × 1300; es werden als Ergebnis die Ziffern 39 abgelesen. Stellensumme: 0 + 4 = 4. Linker Kennstrich 1mal benutzt, also wird 1 abgezogen; 4 — 1 = 3 Stellen. Ergebnis: 390.

2. Die Division

Regel (siehe Beispiel 7,2 : 0,036 = 200, nächste Seite):

Man stellt den Dividenden (72) auf Skala *D* mit dem Läufer ein, bringt den Divisor (36) auf Skala *C* ebenfalls unter den Teilstrich und liest auf Skala *D* das Ergebnis (2) ab. Bei 728 : 365 wären die Einstellungen für die Ziffern 8 und 5 nach Augenmaß zu schätzen.

Ermittlung der Stellenzahl bei Divisionen

Der Unterschied der Stellenzahl von Divisor und Dividend ergibt die Stellenzahl des Quotienten.
300 : 75 = 4; (3 — 2 = 1 Stelle). Wurde jedoch bei der Ausrechnung der linke Kennstrich benutzt, so ist zu der Differenz der Stellenzahlen noch 1 Stelle mehr zu nehmen.
300 : 15 = 20 (3—2+1=2 Stellen).

Das Rechenstabrechnen (Fortsetzung)

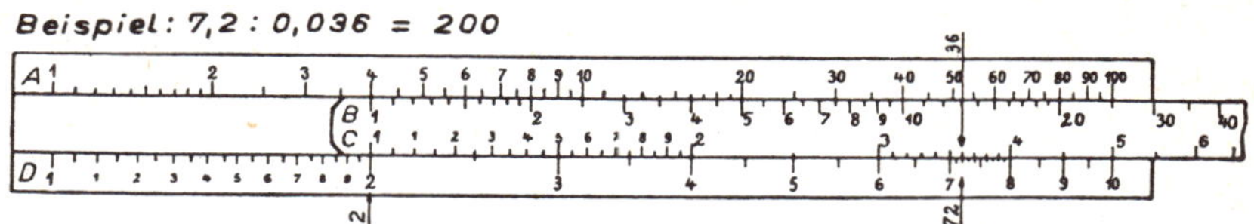

Die Einstellung ergibt auf Skala *D* die Ziffer 2. Stellendifferenz: 1 — (—1) = 1 + 1 = 2.

Der linke Kennstrich ist benutzt, also + 1; 2 + 1 = 3 Stellen. Ergebnis: 200.

Geübtere Rechner bilden in Gedanken aus 7,2 : 0,036 die Aufgabe 720 : 3,6 (Divisor 1 Stelle vor dem Komma) und erkennen sofort, daß das Ergebnis 3 Stellen vor dem Komma hat.

3. Reihen von Multiplikationen und Divisionen

Man beginnt am vorteilhaftesten stets mit der Division; dann wird multipliziert, wieder dividiert und so fort. Zwischenergebnisse werden nicht abgelesen. Man setzt die Zahlen zweckmäßig so, daß unnötige Schieberstellungen vermieden werden. Die Stellenzahl des Ergebnisses folgt aus den angeführten Regeln.

Beispiel: $\frac{28 \cdot 2{,}85 \cdot 0{,}2 \cdot 0{,}076}{17{,}84 \cdot 22{,}3 \cdot 0{,}007} = ?$

Bei der Ausrechnung erhält man als Ergebnis die Ziffern 436.

Schieberstellungen	Stellendifferenz	Zuschlag oder Abzug infolge Schieberstellung
28 : 17,84 = *a*	2—2 = 0	linker Kennstrich = +1
a · 2,85 = *b*	+1	linker Kennstrich = —1
b : 22,3 = *c*	—2	linker Kennstrich = +1
c · 0,2 = *d*	0	linker Kennstrich = —1
d : 0,007 = *e*	—(—2)	recht. Kennstrich = 0
e · 0,076 = *f*	+(—1)	recht. Kennstrich = 0
	0	0
Ergebnis: 0,436		Stellenzahl = 0

4. Das Quadrieren

A links 9 A rechts
B 10
C
D 3

Man stellt den Läuferstrich über die zu quadrierende Zahl (auf Skala *D*) und liest auf Skala *A* das Ergebnis ab. $3^2 = 9$; $30^2 = 900$; $38{,}6^2 = 1490$.

Ermittlung der Stellenzahl des Ergebnisses

Skala *A* zerfällt bei 10 in zwei Teile (*A* links und *A* rechts). Wird das Ergebnis rechts abgelesen, so ist seine Stellenzahl gleich der doppelten der Grundzahl. Wird links abgelesen, so hat das Ergebnis 1 Stelle weniger.

5. Das Wurzelziehen (Radizieren)

Das Ziehen der Quadratwurzel ist die Umkehrung des Quadrierens. Es ist darauf zu achten, daß die ungeradstelligen Zahlen auf der linken und die geradstelligen Zahlen auf der rechten Skala *A* gesucht werden. $\sqrt{9} = 3$ und $\sqrt{7{,}4} = 2{,}72$.

Die Stellenzahl des Ergebnisses wird wie beim gewöhnlichen Wurzelziehen gefunden:

Vom Komma aus werden je zwei Stellen der Zahl als eine Stelle der Wurzel gerechnet.

A links 7,4 A rechts 81
B 10
C
D 2,72 9

6. Ablesung der Sinus- und Tangenswerte

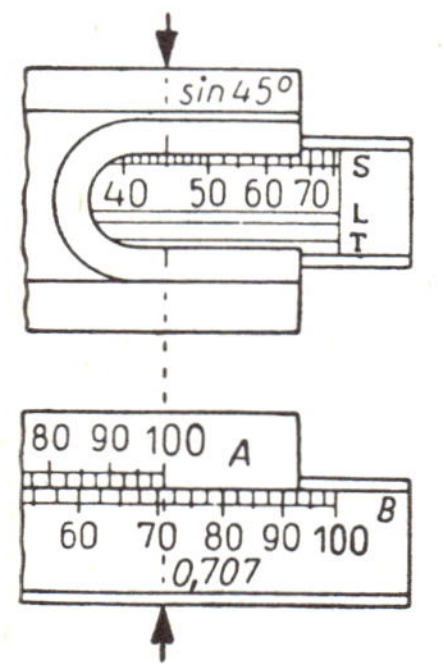

Zu diesem Zwecke befinden sich auf der Rückseite die mit *S* und *T* bezeichneten Skalen.

Sinusbestimmung

Man stellt den Winkel auf der *S*-Teilung über dem unteren Teilstrich der linken oder rechten Ausfräsung ein, dreht den Rechenstab um und liest unter der 100 bzw. 1 der Skala *A* auf *B* das Ergebnis ab. sin 45° = 0,707.

Tangensbestimmung

Man stellt den Winkel auf der *T*-Teilung entsprechend (wie bei der Sinusbestimmung) ein, liest das Ergebnis jedoch über der 10 bzw. 1 der Skala *D* auf *C* ab. tan 8° 5′ = 0,142.

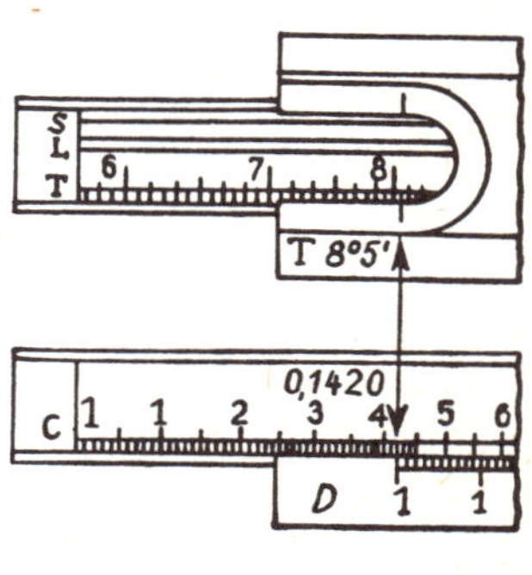

Anleitung zum Gebrauch der Zahlentafeln Seite 13 ··· 21

Es bedeuten:

n = eine beliebige Zahl, z. B. 21,5 cm

d = ein beliebiger Kreis-⌀, z. B. 21,5 cm

3

n^2 = $n \cdot n$, Quadratzahl von der Zahl n, z. B. $n^2 = 21{,}5^2 = 21{,}5 \cdot 21{,}5 = 462{,}3$ cm² (Flächeninhalt A eines Quadrates von 21,5 cm Seitenlänge).

Beispiel von Seite 15 oben

$n = d$	n^2	n^3	$\sqrt{n}$	$\sqrt[3]{n}$	$\pi \cdot d$	$\frac{\pi \cdot d^2}{4}$
21,5	462,3	9938	4,637	2,781	67,54	363,1
21,6	466,6	10078	4,648	2,785	67,86	366,4
21,7	470,9	10218	4,658	2,789	68,17	369,8

n^3 = $n \cdot n \cdot n$, Kubikzahl von der Zahl n, z. B. $n^3 = 21{,}5^3 = 21{,}5 \cdot 21{,}5 \cdot 21{,}5 = 9938$ cm³ (Rauminhalt V eines Würfels von 21,5 cm Kantenlänge).

$\sqrt{n}$ = Quadratwurzel aus der Zahl n, z. B. $\sqrt{21{,}5 \text{ cm}^2} = 4{,}637 \text{ cm} \approx 4{,}64 \text{ cm} = 46{,}4$ mm. (Ein Quadrat von $A = 21{,}5$ cm² **Flächeninhalt** hat 4,64 cm **Seitenlänge.**)

$\sqrt[3]{n}$ = Kubikwurzel aus der Zahl n, z. B. $\sqrt[3]{21{,}5 \text{ cm}^3} = 2{,}781 \text{ cm} \approx 2{,}78 \text{ cm} = 27{,}8$ mm. (Ein Würfel von $V = 21{,}5$ cm³ Rauminhalt hat 2,78 cm Kantenlänge.)

$\pi \cdot d$ = Kreisumfang U eines Kreises vom Durchmesser d, z. B. $\pi \cdot d = \pi \cdot 21{,}5 \text{ cm} = 3{,}14159 \cdot 21{,}5 =$ **67,54 cm** = 675,4 mm **Umfang.**

$\frac{\pi \cdot d^2}{4}$ = Kreisinhalt A eines Kreises vom Durchmesser d,

z. B. $\frac{\pi \cdot d^2}{4} = \frac{\pi \cdot 21{,}5^2}{4} = \frac{3{,}14159 \cdot 21{,}5 \cdot 21{,}5}{4} = 363{,}1 \text{ cm}^2 = 36310 \text{ mm}^2$,

kurz geschrieben: $\frac{\pi \cdot d^2}{4} = \frac{\pi \cdot 21{,}5^2}{4} = 363{,}1 \text{ cm}^2$.

Kommaverschiebung

	$n = d$	n^2	n^3	$\sqrt{n}$	$\sqrt[3]{n}$	$\pi \cdot d$	$\frac{\pi \cdot d^2}{4}$
	21,5	462,3	9938	4,637	2,781	67,54	363,1
nach rechts	215	46230	9938000	—	—	675,4	36310
nach links	2,15	4,623	9,938	—	—	6,754	3,63
	1 Stelle	2 Stellen	3 Stellen	—	—	1 Stelle	2 Stellen
	21,5	—	—	4,637	—	—	—
nach rechts	2150	—	—	46,37	—	—	—
nach links	0,215	—	—	0,4637	—	—	—
	2 Stellen	4 Stellen	6 Stellen	1 Stelle	—	2 Stellen	4 Stellen
	21,5	—	—	—	2,781	—	—
nach rechts	21500	—	—	—	27,81	—	—
nach links	0,0215	—	—	—	0,2781	—	—
	3 Stellen	6 Stellen	9 Stellen	—	1 Stelle	3 Stellen	6 Stellen

Merke: Auf Stahlkonstruktions- und Maschinenzeichnungen findet man mm-Maße. Auf Bauzeichnungen werden alle Maße über 1 m in m, unter 1 m in cm oder sämtliche Maße in cm angegeben. Einzelzeichnungen werden in mm bemaßt. Bei Gewichts- und Massenberechnungen verwandelt man mm-Maße in cm und rechnet in cm, cm², cm³. Vgl. Anmerkung zu den Dichteangaben auf S. 6.

1. Beispiel: Quadratstahl 52 mm hat $5{,}2^2 = 27{,}04$ cm² Querschnittsfläche (Tabelle Seite 13).

2. Beispiel: Ein Blechschornstein von $d = 325$ mm ⌀ hat $\pi \cdot 32{,}5 = 102{,}1$ cm = 1021 mm Umfang (Tabelle Seite 15 und 16).

3. Beispiel: Ein Dampfkolben von $d = 450$ mm ⌀ hat $\frac{\pi \cdot 45^2}{4} = 1590$ cm² Kolbenfläche (Tabelle Seite 17)

4. Beispiel: Ein Kantholz von 12/12 hat $12^2 = 144$ cm² Querschnittsfläche (Tabelle Seite 14).

5. Beispiel: Zwei Wasserrohre $d_1 = 475$ mm und $d_2 = 700$ mm ⌀ werden aus einem Hauptrohr gespeist. Wie groß ist der Durchmesser d des Hauptrohres zu wählen wenn die Wassergeschwindigkeiten gleich sein sollen?

$\frac{\pi \cdot d_1^2}{4} = \frac{\pi \cdot 47{,}5^2}{4} = 1772$ cm² (Tabelle Seite 17).

$\frac{\pi \cdot d_2^2}{4} = \frac{\pi \cdot 70^2}{4} = 3848$ cm² (Tabelle Seite 19).

Zusammen 5620 cm²

Als nächsten Wert finden wir unter $\frac{\pi \cdot d^2}{4}$ auf Seite 20: 5621 cm². Hierzu gehört $d = 84{,}6$ cm. Ausgeführt wird $d = 850$ mm.

6. Beispiel: Eine Säule hat kreisringförmigen Querschnitt $D = 310$ mm, $d = 250$ mm. Nach Seite 6 ist die Querschnittsfläche $A = \frac{\pi \cdot D^2}{4} - \frac{\pi \cdot d^2}{4} = \frac{\pi \cdot 31^2}{4} - \frac{\pi \cdot 25^2}{4} = 754{,}8 - 490{,}9 \approx$ **264 cm²** groß (Tabelle Seite 15).

7. Beispiel: Die Plattform eines runden Aussichtsturms von 7,10 m ⌀ erhält Zementestrich. Nach Seite 13 beträgt die Kreisfläche 39,59 m².

8. Beispiel: Eine quadratische Blechtafel von $A = 36{,}9$ dm² hat $\sqrt{36{,}9} = 6{,}075$ dm = 607,5 mm Seitenlänge (Tabelle Seite 16).

9. Beispiel: Quadratstahl von $A = 15{,}6$ cm² Querschnitt muß $\sqrt{15{,}6} = 3{,}95 \text{ cm} \approx 40$ mm dick sein (Tabelle Seite 14).

10. Beispiel: Rundstahl von $A = 15{,}6 \text{ cm}^2 = 1560 \text{ mm}^2$ muß $d \approx 44{,}6$ mm ⌀ haben (Tabelle Seite 17). Suche 1560 in der letzten Spalte. Statt mit 1560 wird mit dem Tabellenwert 1562 mm² $= \frac{\pi \cdot d^2}{4}$ gerechnet, was auf die Genauigkeit des Ergebnisses ohne Einfluß ist.

Weitere Beispiele siehe Fußnoten S. 13 und 15.

$\frac{1}{\pi} = 0{,}31831$ $\frac{\pi}{4} = 0{,}785398$ $\frac{\pi}{180} = 0{,}017453$

3

	Zahl $n = d$	Quadrat n^2	Würfel n^3	$\sqrt{n}$	$\sqrt[3]{n}$	Kreisumfang $\pi \cdot d$	Kreisinhalt $\frac{\pi \cdot d^2}{4}$
1/100	0,01	0,0001	0,000 001	0,100	0,215	0,0314	0,00008
1/10	0,1	0,0100	0,001 000	0,316	0,464	0,3142	0,00785
1/8	0,125	0,0156	0,001 953	0,354	0,500	0,3927	0,01227
1/5	0,2	0,0400	0,008 000	0,447	0,585	0,6283	0,03142
1/4	0,25	0,0625	0,015 625	0,500	0,630	0,7854	0,04909
	0,3	0,0900	0,027 000	0,548	0,669	0,9425	0,07069
2/5	0,4	0,1600	0,064 000	0,632	0,737	1,2566	0,12566
1/2	0,5	0,2500	0,125 000	0,707	0,794	1,5708	0,19635
3/5	0,6	0,3600	0,216 000	0,775	0,843	1,8850	0,28274
	0,7	0,4900	0,343 000	0,837	0,888	2,1991	0,38485
3/4	0,75	0,5625	0,421 875	0,866	0,909	2,3562	0,44179
4/5	0,8	0,6400	0,512 000	0,894	0,928	2,5133	0,50266
	0,9	0,8100	0,729 000	0,949	0,965	2,8274	0,63617
	1,0	1,00	1,000	1,000	1,000	3,142	0,7854
	1,1	1,21	1,331	1,049	1,032	3,456	0,9503
	1,2	1,44	1,728	1,095	1,063	3,770	1,1310
	1,3	1,69	2,197	1,140	1,091	4,084	1,3273
	1,4	1,96	2,744	1,183	1,119	4,398	1,5394
	1,5	2,25	3,375	1,225	1,145	4,712	1,7671
	1,6	2,56	4,096	1,265	1,170	5,027	2,0106
	1,7	2,89	4,913	1,304	1,194	5,341	2,2697
	1,8	3,24	5,832	1,342	1,216	5,655	2,5447
	1,9	3,61	6,859	1,378	1,239	5,969	2,8353
	2,0	4,00	8,000	1,414	1,260	6,283	3,1416
	2,1	4,41	9,261	1,449	1,281	6,597	3,4636
	2,2	4,84	10,648	1,483	1,301	6,912	3,8013
	2,3	5,29	12,167	1,517	1,320	7,226	4,1548
	2,4	5,76	13,824	1,549	1,339	7,540	4,5239
	2,5	6,25	15,625	1,581	1,357	7,854	4,9087
	2,6	6,76	17,576	1,612	1,375	8,168	5,3093
	2,7	7,29	19,683	1,643	1,393	8,482	5,7256
	2,8	7,84	21,952	1,673	1,410	8,797	6,1575
	2,9	8,41	24,389	1,703	1,426	9,111	6,6052
	3,0	9,00	27,000	1,732	1,442	9,425	7,0686
	3,1	9,61	29,791	1,761	1,458	9,739	7,5477
	3,2	10,24	32,768	1,789	1,474	10,053	8,0425
	3,3	10,89	35,937	1,817	1,489	10,367	8,5530
	3,4	11,56	39,304	1,844	1,504	10,681	9,0792
	3,5	12,25	42,875	1,871	1,518	10,996	9,6211
	3,6	12,96	46,656	1,897	1,533	11,310	10,1788
	3,7	13,69	50,653	1,924	1,547	11,624	10,7521
	3,8	14,44	54,872	1,949	1,561	11,938	11,3411
	3,9	15,21	59,319	1,975	1,574	12,252	11,9459
	4,0	16,00	64,000	2,000	1,587	12,566	12,5664
	4,1	16,81	68,921	2,025	1,601	12,881	13,2025
	4,2	17,64	74,088	2,049	1,613	13,195	13,8544
	4,3	18,49	79,507	2,074	1,626	13,509	14,5220
	4,4	19,36	85,184	2,098	1,639	13,823	15,2053
	4,5	20,25	91,125	2,121	1,651	14,137	15,9043
	4,6	21,16	97,336	2,145	1,663	14,451	16,6190
	4,7	22,09	103,823	2,168	1,675	14,765	17,3494
	4,8	23,04	110,592	2,191	1,687	15,080	18,0956
	4,9	24,01	117,649	2,214	1,699	15,394	18,8574
	5,0	25,00	125,000	2,236	1,710	15,708	19,6350

$n = d$	n^2	n^3	$\sqrt{n}$	$\sqrt[3]{n}$	$\pi \cdot d$	$\frac{\pi \cdot d^2}{4}$
5,0	25,00	125,00	2,236	1,710	15,708	19,64
5,1	26,01	132,65	2,258	1,721	16,022	20,43
5,2	27,04	140,61	2,280	1,733	16,336	21,24
5,3	28,09	148,88	2,302	1,744	16,650	22,06
5,4	29,16	157,46	2,324	1,754	16,965	22,90
5,5	30,25	166,38	2,345	1,765	17,279	23,76
5,6	31,36	175,62	2,366	1,776	17,593	24,63
5,7	32,49	185,19	2,387	1,786	17,907	25,52
5,8	33,64	195,11	2,408	1,797	18,221	26,42
5,9	34,81	205,38	2,429	1,807	18,535	27,34
6,0	36,00	216,00	2,450	1,817	18,850	28,27
6,1	37,21	226,98	2,470	1,827	19,164	29,22
6,2	38,44	238,33	2,490	1,837	19,478	30,19
6,3	39,69	250,05	2,510	1,847	19,792	31,17
6,4	40,96	262,14	2,530	1,857	20,106	32,17
6,5	42,25	274,63	2,550	1,866	20,420	33,18
6,6	43,56	287,50	2,569	1,876	20,735	34,21
6,7	44,89	300,76	2,588	1,885	21,049	35,26
6,8	46,24	314,43	2,608	1,894	21,363	36,32
6,9	47,61	328,51	2,627	1,904	21,677	37,39
7,0	49,00	343,00	2,646	1,913	21,991	38,48
7,1	50,41	357,91	2,665	1,922	22,305	39,59
7,2	51,84	373,25	2,683	1,931	22,619	40,72
7,3	53,29	389,02	2,702	1,940	22,934	41,85
7,4	54,76	405,22	2,720	1,949	23,248	43,01
7,5	56,25	421,88	2,739	1,957	23,562	44,18
7,6	57,76	438,98	2,757	1,966	23,876	45,36
7,7	59,29	456,53	2,775	1,975	24,190	46,57
7,8	60,84	474,55	2,793	1,983	24,504	47,78
7,9	62,41	493,04	2,811	1,992	24,819	49,02
8,0	64,00	512,00	2,828	2,000	25,133	50,27
8,1	65,61	531,44	2,846	2,008	25,447	51,53
8,2	67,24	551,37	2,864	2,017	25,761	52,81
8,3	68,89	571,79	2,881	2,025	26,075	54,11
8,4	70,56	592,70	2,898	2,033	26,389	55,42
8,5	72,25	614,13	2,915	2,041	26,704	56,75
8,6	73,96	636,06	2,933	2,049	27,018	58,09
8,7	75,69	658,50	2,950	2,057	27,332	59,45
8,8	77,44	681,47	2,966	2,065	27,646	60,82
8,9	79,21	704,97	2,983	2,072	27,960	62,21
9,0	81,00	729,00	3,000	2,080	28,274	63,62
9,1	82,81	753,57	3,017	2,088	28,588	65,04
9,2	84,64	778,69	3,033	2,095	28,903	66,48
9,3	86,49	804,36	3,050	2,103	29,217	67,93
9,4	88,36	830,58	3,066	2,111	29,531	69,40
9,5	90,25	857,38	3,082	2,118	29,845	70,88
9,6	92,16	884,74	3,098	2,125	30,159	72,38
9,7	94,09	912,67	3,115	2,133	30,473	73,90
9,8	96,04	941,19	3,131	2,140	30,788	75,43
9,9	98,01	970,30	3,146	2,147	31,102	76,98
10,0	100,00	1000,00	3,162	2,154	31,416	78,54
10,1	102,01	1030,30	3,178	2,162	31,730	80,12
10,2	104,04	1061,21	3,194	2,169	32,044	81,71
10,3	106,09	1092,73	3,209	2,176	32,358	83,32
10,4	108,16	1124,86	3,225	2,183	32,672	84,95
10,5	110,25	1157,63	3,240	2,190	32,987	86,59

Beispiele für Wurzelrechnen aus Spalten 2, 3 und 1 für 4,5:

$\sqrt{20{,}25} = 4{,}5$ $\quad 4{,}5^2 = 20{,}25$ $\quad \sqrt[3]{91{,}125} = 4{,}5$ $\quad 4{,}5^3 = 91{,}125$ $\quad$ Vgl. S. 21: $\sqrt[3]{91{,}1} \approx 4{,}500$ $\quad \sqrt[3]{91} \approx 4{,}5$

$n = d$	n^2	n^3	$\sqrt{n}$	$\sqrt[3]{n}$	$\pi \cdot d$	$\frac{\pi \cdot d^2}{4}$	$n = d$	n^2	n^3	$\sqrt{n}$	$\sqrt[3]{n}$	$\pi \cdot d$	$\frac{\pi \cdot d^2}{4}$
10,5	110,3	1 158	3,240	2,190	32,99	86,59	**16,0**	256,0	4 096	4,000	2,520	50,27	201,1
10,6	112,4	1 191	3,256	2,197	33,30	88,25	16,1	259,2	4 173	4,012	2,525	50,58	203,6
10,7	114,5	1 225	3,271	2,204	33,62	89,92	16,2	262,4	4 252	4,025	2,530	50,89	206,1
10,8	116,6	1 260	3,286	2,210	33,93	91,61	16,3	265,7	4 331	4,037	2,535	51,21	208,7
10,9	118,8	1 295	3,302	2,217	34,24	93,31	16,4	269,0	4 411	4,050	2,541	51,52	211,2
11,0	121,0	1 331	3,317	2,224	34,56	95,03	**16,5**	272,3	4 492	4,062	2,546	51,84	213,8
11,1	123,2	1 368	3,332	2,231	34,87	96,77	16,6	275,6	4 574	4,074	2,551	52,15	216,4
11,2	125,4	1 405	3,347	2,237	35,19	98,52	16,7	278,9	4 657	4,087	2,556	52,47	219,0
11,3	127,7	1 443	3,362	2,244	35,50	100,3	16,8	282,2	4 742	4,099	2,561	52,78	221,7
11,4	130,0	1 482	3,376	2,251	35,81	102,1	16,9	285,6	4 827	4,111	2,566	53,09	224,3
11,5	132,3	1 521	3,391	2,257	36,13	103,9	**17,0**	289,0	4 913	4,123	2,571	53,41	227,0
11,6	134,6	1 561	3,406	2,264	36,44	105,7	17,1	292,4	5 000	4,135	2,576	53,72	229,7
11,7	136,9	1 602	3,421	2,270	36,76	107,5	17,2	295,8	5 088	4,147	2,581	54,04	232,4
11,8	139,2	1 643	3,435	2,277	37,07	109,4	17,3	299,3	5 178	4,159	2,586	54,35	235,1
11,9	141,6	1 685	3,450	2,283	37,38	111,2	17,4	302,8	5 268	4,171	2,591	54,66	237,8
12,0	144,0	1 728	3,464	2,289	37,70	113,1	**17,5**	306,3	5 359	4,183	2,596	54,98	240,5
12,1	146,4	1 772	3,479	2,296	38,01	115,0	17,6	309,8	5 452	4,195	2,601	55,29	243,3
12,2	148,8	1 816	3,493	2,302	38,33	116,9	17,7	313,3	5 545	4,207	2,606	55,61	246,1
12,3	151,3	1 861	3,507	2,308	38,64	118,8	17,8	316,8	5 640	4,219	2,611	55,92	248,8
12,4	153,8	1 907	3,521	2,315	38,96	120,8	17,9	320,4	5 735	4,231	2,616	56,24	251,6
12,5	156,3	1 953	3,536	2,321	39,27	122,7	**18,0**	324,0	5 832	4,243	2,621	56,55	254,5
12,6	158,8	2 000	3,550	2,327	39,58	124,7	18,1	327,6	5 930	4,254	2,626	56,86	257,3
12,7	161,3	2 048	3,564	2,333	39,90	126,7	18,2	331,2	6 029	4,266	2,630	57,18	260,2
12,8	163,8	2 097	3,578	2,339	40,21	128,7	18,3	334,9	6 128	4,278	2,635	57,49	263,0
12,9	166,4	2 147	3,592	2,345	40,53	130,7	18,4	338,6	6 230	4,290	2,640	57,81	265,9
13,0	169,0	2 197	3,606	2,351	40,84	132,7	**18,5**	342,3	6 332	4,301	2,645	58,12	268,8
13,1	171,6	2 248	3,619	2,357	41,16	134,8	18,6	346,0	6 435	4,313	2,650	58,43	271,7
13,2	174,2	2 300	3,633	2,363	41,47	136,8	18,7	349,7	6 539	4,324	2,654	58,75	274,6
13,3	176,9	2 353	3,647	2,369	41,78	138,9	18,8	353,4	6 645	4,336	2,659	59,06	277,6
13,4	179,6	2 406	3,661	2,375	42,10	141,0	18,9	357,2	6 751	4,347	2,664	59,38	280,6
13,5	182,3	2 460	3,674	2,381	42,41	143,1	**19,0**	361,0	6 859	4,359	2,668	59,69	283,5
13,6	185,0	2 515	3,688	2,387	42,73	145,3	19,1	364,8	6 968	4,370	2,673	60,00	286,5
13,7	187,7	2 571	3,701	2,393	43,04	147,4	19,2	368,6	7 078	4,382	2,678	60,32	289,5
13,8	190,4	2 628	3,715	2,399	43,35	149,6	19,3	372,5	7 189	4,393	2,682	60,63	292,6
13,9	193,2	2 686	3,728	2,404	43,67	151,7	19,4	376,4	7 301	4,405	2,687	60,95	295,6
14,0	196,0	2 744	3,742	2,410	43,98	153,9	**19,5**	380,3	7 415	4,416	2,692	61,26	298,6
14,1	198,8	2 803	3,755	2,416	44,30	156,1	19,6	384,2	7 530	4,427	2,696	61,58	301,7
14,2	201,6	2 863	3,768	2,422	44,61	158,4	19,7	388,1	7 645	4,438	2,701	61,89	304,8
14,3	204,5	2 924	3,782	2,427	44,93	160,6	19,8	392,0	7 762	4,450	2,705	62,20	307,9
14,4	207,4	2 986	3,795	2,433	45,24	162,9	19,9	396,0	7 881	4,461	2,710	62,52	311,0
14,5	210,3	3 049	3,808	2,438	45,55	165,1	**20,0**	400,0	8 000	4,472	2,714	62,83	314,2
14,6	213,2	3 112	3,821	2,444	45,87	167,4	20,1	404,0	8 121	4,483	2,719	63,15	317,3
14,7	216,1	3 177	3,834	2,450	46,18	169,7	20,2	408,0	8 242	4,494	2,723	63,46	320,5
14,8	219,0	3 242	3,847	2,455	46,50	172,0	20,3	412,1	8 365	4,506	2,728	63,77	323,7
14,9	222,0	3 308	3,860	2,461	46,81	174,4	20,4	416,2	8 490	4,517	2,732	64,09	326,9
15,0	225,0	3 375	3,873	2,466	47,12	176,7	**20,5**	420,3	8 615	4,528	2,737	64,40	330,1
15,1	228,0	3 443	3,886	2,472	47,44	179,1	20,6	424,4	8 742	4,539	2,741	64,72	333,3
15,2	231,0	3 512	3,899	2,477	47,75	181,5	20,7	428,5	8 870	4,550	2,746	65,03	336,5
15,3	234,1	3 582	3,912	2,483	48,07	183,9	20,8	432,6	8 999	4,561	2,750	65,35	339,8
15,4	237,2	3 652	3,924	2,488	48,38	186,3	20,9	436,8	9 129	4,572	2,755	65,66	343,1
15,5	240,3	3 724	3,937	2,493	48,69	188,7	**21,0**	441,0	9 261	4,583	2,759	65,97	346,4
15,6	243,4	3 796	3,950	2,499	49,01	191,1	21,1	445,2	9 394	4,593	2,763	66,29	349,7
15,7	246,5	3 870	3,962	2,504	49,32	193,6	21,2	449,4	9 528	4,604	2,768	66,60	353,0
15,8	249,6	3 944	3,975	2,509	49,64	196,1	21,3	453,7	9 664	4,615	2,772	66,92	356,3
15,9	252,8	4 020	3,987	2,515	49,95	198,6	21,4	458,0	9 800	4,626	2,776	67,23	359,7
16,0	256,0	4 096	4,000	2,520	50,27	201,1	**21,5**	462,3	9 938	4,637	2,781	67,54	363,1

$n = d$	n^2	n^3	$\sqrt{n}$	$\sqrt[3]{n}$	$\pi \cdot d$	$\frac{\pi \cdot d^2}{4}$
21,5	462,3	9 938	4,637	2,781	67,54	363,1
21,6	466,6	10 078	4,648	2,785	67,86	366,4
21,7	470,9	10 218	4,658	2,789	68,17	369,8
21,8	475,2	10 360	4,669	2,794	68,49	373,3
21,9	479,6	10 503	4,680	2,798	68,80	376,7
22,0	484,0	10 648	4,690	2,802	69,12	380,1
22,1	488,4	10 794	4,701	2 806	69,43	383,6
22,2	492,8	10 941	4,712	2,811	69,74	387,1
22,3	497,3	11 090	4,722	2,815	70,06	390,6
22,4	501,8	11 239	4,733	2,819	70,37	394,1
22,5	506,3	11 391	4,743	2,823	70,69	397,6
22,6	510,8	11 543	4,754	2,827	71,00	401,1
22,7	515,3	11 697	4,764	2,831	71,31	404,7
22,8	519,8	11 852	4,775	2,836	71,63	408,3
22,9	524,4	12 009	4,785	2,840	71,94	411,9
23,0	529,0	12 167	4,796	2,844	72,26	415,5
23,1	533,6	12 326	4,806	2,848	72,57	419,1
23,2	538,2	12 487	4,817	2,852	72,88	422,7
23,3	542,9	12 649	4,827	2,856	73,20	426,4
23,4	547,6	12 813	4,837	2,860	73,51	430,1
23,5	552,3	12 978	4,848	2,864	73,83	433,7
23,6	557,0	13 144	4,858	2,868	74,14	437,4
23,7	561,7	13 312	4,868	2,872	74,46	441,2
23,8	566,4	13 481	4,879	2,876	74,77	444,9
23,9	571,2	13 652	4,889	2,880	75,08	448,6
24,0	576,0	13 824	4,899	2,884	75,40	452,4
24,1	580,8	13 998	4,909	2,888	75,71	456,2
24,2	585,6	14 172	4,919	2,892	76,03	460,0
24,3	590,5	14 349	4,930	2,896	76,34	463,8
24,4	595,4	14 527	4,940	2,900	76,65	467,6
24,5	600,3	14 706	4,950	2,904	76,97	471,4
24,6	605,2	14 887	4,960	2,908	77,28	475,3
24,7	610,1	15 069	4,970	2,912	77,60	479,2
24,8	615,0	15 253	4,980	2,916	77,91	483,1
24,9	620,0	15 438	4,990	2,920	78,23	487,0
25,0	625,0	15 625	5,000	2,924	78,54	490,9
25,1	630,0	15 813	5,010	2,928	78,85	494,8
25,2	635,0	16 003	5,020	2,932	79,17	498,8
25,3	640,1	16 194	5,030	2,936	79,48	502,7
25,4	645,2	16 387	5,040	2,940	79,80	506,7
25,5	650,3	16 581	5,050	2,943	80,11	510,7
25,6	655,4	16 777	5,060	2,947	80,42	514,7
25,7	660,5	16 975	5,070	2,951	80,74	518,7
25,8	665,6	17 174	5,079	2,955	81,05	522,8
25,9	670,8	17 374	5,089	2,959	81,37	526,9
26,0	676,0	17 576	5,099	2,962	81,68	530,9
26,1	681,2	17 780	5,109	2,966	82,00	535,0
26,2	686,4	17 985	5,119	2,970	82,31	539,1
26,3	691,7	18 191	5,128	2,974	82,62	543,3
26,4	697,0	18 400	5,138	2,978	82,94	547,4
26,5	702,3	18 610	5,148	2,981	83,25	551,5
26,6	707,6	18 821	5,158	2,985	83,57	555,7
26,7	712,9	19 034	5,167	2,989	83,88	559,9
26,8	718,2	19 249	5,177	2,993	84,19	564,1
26,9	723,6	19 465	5,187	2,996	84,51	568,3
27,0	729,0	19 683	5,196	3,000	84,82	572,6

$n = d$	n^2	n^3	$\sqrt{n}$	$\sqrt[3]{n}$	$\pi \cdot d$	$\frac{\pi \cdot d^2}{4}$
27,0	729,0	19 683	5,196	3,000	84,82	572,6
27,1	734,4	19 903	5,206	3,004	85,14	576,8
27,2	739,8	20 124	5,215	3,007	85,45	581,1
27,3	745,3	20 346	5,225	3,011	85,77	585,3
27,4	750,8	20 571	5,235	3,015	86,08	589,6
27,5	756,3	20 797	5,244	3,018	86,39	594,0
27,6	761,8	21 025	5,254	3,022	86,71	598,3
27,7	767,3	21 254	5,263	3,026	87,02	602,6
27,8	772,8	21 485	5,273	3,029	87,34	607,0
27,9	778,4	21 718	5,282	3,033	87,65	611,4
28,0	784,0	21 952	5,292	3,037	87,96	615,8
28,1	789,6	22 188	5,301	3,040	88,28	620,2
28,2	795,2	22 426	5,310	3,044	88,59	624,6
28,3	800,9	22 665	5,320	3,047	88,91	629,0
28,4	806,6	22 906	5,329	3,051	89,22	633,5
28,5	812,3	23 149	5,339	3,055	89,54	637,9
28,6	818,0	23 394	5,348	3,058	89,85	642,4
28,7	823,7	23 640	5,357	3,062	90,16	646,9
28,8	829,4	23 888	5,367	3,065	90,48	651,4
28,9	835,2	24 138	5,376	3,069	90,79	656,0
29,0	841,0	24 389	5,385	3,072	91,11	660,5
29,1	846,8	24 642	5,394	3,076	91,42	665,1
29,2	852,6	24 897	5,404	3,079	91,73	669,7
29,3	858,5	25 154	5,413	3,083	92,05	674,3
29,4	864,4	25 412	5,422	3,086	92,36	678,9
29,5	870,3	25 672	5,431	3,090	92,68	683,5
29,6	876,2	25 934	5,441	3,093	92,99	688,1
29,7	882,1	26 198	5,450	3,097	93,31	692,8
29,8	888,0	26 464	5,459	3,100	93,62	697,5
29,9	894,0	26 731	5,468	3,104	93,93	702,2
30,0	900,0	27 000	5,477	3,107	94,25	706,9
30,1	906,0	27 271	5,486	3,111	94,56	711,6
30,2	912,0	27 544	5,495	3,114	94,88	716,3
30,3	918,1	27 818	5,505	3,117	95,19	721,1
30,4	924,2	28 094	5,514	3,121	95,50	725,8
30,5	930,3	28 373	5,523	3,124	95,82	730,6
30,6	936,4	28 653	5,532	3,128	96,13	735,4
30,7	942,5	28 934	5,541	3,131	96,45	740,2
30,8	948,6	29 218	5,550	3,135	96,76	745,1
30,9	954,8	29 504	5,559	3,138	97,08	749,9
31,0	961,0	29 791	5,568	3,141	97,39	754,8
31,1	967,2	30 080	5,577	3,145	97,70	759,6
31,2	973,4	30 371	5,586	3,148	98,02	764,5
31,3	979,7	30 664	5,595	3,151	98,33	769,4
31,4	986,0	30 959	5,604	3,155	98,65	774,4
31,5	992,3	31 256	5,612	3,158	98,96	779,3
31,6	998,6	31 554	5,621	3,162	99,27	784,3
31,7	1 005	31 855	5,630	3,165	99,59	789,2
31,8	1 011	32 157	5,639	3,168	99,90	794,2
31,9	1 018	32 462	5,648	3,171	100,2	799,2
32,0	1 024	32 768	5,657	3,175	100,5	804,2
32,1	1 030	33 076	5,666	3,178	100,8	809,3
32,2	1 037	33 386	5,675	3,181	101,2	814,3
32,3	1 043	33 698	5,683	3,185	101,5	819,4
32,4	1 050	34 012	5,692	3,188	101,8	824,5
32,5	1 056	34 328	5,701	3,191	102,1	829,6

Beispiele für Wurzelrechnen aus Spalten 2, 3 und 1 für 26,3:

$26.3^2 = 691.7$ $\quad \sqrt{691.69} \approx \sqrt{691.7} = 26.3$ $\quad \sqrt{6.9169} \approx \sqrt{6.917} = 2.63$ (Vgl. S. 12)

$26.3^3 = 18191$ $\quad \sqrt[3]{18191} = 26.3$ $\quad \sqrt[3]{18.191} = 2.63$ (Vgl. S. 12)

3

$n=d$	n^2	n^3	$\sqrt{n}$	$\sqrt[3]{n}$	$\pi \cdot d$	$\frac{\pi \cdot d^2}{4}$	$n=d$	n^2	n^3	$\sqrt{n}$	$\sqrt[3]{n}$	$\pi \cdot d$	$\frac{\pi \cdot d^2}{4}$
32,5	1 056	34 328	5,701	3,191	102,1	829,6	**38,0**	1 444	54 872	6,164	3,362	119,4	1 134
32,6	1 063	34 646	5,710	3,195	102,4	834,7	38,1	1 452	55 306	6,173	3,365	119,7	1 140
32,7	1 069	34 966	5,718	3,198	102,7	839,8	38,2	1 459	55 743	6,181	3,368	120,0	1 146
32,8	1 076	35 288	5,727	3,201	103,0	845,0	38,3	1 467	56 182	6,189	3,371	120,3	1 152
32,9	1 082	35 611	5,736	3,204	103,4	850,1	38,4	1 475	56 623	6,197	3,374	120,6	1 158
33,0	1 089	35 937	5,745	3,208	103,7	855,3	**38,5**	1 482	57 067	6,205	3,377	121,0	1 164
33,1	1 096	36 265	5,753	3,211	104,0	860,5	38,6	1 490	57 512	6,213	3,380	121,3	1 170
33,2	1 102	36 594	5,762	3,214	104,3	865,7	38,7	1 498	57 961	6,221	3,382	121,6	1 176
33,3	1 109	36 926	5,771	3,217	104,6	870,9	38,8	1 505	58 411	6,229	3,385	121,9	1 182
33,4	1 116	37 260	5,779	3,220	104,9	876,2	38,9	1 513	58 864	6,237	3,388	122,2	1 188
33,5	1 122	37 595	5,788	3,224	105,2	881,4	**39,0**	1 521	59 319	6,245	3,391	122,5	1 195
33,6	1 129	37 933	5,797	3,227	105,6	886,7	39,1	1 529	59 776	6 253	3,394	122,8	1 201
33,7	1 136	38 273	5,805	3,230	105,9	892,0	39,2	1 537	60 236	6,261	3,397	123,2	1 207
33,8	1 142	38 614	5,814	3,233	106,2	897,3	39,3	1 544	60 698	6,269	3,400	123,5	1 213
33,9	1 149	38 958	5,822	3,236	106,5	902,6	39,4	1 552	61 163	6,277	3,403	123,8	1 219
34,0	1 156	39 304	5,831	3,240	106,8	907,9	**39,5**	1 560	61 630	6,285	3,406	124,1	1 225
34,1	1 163	39 652	5,840	3,243	107,1	913,3	39,6	1 568	62 099	6,293	3,409	124,4	1 232
34,2	1 170	40 002	5,848	3,246	107,4	918,6	39,7	1 576	62 571	6,301	3,411	124,7	1 238
34,3	1 176	40 354	5,857	3,249	107,8	924,0	39,8	1 584	63 045	6,309	3,414	125,0	1 244
34,4	1 183	40 708	5,865	3,252	108,1	929,4	39,9	1 592	63 521	6,317	3,417	125,3	1 250
34,5	1 190	41 064	5,874	3,255	108,4	934,8	**40,0**	1 600	64 000	6,325	3,420	125,7	1 257
34,6	1 197	41 422	5,882	3,259	108,7	940,2	40,1	1 608	64 481	6,332	3,423	126,0	1 263
34,7	1 204	41 782	5,891	3,262	109,0	945,7	40,2	1 616	64 965	6,340	3,426	126,3	1 269
34,8	1 211	42 144	5,899	3,265	109,3	951,1	40,3	1 624	65 451	6,348	3,428	126,6	1 276
34,9	1 218	42 509	5,908	3,268	109,6	956,6	40,4	1 632	65 939	6,356	3,431	126,9	1 282
35,0	1 225	42 875	5,916	3,271	110,0	962,1	**40,5**	1 640	66 430	6,364	3,434	127,2	1 288
35,1	1 232	43 244	5,925	3,274	110,3	967,6	40,6	1 648	66 923	6,372	3,437	127,5	1 295
35,2	1 239	43 614	5,933	3,277	110,6	973,1	40,7	1 656	67 419	6,380	3,440	127,9	1 301
35,3	1 246	43 987	5,941	3,280	110,9	978,7	40,8	1 665	67 917	6,387	3,443	128,2	1 307
35,4	1 253	44 362	5,950	3,283	111,2	984,2	40,9	1 673	68 418	6,395	3,445	128,5	1 314
35,5	1 260	44 739	5,958	3,287	111,5	989,8	**41,0**	1 681	68 921	6,403	3,448	128,8	1 320
35,6	1 267	45 118	5,967	3,290	111,8	995,4	41,1	1 689	69 427	6,411	3,451	129,1	1 327
35,7	1 274	45 499	5,975	3,293	112,2	1 001	41,2	1 697	69 935	6,419	3,454	129,4	1 333
35,8	1 282	45 883	5,983	3,296	112,5	1 007	41,3	1 706	70 445	6,427	3,457	129,7	1 340
35,9	1 289	46 268	5,992	3,299	112,8	1 012	41,4	1 714	70 958	6,434	3,459	130,1	1 346
36,0	1 296	46 656	6,000	3,302	113,1	1 018	**41,5**	1 722	71 473	6,442	3,462	130,4	1 353
36,1	1 303	47 046	6,008	3,305	113,4	1 024	41,6	1 731	71 991	6,450	3,465	130,7	1 359
36,2	1 310	47 438	6,017	3,308	113,7	1 029	41,7	1 739	72 512	6,458	3,468	131,0	1 366
36,3	1 318	47 832	6,025	3,311	114,0	1 035	41,8	1 747	73 035	6,465	3,471	131,3	1 372
36,4	1 325	48 229	6,033	3,314	114,4	1 041	41,9	1 756	73 560	6,473	3,473	131,6	1 379
36,5	1 332	48 627	6,042	3,317	114,7	1 046	**42,0**	1 764	74 088	6,481	3,476	131,9	1 385
36,6	1 340	49 028	6,050	3,320	115,0	1 052	42,1	1 772	74 618	6,488	3,479	132,3	1 392
36,7	1 347	49 431	6,058	3,323	115,3	1 058	42,2	1 781	75 151	6,496	3,482	132,6	1 399
36,8	1 354	49 836	6,066	3,326	115,6	1 064	42,3	1 789	75 687	6,504	3,484	132,9	1 405
36,9	1 362	50 243	6,075	3,329	115,9	1 069	42,4	1 798	76 225	6,512	3,487	133,2	1 412
37,0	1 369	50 653	6,083	3,332	116,2	1 075	**42,5**	1 806	76 766	6,519	3,490	133,5	1 419
37,1	1 376	51 065	6,091	3,335	116,6	1 081	42,6	1 815	77 309	6,527	3,493	133,8	1 425
37,2	1 384	51 479	6,099	3,338	116,9	1 087	42,7	1 823	77 854	6,535	3,495	134,1	1 432
37,3	1 391	51 895	6,107	3,341	117,2	1 093	42,8	1 832	78 403	6,542	3,498	134,5	1 439
37,4	1 399	52 314	6,116	3,344	117,5	1 099	42,9	1 840	78 954	6,550	3,501	134,8	1 445
37,5	1 406	52 734	6,124	3,347	117,8	1 104	**43,0**	1 849	79 507	6,557	3,503	135,1	1 452
37,6	1 414	53 157	6,132	3,350	118,1	1 110	43,1	1 858	80 063	6,565	3,506	135,4	1 459
37,7	1 421	53 583	6,140	3,353	118,4	1 116	43,2	1 866	80 622	6,573	3,509	135,7	1 466
37,8	1 429	54 010	6,148	3,356	118,8	1 122	43,3	1 875	81 183	6,580	3,512	136,0	1 473
37,9	1 436	54 440	6,156	3,359	119,1	1 128	43,4	1 884	81 747	6,588	3,514	136,3	1 479
38,0	1 444	54 872	6,164	3,362	119,4	1 134	**43,5**	1 892	82 313	6,595	3,517	136,7	1 486

$n=d$	n^2	n^3	$\sqrt{n}$	$\sqrt[3]{n}$	$\pi \cdot d$	$\frac{\pi \cdot d^2}{4}$	$n=d$	n^2	n^3	$\sqrt{n}$	$\sqrt[3]{n}$	$\pi \cdot d$	$\frac{\pi \cdot d^2}{4}$
43,5	1 892	82 313	6,595	3,517	136,7	1 486	**49,0**	2 401	117 649	7,000	3,659	153,9	1 886
43,6	1 901	82 882	6,603	3,520	137,0	1 493	49,1	2 411	118 371	7,007	3,662	154,3	1 893
43,7	1 910	83 453	6,611	3,522	137,3	1 500	49,2	2 421	119 095	7,014	3,664	154,6	1 901
43,8	1 918	84 028	6,618	3,525	137,6	1 507	49,3	2 430	119 823	7,021	3,667	154,9	1 909
43,9	1 927	84 605	6,626	3,528	137,9	1 514	49,4	2 440	120 554	7,029	3,669	155,2	1 917
44,0	1 936	85 184	6,633	3,530	138,2	1 521	**49,5**	2 450	121 287	7,036	3,672	155,5	1 924
44,1	1 945	85 766	6,641	3,533	138,5	1 527	49,6	2 460	122 024	7,043	3,674	155,8	1 932
44,2	1 954	86 351	6,648	3,536	138,9	1 534	49,7	2 470	122 763	7,050	3,677	156,1	1 940
44,3	1 962	86 938	6,656	3,538	139,2	1 541	49,8	2 480	123 506	7,057	3,679	156,5	1 948
44,4	1 971	87 528	6,663	3,541	139,5	1 548	49,9	2 490	124 251	7,064	3,682	156,8	1 956
44,5	1 980	88 121	6,671	3,544	139,8	1 555	**50,0**	2 500	125 000	7,071	3,684	157,1	1 964
44,6	1 989	88 717	6,678	3,546	140,1	1 562	50,1	2 510	125 752	7,078	3,686	157,4	1 971
44,7	1 998	89 315	6,686	3,549	140,4	1 569	50,2	2 520	126 506	7,085	3,689	157,7	1 979
44,8	2 007	89 915	6,693	3,552	140,7	1 576	50,3	2 530	127 264	7,092	3,691	158,0	1 987
44,9	2 016	90 519	6,701	3,554	141,1	1 583	50,4	2 540	128 024	7,099	3,694	158,3	1 995
45,0	2 025	91 125	6,708	3,557	141,4	1 590	**50,5**	2 550	128 788	7,106	3,696	158,7	2 003
45,1	2 034	91 734	6,716	3,560	141,7	1 598	50,6	2 560	129 554	7,113	3,699	159,0	2 011
45,2	2 043	92 345	6,723	3,562	142,0	1 605	50,7	2 570	130 324	7,120	3,701	159,3	2 019
45,3	2 052	92 960	6,731	3,565	142,3	1 612	50,8	2 581	131 097	7,127	3,704	159,6	2 027
45,4	2 061	93 577	6,738	3,567	142,6	1 619	50,9	2 591	131 872	7,134	3,706	159,9	2 035
45,5	2 070	94 196	6,745	3,570	142,9	1 626	**51,0**	2 601	132 651	7,141	3,708	160,2	2 043
45,6	2 079	94 819	6,753	3,573	143,3	1 633	51,1	2 611	133 433	7,148	3,711	160,5	2 051
45,7	2 088	95 444	6,760	3,575	143,6	1 640	51,2	2 621	134 218	7,155	3,713	160,8	2 059
45,8	2 098	96 072	6,768	3,578	143,9	1 647	51,3	2 632	135 006	7,162	3,716	161,2	2 067
45,9	2 107	96 703	6,775	3,580	144,2	1 655	51,4	2 642	135 797	7,169	3,718	161,5	2 075
46,0	2 116	97 336	6,782	3,583	144,5	1 662	**51,5**	2 652	136 591	7,176	3,721	161,8	2 083
46,1	2 125	97 972	6,790	3,586	144,8	1 669	51,6	2 663	137 388	7,183	3,723	162,1	2 091
46,2	2 134	98 611	6,797	3,588	145,1	1 676	51,7	2 673	138 188	7,190	3,725	162,4	2 099
46,3	2 144	99 253	6,804	3,591	145,5	1 684	51,8	2 683	138 992	7,197	3,728	162,7	2 107
46,4	2 153	99 897	6,812	3,593	145,8	1 691	51,9	2 694	139 798	7,204	3,730	163,0	2 116
46,5	2 162	100 545	6,819	3,596	146,1	1 698	**52,0**	2 704	140 608	7,211	3,733	163,4	2 124
46,6	2 172	101 195	6,826	3,599	146,4	1 706	52,1	2 714	141 421	7,218	3,735	163,7	2 132
46,7	2 181	101 848	6,834	3,601	146,7	1 713	52,2	2 725	142 237	7,225	3,737	164,0	2 140
46,8	2 190	102 503	6,841	3,604	147,0	1 720	52,3	2 735	143 056	7,232	3,740	164,3	2 148
46,9	2 200	103 162	6,848	3,606	147,3	1 728	52,4	2 746	143 878	7,239	3,742	164,6	2 157
47,0	2 209	103 823	6,856	3,609	147,7	1 735	**52,5**	2 756	144 703	7,246	3,744	164,9	2 165
47,1	2 218	104 487	6,863	3,611	148,0	1 742	52,6	2 767	145 532	7,253	3,747	165,2	2 173
47,2	2 228	105 154	6,870	3,614	148,3	1 750	52,7	2 777	146 363	7,259	3,749	165,6	2 181
47,3	2 237	105 824	6,877	3,616	148,6	1 757	52,8	2 788	147 198	7,266	3,752	165,9	2 190
47,4	2 247	106 496	6,885	3,619	148,9	1 765	52,9	2 798	148 036	7,273	3,754	166,2	2 198
47,5	2 256	107 172	6,892	3,622	149,2	1 772	**53,0**	2 809	148 877	7,280	3,756	166,5	2 206
47,6	2 266	107 850	6,899	3,624	149,5	1 780	53,1	2 820	149 721	7,287	3,759	166,8	2 215
47,7	2 275	108 531	6,907	3,627	149,9	1 787	53,2	2 830	150 569	7,294	3,761	167,1	2 223
47,8	2 285	109 215	6,914	3,629	150,2	1 795	53,3	2 841	151 419	7,301	3,763	167,4	2 231
47,9	2 294	109 902	6,921	3,632	150,5	1 802	53,4	2 852	152 273	7,308	3,766	167,8	2 240
48,0	2 304	110 592	6,928	3,634	150,8	1 810	**53,5**	2 862	153 130	7,314	3,768	168,1	2 248
48,1	2 314	111 285	6,935	3,637	151,1	1 817	53,6	2 873	153 991	7,321	3,770	168,4	2 256
48,2	2 323	111 980	6,943	3,639	151,4	1 825	53,7	2 884	154 854	7,328	3,773	168,7	2 265
48,3	2 333	112 679	6,950	3,642	151,7	1 832	53,8	2 894	155 721	7,335	3,775	169,0	2 273
48,4	2 343	113 380	6,957	3,644	152,1	1 840	53,9	2 905	156 591	7,342	3,777	169,3	2 282
48,5	2 352	114 084	6,964	3,647	152,4	1 847	**54,0**	2 916	157 464	7,348	3,780	169,7	2 290
48,6	2 362	114 791	6,971	3,649	152,7	1 855	54,1	2 927	158 340	7,355	3,782	170,0	2 299
48,7	2 372	115 501	6,979	3,652	153,0	1 863	54,2	2 938	159 220	7,362	3,784	170,3	2 307
48,8	2 381	116 214	6,986	3,654	153,3	1 870	54,3	2 948	160 103	7,369	3,787	170,6	2 316
48,9	2 391	116 930	6,993	3,657	153,6	1 878	54,4	2 959	160 989	7,376	3,789	170,9	2 324
49,0	2 401	117 649	7,000	3,659	153,9	1 836	**54,5**	2 970	161 879	7,382	3,791	171,2	2 333

$n=d$	n^2	n^3	$\sqrt{n}$	$\sqrt[3]{n}$	$\pi \cdot d$	$\frac{\pi \cdot d^2}{4}$	$n=d$	n^2	n^3	$\sqrt{n}$	$\sqrt[3]{n}$	$\pi \cdot d$	$\frac{\pi \cdot d^2}{4}$
54,5	2 970	161 879	7,382	3,791	171,2	2 333	**60,0**	3 600	216 000	7,746	3,915	188,5	2 827
54,6	2 981	162 771	7,389	3,794	171,5	2 341	60,1	3 612	217 082	7,752	3,917	188,8	2 837
54,7	2 992	163 667	7,396	3,796	171,8	2 350	60,2	3 624	218 167	7,759	3,919	189,1	2 846
54,8	3 003	164 567	7,403	3,798	172,2	2 359	60,3	3 636	219 256	7,765	3,921	189,4	2 856
54,9	3 014	165 469	7,409	3,801	172,5	2 367	60,4	3 648	220 349	7,772	3,924	189,8	2 865
55,0	3 025	166 375	7,416	3,803	172,8	2 376	**60,5**	3 660	221 445	7,778	3,926	190,1	2 875
55,1	3 036	167 284	7,423	3,805	173,1	2 384	60,6	3 672	222 545	7,785	3,928	190,4	2 884
55,2	3 047	168 197	7,430	3,808	173,4	2 393	60,7	3 684	223 649	7,791	3,930	190,7	2 894
55,3	3 058	169 112	7,436	3,810	173,7	2 402	60,8	3 697	224 756	7,797	3,932	191,0	2 903
55,4	3 069	170 031	7,443	3,812	174,0	2 411	60,9	3 709	225 867	7,804	3,934	191,3	2 913
55,5	3 080	170 954	7,450	3,814	174,4	2 419	**61,0**	3 721	226 981	7,810	3,936	191,6	2 922
55,6	3 091	171 880	7,457	3,817	174,7	2 428	61,1	3 733	228 099	7,817	3,939	192,0	2 932
55,7	3 102	172 809	7,463	3,819	175,0	2 437	61,2	3 745	229 221	7,823	3,941	192,3	2 942
55,8	3 114	173 741	7,470	3,821	175,3	2 445	61,3	3 758	230 346	7,829	3,943	192,6	2 951
55,9	3 125	174 677	7,477	3,824	175,6	2 454	61,4	3 770	231 476	7,836	3,945	192,9	2 961
56,0	3 136	175 616	7,483	3,826	175,9	2 463	**61,5**	3 782	232 608	7,842	3,947	193,2	2 971
56,1	3 147	176 558	7,490	3,828	176,2	2 472	61,6	3 795	233 745	7,849	3,949	193,5	2 980
56,2	3 158	177 504	7,497	3,830	176,6	2 481	61,7	3 807	234 885	7,855	3,951	193,8	2 990
56,3	3 170	178 454	7,503	3,833	176,9	2 489	61,8	3 819	236 029	7,861	3,954	194,2	3 000
56,4	3 181	179 406	7,510	3,835	177,2	2 498	61,9	3 832	237 177	7,868	3,956	194,5	3 009
56,5	3 192	180 362	7,517	3,837	177,5	2 507	**62,0**	3 844	238 328	7,874	3,958	194,8	3 019
56,6	3 204	181 321	7,523	3,839	177,8	2 516	62,1	3 856	239 483	7,880	3,960	195,1	3 029
56,7	3 215	182 284	7,530	3,842	178,1	2 525	62,2	3 869	240 642	7,887	3,962	195,4	3 039
56,8	3 226	183 250	7,537	3,844	178,4	2 534	62,3	3 881	241 804	7,893	3,964	195,7	3 048
56,9	3 238	184 220	7,543	3,846	178,8	2 543	62,4	3 894	242 971	7,899	3,966	196,0	3 058
57,0	3 249	185 193	7,550	3,849	179,1	2 552	**62,5**	3 906	244 141	7,906	3,968	196,3	3 068
57,1	3 260	186 169	7,556	3,851	179,4	2 561	62,6	3 919	245 314	7,912	3,971	196,7	3 078
57,2	3 272	187 149	7,563	3,853	179,7	2 570	62,7	3 931	246 492	7,918	3,973	197,0	3 088
57,3	3 283	188 133	7,570	3,855	180,0	2 579	62,8	3 944	247 673	7,925	3,975	197,3	3 097
57,4	3 295	189 119	7,576	3,857	180,3	2 588	62,9	3 956	248 858	7,931	3,977	197,6	3 107
57,5	3 306	190 109	7,583	3,860	180,6	2 597	**63,0**	3 969	250 047	7,937	3,979	197,9	3 117
57,6	3 318	191 103	7,589	3,862	181,0	2 606	63,1	3 982	251 240	7,944	3,981	198,2	3 127
57,7	3 329	192 100	7,596	3,864	181,3	2 615	63,2	3 994	252 436	7,950	3,983	198,5	3 137
57,8	3 341	193 101	7,603	3,866	181,6	2 624	63,3	4 007	253 636	7,956	3,985	198,9	3 147
57,9	3 352	194 105	7,609	3,869	181,9	2 633	63,4	4 020	254 840	7,962	3,987	199,2	3 157
58,0	3 364	195 112	7,616	3,871	182,2	2 642	**63,5**	4 032	256 048	7,969	3,990	199,5	3 167
58,1	3 376	196 123	7,622	3,873	182,5	2 651	63,6	4 045	257 259	7,975	3,992	199,8	3 177
58,2	3 387	197 137	7,629	3,875	182,8	2 660	63,7	4 058	258 475	7,981	3,994	200,1	3 187
58,3	3 399	198 155	7,635	3,878	183,2	2 669	63,8	4 070	259 694	7,987	3,996	200,4	3 197
58,4	3 411	199 177	7,642	3,880	183,5	2 679	63,9	4 083	260 917	7,994	3,998	200,7	3 207
58,5	3 422	200 202	7,649	3,882	183,8	2 688	**64,0**	4 096	262 144	8,000	4,000	201,1	3 217
58,6	3 434	201 230	7,655	3,884	184,1	2 697	64,1	4 109	263 375	8,006	4,002	201,4	3 227
58,7	3 446	202 262	7,662	3,886	184,4	2 706	64,2	4 122	264 609	8,012	4,004	201,7	3 237
58,8	3 457	203 297	7,668	3,889	184,7	2 715	64,3	4 134	265 848	8,019	4,006	202,0	3 247
58,9	3 469	204 336	7,675	3,891	185,0	2 725	64,4	4 147	267 090	8,025	4,008	202,3	3 257
59,0	3 481	205 379	7,681	3,893	185,4	2 734	**64,5**	4 160	268 336	8,031	4,010	202,6	3 267
59,1	3 493	206 425	7,688	3,895	185,7	2 743	64,6	4 173	269 586	8,037	4,013	202,9	3 278
59,2	3 505	207 475	7,694	3,897	186,0	2 753	64,7	4 186	270 840	8,044	4,015	203,3	3 288
59,3	3 516	208 528	7,701	3,900	186,3	2 762	64,8	4 199	272 098	8,050	4,017	203,6	3 298
59,4	3 528	209 585	7,707	3,902	186,6	2 771	64,9	4 212	273 359	8,056	4,019	203,9	3 308
59,5	3 540	210 645	7,714	3,904	186,9	2 781	**65,0**	4 225	274 625	8,062	4,021	204,2	3 318
59,6	3 552	211 709	7,720	3,906	187,2	2 790	65,1	4 238	275 894	8,068	4,023	204,5	3 329
59,7	3 564	212 776	7,727	3,908	187,6	2 799	65,2	4 251	277 168	8,075	4,025	204,8	3 339
59,8	3 576	213 847	7,733	3,911	187,9	2 809	65,3	4 264	278 445	8,081	4,027	205,1	3 349
59,9	3 588	214 922	7,740	3,913	188,2	2 818	65,4	4 277	279 726	8,087	4,029	205,5	3 359
60,0	3 600	216 000	7,746	3,915	188,5	2 827	**65,5**	4 290	281 011	8,093	4,031	205,8	3 370

$n=d$	n^2	n^3	$\sqrt{n}$	$\sqrt[3]{n}$	$\pi \cdot d$	$\frac{\pi \cdot d^2}{4}$	$n=d$	n^2	n^3	$\sqrt{n}$	$\sqrt[3]{n}$	$\pi \cdot d$	$\frac{\pi \cdot d^2}{4}$
65,5	4 290	281 011	8,093	4,031	205,8	3 370	**71,0**	5 041	357 911	8,426	4,141	223,1	3 959
65,6	4 303	282 300	8,099	4,033	206,1	3 380	71,1	5 055	359 425	8,432	4,143	223,4	3 970
65,7	4 316	283 593	8,106	4,035	206,4	3 390	71,2	5 069	360 944	8,438	4,145	223,7	3 982
65,8	4 330	284 890	8,112	4,037	206,7	3 400	71,3	5 084	362 467	8,444	4,147	224,0	3 993
65,9	4 343	286 191	8,118	4,039	207,0	3 411	71,4	5 098	363 994	8,450	4,149	224,3	4 004
66,0	4 356	287 496	8,124	4,041	207,3	3 421	**71,5**	5 112	365 526	8,456	4,151	224,6	4 015
66,1	4 369	288 805	8,130	4,043	207,7	3 432	71,6	5 127	367 062	8,462	4,152	224,9	4 026
66,2	4 382	290 118	8,136	4,045	208,0	3 442	71,7	5 141	368 602	8,468	4,154	225,3	4 038
66,3	4 396	291 434	8,142	4,047	208,3	3 452	71,8	5 155	370 146	8,473	4,156	225,6	4 049
66,4	4 409	292 755	8,149	4,049	208,6	3 463	71,9	5 170	371 695	8,479	4,158	225,9	4 060
66,5	4 422	294 080	8,155	4,051	208,9	3 473	**72,0**	5 184	373 248	8,485	4,160	226,2	4 072
66,6	4 436	295 408	8,161	4,053	209,2	3 484	72,1	5 198	374 805	8,491	4,162	226,5	4 083
66,7	4 449	296 741	8,167	4,055	209,5	3 494	72,2	5 213	376 367	8,497	4,164	226,8	4 094
66,8	4 462	298 078	8,173	4,058	209,9	3 505	72,3	5 227	377 933	8,503	4,166	227,1	4 106
66,9	4 476	299 418	8,179	4,060	210,2	3 515	72,4	5 242	379 503	8,509	4,168	227,5	4 117
67,0	4 489	300 763	8,185	4,062	210,5	3 526	**72,5**	5 256	381 078	8,515	4,170	227,8	4 128
67,1	4 502	302 112	8,191	4,064	210,8	3 536	72,6	5 271	382 657	8,521	4,172	228,1	4 140
67,2	4 516	303 464	8,198	4,066	211,1	3 547	72,7	5 285	384 241	8,526	4,174	228,4	4 151
67,3	4 529	304 821	8,204	4,068	211,4	3 557	72,8	5 300	385 828	8,532	4,176	228,7	4 162
67,4	4 543	306 182	8,210	4,070	211,7	3 568	72,9	5 314	387 420	8,538	4,177	229,0	4 174
67,5	4 556	307 547	8,216	4,072	212,1	3 578	**73,0**	5 329	389 017	8,544	4,179	229,3	4 185
67,6	4 570	308 916	8,222	4,074	212,4	3 589	73,1	5 344	390 618	8,550	4,181	229,7	4 197
67,7	4 583	310 289	8,228	4,076	212,7	3 600	73,2	5 358	392 223	8,556	4,183	230,0	4 208
67,8	4 597	311 666	8,234	4,078	213,0	3 610	73,3	5 373	393 833	8,562	4,185	230,3	4 220
67,9	4 610	313 047	8,240	4,080	213,3	3 621	73,4	5 388	395 447	8,567	4,187	230,6	4 231
68,0	4 624	314 432	8,246	4,082	213,6	3 632	**73,5**	5 402	397 065	8,573	4,189	230,9	4 243
68,1	4 638	315 821	8,252	4,084	213,9	3 642	73,6	5 417	398 688	8,579	4,191	231,2	4 254
68,2	4 651	317 215	8,258	4,086	214,3	3 653	73,7	5 432	400 316	8,585	4,193	231,5	4 266
68,3	4 665	318 612	8,264	4,088	214,6	3 664	73,8	5 446	401 947	8,591	4,195	231,8	4 278
68,4	4 679	320 014	8,270	4,090	214,9	3 675	73,9	5 461	403 583	8,597	4,196	232,2	4 289
68,5	4 692	321 419	8,276	4,092	215,2	3 685	**74,0**	5 476	405 224	8,602	4,198	232,5	4 301
68,6	4 706	322 829	8,283	4,094	215,5	3 696	74,1	5 491	406 869	8,608	4,200	232,8	4 312
68,7	4 720	324 243	8,289	4,096	215,8	3 707	74,2	5 506	408 518	8,614	4,202	233,1	4 324
68,8	4 733	325 661	8,295	4,098	216,1	3 718	74,3	5 520	410 172	8,620	4,204	233,4	4 336
68,9	4 747	327 083	8,301	4,100	216,5	3 728	74,4	5 535	411 831	8,626	4,206	233,7	4 347
69,0	4 761	328 509	8,307	4,102	216,8	3 739	**74,5**	5 550	413 494	8,631	4,208	234,0	4 359
69,1	4 775	329 939	8,313	4,104	217,1	3 750	74,6	5 565	415 161	8,637	4,210	234,4	4 371
69,2	4 789	331 374	8,319	4,106	217,4	3 761	74,7	5 580	416 833	8,643	4,212	234,7	4 383
69,3	4 802	332 813	8,325	4,108	217,7	3 772	74,8	5 595	418 509	8,649	4,213	235,0	4 394
69,4	4 816	334 255	8,331	4,109	218,0	3 783	74,9	5 610	420 190	8,654	4,215	235,3	4 406
69,5	4 830	335 702	8,337	4,111	218,3	3 794	**75,0**	5 625	421 875	8,660	4,217	235,6	4 418
69,6	4 844	337 154	8,343	4,113	218,7	3 805	75,1	5 640	423 565	8,666	4,219	235,9	4 430
69,7	4 858	338 609	8,349	4,115	219,0	3 816	75,2	5 655	425 259	8,672	4,221	236,2	4 441
69,8	4 872	340 068	8,355	4,117	219,3	3 826	75,3	5 670	426 958	8,678	4,223	236,6	4 453
69,9	4 886	341 532	8,361	4,119	219,6	3 837	75,4	5 685	428 661	8,683	4,225	236,9	4 465
70,0	4 900	343 000	8,367	4,121	219,9	3 848	**75,5**	5 700	430 369	8,689	4,227	237,2	4 477
70,1	4 914	344 472	8,873	4,123	220,2	3 859	75,6	5 715	432 081	8,695	4,228	237,5	4 489
70,2	4 928	345 948	8,379	4,125	220,5	3 870	75,7	5 730	433 798	8,701	4,230	237,8	4 501
70,3	4 942	347 429	8,385	4,127	220,9	3 882	75,8	5 746	435 520	8,706	4,232	238,1	4 513
70,4	4 956	348 914	8,390	4,129	221,2	3 893	75,9	5 761	437 245	8,712	4,234	238,4	4 525
70,5	4 970	350 403	8,396	4,131	221,5	3 904	**76,0**	5 776	438 976	8,718	4,236	238,8	4 536
70,6	4 984	351 896	8,402	4,133	221,8	3 915	76,1	5 791	440 711	8,724	4,238	239,1	4 548
70,7	4 998	353 393	8,408	4,135	222,1	3 926	76,2	5 806	442 451	8,729	4,240	239,4	4 560
70,8	5 013	354 895	8,414	4,137	222,4	3 937	76,3	5 822	444 195	8,735	4,241	239,7	4 572
70,9	5 027	356 401	8,420	4,139	222,7	3 948	76,4	5 837	445 944	8,741	4,243	240,0	4 584
71,0	5 041	357 911	8,426	4,141	223,1	3 959	**76,5**	5 852	447 697	8,746	4,245	240,3	4 596

$n=d$	n^2	n^3	$\sqrt{n}$	$\sqrt[3]{n}$	$\pi \cdot d$	$\frac{\pi \cdot d^2}{4}$	$n=d$	n^2	n^3	$\sqrt{n}$	$\sqrt[3]{n}$	$\pi \cdot d$	$\frac{\pi \cdot d^2}{4}$
76,5	5 852	447 697	8,746	4,245	240,3	4 596	**82,0**	6 724	551 368	9,055	4,344	257,6	5 281
76,6	5 868	449 455	8,752	4,247	240,6	4 608	82,1	6 740	553 388	9,061	4,346	257,9	5 294
76,7	5 883	451 218	8,758	4,249	241,0	4 620	82,2	6 757	555 412	9,066	4,348	258,2	5 307
76,8	5 898	452 985	8,764	4,251	241,3	4 632	82,3	6 773	557 442	9,072	4,350	258,6	5 320
76,9	5 914	454 757	8,769	4,252	241,6	4 645	82,4	6 790	559 476	9,077	4,352	258,9	5 333
77,0	5 929	456 533	8,775	4,254	241,9	4 657	**82,5**	6 806	561 516	9,083	4,353	259,2	5 346
77,1	5 944	458 314	8,781	4,256	242,2	4 669	82,6	6 823	563 560	9,088	4,355	259,5	5 359
77,2	5 960	460 100	8,786	4,258	242,5	4 681	82,7	6 839	565 609	9,094	4,357	259,8	5 372
77,3	5 975	461 890	8,792	4,260	242,8	4 693	82,8	6 856	567 664	9,099	4,359	260,1	5 385
77,4	5 991	463 685	8,798	4,262	243,2	4 705	82,9	6 872	569 723	9,105	4,360	260,4	5 398
77,5	6 006	465 484	8,803	4,264	243,5	4 717	**83,0**	6 889	571 787	9,110	4,362	260,8	5 414
77,6	6 022	467 289	8,809	4,265	243,8	4 729	83,1	6 906	573 856	9,116	4,364	261,1	5 424
77,7	6 037	469 097	8,815	4,267	244,1	4 742	83,2	6 922	575 930	9,121	4,366	261,4	5 437
77,8	6 053	470 911	8,820	4,269	244,4	4 754	83,3	6 939	578 010	9,127	4,367	261,7	5 450
77,9	6 068	472 729	8,826	4,271	244,7	4 766	83,4	6 956	580 094	9,132	4,369	262,0	5 463
78,0	6 084	474 552	8,832	4,273	245,0	4 778	**83,5**	6 972	582 183	9,138	4,371	262,3	5 476
78,1	6 100	476 380	8,837	4,274	245,4	4 791	83,6	6 989	584 277	9,143	4,373	262,6	5 489
78,2	6 115	478 212	8,843	4,276	245,7	4 803	83,7	7 006	586 376	9,149	4,374	263,0	5 502
78,3	6 131	480 049	8,849	4,278	246,0	4 815	83,8	7 022	588 480	9,154	4,376	263,3	5 515
78,4	6 147	481 890	8,854	4,280	246,3	4 827	83,9	7 039	590 590	9,160	4,378	263,6	5 529
78,5	6 162	483 737	8,860	4,282	246,6	4 840	**84,0**	7 056	592 704	9,165	4,380	263,9	5 542
78,6	6 178	485 588	8,866	4,284	246,9	4 852	84,1	7 073	594 823	9,171	4,381	264,2	5 555
78,7	6 194	487 443	8,871	4,285	247,2	4 865	84,2	7 090	596 948	9,176	4,383	264,5	5 568
78,8	6 209	489 304	8,877	4,287	247,6	4 877	84,3	7 106	599 077	9,182	4,385	264,8	5 581
78,9	6 225	491 169	8,883	4,289	247,9	4 889	84,4	7 123	601 212	9,187	4,386	265,2	5 595
79,0	6 241	493 039	8,888	4,291	248,2	4 902	**84,5**	7 140	603 351	9,192	4,388	265,5	5 608
79,1	6 257	494 914	8,894	4,293	248,5	4 914	84,6	7 157	605 496	9,198	4,390	265,8	5 621
79,2	6 273	496 793	8,899	4,294	248,8	4 927	84,7	7 174	607 645	9,203	4,392	266,1	5 635
79,3	6 288	498 677	8,905	4,296	249,1	4 939	84,8	7 191	609 800	9,209	4,393	266,4	5 648
79,4	6 304	500 566	8,911	4,298	249,4	4 951	84,9	7 208	611 960	9,214	4,395	266,7	5 661
79,5	6 320	502 460	8,916	4,300	249,8	4 964	**85,0**	7 225	614 125	9,220	4,397	267,0	5 675
79,6	6 336	504 358	8,922	4,302	250,1	4 976	85,1	7 242	616 295	9,225	4,399	267,3	5 688
79,7	6 352	506 262	8,927	4,303	250,4	4 989	85,2	7 259	618 470	9,230	4,400	267,7	5 701
79,8	6 368	508 170	8,933	4,305	250,7	5 001	85,3	7 276	620 650	9,236	4,402	268,0	5 715
79,9	6 384	510 082	8,939	4,307	251,0	5 014	85,4	7 293	622 836	9,241	4,404	268,3	5 728
80,0	6 400	512 000	8,944	4,309	251,3	5 027	**85,5**	7 310	625 026	9,247	4,405	268,6	5 741
80,1	6 416	513 922	8,950	4,311	251,6	5 039	85,6	7 327	627 222	9,252	4,407	268,9	5 755
80,2	6 432	515 850	8,955	4,312	252,0	5 052	85,7	7 344	629 423	9,257	4,409	269,2	5 768
80,3	6 448	517 782	8,961	3,314	252,3	5 064	85,8	7 362	631 629	9,263	4,411	269,5	5 782
80,4	6 464	519 718	8,967	4,316	252,6	5 077	85,9	7 379	633 840	9,268	4,412	269,9	5 795
80,5	6 480	521 660	8,972	4,318	252,9	5 090	**86,0**	7 396	636 056	9,274	4,414	270,2	5 809
80,6	6 496	523 607	8,978	4,320	253,2	5 102	86,1	7 413	638 277	9,279	4,416	270,5	5 822
80,7	6 512	525 558	8,983	4,321	253,5	5 115	86,2	7 430	640 504	9,284	4,417	270,8	5 836
80,8	6 529	527 514	8,989	4,323	253,8	5 128	86,3	7 448	642 736	9,290	4,419	271,1	5 849
80,9	6 545	529 475	8,994	4,325	254,2	5 140	86,4	7 465	644 973	9,295	4,421	271,4	5 863
81,0	6 561	531 441	9,000	4,327	254,5	5 153	**86,5**	7 482	647 215	9,301	4,423	271,7	5 877
81,1	6 577	533 412	9,006	4,329	254,8	5 166	86,6	7 500	649 462	9,306	4,424	272,1	5 890
81,2	6 593	535 387	9,011	4,330	255,1	5 178	86,7	7 517	651 714	9,311	4,426	272,4	5 904
81,3	6 610	537 368	9,017	4,332	255,4	5 191	86,8	7 534	653 972	9,317	4,428	272,7	5 917
81,4	6 626	539 353	9,022	4,334	255,7	5 204	86,9	7 552	656 235	9,322	4,429	273,0	5 931
81,5	6 642	541 343	9,028	4,336	256,0	5 217	**87,0**	7 569	658 503	9,327	4,431	273,3	5 945
81,6	6 659	543 338	9,033	4,337	256,4	5 230	87,1	7 586	660 776	9,333	4,433	273,6	5 958
81,7	6 675	545 339	9,039	4,339	256,7	5 242	87,2	7 604	663 055	9,338	4,434	273,9	5 972
81,8	6 691	547 343	9,044	4,341	257,0	5 255	87,3	7 621	665 339	9,343	4,436	274,3	5 986
81,9	6 708	549 353	9,050	4,343	257,3	5 268	87,4	7 639	667 628	9,349	4,438	274,6	5 999
82,0	6 724	551 368	9,055	4,344	257,6	5 281	**87,5**	7 656	669 922	9,354	4,440	274,9	6 013

3

$n=d$	n^2	n^3	$\sqrt{n}$	$\sqrt[3]{n}$	$\pi \cdot d$	$\frac{\pi \cdot d^2}{4}$	$n=d$	n^2	n^3	$\sqrt{n}$	$\sqrt[3]{n}$	$\pi \cdot d$	$\frac{\pi \cdot n^2}{4}$
87,5	7 656	669 922	9,354	4,440	274,9	6 013	**94,0**	8 836	830 584	9,695	4,547	295,3	6 940
87,6	7 674	672 221	9,359	4,441	275,2	6 027	94,1	8 855	833 238	9,701	4,548	295,6	6 955
87,7	7 691	674 526	9,365	4,443	275,5	6 041	94,2	8 874	835 897	9,706	4,550	295,9	6 969
87,8	7 709	676 636	9,370	4,445	275,8	6 055	94,3	8 892	838 562	9,711	4,552	296,3	6 984
87,9	7 726	679 151	9,375	4,446	276,1	6 068	94,4	8 911	841 232	9,716	4,553	296,6	6 999
88,0	7 744	681 472	9,381	4,448	276,5	6 082	**94,5**	8 930	843 909	9,721	4,555	296,9	7 014
88,1	7 762	683 798	9,386	4,450	276,8	6 096	94,6	8 949	846 591	9,726	4,556	297,2	7 029
88,2	7 779	686 129	9,391	4,451	277,1	6 110	94,7	8 968	849 278	9,731	4,558	297,5	7 044
88,3	7 797	688 465	9,397	4,453	277,4	6 124	94,8	8 987	851 971	9,737	4,560	297,8	7 058
88,4	7 815	690 807	9,402	4,455	277,7	6 138	94,9	9 006	854 670	9,742	4,561	298,1	7 073
88,5	7 832	693 154	9,407	4,456	278,0	6 151	**95,0**	9 025	857 375	9,747	4,563	298,5	7 088
88,6	7 850	695 506	9,413	4,458	278,3	6 165	95,1	9 044	860 085	9,752	4,565	298,8	7 103
88,7	7 868	697 864	9,418	4,460	278,7	6 179	95,2	9 063	862 801	9,757	4,566	299,1	7 118
88,8	7 885	700 227	9,423	4,461	279,0	6 193	95,3	9 082	865 523	9,762	4,568	299,4	7 133
88,9	7 903	702 595	9,429	4,463	279,3	6 207	95,4	9 101	868 251	9,767	4,569	299,7	7 148
89,0	7 921	704 969	9,434	4,465	279,6	6 221	**95,5**	9 120	870 984	9,772	4,571	300,0	7 163
89,1	7 939	707 348	9,439	4,466	279,9	6 235	95,6	9 139	873 723	9,778	4,572	300,3	7 178
89,2	7 957	709 732	9,445	4,468	280,2	6 249	95,7	9 158	876 467	9,783	4,574	300,7	7 193
89,3	7 974	712 122	9,450	4,470	280,5	6 263	95,8	9 178	879 218	9,788	4,576	301,0	7 208
89,4	7 992	714 517	9,455	4,471	280,9	6 277	95,9	9 197	881 974	9,793	4,577	301,3	7 223
89,5	8 010	716 917	9,460	4,473	281,2	6 291	**96,0**	9 216	884 736	9,798	4,579	301,6	7 238
89,6	8 028	719 323	9,466	4,475	281,5	6 305	96,1	9 235	887 504	9,803	4,580	301,9	7 253
89,7	8 046	721 734	9,471	4,476	281,8	6 319	96,2	9 254	890 277	9,808	4,582	302,2	7 268
89,8	8 064	724 151	9,476	4,478	282,1	6 333	96,3	9 274	893 056	9,813	4,584	302,5	7 284
89,9	8 082	726 573	9,482	4,480	282,4	6 348	96,4	9 293	895 841	9,818	4,585	302,8	7 299
90,0	8 100	729 000	9,487	4,481	282,7	6 362	**96,5**	9 312	898 632	9,823	4,587	303,2	7 314
90,1	8 118	731 433	9,492	4,483	283,1	6 376	96,6	9 332	901 429	9,829	4,588	303,5	7 329
90,2	8 136	733 871	9,497	4,485	283,4	6 390	96,7	9 351	904 231	9,834	4,590	303,8	7 344
90,3	8 154	736 314	9,503	4,486	283,7	6 404	96,8	9 370	907 039	9,839	4,592	304,1	7 359
90,4	8 172	738 763	9,508	4,488	284,0	6 418	96,9	9 390	909 853	9,844	4,593	304,4	7 375
90,5	8 190	741 218	9,513	4,490	284,3	6 433	**97,0**	9 409	912 673	9,849	4,595	304,7	7 390
90,6	8 208	743 677	9,518	4,491	284,6	6 447	97,1	9 428	915 499	9,854	4,596	305,0	7 405
90,7	8 226	746 143	9,524	4,493	284,9	6 461	97,2	9 448	918 330	9,859	4,598	305,4	7 420
90,8	8 245	748 613	9,529	4,495	285,3	6 475	97,3	9 467	921 167	9,864	4,599	305,7	7 436
90,9	8 263	751 089	9,534	4,496	285,6	6 490	97,4	9 487	924 010	9,869	4,601	306,0	7 451
91,0	8 281	753 571	9,539	4,498	285,9	6 504	**97,5**	9 506	926 859	9,874	4,603	306,3	7 466
91,1	8 299	756 058	9,545	4,500	286,2	6 518	97,6	9 526	929 714	9,879	4,604	306,6	7 482
91,2	8 317	758 551	9,550	4,501	286,5	6 533	97,7	9 545	932 575	9,884	4,606	306,9	7 497
91,3	8 336	761 048	9,555	4,503	286,8	6 547	97,8	9 565	935 441	9,889	4,607	307,2	7 512
91,4	8 354	763 552	9,560	4,505	287,1	6 561	97,9	9 584	938 314	9,894	4,609	307,6	7 528
91,5	8 372	766 061	9,566	4,506	287,5	6 576	**98,0**	9 604	941 192	9,899	4,610	307,9	7 543
91,6	8 391	768 575	9,571	4,508	287,8	6 590	98,1	9 624	944 076	9,905	4,612	308,2	7 558
91,7	8 409	771 095	9,576	4,509	288,1	6 604	98,2	9 643	946 966	9,910	4,614	308,5	7 574
91,8	8 427	773 621	9,581	4,511	288,4	6 619	98,3	9 663	949 862	9,915	4,615	308,8	7 589
91,9	8 446	776 152	9,586	4,513	288,7	6 633	98,4	9 683	952 764	9,920	4,617	309,1	7 605
92,0	8 464	778 688	9,592	4,514	289,0	6 648	**98,5**	9 702	955 672	9,925	4,618	309,4	7 620
92,1	8 482	781 230	9,597	4,516	289,3	6 662	98,6	9 722	958 585	9,930	4,620	309,8	7 636
92,2	8 501	783 777	9,602	4,518	289,7	6 677	98,7	9 742	961 505	9,935	4,621	310,1	7 651
92,3	8 519	786 330	9,607	4,519	290,0	6 691	98,8	9 761	964 430	9,940	4,623	310,4	7 667
92,4	8 538	788 889	9,612	4,521	290,3	6 706	98,9	9 781	967 362	9,945	4,625	310,7	7 682
92,5	8 556	791 453	9,618	4,523	290,6	6 720	**99,0**	9 801	970 299	9,950	4,626	311,0	7 698
92,6	8 575	794 023	9,623	4,524	290,9	6 735	99,1	9 821	973 242	9,955	4,628	311,3	7 713
92,7	8 593	796 598	9,628	4,526	291,2	6 749	99,2	9 841	976 191	9,960	4,629	311,6	7 729
92,8	8 612	799 179	9,633	4,527	291,5	6 764	99,3	9 860	979 147	9,965	4,631	312,0	7 744
92,9	8 630	801 765	9,638	4,529	291,9	6 778	99,4	9 880	982 108	9,970	4,632	312,3	7 760
93,0	8 649	804 357	9,644	4,531	292,2	6 793	**99,5**	9 900	985 075	9,975	4,634	312,6	7 776
93,1	8 668	806 954	9,649	4,532	292,5	6 808	99,6	9 920	988 048	9,980	4,635	312,9	7 791
93,2	8 686	809 558	9,654	4,534	292,8	6 822	99,7	9 940	991 027	9,985	4,637	313,2	7 807
93,3	8 705	812 166	9,659	4,536	293,1	6 837	99,8	9 960	994 012	9,990	4,638	313,5	7 823
93,4	8 724	814 781	9,664	4,537	293,4	6 851	99,9	9 980	997 003	9,995	4,640	313,8	7 838
93,5	8 742	817 400	9,670	4,539	293,7	6 866	**100,0**	10 000	1 000 000	10,000	4,642	314,2	7 854
93,6	8 761	820 026	9,675	4,540	294,1	6 881	100,1	10 020	1 003 003	10,005	4,643	314,5	7 870
93,7	8 780	822 657	9,680	4,542	294,4	6 896	100,2	10 040	1 006 012	10,010	4,645	314,8	7 885
93,8	8 798	825 294	9,685	4,544	294,7	6 910	100,3	10 060	1 009 027	10,015	0,646	315,1	7 901
93,9	8 817	827 936	9,690	4,545	295,0	6 925	100,4	10 080	1 012 048	10,020	4,648	315,4	7 917
94,0	8 836	830 584	9,695	4,547	295,3	6 940	**100,5**	10 100	1 015 075	10,025	4,649	315,7	7 933

3

Geometrische Konstruktionen

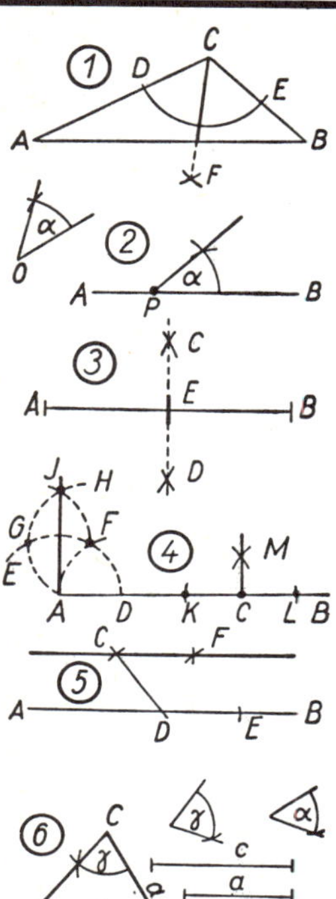

1. Aufgabe: Dreieckswinkel bei C ist zu halbieren.

Lösung: Beschreibe um C einen beliebigen Kreisbogen, der die anliegenden Seiten in D und E schneidet. Beschreibe um D und E mit einer beliebigen Zirkelöffnung Kreisbögen, die sich in F schneiden. Die Verbindungslinie CF ist die Winkelhalbierende.

2. Aufgabe: Ein gegebener Winkel α ist in einem bestimmten Punkte P an eine gegebene Gerade AB anzutragen.

Lösung: Beschreibe mit einer beliebigen Zirkelöffnung Kreisbögen um den Scheitelpunkt O und um den Punkt P. Nimm die Bogenlänge des Winkels in den Zirkel und übertrage sie auf den Bogen um P. Darauf verbinde den Bogenendpunkt mit P.

3. Aufgabe: Eine gegebene Gerade AB ist zu halbieren (in zwei gleiche Teile zu teilen).

Lösung: Beschreibe um A und B mit gleicher Zirkelöffnung nach oben und unten Kreisbögen, die sich in C und D schneiden. Verbinde C mit D. Der Schnittpunkt E von CD mit AB ist der Halbierungspunkt der Geraden AB. Man nennt CD oder CE das Mittellot zu AB.

4. Aufgabe: Auf einer Geraden AB sind im Endpunkt A und im Punkte C Lote zu errichten (rechte Winkel anzutragen).

Lösung a: Beschreibe nacheinander mit einer beliebigen Zirkelöffnung die Kreisbögen DE um A, AF um D, AGH um F und FJ um G. Die Verbindungslinie des Schnittpunkts J mit A ist das Endlot auf AB.

Lösung b: Mit beliebigem Zirkelschlag trage von C aus gleiche Stücke CK und CL auf AB ab und schlage mit etwas erweiterter Zirkelöffnung um K und L Kreisbögen. Den Kreisbogenschnittpunkt nenne M und verbinde ihn mit C. Dann ist CM senkrecht auf AB ($CM \perp AB$). — AJ verläuft parallel CM ($AJ \parallel CM$).

5. Aufgabe: Zur gegebenen Geraden AB ist durch den gegebenen Punkt C eine Parallele zu ziehen.

Lösung: Ziehe durch C die beliebige Schnittlinie CD und nimm Punkt E auf BD beliebig an. Mit CD beschreibe um E und mit DE um C Kreisbögen, die sich in F schneiden. Verbindungslinie $CF \parallel AB$.

6. Aufgabe: Zeichne ein Dreieck aus a, c, γ.

Lösung: Man lege $\sphericalangle\,\gamma$ beliebig hin, nenne den Scheitelpunkt C und trage auf dem rechten Schenkel a ab. Hierdurch ist Dreieckspunkt B festgelegt. Um B beschreibe man mit c einen Kreisbogen, der den linken Schenkel des $\sphericalangle\,\gamma$ schneidet. Den Schnittpunkt nenne man A und verbinde ihn mit B. Dann ist ABC das verlangte Dreieck.

7. Aufgabe: Zeichne ein Dreieck aus a, hc, α.

Lösung: Man zeichne den rechten Winkel R, nenne seinen Scheitelpunkt D und trage von D aus hc auf dem einen Schenkel ab, wodurch C festgelegt ist. Nun ziehe man um C einen Kreisbogen mit a, der den anderen Schenkel in B schneidet. Darauf verlängere man BD über D hinaus und trage in einem beliebigen Punkte A_1 den $\sphericalangle\,\alpha$ an die Verlängerung an. Gemäß Aufgabe 5 ziehe man zu dem freien Schenkel von α durch C eine Parallele und bezeichne deren Schnittpunkt mit A_1D den Buchstaben A. Dann ist ABC das verlangte Dreieck.

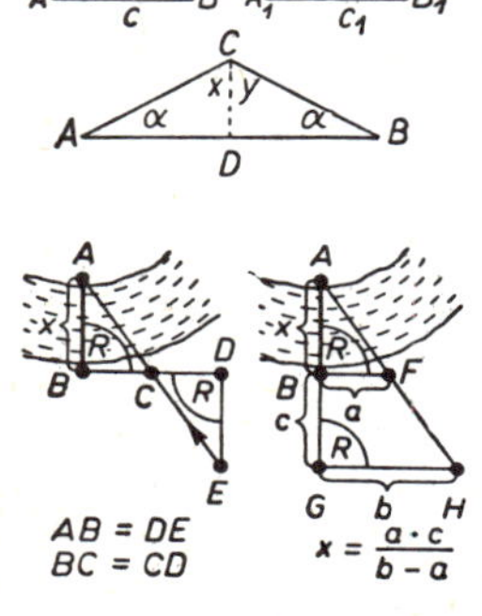

Erklärung. 2 Figuren heißen kongruent ($\cong$), wenn sie sich so aufeinanderlegen lassen, daß ihre Grenzen sich decken. — Geradlinige Figuren sind kongruent, wenn sie gleiche Winkel zwischen gleichen Seiten haben.

Seiten $a = a_1$, $b = b_1$, $c = c_1$;
Winkel $\alpha = \alpha_1$, $\beta = \beta_1$, $\gamma = \gamma_1$.

Im gleichschenkligen Dreieck ABC ist $\triangle ADC \cong \triangle BDC$; es ist $AD = BD$ und $\sphericalangle x = \sphericalangle y$.

Die Kongruenzsätze: Zwei Dreiecke sind kongruent,

1. wenn sie übereinstimmen in 2 Seiten und dem eingeschlossenen Winkel ($c = c_1$, $b = b_1$, $\alpha = \alpha_1$),
2. wenn sie übereinstimmen in einer Seite und den beiden anliegenden Winkeln ($c = c_1$, $\alpha = \alpha_1$, $\beta = \beta_1$),
3. wenn sie übereinstimmen in den drei Seiten ($a = a_1$, $b = b_1$, $c = c_1$),
4. wenn sie übereinstimmen in zwei Seiten und dem der größeren Seite gegenüberliegenden Winkel ($a = a_1$, $c = c_1$, $\gamma = \gamma_1$).

Aufgabe: Die Breite eines Flußbettes $AB = x$ ist zu bestimmen.

1. Lösung (links): Von einem (durch einen Stab) festgelegten Punkt B aus wird Punkt A anvisiert und im rechten Winkel Strecke BC (beliebig lang) zweimal abgetragen bis D. In D wird an BD ein rechter Winkel angetragen, dessen freier Schenkel die Verlängerung der Visierlinie AC in E schneidet. Dann ist DE = Flußbreite $AB = x$, weil $\triangle ABC \cong \triangle EDC$.
2. Lösung (rechts). Siehe S. 25 unten.

Geometrische Konstruktionen (Fortsetzung)

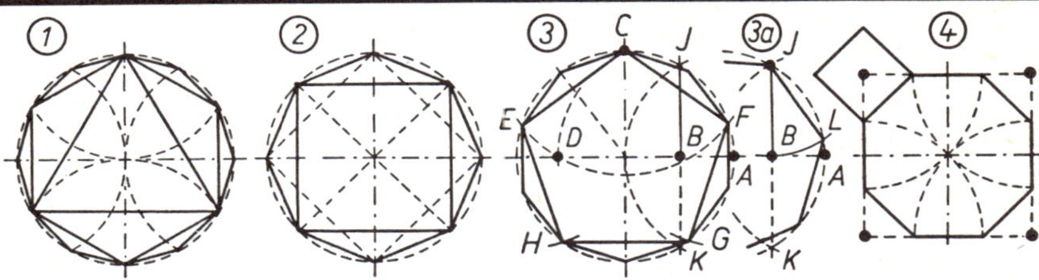

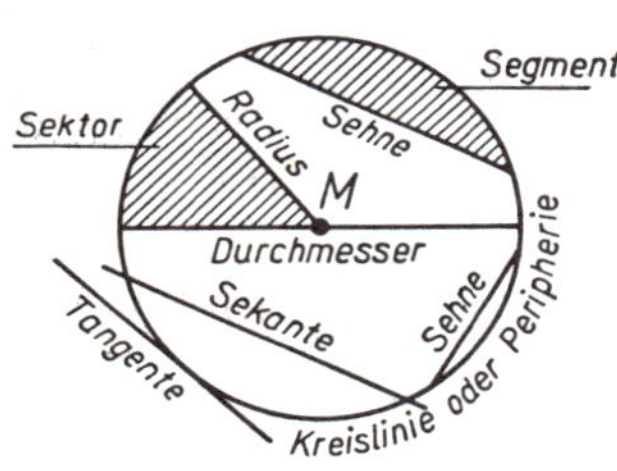

Radius = *Halbmesser*
Segment = *Kreisabschnitt*
Sektor = *Kreisausschnitt*
Tangente = *Berührende*
Sekante = *Schneidende*

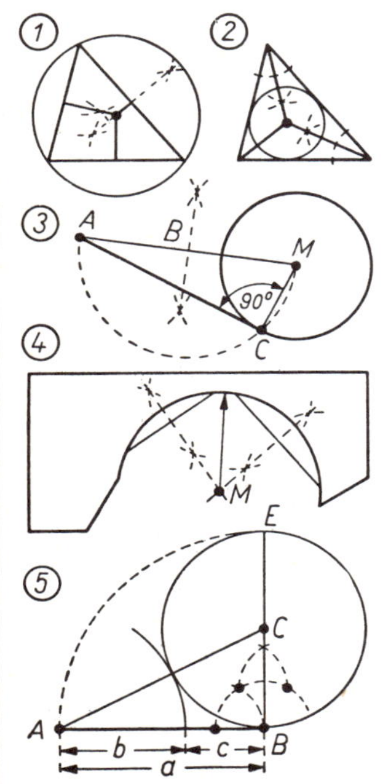

1. Aufgabe: Zeichne in gegebene Kreise regelmäßige Vielecke:
1. Dreieck, Sechseck und Zwölfeck,
2. Quadrate und Achteck,
3. Fünfeck, Zehneck und Siebeneck.

Lösungen 1 und 2 sind aus den Abbildungen ersichtlich. In Lösung 3 beschreibe zuerst den Kreisbogen um *A* durch die Mitte und verbinde die Schnittpunkte *J* und *K* des Kreisbogens und des gegebenen Kreises miteinander. Hierdurch entsteht Schnittpunkt *B* und durch Zirkelschlag um *B* mit *BC* der Punkt *D*. Beschreibe um *C* durch *D* den Kreisbogen *EF*. *CE* und *CF* sind Seiten des gesuchten Fünfecks. Mit *CE* beschreibe um *E* und *F* Kreisbogen, um *G* und *H* festzulegen. — Trägt man vom unteren Punkte ein gleiches Fünfeck auf dem Umfang ab oder halbiert die Fünfeckseiten, so erhält man das regelmäßige Zehneck. — Lösung „Goldener Schnitt": Abb. 5 (unten), *b* = Zehneckseite des Umkreises.

BJ = *BK* hat die Länge der Siebeneckseite. Abb. 3a zeigt einen Teil des Siebenecks. *JL* ist die eine Siebeneckseite.

2. Aufgabe: In ein Quadrat ist ein regelmäßiges Achteck einzuzeichnen. Lösung ist aus Abbildung 4 ersichtlich.

Der Kreis: Die Benennungen der Kreisstücke gehen aus der Abbildung hervor. Den Radius nennt man auch Halbmesser. *M* ist der Mittelpunkt. Ein Stück der Peripherie nennt man Kreisbogen.

1. Aufgabe: Zu einem Dreieck ist der umbeschriebene Kreis zu zeichnen.

Lösung: Errichte auf 2 Seiten die Mittellote. Der Schnittpunkt der Mittellote ist der Mittelpunkt des umbeschriebenen Kreises. — Alle 3 Mittellote schneiden sich in einem Punkte.

2. Aufgabe: Zu einem Dreieck ist der einbeschriebene Kreis zu zeichnen.

Lösung: Ziehe 2 Winkelhalbierende. Der Schnittpunkt ist der Mittelpunkt des einbeschriebenen Kreises.

Anmerkung: Verbindet man die 3 Seitenmitten eines Dreiecks mit den gegenüberliegenden Ecken, so schneiden sich diese Mittellinien im Dreiecks-Schwerpunkt. Schneidet man ein solches Dreieck aus Karton und unterstützt den Schwerpunkt mit einer Nadelspitze, so ruht das Dreieck waagerecht.

3. Aufgabe: Gegeben sind ein Kreis um *M* und der Punkt *A*. Es soll eine Tangente von *A* an den Kreis gelegt werden.

Lösung: Man verbinde *A* mit *M*, halbiere *AM* in *B* und ziehe um *B* den Halbkreis, der die Kreislinie in *C* schneidet. Die Verbindungslinie *AC* ist dann die gesuchte Tangente.

4. Aufgabe: Zu einem gegebenen Kreisbogen ist der Mittelpunkt *M* zu suchen.

Lösung: Man lege zwei beliebige Sehnen in den Kreisbogen und errichte auf den Sehnen die Mittellote. Der Schnittpunkt *M* der beiden Mittellote ist der gesuchte Mittelpunkt.

Goldener Schnitt: Die ganze Strecke verhält sich zum großen Abschnitt wie der große Abschnitt zum kleinen Abschnitt.

5. Aufgabe: *AB* ist nach dem Goldenen Schnitt zu teilen.

Lösung: Schlage Kreisbogen *AE* um *B* und ziehe *BE* senkrecht zu *AB*. Dann ist $CB = \frac{1}{2} AB$. Ziehe *AC*, den Kreis um *C* und den Kreisbogen um *A*. Dann ist $a : b = b : c$ (stetige Proportion). — Der Goldene Schnitt $a : b \approx 1000 : 618 \approx 1 : 0{,}618$ gibt gefällige Anschauung (Flächenaufteilung, Bilderrahmen, Brückenträgeraufteilung usw.).

b = Zehneckseite des Umkreises.

Geometrische Konstruktionen (Fortsetzung)

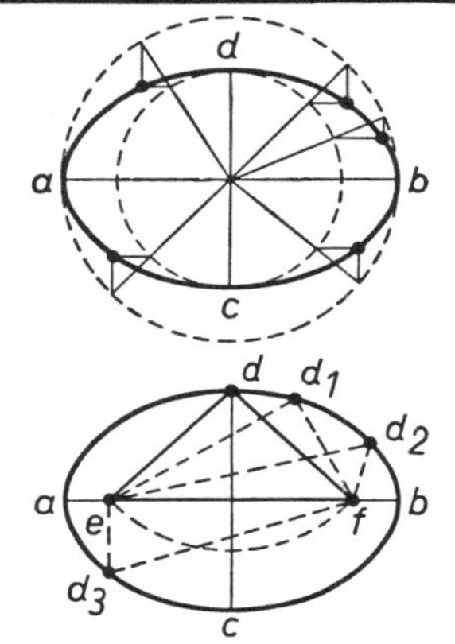

Ellipsenkonstruktionen:

Sind die große Achse *a—b* und die kleine Achse *c—d* gegeben, so werden gewöhnlich folgende beiden Konstruktionen angewandt, und zwar die erste im Büro beim Konstruieren, die zweite in der Werkstatt und in der Landschaftsgärtnerei.

1. Man zieht um die große und die kleine Achse Kreise und durch den Mittelpunkt eine Reihe Durchmesser. Von den Schnittpunkten der Durchmesser mit dem kleinen Kreise zieht man Waagerechte, von den Schnittpunkten mit dem großen Kreise Senkrechte. Die Schnittpunkte der Waagerechten mit den zugehörigen Senkrechten sind Ellipsenpunkte.
2. Man beschreibe mit der Hälfte der großen Achse *a—b* einen Kreis um *d*. Hierdurch erhält man die beiden Brennpunkte *e* und *f*. In *e* und *f* werden Nägel oder Pflöcke eingeschlagen und eine zusammengeknüpfte Schnur von der Länge *e—d—f* um die Nägel (Pflöcke) gelegt. Die Schnur bewegt man straff gespannt in der Richtung d_1—d_2 usw. So entsteht die Ellipse.

Die Winkel:

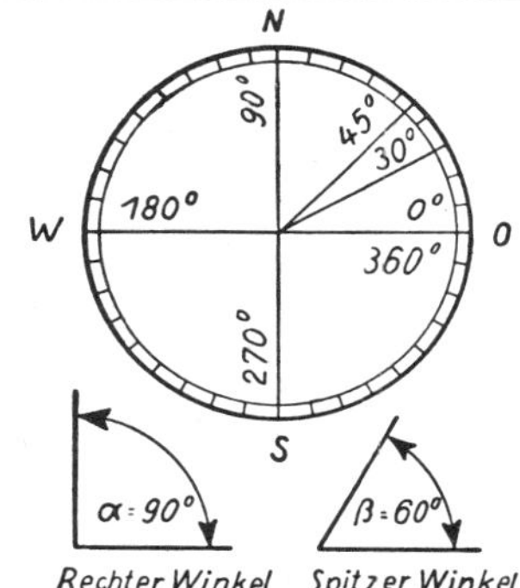

Die wissenschaftliche Erkenntnis früherer Zeiten stand, entsprechend der damaligen allgemeinen Entwicklung, noch auf dem Standpunkt, daß die Erde stillstehe, daß die Sonne bei ihrer Kreisbahn um die Erde jeden Tag um 1° weitergehe und daß sie ihre Bahn in 360 Tagen durchlaufen würde. Man zeichnete einen Winkelkreis (Erdkreis) mit 360°, der bis auf den heutigen Tag den Winkelmessungen zugrunde gelegt wird (Windrose des Kompasses). Neugrad oder Gon = 100-g-Teilung des Quadranten, s. S. 30 und 31.

Jedes Viertel des Winkelkreises umfaßt 360 : 4 = 90° = 1 rechter Winkel (∟).

Die Hälfte des rechten Winkels ist der G e h r u n g s w i n k e l = 45°. Winkel unter 90° nennt man s p i t z e W i n k e l, über 90° s t u m p f e W i n k e l, Winkel von 180° g e s t r e c k t e W i n k e l, über 180° ü b e r s t u m p f e W i n k e l.

1 W i n k e l g r a d wird für genaue (technische) Messungen eingeteilt in 60 W i n k e l m i n u t e n, 1 Winkelminute für noch genauere (astronomische) Messungen in 60 W i n k e l s e k u n d e n.

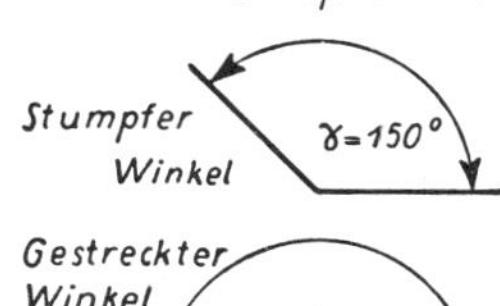

B e i s p i e l e f ü r W i n k e l b e r e c h n u n g e n:

	°	′	″
	14°	17′	12″
+	19°	21′	34″
	33°	**38′**	**46″**

	°	′	″
	77°	14′	45″
+	7°	0′	53″
	84°	**15′**	**38″**

	°	′	″
	114°	39′	58″
+	241°	54′	47″
	355°	**93′**	**105″**
=	**356°**	**34′**	**45″**

	°	′	″
	114°	39′	48″
—	65°	25′	17″
	49°	**14′**	**31″**

	°	′	″
	144°	8′	14″
—	51°	16′	30″
	143°	67′	74″
—	51°	16′	30″
	92°	**51′**	**44″**

	°	′	″
	45°	19′	44″
—	81°	14′	31″
	405°	19′	44″
—	81°	14′	31″
	324°	**5′**	**13″**

	°	′	″
	121°	19′	34″
+	242°	37′	19″
+	67°	41′	20″
	430°	97′	73″
=	431°	38′	13″
—	360°		
	71°	**38′**	**13″**

Über 360° kann ein Winkel nicht groß sein. Es müssen dann 360° abgezogen werden.

Soll ein größerer Winkel von einem kleineren abgezogen werden, so sind zunächst 360° zum kleineren hinzuzuzählen.

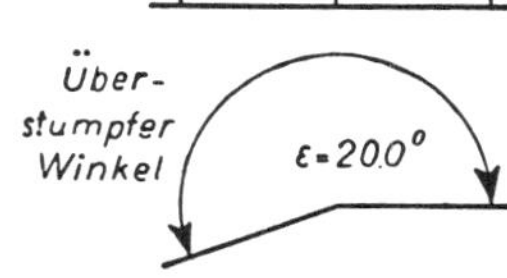

Die Winkelsumme beträgt

im Dreieck: 3 · 2 — 4 = 2 rechte Winkel
im Viereck: 4 · 2 — 4 = 4 rechte Winkel
im Fünfeck: 5 · 2 — 4 = 6 rechte Winkel
im Sechseck: 6 · 2 — 4 = 8 rechte Winkel

usw. — Jeder Winkel des regelmäßigen Sechsecks ist demnach 8 · 90 : 6 = 720 : 6 = 120° groß (Mutterwinkel).

Aufgabe: Berechne die Winkel anderer regelmäßiger Vielecke.

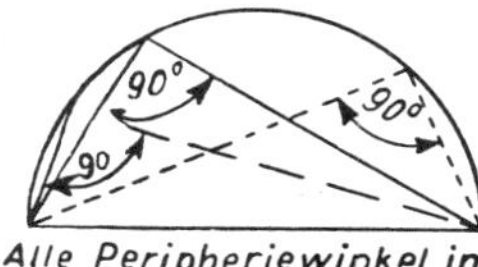

Alle Peripheriewinkel im Halbkreis = 90°

Geometrische Konstruktionen (Fortsetzung)

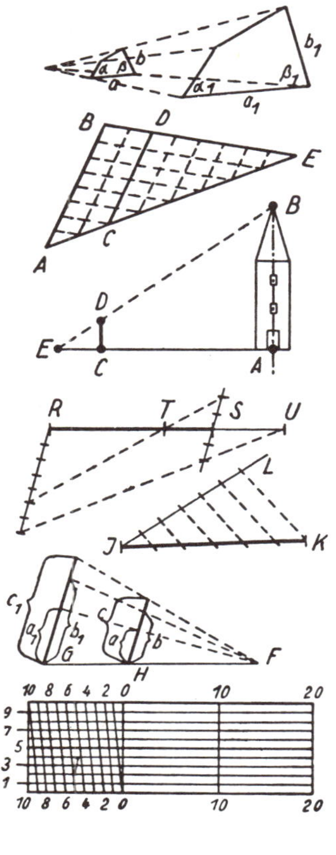

Von der Ähnlichkeit:

Erklärung: 2 Figuren heißen ähnlich ($\sim$), wenn sie gleiche Winkel zwischen in einem gleichen Verhältnis stehenden Seiten haben.

1. Beispiel: In den skizzierten Vierecken sind die entsprechenden Winkel $\alpha = \alpha_1$, $\beta = \beta_1$ usw.; für die Seiten gilt $a : a_1 = b : b_1$. Hier stehen zum Beispiel alle Seiten im Verhältnis 1 : 3.

2. Beispiel: $\triangle\, AEB \sim \triangle\, CED$, denn es ist

$$\left.\begin{array}{l|l} \alpha = \alpha_1 & AB : CD = 8 : 6 \\ \beta = \beta_1 & BE : DE = 8 : 6 \\ \gamma = \gamma_1 & AE : CE = 8 : 6 \end{array}\right\} \text{Diese Gleichungen nennt man Proportionen.}$$

In obigen Proportionen sind die rechten Seiten gleich; es ist also:

$$\left.\begin{array}{l} 1.\ AB : CD = BE : DE \\ 2.\ AB : CD = AE : CE \\ 3.\ BE : DE = AE : CE \end{array}\right\} \text{In jeder Proportion ist das Produkt der äußeren Glieder gleich dem Produkt der inneren Glieder; es ist also:}$$

$$1.\ AB \cdot DE = CD \cdot BE \text{ oder } AB = \frac{CD \cdot BE}{DE}$$

$$2.\ AB \cdot CE = CD \cdot AE \text{ oder } AB = \frac{CD \cdot AE}{CE}$$

$$3.\ BE \cdot CE = DE \cdot AE \text{ oder } BE = \frac{DE \cdot AE}{CE}$$

3. Beispiel: Bekannt sei $CE = 27$ m, $AC = 9$ m, $CD = 15$ m | Gesucht sei $AB = ?$ m

Lösung: Gemäß Gleichung 2 aus Beispiel 2 ergibt sich

$$AB = \frac{CD \cdot AE}{CE} = \frac{15 \cdot (9 + 27)}{27} = \frac{15 \cdot 36}{27} = \mathbf{20\ m}$$

4. Beispiel: Die Turmhöhe AB soll berechnet werden. — Gemessen sind Entfernungen $CE = 3$ m, $AE = 39{,}5$ m, Stange $CD = 1{,}8$ m.

Lösung: $$AB = \frac{CD \cdot AE}{CE} = \frac{1{,}8 \cdot 39{,}5}{3} = \frac{71{,}1}{3} = \mathbf{23{,}7\ m}$$

5. Beispiel: Die gegebene Strecke RS ist im Verhältnis 5 : 2 nach innen und 7 : 2 nach außen zu teilen.

Lösung: Man ziehe durch R und S 2 beliebige Parallelen, trage beliebig lange, unter sich gleiche Teile darauf ab und verbinde nach Skizze. Dann sind T und U die verlangten Teilpunkte.

6. Beispiel: Teile die Strecke JK in 6 gleiche Teile.

Lösung: Ziehe JL unter beliebigem Winkel, trage darauf 6 gleiche Teile ab, verbinde den letzten Teilpunkt mit K und ziehe durch die übrigen Teilpunkte die Parallelen zur Verbindungslinie.

7. Beispiel: Die Strecken a, b, c sind im Verhältnis 3 : 5 zu vergrößern.

Lösung: Lege FG beliebig hin und trage darauf 5 gleiche Teile ab. Vom dritten Teilpunkt H und von G aus ziehe 2 Parallelen und trage auf der Parallelen von H aus die Strecken a, b, c ab. Durch Ziehen der Strahlen von F aus erhält man die vergrößerten Strecken a_1, b_1, c_1. — Ebenso kann man Strecken in einem bestimmten Verhältnis verkleinern.

8. Beispiel: Zeichne einen Transversalmaßstab.

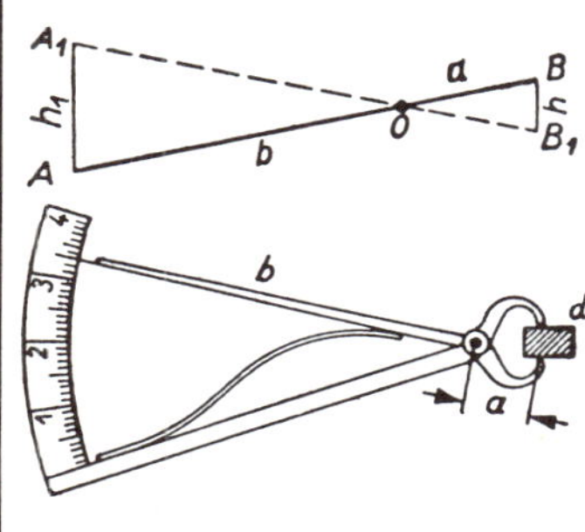

Schwingt ein zweiarmiger Hebel AB in die Lage A_1B_1, so ist $\triangle\, AA_1O \sim \triangle\, BB_1O$. Daher verhalten sich $a : b = h : h_1$.

Nutzanwendung: Ist bei einem Fühlhebel zum Messen geringer Dicken $a : b = 1 : 10$, so können Zehntelmillimeter genau, Hundertstelmillimeter geschätzt abgelesen werden.

Ein Ausführungsbeispiel hierzu zeigt in Tabellenbuch A Abb. 11, S. 114 (Beschreibung S. 113). Auch die Meßuhren in Tabellenbuch A, S. 114 und S. 115 haben Fühlhebel oder Fühlstifte, und zwar mit Radübertragung.

2. Lösung zur letzten Aufgabe S. 22: In der Abbildung rechts S. 22 unten ist $\triangle\, ABF \sim \triangle\, AGH$. Demnach verhält sich

$x : (x + c) = a : b$

$x \cdot b = a\,(x + c);\ bx = ax + ac;\ bx - ax = ac$

$$x\,(b - a) = ac;\ x = ac : (b - a);\ x = \frac{ac}{b - a}$$

Die natürlichen Werte der Winkelfunktionen (Altgrad)
(Sinus, Cosinus, Tangens und Cotangens)

Beachte: Für **Sinus** und **Tangens** stehen die **Minutenzahlen** am **oberen** Rande der Tabellen, die Gradzahlen am **linken** Rande.
Für **Cosinus** und **Cotangens** stehen die **Minutenzahlen** am **unteren** Rande, die Gradzahlen am **rechten** Rande.

Zwischenwertberechnung: Die Tabellen zeigen die Winkelfunktionswerte von 10 zu 10 Minuten.
Es ist beispielsweise . . . . sin 23° 30′ = 0,3987
sin 23° 20′ = 0,3961

Tabellenunterschied TD für 10′ = 0,0026

Hieraus berechnet sich der wirkl. Unterschied WD für 1′ = 0,00026, für 8′ = 0,00208.
Demnach ist sin 23° 28′ = 0,3961 + 0,00208 = 0,39818; wird aufgerundet auf **0,3982.**
cos 61° 20′ = 0,4797; TD für 10′ = —0,0025, für 2′ = —0,0005, für 8′ = —0,0020.
cos 61° 28′ = 0,4797 — 0,0020 = **0,4777.**

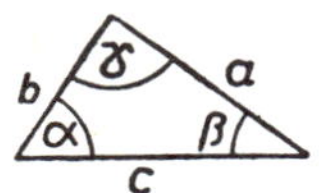

$\gamma = 1R = 90°$.
c ist die Hypotenuse,
a und b sind
die Katheten.

Im rechtwinkligen Dreieck ist:

1. der Sinus eines Winkels
$$= \frac{\text{Gegenkathete}}{\text{Hypotenuse}}$$
$$\sin\alpha = \frac{a}{c};\ \sin\beta = \frac{b}{c};$$

2. der Cosinus eines Winkels
$$= \frac{\text{anliegende Kathete}}{\text{Hypotenuse}}$$
$$\cos\alpha = \frac{b}{c};\ \cos\beta = \frac{a}{c};$$

3. der Tangens eines Winkels
$$= \frac{\text{Gegenkathete}}{\text{anliegende Kathete}}$$
$$\tan\alpha = \frac{a}{b};\ \tan\beta = \frac{b}{a};$$

4. der Cotangens eines Winkels
$$= \frac{\text{anliegende Kathete}}{\text{Gegenkathete}}$$
$$\cot\alpha = \frac{b}{a};\ \cot\beta = \frac{a}{b}.$$

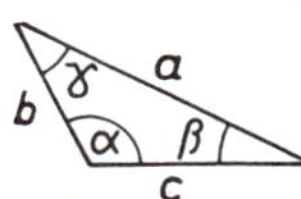

Im schiefwinkligen Dreieck lauten:

1. der Sinussatz:
$$\frac{a}{\sin\alpha} = \frac{b}{\sin\beta} = \frac{c}{\sin\gamma};$$

2. der Cosinussatz:
$$a^2 = b^2 + c^2 - 2\,bc \cdot \cos\alpha,$$
$$b^2 = a^2 + c^2 - 2\,ac \cdot \cos\beta,$$
$$c^2 = a^2 + b^2 - 2\,ab \cdot \cos\gamma;$$

Bei $\alpha > 90°$ Vorzeichen beachten! Siehe S. 33.

3. der Tangenssatz:
$$\frac{a+b}{a-b} = \frac{\tan \frac{1}{2}(\alpha+\beta)}{\tan \frac{1}{2}(\alpha-\beta)};$$

4. die Mollweideschen Formeln:
$$(a+b):c = \cos\frac{\alpha-\beta}{2} : \sin\frac{\gamma}{2},$$
$$(a-b):c = \sin\frac{\alpha-\beta}{2} : \cos\frac{\gamma}{2}.$$

Sinus 0°…45°

Grad	Minuten zu Sinus							
	0′	10′	20′	30′	40′	50′	60′	
0	0,0000	0,0029	0,0058	0,0087	0,0116	0,0145	0,0175	**89**
1	0,0175	0,0204	0,0233	0,0262	0,0291	0,0320	0,0349	88
2	0,0349	0,0378	0,0407	0,0436	0,0465	0,0494	0,0523	87
3	0,0523	0,0552	0,0581	0,0610	0,0640	0,0669	0,0698	86
4	0,0698	0,0727	0,0756	0,0785	0,0814	0,0843	0,0872	85
5	0,0872	0,0901	0,0929	0,0958	0,0987	0,1016	0,1045	**84**
6	0,1045	0,1074	0,1103	0,1132	0,1161	0,1190	0,1219	83
7	0,1219	0,1248	0,1276	0,1305	0,1334	0,1363	0,1392	82
8	0,1392	0,1421	0,1449	0,1478	0,1507	0,1536	0,1564	81
9	0,1564	0,1593	0,1622	0,1650	0,1679	0,1708	0,1736	80
10	0,1736	0,1765	0,1794	0,1822	0,1851	0,1880	0,1908	**79**
11	0,1908	0,1937	0,1965	0,1994	0,2022	0,2051	0,2079	78
12	0,2079	0,2108	0,2136	0,2164	0,2193	0,2221	0,2250	77
13	0,2250	0,2278	0,2306	0,2334	0,2363	0,2391	0,2419	76
14	0,2419	0,2447	0,2476	0,2504	0,2532	0,2560	0,2588	75
15	0,2588	0,2616	0,2644	0,2672	0,2700	0,2728	0,2756	**74**
16	0,2756	0,2784	0,2812	0,2840	0,2868	0,2896	0,2924	73
17	0,2924	0,2952	0,2979	0,3007	0,3035	0,3062	0,3090	72
18	0,3090	0,3118	0,3145	0,3173	0,3201	0,3228	0,3256	71
19	0,3256	0,3283	0,3311	0,3338	0,3365	0,3393	0,3420	70
20	0,3420	0,3448	0,3475	0,3502	0,3529	0,3557	0,3584	**69**
21	0,3584	0,3611	0,3638	0,3665	0,3692	0,3719	0,3746	68
22	0,3746	0,3773	0,3800	0,3827	0,3854	0,3881	0,3907	67
23	0,3907	0,3934	0,3961	0,3987	0,4014	0,4041	0,4067	66
24	0,4067	0,4094	0,4120	0,4147	0,4173	0,4200	0,4226	65
25	0,4226	0,4253	0,4279	0,4305	0,4331	0,4358	0,4384	**64**
26	0,4384	0,4410	0,4436	0,4462	0,4488	0,4514	0,4540	63
27	0,4540	0,4566	0,4592	0,4617	0,4643	0,4669	0,4695	62
28	0,4695	0,4720	0,4746	0,4772	0,4797	0,4823	0,4848	61
29	0,4848	0,4874	0,4899	0,4924	0,4950	0,4975	0,5000	60
30	0,5000	0,5025	0,5050	0,5075	0,5100	0,5125	0,5150	**59**
31	0,5150	0,5175	0,5200	0,5225	0,5250	0,5275	0,5299	58
32	0,5299	0,5324	0,5348	0,5373	0,5398	0,5422	0,5446	57
33	0,5446	0,5471	0,5495	0,5519	0,5544	0,5568	0,5592	56
34	0,5592	0,5616	0,5640	0,5664	0,5688	0,5712	0,5736	55
35	0,5736	0,5760	0,5783	0,5807	0,5831	0,5854	0,5878	**54**
36	0,5878	0,5901	0,5925	0,5948	0,5972	0,5995	0,6018	53
37	0,6018	0,6041	0,6065	0,6088	0,6111	0,6134	0,6157	52
38	0,6157	0,6180	0,6202	0,6225	0,6248	0,6271	0,6293	51
39	0,6293	0,6316	0,6338	0,6361	0,6383	0,6406	0,6428	50
40	0,6428	0,6450	0,6472	0,6494	0,6517	0,6539	0,6561	**49**
41	0,6561	0,6583	0,6604	0,6626	0,6648	0,6670	0,6691	48
42	0,6691	0,6713	0,6734	0,6756	0,6777	0,6799	0,6820	47
43	0,6820	0,6841	0,6862	0,6884	0,6905	0,6926	0,6947	46
44	0,6947	0,6967	0,6988	0,7009	0,7030	0,7050	0,7071	45
	60′	50′	40′	30′	20′	10′	0′	Grad
	Minuten zu Cosinus							

Cosinus 45°…90°

Neugradteilung Seite 30 und 31

Winkelfunktionen im 1. Quadranten des Einheitskreises

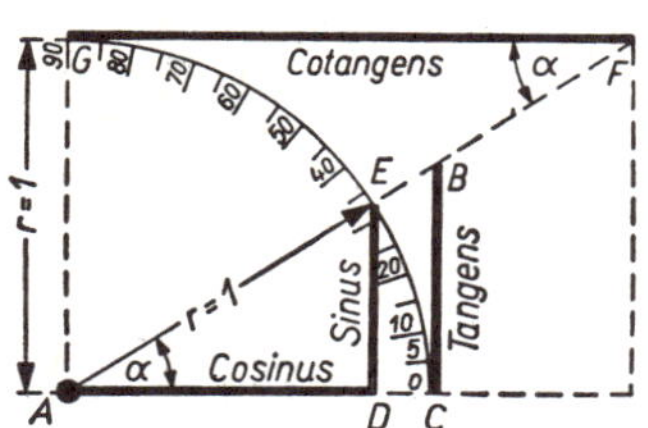

Im Dreieck ADE: $\sin\alpha = \frac{DE}{r} = \frac{DE}{1} = DE$

$\cos\alpha = \frac{AD}{r} = \frac{AD}{1} = AD$

Im Dreieck ACB: $\tan\alpha = \frac{BC}{r} = \frac{BC}{1} = BC$

Im Dreieck AFG: $\cot\alpha = \frac{FG}{r} = \frac{FG}{1} = FG$

1. Beispiel: $\alpha = 23° 14'$; $\cos\alpha = ?$
Nächstgrößerer Wert: cos 23° 10′ = 0,9194
nächstkleinerer Wert: cos 23° 20′ = 0,9182

Tabellenunterschied für 10′ TD = 0,0012
Wirkl. Unterschied für 4′ WD = (TD : 10) · 4 = (0,0012 : 10) · 4 ≈ 0,0005. Dieser Wert wird von dem für 23° 10′ abgezogen.
0,9194—0,0005 = 0,9189
cos 23° 14′ = 0,9189.

Sinus 45°…90°

Grad	0′	10′	20′	30′	40′	50′	60′	
	Minuten zu Sinus							
45	0,7071	0,7092	0,7112	0,7133	0,7153	0,7173	0,7193	**44**
46	0,7193	0,7214	0,7234	0,7254	0,7274	0,7294	0,7314	43
47	0,7314	0,7333	0,7353	0,7373	0,7392	0,7412	0,7431	42
48	0,7431	0,7451	0,7470	0,7490	0,7509	0,7528	0,7547	41
49	0,7547	0,7566	0,7585	0,7604	0,7623	0,7642	0,7660	40
50	0,7660	0,7679	0,7698	0,7716	0,7735	0,7753	0,7771	**39**
51	0,7771	0,7790	0,7808	0,7826	0,7844	0,7862	0,7880	38
52	0,7880	0,7898	0,7916	0,7934	0,7951	0,7969	0,7986	37
53	0,7986	0,8004	0,8021	0,8039	0,8056	0,8073	0,8090	36
54	0,8090	0,8107	0,8124	0,8141	0,8158	0,8175	0,8192	35
55	0,8192	0,8208	0,8225	0,8241	0,8258	0,8274	0,8290	**34**
56	0,8290	0,8307	0,8323	0,8339	0,8355	0,8371	0,8387	33
57	0,8387	0,8403	0,8418	0,8434	0,8450	0,8465	0,8480	32
58	0,8480	0,8496	0,8511	0,8526	0,8542	0,8557	0,8572	31
59	0,8572	0,8587	0,8601	0,8616	0,8631	0,8646	0,8660	30
60	0,8660	0,8675	0,8689	0,8704	0,8718	0,8732	0,8746	**29**
61	0,8746	0,8760	0,8774	0,8788	0,8802	0,8816	0,8829	28
62	0,8829	0,8843	0,8857	0,8870	0,8884	0,8897	0,8910	27
63	0,8910	0,8923	0,8936	0,8949	0,8962	0,8975	0,8988	26
64	0,8988	0,9001	0,9013	0,9026	0,9038	0,9051	0,9063	25
65	0,9063	0,9075	0,9088	0,9100	0,9112	0,9124	0,9135	**24**
66	0,9135	0,9147	0,9159	0,9171	0,9182	0,9194	0,9205	23
67	0,9205	0,9216	0,9228	0,9239	0,9250	0,9261	0,9272	22
68	0,9272	0,9283	0,9293	0,9304	0,9315	0,9325	0,9336	21
69	0,9336	0,9346	0,9356	0,9367	0,9377	0,9387	0,9397	20
70	0,9397	0,9407	0,9417	0,9426	0,9436	0,9446	0,9455	**19**
71	0,9455	0,9465	0,9474	0,9483	0,9492	0,9502	0,9511	18
72	0,9511	0,9520	0,9528	0,9537	0,9546	0,9555	0,9563	17
73	0,9563	0,9572	0,9580	0,9588	0,9596	0,9605	0,9613	16
74	0,9613	0,9621	0,9628	0,9636	0,9644	0,9652	0,9659	15
75	0,9659	0,9667	0,9674	0,9681	0,9689	0,9696	0,9703	**14**
76	0,9703	0,9710	0,9717	0,9724	0,9730	0,9737	0,9744	13
77	0,9744	0,9750	0,9757	0,9763	0,9769	0,9775	0,9781	12
78	0,9781	0,9787	0,9793	0,9799	0,9805	0,9811	0,9816	11
79	0,9816	0,9822	0,9827	0,9833	0,9838	0,9843	0,9848	10
80	0,9848	0,9853	0,9858	0,9863	0,9868	0,9872	0,9877	**9**
81	0,9877	0,9881	0,9886	0,9890	0,9894	0,9899	0,9903	8
82	0,9903	0,9907	0,9911	0,9914	0,9918	0,9922	0,9925	7
83	0,9925	0,9929	0,9932	0,9936	0,9939	0,9942	0,9945	6
84	0,9945	0,9948	0,9951	0,9954	0,9957	0,9959	0,9962	5
85	0,9962	0,9964	0,9967	0,9969	0,9971	0,9974	0,9976	**4**
86	0,9976	0,9978	0,9980	0,9981	0,9983	0,9985	0,9986	3
87	0,9986	0,9988	0,9989	0,9990	0,9992	0,9993	0,9994	2
88	0,9994	0,9995	0,9996	0,9997	0,9997	0,9998	0,99985	1
89	0,99985	0,99989	0,99993	0,99996	0,99998	0,99999	1,0000	0
	60′	50′	40′	30′	20′	10′	0′	Grad
	Minuten zu Cosinus							

Cosinus 0°…45°

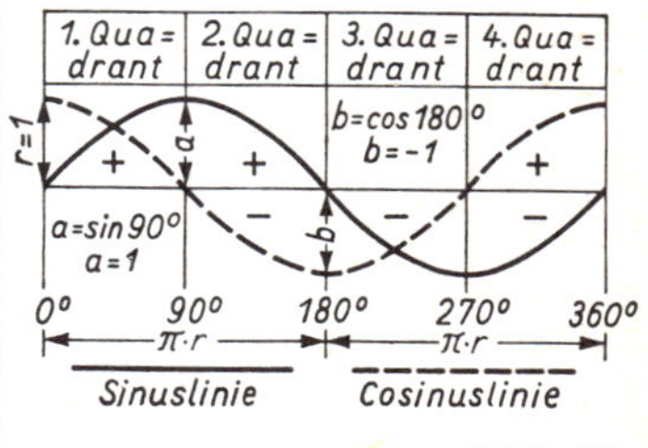

2. Beispiel: Zwei Orte A und B liegen $c = 6{,}9$ km voneinander entfernt.

Man peilt eine Turmspitze C an
in A unter dem ∢ $\alpha = 63° 40'$
in B unter dem ∢ $\beta = 40° 10'$
Gesucht: a, h und BD.

Lösung: Im schiefwinkl. Dreieck ABC ist

$a = \frac{c \cdot \sin\alpha}{\sin\gamma}$ | $\gamma = 2R - \alpha - \beta$

$\gamma = 180° - 63° 40' - 40° 10'$

$a = \frac{6{,}9 \cdot \sin 63° 40'}{\sin 76° 10'}$ | $\gamma = 76° 10'$

$a = \frac{6{,}9 \cdot 0{,}8962}{0{,}9710} = \mathbf{6{,}368\ km}$

Im rechtwinkligen Dreieck BCD ist

$\sin\beta = \frac{h}{a}$ $\qquad a \cdot \sin\beta = h$

$6{,}368 \cdot \sin 40° 10' = 6{,}368 \cdot 0{,}645 =$ **4,107 km = h.**

Für die Berechnung von BD gelten die Formeln

$BD = \sqrt{a^2 - h^2}$ oder $\cos\beta = \frac{BD}{a}$

$BD = \sqrt{6{,}368^2 - 4{,}107^2}$ | $a \cdot \cos\beta = BD$

$BD = \sqrt{23{,}6840}$ | $6{,}368 \cdot \cos 40° 10' =$

BD = 4,866 km | $6{,}368 \cdot 0{,}7642 =$ **4,866 km = BD**

Umwandlung der Grundformeln für das rechtwinklige Dreieck

$\sin\alpha = a:c$	$a = c\cdot\sin\alpha$	$c = a:\sin\alpha$	$A = a\cdot c\cdot\sin\beta:2$	$A = \frac{a\,b}{2} =$
$\sin\beta = b:c$	$b = c\cdot\sin\beta$	$c = b:\sin\beta$	$A = b\cdot c\cdot\sin\alpha:2$	$c^2\cdot\sin\alpha\cdot\cos\alpha:2$
$\cos\alpha = b:c$	$b = c\cdot\cos\alpha$	$c = b:\cos\alpha$	$A = b\cdot c\cdot\cos\beta:2$	$A = c^2\cdot\sin 2\alpha:4$
$\cos\beta = a:c$	$a = c\cdot\cos\beta$	$c = a:\cos\beta$	$A = a\cdot c\cdot\cos\alpha:2$	
$\tan\alpha = a:b$	$a = b\cdot\tan\alpha$	$b = a:\tan\alpha$	$A = a^2\cdot\tan\beta:2$	
$\tan\beta = b:a$	$b = a\cdot\tan\beta$	$a = b:\tan\beta$	$A = b^2\cdot\tan\alpha:2$	
$\cot\alpha = b:a$	$b = a\cdot\cot\alpha$	$a = b:\cot\alpha$	$A = b^2\cdot\cot\beta:2$	
$\cot\beta = a:b$	$a = b\cdot\cot\beta$	$b = a:\cot\beta$	$A = a^2\cdot\cot\alpha:2$	

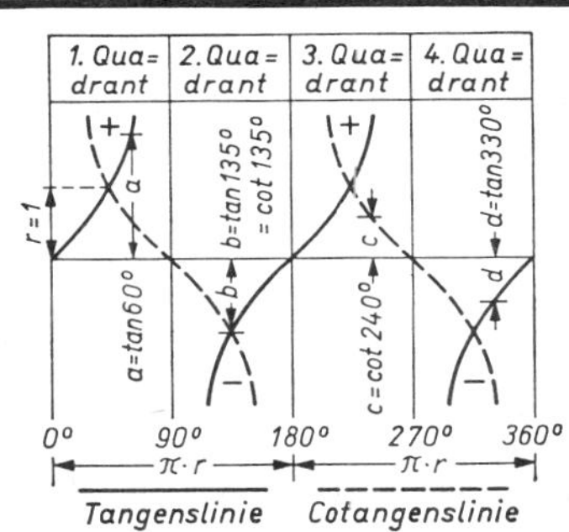

3. Beispiel: Es soll ein Kegel mit $D = 100$ mm, $d = 60$ mm und $l = 90$ mm gedreht werden. Wie groß wird der Einstellwinkel α?

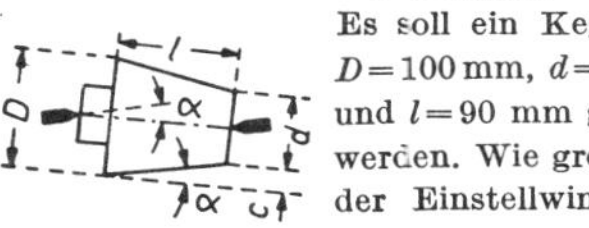

Lösung: $c = (D - d):2$

$c = (100 - 60):2 = 40:2 = 20$ mm

$\tan\alpha = c:l = 20:90 = 0{,}2222.$

In der Tabelle findet man als nächsten Wert 0,2217 für $\alpha = 12°\,30' = 12\tfrac{1}{2}°$.

4. Beispiel: Bei 2 Kegelrädern messen die Radien $a = 450$ mm, $b = 240$ mm. Wie groß sind die Winkel α und β zu wählen?

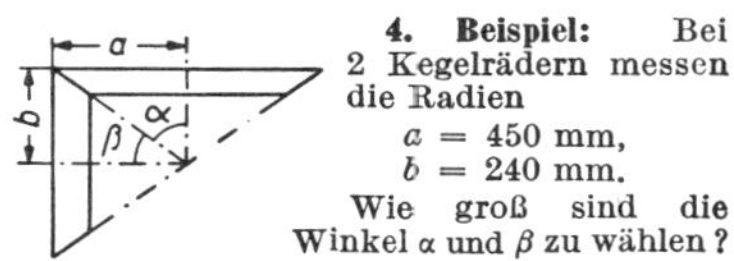

Lösung: $\tan\alpha = a:b = 450:240 = 1{,}8750.$

In der Tabelle auf S. 29 finden wir

für tan 61° 60′	1,8807
für tan 61° 50′	1,8676
für 10′ Tabellenunterschied . . .	0,0131
für 1′ wirkl. Unterschied	0,0013

$\tan\alpha$ . . . . . . = 1,8750
tan 61° 50′ . . . = 1,8676

Wirkl. Unterschied = 0,0074

$0{,}0074:0{,}0013 = 74:13 \approx 6'$ mehr als 61° 50′

$\alpha = 61°\,56'$

$\beta = 90° - 61°\,56' = 28°\,4'$.

Tangens 0°...45°

Grad	0′	10′	20′	30′	40′	50′	60′	
	Minuten zu Tangens							
0	0,0000	0,0029	0,0058	0,0087	0,0116	0,0145	0,0175	**89**
1	0,0175	0,0204	0,0233	0,0262	0,0291	0,0320	0,0349	88
2	0,0349	0,0378	0,0407	0,0437	0,0466	0,0495	0,0524	87
3	0,0524	0,0553	0,0582	0,0612	0,0641	0,0670	0,0699	86
4	0,0699	0,0729	0,0758	0,0787	0,0816	0,0846	0,0875	85
5	0,0875	0,0904	0,0934	0,0963	0,0992	0,1022	0,1051	**84**
6	0,1051	0,1080	0,1110	0,1139	0,1169	0,1198	0,1228	83
7	0,1228	0,1257	0,1287	0,1317	0,1346	0,1376	0,1405	82
8	0,1405	0,1435	0,1465	0,1495	0,1524	0,1554	0,1584	81
9	0,1584	0,1614	0,1644	0,1673	0,1703	0,1733	0,1763	80
10	0,1763	0,1793	0,1823	0,1853	0,1883	0,1914	0,1944	**79**
11	0,1944	0,1974	0,2004	0,2035	0,2065	0,2095	0,2126	78
12	0,2126	0,2156	0,2186	0,2217	0,2247	0,2278	0,2309	77
13	0,2309	0,2339	0,2370	0,2401	0,2432	0,2462	0,2493	76
14	0,2493	0,2524	0,2555	0,2586	0,2617	0,2648	0,2679	75
15	0,2679	0,2711	0,2742	0,2773	0,2805	0,2836	0,2867	**74**
16	0,2867	0,2899	0,2931	0,2962	0,2994	0,3026	0,3057	73
17	0,3057	0,3089	0,3121	0,3153	0,3185	0,3217	0,3249	72
18	0,3249	0,3281	0,3314	0,3346	0,3378	0,3411	0,3443	71
19	0,3443	0,3476	0,3508	0,3541	0,3574	0,3607	0,3640	70
20	0,3640	0,3673	0,3706	0,3739	0,3772	0,3805	0,3839	**69**
21	0,3839	0,3872	0,3906	0,3939	0,3973	0,4006	0,4040	68
22	0,4040	0,4074	0,4108	0,4142	0,4176	0,4210	0,4245	67
23	0,4245	0,4279	0,4314	0,4348	0,4383	0,4417	0,4452	66
24	0,4452	0,4487	0,4522	0,4557	0,4592	0,4628	0,4663	65
25	0,4663	0,4699	0,4734	0,4770	0,4806	0,4841	0,4877	**64**
26	0,4877	0,4913	0,4950	0,4986	0,5022	0,5059	0,5095	63
27	0,5095	0,5132	0,5169	0,5206	0,5243	0,5280	0,5317	62
28	0,5317	0,5354	0,5392	0,5430	0,5467	0,5505	0,5543	61
29	0,5543	0,5581	0,5619	0,5658	0,5696	0,5735	0,5774	60
30	0,5774	0,5812	0,5851	0,5890	0,5930	0,5969	0,6009	**59**
31	0,6009	0,6048	0,6088	0,6128	0,6168	0,6208	0,6249	58
32	0,6249	0,6289	0,6330	0,6371	0,6412	0,6453	0,6494	57
33	0,6494	0,6536	0,6577	0,6619	0,6661	0,6703	0,6745	56
34	0,6745	0,6787	0,6830	0,6873	0,6916	0,6959	0,7002	55
35	0,7002	0,7046	0,7089	0,7133	0,7177	0,7221	0,7265	**54**
36	0,7265	0,7310	0,7355	0,7400	0,7445	0,7490	0,7536	53
37	0,7536	0,7581	0,7627	0,7673	0,7720	0,7766	0,7813	52
38	0,7813	0,7860	0,7907	0,7954	0,8002	0,8050	0,8098	51
39	0,8098	0,8146	0,8195	0,8243	0,8292	0,8342	0,8391	50
40	0,8391	0,8441	0,8491	0,8541	0,8591	0,8642	0,8693	**49**
41	0,8693	0,8744	0,8796	0,8847	0,8899	0,8952	0,9004	48
42	0,9004	0,9057	0,9110	0,9163	0,9217	0,9271	0,9325	47
43	0,9325	0,9380	0,9435	0,9490	0,9545	0,9601	0,9657	46
44	0,9657	0,9713	0,9770	0,9827	0,9884	0,9942	1,0000	45
	60′	50′	40′	30′	20′	10′	0′	Grad
	Minuten zu Cotangens							

Cotangens 45°...90°

Grundformeln für das schiefwinklige Dreieck

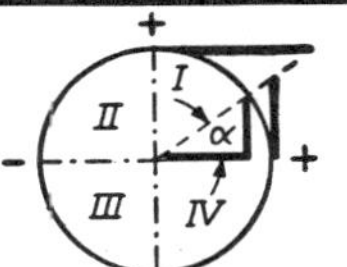

Vorzeichen der Winkelfunktionen in den vier Quadranten

		sin	cos	tan	cot
I	α	+	+	+	+
II	$2R - \alpha$	+	—	—	—
III	$2R + \alpha$	—	—	+	+
IV	$4R - \alpha$	—	+	—	—

$\sin\alpha = \frac{a \cdot \sin\beta}{b}$ $\quad \sin\beta = \frac{b \cdot \sin\alpha}{a}$

$\cos\alpha = \frac{b^2 + c^2 - a^2}{2b \cdot c}$

$\sin\alpha = \frac{2A}{b \cdot c}$ $\quad \sin\beta = \frac{2A}{a \cdot c}$

$\sin\frac{\alpha}{2} = \sqrt{\frac{(s-b)(s-c)}{bc}}$

$a = \frac{c \cdot \sin\alpha}{\sin\gamma}$ $\quad b = \frac{c \cdot \sin\beta}{\sin\gamma}$

$a = \sqrt{b^2 + c^2 - 2b \cdot c \cdot \cos\alpha}$

$a = b\cos\gamma + c\cos\beta$

$A = \frac{a \cdot b \cdot \sin\gamma}{2} = \frac{a \cdot c \cdot \sin\beta}{2} = \frac{b \cdot c \cdot \sin\alpha}{2}$

$A = \sqrt{s(s-a)(s-b)(s-c)}$

s = halbe Seitensumme $= \frac{a+b+c}{2}$

4

Tangens 0°...90°

Grad	0′	10′	20′	30′	40′	50′	60′	
	Minuten zu Tangens							
45	1,0000	1,0058	1,0117	1,0176	1,0235	1,0295	1,0355	**44**
46	1,0355	1,0416	1,0477	1,0538	1,0599	1,0661	1,0724	43
47	1,0724	1,0786	1,0850	1,0913	1,0977	1,1041	1,1106	42
48	1,1106	1,1171	1,1237	1,1303	1,1369	1,1436	1,1504	41
49	1,1504	1,1571	1,1640	1,1708	1,1778	1,1847	1,1918	40
50	1,1918	1,1988	1,2059	1,2131	1,2203	1,2276	1,2349	**39**
51	1,2349	1,2423	1,2497	1,2572	1,2647	1,2723	1,2799	38
52	1,2799	1,2876	1,2954	1,3032	1,3111	1,3190	1,3270	37
53	1,3270	1,3351	1,3432	1,3514	1,3597	1,3680	1,3764	36
54	1,3764	1,3848	1,3934	1,4019	1,4106	1,4193	1,4281	35
55	1,4281	1,4370	1,4460	1,4550	1,4641	1,4733	1,4826	**34**
56	1,4826	1,4919	1,5013	1,5108	1,5204	1,5301	1,5399	33
57	1,5399	1,5497	1,5597	1,5697	1,5798	1,5900	1,6003	32
58	1,6003	1,6107	1,6213	1,6318	1,6426	1,6534	1,6643	31
59	1,6643	1,6753	1,6864	1,6977	1,7090	1,7205	1,7321	30
60	1,7321	1,7438	1,7556	1,7675	1,7796	1,7917	1,8041	**29**
61	1,8041	1,8165	1,8291	1,8418	1,8546	1,8676	1,8807	28
62	1,8807	1,8940	1,9074	1,9210	1,9347	1,9486	1,9626	27
63	1,9626	1,9768	1,9912	2,0057	2,0204	2,0353	2,0503	26
64	2,0503	2,0655	2,0809	2,0965	2,1123	2,1283	2,1445	25
65	2,1445	2,1609	2,1775	2,1943	2,2113	2,2286	2,2460	**24**
66	2,2460	2,2637	2,2817	2,2998	2,3183	2,3369	2,3558	23
67	2,3559	2,3750	2,3945	2,4142	2,4342	2,4545	2,4751	22
68	2,4751	2,4960	2,5172	2,5387	2,5605	2,5826	2,6051	21
69	2,6051	2,6279	2,6511	2,6746	2,6985	2,7228	2,7475	20
70	2,7475	2,7725	2,7980	2,8239	2,8502	2,8770	2,9042	**19**
71	2,9042	2,9319	2,9600	2,9887	3,0178	3,0475	3,0777	18
72	3,0777	3,1084	3,1397	3,1716	3,2041	3,2371	3,2709	17
73	3,2709	3,3052	3,3402	3,3759	3,4124	3,4495	3,4874	16
74	3,4874	3,5261	3,5656	3,6059	3,6470	3,6891	3,7321	15
75	3,7321	3,7760	3,8208	3,8667	3,9136	3,9617	4,0108	**14**
76	4,0108	4,0611	4,1126	4,1653	4,2193	4,2747	4,3315	13
77	4,3315	4,3897	4,4494	4,5107	4,5736	4,6383	4,7046	12
78	4,7046	4,7729	4,8430	4,9152	4,9894	5,0658	5,1446	11
79	5,1446	5,2257	5,3093	5,3955	5,4845	5,5764	5,6713	10
80	5,6713	5,7694	5,8708	5,9758	6,0844	6,1970	6,3138	**9**
81	6,3138	6,4348	6,5605	6,6912	6,8269	6,9682	7,1154	8
82	7,1154	7,2687	7,4287	7,5958	7,7704	7,9530	8,1444	7
83	8,1444	8,3450	8,5556	8,7769	9,0098	9,2553	9,5144	6
84	9,5144	9,7882	10,0780	10,3854	10,7119	11,0594	11,4301	5
85	11,4301	11,8262	12,2505	12,7062	13,1969	13,7276	14,3007	**4**
86	14,3007	14,9244	15,6048	16,3499	17,1693	18,0750	19,0811	3
87	19,0811	20,2056	21,4704	22,9038	24,5418	26,4316	28,6363	2
88	28,6363	31,2416	34,3678	38,1885	42,9641	49,103	57,2900	1
89	57,2900	68,7501	85,9398	114,5887	171,8854	343,774	∞	0
	60′	50′	40′	30′	20′	10′	0′	Grad
	Minuten zu Cotangens							

Cotangens 0°...45°

Die trigonometrischen Funktionswerte wichtiger Winkelgrößen

	0°	30°	45°	60°	90°
Sinus	0	½	$\frac{1}{2}\sqrt{2}$	$\frac{1}{2}\sqrt{3}$	1
Cosinus	1	$\frac{1}{2}\sqrt{3}$	$\frac{1}{2}\sqrt{2}$	½	0
Tangens	0	$\frac{1}{3}\sqrt{3}$	1	$\sqrt{3}$	∞
Cotangens	∞	$\sqrt{3}$	1	$\frac{1}{3}\sqrt{3}$	0

Die trigonometrischen Funktionen der Winkel über 90° können auf solche im ersten Quadranten zurückgeführt werden. Man zerlegt sie in $R = 90°$ oder ein Vielfaches davon $(n \cdot R)$ und den übrigbleibenden spitzen Winkel α $(n \cdot R \pm \alpha)$ und behandelt sie als Funktionen von α. Wird als Bezugswert eine gerade Anzahl von R ($2R = 180°$ oder $4R = 360°$ usw.) gewählt, so bleibt die Funktion ungeändert; nimmt man ungerade Vielfache von R ($R = 90°$ oder $3R = 270°$ usw.), so tritt die Cofunktion ein.

Das Vorzeichen richtet sich nach dem der gegebenen Funktion (Tabelle siehe oben).

Negative Winkel sind von $4R = 360°$ abzuziehen; ihre Winkelbeziehungen werden nach obigen Regeln ermittelt.

Beispiele:

$\sin(R \pm \alpha) = +\cos\alpha$

$\sin(2R \pm \alpha) = \mp\sin\alpha$

$\sin 200° = \sin(2R + 20°) = -\sin 20°$

oder

$\sin 200° = \sin(3R - 70°) = -\cos 70°$

$\sin(-\alpha) = \sin(4R - \alpha) = -\sin\alpha$

$\cos(-\alpha) = \cos(4R - \alpha) = +\cos\alpha$

$\tan(-\alpha) = \tan(4R - \alpha) = -\tan\alpha$

$\cot(-\alpha) = \cot(4R - \alpha) = -\cot\alpha$

$\cot(-30°) = \cot(4R - 30°) = -\cot 30°$

Beziehung zwischen den ∢Funktionen:

1. $\sin^2\alpha + \cos^2\alpha = 1$; 2. $\tan\alpha = \sin\alpha : \cos\alpha$;
3. $\cot\alpha = \cos\alpha : \sin\alpha$; 4. $1 + \tan^2\alpha = 1 : \cos^2\alpha$
5. $1 + \cot^2\alpha = 1 : \sin^2\alpha$;
6. $\sin\alpha = \sqrt{1 - \cos^2\alpha} = \tan\alpha : \sqrt{1 + \tan^2\alpha} = 1 : \sqrt{1 + \cot^2\alpha}$
7. $\cos\alpha = \sqrt{1 - \sin^2\alpha} = 1 : \sqrt{1 + \tan^2\alpha} = \cot\alpha : \sqrt{1 + \cot^2\alpha}$

Sinus 0g … 50g

Grad	0	10	20	30	40	50	60	70	80	90	100	Min.
0	0,0000	0016	0031	0047	0063	0079	0094	0110	0126	0141	0157	99
1	0157	0173	0188	0204	0220	0236	0251	0267	0283	0298	0314	98
2	0314	0330	0346	0361	0377	0393	0408	0424	0440	0455	0471	97
3	0471	0487	0502	0518	0534	0550	0565	0581	0597	0612	0628	96
4	0628	0644	0659	0675	0691	0706	0722	0738	0753	0769	0785	95
5	0785	0800	0816	0832	0847	0863	0879	0894	0910	0925	0941	94
6	0941	0957	0972	0988	1004	1019	1035	1050	1066	1082	1097	93
7	1097	1113	1129	1144	1160	1175	1191	1207	1222	1238	1253	92
8	1253	1269	1284	1300	1316	1331	1347	1362	1378	1393	1409	91
9	0,1409	1425	1440	1456	1471	1487	1502	1518	1533	1549	1564	**90**
10	0,1564	1580	1595	1611	1626	1642	1657	1673	1688	1704	1719	89
11	1719	1735	1750	1766	1781	1797	1812	1828	1843	1858	1874	88
12	1874	1889	1905	1920	1935	1951	1966	1982	1997	2012	2028	87
13	2028	2043	2059	2074	2089	2105	2120	2135	2151	2166	2181	86
14	2181	2197	2212	2227	2243	2258	2273	2289	2304	2319	2334	85
15	2334	2350	2365	2380	2396	2411	2426	2441	2456	2472	2487	84
16	2487	2502	2517	2533	2548	2563	2578	2593	2608	2624	2639	83
17	2639	2654	2669	2684	2699	2714	2730	2745	2760	2775	2790	82
18	2790	2805	2820	2835	2850	2865	2880	2895	2910	2925	2940	81
19	0,2940	2955	2970	2985	3000	3015	3030	3045	3060	3075	3090	**80**
20	0,3090	3105	3120	3135	3150	3165	3180	3195	3209	3224	3239	79
21	3239	3254	3269	3284	3299	3313	3328	3343	3358	3373	3387	78
22	3387	3402	3417	3432	3446	3461	3476	3491	3505	3520	3535	77
23	3535	3549	3564	3579	3593	3608	3623	3637	3652	3667	3681	76
24	3681	3696	3710	3725	3740	3754	3769	3783	3798	3812	3827	75
25	3827	3841	3856	3870	3885	3899	3914	3928	3943	3957	3971	74
26	3971	3986	4000	4015	4029	4043	4058	4072	4086	4101	4115	73
27	4115	4129	4144	4158	4172	4187	4201	4215	4229	4244	4258	72
28	4258	4272	4286	4300	4315	4329	4343	4357	4371	4385	4399	71
29	0,4399	4413	4428	4442	4456	4470	4484	4498	4512	4526	4540	**70**
30	0,4540	4554	4568	4582	4596	4610	4624	4638	4652	4665	4679	69
31	4679	4693	4707	4721	4735	4749	4762	4776	4790	4804	4818	68
32	4818	4831	4845	4859	4873	4886	4900	4914	4927	4941	4955	67
33	4955	4968	4982	4995	5009	5023	5036	5050	5063	5077	5090	66
34	5090	5104	5117	5131	5144	5158	5171	5185	5198	5212	5225	65
35	5225	5238	5252	5265	5278	5292	5305	5318	5332	5345	5358	64
36	5358	5372	5385	5398	5411	5424	5438	5451	5464	5477	5490	63
37	5490	5503	5516	5530	5543	5556	5569	5582	5595	5608	5621	62
38	5621	5634	5647	5660	5673	5686	5699	5711	5724	5737	5750	61
39	0,5750	5763	5776	5789	5801	5814	5827	5840	5852	5865	5878	**60**
40	0,5878	5891	5903	5916	5929	5941	5954	5966	5979	5992	6004	59
41	6004	6017	6029	6042	6054	6067	6079	6092	6104	6117	6129	58
42	6129	6141	6154	6166	6179	6191	6203	6216	6228	6240	6252	57
43	6252	6265	6277	6289	6301	6314	6326	6338	6350	6362	6374	56
44	6374	6386	6398	6410	6423	6435	6447	6459	6471	6483	6494	55
45	6494	6506	6518	6530	6542	6554	6566	6578	6590	6601	6613	54
46	6613	6625	6637	6648	6660	6672	6684	6695	6707	6718	6730	53
47	6730	6742	6753	6765	6776	6788	6800	6811	6823	6834	6845	52
48	6845	6857	6868	6880	6891	6903	6914	6925	6937	6948	6959	51
49	0,6959	6970	6982	6993	7004	7015	7026	7038	7049	7060	7071	**50**
Min.	100	90	80	70	60	50	40	30	20	10	0	Grad

Cosinus 50g … 100g

Sinus 50g … 100g

Grad	0	10	20	30	40	50	60	70	80	90	100	Min.
50	0,7071	7082	7093	7104	7115	7126	7137	7148	7159	7170	7181	49
51	7181	7192	7203	7214	7225	7236	7247	7257	7268	7279	7290	48
52	7290	7300	7311	7322	7333	7343	7354	7365	7375	7386	7396	47
53	7396	7407	7417	7428	7438	7449	7459	7470	7480	7491	7501	46
54	7501	7511	7522	7532	7543	7553	7563	7573	7584	7594	7604	45
55	7604	7614	7624	7635	7645	7655	7665	7675	7685	7695	7705	44
56	7705	7715	7725	7735	7745	7755	7765	7775	7785	7794	7804	43
57	7804	7814	7824	7834	7843	7853	7863	7873	7882	7892	7902	42
58	7902	7911	7921	7930	7940	7949	7959	7968	7978	7987	7997	41
59	0,7997	8006	8016	8025	8034	8044	8053	8062	8072	8081	8090	**40**
60	0,8090	8099	8109	8118	8127	8136	8145	8154	8163	8172	8181	39
61	8181	8191	8200	8209	8217	8226	8235	8244	8253	8262	8271	38
62	8271	8280	8288	8297	8306	8315	8323	8332	8341	8349	8358	37
63	8358	8367	8375	8384	8392	8401	8409	8418	8426	8435	8443	36
64	8443	8452	8460	8468	8477	8485	8493	8502	8510	8518	8526	35
65	8526	8535	8543	8551	8559	8567	8575	8583	8591	8599	8607	34
66	8607	8615	8623	8631	8639	8647	8655	8663	8671	8679	8686	33
67	8686	8694	8702	8710	8717	8725	8733	8740	8748	8755	8763	32
68	8763	8771	8778	8786	8793	8801	8808	8816	8823	8830	8838	31
69	0,8838	8845	8852	8860	8867	8874	8881	8889	8896	8903	8910	**30**
70	0,8910	8917	8924	8931	8938	8945	8952	8959	8966	8973	8980	29
71	8980	8987	8994	9001	9008	9015	9021	9028	9035	9042	9048	28
72	9048	9055	9062	9068	9075	9081	9088	9095	9101	9108	9114	27
73	9114	9120	9127	9133	9140	9146	9152	9159	9165	9171	9178	26
74	9178	9184	9190	9196	9202	9208	9215	9221	9227	9233	9239	25
75	9239	9245	9251	9257	9263	9269	9274	9280	9286	9292	9298	24
76	9298	9304	9309	9315	9321	9326	9332	9338	9343	9349	9354	23
77	9354	9360	9365	9371	9376	9382	9387	9393	9398	9403	9409	22
78	9409	9414	9419	9425	9430	9435	9440	9445	9451	9456	9461	21
79	0,9461	9466	9471	9476	9481	9486	9491	9496	9501	9506	9511	**20**
80	0,9511	9515	9520	9525	9530	9535	9539	9544	9549	9553	9558	19
81	9558	9563	9567	9572	9576	9581	9585	9590	9594	9599	9603	18
82	9603	9607	9612	9616	9620	9625	9629	9633	9637	9641	9646	17
83	9646	9650	9654	9658	9662	9666	9670	9674	9678	9682	9686	16
84	9686	9690	9694	9697	9701	9705	9709	9713	9716	9720	9724	15
85	9724	9727	9731	9735	9738	9742	9745	9749	9752	9756	9759	14
86	9759	9763	9766	9769	9773	9776	9779	9783	9786	9789	9792	13
87	9792	9795	9799	9802	9805	9808	9811	9814	9817	9820	9823	12
88	9823	9826	9829	9832	9834	9837	9840	9843	9846	9848	9851	11
89	0,9851	9854	9856	9859	9862	9864	9867	9869	9872	9874	9877	**10**
90	0,9877	9879	9882	9884	9887	9889	9891	9893	9896	9898	9900	9
91	9900	9902	9905	9907	9909	9911	9913	9915	9917	9919	9921	8
92	9921	9923	9925	9927	9929	9931	9933	9934	9936	9938	9940	7
93	9940	9941	9943	9945	9946	9948	9950	9951	9953	9954	9956	6
94	9956	9957	9959	9960	9961	9963	9964	9965	9967	9968	9969	5
95	9969	9970	9972	9973	9974	9975	9976	9977	9978	9979	9980	4
96	9980	9981	9982	9983	9984	9985	9986	9987	9987	9988	9989	3
97	9989	9990	9990	9991	9992	9992	9993	9993	9994	9995	9995	2
98	9995	9996	9996	9996	9997	9997	9998	9998	9998	9999	9999	1
99	0,9999	9999	9999	9999	1,000	1,000	1,000	1,000	1,000	1,000	1,000	0
Min.	100	90	80	70	60	50	40	30	20	10	0	Grad

Cosinus 0g … 50g

Natürl. Werte der Winkelfunktionen bei 100g-Teilung des Quadranten

Der Viertelkreis wird anstatt in 90° = 5400′ = 324 000″ in

100 Neugrad =
10 000 Neuminuten =
1 000 000 Neusekunden

eingeteilt; geschrieben

$100^g = 10\,000^c$
$= 1\,000\,000^{cc}$ und
$1^g = 100^c = 10\,000^{cc}$

Zwischenberechnung:
Die Tabellen zeigen die Winkelfunktionswerte von 10 zu 10 Minuten.

Beispiel: $\sin 18{,}06^g = ?$

$\sin 18{,}00^g = 0{,}2790$
$\sin 18{,}10^g = 0{,}2805$

zu für $0{,}10^g = 0{,}0015$

Hieraus berechnet sich der wirkl. Unterschied f. $0{,}06^g$:

$0{,}10^g : 0{,}06^g = 0{,}0015 : x$
oder $10 : 6 = 0{,}0015 : x$

$$x = \frac{6 \cdot 0{,}0015}{10}$$

$x = 0{,}0009$

demnach: $\sin 18{,}06^g =$
$\sin 18{,}00^g + x =$
$0{,}2790$
$+\ 0{,}0009$
$= \mathbf{0{,}2799}$

Beispiel: $\cos 33{,}52^g = ?$

$\cos 33{,}50 = 0{,}8647$
$\cos 33{,}60 = 0{,}8639$

ab für $0{,}10^g = 0{,}0008$

weiter wie oben:
$10 : 2 = 0{,}0008 : x$

$$x = \frac{2 \cdot 0{,}0008}{10}$$

$x \approx 0{,}0002$ und
$\cos 33{,}52^g = 0{,}8647 - 0{,}0002 = \mathbf{0{,}8645}$

Tangens $0^g \cdots 50^g$

Grad	0	10	20	30	40	50	60	70	80	90	100	Min.
0	0,0000	0016	0031	0047	0063	0079	0094	0110	0126	0141	0157	99
1	0157	0173	0189	0204	0220	0236	0251	0267	0283	0299	0314	98
2	0314	0330	0346	0361	0377	0393	0409	0424	0440	0456	0472	97
3	0472	0487	0503	0519	0535	0550	0566	0582	0598	0613	0629	96
4	0629	0645	0661	0676	0692	0708	0724	0740	0755	0771	0787	95
5	0787	0803	0819	0834	0850	0866	0882	0898	0914	0929	0945	94
6	0945	0961	0977	0993	1009	1025	1040	1056	1072	1088	1104	93
7	1104	1120	1136	1152	1168	1184	1200	1215	1231	1247	1263	92
8	1263	1279	1295	1311	1327	1343	1359	1375	1391	1407	1423	91
9	0,1423	1439	1455	1471	1487	1503	1519	1536	1552	1568	1584	90
10	0,1584	1600	1616	1632	1648	1664	1681	1697	1713	1729	1745	89
11	1745	1761	1778	1794	1810	1826	1843	1859	1875	1891	1908	88
12	1908	1924	1940	1956	1973	1989	2005	2022	2038	2055	2071	87
13	2071	2087	2104	2120	2137	2153	2169	2186	2202	2219	2235	86
14	2235	2252	2268	2285	2301	2318	2334	2351	2368	2384	2401	85
15	2401	2417	2434	2451	2467	2484	2501	2517	2534	2551	2568	84
16	2568	2584	2601	2618	2635	2651	2668	2685	2702	2719	2736	83
17	2736	2753	2769	2786	2803	2820	2837	2854	2871	2888	2905	82
18	2905	2922	2939	2956	2974	2991	3008	3025	3042	3059	3076	81
19	0,3076	3094	3111	3128	3145	3163	3180	3197	3214	3232	3249	80
20	0,3249	3267	3284	3301	3319	3336	3354	3371	3389	3406	3424	79
21	3424	3441	3459	3476	3494	3512	3529	3547	3565	3582	3600	78
22	3600	3618	3636	3654	3671	3689	3707	3725	3743	3761	3779	77
23	3779	3797	3815	3833	3851	3869	3887	3905	3923	3941	3959	76
24	3959	3977	3996	4014	4032	4050	4069	4087	4105	4124	4142	75
25	4142	4161	4179	4197	4216	4234	4253	4272	4290	4309	4327	74
26	4327	4346	4365	4383	4402	4421	4440	4459	4477	4496	4515	73
27	4515	4534	4553	4572	4591	4610	4629	4648	4667	4686	4706	72
28	4706	4725	4744	4763	4783	4802	4821	4841	4860	4879	4899	71
29	0,4899	4918	4938	4958	4977	4997	5016	5036	5056	5075	5095	70
30	0,5095	5115	5135	5155	5175	5195	5215	5235	5255	5275	5295	69
31	5295	5315	5335	5355	5375	5396	5416	5436	5457	5477	5498	68
32	5498	5518	5539	5559	5580	5600	5621	5642	5662	5683	5704	67
33	5704	5725	5746	5767	5787	5808	5829	5851	5872	5893	5904	66
34	5914	5935	5956	5978	5999	6020	6042	6063	6085	6106	6128	65
35	6128	6150	6171	6193	6215	6237	6258	6280	6302	6324	6346	64
36	6346	6368	6390	6412	6435	6457	6479	6502	6524	6546	6569	63
37	6569	6591	6614	6636	6659	6682	6705	6727	6750	6773	6796	62
38	6796	6819	6842	6865	6888	6911	6935	6958	6981	7005	7028	61
39	0,7028	7052	7075	7099	7122	7146	7170	7194	7218	7241	7265	60
40	0,7265	7289	7314	7338	7362	7386	7410	7435	7459	7484	7508	59
41	7508	7583	7557	7582	7607	7632	7657	7682	7707	7732	7757	58
42	7757	7782	7807	7833	7858	7883	7909	7934	7960	7986	8012	57
43	8012	8037	8063	8089	8115	8141	8167	8194	8220	8246	8273	56
44	8273	8299	8326	8352	8379	8406	8433	8460	8487	8514	8541	55
45	8541	8568	8595	8623	8650	8678	8705	8733	8761	8788	8816	54
46	8816	8844	8872	8900	8928	8957	8985	9014	9042	9071	9099	53
47	9099	9128	9157	9186	9215	9244	9273	9302	9332	9361	9391	52
48	9391	9420	9450	9480	9510	9540	9570	9600	9630	9660	9691	51
49	0,9691	9721	9752	9782	9813	9844	9875	9906	9937	9969	1,000	50
Min.	100	90	80	70	60	50	40	30	20	10	0	Grad

Cotangens $50^g \cdots 100^g$

Tangens $50^g \cdots 100^g$

Grad	0	10	20	30	40	50	60	70	80	90	100	Min.
50	1,000	1,003	1,006	1,009	1,013	1,016	1,019	1,022	1,025	1,029	1,032	49
51	1,032	1,035	1,038	1,042	1,045	1,048	1,052	1,055	1,058	1,062	1,065	48
52	1,065	1,068	1,072	1,075	1,078	1,082	1,085	1,089	1,092	1,096	1,099	47
53	1,099	1,102	1,106	1,109	1,113	1,116	1,120	1,124	1,127	1,131	1,134	46
54	1,134	1,138	1,141	1,145	1,149	1,152	1,156	1,160	1,163	1,167	1,171	45
55	1,171	1,175	1,178	1,182	1,186	1,190	1,193	1,197	1,201	1,205	1,209	44
56	1,209	1,213	1,217	1,220	1,224	1,228	1,232	1,236	1,240	1,244	1,248	43
57	1,248	1,252	1,256	1,260	1,264	1,268	1,273	1,277	1,281	1,285	1,289	42
58	1,289	1,293	1,298	1,302	1,306	1,310	1,315	1,319	1,323	1,328	1,332	41
59	1,332	1,336	1,341	1,345	1,349	1,354	1,358	1,363	1,367	1,372	1,376	40
60	1,376	1,381	1,386	1,390	1,395	1,399	1,404	1,409	1,413	1,418	1,423	39
61	1,423	1,428	1,432	1,437	1,442	1,447	1,452	1,457	1,462	1,466	1,471	38
62	1,471	1,476	1,481	1,486	1,492	1,497	1,502	1,507	1,512	1,517	1,522	37
63	1,522	1,528	1,533	1,538	1,543	1,549	1,554	1,559	1,565	1,570	1,576	36
64	1,576	1,581	1,587	1,592	1,598	1,603	1,609	1,615	1,620	1,626	1,632	35
65	1,632	1,638	1,643	1,649	1,655	1,661	1,667	1,673	1,679	1,685	1,691	34
66	1,691	1,697	1,703	1,709	1,715	1,722	1,728	1,734	1,740	1,747	1,753	33
67	1,753	1,760	1,766	1,773	1,779	1,786	1,792	1,799	1,806	1,812	1,819	32
68	1,819	1,826	1,833	1,839	1,846	1,853	1,860	1,867	1,874	1,882	1,889	31
69	1,889	1,896	1,903	1,910	1,918	1,925	1,932	1,940	1,947	1,955	1,963	30
70	1,963	1,970	1,978	1,986	1,993	2,001	2,009	2,017	2,025	2,033	2,041	29
71	2,041	2,049	2,058	2,066	2,074	2,082	2,091	2,099	2,108	2,116	2,125	28
72	2,125	2,134	2,143	2,151	2,160	2,169	2,178	2,187	2,196	2,206	2,215	27
73	2,215	2,224	2,233	2,243	2,252	2,202	2,272	2,281	2,291	2,301	2,311	26
74	2,311	2,321	2,331	2,341	2,351	2,362	2,372	2,382	2,393	2,404	2,414	25
75	2,414	2,425	2,436	2,447	2,458	2,469	2,480	2,491	2,503	2,514	2,526	24
76	2,526	2,537	2,549	2,561	2,573	2,585	2,597	2,609	2,621	2,634	2,646	23
77	2,646	2,659	2,672	2,685	2,698	2,711	2,724	2,737	2,750	2,764	2,778	22
78	2,778	2,791	2,805	2,819	2,833	2,848	2,862	2,876	2,891	2,906	2,921	21
79	2,921	2,936	2,951	2,966	2,982	2,997	3,013	3,029	3,045	3,061	3,078	20
80	3,078	3,094	3,111	3,128	3,145	3,162	3,179	3,197	3,215	3,232	3,251	19
81	3,251	3,269	3,287	3,306	3,325	3,344	3,363	3,382	3,402	3,422	3,442	18
82	3,442	3,462	3,483	3,504	3,525	3,546	3,567	3,589	3,611	3,633	3,655	17
83	3,655	3,678	3,701	3,724	3,748	3,772	3,796	3,820	3,845	3,869	3,895	16
84	3,895	3,920	3,946	3,972	3,999	4,026	4,053	4,080	4,108	4,137	4,165	15
85	4,165	4,194	4,224	4,254	4,284	4,314	4,345	4,377	4,409	4,441	4,474	14
86	4,474	4,507	4,541	4,575	4,610	4,645	4,681	4,717	4,754	4,791	4,829	13
87	4,829	4,867	4,906	4,946	4,986	5,027	5,069	5,111	5,154	5,198	5,242	12
88	5,242	5,287	5,333	5,380	5,427	5,475	5,525	5,575	5,625	5,677	5,730	11
89	5,730	5,783	5,838	5,894	5,950	6,008	6,067	6,127	6,188	6,250	6,314	10
90	6,314	6,379	6,445	6,512	6,581	6,651	6,723	6,797	6,872	6,948	7,026	9
91	7,026	7,106	7,188	7,272	7,357	7,445	7,535	7,627	7,721	7,817	7,916	8
92	7,916	8,017	8,121	8,227	8,337	8,449	8,564	8,683	8,804	8,929	9,058	7
93	9,058	9,190	9,326	9,467	9,611	9,760	9,914	10,07	10,24	10,40	10,58	6
94	10,58	10,76	10,95	11,14	11,34	11,55	11,76	11,98	12,22	12,46	12,71	5
95	12,71	12,97	13,24	13,52	13,82	14,12	14,45	14,78	15,14	15,51	15,89	4
96	15,89	16,30	16,73	17,19	17,67	18,17	18,71	19,27	19,88	20,52	21,20	3
97	21,20	21,94	22,72	23,56	24,47	25,45	26,51	27,67	28,93	30,30	31,82	2
98	31,82	33,50	35,36	37,44	39,78	42,43	45,47	48,96	53,05	57,87	63,66	1
99	63,66	70,73	79,57	90,94	106,1	127,3	159,2	212,2	318,3	636,6	∞	0
Min.	100	90	80	70	60	50	40	30	20	10	0	Grad

Cotangens $0^g \cdots 50^g$

Natürl. Werte der Winkelfunktionen bei 100^g-Teilung des Quadranten

Beispiel: $\tan 22{,}64^g = ?$

$\tan 22{,}60^g = 0{,}3707$

$\tan 22{,}70^g = 0{,}3725$

zu für $0{,}10^g = 0{,}0018$

Hieraus berechnet sich der wirkliche Unterschied für $0{,}04^g$:

für $0{,}01^g = 0{,}00018$

für $0{,}04^g = 0{,}00072$

demnach ist:

$\tan 22{,}64^g = 0{,}3707 + 0{,}0007 = \mathbf{0{,}3714}$

Beispiel: $\tan \alpha = 2{,}147;\ \alpha = ?$

$\tan 72{,}20^g = 2{,}143$

$\tan 72{,}30^g = 2{,}151$

zu für $0{,}10^g = 0{,}008$

$\tan 72{,}20^g = 2\ 143$

$\tan 72{,}20^g + x = 2{,}147$

zu für $x = 0{,}004$

demnach:

$0{,}10^g : x^g = 0{,}008 : 0{,}004$

oder

$0{,}10^g : x^g = 8 : 4$

$$x = \frac{0{,}10 \cdot 4}{8} = 0{,}05^g$$

$$\alpha = 72{,}20^g + 0{,}05^g = \mathbf{72{,}25^g}$$

Beispiel: $\cot 64{,}48^g = ?$

$\cot 64{,}40^g = 0{,}6258$

$\cot 64{,}50^g = 0{,}6237$

ab für $0{,}10^g = 0{,}0021$

für $0{,}01^g = 0{,}00021$

für $0{,}08^g = 0{,}00168 \approx 0{,}0017$

demnach ist:

$\cot 64{,}48^g = 0{,}6258 - 0{,}0017 = \mathbf{0{,}6241}$

Grundbegriffe der Physik*)

Die Physik befaßt sich mit den Erscheinungen der unbelebten Natur. Man unterscheidet: **Lehre vom Gleichgewicht und Lehre der Bewegung** (Mechanik), **Lehre vom Schall** (Akustik), **Lehre vom Licht** (Optik), **Lehre von den magnetischen und elektrischen Erscheinungen** (Elektrizitätslehre) und die **Lehre von den Wärmeerscheinungen** (Wärmelehre).

Von den Körpern im allgemeinen

Je nach dem Zustande, in dem sich ein Körper befindet, unterscheidet man **feste, flüssige** und **luft- oder gasförmige Körper (bzw. Aggregatzustände).** — Die Körper können weder von selbst in Bewegung geraten **(Trägheit)** noch ihren Bewegungszustand von selbst ändern **(Beharrungsvermögen).** Zur Bewegungsänderung ist immer eine Kraft nötig. — Die **Schwerkraft** oder Anziehungskraft der Erde macht alle Körper **schwer,** d. h. gibt ihnen das Bestreben, sich geradlinig dem Mittelpunkte der Erde zu nähern (Waage, Lot). — Jeder Körper ist bis zu einem gewissen Grade **teilbar.** Die kleinsten Bauteile eines chemischen Grundstoffes heißen **Atome,** die einer chemischen Verbindung **Moleküle.** Jedes Atom besteht aus einem Atomkern und der Atomhülle. Der Atomkern besteht aus **Protonen** und **Neutronen.** Diese Kernbausteine nennt man **Nukleonen.** Das Neutron besitzt keine elektrische Ladung; Proton (positiv) und Elektron (negativ) haben gleich große, entgegengesetzte elektrische Ladungen. Die Atomhülle ist aus **Elektronen** aufgebaut. Die Kernladungszahl (Ordnungszahl) ist gleich der Anzahl der Protonen im Atomkern. Zwischen den Atomen bzw. Molekülen befinden sich auch noch **freie Elektronen,** deren Wanderung (Strömen) im Leiter wir **elektrischen Strom** nennen.

Die Elektronen sind bei gewöhnlicher Temperatur an den Leiter gebunden. Hocherhitzte Leiter senden Elektronen aus (Elektronen-Emission der Kathode der Röhren in der Funktechnik).

Die Erscheinung, daß zwei Körper aneinander haften, wird **Anhangswirkung** oder **Adhäsion** genannt. **Kapillarität-** oder **Haarröhrchenwirkung** nennt man das Aufsteigen einer Flüssigkeit in einem von ihr benetzten Haarröhrchen, d. h. einem Röhrchen mit sehr kleiner Weite.

Der Vorgang der Mischung von zwei durch eine poröse Scheidewand (z. B. Pergamentpapier) getrennten oder auch ohne Trennwand aneinandergrenzenden Flüssigkeiten oder Gasen heißt **Diffusion.**

Gleichgewicht und Bewegung der Körper

Der Punkt S, bei dessen Unterstützung sich ein Körper im Gleichgewicht befindet, heißt **Schwerpunkt.** Liegt dieser bei einem Körper senkrecht unter dem Aufhängepunkt U, so befindet sich der Körper **im sicheren** oder **stabilen Gleichgewicht.**

stabil

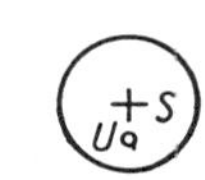

labil

indifferent

Kreisscheibe in verschiedenen Gleichgewichtslagen

Liegt der Schwerpunkt über dem Unterstützungspunkt, so besteht **unsicheres (labiles) Gleichgewicht.** Fällt der Unterstützungspunkt mit dem Schwerpunkt zusammen, so ist in jeder Lage Gleichgewicht vorhanden: **indifferente Gleichgewichtslage.**

Man sagt von einem Körper, er ist **standfähig,** wenn sein Schwerpunkt lotrecht über der Unterstützungsfläche liegt; er steht um so fester, je größer seine Unterstützungsfläche und seine Masse sind und je tiefer sein Schwerpunkt liegt.

Ein Stab, der um einen Unterstützungspunkt gedreht werden kann, wird Hebel genannt (Hebebaum, Brechstange). Der gehobene Körper wird als **Last** bezeichnet. Die beiden Teile des Hebels, die zwischen dem Drehpunkte und den Angriffspunkten der Kraft und der Last liegen, heißen Hebelarme. Man unterscheidet dabei:

Kraftarm und **Lastarm.** Liegen die Angriffspunkte eines Hebels auf verschiedenen Seiten vom Drehpunkt, so ist der **Hebel zweiseitig.** Liegen sie auf der gleichen Seite vom Drehpunkt, so ist der Hebel **einseitig.** Sind die Arme eines Hebels gleich lang (z. B. bei der Krämerwaage), so nennt man ihn gleicharmig, sind sie ungleich, so wird der Hebel ungleicharmig genannt. Bei der **Dezimalwaage** oder **Brückenwaage** ist zur Herstellung des Gleichgewichts nur der zehnte Teil der Masse der Last erforderlich. Die Last wirkt von einer stets waagerecht bleibenden Brücke (A—B) aus auf den Waagebalken.

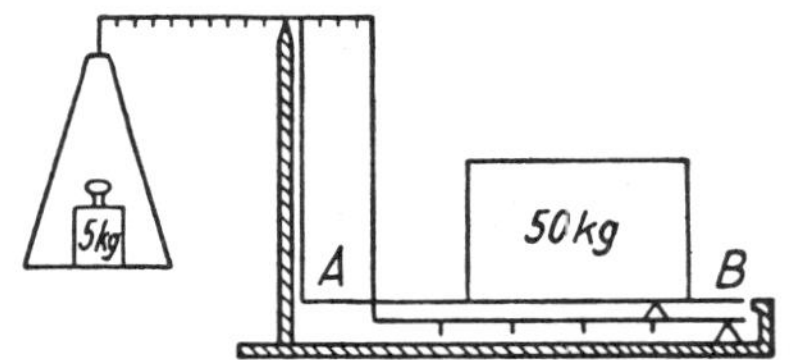

Hebel, Rolle, schiefe Ebene, Keil, Schraube und Wellrad haben die Aufgabe, zu bewirken, daß die Wirkung einer Kraft günstiger ausfällt, als wenn die Kraft unmittelbar auf die Last einwirkt. Jede Vorrichtung, die eine Kraft in nutzbringender Weise auf eine Last überträgt, wird **Maschine** genannt. Die angeführten 6 Maschinen werden als einfache Maschinen bezeichnet. Was bei einer Maschine an Kraft gewonnen wird, muß an Weg zugesetzt werden **(Goldene Regel der Mechanik).** Die Größe einer Kraft, durch die (mit oder ohne Maschine) ein Druck oder Zug ausgeübt wird, drückt man in Krafteinheiten**) aus. **„Eine Kraft ist gleich 1 Kilopond (kp)“** bedeutet: Die Kraft ist so groß, daß sie in ihrer Richtung (in der sie wirkt) eine ebenso große Druck- oder Zugkraft hervorbringt, wie ihn ein Körper von 1 kg Masse in lotrechter Richtung ausübt. Indem eine Kraft einen Widerstand überwindet (z. B. eine Last hebt, eine Feder spannt, einen Wagen zieht usw.), übt sie in jedem Punkte ihres Weges einen Druck oder Zug aus; sie überwindet also auf einer gewissen Strecke einen Widerstand. Eine solche **Kraftwirkung** bezeichnet man als **mechanische Arbeit** oder kurz als Arbeit. Ihre Größe hängt ab von der Größe des Widerstandes und der Strecke, auf welcher dieser überwunden wird, und zwar wächst die Arbeit mit beiden im gleichen Verhältnis. Als **Arbeitseinheit** bezeichnet man die Arbeit, die verrichtet wird, wenn ein Körper mit der Masse von 1 kg 1 m hoch gehoben wird: **Kilopondmeter** (kpm). Wird eine Arbeit in einer bestimmten Zeit geleistet, so spricht man von einer **Leistung.** Man versteht z. B. unter einer **Pferdestärke** (PS) eine Leistung von 75 kpm je Sekunde. 1 Kilowatt (kW) = 102 kpm je Sekunde.

In zahlreichen Fällen ist die Bewegung eines Körpers ein Ergebnis von dem Zusammenwirken zweier oder mehrerer Kräfte. Diese Kräfte kann man sich durch eine einzige Kraft **(Mittelkraft oder Resultierende)** ersetzt denken, die allein die ganz gleiche Wirkung hat wie die einzelnen Kräfte **(Seitenkräfte oder Komponenten)** zusammengenommen.

*) Vgl. P. Brüls, Physik lebendig dargestellt, und O. Höfling, Lehrbuch der Physik (Ferd. Dümmlers Verlag).

) Als **Krafteinheiten werden jetzt nicht mehr die Einheiten Gramm (g), Kilogramm (kg) und Tonne (t) verwendet, sondern Pond (p), Kilopond (kp) und Megapond (Mp). Die Einheiten g, kg und t gelten nur noch für die **Masse.**

Grundbegriffe der Physik (Fortsetzung)

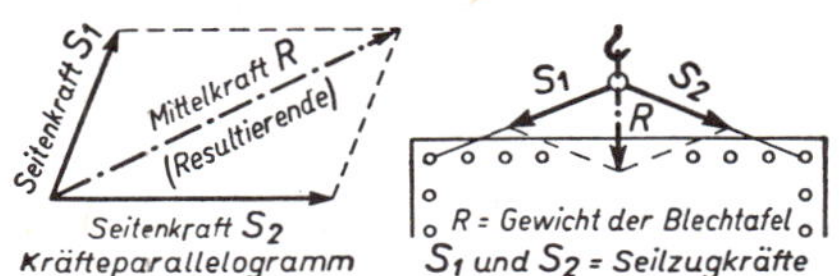

Wirken 2 Kräfte unter einem Winkel gleichzeitig auf einen Körper, so werden Richtung und Größe ihrer Mittelkraft durch die Diagonale eines Parallelogramms dargestellt, dessen Seiten Richtung und Stärke der Seitenkräfte ausdrücken: **Parallelogramm der Kräfte*)**.

Beim **freien Fall** im luftleeren Raume fallen alle Körper gleich schnell. Die Bewegung hierbei ist eine gleichmäßig beschleunigte, d. h., die Geschwindigkeit wächst mit der Fallzeit. — Ein rasch im Kreise geschwungener Schleuderball übt im Arm einen nach außen gerichteten Zug, die **Schwungkraft** oder **Zentrifugalkraft**, aus. Die Kraft der Hand, welche den Ball zwingt, sich beständig auf der Kreislinie zu bewegen, heißt **Zentripetalkraft** oder **Zentralkraft.** Wird der Ball plötzlich losgelassen, so fliegt er in der Richtung einer Berührungslinie (Tangente) an den bis dahin zurückgelegten Kreisweg fort (vgl. Schleiffunken). — Gefäße, deren Teile so miteinander verbunden sind, daß eine Flüssigkeit ungehindert von dem einen zum anderen fließen kann, nennt man **verbundene Gefäße.** In diesen liegen die freien Oberflächen einer in Ruhe befindlichen Flüssigkeit in derselben waagerechten Ebene.

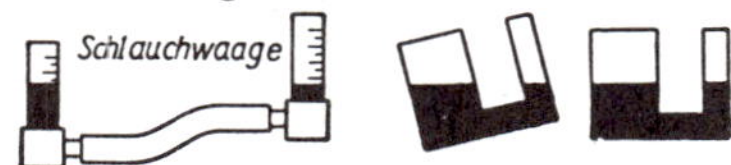

Vom Schall

Mit Schall bezeichnet man Eindrücke, die wir mit unserem Gehör wahrnehmen. Einen Schall von bestimmter Höhe nennt man **Ton.** Ist Schall kurz und kräftig, wird er **Knall** genannt. In rascher Folge auftretende Schalle heißen **Geräusche.** Der Schall wird durch schnell aufeinanderfolgende Schwingungen eines Körpers (Schallerreger) erzeugt. Je größer die Schwingungszahl in einer Sekunde ist, desto höher klingt der erzeugte Ton. Der Schall pflanzt sich dadurch fort und wird hörbar, daß die Luft in der Umgebung des Schallerregers ebenfalls in Schwingungen **(Schallwellen)** versetzt wird, welche sich nach allen Seiten gleichmäßig ausbreiten. Schallgeschwindigkeit in der Luft bei 15°C 340 m/s, im Wasser 1467 m/s. Für Menschen sind Schwingungen von 16 bis zu 20 000 in der Sekunde hörbar.

Vom Licht

Die Ursache des Sichtbarwerdens der Körper nennt man **Licht.** Körper, welche durch eigenes Licht sichtbar werden, sind **selbstleuchtend (Lichtquellen)**; alle übrigen nennt man **dunkel.** Selbstleuchtend werden Körper durch Umlagerung von Atomelektronen, die durch elektr. od. Wärmewirkung hervorgerufen wird. Hierbei werden sog. **Lichtstrahlen** mit rund 300 000 km/s Geschwindigkeit ausgesandt. — Glatte Flächen, die das Licht zurückwerfen (reflektieren), nennt man **spiegelnde Flächen.** Hierbei ist der **Einfallswinkel** (α) des Lichtstrahls gleich dem **Ausfallswinkel** (β) **(Reflexionsgesetz).** Geht ein Lichtstrahl aus einem dünneren Mittel in ein dichteres Mittel über, so wird er nach dem Einfallslote hin gebrochen **(Brechungsgesetz).** Betrachte einen schräg in Wasser gehaltenen Stab. In diesem Falle heißt β Brechungswinkel.

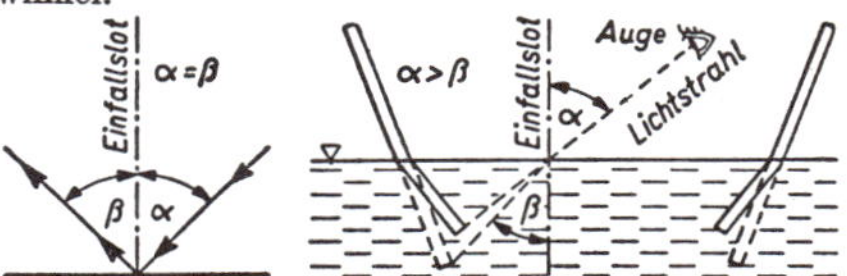

Der Regenbogen und das bekannte Farbenspiel eines Glasprismas zeigen, daß sowohl das Sonnenlicht als auch das Licht irdischer Lichtquellen verschiedenfarbige Strahlen (Strahlen verschiedener Wellenlänge) enthält. Die Zerlegung des Lichtes in seine Farben wird **Farbenzerstreuung,** das durch die Zerlegung entstehende farbige Bild **Spektrum** genannt. Das weiße Licht (z. B. Sonnenlicht) besteht aus Strahlen von ungleicher Brechbarkeit, die nach ihrer Zerstreuung verschiedene Farbeneindrücke hervorrufen. Die am stärksten brechbaren Strahlen haben violette, die am schwächsten brechbaren rote Farbe. Die unsichtbare „ultraviolette" Strahlung (UV-Strahlung) und „infrarote Strahlung" (IR-Strahlung) wird technisch genutzt.

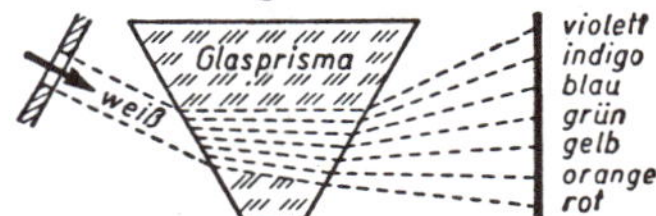

Von der Wärme

Wärme (Bewegung der Moleküle) entsteht bei mechanischen, chemischen und elektr. Vorgängen.

Der Wärmezustand eines Körpers wird **Temperatur** genannt und mit dem **Thermometer** gemessen. Nimmt ein Körper Wärme auf, so vergrößert sich im allgemeinen sein Rauminhalt; er dehnt sich aus (Ausnahme: Wasser unter 4° C). Gasförmige Körper dehnen sich i. allg. verhältnismäßig stärker aus als flüssige, und diese stärker als feste. Für jeden schmelzbaren Körper gibt es bei bestimmtem Druck eine bestimmte Temperatur, bei der er schmilzt: **Schmelzpunkt.** Bei derselben Temperatur wird gewöhnlich der flüssige Körper wieder fest: **Erstarrungspunkt.** Durch Erwärmung werden flüssige Körper dampfförmig **(Siedepunkt)**; durch Abkühlung werden sie wieder tropfbar flüssig. Letzteres heißt **Kondensation.** Die Wärmeeinheit ist die Kilokalorie (kcal).

Grundbegriffe der Chemie**)

Die **Chemie** befaßt sich mit den Eigenschaften und Umwandlungen **(chemischen Prozessen)** von organischen und anorganischen Stoffen. Die **Experimentalchemie** führt chemische Versuche durch. Die **analytische Chemie** stellt fest, aus welchen Stoffen chemische Verbindungen bestehen. Die **synthetische Chemie** setzt aus Grundstoffen chemische Verbindungen zusammen. Die **chemische Technik** (techn. Chemie) stellt auf Grund von Versuchsergebnissen Chemikalien her. Die Grundbestandteile, Grundstoffe oder Urstoffe, welche sich chemisch nicht weiter zerlegen lassen, heißen **chemische Grundstoffe** oder **Elemente.** Diese werden eingeteilt in **Metalle** und **Nichtmetalle.** Die Elemente vereinigen sich zu chemischen Verbindungen, z. B. Säuren, Salzen, Oxyden usw. — In chemisch-technischen Verfahren hergestellte Chemikalien finden vielseitige Verwendung.

*) Siehe Mittelkraft *R*, S. 37, Abb. 1. **) Vergleiche G. Heimann, Kleines Lehrbuch der Chemie, und P. Brüls, Lebendige Chemie (Ferd. Dümmlers Verlag, Bonn).

Grundbegriffe der Chemie (Fortsetzung)

Die für die Technik wichtigen chemischen Grundstoffe (Elemente)

Die **Ordnungszahl** bestimmt die Reihenfolge im Periodensystem der Elemente; sie entspricht dabei der Anzahl der Protonen (positive Ladungen) im Atomkern. — Das **Atomgewicht** ist eine Vergleichszahl und gibt an, wievielmal so schwer 1 Atom eines Elementes ist als 1 Atom Wasserstoff. — Die **Wertigkeit** (Valenz) der Grundstoffe (Elemente) ist artgebunden und gibt an, welche Anzahl Verbindungselektronen ein Atom abgeben bzw. aufnehmen kann. Die Verbindung der Stoffe wird durch die Verbindungs-(Außen-)Elektronen bewirkt.

Name	Ord.-Zahl	Chem. Zeich.	Atomgewicht	Wertigkeit	Entdeckt
Aluminium	13	Al	26,98	3	1825
Antimon	51	Sb	121,76	3; 5	Altertum
Argon	18	Ar	39,94	0	1894
Blei	82	Pb	207,21	2; 4	Altertum
Bor	5	B	10,82	3	1808
Brom	35	Br	79,92	1; 3; 5; 7	1826
Cadmium	48	Cd	112,41	2	1817
Calcium	20	Ca	40,08	2	1808
Chlor	17	Cl	35,46	1; 3; 5; 7	1774
Chrom	24	Cr	52,01	2; 3; 6	1797
Eisen	26	Fe	55,85	2; 3	Altertum
Fluor	9	F	19,00	1	1886
Gold	79	Au	197,0	1; 3	Altertum
Helium	2	He	4,00	0	1868
Iridium	77	Ir	192,2	3; 4	1804
Jod	53	J	126,91	1; 3; 5; 7	1811
Kalium	19	K	39,10	1	1807
Kobalt	27	Co	58,94	2; 3	1735
Kohlenstoff	6	C	12,01	2; 4	Altertum
Kupfer	29	Cu	63,54	1; 2	Altertum
Magnesium	12	Mg	24,32	2	1808
Mangan	25	Mn	54,94	2; 3; 4; 7	1774
Molybdän	42	Mo	95,95	2 bis 6	1782
Natrium	11	Na	22,99	1	1807
Neon	10	Ne	20,18	0	1898
Nickel	28	Ni	58,71	2; 3; 4	1751
Osmium	76	Os	190,2	4; 6; 8	1804
Palladium	46	Pd	106,4	2; 4	1803
Phosphor	15	P	30,98	3; 5	1669
Platin	78	Pt	195,09	2; 4	1741
Quecksilber	80	Hg	200,61	1; 2	Altertum
Radium	88	Ra	226,05	2	1898
Sauerstoff	8	O	16,00	2	1774
Schwefel	16	S	32,07	2; 4; 6	Altertum
Selen	34	Se	78,96	2; 4; 6	1817
Silber	47	Ag	107,88	1	Altertum
Silicium	14	Si	28,09	4	1823
Stickstoff	7	N	14,01	2; 3; 4; 5	1777
Thorium	90	Th	232,05	4	1828
Titan	22	Ti	47,90	2; 3; 4; 6	1791
Uran	92	U	238,07	3 bis 6	1789
Vanadium	23	V	50,95	2 bis 5	1830
Wasserstoff	1	H	1,008	1	1766
Wismut	83	Bi	209,00	3; 5	1450
Wolfram	74	W	183,86	2 bis 6	1783
Zink	30	Zn	65,38	2	1617
Zinn	50	Sn	118,70	2; 4	Altertum

Es sind 103 Elemente bekannt.

Gewerbliche und chemische Benennung einiger technisch wichtiger Stoffe

Gewerbliche Benennung	Chemische Benennung	Chemische Formel
Acetylengas	Acetylen	C_2H_2
Asbest (Bergflachs)	Ca-Mg-Silicate (Minerale)	
Benzol	Benzol	C_6H_6
Bleiweiß	Bas. Bleicarbonat	$Pb(OH)_2 \cdot 2PbCO_3$
Blutlaugensalz, gelb	Kaliumferrocyanid	$K_4Fe(CN)_6 \cdot 3H_2O$
Borax	Natriumtetraborat	$Na_2B_4O_7 \cdot 10H_2O$
Calciumcarbid	Calciumcarbid	CaC_2
Chlorkalk	Chlorkalk	$CaCl(OCl)$
Eisenchlorid	Ferrichlorid	$FeCl_3$
Eisenrost	Eisenhydroxid	$Fe(OH)_3$
Essig	Essigsäure	$CH_3 \cdot COOH$
Gips	Calciumsulfat	$CaSO_4 \cdot 2H_2O$
Glycerin	Glycerin	$C_3H_5(OH)_3$
Holzgeist	Methylalkohol	$CH_3\ OH$
Kalk, gebrannter	Calciumoxid	CaO
Kalk, gelöschter	Calciumhydroxid	$Ca(OH)_2$
Kochsalz (Steinsalz)	Natriumchlorid	$NaCl$
Kohlenoxid	Kohlenoxid	CO
Kohlensäure	Kohlendioxid	CO_2
Korund (Schmirgel)	Aluminiumoxid	Al_2O_3
Kreide, Kalkstein	Calciumcarbonat	$CaCO_3$
Kupfervitriol	Kupfersulfat	$CuSO_4$
Kupfervitriollösung		$CuSO_4 \cdot 5H_2O$
Lötwasser	Zinkchloridlösung	$ZnCl_2 + H_2O$
Mennige	Bleimennige	Pb_3O_4
Ruß = Kohlenstoff + ölige Kohlenwasserstoffe (Teere)		
Salmiak	Ammoniumchlorid	NH_4Cl
Salmiakgeist	Ammoniak	$NH_3 + H_2O$
Salpetersäure	Salpetersäure	HNO_3
Salzsäure	Chlorwasserstoffsäure	HCl
Schwefelsäure	Schwefelsäure	H_2SO_4
Soda (krist.)	Natriumcarbonat	$Na_2CO_3 \cdot 10H_2O$
Spiritus	Äthylalkohol	C_2H_5OH
Wasser	Wasser	H_2O

Beispiele chemischer Vorgänge*)

1. 1 kg Kohlenstoff ($\approx$ 1,1 kg Steinkohle) verbrennt zu Kohlensäure nach Formel $C + 2O = CO_2$ und verbraucht dabei $(2 \cdot 16):12 = 2{,}67$ kg Sauerstoff (9 m^3 Luft).

2. Nach Formel $CaC_2 + 2H_2O = C_2H_2 + Ca(OH)_2$ entsteht aus Calciumcarbid + 2 Tl. Wasser Acetylen + gelöschter Kalk. Für 1 kg CaC_2 braucht man $2 \cdot (2 \cdot 1 + 16):(40{,}08 + 2 \cdot 12) = 36:64{,}08 = 0{,}562$ kg Wasser und erhält $(2 \cdot 12 + 2 \cdot 1):(40{,}08 + 2 \cdot 12) = 26:64{,}08 = 0{,}406$ kg Acetylengas $\approx$ 350 l.

3. Wird aus Kupfervitriollösung $CuSO_4 \cdot 5H_2O$ durch Elektrolyse (Zersetzung durch el. Strom) 1 g Kupfer abgeschieden, so zerfallen $(63{,}54 + 32{,}07 + 4 \cdot 16):63{,}54 = 2{,}51$ g Salz bzw. $(63{,}54 + 32{,}07 + 4 \cdot 16 + 5 \cdot 2 \cdot 1 + 5 \cdot 16):63{,}54 = 3{,}93$ g Lösung.

4. 100 g einer Blei-Zinn-Legierung bilden nach Auflösen in Säure und Ausglühen ein Gemisch von Bleioxid (PbO) und Zinndioxid (SnO_2), das 124,037 g wiegt. Bezeichnet man die Anzahl der Gramm Blei in der Legierung mit X, so gilt die Gleichung:

$$X \cdot \frac{\text{Atomgew. v. O}}{\text{Atomgew. v. Pb}} + (100 - X) \cdot \frac{2\,\text{Atomgew. v. O}}{\text{Atomgew. v. Sn}} = (124{,}037 - 100)$$

$$X \cdot \frac{16{,}0}{207{,}21} + (100 - X) \cdot \frac{2 \cdot 16{,}0}{118{,}7} = 24{,}037$$

Daraus ergibt sich $X = 15{,}19$, d. h. die Legierung enthält 15,19% Blei.

*) Es bedeuten: $2 \cdot 16$ = 2 Atomgewicht Sauerstoff; 12 = Atomgewicht Kohlenstoff. $2 \cdot 1 + 16$ = 2 Atomgewicht Wasserstoff + Atomgewicht Sauerstoff; $40{,}08 + 2 \cdot 12$ = Atomgewicht Calcium + 2 Atomgew. Kohlenstoff. $5 \cdot 2 \cdot 1 = 5 \cdot 2$ Atomgew. Wasserstoff.

Mechanik

Geschwindigkeiten v in m/s*)

Schnecke	0,002	D-Zug	40
Schneeflocke	0,2	Kraftwagen:	
Fußgänger	1,4	Höchstleistung	60
Schwimmer	1,7	Durchschnitt	35
Pferd im Trab	2,1	Adler	30
Wind, mäßig	2,5	Expreßzug bis	80
Erster Kraftwagen	2,8	Motorboot	125
Streckengeher	3,81	Schnelltriebwagen	55
Frischer Wind	4,0	Orkan	50
Pferd im Galopp	4,5	Motorrad bis	110
Ruderboot	5,0	Diesel-Lokomotive	
Schnellsegler	4,6	(Höchstleistung)	52
Marathonläufer	4,65	bei 1% Steigung	26
Straßenbahn	5,0···7,8	Rennwagen	
Langstreckenläufer	6,0	(ebene Bahn) bis	268
Segeljacht	8,0	Schall in der Luft	340
Kurzstreckenläufer	10,0	Schall im Wasser	1467
Ozeandampfer	10,0···15,0	Punkt des	
Meereswelle	13,3	Erdäquators	464
Güterzug	15,0	Luftmolekül	485
Sturm	16,0···30,0	Wasserstoffmolekül	1843
Radrennfahrer	17,0	Erde um die Sonne	
Personenzug	17,0···20,0		29800
Brieftaube	38	Elektrizität im Telegraphendraht	12 000 km/s
Windhund	25,0		
Rennpferd	10,0···25,0	Licht, elektr. Wellen	300 000 km/s

Bewegungslehre

a) Gleichförmige Bewegung

Geschwindigkeit $= \frac{\text{Weg}}{\text{Zeit}}$ $\quad v = \frac{s}{t}$

Weg = Geschwindigk. × Zeit $\quad s = v \cdot t$

Zeit $= \frac{\text{Weg}}{\text{Geschwindigkeit}}$ $\quad t = \frac{s}{v}$

Zeichnerisch (graphisch) läßt sich der Weg als Rechteck darstellen. Die Geschwindigkeit v wird senkrecht, die Zeit t waagerecht aufgetragen (Wegdiagramm).

Die in der Technik üblichen Maßeinheiten sind:

Wege s in m, Zeit t in Sekunden,

also Geschwindigkeit v in m/s.

Gebräuchliche Ausnahmen sind die Geschwindigkeiten im Verkehrsleben; Beispiele: Eisenbahn, Kraftwagen, Fußgänger usw. Dort wird ausschließlich gerechnet: Geschwindigkeit V in **km/h.**

Umrechnung: **V km/h = 3,6 · v m/s** | **(1 Knoten = 1 sm/h)**
v m/s = V km/h : 3,6.

1. Beispiel: Ein D-Zug hat eine Fahrgeschwindigkeit von $V = 90$ km/h. Gesucht seine Geschwindigkeit in m/s.

Lösung: $v = V : 3{,}6 = 90 : 3{,}6 =$ **25 m/s.**

2. Beispiel: Die Fahrzeit eines Kraftwagens sei bei einer Kontrolle für 100 m zu 6,5 Sek. festgestellt. Gesucht die augenblickliche Geschwindigkeit in km/h.

Lösung: $v = s : t = 100 : 6{,}5 = 15{,}38$ m/s.

$V = 3{,}6 \cdot 15{,}38 = 55{,}4 \approx$ **55 km/h.**

b) Ungleichförmige Bewegung

Eine Geschwindigkeitsänderung ist eine **Beschleunigung,** wenn die Geschwindigkeit zunimmt (freier Fall, anfahrender Zug, anlaufender Motor) oder eine **Verzögerung,** wenn die Geschwindigkeit abnimmt (bremsender Zug, auslaufender Motor).

Beschleunigung $a = \frac{\text{Geschwindigkeitszunahme in m/s}}{\text{Zeit in Sek.}}$

Verzögerung $z = \frac{\text{Geschwindigkeitsabnahme in m/s}}{\text{Zeit in Sek.}}$

$a = \frac{v}{t}$ (Anfangsgeschwindigkeit = 0)

Beispiel: Ein Zug soll in 2 min = 120 s seine Höchstgeschwindigkeit $V = 50$ km/h erreichen.

Gesucht: a) durchschnittliche Beschleunigung a in m/s².

b) Weg s während der Anfahrzeit in m.

Lösung a:

Höchstgeschwindigkeit je h ——— $V = 50$ km/h

Höchstgeschwindigkeit je sec — $v = \frac{50}{3{,}6} = 13{,}9$ m/s

Beschleunigung $a = \frac{v}{t} = \frac{13{,}9}{120} =$ **0,116 m/s²**

Der Zug legt also bis zur Erreichung der Höchstgeschwindigkeit in jeder Sekunde 11,6 cm mehr zurück als in der vorhergehenden.

Lösung b:

Das Wegdiagramm ist ein rechtwinkliges Dreieck.

$$s = \frac{v \cdot t}{2} = \frac{13{,}9 \cdot 120}{2} = \mathbf{834\ m}$$

Eine besondere Art der ungleichförmigen, aber gleichmäßig beschleunigten Bewegung ist **der freie Fall.** Die Beschleunigung beim freien Fall beträgt

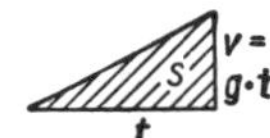

$g = 9{,}81$ m/s²,

die Endgeschwindigkeit nach t Sekunden demnach $v = g \cdot t$

Die Fallhöhe ist $s = \frac{v \cdot t}{2} = \frac{g \cdot t \cdot t}{2} = \frac{g\,t^2}{2}$

Die Fallzeit ist $t = \sqrt{\frac{2s}{g}}$

Beispiel: Ein Stein fällt aus 100 m Höhe. Gesucht: Zeit bis zum Aufschlagen auf den Boden.

Lösung: Fallzeit $t = \sqrt{\frac{2s}{g}} = \sqrt{\frac{2 \cdot 100}{9{,}81}}$

$t = \sqrt{\frac{200}{9{,}81}} = \sqrt{20{,}4} = 4{,}517 \approx$ **4,5 Sekunden.**

Beim **Fall auf der geneigten Bahn** ist

Beschleunigung $a = g \cdot \frac{s}{S} = g \cdot \sin\alpha$

Weg $= \frac{g \cdot s \cdot t^2}{2\,S} = \frac{g \cdot \sin\alpha \cdot t^2}{2}$. (Vgl. S. 37.)

jeweilige Geschwindigkeit $v = g \cdot \sin\alpha \cdot t$.

Beispiel: Ein Eisenbahnwagen beginnt auf einer Steigung $s : S = 1 : 60$ zu rollen. Gesucht seine Geschwindigkeit nach $t = 40$ Sekunden.

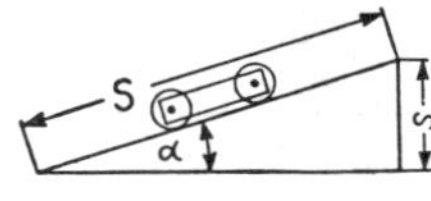

$\sin\alpha = s : S = 1 : 60 = 0{,}0167$

$v = g \cdot \sin\alpha \cdot t = 9{,}81 \cdot 0{,}0167 \cdot 40 = 6{,}54$ m/s

Geschwindigkeit $V = 3{,}6 \cdot 6{,}54 =$ **23,54 km/h.**

Wegdiagramme für

a) Wurf senkrecht nach oben, anschließend freier Fall $s_1 = s_2$.

b) Beschleunigte, später gleichförmige Bewegung mit Anfangsgeschwindigkeit v_1.

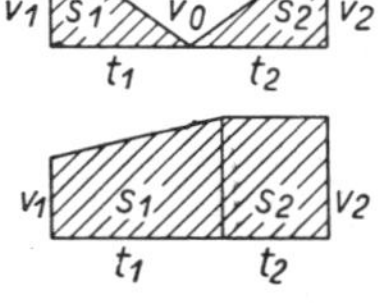

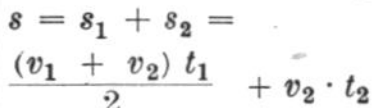

$s = s_1 + s_2 = \frac{(v_1 + v_2)\,t_1}{2} + v_2 \cdot t_2$

*) Zu beachten: m/s = Meter in 1 Sek., km/h = Kilometer in 1 Std.

Mechanik

Einfache Maschinen

Hebelgesetz

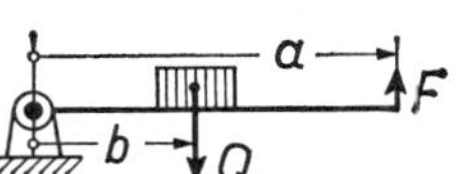

Einseitiger Hebel

Kraft × Kraftarm = Last × Lastarm

$F \cdot a = Q \cdot b$

Kraft $F = \frac{Q \cdot b}{a}$

Last $Q = \frac{F \cdot a}{b}$

Kraftarm $a = \frac{Q \cdot b}{F}$

Lastarm $b = \frac{F \cdot a}{Q}$

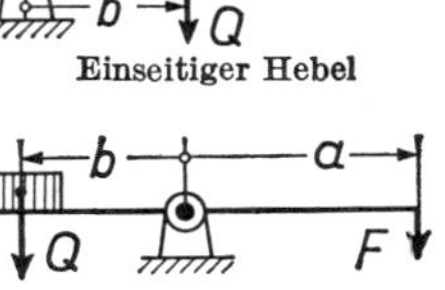

Zweiseitiger Hebel

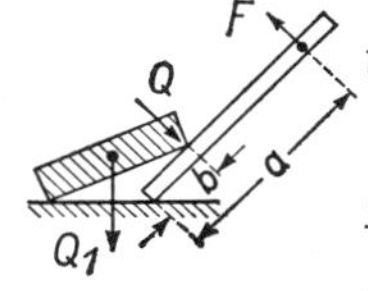

1. Beispiel: An einem Hebebaum ist gemessen

$a = 1400$ mm
$b = 350$ mm.

Gehoben wird mit der Kraft $F = 62$ kp.

Welche Last Q übt die Platte auf den Hebebaum aus?

Lösung: $Q = \frac{F \cdot a}{b}$; $Q = \frac{62 \cdot 1400}{350} = \mathbf{248\ kp.}$

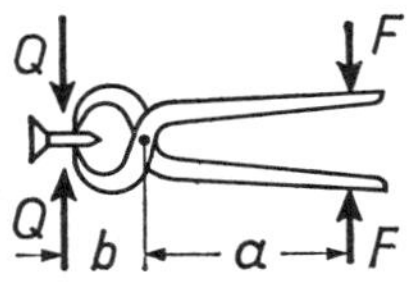

2. Beispiel: In welcher Entfernung a muß beim Abkneifen des Nagels die Kraft $F = 20$ kp drücken, wenn der Nagel dem Abkneifen einen Widerstand von $Q = 160$ kp entgegensetzt? $b = 25$ mm.

Lösung: $a = \frac{Q \cdot b}{F}$; $a = \frac{160 \cdot 25}{20} = \mathbf{200\ mm.}$

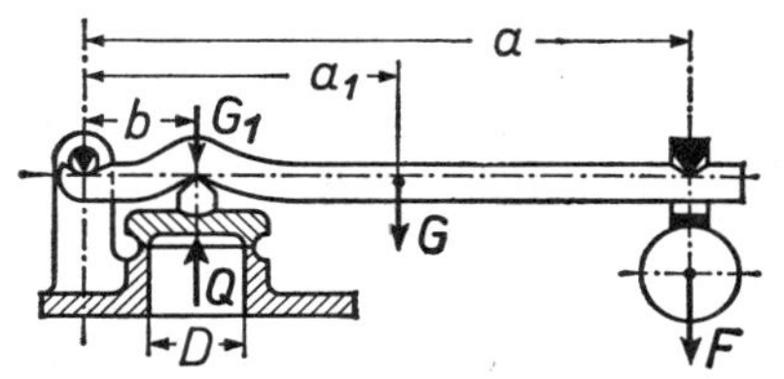

3. Beispiel: Bei dem Sicherheitsventil ist gegeben: Gewichtskraft des Hebels $G = 2{,}1$ kp, Druckstift- + Kegelgewichtskraft $G_1 = 0{,}8$ kp, $a = 64$ cm, $b = 8$ cm Hebelschwerpunktslage $a_1 = 34$ cm, $D = 5{,}2$ cm, Dampfdruck $p = 12$ kp/cm². Gesucht: Ventildruck Q und Belastungsgewicht F.

Lösung: $Q = \frac{\pi \cdot D^2}{4} \cdot p = \frac{\pi \cdot 5{,}2^2}{4} \cdot 12 = 21{,}24 \cdot 12$

$Q = \mathbf{254{,}88\ kp.}$

$$F = \frac{Q \cdot b - G \cdot a_1 - G_1 \cdot b}{a}$$

$$F = \frac{254{,}88 \cdot 8 - 2{,}1 \cdot 34 - 0{,}8 \cdot 8}{64}$$

$$F = \frac{2039 - 71{,}4 - 6{,}4}{64} = \frac{1961{,}2}{64}$$

$F = \mathbf{30{,}64\ kp.}$

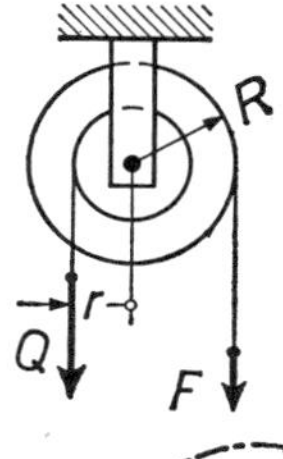

Seil- und Kettentrommel

$F = \frac{Q \cdot r}{R}$

$R = \frac{Q \cdot r}{F}$

r und R sind die Rollenhalbmesser.

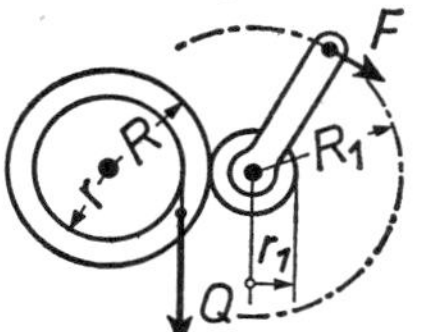

Vorgelege mit Kurbel

$F = \frac{r \cdot r_1 \cdot Q}{R \cdot R_1}$

$Q = \frac{R \cdot R_1 \cdot F}{r \cdot r_1}$

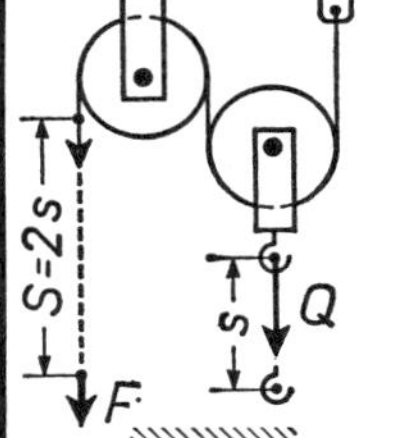

Lose Rolle

$F = \frac{Q}{2}$ | $Q = 2F$

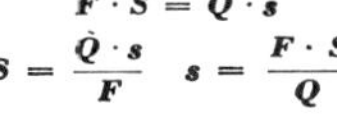

Kraft × Kraftweg = Last × Lastweg

$F \cdot S = Q \cdot s$

$S = \frac{Q \cdot s}{F}$ $s = \frac{F \cdot S}{Q}$

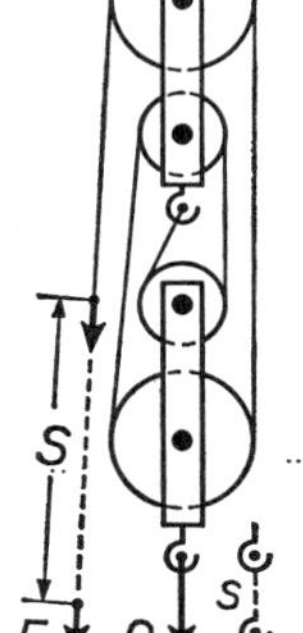

Faktorenflaschenzug

n = Rollenzahl
S = Kraftweg
s = Lastweg

$F = \frac{Q}{n}$	$Q = n \cdot F$
$s = \frac{S}{n}$	$S = n \cdot s$

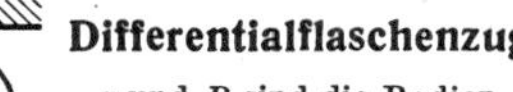

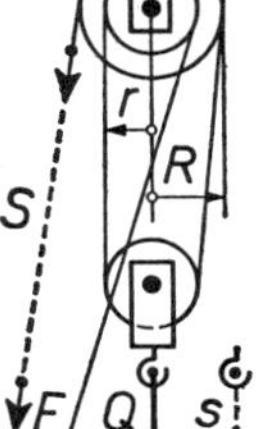

Differentialflaschenzug

r und R sind die Radien der oberen Rollen.

$F = Q \frac{R - r}{2R}$

$s = S \frac{R - r}{2R}$.

$Q = F \frac{2R}{R - r}$

$S = s \frac{2R}{R - r}$

Mechanik

Schiefe Ebene

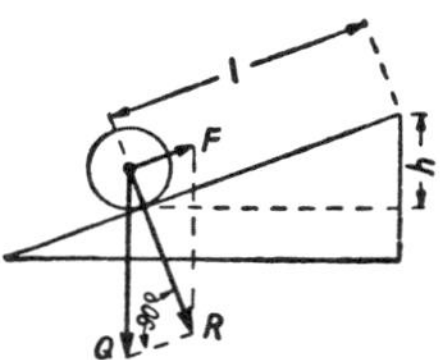

Kraft × Kraftweg = Last × Lastweg

$F \cdot l = Q \cdot h$ Resultierende $R = \sqrt{Q^2 - F^2}$

$F = \frac{Q \cdot h}{l}$ $Q = \frac{F \cdot l}{h}$ | $h = \frac{F \cdot l}{Q}$ | $l = \frac{Q \cdot h}{F}$

h: Grundlinie nennt man **Steigung** (Gefälle)

$P : Q = h : l$ Die Kraft verhält sich zur Last wie der Lastweg zum Kraftweg.

Beispiel: $Q = 10500$ kp; $h = 1$ m; $l = 21$ m; $F = ?$

Lösung: $F = \frac{Q \cdot h}{l} = \frac{10500 \cdot 1}{21} = \mathbf{500\ kp}$

In Wirklichkeit muß die aufgewendete Kraft (die zum Bewegen der Last dient) größer sein, da Reibungsverluste auftreten. Das Verhältnis $\frac{\text{nutzbare Kraft}}{\text{aufgewendete Kraft}}$ nennt man **Wirkungsgrad.**

Freies Abwärtsrollen*) ($g = 9{,}81$ m/s²):

Geschw. $v = \frac{g \cdot t \cdot h}{l}$ | Zeit $t = \frac{v \cdot l}{g \cdot h}$

zurückgelegter Weg $s = \frac{g \cdot t^2 \cdot h}{2 \cdot l}$

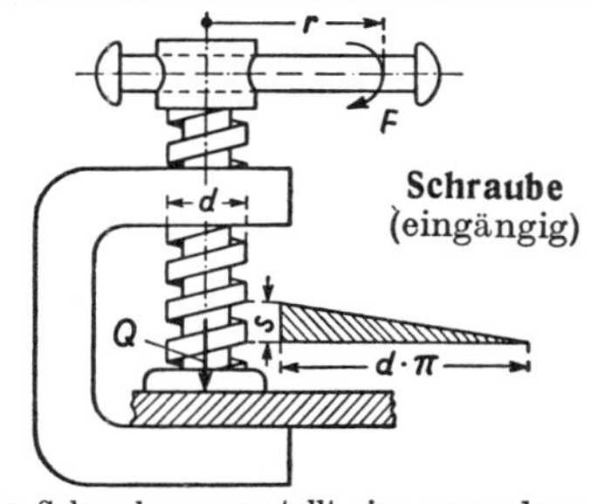

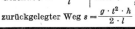

Schraube (eingängig)

Jeder Schraubengang stellt eine gewundene schiefe Ebene dar.

Ganghöhe s = Lastweg, $2\pi \cdot r = S$ = Kraftweg.

Bei der Schraube ist:

Kraft × Kraftweg = Last × Lastweg

$$F \cdot 2\pi r = Q \cdot s$$

$F = \frac{Q \cdot s}{2\pi r}$ $Q = \frac{F \cdot 2\pi r}{s}$

$s = \frac{F \cdot 2\pi r}{Q}$ $r = \frac{Q \cdot s}{F \cdot 2\pi}$

Beispiel: Gegeben sei $F = 20$ kp, $r = 240$ mm, $s = 8$ mm. Gesucht sei $Q = ?$ kp.

Lösung: $Q = \frac{F \cdot S}{s} = \frac{F \cdot 2\pi r}{s}$

$Q = \frac{20 \cdot 2 \cdot \pi \cdot 240}{8} = 1200\,\pi = 3769{,}9 \approx \mathbf{3770\ kp}$

Bei Wirkungsgrad $\eta = 0{,}5$ wird $Q = 3770 \cdot 0{,}5 = \mathbf{1885\ kp.}$

Kreisbewegung

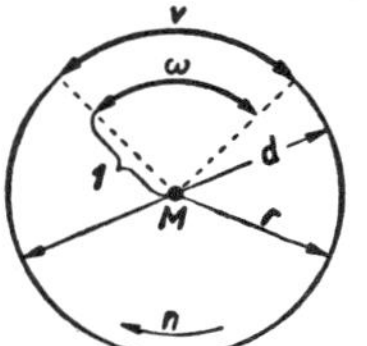

An einer um den Mittelpunkt M sich drehenden Scheibe ist
v = Umfangsweg in 1 Sek.,
ω = Weg im Abstand 1 in 1 Sek.,
= Winkelgeschwindigkeit in 1 Sek.,
n = Drehzahl in 1 Min.

Umfangsweg in 1 Min. $= \pi \cdot d \cdot n$

Umfangsgeschwindigkeit (in 1 Sek.) $= v = \frac{\pi \cdot d \cdot n}{60}$

oder $v = \frac{\pi \cdot r \cdot n}{30}$

Winkelgeschwindigkeit (in 1 Sek.) $= \omega = \frac{\pi \cdot n}{30}$

Riementrieb und Seiltrieb

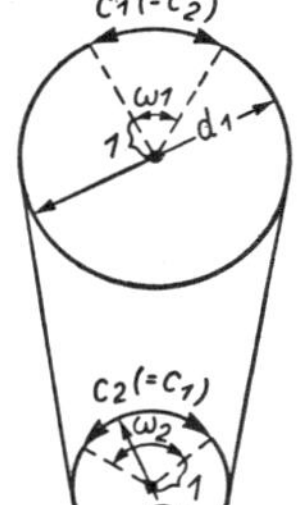

c_1 und c_2 = Umfangsgeschwindigkeiten,
ω_1 und ω_2 = Winkelgeschwindigkeiten,
d_1 und d_2 = Durchmesser,
n_1 und n_2 = Drehzahlen in 1 Min.

$$d_1 \cdot n_1 = d_2 \cdot n_2$$

$d_1 = \frac{d_2 \cdot n_2}{n_1}$ $d_2 = \frac{d_1 \cdot n_1}{n_2}$

$n_1 = \frac{d_2 \cdot n_2}{d_1}$ $n_2 = \frac{d_1 \cdot n_1}{d_2}$

Übersetzung $i = \frac{n_1}{n_2} = \frac{d_2}{d_1}$

Beispiel: Gegeben ist $d_1 = 600$ mm, $n_1 = 85$ U/min, $n_2 = 250$ U/min. Gesucht ist $d_2 = ?$ mm.

Lösung: $d_2 = \frac{d_1 \cdot n_1}{n_2} = \frac{600 \cdot 85}{250} = \mathbf{204}$ mm.

Lederriemen und PS-Zahl

Bedeutet A = Riemenquerschnitt in cm², d = kleiner Riemenscheiben-Ø in m, so gilt bei $v = 5$ bis 20 m/s Riemengeschwindigkeit für die Berechnung der übertragenen PS-Zahl die Formel:

Es ist stets mit der kleinen Riemenscheibe zu rechnen, da diese einen größeren Riemenquerschnitt ergibt.

$$\text{PS} = \frac{4 \cdot v \cdot A \cdot \sqrt[3]{d}}{17}$$

Beispiel: Bei $A = 9$ cm², $v = 10$ m/s und $d = 0{,}400$ m können übertragen werden

$$\frac{4 \cdot 10 \cdot 9 \cdot \sqrt[3]{0{,}400}}{17} = \frac{360 \cdot 0{,}737}{17} = \mathbf{15{,}6\ PS}$$

Für Überschlagsrechnungen genügt: 1 cm² Riemenquerschnitt überträgt für jed. m Geschwindigk. = 1/6 PS.

Gleitverlust für jede Übersetzung

1,5···3% bei neuen, gut gestreckten Lederriemen,
0,75···1,5% bei gut eingelaufenen Lederriemen,
0,01···0,05% bei neuen Drahtseilen,
0,15···0,4% bei neuen Hanf- und Baumwollseilen.

Größte Geschwindigkeit in m/s

Lederriemen	50 m/s	Hanfseile	18 m/s
Kunstriemen	50 m/s	Renolds Zahnketten	6 m/s
Drahtseile	15···30 m/s	Renolds Rollenkett.	4 m/s
Baumwollseile	20 m/s	Blockketten	2,5 m/s

Keilriemen

Breite	13	15	17	19	22	25	29
PS max	0,75	1,25	2	2,75	4	4,75	5,5

*) Vergleiche S. 35

Mechanik

Zahnradantrieb

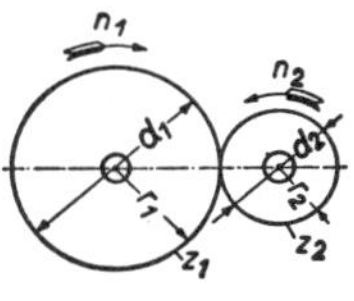

$$\frac{d_2}{d_1} = \frac{r_2}{r_1} = \frac{\omega_1}{\omega_2} = \frac{n_1}{n_2} = \frac{z_2}{z_1}$$

z_1 und z_2 sind die Zähnezahlen.

Beispiel: Gegeben ist d_1 = 504 mm, z_1 = 84, d_2 = 168 mm. Gesucht ist z_2 = ?

Lösung:

$$\frac{d_1}{d_2} = \frac{z_1}{z_2}$$

$$d_1 \cdot z_2 = d_2 \cdot z_1$$

$$z_2 = \frac{d_2 \cdot z_1}{d_1}$$

$$z_2 = \frac{168 \times 84}{504} = 28$$

z_2 = 28 Zähne muß das kleine Zahnrad erhalten.

$$\text{Übersetzung } i = \frac{z_2}{z_1} = \frac{28}{84} = \frac{1}{3}$$

Doppelübersetzung

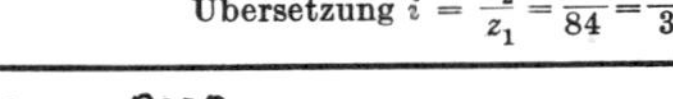

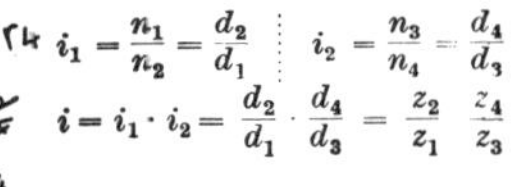

$$i_1 = \frac{n_1}{n_2} = \frac{d_2}{d_1} \qquad i_2 = \frac{n_3}{n_4} = \frac{d_4}{d_3}$$

$$i = i_1 \cdot i_2 = \frac{d_2}{d_1} \cdot \frac{d_4}{d_3} = \frac{z_2}{z_1} \cdot \frac{z_4}{z_3}$$

$n_1 = \frac{z_2 \cdot z_4 \cdot n_4}{z_1 \cdot z_3}$ (gesucht n_1) | $z_2 = \frac{n_1 \cdot z_1 \cdot z_3}{z_4 \cdot n_4}$ (gesucht z_2)

$n_4 = \frac{z_1 \cdot z_3 \cdot n_1}{z_2 \cdot z_4}$ (gesucht n_4) | $z_3 = \frac{n_4 \cdot z_2 \cdot z_4}{z_1 \cdot n_1}$ (gesucht z_3)

$z_1 = \frac{n_4 \cdot z_2 \cdot z_4}{z_3 \cdot n_1}$ (gesucht z_1) | $z_4 = \frac{n_1 \cdot z_1 \cdot z_3}{z_2 \cdot n_4}$ (gesucht z_4)

Übrige Werte sind gegeben oder anzunehmen.

Größte Umfangsgeschwindigkeit für Zahnräder

Grauguß, Stahl	5 m/s	Sondermessing	9 m/s
Phosphorbronze	8 m/s	Rohhaut mit Eisen	11 m/s

Schnecke und Schneckenrad

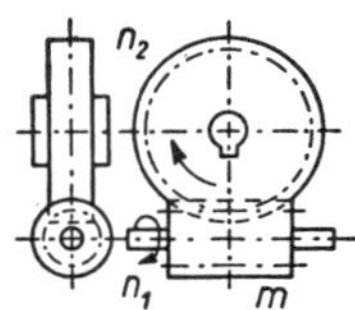

z_2 = Zähnezahl des Schneckenrades,
z_1 = Gangzahl der Schnecke, ein- oder mehrgängig,
n_1 = Drehzahl der treibenden Welle,
n_2 = Drehzahl der getriebenen Welle.

Der Schneckenantrieb wird besonders für große Übersetzungen gewählt. Größte Übersetzung ≈ 1 : 50.

Das Übersetzungsverhältnis eines Schneckengetriebes ist:

$$\frac{n_1}{n_2} = \frac{z_2}{z_1} \qquad z_2 = \frac{n_1 \cdot z_1}{n_2}$$

		Schnecke	Schneckenrad
Modul	m	$t:\pi$	$t:\pi$
Eingriffswinkel	α	üblich 15° oder 20°	
Achsteilung	t	$\pi \cdot m$	$\pi \cdot m$
Teilkreis-∅	d_o	$>2m\cdot(1{,}4+2\sqrt{z_1})$	$z_2 \cdot t:\pi = m \cdot z_2$
Kopfkreis-∅	d_a	$d_{o1}+2m$	$d_{o2}+2m$
Fußkreis-∅	d_f	$d_{o1}-2m \cdot 1{,}16$	$d_{a2}-2m \cdot 2{,}16$
Steigung	H	$z_1 \cdot t = \pi \cdot z_1 \cdot m$	—
Schneckenlänge	L	$>2(1+\sqrt{z_2}) \cdot m$	—

Das Zahnrad

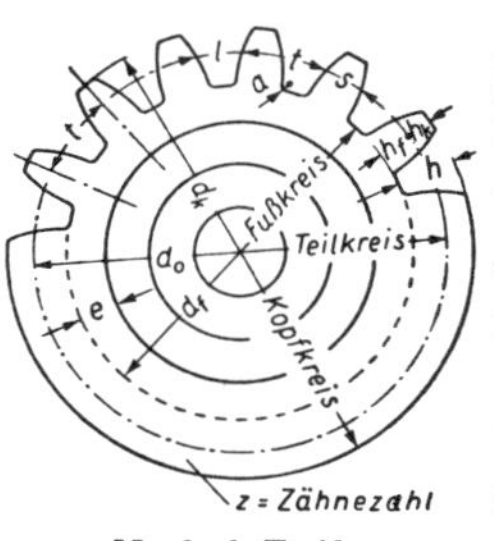

t = Teilung; l = Zahnlücke; s = Zahndicke

Für rohe Zähne: $l = \frac{21}{40}t$, $s = \frac{19}{40}t$

Für bearbeitete Zähne: $l = \frac{41}{80}t$, $s = \frac{39}{80}t$

	Modul-Teilung	mm-Teilung
Zahnhöhe	$h = \frac{13}{6}\cdot$Mod. = 2,167·Modul	$h = 0{,}7 \cdot t$
Zahnkopf	$h_k = \frac{6}{6}\cdot$Mod. = 1 · Modul	$h_k = 0{,}3 \cdot t$
Zahnfuß	$h_f = \frac{7}{6}\cdot$Mod. = 1,167·Modul	$h_f = 0{,}4 \cdot t$
Fußrund.	$a = \frac{1}{6}\cdot$Mod. = 0,167 · Modul	$a = 0{,}05 \cdot t$

$d_k = (z+2) \cdot m = d_o + 2m$

Teilkreis-∅ d_o = Zähnezahl × Modul

$$\text{Modul } m = \frac{\text{Teilung}}{\pi} = \frac{t}{\pi} \qquad m = \frac{d_k}{z+2}$$

Bei $t = 6\pi$ nennt man 6 den Modul.

Beispiel: gegeben do = 90 mm; z = 15. gesucht t, l, s, a, h, hk, h_f in mm

Modul-Teilung	mm-Teilung
$t = \frac{\pi \cdot d_o}{z} = \frac{\pi \cdot 90}{15} = 6\pi$	$t = 6\pi =$ **18,85 mm**
$l = \frac{21}{40} \cdot 6\pi = 3{,}15\pi$	$l = 3{,}15\pi =$ **9,90 mm**
$s = \frac{19}{40} \cdot 6\pi = 2{,}85\pi$	$s = 2{,}85\pi =$ **8,95 mm**
$a = 0{,}167 \cdot 6 =$ **1 mm**	$a = 0{,}05 \cdot 18{,}85 \approx$ **0,9 mm**
$h_f = 1{,}167 \cdot 6 =$ **7 mm**	$h_f = 0{,}4 \cdot 18{,}85 \approx$ **7,5 mm**
$h_k = 1 \cdot 6 =$ **6 mm**	$h_k = 0{,}3 \cdot 18{,}85 \approx$ **5,7 mm**
$h = 2{,}167 \cdot 6 =$ **13 mm**	$h = 0{,}7 \cdot 18{,}85 \approx$ **13,2 mm**

Armzahl $= \frac{1}{7}\sqrt{d_o}$ (d_o in mm)

Zahnbreite = 2 bis 3 t ≈ 6 bis 10 × Modul, für hohe Drehzahlen 3 bis 5 t (bis 15 m)

Kranzdicke e = 1,6 × Modul
Nabendurchmesser = 2 × Bohrung + 5 mm
bei Stahlguß und Bronze etwas schwächer.

Modulreihe für Zahnräder nach DIN 780 (Sept. 63)

Moduln in mm für:

Stirn- und Kegelräder, Reihe 1	2	3	1	2	3	1	2	3	Schnecken und Schneckenräder	
0,1				1,125						
0,12	0,11		1,25	1,375		8	9	8,5		
0,16	0,14		1,5	1,75		10	11	9,5		
0,20	0,18		2	2,25		12	14	13		
0,25	0,22		2,5	2,75	3,25	16	18	15		
0,32	0,27	0,3	3	3,5	3,75	20	22	24	1	5
0,4	0,35		4	4,5	4,25	25	28	27	1,25	6,3
0,5	0,45		5	5,5	5,25	32	36	30	1,6	8
0,6	0,55	0,65	6		6,25	40	45	39	2	10
0,8	0,7				6,5	50	55	42	2,5	12,5
1	0,9			7	7,5	60	70	65	3,15	16
									4	20

Arbeit und Leistung

Arbeit = Kraft × Kraftweg $A = F \cdot s$
F in kp, s in m, A in kpm (Kilopondmeter).

Leistung = Arbeit in 1 Sekunde.

1 Pferdestärke (PS) = 75 kpm in 1 Sekunde = 75 kpm/s.

1 Kilowatt (kW) = 102 kpm in 1 Sekunde — Vgl. auch Seite 42.

1 Watt (W) = 0,001 kW = 0,00136 PS

---

1. Beispiel: Ein Kran hebt in 25 Sekunden 9000 kp 4 m hoch. Wieviel kW entwickelt der Hubmotor? (Ohne Reibungsverluste)

Lösung:
Arbeit in 25 Sekunden . . . . 9000 · 4 kpm

Arbeit in 1 Sekunde . . . . $\frac{9000 \cdot 4}{25}$ kpm/s

Leistung P in kW . . . . . . $\frac{9000 \cdot 4}{25 \cdot 102} = 14{,}1$ kW

$P = 14{,}1$ kW leistet der Hubmotor ohne Berücksichtigung der Reibungsverluste.

Bei einem Wirkungsgrad $\eta = 0{,}75$ für den Kran wären 14,1 : 0,75 ≈ **19 kW** erforderlich.

---

2. Beispiel: Eine Kolbenpumpe fördert stündlich $Q = 540$ m³ Wasser bei einer Förderhöhe $H = 38$ m. Antriebsleistung P = ? kW.

Lösung: 1 m³ ··· 1000 kg
540 m³ ··· 1000 · 540 = 540 000 kg ≙ 540 000 kp
Arbeit in 1 Std. ··· 540 000 · 38 kpm

Arbeit in 1 Sek. ··· $\frac{540\,000 \cdot 38}{3600} = 5700$ kpm

$$P = \frac{5700}{102} = \mathbf{56\ kW} \text{ (theoretisch).}$$

Mit Rücksicht auf einen mittleren Wirkungsgrad der Pumpenanlagen von $\eta = 85\%$ berechnet man die effektive (wirkliche) Antriebsleistung nach der Formel

$$P = \frac{Q \cdot H}{312} = \frac{540 \cdot 38}{312} \approx \mathbf{66\ kW}.$$

Ebenso ist $P : \eta = 56 : 0{,}85 \approx 66$ kW.

Fördermenge der Kolbenpumpen

Es sei d = Kolbendurchmesser in cm,
s = Kolbenhub in cm,
n = Doppelhubzahl oder Drehzahl/Min.

Dann wird die wirkliche Fördermenge in 1 Stunde im Mittel

bei einfachwirkenden Pumpen und $\eta = 0{,}82$

$$Q = \frac{d^2 \cdot s \cdot n}{25\,000} \text{ m}^3/\text{h}$$

bei doppeltwirkenden Pumpen und $\eta = 0{,}85$

$$Q = \frac{d^2 \cdot s \cdot n}{13\,000} \text{ m}^3/\text{h}$$

Die **größte Saughöhe** bei Pumpen beträgt praktisch etwa 6 bis 7 m.

Wirkungsgrade η (sprich Eta) in %:

Kolbenpumpen	80···90;	im Mittel 85%
Flügelpumpen	70···80;	im Mittel 75%
Rotationspumpen	60···75;	im Mittel 70%
Zahnradpumpen	80···95;	im Mittel 90%
Kreiselpumpen	67···75;	im Mittel 72%

Bei einem Wirkungsgrad von 85% ist η = Nutzleistung geteilt durch theoretische Leistung = 0,85.

Berechnung der Leistung

Kräfte F in kp, Längen in m, Geschwindigkeiten v in m/s.

Leistungen in kW:

$$P = \frac{\text{Kraft} \times \text{Weg in 1 Sekunde}}{102}$$

$$P = \frac{\text{Kraft} \times \text{Geschwindigkeit}}{102}$$

Daraus ergibt sich:

1. $P = \frac{F \cdot v}{102}$ (geradlinige Bewegung)

2. $P = \frac{F \cdot \pi \cdot r \cdot n}{102 \cdot 30}$ (drehende Bewegung)

$F \cdot r$ nennt man Drehmoment (M_t)

$$P = \frac{F \cdot r \cdot n}{975} = \frac{M_t \cdot n}{975}$$

Überträgt eine Welle P kW bei n Umläufen in 1 Minute, so ist das übertragene Drehmoment M_t demnach

$$M_t \text{ in kpm} = \frac{975\,P}{n} \quad \left[= \frac{97\,500\,P}{n} \text{ in kpcm}\right].$$

---

1. Beispiel: Eine Welle übertrage bei $n = 180$ Umläufen/min $P = 20$ kW.

Das übertragene Drehmoment ist

$$M_t = \frac{975\,P}{n} = \frac{975 \cdot 20}{180} = 108{,}33 \approx \mathbf{109} \text{ kpm.}$$

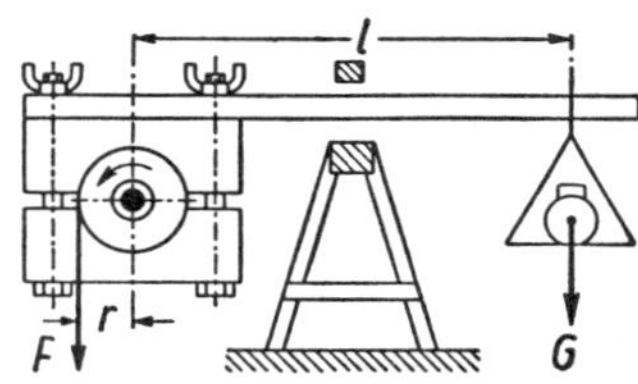

2. Beispiel: Zur Ermittlung der kW-Nutzleistung eines Motors wird ein Pronyscher Zaum (Bremsdynamometer) von $l = 2{,}25$ m Hebellänge mit $G = 81$ kp belastet. Drehzahl $n = 120$ je Minute. kW-Zahl = ? Der Hebel ist ausbalanciert.

Lösung: $P_e \text{ in kW} = \frac{G \text{ in kp} \times \text{Hebel } l \text{ in m} \times n}{975}$

$$= \frac{G \cdot l \cdot n}{975} = \frac{81 \cdot 2{,}25 \cdot 120}{975} = \mathbf{22{,}4\ kW.}$$

Die **Nutzleistung** beträgt $P_e = \mathbf{22{,}4\ kW.}$

Die mit Hilfe der Indikatordiagramme ermittelte (indizierte) kW-Zahl ist größer. Das Verhältnis

$$\frac{\text{Nutzleistung}}{\text{ermittelte Leistg.}} = \frac{\text{effektive Leistung}}{\text{indizierte Leistung}} = \frac{\text{kW}_e}{\text{kW}_i} = \frac{P_e}{P_i}$$

ist der **Wirkungsgrad** der Maschine.

Treibt die zu prüfende Kraftmaschine einen Generator, so kann die effektive Leistung aus dessen Wattabgabe berechnet werden.

Bei **Dampfmaschinen** ist $P_e = \frac{A \cdot \eta m \cdot p_i \cdot cm}{75}$ in PS

A = Kolbenfläche auf Deckel- bzw. Kurbelseite in cm²
ηm = mechanischer Wirkungsgrad
p_i = mittlerer indizierter Dampfdruck in kp/cm²
cm = mittlere Kolbengeschwindigkeit in m/s

Bei **Verbrennungsmotoren** ist $P_e = c \cdot V_h \cdot n$ in PS
V_h = ges. Hubvolumen in dm³ (l); n = Drehzahl/min

Wert c =	0,005	0,0055	0,006	0,0065
bei Verdichtung	1 : 4,5	1 : 5	1 : 5,5	1 : 6

Reibung

A. Gleitreibung

Zur Überwindung des Widerstandes, der durch die Reibung zweier Körper aneinander entsteht, benötigt man eine Kraft, die sog. **Reibungskraft.** Diese ist bei Beginn der Bewegung am größten (Reibung der Ruhe); sie nimmt mit zunehmender Geschwindigkeit der aufeinander gleitenden Körper ab.

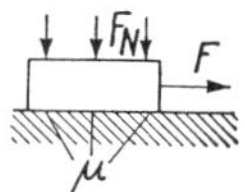

Drückt eine Kraft F_N senkrecht auf eine Unterlage, so ist die **Reibungskraft**

$$F = F_N \cdot \mu \text{ (sprich Mü)}$$

μ ist die **Reibungszahl** der gleitenden Reibung, die je nach Oberflächenbeschaffenheit der aufeinander gleitenden Körper verschieden, aber immer kleiner als 1 ist. (Vgl. Tabelle rechts.)

Die Reibungsarbeit Ar längs des Reibungsweges s ist

$$Ar = \text{Reibungskraft} \times \text{Weg} = F_N \cdot \mu \cdot s$$

Im Gleitlager ist das beim Drehen zu überwindende **Reibungsmoment** Mg = Reibungskraft × Hebelarm:

$$Mg = F_N \cdot \mu \cdot r$$

Die sekundl. Reibungsarbeit, d. h. die durch Reibung verlorene Leistung Pr in kpm beträgt Pr = Reibungskraft × Weg in 1 Sekunde

$$Pr = \frac{F \cdot 2\pi r n}{60} = \frac{F_N \cdot \mu \cdot \pi r n}{30}$$

oder in kW: $Pr = \dfrac{F_N \cdot \mu \cdot \pi r n}{102 \cdot 30}$

Es wird gerechnet r in m, F_N in kp.

B. Rollreibung

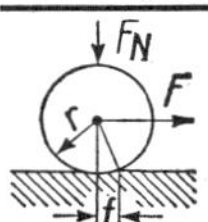

Die Reibungskraft beträgt

$$F = \frac{F_N \cdot f}{r}$$

f = Reibungszahl der Rollreibung in cm.

Reibungsmoment $Mr = \dfrac{F_N \cdot f \cdot r}{r} = F_N \cdot f$

Beispiel: Der Rollwiderstand eines mit 500 kp belasteten Stahlrades von r = 40 cm auf Stahlschiene (f = 0,05) ist bei $v \approx 100$ km/h

$$F = \frac{F_N \cdot f}{r} = \frac{500 \cdot 0{,}05}{40} = \mathbf{0{,}625\ kp}$$

Sekundliche Reibungsarbeit: $Ar = F \cdot \dfrac{2\pi r n}{60}$

$$Ar = \frac{F_N \cdot f}{r} \cdot \frac{2\pi r n}{60} = \frac{F_N \pi f n}{30} \text{ in kpcm} = \left(\frac{F_N \pi f n}{3000} \text{ in kpm}\right)$$

$$Pr = \frac{F_N \cdot \pi \cdot f n}{102 \cdot 3000} = \text{verlorene Leistung in kW.}$$

Aus der Formel $F = \dfrac{F_N \cdot f}{r}$ ist ersichtlich: je größer der **Radius** r, desto kleiner die Kraft F. Handkarren und Rennwagen z. B. haben große Räder, um den Arbeitsaufwand möglichst klein zu machen. Für Stahl auf Stahl ist Reibungsarm f = 0,01 bei $v \approx 10$; 0,02 bei 25; 0,03 bei 50; 0,04 bei 75 km/h.

Der Reibungswiderstand der **Kugel-** und **Rollenlager** wird der Einfachheit halber mit Hilfe der ideellen Reibungszahl μ_i errechnet.

$$F = F_N \cdot \mu_i \text{ (vgl. Tabelle)}$$

$$Pr = \frac{F_N \cdot \mu_i \cdot \pi r_1 n}{102 \cdot 30};$$

verlorene Leistung in kW; r_1 = Abstand von Mitte Welle bis Mitte Kugel oder Rolle.

Beispiel: Ein Transmissionslager ist durch Riemenzug bei n = 250 Uml./min mit F_N = 200 kp belastet. Gesucht die durch Reibung verlorene Leistung a) bei Anwendung von Gleitlagern, b) bei Anwendung von Kugellagern.

a) **Gleitlager** mit μ = 0,04, Wellendurchmesser d = 6 cm, r = 0,03 m.

$$Pr = \frac{F_N \cdot \mu \cdot \pi r n}{102 \cdot 30} = \frac{200 \cdot 0{,}04 \cdot \pi \cdot 0{,}03 \cdot 250}{102 \cdot 30} = \mathbf{0{,}062\ kW}$$

b) **Kugellager** mit μ_i = 0,003, Kugeldurchmesser d = 1 cm, Abstand von Mitte Welle bis Mitte Kugel r_1 = 4 cm = 0,04 m

$$Pr = \frac{200 \cdot 0{,}003 \cdot \pi \cdot 0{,}04 \cdot 250}{102 \cdot 30} = \mathbf{0{,}0062\ kW}$$

Die wichtigsten Reibungszahlen

Werkstoff	Zustand	μ
Grauguß auf Grauguß . .	etwas fettig	≈ 0,15
Grauguß auf Flußstahl .	trocken	0,17···0,18
Grauguß auf Stahl	trocken	0,16···0,3
Grauguß auf Hartholz . .	trocken	0,3 ···0,37
Flußstahl auf Hartholz .	trocken	0,4 ···0,5
Stahl auf feinen Sandstein	naß	0,9 ···1,0
Leder auf Grauguß	trocken	0,3 ···0,36

In Gleit- und Kugellagern ist μ sehr abhängig von der Belastung und Umfangsgeschwindigkeit der Welle. Für überschlägige Rechnung kann mit Sicherheit gesetzt werden:

Stahl in Weißmetall oder Bronze	gut geschmiert	μ = 0,02···0,06
Stahl in Weißmetall oder Bronze	schlecht geschm.	μ = 0,08···0,1
Zapfen in Graugußlagern im Freien	Fettschmierung	μ = 0,1
Kugel- u. Rollenlag.	gut geschmiert	μ_i = 0,001···0,003
Reibungz. d. rollend. Reibg. f. Stahlräd. f = 0,01···0,08cm		

Der Reibungswiderstand W_r bei Fahrzeugen setzt sich zusammen aus dem Gleitwiderstand in der Nabe und dem Rollwiderstand des Rades. Es ist (Momente in kpm):

$$W_r = \frac{\text{Gleitreibungsmom. } Mg + \text{Rollreibungsm. } Mr}{\text{Radhalbmesser } R \text{ in m}}$$

W_r gibt in kp die Kraft an, die zur Fortbewegung des Fahrzeuges in der Ebene aufzuwenden ist. Unter Berücksichtigung durchschnittlich auftretender Reibungszahlen und normaler Räder sind für Straßenfuhrwerke mit stählernen Radreifen und Schienenfahrzeuge Gesamtreibungszahlen μ_1 aufgestellt für überschlägige Berechnung des Gesamtwiderstandes W_r (siehe Tabelle): $W_r = F_N \cdot \mu_1$

Für Steigungen: $W_r = F_N (\mu_1 + s)$

s = Steigung in m auf 1 km (= ‰), z.B. 4 m Steigung auf 1 km ergibt s = 0,004 = 4 : 1000.

1. Beispiel: Ein 20-t-Güterwagen braucht auf einer Steigung von 3‰ eine Zugkraft

$$F = 20\,000\,(0{,}0025 + 0{,}003) = \mathbf{110\ kp}$$

2. Beispiel: Ein 40 Zentner schweres Fuhrwerk braucht auf ebener, guter Schotter-Landstraße eine Zugkraft $F = 40 \cdot 50 \cdot 0{,}03 = 60$ kp. Bei einer Geschwindigkeit von $v = 4$ km/h $= \dfrac{4}{3{,}6} = 1{,}1$ m/s ist die anzuwendende Leistung

$$P = \frac{F \cdot v}{102} = \frac{60 \cdot 1{,}1}{102} \approx \mathbf{0{,}65\ kW}$$

Werte μ_1 der Gesamtreibung für Straßenfuhrwerke und Eisenbahnen	μ_1
Eisenbahngeleise (geringe Geschwindigkeit)	0,0025
Gute Asphaltstraße	0,010
Gutes Steinpflaster	0,018
Schlechtes Steinpflaster (Kopfsteinpflaster)	0,040
Gute Schotter-Landstraße . . .	0,030
Schlechte, ausgefahrene Schotter-Landstraße (bei Regen) . . .	0,050
Trockener, fester u. guter Erdweg	0,050
Gewöhnlicher Erdweg	0,100
Sandweg (loser Sand)	0,150
Gummibereifung auf Asphalt . .	0,021···0,031

Bei Eisenbahnzügen erhöht sich der Fahrwiderstand um den Wind- und Krümmungswiderstand; im allgemeinen rechnet man W = 4 kp für 1 Mp der Gesamtlast

Gesamtreibung eines Kahnes auf ruhigem Wasser bei geringer Geschwindigkeit etwa μ_1 = 0,0004.

Festigkeitslehre

Die Festigkeit der Werkstoffe beruht auf der **Kohäsionskraft** (inneren Bindungskraft), **welche die Moleküle** (kleinsten Teile) **des Stoffes** (Stein, Mörtel, Stahl usw.) **zusammenhält.** Dieser innere Zusammenhalt (Kohäsion) kann gestört werden durch **Erhitzen** (Schmelzen von Metall), **Verwittern** (Eindringen und Gefrieren von Wasser in Steinritzen) oder, was für **Festigkeitsberechnungen** die Grundlage ist, **durch Einwirken äußerer Kräfte** (Druck, Zug, Biegung, Abscherung, Drehung) **auf einen Bauteil oder ein Werkstück** (Mauer, Zugstange, Balken, Niet, Welle), so daß **innere Spannungen** im Werkstück entstehen, welche die **Bindungskraft** der Moleküle **schwächen oder zerstören.**

Zug-, Druck- und Biegungsspannungen wirken senkrecht (normal) zum **gefährdeten Querschnitt** des Werkstücks. Man bezeichnet sie mit σ_z (sprich Sigma-Zug), σ_d (Sigma-Druck), σ_b (Sigma-Biegung).

Schub-, Scher-, Drehungs- oder Torsionsspannungen wirken im oder parallel zum gefährdeten Querschnitt. Man bezeichnet sie mit τ (sprich Tau) und nennt sie **Schub- oder Tangentialspannungen.**

Mit **Elastizität** bezeichnet man das Bestreben eines durch eine Kraft (Belastung) vorübergehend verformten (gebogenen) Körpers (Stab, Welle, Brücke), nach Aufhören der Kraftwirkung wieder in seine frühere Form (und Lage) zurückzukehren. Überschreitet die Beanspruchung die **Elastizitätsgrenze** des Werkstoffes, so kehren die Teilchen des Körpers nicht in ihre vorherige Form und Lage zurück; es tritt **dauernde Formänderung** ein.

Bau- und Maschinenteile dürfen weder bis zur Elastizitäts- noch bis zur **Bruchgrenze** beansprucht werden. Die **Bruchfestigkeiten** der einzelnen Baustoffe sind sehr verschieden groß und durch Versuche ermittelt worden. Das Verhältnis von **zulässiger Beanspruchung zur Bruchbeanspruchung** eines Werkstoffes nennt man **Sicherheitsbeiwert** ν. — Die Beanspruchung wird in kp/cm², seltener in kp/mm² eingesetzt. — Beträgt bei einem Werkstoff die Bruchbeanspruchung 4000 kp/cm², die zulässige Beanspruchung 800 kp/cm² des Werkstoffquerschnittes, so ist dem nach der Sicherheitsbeiwert $\nu = 800:4000 = 1:5$; die **Sicherheit** ist **5fach.**

Bei Bauten (Gebäuden, Brücken) befinden sich die auftretenden Kräfte im Gleichgewicht, z. B. **Mauergewicht = Gegendruck des Fundaments** (Stützdruck). Die Teile sind **statisch** beansprucht.

Im Maschinenbau dagegen (z. B. Kolbenstange) wirken wechselnde Kräfte in Bewegung. Die Teile werden **dynamisch** beansprucht. Bei dynamischer Beanspruchung ist nur eine geringere Beanspruchung σ bzw. τ zulässig; die Sicherheit muß also größer sein als bei statischer Beanspruchung.

1. Zugfestigkeit

Die äußeren Kräfte wirken in der Längsrichtung des Körpers und suchen ihn zu strecken oder zu zerreißen; es treten **Zugspannungen** auf. Zum Beispiel: Zugstange, Seil, Kette.

Es bedeuten: F = ziehende Kraft in kp, A = Größe des kleinsten Querschnittes in cm², σ_z = zulässige Beanspruchung in kp/cm².

Dann ist $F = A \cdot \sigma_z$ oder $A = \dfrac{F}{\sigma_z}$ oder $\sigma_z = \dfrac{F}{A}$

Beispiel: Die runde Zugstange eines Dachbinders aus Handelsbaustahl hat F = 15000 kp zu übertragen. Gesucht wird der erforderliche Stangenquerschnitt A bei σ_z = 1400 kp/cm²

Lösung: $A = \dfrac{F}{\sigma_z} = \dfrac{15\,000}{1400} = \mathbf{10{,}714\ cm^2} = \dfrac{\pi \cdot d^2}{4}$

Als nächster Wert findet sich in Spalte 7 der Seite 13 $\dfrac{\pi \cdot d^2}{4} = 10{,}7521$ und in Spalte 1 $d = \mathbf{3{,}7\ cm}$.

Gewählt: d = **40 mm** mit A = 12,57 cm² (S. 13). Dann ist $\sigma_z = 15\,000:12{,}57 = \mathbf{1193\ kp/cm^2}$.

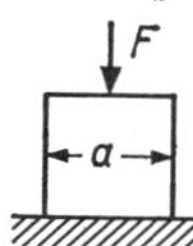

2. Druckfestigkeit

Die äußeren Kräfte wirken in der Längsrichtung des Körpers und suchen ihn zu zerdrücken; es treten **Druckspannungen** auf (Fundament, Pfeiler, Säule, Pfosten, Tragfüße). Es bedeuten: F = drückende Kraft in kp, A = kleinster Querschnitt in cm², σ_d = zulässige Beanspruchung in kp/cm². Berechnung bei Druck: $F = A \cdot \sigma_d$ oder $A = F : \sigma_d$ oder $\sigma_d = F:A$.

1. Beispiel: Ein kurzer Fundamentpfeiler aus Mauerziegel Mz 100 in KZ-Mörtel soll mit F = 10000 kp belastet werden. Nach S. 46 ist zulässig σ_d = 9 kp/cm². Gesucht Pfeilerquerschnitt A und Quadratseite a.

Lösung: $A = F : \sigma_d = 10\,000 : 9 = \mathbf{1111\ cm^2}$.
$a = \sqrt{A} = \sqrt{1111} = 33{,}3$ cm; ausgeführt **36,5 cm.** Nach S. 16, Spalte 2, $a^2 = n^2$ annähernd 1109 gefunden; dazu gehört (Spalte 1) $n = a = 33{,}3$.

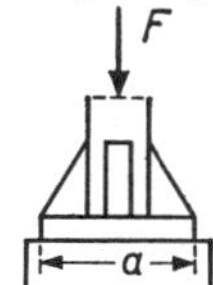

2. Beispiel: Eine Säule mit quadratischem Fuß ist mit F = 8500 kp belastet und ruht auf Ziegelmauerwerk. Fußbreite a = 40 cm. Gesucht die auftretende Druckbeanspruchung.

Lösung: $A = 40^2 = 1600$ cm².
$\sigma_d = \dfrac{F}{A} = \dfrac{8500}{1600} = 5{,}31$ kp/cm².

Nach S. 46 ist dieser Wert klein genug (zulässig 6 kp/cm²).

3. Beispiel: Berechne, mit wieviel kp/cm² der Säulenschnitt (Grauguß) belastet ist, wenn der Außendurchmesser D = 100 mm und der Innendurchmesser d = 85 mm betragen. (Gegebene Last F = 8500 kp.)

Lösung: $\dfrac{\pi \cdot D^2}{4} = \dfrac{\pi \cdot 10^2}{4}$ = (S. 13) 78,54 cm²
$\dfrac{\pi \cdot d^2}{4} = \dfrac{\pi \cdot 8{,}5^2}{4}$ = (S. 13) 56,75 cm² —

Querschnitt $A = 21{,}79\ \text{cm}^2 \approx \mathbf{21{,}8\ cm^2}$
$F:A = \sigma_d$; $8500:21{,}8 = 389{,}9 \approx \mathbf{390\ kp/cm^2}$ beträgt die Beanspruchung. Zulässig sind nach DIN 1051 bis 900 kp/cm².

3. Schub- oder Scherfestigkeit

Die äußeren Kräfte haben das Bestreben, 2 benachbarte Querschnitte eines Körpers gegeneinander zu verschieben: es treten Schubspannungen oder Scherspannungen τ_a auf.

Beispiel: Eine Hängewerksstrebe überträgt unter $\alpha = 36°$ die Stabdruckkraft S = 10000 kp. Für Tannenholz längs der Faser ist τ_a = 9 kp/cm² zulässig. Breite b = 22 cm. Vorholzlänge l_v = ? cm.

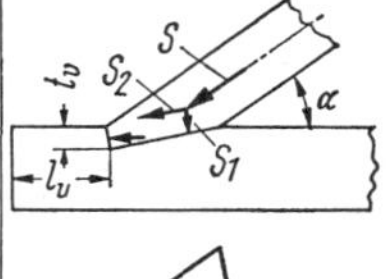

Lösung: Kraft S ist zu zerlegen (Kräftedreieck).

Vorsatztiefe t_v zul $= h : 4 = 260 : 4 = 65$ mm

$\sin \varphi = \dfrac{t_v \cdot \sin \alpha}{h} = \dfrac{65 \cdot 0{,}5878}{260} = \mathbf{0{,}145}$

Winkel $\varphi = 8°20'$
$S_2 = S \cdot \cos(\alpha - \varphi) = S \cdot \cos 31°40' = 10\,000 \cdot 0{,}8511 = 8511$ kp
$S_2H = S_2 \cdot \cos \varphi = 8511 \cdot 0{,}9894 = \mathbf{8420\ kp}$

R e c h n e r i s c h e L ö s u n g: Die Scherfläche $A = l_v \cdot b$ ist ein Rechteck. Balkenbreite b = 22 cm ist bekannt. Vorholzlänge l_v muß berechnet werden.

$A = S_2H : \tau_a = 8420 : 9 = 936$ cm². Demnach ist $l_v = A : b = 936 : 22 \approx$ **42,54 cm** auszuführen.

Niet- und Schraubenverbindungen

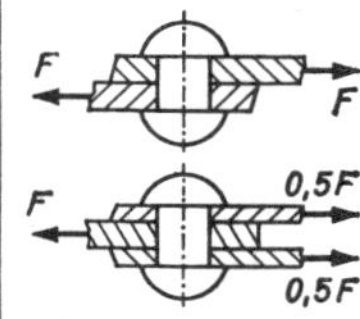

Niete und Schrauben werden zur Verbindung von Bauteilen verwendet. Außer Kraftniete für die Übertragung von Kräften unterscheidet man noch Heft-, Dichtungs- und Kesselniete. Berechnung der Kraftniete und Schrauben nach DIN 1050. Es gibt ein-, zwei- und mehrschnittige Verbindungen (s. nebenst. Abb.). Einschnittige Verbindungen eignen sich nur für die Übertragung kleinerer Kräfte. Bei der Berechnung ist außer der Abscherung noch der Lochleibungsdruck zu berücksichtigen.

Die Tragfähigkeit F_a auf Abscheren und F_l auf Lochleibungsdruck beträgt:

$$F_{a_1} = \frac{\pi \cdot d^2 \text{ zul } \tau_a}{4} \quad \text{(einschn.)}$$

$$F_{a_2} = 2 \frac{\pi \cdot d^2 \text{ zul } \tau_a}{4} \quad \text{(zweischn.)}$$

$$F_l = d \cdot s \cdot \text{zul } \sigma_l \ (s = \text{min Blechdicke})$$

Für die Nietanzahl ist der kleinere Wert maßgebend.

Nietanzahl $n = F : \min F$

Im allgemeinen sind einschnittige Verbindungen auf Abscheren und zweischnittige auf Lochleibungsdruck zu berechnen. Bei Kraftniete mind. 2 Stück vorsehen.

B e i s p i e l: Ein Stück Flachstahl ist durch 4 Niete an ein Blech angeschlossen. Zu übertragende Zugkraft F = 4200 kp.

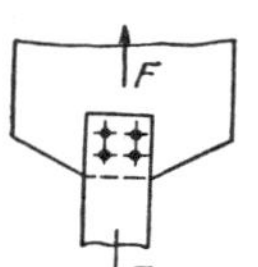

Gesucht: Nietdurchmesser d.

τ_a = 1400 kp/cm².

L ö s u n g: $A = \frac{F}{\tau_a} = \frac{4200}{1400} =$ 3 cm² für 4 Niete, demnach für 1 Niet $= 3 : 4 = 0{,}75$ cm². Nach Tabelle S. 13 ist der erforderliche Nietdurchmesser 1,0 cm = **10 mm**, Nietlochdurchmesser = **11 mm**.

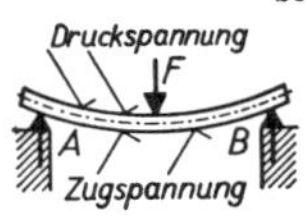

4. Biegungsfestigkeit

Die äußeren Kräfte wirken senkrecht zur Längsrichtung des Körpers derart, daß der Körper auszubiegen sucht. Es treten **Biegungsspannungen** auf, d. h., der Körper erleidet in seinem oberen Teil Druckspannungen, in seinem unteren Zugspannungen. Die Kraft F erzeugt in dem Körper ein **Biegungsmoment.** Das **Widerstandsmoment** ist das Maß für den durch das Biegungsmoment hervorgerufenen Widerstand der einzelnen Querschnitte der Balken, Unterzüge, Träger, Achsen.

Berechnung der Auflagerkräfte:

Wird ein auf 2 Stützen ruhender Träger oder Balken durch eine oder mehrere Kräfte ungleichmäßig beansprucht, so werden sich diese Kräfte auf die beiden Auflager A und B entsprechend verteilen. Man errechnet die Auflagerkraft indem man jede Kraft mit ihrer Entfernung bis zum andern Auflager malnimmt, diese Werte zusammenzählt und das Resultat durch die freitragende Länge des Trägers oder Balkens teilt.

Bei einer Einzelkraft ergibt sich folgende Berechnung:

F, a, b, A, B, l

$$A = \frac{F \cdot b}{l} \text{ oder } B = \frac{F \cdot a}{l}$$

Gegeben: F = 3000 kp; l = 5,00 m; a = 2,00 m; b = 3,00 m.

L ö s u n g: $A = \frac{F \cdot b}{l} = \frac{3000 \cdot 300}{500} = 1800$ kp

Festigkeitslehre (Fortsetzung) — Statik

$$B = \frac{F \cdot a}{l} = \frac{3000 \cdot 200}{500} = 1200 \text{ kp}$$

Die Summe der Auflagerkräfte A und B ist gleich der Summe aller Kräfte, also **Probe:** $A + B = F$; 1800 + 1200 = 3000 kp.

Berechnung des größten Biegungsmomentes max$M$

Das größte Moment befindet sich im Angriffspunkt der Last F. $\max M = A \cdot a$.

Für A wird $\frac{F \cdot b}{l}$ eingesetzt.

$$\max M = \frac{F \cdot b \cdot a}{l} = \frac{3000 \cdot 300 \cdot 200}{500} = 360\,000 \text{ kpcm.}$$

Berechnung des größten Widerstandsmomentes W

Gegeben: zulässige Biegungsbeanspruchung σ_B = 1400 kp/cm² (Baustahl)

Grundformel: $W = \frac{\max M}{\sigma_B} = \frac{360\,000}{1400} = 257$ cm³.

Gewählt wird I 220 mit W_x = 278 cm³. (Siehe S. 58).

Bei mehreren Kräften ergeben sich die Auflagerkräfte

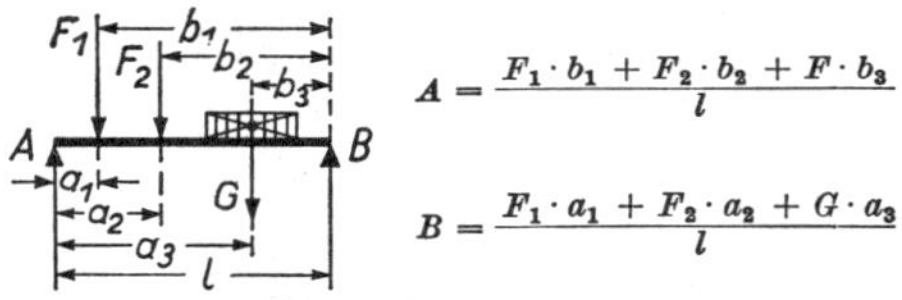

$$A = \frac{F_1 \cdot b_1 + F_2 \cdot b_2 + F \cdot b_3}{l}$$

$$B = \frac{F_1 \cdot a_1 + F_2 \cdot a_2 + G \cdot a_3}{l}$$

Bemerkung: Bei kürzeren Streckenlasten (G) wird eine gleich große Einzelkraft in der Mitte der Streckenlast angreifend angenommen.

Zeichnerische Ermittlung von A, B und der Lage des gefährdeten Querschnitts.

Gegeben: F_1 = 200 kp; F_2 = 465 kp; F = 230 kp; a_1 = 2 m; a_2 = 4,50 m; a_3 = 8,70 m; l = 12 m.

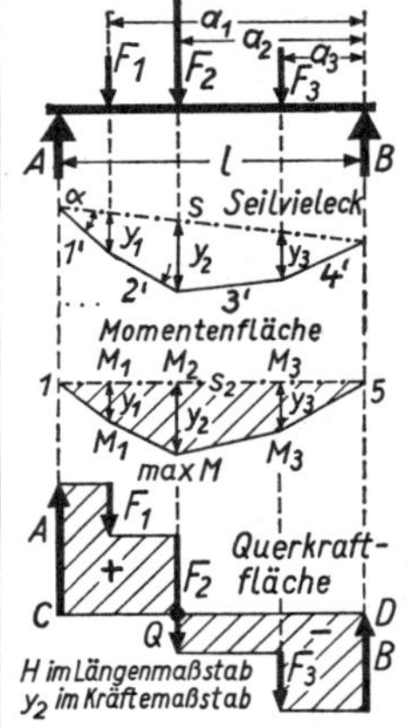

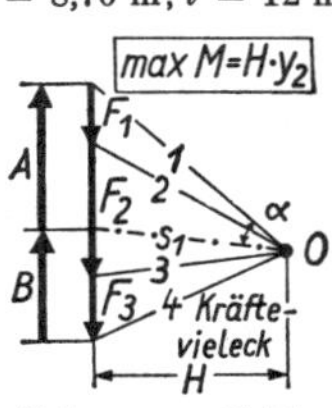

L ö s u n g: Zeichne den Träger im Maßstab 1 : 500, die Kräfte im Kräftemaßstab 1 mm ≙ 50 kp. Vom beliebigen Polpunkt 0 ziehe 1, 2, 3, 4 im beliebigen Polabstand H (Kräftevieleck). Durch Parallelverschiebung von 1, 2, 3, 4 in Lage 1', 2', 3', 4' mit Schlußlinie s erhält man d. Seilvieleck. Überträgt man Richtung $s \parallel s_1$ in das Kräftevieleck, so teilt s_1 die Kraft $F_1 + F_2 + F_3$ in Auflagerkräfte A und B (je 1 mm ≙ 50 kp). Legt man s_2 als Schlußlinie waagerecht, so erhält man die **Momentenfläche.** Die **Querkraftfläche** zeigt die Verteilung aller senkrecht zur Längsachse des Trägers wirkenden Kräfte (Querkräfte). Der gefährdete Querschnitt liegt dort, wo die Querkraft gleich Null ist, bzw. ihr Vorzeichen ändert (Punkt Q). Rechnerisch: $\max M = H \cdot y_2$. (H im Längenmaßstab, y_2 im Kräftemaßstab) (≙ entspricht).

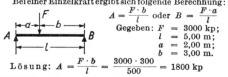

Belastungsfälle (Biegungsfestigkeit)

Bei Stahlträgern $l > 7$ m wird der Nachweis der Durchbiegung $f < 0{,}002\,l$ gefordert

Belastungsfall		Auflagerkräfte A und B Widerstandsmomente W Durchbiegung f
1.		$A = F$; $W = \frac{F \cdot l}{\sigma_b}$; $f = \frac{F \cdot l^3}{3\,E \cdot J}$
2.	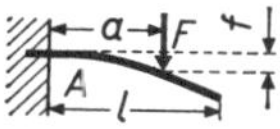	$A = F$; $W = \frac{F \cdot a}{\sigma_b}$; $f = \frac{F \cdot a^3}{3\,E \cdot J}$
3.	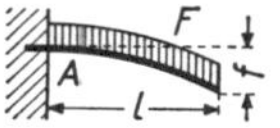	$A = F$; $W = \frac{F \cdot l}{2\sigma_b}$; $f = \frac{F \cdot l^3}{8\,E \cdot J}$
4.	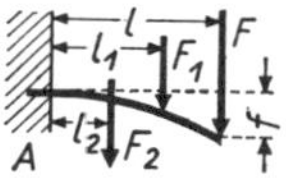	$A = F + F_1 + F_2$; $W = \frac{F \cdot l + F_1 \cdot l_1 + F_2 \cdot l_2}{\sigma_b}$; $f = \frac{F \cdot l^3 + F_1 \cdot l_1^2 \cdot l + F_2 \cdot l_2^2 \cdot l}{3\,E \cdot J}$
5.	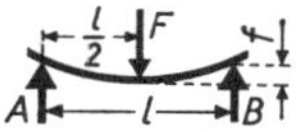	$A = B = \frac{F}{2}$; $W = \frac{F \cdot l}{4\sigma_b}$; $f = \frac{F \cdot l^3}{48\,E \cdot J}$
6.	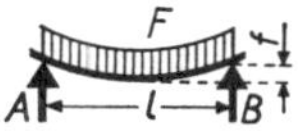	$A = B = \frac{F}{2}$; $W = \frac{F \cdot l}{8\sigma_b}$; $f = \frac{5\,F \cdot l^3}{384\,E \cdot J}$
7.	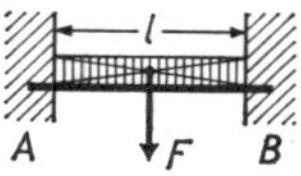	Eingespannter Träger: $A = B = \frac{F}{2}$; $W = \frac{F \cdot l}{12\sigma_b}$; $f = \frac{F \cdot l^3}{384\,E \cdot J}$
8.	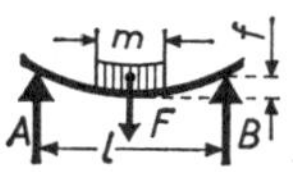	$A = B = \frac{F}{2}$; $W = \frac{F \cdot (2\,l - m)}{8 \cdot \sigma_b}$; $f = \frac{F \cdot l^3}{\left(48 + \frac{29m}{l}\right) \cdot E \cdot J}$
9.	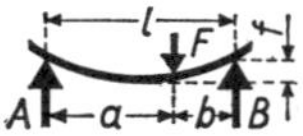	$A = \frac{F \cdot b}{l}$; $B = \frac{F \cdot a}{l}$; $W = \frac{F \cdot a \cdot b}{l \cdot \sigma_b}$; $f = \frac{F \cdot a^2 \cdot b^2}{3\,E \cdot J \cdot l}$

Belastungsfall		Auflagerkräfte A und B Widerstandsmomente W Durchbiegung f
10.	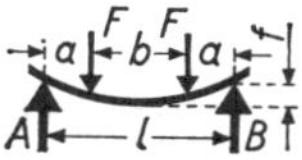 $A = B = F$	$F = \frac{W \cdot \sigma_b}{a}$; $W = \frac{F \cdot a}{\sigma_b}$; $f = \frac{F \cdot a\,(8a^2 + 12ab + 3b^2)}{24\,E \cdot J}$
11.	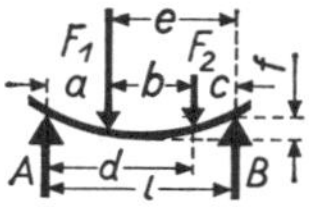 Das größte W ist zu berücksichtigen	$A = \frac{F_1 \cdot e + F_2 \cdot c}{l}$; $W_1 = \frac{A \cdot a}{\sigma_b}$; $B = \frac{F_1 \cdot a + F_2 \cdot d}{l}$; $W_2 = \frac{B \cdot c}{\sigma_b}$; $f = \frac{(F_1 \cdot a + F_2 \cdot c) \cdot (x)}{48 \cdot E \cdot J}$; $(x) = (8ac + 6ab + 6bc + 3b^2)$
12.	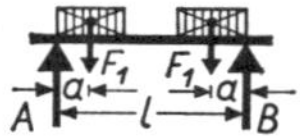	$A = B = F_1$; $W = \frac{F_1 \cdot a}{\sigma_b}$
13.	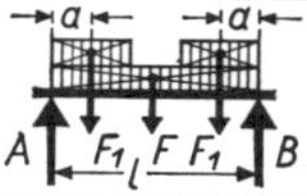	$A = B = \frac{F}{2} + F_1$; $W = \frac{F \cdot l + 8F_1 \cdot a}{8 \cdot \sigma_b}$
14.	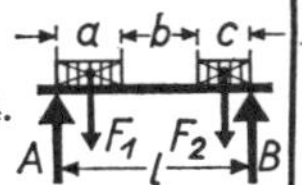	$A = \frac{F_1 \cdot (0{,}5a + b + c) + F_2 \cdot 0{,}5c}{l}$; $B = \frac{F_1 \cdot 0{,}5a + F_2 \cdot (a + b + 0{,}5c)}{l}$; $W_1 = \frac{A^2 \cdot a}{2 \cdot F_1 \cdot \sigma_b}$; $W_2 = \frac{B^2 \cdot c}{2 \cdot F_2 \cdot \sigma_b}$
15.	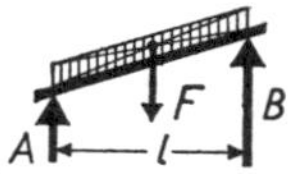	Treppen-Wangenträger: $A = B = \frac{F}{2}$ bis 30° Steigung; $W = \frac{F \cdot l}{8 \cdot \sigma_b}$ (angenähert)
16. Krangleisträger a unveränderlich; x veränderlich zwischen 0 u. ½ l	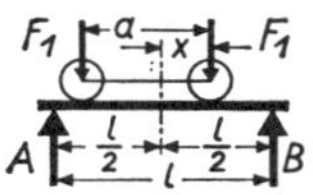	Auflagerkräfte für $x = \frac{a}{4}$: $A = F_1 \cdot \frac{2l + a}{2\,l}$; $B = F_1 \cdot \frac{2l - a}{2l}$; $M_{max} = \frac{F_1}{8\,l} \cdot (2l - a)^2$

l = freie Länge in cm (Stützweite);
Bei $l > 7$ m ist f nachzurechnen: gefordert $f < l : 500$.
W = Widerstandsmoment in cm³, von Form und Größe des Querschnitts abhängig;
σ_b = zulässige Beanspruchung in kp/cm²;
M_b = Biegungsmoment in kpcm.
F, F_1 und F_2 = Einzellasten und gleichmäßig verteilte Lasten (Streckenlasten) in kp;
A und B = Auflagerkräfte in kp; J = Trägheitsmoment in cm⁴; E = Elastizitätsmodul in kp/cm².

Beispiel: Ein Balkonträger (Ausleger-Freiträger), 1,00 m freitragend, trägt an seinem freien Ende eine Einzellast von 2000 kp. Welches Trägerprofil (NP) ist erforderlich?
Lösung: Nach Belastungsfall 1 ist:
$W = F \cdot l : \sigma_b = 2000 \cdot 100 : 1200 = 166{,}67$ cm³.
Nach Tabelle S. 58 wird gewählt I 200 mit $W_x = 214$ cm³ oder [200 mit $W_x = 191$ cm³. (Prüfe, welches Profil leichter und daher billiger ist!)

Beispiel: Ein I-Träger ($\sigma_b = 800$ kp/cm²) ist mit $F = 1000$ kp belastet als
a) Freiträger mit 3 m = 300 cm Ausladung. Abb. 1.
b) Träger auf 2 Stützen. l = 3 m. Abb. 5.
Gesucht: Profilgröße des I-Stahls und Durchbiegung f.
Lösung: a) $W = \frac{F \cdot l}{\sigma_b} = \frac{1000 \cdot 300}{800} = 375$ cm³.
Es wird gewählt I **260** mit $W_x = 442$ cm³. Durchbiegung $f = \frac{F \cdot l^3}{3 \cdot E \cdot J} = \frac{1000 \cdot 300^3}{3 \cdot 2\,100\,000 \cdot 5740} = 0{,}747$ cm $\approx$ **7,5 mm.**
b) $W = \frac{F \cdot l}{4\,\sigma_b} = \frac{1000 \cdot 300}{4 \cdot 800} = 93{,}7$ cm³. Es wird gewählt I **160** mit $W_x = 117$ cm³. $f = \frac{F \cdot l^3}{48\,E \cdot J} = \frac{1000 \cdot 300^3}{48 \cdot 2\,100\,000 \cdot 935} = 0{,}286$ cm $\approx$ **3 mm.**

4

Festigkeitslehre (Fortsetzung)

Bei schlanken Stäben, die in Richtung der Stabachse auf Druck beansprucht werden, entsteht senkrecht zur Ebene des kleinsten Trägheitsmomentes Knickgefahr. Man unterscheidet 4 Hauptknickfälle, von denen Fall II im Hoch- und Tiefbau am häufigsten vorkommt.

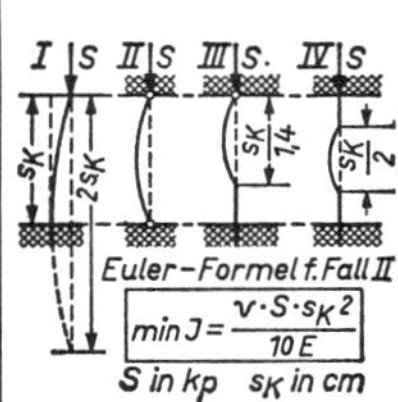

Fall I Ein Stabende ist eingespannt, das andere frei beweglich.

Fall II Beide Stabenden sind beweglich gelagert, aber in der Stabachse geführt.

Fall III Ein Ende ist eingespannt, das andere beweglich und in der Stabachse geführt.

Fall IV Beide in der Stabachse geführte Enden sind fest eingespannt.

Als Knicklängen sind in den Berechnungen einzusetzen:

a) Bei Pfosten und Säulen die wahre Länge vom Fuß bis zum Kopf.

b) Bei mehrgeschossigen, deckenversteiften Stützen die Geschoßhöhe.

c) Bei Fachwerkstäben die Netzlinien von Knotenpunkt zu Knotenpunkt.

Die Querschnitte für Knickstäbe können entweder überschläglich nach Gebrauchsformeln ermittelt oder nach DIN 4114 über die Stabkennzahl ζ (Zeta) direkt bemessen werden.

Der Spannungsnachweis ist in jedem Falle nach dem ω-Verfahren (Omega-Verfahren) durchzuführen.

Durch das ω-Verfahren wird die Knickberechnung auf einfache Druckbeanspruchung zurückgeführt.

Grundformel bei mittiger Belastung:

$$\text{vorh}\,\sigma = \frac{S \cdot \omega}{A} \leqq \text{zul}\,\sigma$$

Grundformel bei außermittiger Belastung:

$$\text{vorh}\,\sigma = \frac{S \cdot \omega}{A} + \frac{M}{W} \leqq \text{zul}\,\sigma$$

Die Stabkraft S wird mit dem Knickbeiwert multipliziert und das Ergebnis durch die Querschnittsfläche dividiert. ω richtet sich nach dem Schlankheitsgrad λ (sprich Lambda) und dem Baustoff (s. Tafel 1 u. 2, S. 45).

Ist $\min J$ das kleinste Trägheitsmoment in cm⁴, A der ungeschwächte Stabquerschnitt in cm², $i = \sqrt{J:A}$ der Trägheitshalbmesser in cm, s_K die Knicklänge in cm, so wird der Schlankheitsgrad $\lambda = s_K : i$. Für λ sucht man aus Tafel 1 oder 2 Seite 45 den entsprech. ω-Wert.

Zulässige Schlankheitsgrade:

Baustahl im Hochbau und bei Kränen $\lambda \leqq 250$, Baustahl im Brückenbau $\lambda \leqq 150$, Grauguß $\lambda \leqq 100$, Holz $\lambda \leqq 150$

Tafel 1 Gebrauchsformeln

Baustoff	E kp/cm²	ν	Fall II $\min J =$	Anzuwenden bei
Nadelholz	100 000	4	$40\,S \cdot s_K{}^2$	$\lambda > 100$
Grauguß	1 000 000	6	$6\,S \cdot s_K{}^2$	$\lambda > 80$
Baustahl 37	2 100 000	2,5	$1{,}2\,S \cdot s_K{}^2$	$\lambda > 103{,}9$
Baustahl 52	2 100 000	2,5	$1{,}2\,S \cdot s_K{}^2$	$\lambda > 84{,}8$

Bei Fall I Ergebnis mit 4 malnehmen. ν = Sicherheit S in Mp, s_K in m, $\min J$ in cm⁴, E = Elastizitätsmaß.

Tafel 2 Querschnittszahlen $Z = A : i^2$ (Mittelwerte)

Querschnitt	I	II	IPB	[	[]	T	L	┐┌	L
$Z =$	11	1	4	7	1,2	5,5	6	5	7

1. Beispiel: Ein quadratischer Holzstiel mit $s_K = 3$ m und $S = 4$ Mp ist zu bemessen.

Lösung: $\min J = 40\,S \cdot s_K{}^2 = 40 \cdot 4 \cdot 3^2 = 1440$ cm⁴

Gewählt: 12/12 cm mit $J_y = 1728$ cm⁴, $A = 144$ cm², $i_y = 3{,}47$ cm

$\lambda = s_K : i = 300 : 3{,}47 = 86$; $\omega = 2{,}34$

$\text{vorh}\,\sigma = S \cdot \omega : A = 4000 \cdot 2{,}34 : 144 = 65\ \text{kp/cm}^2 < 85$

2. Beispiel: Fachwerkstab mit $S = -3{,}5$ Mp (Druck) und $s_K = 1{,}6$ m ist aus L-Stahl herzustellen.

Lösung: $\min J = 1{,}2\,S \cdot s_K{}^2 = 1{,}2 \cdot 3{,}5 \cdot 1{,}6^2 = 10{,}8$ cm⁴

Gewählt: L-Stahl $60 \times 60 \times 8$ mit $\min J = 12{,}1$ cm⁴, $A = 9{,}03$ cm², $i = 1{,}16$ cm

$\lambda = s_K : i = 160 : 1{,}16 = 138$; $\omega = 3{,}22$

$\text{vorh}\,\sigma = S \cdot \omega : A = 3{,}5 \cdot 3{,}22 : 9{,}03 = 1250\ \text{kp/cm}^2 < 1400$

Bemessung von Querschnitten mit Hilfe der Stabkennzahl ζ (Zeta) nach der Formel

$$\zeta = s_K \sqrt{\frac{Z \cdot \text{zul}\,\sigma}{S}} \quad s_K \text{ in cm, zul}\,\sigma \text{ in Mp/cm}^2,\ S \text{ in Mp}$$

Für die Stabkennzahl wird nach Tafel 3, Seite 45, die entsprechende Knickbeiwert ω entnommen oder errechnet und der Querschnitt nach folgender Formel ermittelt:

$$\text{erf}\,A = \frac{S \cdot \omega}{\text{zul}\,\sigma}$$

3. Beispiel: Stütze aus U-Stahl mit $s_K = 4$ m sei mit $S = 10$ Mp mittig belastet. Welches Profil ist zu wählen?

Lösung: Querschnittszahl Z für [-Profil nach Tafel 2 = 7

$$\zeta = s_K \sqrt{\frac{Z \cdot \text{zul}\,\sigma}{S}} = 400 \sqrt{\frac{7 \cdot 1{,}4}{10}} = 400\sqrt{0{,}98} = 400 \cdot 0{,}99 = 396$$

Nach Tafel 3 Seite 45 ist $\omega = \zeta : 76{,}95 = 396 : 76{,}95 = 5{,}15$

$$\text{erf}\,A = \frac{S \cdot \omega}{\text{zul}\,\sigma} = \frac{10 \cdot 5{,}15}{1{,}4} = 36{,}8\ \text{cm}^2$$

Gewählt: [220 mit $A = 37{,}4$ cm², $i_y = 2{,}30$ cm

$\lambda = s_K : i = 400 : 2{,}30 = 174$; $\omega = 5{,}11$

$\text{vorh}\,\sigma = S \cdot \omega : A = 10000 \cdot 5{,}11 : 37{,}4 = 1370\ \text{kp/cm}^2 < 1400$

Tragfähigkeit von Knickstäben

	Breitflanschiger I-Stahl							
s_K in m	IB-Profile				IPB-Profile			
	100	120	140	160	180	200	220	240
	Zulässige Stablast S in Mp bei $\sigma = 1400$ kp/cm²							
2,50	18,7	28,7	40,7	59,1	73,7	96,5	109	136
2,60	17,8	27,8	39,6	57,8	72,5	94,9	107	134
2,70	17,5	26,6	38,4	56,6	71,4	94,1	107	134
2,80	16,0	25,8	37,4	55,4	69,8	92,6	105	132
3,00	13,8	24,0	35,0	52,5	67,7	89,8	103	129
3,25	11,8	21,7	32,6	49,6	64,9	86,4	99,6	126
3,50	10,1	18,6	30,0	46,2	61,4	82,7	95,9	122
3,75	8,8	16,2	27,8	43,2	58,3	79,3	93,1	119
4,00	7,7	14,2	24,5	40,2	54,8	75,7	88,6	115
4,50	6,1	11,2	19,4	34,2	49	68,5	81,8	106

	Nadelholz							
s_K in m	Kleinste Kantholzseite bzw. Rundholz-Ø in cm							
	12	14	16	18	20	22	24	26
	Zulässige Stablast S in Mp bei $\sigma = 85$ kp/cm²							
2,5 □	6,34	9,72	13,8	18,7	24,2	30,4	37,1	44,9
3,0	5,18	8,44	12,4	16,9	22,2	28,2	34,7	42,4
3,5	4,00	7,00	10,7	15,15	20,2	26,1	32,3	39,6
4,0	2,91	5,68	9,2	13,4	18,3	23,9	30,0	37,1
4,5	2,23	4,36	7,6	11,7	16,4	21,7	27,7	34,4
2,5 ○	4,28	6,85	9,92	13,6	17,7	22,6	27,8	33,7
3,0	3,22	5,58	8,54	12,0	16,0	20,6	25,7	31,4
3,5	2,25	4,36	7,12	10,5	14,3	18,6	23,4	29,0
4,0	1,67	3,21	5,71	8,83	12,5	16,7	21,3	26,4
4,5	1,26	2,46	4,36	7,24	10,7	14,6	19,5	24,5

Tafel 1 Knickbeiwerte ω nach DIN 4114 (Feb. 53) für Baustahl

λ	St 37 ω	St 52 ω	λ	St 37 ω	St 52 ω	λ	St 37 ω	St 52 ω	λ	St 37 ω	St 52 ω
0	1,00	1,00	74	1,46	1,66	105	2,00	2,79	136	3,12	4,69
10	1,00	1,00	75	1,48	1,68	106	2,02	2,85	137	3,17	4,75
20	1,04	1,06	76	1,49	1,70	107	2,05	2,90	138	3,22	4,82
30	1,08	1,11	77	1,50	1,72	108	2,07	2,95	139	3,26	4,89
35	1,11	1,15	78	1,52	1,74	109	2,09	3,01	140	3,31	4,96
40	1,14	1,19	79	1,53	1,77	110	2,11	3,06	141	3,36	5,04
45	1,17	1,23	80	1,55	1,79	111	2,14	3,12	142	3,41	5,11
50	1,21	1,28	81	1,56	1,81	112	2,16	3,18	143	3,45	5,18
51	1,22	1,30	82	1,58	1,83	113	2,18	3,23	144	3,50	5,25
52	1,23	1,31	83	1,59	1,86	114	2,21	3,29	145	3,55	5,33
53	1,23	1,32	84	1,61	1,88	115	2,23	3,35	146	3,60	5,40
54	1,24	1,33	85	1,62	1,91	116	2,27	3,41	147	3,65	5,47
55	1,25	1,35	86	1,64	1,93	117	2,31	3,47	148	3,70	5,55
56	1,26	1,36	87	1,66	1,95	118	2,35	3,53	149	3,75	5,62
57	1,27	1,37	88	1,68	1,98	119	2,39	3,59	150	3,80	5,70
58	1,28	1,39	89	1,69	2,01	120	2,43	3,65	155	4,06	6,09
59	1,29	1,40	90	1,71	2,05	121	2,47	3,71	160	4,32	6,48
60	1,30	1,41	91	1,73	2,10	122	2,51	3,77	165	4,60	6,90
61	1,31	1,43	92	1,74	2,14	123	2,55	3,83	170	4,88	7,32
62	1,32	1,44	93	1,76	2,19	124	2,60	3,89	175	5,17	7,76
63	1,33	1,46	94	1,78	2,24	125	2,64	3,96	180	5,47	8,21
64	1,34	1,48	95	1,80	2,29	126	2,68	4,02	185	5,78	8,67
65	1,35	1,49	96	1,82	2,33	127	2,72	4,09	190	6,10	9,14
66	1,36	1,51	97	1,84	2,38	128	2,77	4,15	195	6,42	9,63
67	1,37	1,53	98	1,86	2,43	129	2,81	4,22	200	6,75	10,13
68	1,39	1,54	99	1,88	2,48	130	2,85	4,28	210	7,45	11,17
69	1,40	1,56	100	1,90	2,53	131	2,90	4,35	220	8,17	12,26
70	1,41	1,58	101	1,92	2,58	132	2,94	4,41	230	8,93	13,40
71	1,42	1,60	102	1,94	2,64	133	2,99	4,48	240	9,73	14,59
72	1,44	1,62	103	1,96	2,69	134	3,03	4,55	250	10,55	15,83
73	1,45	1,64	104	1,98	2,74	135	3,08	4,62			

2. Knickbeiwerte ω für Holz

λ	ω	λ	ω	λ	ω
0	1,00	87	2,38	119	4,46
10	1,07	88	2,42	120	4,55
20	1,15	89	2,46	121	4,64
30	1,25	90	2,50	122	4,73
40	1,36	91	2,54	123	4,82
50	1,50	92	2,58	124	4,91
60	1,67	93	2,63	125	5,00
62	1,70	94	2,68	126	5,09
63	1,72	95	2,73	127	5,19
64	1,74	96	2,78	128	5,28
65	1,76	97	2,83	129	5,38
66	1,79	98	2,88	130	5,48
67	1,81	99	2,94	131	5,57
68	1,83	100	3,00	132	5,67
69	1,85	101	3,07	133	5,77
70	1,87	102	3,14	134	5,88
71	1,90	103	3,21	135	5,98
72	1,92	104	3,28	136	6,08
73	1,95	105	3,35	137	6,19
74	1,97	106	3,43	138	6,29
75	2,00	107	3,50	139	6,40
76	2,03	108	3,57	140	6,51
77	2,05	109	3,65	141	6,62
78	2,08	110	3,73	142	6,73
79	2,11	111	3,81	143	6,84
80	2,14	112	3,89	144	6,95
81	2,17	113	3,97	145	7,07
82	2,21	114	4,05	146	7,18
83	2,24	115	4,13	147	7,30
84	2,27	116	4,21	148	7,41
85	2,31	117	4,29	149	7,53
86	2,34	118	4,38	150	7,65

Tafel 3 Stabkennzahlen ζ (Zeta) mit ω- und λ-Werten

ζ	St 37		St 52		ζ	St 37		St 52		ζ	St 37		St 52	
	ω	λ	ω	λ		ω	λ	ω	λ		ω	λ	ω	λ
21	1,04	20,6	1,06	20,4	80	1,38	68,1	1,50	65,4	130	1,82	96,3	2,07	90,4
30	1,07	29,0	1,10	28,6	85	1,42	71,3	1,55	68,3	135	1,87	98,7		
40	1,12	37,8	1,16	37,1	90	1,46	74,4	1,60	71,1	140	1,92	101,1		
45	1,15	42,0	1,19	41,2	95	1,51	77,4	1,65	73,8	145	1,97	103,4		
50	1,18	46,0	1,23	45,1	100	1,55	80,3	1,71	76,5	150	2,02	105,6		
55	1,21	50,0	1,27	48,8	105	1,59	83,2	1,77	79,0	160	2,12	110,0		
60	1,24	53,8	1,31	52,5	110	1,64	85,9	1,82	81,5	170	2,22	114,1	$\frac{\zeta}{62,83}$	$7,93\sqrt{\zeta}$
65	1,27	57,6	1,35	55,9	115	1,68	88,3	1,88	83,9	180	2,34	117,6		
70	1,31	61,2	1,40	59,2	120	1,73	91,3	1,94	86,2	> 180	$\frac{\zeta}{76,95}$	$8,77\sqrt{\zeta}$		
75	1,35	64,6	1,45	62,4	125	1,77	93,3	2,00	88,4					

6. Verdrehfestigkeit

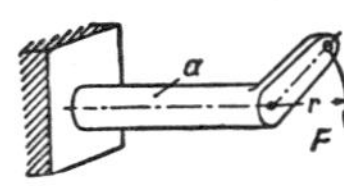

Versucht man einen Stab *a* um seine Längsachse zu verdrehen, so entsteht in ihm eine **Drehbeanspruchung.**

Beispiele: Kurbelwelle, Transmissions- und Vorgelegewelle, Spindeln usw.

Drehmoment = Kraft × Hebelarm; $M_t = F \cdot r$.
r ist immer die senkrechte Entfernung der Kraft vom Drehpunkt. Die zulässigen Drehmomente sind für die einzelnen Querschnitte verschieden und ergeben sich aus Tabelle S. 46.

Aufgabe: Eine Transmissionswelle hat bei einer Drehzahl von $n = 200$ Uml./min eine Leistung von 15 kW zu übertragen. Gesucht der erforderliche Wellendurchmesser *d*. Die zulässige Drehbeanspruchung ist $\tau_{t\,zul} = 120$ kp/cm².

Drehmoment M_t (s. S. 39) $= \frac{97\,500\,P}{n}$ kpcm $= \frac{97\,500 \cdot 15}{200}$ = 7313 kpcm; nach Tabelle S. 46 ist für runden Querschnitt $M_t = \frac{d^3 \cdot \tau_{t\,zul}}{5}$ $\quad d^3 = \frac{5 \cdot M_t}{\tau_{t\,zul}}$

$d^3 = \frac{5 \cdot 7313}{120} = 304{,}7$; $d \approx 6{,}7$ cm; gewählt wird $d = 70$ mm (vergleiche Tabelle S. 56).

7. Zusammengesetzte Festigkeit

Durch Addition können nur Normalbeanspruchungen (Zug, Druck, Biegung) oder nur Schubbeanspruchungen (Abscherung, Verdrehung) zusammengesetzt werden. Die zusammengesetzte Spannung σ_i bzw. τ_i ist also bei Zug und Biegung $\sigma_i = \sigma_z + \sigma_b$, bei Abscherung und Verdrehung $\tau_i = \tau_s + \tau_t$.

Zur **genauen Ermittlung** eines auf Drehung und Biegung beanspruchten Stabquerschnittes dient folgende Formel: Das gesamte Moment*) ist

$$M_i = 0{,}35\,M_b + 0{,}65\,\sqrt{M_b^2 + \left[\frac{\sigma_b}{1{,}3\,\tau_t} \cdot M_t\right]^2}$$

Ist M_i berechnet, so erhält man das erforderliche Widerstandsmoment $W = \frac{M_i}{\sigma_b}$. Aus *W* ist nach Tabelle S. 46 der Querschnitt zu ermitteln.

*) oder nach der Theorie der Hauptschubspannungen: $M_i = \sqrt{M_b^2 + \left[\frac{\sigma_b}{1{,}3\,\tau_t} \cdot M_t\right]^2}$

Zulässige Werkstoffbeanspruchungen in kp/cm²

Einfluß der Wärme auf Festigkeit

Flußstahl erwärmt auf

−20°	+20°	100°	200°	300°	400°	500°	600°
Zugfestigkeit (Bruchfestigkeit) σ_z in kp/cm²							
4100	3850	3950	5100	4750	3300	1900	1070

Grauguß erwärmt auf 300 bis 350° erleidet Gefügeumwandlung; wird ersetzt durch Stahlguß.

Kupfer erwärmt: auf 120°: zulässig $\sigma_z =$ 220 kp/cm². Für je 20° höher ist σ_z 10 kp/cm² niedriger zu wählen.

Beispiel: In überhitztem Dampf von 300° darf Kupfer mit $\frac{300 - 120}{20} \cdot 10 = 90$ kp weniger, also mit 220—90 = 130 kp/cm² belastet werden.

5

Zulässige Spannungen σ zul in kp/cm²

Werden Stähle verschiedener Festigkeit verschweißt, so gilt der kleinere Wert für σ zul

Brückenbau nach DIN 1073			Hauptkräfte	m. Zusatzkräften
Haupt-, Fahrbahn- und Fußwegträger	Zug und Biegung	St 37	1400	1600
		St 52	2100	2400
	Schub	St 37	1120	1280
		St 52	1680	1920
Wind- und Querverbände	Zug und Biegung	St 37	1200	1200
		St 52	1800	1800
	Schub	St 37	960	960
		St 52	1440	1440
Anker	Zug	St 37	1000	1000

Schweißnähte	nach DIN 4100/01	Hochbau	Brückenbau St 37	Brückenbau St 52
Stumpfnähte 1. Güte, einwandfrei durchgeschweißt	Zug	0,75σ zul	0,80σ zul	0,80σ zul
	Druck	0,85 "	1,00 "	1,00 "
	Biegung	0,80 "	—	—
	Abscheren	0,65 "	0,65 "	0,65 "
Stumpfnähte 2. Güte, nicht einwandfrei durchgeschweißt	Zug	0,75 "	0,72 "	0,65 "
	Druck	0,85 "	0,90 "	0,80 "
	Biegung	0,80 "	—	—
	Abscheren	0,65 "	0,55 "	0,50 "
Kehlnähte	Z., D., B., A.	0,65 "	0,65 "	0,65 "

Zulässige Druckbeanspruchungen σ von Bausteinen, Mauerwerk und Beton in kp/cm²

Steine	Auflagersteine	Pfeiler Gewölbe	schlanke Pfeiler Säulen
Granit	60	50	20
Sandstein	30	25	15
Kalkstein Marmor	30	25	15

Mauerwerk	
Klinker mit Zementmörtel	20 bis 35
Hartbrandziegel mit Kalkzementmörtel	7 bis 18
poröse Ziegel	3 bis 6
Ziegel mit Kalkmörtel	bis 10
Bruchstein in Kalkmörtel	bis 5
Schwemmst.	bis 4
Baugrund z. Nachweis	1,5 bis 4,5

Kalksandstein:	
in Kalkmörtel	bis 7
in Zementmörtel	10 bis 14
Fundament:	
Schüttbeton	6 bis 8
Stampfbeton	10 bis 15

Trägheitsmomente J, Widerstandsmomente W und zulässige Drehmomente M_t

Querschnitt	J cm⁴	W cm³	M_t in kpcm
b, h	$\frac{b \cdot h^3}{12}$	$\frac{b \cdot h^2}{6}$	$\left(\frac{26b}{125} + \frac{h}{52}\right) \cdot h \cdot b \cdot \text{zul}\,\tau_t$ bei $h : b < 5 : 1$
h, h	$\frac{h^4}{12}$	$\frac{h^3}{6}$	$0{,}209 \cdot h^3 \cdot \text{zul}\,\tau_t$
h, h	$\frac{h^4}{12}$	$\frac{2 \cdot h^3}{17}$ od. $0{,}118 h^3$	$0{,}209 \cdot h^3 \cdot \text{zul}\,\tau_t$
s	$\frac{13 \cdot s^4}{24}$ od. $0{,}542 s^4$	$\frac{5 \cdot s^3}{8}$ od. $0{,}625 s^3$	$\frac{5 \cdot s^3 \cdot \text{zul}\,\tau_t}{4}$
s	$\frac{13 \cdot s^4}{24}$ od. $0{,}542 s^4$	$\frac{13 \cdot s^3}{24}$ od. $0{,}542 s^3$	$\frac{5 \cdot s^3 \cdot \text{zul}\,\tau_t}{4}$

Querschnitt	J in cm⁴	W in cm³	M_t in kpcm
r, d	$\frac{d^4}{145}$	$\frac{d^3}{42}$	$\frac{d^3 \cdot \text{zul}\,\tau_t}{10}$
d	$\frac{d^4}{20}$	$\frac{d^3}{10}$	$\frac{d^3 \cdot \text{zul}\,\tau_t}{5}$
D, d	$\frac{D^4 - d^4}{20}$	$\frac{D^4 - d^4}{10 \cdot D}$	$\frac{(D^4 - d^4)\,\text{zul}\,\tau_t}{5D}$
D, d	$\frac{D^3 \cdot d}{20}$	$\frac{D^2 \cdot d}{10}$	$\frac{D \cdot d^2 \cdot \text{zul}\,\tau_t}{5}$
b, h, H	$\frac{b}{12}(H^3 - h^3)$	$\frac{b(H^3 - h^3)}{6H}$	—

$\frac{b}{2}$, $\frac{B}{2}$, b, B, h, H

$$J = \frac{BH^3 + bh^3}{12} \qquad W = \frac{BH^3 + bh^3}{6H}$$

$\frac{b}{2}$, b, B, h, H

$$J = \frac{BH^3 - bh^3}{12} \qquad W = \frac{BH^3 - bh^3}{6H}$$

Stahl Schmiedbarer Stahl (außer Magnetkerneisen) unter 0,05% und Gußstahl von etwa 1,5% bis 2,3% Kohlenstoffgehalt werden technisch nicht verwertet.

Art	Name und Gewinnung		Kohlenstoff	Eigenschaften
Roheisen	Gießereieisen, im Hochofen gewonnen		2,3…6%	schmelzbar, zum Gießen geeignet; spröde, nicht schmiedbar.
schmiedbarer Stahl	Früher in teigigem Zustande gewonnen (Puddelofen), jetzt in flüssigem Zustand gewonnen (Bessemer-, Thomas-Birne, Martinofen).	Schweißstahl	0,6…2,3%	sehnig, schlackenhaltig, härtbar.
		Schweißschmiedestahl	0,05…0,6%	sehnig, schlackenhaltig, nicht härtbar.
		Flußstahl	0,1…0,6%	körnig, schlackenrein, härtbar ab 0,35% C-Gehalt
		Flußschmiedestahl	0,05…0,6%	

Fremdstoffgehalt der gebräuchlichen Stahl- und Gußsorten und der Stahlgattierungen (Stahlmischungen). Siehe auch S. 49

Fremdstoff:	Kohlenstoff	Silicium (Sand)	Mangan (Metall)	Phosphor	Schwefel	Kupfer
Einfluß des Fremdstoffes:	erniedrigt den Schmelzpunk und macht spröde	begünstigt C-Ausscheidung, graue Farbe; faulbrüchig	erhöht Schmelzbarkeit u. Härte	macht dünnflüssig, vermindert Festigkeit; kaltbrüchig	macht dickflüssig und rotbrüchig	macht dicht und erhöht die Schmelzbarkeit
Grauguß grau (über 1% Silicium)	3…5%	1…3,3%	0,5…2%	0,1…0,5%	0,2…0,4%	0…0,06%
Grauguß weiß (unter 1% Silicium)	„ „	…1 „	…6 „ (über 4,5% Spiegeleisen)	0,2…1 „	„ „	„ „
Maschinenguß	2,5…4 „	1…3 „	0,3…0,9 „	0,2…1 „	unter 0,07 „	„ „
Hämatitguß	3,5…4,5 „	2…3 „	≈1 „	≈0,1 „	„ „ „	≈0,025 „
Bauguß	2,5…3,5 „	1…3 „	0,5…1,2 „	0,2…1 „	0,08…0,15 „	—
Hartguß	unter 3,8 „	0,5…0,9 „	0,2…0,5 „	0,2…0,5 „	„ „ „	…0,3 „
Temperguß (v.d.Tempern)	≈3 „	0,5…1 „	0,2…0,3 „	unter 0,1 „	—	—
Stahlguß	0,4…1 „	0,2…0,4 „	0,5…1 „	0,016 „	0,03 „	0,07…1,5 Ni
Dynamostahlguß	0,1…0,2 „	„ „	0,2…0,3 „	Spuren	Spuren	—
Feinkornstahl	0,05…0,6 „	…0,1 „	0,1…0,15 „	≈0,1 „	≈0,01 „	—
Bessemerflußstahl	0,2…0,6 „	0,25…0,35 „	0,4…1 „	0,06…0,1 „	0,03…0,06 „	—
Thomasflußstahl	0,05…0,5 „	0…0,01 „	0,6…1 „	0,04…0,1 „	0,02…0,04 „	—
Siemens-Martin-Stahl	0,15…0,5 „	bis 0,01 „	0,5…1 „	0,05…0,1 „	0,02…0,05 „	—

Legierungsgehalt in % bei Werkzeugstählen (gebräuchlichste Mittelwerte)

Benennung	Kohlenstoff	Silicium	Mangan	Phosphor	Schwefel	Wolfram	Chrom	Vanadium	Molybdän	Kobalt	Aluminium	Eisen
Gußstahl	0,7…1,5	≈2	≈0,2	≈0,02	≈0,01	—	—	—	—	—	—	≈98
naturharter Stahl	≈2	0,2…1	1…3	≈0,05	≈0,03	5…12	0,1…3	—	—	—	—	90…80
Schnellarbeitsstahl	0,4…1,5	0,05…0,5	≈0,1	0…0,02	0…0,01	14…20	2,5…6	≈0,3	—	—	—	80…72
Kobaltstahl	0,5…1,5	0,05…0,5	≈0,1	≈0,01	0…0,01	14…20	2,5…6	≈0,3	—	≈3	—	77…70
Vanadinstahl	0,6…1,2	0,15…0,4	0,2…2	—	—	—	0,15…3	0,15…0,4	—	—	≈3	98…93

Hartmetall: Pulverförmige Metallkarbide wie Wolframkarbid (WC), Titankarbid (TiC), Tantalkarbid (TaC) und Vanadiumkarbid (VC) sowie metallisches Kobalt (Co) werden bei Temperaturen von 1300 bis 1600°C unter Sauerstoffabschluß zu Hartmetall gesintert. Die Hartmetalle der Zerspanungs-Hauptgruppen (DIN 4900) P und M enthalten neben Co und WC auch TiC, TaC und VC. Die Hartmetalle der Zerspanungsgruppe K enthalten vornehmlich WC und Co.
Sinterhartmetalle sind wegen ihrer hohen Warmhärte und Verschleißbeständigkeit für die Zerspanung fast aller bekannten Werkstoffe geeignet und ermöglichen eine vielfache Schneidleistung gegenüber Schnellarbeitsstählen. Das Auflöten der Schneidplatten (mit Kupfer- oder Silberloten) und das Schleifen (mit Diamant- oder Siliziumkarbidschleifscheiben) sollten nur nach den Angaben der Hartmetallhersteller erfolgen. Gegossene Hartmetalle (W_2CrWC) werden lediglich für den Verschleißschutz verwendet. Stellite werden oft fälschlich „gegossene Hartmetalle" genannt.

5

Kennzeichnung von Werkstoffen*) auf Zeichnungen nach DIN 201 (2.53)

Werkstoff	Schraffur	Farbe	Werkstoff	Schraffur	Farbe
Grauguß		grau	Messing		gelb
Temperguß		blau	Zinn, Blei, Zink, Lagerweißmetall		hellgrün
Stahl, Stahlguß		lila	Leichtmetalle, Al, Al-, u. Mg-Leg.		grün
Kupfer		rot	Nickel, Nickellegierung		hellila
Bronze, Rotguß		orange	Flüssigkeiten		hellblau

Rändel- und Kordelteilungen nach DIN 82

Rändel Kreuzrändel Kordel

D t b t Fase ≈ t 30°

Eisen- und Stahlsorten

Alles schmiedbare, auf flüssigem wie teigigem Wege erzeugte Eisen wird **„Stahl"** genannt. Die in der Eisenhüttentechnik hergestellten Stoffe nennt man also Roheisen und Stahl (Schweißstahl bzw. Flußstahl).

Wir haben also **nichthärtbaren** Stahl (früher Schmiedeeisen) und **härtbaren** Stahl.

Während bei Eisen-Kohlenstoff-Stählen die Härtungsabkühlung von 721° auf 200° in etwa 6 bis 7 Sekunden zu erfolgen hat, erfolgt die Härtung der **Edelstähle** mit Metallzusatz (Nickel = Ni, Mangan = Mn, Wolfram = W, Chrom = Cr, Molybdän = Mo, Vanadium = V) bei langer oder sehr langer Abkühlungszeit. Je nach der Menge (u. Art) der Zusatzmetalle teilt man die Edelstähle ein in Ölhärter, Lufthärter, Selbsthärter u. naturharte Stähle. Je langsamer die Abkühlung erfolgt, desto weniger innere Spannungen weisen die Stahlstücke auf. **Schnellschnittstahl** enthält außer Kohlenstoff und geringen Zusätzen von Cr und V hauptsächlich W. Durch den hohen Wolframgehalt ist die Wärmeleitfähigkeit gering. Man erhitzt ihn deshalb langsam auf Kirschrotglut und darauf (zur Oberflächenbeeinflussung) schnell auf Weißglut; hierauf wird er in Öl oder Luft abgekühlt. Schnellschnittstahl verträgt Temperaturen bis 1350° C, ohne daß er grobkörnig wird oder verbrennt.

Eisen und Stahl werden nach ihrer chemischen Zusammensetzung, Erschmelzungsart, Behandlungszustand und Angabe der Zugfestigkeit gekennzeichnet. Ferner bedeuten:

σ_B (sprich sigma be) = Zugfestigkeit (Bruchspannung)

$\delta 10\%$ (sprich delta zehn) = Bruchdehnung in % an einem Normal- oder Proportionalstab mit Länge $l_0 = 10\,d$.

σ = Spannung, Beanspruchung

σ_z = Beanspruchung auf Zug

σ_d = Beanspruchung auf Druck

τ (sprich tau) = Schubspannung = Beanspruchung auf Abscherung

τ_t (sprich tau te) = Beanspruchung beim Verdrehen

Nichteisenmetalle und ihre Legierungen (S. 50)

Reine Nichteisenmetalle (Kupfer, Aluminium) finden nur dort Verwendung, wo ihre spezifischen Eigenschaften (niedrige Festigkeit, Wärmeleit- und Reflexionsvermögen) den geforderten Beanspruchungen entsprechen. Meistens dienen sie zur Herstellung von **Legierungen,** vor allem von **Kupferlegierungen** (S. 50) und von **Aluminiumlegierungen.** Eine Legierung entsteht durch Lösung eines oder verschiedener Metalle in einem anderen (flüssigheißen) Metall. Zink (Zn) und Antimon (Sb) machen z. B. eine Kupferlegierung hart, Zinn auch leichter gießbar.

Die industrielle Entwicklung der letzten Jahrzehnte führte überall zur Verwendung neuer Werkstoffe (Kunststoffe S. 54 und 55) und zur Förderung des Leichtbaues. Das geschah durch Verwendung von Stahl-Leichtbauprofilen oder durch Festigkeitssteigerung (Vergütung) der Baustähle oder durch Verwendung von Leichtmetallen. Aluminium- und Magnesiumlegierungen werden für besondere Zwecke verwendet.

Werkstoffnormung - Stahl und Eisen

σ_B = Zugfestigkeit (Bruchspannung)
$\delta\%$ = Bruchdehnung

DIN Nr.	Bezeichnung	Sorte Kurzzeichen	Probestab-∅ mm	σ_B kp/mm²	0,2 Grenze kp/mm²	δ $l_0 = 3\,d$ %	Brinellhärte kp/mm²	Kennzeichnende Gefügebestandteile
Sorten und Eigenschaften von entkohlend geglühtem (weißem) Temperguß								
1692 (6.63)	Temperguß	GTW-35	9 12	34 35	— —	6 4	220	gegenüber GTW-40 größere Schwankungsbreite zulässig
		GTW-40	9 12	36 40	20 22	10 5	220	Kern: lamellarer Perlit + Temperkohle
		GTW-45	9 12	40 45	23 26	12 7	200	Kern: körniger Perlit + Temperkohle
		GTW-55	9 12	52 55	34 36	7 5	240	Kern: feinkörniger Perlit + Temperkohle
		GTW-65	9 12	62 65	41 43	4 3	270	Entkohlungstiefe gering; Vergütungsgefüge + Temperkohle
		GTW-S 38	9 12	32 38	17 20	15 12	200	Entkohlungstiefe besonders groß
Sorten und Eigenschaften von nicht entkohlend geglühtem (schwarzem) Temperguß								
1692 (6.63)	Temperguß	GTS-35	12 u. 15	35	20	10	bis 150	Ferrit + Temperkohle
		GTS-45		45	30	7	160 „ 200	Perlit + Ferrit + Temperkohle
		GTS-55		55	36	5	180 „ 220	Perlit + Temperkohle (Ferritanteil mögl.)
		GTS-65		65	43	3	210 „ 250	Perlit + Temperkohle
		GTS-70		70	55	2	240 „ 270	Vergütungsgefüge + Temperkohle

*) Schraffuren nur bei besonderer Notwendigkeit anwenden!

Werkstoffnormung — Stahl und Eisen

σB = Zugfestigkeit (Bruchspannung)
$\delta \%$ = Bruchdehnung für $L_0 = 5\ d_0$

DIN Nr.	Bezeichn.	Gütegruppe	Stahlsorte	σB kp/mm²	σsi.M. kp/mm²	δ %	Erschmelzungsart	Vergießart	Stoff-Nr.	Schmelzanalyse in % höchst. C	P	S	N
17 100 (10.57)	Allgemeine Baustähle (Markenbezeichnung, Herstellungsverfahren und Vergießungsart nach DIN 17 006)	1	St 33	33···50	—	18	T oder M	—	1.0033	—	—	—	—
		1	St 34	34···42	21	27	T oder M	U oder R	1.0100	0,17	0,08	0,05	—
			USt 34					U	1.0100.U				—
			RSt 34					R	1.0100.R				—
		2	St 34-2			28	M oder W	U oder R	1.0102		0,05		0,010
			USt 34-2					U	1.0102.U				0,008
			RSt 34-2					R	1.0102.R				0,010
			MSt 34-2				M	U oder R	1.0102.M				—
			MUSt 34-2					U	1.0102.5				—
		3	St 34-3				M oder W	RR	1.0106				0,010
		1	St 37	37···45	23	25	T oder M	U oder R	1.0110	0,20	0,08	0,05	—
			USt 37					U	1.0110.U				—
			RSt 37					R	1.0110.R				—
		2	St 37-2				M oder W	U oder R	1.0112		0,06		0,010
			USt 37-2					U	1.0112.U				0,008
			RSt 37-2					R	1.0112.R				0,010
			MSt 37-2				M	U oder R	1.0112.M				—
			MUSt 37-2					U	1.0112.5				—
		3	St 37-3				M oder W	RR	1.0116		0,05		0,010
		1	St 42	42···50	25	22	T oder M	U oder R	1.0130	0,25	0,08	0,05	—
			USt 42					U	1.0130.U				—
			RSt 42					R	1.0130.R				—
		2	St 42-2				M oder W	U oder R	1.0132		0,06		0,010
			USt 42-2					U	1.0132.U				0,008
			RSt 42-2					R	1.0132.R				0,010
			MSt 42-2				M	U oder R	1.0132.M	0,25			—
			MUSt 42-2					U	1.0132.5				—
		3	St 42-3				M oder W	RR	1.0136		0,05		0,010
			MSt 42-3				M		1.0136.6				—
		1	St 50	50···60	29	20	T oder M	R	1.0530	≈ 0,30	0,08	0,05	—
		2	St 50-2				M oder W	R	1.0532		0,06		0,010
			MSt 50-2				M	R	1.0532.6				—
		3	St 52-3	52···62	35	22	M oder W	RR	1.0841	0,20	0,05	0,05	0,010
			MSt 52-3				M	RR	1.0841.6				
		1	St 60	60···72	33	15	T oder M	R	1.0540	≈ 0,40	0,08	0,05	—
		2	St 60-2				M oder W	R	1.0542		0,06		0,010
			MSt 60-2				M	R	1.0542.6				—
		2	St 70-2	70···85	36	10	M	R	1.0632.6	≈ 0,50	0,06	0,05	—

DIN Nr.	Bezeichnung	Markenbezeichnung	σB kp/mm²	δ%	Kohlenstoff %	Eigenschaften	Verwendung
1613 Bl. 1 (1.59)	**Schraubenst.**	St 38 · 13	38···45	25	—	Prüfung wie bei St 37	Schrauben
	(weich und sehr zähe)	St 34 · 13	34···42	30	—	Um 180° gebogene und zusammengeschlagene Probe darf keine Risse zeigen	Niete, weiche Schrauben
17 200 (12.51)	**Vergütungsstahl**	C22, Ck22	55···65	20	0,18···0,25	0,3···0,6% Mn } 0,15···0,35% Si	Werte für Zugfestigkeit in Tabelle für Stähle üb. 16···40 mm ⌀; bis 16 mm ⌀ ≈ 10% höher, üb. 40···100 mm ⌀ ≈ 10% niedriger
		C35, Ck35	65···80	16	0,32···0,40	0,4···0,7% Mn } höchst. 0,045% P	
		C45, Ck45	75···90	14	0,42···0,50	0,5···0,8% Mn } höchst. 0,045% S	
		30Mn5	80···95	14	0,27···0,34	1,2···1,5% Mn, 0,15···0,35% Si	
		37MnSi5	90···105	12	0,33···0,41	1,1···1,4% Mn, 1,1 ···1,4% Si	
		34Cr4	90···105	12	0,30···0,37	0,15···0,35% Si; 0,5···0,8% Mn	
		41Cr4	90···105	12	0,38···0,44	0,9···1,2% Cr; bis 0,035% P u. S	
	Markenbez. nach DIN 17 006	25CrMo4	80···95	14	0,22···0,29	0,15···0,35% Si; höchst. 0,035% P	
		34CrMo4	90···105	12	0,30···0,37	0,5 ···0,8% Mn; höchst. 0,035% S	
		42CrMo4	100···120	11	0,38···0,45	0,9 ···1,2% Cr	
		50CrMo4	110···130	10	0,46···0,54	0,15···0,25% Mo	
		36CrNiMo4	100···120	11	0,32···0,40	0,9···1,2% Cr u. Ni; 0,5···0,8Mn; 0,15···0,25% Mo } Si, P u. S wie 34Cr4	
		34CrNiMo6	110···130	10	0,30···0,38	1,4···1,7% Cr u. Ni; 0,4···0,7Mn; 0,15···0,25% Mo	
		30CrNiMo8	125···145	9	0,26···0,34	1,8···2,1% Cr u. Ni; 0,3···0,6Mn; 0,25···0,35% Mo	
1681 (3.42)	**Stahlguß**	GS-38	38	20	—	zähe und schmiedbar	für hochbeanspruchte Gußstücke
		GS-52	52	12	—		
		GS-60	60	8	—	sehr fest, aber wenig zähe	
		GS-45	45	16	—	sehr zäh und schmiedbar	Schiffbau
		GS-45.9	45	16	—	besond. magnet. Eigensch.	Elektromaschinenbau
1691 (11.49)	**Grauguß**	GG-12	12	Probedicke mm 30		gut bearbeitbar, ohne besondere Vorschriften	Säulen, Rohre, Land-, Textil-, Hausmaschinen
		GG-14	14	30		gut bearbeitbar mit besonderen Gütevorschriften	wärmebest. Teile, Kolbenringe, Dampfarmaturen, Werkzeugmasch.
		GG-18	18	30			
		GG-22	22	30			
		GG-26	26	30			
		GG-30	30	30			

Werkstoffnormung — Nichteisenmetalle und ihre Legierungen

Beispiele von Markenbezeichnungen	Erklärung
WM 80 (wm achtzig)	Weißmetall mit 80% Zinn nach DIN 1703
LSn 40 (lsn vierzig)	Zinnlot mit 40% Zinn nach DIN 1707
GG-14 (gg vierzehn)	Normaler Grauguß nach DIN 1691
St 34 (st vierunddreißig)	Schraubenstahl von 34…42 kp/mm² Festigkeit nach DIN 1613

DIN Nr.	Werkstoffbezeichnung	Kurzzeichen	Zusammensetzung in % ungefähr bzw. bis					Eigenschaften	Verwendung
			Cu	Zn	Sn	Pb	Rest		
1703 (12.52)	Weißmetall 80 F	LgSn 80 F	9	< 0,05	80	0,5	Sb = 11	Schmelzpunkt 230°…400°	Preß-, Spritzguß, Lagerschalen, Buchsen, kleinere Armaturen
	Weißmetall 80	LgSn 80	6		80	2	Sb = 12		
	Weißmetall 10	LgPbSn 10	1		10	73,5	Sb = 15		
1704 (2.40)	Zinn 99 (1% Pb u. a.)	Sn 99	—	—	99	Ferner kommt Zinn in Handel mit 99,9; 99,75; 99,5 und 98% Sn			Legierungen, Bronze, Weißmetall, Lötzinn
1705 (1.63)	Guß-Zinnbronze	G-SnBz 14	86 ±1	0,5	14 ±1	1,0	1,0% Ni 0,25% Sb	σ_B 20…25 *HB* 10 85…115	Gleitlagerschalen, hochbeanspruchte Gleitplatten
		G-SnBz 12	88 ±1	0,5 0,25 Sb	12 ±1	bis 1,0	1,0% Ni 0,05% S 0,2% Fe	σ_B 24…28	Schnecken-Schraubenräder
		GZ-SnBz 12						σ_B 28…32 *HB* 10 95…105	hochbeanspr. Schneckenräder für Kraftfahrzeuge
		G-SnBz 10	90 ±1	0,5	10 ±1	bis 1,0	1,0% Ni 0,2% Fe	σ_B 22…28 *HB* 10 60…75	Leit- u. Laufräder, Gehäuse für Pumpen und Turbinen
	Rotguß	Rg 10 GZ-Rg 10	88 ±1	3 0,35 Sb	10 ±1	bis 1,5	1,0% Ni 0,25% Fe 0,1% S	σ_B 25…30 *HB* 10 65…90	Armaturen, Gleitlagerschalen, Buchsen, Schneckenräder
		Rg 5	85 ±1	6 0,35 Sb	7 ±1	bis 7,0	2,0% Ni 0,25% Fe 0,05% P 0,1% S	σ_B 20…24 *HB* 10 60…70	Dampf- u. Wasserarmaturen bis 225° C, Gleitlager
		GZ-Rg 5						*HB* 10 65…75	hochbeanspr. Gleitlager, Schleif-Ventilsitzringe
		Rg 7	85	5,0	5,0	7,0	wie oben	σ_B 22…26	Gleitlagerschalen
1707 (4.64)	Blei-Zinn- u. Zinn-Blei Weichlote	L-PbSn 30 Sb	Cu 0,08 Bi 0,25 As 0,02		30	Rest	b. 2,0% Sb	Schmelzbereich 186…250°C	Klempner-Schmierlot
		L-PbSn 40 Sb			40	Rest	b. 3,2% Sb	186…225°C	Kühlerbau
		L-Sn 50Pb Sb			50	Rest	b. 2,7% Sb	186…205°C	Feinere Klempnerarb.
1708 Hüttenkupfer (9.60)	SA-Kupfer	SA-Cu	99	As- und Ni-haltig; Schmelzpunkt 1084° C, dehnbar, schwer gießbar, gasschweißbar, kalt und warm umformbar durch Hämmern, Pressen, Ziehen, Walzen; sehr guter Leiter für Wärme und Elektrizität					Feuerbüchsen, Stehbolzen
	SD-Kupfer	SD-Cu	99,8						Rohre. | Walz-, Preß- und
	C-Kupfer	C-Cu	99,5						Gesenk-Schmiedeerzeugn.
	Kathoden-Elektrolytkupfer	KE-Cu	99,9						hochwertige Legierungen, elektrische Leitungen
1709 (1.63)	Guß-Messing	G-Ms 65	67	Rest	1,0	bis 3,0	0,2% Mn 0,1% Sb 0,1% As 0,05% P 0,5% Ni	σ_B 15…20 *HB* 10 45…60	Gas- u. Wasserarmaturen, Teile für Elektroindustrie
		GK-Ms 60	64	Rest	1,0	bis 2,0		σ_B 25…38 *HB* 10 75…100	Normales Gußmessing f. Kokillen- bzw. Druckgußteile, Armaturen, Teile f. Elektroindustrie, Beschlagteile
		GD-Ms 60	64	Rest	1,0	bis 2,0		σ_B 25…35 *HB* 10 75…100	
	Guß-Sonder-Messing	G-SoMs F 30	64	Rest	Ni 2,0	Si + Mn + Fe + Sn bis 4,8%		1,0% Pb 0,1% Sb 0,1% As 0,1% P σ_B 30…35 *HB* 75…85	gut gieß- u. lötbar; Hochdruckarmaturen, Gehäuse
		G-SoMs F 45	68	Rest	Ni 2,0	Al + Si + Mn + Fe + Sn bis 9,0%		σ_B 45…55 *HB* 105…130	Druckmuttern für Walzwerke und Spindelpressen, Schiffsschrauben
1714 (1.63)	Guß-Aluminiumbronze	G-AlBz 9	88…92% Cu, 8…10,5% Al, 0,5% Zn, 1,2% Fe, 1,0% Ni, 0,5% Mn					σ_B 35…45 *HB* 10 80…110	Korrosionsbeständige Gußstücke für chemische Nahrungsmittelindustrie
	Guß-Eisen-Aluminium-bronze	G-FeAlBz F 50	83…89,5% Cu, 8,5…11% Al, 2…4% Fe, 2,5% Ni, 0,2% Pb, 0,3% Sn, 0,5% Zn, 1% Mn, 0,2% Si					σ_B 50…55 *HB* 10 115…135	Armaturen höherer Festigkeit
	Guß-Nickel-Aluminium-bronze	G-NiAlBz F 50	78…82% Cu, 7,8…9,8% Al 4…6,5% Ni, 4…6% Fe				0,1% Pb 0,2% Sn 0,3% Zn 1,5% Mn	σ_B 50…60 *HB* 10 120…150	hohe Festigkeit, Schnecken- u. Zahnräder, Schnecken, Heißdampfarmaturen, Gleitbacken usw.
		G-NiAlBz F 60 u. F 70	77…81% Cu, 8,8…10,8 Al 4…6,5% Ni, 4…6% Fe					σ_B 60…65 bzw. 75 *HB* 140…170 bzw. 180	
1716 (1.63)	Guß-Bleibronze	G-PbBz 25	22…28% Pb, 69…77% Cu, 2,5% Ni, 3% Sn, 0,5% Sb, 3% Zn, 0,7% Fe, 0,05% P					— *HB* 33…55	hochbeanspr. Gleit- u. Pleuellager für Kraftfahrzeuge
	Guß-Zinn-Bleibronze	G-SnPb Bz 5	4…6% Pb, 84…87% Cu, 9…11% Sn, 1,5% Ni, 0,35% Sb, 1% Zn, 0,25% Fe, 0,1% P					σ_B 20…24 *HB* 70…85	korrosionsbest. Pleuellager, Armaturen
		G-SnPb Bz 15	13…17% Pb, 75…79% Cu, 7…9% Sn, 2% Ni 0,5% Sb, 3% Zn, 0,25% Fe, 0,05% P					σ_B 16…22 *HB* 60…70	Lager m. hoh. Flächendrükken, ohne Weißmetallausguß
8513 (12.69)	Silberlot 12	LAg 12	52	Rest	Ag = 12		Abweich. d. Cu u. Zn: 1%	Arbeitstemp. 830°	Löten von Messing mit mehr als 58% Cu, Kupfer und Bronze; feine Arbeit
	Silberlot 25	LAg 25	43	Rest	Ag = 25			Arbeitstemp. 780°	
	Silberlot 44	LAg 44	32	Rest	Ag = 44			Arbeitstemp. 730°	

Weiteres (u. Brinellhärte) siehe DIN 1701 bis 1709, 1712, 1714, 1716, 1718, 1719, 1741 bis 1743

5

Whitworthgewinde ohne Spitzenspiel nach DIN 11

Bezeichnung eines Whitworthgewindes ohne Spitzenspiel von 2 Zoll Nenndurchmesser: 2″

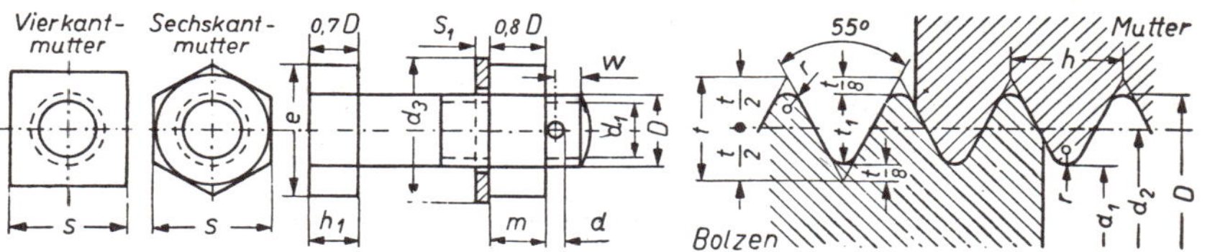

Dicke s_1 der Unterlegscheiben $= 0{,}1\,s$; Kopfhöhe $h_1 = 0{,}7\,D$; Mutterhöhe $m = 0{,}8\,D$; Spitzkant $e = 1{,}155\,s$; Steigung $h = 25{,}40095 : z$ (z = Gangzahl auf 1″); Rundung $r = 0{,}13733\,h$; Gewindetiefe $t_1 = 0{,}64033\,h$; $t = 0{,}96049\,h$

Äußerer Gewindedurchmesser des Bolzens D (engl. Zoll)	D (mm)	Kerndurchmesser d_1 (mm)	Kernquerschnitt (cm²)	Gewindetiefe t_1 (mm)	Rundung r (mm)	Flankendurchmesser d_2 (mm)	Steigung h (mm)	Gangzahl z (auf 1″)	Schlüsselweite s (mm)
1/2	12,7	9,99	0,78	1,36	0,29	11,35	2,12	12	22
5/8	15,9	12,9	1,31	1,48	0,32	14,40	2,31	11	27
3/4	19,1	15,8	1,96	1,63	0,35	17,42	2,54	10	32
7/8	22,2	18,6	2,72	1,81	0,39	20,42	2,82	9	36
1	25,4	21,3	3,58	2,03	0,44	23,37	3,18	8	41
1 1/8	28,6	23,9	4,50	2,32	0,50	26,25	3,63	7	46
1 1/4	31,8	27,1	5,77	2,32	0,50	29,43	3,63	7	50
1 3/8	34,9	29,5	6,84	2,71	0,58	32,22	4,23	6	55
1 1/2	38,1	32,7	8,39	2,71	0,58	35,39	4,23	6	60

Äußerer Gewindedurchmesser des Bolzens D (engl. Zoll)	D (mm)	Kerndurchmesser d_1 (mm)	Kernquerschnitt (cm²)	Gewindetiefe t_1 (mm)	Rundung r (mm)	Flankendurchmesser d_2 (mm)	Steigung h (mm)	Gangzahl z (auf 1″)	Schlüsselweite s (mm)
1 3/4	44,5	37,9	11,31	3,25	0,70	41,20	5,08	5	70
2	50,8	43,6	14,91	3,61	0,78	47,19	5,65	4 1/2	80
2 1/4	57,2	49	18,87	4,07	0,87	53,09	6,35	4	85
2 1/2	63,5	55,4	24,08	4,07	0,87	59,44	6,35	4	95
2 3/4	69,9	60,6	28,80	4,65	1,00	65,21	7,26	3 1/2	105
3	76,2	66,9	35,16	4,65	1,00	71,56	7,26	3 1/2	110
3 1/2	88,9	78,9	48,89	5,01	1,07	83,90	7,82	3 1/4	130
4	101,6	90,8	64,70	5,42	1,16	96,18	8,47	3	145
4 1/2	114,3	103,0	83,31	5,66	1,21	108,65	8,84	2 7/8	165

Metrisches Gewinde nach DIN 13

Bezeichnung eines metrischen Gewindes von 20 mm Durchmesser: M 20
Maße in mm

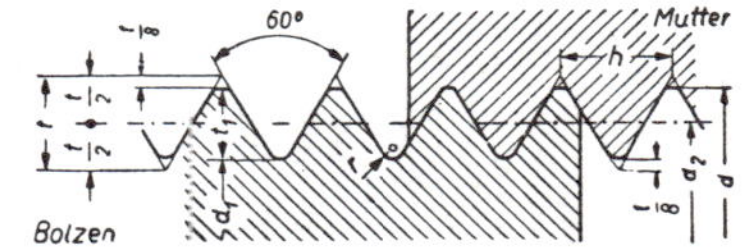

$t = 0{,}8660\,h$
$t_1 = 0{,}6495\,h$
$a = 0{,}045\,h$
$r = 0{,}1082\,h$

Gewindedurchmesser d	Kerndurchmesser d_1	Steigung h	Rundung r	Schlüsselweite s
1	0,676	0,25	0,03	3
1,2	0,876	0,25	0,03	3,5
1,4	1,010	0,3	0,03	4
1,7	1,246	0,35	0,04	4
2	1,480	0,4	0,04	4,5
2,3	1,780	0,4	0,04	5
2,6	2,016	0,45	0,05	5,5
3	2,350	0,5	0,05	6
3,5	2,720	0,6	0,06	7
4	3,090	0,7	0,08	8
5	3,960	0,8	0,09	9
6	4,700	1	0,11	10
8	6,376	1,25	0,14	14
10	8,052	1,5	0,16	17
12	9,726	1,75	0,19	19
14	11,402	2	0,22	22
16	13,402	2	0,22	24
18	14,752	2,5	0,27	27
20	16,752	2,5	0,27	30
22	18,752	2,5	0,27	32
24	20,102	3	0,32	36
27	23,102	3	0,32	41
30	25,454	3,5	0,38	46
33	28,454	3,5	0,38	50
36	30,804	4	0,43	55
39	33,804	4	0,43	60
42	36,154	4,5	0,49	65
45	39,154	4,5	0,49	70

Gewindedurchmesser d	Kerndurchmesser d_1	Steigung h	Rundung r	Schlüsselweite s
48	41,504	5	0,54	75
52	45,504	5	0,54	80
56	48,856	5,5	0,60	85
60	52,856	5,5	0,60	90
64	56,206	6	0,65	95
68	60,206	6	0,65	100
72	64,206	6	0,65	105
76	68,206	6	0,65	110
80	72,206	6	0,65	115
85	77,206	6	0,65	120
90	82,206	6	0,65	130
95	87,206	6	0,65	135
100	92,206	6	0,65	145
105	97,206	6	0,65	150

Whitworth-Rohrgewinde DIN 259
(ohne Spitzenspiel)

Innerer Rohr-Ø engl. ″	Äuß. Gewinde-Ø mm	Kern-Ø mm	Gangzahl auf 1″
R 1/8	9,7	8,6	28
R 1/4	13,2	11,4	19
R 3/8	16,7	15,0	19
R 1/2	21,0	18,6	14
R 3/4	26,4	24,1	14
R 1	33,3	30,3	11
R 1 1/4	41,9	39,0	11
R 1 1/2	47,8	44,9	11
R 1 3/4	53,7	50,8	11
R 2	59,6	56,7	11
R 2 1/4	65,7	62,8	11
R 2 1/2	75,2	72,2	11
R 2 3/4	81,5	78,6	11
R 3	87,9	85,0	11
R 3 1/2	100,3	97,4	11
R 4	113,0	110,1	11

Wichtige Metalle (siehe auch Legierungen und Kunststoffe)

Benennung, chem. Zeich., Dichte, Schmelzpunkt	Erze und Vorkommen	Gewinnung	Eigenschaften und Bedeutung	Handelsformen	Verwendungen	Bemerkungen
Aluminium Al 2,7 660° C	**Bauxit** (Tonerde) Al_2O_3 + 2 H_2O (55 % Al_2O_3); Südfrankr. (Baux), Italien, Nordamerika, Ungarn, Jugoslawien, Griechenland, Rußland, Indien.	Erzeugen von Tonerde nach Bayer-Verfahren, dann **Elektrolyse.** — Verfahren von Héroult (elektrischer Ofen).	Weiße Farbe (silberähnlich), gieß-, schmied-, hämmer- und dehnbar. Hohe Leitfähigkeit für Elektrizität und Wärme; mit Aluminiumlot lötbar; gasschmelz-schweißbar. Tonerde wichtig als Bindemittel für Schmirgel (Korund).	Barren, Blöcke (99,2···99,9 % Al); Profile, Draht; Bleche (glatt oder geriffelt).	Haushaltungsgegenstände, Maschinenteile, Legierungen. Wichtig f. Thermitschweißung. Elektrische Industrie. Aluminiumfolie (Stanniolersatz).	Al überzieht sich an der Luft mit Oxidschicht. Über zulässige Al-Verwendungen erteilen Auskunft die Aluminium-Zentrale e. V., Düsseldorf, Jägerhofstr. 26/29, und Stuttgart, Königsstraße 22
Antimon (Stibium) Sb 6,7 630° C	**Antimonglanz,** Grauspießglanzerz oder **Spießglanz,** Sb_2S_3 (Schwefelantimonverbind.); China, Algerien, Bolivien, Japan.	**Rösten** der Erze; Schmelzen in glühend. Koks; Umschmelzen unter Zusatz von Salpeter oder Braunstein.	Zinnweiß, blättrig-kristallinisch, hart und spröde, daher nur zu Legierungen verwendet: Es verbrennt, wenn stark erhitzt, zu weißem Rauch (Oxid).	Handels-A. hat etwa 98 % Sb. Japanisches A.	Legierungen wie Hartblei (Letternmetall), Lagermetall. Feuerwerkerei; Farben.	Widerstandsfähig gegen Salzsäure und verdünnte Schwefelsäure; Sb wird rein nicht verwendet. Antimon ist giftig!
Blei (Plumbum) Pb 11,3 327° C	**Bleiglanz,** PbS (87 % Pb); Erzgebirge, Oberschlesien, Harz, Siegerland, Eifel; Spanien, Nordamerika, Mexiko, Australien. — **Weißbleierz,** $PbCO_3$ (83,5 % Pb); Spanien, Griechenland, Australien. — **Bleivitriol, Rot- und Gelbbleierz.**	**Rösten** in Flammöfen; **Schmelzen** in **Schachtöfen.** — **Röstreduktionsverfahren:** Rösten, dann Verblasen (völlige Entschwefelung). — **Rohblei** (Werkblei): 1 % Silber, 1···2 % andere Metalle.	Bläulichweiße Farbe, silberglänzender, feinkörniger Bruch; sehr weiches Metall (geringe Festigkeit). Gut gießbar, läßt sich walzen, hämmern, pressen; säurefest. — Legieren mit Antimon und Arsen machen es spröde und hart. — Jährliche Welterzeugung ≈ 2 390 000 t, davon in der Bundesrepublik ≈ 2,5 %.	Handelsblei (99,99 % Pb). — Barren, Blöcke, Stangen, Rohre, Bleche, Platten, Bleischrot (granuliertes Blei).	Chemische Industrie (Säurepfannen); Wasserleitungsrohre; Dachdeckung; Akkumulatoren, Bleikabel; Legierungen; Bleiweiß, Bleimennige; Flintglas, Kristallglas. — Heilkunde.	Pb bildet graue Oxidschicht an Luft u. unter Wasser. Blei u. seine Verbindungen sind giftig; nicht zu Eß- u. Trinkgeschirr verwenden. Säurebeständig (Bleiarmaturen). — Die an der Innenfläche von Wasserleitungsrohren sich bildende Bleicarbonatschicht ist wasserunlöslich u. daher unschädlich.
Chrom Cr 7,1; 1900° C	**Chromeisenstein** $FeCr_2O_4$.	In kleinen Hochöfen oder Elektroöfen.	Weißlicher Glanz; hart.	Stangen; Ferrochrom.	Chromstähle; Chromsalze.	Ferrochrom 60···75 % Cr. Chromoxid Cr_2O_3.
Kupfer (Cuprum) Cu 8,9 1083° C	**Kupferkies,** $CuFeS_2$ (35 % Cu); Mansfeld, Norwegen, Schweden, Spanien, Ural, Nordamerika. — **Kupferglanz,** Cu_2S (80 % Cu); Nordamerika, Chile, Japan, Australien. — **Kupferschiefer** (3 % Cu); Mansfeld. — **Rot- und Buntkupfererz** (89 bzw. 56 % Cu).	**Rösten** in Schacht-, Dreh- und Flammöfen (Entschwefelung): **Roh- oder Schwarzkupfer. - Auf nassem Wege** (Zementwässer): **Zementkupfer** (pulverig). — **Erblasen** im Konverter (Birne). — **Elektrolytkupfer** (99,9 % Cu).	Rote Farbe, glänzender Bruch (feinkörnig). Geringe Gießbarkeit; in kaltem und warmem Zustand sehr geschmeidig und dehnbar, walz- und hämmerbar. Hohe Leitfähigkeit für elektrischen Strom und Wärme; mit Hart- und Weichlot gut lötbar. — Schon in vorgeschichtlicher Zeit verwendet. Jährliche Welterzeugung (Hüttenkupfer) ≈ 4 200 000 t, davon in der Bundesrepublik ≈ 1,5 %.	Mansfeld-Raffinade-Kupfer, Chilekupfer (Barren), Elektrolytkupfer; alle über 99,5 % Cu. — Bleche, Röhren, Draht und Stangen.	Kochgeschirre, Pfannen, Wärmflaschen, Dampf- u. Wasserrohre, Kühlapparate, Kupferstichplatten; Dachdeckung. — Elektrotechnische Industrie; Kessel. — Metallgießerei; Lötkolben; Legierungen; Münzen.	Cu überzieht sich in feuchter Luft mit basischem Kupfercarbonat (Patina). Durch Einwirken von Essigsäure entsteht **Grünspan** (Kupfersalz). Kupfersalze sind giftig (Kupferkolik); Vorsicht bei sauren Speisen in Kupfergeschirr! Küchengeschirr aus Kupfer muß innen verzinnt sein.
Magnesium Mg 1,74 650° C	**Dolomit,** $CaMg(CO_3)_2$; in vielen chemischen Verbind.: Magnesit, Speckstein, Kainit, Meerschaum, Magnesia, Bittersalz.	**Elektrolyse** von Magnesiumchlorid oder Karnallit (im elektrischen Ofen).	Weiße Farbe, silberglänzend, nicht sehr hart, sehr leicht; dehnbar, hämmer-, zieh- und walzbar, auch gießbar. — Magnesiumpulver verbrennt mit sehr heller Flamme, verdampft bei 1000° C.	Magnesiumpulver, -draht oder -band.	Beleuchtungszwecke (Magnesiumlicht), Blitzlicht (Photographie); Fackeln, Leuchtkugeln u. dergl.; Mg-Legierungen.	Magnesiumsalze (bitter) sind z. T. Abführmittel; Magnesiumoxyd ist ein Mittel gegen zuviel Magensäure; äußerlich gegen Hautkrankheiten; Puder, Zahnpulver.

Mangan Mn 7,3; 1244° C	**Braunstein** MnO_2 und andere Mn-Erze.	Im Hochofen mit Eisenerz verhüttet.	Rötlichweißer Glanz; hart.	Ferromangan.	Legierungen.	Spiegeleisen hat hohen Mangangehalt.
Nickel (Niccolum) Ni 8,9 1453° C	**Garnierit,** $NiO \cdot MgO \cdot SiO_2 \cdot H_2O$ (7···8% Ni); Neukaledonien. — Nickelhaltiger **Magnet-** und **Kupferkies,** Schlesien, England, Frankreich, Kanada. — Im Meteoreisen.	Oxydier. **Schmelzen** in Flammofen oder Birne m. Koks u. Zuschlägen. Roheisennick.(70%Ni); danach **Erhitzen im Siemensofen:** Rohnickel, „Würfelnickel" (98%Ni)	Weiße Farbe, stark glänzend, sehr festes Metall; schwer schmelzbar; dehnbar und hämmerbar; walzbar zu dünnen Blechen; schweißbar; magnetisch. Härtender Bestandteil bei Legierungen; polierfähig.	Reinnickel (99,5% Ni); kleine Würfel, Kugeln, Nickelfolie, Filigrandraht.	Galvanische Vernickelung von Metallwaren (Haushaltgeräte, Fahrzeugteile, Werkzeuge u. a.); Legierungen; Alfenid, Nickelstahl.	In der Luft (auch feuchter) und im Wasser ziemlich beständig; in der Hitze oxydiert es leicht. — Sehr gut geeignet zum Plattieren von Grauguß und Stahl. Nickeloxid, Porzellanfarbe.
Platin (Platina) Pt 21,45 1769° C	In Form von **Körnern** im sogen. „Platinerz"; Ural-gebirge, Kanada, Südafrika. Beimischungen: Gold, Silber, Iridium, Osmium.	**Auswaschen** des zerkleinerten Ganggesteins oder dessen Verwitterungsprodukte (Waschprozeß).	Edelstes Metall. Bläulichweiße Farbe, silberähnl.; zäh u. geschmeidig, hämmerbar, zieh- und walzbar, **schweißbar;** unmagnetisch. Wird nur **angegriffen** v. „**Königswasser**" (3 T. Salzsäure, 1 T. Salpetersäure).	Körner (Rohplatin) ≈ 80% Pt, wird auf Feinplatin (Drähte, Blech) verarbeitet.	Chemische Apparate; Drähte in Glühlampen. Brennstifte. Pyrometer (Hitzemesser); Blitzableiter; Schmuckstücke.	Widerstandsfähig gegen chemische Einflüsse; säurefest. — „Platinmohr" kann an seiner Oberfläche Sauerstoff der Luft in großen Mengen verdichten (katalytischer Gasanzünder).
Quecksilber (Hydrargyrum) Hg 13,55 —38,87° C	**Zinnober** (Quecksilbersulfid); **tropfenförmig** (gediegen) im Gestein; Quecksilberhornerz **an** Chlor gebunden. Kalifornien, Ural, China, Japan, Mexiko, Peru.	**Rösten** des Zinnobers; verdampfendes Quecksilber kondensiert als sogen. „Stubb", der 90 % reines Quecksilber ergibt.	Bei gewöhnlicher Temperatur flüssig, silberweiß; bei —38,87° C fest (dehnbar), **Siedepunkt 357° C. Bei Erhitzen an der Luft entsteht Quecksilberoxid, in Wasser unlöslich.**	Flüssig, in stählernen Flaschen, die 34,5 kg Quecksilber enthalten.	Thermometer. Anwendung beim Härten sehr feiner Werkzeuge. Spiegelherstellung. — Amalgam-Zahnplomben. Elektrotechnik; Quecksilberpräparate.	Verdampft schon bei gewöhnlicher Temperatur, Dämpfe sind sehr giftig, ebenso alle im Magensaft löslichen Quecksilbersalze (Quecksilbervergiftung). Gut verschlossen aufbewahren.
Wolfram W 19,3; 3380° C	**Wolframit** $FeWO_4$ **und Scheelit** $CaWO_4$ ergeben Wolframtrioxyd WO_3.		Grau; sehr hart.	Pulver.	Schnellschnittstahl; Glühlampendraht.	WO_3 wird auf W oder Ferrowolfram verarbeitet.
Zink Zn 7,1 419° C	**Zinkblende,** ZnS (67% Zn); Harz, Erzgebirge, Rheinland, Schlesien, Frankreich, Italien, Nordamerika, Australien. — **Kieselzinkerz,** Zn_2SiO_4, u. **Galmei,** $ZnCO_3$; Fundorte: Aachen, Nordamerika. — **Rotzinkerz,** ZnO; Fundort: Nordamerika.	**Brennen** u. **Rösten** in Schacht- oder Flammöfen. Reduktion in Muffelröstöfen (Destillationsprozeß); man gewinnt Zink in Dampfform aus Gemisch von Erz und Kohle in geschlossenen Retorten.	Bläulichweißgraue Farbe; glänzender, grobkörniger Bruch; gut gießbar, spröde bei gewöhnlicher Temperatur (und bei ≈ 200°); bei 150° hämmer-, walz- und ziehbar; verdampft bei 907° C. — Nicht widerstandsfähig gegen chemische Einflüsse (feuchtes Eisen od. Kupfer, Säuren, Laugen). — Jährliche Welterzeugung ≈ 3170000 t, davon in Deutschland ≈ 4%.	Rohzink 97% Zn; Feinzink 99,8% Zn; Zinkstaub 80% Zn. Barren, Stäbe, Bleche, Platten, Draht.	Kunstgegenstände (Gefäße, Kannen, Figuren u. dgl.). Bauarbeiten (Dachdeck., Rinnen, Rohre, Verkleidungen usw.); Draht (verzinkt. Stahldraht); Zinkplatten (galvanische Elemente); Legierungen; Klischees.	Zn überzieht sich an feuchter Luft mit Zinkcarbonat. — Zinksalze sind giftig; sie werden in der Medizin als Ätzmittel, Zinkpulver zu Salben verwendet. — Zinkchlorid (Chlorzink) dient als Ätzmittel, zur Holzkonservierung, zu Lötwasser, in der Färberei.
Zinn (Stannum) Sn 7,3 232° C	Zinnstein oder **Kassiterit** (Bergzinn) SnO_2 (79% Sn); Erzgebirge, England. — **Seifenzinn, Waschzinn, Zinnsand,** etwa 1···2% Sn (Geröll); Ostindien (Bankazinn), Indonesien, Australien (Lammzinn).	**Reinigen** (nasse Aufbereitung), **Rösten** in Flamm- und Schachtöfen (Reduktion): **Rohzinn** (97 % Sn); nochmaliges Rösten (Seigern): **Reinzinn** (99,7 % Sn).	Silberweiße Farbe; unebener, feinkörniger Bruch. Leicht schmelzbar, weich, geschmeidig; knirscht beim Biegen (Zinngeschrei); hämmerbar, dehnbar; bei 195° C sehr spröde (Verpulvern). — Wichtig für die Herstellung von **Weißblech** (verzinntes Blech).	**Raffiniert. Zinn,** 99,8% Sn; raffiniert. Bankazinn 99,99% Sn. Barren, Blöcke, Stangen, Platten; gewalzt als **Stanniol.**	Haushaltungsgegenstände; Kunstgegenstände; chemische Industrie; Legierungen; Verzinnen, Schnellote; Spielwaren; Stanniol zum Verpacken von Tee, Schokolade und dgl.	Sn ist beständig gegen verdünnte Säuren u. feuchte Luft. — **Zinnpest:** Bei längerem Stehen in kalten Räumen bilden sich graue Flecken. Unter 18° Kälte zerfällt Zinn allmählich zu Pulver. — Statt Zinnfolie wird häufig billigere Aluminiumfolie verwandt.

Molybdän Mo (10,2; 2610°), **Vanadium** V (6,0; 1730°) und **Titan** Ti (4,5; 1812°) dienen als Zusätze zu harten und festen Schnellschnittstählen.
Osmium Os (22,5; 2700°) und **Tantal** Ta (16,6; 2977°) werden in der Elektrotechnik, Tantal auch für chemische Apparate verwendet.

Kunststoffe

Die Kunststoffe haben breite Be- und Verarbeitungsmöglichkeiten, so daß z. B. die aus der Holzbearbeitung bekannten Verfahren und Werkzeuge zum größten Teil auch für die Kunststoffverarbeitung zu verwenden sind. Die meisten Kunststoffe können geklebt oder mittels Heißluft oder Hochfrequenz geschweißt werden. Platten und Folien aus thermoplastischen Massen, z. B. Polyäthylen, können im Vakuumtiefziehverfahren zu Behältern u. ä. verformt werden. Duroplaste können im Preßverfahren bearbeitet werden, dies ist besonders für elektrotechnische Teile und Formkörper von Bedeutung. Die Einteilung der Kunststoffe in Thermoplaste und Duroplaste kennzeichnet wichtige Gebrauchseigenschaften.

Duroplaste: Durch Druck- und Wärmeeinwirkung Übergang in unschmelzbaren bzw. unlöslichen Zustand, irreversibel (Phenoplaste, Aminoplaste).

Thermoplaste: Durch Erwärmung plastisch verformbar, nach Abkühlen Ausgangszustand, reversibel (Polystyrol, Polyamid, Polyäthylen, Polyvinylchlorid).

Gegenüberstellung der Kunststoffe zu Metallen:

— niedrigere Dichte, meist unter der Hälfte der Dichte von Aluminium
— sehr gute elektrische Isolierfähigkeit
— äußerst gute Korrosionsbeständigkeit gegen Säuren und Laugen
— Oberflächenschutz, z. B. durch Anstrich, nicht erforderlich
— meist geschmack- und geruchfrei und physiologisch unbedenklich
— gute Formbarkeit spanlos und spangebend
— ansprechende Einfärbbarkeit
— hohes Wärmeisolationsvermögen.

Kunststoffe sind größtenteils organisch-chemische Verbindungen, aufgebaut aus Makromolekülen. Dieser Aufbau bedingt die bekannten Eigenschaften der Kunststoffe. Makromoleküle entstehen auf Grund der Neigung bestimmter Atomgruppen, unter geeigneten Bedingungen langkettige und verzweigte Verbindungen zu bilden. Diese Gruppen sind vorwiegend Kohlenstoffdoppelbindungen. Einige Kunststoffe entstehen durch Umwandlung von Naturstoffen (Cellulose, Kasein).

Herstellungsverfahren

1. Polymerisation

Zusammentritt von Molekülen einer einfachen Verbindung ohne Abspaltung eines Nebenprodukts.

1.1. Blockpolymerisation: Polymerisation des Monomeren in Abwesenheit von Lösungs- und Dispergiermitteln. Gute Wärmeregulierung nur bei kontinuierlichen Verfahren gegeben (Zufluß Monomeres, Abfluß Polymeres).

1.2. Lösungspolymerisation: Polymerisation in Lösungsmitteln, vorwiegend für die Herstellung von Polymerisationslösungen. Wärmeregulierung einfacher.

1.3. Emulsionspolymerisation: Wichtigstes technisches Verfahren. Schneller Reaktionsablauf, gute Wärmeführung. Emulgierung des Monomeren in einem Nichtlöser, Anfall des Polymeren in kleiner Teilchengröße.

1.4. Suspensionspolymerisation: Ähnlich wie oben, Suspension des Monomeren in Wasser. Anfall des Polymeren in Perlenform.

1.5. Fällungspolymerisations: Abart der Lösungsmittelpolymerisation. Anwendung eines Lösungsmittels, daß zwar das Monomere, nicht aber das Polymere lösen kann. Das Endprodukt hat die gleiche Bruttozusammensetzung wie das Ausgangsprodukt.

Polymerisate sind Thermoplaste. Wichtigste Vertreter: Polystyrol, Polyvinylchlorid, Polyakrylate, Polyäthylen.

2. Polykondensation

Zusammentritt von Molekülen mindestens zweier einfacher Verbindungen zu einer neuen Verbindung unter Abspaltung eines Nebenprodukts. Durch fortlaufende Umsetzung bilden sich zunächst lineare, später z. T. auch verzweigte Makromoleküle.

Das Endprodukt hat eine andere Bruttozusammensetzung als die Ausgangsprodukte.

3. Polyaddition

Zusammentritt von Molekülen mindestens zweier einfacher Verbindungen zu einer neuen Verbindung ohne Abscheidung eines Nebenprodukts.

Neue reaktionsfähige Gruppen entstehen durch Wasserstoffverschiebung innerhalb der Moleküle.

Das Endprodukt hat die gleiche Bruttozusammensetzung wie die Ausgangsprodukte.

4. Polykondensation in Verbindung mit Polymerisation.

Polykondensation von z. B. mehrwertigen Dikarbonsäuren mit mehrwertigen Alkoholen unter Zusatz von z. B. Monostyrol.

Veränderung der Eigenschaften von Kunststoffen durch Weichmacher

Reine Kunststoffe sind häufig hart und spröde; es ist erforderlich, sie für bestimmte Gebrauchs- und Verarbeitungszwecke so umzugestalten, daß sie weich und elastisch sind.

Dies geschieht durch Weichmachung.

1. Äußere Weichmachung: Zusatz von z. B. Phthalsäureestern u. ä. Produkten, die die Kunststoffteilchen anquellen und sich in den Kunststoff einlagern.

2. Innere Weichmachung: Mischpolymerisation von verschiedenen Monomeren. Da die Eigenschaften der einzelnen Kunststoffarten bekannt sind, ist es möglich, auf diesem Wege Eigenschaften „nach Maß“ zu erhalten.

Kunststoffarten

Art	Darstellung	Eigenschaften	Verwendung
1. Modifizierte Naturstoffe			
Vulkanfiber	Rohstoff: Baumwolle und Spezialzellstoffe. Behandeln der Faservliese mit Zinkchloridlösung unter Druck- und Wärmeeinwirkung, dadurch Hydratisierung und Verschweißen der Fasern.	Sehr zäh, fast unzerbrechlich, Dichte 1,25 bis 1,50 g/cm³, widerstandsfähig gegen Abnutzung, Öle und Fette. Mechanisch gut zu bearbeiten. Durchschlagfestigkeit 1 bis 2 kV/mm. Temperaturbeständigkeit 90 bis 100° C.	Für zahlreiche industrielle Zwecke, in der Elektrotechnik für Formteile der Schwachstromtechnik, Schaltergriffe, isolierte Rohre.
Celluloid	Aus Nitrocellulose und Kampfer, unter Zusatz von Alkohol und unter Wärmeeinwirkung.	Wasserhell, hohe Durchsichtigkeit. Brennbar!	Gebrauchsgegenstände, Schutzscheiben.
Cellulosetriester	Aus Cellulose unter Anwendung konzentrierter Säuren, z. B. Essigsäure usw.	Sehr gute Wasser- und Wärmebeständigkeit, auch Lösungsmittelbeständigkeit.	Für elektr. Maschinen, Spulenwicklungen, Nutenisolationen, Dielektrika für Kondensatoren.
Celluloseäther	Aus Natroncellulose mit Halogenalkylen. Halogenalkylkarbonsäuren usw.	Je nach Wahl der Äthergruppen unterschiedlich. Benzylcelluloselacke sind sehr alkalibeständig.	Äthyl- und Benzylcellulose für dielektrische Isolationsmittel, wasserlösliche Celluloseäther als Anstrichbindemittel, für Klebstoffe und Textilhilfsmittel.
2. Polyvinylverbindungen			
Polyvinylchlorid	Anlagerung von Chlorwasserstoff an Äthin, Polymerisation.	Geringe Lichtbeständigkeit, sehr gute Verformbarkeit, hochwertige Eigenschaften, die PVC zum wichtigsten Kunststoff gemacht haben.	Kabelisolation, Gebrauchsgegenstände, Säurebehälter, Rohre usw.
Polystyrol	Reaktion von Benzol mit Äthin in Gegenwart von Aluminiumchlorid zu Äthylbenzol, Dehydratisierung zu Styrol, Polymerisation.	Gute Spritzgußfähigkeit, hohe Wasserbeständigkeit, Beständigkeit gegen Licht und Chemikalien, außer einigen org. Lösungsmitteln, gute dielektrische Isolationswerte, Dielektrizitätskonstante bis 1 Million Hz, $\varepsilon r = 2{,}2$, dielektrischer Verlustfaktor $\tan\delta$ bis 1 Million Hz $5 \cdot 10^{-4}$, Durchschlagfestigkeit 50 kV/mm.	Isolier- und Einbauteile aller Art. Akkukästen und Zubehörteile.
Polyvinylacetat	Aus Essigsäure und Äthin in Gegenwart von Quecksilberchlorid, Polymerisation.	Glasklar, spröde, licht- und wärmebeständig.	Vorwiegend Lacksektor, Klebetechnik.

Kunststoffe (Fortsetzung)

Art	Darstellung	Eigenschaften	Verwendung
3. Polyacrylverbindungen			
Polymethacrylate, Polyacrylate	Aus Akrylsäure bzw. Methacrylsäure und Alkoholen, Polymerisation.	Glasklar, geringe Dichte, hohe Festigkeit, gutes elektr. Isolationsvermögen, physiologisch verträglich.	Scheiben, Bauelemente, lichtreflektierende Schilder, große Anwendung in der Medizin.
Polyacrylnitril	Anlagerung von Blausäure an Äthin, neuerdings aus Propen und Ammoniak und Luft.	Nicht thermoplastisch, gut beständig gegen organische Lösungsmittel.	Überwiegend für Fasern und synth. Kautschuk.
4. Polyamide			
Polyamide	Durch Polymerisation von Aminocaprolactam oder aus Dicarbonsäuren mit Diaminen.	Sehr zähelastisch, gute Beständigkeit und Isolationsfähigkeit.	Faserstoffe, Formteile, Gebrauchsgegenstände.
5. Polyesterharze			
Polyester	Kondensation aus zweiwertigen Alkoholen und Dikarbonsäuren, gelöst in einem polymerisierfähigem Harz, z. B. Styrol.	Gute mech. Eigenschaften, niedrige Dichte. In Verarbeitung mit Glasfasern Festigkeit ähnlich Metallen. Gute elektr. Eigenschaften, Widerstandsfähigkeit gegen klimatische Einflüsse. Nicht beständig gegen Laugen, Ester, Ketone. Dielektrizitätskonstante εr bei 800 Hz 4,6, dielektr. Verlustfaktor 50···800 Hz $\tan \delta = 2{,}2 \cdot 10^{-2}$, Durchgangswiderstand $8 \cdot 10^{14}$ Ω cm Durchschlagfestigkeit 23 kV/mm.	Als Gießharz in der Elektroindustrie, zum Abdichten von porösem Guß, Klebstoffe, Spachtelmassen. In Kombination mit Glasfasern für Boote usw. Polyester sind auch geeignet für Faserstoffe.
6. Pheno- und Aminoplaste			
Phenoplaste	Kondensation von Phenol und Formaldehyd.	Hohe mech. Festigkeit, Wärmebeständigkeit, Widerstandsfähigkeit gegen chemische und atmosphärische Einflüsse, hohes Isolationsvermögen, Durchgangswiderstand 10^{-12} Ω cm.	Gußmassen, Edelpreßharze, Schichtpreßstoffe, Bremsbeläge, Hartpapier oder Hartgewebe für elektr. Belange.
Aminoplaste	Kondensation von Aldehyden mit Aminen oder Amiden, z. B. Formaldehyd und Harnstoff.	Gute mech. Eigenschaften, hohe Kriechstromfestigkeit.	Mit Asbest- oder Schiefermehlfüllung anstelle von Porzellan für spannungsführende Teile.
7. Epoxidharze			
Epoxidharze	Kondensation von mehrwertigen Phenolen mit Äthylenchlorhydrin. Weitere Vernetzung durch Polyaddition. Infolge reaktiver Gruppen härtbar mit basischen Härtern (Polyamine und Polyamide), die sich durch Addition unter Wärmeentwicklung und ohne Abspalten anderer Stoffe.	Die elektr. Werte fallen oberhalb 155°C stark ab. Dielektrizitätskonst. bei 20°C 50 Hz 3,75 20°C 10^6 Hz 3,50 Dielektrischer Verlustfaktor bei 20°C 50 Hz $70 \cdot 10^{-4}$ 20°C 10_6 Hz $270 \cdot 10^{-4}$ Durchgangswiderstand 10^{16} bis 10^{17} Ω cm Oberflächenwiderstand $3{,}8 \cdot 10^{13}$ Ω cm Kriechstromfestigkeit gut und Durchschlagfestigkeit 370 kV/cm.	Zur Herstellung von Trockenstromwandlern, Trockenspannungswandlern, als Isolationsmaterial in der Hochspannungstechnik, zum Einbetten empfindlicher elektrischer Geräte, z. B. Spulen, Kondensatoren, Widerstände, Trägerfrequenzfilter, Kontaktleisten, Radiosonden usw.

Eiweiß-Kunststoffe

Eiweiß-Preßmassen werden aus **Formaldehyd** und tierischem oder pflanzlichem **Casein** hergestellt (aus Magermilch oder Sojabohnen). Sie sind von hervorragender Güte, können bearbeitet, gebohrt und fein poliert werden (Schmuck- und Gebrauchsgegenstände, Rohre, Autoschaltbretter, Armaturen, Uhrgehäuse usw.). Aus tierischen Abfällen werden Kunstdärme und Kunsthaar (roßhaarähnlich) hergestellt.

Anorganische Kunststoffe

Asbestzement (Asbestzementschiefer), geeigneter Austausch-Werkstoff an Stelle von verzinnten Stahlblechen, Rinnen, Klimaleitungen, Zink- und Kupfergefäßen; unempfindlich gegen Hitze, Nässe, Säuren usw., läßt sich sägen, mit Mörtel zusammensetzen und dichten. Silicone (Platten, Rohre, Lacke) sind Verbindungen von Silicaten mit organischen Stoffen für Temperaturen bis zu 250° C. Isolierstoffe der Elektrotechnik.

Schnittgeschwindigkeiten und Vorschub beim Bearbeiten von Kunststoffen

			Preßstoffe		Hartpapiergewebe		Bemerkung
		mit	v m/min	s mm/U	v m/min	s mm/U	
Drehen	Schruppen	SSt	50···100	0,3···0,5	30···50	0,2···0,3	Stahl auf Mitte einstellen!
		HM	120···200	0,4···0,6	100···200	0,2···0,5	Freiwinkel $\delta = 6°$ bei SSt
	Schlichten	SSt	60···120	0,1···0,2	60···100	0,1···0,15	Freiwinkel $\delta = 4°$ bei HM
		HM	200···300	0,1···0,3	200···300	0,1···0,3	Druckluftkühlung!
Fräsen		SSt	60···100	0,05···0,5	35···55	0,05···0,4	Fräser wie Leicht-
		HM	150···300	0,5···0,8	120···250	0,5···0,8	metallfräser
Bohren		SSt	30···40	0,1···0,4	20···30	0,05···0,3	Bei tiefen Bohrungen mit
		HM	50···70	0,1···0,5	25···40	0,05···0,2	Druckluft kühlen.
Gewindeschneiden		SSt	50···80	—	20···50	—	s von Gewindesteigung
		HM	60···120	—	30···60	—	abhängig
Sägen		SSt	1800···2500	von	1500···2000	von	Zähne schwach geschränkt.
		HM	2500···3000	Hand	2000···2500	Hand	Kreis- oder Bandsäge

Senken: Gewöhnlich werden zweischneidige Senker mit Hartmetallschneiden benutzt.

Polieren: Polierscheiben 300···400 mm ⌀ und 40···60 mm Breite laufen mit 1400···1600 Umdr./min. Vorpolierscheiben werden mit geeigneter Polierpaste, z. B. Polierrot oder Polierweiß, eingerieben. Zum Fertigpolieren ist die Benutzung einer sehr weichen Polierscheibe (ohne Polierpaste) erforderlich. Vulkanfiber wird häufig mit Schellacklösung (30% Schellack auf 70% Spiritus) poliert. Die glattgeschmirgelten Flächen werden vor dem Auftragen der Politur leicht mit Paraffinöl eingerieben.

Beschriftungen oder **Färbungen** können durch besondere Tuschen oder Farben bei Preßlingen und Schichtstoffen aufgebracht werden. Beim Verfahren der Metallplastik können Preßlinge aus Phenol-Kunstharz mit galvanischen Überzügen versehen werden. Durch den Metallüberzug für Gebrauchsgegenstände, z. B. Aschenbecher, wird nicht nur das Aussehen, sondern auch die Glutbeständigkeit verbessert.

Kunstharzkitte und Leime gestatten gute Verbindung von Preßlingen oder Schichtstoffen untereinander oder mit anderen Werkstoffen, außer Hartgummi.

Gewichte für Flach- und Bandstahl, Stahlbleche

Breite mm	Dicke in mm														
	0,1	0,2	0,5	0,75	1	2	3	4	5	6	8	10	12	15	20	25
	Gewicht in kg für 1 m															
4	0,003	0,006	0,016	0,024	0,031	0,063	0,094	0,126	0,157	0,188	0,251	0,314	0,377	0,471	0,628	0,785
5	0,004	0,008	0,020	0,030	0,039	0,079	0,118	0,157	0,196	0,235	0,314	0,393	0,471	0,588	0,785	0,981
6	0,005	0,009	0,024	0,036	0,047	0,094	0,141	0,188	0,236	0,283	0,377	0,471	0,565	0,707	0,942	1,178
7	0,006	0,011	0,028	0,039	0,055	0,11	0,165	0,22	0,275	0,33	0,44	0,55	0,66	0,825	1,10	1,375
8	0,007	0,013	0,031	0,041	0,063	0,126	0,188	0,251	0,314	0,377	0,502	0,628	0,754	0,942	1,256	1,570
10	0,008	0,016	0,039	0,059	0,079	0,157	0,236	0,314	0,393	0,471	0,628	0,785	0,942	1,178	1,570	1,963
12	0,011	0,019	0,047	0,065	0,094	0,188	0,283	0,377	0,471	0,565	0,754	0,942	1,13	1,23	1,88	2,36
16	0,013	0,025	0,063	0,094	0,126	0,251	0,377	0,502	0,628	0,754	1,005	1,26	1,51	1,88	2,512	3,14
20	0,016	0,031	0,079	0,118	0,157	0,314	0,471	0,628	0,785	0,942	1,256	1,57	1,88	2,36	3,140	3,925
25	0,019	0,039	0,098	0,147	0,196	0,393	0.589	0,785	0 981	1,178	1,570	1,96	2,36	2,94	3,925	4,906
30	0,024	0,047	0,118	0,177	0,236	0,471	0,707	0,942	1,178	1,413	1,884	2,36	2,83	3,53	4,71	5,887
35	0,028	0,055	0,138	0,207	0,275	0,550	0,824	1,099	1,374	1,649	2,198	2,75	3,30	4,12	5,495	6,870
40	0,031	0,063	0,157	0,236	0,314	0,628	0,942	1,256	1,570	1,884	2,512	3,14	3,77	4,71	6,28	7,85
45	0,035	0,071	0,177	0,266	0,353	0,707	1,06	1,41	1,77	2,12	2,83	3,53	4,24	5,30	7,07	8,83
50	0,039	0,079	0,196	0,294	0,393	0,785	1,178	1,570	1,962	2,355	3,140	3,93	4,71	5,89	7,85	9,813
60	0,047	0,094	0,236	0,354	0,471	0,942	1,413	1,884	2,355	2,826	3,768	4,71	5,65	7,07	9,42	11,78
70	0,055	0,11	0,275	0,412	0,549	1,099	1,649	2,198	2,748	3,297	4,396	5,50	6,59	8,24	10,99	13,74
80	0,063	0,126	0,314	0,471	0,628	1,256	1,884	2,512	3,140	3,768	5,024	6,28	7,54	9,42	12,56	15,70
90	0,071	0,141	0,353	0,530	0,706	1,413	2,119	2,826	3,532	4,239	5,652	7,07	8,48	10,6	14,13	17,66
100	0,079	0,157	0,393	0,589	0,785	1,570	2,355	3,140	3,925	4,710	6,280	7,85	9,42	11,8	15,70	19,63
150	0,118	0,236	0,589	0,883	1,177	2,355	3,532	4,710	5,887	7,065	9,42	11,8	14,1	17,7	23,55	29,44
200	0,157	0,314	0,785	1,178	1,570	3,140	4,710	6,280	7,850	9,420	12,56	15,7	18,9	23,6	31,4	39,25
300	0,236	0,471	1,178	1,767	2,355	4,710	7,065	9,420	11,78	14,13	18,84	23,55	28,3	35,3	47,1	58,9
400	0,314	0,628	1,570	2,355	3,140	6,280	9,420	12,56	15,70	18,84	25,1	31,4	37,7	47,1	62,8	78,5
500	0,393	0,785	1,963	2,945	3,93	7,85	11,78	15,70	19,63	23,55	31,4	39,25	47,1	58,9	78,5	98,15
750	0,589	1,178	2,944	4,417	5,89	11,78	17,67	23,55	29,44	35,33	47,1	58,88	70,6	88,3	117,8	147,2
1000	0,785	1,57	3,925	5,887	7,850	15,70	23,55	31,40	39,25	47,10	62,8	78,5	94,2	118	157	196,3

Gewichte für Sechskant-, Rund- Vierkantstahl

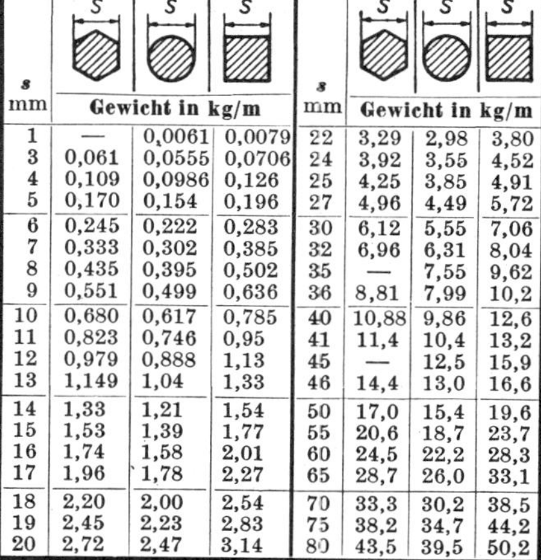

s mm	Sechskant	Rund	Vierkant	s mm	Sechskant	Rund	Vierkant
	Gewicht in kg/m				Gewicht in kg/m		
1	—	0,0061	0,0079	22	3,29	2,98	3,80
3	0,061	0,0555	0,0706	24	3,92	3,55	4,52
4	0,109	0,0986	0,126	25	4,25	3,85	4,91
5	0,170	0,154	0,196	27	4,96	4,49	5,72
6	0,245	0,222	0,283	30	6,12	5,55	7,06
7	0,333	0,302	0,385	32	6,96	6,31	8,04
8	0,435	0,395	0,502	35	—	7,55	9,62
9	0,551	0,499	0,636	36	8,81	7,99	10,2
10	0,680	0,617	0,785	40	10,88	9,86	12,6
11	0,823	0,746	0,95	41	11,4	10,4	13,2
12	0,979	0,888	1,13	45	—	12,5	15,9
13	1,149	1,04	1,33	46	14,4	13,0	16,6
14	1,33	1,21	1,54	50	17,0	15,4	19,6
15	1,53	1,39	1,77	55	20,6	18,7	23,7
16	1,74	1,58	2,01	60	24,5	22,2	28,3
17	1,96	1,78	2,27	65	28,7	26,0	33,1
18	2,20	2,00	2,54	70	33,3	30,2	38,5
19	2,45	2,23	2,83	75	38,2	34,7	44,2
20	2,72	2,47	3,14	80	43,5	39,5	50,2

Schwarzblech DIN 1541 Bl. 1, Tafeln 530 × 760, 500 × 1000, 600 × 1200, 700 × 1400, 800 × 1600, 1000 × 2000, 1250 × 2500. **Tiefziehblech** (Karosserieblech) DIN 1541 Bl. 2, 530 × 1000, 750 × 1500, 800 × 2000, 1000 × 2250, 1100 × 2500, 1250 × 3000, 1400 × 3500.

Handelsblech DIN 1542. Breiten bis 2500, Längen bis über 7000; **Stahlblech** DIN 1543. Breiten bis 3600, Längen bis über 8000.

Sechskantstahl blank, DIN 176 (5.59), *s* von 1,5 bis 100 mm, Stangenlänge 1 bis 12 m. Werkstoff vorz. n. DIN 1651

Vierkantstahl blank, DIN 178 (6.69), *s* von 2 bis 100 mm, Stangenlänge 1 bis 12 m. Werkstoff vorz. n. DIN 1652.

Rundstahl blank, DIN 668 (5.59), ⌀ von 1 bis 200 mm, Stangenlänge 1 bis 12 m. Werkstoff vorz. DIN 1651/52.

Warmgewalzter Rundstahl DIN 1013 (6.59), ⌀ 5 bis 220 mm, Stablänge 3 bis 15 m; **Vierkantstahl** DIN 1014 (6.59), *s* von 5 bis 150 mm, Stablänge 3 bis 15 m; **Sechskantstahl** DIN 1015 (6.59), *s* von 10 bis 103 mm, Stablänge 3 bis 8 m.

Werkstoff nach DIN 17 100, 17 200, 17 210 und 1651.

Flachstahl blank, DIN 174 (6.69), Breite 5 bis 200 mm, Dicke 1,5 bis 63 mm, Stangenlänge 1 bis 12 m, Werkstoff vorz. DIN 1652.

Bandstahl warmgewalzt, DIN 1016 (1.59), Breite 10 bis 500 mm, Dicke 0,8 bis 8 mm, Lieferart: in Rollen und Bunde. Werkstoff DIN 17 100.

Flachstahl warmgewalzt, DIN 1017 (6.59), Breite 10 bis 150 mm, Dicke 5 bis 60 mm, Stablänge 3 bis 12 m. Werkstoff DIN 17 100, 17 200, 17 210 und 1651.

Gewichtsangaben sind zu multiplizieren für Cu mit 1,134, für Messing mit 1,083; Al-Leg. ($\varrho = 2{,}8$) mit 0,359; Mg-Leg. ($\varrho = 1{,}82$) mit 0,232.

Stahldraht kaltgezogen n. DIN 177 (5.67) Ausführung: blank, geglüht, verkupfert, schlußverzinkt u. verzinkt gezogen

Gewicht in kg für 1000 m

⌀ mm	0,1	0,11	0,12	0,14	0,16	0,18	0,2	0,22	0,25	0,28	0,32	0,36	0,4	0,45	0,5	0,56
kg	0,0616	0,0746	0,0887	0,121	0,158	0,199	0,246	0,298	0,385	0,484	0,631	0,798	0,989	1,25	1,54	1,93
⌀ mm	0,63	0,71	0,8	0,9	1,0	1,12	1,25	1,4	1,6	1,8	2,0	2,24	2,5	2,8	3,15	3,55
kg	2,45	3,11	3,95	4,99	6,16	7,69	9,66	12,1	15,8	19,9	24,6	30,9	38,5	48,4	61,2	77,7
⌀ mm	4,0	4,5	5	5,6	6,3	7,1	8	9	10	11,2	12,5	14	16	18	20	—
kg	98,9	125	154	193	245	311	395	499	616	773	966	1210	1580	1990	2460	—

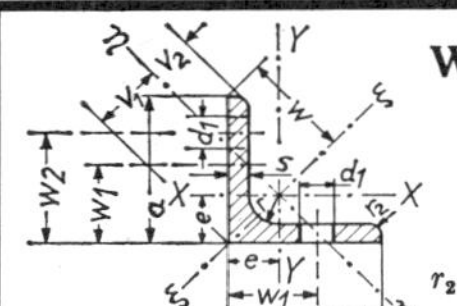

Warmgewalzter gleichschenkliger rundkantiger ∟-Stahl nach DIN 1028 (10.63)

Regellängen: 3 m bis 12 m

$r_2 = \frac{r_1}{2}$ (auf halbe mm abgerundet)

Bezeichnungen:

A = Querschnittsfläche in cm²
G = Gewicht in kg/m
e = Abstand der Schwerachse
J_x = Trägheitsmoment
W_x = Widerstandsmoment
i_x = Trägheitshalbmesser $= \sqrt{J_x : A}$
} bezogen auf x—x Biegeachse

Die Achse ξ—ξ ist die Winkelhalbierende

Kurzzeichen ∟	a mm	s mm	r_1	A cm²	G kg/m	e cm	w	v_1	v_2	Für Biegeachse J_x cm⁴	W_x cm³	i_x cm	J_ξ cm⁴	i_ξ cm	J_η cm⁴	W_η cm³	i_η cm	Für Löcher d_1 mm	w_1 mm	w_2 mm
20×3	20	3	3,5	1,12	0,88	0,60	1,41	0,85	0,70	0,39	0,28	0,59	0,62	0,74	0,15	0,18	0,37	4,3	12	—
25×3	25	3	3,5	1,42	1,12	0,73	1,77	1,03	0,87	0,79	0,45	0,75	1,27	0,95	0,31	0,30	0,47	6,4	15	—
25×4		4		1,85	1,45	0,76		1,08	0,89	1,01	0,58	0,74	1,61	0,93	0,40	0,37	0,47			
25×5		5		2,26	1,77	0,80		1,13	0,91	1,18	0,69	0,72	1,87	0,91	0,50	0,44	0,47			
30×3	30	3	5	1,74	1,36	0,84	2,12	1,18	1,04	1,41	0,65	0,90	2,24	1,14	0,57	0,48	0,57	8,4	17	—
30×4		4		2,27	1,78	0,89		1,24	1,05	1,81	0,86	0,89	2,85	1,12	0,76	0,61	0,58			
30×5		5		2,78	2,18	0,92		1,30	1,07	2,16	1,04	0,88	3,41	1,11	0,91	0,70	0,57			
35×4	35	4	5	2,67	2,10	1,00	2,47	1,41	1,24	2,96	1,18	1,05	4,68	1,33	1,24	0,88	0,68	11	18	—
35×5		5		3,28	2,57	1,04		1,47	1,25	3,56	1,45	1,04	5,63	1,31	1,49	1,10	0,67			
35×6		6		3,87	3,04	1,08		1,53	1,27	4,14	1,71	1,04	6,50	1,30	1,77	1,16	0,68			
40×4	40	4	6	3,08	2,42	1,12	2,83	1,58	1,40	4,48	1,56	1,21	7,09	1,52	1,86	1,18	0,78	11	22	—
40×5		5		3,79	2,97	1,16		1,64	1,42	5,43	1,91	1,20	8,64	1,51	2,22	1,35	0,77			
40×6		6		4,48	3,52	1,20		1,70	1,43	6,33	2,26	1,19	9,98	1,49	2,67	1,57	0,77			
45×5	45	5	7	4,30	3,38	1,28	3,18	1,81	1,58	7,83	2,43	1,35	12,4	1,70	3,25	1,80	0,87	13	25	—
50×5	50	5	7	4,80	3,77	1,40	3,54	1,98	1,76	11,0	3,05	1,51	17,4	1,90	4,59	2,32	0,98	13	30	—
50×6		6		5,69	4,47	1,45		2,04	1,77	12,8	3,61	1,50	20,4	1,89	5,24	2,57	0,96			
50×7		7		6,56	5,15	1,49		2,11	1,78	14,6	4,15	1,49	23,1	1,88	6,02	2,85	0,96			
50×9		9		8,24	6,47	1,56		2,21	1,82	17,9	5,20	1,47	28,1	1,85	7,67	3,47	0,97			
55×6	55	6	8	6,31	4,95	1,56	3,89	2,21	1,94	17,3	4,40	1,66	27,4	2,08	7,24	3,28	1,07	17	30	—
55×8		8		8,23	6,46	1,64		2,32	1,97	22,1	5,72	1,64	34,8	2,06	9,35	4,03	1,07			
60×6	60	6	8	6,91	5,42	1,69	4,24	2,39	2,11	22,8	5,29	1,82	36,1	2,29	9,43	3,95	1,17	17	35	—
60×8		8		9,03	7,09	1,77		2,50	2,14	29,1	6,88	1,80	46,1	2,26	12,1	4,84	1,16			
60×10		10		11,1	8,69	1,85		2,62	2,17	34,9	8,41	1,78	55,1	2,23	14,6	5,57	1,15			
65×7	65	7	9	8,70	6,83	1,85	4,60	2,62	2,29	33,4	7,18	1,96	53,0	2,47	13,8	5,27	1,26	21	35	—
65×9		9		11,0	8,62	1,93		2,73	2,32	41,3	9,04	1,94	65,4	2,44	17,2	6,30	1,25	21		
65×11		11		13,2	10,3	2,00		2,83	2,36	48,8	10,8	1,91	76,8	2,42	20,7	7,31	1,25	21		
70×7	70	7	9	9,4	7,38	1,97	4,95	2,79	2,47	42,4	8,43	2,12	67,1	2,67	17,6	6,31	1,37	21	40	—
70×9		9		11,9	9,34	2,05		2,90	2,50	52,6	10,6	2,10	83,1	2,64	22,0	7,59	1,36	21		
70×11		11		14,3	11,2	2,13		3,01	2,53	61,8	12,7	2,08	97,6	2,61	26,0	8,64	1,35	21		
75×7	75	7	10	10,1	7,94	2,09	5,30	2,95	2,63	52,4	9,67	2,28	83,6	2,88	21,1	7,15	1,45	23	40	—
75×8		8		11,5	9,03	2,13		3,01	2,65	58,9	11,0	2,26	93,3	2,85	24,4	8,11	1,46	23		
75×10		10		14,1	11,1	2,21		3,12	2,68	71,4	13,5	2,25	113	2,83	29,8	9,55	1,45	23		
75×12		12		16,7	13,11	2,29		3,24	2,71	82,4	15,8	2,22	130	2,79	34,7	10,7	1,44	23		
80×8	80	8	10	12,3	9,66	2,26	5,66	3,20	2,82	72,3	12,6	2,42	115	3,06	29,6	9,25	1,55	23	45	
80×10		10		15,1	11,9	2,34		3,31	2,85	87,5	15,5	2,41	139	3,03	35,9	10,9	1,54	23		
80×12		12		17,9	14,1	2,41		3,41	2,89	102	18,2	2,39	161	3,00	43,0	12,6	1,53	23		
80×14		14		20,6	16,1	2,48		3,51	2,93	115	20,8	2,36	181	2,96	48,6	13,9	1,54	23		
90×9	90	9	11	15,5	12,2	2,54	6,36	3,59	3,18	116	18,0	2,74	184	3,45	47,8	13,3	1,76	25	50	—
90×11		11		18,7	14,7	2,62		3,70	3,21	138	21,6	2,72	218	3,41	57,1	15,4	1,75	25		
90×13		13		21,8	17,1	2,70		3,81	3,24	158	25,1	2,69	250	3,39	65,9	17,3	1,74	25		
90×16		16		26,4	20,7	2,81		3,97	3,29	186	30,1	2,66	294	3,34	79,1	19,9	1,73	25		
100×10	100	10	12	19,2	15,1	2,82	7,07	3,99	3,54	177	24,7	3,04	280	3,82	73,3	18,4	1,95	25	55	—
100×12		12		22,7	17,8	2,90		4,10	3,57	207	29,2	3,02	328	3,80	86,2	21,0	1,95	25		
100×14		14		26,2	20,6	2,98		4,21	3,60	235	33,5	3,00	372	3,77	98,3	23,4	1,94	25		
100×16		16		29,6	23,2	3,06		4,32	3,63	262	37,7	2,97	413	3,74	111	25,6	1,93	25		
110×10	110	10	12	21,2	16,6	3,07	7,78	4,34	3,89	239	30,1	3,36	379	4,23	98,6	22,7	2,16	25	45	70
110×12		12		25,1	19,7	3,15		4,45	3,93	280	35,7	3,34	444	4,21	116	26,1	2,15	25		
110×14		14		29,0	22,8	3,21		4,54	3,98	319	41,0	3,32	505	4,18	133	29,3	2,14	25		
120×11	120	11	13	25,4	19,9	3,36	8,49	4,75	4,24	341	39,5	3,66	541	4,62	140	29,5	2,35	25	50	80
120×13		13		29,7	23,3	3,44		4,86	4,27	394	46,0	3,64	625	4,59	162	33,3	2,34	25		
120×15		15		33,9	26,6	3,51		4,96	4,31	446	52,5	3,63	705	4,56	186	37,5	2,34	25		
130×12	130	12	14	30,0	23,6	3,64	9,19	5,15	4,60	472	50,4	3,97	750	5,00	194	37,7	2,54	25	50	90
130×14		14		34,7	27,2	3,72		5,26	4,63	540	58,2	3,94	857	4,97	223	42,4	2,53			
130×16		16		39,3	30,9	3,80		5,37	4,66	605	65,8	3,92	959	4,94	251	46,7	2,52			
140×13	140	13	15	35,0	27,5	3,92	9,90	5,54	4,96	638	63,3	4,27	1010	5,38	262	47,3	2,74	28	55	95
140×15		15		40,0	31,4	4,00		5,66	4,99	723	72,3	4,25	1150	5,36	298	52,7	2,73			
150×14	150	14	16	40,3	31,6	4,21	10,6	5,95	5,31	845	78,2	4,58	1340	5,77	347	58,3	2,94	28	60	105
150×16		16		45,7	35,9	4,29		6,07	5,34	949	88,7	4,56	1510	5,74	391	64,4	2,93	28		
150×18		18		51,0	40,1	4,36		6,17	5,38	1050	99,3	4,54	1670	5,70	438	71,0	2,93	28		
160×15	160	15	17	46,1	36,2	4,49	11,3	6,35	5,67	1100	95,6	4,88	1750	6,15	455	71,3	3,14	28	60	115
160×17		17		51,8	40,7	4,57		6,46	5,70	1230	108,0	4,86	1950	6,13	506	78,3	3,13	28		
160×19		19		57,5	45,1	4,65		6,58	5,73	1350	118,0	4,84	2140	6,10	558	84,8	3,12	28		

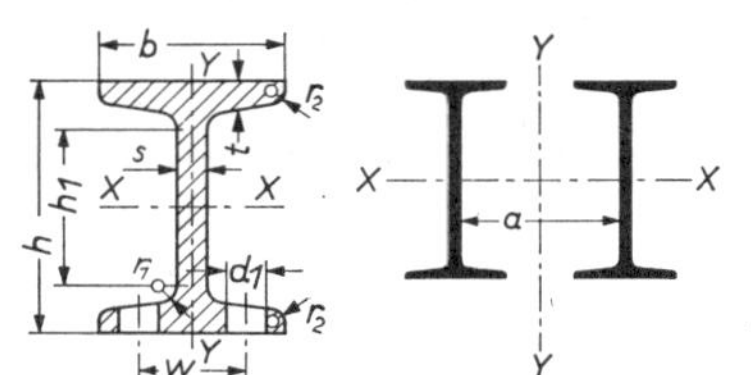

Warmgewalzte schmale I-Träger nach DIN 1025, Blatt 1 (10. 63)

Regellängen: 4 bis 15 m

$r_1 = s$; $r_2 \approx 0{,}6\,s$; Fußneigung = 14%

I 400 DIN 1025-USt 37-2 bedeutet: Schmaler I-Träger von Höhe h = 400 mm aus USt 37-2 nach DIN 17 100

								Biegeachse x — x			Biegeachse y — y				Wurzelmaß	
I	h mm	b mm	s mm	t mm	h_1 mm	A cm²	G kg/m	J_x cm⁴	W_x cm³	i_x cm	J_y cm⁴	W_y cm³	i_y cm	a	d_1 mm	w mm
80	80	42	3,9	5,9	59	7,57	5,95	77,8	19,5	3,20	6,29	3,0	0,91	—	6,4	22
100	100	50	4,5	6,8	75	10,6	8,34	171	34,2	4,01	12,2	4,88	1,07	—	6,4	28
120	120	58	5,1	7,7	92	14,2	11,1	328	54,7	4,81	21,5	7,41	1,23	94	8,4	32
140	140	66	5,7	8,6	109	18,2	14,3	573	81,9	5,61	35,2	10,7	1,40	108	11	34
160	160	74	6,3	9,5	125	22,8	17,9	935	117	6,40	54,7	14,8	1,55	124	11	40
180	180	82	6,9	10,4	142	27,9	21,9	1450	161	7,20	81,3	19,8	1,71	140	13	44
200	200	90	7,5	11,3	159	33,4	26,2	2140	214	8,00	117	26,0	1,87	156	13	48
220	220	98	8,1	12,2	175	39,5	31,1	3060	278	8,80	162	33,1	2,02	172	13	52
240	240	106	8,7	13,1	192	46,1	36,2	4250	354	9,59	221	41,7	2,20	188	17	56
260	260	113	9,4	14,1	208	53,3	41,9	5740	442	10,4	288	51,0	2,32	202	17	60
280	280	119	10,1	15,2	225	61,0	47,9	7590	542	11,1	364	61,2	2,45	218	17	60
300	300	125	10,8	16,2	241	69,0	54,2	9800	653	11,9	451	72,2	2,56	234	21	64
320	320	131	11,5	17,3	257	77,7	61,0	12510	782	12,7	555	84,7	2,67	248	21	70
340	340	137	12,2	18,3	274	86,7	68,0	15700	923	13,5	674	98,4	2,80	264	21	74
360	360	143	13,0	19,5	290	97,0	76,1	19610	1090	14,2	818	114	2,90	278	23	76
380	380	149	13,7	20,5	306	107	84,0	24010	1260	15,0	975	131	3,02	294	21	82
400	400	155	14,4	21,6	323	118	92,4	29210	1460	15,7	1160	149	3,13	308	23	86
425	425	163	15,3	23,0	343	132	104	36970	1740	16,7	1440	176	3,30	328	25	88
450	450	170	16,2	24,3	363	147	115	45850	2040	17,7	1730	203	3,43	348	25	94
475	475	178	17,1	25,6	384	163	128	56480	2380	18,6	2090	235	3,60	366	28	96
500	500	185	18,0	27,0	404	179	141	68740	2750	19,6	2480	268	3,72	384	28	100
550	550	200	19,0	30,0	444	212	166	99180	3610	21,6	3490	349	4,02	424	28	110
600	600	215	21,6	32,4	485	254	199	139000	4630	23,4	4670	434	4,30	460	28	120

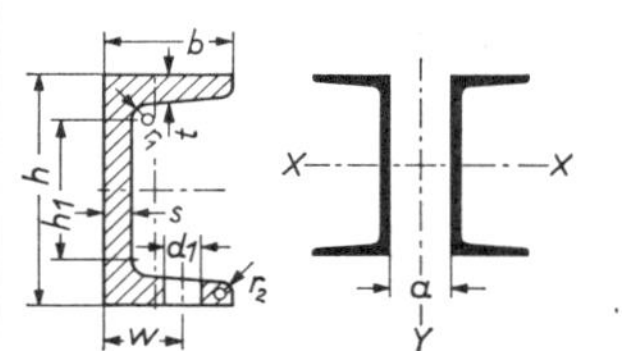

Warmgewalzter rundkantiger U-Stahl nach DIN 1026 (10. 63) (Sprich: U-Stahl)

Regellängen: 3 bis 15 m

Fußneigung: bis 300 mm Höhe = 8 %; über 300 mm Höhe = 5 %

$r_1 = t$ $r_2 = t:2$

U 200 DIN 1026-USt 37-2 bedeutet: U-Stahl mit einer Höhe h = 200 mm aus US t37-2 nach DIN 17 100

									Biegeachse x — x			Biegeachse y — y				Wurzelmaß	
U	h mm	b mm	s mm	t mm	h_1 mm	A cm²	G kg/m	e_y cm	J_x cm⁴	W_x cm³	i_x cm	J_y cm⁴	W_y cm³	i_y cm	a	d_1 mm	w mm
30 × 15	30	15	4	4,5	—	2,21	1,74	0,52	2,53	1,69	1,07	0,38	0,39	0,42	—	4,3	10
30	30	33	5	7	—	5,44	4,27	1,31	6,39	4,26	1,08	5,33	2,68	0,99	—	8,4	20
40 × 20	40	20	5	5,5	—	3,66	2,87	0,67	7,58	3,79	1,44	1,14	0,86	0,56	—	6,4	11
40	40	35	5	7	11	6,21	4,87	1,33	14,1	7,05	1,50	6,68	3,08	1,04	—	11	20
50 × 25	50	25	6	6	—	4,92	3,86	0,81	16,8	6,73	1,85	2,49	1,48	0,71	—	8,4	16
50	50	38	5	7	20	7,12	5,59	1,37	26,4	10,6	1,92	9,12	3,75	1,13	4	11	20
60	60	30	6	6	—	6,46	5,07	0,91	31,6	10,5	2,21	4,51	2,16	0,84	—	8,4	18
65	65	42	5,5	7,5	33	9,03	7,09	1,42	57,5	17,7	2,52	14,1	5,07	1,25	16	11	25
80	80	45	6	8	46	11,0	8,64	1,45	106	26,5	3,10	19,4	6,36	1,33	28	13	25
100	100	50	6	8,5	64	13,5	10,60	1,55	206	41,2	3,91	29,3	8,49	1,47	42	13	30
120	120	55	7	9	82	17,0	13,4	1,60	364	60,7	4,62	43,2	11,1	1,59	56	17	30
140	140	60	7	10	98	20,4	16,0	1,75	605	86,4	5,45	62,7	14,8	1,75	70	17	35
160	160	65	7,5	10,5	115	24,0	18,8	1,84	925	116	6,21	85,3	18,3	1,89	82	21	35
180	180	70	8	11	133	28,0	22,0	1,92	1350	150	6,95	114	22,4	2,02	96	21	40
200	200	75	8,5	11,5	151	32,2	25,3	2,01	1910	191	7,70	148	27,0	2,14	108	23	40
220	220	80	9	12,5	167	37,4	29,4	2,14	2690	245	8,48	197	33,6	2,30	122	23	45
240	240	85	9,5	13	184	42,3	33,2	2,23	3600	300	9,22	248	39,6	2,42	134	25	45
260	260	90	10	14	200	48,3	37,9	2,36	4820	371	9,99	317	47,7	2,56	146	25	50
280	280	95	10	15	216	53,3	41,8	2,53	6280	448	10,9	399	57,2	2,74	160	25	50
300	300	100	10	16	232	58,8	46,2	2,70	8030	535	11,7	495	67,8	2,90	174	28	55
320	320	100	14	17,5	246	75,8	59,5	2,60	10870	679	12,1	597	80,6	2,81	182	28	55
350	350	100	14	16	282	77,3	60,6	2,40	12840	734	12,9	570	75,0	2,72	204	28	55
380	380	102	13,5	16	304	80,4	63,1	2,38	15760	829	14,0	615	78,7	2,77	222	28	55
400	400	110	14	18	324	91,5	71,8	2,65	20350	1020	14,9	846	102	3,04	240	28	60

Wellen-Durchmesser in mm und übertragene PS-Zahl

Verdrehungsbeanspruchung im Mittel τ_t = 120 kp/cm² = 1,2 kp/mm² 1 PS = 0,736 kW

n Umdrehungen in 1 Min.	Pferdestärken (PS)																			
	1	2	3	4	5	8	10	15	20	30	40	50	60	80	100	120	140	160	180	200
	Wellen-ø in mm																			
60	45	55	60	65	65	75	80	85	95	105	110	115	120	130	140	145	150	155	160	170
80	45	50	55	60	60	70	75	80	85	95	105	110	115	120	130	135	140	145	150	155
100	40	50	50	55	60	65	70	75	85	90	100	105	110	115	120	130	135	135	140	145
120	40	45	50	55	55	65	65	75	80	85	95	100	105	110	115	120	125	130	135	140
140	35	45	50	50	55	60	65	70	75	85	90	95	100	105	115	120	120	125	130	135
160	35	40	45	50	55	60	60	70	75	80	85	90	95	105	110	115	120	120	125	130
180	35	40	45	50	50	55	60	65	70	80	85	90	95	100	105	110	115	120	120	125
200	35	40	45	50	50	55	60	65	70	75	85	85	90	100	105	110	110	115	120	120
250	35	40	40	45	50	55	55	60	65	70	80	85	85	95	100	100	105	110	115	115
300	30	35	40	45	45	50	55	60	65	70	75	80	85	90	95	100	100	105	110	110
400	30	35	40	40	45	50	50	55	60	65	70	75	75	85	85	90	95	100	100	105

Längskeiltabelle

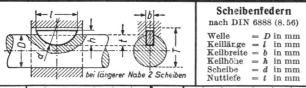

I II III IV 120°

Wellendurchmesser in mm über	DIN 6881 (2.56) Hohlkeile		DIN 6883 (2.56) Flachkeile		DIN 6886/7 (2.56) Nuten-, Nasen- und Einlegekeile			DIN 268 (4.24) Tangentkeilnuten für stoßartigen Wechseldruck		
	b	*h*	*b*	*h*	*b*	*h*	*t*	Welle	*b*	*h*
10···12	—	—	—	—	4	4	2,4	100	30	10
12···17	—	—	—	—	5	5	2,9	110	33	11
17···22	—	—	—	—	6	6	3,5	120	36	12
22···30	8	3,5	8	5	8	7	4,1	130	39	13
30···38	10	4	10	6	10	8	4,7	140	42	14
38···44	12	4	12	6	12	8	4,9	150	45	15
44···50	14	4,5	14	6	14	9	5,5	160	48	16
50···58	16	5	16	7	16	10	6,2	170	51	17
58···65	18	5	18	7	18	11	6,8	180	54	18
65···75	20	6	20	8	20	12	7,4	190	57	19
75···85	22	7	22	9	22	14	8,5	200	60	20
85···95	25	7	25	9	25	14	8,7	210	63	21
95···110	28	7,5	28	10	28	16	9,9	220	66	22
110···130	32	8,5	32	11	32	18	11,1	230	69	23
130···150	36	9	36	12	36	20	12,3	240	72	24
170···200	—	—	45	16	45	25	15,3			

Staufferbüchsen

Büchsen-Nr.	Kapseldurchm. mm	Gewindezapfen Gasrohrgew.	für Wellendurchmesser
2	22	¼″	20
3	30	¼″	30
4	40	¼″	45
5	50	¼″	60
6	60	¼″	80
7	70	³/₈″	100
8	85	³/₈″	125
9	100	³/₈″	150
10	125	½″	200

bei längerer Nabe 2 Scheiben

Scheibenfedern

nach DIN 6888 (8.56)

Welle = *D* in mm
Keillänge = *l* in mm
Keilbreite = *b* in mm
Keilhöhe = *h* in mm
Scheibe = *d* in mm
Nuttiefe = *t* in mm

D über	*b*	*h*	*l*	*t*	*d*	*T* = *D* +
3···4	1	1,4	3,82	1,0	4	0,6
4···6	1,5	2,6	6,76	2,0	7	0,8
6···8	2	2,6	6,76	1,8	7	1,0
	2	3,7	9,66	2,9	10	1,0
8···10	2,5	3,7	9,66	2,9	10	1,0
	3	3,7	9,66	2,5	10	1,4
	3	5	12,65	3,8	13	1,4
10···12	4	5	12,65	3,5	13	1,7
	4	6,5	15,72	5,0	16	1,7
	4	7,5	18,57	6,0	19	1,7
12···17	5	6,5	15,72	4,5	16	2,2
	5	7,5	18,57	5,5	19	2,2
	5	9	21,63	7,0	22	2,2
17···22	6	7,5	18,57	5,1	19	2,6
	6	9	21,63	6,6	22	2,6
	6	10	24,49	7,6	25	2,6
	6	11	27,35	8,6	28	2,6
22···30	8	9	21,63	6,2	22	3,0
	8	11	27,35	8,2	28	3,0
	8	13	31,43	10,2	32	3,0
30···38	10	11	27,35	7,8	28	3,4
	10	13	31,43	9,8	32	3,4
	10	16	43,08	12,8	45	3,4

b = 2,5 mm nur für Kraftfahrbau

Nasenhohlkeile

nach DIN 6889 (2.56)

Wellen-ø mm über	Keilbreite	Keilhöhe	Nasenhöhe	Länge
22···30	8	3,5	7,5	20···90
30···38	10	4	8	25···110
38···44	12	4	8	32···140
44···50	14	4,5	9	40···160
50···58	16	5	11	45···180
58···65	18	5	11	50···200
65···75	20	6	14	56···220
75···85	22	7	15	63···250
85···95	25	7	18	70···280
95···110	28	7,5	20	80···315
110···130	32	8,5	22	90···355
130···150	36	9	25	100···400

Sicherungsringe gegen axiale Verschiebung werden nach DIN 471 für Wellen und DIN 472 für Bohrungen bis 300 mm ø hergestellt.

Verhältnis von Halbmesser und Sehne

Tabelle
für Modelltischler und Anreißer

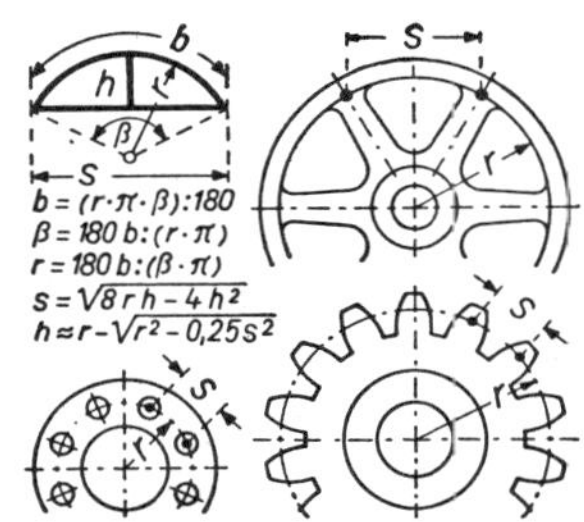

Bei Flanschen erhält die senkrechte Mittellinie kein Loch.

In der vierten Abb. ist *r* der Halbmesser des Teilkreises, in der dritten Abb. jener des Lochkreises.

n = Zahl der Arme, Zähne, Löcher
s = Länge der Sehne

n	s	n	s	n	s
3	1,732 *r*	14	0,445 *r*	25	0,2507 *r*
4	1,414 *r*	15	0,416 *r*	26	0,2411 *r*
5	1,176 *r*	16	0,390 *r*	27	0,2322 *r*
6	1,000 *r*	17	0,368 *r*	28	0,2238 *r*
7	0,868 *r*	18	0,347 *r*	29	0,2162 *r*
8	0,765 *r*	19	0,329 *r*	30	0,2091 *r*
9	0,684 *r*	20	0,313 *r*	31	0,2023 *r*
10	0,618 *r*	21	0,298 *r*	32	0,1960 *r*
11	0,563 *r*	22	0,285 *r*	33	0,1900 *r*
12	0,518 *r*	23	0,272 *r*	34	0,1844 *r*
13	0,479 *r*	24	0,261 *r*	35	0,1792 *r*

Beispiel: Bei dem Modell eines Rades mit 7 Armen und *r* = 1300 mm wird *s* = 0,868 · *r* = 0,868 · 1300 = **1128,4 mm.**

Berechnung des regelmäßigen Vielecks

n = Seitenzahl, *d* = ⌀ des einbeschriebenen Kreises, *D* = ⌀ des umbeschriebenen Kreises, *A* = Vielecksfläche

n	Gesucht								
	Seite *s*		Inkreis *d*		Umkreis *D*		Fläche *A*		
3	0,866 *D*	1,732 *d*	0,500 *D*	0,578 *s*	2,000 *d*	1,154 *s*	0,325 D^2	1,299 d^2	0,433 s^2
4	0,707 *D*	1,000 *d*	0,707 *D*	1,000 *s*	1,414 *d*	1,414 *s*	0,500 D^2	1,000 d^2	1,000 s^2
5	0,588 *D*	0,727 *d*	0,809 *D*	1,376 *s*	1,236 *d*	1,702 *s*	0,595 D^2	0,908 d^2	1,721 s^2
6	0,500 *D*	0,578 *d*	0,866 *D*	1,732 *s*	1,155 *d*	2,000 *s*	0,649 D^2	0,866 d^2	2,598 s^2
7	0,434 *D*	0,482 *d*	0,901 *D*	2,076 *s*	1,110 *d*	2,304 *s*	0,684 D^2	0,843 d^2	3,635 s^2
8	0,383 *D*	0,414 *d*	0,924 *D*	2,414 *s*	1,082 *d*	2,614 *s*	0,707 D^2	0,829 d^2	4,828 s^2
9	0,342 *D*	0,364 *d*	0,940 *D*	2,748 *s*	1,064 *d*	2,924 *s*	0,723 D^2	0,819 d^2	6,182 s^2
10	0,309 *D*	0,325 *d*	0,951 *D*	3,078 *s*	1,051 *d*	3,236 *s*	0,735 D^2	0,812 d^2	7,694 s^2
11	0,282 *D*	0,294 *d*	0,960 *D*	3,406 *s*	1,042 *d*	3,550 *s*	0,744 D^2	0,808 d^2	9,364 s^2
12	0,259 *D*	0,268 *d*	0,966 *D*	3,732 *s*	1,035 *d*	3,864 *s*	0,750 D^2	0,804 d^2	11,196 s^2
16	0,195 *D*	0,199 *d*	0,981 *D*	5,028 *s*	1,020 *d*	5,126 *s*	0,766 D^2	0,796 d^2	20,11 s^2

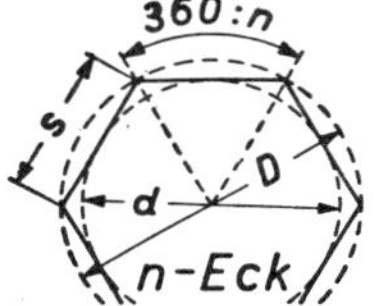

1. Beispiel: Die Flächeninhalte eines Fünfecks und eines Zehnecks von gleichem Spitzkant verhalten sich wie $0{,}595\,D^2 : 0{,}735\,D^2 = 0{,}595 : 0{,}735 = 595 : 735 = 1 : \frac{735}{595} =$ **1 : 1,235**

2. Beispiel: Zum Fräsen eines Sechskants mit *d* = 68 mm Schlüsselweite ist erforderlich Rundstahl von *D* = 1,155 *d* = 1,155 · 68 = **78,54 mm.**

3. Beispiel: 1 m Achtkantstahl von *s* = 21 mm Kantenlänge hat einen Querschnitt von $A = 4{,}828\,s^2 = 4{,}828 \cdot 2{,}1^2 = 4{,}828 \cdot 4{,}41 =$ **21,29 cm².** Rauminhalt $V = A \cdot l = 21{,}29\text{ cm}^2 \cdot 100\text{ cm} =$ **2129 cm³.** Gewicht = *V* · Dichte = 2129 · 7,85 = 16712,65 g = **16,7 kg.**

4. Beispiel: Berechnung des Gewichtes *G* einer Sechskantmutter M 12. Schlüsselweite *d* = 22 mm, mittlerer Gewindedurchmesser *D* = 11,35 mm und Mutterhöhe *h* = 10,5 mm (Dichte von Flußstahl ϱ = 7,85).

$$G = \left(A - \frac{\pi D^2}{4}\right) h \cdot \varrho \qquad A = 0{,}866\,d^2$$

$$G = \left(0{,}866 \cdot 2{,}2^2 - \frac{\pi \cdot 1{,}135^2}{4}\right) \cdot 1{,}05 \cdot 7{,}85$$

$G = 3{,}18 \cdot 1{,}05 \cdot 7{,}85 \approx$ **26,21 g.**

Bei einer doppelseitig gefasten Mutter werden 6% abgezogen. Das Gewicht der Mutter ist also
$G = 26{,}21 - 26{,}21 \cdot 0{,}06 =$ **24,64 g**

Schrauben- und Mutterngewichte siehe Tabellenbuch A, Seite 92.

Verhältnis von Flachkant (Schlüsselweite) zu Spitzkant (Spießkant) *)

Um *D* zu berechnen, nehme man beim Vierkant *d* · 1,4142, beim Sechskant *d* · 1,1547, beim Achtkant *d* · 1,082939

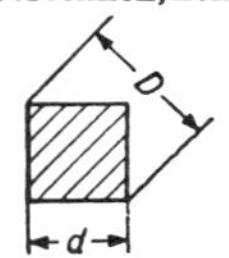
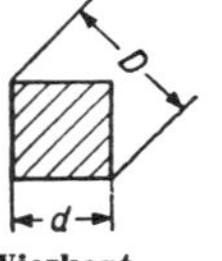

Vierkant

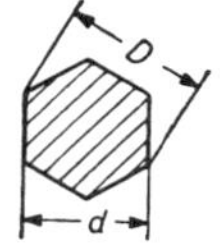

Sechskant

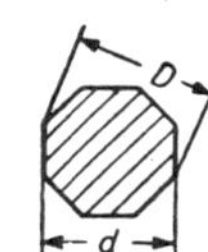

Achtkant

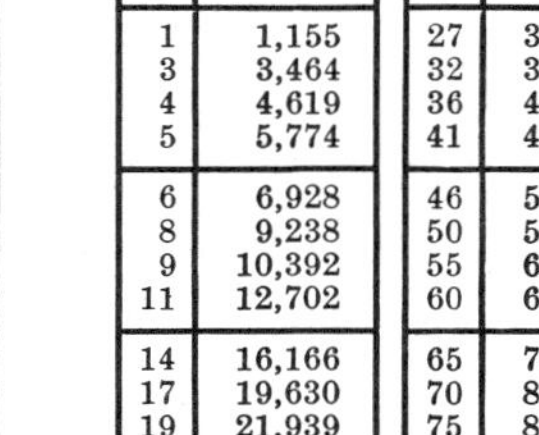

Vierkant:

d	D	d	D
1	1,414	27	38,184
3	4,243	32	45,255
4	5,657	36	50,912
5	7,071	41	57,983
6	8,485	46	65,054
8	11,314	50	70,711
9	12,728	55	77,782
11	15,556	60	84,853
14	19,799	65	91,924
17	24,042	70	98,995
19	26,870	75	106,07
22	31,112	80	113,14

Sechskant:

d	D	d	D
1	1,155	27	31,177
3	3,464	32	36,951
4	4,619	36	41,570
5	5,774	41	47,343
6	6,928	46	53,117
8	9,238	50	57,736
9	10,392	55	63,509
11	12,702	60	69,283
14	16,166	65	75,056
17	19,630	70	80,830
19	21,939	75	86,603
22	25,404	80	92,377

Achtkant:

d	D	d	D
1	1,082	27	29,225
3	3,247	32	34,636
4	4,330	36	38,966
5	5,412	41	44,378
6	6,494	46	49,790
8	8,659	50	54,120
9	9,742	55	59,531
11	11,906	60	64,943
14	15,153	65	70,355
17	18,401	70	75,767
19	20,565	75	81,179
22	23,813	80	86,591

*) Siehe DIN 475.

Wärmetechnik

7

Anlauffarben des Tiegelstahls*)

Farbe	Wärmegrad etwa	anzuwenden für
Hellgelb	220°	Werkzeuge für harte Metalle
Dunkelgelb	240°	} Arbeitsstähle, Fräser, Metallsägen
Bräunlich	255°	
Braunrot	265°	Stanz-, Scherwerkzeuge, Bohrer
Purpurrot	275°	Meißel für Stahlbearbeitung
Violett	285°	Stein- und Schrotmeißel
Dunkelblau	295°	Holzbearbeitungswerkzeuge
Hellblau	310°	Fleischmesser usw.
Grau	325°	zum Härten ungeeignet

Glutfarben des Stahls

Farbe	Wärmegrade Celsius
im Dunkeln Rot	475···550
Dunkelrot	550···650
Dunkelkirschrot	650···750
Kirschrot	750···850
Hellkirschrot	850···925
Orange	925···1000
Gelb	1000···1100
Gelbweiß	1100···1250
Weiß	1250···1400
Schweißhitze	1400···1600

Die oberen Wärmegrade gelten für Schweißstahl. — Wärmegrade werden gemessen durch Quarzglasthermometer mit Stickstoffüllung bis 700° mit Galliumfüllung bis 1000°, durch Thermoelemente bis 1600°C.

Schmelz- und Siedepunkte bei 760 Torr (mm QS)

Stoff	Schmelzpunkt	Siedepunkt	Stoff	Schmelzpunkt	Siedepunkt	Stoff	Schmelzpunkt	Siedepunkt
Alkohol	—114°	78°	Flußstahl	≈ 1500°	—	Quecksilber	—38,9°	357°
Aluminium	660°	2327°	Kautschuk	125°	—	Sauerstoff	—219°	—183°
Antimon	630°	1638°	Kobalt	1492°	3100°	Stickstoff	—210°	—196°
Benzin	—	90···100°	Kohlensäure	—57°	—78°	Tantal	2977°	üb. 4100°
Blei	327°	1750°	Kupfer	1083°	2582°	Vanadium	1730°	3000°
Bronze	≈ 900°	—	Luft	—213°	—193°	Wasser	0°	100°
Chrom	1900°	2327°	Mangan	1244°	2087°	Wasserstoff	—259°	—253°
Sondermessing	≈ 1800°	—	Messing	≈ 930°	—	Wismut	271°	1420°
Eisen, chem. rein	1530°	2800°	Molybdän	2610°	3700°	Wolfram	3380°	5900°
graues Roheisen	≈ 1250°	—	Nickel	1453°	2800°	Zink	419°	907°
weißes Roheisen	≈ 1175°	—	Petroleum	—	150°	Zinn	232°	2337°
Stahl	≈ 1400°	—	Platin	1769°	4010°	Zylinderöl	—	üb. 310°

Unterer Heizwert und Luftbedarf

Es erzeugen im Mittel	kcal in 1 kg	kcal in 1 m³	Zur Verbrennung von 1 kg erford. Luft in m³ theoret.	wirklich
Anthrazit	8 000	—	9	13,5
Braunkohlen, deutsche	3 400	—	3,4	6
Braunkohlen, tschechische	4 600	—	6	10
Braunkohlenbriketts	4 800	—	5,7	9
Holz, lufttrocken	3 500	—	3,5	7
Holz, völlig trocken	4 450	—	4,5	7
Holzkohlen	7 900	—	8,6	13
Koks	6 800	—	7,5	11,2
Steinkohlen, Ruhr-	7 500	—	8,3	13,3
Steinkohlen, Saar-	7 100	—	7,7	12,3
Steinkohlen, schlesische	6 900	—	7,6	12,2
Steinkohlenbriketts	7 750	—	8,5	12,5
Torf (lufttrocken)	3 500	—	4	7
Alkohol	7 100	—	7,6	11,0
Benzin	11 000	—	12,7	17···20
Benzol	10 000	—	11,5	15···17
Naphthalin	9 700	—	11,0	18···20
Petroleum	10 500	—	12,5	16···22
Spiritus 95%	6 740	—	7,2	8···12
Teeröl	9 950	—	11,0	19···23
Acetylen	11 620	13 600	10,3	15,0
Gichtgas	770	950	0,65	0,9
Stadtgas	6 750	3 700	10,5	15,0
Wasserstoff	28 570	2 570	28,4	40,0
Kohlenstoff zu Kohlensäure	7 860	—	9	13
Kohlenstoff zu Kohlenoxyd	2 220	—	2,7	—
Kohlenoxyd zu Kohlensäure	2 420	3 020	1,9	3,0

Spezifische Wärme

Erforderliche kcal zur Erwärmung von 1 kg um 1° C

Stoff	kcal
Alkohol	0,57
Aluminium	0,214
Ammoniak	0,52
Asche	0,20
Beton	0,21
Blei	0,031
Eis	0,50
Glas	0,18
Gold	0,031
Graphit	0,20
Holz (im Mittel)	0,60
Holzkohle	0,20
Koks	0,20
Kupfer	0,092
Luft	0,237
Maschinenöl	0,40
Messing	0,093
Nickel	0,11
Nickelin, Neusilber	0,097
Platin	0,032
Porzellan	0,2···0,25
Quecksilber	0,033
Roheisen (im Mittel)	0,15
Sandstein	0,22
Schlacken	0,180
Flußstahl	0,110
Silber	0,056
Stahl	0,115
Steinzeug	0,2
Wasser	1,000
Wolfram	0,032
Zink	0,092
Zinn	0,054

Beispiel: Zum Erhitzen von 7 kg Flußstahl von 18° auf 840° (kirschrot) werden theoretisch (840—18) · 7 · 0,11 = **633 kcal** verbraucht, bei 20% Wirkungsgrad der Feuerung 633 : 0,20 = **3165 kcal.** Hierzu sind gemäß Tabelle 3165 : 7900 ≈ **0,4 kg** Holzkohlen erforderlich.

*) Die Anlauffarben (Oxydfarben der Oberfläche) bieten keine unbedingte Gewähr für den Wärmegrad, da bei langsamer Erwärmung die Farben bei niedrigerem Wärmegrad erscheinen. Auch verhalten sich die einzelnen Stahlsorten je nach ihrer Legierung verschieden.

7

Elektrotechnische Einheiten und Bezeichnungen

	Einheit	Einheitskurzzeich.	Formelzeichen	Vielfache und Sonderbezeichnungen (Beispiele)
Spannung	Volt	V	U	Kilovolt (kV) = 1000 Volt. Megavolt (MV) = 1 Million Volt.
Elektromotorische Kraft	Volt	V	E	U_k (oder U) = Klemmenspannung; U_{ML} = Sternspannung (früher Phasenspannung).
Elektromotorische Gegenkraft	Volt	V	E_g	U_v (oder u) = Spannungsverlust; U_L = Dreieckspannung (früher verkettete Spannung).
Stromstärke	Ampere	A	I	1 Milliampere (mA) = $\frac{1}{1000}$ A; I_a = Ankerstromstärke. I_m = Magnetfeldstromst. I_a = Anlaufstromst.
Widerstand	Ohm	Ω	R	1 Megohm (MΩ) = 1000000 Ω; R_a = Ankerwiderstand. R_m = Feldwiderstand.
Leitwert	Siemens	S	G	$G = \frac{1}{R}$
Kapazität	Farad	F	C	1 Mikrofarad (μF) = $\frac{1}{1000000}$ F = $9 \cdot 10^5$ cm; F = $\frac{\text{Coulomb}}{\text{Volt}}$
Induktivität	Henry	H	L	1 Millihenry (mH) = $\frac{1}{1000}$ Henry; 1 H = 10^9 cm.
Leistung	Watt	W	P	1 Kilowatt (kW) = 1000 Watt; 1 MW = 1000 kW; P_w = Wirkleistung (W); P_s = Scheinleistung (VA); P_b = Blindleistung (Var).
	Voltampere	VA	P_s	1 Kilovoltampere (kVA) = 1000 VA, 1 MVA = 1000 kVA. Glühlichtbelastung: $P_w = P_s$; 1 W = 1 VA Motorenbelastung: $P_w = P_s \cdot \cos\varphi$; 1 W = 1 VA $\cdot \cos\varphi$
Leistungsfaktor	unbenannte Zahl		$\cos\varphi$	$\cos\varphi = \frac{\text{Watt}}{\text{Voltampere}}$ (bei induktiver Belastung)
Arbeit, Wärmemenge	Wattsek.	Ws, Jaule J	W	1 Kilowattstunde (kWh) = 3600000 Ws. $W = P \cdot t$
Elektrizitätsmenge	Coulomb	C	Q	1 Coulomb = 1 Asek; 1 Amperestunde (Ah) = 3600 Asek.
Spezifischer Widerstand (Einheitswiderstand)	—		ϱ	$\varrho = \frac{\text{Ohm} \times \text{mm}^2 \text{ Querschnitt}}{\text{Meter Länge}} = \frac{\Omega \cdot \text{mm}^2}{\text{m}}$
Leitfähigkeit	—		$\frac{1}{\varrho} = \varkappa$	$\varkappa = \frac{\text{Meter Länge}}{\text{Ohm} \times \text{mm}^2 \text{ Querschnitt}} = \frac{\text{m}}{\Omega \cdot \text{mm}^2}$
Wirkungsgrad	—		η	$\eta = \frac{\text{Abgabe in Watt}}{\text{Aufnahme in Watt}}$ (echter Bruch) Oder Angabe in %
Temperaturzahl	—		α	positiv, wenn R mit zunehmender Wärme steigt (Metalle), negativ, wenn R mit zunehmender Wärme fällt (Kohle).
Frequenz	Hertz	Hz	f	f = 2 Polwechsel/sek; 1 Kilohertz (kHz) = 1000 Hertz.
Stromdichte	—	A/m²	S	$S = \frac{I}{E}$
Elektrische Feldstärke	—	V/m	E	U/s, s = Weglänge der Feldlinie
Flächendichte der Ladung	—	C/m²	σ	—

Die Einheiten können auch in Vielfachen oder Teilen ausgedrückt werden, z. B. S in mA/mm².

Magnetische Einheiten

	Einheit	Einheitskurzzeich.	Formelzeichen	Vielfache und Sonderbezeichnungen
Magnetischer Fluß	Weber Voltsek.	Wb Vs	Φ	≈ 102 Maxwell $\Phi = B \cdot F$
Magnetische Feldstärke	Ampere/Meter	A/m	H	$\approx \frac{4\pi}{1000}$ Oersted (Oe)
Magnetische Spannung	Ampere	A	V	$\approx \frac{4\pi}{10}$ Gilbert (Gb)
Magnetische Induktion	Weber (Voltsek.) je m²	Wb/m² Vs/m²	B	≈ 10^4 Gauß (G) $B = \mu \cdot H$
Permeabilität		H/m²	μ	μ_δ des leeren Raumes (Induktionszahl) = $1256 \cdot 10^{-8}$ H/cm

Absolute elektr. Einheiten

Elektrische Stromstärke (Ampere – A): Ein Ampere ist derjenige Strom, der beim Durchfließen zweier unendlich langer, gerader, parallel im Abstand von 2 m laufender Drähte zwischen diesen je Meter Drahtlänge eine Kraft von $1 \cdot 10^{-7}$ Newton hervorruft (1 N = 1 kpm/s² = 10^5 dyn).

Elektrische Spannung (Volt – V): Ein Volt ist diejenige Spannung, deren Produkt mit der Stromstärke von 1 Ampere die Leistung von 1 Watt = 10^7 erg/s ergibt.

Elektrischer Widerstand (Ohm – Ω): Ein Ohm ist derjenige Widerstand, durch den bei einer Spannung von 1 Volt ein Strom von 1 Ampere fließt.

Elektrischer Leitwert (Siemens – S): Das Siemens ist der elektr. Leitwert eines Leiters vom Widerstand 1 Ω. 1 S = 1 A/V.

Isolierstoffe

VDE Gruppe 3 (0301 usw.) 0351 B (siehe auch S. 54 und 55)

Isolierstoffe	Dichte ϱ	Dielektrizitätskonstante ε	Elektrische Durchschlagsfestigkeit kV/mm	Abnahme-Prüfspannung (1 Min. lang) kV/mm
1. Feste Isolierstoffe				
Porzellan	2,3···2,5	≈6	30···35	—
Steatit	2,6···2,8	≈6	20···30	—
Steinzeug	≈2,5	4,5	20···30	—
a) Kollektor- und b) Heizmikanit	2,4···2,6	4,7···6,1	30···35	a) 7 b) 8
Braunmikanit, Formmikanit	2	4,5···5,5	30	9
Biegemikanit	2	4,5	20···28	6
Mikanitpapier	}	}	25···35	} 6 für 1 mm Dicke der Mikanitschicht
Mikanitleinen			15···35	
Mikanitseide	2	3,5···4,3	}	
Mikanitbatist			20···40	
Mikanitasbest				
Mikafolium	1,8	3 ...4	25 (4 kV bei 0,15 Dicke)	—
Naturglimmer (Blockglimmer)	≈2,6	4,7···6,7	bis 42	—
Quarz	1,8	4,4···4,7	≈40	—
Glas	2,6	3,2···5	10	—
Flintglas	2,9	3 ···9	20	—
Naturgummi (Reine Para)	0,93	2,3···2,8	}	—
vulkanisiert mit 60% Para	1,28	}		—
vulkanisiert mit 50% Para	1,42			—
vulkanisiert mit 40% Para	1,65	2,94	10	—
vulkanisiert mit 33% Para	1,69			—
vulkanisiert mit 28% Para	1,78			—
Hartgummi	1,2···1,7	2,5···4	8···10 } bei 5···10 mm Plattendicke in kV/mm	—
Stahlgummi	1,4···1,7	4 ···5	8···11	—
Stabilitartige Isolierstoffe	1,5···1,7	4 ···5	6··· 8	—
Asbestkautschuk	1,9	4	2,5	
Guttapercha	≈1	2,5···4,2	10	
Vulkanfiber, Silicone	1,2···1,4	2,5	10···16	
VDE 0315 { Plattenpreßspan 1 mm stark	1,3	}	10 : unter	Widerstand im Innern bei 15 mm Lochabstand 10 MΩ
Edelpreßspan 1 mm stark	1,4	2	13 : Öl	
Rollenpreßspan 1 mm stark	1,2		13 : 37	
Hartpapierplatten	1,15···1,42	} 4···5	13 trocken : 20 u. Öl senkrecht zur Schichtung	Oberflächenwiderstand trocken mind. 10 000 MΩ; Widerstand im Innern bei 15 mm Lochabstand mind. 10 000 MΩ
Hartpapierrohre	1,05···1,2		2 trocken : 2 u. Öl parallel zur Schichtung	
Hartgewebe	1,3···1,4	4	8 : 6 bei 5···10 mm Plattendicke in kV/mm	
Ölpapier, Ölleinen, Ölseide	1,1···1,35	3···5	30···50	
Isolierschlauch	≈0,8	3···5	30 kV/mm Wanddicke	
Elektropappe	≈1,3	3,5	3 (6) kV für Dicken unter 2 (üb. 2) mm	
Vinidur (PVC)	1,4	3,4···4	45 kV/mm Dicke	
Marmor	2,72	≈4	Widerstand im Innern bei 30 mm	
Schiefer	2,8	≈4	desgl. 10 MΩ	Lochabstand 30 MΩ
Isolierband	Ein mit 70% Überlappung gewickeltes Band muß 1 kV 5 min lang aushalten			
2. Harze, Vergußmassen				
Naturharze (Kopale, Schellack, Kolophonium, Dammar)	1,1···1,8	2,5···3,5	≈4 kV für 0,1 mm Schichtdicke	} 10 kV für 1 mm 5 min lang
Kunstharze (Kumaron, Albertol, Bakelit)	1,4···2,1	2,2···3,2	10 kV für 1 mm Schichtdicke	
Asphalte	1,1···1,5	≈2,5	10 kV für 1 mm Schichtdicke	
Kabelausgußmasse	≈1,4	2,5	20···40 kV für 1 mm Schichtdicke	
Paraffin	0,96	2,2	11,5 kV für 1 mm Schichtdicke	

Der innere Widerstand bei Kabeln (MΩ/km) ist z. Beurteilung der Spannungsverteilung bei Hintereinanderschaltung zweier Isolierstoffe bestimmend. In allen übrigen Fällen der Starkstromtechnik sind die Durchschlagsspannung und der Oberflächenwiderstand maßgebend.

Die **spezifische** Durchschlagsspannung (kV/mm) nimmt mit zunehmender Dicke und Dauer der Beanspruchung ab. Bei Isolationsschichten von einigen Tausendstel mm Dicke kann sie den 3···4fachen Wert der üblichen Angaben (für 5···10 mm dicke Isolierstoffe) erreichen.

Der Oberflächenwiderstand ist von der Beschaffenheit der Oberfläche abhängig.

3. Gummifreie Isolierpreßstoffe,

auch kurz „Preßstoffe" genannt (VDE 0320), entstehen durch Verarbeitung von gummifreien plastischen Massen mit Hilfe eines Preß- oder Spritzverfahrens; Preßverfahren unterscheidet man nach Warm- und Kaltpreßverfahren.

Gummifreie plastische Massen bestehen aus Bindemitteln und Füllstoffen.

Bindemittel: 1. natürliche und künstliche Bitumina, 2. Naturharze, 3. Kunstharze (durch Wärmebehandlung härtbar), a) Phenoplaste (durch Kondensation und Polymerisation von Phenol oder Kresol mit Formaldehyd hergestellt), b) Aminoplaste (durch Kondensation und Polymerisation von Harnstoff und Harnstoffderivaten mit Formaldehyd hergestellt), 4. thermoplastische Kunststoffe (durch Wärmebehandlung nicht härtbar), 5. anorganische Bindemittel. Vgl. S. 67 VDE 0320.

Füllstoffe: 1. anorganische: Asbest, Talkum u. dgl., 2. organische: Holzmehl, Zellstoff, Faserstoff u. dgl.

7

Isolierstoffe (Fortsetzung)

4. Isolierlacke: Öllacke (im Ofen oder in Luft trocknende) sind Lösungen von Harzen, Kunstharzen, Asphalt in Leinöl und Holzöl, denen ein Trockenstoff und flüchtige Lösungsmittel zugesetzt sind.
Flüchtige schnelltrocknende Lacke enthalten als feste Bestandteile meist Schellack (Spirituslacke) oder Zelluloid (Zapon- und Cellonlacke); Lösungsmittel sind Spiritus und Holzgeist. Diese Lacke sind nur als letzte Schicht bei eiligen Instandsetzungen üblich.

Harzlacke (gelb) haben eine etwas höhere Säurezahl als **Asphaltlacke** (schwarz). **Luft**trocknende schwarze Lacke sind nicht ölfest, lufttrocknende gelbe Lacke gegen warmes Öl beständig (Transformatoren). **Ofen**trocknende Lacke sind stets vorzuziehen (elastischer, widerstandsfähiger gegen elektrische, mechanische und chemische Angriffe). Ofentemperatur 80···90°C.

Draht-Email ist ein Ofenlack, der auf Drähte bei 180° aufgebrannt wird (Lackdrähte).

Siliconlacke werden auf mit Glasseidengarn umsponnenen Dynamodrähten (Glasildrähte) unter Aushärten im Einbrennofen aufgebracht. (Durchschlagsfestigkeit 16···18 kV/mm Isolierdicke).

Klebelack ist ein Spirituslack.

Lackprüfung: Schreibmaschinenpapier wird zweimal durch den Lack gezogen und nach jedem Durchziehen 20 min getrocknet. Lack darf sich nicht lösen, bei Druck nicht plastisch werden oder an den Fingern haften. Die Probe darf beim Falten nicht knistern.

Durchschlagspannung > 5 kV für die 0,12 mm dicke Probe.

Dielektrizitätszahl 2,2···3,2.

5. Isolieröle (Transformatoren- und Schalteröle): **Harzöle** (Dielektrizitätszahl 2,2···3,2) sind zwar für Transformatoren verwendbar, aber zu teuer. Für Schalteröle sind sie nicht zugelassen, da sie durch den Lichtbogen stark verkohlen. Von den **Mineralölen** sind die fast ausschließlich verwendeten Erdölraffinate (Dielektrizitätszahl 2,0···2,3) genormt (VDE 0370).

Mindest-Durchschlagsspannungen in kV bei 2,5 mm Elektrodenabstand

		Transformatoren und Wandler			Schalter		
Reihenspannung	kV	bis 30	> 30···110	> 110···220	bis 30	> 30···60	> 60
Gebrauchsöl	kV	20	30	35	10	15	20
Einfüllöl	kV	50			30		
Anlieferungsöl	kV	nicht gefordert					

Anlieferungs- und Gebrauchsöl

DIN 51584		Flammpunkt	145° mind.
DIN 51757	Höchst-	Dichte bei 15°C	0,9
DIN 51550	Höchst-	Zähigkeit bei —30°C	3800 (500)
	Höchst-	cSt(E) bei +20°C	45 (6)
DIN 51575	Höchst-	Aschegehalt	0,005 %
	Höchst-	Neutralisationszahl (Nz)	KOH/g Öl 0,05 mg
	Höchst-	Verseifungszahl (Vz)	KOH/g Öl 0,15 mg
DIN 51553	Höchst-	Säurezahl (SK)	8 Vol.%
	Höchst-	Verteerungszahl	0,10

Öl wird bei **Alterungsprüfung** (DIN 51554) 48 Std. bei 95°C unter Luftzutritt und Rühren in Gegenwart einer Kupferspule künstlich gealtert und Verseifungszahl (VzCu) ermittelt (VzCu < 0,4). Nach Erkalten muß Öl klar sein, keinen in FAM-Benzin unlöslichen Schlamm enthalten und Kupferspule blank bleiben. Öl, das bei 150° knarrt (spratzt), muß getrocknet werden.

Gebrauchsöl: Ölprobe aus Gerät im Betrieb befindlich.

Einfüllöl = Zum Einfüllen vorbereitetes Anlieferungsöl oder getrocknetes Gebrauchsöl.

Anlieferungsöl aus Kesselwagen und Fässern im Anlieferungszustand. Vor Entleeren der Kesselwagen Wasser ablassen. Vor Verwendung trocknen, soll in einer 10 cm dicken Schicht bei 20°C durchsichtig sein, keine festen Fremdstoffe enthalten und keine Ausscheidungen zeigen.

Spezifischer Widerstand, Leitfähigkeit, Temperaturzahl und Wichte von Leitern bei 20° C
Widerstand, Leitfähigkeit bei 1 m Länge und 1 mm² Querschnitt

Werkstoff	Spezif. Widerst.	Leitfähigkeit	Temperaturzahl	Wichte
a) Reine Metalle	ϱ	$\varkappa$	α	γ
Aluminium*)	0,0278	36	+0,004	2,7
Blei	0,21	4,8	+0,00397	11,34
Eisen (WM 13)	0,13	7,7	+0,0048	7,9
Kupfer**)	0,0175	57,1	+0,0038	8,9
Nickel	0,10	10,0	+0,004	8,9
Platin	0,108	9,3	+0,0039	21,4
Quecksilber	0,95	1,05	+0,0009	13,6
Silber	0,016	62,5	+0,00377	10,5
Wolfram	0,055	18,2	+0,0041	19,1
Zink	0,06	16,5	+0,0037	7,1
Zinn	0,11	9,1	+0,0042	7,3
b) Legierungen				
Aldrey	0,028	35,4	+0,0036	2,7
Konstantan, Rheotan	0,50	2,0	—0,000005	8,9
Neusilber (WM 30)	0,30	3,3	+0,0002···0,0007	8,7
Nickelin(2) (WM 30)	0,30	3,3	+0,00023	8,7
Nickel-Chrom-Stahl	1,0	1,0	+0,00025	8,3
Chromnick. (WM100)	1,1	0,91	+0,00025	8,5
Stahlchromaluminium (WM 140)	1,4	0,71	+0,002	7,2
Messing	0,074	13,5	+0,0015	8,5
Mg-Al-Legierungen (Elektron)	0,06···0,083	12···18	+0,0025 bis +0,004	1,8
c) Sonstige Leiter				
Retortenkohle	100	0,01	—0,0002 bis 0,0007	≈ 2,0
Graphit	20···100	0,05···0,01		
Kohlenstifte homog.	65	0,015		
Dochtkohlenstifte	70	0,014		
Silit (SiC)	≈ 1000	0,001		
Glühsalz BaCl bei 1000°	≈ 5000	0,0002		

*) siehe auch Seiten 67 und 68
**) siehe auch Seite 62

Spezifischer Widerstand von Isolierstoffen

= Widerstand eines Würfels von 1 cm³

$$= \frac{\text{Durchgangswiderstand} \times \text{Fläche (cm}^2)}{\text{Dicke (cm)}} = \frac{\Omega \text{ (oder M}\,\Omega) \cdot A}{\text{Dicke}} = \Omega \text{ (oder M}\,\Omega) \text{ cm}$$

Gleichstrom 1000 V bei 20°C u. 80 % relativer Luftfeuchtigkeit:	MΩ/cm	Vergleichszahl
Schiefer	$1 \cdot 10^3$	0,000001
Fiber	$2 \cdot 10^4$	0,00002
Zelluloid	$2 \cdot 10^4$	0,00002
Marmor	$2 \cdot 10^5$	0,0002
Opalglas	$1 \cdot 10^6$	0,001
Fensterglas	$2 \cdot 10^7$	0,02
Tafelglas	$5 \cdot 10^7$	0,05
Porzellan unglasiert	$3 \cdot 10^8$	0,3
Guttapercha	$(4{,}5 \cdots 10) \cdot 10^8$	0,45···1
Mikanit, Vinidur (PVC)	$1 \cdot 10^9$	1
Amber, Glimmer	$2 \cdot 10^9$	2
Jute	$(1{,}8 \cdots 3{,}7) \cdot 10^9$	1,8···3,7
Vulk. Weichgum.	$(1{,}5 \cdots 10) \cdot 10^9$	1,5···10
Schellack	$1 \cdot 10^{10}$	10
Kunstharz	$1 \cdot 10^{10}$	10
Naturgummi	$1 \cdot 10^{10}$	10
Paraffin	$(1 \cdots 3{,}4) \cdot 10^{10}$	10···34
Flintglas	$3{,}4 \cdot 10^{10}$	34
Kolophonium	$5 \cdot 10^{10}$	50
Schwefel	$1 \cdot 10^{11}$	100
Hartgummi	$(1 \cdots 3) \cdot 10^{11}$	100···300
Quarz	$5 \cdot 10^{12}$	5000

Die Vergleichszahlen sind auf den spezifischen Widerstand von Mikanit = 1 bezogen.

Spezifischer Widerstand	in MΩ/cm bei 300°C	700°C	Temp.-Zahl α
Porzellan	$3 \cdot 10^6$	$4 \cdot 10^4$	$4 \cdot 10^{-6}$
Ton- u. Speckstein	$5 \cdot 10^8$	$8 \cdot 10^5$	$3 \cdot 10^{-6}$
Steatit	$3 \cdot 10^{10}$	$1 \cdot 10^7$	$10 \cdot 10^{-6}$
Quarz (geschmolzen)	$2 \cdot 10^{11}$	$4 \cdot 10^7$	$0{,}5 \cdot 10^{-6}$
Korund (gesintert)	$1 \cdot 10^{13}$	$2 \cdot 10^9$	$1{,}5 \cdot 10^{-6}$

Widerstände

Spezifischer Widerstand ϱ, spezifischer Leitwert $\varkappa$, Temperaturzahl α und Wichte γ von wäßrigen Lösungen (Elektrolyten) bei 18 °C. Widerstand und Leitwert sind bezogen auf 1 cm Länge und 1 cm² Querschnitt, also auf einen Würfel von 1 cm Kantenlänge (1 cm³).

Lösung (Elektrolyt)		Gehalt der Lösung in Gewichtsprozenten						Temperaturzahl	Wichte von 100 Gewichtsprozenten (Dichte b. %iger Lösung)
		5%	10%	20%	5%	10%	20%		
		ϱ im Mittel ($\Omega \cdot cm^2/cm$)			$\varkappa$ im Mittel ($S \cdot cm/cm^2$)*)				
Kalilauge	KOH	4,2	2,6	2,4	0,24	0,38	0,42	—0,02	(1,6 bei 55%)
Kochsalzlösung	NaCl	14,5	8,27	5,12	0,067	0,121	0,195	—0,02	2,15 (1,2 „ 26%)
Kupfersulfat	$CuSO_4$	52,5	31,3	21,7	0,019	0,032	0,046	—0,02	2,3 (1,15 „ 28%)
Natronlauge	NaOH	5,1	3,19	2,97	0,198	0,314	0,337	—0,02	(1,6 „ 56%)
Salmiak	NH_4Cl	10,9	5,61	2,98	0,092	0,178	0,335	—0,02	1,55 (0,9 „ 26%)
Salzsäure	HCl	2,54	1,59	1,31	0,394	0,630	0,762	—0,02	(1,2 „ 40%)
Schwefelsäure	H_2SO_4	5,18	2,74	1,67	0,193	0,366	0,601	—0,02	(1,6 „ 70%)
Zinksulfat	$ZnSO_4$	52,5	31,3	21,7	0,019	0,032	0,047	—0,02	2,02 (1,4 „ 55%)

Widerstandsberechnung von Drähten

$$\text{Widerstand} = \frac{\text{Leiterlänge in m} \times \text{spez. Widerstand}}{\text{Querschnitt in mm}^2}; \quad R = \frac{\varrho \cdot l}{A} = \frac{l}{\varkappa A}$$

in Reihe geschaltete Widerstände

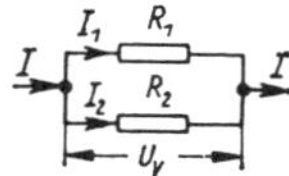

$$R = R_1 + R_2 + R_3 + R_4$$
$$Uv = Uv_1 + Uv_2 + Uv_3 + Uv_4$$
$$I = I_1 = I_2 = I_3 = I_4$$

parallel geschaltete Widerstände $G = G_1 + G_2; \quad \frac{1}{R} = \frac{1}{R_1} + \frac{1}{R_2}$

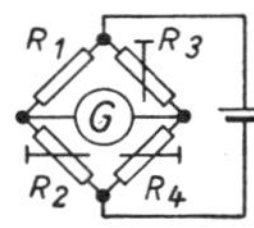

$$R = \frac{1}{\frac{1}{R_1} + \frac{1}{R_2}} \text{ oder } R = \frac{R_1 \cdot R_2}{R_1 + R_2}$$

$$I = I_1 + I_2; \quad \frac{I_1}{I_2} = \frac{R_2}{R_1}; \quad Uv = I \cdot R$$

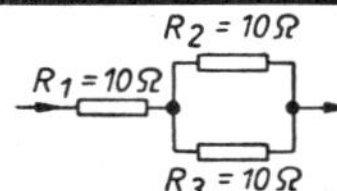

Wheatstonesche Brücke

Bei $I = 0$ im Galvanometer ist
$R_1 \cdot R_4 = R_2 \cdot R_3$

$$\frac{R_1}{R_2} = \frac{R_3}{R_4}$$

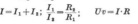

1. Beispiel: Der Widerstand einer 5700 m langen Kupferleitung von 10 mm² Querschnitt ist

$$R = \varrho \frac{l}{A} = \frac{0{,}018 \cdot 5700}{10} \approx \mathbf{10\ \Omega}$$
$$\mathbf{R = 10\ \Omega}$$

2. Beispiel: Der Querschnitt einer 6400 m langen isol. Al-Leitung beträgt bei einem gemessenen Widerst. von 10 Ω

$$A = \varrho \frac{l}{R} = \frac{0{,}028 \cdot 6400}{10} = 17{,}92\ \text{mm}^2$$
$$\mathbf{A \approx 18\ mm^2}$$

3. Beispiel: Die Drahtlänge einer Widerstandsspule aus Nickelindraht von 1,5 mm² Querschnitt und einem gemessenen Widerstand von 10 Ω ist

$$l = \frac{R \cdot A}{\varrho} = \frac{10 \cdot 1{,}5}{0{,}300} = 50{,}0\ \text{m}$$
$$\mathbf{l = 50\ m}$$

4. Beispiel: Ein Strom von 30 A verzweigt sich in 2 parallele Widerstände von 1 bzw. 9 Ω. Wie groß sind die Stromstärken in den beiden Zweigen?

Lösung:

$$I_1 = I - I_2; \; I_2 = \frac{R_1}{R_2} \cdot I_1, \text{ folglich}$$

$$I_1 = I - \frac{R_1}{R_2}; \; I_1 = 30 - \frac{1}{9} I_1 \text{ oder}$$

$$\frac{10}{9} I_1 = 30 \text{ und } I_1 = \frac{9 \cdot 30}{10} = 27\ \text{A}$$

$$\mathbf{I_1 = 27\ A \quad I_2 = 3\ A}$$

$R_2 = 10\,\Omega$, $R_1 = 10\,\Omega$, $R_3 = 10\,\Omega$

5. Beispiel: Wie groß ist der Gesamtwiderstand der skizzierten Schaltung?

$$R = R_1 + \frac{1}{\frac{1}{R_2} + \frac{1}{R_3}} = 10 + \frac{1}{\frac{1}{10} + \frac{1}{10}} = 10 + \frac{1}{\frac{2}{10}} = 10 + 1 : \frac{1}{5} = 10 + 5 = \mathbf{15\ \Omega}$$

In Reihe geschaltete Stromquellen

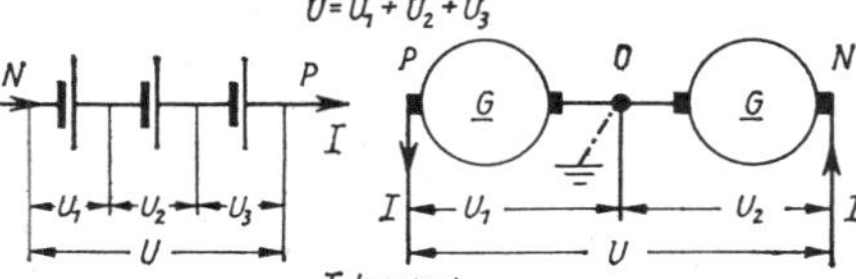

I = konstant

Parallel geschaltete Stromquellen

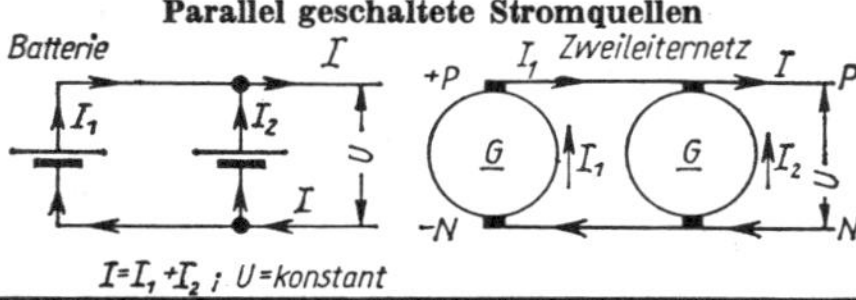

$I = I_1 + I_2$; U = konstant

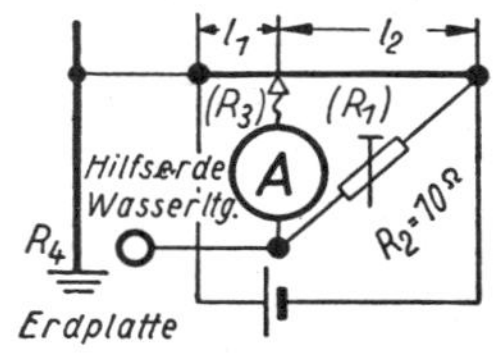

6. Beispiel: Wie groß ist der Widerstand R_4 einer Erdungsleitung, wenn in der skizzierten Brücke $R_2 = 10\ \Omega$ und

$$\frac{R_3}{R_1} = \frac{l_1}{l_2} = \frac{1}{2} \text{ ist?}$$

Lösung: $R_1 \cdot R_4 = R_2 \cdot R_3; \; R_4 = \frac{R_3}{R_1} \cdot R_2 = \frac{1}{2} R_2$

$$\mathbf{R_4 = 5\ \Omega}$$

*) ϱ, $\varkappa$, Ω, S siehe Seite 62.

Beziehung zwischen Strom, Spannung, Widerstand und Leistung

Induktiv belastete Leitung siehe Seite 197

Wirkstrom $I_w = I \cdot \cos\varphi$ (A); Wirkwiderstand $R_w = \frac{U}{I} \cdot \cos\varphi$ (Ω)

Blindstrom $I_b = I \cdot \sin\varphi$ (A); Blindwiderstand $X = \frac{U}{I} \cdot \sin\varphi$ (Ω)

U_L = Außenleiterspannung
I_{ML} = Strangstrom
I_L = Außenleiterstrom
R_1 = Widerstand je Phase
R_{w1} = Wirkwiderstand je Phase
R_1 u. R_{w1} bei gleichm. Belastung der 3 Phasen

Stromart		Strom I: Ampere (A)	Spannung U: Volt (V)	Widerstand R: Ohm (Ω)	Wirkleistung: Watt (W) $P_w = \sqrt{P_s^2 - P_b^2}$	Scheinleistung: Voltampere (VA) $P_s = \sqrt{P_w^2 + P_b^2}$	Blindleistung: Blindwatt (var)* $P_b = \sqrt{P_s^2 - P_w^2}$
Gleichstrom		$I = \frac{U}{R}$	$U = I \cdot R$	$R = \frac{U}{I}$	$P_w = U \cdot I = I^2 \cdot R = \frac{U^2}{R}$ Bei Dreileiter $P_w = (I_1 + I_2)\,U$	$P_s = P_w$	Null
Drehstrom induktionsfrei	Dreieckschaltung	$I_L = \frac{U_L \cdot 1{,}73}{R_1}$	$U_L = \frac{I_L \cdot R_1}{1{,}73}$	$R_1 = \frac{U_L \cdot 1{,}73}{I_L}$	$P_w = U_L \cdot I_L \cdot 1{,}73 = 3\,I_L^2 \cdot R = \frac{U_L^2}{R}$	$P_s = P_w$	Null
	Sternschaltung	$I_L = \frac{U_L}{R_1 \cdot 1{,}73}$	$U_L = I_L \cdot R_1 \cdot 1{,}73$	$R_1 = \frac{U_L \cdot 1{,}73}{I_L}$			
Drehstrom induktiv	Dreieckschaltung	$I_L = \frac{U_L \cdot \cos\varphi \cdot 1{,}73}{R_{w1}}$	$U_L = \frac{I_L \cdot R_{w1}}{\cos\varphi \cdot 1{,}73}$	$R_{w1} = \frac{U_L \cdot \cos\varphi \cdot 1{,}73}{I_L}$	$P_w = U_L \cdot I_L \cdot 1{,}73 \cdot \cos\varphi$	$P_s = U_L \cdot I_L \cdot 1{,}73$	$P_b = U_L \cdot I_L \cdot 1{,}73 \cdot \sin\varphi = P_w \cdot \tan\varphi$
	Sternschaltung	$I_L = \frac{U_L \cdot \cos\varphi}{R_{w1} \cdot 1{,}73}$	$U_L = \frac{I_L \cdot R_{w1} \cdot 1{,}73}{\cos\varphi}$	$R_{w1} = \frac{U_L \cos\varphi}{I_L \cdot 1{,}73}$			
Einphasenstrom	induktionsfrei	$I = \frac{U}{R}$	$U = I \cdot R$	$R = \frac{U}{I}$	$P_w = U \cdot I = I^2 \cdot R = \frac{U^2}{R}$	$P_s = P_w$	Null
	induktiv	$I = \frac{U \cdot \cos\varphi}{R_w}$	$U = \frac{I \cdot R_w}{\cos\varphi}$	$R_w = \frac{U \cdot \cos\varphi}{I}$	$P_w = U \cdot I \cdot \cos\varphi$	$P_s = U \cdot I$	$P_b = U \cdot I \cdot \sin\varphi = P_w \cdot \tan\varphi$

Vorschriften Kupfer für Elektrotechnik nach VDE 0201

1. Kupferleitungen müssen aus Kupfer für Elektrotechnik hergestellt sein, und es dürfen

2. die folgenden Werte des spezifischen Widerstandes bei 20° in $\frac{\text{Ohm} \cdot \text{mm}^2}{\text{m}}$ nicht überschritten werden:

bei weichgeglühtem Draht 1/57 = 0,01754;

bei kaltgerecktem Draht mit einer Festigkeit von mehr als 30 kp/mm²:
mit einem Durchmesser größer oder gleich 1,0 mm 1/56 = 0,01786;
mit einem Durchmesser unter 1,0 mm 1/55 = 0,01818;

bei weichgeglühtem verzinntem Draht:
mit einem Durchmesser größer oder gleich 0,3 mm 1/56,5 = 0,0177,
mit einem Durchmesser kleiner als 0,3 mm bis 0,1 mm einschließlich 1/55,5 = 0,01802,
mit einem Durchmesser kleiner als 0,1 mm 1/54 = 0,01852.

3. Der Widerstand eines Leiters von 1 m Länge und 1 mm² Querschnitt ändert sich um 0,000 068 Ω für 1° Temperaturunterschied.

4. Für isolierte Leiter und Kabel sind die wirksamen Querschnitte durch Widerstandsmessungen zu ermitteln. Unter wirksamem Querschnitt ist der elektrische, nicht der geometrische Querschnitt zu verstehen. Bei der Errechnung des Querschnitts aus dem Widerstand sind zur Berücksichtigung des Dralles der Litzen und der Mehrfachleiter sowie der Dicketoleranz anstatt der in 2 gegebenen Werte folgende Zahlen einzusetzen:

bei weichgeglühtem unverzinntem Draht 1/56 = 0,01786;

bei weichgeglühtem verzinntem Draht mit einem Durchmesser größer oder gleich 0,3 mm 1/55,5 = 0,01802;

bei weichgeglühtem verzinntem Draht mit einem Durchmesser kleiner als 0,3 mm bis 0,1 mm einschließlich 1/54,5 = 0,01835;

bei weichgeglühtem verzinntem Draht mit einem Durchmesser kleiner als 0,1 mm 1/53 = 0,01887.

Die Bestimmungen des unter 4 Gesagten gelten nicht für Fernmeldekabel.

Vorschriften Aluminium für Elektrotechnik nach VDE 0202

1. Spezifischer Widerstand (Einheitswiderstand)

Aluminium für Elektrotechnik muß einen Reingehalt von mindestens 99,5% nach DIN 1712 und einen spezifischen Widerstand im weich geglühten Zustande von höchstens 1/36 = 0,02778 $\frac{\Omega \cdot \text{mm}^2}{\text{m}}$ bei 20° haben. Die Widerstandsbestimmung gilt nur bei einer Werkstoffdicke von mindestens 1 mm.

Der Widerstand eines Leiters von 1 m Länge und 1 mm² Querschnitt ändert sich um 0,00011 Ω für 1° Temperaturunterschied.

2. Für Drähte in blanken, umhüllten oder isolierten Leitungen für **Freileitungen** und andere selbsttragende Leitungen gelten DIN 48 200 bzw. 48 300.

3. **Isolierte Leitungen** und **Kabel** müssen aus Aluminium mit mindestens 99,3% Reingehalt hergestellt sein, das in weichgeglühtem Zustand bei 20° einen spezifischen Widerstand von höchstens 1/34 = 0,02941 $\frac{\Omega \cdot \text{mm}^2}{\text{m}}$ hat.

*) var: Abkürzung für Voltampere-réactif.

VDE 0202 Fortsetzung:

4. Ermittlung des wirksamen Querschnittes wie vorstehend bei Kupfer. Bei der Errechnung des Querschnittes aus dem gemessenen Widerstand wird zur Berücksichtigung der Drahtfestigkeit der Abweichung in den Drahtdicken und der durch die Verseilung der Drähte bzw. der Adern bedingten größeren Länge für den spezifischen Widerstand der Rechnungswert von

$^1/_{33} = 0{,}0303 \frac{\Omega \cdot mm^2}{m}$ benutzt. Die Bestimmungen zu 3 und 4 gelten nicht für Fernmeldekabel.

Stahlkupfer-(Staku-) Leiter in der Elektrotechnik nach VDE 0203

Diese Vorschriften gelten nicht für Freileitungen.

Stahlkupfer-(Staku-) Leiter in der Elektrotechnik bestehen aus einem Stahlkern mit einem nahtlosen, mit dem Stahlkern fest verbundenen Kupfermantel.

Der Stahlkupferleiter darf nur eine Zugfestigkeit von höchstens 45 kp/mm² haben.

Der Kupferanteil beträgt je nach Verwendungszweck etwa 23 Gewichtsprozent (Staku 23) oder etwa 30 Gewichtsprozent (Staku 30). Der Kupfermantel soll überall gleichmäßig dick sein.

Der spezifische Widerstand darf bei 20° C

für Staku 23 nicht mehr als $\frac{1}{14{,}7} = 0{,}068 \frac{\Omega \cdot mm^2}{m}$

für Staku 30 nicht mehr als $\frac{1}{18{,}2} = 0{,}055 \frac{\Omega \cdot mm^2}{m}$

betragen.

Der Widerstand eines Stahlkupferleiters ändert sich für 1° Temperaturunterschied um etwa 0,41% seines Widerstandes bei 20° C.

Bei der Errechnung des Querschnittes aus dem gemessenen Widerstand wird zur Berücksichtigung der Drahtfestigkeit, der Abweichung in den Drahtdicken und der durch die Verseilung der Drähte bzw. die Verseilung der Adern bedingten größeren Länge für den spezifischen Widerstand der Rechenwert von

$$\frac{1}{14{,}4} = 0{,}069 \frac{\Omega \cdot mm^2}{m} \text{ benutzt.}$$

Zur Berücksichtigung der Drahtfestigkeit, der Abweichung in den Drahtdicken und der durch die Verseilung der Adern bedingten größeren Länge wird für den spezifischen Widerstand der Rechenwert von

$$\frac{1}{14{,}1} = 0{,}071 \frac{\Omega \cdot mm^2}{m} \text{ benutzt.}$$

Formpreßstoffe nach VDE 0320

1	2	3	4	5	6	7	8	9	10	11
		mechanische Eigenschaften			thermische Eigenschaften			elektrische Eigensch.		
Typ	Zusammensetzung (Bindemittel s. S. 63) Typ 212; 213; 914; X = Kalt- — sonst Warmpressung	Biegefestigkeit σbB mind. kp/cm²	Schlagzähigkeit σn mind. kpcm/cm²	Kerbschlagzähigkeit σk mind. kpcm/cm²	Formbeständigkeit nach Martens bis mind. °C	Zul. Dauerhöchsttemperatur °C	Glutfestigkeit mind. Gütegrad	Oberflächenwiderstand mind. Vergleichszahl	Spezifischer Widerstand mind. Ω cm	Die elektr. Verlustzahl tan δ höchstens
11 (11,5)	Phenolharz mit anorg. Füllstoff	500	3,5	1,0 (2,0)	150	150	4	8 (10)	—(10^{11})	—(0,1)
12 (16)		500 (700)	15,0	2,0 (15,0)				8 (7)	—(—)	—(—)
30 (30,5)	Phenolharz mit Holzmehl als Füllstoff	600	5,0	1,5	100	100	2	8 (10)	—(10^{11})	—(0,1)
31 (31,5)		700	6,0	1,5	125		3	8 (10)	—(10^{11})	—(0,1)
41	Phenolharz (20⋯25%) mit Holzmehl oder -spänen, Pechzusatz höchstens 5%	550	5,0	3,0	—	—	—	—	—	—
71 (74)	Phenolharz mit Textilfaser als Füllstoff	600	6,0 (12,0)	6,0 (12,0)	125	100	2	7	—	—
81	Phenolharz (≦ 25%) m. Hartpapierabfällen (gehärtet)	550	5,0	4,0	90	—	—	—	—	—
51 (54)	Phenolharz mit Zellstoff als Füllstoff	600 (800)	5,0 (8,0)	3,5 (5,5)	125	100	3	7	—	—
61	Phenolharz (≦ 25%) m. Hartgewebeabfällen (gehärtet)	550	5,0	4,5	90	—	—	—	—	—
131 (131,5)	Harnstoffharz mit organischem Füllstoff	600	5,0	1,2	100	65	3	10	—(10^{11})	—(0,1)
916 (917)	Naturharz, natürl. od. künstl. Bitumen mit anorganisch. Füllstoff	350 (250)	3,5 (1,5)	3,5 (1,5)	65	80	2 (1)	8	—	—
918	natürl. od. künstl. Bitumen m. anorg. Füllstoff	180	1,2	1,2	50	80	3	10	—	—
400 (400,5)	Acetylcellulose mit od. ohne Füllstoff	300	15,0	10,0	40	30	1	8 (10)	—(10^{11})	—(0,1)
212 (213)	Kunstharz mit Asbest und and. anorganisch. Füllstoff	350 (200)	2,0 (1,7)	1,5 (1,2)	150	180 (150)	4	8 (7)	—	—
914	nat. od. künstl. Bitumen m. Asbest u. a. anorg. Füllstoff	150	1,2	1,0	150	150	4	7	—	—
Y	Bleiborat mit Glimmer	1000	5,0	5,0	400	300	5	10	—	—
X	Zement od. Wasserglas m. Asbest u. a. anorg. Füllstoff	150	1,5	1,5	250	150	5	—	—	—

Anmerkung: Formpreßstoffe sind im allgemeinen keine Hochspannungsisolierstoffe. Alle Typen mit Ausnahme der Typen X und Y sind nicht als lichtbogenfest anzusprechen. Bei dauernder Einwirkung von hoher Luftfeuchtigkeit sind Formpreßstoffe mit organischer Füllung als Träger spannungführender Teile im allgemeinen nicht geeignet.

Nennstromstärken

Nennstromstärken in A nach DIN 43626

Schaltgeräte für Anlagen unter 1000 V			Schaltgeräte für Anlagen über 1000 V		Schmelzeinsätze f. Anlagen unter 1000*) V				Schmelzeinsätze f. Anlagen über 1000 V	
6	60	1000	200	3000	6,10	50	160	430	6	60
10	100	2000	400	4000	15	60	200	600	10	100
15	200	3000	600	6000	20	80	260	700	15	150
25	400	4000	1000	—	25	100	300	850	25	200
40	600	6000	2000	—	35	125	350	1000	40	—

*) ab 35 A insbesondere NH-Sicherungen.

bei Elektrizitätszählern nach VDE 0418

—	—	—	5	—	10
15	20	30	50	75	100
150	200	300	500	750	1000
1500	2000	3000	5000	7500	10 000

Stromstärke *I* in A bei Leistung *P* in kW

Für Gleichstrom ist I [in A] $= \dfrac{P\,[\text{in kW}] \cdot 1000}{U\,[\text{in Volt}]}$ Für Drehstrom ist I [in A] $= \dfrac{P\,[\text{in kW}] \cdot 1000}{U\,[\text{in Volt}] \cdot 1{,}732 \cdot \cos\varphi}$

N kW	Gleichstrom *U* 110 Volt	220 Volt	440 Volt	600 Volt	Drehstrom *U* 125 Volt cos φ 1,0	125 Volt 0,8	125 Volt 0,6	220 Volt cos φ 1,0	220 Volt 0,8	220 Volt 0,6	380 Volt cos φ 1,0	380 Volt 0,8	380 Volt 0,6	500 Volt cos φ 1,0	500 Volt 0,8	500 Volt 0,6
	Stromstärke *I* [in A]															
0,1	0,91	0,455	0,228	0,17	0,462	0,578	0,77	0,262	0,328	0,438	0,152	0,19	0,254	0,116	0,144	0,193
1,0	9,1	4,55	2,28	1,67	4,62	5,78	7,7	2,62	3,28	4,38	1,52	1,9	2,54	1,16	1,44	1,93
1,2	10,9	5,45	2,72	2,0	5,55	6,94	9,25	3,14	3,92	5,25	1,82	2,28	3,04	1,39	1,73	2,32
1,4	12,7	6,35	3,18	2,33	6,47	8,09	10,79	3,66	4,6	6,10	2,12	2,66	3,54	1,62	2,02	2,7
1,6	14,5	7,3	3,64	2,7	7,40	9,25	12,31	4,2	5,25	7,0	2,44	3,04	4,1	1,85	2,3	3,1
1,8	16,4	8,2	4,1	3,0	8,32	10,4	13,86	4,7	5,9	7,85	2,74	3,42	4,6	2,08	2,6	3,5
2,0	18,2	9,1	4,55	3,3	9,24	11,56	15,4	5,25	6,55	8,8	3,04	3,8	5,1	2,32	2,88	3,86
2,2	20,0	10,0	5,0	3,7	10,16	12,7	16,9	5,75	7,2	9,6	3,34	4,2	5,6	2,54	3,16	4,2
2,4	21,8	10,9	5,45	4,0	11,10	13,9	18,45	6,3	7,85	10,5	3,64	4,55	6,1	2,78	3,46	4,6
2,6	23,6	11,8	5,9	4,3	12,00	15,00	20,00	6,8	8,5	11,3	3,96	4,95	6,6	3,0	3,74	5,0
2,8	25,4	12,7	6,35	4,7	12,90	16,20	21,59	7,35	9,15	12,3	4,25	5,3	7,1	3,24	4,05	5,4
3,0	27,2	13,6	6,8	5,0	13,86	17,34	23,1	7,85	9,8	13,1	4,55	5,7	7,6	3,46	4,3	5,8
3,2	29,0	14,5	7,25	5,3	14,80	18,50	24,61	8,4	10,5	14,0	4,85	6,1	8,1	3,7	4,6	6,2
3,4	31,0	15,5	7,7	5,7	15,70	19,62	26,20	8,9	11,1	14,8	5,15	6,45	8,6	3,92	4,9	6,5
3,6	32,8	16,4	8,2	6,0	16,60	20,80	27,72	9,45	11,8	15,8	5,45	6,85	9,1	4,15	5,2	6,9
3,8	34,6	17,3	8,65	6,3	17,55	22,00	29,20	9,95	12,4	16,6	5,8	7,2	9,7	4,4	5,45	7,3
4,0	36,4	18,2	9,1	6,7	18,48	23,12	30,80	10,5	13,1	17,5	6,1	7,6	10,2	4,6	5,75	7,7
4,5	41,0	20,5	10,2	7,5	20,80	26,00	34,60	11,8	14,7	19,7	6,85	8,55	11,4	5,2	6,5	8,7
5,0	45,5	22,8	11,4	8,3	23,10	28,90	38,5	13,1	16,4	21,9	7,6	9,5	12,7	5,8	7,2	9,7
5,5	50,0	25,0	12,5	9,2	25,40	31,80	42,35	14,4	18,0	24,0	8,35	10,5	13,9	6,35	7,9	10,6
6,0	54,5	27,2	13,6	10,0	27,72	34,68	46,20	15.7	19,6	26,2	9,1	11,4	15,2	6,95	8,65	11,6
7,0	63,5	31,8	15,9	11,7	32,34	40,46	53,90	18,3	23,0	30,5	10,6	13,3	17,7	8,1	10,1	13,5
8,0	72,5	36,3	18,1	13,3	36,96	46,24	61,60	21,0	26,2	35,0	12,2	15,2	20,4	9,25	11,5	15,4
9,0	82,0	41,0	20,5	15,0	41,58	52,02	69,30	23,6	29,4	39,3	13,7	17,1	22,8	10,4	13,0	17,3
10,0	91,0	45,5	22,8	16,7	46,2	57,8	77	26,2	32,8	43,8	15,2	19,0	25,4	11,6	14,4	19,3
100	910	455	228	167	462	578	770	262	328	438	152	190	254	116	144	193

1. Bei kleineren und größeren Leistungen und Stromstärken ist der *n*-mal größere bzw. der *n*-mal kleinere Wert aufzusuchen und dann das Ergebnis durch *n* zu teilen bzw. mit *n* zu multiplizieren.

Beispiele: 1. Bei 220 Volt Gleichstrom und 4 kW Belastung fließen in jeder Leitung **18,2 A.**
2. Bei 220 Volt Drehstrom und 4 kW Belastung fließen in jeder Leitung bei $\cos\varphi = 0{,}8$ **13,1 A.**
3. Bei 10 000 Volt (20 × 500 Volt) Drehstrom und 400 kW (100 × 4 kW) Belastung fließen bei $\cos\varphi = 0{,}8$ in jeder Leitung $\dfrac{5{,}75 \cdot 100}{20}$ = **28,75 A.**
4. Bei 380 Volt Drehstrom und $\cos\varphi = 1$ zeigt der Strommesser 3 Amp. Für den Tabellenwert 3,04 Amp. findet man **2 kW** Belastung.
5. Das Wattmeter zeigt bei Drehstrom **10 kW**, der Strommesser **44 A**, der Spannungsmesser **220 Volt.** Der Leistungsfaktor $\cos\varphi$ beträgt dann **0,6.**

Bezeichnung	Zugfestigkeit σB kp/mm²	Brinellhärte ($F = 2{,}5 \cdot D^2$) Richtwert kp/mm²	Spezif. Widerstand bei 20°C $\varrho = \dfrac{\Omega \cdot mm^2}{m}$ Größtwert: Drähte und Rundaluminium	Profile*), Flachaluminium, Rohre, Bleche, Bänder und Streifen
E-Al F 7	7 bis 9	18	1/36 = 0,02778	1/35,4 = 0,02825
E-Al F 9**)	9 bis 13	28	1/35,4 = 0,02825	1/34,8 = 0,02874
E-Al F 13	13 bis 17	35	1/35,1 = 0,02849	1/34,5 = 0,02899
E-Al F 17	17 u. darüber	—	1/34,8 = 0,02874	1/34,2 = 0,02924

Halbzeug aus Aluminium

Rundstangen, Drähte (nicht für Freileitungen, isolierte Leitungen und Kabel), Rohre, Bleche, Bänder und Streifen nach DIN 40 501.

*) Die Größe der Querschnitte ist aus dem Gewicht des Halbzeuges unter Annahme einer Wichte von 2,7 kg/dm³ zu bestimmen.

**) Hierzu gehört auch die in DIN-Blättern genannte Gruppe Al F 11.

Wirkungsgrad elektrischer Maschinen s. auch S. 122···126

Gleichstromgeneratoren

Generatorgröße	1 PS erzeugt theoretisch	1 PS erzeugt wirklich	Wirkungsgrad	
10-kW-Maschine	736 Watt	625 Watt	0,85	im Mittel 0,88; bei sehr großen Maschinen 0,92
50-kW-Maschine	736 Watt	655 Watt	0,89	
100-kW-Maschine	736 Watt	670 Watt	0,91	

Gleichstrommotoren

Motorgröße	Bedarf für 1 PS theoretisch	Bedarf für 1 PS wirklich	Wirkungsgrad	
1-PS-Motor	736 Watt	1000 Watt	0,74	im Mittel 0,83
10-PS-Motor	736 Watt	875 Watt	0,84	
100-PS-Motor	736 Watt	805 Watt	0,91	

Anmerkung: Der Wirkungsgrad der Wechselstrommaschinen ist etwa gleich groß. — Bei **Gleichstrombetrieb** und **Wechselstrom für Lichtbetrieb** findet man die erzeugte Elektrizitätsmenge in Watt, indem man die an der Schalttafel abzulesende Voltzahl mit der Amperezahl multipliziert: **Wattzahl** $= U \cdot I$.

Bei einem **Wechselstromgenerator für Kraftbetrieb** ist die so errechnete Wattzahl noch mit einem durchschnittlichen „Leistungsfaktor" 0,8 bis 0,9 zu multiplizieren, da die Ablesung nur scheinbare Elektrizitätsgrößen ergibt; im Mittel: **Wattzahl** $= U \cdot I \cdot 0{,}86$.

Bei **Drehstromgeneratoren** kommt hierzu noch der „Verkettungsfaktor" 1,732.

Es wird für **Lichtbetrieb: Wattzahl** $= U \cdot I \cdot 1{,}732$, im Mittel für **Kraftbetrieb: Wattzahl** $= U \cdot I \cdot 0{,}86 \cdot 1{,}732 \approx U \cdot I \cdot 1{,}5$.

Die **Nutzleistung von Gleichstrommotoren** in **PS** wird überschlägig berechnet bei 110 Volt zu $I : 8$, bei 220 Volt zu $I : 4$, bei 440 Volt zu $I : 2$.

1. Beispiel: An der Hauptschalttafel einer elektrischen Gleichstromzentrale werden am Voltmeter 220 Volt und am Amperemeter 115 Ampere abgelesen. Der Wirkungsgrad der Maschine beträgt 0,88.
a) Wieviel Kilowatt (kW) erzeugt der Generator?
b) Wieviel PS ist die treibende Dampfmaschine stark?
Lösung: a) $220 \cdot 115 = 25\,300$ Watt $= 25{,}3$ kW.
b) $1{,}36 \cdot 25{,}3 \approx 34{,}4$ PS ohne elektrische Maschinenverluste.

Bei einem Wirkungsgrad 0,88 des Generators leistet die Dampfmaschine $34{,}4 : 0{,}88 \approx 39{,}1$ PS.

2. Beispiel: Bei Wechselstrom für Kraftbetrieb würden bei gleicher Ablesung und gleichem Wirkungsgrad die Leistungen betragen:
a) $220 \cdot 115 \cdot 0{,}86 = 21\,758$ Watt $\approx 21{,}8$ kW.
b) $39{,}1 \cdot 0{,}86 = 33{,}6$ PS oder $\frac{21{,}8 \cdot 1{,}36}{0{,}88} = 33{,}6$ PS.

3. Beispiel: Drehstrom für Lichtbetrieb:
a) $220 \cdot 115 \cdot 1{,}732 = 43\,820$ Watt $\approx 43{,}8$ kW.
b) $39{,}1 \cdot 1{,}732 \approx 67{,}7$ PS.

4. Beispiel: Drehstrom für Kraftbetrieb:
a) $220 \cdot 115 \cdot 1{,}732 \cdot 0{,}86 = 37\,685$ Watt $\approx 37{,}7$ kW.
b) $39{,}1 \cdot 1{,}732 \cdot 0{,}86 \approx 58{,}2$ PS.

5. Beispiel: Den Sammelschienen eines Kraftwerkes werden jährlich 240 000 kWh entnommen. Wieviel Tonnen (t) Kohle und wieviel m³ Wasser sind jährlich zum Betriebe erforderlich, wenn a) die elektrischen Verluste zwischen Generator und Sammelschienen 1% der Sammelschienenleistung betragen, b) der Wirkungsgrad des mit der Dampfmaschine gekuppelten Generators 92% ist, c) die Dampfmaschine für die Erzeugung einer PSh an der Welle im Betriebe 10 kg Dampf erfordert, d) der Verlust in der Dampfrohrleitung zwischen Kessel und Maschine 15% der Dampferzeugung der Kessel beträgt, e) mit 1 kg Kohle 7 kg Dampf erzeugt werden?

Lösung: $\frac{240\,000 \cdot 1{,}01 \cdot 10}{0{,}92 \cdot 0{,}736 \cdot 0{,}85 \cdot 1000} \approx 4200$ m³ Wasserverbrauch; $4200 : 7 = 600$ t Kohleverbrauch.

Grenzübertemperatur (°C) elektr. Maschinen u. Transformatoren (nach VDE 0530 u. 0532)

	Maschinen **)	Y	A	E	B	F	H	C
1	Alle Wicklungen mit Ausnahme von 2 u. 3	45	60	75	80	100	125	Andere Teile:
2	Einlagige Feldwicklungen allgemein	50	65	80	90	100	125	Nur beschränkt durch den Einfluß auf benachbarte Isolierteile
3	Zweilag. Feldwickl. in Volltrommelläufern							
4	Dauernd kurzgeschlossene nicht isolierte Wicklungen	Die Temp. darf die Wicklungen u. andere Teile nicht gefährd.						
5	Eisenkerne u. nicht mit der Wicklung in Berührung stehende Teile							
6	Eisenkerne m. eingebetteten Wickl.	wie die Wickl.						
7	Kommutatoren u. Schleifringe	mit Ausdehnungsthermo. gem.	60					
8		mit elektr. Thermometer gem.	70					
9	Gleit- u. Wälzlager	45	10	Wälzlag. m. Sonderfett	55			

	Transformatoren	A	Ao	E	B	F	H
1	Wicklungen	60	70	75	85	110	135
2	Öl in der obersten Schicht	—	60	—	—	—	—
3	Eisenkerne und andere Teile: Die Übertemperatur darf benachbarte Baustoffe einschl. Blech- und Bolzenisolierung nicht schädigen sowie die magn. Eigenschaften des Eisenkerns nicht verschlechtern						

**) Hierbei Voraussetzung einer Raumtemperatur < 40° C.

Wärmebeständigkeitsklassen der Isolierstoffe (nach VDE 0530 und 0532)

Kl.	Isolierstoff	Behandlung	DT*)
Y	Baum-, Zellwolle, Seide, Polyamid-Textilien, Papier, Preßspan, Vulkanfiber, Gummi	ungetränkt	90
A	wie vor, Drahtlack, synthetischer Gummi	getränkt m. organ. Bindemitteln	105
Ao	wie zu A, Drahtlack	unter Öl	115
E	Wärmebeständige Kunstfolien, Hartpapier, Lackpapier, Drahtlack	ungetränkt	120
	Papier	getränkt mit Kunstharzlacken	
	Schichtstoffe mit Papier, Baum- oder Zellwolle und Kunstharzen	—	
B	Anorganische Stoffe, wie Glimmer, Asbest, Glaserzeugnisse und ähnliche mineralische Stoffe	getränkt mit Kunstharzlacken	130
F		getränkt mit Silikonen und organ. Kunststoffen	155
H		getränkt mit reinen Silikonen	180
C	Glimmer, Porzellan, Glas, Quarz u. ähnl. feuerfeste Stoffe	ungetränkt ohne Bindemittel	> 180

*) DT = höchstzulässige Dauertemperatur in °C.

Chemische Wirkung des elektrischen Stromes

1 Ah (Amperestunde) scheidet aus (in g):

Stoff	Sauerstoff	Wasserstoff	Kupfer	Silber	Aluminium	Blei	Gold	Nickel	Zink	Zinn	Cadmium
g	0,2984	0,0376	1,186	4,025	0,3354	3,865	2,452	1,095	1,219	2,214	2,097

Galvanische Bäder: a = ruhende Bäder mit niedrigem, b = bewegte Bäder mit hohem Metallgehalt. Stromausbeute 87···94%. Tabellenwerte beziehen sich auf angegebene übliche Badzusammensetzungen. Badspannung gilt für ≈ 150 mm Elektrodenabstand. Eingestellt werden die Bäder nach der Stromdichte.

Badart für Überzüge		Badzusammensetzung g/l Wasser	Badsp. Volt	Stromdichte A/dm² a	Stromdichte A/dm² b	Badwärme °Celsius
Kupfer	alkalisch	50 CuCN, 20 KCN (99%ig), 40 $Na_2CO_3 + 10\,H_2O$	2···3	0,25···1	2···4	20···25
Kupferabdrucke (Klischees)	sauer	200 $CuSO_4$, 55 H_2SO_4 ($\gamma = 1{,}6$)	0,5···1,5	0,5···2	2···20	≈ 20
Nickel	sauer	70 $NiSO_4 + (NH_4)_2SO_4 + 6\,H_2O$, 20 $(NH_4)_2SO_4$, 5 $C_6H_8O_7 + 1\,H_2O$	2···2,5	0,3···0,35	1···4	≈ 20
	Schnellbad	240 $NiSO_4 + 7H_2O$, 20 $NiCl_2$, 240 Na_2SO_4, 30 H_3BO_3	2···3	1···4	5···8	35···70
Zinn	sauer	60 $SnSO_4$, 50 H_2SO_4, 20 Leim	0,5···0,8	—	0,5···2	35···40
	alkalisch	25 $SnCl_2$ in NaOH ($\gamma = 1{,}07$), 10 KCN (99%ig)	1,2	0,2	—	75···80
Zink	sauer	250 $ZnSO_4 + 7\,H_2O$, 20 $ZnCl_2$, 50 Na_2SO_4, 10 H_2SO_4	1,5···4,5	1···3,6	4···10	20···30
	alkalisch	50 $Zn(CN)_2$, 50 NaCN, 50 NaOH	8···15	1···2,5	2···6	≈ 50
Blei	sauer	143 $PbCO_3$, 250 HF (50%ig), 105 B_2O_3, 0,2 Leim	0,1···2	1···3	3···9	15···20
	alkalisch	20 K_2PbO_3, 6 KOH	3···4	0,5···1	1···2	80···85
Cadmium	sauer	120 $CdSO_4 + 8\,H_2O$, 5 H_2SO_4	≈ 5	2,5	—	20···30
	alkalisch	29 $Cd(CN)_2$, 37 KCN	≈ 4	2	—	35···40
Messing	alkalisch	40 $KCu(CN)_2$, 2 KCN, 1 Na_2CO_3, 40 $KZn(CN)_3$, 10 Na_2SO_4, 2 NH_4Cl	2,5···3,5	0,2···0,5	1···2	25···40
Bronze	alkalisch	150 $Cu(CN)_2$, 50 $Na_2SnO_3 + 3\,H_2O$, 15 NaCN	≈ 2,5	3,5	—	60···65
Chrom	sauer	350 CrO_3, 3 H_2SO_4	5···10	10···20	40···60	30···40
Silber		$AgNO_3$ mit Sonderzusätzen	1,2	0,5	—	20···30
Gold		Sonderbäder	1,2	0,1	—	20···30

Ammoniumchlorid	NH_4Cl	Kaliumkupfercyanid	$KCu(CN)_2$	Nickelchlorid	$NiCl_2 + 6H_2O$
Ammoniumsulfat	$(NH_4)_2SO_4$	Kaliumplumbat	K_2PbO_3	Nickelsulfat	$NiSO_4 + 7H_2O$
Bleicarbonat	$PbCO_3$	Kaliumzinkcyanid	$KZn(CN)_3$	Schwefelsäure	H_2SO_4
Boroxyd	B_2O_3	Kupfercyanid	$Cu(CN)_2$	Silbernitrat	$AgNO_3$
Borsäure	H_3BO_3	Kupfercyanür	CuCN	Zinkchlorid	$ZnCl_2$
Cadmiumcyanid	$Cd(CN)_2$	Kupfersulfat	$CuSO_4$	Zinkcyanid	$Zn(CN)_2$
Cadmiumsulfat	$CdSO_4 + 8H_2O$	Natriumcarbonat	Na_2CO_3	Zinksulfat	$ZnSO_4 + 7H_2O$
Chromsäure	CrO_3	Natriumcyanid	NaCN	Zinnchlorid	$SnCl_2$
Flußsäure	HF	Natriumhydroxyd	NaOH	Zinnsulfat	$SnSO_4$
Kaliumcyanid	KCN	Natriumstannat	Na_2SnO_3	Zitronensäure	$C_6H_8O_7 + 1H_2O$
Kaliumhydroxid	KOH	Natriumsulfat	Na_2SO_4		

Die Niederschlagsmenge G (in g) ergibt sich aus der Einheits-Niederschlagsmenge g (erste Zahlenreihe) durch Multiplikation mit der Stromstärke I (in Amp.) und mit der Zeit t (in Stunden): $G = g \cdot I \cdot t$.

1. Beispiel: Wieviel g Nickel werden von 30 Amp. in 8 Stunden aus einem Nickelbad ausgeschieden?
Lösung: $G = g \cdot I \cdot t = 1{,}095 \cdot 30 \cdot 8 =$ **262,80 g.**

2. Beispiel: Berechne für eine 0,2 mm = 0,02 cm dicke Verkupferung eines Gegenstandes von 10 dm² = 1000 cm² Oberfläche: a) Kupfermasse m in g ($\gamma = 8{,}9$); b) Ah-Verbrauch; c) Stromstärke bei 0,6 A/dm² (Stromdichte des ruhenden alkalischen Kupferbades); d) Einschaltdauer in Stdn.; e) kWh-Verbrauch; f) Generatorleistung in Watt.

Lösung: a) $m = 1000 \cdot 0{,}02 \cdot 8{,}9 =$ **178** g Kupfer; b) 178 : 1,186 = **150 Ah**; c) 10 · 0,6 = **6 A**; d) 150 : 6 = **25 Stdn.**; e) bei 3 Volt werden 150 · 3 = 450 Wh = **0,45 kWh** verbraucht; f) 3 · 6 = **18 W.**

Bei $\eta = 0{,}9$ Stromausbeute hätten wir: c) 6 : 0,9 = **6,67 A**; e) 0,45 : 0,9 = **0,5 kWh**; f) 18 : 0,9 = **20 W.**

Metallgewinnung durch Elektrolyse

Zur Erzeugung von 1 kg werden benötigt:

Aluminium . .	25 kWh	Natrium . . .	15 kWh
Magnesium . .	20 kWh	Zink und Nickel	4 kWh

Zink wird aus sauren Zinksulfatlösungen gewonnen (Stromausbeute 70%). Elektrozink ist Reinzink von 99,99% Reinheitsgrad. Cadmium wird als Nebenerzeugnis der Zinkelektrolyse gewonnen. Beryllium, Aluminium, Magnesium und die Alkalimetalle werden aus wasserfreien Salzschmelzen abgeschieden. Energieausbeute bei Schmelzfluß-Elektrolyse des Aluminiums rd. 35%.

Die elektrolytische Raffination bewirkt die Trennung eines Metalls von seinen Verunreinigungen und Beimengungen anderer Metalle. Rohkupfer enthält beispielsweise meistens einen kleinen Prozentsatz Silber. Das Silber geht in den Anodenschlamm über, der dann aufgearbeitet wird. Die elektrolytische Raffination bewirkt auch eine Trennung des Grund- und Plattierungsmaterials. Das Plattierungsmaterial wird anodisch abgelöst und katodisch ausgeschieden.

Anmerkung. Die Angabe, ob die Salze kristallisiert oder entwässert gebraucht werden, ist besonders wichtig bei Natriumcarbonat (Soda) und bei Natriumsulfat (Glaubersalz). Von diesen beiden Salzen hat das entwässerte den doppelten Wirkungswert des kristallisierten. Bei vielen anderen ist der Unterschied nicht so groß.

Bei Schwefelsäure, Kali- und Natronlauge ist Angabe der Wichte oder des Prozentgehalts wichtig.

Vorsicht beim Mischen von Schwefelsäure mit Wasser! Stets die Säure in das Wasser gießen, wobei starke Wärmeentwicklung eintritt. Niemals Wasser in Schwefelsäure gießen wegen Gefahr des Spritzens.

Schaltzeichen der Starkstrom- u. Fernmeldetechnik nach DIN 40704/719

Die früher getrennt genormten Schaltzeichen und Pläne der Starkstrom- und Fernmeldetechnik sind, soweit sie Gleichartiges darstellen, unter DIN 40704 bis 40719 zusammengelegt. Die für die Fernmeldetechnik außerdem genormten Zeichen sind unter DIN 40700 abschnittsweise nach Fachgebieten zusammengefaßt.

Die **Schaltzeichen** bestehen aus Aufbaugliedern. Sie zeigen eine vereinfachte Innenschaltung und sind meist allpolig dargestellt. Die **Schaltkurzzeichen** sind ohne Innenschaltung und meist einpolig. Beide Arten können in den Plänen auch nach rechts oder links gedreht gezeichnet werden. Die IEC-Nummern sind (z. T.) in Klammern beigefügt. Der **Übersichtsschaltplan** soll in großen Zügen eine Übersicht der zusammengeschalteten Maschinen, Geräte oder Anlagenteile (Netzplan) vermitteln. Allpolige Darstellung nur bei Teilen zur Erhöhung der Deutlichkeit, sonst einpolig.

Der **Stromlaufplan** macht die Schaltungen in ihrer Wirkungsweise kenntlich ohne Rücksicht auf ihre räumliche Lage. Er ist nach Stromkreisen aufgelöst und wird allpolig dargestellt unter tunlichster Vermeidung von Kreuzungen.

Der **Wirkschaltplan** enthält alle Klemmen und Hilfsleitungen zur leichten Erkennung der Stromwege.

Der **Anschlußplan** zeigt die Anschlußklemmen und die Anschlußleitungen in ihrer örtlichen Lage an der Verteilungsstelle.

Der **Installationsplan** im Hochbau zeigt die Leitungsverlegung einer Licht-, Kraft- oder Fernmeldeanlage lagerichtig in einem Gebäudegrundriß. Er enthält alle Angaben, die zur Leitungslegung nötig sind. Leitungen verschiedener Wichtigkeit, Spannung, Polarität oder Betriebsart können durch Liniendicke, Geräte verschiedener Leistung oder Wichtigkeit durch die Größe unterschieden werden. Bei einpoliger Darstellung wird Anzahl der Leiter oder Polzahl durch kurze, schräge Querstriche, Stromkreiszahl durch senkrechte Querstriche gekennzeichnet. Meßgrößen, Klemmenbezeichnungen, Kurzzeichen für isolierte Leitungen und Kabel, Leiterabmessungen, Leiter- und Gerätebestimmungen können eingetragen werden.

Der **Bauschaltplan** dient als Unterlage für die Fertigung und die Eingrenzung von Störungen. Es werden keine Schaltzeichen verwendet, sondern eine vereinfachte konstruktionsmäßige Darstellung. Die Bauteile werden mit sämtlichen Anschlußpunkten für die Beschaltung ihrer Lage entsprechend eingetragen. Der Plan kann durch Übersichtstabellen, Diagramme, Gruppenverbindungsskizzen und Drahttabellen ergänzt werden.

Gegenstand (Fachgebiete)	DIN	Seite
Fernmelde-, Fernsprech-, Telegrafen-, Funk- und Fernsehwesen	40700	92
Kurzzeichen	40701	—
Elektrowärme, -chemie, -statik . . .	40704	78
Kennzeichnung blanker Leitungen . .	40705	79
Stromrichter	40706	80
Meldegeräte (Empfänger).	40708	78
Spannung, Strom, Schaltarten . . .	40710	71
Leitungen und Leitungsverbindungen	40711	72
Allgemeine Schaltungsglieder	40712	73
Schaltgeräte	40713	74
Transformatoren, Drosseln, Strom- und Spannungswandler, Transduktoren .	40714	76
Maschinen	40715	81
Meßgeräte, Relais, Auslöser, Meßwandler	40716	82
Installationspläne	40717	85
Anschlußpläne	40718	87
Schaltpläne	40719	87

Spannung, Strom, Schaltarten

Wechselspannungssysteme nach DIN 40710

Nr.	Schaltzeichen	Benennung
		Spannung, Strom
1	—	Gleichstrom allgemein
2	~	Wechselstrom allgemein
3	~	Technischer Wechselstrom: gleiche Belastung der Leiter oder Wicklungsstränge
	~ 50 Hz	desgl. mit Frequenzangabe
		beliebige Belastung der Leiter oder Wicklungsstränge
4		Gleich- oder Wechselstrom (Allstrom)
5		Mischstrom
6		Tonfrequenz-Wechselstrom
7		Hochfrequenz-Wechselstrom
8		Höchstfrequenz-Wechselstrom
9,1		Modulierte Hochfrequenz, Wechselstrom allgemein, desgl. mit Angabe der Modulationsart, z. B. A = Amplitudenmodulation F = Frequenzmodulation
9,2	F	
9,3		desgl. m. unterdrücktem Träger
9,4		desgl. mit oberem Seitenband

Nr.	Schaltzeichen	Benennung
9,5		desgl. mit unterem Seitenband
9,6		desgl. mit 2 getrennt modulierten Seitenbändern
10		Kippstrom
11		Stromimpulse: Rechteckimpuls, Induktivimpuls Dreieckimpuls
12		Spannung mit Synchronisierimpuls, z. B. Bildspannung
13	1 ~ $16^2/_3$ Hz	Einphasen-Wechselstrom $16^2/_3$ Hz
14	2 ~	Zweiphasen-Wechselstrom, beliebige Belastung der Leiter oder Wicklungsstränge
15	3 ~ 50 Hz	Dreiphasen-Wechselstrom (Drehstrom) von 50 Hz: gleiche Belastung der Leiter oder Wicklungsstränge
	3/Mp ~ 50 Hz	desgl. mit Sternpunktleiter
16	2 —	Zweileitergleichstrom allgemein
	2/Mp —	desgl. mit Mittelleiter
17	n ~	*n*-Phasen-Wechselstrom beliebige Belastung der Leiter oder Wicklungsstränge

Die Schaltzeichen nach DIN 40710 bis 40712 gelten auch für die Fernmeldetechnik.

Spannung usw. nach DIN 40710 (Fortsetzung)

Nr.	Schaltzeichen	Benennung	Nr.	Schaltzeichen	Benennung
		Allgemeine Schaltarten:	23,5		Sternschaltung mit herausgeführtem Sternpunkt
18		Reihenschaltung	23,6		Zickzackschaltung
19		Parallelschaltung	23,7		V-Schaltung
20		Brückenschaltung	23,8		T-Schaltung (Scottsche Schaltung)
		Wechselspannungssysteme und ihre Schaltarten:			Sechsphasensystem:
21,1		Einphasensystem; Einzelstrang	24,2		Doppeldreieckschaltung
21,2		desgl. mit Hilfsphase	24,3		Sechseckschaltung
22,1		Zweiphasensystem; allg. Zweiphasen-Schaltung	24,4		Sechsfach-Sternschaltung
22,2		L-Schaltung	25,1		*n*-Phasensystem allg. *n*-Phasensystem
23,1		Drehstromsystem; allg. Dreiphasen-Schaltung, insbesondere offene Dreiphasen-Schaltung			*n*-Eckschalt. (Polygonschalt.)
23,2		Dreieckschaltung	25,2		*n*-fach-Sternschaltung
23,3		offene Dreieckschaltung	25,3		Drehstrom, Stern-Dreieck-Schaltfolge (Dahlanderschaltung)
23,4		Sternschaltung	26		Stranghälften in Reihenschaltg.
					Stranghälften in Parallelschalt.

Leitungen und Leitungsverbindungen nach DIN 40711

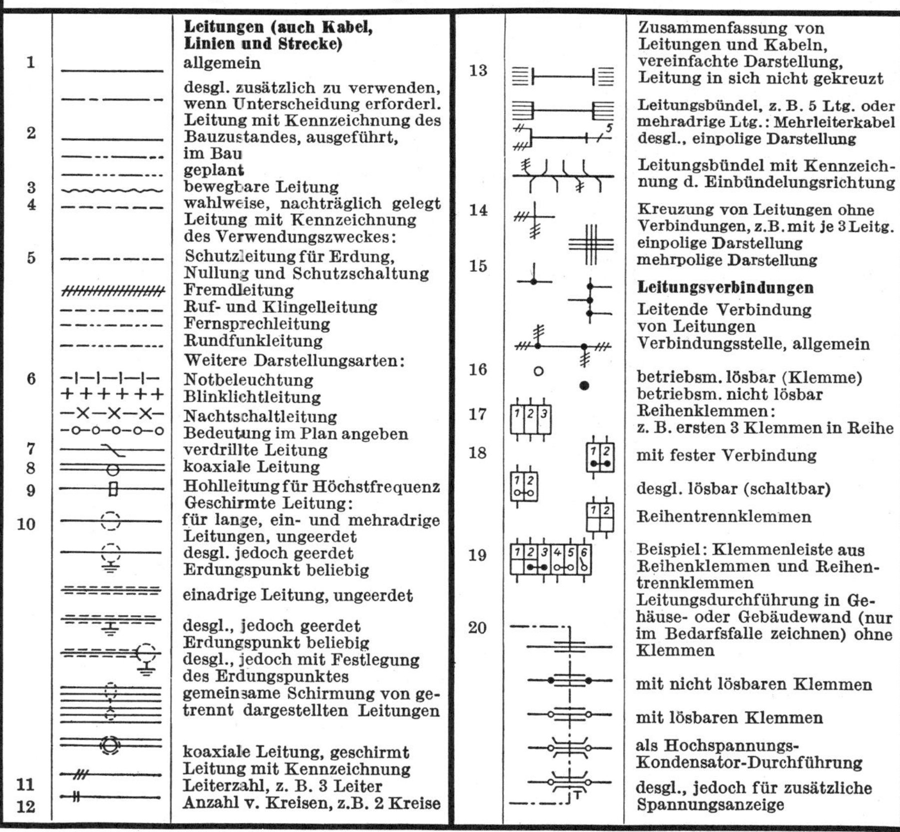

Nr.	Schaltzeichen	Benennung	Nr.	Schaltzeichen	Benennung
		Leitungen (auch Kabel, Linien und Strecke)	13		Zusammenfassung von Leitungen und Kabeln, vereinfachte Darstellung, Leitung in sich nicht gekreuzt
1		allgemein			Leitungsbündel, z. B. 5 Ltg. oder mehradrige Ltg.: Mehrleiterkabel
		desgl. zusätzlich zu verwenden, wenn Unterscheidung erforderl.			desgl., einpolige Darstellung
2		Leitung mit Kennzeichnung des Bauzustandes, ausgeführt,			Leitungsbündel mit Kennzeichnung d. Einbündelungsrichtung
		im Bau	14		Kreuzung von Leitungen ohne Verbindungen, z.B. mit je 3 Leitg. einpolige Darstellung
		geplant			mehrpolige Darstellung
3		bewegbare Leitung			**Leitungsverbindungen**
4		wahlweise, nachträglich gelegt	15		Leitende Verbindung von Leitungen
		Leitung mit Kennzeichnung des Verwendungszweckes:			Verbindungsstelle, allgemein
5		Schutzleitung für Erdung, Nullung und Schutzschaltung	16		betriebsm. lösbar (Klemme)
		Fremdleitung			betriebsm. nicht lösbar
		Ruf- und Klingelleitung	17		Reihenklemmen: z. B. ersten 3 Klemmen in Reihe
		Fernsprechleitung	18		mit fester Verbindung
		Rundfunkleitung			desgl. lösbar (schaltbar)
		Weitere Darstellungsarten:			Reihentrennklemmen
6		Notbeleuchtung	19		Beispiel: Klemmenleiste aus Reihenklemmen und Reihentrennklemmen
		Blinklichtleitung	20		Leitungsdurchführung in Gehäuse- oder Gebäudewand (nur im Bedarfsfalle zeichnen) ohne Klemmen
		Nachtschaltleitung			mit nicht lösbaren Klemmen
		Bedeutung im Plan angeben			mit lösbaren Klemmen
7		verdrillte Leitung			als Hochspannungs-Kondensator-Durchführung
8		koaxiale Leitung			desgl., jedoch für zusätzliche Spannungsanzeige
9		Hohlleitung für Höchstfrequenz			
		Geschirmte Leitung:			
10		für lange, ein- und mehradrige Leitungen, ungeerdet			
		desgl. jedoch geerdet Erdungspunkt beliebig			
		einadrige Leitung, ungeerdet			
		desgl., jedoch geerdet Erdungspunkt beliebig			
		desgl., jedoch mit Festlegung des Erdungspunktes			
		gemeinsame Schirmung von getrennt dargestellten Leitungen			
		koaxiale Leitung, geschirmt			
		Leitung mit Kennzeichnung			
11		Leiterzahl, z. B. 3 Leiter			
12		Anzahl v. Kreisen, z.B. 2 Kreise			

Allgemeine Schaltungsglieder nach DIN 40712

Nr.	Schaltzeichen	Benennung
1		Ohmscher Widerst. allg.*)
		desgl. mit Anzapfungen
	0°	rein Ohmscher Widerstand
2		Kapazitiver Widerstand: allgemein
		desgl. mit Anzapfung
	90°	rein kapazitiver Widerstd.
3		Induktiver Widerst. allg.*)
		desgl. mit Anzapfungen
	90°	rein induktiver
		wahlweise Darstellung
4		Scheinwiderstand (Phasenwinkel beliebig)
5		Kondensator: allgemein
		mit Darstellung des Außenbelages
		Durchführungskondensator
		Elektrolytkondensator gepolt
		desgl. ungepolt
6		Drosselspule, Wickl. allgemein
		desgl. m. Darst. Eisenkern
		desgl. m. Darst. Massekern
		desgl. m. Darst. Schirmung
		allgemein (wahlw. Darst.)
		desgl. m. Darst. Eisenkern
		desgl. m. Darst. Massekern
	Cu	desgl. m. Metallkern
		desgl. m. Darst. Schirmung
7	N S	Dauermagnet
8		Transformator, Übertrag., Wandler, allgemein
	a	a mit Eisenkern
	b	b ohne Kern
	c	c desgl. mit Luftspalt
	d	d mit Massekern
	e	e mit Schirmung
	f Cu	f mit Cu-Metallkern
		allgemein (wahlw. Darst.)
		mit Eisenkern
		mit Luftkern
		mit Massekern
		mit Schirmung
9		Kennzeichen für Einstellbarkeit
		stufige Verstellbarkeit
		stetige Verstellbarkeit
		selbsttätige Verstellbarkeit, stufig
		selbsttätige Verstellbarkeit, stetig
		Beispiele für Verstellbark.
10		Widerstand, stufig, verstellbar
		Spannungsteiler stetig verstellbar
		stetig sich selbst regelnder Widerstand, allgemein
	ϑ	desgl., z. B. Widerstandsänderung gleichsinnig mit Temperatur
	U	desgl., z. B. Widerstandsänderung entgegengesetzt der Spannung
		Kapazität, stetig verstellb.
		Induktivität, stet. verstellb.
		desgl. wahlweise Darst.
11	60 V	Galvanische Stromquelle (Element, Batterie), allgemein, auch Einzelzelle
	n	Batterie mit *n* Zellen
		stufig verstellbare Batterie
12	n_1 n_2	Batterie mit Anzapfung feste Anzapfung
13	n_1 n_2	stufig verstellb. Anzapfung
14	n_2 60V n_1	Batterie mit n_1 Zellen u. n_2 elektrolytisch. Gegenzellen
		Elektrolytische Stabilisationszelle
15	+ −	Thermopaar oder Thermosäule
16		photoelektr. Bauelement allgemein
17		Elektrisches Ventil, allg. Halbleitergleichrichter
18		Funkenstrecke
19		Überspannungsableiter: allgemein
		luftleer oder gasgefüllt
		Löschrohrableiter
20		Erdung, allgemein
	S	mit Angabe des Erdungszweckes z. B. Schutzerdung
21		Anschlußstelle für Schutzleitung nach VDE 0100
22		Masse, Körper, allgemein
	III	mit Darstellung des Potentials, z. B. III
23		Antenne, allgemein
		Dipol
		Kennzeichen für Hochfrequenzentstörung
24		Kennzeichen für Überschlag- oder Durchschlagstelle
25		Trennlinie
26		Umrahmung für Geräte

*) Seitenverhältnis 1:6 bis 1:3

8

Schaltgeräte nach DIN 40 713

Nr.	Schaltzch.	Benennung
1 A302 E 52	• a ○ b	A Schaltstücke a nicht, b lösbare Verbindung
A304	▾ a ▿ b	Wischschaltstück a nicht, b lösbar
E 53		eines Trenners
2 E 54		Festes, mittelbar betätigtes Schaltstück
		m. Kontaktangabe
3		m. verlängerter Kontaktgabe
		m. magnet. Blaswirkung
4		Offenstellung anstatt Schaltst.
5 E 54	a b c	Gegenschaltstück a ohne Anschluß b nicht lösb. Verb. c lösbare Verbind.
6 E 74	a b	Kupplungsschaltstück a Steckerstift, fest b „ beweglich
E 75	a b c	a Steckerhülse fest; b Steckerhls. bewegl.; c 2 bewegl. Schaltst.
7		Gegenschaltstück m. verlängerter Kontaktgabe
8 A 245 E 32	a b c	Stromabnehmer a stufig verstellb. b stetig verstellb. c bei Schleifringen
9		**Schaltglieder** Ausschaltglied Öffner
10 A310 A311		Einschaltglied Schließer
11		Umschaltglied m. Unterbrechung
A340		desgl. ohne Unterbrechung
12		Kurzausschaltglied unterbricht bei Bewegung in Pfeilrichtung
13		Kurzeinschaltglied, Wischer, Kontaktgabe in beid. Bew.-Richt.
		desgl. nur in Pfeilrichtung
14 A313		Beispiel eines zweipoligen Schließers
15 A330		Beispiel Dreistellenschalter

Nr.	Schaltzch.	Benennung
16	a c b	Beisp. Vierstellenschaltglied allgemein
	1 2 3 4 a b c	desgl. wahlweise
17	a b	Kennzeichen der Bewegungsrichtg. a einseitig rechts Rechtsdrehung b desgl. links
		n. beid. Richtung.
		n. 4 Richtungen
		n. allen Richtung.
18	1 2 3 4	Stellungsbezchng. m. Darstellung d. Bewegungsbahn
19	1 2 3 4	Bewegungsbahn zwisch. Stellung 2 u. 3 unterbroch.
20	1 2 3 4	Bewegung zwisch. Stellung 3 u. 4 nur entgegen dem Uhrzeigersinn
21 E 60	a b	Schaltstellung a b. einem Wechsl. b Zwillingsschließ.
		Antriebsglieder:
22		Handantrieb
		Fußantrieb
23		Nockenantrieb, allgemein
		kreisförmiger Nockenantrieb
24		Kraftantrieb allgemein
		Magnetantrieb
	M	Motorantrieb
		Druckluftantrieb
	P	Federspeicherantr. m. Handaufzug
25		Kurzunterbrechg. bei Leistungsschaltern m. allpoliger Kurzunterbrechung
		desgl. getrennt in einzelnen Polen (3 Pole)
	2×	desgl. m. zweimaliger Trennung

Nr.	Schaltzch.	Benennung
	3×	mit dreimaliger verzögerter Wiedereinschaltung
26		Mech. Zwischenglieder nebeneinander
		getrennt
		Schalter handbetätigt
27		selbsttätiger Rückgang
28		Raste allgemein
		eingerastet
		bei Bewegung rechts u. links einrastend
29		Lösbare Sperre allgemein
		nach rechts Rückgang gesperrt
		von Hand sperrbar
		magnetisch lösbar
30		lösbare Verriegelung
31		mech. Kupplung einseitig wirkend
		lösbar
		lösbar von Hand
		Leerlaufeinrichtg.
32		Schleppkupplung
		Rutschkupplung
		Schaltschloß
33		allgemein
		mit Hilfsauslöser
34		Stufenschritt allgemein
	15 1	magnet. Schrittschaltantrieb mit 15 Schritten
		Zeitverzögerung:
35	8 s	Betätigung nach rechts, z. B. 8 s
		desgl. nach links
		desgl. nach beiden Richtungen
36	80 Per/min	desgl. periodisch, z. B. 80 Per/min.
37		abnehmbarer Handantrieb z. Schutz geg. Fehlschaltg. allgem.
	1	m. Kennzeichng. der Schalterstell.

Schaltgeräte nach DIN 40713

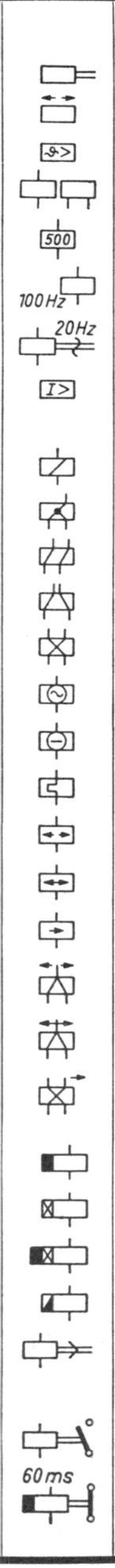

Nr.	Schaltz.	Benennung
		Schütze, Relais, Auslöser
38		selbst. Rückg. f. 2 Schaltstellg.
		f. 3 Schaltstellg.
		Angabe der Meßgröße
		elektromechan.
	500	desgl. m. Angb. d. Ohmschen Widerstandes
	100 Hz	desgl. Stromart u. Frequenz
	20 Hz	desgl. f. Resonanzrelais abgestimmtauf20Hz
	I>	desgl. elektr. Meßgröße
39		elektromech. Triebsystem m. 1 wirksamen Wicklung
		desgl. m. angezapfter Wicklg.
		2 Wicklungen gleichsinnig
		2 Wicklungen gegensinnig
		wattmetrisch wirkend
		mit Wechselstrom-Motor
		mit Gleichstrom-Motor
		elektrotherm.
40		gepolt, 3 Schaltstellg., selbsttät. Rückgang
		gepolt, 2 Schaltstellg. ohne selbstt. Rückg.
		dgl. in 1 Stromrichtung wirk., selbstt. Rückgg.
		3 Schaltstellg. Grundstellg. in d. Mitte, selbstt. Rückgang
		2 Schaltstellg. ohne selbsttät. Rückgang
		wattmetrisch in 1 Richtung selbstt. Rückg.
41 E203		Verzögerungen magn. Abfallvz.
		magn. Anzugsvz.
		magn. Abfall- u. magn. Anzugsvz.
		elektrotherm. Verzögerung
		mech. Verzög. bei Betätigung nach rechts
		Beispiele für Schützen und Relais
42 E201		elektromech. m. Schließer
203	60 ms	desgl. m. Öffner u. magn. Abfallverzög. 60 ms

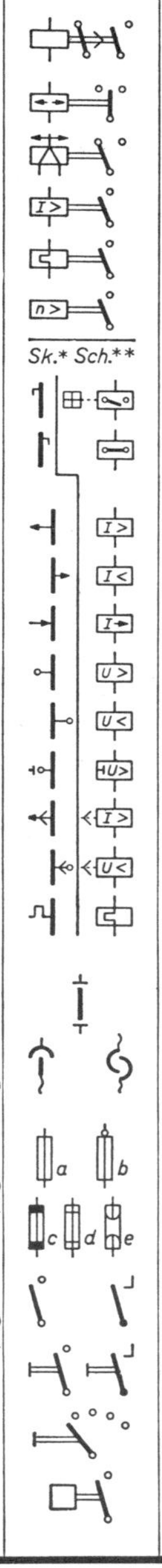

Nr.	Schaltzch.	Benennung
42		desgl. m. unvz. Öffner u. verzg. Schließer
		gepolt, 3 Schaltstellg., Grundstellg. Mitte, selbstt. Rückg.
		f. 2 Schaltstellg. ohne selbsttät. Rückgang
	I>	Überstromrelais
		desgl. elektrotherm. betätigt
	n>	Überdrehzahlrelais
	Sk.* Sch.**	Nichtmessende Auslöser
43		desgl. f. Arbeitsstrom mit Schaltschl.
		f. Ruhestrom
44	I>	Beispiel für messende Auslöser für Überstrom
	I<	Unterstrom
	I→	Rückstrom
	U>	Überspannung
	U<	Unterspannung
	U>	Fehlerspanng.
	I>	Überstrom mit Zeitverzögrg.
	U<	Unterspannung m. Zeitverzög.
		elektrotherm. Überstrom
		G Schaltgeräte Grundarten
		Trennlasche
45 A350		Steckvorrichtg.
46		**Sicherung**
47 A370 E101	a b	a allgemein b Klemme für netzseit. Anschl.
e = 48	c d e	c grob, d fein, e Durchschlag
49 A310 A311		Schalter
		Stellschalter handbetätigt m. 1 Schließer
		desgl. mit 5 Stellungen
		m. Kraftantrieb

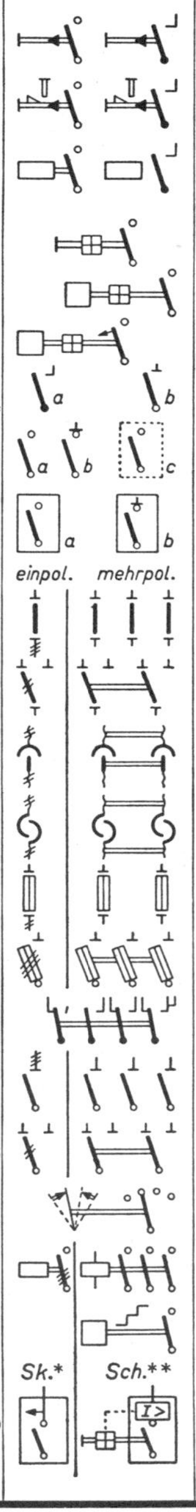

Nr.	Schaltzeichen	Benennung
51		Tastschalter, handbetätigt, Schließer
		desgl. mit Handsperre
		m. Triebsystem, Schütz, Relais, mit Schließer
52		Schloßschalter, handbetätigt, mit Schließer
		desgl. Kraftantrieb
53		desgl. m. Überstromauslöser
54 A354	a b	Schalter a geringe Stromst. b Leersch., Trenner
55 A311	a b c	Lastschalter a allgemein b Lasttrenner c Motorschalter
56	a b	Leistungssch. a allgemein b Leitungstrn.
57 A315	einpol. mehrpol.	**Schaltgeräte**
58		3 einpolige Trennlaschen
59		2 polige Trennlasche, umlegb.
60 E 76		2 pol. Stecker, beide Teile beweglich
		desgl. mit 2 gleichen Schaltstücken
		2 einpolige Trennsicherg.
		dreipoliger Sicherungstrenner
		vierpol. Schalt. mit Kontaktfedersätzen
		3 einpolige Trenner
65 A362		2 polig. Umsch.-Trenner
66		einpol. Mehrstellenschalter, 2 feste Stell., 2 Taststell.
67		dreipol. Schütz
68		Zweistellensch. mit magnet. Schrittschaltantrieb
69 A320	Sk.* Sch.** I>	einpoliger Leistungsschalt. m. Handantrieb und Überstromauslöser

8

Transformatoren und Drosselspulen nach DIN 40714 Bl. 1

Nr.	Sk	Schaltz.	Benennung
1			Drosselspule wahlweise
2 (500)			Transformator mit 2 getrennten Wicklungen
3			Transformator mit 3 getrennten Wicklungen
4 (520)			Spartransformator
5			Drosselspule stetig verstellbar
6 (550)			Transformator stufig verstellbar (betriebsmäßig)
7			Transformator, einstellbar, mit Kennzeichnung der einstellb. Wicklung
8 (560)			Spartransformator stetig verstellbar (Drehtransformator)
9			Drehstrom-Drosselspule in Sternschaltung
10	III		Drehstrom-Drosselspule in offener Schaltung stufig verstellbar
11	5000 V 100 kVA 16 2/3 Hz 500 V	5000 V 100 kVA 16⅔ Hz 500 V	Einphasen-Transformator 5000/500 V 100 kVA 16⅔ Hz
12	5000 V 1000 kVA 50 Hz 5% 2×250 V	5000 V 1000 kVA 50 Hz 5% 2×250 V	Einphasen-Transform. mit Mittelleiter 5000/2×250 V 1000 kVA, 50 Hz 5% Kurzschl.-spannung
13	5 kV 20 MVA 50 Hz 100 kV	5 kV 20 MVA 50 Hz 100 kV	Einphasen-Transformator 5-kV-Wicklung, einpol. geerdet 5/100 kV 20 MVA, 50 Hz
14	100 kV 20 MVA 50 Hz 7,5% 30 kV 20 MVA 15 kV 10 MVA	100 kV 20 MVA 50 Hz 7,5% 30 kV 20 MVA 15 kV 10 MVA	Einphasen-Transformator m. 3 Wicklung. 100/30/15 kV 20/20/10 MVA 50 Hz, 7,5% Kurzschl.-Spg. zw. 100/30 kV

Nr.	Sk	Schaltzeichen	Benennung
15 502.1	10000 V 100 kVA 50 Hz 231 V	10 000 V 100 kVA 50 Hz 231 V	Zweiph.-Transf. verkettet/unverk. 10 000/231 V 100 kVA, 50 Hz
16 503	75 kV 5000 kVA 50 Hz Yd 5 15 kV	75 kV 5000 kVA 50 Hz Yd 5 15 kV	Drehstrom-Trsfm. Schaltung Yd5 75/15 Kv, mit Sternpunktkl. 5000 kVA, 50 Hz
17	12000 V 500 kVA 50 Hz 400 V	12 000 kV 500 kVA 50 Hz 400 V	Drehstrom-Trsfm. Schaltung △/* 12 000/400 V Strangspannung 500 kVA, 50 Hz
18 503.3	12000 V 100 kVA 50 Hz Yz 5 400/231 V	12 000 V 100 kVA 50 Hz Yz 5 400/231 V	Drehstrom-Trsfm. Schaltung Yz 5 12 000/400/231 V 100 kVA, 50 Hz
19	100 ± 5×2 kV 20 MVA 50 Hz Yy 0 30 kV Yy 0 20 MVA 15 kV 10 MVA	100 ± 5 × 2 kV 20 MVA 50 Hz Yy 0 30 kV 20 MVA 15 kV 10 MVA	Drehstrom-Trsfm. m. 3 Wicklungen in Schaltung Yy 0 dav. eine einstellb. 100 ± 5 × 2/30/15 kV 20/20/10 MVA, 50 Hz
21	25 kV 64 MVA 50 Hz 115 + 13 × 1,7 kV	25 kV 64 MVA 50 Hz 115 × 13 × 1,7 kV	Drehstrom-Quertransformator 25/115 + 13 × 1,7 kV 64 MVA, 50 Hz stufig verstellbar, Winkeldifferenz zwisch. Haupt- u. Zusatzspanng. 60°
22	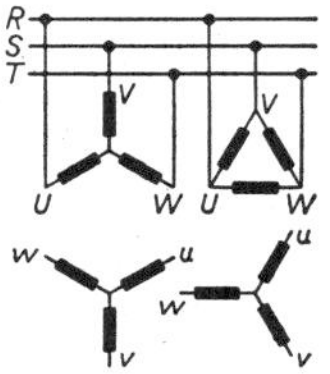 R S T V U W U V W w u v w u v		2 Drehstr.-Trsfm. mit um 30° gegeneinander phasenverschobenen Sekundärspannung., Schaltung Yy 6 bzw. Dy 5
23 521.1	7500 V 3000 kVA (Ndn) 50 Hz 6000 V	7500 V 3000 kVA (Ndn) 50 Hz 6000 V	Einph.-Spartrsfm. 7500/6000 V 3000 kVA Durchgangslstg. 50 Hz.
24 523.1	7500 ± 10 × 100 V 1500 kVA (Ndn) 50 Hz 6000 V	7500 ± 10 × 100 V 1500 kVA (Ndn) 50 Hz 6000 V	Drehstr.- Spartrsf. in Y-Schaltung, stufig verstellbar 7500 ± 10 × 100/6000 V 1500 kVA Durchgangsleistg. 50 Hz
25	Yy0	110 kV 3 × 80 MVA 50 Hz Yd 5 3 × 26,7 MVA Yd 5 220 V	Drehstr.-Transformatorsatz 110/220 kV, 240 MVA, 50 Hz besteh. aus 3 Einphasen-Transfm. u. 1 Reserve-Transform. je 80 MVA, m. Ausgleichswicklg. von je 26,7 MVA

Schaltzeichen nach DIN 40714, Bl. 2 und 3

(Bl. 2, Nr. 1···7 Stromwandler, Nr. 8···13 Spannungswandler; Bl. 3, Nr. 1···17 Transduktoren

Nr.	Kurzz.	Schaltzeichen	Benennung
			Blatt 2 Meßwandler
1		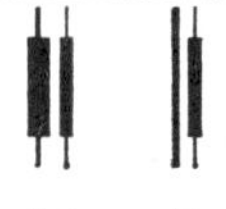	Stromwandler allgemein mit Darstellung der Primärwicklung
2			Stromwandler mit Anzapfung primärseitig sekundärseitig
3		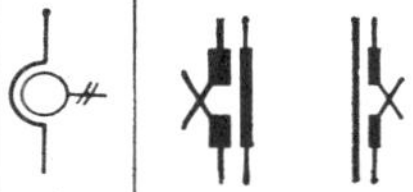	Stromwandler mit Umschaltbarkeit primärseitig sekundärseitig
	oder		
4			Stromwandler in Sparschaltung, abwärts u. aufwärts übersetzend
5			Summenstromwandler mit 3 Primärwicklungen
6			Stromwandler mit zwei Kernen
7		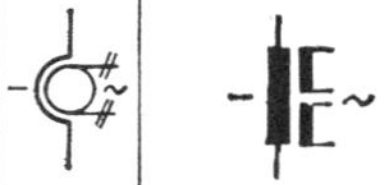	Gleichstromwandler
8			Spannungswandler allgemein wahlweise
9			Spannungswandler mit Anzapfung, primärseitig, sekundärseitig
10			Spannungswandler mit Umschaltbark. primärseitig sekundärseitig
11			Spannungswandler in Sparschaltung
12		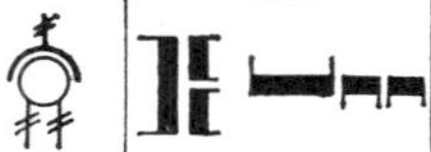	Spannungswandler mit zwei Sekundärwicklungen allgemein wahlweise
13		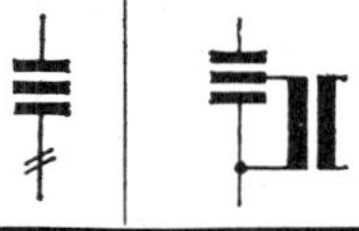	Kapazitiver Spannungswandler

Nr.	Kurzz.	Schaltzeichen	Benennung
			Blatt 3 Transduktoren*)
1			Sättigbare Drossel
2			**Transduktor-Drossel** mit einer Arbeits- und einer Steuerwicklung, allg.
			mit Angabe der Stromart für die Steuerwicklung, z. B. Gleichstrom
		300 Hz	mit Angabe der Arbeitsfrequenz
3			mit einer Arbeits- und mehreren Steuerwicklungen (bzw. Meßwicklungen), gekreuzte Darstellung
4			desgl. mit 2 Steuerwicklungen und zusätzlicher Kennzeichnung der Richtung der Steuerströme
5			desgl. mit einer Arbeitswicklung, magnetisiert durch Dauermagneten
6			desgl. durchflutungsgesteuert, stromsteuernd
7			desgl. durchflutungsgesteuert, spannungssteuernd durch Selbstsättigung
			Transduktor
9			stromsteuernd, z. B. aus zwei Transduktordrosseln
10		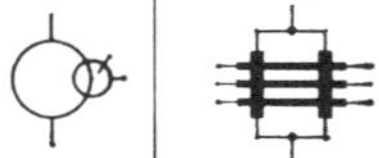	desgl. durchflutungsgesteuert, stromsteuernd, für Wechselstromausgang, z.B. mit 3 Steuerstromkreisen
12		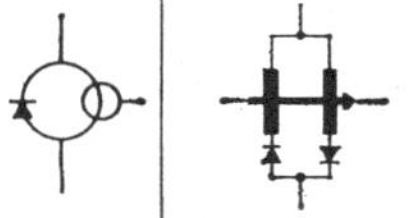	desgl. durchflutungsgesteuert,spannungssteuernd, für Wechselstromausgang
13			desgl. durchflutungsgesteuert, spannungssteuernd, für Gleichstromausgang
			getrennte Gleichrichtung
		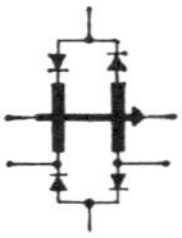	Brückenschaltung
17		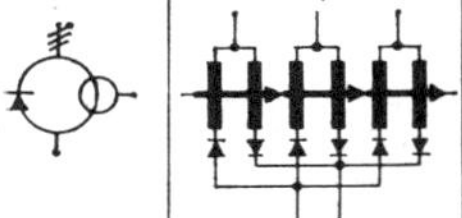	Transduktor, durchflutungsgesteuert, spannungssteuernd, für Gleichstromausgang, Drehstrombrückenschaltung, mit einem Steuerkreis

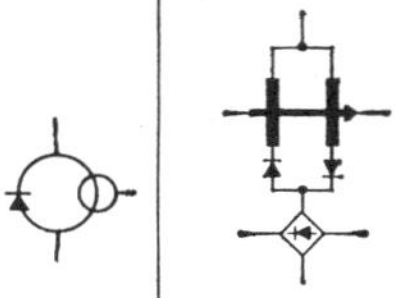

*) Hierunter fallen magnetische Verstärker, Gleichstromwandler u. ä.

8

Ind. Elektroanwendung nach DIN 40704, Bl. 1

(Nr. 2···10 Elektrowärme, Nr. 11, 12 Elektrochem., Nr. 13 Elektrostat.

Nr.	Schaltz.	Benennung
1.2	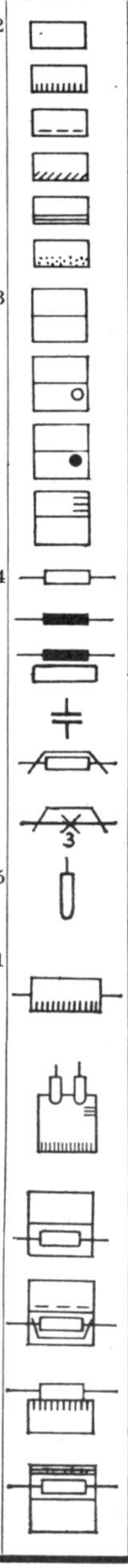	Erwärmungsgut allgemein
		Glühgut, Ausbackgut
		z. B. zur Oberflächenhärtung
		Schmelzgut
		flüssiges Gut
		Verdampfungsgut
1.3		Raum mit Erwärmungsgut, allgemein
		unter Vakuum
		unter Gas
		Heizraum mit Flüssigkeitsfüllung
1.4		Heizwiderstand
		Heizinduktor
		desgl. f. indirekte Erwärmung
		Kondensator für dielektrische Erwärmung
		Infrarot-Dunkelstrahler
	3	desgl. mit 3 Einsätzen
1.5		Tauch- od. Lichtbogenelektrode
2.1		Beispiele für Widerstandsheizung unmittelbar z. B. Stangenerwärmung
		Erwärmung durch Wärmeleitung z. B. Elektrodensalzbad
		z. B. Heizkessel f. Flüssigkeiten
		z. B. Heizplatte
		Erwärmung durch Wärmestrahlung, z. B. Trockenofen mit Infrarot-Dunkelstrahler
		z. B. Gaserhitzer
	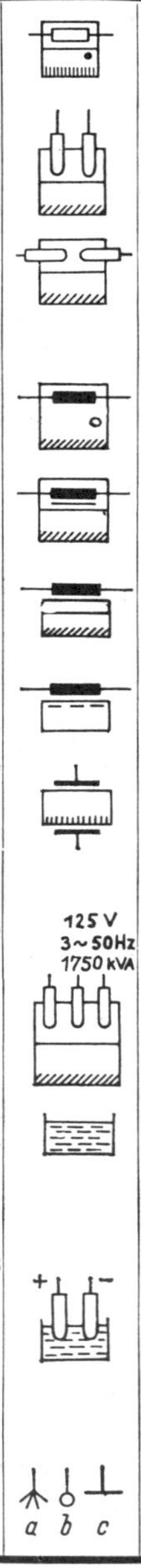	mittelbar, z. B. Glühofen, Glühgut unter Schutzgas
2.2		Beispiele f. Lichtbogenheizung, z. B. Schmelzofen
		z. B. Schmelzofen
2.3		Beispiele für Induktionsheizung Tiegel-Schmelzofen Erwärmungsgut und Heizinduktor unter Vakuum
		Rinnenschmelzofen
		induktiv beheizter Spritzzylinder für Thermoplaste
		Induktionsheizung zur Oberflächenvergütung
2.4		Beispiel f. dielektrische Erwärmung zur Folienschweißung und Preßmassenvorwärmung
2.5	125 V 3~50Hz 1750 kVA	Beispiele f. zusätzliche Kennzeichnung. Lichtbogenschmelzofen mit Angabe der elektrischen Kenngrößen, z. B. Drehstrom 125 V 50 Hz 1750 kVA
3.1		Elektrolysebad
3,2	+ −	Beispiel f. Elektrolyse, Elektrolysebad oder Bad für galvanische Oberflächenbehandlung, mit 2 Elektroden
4.1	a b c	Elektrode; a mit Korona b ohne Korona c Niederschlagselektrode

Meldegeräte (Empfänger) nach DIN 40708

Nr.	Kurzz.	Schaltz.	Benennung
1 E 221	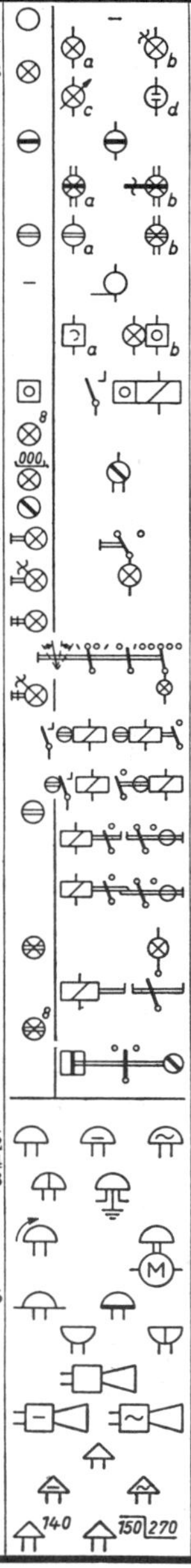	−	**Sichtmelder**, allg.
2 E 223		a b c d	Leuchtmelder, allg., a mit Glühlampe; b blinkend; c mit Verdunkelungsschalter; d mit Glimmlampe
3		a b	Melder mit selbstt. Rückg. Zeigermelder, Schauzeich. Winker; a leucht., b schwing.
4	−	a b	Melder ohne selbstt. Rückgang, Zeigermelder, Fallklappe; a leuchtend
5		a b	Aufzeichn. bes. Melder a Zählwerk b mit Leuchtmelder
6 7			elektromech. mit Schließer (Gesprächszähler)
8	8		Mehrfachleuchtmelder (8 Meldungen)
	000		3stelliger Nr.-Melder
9			Mehrfachzeigermelder mit 1 Ruhe- und 2 Arbeitsstell.
			Quittiermelder, -schalter, allgem.,
			desgl. blinkend
10			Steuerquittierschalter, allgemein
			blinkend
11			Fallklappe mit 1 Schließer, vom Triebsystem betätigt
			desgl., von Fallklappe betätigt
			desgl. mit 1 Schließer vom Triebsystem, 1 Wechsler, von Fallklappe betätigt
			Rückstellung bei stromlosem bzw. erregtem Triebsystem
			Leuchtmelder ohne selbsttätige Löschg. z. B. Lichtfachrelais
	8		desgl. für 8 Meldungen
			3 Stellen-Zeigermelder, druckluftbetätigt mit Hilfsschalter
14			**B Hörmelder**
E 211 E 212			Wecker, allgemein desgl. mit Stromartangabe
E 214 E 213			Einschlagwecker, Gong für Sicherheitsschaltung
			mit Ablaufwerk
		M	Motorwecker
E 215			Fortschellwecker
15			Wecker m. Sichtmeld.
			Schnarre und Summer
16			Hupe, Horn, allgem.
			desgl. mit Stromartangabe
17			Sirene allgemein
			desgl. mit Stromart
		140	desgl. m. Tonh. (140 Hz)
		150 270	desgl. mit Heulton, zwischen 150 und 250 Hz schwankend

Starkstrom-Schaltanlagen

Kennzeichnung blanker Leitungen nach DIN 40 705

Zur Erhöhung der Übersichtlichkeit sollen alle blanken Leitungen farbig gestrichen sein.

Energieübertragungsleitungen (auch geerdete)

Stromart		Leiter	Hauptfarbe	farb. Register
Gleichstrom		P N Mp	rot (rt) blau (bl) weiß (ws)	RAL 3000 RAL 5009 RAL 9002
Drehstrom		R S T Mp	gelb (ge) grün (gn) lila (li) weiß (ws)	RAL 1012 RAL 6010 RAL 4001 RAL 9002
Einphasen-Wechsel-strom	nach IEC	R S	gelb (ge) grün (gn)	RAL 1012 RAL 6010
	für Bahnanl.	R T	gelb (ge) lila (li)	RAL 1012 RAL 4001
Zweiphasen-Wechselstrom (Dreileiter)		R S TQ	gelb (ge) grün (gn) lila (li)	RAL 1012 RAL 6010 RAL 4001

Sind solche Leiter unmittelbar geerdet, so erhalten sie ihre Hauptfarbe und zusätzlich schwarze (sw, RAL 9005), oder bei hellem Hintergrund auch graue (gr, RAL 7002) Querstreifen (z. B. rt/sw).

Erdungsleitungen und Schutzleitungen

Erdungsleitungen, die von einem **Leiter zur Erde** führen, erhalten als Hauptfarbe schwarzen (sw, RAL 9005) oder grauen (gr, RAL 7002) Anstrich und dazu Querstreifen in der Farbe des geerdeten Leiters (z. B. sw/rt).

Schutzerdungsleitungen und **Schutzleitungen** erhalten einen schwarzen (sw) oder grauen (gr) Anstrich.

Betriebserdungsleitungen erhalten als Hauptfarbe weißen (ws) Anstrich mit schwarzem (sw) oder grauem (gr) Querstreifen (z. B. ws/sw).

Sonderzweckleitungen

Ausgleichsleiter (z. B. bei Gleichstrommaschinen mit Verbunderregung) erhalten einen Anstrich in der Hauptfarbe des Leiters, dessen Potential sie annähernd besitzen, und außerdem weiße Querstreifen (z. B. bl/ws). Leitungen, die abwechselnd verschiedene Polarität haben (z. B. Polumschalter), werden abwechselnd mit den entsprechenden Farben der Leiter gestrichen.

Ausführungsrichtlinien

Querstreifen bei Erdungsleitungen bedeuten immer, daß diese Leitungen als Betriebserdung mitbenutzt werden und nicht ohne weiteres unterbrochen werden dürfen.

Die blanken Leitungen sind auf der ganzen sichtbaren Leitungslänge zu streichen.

Bei Leitungsseilen und Leitungen in Freiluftanlagen genügt die farbige Kennzeichnung an den Anschlußstellen oder Aufhängepunkten.

Die Querstreifen von etwa 10 mm Breite, die zusätzlich zu der Hauptfarbe nötig sind, sollen in Abständen von etwa 500 mm angebracht werden.

Zur Kennzeichnung der Leitungen sind Farben nach dem RAL-Register zu verwenden, die möglichst haltbar sein sollen.

Die einmal gewählte Farbe muß in der ganzen Anlage beibehalten werden.

Außer der Kennfarbe sollen die Leiter, wenn zur Kennzeichnung erforderlich, mindestens an ihren Enden das Gleichstromzeichen Nr. 1 nach DIN 40 710 oder das Wechselstromzeichen Nr. 2.1 nach DIN 40 710 erhalten.

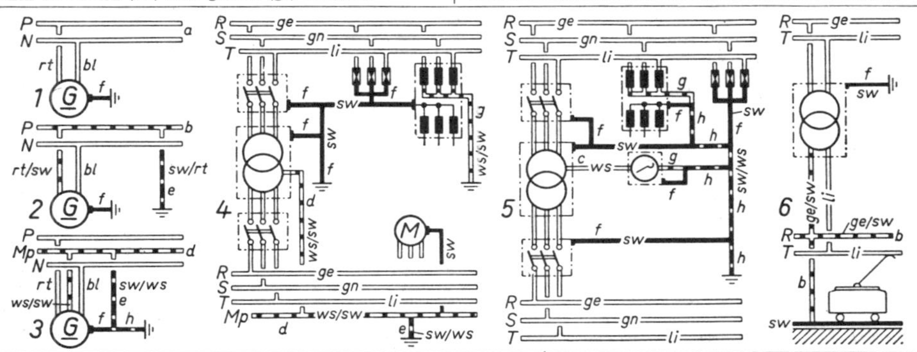

Elektrische Ausrüstung einer Gaststätte

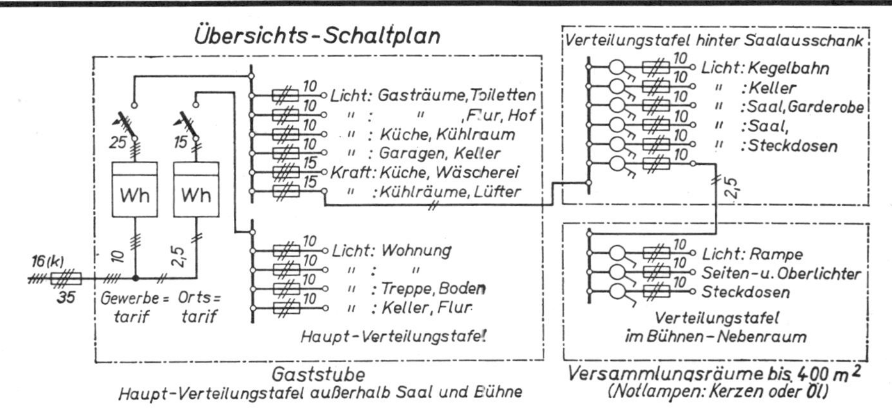

8

Stromrichter nach DIN 40706

Nr.	Schaltz.	Benennung
1		Gleichrichter, elektrisches Ventil, allgem.
2		Halbleitergleichrichter
3		Gas- oder dampfgefülltes Entladungsgefäß mit Glühkathode
4		Schaltglied f. Kontaktstromrichter, allgem.
5		Gasgefülltes Entladungsgefäß m. Kaltkathode u. Steuergitter
		mit Kaltkathode, Zünd- und Erregeranode
		desgl. und Darstellung der Gasfüllung
6		Einanoden-Entladungsgefäß mit Quecksilberkathode u. Dauererregung mit Zünd- u. Erregeranode
		m. Zünd- u. Erregeranode, Steuergitter u. indirekter Heizung der Hauptanode
		m. kombinierter Zünd-Erregeranode und Steuergitter
7		Einanoden-Entladungsgefäß mit Quecksilberkathode u. Stiftzündung mit Zündstift
		mit Zündstift, Erregeranode und Steuergitter

Nr.	Schaltkurzzeichen	Schaltzeichen	Benennung
8			Mehranodiges Entladungsgefäß mit Quecksilberdampfgefäß, mit 6 Anoden, 6 Steuergittern, 1 Zündanode, 2 Erregeranoden
9			Gefäßsatz mit 6 Entladungsgefäßen mit je 1 Anode mit indirekter Heizung, 1 Steuergitter, 2 Erregeranoden, 1 Zündanode
10			Gleichrichter mit dampfgefülltem Glühkathodengefäß, Einwegschaltung
11			Halbleitergleichrichter, Mittelpunktschaltung
12			Halbleitergleichrichter, Brückenschaltung
13			Stromrichter, dreiphasige Stern- oder Mittelpunktschaltung
14			Stromrichter, Doppel-Dreiphasen-Stern- oder Mittelpunktschaltung mit Saugdrossel
19			Kontakt-Gleichspannungsumsetzer

Elektrische Ausrüstung für Schulen

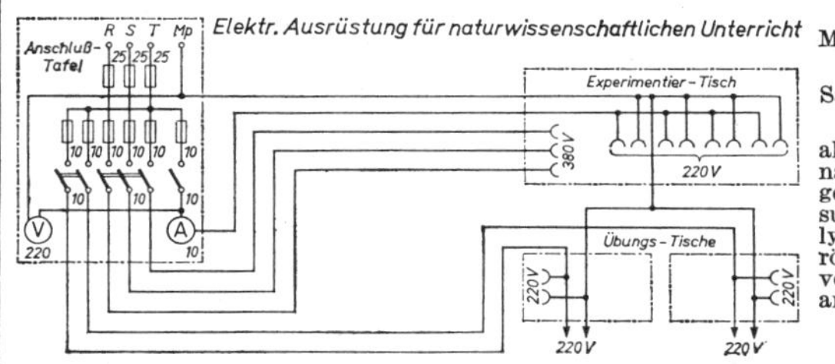

Elektr. Ausrüstung für naturwissenschaftlichen Unterricht

Festeingebaute Geräte: Schalttafeln, Maschinen und Akkumulatoren.

Ortsveränderliche Geräte: Lehrmittel, Sammlungen.

Stromart: Im physikalischen Unterricht für alle Versuche der Elektrizitätslehre (mit Ausnahme der Behandlung der Wechselstromgesetze) wird Gleichstrom bevorzugt. Für Versuche über Elektromagnetismus und elektrolytische Vorgänge sowie mit der Elektronenröhre ist Gleichstrom unentbehrlich. Für Meßversuche der Stromwärme sind beide Stromarten geeignet.

Spannung: Allgemein bis zu 12 oder 20 Volt.

Stromstärke: Allgemein bis zu 10 Ampere.

Bei Versorgung aus öffentlichem **Drehstromnetz:** Für Versuche mit Wechselstrom nur kleine Transformatoren (Schultransformator nach Wilh. Volkmann) nötig. Für Versuche mit Gleichstrom sind Röhren- und Quecksilberdampf-Gleichrichter wenig geeignet. Besser sind Trockengleichrichter (Sperrschichtgleichrichter) für Spannungen von einigen Volt (Anschluß an den Schultransformator) und für Netzspannungen von 220 Volt.

Vorteil der Wechselstromversorgung: Wegfall der Spannungsstellwiderstände, daher kleine Anschlußtafel (siehe Skizze). Schultransformator und Schultrockengleichrichter sowie etwaige Stromsteller sind kleine, ortsveränderliche Geräte.

Anschluß gezeichnet für Drehstrom-Vierleiter.

Schaltzeichen für Maschinen nach DIN 40715*) (Nr. 1.1···1.22 Aufbauglieder und Grundarten, Nr. 2.1.1···2.1.6 Drehstrom-Induktionsmasch., Nr. 2.2.1···2.2.6 Einphasen-Induktionsmasch.)

Nr.	Kurzz.	Schaltzeichen	Benennung
1.1		od.	Ständer Ständerwicklung
1.2			Ständer mit zwei selbständigen Wicklungen. Schaltkurzz. wird nicht angewendet auf Gleichstrommaschinen
1.3		oder	Kompensationswicklung
1.4		od.	Wendepolwicklung
1.5			Dauermagnet
1.6			Ringerregerwicklung im Ständer bzw. Läufer
1.7			Läufer, insbes. mit verteilter Wicklung
1.11			Käfigläufer (auch Stromverdrängungs- u. Doppelkäfigläufer)
1.8			Läufer mit konzentrierter Wicklung (ausgeprägte Pole)
1.9			Läufer mit 2 getrennten, verteilten Wickl.
1.10			wie 107, eine Wicklung konzentr. angeordnet
1.12			Schleifringläufer mit Kurzschließer und Bürstenabheber
1.13			Läufer mit Wicklung, Stromwender und Bürsten
1.15			Zackenrad für Mittelfrequenz und Reaktionsmasch.
1.17	G	M	Generator G Motor M, allgemein
1.18		M G	Motorengenerator
1.19		M-G	Umformer, insbes. Einankerumformer
1.20	G	M	Gleichstr.-Generator Gleichstr.-Motor, allg.
1.21		G 3~ M 3~	Drehstrom-Generator bzw. -Motor
1.22	G 1~	M 1~	Einphasen-Wechselstrom-Generator bzw. -Motor
1.24		M M	Gleichstrom-Doppelmotor
2.1.1	3~Y M 2~	M 2~	Motor mit zweisträngigem Schleifringläufer, Ständerwicklung in Sternschaltung
2.1.2	3~△ M	M	Motor mit dreisträngigem Schleifringläufer, Kurzschließer u. Bürstenabheber m. Handantrieb und Hilfsschalter, Ständerwicklung in Dreieckschaltung
2.1.3	M 3~Y	M	Motor mit Käfigläufer, Ständerwicklung in Sternschaltung
2.1.4	M 3~III	M	Motor mit Käfigläufer, alle 6 Wicklungsenden herausgeführt z. B. zur Stern-Dreieckschaltung
2.1.5	3~ M 8/4 P	8/4 P M	Motor mit Käfigläufer und Polumschalter nach Dahlander
2.1.6	3 4 3 3~ M 8/4+6P	8/4 P 6 P M	Motor mit Käfigläufer und 2 getrennten Wicklungen zur Polumschaltung von 8 auf 4 bzw. 6 Pole
2.2.1		M	Motor mit Käfigläufer ohne Anlaufwicklung, nicht selbstanlaufend
2.2.2	M 1~	M	Motor mit Käfigläufer u. induktiv gekoppelter Kurzschluß-Anlaufwicklung im Ständer, selbstanlaufend
	M 1~	M	
2.2.3		M	Motor mit Käfigläufer und Anlaufwicklung im Ständer, mit Kondensator
2.2.4	M 1~	M	Drehstrom-Motor mit Käfigläufer u. Dreieckschaltung im Ständer, einphasig angeschlossen mit Kondensator
2.2.5		n M	Motor mit Käfigläufer und Anlaufwicklung im Ständer mit Betriebs- und Anlaßkondensator
2.2.6	1~ M 3~	t M 3~	Motor mit dreisträngigem Schleifringläufer und Anlaufwicklung im Ständer mit ohmschem Widerstand

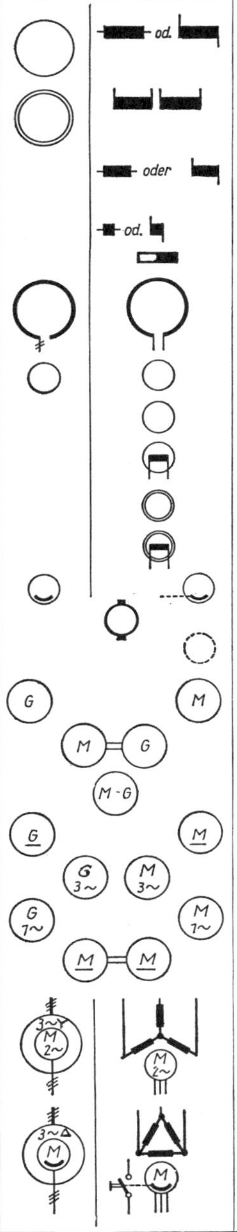

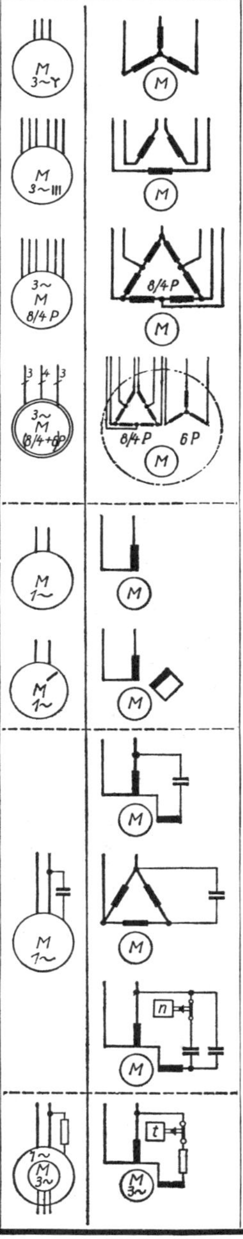

*) Siehe Erläuterung S. 83

Schaltzeichen für Maschinen nach DIN 40715

(Nr. 3.1.1···3.1.7 Drehstrom-Synchronmaschinen, Nr. 3.2.1···3.2.4 Einphasen-Synchronmaschinen, Nr. 3.3.1···3.3.3 Mittelfrequenzmaschinen, Nr. 4.1.1···4.1.4 Gleichstrom-Nebenschlußmaschinen, Nr. 4.2.1···4.2.5 Gleichstrom-Reihenschlußmaschinen, Nr. 4.3.1···4.3.6 Gleichstrommaschinen mit besonderer Erregungsart)

Nr.	Kurzz.	Schaltzeichen	Benennung
3.1.1			Generator m. Walzenläufer (Turbogenerator), ohne Dämpferkäfig, Ständerwicklung in Sternschaltung mit Sternpunktleiter
3.1.2			Generator m. Walzenläufer und Dämpferkäfig. Alle Enden der Ständerwicklung herausgeführt
3.1.3			Generator mit ausgeprägten Polen (Innenpolmaschine), Ständerwicklung in Dreieckschaltung
3.1.4			Motor mit ausgeprägten Polen (Innenpolmaschine) und Anlaufkäfig, Ständerwicklung in Sternschaltung
3.1.7			Generator mit Dauermagneterregung (z. B. Drehzahlgeber)
3.2.1			Generator mit ausgeprägten Polen und Dämpferkäfig
3.2.2			Generator mit ausgeprägten Polen im Ständer (Außenpolmaschine) mit Querfelddämpfung
3.2.4			Motor mit Zackenrad und Dämpferkäfig (Reaktions- oder Reluktanzmotor)
3.3.1			Einphasen-Generator mit Ringerregerspule im Läufer
3.3.2			Drehstrom-Generator mit Ringerregerspule im Ständer
3.3.3			Einphasen-Generator, Bauart nach *Schmidt* oder *Guy*, mit mehrpoliger Erregerwicklung im Ständer

Nr.	Kurzz.	Schaltzeichen	Benennung
4.1.1			Gleichstrom-Generator
4.1.2			Generator, Wendepolwicklung einseitig zum Anker
4.1.3			Generator, Wendepolwicklung symmetrisch zum Anker aufgeteilt
4.1.4			Generator, Kompensations- und Wendepolwicklung einseitig zum Anker geschaltet
4.2.1			Gleichstrom-Motor
4.2.2			Motor, Wendepolwicklung, einseitig zum Anker geschaltet
4.2.3			Motor, Wendepolwicklung symmetrisch zum Anker aufgeteilt
4.2.5			Motor, Kompensations- und Wendepolwicklung symmetrisch zum Anker aufgeteilt
4.3.1			Gleichstrom-Generator, fremderregt
4.3.2			Generator, fremderregt, mit Reihenschlußerregung
4.3.3			Doppelschluß-Generator mit Reihenschlußerregung
4.3.4			Doppelschlußmotor mit Reihenschlußerregung
4.3.5			Generator mit Fremderregung, Selbsterregung und Gegen-Reihenschlußerregung (Kraemer-Dynamo)
4.3.6			Generator mit Dauermagneterregung (z. B. Drehzahlgeber)

8

Schaltzeichen nach DIN 40715 (Nr. 4.4.1···4.4.5 Gleichstrom-Dreileitermaschinen, Nr. 5.1.1···5.3.4 Kommutatormaschinen, Nr. 6.1.1···6.3.3 Umformer- und Drehstromerregermaschinen)

Nr.	Schalt-kurzz.	Schaltzeichen	Benennung
4.4.1		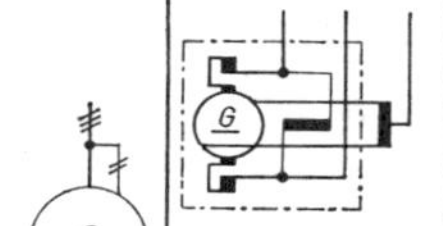	Dreileiter-Generator mit Nebenschlußerregung und Spannungsteilerdrossel. Wendepolwicklung symmetrisch zum Anker aufgeteilt
4.4.2		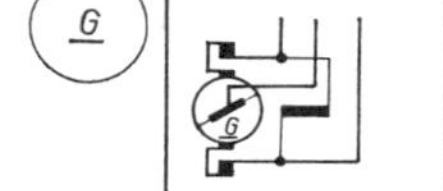	Dreileiter-Generator mit Nebenschlußerregung und Spannungsteiler-Hilfswicklung im Anker, Wendepolwicklung symmetrisch zum Anker aufgeteilt
4.4.3		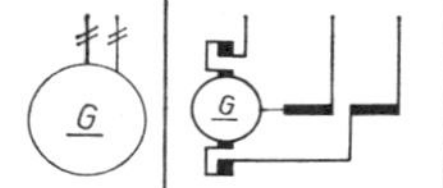	Doppelschluß-Generator mit Sengelring, Wendepolwicklung symmetrisch zum Anker aufgeteilt
4.4.4		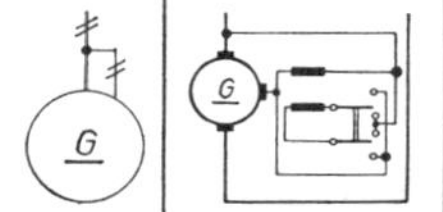	Nebenschluß-Generator m. Spaltpolen und Zwischenbürsten (Ossanna-Erregermaschine)
4.4.5		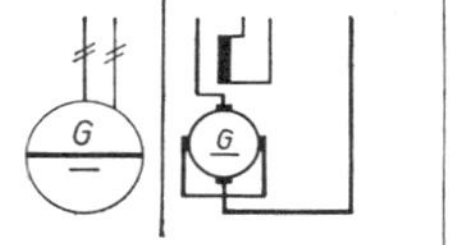	Einf. Querfeldmaschine, fremderregt (Rosenberg-Maschine)
5.1.1		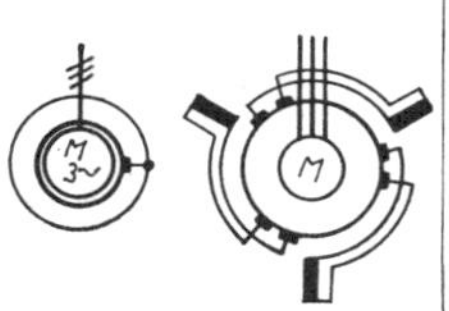	Nebenschlußmotor mit Läuferspeisung und Drehzahleinstellung mittels Bürstenverschiebung
5.1.3		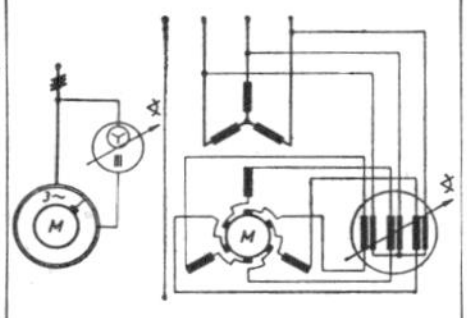	Nebenschlußmotor mit Ständerspeisung, Drehzahleinstellung mittels Einfach-Drehtransformators, Hilfswicklung im Motorständer und Bürstenverschiebung
5.2.1		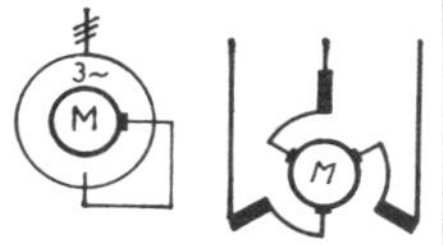	Reihenschlußmotor, Drehzahleinstellung mittels Bürstenverschiebung
5.3.1			Reihenschlußmotor (Universalmotor)
5.3.2		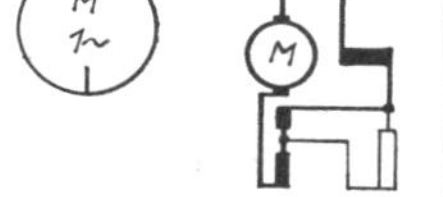	desgl. mit Wendepol- und Kompensationswicklung, Widerstand parallel zum Wendepol

Nr.	Schalt-kurzz.	Schaltz.	Benennung
5.3.3			Repulsionsmotor mit einfachem Bürstensatz zur Drehzahleinstellung mittels Bürstenverschiebung
5.3.4		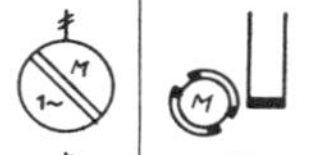	Repulsionsmotor mit doppeltem Bürstensatz zur Drehzahleinstellung mittels Bürstenverschiebung
6.1.1		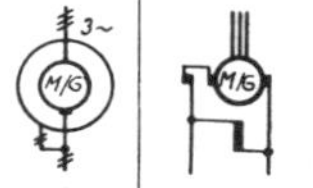	synchroner Einanker-Umformer, 3phasig mit Selbstantrieb
6.2.1		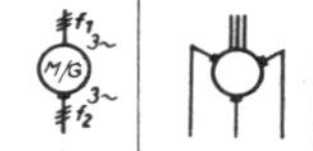	asynchroner Einanker-Frequenzumformer, 3phasig ohne Selbstantrieb
6.3.1			hauptstromerregte Maschine
6.3.3		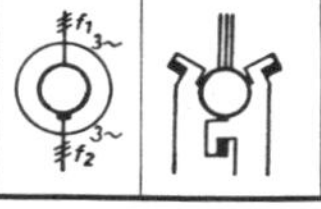	im Läufer fremd erregte Maschine mit Kompensationswicklung

Diese Norm enthält die Aufbauglieder und Grundarten der Schaltzeichen für elektrische Maschinen sowie Beispiele ihrer Anwendung.

Das allgemeine Zeichen für eine Wicklung ist das ausgefüllte Rechteck, im folgenden kurz „Vollrechteck" genannt, entsprechend DIN 40712 Nr. 6.1. Wahlweise ist entsprechend DIN 40712 Nr. 6.9 statt des Vollrechtecks auch die Bogenlinie zulässig.

Beim Entwerfen von Schaltzeichen für Maschinen sind

a) Wicklungen vorzugsweise so darzustellen, daß die Richtung des Stromes und die Richtung des von ihm erzeugten magnetischen Feldes übereinstimmen;

b) die Achsen der Wicklungen so anzuordnen, daß deren Lage der in einer zweipoligen Maschine entspricht. In Ausnahmefällen ist Paralleldarstellung der Wicklungen bei Mehrphasen-Wechselstrommaschinen zulässig, wenn Verwechslungen mit anderen Schaltzeichen, z. B. Transformatoren, ausgeschlossen sind;

c) Hauptstromkreise dicker als Hilfs- und Erregerstromkreise zu zeichnen.

Für Klemmenbezeichnungen ist VDE 0570 zu beachten.

Die Umlaufrichtung des Drehfeldes von Drehstrommaschinen wird dadurch bestimmt, daß sich die Drehfeldamplitude stets bei jenem Strang befindet, der gerade sein Strommaximum führt. Daraus folgt die Regel:

Stimmt die Bezeichnung der Stränge (U, V, W) mit der zeitlichen Aufeinanderfolge der Phasen überein, dann dreht das Drehfeld im Sinne der Bezeichnung der Stränge; sind die beiden Umlaufsinne entgegengesetzt gerichtet, dann dreht das Drehfeld dem Umlaufsinn der Bezeichnung der Stränge entgegen.

Meßinstrumente, Meßgeräte und Zähler nach DIN 40716, Bl. 1
Meß-, Anzeige- und Registrierwerke nach DIN 40716, Bl. 5

8

Nr.	Schaltzeichen	Benennung
1.1		Meßinstrument, allg. insbes. anzeigend
1.2		Meßgerät, allg. insbes. registrierend
1.3		integrierendes Meßgerät, insbes. Elektrizitätszähler
1.4		**Meßwerk** allg.
1.5		mit einem Spannungspfad
1.6		mit einem Strompfad
1.7		mit Anzapfung
1.8		zur Summe- oder Differenzbildung
1.9		zur Produktbildung
1.10		zur Quotientenbildung
2.1 2.1.1		**Anzeige** allgemein
2.1.2		mit beidseitigem Ausschlag
2.1.3		durch Vibration
2.1.4	000	digital (numerisch)
2.2.1		Registrierung: schreibend
2.2.2		punktschreibend
2.3 2.3.1		**Trägheit** trägheitsarm
2.3.2		große Trägheit
2.4		**Grenzwertanzeige**
2.4.1		Größtwertanzeige
2.4.2		Kleinstwertanzeige
2.5		Drehfeldrichtung
2.6		Richtung der Meßwertübertragung
2.7		Kontaktgabe
2.8		Uhrzeit

Nr.	Schaltzeichen	Benennung
3. 3.1		**Beispiele:** Meßinstrument, allg. ohne Kennzeichnung der Meßgröße
3.2		Meßinstrument, allg. ohne Kennzeichnung der Meßgröße, mit beidseitigem Ausschlag
3.3	A	Strommesser, mit Angabe der Einheit Ampere
3.4	mV	Spannungsmesser, mit Angabe der Einheit Millivolt
3.5	V	Spannungsmesser für Gleich- und Wechselspannung
3.6	V-AΩ	mehrfach ausgenutztes Meßinstrument mit Angabe der Einheiten für Spannung, Strom und Widerstand
3.7	0	Nullindikator für Wechselstrom
3.8		Synchronoskop
3.9	A	Strommesser mit großer Trägheit und Schleppzeiger für Größtwertanzeige
3.10		Meßwerk, trägheitsarm, z. B. Oszillographenschleife
3.11	W-var	Zweifach-Linienschreiber zur Aufzeichnung von Wirk- und Blindleistung
3.12	kWh	Dreileiter-Drehstromzähler
3.13	Ω	Widerstandsmeßbrücke
3.14		Kreuzzeigerinstrument
3.15	u (t)	Meßgerät zur Kurvenbildanzeige der Spannung, Oszilloskop
		Blatt 5 **Meßwerke**
1. 1.1		Kreuzspulmeßwerk
1.2		trägheitsarmes Drehspulmeßwerk

Nr.	Schaltzeichen	Benennung
1.3		Dreheisen- (Weicheisen-) Meßwerk zur Quotientenmessung
1.4		elektrodynamisches, eisengeschirmtes Meßwerk für Leistungsmessung
1.5		Induktions-Elektrodynamometer-Meßwerk, eisengeschlossen
1.6		elektrostatisches Meßwerk mit Drehfeld
		Anzeigewerke
2. 2.1		Skalare Anzeige mit Zeiger und Skale
2.2		Skalare Anzeige mit Lichtzeiger und Darstellung des Meßwerkes u. Strahlenganges
2.3		Vektorielle Anzeige im Koordinatenfeld
2.4	U, t	Kurvenbildanzeige mit Angabe der voneinander abhängigen Größen
		Registrierwerke
3. 3.1		Registrierwerk, allg.
3.2	F	Linienschreibwerk für Lichtpunktlinienschreiber mit Darstellung des Strahlenganges, des Meßwerkes u. des Papierantriebes durch einen Federspeicherantrieb mit Handaufzug
3.3	MS, 6	Sechsfach-Punktschreibwerk mit Darstellung eines Fallbügelmagnetenantriebes und eines Synchronmotors zur Umschaltung d. Meßstellen und Farben
3.4		Lochwerk mit Darstellung des Locherantriebes und Meßwerkes

Installationspläne nach DIN 40717 (Nr. 1···34 Allgemeines, Leitungen u. Verlegung, Nr. 35···54 Schalt- u. Meßgeräte, Nr. 55···65 Starkstrom-Verbrauchsgeräte, Nr. 66···98 Signal- u. Fernmeldegeräte)

Nr.	Schaltz.	Benennung
1		Gleichstrom
2		Wechselstrom
	50 Hz	desgl. Frequenz 50 Hz
3		Tonfrequenz-~
4		Hochfrequenz-~
5		Leitungen: Bewegbare
6		Unterirdisch
7		Oberirdisch
8		auf Putz
9		im Putz
10		unter Putz
11		auf Isolatoren
12		isoliert, in Inst.-Rohr
13	(t)	Isol.-Ltg. für trockene Räume (Rohrdraht)
14	(f)	Isol.-Ltg. für feuchte Räume
15	(k)	Kabel für Außen- oder Erdverlegung
16		Verwendungszweck: Starkstromltg.
		Schutzleitung für Erdung, Nullung
		Signalleitung
		Fernsprechleitung
		Rundfunkleitung
	NYIF Cu 2,5	Beispiel: Stegleitung. NYIF m. 2 Cu-Leitern von 2,5 mm²
17		von oben kommend od. nach oben führend
18		Speisung nach oben
		Speisung von oben
19		von unten kommend od. n. unten führend
		Speisung nach unten
		Speisung von unten
20		nach unten und oben durchführend
		Speisung nach oben
		Speisung nach unten
21		Leitungsverzweigung
22		Abzweigdose
23		Trenndose
24		Endverschluß (Kabelseite Kreisbogen)
25		Starkstrom-Hausanschlußkasten, allg.
	P33	desgl. m. Angabe der Schutzart
26		Verteilung
27		Umrahmung f. Geräte
28		Erdung allgem.
		Schutzerde
29		Masse, Körper
30		Überspannungsableiter

Nr.	Schaltz.	Benennung
31		Element, Akkumulator
	6V	desgl. m. Polarität- u. Spannungsangabe z. B. 6 V
32	220/5V	Transformator z. B. Klingeltransformator
33		Umsetzer, allg.
		Gleichrichtergerät z. B. Wechselstrom-Netzanschlußgerät
		Wechselrichtergerät
34	a) b) c) 10 A	Sicherung: a) allgemein, b) dreipolig, c) m. Nennstr.-angabe
35	a) b) P 30	a) Schalter, allg. b) m. Schutzartangabe
		Schutzschalter:
36		Überstrom
38		Unterspannung
39		Fehlerspannung
40		Stern-Dreieck-Schalter
41		Anlasser
42	a) b) c) d) e) f) g) h) Z	Schalter n. DIN 49290: a) einpolig, b) zweipolig c) dreipolig, d) Gruppenschalter, e) Serienschalter, f) Wechselsch. einp. g) Kreuzschalter einp. h) Zugschalter einpolig
43		Tastschalter; Leucht.,
44		Starkstrom-Steckdose: Einfach; Zweifach
		m. Schutzkontakt
	3/Mp	für Drehstrom
		desgl. m. Schutzkont.
		desgl. abschaltbar
		desgl. verriegelt
45		Fernmeldesteckdose
46		Antennensteckdose
47		Stecker, allg., desgl. m. Schutzkontakt
48	A	Strommesser
49		Zähler Zählertafel
50		Schaltuhr
51		Tonfrequenz-Rundsteuerrelais
52	t	Zeitrelais, z. B. für Treppenbeleuchtung
53		Blinkrelais Blinkschalter
54		Stromstoßschalter
55	a) b) c) 5×60 W d) e) f) g) h) i) j)	**Leuchten:** a) allg. b) m. Lampenanzahl u. Leistung, c) m. Schalter d) mit Strombrücke, e) verdunkelbar, f) Notleuchte, g) Panikleuchte, h) Scheinwerfer, i) mit 2 getrennten Strompfaden, j) mit zusätzl. Notleuchte

Nr.	Schaltz.	Benennung
56	×	Leuchte für Entladungslampe, allg.
		desgl. f. Leuchtfeld
		Leuchtstofflampe mit Vorheizung
		Vorschaltgerät, allg.
	k	kompensiert
	≈ k	m. Tonfrequenzsperre
		Starter
57	E 0,7 kW	Elektrogerät, allg. z.B. Tauchsieder 0,7 kW
	E Tauchsieder	3pol. Anschlußschnur Schutzkontaktstecker
58		Elektroherd
		desgl. m. Kohleteil
59		Kühlschrank
60		Heißwasserbereiter
61		Futterdämpfer
62		Waschmaschine
63		Heizofen
64	M	Motor allg.
	M P 22	desgl. m. Schutzart
65		Lüfter, elek. angetr.
66	HVt	Hauptverteiler
	Vt	Verteiler auf Putz
	Vt	Verteiler unter Putz
67	F	Fernsprechgerät allg.
		halbamtsberechtigt
		amtsberechtigt
	A	Abfragestelle
	S	Sondersprechstelle
68		Fernsprechzentrale, allg.
		Vermittlung OB
		desgl. ZB
		desgl. selbsttätig
69		Wecker
70		Summer
71		Hupe
72		Sirene
73		Leuchtm., Signallampe
74		Gruppen- oder Richtungsleuchtmelder
75	7	Mehrfachleuchtmelder Signallampentafel
76		Quittierm., Leuchtm. mit Abstelltaste
77		Ruf- und Abstelltafel

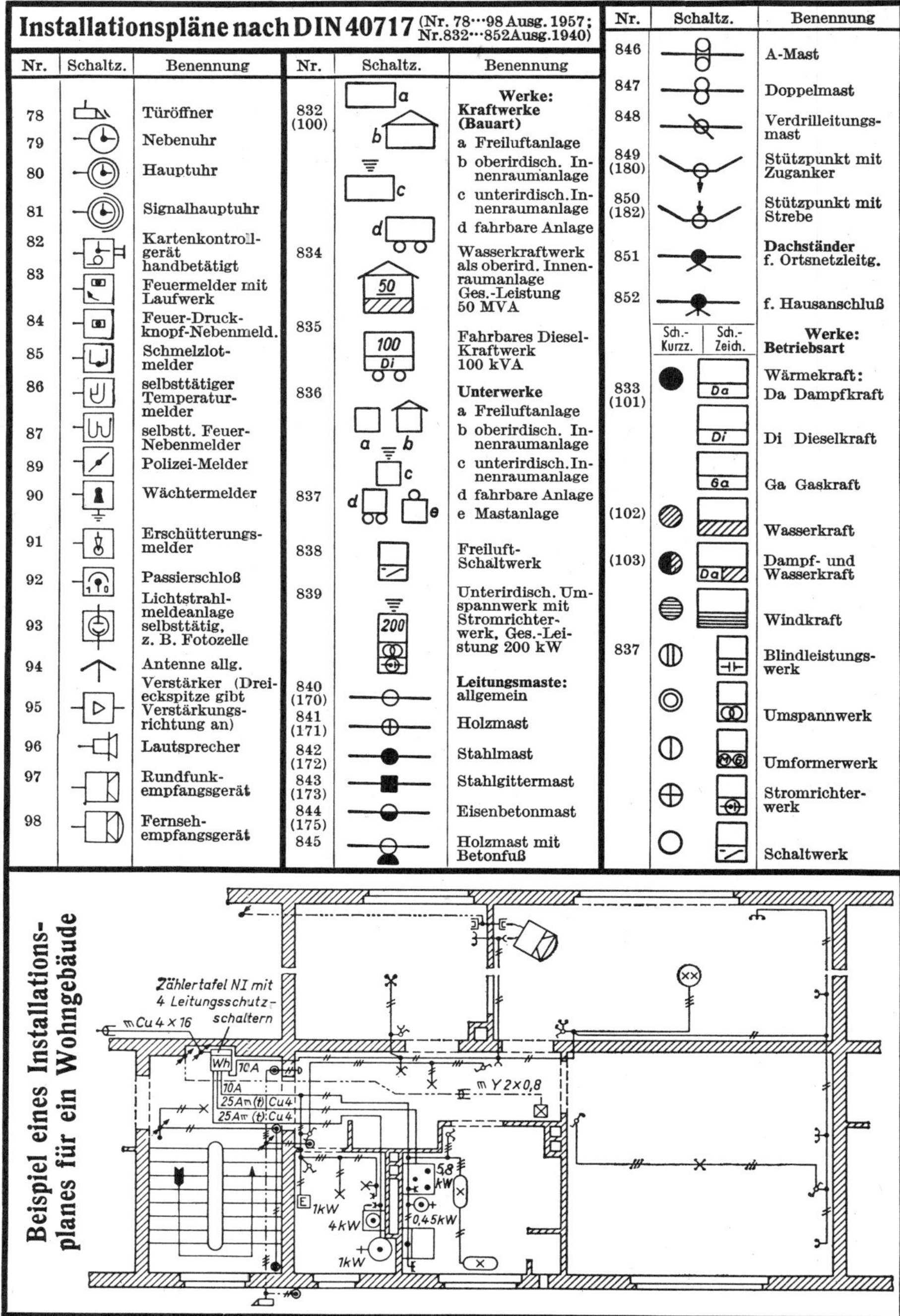

Installationspläne nach DIN 40717 (Nr. 78···98 Ausg. 1957; Nr. 832···852 Ausg. 1940)

Nr.	Schaltz.	Benennung
78		Türöffner
79		Nebenuhr
80		Hauptuhr
81		Signalhauptuhr
82		Kartenkontrollgerät handbetätigt
83		Feuermelder mit Laufwerk
84		Feuer-Druckknopf-Nebenmeld.
85		Schmelzlotmelder
86		selbsttätiger Temperaturmelder
87		selbstt. Feuer-Nebenmelder
89		Polizei-Melder
90		Wächtermelder
91		Erschütterungsmelder
92		Passierschloß
93		Lichtstrahlmeldeanlage selbsttätig, z. B. Fotozelle
94		Antenne allg.
95		Verstärker (Dreieckspitze gibt Verstärkungsrichtung an)
96		Lautsprecher
97		Rundfunkempfangsgerät
98		Fernsehempfangsgerät

Nr.	Schaltz.	Benennung
832 (100)	a, b, c, d	**Werke: Kraftwerke (Bauart)** a Freiluftanlage b oberirdisch. Innenraumanlage c unterirdisch. Innenraumanlage d fahrbare Anlage
834	50	Wasserkraftwerk als oberird. Innenraumanlage Ges.-Leistung 50 MVA
835	100 Di	Fahrbares Diesel-Kraftwerk 100 kVA
836	a, b, c	**Unterwerke** a Freiluftanlage b oberirdisch. Innenraumanlage c unterirdisch. Innenraumanlage
837	d, e	d fahrbare Anlage e Mastanlage
838		Freiluft-Schaltwerk
839	200	Unterirdisch. Umspannwerk mit Stromrichterwerk, Ges.-Leistung 200 kW
840 (170)		**Leitungsmaste:** allgemein
841 (171)		Holzmast
842 (172)		Stahlmast
843 (173)		Stahlgittermast
844 (175)		Eisenbetonmast
845		Holzmast mit Betonfuß

Nr.	Schaltz.	Benennung
846		A-Mast
847		Doppelmast
848		Verdrilleitungsmast
849 (180)		Stützpunkt mit Zuganker
850 (182)		Stützpunkt mit Strebe
851		**Dachständer** f. Ortsnetzleitg.
852		f. Hausanschluß

Nr.	Sch.-Kurzz.	Sch.-Zeich.	Benennung
			Werke: Betriebsart
833 (101)		Da	Wärmekraft: Da Dampfkraft
		Di	Di Dieselkraft
		Ga	Ga Gaskraft
(102)			Wasserkraft
(103)		Da	Dampf- und Wasserkraft
			Windkraft
837			Blindleistungswerk
			Umspannwerk
			Umformerwerk
			Stromrichterwerk
			Schaltwerk

Beispiel eines Installationsplanes für ein Wohngebäude

8

Schaltpläne für ein Wohnhaus mit Werkstatt

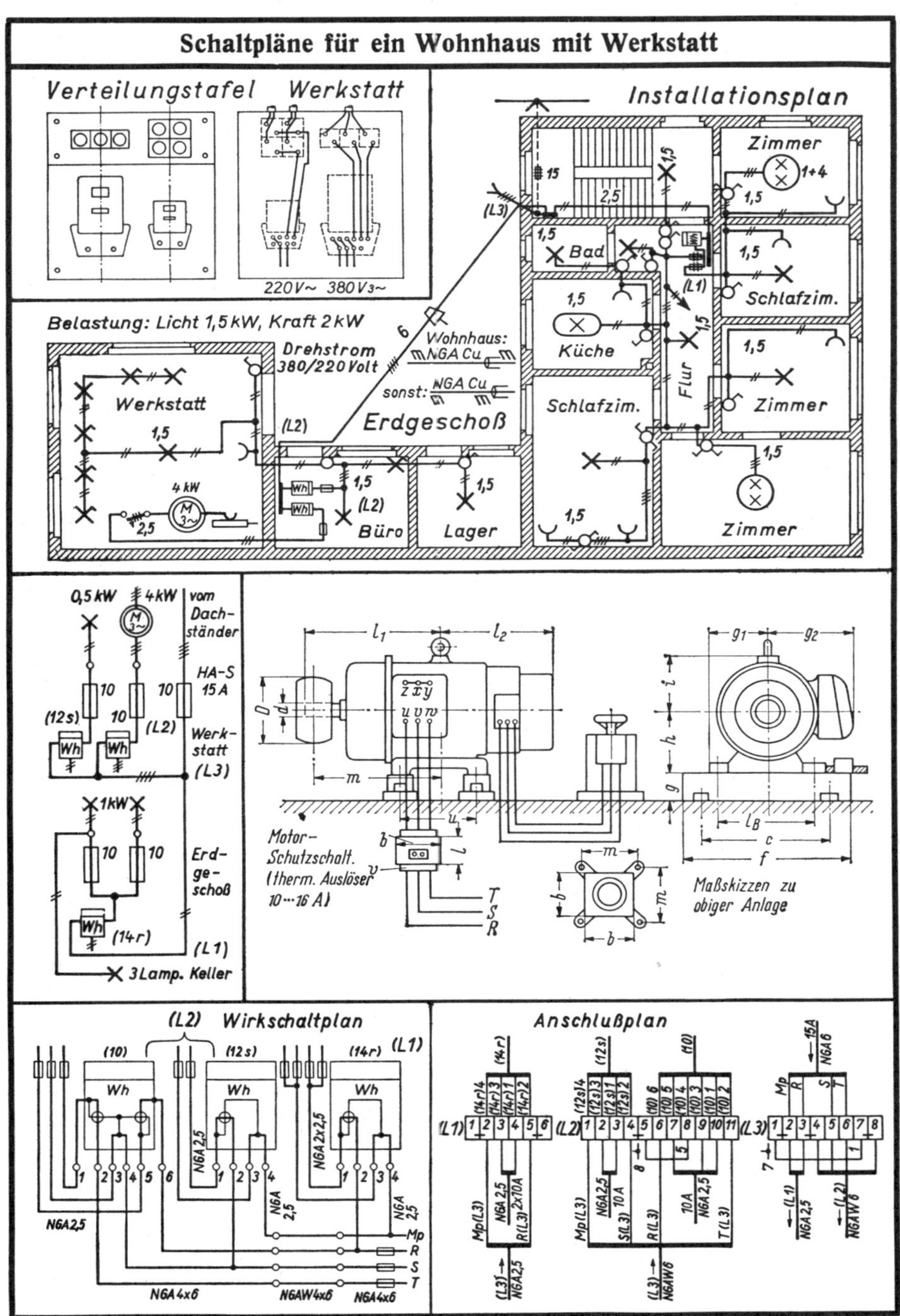

8

Beispiel eines Stromlaufplanes einer Fräsmaschine nach DIN 40719, Beibl. 1

Geräteliste:

a 1	Hauptschalter
a 2	Wahlschalter
b 1	bis b 4 Tasterfafel: f. m 1
b 1	Alles aus
b 2	Fräser stoßen
b 3	Fräser ein
b 4	Betrieb-Einrichtung
b 5	Endschalter für m 1
b 6	bis b 7 Tastertafel: f. m 2
b 6	Vorschub ein
b 7	Vorschub aus
b 8	bis b 10 Tastertafel: f. m 3
b 8	Aus
b 9	Rechts
b 10	Links
b 11	Endschalter für m 3
b 12	Endschalter für m 3
c 1	Einschaltschütz für m 1
c 2	Einschaltschütz für m 2
c 3	Rechtslaufschütz für m 3
c 4	Linkslaufschütz für m 3
d 1	Hilfsschütz für m 1
d 2	Zeitrelais (2 Sek.) für m 1
e 1	Sicherungen für m 2
e 2	Sicherungen für m 3
e 3	Überstromrelais für m 1
e 4	Kurzschlußrelais für m 1
e 5	Überstromrelais für m 2
e 6	Überstromrelais für m 3
e 7	Steuersicherungen
m 1	Fräsermotor
m 2	Vorschubmotor
m 3	Motor f. Tischverstellung
m 4	Steuertransformator

Blitzpfeile nach DIN 40006

Farbe des Blitzpfeiles:
rot RAL 3000

Bezeichnung bei
h = 50 mm:
Blitzpfeil 50 DIN 40006

h	*a*	*b*	*c*	*e*	*f*
16	0,6	8	4	3,2	2,5
20	0,8	10	5	4	3,2
25	1	12,5	6,3	5	4
32	1,2	16	8	6,3	5
40	1,6	20	10	8	6,3
50	2	25	12,5	10	8
63	2,5	32	16	12,5	10
80	3,2	40	20	16	12,5
100	4	50	25	20	16
125	5	63	32	25	20
160	6	80	40	32	25

VDE-Prüfzeichen

Bezeichnung eines Prüfzeichens von Höhe h = 20 mm
Prüfzeichen 20/40 010

h	*a*	*b*	*c*	*s*	*l*	*f*	*r*
2	0,4	0,5	0,35	0,08	2,5	0,4	0,25
3	0,6	0,8	0,55	0,12	3,8	0,6	0,4
5	1	1,2	0,9	0,2	6,2	1	0,6
6	1,2	1,6	1,1	0,25	7,6	1,2	0,8
8	1,6	2	1,4	0,3	10	1,6	1
10	2	2,5	1,8	0,4	12,4	2	1,2
12,5	2,5	3	2,2	0,5	15,7	2,5	1,6
16	3	4	2,8	0,6	20	3	2
20	4	5	3,5	0,8	25	4	2,5
25	5	6	4,5	1	31	5	3
32	6	8	5,5	1,2	40	6	4
40	8	10	7	1,6	50	8	5
50	10	12,5	9	2	62	10	6
64	12,5	16	11	2,5	80	12,5	8
80	16	20	14	3	100	16	10

Beispiel eines Übersichtsschaltplanes für ein Kraft- u. Umspannwerk nach DIN 40719, Beiblatt 1

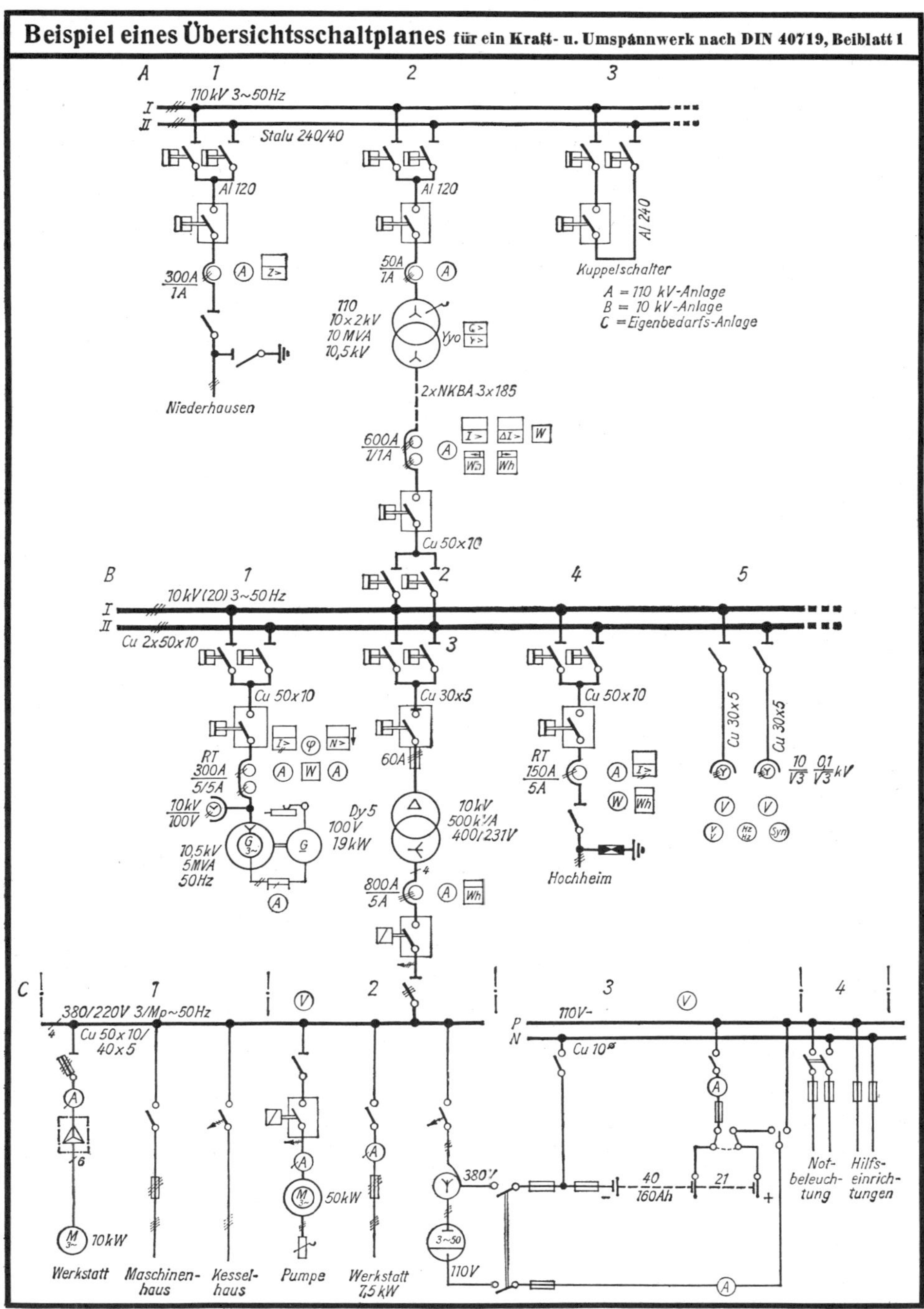

8

Schaltplan eines Lichtspieltheaters

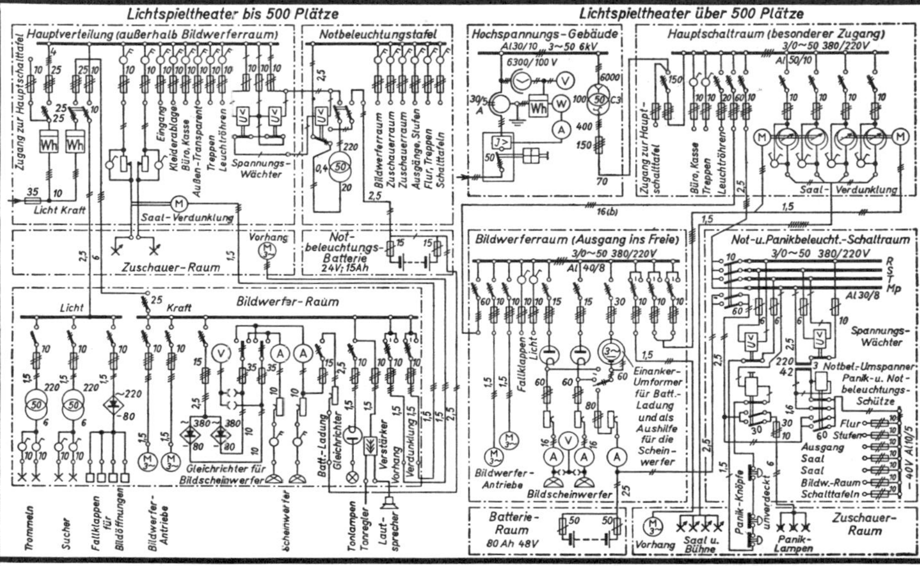

Elektrizitätszähler Schaltpläne und Benennung s. S. 91

Die nach DIN 43 856 ausgeführten Zähler erhalten in der linken unteren Ecke des Leistungsschildes eine **Schaltungsnummer.** Bei abweichenden Schaltungen ist im Klemmendeckel ein Schaltplan oder ein Hinweis auf ein besonderes Schaltbild anzubringen.

Die Schaltungsnummern sind dreistellige Zahlen.

Die Ziffern der ersten Zahlenstelle kennzeichnen die **Grundart des Zählers,** und zwar:

Ziffer 1, Einpolige Einphasenwechselstromzähler
Ziffer 2, Zweipolige Einphasenwechselstromzähler
Ziffer 3, Dreileiter-Drehstromzähler
Ziffer 4, Vierleiter-Drehstromzähler
Ziffer 5, Einpolige Gleichstrom-Wattstundenzähler
Ziffer 6, Zweipolige bzw. Dreileiter-Gleichstrom-Wattstundenzähler
Ziffer 7, Gleichstrom-Amperestundenzähler

Die Ziffern der **zweiten** Zahlenstelle kennzeichnen die **Zusatzklemmen für Tarifeinrichtungen** bei getrennt angeordneten Tarifschaltuhren, und zwar:

Ziffer 0, ohne Zusatzklemmen
Ziffer 1, mit Zusatzklemmen für Zweitarif-Auslöser
Ziffer 2, mit Zusatzklemmen für Maximum-Auslöser
Ziffer 3, mit Zusatzklemmen für Zweitarif-Maximum-Auslöser

Die Ziffern der **dritten** Zahlenstelle kennzeichnen die **Anschlußart des Zählers,** und zwar:

Ziffer 0, unmittelbarer Anschluß
Ziffer 1, Anschluß an Stromwandler
Ziffer 2, Anschluß an Strom- und Spannungswandler
Ziffer 3, Anschluß an Nebenwiderstände

Beispiele: Schaltung **100** bedeutet: Einpoliger Einphasenwechselstromzähler ohne Zusatzklemmen für unmittelbaren Anschluß. — Schaltung **432** bedeutet: Vierleiter-Drehstromzähler in Zweitarif-Maximum-Ausführung mit getrennter Schaltuhr und für Anschluß an Strom- und Spannungswandler.

Erläuterungen zu den nachstehenden Schaltungen:

In allen Schaltungen für Drehstrom ist der Anschluß an die Zählerklemmen von links nach rechts in der Phasenfolge *RST* festgelegt. Hierbei eilt die Spannung *RS* der Spannung *ST* um 120° und der Spannung *TR* um 240° voraus. Bei Zählerschaltungen mit Betriebsspannungen über 250 V gegen Erde sind die Gehäuse der Zähler und Meßwandler sowie eine Sekundärklemme jedes Meßwandlers zu erden. Zu den Schaltungen **302, 332** und **432:** Die Spannungswandler können auch hinter den Stromwandlern — gesehen in Richtung des Energieflusses — angeschlossen werden.

Zu Schaltung **400 b:** Bei Verwendung von Vierleiter-Drehstromzählern in Drehstrom-Dreileiteranlagen bleiben die Klemmen **10** und **12** unbenutzt. In reinen Kraftanlagen, die an ein Vierleiternetz angeschlossen sind, soll die *Mp*-Leitung beim Verwenden von Vierleiterzählern möglichst in die Klemmen **10** und **12** eingeführt werden.

Zu Schaltung **430**: Anschluß der Zusatzkreise bei Zählern für 3 × 220/380 V nach Schaltverbindung *a*—*c* (Sternspannung), für 3 × 127/220 V oder 3 × 58/100 V nach Verbindung *b*—*c* (Außenleiterspannung).

Zu Schaltung **613**: Anschluß der Zusatzkreise bei Zählern für 2 × 220 V nach Verbindung *a*—*c* (Spannung zwischen *Mp*- und Außen-Leiter),
für 2 × 110 V nach Verbindung *b*—*c* (Außenleiterspanng.)

Zu Schaltung **500 a** und **500 b**: Gleichstrom-Wattstundenzähler sind unter besonderer Beachtung der Polarität anzuschließen.

In den Schaltungen der Zähler mit Zusatzkreisen bedeuten:

Z Zweitarif-Auslöser zum Umschalten der Zählwerke oder Zweitarifschalter in Schaltuhren zum Betätigen der Zweitarifauslöser.

M Maximum-Auslöser in Maximumzählern zum Auslösen der Maximum-Mitnehmer oder Maximumschalter in Schaltuhren zum Betätigen der Maximum-Auslöser.

Ⓜ Aufzugmotor in Schaltuhren.

Anm.: Die dargestellten Schaltpläne sind nur zur Anbringung im Zähler selbst bestimmt, während in Schaltplänen für Starkstromanlagen die genormten Schaltzeichen nach DIN 40 716 zu verwenden sind.

Ermittelung der Zählerbelastung aus der Zählerkonstante:

$$P = \frac{n \cdot 3600 \cdot 1000}{t_{sek} \cdot Zk}$$

P = Zählerbelastung in Watt; n = gezählte Umdrehungen; t_{sek} = gestoppte Zeit bei n Umdr.; Zk = Zählerkonstante in Umdr./kWh.

Elektrizitätszähler (Schaltpläne und Benennung)

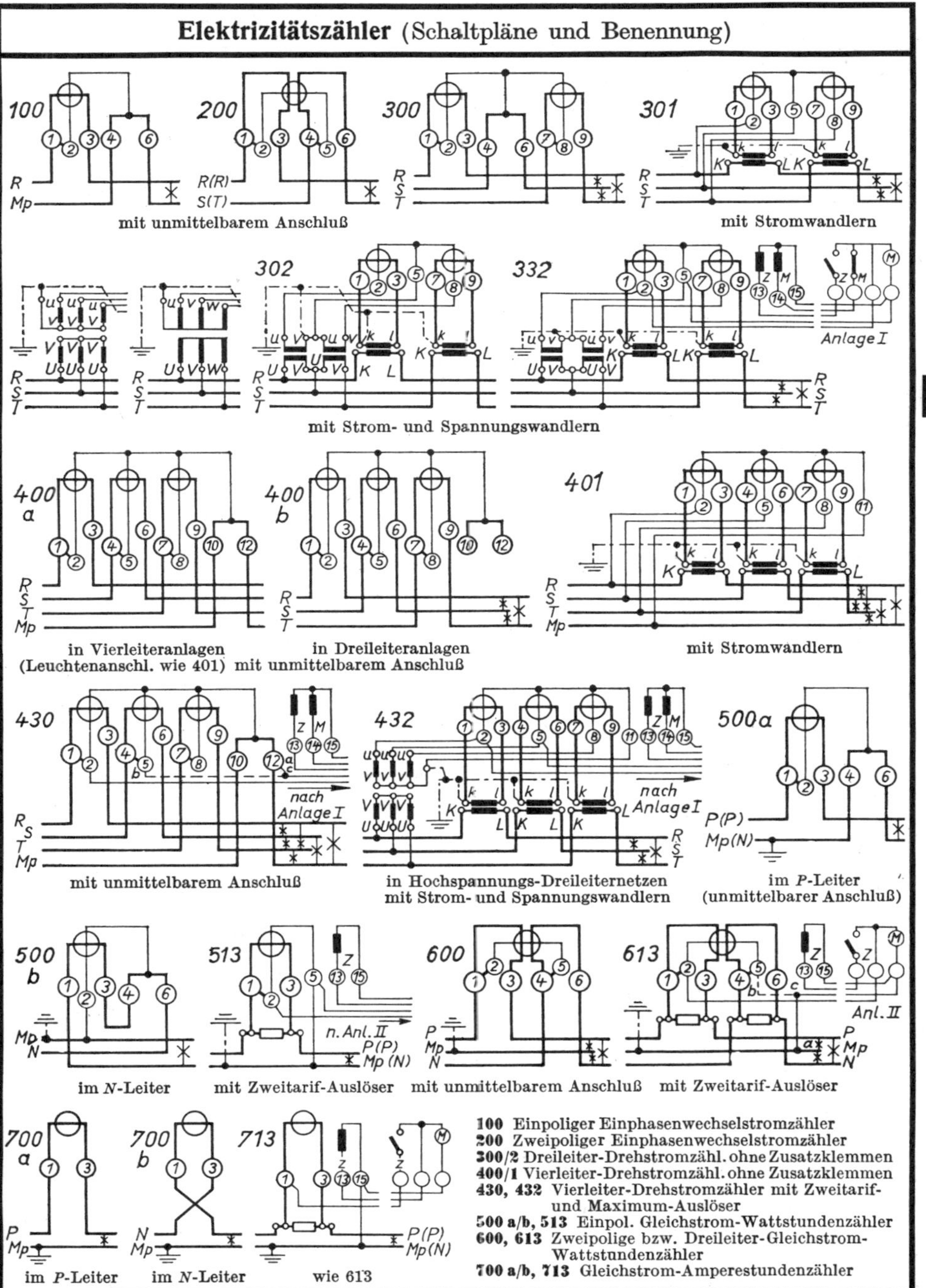

100 Einpoliger Einphasenwechselstromzähler
200 Zweipoliger Einphasenwechselstromzähler
300/2 Dreileiter-Drehstromzähl. ohne Zusatzklemmen
400/1 Vierleiter-Drehstromzähl. ohne Zusatzklemmen
430, 432 Vierleiter-Drehstromzähler mit Zweitarif- und Maximum-Auslöser
500 a/b, 513 Einpol. Gleichstrom-Wattstundenzähler
600, 613 Zweipolige bzw. Dreileiter-Gleichstrom-Wattstundenzähler
700 a/b, 713 Gleichstrom-Amperestundenzähler

Schaltzeichen nach DIN 40700

Blatt 1 u. 2 (Bl. 1 Wähler, Nummernschalter, Unterbrecher, Bl. 2 Röhren)

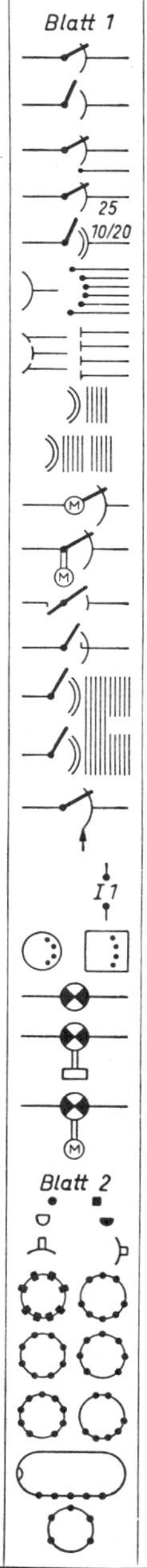

Nr.	Schaltzeichen	Benennung
	Blatt 1	
1		Wähler allgem. Drehwähler
		desgl. Nullstllg.
		mit Abschaltschritt
	25	mit Schrittzahlangabe
2	10/20	z. B. 10 Schritte 1. u. 20 Schritte 2. Vorgang
3		Schaltbahn allgem., desgl. m. Einzelschritt gleich. Leitung
4		Schaltbahn mit Richtungsaufteilg. f. Wähler m. 1 Einstellvg.
		desgl. mit 2 unterschiedl. Einstellvorgängen
5	M	Motorwähler allgem., 1 Einstellvorgang
6	M	Maschinenwähl.
7		Wähler (Sprecharmverb. erst n. Einstellung)
8		Relaiswähler allgemein
9		mit 2 unterschiedl. Einstellvorgängen bei Vielfachschaltg.
		einiger Ltg. üb. mehrere Wähler
10		Einstellg. durch Markierung gesteuert
11	I 1	Steuerschalter Schaltarm (röm.) Schaltstellung (arabische Ziff.)
12 13		Nummernschlt. Zahlengb. allg.
14		Period. Unterbrecher, allg.
		desgl. m. Relais
	M	desgl. m. Motorantrieb; Angab. d. Öffnungs- u. Schließungszeit
	Blatt 2	
1		Anschlußstück allg., desgl. Seitenanschluß,
2		Führungsst. allg. desgl. beschalt.
3		Kolbenanschl.
4		Seitenanschluß
5		Röhrensockel m. 8 Anschlüss. Stahlröhre
		Loktal-, Oktal-, Rimlockröhre
		Miniaturröhre Novalröhre
		Fernsehbildwiedergaberöhre
		Subminiaturröhre (flach)
		Subminiaturröhre (rund)

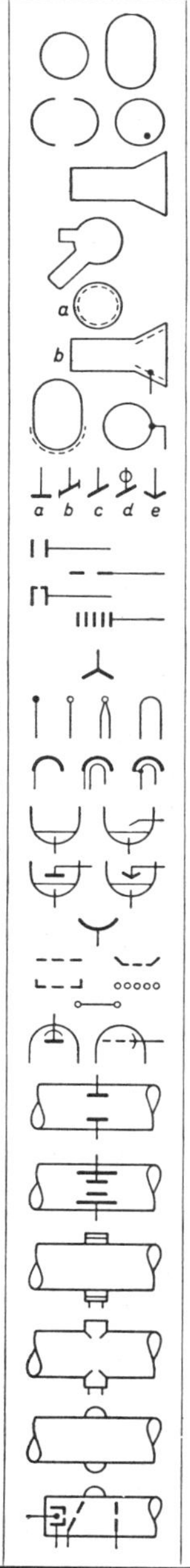

Nr.	Schaltzeichen	Benennung
6		Röhrenkolben allg. für Vielelektrodenröhre
		für Mehrfachröhre, desgl. Gas- oder Dampffüllung
7		Spezialröhrenkolben f. Katodenstrahlr.
		für Superikonoskop
8	a, b	Kolben mit leitend. Belag a Innenbelag b teilweise Innenbelag u. Herausführung
		m. Außenbelag geschirmter Kolben
9	a b c d e	**Anode:** a allg., b Leucht-, c Röntgen-, d rotierende-. e Zündanode
10		Elektronenopt. Elektrode allg., desgl. Darstellg. d. Blendwirkg. Wehnelt-Zyl. Mehrfachblende
11		Reflexionselektrode
12 13		Katode allg., ionenbeheizt, desgl. m. Hilfsheizung, Heizfaden
14		Katode indirekt geheizt, allg. m. Heizfaden, desgl. verbund.
15		Quecksilberkat. allgemein mit Zündstift mit Hilfsanode und Zündanode
16		Photoelektrode Gitter allg., Steuer-, Brems-
17 18		Quantelungsg. Steuersteg
19		Kalte Elektrode m. ausgenutzter Sekundäremiss.
20		Prallanode, -gitter Ablenkplatten elektrostatisch
		Ablenkzylinderpaar f. radiale Ablenkung
21		magnetische Elektronenlinse Konzentrierspule, allgem.
		m. eisernen Polschuhen in Vakuum, z. B. für Elektronenmikroskop
		m. Dauermagn.
22		Katodenstrahlröhre, Ionenfallmagnetdarstell.

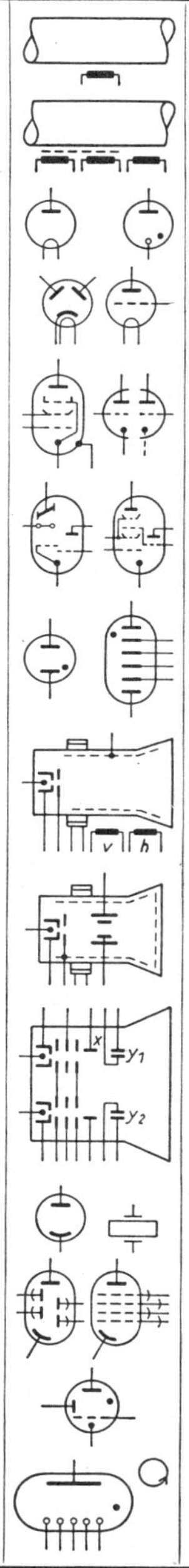

Nr.	Schaltzeichen	Benennung
23		Ablenkspule magnetisch, allgemein 2 senkrechte Ablenkfelder, transformator. gekoppelte Wicklung, z. B. für Hochspannungserzeugung
24		Diode, Einweggleichrichter, Katode direkt geheizt, Glimmgleichrichter
25 26		Duodiode, Zweiweggleichrichter, Triode
27 28		Pentode (Stahlröhre), Doppeltriode m. gemeinsam. Katode
29 30		Abstimmanzeigeröhre, Triode-Hexode
31 32		Glimmlampe, Glimmlichtröhre Glimmmspannungsteiler
33	v, h	Katodenstrahlröhre m. Innenbelag. Aufbau: *K, W, mKz, A, mAbl.*
34		desgl. Aufbau: *K, W, mKz, A, eAbl., L*
35	x, y_1, y_2	Zweistrahlröhre
36 37		Photozelle Schwingkristall
38		Sekundärelektronenvervielf. (lichtgest.) m. Prallanoden m. Prallgittern
40		Glimmtriode m. Hilfsanode und Gittersteuerung
41		Vielkatodenröhre Glimmzählröhre

K Katode, *W* Wehneltzylinder, *mKz* magnetische Konzentrierung, *eAbl* elektrostatische radiale Ablenkung, *mAbl* magnetische Ablenkung, *A* Anode, *L* Leuchtschirm

Schaltzeichen nach DIN 40700 Bl. 2…4 (Bl. 2 Röhren, Bl. 3 Antennen, Bl. 4 Impuls- und Modulations-Kennzeichen)

8

Nr.	Schaltzeichen	Benennung
42		Triode (Europa-Sockel), direkt geheizt
43 44		Pentode, indirekt geheizt desgl. mit Stahlröhrensockel
45 46 47		Pentode (Oktal- bzw. Rimlocksockel) Subminiaturröhre direkt geheizt
48 49		Triode, indirekt geheizt Triode-Heptode indirekt geheizt
50		Bildwiedergaberöhre (Bildröhre) mit Ionenfalle indirekt geheizt
51		Katodenstrahlröhre, indirekt geheizt
52	a b	Röhren der Fernsehtechnik Speicherelektrode a allg., b mit äußerem Photoeffekt,
53	c	c mit Ausnutzung der Sekundäremiss. in Pfeilrichtung
54		Photokatode mit äußerem Photoeffekt
55		Bildaufnahmeröhre (Ikonoskop)
56		Bildaufnahmeröhre (Super-Ikonosk.)
57		Sonden-Bildaufnahmeröhre
58		Bildwandler
59		Super-Orthikon

Nr.	Schaltzeichen	Benennung
	Blatt 3	
1		Antenne, Luftleit. allg. Sende-, Empfangsant.
2		Zeichen der Richtwirkung
3	h	Strahlungsvertlg. h = horiz. Richtg.
4		Peilfunktion
5		Polarisationsrichtung vertikal, horizont. zirkular
6		Rotation
7		Peil-Empfangsantenne
8	v h	Radar-Antenne
9		Empf.-Antenne, schwenkbare Richtkennlinie, vertikal
10	10 min $^{-1}$	Sendeantenne mit Richtkennlinie, 10 Umdr./min.,
11	0° ↗ 60° 10 sec $^{-1}$ v h 2,4 min $^{-1}$	Rotierende Ant. mit periodisch verändertem Erhebungswinkel
12 13		Rahmenantenne, desgl. abgeschirmt
14		Kreuzrahmenantenne
15		Rhombusant. mit Abschlußwiderst.
16		Hornstrahler
17		Parabolantenne, desgl. m. Speisung über Hohlleiter
18		Parabolantenne mit Symmetriereinrichtung
19		Dipolantenne
20		Schleifendipol
21		Reflektor- oder Direktorstab
22 23	a b	a Dipol mit Reflektorstab b Schleifendip. m. Reflektorwand
24 25		Schlitzstrahler Mehrschlitzstrahler
26		Dielektr. Strahler, dipolerregt
27		Ferrit-Stabantenne
28		Schmetterlingsantenne
29		Wendelantenne
30	$\frac{m}{n}$	Dipolgruppe mit *m* übereinander und *n* nebeneinander
31	$\frac{m}{○}$	desgl. mit Zirkularpolarisation u. Rundstrahlcharakter
32	a b	Linse für elektromagn. Wellen a allgemein b dielektrisch
33		Höhenreflektor
34		Gegengewicht

Nr.	Schaltzeichen	Benennung
	Blatt 4	**Modulierte Hochfrequenz** mit Angabe der Modulationsart: P: Puls-, PA: Pulsamplituden-, PP: Pulsphasen-, PD: Pulsdauer-, PC: Pulscode-
1	F A	Frequenzmodulierte Trägerfrequenz, amplitudenmodulierte Hochfrequenz
	2F +2T R	Mehrfach modul. Hochfrequenz; 2 Sprechkanäle und 2 Telegraphiekanäle und 1 Rundfunkkanal
	$(\frac{q}{\omega} = 5)$ F	Frequenzmodulierte Hochfrequenzen m. Ang. Modulations-Index
	PP	Pulsphasenmodulierte Hochfrequenz
2 3		positiver, negativer Rechteckimpuls
4		positiver und negativer Rechteckimpuls
5		Treppenimpuls, z. B. für Zählwerke
		Modulierte Rechteckimpulse
6	Sk.	Amplitudenmoduliert
		Phasenmoduliert
		Dauermoduliert
	5 2	Codemoduliert, z. B. Fünfercode
		zeitlich gestaffelt
7	100 Synchr.-Pegel 75 Austast.-Pegel 72 Schwarz-Pegel 10 Weiß-Pegel	Negativmodulation mit Zeilensynchron-Impulsen und Pegelangabe

Schaltzeichen nach DIN 40700

Bl. 5…9 (Bl. 5 Gefahr- und Zeitmelder; Bl. 6 Schalter; Bl. 7 Magnettonköpfe; Bl. 8 Halbleiterbauelemente; Bl. 9 Elektroakustische Übertragungsgeräte)

8

Nr.	Schaltzeichen	Benennung
	Blatt 5	
1-4		**Melder,** Hilferuf Feuer, Wächter Ablaufwerk
5		desgl. gesperrt
6		Anzeiger
7		Fernsprecher
8		Feuer-Druckknopf-Nebenmelder, selbstt.
10		Temperaturml. Differentialmld. Schmelzlotmld.
11		Ionisationsmel.
12		selbstt. Lichtm.
13		Polizeimeld. m. Sperrung und
14		Fernsprecher
15		Feuermelder
16		Wächtermelder m. Sicherheitsschalter, Feuer- u. Polizeimelder
17		Hauptstelle Feuermeldeanl.
18	12 H	Gefahr- oder Zeitmeldewesen
19		Pendel: allgem. m. Regulierung m. Synchronis.
20		Gleichstellung f. Hauptuhren
21		Unruhe, Kennzeichen f. Uhren
22		Vor- und Rückwärtslauf
	~50 30s	Synchronlauf f. 50 Hz, Schrittfolge 30 Sek.
23		Uhr
24		allg., Hauptuhr
25		Signalhauptuhr
26	30 s M	Hauptuhr mit Unruhe und Motoraufzug, drei Kreise
27		Nebenuhr mit Vor- und Rück-
28		wärtslauf, desgl. m. Zeitanzeig.
29	~50 KK	Frequenz-Kontroll-Pendeluhr,
30		Kartenkontrollgerät
	Blatt 6	**Schalter**
		durch Drücken: Schließer, Öffn.
1		durch Ziehen: Schließer, Öffn.
2		Tastschalter: Schließer Öffner
3		Druck-Zug-schalter (mit Rastung) Grundstellung: Antriebsglied gezogen
		desgl.: gedrückt
4		Druckschaltung (ohne Rastung)

Nr.	Schaltzeichen	Benennung
	Joch	mit Handbet.: Zweistellensch. m. Grundstellg. u.1 Arbeitsstllg. mit Rastung
		desgl. mit 1 Arbeitsstellung ohne Rastung
5	AS a RS b	Dreistellensch. m. Grundstellg. u. je 1 Arbeitsstellung mit u. ohne Rastung
6		Schalter mit Hochfrequenzentstörung
7		mehrpoliger konzentrischer Stecker Klinkenstecker
8		Klinkenhülse
9		Klinkenfeder
10		Zweipol. Klinke
11		Dreipol. Klinke
12		desgl. m. Schaltglied, z. B. mit einem Öffner
13		Buchse mit Stecker
		Trennstelle m. Verbindungsstecker, allgem.
14		mit Meßbuchse
		mit Meßbuchse und Buchsenkontakt
15		Trennstelle mit Verbindungsbuchse
16		Koaxialbuchse mit Stecker
	Blatt 7	**Magnettonköpfe**
1		Aufnahmekopf (Sprechkopf) allgemein
2		Wiedergabek. (Hörkopf) allg.
3		Löschkopf allgemein
4		Kombinierte Köpfe, Aufnahme-Wiedergabekopf (Sprech-Hörk.)
		Aufnahme-Löschkopf (Sprech-Löschkopf)
		Wiedergabe-Löschkopf (Hör-Löschk.)
		Aufnahme-Wiedergabe-Löschkopf (Sprech-Hör-Löschkopf)

Nr.	Schaltzeichen	Benennung
	Blatt 8	**Halbleiterbauelemente**
1		Flächentransistor *pnp*-Typ
	−	Spitzentransist. *n*-Typ
2	+	desgl. *npn*-Typ *p*-Typ
3		Halbleiterdiode Trockengleichr.
	ϑ	Widerstand, temperaturabhängig
	U	spannungsabhäng. (Varistor)
4	B	desgl. magnetfeldabhängig
	ϑ	Heißleiter mit gegensinniger Kennzeichnung
5		photoelektr. Glied (allgem.)
6		Photowiderstd., stromrichtungsunabhängig
7		desgl. m. Sperrschicht, stromrichtungsabhg.
8		Phototransistor
9		HALL-Umformer
10		Zähl-Kristall
	Blatt 9	**Elektroak. Übertragungsgeräte**
1		Mikrophon allg.
2		Fernhörer allg.
3		Lautsprecher, allg., desgl. mit Divergenzgitter
4		Tonabnehmer
5		und -schreiber
6	a b c	Elektroakust. Wandler a Wiedergabe b Aufnahme c Wechselbetr.
9	a b c d e f g h i	* s. Erklärung Fußnote
10		Beispiele: Kondensatormikrophon, Thermophon elektrodynam. Lautsprecher piezoelektr. Tonabnehmer Sprechröhre, z. B. Handapp.
11		elektrodynam. Tonschreiber System für Wechselsprechverkehr
12	25W	Strahlergruppe 25 W

Kennzeichen der Arbeitsweise: a elektromagnetisch, b elektrodynamisch allg., c desgl. fremderregt, d desgl. dauermagneterregt, e kapazitiv, f piezoelektrisch, g elektrothermisch, h ionenbewegt, i magnetostriktiv.

Schaltzeichen nach DIN 40700

Nr.	Schaltzeichen	Benennung
		Fernmeldegeräte
330		allgemein
331		Sender
332		Empfänger
333	a)	a) Sender und Empfänger
	b)	b) wechselzeitig
	c)	c) gleichzeitig Gegenverkehr
334		Vermittlungsstelle
		Verstärker
335		allgemein
336		mit Tonfrequenz
337		mehrstufig
338		Modeler
339		Modeler mit Trägerunterdrückung
340		Tonaufnahmegerät
341		Tonwiedergabegerät
342	a)	Künstl. Leitung a) H-Glied
	b)	b) T-Glied
343		Anpassungsglied
344		Gabelschaltung
345		Nachbildung
346		Speicher
347		Filter
348		Hochpaß

Nr.	Schaltzeichen	Benennung
349		Tiefpaß
350		Bandpaß
351		Sperrkreis
352		Elektrische Weiche
353		Entzerrer
354		Störschutz
		Wertbegrenzer
355		Größtwertbegrenzer
356		Kleinstwertbegrenzer
357		Größt- und Kleinstwertbegrenzer
358		Dynamikdehner
359		Dynamikpresser
360		Pegelregler
361		Strom- u. Spannungsregler
362		Kippgerät
363		Umsetzer
364	f_1 f_2	Frequenzumsetzer
365		Gleichrichterg.
366		Polwechsler
	50 V~ 24 V– 220 V–	Spannungs- u. Stromangabe
367	12 V 220 V	Gleichspannungsumsetzer
		Fernsprechwesen*)
400	F	Fernsprechgerät allgemein

Nr.	Schaltzeichen	Benennung
401		Fernsprecher für OB-Betrieb
402		für ZB-Betrieb
403		W-Betrieb
404		Mehrfachanschlußgerät
405		mit selbstt. Nummernwahl
406		Münzfernsprecher
407		Fernspr. an Gesellschaftsleit.
408		Freisprecher
		Vermittlung
409		OB
410		ZB
411		selbsttätig
412		halbselbsttätig
413		Haus- und Amtsvermittlung
414	F	Trägerfrequenz
		Telegraphenwesen
		Gerät
500	T	allgemein
501		Geber mit Schreibmaschinen-Tastenfeld
502		Lochstreifen-Sender
503		Empfänger
504		Streifendrucker
505		Blattdrucker

Nr.	Schaltzeichen	Benennung
		Übertragung
506		Simplex
507		Duplex
509	+ –	Doppelstrom Einfachstrom
510		umlaufende
511		Entzerrung mit Simplexbetr.
512	T	Tonfrequenztelegraphie
513	T	Hochfrequenz: Überlagerung
514	T	Unterlagerung
		Fernwirkanlagen
800		Fernwirkgerät allgemein
801		Fernwirkgeber
802		dgl. Empfänger
		Übertragung
803		über mehrere Leitungen
		über 1 Leitung
		Dauerstrom
		m. Impulsen
		Fernmeßgerät
804		el. anzeigend
		el. schreibend
		mit mechan. Meßgeber
		mit Spannungs- und Strompfad.

*) OB = Ortsbatterie; ZB = Zentralbatterie; W = Wähler; FM = Feuermelder; WM = Wächtermelder.

Schaltzeichen für Fernmeldeanlagen nach DIN 40700

Nr.	Schaltzeich.	Benennung
		Fernsteuergeräte
805	a)	a Fernsteuergeber
	b)	b Fernsteuergeber m. Rückmelde-empfänger
	c)	c Fernsteuer-empfänger
	d)	d Fernsteuer-empfänger mit Rückmeldegeber
	e)	e Stellungsmelder für Schalt- und Regeleinrichtungen
806		Fernmelder an Hochspannungsleit.
807	a)	Hochfrequenzsperre a einwellig
	b)	b zweiwellig
808		Hochspannungs-kondensator
809		Leitungs-Abstimm-filter
810		Hochspannungs-Sicherungs-einrichtung
811		Hochfrequenz-Anschlußgerät für Übertragung über Hochspannungs-leitungen
812	a)	Hochfrequenz-Anschlußgerät für Fernwirkanlagen a mit gemodeltem Träger
	b)	b mit getastetem Träger

Nr.	Schaltzeich.	Benennung
813	a)	**Hochfrequenz-Anschlußgerät** f. Fernsprechanlag. a allgemein
	b)	b mit Träger-frequenzwechsel (Wellenwechsel)
	c)	c mit Wirkzusätzen
814		**Hochfrequenz-Zwischen-verstärker** für zwei Übertra-gungsrichtungen
815		Hochfrequenz-Zwischenverstärker für eine Übertra-gungsrichtung mit Anschluß für *n* Wirkstellen
		Lagepläne und Betriebskarten
900		Fernmeldeleitung
901		Funkverbindung
902		Hochfrequenzkanal
903		Blanke Drähte
904		Metallmantel-Kabel
905		Kabel ohne Metallmantel
906		Oberirdische Leitg.
907		Unterirdische Leitg.
908		Seekabel
909		Bespulte Leitung
910		Krarupleitung
940	a) b)	**Gabelschaltung** gleichzeitig in beiden Richtungen a Differentialsch. b Brückenschaltung
941		Verbindung für Staffelbetrieb

Nr.	Schaltzeich.	Benennung
942		In einer Staffelver-bindung unterwegs betriebenes Gerät
943	T −	Telegraphenverbind. mit Einfachstrom
944	T ±	mit Doppelstrom
945	T ≈	mit Tonfrequenz
946	T ≋	mit Überlagerungs-telegraphie(Hochfr.)
947	T ≉	mit Unterlagerungs-telegraphie
		Bl. 15 Funkstellen
1		Funkstelle allgemein
2		Funkleitstelle
3		Funkstelle, fahrbar
4		Funkstelle, tragbar
5	2	Funkstelle mit 2 Anlagen, selbst-tätig umschaltbar
6		Funksendestelle
7		Funkempfangs-stelle
8		Funksende- und -empfangsstelle, z. B. für wechsel-zeitigen Verkehr
9		Funksende- und -empfangsstelle, z. B. für gleich-zeitigen Verkehr
10.1		Funkpeilsendestelle allgemein
11.1		Funkpeilempfangs-stelle allgemein
12		Richtfunkstelle

Fernmeldeanlagen nach DIN 40700

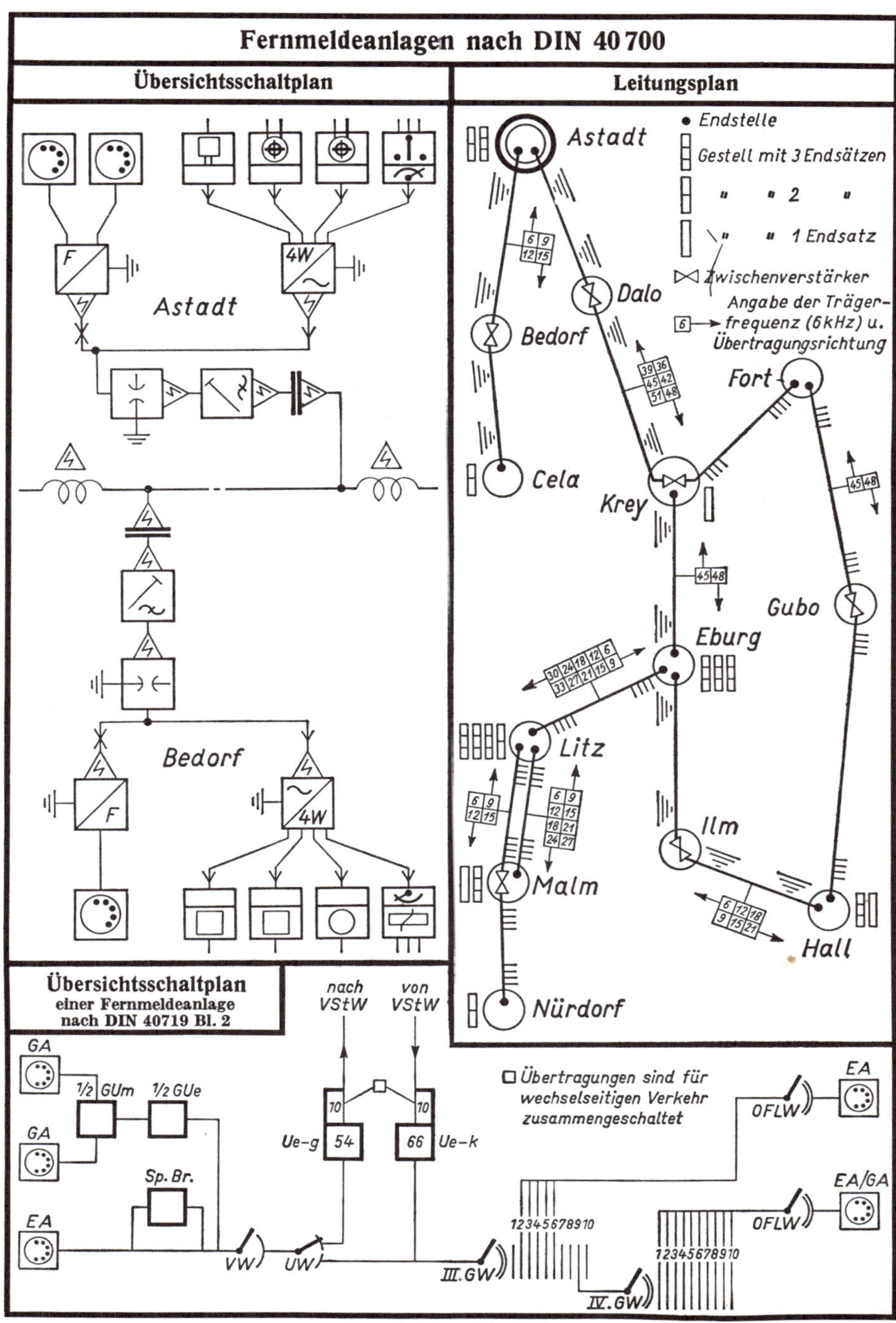

9

Bauschaltplan siehe S. 98.

9

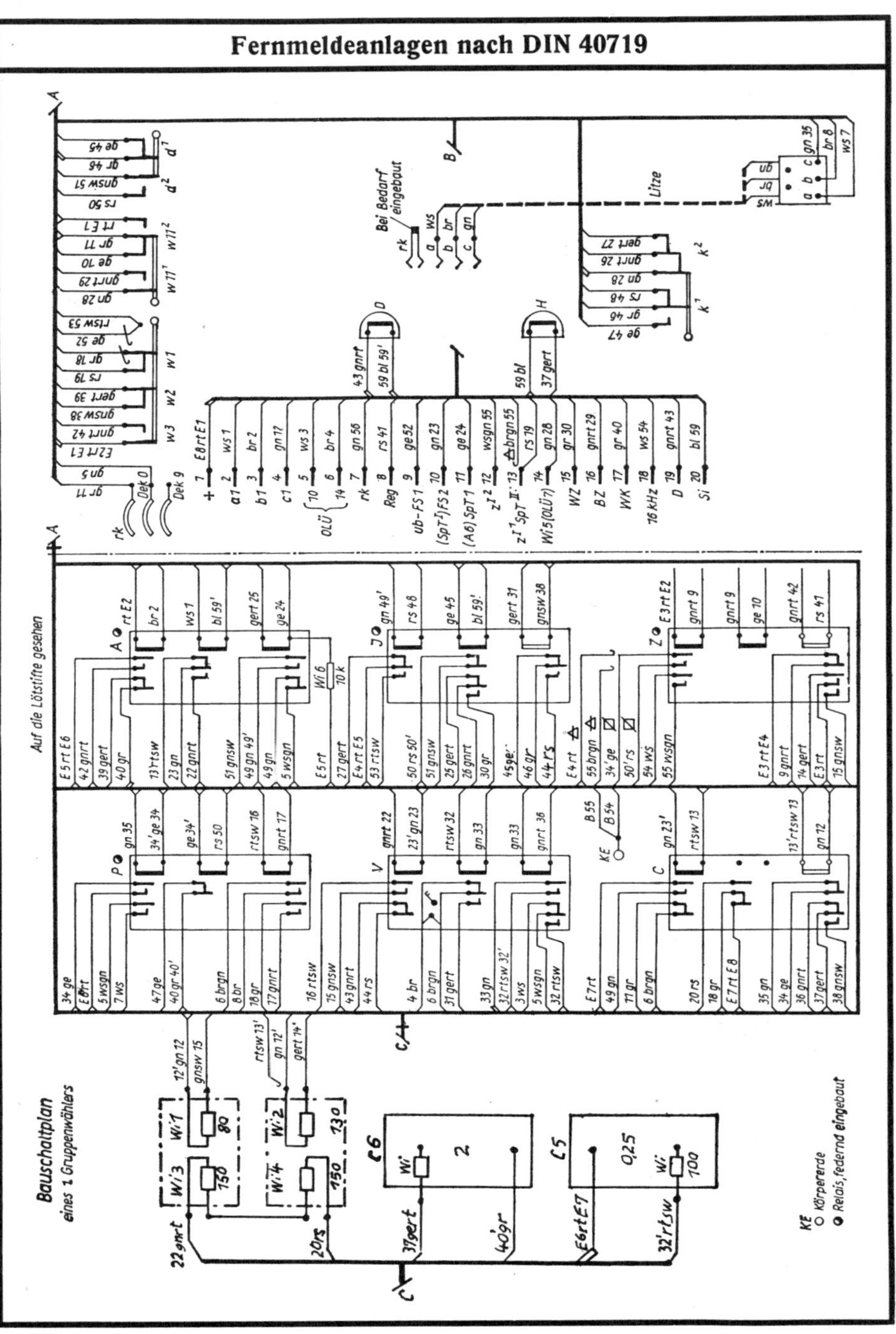
Bauschaltplan
eines 1. Gruppenwählers
Auf die Lötstifte gesehen
Bei Bedarf eingebaut
Litze
KE Körpererde
Relais, federnd eingebaut

Fernmeldeanlagen

Stromquellen

Akkumulatoren siehe bei Starkstrom

Elemente: Leclanché-El.: Braunstein u. Kohle(+) und Zink(−) in Salmiaklösung
Meidinger-El.: Kupfer(+) in Kupfervitriol u. Zink(−) in Bittersalz. 1,5V; 0,4···0,2Ω

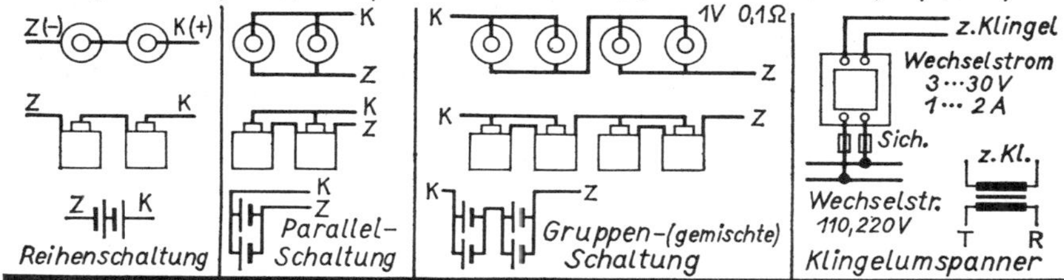

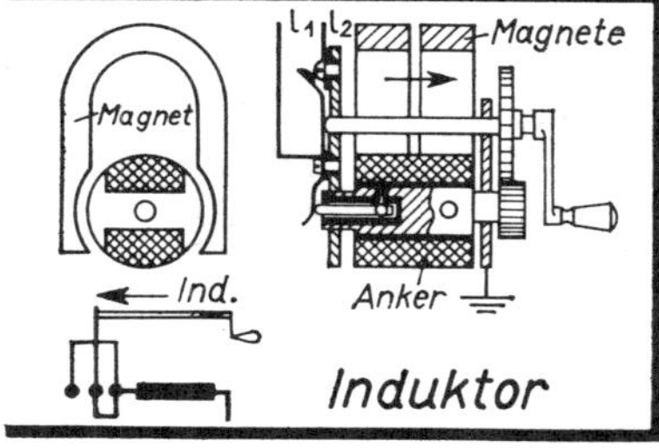

Z(−) K(+) Z K Z K Reihenschaltung

K Z K Z K Z Parallel-Schaltung

K 1V 0,1Ω Z K Z K Z Gruppen-(gemischte) Schaltung

z. Klingel Wechselstrom 3···30V 1··· 2A Sich. Wechselstr. 110,220V z.Kl. T R Klingelumspanner

Ind. L1 L2 Magnet Magnete Anker

Induktor

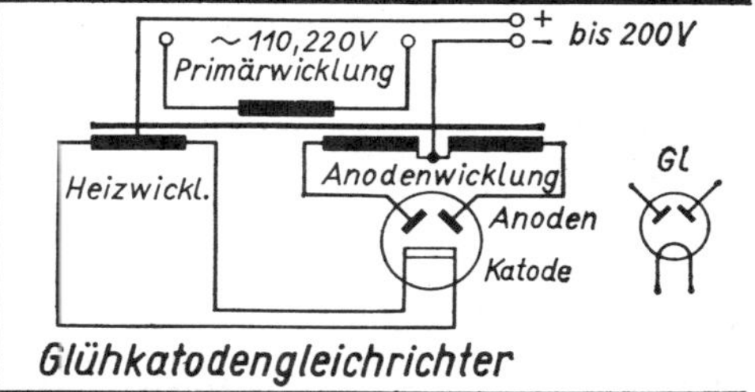

~110,220V Primärwicklung + − bis 200V Heizwickl. Anodenwicklung Anoden Katode Gl

Glühkatodengleichrichter

Weckerschaltungen

Arbeitsstrom bewirkt unmittelbar das Signal.
Ruhestrom, fließend, wird unterbrochen.

Anzahl der Elemente:
1···2 bei 50 m Leitungslänge
3···4 " Hausklingelanlage
3···5 " Tableau
2 für Relais
2 je Apparat (Mikrophon) bei Telefonanlagen

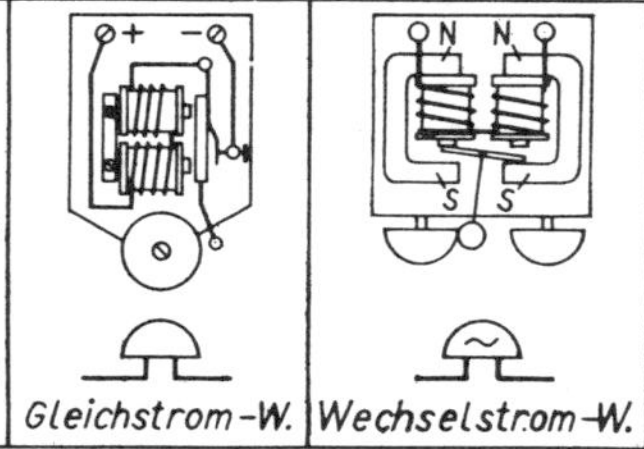

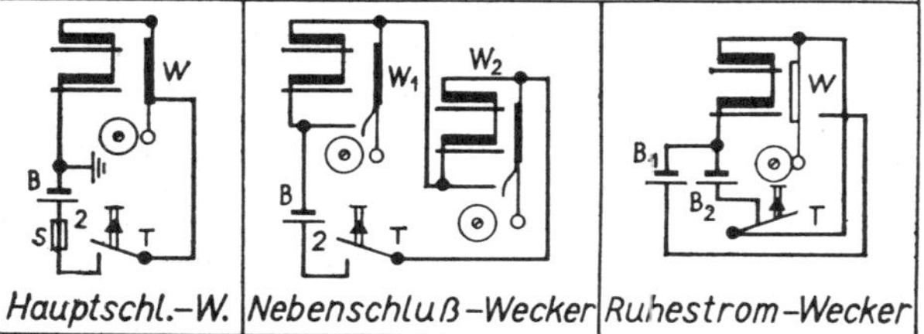

+ − Gleichstrom-W.

N N S S Wechselstrom-W.

W B S 2 T Hauptschl.-W.

W_1 W_2 B 2 T Nebenschluß-Wecker

W B_1 B_2 T Ruhestrom-Wecker

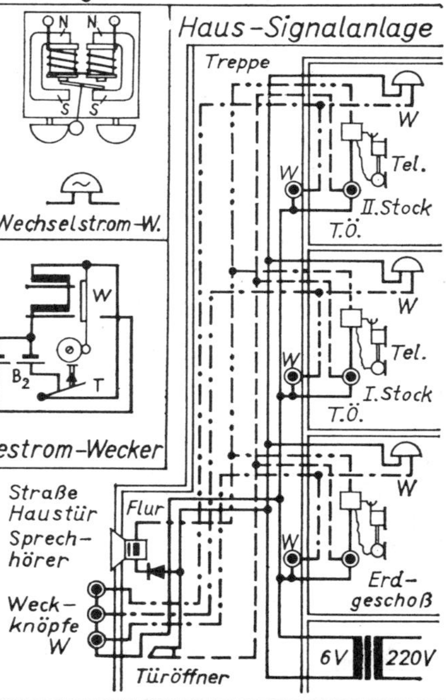

W B_4 K_1 K_2 1 2 T_1 T_2 Rücksteller

Tableau

Haus-Signalanlage

Treppe W Tel. W II. Stock T.Ö. W Tel. W I. Stock T.Ö. W W Erdgeschoß Straße Haustür Flur Sprechhörer Weckknöpfe W Türöffner 6V 220V

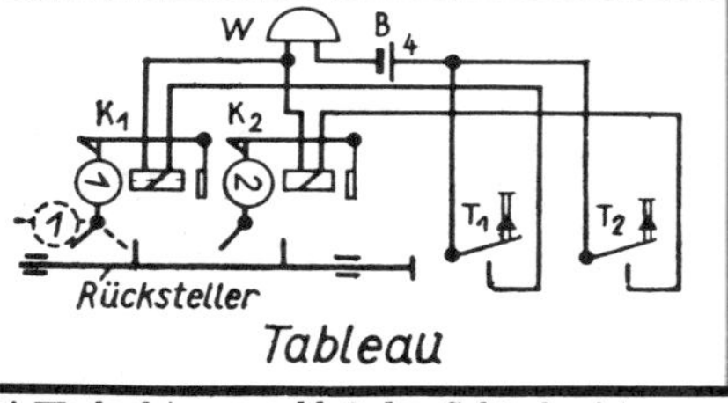

Bei Wechselstromanschluß des Gebäudes ist es zweckmäßig, Klingeltrafos 0,5 oder 1 A anzuschließen (Gleichstromwecker verwendbar).

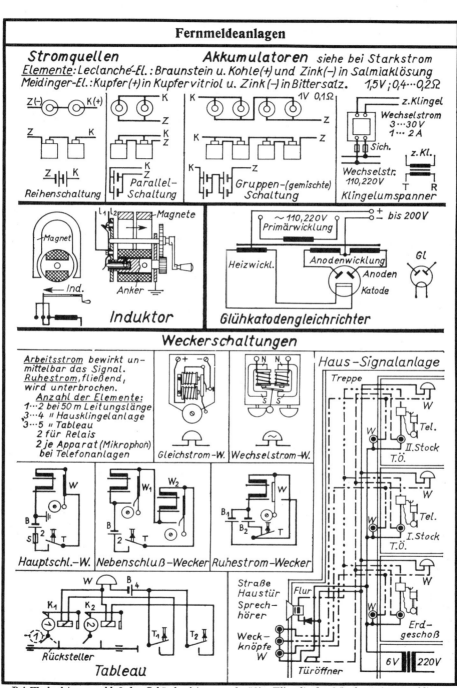

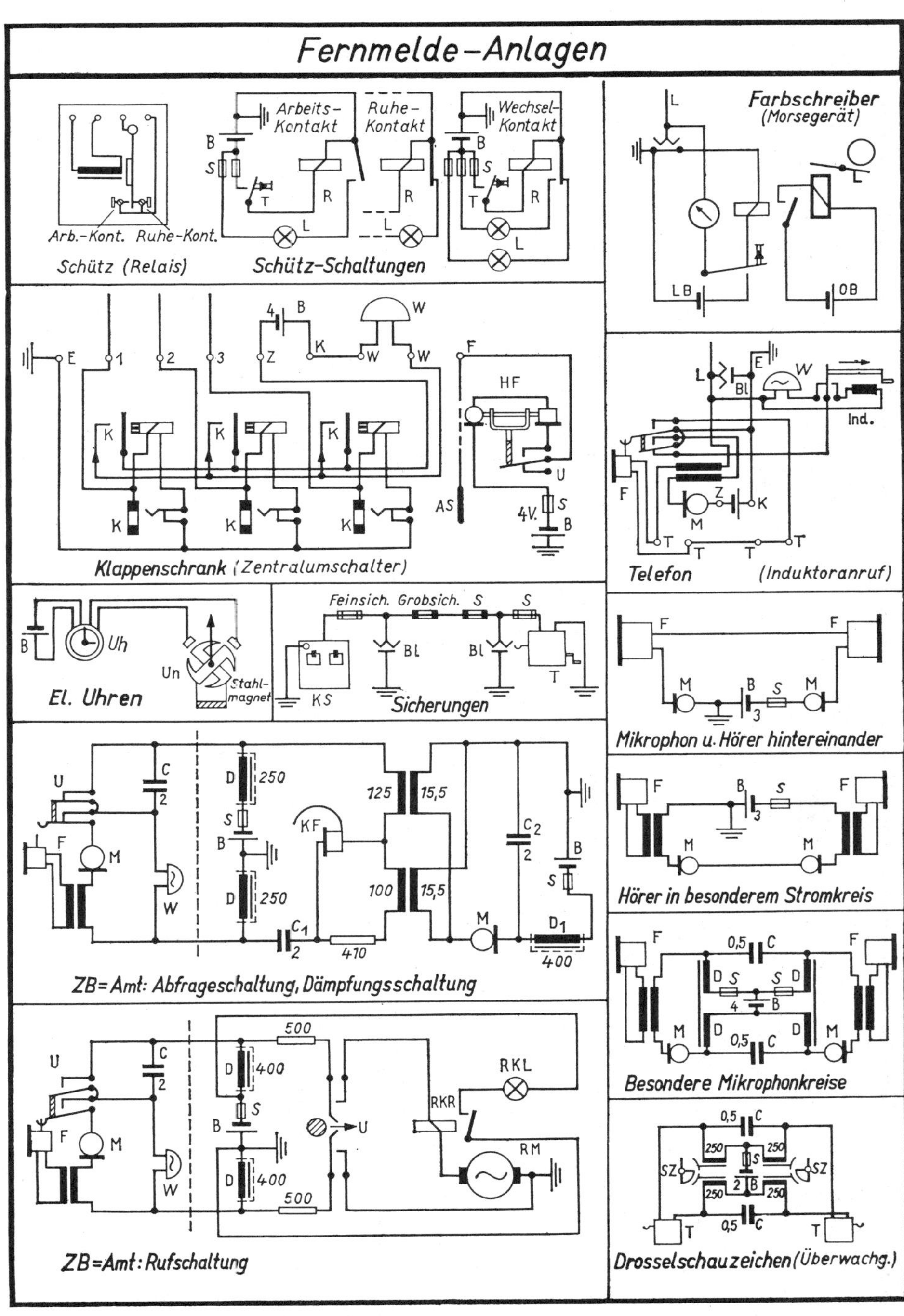
Fernmelde-Anlagen
Arb.-Kont. Ruhe-Kont.
Schütz (Relais)
Arbeits-Kontakt
Ruhe-Kontakt
Wechsel-Kontakt
Schütz-Schaltungen
Farbschreiber (Morsegerät)
LB
OB
Klappenschrank (Zentralumschalter)
HF
AS
4V.
Telefon
(Induktoranruf)
Ind.
El. Uhren
Uh
Un
Stahl-magnet
Feinsich. Grobsich.
KS
Sicherungen
Mikrophon u. Hörer hintereinander
Hörer in besonderem Stromkreis
ZB=Amt: Abfrageschaltung, Dämpfungsschaltung
KF
Besondere Mikrophonkreise
ZB=Amt: Rufschaltung
RKL
RKR
RM
Drosselschauzeichen (Überwachg.)

Fernmeldeanlagen (Fernsprecher)

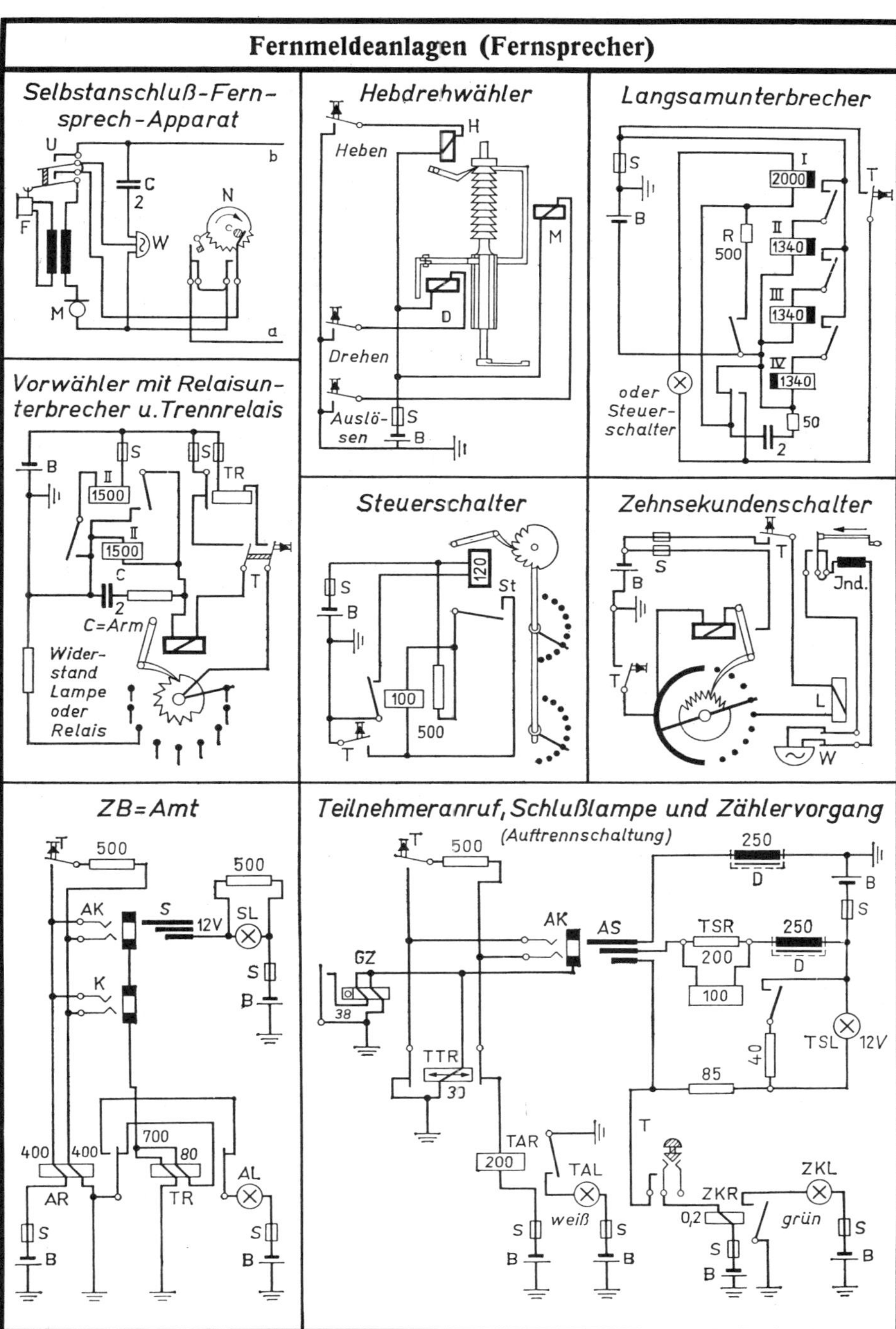

9

Gleichstrom-Generatoren

Dynamoelektrisches Prinzip

Selbsterregung = Hocherregung des remanenten (im Feld verbleibenden) Magnetismus.

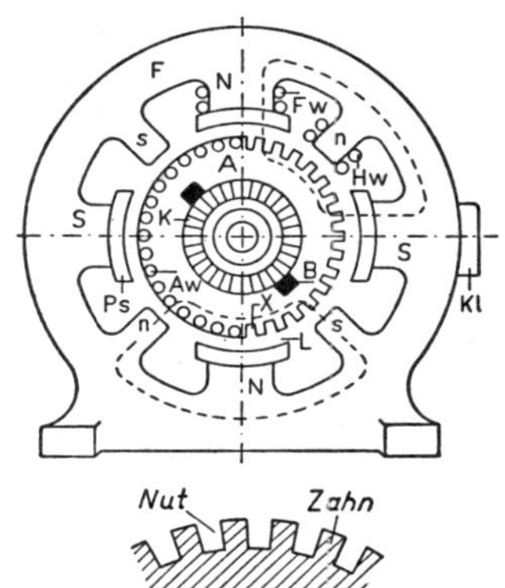

Wirkungsweise: Der Strom kommt dadurch zustande, daß bei der Drehung des Ankers im Luftspalt magnetische Feldlinien geschnitten werden und dadurch in den Stäben der Ankerwicklung eine elektromotorische Kraft E erzeugt wird. Das Magnetfeld wird durch die Erregerwicklung auf den Polen erzeugt. Bei **Selbsterregung** liefert die Maschine den Erregerstrom selbst. Bei **Eigenerregung** wird er von einer mit der Hauptmaschine unmittelbar oder mittelbar gekuppelten Erregermaschine erzeugt, die nur diesem Zwecke dient. **Fremderregung** ist die Erregung eines Generators durch eine andere als die vorstehend genannten Stromquellen.

Der Kommutator dient zur Gleichrichtung der Ankerströme, die Bürsten zur Verbindung der Aw mit dem äußeren Stromkreis.

Erklärung der Bezeichnungen in den Skizzen: E = elektromotorische Kraft; U_k = Klemmenspannung; I = Strom im äußeren Stromkreis; I_a = Ankerstrom; I_m = Feldstrom; R = Widerstand des äußeren Stromkreises; R_a = Ankerwiderstand; R_m = Feldwiderstand. Rechtslauf = im Sinne des Uhrzeigers von der Antriebseite aus gesehen. **Nennleistung, Nennspannung, Nennstrom, Nenndrehz.** usw. sind die Werte, die auf dem Leistungsschild genannt sind.

B a u l i c h e **Ausführungsformen** nach DIN 42950:

A_1	bis	A_6	Maschinen ohne Lager, waagerechte Anordnung
B_1	bis	B_{14}	Maschinen mit Schildlagern, waagerechte Anordnung
C_1	bis	C_4	Maschinen mit Schild- u. Stehlagern, waagerecht. Anordn.
D_1	bis	D_{14}	Maschinen mit Stehlagern, waagerechte Anordnung
V_1	bis	V_{19}	Maschinen mit senkrechter Welle
W_1	bis	W_5	Maschinen mit senkrechter Welle f. Kupplung mit [Wasserturbinen
MG_1	bis	MG_{10}	Motorgeneratoren
U_1	bis	U_2	Umformer

Aufbau der Generatoren:

Pole außenliegend (Innenpole veraltet).

A = Anker (Läufer) (Stahlblechpaket m. Luftschlitzen), Trommelanker mit Welle (Ringanker veraltet).
B = Bürsten (Kohle) in Bürstenhaltern auf Bürstenträgern.
K = Kommutator (Kollektor, Stromwender), Kupferlamellen mit Glimmerzwischenlagen.
Aw = Ankerwicklung (Draht- und Stabwicklung).
Hw = Hilfspolwicklung.

X = Nuten, meist offen, ausgekleidet mit Glimmer, Preßspan, Stabilit. Dazwischen Zähne.
L = Luftspalt Kl = Klemmenbrett.
F = Magnetfeld (-Gestell, -Gehäuse). Spezialstahlguß, Blechpakete selten.
N = Nord-, S = Süd- } Hauptpole. n = Nord-, s = Süd- } Hilfspole.
Fw = Feldwicklung (Polspulen). Ps = Polschuhe.
--- = Feldlinienverlauf (magnetischer Kreis).

Gleichstrom-Nebenschluß-Generator

$I = I_a - I_m$; $U_k = E - I_a \cdot R_a$; $I_m = U_k : R_m$. R_m und I_a sind groß, R_a und I_m sind klein. Die Feldwicklung besteht aus vielen Windungen dünnen Drahtes. Feldsteller mit Kurzschlußkontakt „q" dient zum Kurzschließen der Feldwicklung beim Ausschalten. (Merke: „s" muß immer an „C" liegen.)

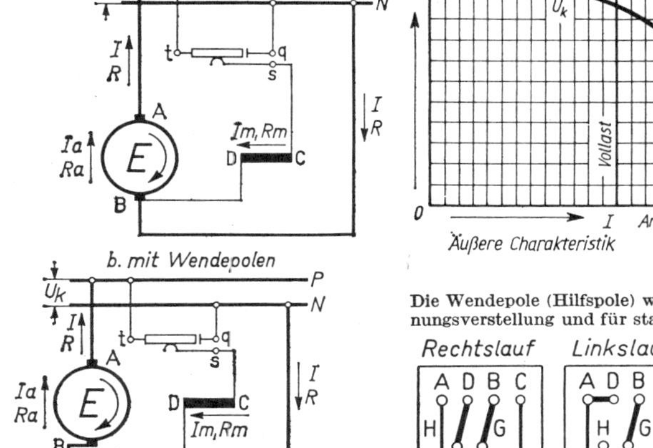

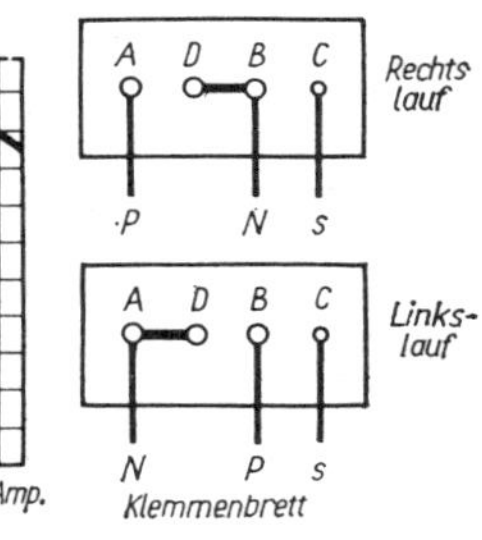

Die Wendepole (Hilfspole) werden bei Generatoren für große Spannungsverstellung und für starke Belastungsschwankungen zwischen die Hauptpole eingebaut; sie unterdrücken das Bürstenfeuer. Generatoren mit Wendepolen arbeiten ohne Bürstenverschiebung. Die Wendepole haben bei Generatoren die Polarität des in der Drehrichtung f o l g e n d e n Hauptpols. (Kontrolle durch Kompaß.)

Rechtslauf: A D B C, H G, P N s — Linkslauf: A D B C, H G, N P s

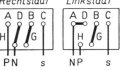

Ankerwicklungen S. 132 u. 133.

Gleichstrom-Generatoren (Fortsetzung)

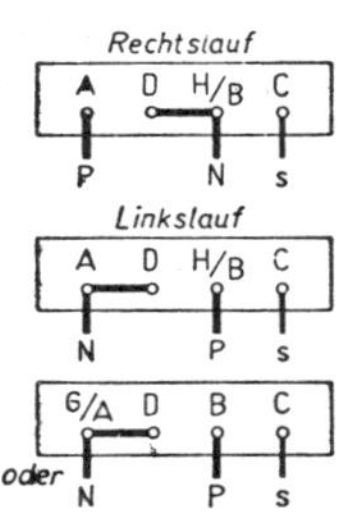

Die meisten Firmen führen die Enden der Wendepolwicklungen nicht nach dem Klemmenbrett, sondern verbinden die Enden B mit G im Innern der Maschine. Die Klemmen B und G fallen dann fort, und H erhält die Bezeichnung HB; ebenso kann A und H fortfallen und G mit GA bezeichnet werden. Siehe nebenstehende Skizzen.

Eigenschaften: Die Spannung ändert sich nur wenig bei verschiedener Belastung (leichte Einstellbarkeit). Die Generatoren werden bei Kurzschluß stromlos. Bei Rückstrom polt sich der Generator nicht um. Die Parallelschaltung mit anderen Stromquellen ist leicht möglich. Die Spannung ist verhältnisgleich der Drehzahl.

Anwendungsgebiet: Hauptgeneratoren in Kraftwerken für Licht, Kraft, Akkumulatorenladung und zu elektrochemischen Zwecken (Galvanoplastik, Elektrolyse).

Gleichstrom-Reihenschluß-Generator (Serien-, Hauptstrom-Generator)

$U_k = E - I \cdot (R_a + R_m)$; $I = I_a = I_m$. R_a und R_m sind klein. I_m ist groß.

Die Feldwicklung hat wenig Windungen aus dickem Draht. Der Feldsteller gestattet nur Einstellung in groben Stufen (parallel zur Feldwicklung). Hilfspole sind auch hier anwendbar.

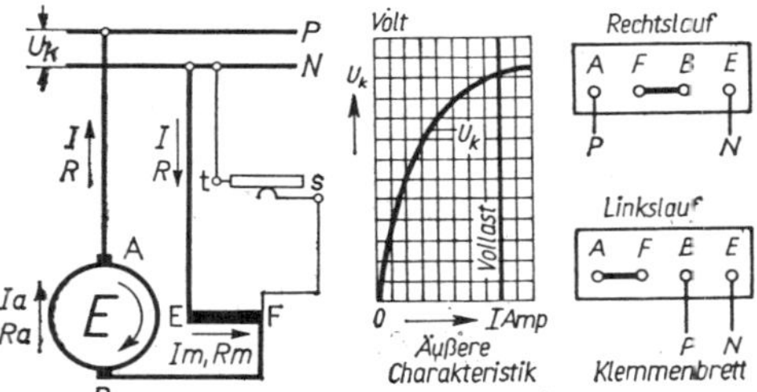

Eigenschaften: Die Spannung ist fast verhältnisgleich der Belastung (schwer einstellbar). Der Generator ist abhängig von einem Mindestwiderstand der Verbraucher, gibt nur in Verbindung mit einer bestimmten Belastung gleiche Spannung und polt sich bei Rückstrom um. Parallelschaltung zu anderen Generatoren ist nicht möglich. Der Generator ist nicht geeignet zur Akkumulatorenladung und zur Verwendung für chemische Zwecke.

Anwendungsgebiet: Für Scheinwerfer (Bogenlampen). Kraftübertragung auf Hauptstrommotor, als Fernleitungsgenerator zum selbsttätigen Ausgleich des Leitungsverlustes.

10

Gleichstrom-Doppelschluß-Generator (Verbund-, Kompound-Generator)

a) Verbundwicklung nicht abschaltbar

$$I_a = I_{m_2};\quad I = I_a - I_{m_1};\quad U_k = E - I_a \cdot (R_a + R_{m_2});\quad I_{m_1} = \frac{U_k}{R_{m_1}}$$

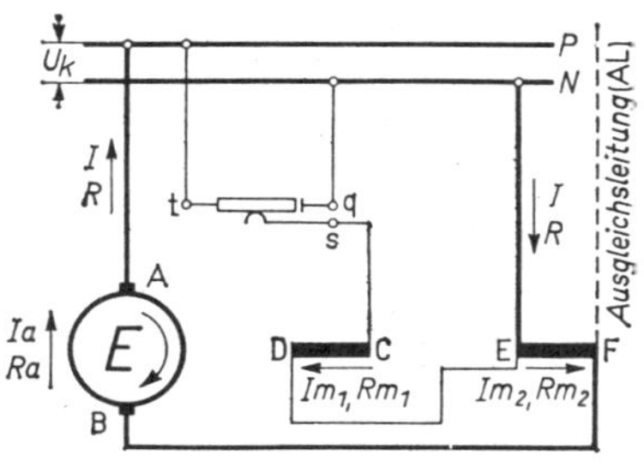

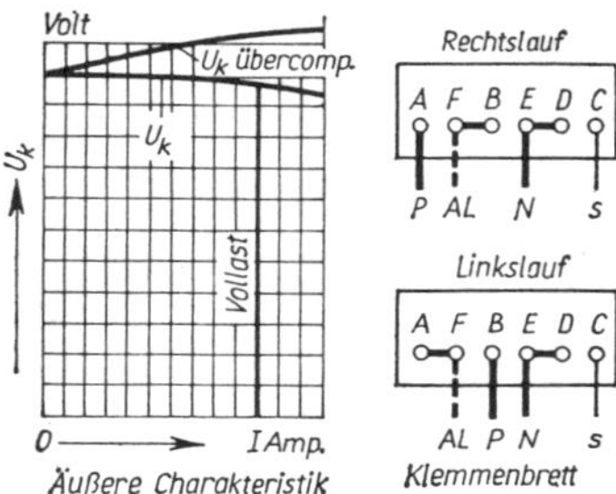

Eigenschaften: Die Spannung bleibt bei allen Belastungen auf ± 2% konstant (leichte Einstellbarkeit im Nebenschluß). Der Generator wird bei Überwiegen der Nebenschlußwicklung bei Kurzschluß fast stromlos. Für Parallelbetrieb ist eine Ausgleichsleitung, die zusammen mit dem Hauptschalter jedes Generators abgeschaltet wird, zwischen allen auf die gleiche Sammelschiene arbeitenden Generatoren erforderlich, um ein Umpolen zu verhindern.

Anwendungsgebiet: Hauptgeneratoren in Kraftwerken ohne Akkumulatorenbatterie für Licht, Kraft und Bahnen.

Gleichstrom-Generatoren (Fortsetzung)

b) Verbundwicklung abschaltbar

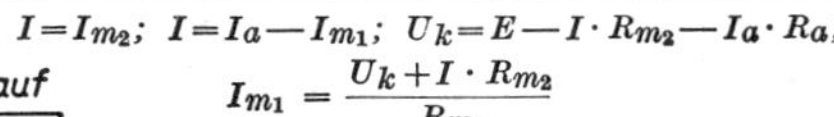

$I = I_{m_2}$; $I = I_a - I_{m_1}$; $U_k = E - I \cdot R_{m_2} - I_a \cdot R_a$;

$$I_{m_1} = \frac{U_k + I \cdot R_{m_2}}{R_{m_1}}$$

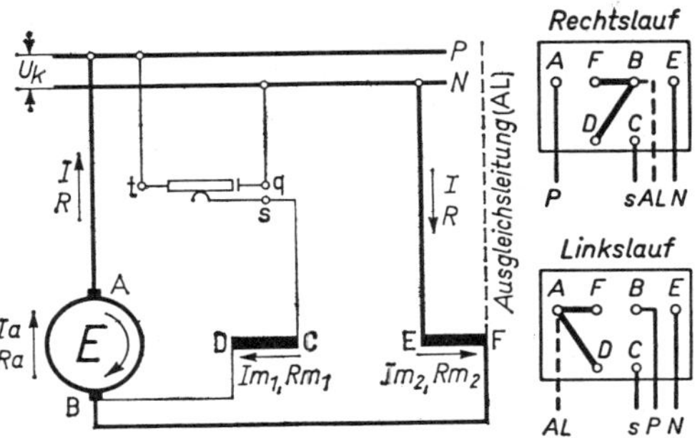

Eigenschaften: Wie unter a. Durch die Ausgleichsleitung kann die Maschine außerdem als Nebenschlußgenerator arbeiten und ist dann auch für Akkumulatorenladung verwendbar. Bei Stillstand der Maschine muß die Verbundwicklung eingeschaltet bleiben. Einpolige Ausschalter. In beiden Fällen sind I_a, I_{m_2}, R_{m_1} groß, I_{m_1}, R_a, R_{m_2} klein. Feldwicklung gleich der des Nebenschluß- u. Reihenschlußgenerators. Hilfspole können verwendet werden. Der Hauptstromkreis ist dann: Netz—Verbundwicklung—Wendepole—Anker—Netz.

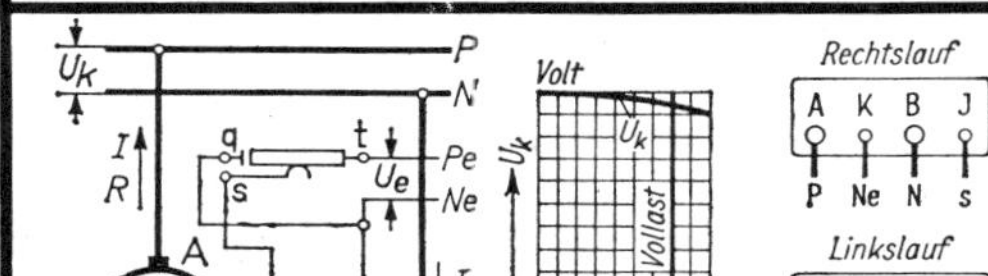

Gleichstromgeneratoren mit Fremderregung

$I = I_a$; $U_k = E - I_a \cdot R_a$; $I_m = \frac{U_e}{R_m}$

Eigenschaften: Geringe Spannungsänderung bei allen Belastungen. Einstellung der Spannung in weiten Grenzen leicht möglich.

Anwendungsgebiet: Als Zusatzgeneratoren beim Laden von Akkumulatorenbatterien.

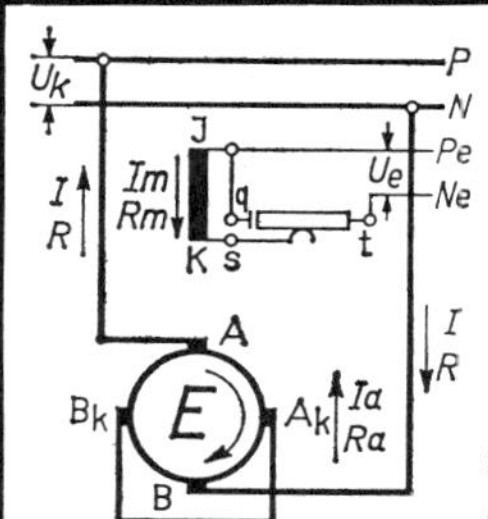

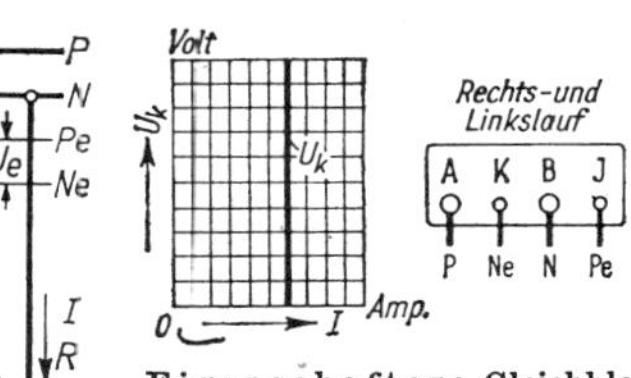

Gleichstrom-Querfeld-Generator von Rosenberg

Die Maschine hat 4 Bürsten, 2 davon sind kurzgeschlossen. Wirksam ist nur das Ankerquerfeld. Die Bürsten A und B stehen unter den Polen (große Polschuhe).

I = konstant

$U_k = I \cdot R$; $I_m = \frac{U_e}{R_m}$

Eigenschaften: Gleichbleibende Stromstärke bei jedem äußeren Widerstand. Die Stromstärke ist fast unabhängig von der Drehzahl. Die Stromrichtung ist bei Rechts- und Linkslauf gleich.

Anwendungsgebiet: Speisung von Bogenlampen, Scheinwerfern, Lichtbogen-Schweißapparaten; elektrische Zugbeleuchtung.

Die Spannung eines Gleichstromgenerators ändert sich mit der Drehzahl. Je höher die Drehzahl ist, desto kleiner und billiger wird die Maschine.

Betriebsspannungen (VDE 0176), Nennspannungen (VDE 0530) (s. S. 121)

Gleichstrom:

Betriebsspannung Volt	110	220	440	600	750	1200	1500	3000
Nennspannung Volt für:								
Generatoren	115	230	460	—	—	—	—	—
Motoren	110	220	440	—	—	—	—	—
Bahngeneratoren	—	250	—	660	825	1320	1650	3300

Verluste in Generatoren:

1. Stromwärme- (Ohmsche) Verluste $I_a^2 \times R_a$ bzw. $I_m^2 \times R_m$ in der Anker- und Feldwicklung (veränderlich mit der Belastung).
2. Eisenverluste: a) durch Hysterese (dauerndes magnetisches Umpolen des Ankereisens infolge des wechselnden Vorbeigangs an Nord- und Südpolen), b) durch Wirbelströme in den Ankerblechen. Die Verluste zu a und b sind annähernd gleich bei jeder Belastung.
3. Mechanische Verluste (Lager- und Bürstenreibung, Luftwiderstand, Ankerbelüftung). Die Verluste zu 3 sind praktisch unabhängig von der Belastung.

Anmerkung: Gleichstromgeneratoren mit Eigenerregung siehe S. 102.

Wechselstrom- (Drehstrom-) Generatoren

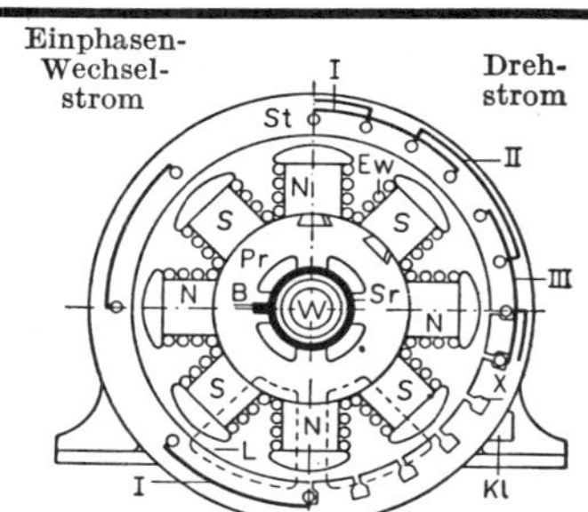

Wirkungsweise: Der Strom kommt dadurch zustande, daß vor den Ständerspulen I, II, III nacheinander Nord- und Südmagnetismus vorbeigeführt wird, dessen Feldlinien die Ständerwicklungen schneiden u. in ihnen eine wechselnde elektromotorische Kraft (E) erzeugen. Die Ständerspulen sind hintereinander geschaltet und die Enden zu dem Klemmenbrett geführt.

Aufbau:

Pole innenliegend (Außenpole nur bei Einankerumformern).
St = Ständer (Stator), Stahlblechpaket in Gußgehäuse mit Luftschlitzen.
I, II, III = Ständerwicklung (Phasenwicklung). Eine oder mehrere Nuten je Pol und Phase (Draht- und Stabwicklung z. B. 8polig).
X = Nuten (geschlossen oder durch Keile verschlossen ausgekleidet mit Glimmer), dazwischen Zähne.
L = Luftspalt (sehr klein).
Kl = Klemmenbrett.
Pr = Magnetrad (Läufer, Rotor), Grauguß oder Stahlguß mit in Schwalbenschwänze eingesetzten und verkeilten oder verschraubten Polen.

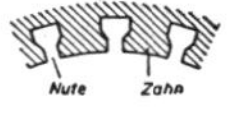

N = Nordpol.
S = Südpol.

Bei Einphasenstrom 1 Ständerwicklungsgruppe je Pol.
Bei Zweiphasenstrom (wenig gebräuchlich) zwei Ständerwicklungsgruppen je Pol.
Bei Drehstrom 3 Ständerwicklungsgr. je Pol.

Ew = Erregerwicklung (Polspulen) Draht oder Band (Erregerspannung meist 110 Volt Gleichstrom: Erregermaschine direkt gekuppelt, selten besonders).
Sr = Schleifringe zur Erregerwicklung.
B = Bürsten zur Erregerwicklung (Kupfer, Bronze).
W = Welle.
--- = Feldlinien (magnetischer Kreis), laufen mit den Polen um.

10

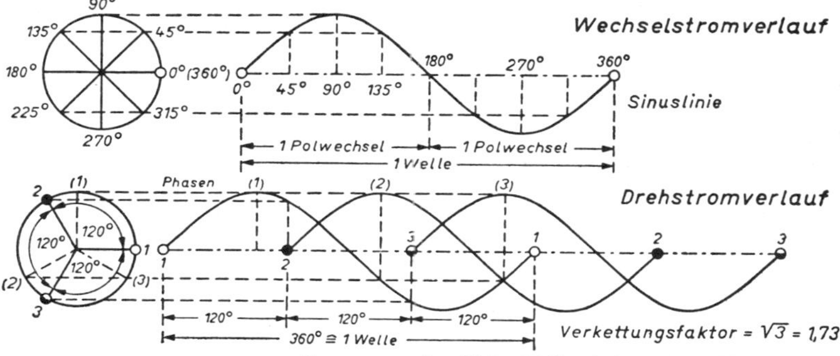

Frequenz = Anzahl der Wellen je Sekunde in Hertz (Hz).

In Deutschland ist die Frequenz der Wechselstromnetze 50 Hz (50 Wellen = 100 Polwechsel). Für elektrische Vollbahnen ist die Frequenz $16^2/_3$ Hz. Die Drehzahl ist also bei bestimmter Frequenz abhängig von der Polzahl.

$$\text{Drehzahl/min} = \frac{\text{Frequenz} \times 60 \times 2}{\text{Polzahl}}$$

Für die Frequenz 50 Hz ist die Drehzahl $= \frac{6000}{\text{Polzahl}}$, für $16^2/_3$ Hz $= \frac{2000}{\text{Polzahl}}$.

(Normale Drehzahlen sind bei den Motoren angegeben.)

Phasenverschiebung zwischen Strom und Spannung:

1. Bei Belastung der Generatoren mit Motoren, Bogenlampen und Drosselspulen wird der Strom verzögert. Die Höchstspannung wirkt bereits kurze Zeit, ehe der Strom seinen Höchstwert erreicht; ihr Höchst- und Nullwert fällt daher nicht mit denjenigen des Stromes zusammen; sie bilden den Verschiebungswinkel φ miteinander. Zur Zeit des Höchststromes herrscht nicht mehr die Höchstspannung, sondern nur noch ein Teil, u. zwar $U \times \cos \varphi$ (induktive Belastung); $\cos \varphi$ = Leistungsfaktor. Der Grenzfall liegt bei einem Verschiebungswinkel von 90°, wobei $\cos \varphi$ = Null wird. Für diesen Fall, der in einem widerstandsfreien Stromkreise mit reiner Selbstinduktion auftritt, ist die Spannung jedesmal zur Zeit des Höchstwertes des Stromes gleich Null und umgekehrt; es tritt daher keine Leistung in das Netz (leerlaufender Transformator).

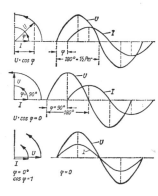

Wechselstrom- (Drehstrom-) Generatoren (Fortsetzung)

Leistungsfaktor cos φ ist möglichst hoch zu halten (erforderlichenfalls Phasenschiebung).

2. Bei reiner Glühlampenbelastung haben Strom und Spannung zu gleicher Zeit ihre Höchst- und Nullwerte (Phasenverschiebung = 0). Es tritt also kein Verschiebungswinkel φ auf: der cos ist für 0° = 1.

Eigenschaften: Leichte Fortleitung in dünnen Drähten, da hohe Spannungen unmittelbar in ruhenden Maschinenwicklungen, mittelbar durch ruhende Transformatoren (Umspanner) erzeugt werden können. Daher ist der Erzeugungsort (Braunkohlengrube, Wasserkraft) unabhängig vom Verbrauchsort (Landeselektrizitätsversorgung). Generatoren und Leitungsnetz werden durch geringen Leistungsfaktor (cos φ) geringer ausgenutzt, daher Ausgleich bei geringem cos φ durch übererregte Synchronmotoren, Kondensatoren und Phasenschieber. Drehstrom ist nicht speicherbar.

Verluste in den Generatoren siehe S. 104.

Betriebsspannungen (VDE 0176), Nennspannungen (VDE 0530) (s. S. 121)

Wechselstrom 50 Hz und $16^2/_3$ Hz:

Betriebsspannung Volt	125	**220**	**380**	500	3000	5000	**6000**	10 000	**15 000**	
Nennspannung Volt für:										Genormte Leistungsfaktoren für
Generatoren 50 Hz . .	130	230	400	525	3150	5250	6300	10 500	15 750	Generatoren: 1,0; 0,8; 0,7; 0,6.
Motoren 50 Hz	125	220	380	500	3000	5000	6000	10 000	15 000	In der Regel für Synchrongene-
Generatoren $16^2/_3$ Hz	—	—	—	—	—	—	6600	—	16 500	ratoren 0,8; f. Synchronmotoren
Motoren $16^2/_3$ Hz . . .	—	200	—	—	—	—	—	—	—	1,0; für Einankerumformer 1,0.

Drehstrom (Dreiphasenstrom)

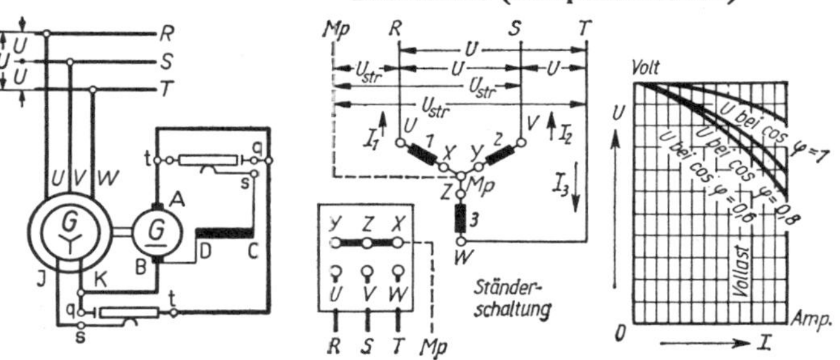

a) Sternschaltung

$U = 1{,}73 \cdot U_{str}$; $I = I_{str}$

Die Sternschaltung wird bei Hochspannungsgeneratoren in Kraftwerken angewandt, da sie je Windung eine niedrigere Spannung ergibt als die Dreieckschaltung, sowie bei Niederspannungsgeneratoren mit herausgeführtem Nullpunkt.

b) Dreieckschaltung: $U = U_{str}$ $\qquad I = 1{,}73 \cdot I_{str}$

Die Dreieckschaltung wird selten angewandt: sie kann bei Niederspannungsgeneratoren für hohe Stromstärken (Elektrostahlöfen; vgl. Tabellenbuch A, S. 103) in Frage kommen.

Die Drehstromgeneratoren werden für alle Zwecke verwandt mit Ausnahme von Elektrolyse und zum Akk.-Laden. Bei Bahnen erfordert der Drehstrom doppelpolige Oberleitung; er ist daher nur für verhältnismäßig geringe Fahrdrahtspannungen geeignet und kaum gebräuchlich.

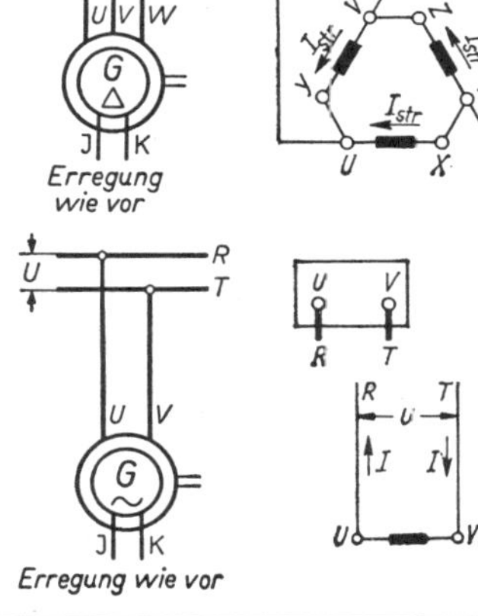

U Leiterspannung (Außenleiter)
U_{str} Strang-(Phasen-)Spannung
I Leiterstrom
I_{str} Strang-(Phasen-)Strom

Klemmenbezeichnung:
Strang 1: U—X
Strang 2: V—Y
Strang 3: W—Z
Sternpunkt Mp

Einphasenstrom (Wechsel-, Einwellenstrom)

Äußere Charakteristik wie bei Drehstrom, ebenso die genormten Spannungen.

Anwendungsgebiet: Vollbahnen mit der Frequenz $16^2/_3$ Hz. Die Fahrdrahtleitung ist nur einpolig (Rückleitung durch die Schienen) und daher hohe Fahrdrahtspannung möglich (in Deutschland 15 000 Volt). Einphasenstrom für Haushalte und Kleinbetriebe wird im allgemeinen aus einem Drehstromnetz entnommen.

Über Leistung und Wirkungsgrad ist Näheres im allgemeinen Teil angegeben; vgl. S. 69.

Parallelschalten von Generatoren

I. Gleichstromgeneratoren

Nebenschlußgeneratoren

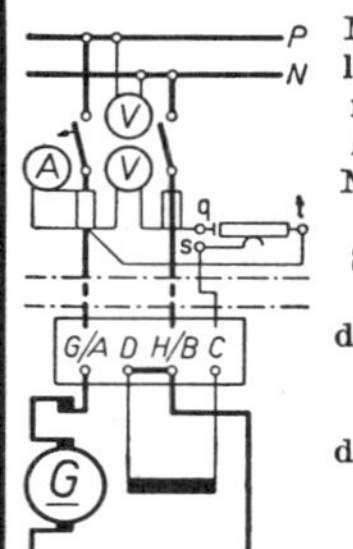

Nach Einstellen der Generatorenspannung auf die Netzspannung wird der Schalter eingeschaltet; dann wird der Generator langsam durch Höherstellen der Spannung belastet.

Verbundgeneratoren

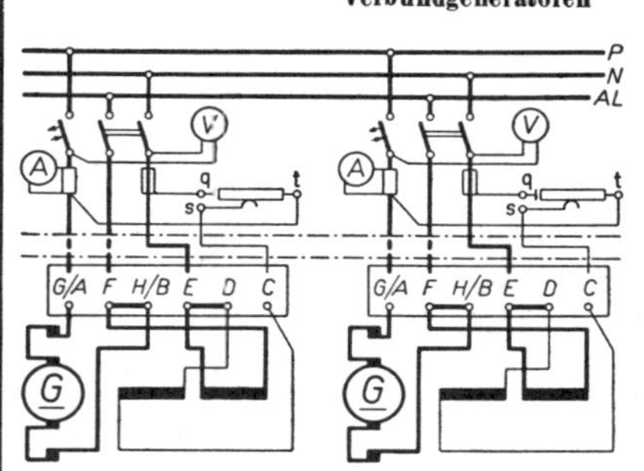

werden wie Nebenschlußgeneratoren parallel geschaltet, nur müssen die Generatoren durch eine Ausgleichsleitung *AL* verbunden sein, da sich die Generatoren sonst umpolen. Das Parallelschalten von **Reihenschlußgeneratoren** kommt nicht vor.

II. Wechselstromgeneratoren

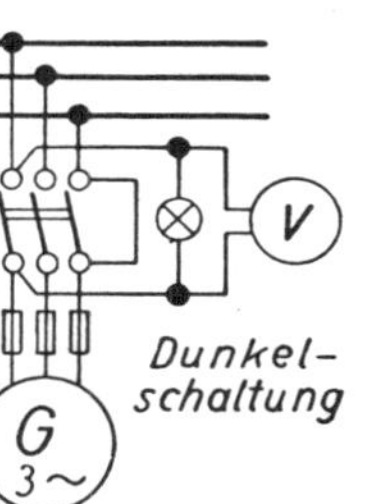

Wechsel-(Dreh-)stromgeneratoren werden auf gleiche Spannung und Frequenz gebracht und müssen außerdem in Phase gebracht (synchronisiert) werden. Hierzu schaltet man eine Glühlampe doppelter Spannung und ein Voltmeter an die gleichpoligen Kontakte des offenen Schalters und überbrückt die anderen. Herrscht Synchronismus, so tritt an den Kontakten kein Spannungsunterschied auf, die Lampe erlischt (Dunkelschaltung). Schwankt die Spannung sehr schnell, so sind die Generatoren noch nicht in Tritt. Je länger die Lampe dunkel bleibt, desto näher rückt der Synchronismus. War die Lampe längere Zeit dunkel, so kann man beim nächsten Dunkelwerden den Schalter einlegen, vorausgesetzt, daß die Spannungen noch gleich sind.

Bei der nur noch selten angewendeten Hell- oder Kreuzschaltung liegen die Phasenlampen nicht am gleichen Pol. Synchronismus herrscht dann, wenn die Lampen längere Zeit am hellsten aufleuchten.

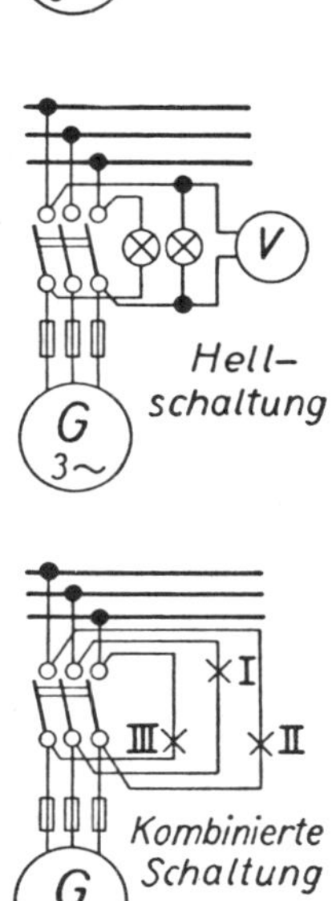

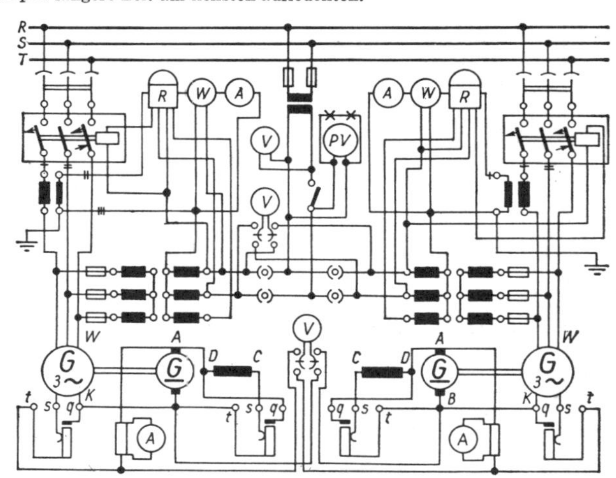

Bei der kombinierten Drehstromschaltung sind die 3 Lampen im Kreis angeordnet. Solange kein Synchronismus herrscht, leuchten die Lampen nacheinander auf. Aus dem Drehsinn dieses Aufleuchtens läßt sich erkennen, ob der Generator zu schnell oder zu langsam läuft. Synchronismus herrscht bei dunkler oberer Lampe I.

Außer diesen einfachen Synchronisierlampen werden noch Synchronoskope mit Zeigerausschlag „zu langsam“, „zu schnell“ oder mit Zeigerumlauf in der einen oder anderen Richtung verwendet.

Elektromotoren

Gleichstrommotoren

Der Aufbau ist der gleiche wie bei den Generatoren. Wirkungsweise: Unter der Einwirkung des magnetischen Feldes auf die stromdurchflossenen Ankerstäbe entsteht eine Bewegung dieser Stäbe und damit eine Drehung des Ankers (Läufers). Durch die Wirkung des Kommutators ist die Stromverteilung in den Ankerwicklungen von der jeweiligen Stellung des Ankers unabhängig; die Bewegung wird somit eine dauernde.

Durch den Umlauf des Ankers wird wie bei dem Generator eine elektromotorische Kraft im Anker erzeugt, die der dem Anker aufgedrückten Spannung entgegenwirkt. Diese elektromotorische Gegenkraft (E_g) ist bei leerlaufenden Motoren fast so groß wie die aufgedrückte Spannung an den Bürsten. Der leerlaufende Motor nimmt daher nur einen geringen Strom auf. Bei belastetem Motor sinkt die Drehzahl und damit die E_g, während die Bürstenspannung gleichbleibt. Die vom Motor aufgenommene elektrische Arbeit stellt sich also selbsttätig der Belastung entsprechend ein.

$$\text{Ankerstromstärke} = \frac{\text{Bürstenspannung} - E_g}{\text{Ankerwiderstand}}$$

$$I_a = \frac{U_k - E_g}{R_a}$$

Beim Anlauf ist die E_g noch nicht vorhanden; die Einschaltstromstärke würde also $\frac{U_k}{R_a}$ sein, und da R_a sehr klein ist, würde im Anker ein unzulässig starker Strom entstehen. Man schaltet deshalb beim Anlassen einen Widerstand vor den Anker, den man allmählich, der Zunahme der Drehzahl entsprechend, abschaltet. Zu jedem Motor über 1,5 kW, der an eine konstante Spannung gelegt wird, gehört daher ein Anlasser. Man kann die Ankerstromstärke beim Anlauf auch dadurch klein halten, daß man dem Motor die wachsende Spannung eines besonderen Generators (Anlaßgenerator) zuführt. Anlaßgenerator und Motor bilden dann eine elektrisch gekuppelte Einheit (Leonard-Schaltung). Diese Schaltung wird z. B. bei Fördermaschinen, Walzwerkmotoren und Papierkalandern, bei denen es in der Hauptsache auf häufiges Anlassen, eine stetige Einstellung der Drehzahl und leichte Drehsinnänderung ankommt, angewendet. An die Stelle des Anlassers tritt hier der Nebenschlußsteller des Generators.

Der Anker sucht sich stets auf eine solche Drehzahl einzustellen, daß die E_g gleich der Bürstenspannung wird. Die Drehzahl des Motors ist daher bei Leerlauf der zugeführten Spannung verhältnisgleich.

Schwächt man das magnetische Feld allein bei gleicher Bürstenspannung, so ist die erforderliche E_g nur durch höhere Drehzahl zu erreichen; der Motor läuft daher bei Schwächung des magnetischen Feldes schneller.

11

Gleichstrom-Nebenschlußmotor

$$I = I_a + I_m, \quad U_k = E_g + I_a \cdot R_a$$

Ohne Hilfspole

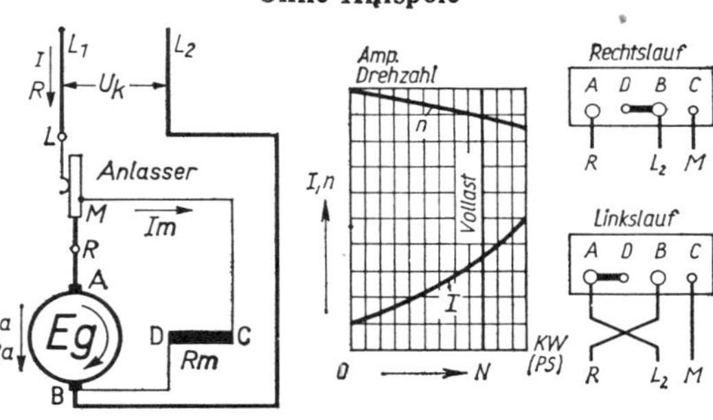

Mit Hilfspolen (symmetrisch zum Anker aufgeteilt)

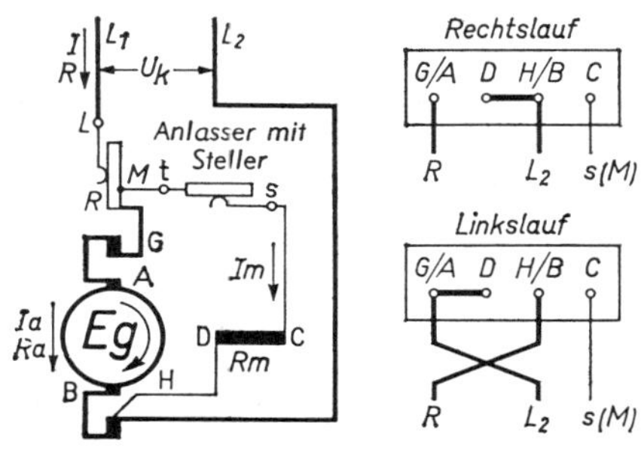

Die Feldwicklung hat viele Windungen aus dünnem Draht. Klemme „M" zweigt stets an den ersten Einschaltkontakten ab, oder an einer von der Kurbel „L" bestrichenen besonderen Schiene. Hilfspole (Wendepole) werden bei Motoren für große Drehzahlverstellung und bei solchen für starke Belastungsschwankungen zwischen die Hauptpole eingebaut; sie unterdrücken das Bürstenfeuer. Die Hilfspole haben bei Motoren die Polarität des in der Drehrichtung vorhergehenden Hauptpols (vgl. Generatoren). Kontrolle durch Kompaß.

Eigenschaften: Fast gleichbleibende Drehzahl bei jeder Belastung. Leichte Einstellbarkeit durch Schwächung des Feldes mittels Vorschaltwiderstandes in der Magnetleitung. Drehzahlerhöhung bis 1:1,3 bei Motoren ohne, bis 1:3 bei Motoren mit Hilfspolen.

Anwendungsgebiet: Der Nebenschlußmotor wird am meisten verwendet. Er dient zum Antrieb von Transmissionen, Aufzügen, Werkzeugmaschinen, Pumpen, Gebläsen, Kompressoren, landwirtschaftlichen Maschinen und wenn bei wechselnder Belastung annähernd gleiche Drehzahl verlangt wird bei mittlerer Anzugskraft (Anzugs-Drehmoment). Bei Einzelantrieb von Hobelbänken gestattet er einen schnelleren und damit zeitsparenden Rücklauf des Tisches. Seine leichte Einstellbarkeit auf gewünschte Drehzahlen wird bei Drehmaschinen usw. zur Ersparung von Vorgelegen ausgenutzt.

Elektromotoren (Fortsetzung)

Gleichstrom-Reihenschluß-Motor oder Hauptstrom- (Serien-) Motor

$I = I_a = I_m; \; U_k = E_g + I \cdot (R_a + R_m)$

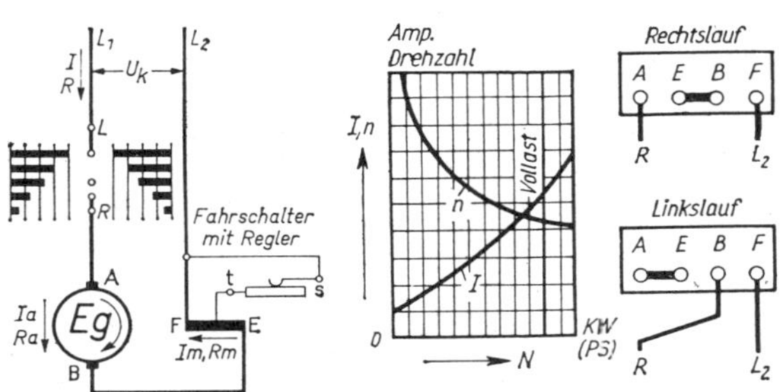

Die Feldwicklung hat wenig Windungen aus dickem Draht. Der Feldsteller dient nur zum Einstellen des Drehzahlbereiches in großen Stufen (selten verwendet). Drehzahl nimmt mit wachsender Belastung ab. Bei Leerlauf gehen die Motoren durch (gefährlich für die Ankerwicklungen); daher für Riemenantriebe ungeeignet (Abfallen des Riemens). Anzugs-Drehmoment etwa das Dreifache des Laufmomentes.

Anwendungsgebiet: Bahnen, Hebezeuge, Drehscheiben, Schiebebühnen, Kreiselpumpen, wo bei wechselnder Belastung wechselnde Drehzahl (Geschwindigkeit) verlangt wird, für unmittelbare und Zahnradantriebe.

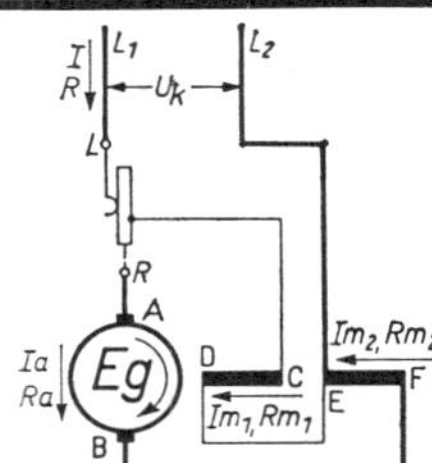

Gleichstrom-Doppelschluß-Motor oder Verbund- (Kompound-) Motor

$I_a = I_{m_2} - I_{m_1}$ $\quad I = I_{m_2}$ $\quad U_k = E_g + I_a \cdot R_a + I_{m_2} \cdot R_{m_2}$.

Der Doppelschluß-Motor wird hauptsächlich für Sonderzwecke verwendet. Man gibt z. B. Nebenschluß-Motoren zwecks Erzielung eines hohen Anzugsmomentes bei gleicher Drehzahl (Aufzüge) eine im gleichen Sinne wirkende Verbundwicklung. Man hat auch Doppelschluß-Motoren in Akkumulator-Triebwagen eingebaut, um die Motoren bei Fahrten zu Tal als Nebenschluß-Generatoren zum Wiederaufladen der Batterien zu verwenden (Nutzbremsung). Für genau gleich hoch zu haltende Drehzahl gibt man den Nebenschluß-Motoren eine im umgekehrten Sinne wirkende Verbundwicklung (Gegenkompoundierung).

Bemerkung: D kann auch an F liegen.

11

Drehstrommotoren

I. Drehstrom-Asynchron-Motoren (Drehfeld-Induktions-Motoren)

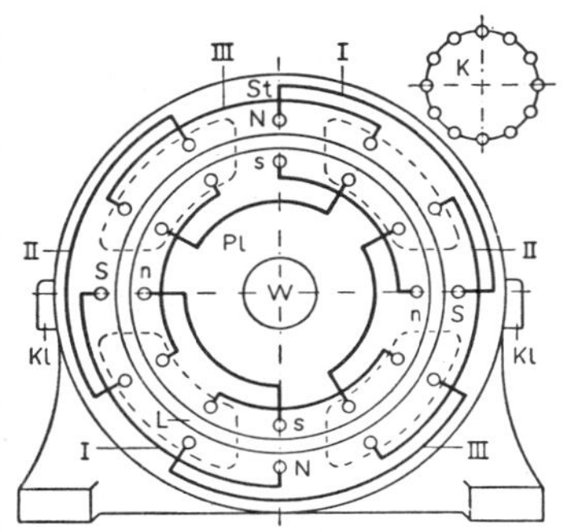

St = Ständer (Stator), Stahlblechpaket in Gußgehäuse mit Luftschlitzen.

I, II, III = Ständerwicklung (Phasenwicklung). Eine oder mehrere Nuten je Pol und Phase (Draht und Stabwicklung z. B. 4 polig). Nuten und Zähne wie bei den Generatoren.

L = Luftspalt (sehr klein). Kl = Klemmenbrett.

Pl = Phasenläufer (Phasenwicklung. Bei Kurzschlußläufermotoren sind sämtliche Anfänge kurzgeschlossen, ebenso sämtliche Enden. Bei Schleifringmotoren sind nur die Anfänge kurzgeschlossen, die Enden führen je Phase zu je einem Schleifring).

K = Käfiganker (nur bei Kurzschlußläufermotoren). Die Anfänge und Enden der Ankerstäbe sind durch je einen Ring kurzgeschlossen.

W = Welle

--- = Feldlinien (magnet. Kreis) laufen mit den Phasen um.

Wirkungsweise: Der Stromlieferung des Drehstromgenerators entsprechend, geht der Höchstwert des Stromes von Phasenspule I über Spule II nach Spule III usf. Das Magnetfeld des Ständers folgt diesem Fortschreiten, die Pole N und S wandern daher an dem inneren Umfang des Ständers im Kreise herum. Der Drehstrom erzeugt daher ein magnetisches Drehfeld. Die umlaufenden Pole N und S erzeugen im Läufer die Pole „n" und „s" und ihre Feldlinien schneiden die Läuferwicklung. Diese Läuferpole folgen den Polen des Drehfeldes und der Läufer läuft um. Die Pole „n" und „s" suchen mit den Polen N und S in Tritt zu bleiben (synchron zu laufen) und erreichen auch bei Leerlauf fast die Drehzahl des Drehfeldes. In diesem Zustande werden aber fast keine Feldlinien der Läuferwicklung mehr geschnitten. Bei Belastung kann jedoch nur eine Leistungsabgabe (Drehmoment) zustande kommen, wenn von den Läuferwicklungen Feldlinien geschnitten werden. Der Läufer kann daher niemals die gleiche Drehzahl wie das Feld erreichen. Er läuft nicht synchron mit dem Feld, sondern asynchron. Die Verschiedenheit der Geschwindigkeit wird Schlupf genannt und in % ausgedrückt. Je stärker der Motor belastet wird, um so mehr Feldlinien müssen die Läuferwicklung schneiden, um so größer

Wechselstrom- (Drehstrom-) Motoren (Fortsetzung)

wird also der Schlupf. Dieser beträgt zwischen Leerlauf und Vollast etwa 3···6%. Der Motor hat demnach die Charakteristik eines Gleichstrom-Nebenschlußmotors.

Die in der Läuferwicklung durch das Schneiden der Feldlinien hervorgerufenen Ströme und Spannungen wachsen mit der Zunahme der Belastung und des Schlupfs. Zur Erzeugung dieser Ströme und Spannungen muß der Ständer aus dem Netz einen größeren Strom aufnehmen. Die Stromaufnahme des Motors ist daher wie bei allen Motoren nahezu verhältnisgleich der Belastung.

Da der Motor aus Wicklungen mit Selbstinduktion (Induktivität) besteht, tritt eine Phasenverschiebung zwischen Strom und Spannung auf, deren Leistungsfaktor (cos φ) i. M. 0,8 beträgt, und zwar bei Vollast. Läuft der Motor leer oder ist er nur gering belastet, so ist der Leistungsfaktor bedeutend geringer. Bei der Wahl von Drehstrommotoren ist daher der Kraftbedarf besonders sorgfältig zu ermitteln. Die Drehzahl der Motoren ist nur von der aufgedrückten Wellenzahl des Drehstroms abhängig (nicht von der Spannung). Normale Drehzahlen siehe Seite 115.

Da die Leistung der Drehstrommotoren mit abnehmender Spannung sinkt, ist die Spannung an dem Aufstellungsort sorgfältig zu ermitteln (geringer Spannungsabfall in den Zuleitungen).

Die Motoren werden mit herausgeführten Ständerwicklungsenden geliefert, so daß die Ständerwicklung in Stern z. B. an 380-Volt-Netze und in Dreieck an 220-Volt-Netze gelegt werden kann. Der Motor ist auf diese Weise für diese beiden Netze verwendbar; sein Leistungsschild trägt die Bezeichnung 380/220 Volt. Auch der Anlasser bei Schleifringmotoren bleibt der gleiche, nur der Ständerausschalter ist der jeweiligen Ständerstromstärke anzupassen. Die Umkehrung der Drehrichtung wird durch Vertauschen zweier Zuleitungen bewirkt.

Kurzschlußläufermotoren mit **Einfachkäfiganker** oder **Phasenläufer** sind die allereinfachsten Motoren mit bestem Wirkungsgrad und Leistungsfaktor, haben jedoch hohe Anlaufstromstärke; man verringert sie durch Ständeranlasser, Anlaßtransformatoren und Sterndreieckschalter oder durch Kupplung des Motors über eine Rutschkupplung mit der Antriebsmaschine. Auch Zweifachwicklung und Polumschaltung werden angewendet. Mittels Sterndreieckschaltung können normale 380/220-Volt-Motoren nur an 220-Volt-Netze (Außenleitersp.) angeschlossen werden. Für 380-V-Netze sind Motoren, die für 380-V-Dreieckschaltung ausgelegt sind, zu verwenden.

Die Motoren werden hauptsächlich für Spannungen unter 1000 V mit Leistungen bis zu 10 kW verwendet.

Bei Sterndreieckschaltung fallen die Verbindungsstücke am Klemmenbrett fort, und die Klemmen y, z, x werden an den Umschalter angeschlossen.

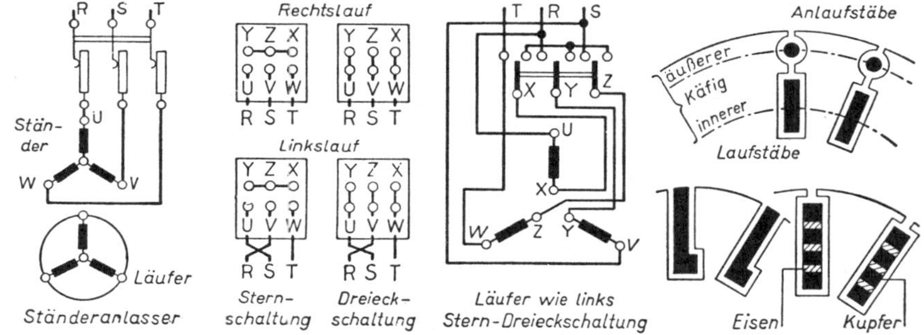

	Anzugsmoment	Einschaltstromst.
1. Einfachkäfiganker bis 7,5 kW	2 bis 2,8 fach	6 bis 7 fach
2. Doppelkäfiganker von 10 kW ab	2,1 bis 3 fach	4 bis 5,1 fach
3. Wirbelstromläufer von 20 kW ab	1,2 bis 1,5 fach	4 bis 4,8 fach

Die Werte beziehen sich auf die Nenndrehmomente u. Nennströme. η und cos φ der Motoren zu 2 und 3 sind 1···2% geringer als bei den Motoren zu 1.

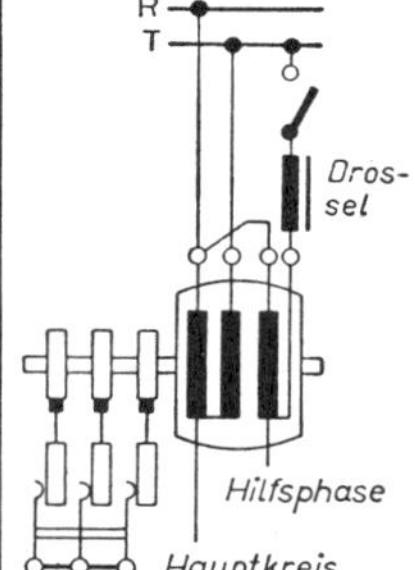

Stromverdrängungsmotoren besitzen entweder **Doppelkäfiganker** oder **Wirbelstromläufer.** Die Stäbe der Doppelkäfige liegen konzentrisch in den Nuten, die sie verbindenden Kurzschlußringe können für beide Käfige gemeinsam sein. Bei Stillstand ist der Scheinwiderstand des inneren (Lauf-) Käfigs sehr groß; der Läuferstrom wird in die Anlaufstäbe (äußerer Käfig) abgedrängt und gibt hier ein großes Anzugsdrehmoment. Beim Lauf wird der Scheinwiderstand der Laufstäbe klein, der Strom wählt den inneren Käfig mit dem kleinen Ohmschen Widerstand.

Wirbelstromläufer besitzen tiefe Nutenstäbe oder solche mit Stahlzwischenlagen. (Auch die Stirnringe können aus Stahl sein; sie dienen dann zur Erhöhung des Läuferwiderstandes beim Anlauf.) Die beim Anlauf auftretende gegenelektromotorische Kraft ist am inneren Stabende am größten. Der Strom wird daher beim Anlauf nach außen, also auf einen kleineren Querschnitt (höherer Widerstand) gedrängt.

Asynchrone Zweiphasenmotoren arbeiten wie Drehstrommotoren. **Induktionsmotoren für Einphasenstrom** haben bei Stillstand kein Drehmoment. Der Ständer hat als Hauptkreis zwei in Reihe liegende Zweige einer Drehstromwicklung oder einen Zweig einer Zweiphasenwicklung. Dieser Hauptkreis erzeugt zunächst ein feststehendes magnetisches Wechselfeld. Der Läufer ist zwei- oder dreiphasig (Kurzschluß- oder Schleifringwicklung). Beim Lauf entsteht durch die Läuferströme ein um 90° gegen das Ständerfeld verschobenes Querfeld und damit ein Drehmoment in der Laufrichtung. Die Leistung eines Einphasenmotors ist etwa 30% geringer, der Wirkungsgrad 3 bis 4% geringer als bei einem gleich großen Drehstrommotor.

Wechselstrom- (Drehstrom-) Motoren (Fortsetzung)

Zum Anlassen muß bei Stillstand ein Drehfeld erzeugt werden. Man benutzt hierzu den noch freien Zweig der Ständerwicklung (Hilfsphase) und erzeugt in ihm durch eine Drosselspule oder einen Kondensator einen um 90° verschobenen Strom.

Nach dem Anlassen wird die Hilfsphase wieder abgeschaltet. Einphaseninduktionsmotoren mit Kommutatoren laufen als Repulsionsmotoren (s. S. 112) an. Im Lauf wird der Kommutator kurzgeschlossen und der Läufer dadurch zum Kurzschlußläufer.

Als **Doppelkranmotor** baut man einen Motor mit zwei Läuferwicklungen und Polumschaltung. Bei der hohen Polzahl (niedrigen Drehzahl von 0···750 Uml./min) arbeitet die widerstandsarme Phasenläuferwicklung, bei der niedrigen Polzahl (hohen Drehzahl von 750···1500 Uml./min) die Käfigwicklung mit hohem Widerstand.

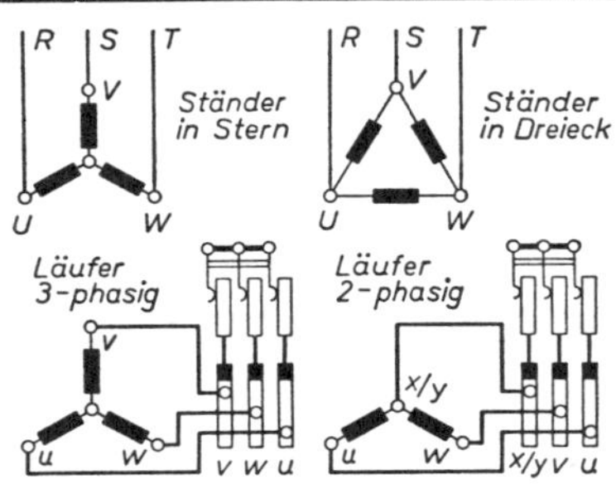

Schleifringmotoren*)

Die Ständerwicklungen und Ständerklemmbrettschaltungen sind die gleichen wie beim Kurzschlußmotor. Die 3 Enden der in Stern geschalteten Läuferwicklung führen über Schleifringe mit Bürsten zu den Klemmen u, v, w, an die der Läuferanlasser angeschlossen wird, der die Enden über Widerstände allmählich kurzschließt. Man führt die Läuferwicklung auch zweiphasig aus. Der Verbindungspunkt der beiden Phasen wird mit x/y bezeichnet und zu einem Schleifring geführt, so daß auch hier 3 Schleifringe nötig sind. Dafür wird aber der Anlasser einfacher, die Stromstärke je Schleifring aber bei gleicher Schleifringspannung größer. Die Schleifringläuferspannungen, die nach Einschalten des Ständerschalters vor dem Anlasser auftreten, richten sich nach der Art der Wicklung des Läufers. Sie müssen auch bei Motoren über 1000 V so gehalten sein, daß keine Gefährdung von Personen beim Anlassen eintreten kann. Die Anlaßspannung zwischen 2 Schleifringen beträgt bei den normalen Motoren 28···250 Volt. Leicht zugängliche Motoren werden mit Kurzschluß- und Bürstenabhebevorrichtung versehen, durch die die Schleifringe nach dem Kurzschließen durch den Anlasser kurzgeschlossen und die Bürsten abgehoben werden. Dadurch fällt der Verlust in den Anlasserleitungen fort (besserer Wirkungsgrad) und der Bürstenverschleiß wird geringer. Zum Abschalten des Ständers ist stets ein dreipoliger Schalter (Selbstschalter, Motorschutzschalter oder Thermoschütz) erforderlich. Anlasser, Feldschalter, Kurzschluß- und Bürstenabhebevorrichtung werden stets miteinander mechanisch oder elektrisch gekuppelt und verriegelt, so daß keine Fehler in der Reihenfolge der Bedienung gemacht werden können. Die Drehzahl kann durch Einschalten von Widerständen vor die Läuferwicklung etwa im Läuferanlasser selbst verstellt werden. Diese Verstellung bringt jedoch große Leistungsverluste. Eine sprungweise Verstellung kann durch die Umschaltung der Ständerwicklung auf eine Teilpolzahl (Polumschaltung) herbeigeführt werden. Die Motoren verlieren jedoch dadurch den großen Vorteil der Einfachheit. Auch Doppelmotoren in Kaskadenschaltung waren auf dem Markt. Bei diesen Motoren wird der Läuferstrom dem Ständer eines auf der gleichen Welle sitzenden zweiten Motors zugeleitet; die Drehzahl entspricht dann der Summe der Pole beider Motoren. (Die Kaskadenschaltung hat aber eigentlich nur bei Kaskadenumformern einige Bedeutung erlangt.) Für verlustlose Drehzahländerung bis 1:2 verwendet man den Drehstromkommutatormotor, der später beschrieben ist.

11

II. Synchronmotoren

Der Synchronmotor ist die Umkehrung des Generators; er bedarf demnach einer Gleichstromerregung. Sein Aufbau ist der gleiche wie beim Generator. Die Drehzahl ist genau gleich der des umlaufenden Drehfeldes. Der Motor muß durch einen asynchronen Anwurfmotor auf diese Drehzahl, außerdem auf gleiche Phase gebracht (synchronisiert) werden. Zur Ersparung des Anwurfmotors verwendet man auch die sogenannte Dämpferwicklung zum Anlassen. Der Motor läuft dann mit dieser Wicklung asynchron an. Bei Überlastung fällt der Motor außer Tritt und bleibt stehen. Er ist daher an eine bestimmte Nennhöchstlast gebunden. Der Motor hat jedoch den großen Vorzug, daß sein Leistungsfaktor ($\cos \varphi$) = 1 gemacht werden kann; er kann sogar, wenn er übererregt wird, voreilenden Strom hervorbringen und damit den nacheilenden der Asynchronmotoren ausgleichen, also als Phasenschieber wirken. Man verwendet ihn daher zu diesem Zweck in Netzen mit schlechtem Leistungsfaktor.

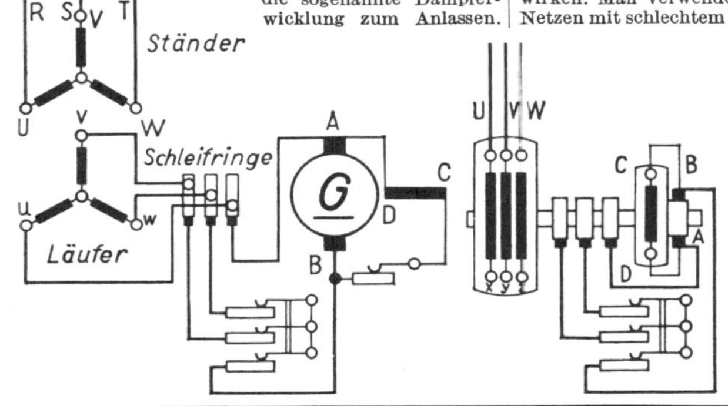

Der Synchronmotor für asynchronen Anlauf ist ein Asynchronmotor, dessen Läuferwicklung der Gleichstrom einer mitlaufenden Gleichstromerregermaschine überlagert ist. Er läuft bei Vollast als Synchronmotor ($\cos \varphi = 1$), bei Überlast als Asynchronmotor weiter und liefert zwischen Leerlauf und Vollast selbsttätig Blindstrom an das Netz zurück, der den Gesamtleistungsfaktor der Anlage verbessert (Gruppenverbesserung). Der Synchronmotor wird für Leistungen von 15 kW an aufwärts gebaut.

*) Bei nur 3 Sicherungen als Schutz brennt unter Umständen nur eine durch, der Motor läuft einphasig weiter und wird überlastet. Man verwendet daher 3polige Schutzschalter statt Abschmelzsicherungen.

Wechselstrom- (Drehstrom-) Motoren (Fortsetzung)

III. Einphasen-Kommutatormotoren

Kommutatormotoren werden für Einphasen- und Drehstrom gebaut. Ihr Aufbau gleicht dem der Gleichstrommotoren bis auf das Magnetgestell, das nicht massiv, sondern wie der Anker aus Blechpaketen besteht. Ihre Drehzahl ist von der Frequenz des Wechselstromes unabhängig.

a) Reihenschlußmotor

Wirkungsweise: Bekanntlich ändert ein Gleichstrommotor seine Drehrichtung nicht, wenn man die Zuleitungsdrähte vertauscht, das heißt, wenn die Stromrichtung im Motor geändert wird. Ein an eine Wechselstromquelle angeschlossener Gleichstrommotor wird daher ebenfalls umlaufen. Der gewöhnliche Gleichstrommotor würde aber infolge der hohen Induktivität (Selbstinduktion) seiner Wicklungen einen sehr schlechten Leistungsfaktor besitzen und dadurch einen unverhältnismäßig starken Strom aufnehmen. Man bringt daher auf dem Magnetgestell, das in der Regel keine ausgeprägten Pole besitzt, eine zweite Wicklung auf, die das vom Läufer herrührende Magnetfeld aufhebt (Kompensationswicklung). Die Richtung des Stromes in den Drähten dieser Wicklung muß entgegengesetzt derjenigen der gegenüberliegenden Ankerdrähte sein. Die Ständerwicklung erhält aus dem gleichen Grunde wenig Windungen (schwaches Feld). Die Funkenbildung am Kommutator schränkt man durch Hilfspole (Wendepole) ein. (Kompensationswicklungen werden auch bei Gleichstrom-Turbo-Generatoren verwendet.) Auf diese Weise erhält man den **kompensierten Einphasen-Reihenschluß-(Serien-)Motor.** Er besitzt die gleichen Eigenschaften wie der Gleichstrom-Reihenschlußmotor (s. dort). Zum Anlassen benutzt man einen Anlaßtransformator, der dem Motor die Spannung nach und nach zuführt.

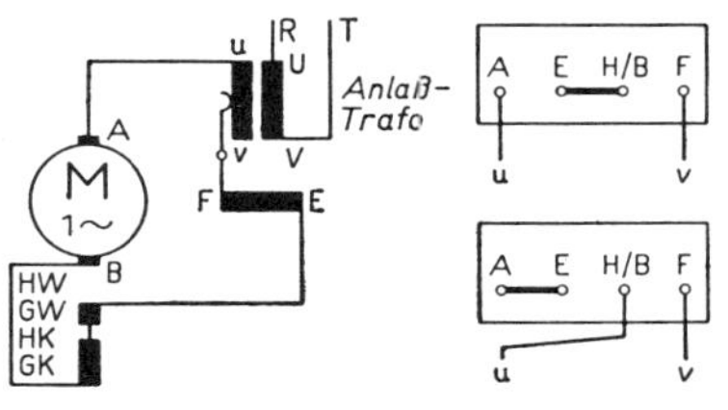

b) Repulsionsmotor oder Kurzschlußmotor

(Repulsion = Abstoßung)

Ständer- und Läuferwicklung eines Wechselstrommotors bilden zusammen einen Transformator. Schließt man die unter den Polen N und S stehenden Ankerwindungen kurz, so wird in dem Kurzschlußstück ein starker Strom entstehen (Transformator mit kurzgeschlossener Sekundärwicklung). Der Anker wird sich jedoch nicht drehen, da, wie nebenstehend ersichtlich, in jeder Ankerhälfte die nach vorn fließenden Ströme den nach hinten fließenden das Gleichgewicht halten. Verstellt man dagegen die kurzgeschlossenen Bürsten im Sinne des Uhrzeigers, so werden die auf der linken Seite in der Mehrheit befindlichen, nach vorn fließenden Ströme den gleichen Weg wie vorher über die kurzgeschlossenen Bürsten nehmen und nur durch die Ströme in den Läuferstäben a, b in ihrer Spannung etwas abgeschwächt werden. Ebenso verhält es sich mit der rechten Läuferhälfte. Das Gleichgewicht der Läuferhälften ist jetzt verschoben. Es stehen in der oberen Läuferhälfte unter dem Nordpol mehr Strom nach vorn als nach hinten führende Drähte, ebenso unter dem Südpol mehr Strom nach hinten als nach vorn führende Drähte. Die Lage der stromdurchflossenen Drähte zu den Polen gibt eine Drehung im Uhrzeigersinn. Daran ändert sich auch nichts, wenn im nächsten Augenblick der Strom im ganzen System seine Richtung ändert, da ja auch die Läuferdrähte hierbei ihren Stromfluß ändern.

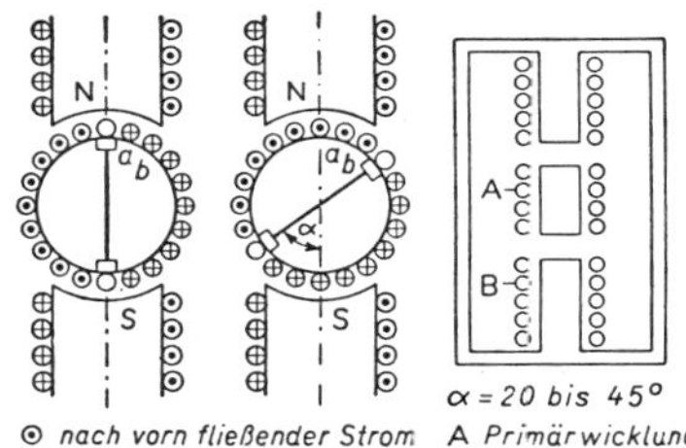

Der Motor besitzt den Vorteil, daß er nur Zuleitungen zu dem Ständer nötig hat, also für hohe Spannung gebaut werden kann. Das Anlassen, die Drehzahleinstellung und die Drehsinnänderung wird durch Verstellen des Bürstenträgers, also mechanisch bewirkt. Die Repulsionsmotoren besitzen ebenfalls Reihenschlußcharakter. Das Magnetfeld steht schräg zur Bürstenachse.

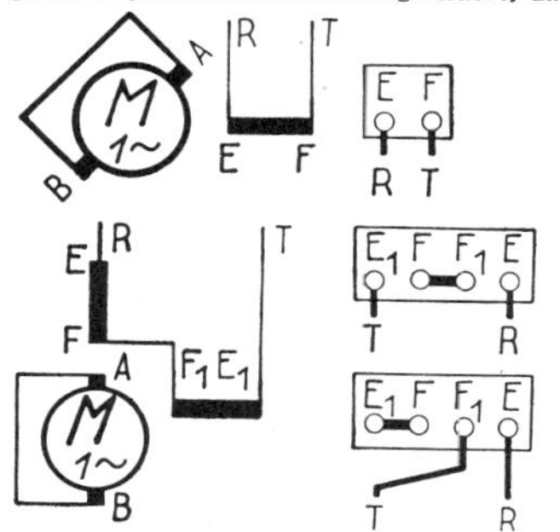

c) Thomson-Motor mit 2 Wicklungen

Das schrägstehende Feld kann man auch in zwei rechtwinklige Komponenten zerlegen. Der Ständer erhält dann eine Zweiphasenwicklung, deren Phasen man hintereinander schaltet. Die Drehsinnänderung wird dann durch Vertauschen der Phasenenden bewirkt (nur noch wenig verwendet).

d) Deri-Motor

Beim Deri-Motor steht vor jedem Pol eine feste Bürste, die andere ist beweglich und mit ihr kurzgeschlossen. A, B = feste Bürsten, A_1, B_1 = bewegliche Bürsten auf einem Bürstenträger. Die übrige Schaltung ist wie beim Thomson-Motor mit einer oder zwei Ständerwicklungen. Der Motor besitzt bei niedriger Drehzahl einen besseren Wirkungsgrad als der Thomson-Motor. Die Läuferströme werden nicht so hoch.

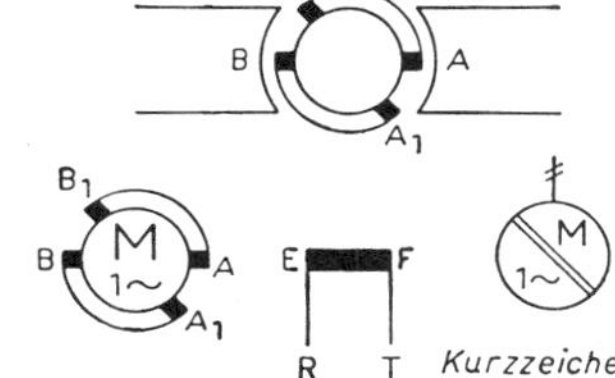

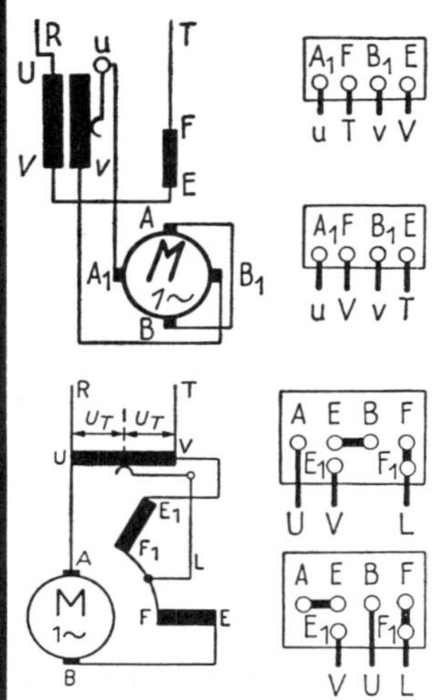

e) Winter-Eichberg-Motor

Beim Winter-Eichberg-Motor wird das Feld $E_1 \cdots F_1$ des Thomson-Motors durch 2 auf dem Läufer liegende Bürsten ersetzt. Das Feld der Teilwicklung $E_1 \cdots F_1$ wird daher vom Läufer selbst erzeugt. Der Motor ist daher ein Repulsionsmotor mit Läufererregung oder Serienmotor mit kurzgeschlossenen Querbürsten. Durch den Anlaß- und Stelltransformator wird der Läufer vom Ständer getrennt, so daß der Motor auch für hohe Spannungen verwendbar ist. (Latour ordnet die Bürsten des Winter-Eichberg-Motors ähnlich wie bei Deri an, so daß jede Bürste gleichzeitig Kurzschluß- und Erregerbürste ist.) (Nur noch für Sonderzwecke.)

f) Der Serien-Repulsionsmotor

ergibt sich aus dem Serienmotor, wenn man die Kompensationswicklung an einen Teil der Netzspannung legt. Anordnung mit Spartransformator. Wird die Teilspannung UT gleich Null, d. h. ist F mit V verbunden, so ist die Wicklung $E_1 \cdots F_1$ stromlos (kurzgeschlossen), und der Motor wird zu einem Serienmotor. Ist F und U verbunden, so ist die Teilspannung gleich der Netzspannung, die Bürsten A B sind kurzgeschlossen, und der Motor wird zum Repulsionsmotor (s. vorstehend). Bei der Anzapfung zwischen U und V besitzt der Motor die Eigenschaften eines Serien- und Repulsionsmotors. Er besitzt also Hauptstromcharakter und läßt sich für hohe Spannungen bei niedrigen Läuferströmen bauen. Der Leistungsfaktor der beiden letzten Motoren ist sehr günstig (nahezu = 1).

Die vorstehend beschriebenen Einphasen-Kommutatormotoren entstanden aus dem Verlangen nach einem guten Vollbahn-Wechselstrommotor. Sie werden sämtlich angewandt. Der Deri-Motor wird auch für Aufzüge, Kräne und Spinnmaschinen verwendet.

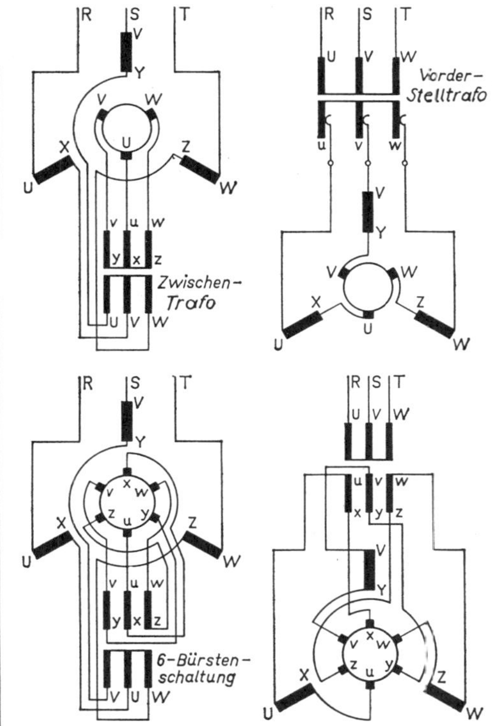

Für die jetzigen Drehstromnetze hat man bereits den Asynchron-Drehstrommotor mit Nebenschlußcharakteristik. Es fehlte nur an einem einstellbaren Motor mit Nebenschlußcharakter und an einem Drehstrommotor mit Reihenschlußcharakter. Diese beiden Motoren baute man als Drehstrom-Kommutatormotoren.

IV. Drehstrom-Kommutatormotoren

a) Reihenschlußmotor

Der Ständer trägt eine Dreiphasenwicklung. Der Läufer ist wie bei den Einphasen-Kommutatormotoren ein Gleichstromanker. Die 3 Bürsten des Läufers sind um 120° gegeneinander versetzt und mit den Enden des Ständers entweder unmittelbar oder zur Vermeidung zu hoher Kommutatorspannungen durch Zwischentransformator verbunden. Das Anlassen und die Drehzahleinstellung erfolgt wie beim Repulsionsmotor durch Verschieben der Bürsten entgegen dem Drehsinn. Vordertransformatoren werden ebenfalls bei hohen Spannungen und zur Drehzahlregelung verwendet. Bei Motoren mit doppeltem Bürstensatz verteilt sich die Läuferstromstärke auf die doppelte Zahl der Bürsten. Der Wirkungsgrad ist etwas geringer als bei den Asynchronmotoren, der Leistungsfaktor ist jedoch gleich 1. Voreilung des Stromes erreichbar. Zur Drehsinnänderung sind die Bürsten entgegengesetzt zu verschieben und 2 Zuleitungen zu vertauschen. Die Klemmenbrettschaltungen gehen aus den nebenstehenden Skizzen ohne weiteres hervor. Die Drehzahl des Motors ist unabhängig von der Frequenz. Reihenschlußcharakteristik siehe Gleichstrom.

Wechselstrom- (Drehstrom-) Motoren (Fortsetzung)

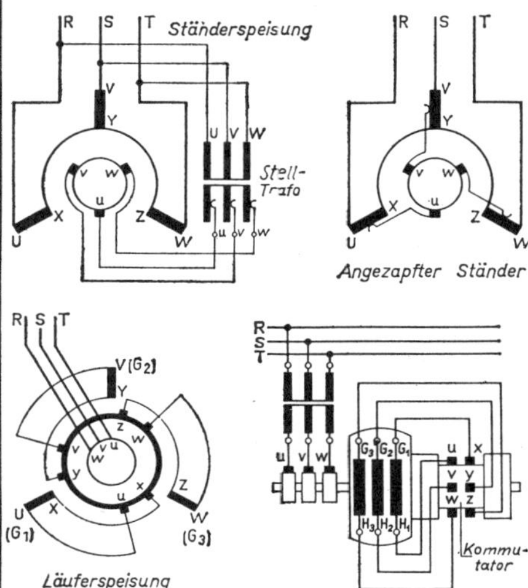

b) Drehstrom-Nebenschlußmotor

Ständergespeist: Ständer und Läufer sind wie beim Drehstrom-Reihenschlußmotor gebaut. Man unterscheidet Nebenschlußmotoren mit Nebenschlußabzweig vor dem Ständer (mit besonderem Stelltransformator), solche mit Abzweig an der angezapften (als Spartransformator wirkenden) Ständerwicklung und solche mit Abzweig im Läufer. Der Stelltransformator und die Ständerwicklung können über den Nullpunkt hinaus verlängert werden, um dem Läufer höhere Spannung zuzuführen und ihn dadurch übersynchron laufen zu lassen. Der Motor hat Nebenschlußcharakteristik (siehe Gleichstrom-Nebenschlußmotor). Er wird durch den Stelltransformator, die Ständeranzapfungen oder beim Motor mit Läuferabzweig durch Verschieben der Bürsten angelassen und auf die Drehzahl eingestellt. Drehsinnänderung wird durch Vertauschen von zwei Zuleitungen und beim Läuferabzweigmotor außerdem durch Verstellen der Bürsten hervorgerufen. Der Leistungsfaktor cos φ wird auch hier gleich 1.

Die Motoren mit Ständerspeisung werden in der Regel für hohe Leistungen (bis zu 500 kW) und Spannungen über 1000 V gebaut.

Läufergespeist: Für Motoren bis etwa 100 kW und Spannungen bis 500 V die gebräuchlichste Bauart. Der Läufer dieses Motors besitzt außer einer Dreiphasenwicklung, die über 3 Schleifringe aus dem Netz gespeist wird, noch eine in den gleichen Nuten liegende Trommelwicklung mit Kommutator, in der transformatorisch eine niedrige Drehstromspannung erzeugt wird. Durch 2×3 gegenläufige Bürsten können hiervon veränderliche Spannungswerte abgegriffen und als Zu- oder Absatzspannung der im feststehenden Teil liegenden Läuferwicklung (Schlupffrequenz) zugeführt werden. Stehen je zwei korrospondierende Bürsten auf der gleichen Kommutatorlamelle, so ist die Läuferwicklung in sich kurzgeschlossen, und der Motor arbeitet wie ein normaler Kurzschlußläufer, wobei aber Ständer und Läufer ihre Rollen vertauscht haben. Durch Verschieben der zwei Bürsten wird in die Läuferwicklung die erwähnte Zu- oder Absatzspannung eingespeist, so daß der Motor dann über- oder untersynchron arbeitet. Anlassen und Drehzahleinstellung erfolgt lediglich durch Bürstenverschiebung. Der Leistungsfaktor ist gleich 1 oder bei hohen Drehzahlen voreilend.

Anmerkung: Die übliche Schaltbilddarstellung wird bei den Drehstromkommutatormotoren wenig übersichtlich, man stellt sie daher bildlich wie in der „Läuferspeisung" links dar, die bis auf den vorgeschalteten Transformator ihrem linken Schaltbild entspricht.

c) Kompensierter Drehstrom-Asynchronmotor

Der Magnetisierungsstrom wird hierbei dem Läufer durch eine besondere Drehstrom-Erregermaschine (Phasenschieber) zugeführt. Bei der eigenerregten Erregermaschine (direkt gekuppelt als Hintermaschine oder mit Hilfsmotor angetrieben) wird ihrem Kommutator über die Schleifringe der Läuferstrom des Hauptmotors zugeführt. Die Kompensation setzt also eine Mindestbelastung desselben voraus.

Der fremderregten Erregermaschine nach untenstehendem Bild rechts wird über einen regelbaren Netztrafo die Netzfrequenz zugeführt und durch den Kommutator in die Schlupffrequenz umgewandelt. Da hierbei eine bestimmte Phasenlage erforderlich ist, muß sie mit dem Hauptmotor über ein verstellbares Zahnrad- oder Planetengetriebe gekuppelt werden. Bei Fremderregung spielt die Belastung des Hauptmotors keine Rolle; er kann auch als reiner Phasenschieber verwendet werden.

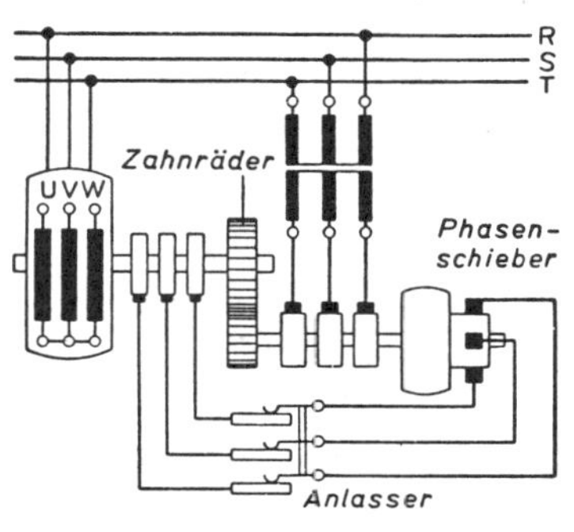

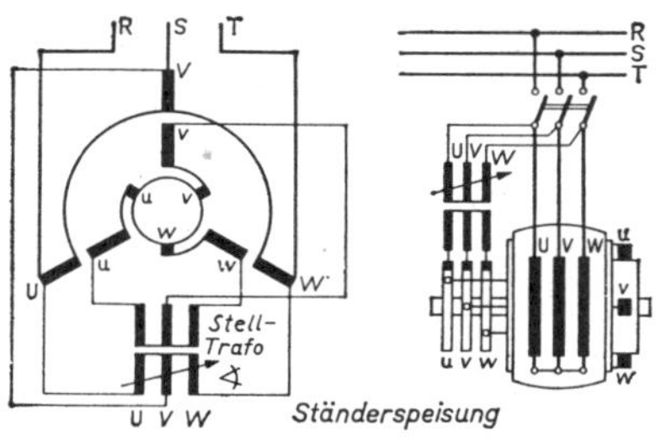

Anlaßstrom — Kraftübertragung

Rohhaut- (Hartgewebe-) Zahnräder

Modul m		1	1,5	2	2,5	3	4	5	6	7
Breite $10m$		Motorleistung in kW								
Uml.-Geschw. in m/s	2	0,1	0,3	0,5	0,8	1,2	·	·	·	·
	4	0,2	0,5	0,8	1,2	1,8	3,0	4,6	5,8	·
	6	0,3	0,7	1,0	1,6	2,4	4,0	6,1	8,4	13
	8	0,4	0,8	1,2	2,0	2,9	4,8	7,4	10	15
	10	0,5	0,9	1,4	2,2	3,3	5,6	8,5	12	17

Ø der kleinen Scheibe	Motoren-Drehzahlen n/min												
	200	300	400	500	600	700	800	900	1000	1200	1400	1500	2000
	Übertragene kW je cm Riemenbreite												
100 mm	·	·	·	0,06	0,08	0,10	0,11	0,12	0,14	0,16	0,19	0,21	0,29
200 mm	0,07	0,10	0,15	0,18	0,24	0,30	0,36	0,43	0,49	0,61	0,74	0,81	1,18
300 mm	0,13	0,22	0,31	0,40	0,54	0,68	0,88	0,98	1,13	1,44	1,76	1,91	zu
400 mm	0,24	0,40	0,57	0,73	1,06	1,16	1,38	1,47	1,93	2,48	hohe Ge-		
500 mm	0,37	0,61	0,85	1,10	1,37	1,69	2,02	2,42	2,89	schwindigkeiten			

Zulässige Übersetzungsverhältnisse

Richtung des Zuges und Lage der treibenden Scheibe	Antrieb	bei Achsenabstand groß	normal	kleinst-zulässig
waagerecht	unten	9:1	7:1	6:1
	oben	7:1	6:1	5:1
schräg	unten	7:1	6:1	5:1
	oben	5:1	4:1	4:1
senkrecht	unten	6:1	5:1	4:1
	oben	5:1	4:1	3:1
beliebig	mit Spannrolle	20:1	—	—

Anlaßstrom der Motoren

nach VDE 0650

I_m = mittlerer Anlaßstrom
I = Nennstrom bei Vollast
h-Anl. = Halblastanlauf
v-Anl. = Vollastanlauf
s-Anl. = Schweranlauf

Die Schwere des Anlaufs wird gekennzeichnet durch das Verhältnis

$$\frac{I_m}{I} = \frac{\text{mittl. Anlaßstrom}}{\text{Nennstrom}}$$

Regelwerte dieses Verhältnisses:

Ausführung	h-Anl.	v-Anl.	s-Anl.
Flach-und Trommelbahnanlasser	0,65	1,3	1,7
Flüssigkeits- und Walzenbahnanlasser	0,75	1,5	2,0

Die Anlaufzeit t in s ist die Zeit, während der nur Anlaßstufen Strom führen: $t \approx 4 + 2\sqrt{P}$
P = Motorenleistung in kW.

Die nachstehenden Zahlen sind Durchschnittswerte und bei den Motoren der einzelnen Hersteller je nach der Ausbildung der Lager verschieden.

Motoren-Stromaufnahme beim Anlassen

Schaltung beim Anlaufen	Ohne Anlasser durch Schalter	Stern-Dreieck-schalter n. für Anlauf m. ⅓ Leistung	Anlauf mit Anlasser
Art der Motoren	Gleichstrommotoren u. Drehstromkurzschlußmotoren bis 1,5 kW	Drehstromkurzschlußmotoren von 2…4 kW	alle Motoren siehe vorst. Tabelle
Vielfaches der normalen Stromaufnahme beim Anlassen	5- bis 7fach	2- bis 2½fach höchstens 13 kVA	

P in kW	n Drehzahl/Min. 200	300	400	750	1000	1250	1500	3000	
	Kleinste Riemenscheibe)**								
0,55	95	85	80	70	60	55	50	45	mm
1,1	120	110	100	90	80	70	60	45	,,
2,2	150	135	120	105	90	80	75	60	,,
5,5	210	190	170	150	130	120	110	70	,,
11	270	255	240	200	180	160	150	—	,,
15	330	315	300	250	215	185	170	—	,,
18,5	380	360	340	280	240	220	200	—	,,
22	430	410	400	320	275	245	215	—	,,
30	480	465	450	330	290	265	245	—	,,

Kleinster zulässiger Achsenabstand in m

Durchm. d. kl. Scheibe	Durchmesser der größeren Scheibe in mm 200	300	400	500	600	700	800	900	1000	1100	1200	1500	2000	2500
50 mm	0,6	0,8	1,0	1,3	1,5	1,8	2,0	2,3	2,5	2,8	3,0	3,8	4,4	5,2 m
100 ,,	—	0,7	0,9	1,0	1,3	1,5	1,8	2,0	2,3	2,5	2,8	3,7	4,3	5,1 ,,
150 ,,	—	—	0,7	0,9	1,2	1,4	1,6	1,8	2,2	2,4	2,7	3,6	4,2	5,0 ,,
200 ,,	—	—	0,6	0,8	1,0	1,3	1,5	1,7	2,0	2,3	2,6	3,5	4,1	4,8 ,,
250 ,,	—	—	—	0,7	1,0	1,2	1,4	1,6	1,9	2,2	2,5	3,4	4,0	4,7 ,,
300 ,,	—	—	—	0,6	0,8	1,1	1,3	1,5	1,8	2,1	2,3	3,3	3,9	4,6 ,,
350 ,,	—	—	—	—	0,7	1,0	1,2	1,4	1,7	2,0	2,2	3,2	3,8	4,5 ,,
400 ,,	—	—	—	—	0,6	0,9	1,1	1,3	1,6	1,8	2,1	3,0	3,6	4,4 ,,
450 ,,	—	—	—	—	—	0,8	1,0	1,2	1,5	1,7	2,0	2,9	3,5	4,3 ,,
500 ,,	—	—	—	—	—	0,7	0,9	1,1	1,3	1,6	1,8	2,8	3,4	4,2 ,,

Normale Drehzahl der Drehstromgeneratoren und -motoren

Gener. u. leerlfde. Motoren	Bei Vollast (Motor. i. M.)	Anzahl der Polpaare
3000	2850	1
1500	1420	2
1000	960	3
750	720	4
600	560	5
500	470	6
375	350	8
300	280	10
250	235	12

*) **Wellendurchmesser und übertragene PS-Zahl** siehe S. 59.
) **Bei Wälzlagern (keine Spannrolle) nächstgrößere Riemenscheibe.

Schutzarten für elektr. Betriebsmittel nach DIN 40 050

Übersichtstabelle der Kombinationen von Berührungs-, Fremdkörper- (erste Kennziffer) und Wasserschutz (zweite Kennziffer)

Kennbuchstabe	Erste Kennziffer	Zweite Kennziffer bzw. zweite Kennziffer mit zusätzlichem Kennbuchstaben S: 0	1	1 S	2	3	4	4 S	5
P	0	P 00	—	P 01 S	—	—	—	—	—
	1	P 10	P 11	P 11 S	P 12	—	P 14	—	—
	2	P 20	P 21	P 21 S	P 22	—	—	—	—
	3	P 30	P 31	—	P 32	P 33	P 34	—	—
	4	P 40	—	—	—	P 44	P 44	P 44 S	—
	5	P 50	—	—	—	—	P 54	—	P 55

Aufbau des Kurzzeichens:
Beispiel: **P 21**
P = Kennbuchstabe, 2 = erste Kennziffer und 1 = zweite Kennziffer.
Die in VDE 0170 für schlagwettergeschützte und in VDE 0171 für explosionsgeschützte Betriebsmittel vorgesehenen Kennbuchstaben für Schlagwetter- und Explosionsschutzarten sind vor das Kurzzeichen zu setzen.
Beispiel: (Sch)e–P 33 oder (Ex)e–P 33.

Erste Kennziffer	**Berührungs- und Fremdkörperschutz** Schutzumfang
0	Kein Berührungsschutz; kein Schutz gegen feste Fremdkörper.
1	Schutz gegen großflächige Berührung mit der Hand; Schutz gegen große feste Fremdkörper.
2	Schutz gegen Berührung mit den Fingern; Schutz gegen mittelgroße feste Fremdkörper.
3 u. 4	Schutz gegen Berührung mit Werkzeugen o. ä.; Schutz gegen kleine feste Fremdkörper.
5	Schutz gegen Berührung mit Hilfsmitteln jegl. Art; Schutz gegen Staubablagerungen im Innern.
6	Schutz gegen Berührung mit Hilfsmitteln jegl. Art; vollkommener Schutz gegen Staub.

Zweite Kennziffer	**Wasserschutz** Schutzumfang
0	Kein Wasserschutz.
1	Schutz gegen Tropfwasser.
2	Schutz gegen Tropfwasser auch bei Neigungen des Gerätes oder der Maschine bis zu 15° in allen Richtungen aus der Normallage.
3	Schutz gegen Spritzwasser aus senkrechter Richtung und schrägen Richtungen bis zu einem Winkel von 60° bezogen auf die Senkrechte
4	Schutz gegen Spritzwasser aus allen Richtungen.
5	Schutz gegen Strahlwasser.
6	Schutz gegen vorübergehende Überflutung.
7	Schutz gegen Druckwasser.
8	Schutz gegen Druckwasser mit vereinbarten Prüfbedingungen.

Wattverbrauch der Motoren für eine Pferdestärke

(W/PS) bei den Wirkungsgraden

η in %	75	76	77	78	79	80	81	82	83	84	85	86	87	88	89	90	91	92
Watt	980	970	955	945	930	920	910	900	885	875	865	855	845	835	825	820	810	800

Leistungsabgabe bei n ≈ 1500 U/min Leistungsreihe für elektrische Maschinen nach DIN 42973 Nennleistung bei Dauerbetrieb

kW[1])	0,06	0,09	0,12	0,18	0,25	0,37	0,55	0,75	1,1	1,5	2,2	3	(3,7)	4	5,5	7,5
PS[2])	1/12	1/8	1/6	1/4	1/3	1/2	3/4	1	1,5	2	3	4	(5)	5,5	7,5	10
kW[1])	11	15	18,5	22	30	37	45	55	75	90	110	132[3])	160[3])	200[3])	250[3])	315[3])
PS[2])	15	20	25	30	40	50	60	75	100	125	150	180	220	270	340	430

[1]) Hauptwerte [2]) Vergleichswerte [3]) Vorläufige Richtwerte
Anm.: Für andere Drehzahlen möglichst die gleichen Werte wählen.

Umrechnung von kW in PS (bei einem Wirkungsgrad von 1)

kW	PS	kW	PS	kW	PS	kW	PS	kW	PS	kW	PS	kW	PS	kW	PS	kW	PS
1,00	1,36	2,25	3,06	4,0	5,44	6,5	8,84	9,0	12,24	17,5	23,8	30	40,8	55	74,8	80	109
1,05	1,43	2,30	3,13	4,1	5,58	6,6	8,98	9,1	12,38	18,0	24,5	31	42,2	56	76,2	81	110
1,10	1,50	2,35	3,20	4,2	5,71	6,7	9,11	9,2	12,51	18,5	25,2	32	43,5	57	77,5	82	111
1,15	1,56	2,40	3,26	4,3	5,85	6,8	9,25	9,3	12,65	19,0	25,8	33	44,9	58	78,9	83	113
1,20	1,63	2,45	3,33	4,4	5,98	6,9	9,38	9,4	12,78	19,5	26,5	34	46,2	59	80,2	84	114
1,25	1,70	2,50	3,40	4,5	6,12	7,0	9,52	9,5	12,92	20,0	27,2	35	47,7	60	81,6	85	116
1,30	1,77	2,55	4,47	4,6	6,26	7,1	9,66	9,6	13,06	20,5	27,9	36	49,0	61	83,0	86	117
1,35	1,84	2,60	3,54	4,7	6,39	7,2	9,79	9,7	13,19	21,0	28,6	37	50,3	62	84,3	87	118
1,40	1,90	2,65	3,60	4,8	6,53	7,3	9,93	9,8	13,33	21,5	29,2	38	51,7	63	85,7	88	120
1,45	1,97	2,70	3,67	4,9	6,66	7,4	10,1	9,9	13,46	22,0	29,9	39	53,0	64	87,0	89	121
1,50	2,04	2,75	3,74	5,0	6,80	7,5	10,2	10,0	13,6	22,5	30,6	40	54,4	65	88,4	90	122
1,55	2,11	2,80	3,81	5,1	6,94	7,6	10,3	10,5	14,3	23,0	31,3	41	55,8	66	89,8	91	124
1,60	2,18	2,85	3,88	5,2	7,07	7,7	10,5	11,0	15,0	23,5	32,0	42	57,1	67	91,1	92	125
1,65	2,24	2,90	3,94	5,3	7,21	7,8	10,6	11,5	15,6	24,0	32,6	43	58,5	68	92,5	93	126
1,70	2,31	2,95	4,01	5,4	7,34	7,9	10,7	12,0	16,3	24,5	33,3	44	59,8	69	93,8	94	128
1,75	2,38	3,00	4,08	5,5	7,48	8,0	10,9	12,5	17,0	25,0	34,0	45	61,2	70	95,2	95	129
1,80	2,45	3,1	4,22	5,6	7,62	8,1	11,0	13,0	17,7	25,5	34,7	46	62,6	71	96,6	96	131
1,85	2,52	3,2	4,35	5,7	7,75	8,2	11,1	13,5	18,4	26,0	35,4	47	63,9	72	97,9	97	132
1,90	2,58	3,3	4,49	5,8	7,89	8,3	11,3	14,0	19,0	26,5	36,0	48	65,3	73	99,3	98	133
1,95	2,65	3,4	4,62	5,9	8,02	8,4	11,4	14,5	19,7	27,0	36,7	49	66,6	74	101	99	135
2,00	2,72	3,5	4,76	6,0	8,16	8,5	11,6	15,0	20,4	27,5	37,4	50	68,0	75	102	100	136
2,05	2,79	3,6	4,90	6,1	8,30	8,6	11,7	15,5	21,1	28,0	38,1	51	69,4	76	103	120	163
2,10	2,86	3,7	5,03	6,2	8,43	8,7	11,8	16,0	21,8	28,5	38,8	52	70,7	77	105	150	204
2,15	2,92	3,8	5,17	6,3	8,57	8,8	12,0	16,5	22,4	29,0	39,4	53	72,1	78	106	200	272
2,20	2,99	3,9	5,30	6,4	8,70	8,9	12,1	17,0	23,1	29,5	40,1	54	73,4	79	107	250	340

Kondensatoren

(Wirkleistung P_w, Blindleistung P_b)

Blindleistung: $P_b = (\tan\varphi - \tan\varphi_1) \cdot P_w$

Vor der Kompensierung $\cos\varphi$	$\frac{P_b}{P_w} = \tan\varphi$	**Faktor** $(\tan\varphi - \tan\varphi_1)$ für angestrebten Leistungsfaktor $(\cos\varphi_1)$ von: 0,80	0,85	0,90	0,95	1,00
0,40	2,29	1,54	1,67	1,81	1,96	2,29
0,41	2,23	1,47	1,61	1,74	1,90	2,23
0,42	2,16	1,41	1,54	1,68	1,83	2,16
0,43	2,10	1,35	1,48	1,61	1,77	2,10
0,44	2,04	1,29	1,42	1,56	1,71	2,04
0,45	1,99	1,24	1,37	1,51	1,66	1,99
0,46	1,93	1,18	1,31	1,45	1,60	1,93
0,47	1,88	1,13	1,26	1,40	1,55	1,88
0,48	1,83	1,08	1,21	1,34	1,50	1,83
0,49	1,78	1,02	1,16	1,29	1,45	1,78
0,50	1,73	0,98	1,11	1,25	1,40	1,73
0,51	1,69	0,94	1,06	1,20	1,36	1,69
0,52	1,64	0,89	1,03	1,16	1,31	1,64
0,53	1,60	0,85	0,98	1,12	1,27	1,60
0,54	1,56	0,81	0,94	1,08	1,23	1,56
0,55	1,52	0,77	0,90	1,03	1,19	1,52
0,56	1,48	0,73	0,86	1,00	1,15	1,48
0,57	1,44	0,69	0,82	0,96	1,11	1,44
0,58	1,41	0,66	0,78	0,92	1,08	1,41
0,59	1,37	0,62	0,75	0,89	1,04	1,37
0,60	1,33	0,58	0,71	0,85	1,01	1,33
0,61	1,30	0,55	0,68	0,82	0,97	1,30
0,62	1,27	0,52	0,65	0,78	0,94	1,27
0,63	1,23	0,48	0,61	0,75	0,90	1,23
0,64	1,20	0,45	0,58	0,72	0,87	1,20
0,65	1,17	0,42	0,55	0,69	0,84	1,17
0,66	1,14	0,39	0,52	0,66	0,81	1,14
0,67	1,11	0,36	0,49	0,62	0,78	1,11
0,68	1,08	0,33	0,46	0,59	0,75	1,08
0,69	1,05	0,30	0,43	0,57	0,72	1,05
0,70	1,02	0,27	0,40	0,54	0,69	1,02
0,71	0,99	0,24	0,37	0,51	0,66	0,99
0,72	0,96	0,21	0,34	0,48	0,64	0,96
0,73	0,94	0,19	0,32	0,45	0,61	0,94
0,74	0,91	0,16	0,29	0,43	0,58	0,91
0,75	0,88	0,13	0,26	0,40	0,55	0,88
0,76	0,86	0,11	0,23	0,37	0,53	0,86
0,77	0,83	0,08	0,21	0,35	0,50	0,83
0,78	0,80	0,05	0,18	0,32	0,47	0,80
0,79	0,78	0,03	0,16	0,29	0,45	0,78

Sammelkompensierung

1. Beispiel: Vor der Kompensierung Wirkleistung $P_w = 217$ kW bei $\cos\varphi = 0{,}46$; angestrebt $\cos\varphi_1 = 0{,}85$. Faktor nach Tab. = 1,31. Kondensatorleistung (Blindleistung) $P_b = 217 \cdot 1{,}31 = 284$ kvar.

2. Beispiel: Vor der Kompensierung monatlicher Wirkstromverbrauch = 17000 kWh bei $\cos\varphi = 0{,}63$ und 210 Betriebsstunden; durchschnittliche Wirkleistung $P_w = 17000 : 210 = 81$ kW; angestrebt $\cos\varphi_1 = 1{,}00$. Faktor nach Tab. = 1,23.
Kondensatorleistung $P_b = 81 \cdot 1{,}23 = 100$ kvar.

3. Beispiel: Vor der Kompensierung monatlicher Wirkstromverbrauch = 68000 kWh, Blindstromverbrauch = 98000 kvarh.
$\frac{P_b}{P_w} = \frac{98\,000}{68\,000} = 1{,}44$; nach Tab. $\cos\varphi = 0{,}57$.
Monatliche Betriebsstundenzahl = 410, durchschnittl. Wirkleistung $P_w = \frac{68\,000}{410} = 166$ kW; angestrebt $\cos\varphi_1 = 0{,}90$.
Faktor nach Tab. = 0,96.
Kondensatorleistung $P_b = 166 \cdot 0{,}96 = 159$ kvar.

Einzelkompensierung

Faustregeln zur Bemessung der Kondensatorleistung

Für normale Drehstrommotoren: Kondensatorleistung entspricht der halben Motornennleistung in kW. Bei sehr großen Motoren ist Anfrage erforderlich. Bei Motoren, die in Stern-Dreieck-Schaltung angelassen werden, kann die Einzelkompensierung nicht ohne weiteres angewandt werden.

Für Schweißtransformatoren, Punktschweißmaschinen und dgl.: Kondensatorleistung entspricht der halben Transformatorleistung in kVA; für Schweißtransformatoren ist Kondensator von 4 bis 6 kvar üblich.

Für normale Transformatoren: Kondensatorleistung nur zur Kompensierung des Transformatormagnetisierungsstroms entspricht 10% der Transformatornennleistung in kVA.

Normale Kondensatorgrößen

Niederspannung: 220, 380 und 500 Volt.
0,2, 0,25, 0,3, 0,4, 0,5, 0,6, 0,75, 1,0, 1,5, 2, 2,5, 3, 5, 8, 10, 15, 20, 25, 30, 40, 50, 60, 80, 100 kvar.
70, 80 und 100 kvar nicht normal für 220 Volt.
Hochspannung: 3, 6, 10 und 15 kV.
50, 100, 150 und 200 kvar.

Motor-Kondensatoren zum Anlassen und Betrieb von Einphasen-Induktionsmotoren sowie für den Einphasenbetrieb normaler Drehstrommotoren nach DIN 48501.

Betriebsarten:
Anlaufkondensatoren werden nach Hochlaufen des Motors abgeschaltet (Aussetzender Betrieb AB 25; 1,7 und 0,55%).
Betriebskondensatoren bleiben eingeschaltet, um die Leistung zu erhöhen und Leistungsfaktor und Wirkungsgrad zu verbessern (Dauerbetrieb DB).

Nennwechselspannungen (U_C) bei $f = 50$ Hz in Volt (die Kondensator-Nennspannung ist stets höher als die Netznennspannung). Zulässige Abweichung: dauernd +5%, 6 Std./Tag + 10%.
Papier (P)- und **Metallpapier** (MP)-**Kondensatoren.**

DB	80*	125*	160	300	380	450 Volt	*nur für MP
AB	125*	190*	240	450	570	675 Volt	

Die untereinanderstehenden DB- und AB-Werte gelten für den gleichen Typ.
Elektrolyt (Et)-Kondensatoren (nur für AB).

AB	150	190	220	280	320 Volt

Nennkapazitäten (C_n) in µF. Zul. Abweichung ±10% b. +20°C.
Papier (P)- und **Metallpapier** (MP)-Kondensatoren: 1, 1,2 1,6, 2, 2,5, 3, 4, 5, 6, 8, 10, 12, 16, 20, 25, 30, 40, 50, 60, 80, 100, 120, 160, 200 µF.
Elektrolyt (Et)-Kondensatoren: 5, 10, 16, 25, 40, 60, 80 100, 125, 160, 200, 250, 320, 400, 500 µF.

Beim Einphasenbetrieb von Drehstrommotoren 220/380 V an 220 V, $f = 50$ Hz ist je kW Motorleistung eine Kapazität von $C_n \leqq 70$ µF zulässig (Anzugsmoment ≈ 25% des Nennmomentes). Die Motorleistung sinkt bei DB auf 80%, bei AB auf 60% der Drehstromleistung.

Kondensatorblindleistung: $P_b = U_C^2 \cdot 2\pi f \cdot C_n \cdot 10^{-6}$ ... var
Kondensatorverlustleistung: $P_v \leqq 0{,}006\ P_b$ bei P- und MP-Kondensatoren; $P_v \leqq 0{,}15\ P_b$ bei Et-Kondensatoren ... W.

Übertemperatur $\Delta t = \frac{P_v \cdot 10^3}{F \cdot 0{,}6}$ in °C.

A = freie Oberfläche des Kond. in cm² (ohne Auflagefläche am Motor). Grenztemperatur: $t_{kmax} = +60$ °C.
Beispiel: MP-Kondensator 10µF, 300 V, 50 Hz, $A = 360$ cm².
$P_b = 300^2 \,(2 \cdot \pi \cdot 50) \cdot 10 \cdot 10^{-6} = 283$ var;
$P_v = 0{,}006 \cdot 282 = 1{,}70$ W; $\Delta t = \frac{1{,}70 \cdot 10^3}{360 \cdot 0{,}6} \approx 8$ °C.
Höchstzulässige Umgebungstemperatur:
$t_{umax} = t_{kmax} - \Delta t = 60 - 8 = 52$ °C.

Lüftungs- und Kühlungsarten der elektrischen Maschinen

1. **Frischluftkühlung: Selbstkühlung (S)** durch Luftbewegung oder Strahlung ohne Zuhilfenahme eines Lüfters (drehzahlabhängig). **Eigenlüftung (E)** durch einen am Läufer angebrachten oder von ihm angetriebenen Lüfter (drehzahlabhängig). **Fremdkühlung** unmittelbar durch Fremdluft (drehzahlunabhängig).

2. **Unmittelbare Wasserkühlung** durch fließendes Wasser (drehzahlunabhängig). Ausnahme wassergekühlte Lager.

3. **Kreislaufkühlung:** Das Kühlmittel (z. B. Luft, Wasserstoff o. dgl.) strömt im Kreislauf durch die Maschine und einen Wasser- oder Luftkühler (drehzahlabhängig oder unabhängig).

Kraftbedarf von Maschinen und Wahl des Motors

Mechanische Ausführung S. 116. — **Leistungsschilder** S. 125, 136. — Motoren, deren Schilder die Bezeichnungen **KB, DKB, DAB, DSB, ASB** oder **AB** nicht enthalten, sind für Dauerbetrieb.

Elektrische Ausführung: H = Motoren mit Reihenschlußcharakter (Gleichstrom-Reihenschluß-, Drehstrom-, Wechselstrom-, Kommutator-Motoren).
N ≙ Motoren mit Nebenschlußcharakter (Gleichstrom-Nebenschluß-, Drehstrom-Asynchron-, Drehstrom-Kommutator-Motoren).
T = Motoren für Drehzahlverstellung.

Leistung: DB = Dauerbetrieb; **KB** = kurzzeitiger Betrieb; **DKB** = Durchlaufbetrieb mit kurzzeitiger Belastung (z. B. **KB 60 min** = Stundenleistung); **AB** = aussetzender Betrieb; **DAB** = Durchlaufbetrieb mit aussetzender Belastung **DSB, ASB**-Schaltbetrieb (z. B. **AB 20%** = Aussetzleistung bei 20% relativer Einschaltdauer).

Drehzahlen (S. 122—126) der Arbeitsmaschinen sind so zu bemessen, daß bei mittl. Motorendrehzahlen (1000···2000 U/min) einfache Übertragungsverhältnisse entstehen. Für die niedrigen und hohen Motorendrehzahlen ist unmittelbare Kupplung (ohne besondere Übertragungsmittel) zu wählen.

Angetriebene Arbeitsmaschine		Motor	
Maschinenart	Formel f. Kraftbedarf in kW	**kW**	zweckmäßig
1. Metallverarbeitung			
Bohrmaschine	Lochdurchmesser in mm:18	0,1 bis 2	NDB/P 21
Drehbank	Spitzenhöhe in mm: 120	0,4 bis 3	NDBT/P 11
Hobelmaschine	Tischlänge in m × 2		NDP/P 11
Fräsmaschine	Tischfläche in m² × 8	0,1 bis 5	NDBT/P 21
Kaltsäge	Blattdurchmesser in mm: 120	1 bis 8	NDB/P 01
Rundschleifmaschine	Steindurchmesser in m × 20	5 bis 15	NDBT/P 33
Gewindeschneidemaschine		0,25 bis 2	NDB/P 21
Schere	Blechdicke in mm × 0,5	1 bis 12	NDB/P 01
Blechrichtmaschine	Blechdicke × Blechbreite in mm: 1800	6 bis 30	NDB/P 00
Blechbiegemaschine	Blechdicke × Blechbreite in mm: 4500	12 bis 30	NDBT/P 00
Stoßmaschine	Hub in mm: 120	0,5 bis 10	NDBT/P 11
Lochstanze	Blechdicke × Lochdurchmesser in mm: 50		NDB/P 00
2. Holzbearbeitung			
Bandsäge		2 bis 5	NDB/P 33
Holzdrehbank		0,5 bis 2	NDB/P 33
Hobelmasch. (Abrichte)		1,5	NDB/P 33
Hobelmasch. (Dickten)		3 bis 16	NDB/P 33
Kreissäge		5 bis 15	NDB/P 33
Sägegatter, Vollgatter		2 bis 22	NDB/P 33
Kehlleistenfräse		13	NDB/P 33

Angetriebene Arbeitsmaschine		Motor	
Maschinenart	Formel f. Kraftbedarf in kW	**kW**	zweckmäßig
3. Druckerei			
Tiegeldruckpresse		1,5 bis 1	NDB/P 01
Doppelschnellpresse		2 bis 5	NDBT/P 01
Buchdruckschnellpresse	600 × 900 bis 870 × 1260 mm	1 bis 2	NDBT/P 01
Einfach-Rotationsmasch.		6 bis 7	NDBT/P 01
Zwillings-Rotationsm.		bis 15	NDBT/P 01
Zweifarbenmaschine		2 bis 3	NDBT/P 01
4. Fleischerei			
Gewürzmühle, Knochensäge, Schleifstein		0,25 bis 0,75	NDB/P 33
Fleischwolf	kg Fleisch in d. Stunde: 240	1 bis 6	NDB/P 33
Mengmaschine	kg Fleisch in d. Stunde: 120	0,25 bis 1	NDB/P 33
Wiegemaschine		0,75 bis 1	NDB/P 33
5. Bäckerei			
Teigknetmaschine	Liter-Fassungsraum: 35	1 bis 6	NDB/P 33
Wirkmaschine, Teigteilmaschine für Brötchen		1	NDB/P 33
6. Landwirtschaft			
Getreidereinigungsmasch.	Getreide in t/Tag: 6	1 bis 3	NDB/P 33
Windfege	Getreide in t/Tag: 18	0,5 bis 1	NDB/P 33
elektrischer Pflug		40 bis 90	} HKB/P 33
Kultivator; Rübenheber		15 bis 20	} 90 min
Stiftendreschmaschine	Getreide in t/Tag × 0,8	4	NDB/P 33
Breitdreschmaschine mit Schlagleisten (fahrbar)	Getreide in t/Tag × 1,0	7	NDB/P 33
desgl. mit Einleger, Strohpresse, Gebläse	Getreide in t/Tag × 1,5	25	NDB/P 33
Riesendreschmaschine	Getreide in t/Tag × 1,5	50 bis 90	NDB/P 33
Heu- und Strohaufzug	t/Tag: 25	1 bis 2	} NKB/P 23
Sackaufzug		1	} 60 min
Jauchepumpe		0,5	NDB/P 33
Grobstrohpresse	t/Tag: 3,5	6 bis 12	NDB/P 23
Glattstrohpresse mit Binder	t/Tag: 5	3 bis 5	NDB/P 23
Häckselmaschine (Sieb und Elevator)	t/Tag: 2,5	4 bis 10	NDB/P 33
Transportband, Schüttelrinnen		3 bis 6	NDB/P 10
Rübenschneider	t/Tag: 3,5	2,5	NDB/P 10
Ölkuchenbrecher	t/Tag: 25	0,75	NDB/P 22
Schrotmühle	t/Tag: × 8	2 bis 3	NDB/P 33

Angetriebene Arbeitsmaschine		Motor	
Maschinenart	Formel f. Kraftbedarf in kW	**kW**	zweckmäßig
Haferquetsche	t/Tag × 0,8	2 bis 3	NDB/P 22
Kartoffelquetsche	t/Tag : 35	0,75	NDB/P 22
Walzentrockner	t/Tag × 1,2	20 bis 30	NDB/P 20
Feinmahlmühle		6 bis 14	NDB/P 33
Grobmahlmühle		2 bis 6	NDB/P 33
7. Schmiede			
Schleifstein, Bohrmasch. Drehbank, Bläser zus.		2 bis 3	NDB/P 11
Luftfederhämmer		1 bis 8	NDB/P 10
Fallhämmer	Bärgewicht in kg × Fallhöhe in m : 80	2 bis 6	NDB/P 10
8. Ziegelei			
Tonschneider	m^3 Ton/Tag : 10	6 bis 10	NDB/P 22
Ziegelpresse	Vollsteine/Tag : 120	4 bis 17	NDB/P 22
9. Schneiderei			
Nähmaschine		0,1 bis 0,25	NDB/P 33
Zuschneidemaschine		0,33 bis 0,75	NDB/P 33
10. Mühlen			
Voller Mahlgang bei Flachmüllerei	Tonnen Roggen Beschickung : 60 Tonnen Weizen Beschickung : 90	20 bis 30	NDB/P 33
Voller Mahlgang bei Hochmüllerei	Tonnen Roggen Beschickung : 300	4 bis 10	NDB/P 33
Voller Mahlgang bei Schlagmüllerei	Tonnen Weizen Beschickung : 450	6 bis 20	NDB/P 33
11. Baumaschinen			
Mörtelmaschine	m^3 in 8 Stunden : 3,5	5	NDB/P 33
Betonmischmaschine		3 bis 6	NDB/P 33
12. Textilmaschinen			
Webstühle, gewöhnliche		0,2 bis 0,25	NDBT/P 33
Webstühle, mittlere		0,33 bis 0,5	NDBT/P 33
Webstühle, große		0,5 bis 1	NDBT/P 33
Webstühle, Jacquard		0,33 bis 1	NDBT/P 33
Spinnereimaschinen		0,5 bis 3	NDBT/P 33
13. Aufzüge			
Speiseaufzüge	Tragfähigkeit in kp : 70	0,5 bis 1	HKB/P 00 30 min
Lastenaufzüge m. und ohne Führer (mit Gegengewicht)	Nutzlast in kg × m/sec : 110	2 bis 10	NKB/P 00 60 min
Personenaufzüge (mit Gegengewicht)	Personenzahl × m/sec : 15	2 bis 8	NKB/P 00 60 min
14. Krane			
Laufkrane, Hubwerk	Nutzlast in kg × m/sec : 60	3 bis 30	HAB/P 10 25%

Angetriebene Arbeitsmaschine		Motor	
Maschinenart	Formel f. Kraftbedarf in kW	**kW**	zweckmäßig
Katzenfahrwerk		1 bis 8	HAB/P 10 15%
Kranfahrwerk		4 bis 15	HAB/P 10 15%
Drehkrane, Hubwerk Drehkrane, Drehwerk		0,5 bis 5	wie vor
15. Pumpen	Wassermenge in m^3/Min × Gesamtförderhöhe in m		
Kolbenpumpen 60…150 Umdr./Min.	× 0,22	2 bis 30	NDB/P 22
Kreiselp.; Regelung 1 : 2 1000…3000 Umdr./Min.	„ × 0,25	1 bis 15	NDB/P 22
Kapselpumpen 550…2000 Umdr./Min.	„ × 0,32	0,2 bis 3	NDB/P 22
16. Lüfter (bis 500 mm Wassersäule) 500…3000 Umdr./Min.	Windmenge in m^3/sec × Pressung in mm Wassersäule (kg/m²) : 55		NDB/P 22
17. Eisenbahnanlagen			
Drehscheiben 6 bis 10 PS	Scheibendurchmesser in m : 2,5	HKB/P 33 60 min	
Schiebebühnen 16 bis 22 PS	Bühnenlänge in m × 0,8	HKB/P 33 60 min	
Achssenkwinden bis 3 PS		NKB/P 33 30 min	
Kohlenkran 3 bis 4 PS		HAB/P 33 40%	
Radsatzbank, Wagen		8 bis 10	NDBT/P 11
Radsatzbank, Lok.		15 bis 30	NDBT/P 11
Achsschenkelbank		6	NDBT/P 11
Kompressoren		15 bis 100	NDB/P 01
Koksbrecher		10 bis 20	NDB/P 33
Sprengringwalze		12	NDB/P 11
Kolbenstangenschleifm.		10	NDB/P 11
Schrotschere		5	NDB/P 11
Siederohr-Reinigungsmaschine		10	NDB/P 11
18. Elektrische Bahnen			
Feld-, Grubenbahnen	Nennbetriebsspannungen s. S. 121	10 bis 30	HKB/P 33 60 min
Straßenbahnen		25 bis 35	HKB/P 33 60 min
Stadtschnellbahnen		150 bis 200	HKB/P 33 60 min
Akku.-Triebwagen		170	HKB/P 33 60 min
Städte-Verbindungsb.		50 bis 200	HKB/P 33 60 min
Fernbahnen		1000 bis 3000	HKB60/P00

Leistungsschilder siehe S. 125 und 136

Strombedarf bei Vollast der Motoren, Stärke der Sicherung und Mindest-Kupferquerschnitt der Leitungen

a) Gleichstrommotoren:

Nennleistung (Leistungsabgabe) kW	PS ≈	Drehzahl in der Minute n	Wirkungsgrad in % η	110 Volt: Stromstärke in der Zuleitung A	Sicherung A	Querschn. Zuleitung mm²	Querschn. Magnetfeldltg. bei Nebenschlußmot. mm²	220 Volt: Stromstärke in der Zuleitung A	Sicherung A	Querschn. Zuleitung mm²	Querschn. Magnetfeldltg. bei Nebenschlußmot. mm²	440 Volt: Stromstärke in der Zuleitung A	Sicherung A	Querschn. Zuleitung mm²	Querschn. Magnetfeldltg. bei Nebenschlußmot. mm²	600 Volt: Stromstärke in der Zuleitung A	Sicherung A	Querschn. Zuleitung mm²	Querschn. Magnetfeldltg. bei Nebenschlußmot. mm²	Die Leistungen der Motoren sind genormt für	Sicherung ist bemessen für Motoren für
$n \approx 1500$																					
0,18	0,25	1400	65	2,5	4	2,5	2,5	1,25	4	1,5	1	—	—	—	—	—	—	—	—	110 und 220 Volt	unmittelbare Einschaltung bei Halblast
0,25	0,34	1400	66	3,4	4	2,5	2,5	1,7	4	1,5	1	0,85	2	1,5	1	—	—	—	—		
0,37	0,5	1400	69	4,9	6	2,5	2,5	2,45	4	1,5	1	1,28	4	1,5	1	—	—	—	—		
0,55	0,75	1400	71	7,0	10	2,5	2,5	3,5	6	1,5	1	1,75	4	1,5	1	—	—	—	—		
0,75	1	1410	74	9,83	10	2,5	2,5	4,6	6	1,5	1	2,3	6	1,5	1	1,8	4	1	1		
1,1	1,5	1410	75	13,32	15	2,5	2,5	6,66	10	1,5	1	3,33	6	1,5	1	2,44	4	1	1	110, 220 und 440 Volt	Vollastanlauf
1,5	2	1410	77	17,73	20	4	2,5	8,865	10	1,5	1	4,43	6	1,5	1	3,25	4	1	1		
2,2	3	1420	78	25,64	35	6	2,5	12,82	15	2,5	1	6,41	10	1,5	1	4,7	6	1	1		
3	4	1420	80	34,1	35	10	2,5	17,05	20	4	1	8,52	10	1,5	1	6,25	6	1	1		
4	5,5	1430	81	44,9	60	16	2,5	22,42	25	6	1	11,2	15	2,5	1	8,24	10	1,5	1		
5,5	7,5	1430	82	61,0	80	25	2,5	30,5	35	10	1	15,3	20	4	1	11,2	10	1,5	1		
7,5	10	1440	83	82,1	100	35	4	41,1	60	16	1	20,5	25	6	1	15,1	15	2,5	1	220 u. 440V	
11	15	1440	84	119	125	50	4	59,5	60	25	1	29,8	35	10	1	21,8	20	4	1		
$n \approx 1000$																					
11	15	950	83	121	125	70	6	60,3	80	25	1	30,1	35	10	1	22,1	20	4	1	220 und 440 Volt	Vollastanlauf
15	20	950	84,5	162	200	70	6	80,8	100	35	1,5	40,4	60	16	1	29,6	35	6	1		
18,5	25	950	85	198	225	95	10	100	125	50	2,5	50	60	16	1	37,4	50	10	1		
22	30	960	86	232	260	120	10	116	125	70	2,5	58,1	60	25	1	42,7	50	10	1		
30	40	960	87	314	350	185	10	157	160	70	4	78,5	80	35	1	57,5	50	16	1		
38	50	965	88	390	430	300	16	195	225	120	4	98	125	50	1	72	80	25	1		
50	68	970	89	511	600	500	16	258	260	150	6	128	160	70	1	93,6	100	35	1		
63	85	970	89,5	640	700	625	16	320	350	240	10	160	200	95	1	117	125	50	1		
80	110	970	90	808	850	800	25	404	410	300	10	202	225	120	1	148,5	125	50	1		
100	136	975	90,5	1005	1000	800	25	503	600	500	16	251	260	150	1,5	184,5	160	70	1		
125	170	975	91	1250	1000	1000	35	625	700	625	16	313	350	240	2,5	228,2	225	70	1		

b) Offene Drehstrommotoren:

Nennleistung (Leistungsabgabe) kW	PS ≈	Wirkungsgrad in % η	Leistungsfaktor $\cos\varphi$	125 Volt: Stromstärke in der Zuleitung A	Sicherung A	Querschnitt der Zuleitung mm²	220 Volt: Stromstärke in der Zuleitung A	Sicherung A	Querschnitt der Zuleitung mm²	380 Volt: Stromstärke in der Zuleitung A	Sicherung A	Querschnitt der Zuleitung mm²	500 Volt: Stromstärke in der Zuleitung A	Sicherung A	Querschnitt der Zuleitung mm²	Für alle nebenstehenden Spannungen Querschn. der Schleifringleitungen mm²*)	Die Leistungen sind genormt für 220, 380, 500 Volt (Dreieckspannung) und 1500 U/min (Nenndrehzahl). Sicherung ist bemessen für Motoren mit:
$n \approx 1500$																	
0,18	0,25	71,5	0,71	1,63	4	2,5	0,94	4	2,5	0,54	2	2,5	0,41	2	2,5	—	Kurzschlußläufer m. unmittelb. Einschaltg. bei Halblast.
0,25	0,34	73	0,75	2,1	4	2,5	1,2	4	2,5	0,69	2	2,5	0,53	2	2,5	—	
0,37	0,5	75	0,77	3,0	4	2,5	1,67	4	2,5	0,97	4	2,5	0,74	2	2,5	—	
0,55	0,75	77	0,78	4,14	6	2,5	2,4	4	2,5	1,43	4	2,5	1,06	4	2,5	—	Kurzschlußläufer mit Stern-Dreieck-Schalter bei Halblastanlauf oder Schleifringanker bei Vollastanlauf.
0,75	1	79,5	0,80	5,5	10	2,5	3,2	6	2,5	1,85	4	2,5	1,37	4	2,5	—	
1,1	1,5	81,5	0,82	7,60	10	2,5	4,31	6	2,5	2,52	6	2,5	1,91	4	2,5	1,5	
1,5	2	79,5	0,8	10,43	15	2,5	6,20	10	2,5	3,6	6	2,5	2,73	6	2,5	2,5	Schleifringläufer bei Vollastanlauf
2,2	3	80,5	0,82	15,4	20	2,5	8,75	10	2,5	5,07	6	2,5	3,85	6	2,5	4	
3	4	82	0,83	20,4	25	4	11,60	15	2,5	6,7	10	2,5	5,10	6	2,5	6	
4	5,5	83,5	0,84	26,4	35	6	15,00	20	4	8,7	10	2,5	6,59	10	2,5	10	
5,5	7,5	84,5	0,84	35,8	60	10	20,4	25	6	11,8	15	2,5	8,95	10	2,5	10	
7,5	10	85	0,85	48	60	16	27,2	35	10	15,8	20	4	12,0	10	2,5	16	
$n \approx 1000$																	
11	15	86	0,84	70,5	80	25	40,1	60	16	23,2	25	6	17,6	20	4	25	
15	20	86,5	0,85	94,4	100	35	53,7	60	16	31,2	35	10	22,6	25	6	35	
18,5	25	87	0,86	114	125	50	65	80	25	38,5	60	16	28,5	35	10	35	
22	30	87,5	0,86	135	160	70	76,8	80	25	44,5	60	16	33,8	35	10	50	
30	40	88,5	0,87	180	200	95	102	125	50	59,4	60	16	45	60	16	50	
38	50	89	0,88	222	225	120	127	160	70	75,7	80	25	56	60	16	70	
50	68	90	0,88	292	300	185	166	200	95	96	100	35	73	80	25	70	
63	85	90,5	0,89	362	430	300	206	225	120	119	125	50	90,5	80	35	70	
80	110	90,5	0,89	460	500	400	262	300	185	151	160	70	115	125	50	95	
100	136	91	0,89	571	600	500	324	350	240	188	200	95	143	160	70	95	

*) Die Zahlen sind Mittelwerte für mittlere Drehzahlen und kurze Entfernungen zwischen Motor und Anlasser; sie richten sich nach den durch die Läuferwicklungen bedingten Schleifringstromstärken.

Bemerkung: Die vorstehenden Mindestquerschnitte der Zuleitungen reichen aus für eine Streckenlänge bis 40 m bei 110 und 220 Volt und bis 100 m bei 380 und 500 Volt (bei etwa 4% Spannungsabfall). Für größere Entfernung sind die Querschnitte nach den Tabellen für Leitungsberechnung zu bestimmen.

Spannungsnormen für Elektroanlagen von 1 bis 100 V nach VDE 0175

§ 1. Als **Nennspannung** einer Anlage oder ihrer Teile bei Spannungen zwischen 1 und 100 Volt gilt **die** Spannung, für die die zugehörigen Stromverbraucher bestimmt sind. Bei Anlagen, deren Stromverbraucher aus einer Reihe von Einzelteilen, wie Magneten, Widerständen, Relais usw., zusammengesetzt sind, kann sich die Nennspannung auch auf die Gesamtheit der einzelnen Apparate beziehen, die ein abgeschlossenes System zusammengehörender Teile bilden.

Die Spannung am Stromerzeuger ist stets um den äußeren Spannungsabfall in den Leitungen und um den Betrag etwaiger Spannungsschwankungen oder gegebenenfalls Spannungsregelung größer als die Nennspannung. Beispielsweise ist es üblich, Klingeltransform. als Stromerzeuger für 3, 5 und 8 Volt herzustellen, Spannungen, die um den äußeren Spannungsabfall von 1 bis 2 Volt größer sind als die genormten Nennspannungen der zugehörenden Stromverbraucher.

Bei Anlagen für Fernmeldung, Eisenbahnsicherung und ähnliche Verwendungszwecke, die mit stark veränderl. Spannung arbeiten, kann im Einzelfall von den genormten Nennspannungen abgewichen werden. Es ist zweckmäßig, die Stromverbraucher auf eine genormte Nennspannung und eine zusätzliche Spannungsregelung zu beziehen.

Die Nennspannung von Stromverbrauchern, die aus Akkumulatoren gespeist werden, ist gleich der Nennspannung des Akkumulators oder der Akkumulatorenbatterie. Als Nennspannung einer Bleiakkumulatorzelle sind 2 Volt, einer Stahlakkumulatorzelle 1,2 Volt festgelegt. Stromverbraucher, die bis zur völligen Entladung der Batterie arbeiten sollen, müssen so eingerichtet sein, daß sie auch bei der niedrigsten Entladespannung ihren Zweck voll erfüllen.

§ 2. Als **genormte Werte für Gleich- und Wechselstrom** gelten: für alle Gebiete die Werte der Vorzugsreihe 2, 4, 6, 12, 24, 40, 60, 80 Volt, für die verschiedenen Fachgebiete auch die Werte der Reihen in nachstehender Tafel.

§ 3. Die Zahlenwerte der genormten Nennspannungen von § 2 gelten auch für solche Anlagen, deren Nennspannung nach § 1 um einen gewissen Betrag von den genormten Zahlenwerten abweicht. Über die Größe der zahlenmäßigen Abweichung lassen sich allgemeine Angaben nicht machen, jedoch soll sie nur in der Größenordnung von Einern bis wenigen Zehnern von Prozenten liegen.

Nenn- und Reihenspannungen von 100 V bis 380 kV nach VDE 0176 und DIN 40002

§ 1. Die Spannung irgendeines Teiles der elektrischen Anlage kann sich sowohl zeitlich als auch örtlich ändern. Im allgemeinen wird sie um einen Mittelwert herum schwanken.

Als **Betriebsspannung** wird **die** Spannung bezeichnet, die in leitend zusammenhängenden Netzteilen an den Klemmen der Stromverbraucher im Mittel zeitlich und örtlich vorhanden ist. Als Stromverbraucher gelten außer Lampen, Motoren usw. auch Primärwicklungen von Transformatoren.

Als **Nennspannung** wird **die** Spannung von Maschinen, Transformatoren, Apparaten, Leitungen, Geräten usw. bezeichnet, für die sie bemessen, gebaut und benannt sind.

Die den Zahlenwerten von § 3 entsprechenden Nennspannungen von Maschinen, Apparaten, Leitungen usw. heißen **genormte Nennspannungen.**

Wird bei Maschinen, Transformatoren, Apparaten und Geräten, die Wicklungen oder Widerstände enthalten, deren Windungszahl oder Widerstandswert einerseits, die Isolation andererseits nach verschiedenen Spannungen bemessen sind, so wird als **Nennspannung die** Spannung bezeichnet, nach der die Spannung führende Wicklung oder der Spannung führende Widerstand bemessen ist, als **Reihenspannung** die genormte Spannung, nach der die Isolation bemessen ist.

§ 2. In Drehstromnetzen wird der Mittelwert der Spannungen zwischen den 3 Leitern (Außenleitern) **Spannung** des Drehstromnetzes genannt (früher „Netzspannung", „verkettete Spannung", „Dreieckspannung"). Der Mittelwert der Spannungen zwischen je einem Leiter und dem Sternpunkt des Drehstromnetzes wird **Strangspannung** genannt (früher „Phasenspannung", „Spannung je Pol").

§ 3. **Nennspannungen für elektrische Anlagen von 100 V bis 380 kV nach DIN 40002.**
Diese Nennspannungen sind stets anzuwenden, wenn nicht zwingende technische Gründe dagegen sprechen.

Gleichstrom, 110[3]), **220, 440, 600,** 750, **1500, 3000** V.

Wechsel- und Drehstrom 50 Hz[1]): 100[2]), 125, **220**[4]), **380**, 500 V.
1, 3, 5, 6, **10**, 15, **20**, 25, **30**, 60, **110, 220, 380** kV.

Einphasenwechselstrom $16^2/_3$ Hz: 100[2]), 220, 1000 V.
6, **15**, 60, **110** kV.

Reihenspannungen: Gleichstrom 110, 250, 440, 600, 800, 1200, 1500, 3000 V.

Wechsel- und Drehstrom 50 Hz[1]): 125, 250, 380, 500, 750[5]), 1000 V.
1,5[5]), 2[5]), 3, 6[6]), 10, 15[7]), 20, 30, 45[8]), 60, 110[9]), 150[8/9]), 220[9]), 300[10]), 380[10]) kV.

Einphasenwechselstrom $16^2/_3$ Hz: **1, 6, 20, 60, 110, 220 kV.**

1) auch bei abweichenden Frequenzen 2) nur für Spannungswandler 3) Außenleiterspannung oder Spannung zwischen Außen- und Mittelleiter 4) Leiter-(Dreieck-) oder Sternspannung 5) nur für Kabel, Leitungen und Sicherungen 6) für gekapselte Anlagen 7) für Freileitungsisolatoren 8) nur für Ausfuhr 9) auch für Netze mit starr geerdetem Sternpunkt 10) nur für Netze mit starr geerdetem Sternpunkt.

Die fettgedruckten Werte sind für Neuanlagen, Umstellungen und umfangreiche Erweiterungen zu bevorzugen. Zulässige Abweichungen s. einschlägige VDE-Bestimmungen u. a. f. Maschinen, Transformatoren, Kondensatoren und Schaltgeräte.

§ 4. Wenn die Abweichungen von den Spannungswerten nach § 3 nicht mehr betragen als + 10% auf der Erzeugerseite, ± 5% auf der Verbraucherseite der Leitungsanlage, so kann normal gefertigtes elektrisches Material ohne weiteres verwendet werden. Maschinen und Transformatoren vertragen entweder Spannungsschwankungen von 0 bis 10% als Erzeuger oder von —5% bis +5% als Verbraucher; Glühlampen vertragen die Abweichungen um ±5% nur vorübergehend.

§ 5. Die sekundäre Nennspannung von Spannungswandlern ist 100 V, wenn die primäre Nennspannung einen der unter § 3 stehenden Werte hat.

Nennspannungen für elektrische Anlagen unter 100 Volt nach DIN 40001

Vorzugsreihe	—	2	—	—	4	6	—	12	—	24*)	40	—	60	—	80	—
Reihen für besondere Anwendungsgebiete																
Beleuchtung, gespeist aus Trockenelementen	1,5	—	2,5	3,5	—	—	—	—	—	—	—	—	—	—	—	—
dgl. aus Akkumulatoren, Generatoren u. Transformatoren	—	2	2,5	—	4	6	8	12	—	24	40	—	60	—	80	—
Verbraucher, gespeist aus Klingeltransformatoren	—	2	—	—	4	6	—	—	—	—	—	—	—	—	—	—
Elektrisches Spielzeug	—	2	—	—	4	6	—	—	20	24	—	—	—	—	—	—
Gewerbliche Kleinmotoren	—	—	—	—	—	—	—	12	—	24	40	—	60	—	—	—
Elektrokarren, -wagen und Flurfördermittel	—	—	—	—	—	—	—	—	—	24	40	—	—	—	80	—
Grubenlokomotiven	—	—	—	—	—	—	—	—	—	—	—	—	60	72	80	96
Elektrowärmegeräte	—	—	—	—	—	—	—	12	—	24	40	—	—	—	—	—
Elektromedizinische Geräte	—	2	2,5	3,5	4	6	8	12	—	—	—	—	—	—	—	—
Fernmelde- und Fernsteuerungsanlagen	1,5	2	—	—	4	6	—	12	20	24	40	48	60	—	80	—
Schutz- und Regelanlagen	—	—	—	—	—	—	—	—	—	24	—	—	60	—	—	—

*) Als Dreiphasenwechselspannungen bei 50 Hz auch $24 \cdot \sqrt{3} = 42$ V.

Offene Gleichstrommotoren für Dauerbetrieb

Leistungsabgaben

Die Motoren entsprechen den „Regeln für elektrische Maschinen“ VDE 0530. Die Leistungsabgaben sind zunächst nur für die Drehzahl „$n = 1500$“ genormt (Leistungsreihe DIN 42973). Alle übrigen Werte gelten nur als Richtwerte.

Nennspannungen: 110, 220, 440 Volt.
Drehsinn: Rechtslauf (im Uhrzeigersinn von der Antriebsseite aus gesehen).
Leistungsabgabe in kW; Drehzahlen (n) in U/min; Wirkungsgrade (η) in %.

Größe	n etwa 3000				n etwa 2000				n etwa 1500 (Norm)				n etwa 1000			
	Leistungsabgabe kW	PS etwa	n	η	Leistungsabgabe kW	PS etwa	n	η	Leistungsabgabe kW	PS etwa	n	η	Leistungsabgabe kW	PS etwa	n	η
1	0,37	0,5	2800	70	0,25	0,34	2000	68	0,18	0,25	1400	65	0,12	0,16	910	59
2	0,55	0,75	2800	71	0,37	0,5	2000	69	0,25	0,34	1400	66	0,17	0,23	920	62
3	0,8	1,1	2800	73	0,55	0,75	2000	71	0,37	0,5	1400	69	0,22	0,3	920	63
4	1,1	1,5	2800	75	0,75	1	2000	74	0,55	0,75	1400	71	0,33	0,45	920	65
5	1,5	2	2825	77	1,1	1,5	2000	76	0,75	1	1410	74	0,5	0,7	930	68
6	2,2	3	2825	78	1,5	2	2000	77	1,1	1,5	1410	75	0,7	1	930	70
7	3	4	2825	80	2,2	3	2000	79	1,5	2	1410	77	1	1,4	935	72
8	4	5,5	2850	81	3	4	2000	80,5	2,2	3	1420	78	1,4	1,9	935	74
9	5,5	7,5	2850	82	4	5,5	2000	81,5	3	4	1420	80	1,8	2,5	940	75
10					5,5	7,5	2000	82,5	4	5,5	1430	81	2,4	3,3	940	77
11					7,5	10	2000	83,5	5,5	7,5	1430	82	3,3	4,5	950	78
12					10	13,5	2000	84	7,5	10	1440	83	4,5	6	950	79,5
13									11	15	1440	84	7	9,5	950	81,5

Größe	n etwa 1500 (Norm)				n etwa 1200				n etwa 1000			
	Leistungsabgabe kW	PS etwa	n	η	Leistungsabgabe kW	PS etwa	n	η	Leistungsabgabe kW	PS etwa	n	η
14	15	20	1440	85,5	12	16	1150	84	10	14	950	82
15	18,5	25	1440	86	15	20	1150	85	12	16	950	83
16	22	30	1450	86,5	19	26	1150	86	14	19	950	84
17	30	40	1450	87,5	25	34	1160	87	20	27	950	85
18	38	50	1460	88	31	42	1160	87,5	25	34	960	86
19	50	70	1460	88	40	55	1160	88	31	42	960	87
20	63	85	1460	88	50	70	1160	88,5	40	55	965	88
21	80	110	1470	88,5	65	90	1170	89	50	70	970	89
22	100	136	1470	90	85	115	1170	90	65	90	970	90

Größe	n etwa 750				n etwa 600				n etwa 500			
	Leistungsabgabe kW	PS etwa	n	η	Leistungsabgabe kW	PS etwa	n	η	Leistungsabgabe kW	PS etwa	n	η
14	8	11	700	81	5	7	550	78	4	5,5	460	75
15	10	14	700	82	7	10	550	79	5	7	460	76
16	11	15	700	82,5	8	11	550	80	6	8	460	77,5
17	14	19	710	84	11	15	560	82	8	11	460	79
18	20	27	710	85	14	19	560	83	10	14	465	80
19	25	34	715	86	18	24	560	84	13	18	465	81
20	30	40	715	86,5	22	30	565	85	17	23	470	82,5
21	40	55	720	87,5	30	40	570	86	22	30	470	83,5
22	50	70	720	88,5	40	55	570	87	30	40	470	85

Spannung: Ausführungen über der gestrichelten Stufenlinie für 110 und 220 V, Ausführungen zwischen der gestrichelten und der ausgezogenen Stufenlinie für 110, 220 und 440 V, Ausführungen unter der ausgezogenen Stufenlinie für 220 und 440 V.

Wicklungen: Kupfer.

Drehzahl: Die Nenndrehzahlen der Gleichstrommotoren entsprechen den Nenndrehzahlen der Drehstrommotoren gleicher Leistungsabgabe, die um die Schlupfdrehzahlen tiefer liegen als die Synchrondrehzahlen.

Die Drehzahl läßt sich durch Feldschwächung um 15% bei gleichbleibender Leistung erhöhen. Ausführung mit Hilfswicklung zur Vermeidung des Durchgehens ist zulässig.

Wirkungsgrad: Die Wirkungsgrade gelten
für die Größen 1 bis 7 bei 110, 220 und 440 V,
für die Größen 8 bis 22 bei 220 und 440 V; bei
110 V sind die Wirkungsgrade um 1% niedriger.
Die Wirkungsgrade werden nach dem Einzelverlustverfahren bestimmt.

Toleranzen: Es gelten die in VDE 0530 angegebenen Toleranzen.

Offene Gleichstrommotoren mit Drehzahlverstellung

Leistungsabgabe in kW; Drehzahlen (n) U/min; Wirkungsgrade (η) in %

Größe	Leistungsabgabe kW	PS etwa	η	untere Drehzahl n_u	obere Drehzahl Regelbereich 1:1,5 n_o	1:2 n_o	1:3 n_o
9	1,1	1,5	71	670	1005	1340	2010
	1,8	3,5	75	940	1410	1880	—
	3	4	80	1420	2130	—	—
10	1,5	2	74	675	1010	1350	2025
	2,4	3,3	77	940	1410	1880	—
	4	5,5	81	1430	2145	—	—
11	2	2,7	76	675	1010	1350	2025
	3,3	4,5	78	950	1425	1900	—
	5,5	7,5	82	1430	2145	—	—
12	3	4	78	680	1020	1360	2040
	4,5	6	79,5	950	1425	1900	—
	7,5	*10*	*83*	*1440*	*2160*	—	—
13	4,5	6	79	685	1030	1370	2055
	7	9,5	81,5	950	1425	1900	—
	11	*15*	*84*	*1440*	*2160*	—	—
14	4	5,5	75	460	690	920	1380
	5	7	78	550	825	1100	1650
	8	11	82	700	1050	1400	—
	10	*14*	*83*	*950*	*1425*	—	—
	12	*16*	*84*	*1150*	*1725*	—	—
15	5	7	76	460	690	920	1380
	7	10	79	550	825	1100	1650
	10	14	82	700	1050	1400	—
	12	*16*	*83*	*950*	*1425*	—	—
	15	*20*	*85*	*1150*	*1725*	—	—

Größe	Leistungsabgabe kW	PS etwa	η	untere Drehzahl n_u	obere Drehzahl Regelbereich 1:1,5 n_o	1:2 n_o	1:3 n_o
16	6	8	77,5	460	690	920	1380
	8	11	80	550	825	1100	1650
	11	15	82,5	700	1050	1400	—
	14	*19*	*84*	*950*	*1425*	—	—
	19	*26*	*86*	*1150*	*1725*	—	—
17	8	11	79	460	690	920	1380
	11	15	82	560	840	1120	1680
	14	19	84	710	1065	1420	—
	20	*27*	*85*	*950*	*1425*	—	—
18	10	14	80	465	705	930	1395
	14	19	83	560	840	1120	1680
	20	27	85	710	1065	1420	—
	25	*34*	*86*	*960*	*1440*	—	—
19	13	18	81	465	705	930	1395
	18	24	84	560	840	1120	—
	25	*34*	*86*	*715*	*1070*	—	—
20	17	23	82,5	470	705	940	1410
	22	30	85	565	850	1130	—
	30	*40*	*86,5*	*715*	*1070*	*1430*	—
21	15	20	79	350	525	700	1050
	22	30	83,5	470	705	940	—
	30	40	86	570	855	1140	—
	40	*55*	*87,5*	*720*	*1080*	—	—
22	20	27	80	350	525	700	1150
	30	40	85	470	705	940	—
	40	*55*	*87*	*570*	*855*	*1140*	—

Die Motoren entsprechen den „Regeln für elektrische Maschinen“ VDE 0530. Die Leistungsabgaben sind zunächst nur für die untere Drehzahl „$n_u \approx 1500$“ genormt (Leistungsreihe DIN 42 973). Alle übrigen Werte gelten nur als Richtwerte.

Nennspannungen: 110, 220, 440 Volt. Drehsinn: Rechts- und Linkslauf (umkehrbar ohne Bürstenverschiebung). Die senkrecht gedruckten Werte für 110, 220, 440 Volt. Die *kursiv* gedruckten Werte nur für 220 und 440 Volt.

Wicklungen: Kupfer. Ausführung mit Hilfswicklung zulässig.

Betriebsart: Dauerbetrieb.

Wirkungsgrad: Die Wirkungsgradangaben gelten für die mittlere Drehzahl des jeweiligen Regelbereiches und für 220 und 440 Volt. Bei 110 Volt sind die Wirkungsgrade um 1% niedriger. Die Wirkungsgrade werden nach dem Einzelverlustverfahren bestimmt.

Toleranzen: nach VDE 0530.

Klemmen- und Netzleitungs-Bezeichnungen (VDE 0570)

Gleichstrom

Maschinen:

A-B Anker
C-D Nebenschlußwicklung, Selbsterregung (bei gleicher Ankerspannung auch Eigen- oder Fremderregung)
E-F Reihenschlußwicklung, Selbsterregung
EA-FA, EB-FB dgl. auf A- oder B-Ankerseite gleichmäßig verteilt bei Motor-Rechtslauf
G-H Wendepol- oder (und mit) Kompensationswicklung
GA-HA, GB-HB dgl. auf A- oder B-Ankerseite gleichmäßig verteilt
GW-HW Wendepolwicklung bei getrennter Wicklungsanordnung
GK-HK Kompensationswicklung bei getrennter Wicklungsanordnung
I-K fremderregte Feldwicklung allgemein

Anlasser: Klemmen für
L Netz **R** Anker **M** Nebenschluß

Steller: Klemmen für
s Nebenschluß **t** Anker oder Netz **q** Anker oder Netz zum Kurzschließen der Nebenschlußwicklung

⏚ Anschluß für Erdleitungen

Anschluß für Schutzleiter

Anzapfungen: kleine Tiefzahlen
Netzleitungen: **P** positiver (+), **N** negativer (—), **Mp** Mittel-Leiter (o)

Wechselstrom

Maschinen, Transformatoren, Wandler

primär	sekundär	
U, V, W	**u, v, w**	Drehstrom, verkettet
U-X, V-Y, W-Z	**u-x, v-y, w-z**	Drehstrom, unverkettet
U, XY, V	**u, xy, v**	Zweiphasenstrom, verkettet
U-X, V-Y	**u-x, v-y**	dgl., unverkettet
U-V	**u-v**	Einphasenstrom, allgemein
W-Z		dgl., Hilfswicklung
I-K		Gleichstrom-Erregung
K-L	**k-l**	Stromwandler

Anlasser:

u, v, w usw. Sekundäranlasser wie bei Maschinen
X, Y, Z Primäranlasser im Sternpunkt
U-X, V-Y, W-Z Primäranlagen zwischen Netz u. Motor
U (W), V, W, (U) Umkehranlasser Primäranker
s, t, q Stellerklemmen s. Gleichstrom

Netzleitungen:

R, S, T Drehstrom, Hauptleiter
R, S Zweiphasenstrom, verkettet
TQ Zweiphasen Knotenpunktsleiter
R-T, S-Q Zweiphasen, unverkettet
R, S bzw. **S, T** bzw. **T, R** Einphasenstrom bei Anschluß an Drehstromnetz
R, S wahlweise **R, T** selbständiges Einphasennetz (Bahnen)
Mp Sternpunkts- oder Mittelpunktsleiter

11

Gleichstrommotoren für Aussetzbetrieb (AB)

Schutzart P 33; Bauform B 3, B 5, B 10

Leistungsabgabe in kW bei 25% ED.
Nennspannungen: 110, 220, 440, 600 V.

Leistungsabgabe		Drehzahl (*U*/min)		
		Normal	Nebenleistung	
kW	PS	bei 440 V	größte	kleinste
0,8	1,1	1420	—	—
1,1	1,5	1420	—	1000
1,5	2	1420	—	1000
2,2	3	1420, 1000	—	1000
3	4	1000	1420	730
4	5,5	1000	1420	730
5,5	7,5	1000	1420	730,530
7,5	10	1000, 730	1420	510
11	15	730	1000	470
15	20	700	950	440
18,5	25	750	890	420
22	30	615	830	400
30	40	550	740	380
38	50	515	685	360
50	68	490	640	340
63	85	465	600	330
80	110	440	565	—
100	136	420	540	—

Wicklungen aus Kupfer

Betriebsspannung: 110, 220, 440, 600, (550) V.

Leistung: Die Drehzahlen für die Nebenleistungen gelten ebenso wie diese nur angenähert.

Zuordnung der Wellenstümpfe zu den Leistungen siehe Seite 130.

11

Asynchrone Drehstrommotoren, geschlossene

außenbelüftete Ausführung mit Schleifringläufer für Aussetzbetrieb (AB) n. DIN 42 674

Polzahl	4			6			Höchst-Schwung-moment GD^2 in kp m²
U/min	1500			1000			
Größe	Leistung *P* in kW bei % ED						
	20	**40**	60	20	**40**	60	
1	3,2	2,5	2	—	—	—	0,16
2	5	4	3,2	—	—	—	0,26
3	7	5,5	4,5	5	4	3,2	0,36
4	9,5	7,5	6,3	7	5,5	4,5	0,56
5	14	11	9	9,5	7,5	6,3	0,8
6	19	15	12,5	14	11	9	1,2
7	27	22	18	19	15	12,5	2,0
8	—	—	—	27	22	18	3,0
9	—	—	—	37	30	25	4,2
10	—	—	—	47	38	32	5,6
11	—	—	—	63	50	42	7,4
12	—	—	—	80	63	52	10
Polzahl	8			10			
U/min	750			600			
7	14	11	9	—	—	—	2,0
8	19	15	12,5	—	—	—	3,0
9	27	22	18	—	—	—	4,2
10	37	30	25	27	22	18	5,6
11	47	38	32	37	30	25	7,4
12	63	50	42	47	38	32	10
13	80	63	52	63	50	42	14
14	100	80	65	80	63	52	18
15	125	100	85	100	80	65	24
16	160	125	105	125	100	85	32
17	—	—	—	160	125	105	43
18	—	—	—	200	160	130	56
19	—	—	—	250	200	165	75

Die Leistungswerte bei 40% ED stimmen von 4 bis 100 kW mit den Werten der Leistungsreihe nach DIN 42973 überein. Frequenz: 50 Hz. Nennspannungen: 220, 380, 500 und 220/380 V.

Das Leistungsverhältnis ist *P* 20 : *P* 40 : *P* 60 = 1,25 : 1 : 0,8. Bei Montage- und Werkstatt-Förderkranen, bei denen bei wechselnder Belastung auf dem halben Spielweg nur der leere Haken bewegt wird, genügt meist die Leistung *P* 20. Die Leistung *P* 20 kann aus den älteren Preislisten, die nur die Angaben für 15% und 25% ED enthalten, durch Interpolation ermittelt werden.

Nennbetriebsarten und Überlastbarkeit elektr. Maschinen

Der Luftspalt muß bei Kranmotoren mit Rücksicht auf die starke Beanspruchung im schweren Umkehrbetrieb vergrößert ausgeführt werden, weil starke Erschütterungen zu einem Schleifen des Läufers am Ständer und damit zu kostspieligen Betriebsstörungen führen können. — Erhöhung des Anzugsmomentes und Vergrößerung des Luftspaltes haben eine Herabsetzung des Leistungsfaktors zur Folge.

Betriebsarten nach VDE 0530

Dauerbetrieb (DB): Betriebszeit so lang, daß die dem Beharrungszustand entsprechende Endtemperatur erreicht wird. Dauerleistung beliebig lang, ohne daß die Erwärmung die Grenzwerte nach S. 69 überschreitet.

Kurzzeitbetrieb (KB)*): Vereinbarte Betriebszeit so kurz, daß Beharrungstemperatur nicht erreicht wird. Betriebspause (Maschine spannungslos) ist lang genug, daß die Abkühlung auf Kühlmitteltemperatur erreicht wird. Die Nenn- oder Zeitleistung erfordert, daß die Erwärmung die Grenzwerte eine vereinbarte Zeit hindurch nicht überschreitet.

Durchlaufbetrieb mit Kurzzeitbelastung (DKB): Vereinbarte Belastungszeit so kurz, daß Beharrungstemperatur nicht erreicht wird. Pause zwischen den Belastungen (Leerlauf) ist lang genug, daß die Abkühlung auf die Beharrungstemperatur bei Leerlauf erreicht wird. Sonst wie bei KB.

Aussetzbetrieb (AB)*): Einschaltzeiten wechseln mit spannungslosen Pausen ab, deren Dauer nicht genügt, daß die Abkühlung auf die Temperatur des Kühlmittels erreicht wird. Nenn- oder Aussetzleistung muß bei regelmäßigem Spiel mit der angegebenen relativen Einschaltdauer beliebig lange Zeit hindurch abgegeben werden können, ohne daß die Erwärmung die Grenzwerte überschreitet.

Durchlaufbetrieb mit Aussetzbelastung (DAB): Belastungszeiten wechseln mit Leerlaufpausen ab, deren Dauer nicht genügt, daß die Abkühlung auf die Beharrungstemperatur bei Leerlauf erreicht wird. Sonst wie bei AB.

Schaltbetrieb (DSB, ASB) ist ein Sonderfall von DAB oder AB, bei dem die Erwärmung der Maschine hauptsächlich durch Anlauf, Bremsung oder Umschaltung bestimmt ist.

Gesamte Spieldauer, bei AB Einschaltzeit und spannungslose Pause, bei DAB Belastungszeit und Leerlaufpause, höchstens 10 min. Die relative Einschaltdauer ist das Verhältnis von Einschalt- bzw. Belastungszeit zu Spieldauer. Bei unregelmäßiger Größe der Spieldauer und ihrer Teile wird die relative Einschaltdauer aus dem Verhältnis der Summe der Einschalt- bzw. Belastungszeiten zur Summe der Spieldauern über eine genügend lange Betriebsdauer bestimmt. Der Betrieb ist meistens auch noch hinsichtlich der Belastung unregelmäßig. Bei Wahl der Maschinengrößen sind die Einflüsse der wechselnden Drehmomente, der Massenbeschleunigung, der Steuerung und etwa vorhandener Wärmebestrahlung zu berücksichtigen.

Merke: Bei Bestellung von Motoren ist der Lieferfirma die Art des Betriebes genau zu beschreiben.

Überlastbarkeit der Maschinen und Motoren: Maschinen für Dauerbetrieb müssen bei Nennspannung im betriebswarmen Zustande 2 min lang den 1,5fachen Nennstrom ohne Beschädigung oder bleibende Formveränderung aushalten. Wechselstrommotoren müssen bei Nennspannung und Nennfrequenz mindestens folgende Kippmomente entwickeln können: bei DB, KB, DKB, DAB, DSB und ASB das 1,6fache, bei AB das 2fache (Synchronmotoren das 1,5fache). Kippmoment ist das höchste Drehmoment, das ein Motor im Lauf entwickeln kann.

*) **Einschaltdauer** bei Kranmotoren und Bremslüftern bei KB 10, 30 und 60 Min., bei AB 20, 40 und 60% ED genormt (Bremslüfter ständig).

Offene Drehstrommotoren mit Kurzschlußläufer

Nennspannungen: 220, 380, 500 V; Frequenz 50 Hz. Dauerbetrieb

Nennleistung kW	Nennleistung PS etwa	Wirkungsgrad in % für Drehzahl U/min 3000	1500	1000	750	600	500	Leistungsfaktor cos φ für Drehzahl U/min 3000	1500	1000	750	600	500	Einschaltstrom²) für Drehzahl 3000 und 1500	1000 und 750	600 und 500	Kippmoment³) für Drehzahlen U/min 3000 bis 1000	750 bis 500	Luftspalt mm Kleinstmaß normal 3000	normal 1500 bis 500	vergröß. 3000	vergröß. 1500 bis 500
0,18	0,25	69	71,5	68,5				0,79	0,71	0,67				6,4	5,6		2 bis 2,5	1,6 bis 2	0,25	0,2	0,4	0,3
0,25	0,34	72	73	70	65			0,82	0,75	0,71	0,62								0,25	0,2	0,4	0,3
0,37	0,5	74	75	72	68			0,83	0,77	0,72	0,65								0,3	0,25	0,5	0,4
0,55	0,75	76,5	77	75,5	72			0,85	0,78	0,74	0,68								0,3	0,25	0,5	0,4
0,8	1,1	78,5	79,5	77,5	75			0,86	0,80	0,75	0,70								0,3	0,25	0,5	0,4
1,1	1,5	80	81,5	79,5	77			0,87	0,82	0,77	0,72								0,35	0,3	0,5	0,5
1,5	2	81,5	82,5	81	78,5			0,88	0,83	0,78	0,74			7,2	6,4				0,35	0,3	0,5	0,5
2,2	3	83	83,5	82,5	80,5			0,89	0,85	0,80	0,76								0,35	0,3	0,5	0,5
3	4	84	84,5	83,5	81,5			0,89	0,86	0,81	0,78								0,4	0,35	0,65	0,5
4	5,5	84,5	85,5	84,5	82,5			0,89	0,87	0,82	0,80								0,4	0,35	0,65	0,5
5,5	7,5	85,5	86,5	85,5	83,5			0,89	0,87	0,84	0,82								0,5	0,35	0,8	0,5
7,5	10	86	87	86	84	84		0,89	0,87	0,85	0,83	0,81				5			0,5	0,4	0,8	0,65
11	15	86,5	87,5	86,5	85	85	84	0,89	0,87	0,85	0,84	0,82	0,79						0,65	0,4	1	0,65
15	20	86,5	87,5	86,5	86	85,5	85	0,89	0,87	0,85	0,84	0,82	0,79						0,65	0,4	1	0,65
18,5	25	87	87	87	86,5	85	85,5	0,90	0,88	0,86	0,85	0,82	0,79	8	7,2	5,6	2 bis 2,5		0,65	0,4	1	0,65
22	30	87,5	88	87,5	87	86,5	86	0,90	0,88	0,86	0,85	0,82	0,79						0,8	0,5	1,25	0,8
30	40	88,5	89	88,5	88	87,5	87	0,90	0,89	0,87	0,86	0,83	0,80						0,8	0,5	1,25	0,8
38	50	89	89,5	89	89	88,5	88	0,90	0,90	0,88	0,87	0,84	0,81						0,8	0,5	1,25	0,8
50	68	89,5	90	90	89,5	89	88,5	0,91	0,90	0,88	0,87	0,85	0,82			6,4			1	0,65	1,5	1
63	85	90	90,5	90,5	90	89,5	89	0,91	0,90	0,89	0,88	0,86	0,83						1	0,65	1,5	1
80	110	90	90,5	90,5	90,5	90	90	0,91	0,90	0,89	0,88	0,86	0,85						1	0,65	1,5	1
100	136	90,5	91	91	91	90,5	90,5	0,91	0,90	0,89	0,88	0,86	0,85						1,25	0,8	1,75	1,25

[1]) Anzugsmoment Kleinstwert
[2]) Einschaltstrom Größtwert
[3]) Kippmoment Kleinstwert
} als Vielfaches des Nenndrehmomentes und Nennstromes bei Nennspannung in Betriebsschaltung.

Für die Berechnung gilt als Nenndrehmoment in kpm der Näherungswert $\frac{P}{n_s}$ $\left(\frac{\text{Nennleistung in Watt}}{\text{synchrone Drehzahl}}\right)$.

Wicklungen: Ständerwicklung aus Kupfer.

Die Wirkungsgrade werden nach dem Einzelverlustverfahren bestimmt. — Die Zahlen für Wirkungsgrad und Leistungsfaktor gelten nur für Ausführung mit normalem Luftspalt und Spannungen von 220 bis 500 V. Bei den Motoren mit Dreieckschaltung für 1,5 kW und 380 V ist der Wirkungsgrad 1 % geringer. — Es gelten die in VDE 0530 angegebenen Toleranzen.

Die Motoren entsprechen den „Regeln für elektrische Maschinen“ VDE 0530 und der „Leistungsreihe“ DIN 42 973.

Leistung kW	Anzugsmoment[1])	Drehzahl n
bis 1,1	2	3000 bis 500
bis 4	1,6	
bis 15	1,25	
bis 90	1	

Ausführungsgrenzen

Spannung bis V	Betriebsschaltung Stern von kW an	Betriebsschaltung Dreieck von kW an
125	—	0,18
220	0,18	0,33
380	0,37	1,5
500	3	5,5
3000	30	—
6000	75	—

Das **Kippmoment** gibt an, bis zu welchem Betrage der Motor über sein normales Drehmoment mindestens stoßweise überlastbar sein soll.

Leistungsfaktor bei Luftspalt

normal	=	0,9	0,85	0,8	0,75	0,7
vergrößert	=	0,86	0,80	0,73	0,68	0,63
Unterschied	=	0,04	0,05	0,07	0,07	0,07

Leistungsschild eines Drehstrom-Kranmotors

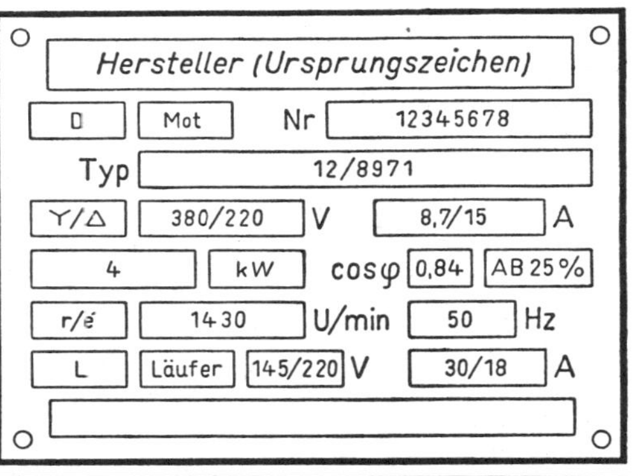

11

Offene Drehstrommotoren mit Schleifringläufer für Dauerbetrieb

Die Motoren entsprechen den „Regeln für elektrische Maschinen" VDE 0530. — Frequenz 50 Hz.
Nennspannungen 125, 220, 380, 500, 3000, 5000, 6000 V. Leistungsreihe DIN 42 973.

Ausführungsgrenzen

Spannung	Betriebsschaltung	
	Stern	Dreieck
bis V	kW	kW
125	—	von 0,18— 90
220	von 0,18—160	von 0,37— 90
380	von 0,37—250	von 3 —250
500	von 3 —250	von 5,5 —250
3000	von 30 an	—
5000	von 75 an	—
6000	von 110 an	—

Bürstenspannungen für alle Drehzahlen

kW	V	kW	V
1,1	47— 85	15	77—116 oder 182—325
1,5	55—100	18,5	87—130 oder 200—360
2,2	67—122	22	97—144 oder 220—395
3	79—142	30	118—176 oder 258—465
4	92—166	37	140—212
5,5	108—196	45	160—240
7,5	51—76 oder 126—230	55	186—280
11	64—95 oder 153—278	75	215—318
		90	242—360

Kippmoment: Kleinstwert als Vielfaches des Nenndrehmomentes und Nennstromes bei Nennspannung in Betriebsschaltung.

Für die Berechnung gilt

als Nenndrehmoment in kpm der Näherungswert $\frac{P}{n_s}\left(\frac{\text{Nennleistung in Watt}}{\text{synchrone Drehzahl}}\right)$.

11

Drehzahl in U/min. Luftspalt in mm, Wirkungsgrad in %

Nennleistung		Wirkungsgrad von %						Leistungsfaktor						Kippmoment		Luftspalt Kleinstmaß			
		für Drehzahl						für Drehzahl						f. Drehzahl		norm. f. Drehz.		vergrößert für Drehzahl	
kW	PS etwa	3000	1500	1000	750	600	500	3000	1500	1000	750	600	500	3000 bis 1000	750 bis 500	3000	1500 bis 500	3000	1500 bis 500
1,1	1,5			75,5	73,5					0,71	0,66			2 bis 2,5	1,6 bis 2	0,35	0,3	0,5	0,5
1,5	2		79,5	77,5	75,5				0,80	0,74	0,69					0,35	0,3	0,5	0,5
2,2	3	80,5	80,5	79,5	77,5			0,86	0,82	0,76	0,72					0,35	0,3	0,5	0,5
3	4	81,5	82	81	79			0,86	0,83	0,78	0,75					0,4	0,35	0,65	0,5
4	5,5	82	83,5	82	80			0,86	0,84	0,80	0,77					0,4	0,35	0,65	0,5
5,5	7,5	82	84,5	83	81			0,87	0,84	0,82	0,79					0,5	0,35	0,8	0,5
7,5	10	83	85	84	83,5	83,5		0,87	0,85	0,83	0,81	0,79				0,5	0,4	0,8	0,65
11	15	84	85,5	86	84,5	84,5	83,5	0,88	0,86	0,84	0,82	0,80	0,77			0,65	0,4	1	0,65
15	20	85	87,5	86,5	86	85,5	85	0,89	0,87	0,85	0,84	0,81	0,78			0,65	0,4	1	0,65
18,5	25	86	88	87	86,5	85	85,5	0,90	0,88	0,86	0,85	0,81	0,78	2 bis 2,5		0,65	0,4	1	0,65
22	30	87,5	88	87,5	87	86,5	86	0,90	0,88	0,86	0,85	0,82	0,79			0,8	0,5	1,25	0,8
30	40	88,5	89	88,5	88	87,5	87	0,90	0,89	0,87	0,86	0,83	0,81			0,8	0,5	1,25	0,8
38	50	89	89,5	89	89	88,5	88	0,90	0,90	0,88	0,87	0,84	0,82			0,8	0,5	1,25	0,8
50	68	89,5	90	90	89,5	89	88,5	0,91	0,90	0,88	0,87	0,85	0,83			1	0,65	1,5	1
63	85	90	90,5	90,5	90	89,5	89	0,91	0,90	0,89	0,88	0,86	0,84			1	0,65	1,5	1
80	110	90	90,5	90,5	90,5	90	90	0,91	0,90	0,89	0,88	0,86	0,85			1	0,65	1,5	1
100	136	90,5	91	91	91	90,5	90,5	0,91	0,90	0,89	0,88	0,86	0,85			1,25	0,8	1,75	1,25
125	170	91	91,5	91,5	91	91	91	0,92	0,91	0,90	0,89	0,87	0,86			1,25	0,8	1,75	1,25
160	217	91,5	92	92	91,5	91,5	91,5	0,92	0,91	0,90	0,89	0,87	0,86			1,25	0,8	1,75	1,25
200	271	92	92,5	92,5	92	92	92	0,92	0,91	0,90	0,89	0,88	0,86			1,5	1	2	1,5
250	339	92,5	93	93	92,5	92,5	92,5	0,92	0,91	0,90	0,89	0,88	0,87			1,5	1	2	1,5

Die Ausführung der Motoren über der ausgezogenen Stufenlinie ist normal ohne Bürstenabheber (Kurzschluß- und Bürstenabhebevorrichtung). — Die Motoren zwischen der gestrichelten und ausgezogenen Stufenlinie können auch mit Bürstenabheber ausgeführt werden. In diesem Falle ist der Wert der Wirkungsgrade um 1,5 zu erhöhen (anomale Ausführung). — Die Motoren unter der ausgezogenen Stufenlinie sind normal mit Bürstenabheber. Sie können auch für Betrieb mit aufliegenden Bürsten ausgeführt werden: die Wirkungsgrade sind dann zu vermindern bei einer Leistung bis zu 22 kW um 1,5; bei einer Leistung von 30 bis 90 kW um 1,0; bei einer Leistung von 110 bis 250 kW um 0,5. — Die Wirkungsgrade werden nach dem Einzelverlustverfahren bestimmt. — Die Zahlen für Wirkungsgrad und Leistungsfaktor gelten nur für Ausführung mit normalem Luftspalt und Spannungen von 220 bis 500 V. — Es gelten die in VDE 0530 angegebenen Toleranzen.

Gleichstrommaschinen

Schutzart P 22; Bauform B 3

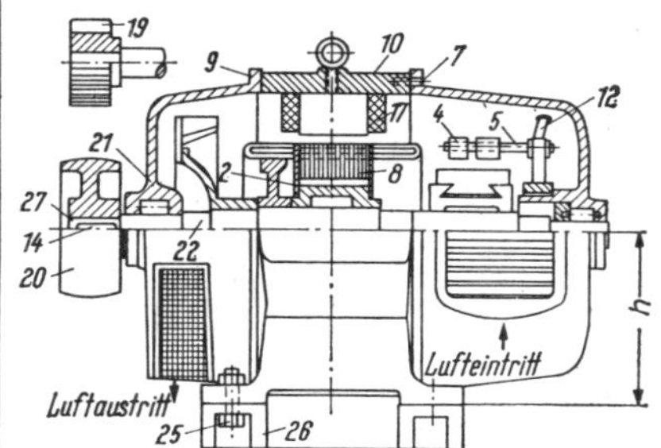

Nr.	DIN	Benennung
1	747	Achshöhen elektr. Maschinen
	4600	Anschlußbolzen
2	—	Ausgleichgewichte
3	42948	Befestigungsflansche elektr. Maschinen
4	42900	Bürsten für Kommutatoren und Schleifring
5	42905	Bürstenbolzen-Durchmesser
6	—	Bürstenlitzen
	42671	Asynchrone Drehstrommotoren mit Kurzschlußläufer
	42674	Asynchrone Drehstrommotoren mit Schleifringläufer
	42680	Asynchrone Drehstrommotoren mit Kurzschlußläufer für Aufzugsbetrieb
7	69	Durchgangslöcher für Schrauben
8	46400	Dynamobleche
9	2500	Flansche
	42950	Formen elektrischer Maschinen
10	—	Gewinde
	—	Gleichstrom-Generatoren, P 22
	—	Gleichstrom-Generatoren, P 22, f. Antr. durch Drehstrommot.
	—	Gleichstrommotoren, P 22
	—	Gleichstrommotoren, P 22, mit Drehzahlverstellung
	—	Gleichstrom-Kranmotoren
11	118 u. a.	Gleitlager und Zubehör
12	39 u. a.	Griffe
	43310, 46056	Handräder
13	46208···227	Kabelschuhe
	254	Kegel
	1	Kegelstifte
	257, 258	Kegelstifte mit Gewindezapfen
	7978	Kegelstifte mit Innengewinde
14	6886	Keile
15	42962	Klemmenanordnung für elektr. Maschinen
	46206	Kopfschrauben-Anschluß
	—	Kranmotoren (Drehstrom)
	—	Kranmotoren (Drehstrom), zylindrische Wellenstümpfe

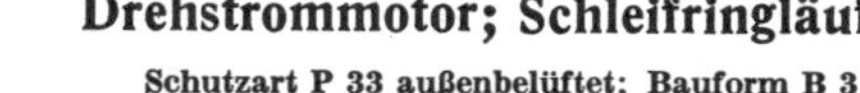

Drehstrommotor; Schleifringläufer

Schutzart P 33 außenbelüftet; Bauform B 3

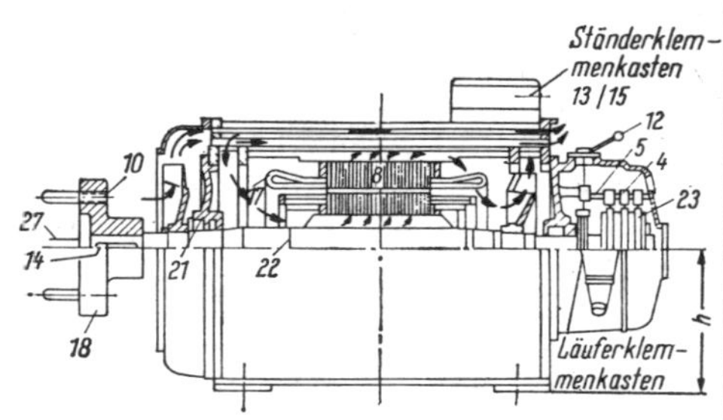

Nr.	DIN	Benennung
	—	Kranmotoren (Drehstrom), kegelige Wellenstümpfe
16	—	Kugellager
17	46431	Kupferdraht-Runddrähte
18	115, 116	Kupplungen
	42961	Leistungsschilder
	42939	Maßbezeichnungen
	1511	Modelle und Zubehör
19	780	Modulreihe, Zahnräder
		Niete
	3	Normmaße
	323	Normzahlen
14	6885	Paßfedern
	7150/55	Passungen
19	—	Räderübersetzungen
20	42947	Riemenscheiben
	2410	Rohre
	2400	Rohrleitungen
21	43200	Wälzlager
22	250	Rundungen
	40700/19	Schaltzeichen und Schaltbilder
	825	Schildformate
23	42965	Schleifringe
	69100	Schleifwerkzeuge
	475	Schlüsselweiten
24	322	Schmierringe
25	—	Schrauben und Zubehör
	—	Sinnbilder
	40001	Spannungen elektrischer Anlagen unter 100 Volt
	40002	Spannungen (Betriebsspann.), elektr. Anlagen über 100 V.
26	42923	Spannschienen, Verschiebung
	94	Splinte
	703/5	Stellringe
	79	Vierkante und Vierkantlöcher f. Spindeln, Handräder u. Kurb.
27	42946	Wellenenden
17	—	Wicklungen und Drähte
19	37	Zahnräder, Darstellung
	7	Zylinderstifte

Elektrische Maschinen, Bauformen nach DIN 42950

A 1···A 6 Maschinen ohne Lager, waagerechte Anordnung; B 1···B 20 Maschinen mit Lagerschilden, waagerechte Anordnung; C 1···C 4 Maschinen mit Lagerschilden und Stehlagern, waagerechte Anordnung; D 1···D 13 Maschinen mit Stehlagern, waagerechte Anordnung

Kurzzeichen	Bild	Kurzzeichen	Bild	Kurzzeichen	Bild	Kurzzeichen	Bild
A 1	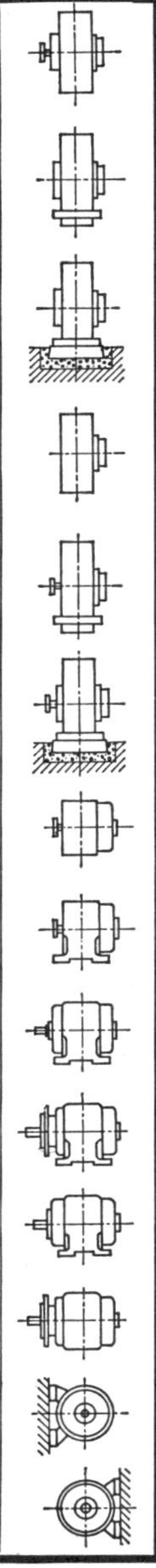	B 8	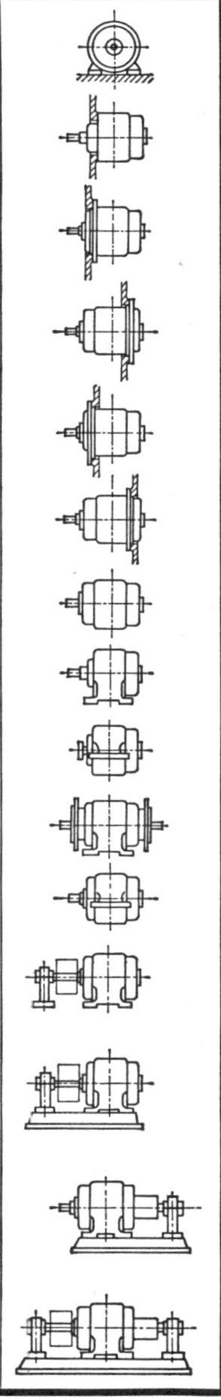	D 1	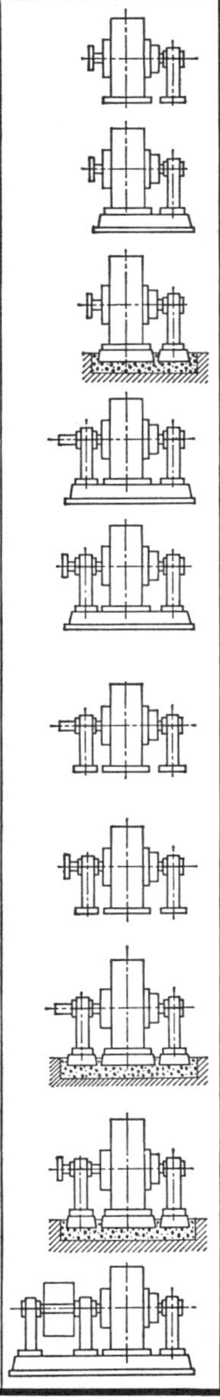	V 1	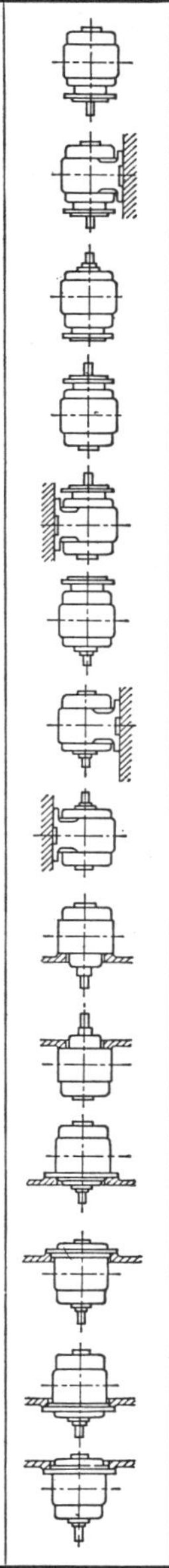
A 2		B 9		D 2		V 1/V 5	
A 3		B 10		D 3		V 2	
A 4		B 11		D 5		V 3	
A 5		B 12		D 6		V 3/V 6	
A 6		B 13		D 9		V 4	
B 1		B 14		D 10		V 5	
B 2		B 15		D 11		V 6	
B 3		B 16		D 12		V 8	
B 3/B 5		B 17		D 13		V 9	
B 3/B 14		B 20				V 10	
B 5		C 1				V 11	
B 6		C 2				V 12	
B 7		C 3				V 13	
		C 4					

11

Elektrische Maschinen, Bauformen nach DIN 42950 (Fortsetzung)

V 1···V 21 Maschinen mit Lagerschilden, senkrechte Anordnung; W 1···W 8 Maschinen ohne Lagerschilde, senkrechte Anordnung

Kurzzeichen	Bild	Kurzzeichen	Bild	Kurzzeichen	Bild	Kurzzeichen	Bild
V 14		V 20	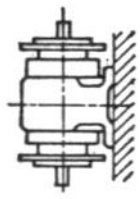	W 41	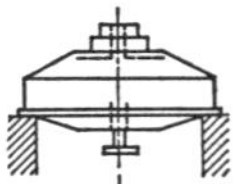	W 52	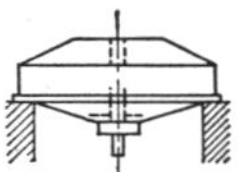
V 15	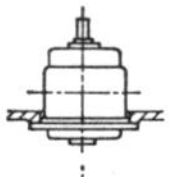	V 21	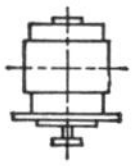	W 42	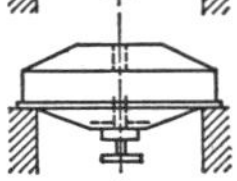	W 7	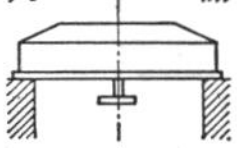
V 16	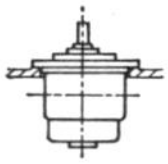	W 1	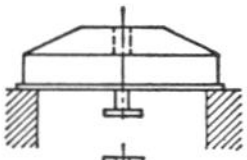	W 51	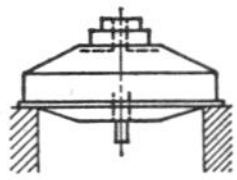	W 8	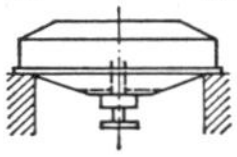
V 17	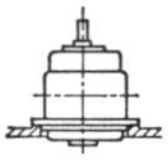	W 21	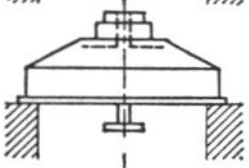				
V 18	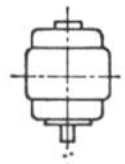	W 22	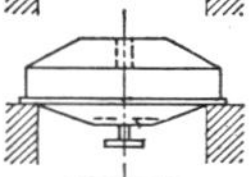				
V 19	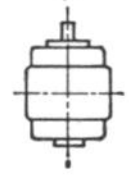	W 3	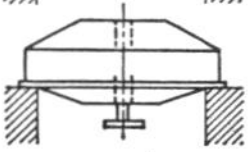				

Kurzzeichen für Maschinenzusammenstellungen (Maschinensätze)

Kennbuchstabe	Erklärung
G	Maschinensätze auf gemeinsamer Grundplatte
S	Maschinensätze auf Sohlplatten
SR	Schwungrad
H	Kurze Doppelflanschwelle im Stehlager
+	Kupplung oder zwei Wellenflansche
—	Durchgehende Welle

11

Elektrische Maschinen nach DIN 42960

Klemmen für Leistungen von 1,1 bis 250 kW 3000 bis 500 U/min, bis 6 kV

1. Anordnung der Klemmen in der Regel seitlich an der Maschine, und zwar:

a) bei Drehstrommaschinen die Ständerklemmen, bei Gleichstrommaschinen die Klemmen für Anker-, Reihenschluß- und Nebenschlußwicklung rechts von der Antriebsseite aus gesehen.

b) bei Motorgeneratoren und Mehrmaschinensätzen alle Klemmen auf derselben Seite.

2. Anzahl der Klemmen.

a) Drehstrommaschinen bis 50 kW und 380 V für Ständerwicklung 6 Klemmen, um Umschaltung von Stern auf Dreieck zu ermöglichen. Bei größeren Leistungen oder Spannungen genügen 3 Klemmen, jedoch ist bei Generatoren noch eine Sternpunktklemme erforderlich, wenn der Sternpunkt zugänglich sein soll.

b) Gleichstrommaschinen. Nebenschluß- und Reihenschlußmaschinen 4, Doppelschlußmaschinen 5 oder 6 Klemmen, und zwar 2 Klemmen für die Anker einschließlich Wendepolwicklung, 2 Klemmen für die Reihenschlußwicklung (bei Doppelschlußmaschinen kann eine Klemme gemeinsam mit der Anker- und Wendepolwicklung benutzt werden). 2 Klemmen für die Nebenschlußwicklung.

3. Stufung: Durchmesser der Anschlußbolzen oder Kontaktschrauben nach DIN 46200 bzw. 46206.

4. Abstände. Bei Wahl der Kriech- und Luftstrecken ist Unterbringung genormter Anschlußteile zu berücksichtigen (z. B. Kabelschuhe nach DIN 46211 und 46220).

5. Schutzleitungsanschluß:

a) Unter 1000 V ist nach VDE 0100 eine Schutzleitungsschraube vorzusehen (nicht größer als die Hauptklemmenschrauben). Ist ein Klemmenkasten vorhanden, so soll die Schutzleitungsschraube im Kasten liegen, da Schutzleitung und Hauptleitungen mit gleicher Sicherheit verlegt werden müssen (z. B. bei Drehstrom zweckmäßig als 4 Leiter im Kabel). Zusätzliche äußere Erdungsschraube ist besonders zu vereinbaren.

b) Bei 1000 V und darüber Schutzerdung nach VDE 0101. Besondere Schutzerdungsschrauben sind zu vereinbaren.

6. Bezeichnung: Klemmen sowie Schutzleitungs- und Schutzerdungs-Anschluß nach VDE 0570 (Regeln für Klemmenbezeichnungen), Erdungs- und Schutzzeichen nach DIN 40011.

7. Schutz der Klemmen darf nicht geringer sein als Schutz der Maschinen nach DIN 40050.

Für Klemmen von Maschinen, die nicht in elektrischen Betriebsräumen aufgestellt werden, gilt als Mindestschutz P 20, bei entsprechenden Dichtungen P 21 oder P 22.

Schutz der Klemmen in schlagwetter- und explosionsgefährdeten Räumen nach VDE 0170 bzw. VDE 0171.

8. Anschlußleitungen: Die Einführungsstelle erhält bei Schutzart P 21 bis P 44 eine der Schutzart der Klemmen entsprechende Dichtung. Bei Schutzart P 10 oder P 20 genügt ungedichtete Einführung der Leitungen in den Klemmenschutzraum.

Elektrische Maschinen

Zylindrische Wellenenden nach DIN 42946

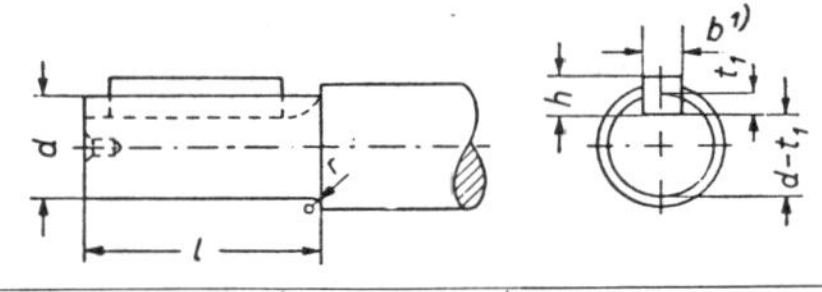

d	T_f[1])	l	r	zul. Nenndrehmoment kpm	Nm ≈	Nut u. Paßfeder n. DIN 6885 Bl. 1 b	t_1	d-t_1[2])	$b \times h$[3])
14	k 6	30	0,6	0,29	2,8	5	2,9	11,1	5 × 5
16	k 6	40	0,6	0,46	4,5	5	2,9	13,1	5 × 5
19	k 6	40	0,6	0,92	9	6	3,5	15,5	6 × 6
22	k 6	50	0,6	1,4	14	6	3,5	18,5	6 × 6
24	k 6	50	0,6	1,8	18	8	4,1	19,9	8 × 7
28	k 6	60	1	3,2	31,5	8	4,1	23,9	8 × 7
32	k 6	80	1	5,1	50	10	4,7	27,3	10 × 8
38	k 6	80	1	9,2	90	10	4,7	33,3	10 × 8
42	k 6	110	1	13	125	12	4,9	37,1	12 × 8
48	k 6	110	1,6	20	200	14	5,5	42,5	14 × 9
55	m 6	110	1,6	36	355	16	6,2	48,8	16 × 10
60	m 6	140	1,6	46	450	18	6,8	53,2	18 × 11
65	m 6	140	1,6	64	630	18	6,8	58,2	18 × 11
75	m 6	140	3	102	1000	20	7,4	67,6	20 × 12
85	m 6	170	3	163	1600	22	8,5	76,5	22 × 14

1) Toleranzfeld nach DIN 748.
2) Zul. Abweichung für d = 14 u. 16 mm ∅ = — 0,1 mm, von 19···85 mm ∅ = — 0,2 mm.
3) Keilstahl (Paßfeder-Querschnitt) nach DIN 6880.

Zylindrische Wellenenden dienen zur Aufnahme von Riemenscheiben, Kupplungen und Zahnrädern. Maße der Wellenenden gelten für Neukonstruktionen elektrischer Maschinen.

Bezeichnung eines zylindrischen (Z) Wellenendes von 42 mm Durchmesser und 110 mm Länge*):

Wellenende Z 42 × 110 DIN 42946

*) Muß auch das Toleranzfeld angegeben werden, so lautet die Bezeichnung:

Wellenende Z 42 k 6 × 110 DIN 42946.

Achshöhen *h* in mm nach DIN 747

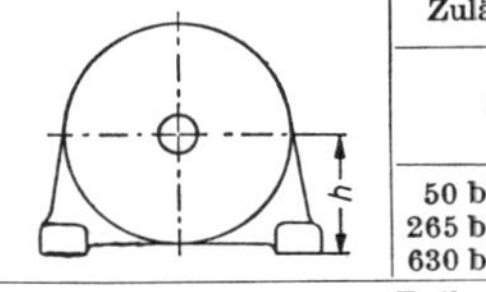

h	Zulässige Abweichungen für elektrische Maschinen	nicht-elektr. Maschinen
50 bis 250	—0,5	+0,5
265 bis 600	—1	+1
630 bis 1000	—1,5	+1,5

Reihe 1	2	3	4
	50	50, 56	50, 53, 56, 60
63	63	63, 71	63, 67, 71, 75
	80	80, 90	80, 85, 90, 95
100	100	100, 112	100, (106), 112, (118)
	125	125, 140	125, (132), 140, 150
160	160	160, 180	160, 170, 180, 190
	200	200, 225	200, 212, 225, 236
250	250	250, 280	250, 265, 280, 300
	315	315, 355	315, 335, 355, 375
400	400	400, 450	400, 425, 450, 475
	500	500, 560	500, 530, 560, 600
630	630	630, 710	630, 670, 710, 750
	800	800, 900	800, 850, 900, 950
1000	1000	1000	1000

Klammermaße (nicht ISA) sind tunlich zu vermeiden. Höhen über 1000 mm aus 112, 125, 140 usw. durch Malnehmen mit 10 zu errechnen.

Kohlebürsten nach DIN 43002

L_g Größtmaß, L_k Kleinstmaß, T Toleranz, N Nennmaß, S_g Größtspiel, S_k Kleinstspiel

	N l od. b für K od. B		Kohlebürste K L_g	L_k	T		Bürstenhalter B L_g	L_k	T	K u. B S_g	S_k
K metallfrei	5	d 11	4,97	4,89	0,08	H 10	5,05	5,00	0,05	0,16	0,03
	6,4		6,36	6,27	0,09		6,46	6,40	0,06	0,19	0,04
	8		7,96	7,87	0,09		8,06	8,00	0,06	0,19	0,04
	10		9,96	9,87	0,09		10,06	10,00	0,06	0,19	0,04
	12,5	d 11	12,45	12,34	0,11	H 11	12,61	12,50	0,11	0,27	0,05
	16		15,95	15,84	0,11		16,11	16,00	0,11	0,27	0,05
	20		19,93	19,80	0,13		20,13	20,00	0,13	0,33	0,07
	25		24,93	24,80	0,13		25,13	25,00	0,13	0,33	0,07
	32		31,92	31,76	0,16		32,16	32,00	0,16	0,40	0,08
K metallhaltig	5	d 11	4,97	4,89	0,08	H 10	5,05	5,00	0,05	0,16	0,03
	6,4		6,36	6,27	0,09		6,46	6,40	0,06	0,19	0,04
	8		7,96	7,87	0,09		8,06	8,00	0,06	0,19	0,04
	10		9,96	9,87	0,09		10,06	10,00	0,06	0,19	0,04
	12,5	b 11	12,35	12,24	0,11	H 11	12,61	12,50	0,11	0,37	0,15
	16		15,85	15,74	0,11		16,11	16,00	0,11	0,37	0,15
	20		19,84	19,71	0,13		20,13	20,00	0,13	0,42	0,16
	25		24,84	24,71	0,13		25,13	25,00	0,13	0,42	0,16
	32		31,83	31,67	0,16		32,16	32,00	0,16	0,49	0,17

Wandkonsole für Elektromotoren

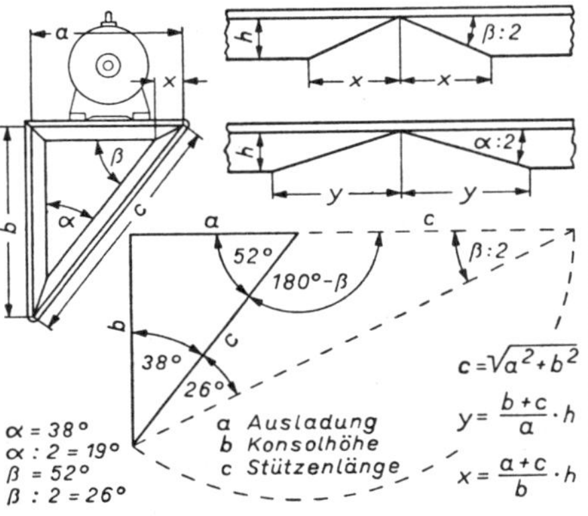

Motorgewicht kg	Ausladung a	Konsolhöhe b	Stütze c	L-Stahl Profil	h	x	y
10···19	350	448	568	40·40·4	36	74	104
				45·45·5	40	82	116
20···29	400	512	650	40·40·4	36	74	104
				45·45·5	40	82	116
30···49	500	640	810	45·45·5	40	82	116
				50·50·5	45	92	131
50···80	600	766	974	45·45·5	40	82	116
				50·50·5	45	92	131

Elektrische Maschinen (Bürsten und Bürstenhalter)

Siehe nebenstehende Abb.

l	b	h			
mm					
4	3	12,5	·	·	·
5	3	12,5	·	·	·
	4	12,5	·	·	·
6,4	4	16	·	·	·
	5	16	·	·	·
	12,5	16	·	·	·
8	5	20	·	·	·
	6,4	20	·	·	·
	16	20	·	·	·
	20	20	25	·	·
	25	·	25	·	·
10	5	16	20	25	·
	6,4	16	20	25	·
	8	16	20	25	·
	16	·	20	25	·
	20	·	20	25	·
	25	·	·	25	32
12,5	6,4	20	25	32	·
	8	20	25	32	·
	10	20	25	32	40
	16	·	25	32	40
	20	·	25	32	40
	25	·	25	32	·
	32	·	·	32	·
	40	·	·	·	40
16	5	20	·	·	·
	6,4	20	25	·	·
	8	20	25	·	·
	10	20	25	·	·
	12,5	·	25	32	·
	20	·	·	·	40
	25	·	25	32	40
	32	·	·	32	40
	40	·	·	·	40
20	5	·	25	·	·
	6,4	20	25	·	·
	8	20	25	32	·
	10	20	25	32	·
	12,5	·	25	32	·
	16	·	25	32	40
	25	·	·	32	·
	32	·	25	32	40
	40	·	25	32	40
25	5	25	·	·	·
	6,4	·	32	·	·
	8	·	32	40	·
	10	·	32	40	50
	12,5	·	32	40	50
	16	·	32	40	50
	20	·	32	40	50
	32	·	32	40	·
	40	·	·	40	·
	50	·	·	40	·
32	5	·	32	40	·
	6,4	·	32	40	·
	8	·	32	40	50
	10	·	32	40	50
	12,5	·	32	40	50
	16	·	32	40	50
	20	·	32	40	50
	25	·	32	40	50
	32	·	32	·	·
	40	25	·	40	50
40	5	·	32	·	·
	6,4	·	32	·	·
	8	·	·	40	·
	10	·	·	40	·
	12,5	·	·	40	50
	16	·	·	·	50
	20	·	32	·	·

Bürsten für Kommutatoren und Schleifringe nach DIN 42900 Bl. 1

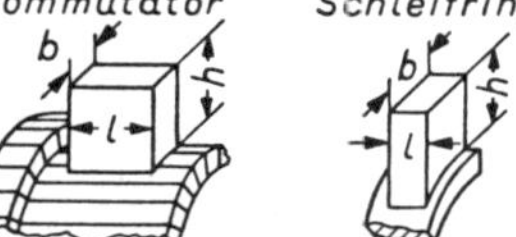

(siehe Tabelle links)

Länge l = Abmessung der Bürste in Richtung der Achse.
Breite b = Abmessung in Richtung des Umfanges.
Höhe h = Abmessung in Richtung des Durchmessers.

Länge l gleich oder größer als Breite b: vorwiegend Kommutatorbürste.
Länge l kleiner als Breite b: vorwiegend Schleifringbürste.
Bezeichnung einer Bürste von l = 10 mm, b = 8 mm, h = 25 mm (Beispiel):

Bürste 10 × 8 × 25 DIN 42 900

Bürstenart und Ausführung sind bei Bestellung anzugeben.

Kohlebürsten für Taschenbürstenhalter nach DIN 43 002

Mit 1 Kupferseil[1]) **Mit 2 Kupferseilen** Maße in mm

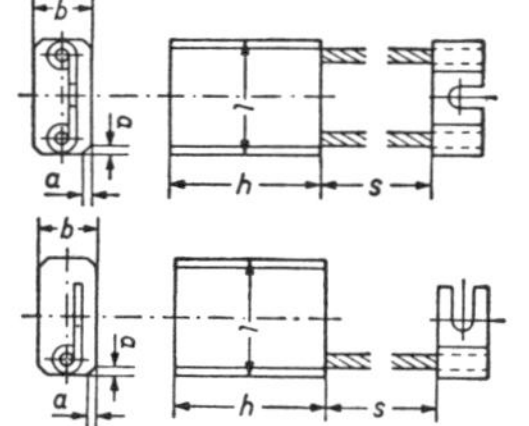

Bezeichnung einer Kohlebürste mit den Nennmaßen l = 16 mm und b = 10 mm, metallfrei (f) mit Kupferseil und Kabelschuh, Kohlebürstenmarke²)

Kohlebürste 16 × 10 f DIN 43002²)

¹) Kupferseil kann auch in eine abgeschrägte Ecke oder Kante eingeführt werden.

²) Kohlebürsten-Werkstoff bei Bestellung angeben.

Nennmaße $l \times b$³)	h⁴)	a	s	Kohlebürste metallfrei: Kupferseil DIN 46438: Anzahl	Kohlebürste metallfrei: Kupferseil DIN 46438: A mm²	Kohlebürste metallfrei: Kabelschuh DIN 46224: Kurzzeichen	Kohlebürste metallhaltig: Kupferseil DIN 46438: Anzahl	Kohlebürste metallhaltig: Kupferseil DIN 46438: A mm²	Kohlebürste metallhaltig: Kabelschuh DIN 46224: Kurzzeichen
10 × 5	20	0,8—0,2	45 ± 2	1	0,35	A 5 × 1	1	0,5	A 5 × 1,2
10 × 6,4				1	0,5	A 5 × 1,2	1	0,5	A 5 × 1,2
10 × 8				1	0,5	A 5 × 1,2	1	1	A 5 × 1,7
12,5 × 6,4	25	0,8—0,2	55 ± 2	1	0,5	A 5 × 1,2	1	1	A 5 × 1,7
12,5 × 8				1	1	A 5 × 1,7	1	1,5	A 5 × 2,1
12,5 × 10				1	1,5	A 5 × 2,1	1	2,5	A 5 × 2,6
16 × 8	25	0,8—0,2	60 ± 2	1	1,5	A 6 × 2,1	1	2,5	A 6 × 2,6
16 × 10				1	2,5	A 6 × 2,6	1	4	A 6 × 3,3
16 × 12,5				1	2,5	A 6 × 2,6	1	4	A 6 × 3,3
20 × 8	25	1,0—0,3	60 ± 2	1	2,5	A 6 × 2,6	1	4	A 6 × 3,3
20 × 10				1	2,5	A 6 × 2,6	1	4	A 6 × 3,3
20 × 12,5				1	4	A 6 × 3,3	1	6	A 6 × 4,3
20 × 16				1	4	A 6 × 3,3	1	6	A 6 × 4,3
25 × 10	32	1,0—0,3	70 ± 3	1	4	A 6 × 3,3	1	6	A 6 × 4,3
25 × 12,5				1	4	A 6 × 3,3	1	6	A 6 × 4,3
25 × 16			75 ± 3	2	2,5	B 6 × 2,6	2	6	B 6 × 4,3
25 × 20				2	4	B 6 × 3,3	2	6	B 6 × 4,3
32 × 12,5	40	1,0—0,3	80 ± 3	2	2,5	B 6 × 2,6	2	6	B 6 × 4,3
32 × 16				2	4	B 6 × 3 3	2	6	B 6 × 4,3
32 × 20				2	4	B 6 × 3,3	2	8	B 6 × 4,9
32 × 25				2	6	B 6 × 4,3	2	8	B 6 × 4,9

³) Zulässige Abweichungen s. S. 130. ⁴) Zul. Abweichung für h = ISA h 14.

Ausführung:

Kupferseil in Kohlebürste: Stampfkontakt oder Nietkontakt nach Wahl des Herstellers. Die Kupferseile müssen so angebracht sein, daß ein Klemmen des Druckfingers des zugehörigen Bürstenhalters vermieden wird.

Berührungsschutz für Kupferseil nur auf besondere Bestellung.

Berührungsschutz darf die Biegsamkeit des Kupferseiles nicht nachteilig beeinflussen.

Kupferseil in Kabelschuh: Schweißung oder Lötung nach Wahl des Herstellers.

Kohlebürstenkopf: Für weiche Kohlebürstenmarken ist bei Bedarf Kopfhärtung (z. B. durch Lack) oder Anbringen eines Kopfbleches vom Hersteller vorzusehen, in Sonderfällen vom Besteller vorzuschreiben.

Kennzeichnung: Die Kohlebürsten müssen mit einem Kennzeichen versehen sein.

Kohlebürsten für Taschenbürstenhalter schräg nach DIN 43 034 s. DIN 43 004.

11

Wicklungen

Ankerwicklungen (Beispiele)

Man unterscheidet Fädel- (Hand-), Schablonen- und Stabwicklungen. Bei den Fädelwicklungen werden die Ankerdrähte jeder Spule einzeln in die Nuten eingefädelt. Bei der Schablonenwicklung werden die Drahtwindungen zuerst zur fertigen Spule auf Schablonen geformt, mit Band bewickelt und getränkt. Die Spulen werden dann in die ausgekleideten Nuten eingelegt. Bei

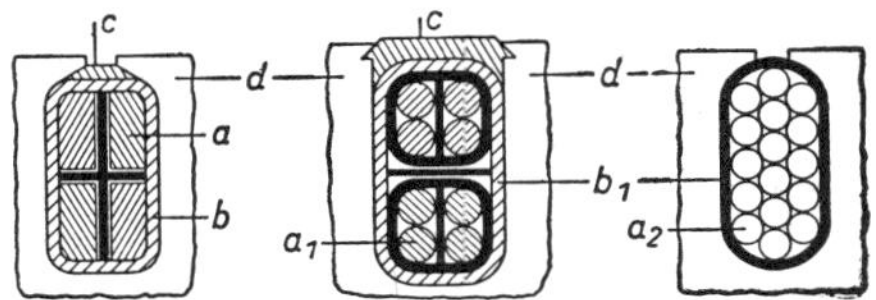

Zahn- und Nutenformen

der Stabwicklung werden die stabförmigen, mit Mikanit umpreßten Leiter in die Nuten eingebracht und an ihren Enden durch besondere, abgesteifte Wickelköpfe verbunden.

Gleichstromwicklungen

Allgemein auf Trommelankern (Ringanker nur noch für Sonderausführungen, da Schablonenwicklung bei ihnen nicht möglich).

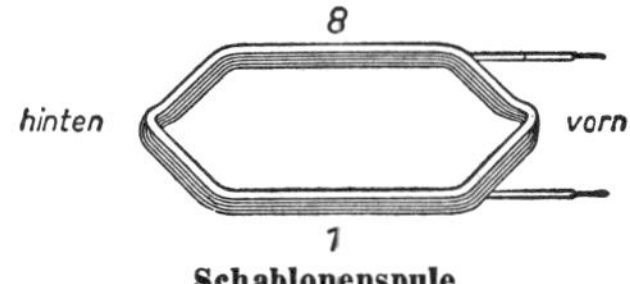

Schablonenspule

Jede Spule besteht aus mehreren Windungen und hat zwei Flanken (1 und 8). Sie liegen auf dem Anker parallel zu seiner Achse um etwa eine Polteilung auseinander. Um keine zu feine Nutenteilung zu erhalten, legt man die Flanken mehrerer Spulen (bis zu 8 Stück) in eine Nut (1 und 2, 3 und 4, usw.).

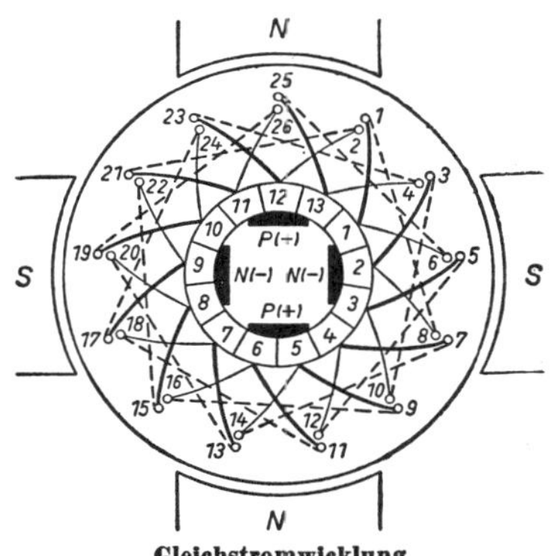

Gleichstromwicklung

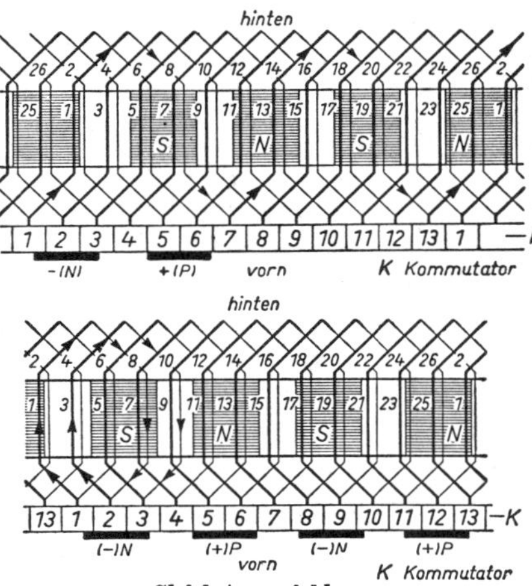

Gleichstromwicklungen

Die Zahl der Flanken von einer Spulenflanke (1) zur zweiten Flanke der gleichen Spule (8) ist der hintere Wickelschritt (8—1 = 7). Die Zahl der Flanken vom Ende der ersten Spule (8) bis zum Anfang der zweiten Spule (3 bzw. 13) ist der vordere Wickelschritt (8—3 = 5) bzw. (13—8 = 5).

Der Kommutatorschritt ist die Zahl der Lamellen vom Anschluß (1) der ersten Spule bis zum Verbindungspunkt (2 bzw. 7) mit der nächsten Spule (2—1 = 1) bzw. (7—1 = 6).

Die Schleifen-(Parallel-)wicklung unterscheidet sich von der Wellen-(Serien-)wicklung nur durch die Spulenfolge und den Kommutatorschritt. Bei der **Schleifenwicklung** kehrt das Ende (8) der ersten Spule zum Anfang (3) der nächsten Spule zurück (Schleife s. Pfeile). Der Kommutatorschritt bei der Schleifenwicklung ist immer 1. Die Schleifenwicklung hat so viele parallele Zweige und so viele Bürsten, wie Pole vorhanden sind; sie wird daher für stärkere Ankerströme bei niedrigen Spannungen angewendet.

Die **Wellenwicklung** setzt in der Regel mindestens vier Feldpole voraus. Das Ende (8) der ersten Spule führt hier nicht zum Anfang der zweiten Spule zurück, sondern geht zum Anfang (13) der gleichliegenden Spule des nächsten gleichnamigen Feldpoles weiter. Die Wicklung schreitet also wellenförmig um den Anker weiter (s. Pfeile). Erst nach Umgang um den ganzen Anker wird die Nachbarlamelle (13) der Lamelle (1) des Kommutators erreicht. Dazwischen liegt die Verbindungsstelle der Lamelle (7). Der Kommutatorschritt ist also (13—1) : 2 = 6. Die Wellenwicklung hat unabhängig von der Polzahl nur zwei parallele Zweige und in der Regel nur zwei Bürsten; sie eignet sich daher für höhere Ankerspannungen bei schwächeren Ankerströmen.

Auf die vorstehend behandelten Wicklungsarten lassen sich alle Gleichstromwicklungen zurückführen. So besteht z. B. die Reihenparallelwicklung aus mehreren Wellenwicklungen, die unter sich zu Schleifen verbunden sind.

Wicklungen (Fortsetzung)

Für die beiden dargestellten Gleichstromwicklungen ergeben sich folgende Wickeltabellen:

Wickeltabelle zur Schleifenwicklung

Wickelschritt vorn = 5, hinten = 7, Kommutatorschritt = 1

von Lamelle Nr.	vorn nach Flanke Nr.	hinten zurück durch Flanke Nr.	vorn zur Lamelle Nr.
1	1	8	2
2	3	10	3
3	5	12	4
	usw.		
13	25	6	1

Wickeltabelle zur Wellenwicklung

Wickelschritt vorn = 5, hinten = 7, Kommutatorschritt = 6

von Lamelle Nr.	vorn nach Flanke Nr.	hinten zurück durch Flanke Nr.	vorn zur Lamelle Nr.
1	1	8	7
7	13	20	13
13	15	6	6
	usw.		
8	15	22	1

Beispiel:

Der aus einem vierpoligen 440-Volt-, 20-Ampere-Gleichstrommotor stammende Trommelanker soll für ein 220-Volt-Motorgestell gleicher Type und Leistung umgewickelt werden. Der 440-V-Anker besitzt Wellenwicklung.

Lösung: Der Anker ist bei gleicher Drahtzahl mit Schleifenwicklung zu versehen. Als Wellenwicklung besaß er zwei parallele Zweige. Als Schleifenwicklung erhält er, entsprechend den vier Polen des Gestells, vier parallele Zweige. Die Spannung ändert sich daher in 440·2 : 4 = 220 Volt, wie verlangt. Die Ankerstromstärke wird 20·4 : 2 = 40 Ampere.

Drehstromwicklungen

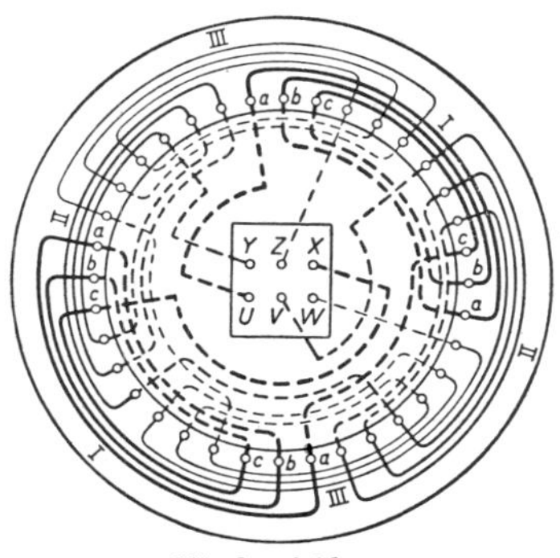

Ständerwicklung

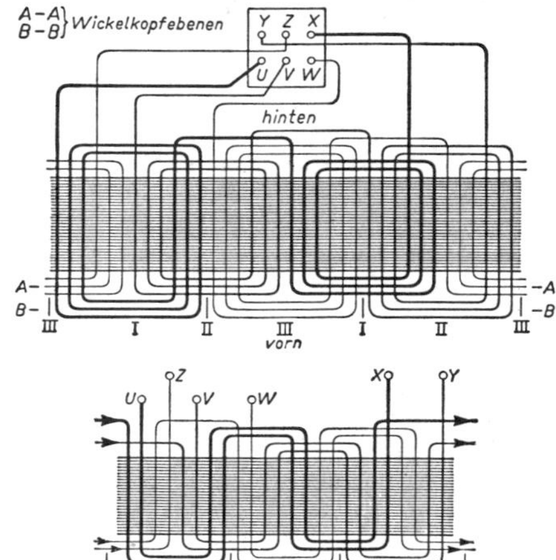

a) Ständerwicklungen

Entsprechend den drei Phasen des Drehstromes haben die Ständerwicklungen drei Wickelstränge (I, II, III). Die Spulen jedes Stranges sind hintereinander geschaltet. Die Spulenflanken sind gewöhnlich auf mehrere nebeneinanderliegende Nuten (a, b, c) verteilt (Dreilochwicklung). Die Stäbe dieser Nuten bilden eine Spulenflankengruppe (abc). Die Wicklung hat so viele Pole (z. B. 4 Pole), wie Flankengruppen in einem Strang vorhanden sind. Die Nuten sind meist bis auf einen kleinen Schlitz geschlossen (Stab- oder Fädelwicklung). Die Wickelköpfe liegen in zwei Ebenen; nur bei geteilten Gehäusen kommen auch drei Wickelkopfebenen vor.

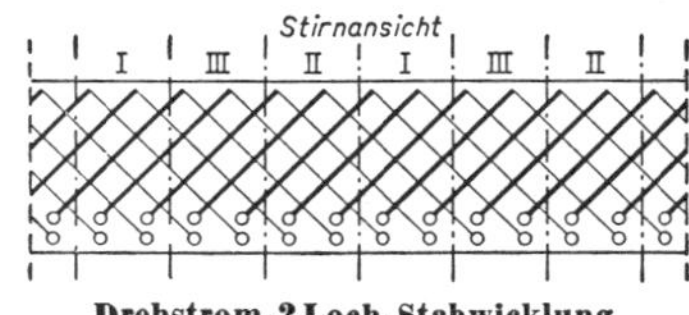

Drehstrom-2 Loch-Stabwicklung

Zur Vermeidung zu feiner Nutenteilung können auch die Flanken mehrerer Spulen in einer Nut liegen.

Die Anfänge der Stränge führen zu den Klemmen U, V, W, die Enden zu X, Y, Z.

b) Läuferwicklungen

Die Wicklungsart der Phasenläufer ist die gleiche wie die der Ständer. Sie kann dreiphasig oder auch nur zweiphasig ausgeführt werden. Die Wickelköpfe liegen beim dreiphasigen Läufer meist in drei Ebenen. Die Stranganfänge führen zu drei Schleifringen u, v, w; die Strangenden sind innerhalb des Läufers miteinander (in Stern) verbunden (Schleifringläufer).

Kurzschlußläufer sind entweder kurzgeschlossene Phasenläufer oder Käfigläufer. Bei den Phasen-Kurzschlußläufern sind auch die Anfänge u, v, w im Läufer kurzgeschlossen. Käfigläufer haben nur in geschlossenen Nuten liegende Stäbe, die an den Läuferstirnen sämtlich durch Ringe kurzgeschlossen sind.

11

Dynamobleche

Magnetische Eigenschaften des Eisens

Jedes Eisen ist im kalten Zustande magnetisch. Bei Erhitzen über 770° wird es unmagnetisch. Für Dauermagnete ist Kobaltstahl am besten geeignet. Legierte Bleche (Siliciumbleche) haben hohen elektrischen Widerstand, sind aber magnetisch weich. Der Eisenverlust wird nach den „Vorschriften für die Prüfung von Eisenblech" VDE 0522 in Watt/kg bei rein sinusförmigem Wechselstrom von 50 Hz bei 20° C gemessen. Es werden 2 Verlustziffern unterschieden, und zwar: V 10 bei einer magnetischen Induktion Bmax = 10 000 CGS-Einheiten (Gauß) und V 15 bei Bmax = 15 000 CGS-Einheiten. Die Alterungsziffer ist die prozentuale Änderung der Verlustziffer V 10 nach einer erstmaligen 600stündigen Erwärmung auf 100° C. Die Verlustziffern und die magnetische Induktion B werden von den Walzwerken gewährleistet.

Magnetische Induktion

Werkstoff	Magnetische Induktion B (CGS-Einheiten) bei mindestens				Gehalt in %				
	25	50	100	300	Kohlenstoff	Silicium	Mangan	Phosphor	Schwefel
	Aw/cm				C	Si	Mn	P	S
Dynamostahlguß Stg 38 u. Stg 45	14 500	16 000	17 500	—	0,1 ···0,2	0,2···0,4	0,2···0,3	Spuren	Spuren
normale Dynamobleche	15 300	16 300	17 300	19 800	0,05···0,6	≈0,2	0,1···0,2	≈0,08	Spuren
schwach legierte Bleche	15 000	16 000	17 100	19 500	0,04···0,5	1···1,5	0,1···0,2	≈0,08	Spuren
mittelstark legierte Bleche	14 700	15 700	16 900	19 300					
hoch legierte Bleche	14 300	15 500	16 500	18 500	0,03···0,4	≈4	0,1···0,2	0,08	Spuren
Dynamograuguß	6 300	7 700	9 500	—	≈2,95	3,19	0,05	0,89	<0,12
Bezeichnung nach DIN 46 400	B 25	B 50	B 100	B 300					

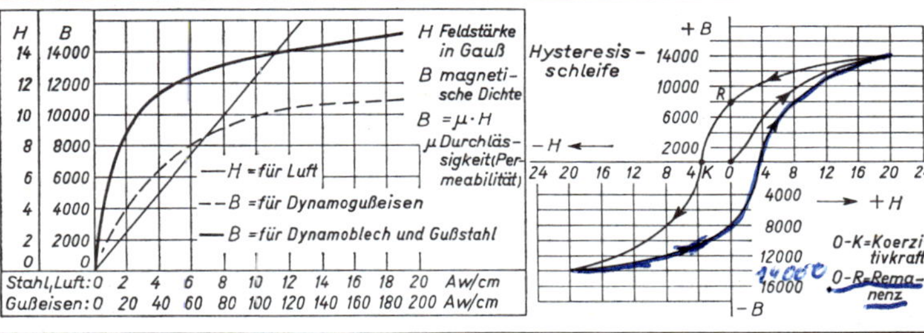

Obere Werte 0···20 Aw/cm für schwach legiertes Dynamoblech und Gußstahl und H (Luft).

Untere Werte 0···200 für Dynamoguß (Grauguß). **Magnetisierungskurven** (Mittelwerte). Amperewindungszahlen/cm für die magnetische Induktion B sowie für die Feldstärke H.

Verlustzahlen (Mittelwerte)
Eisenverluste durch Wirbelströme und Hysteresis in W/kg Eisen bei 50 Hz

B Gauß		Blechdicke in mm					
		0,35	0,5	1	0,5	0,5	0,35
		Dynamobleche unlegiert			legierte Bleche		
					schwach	mittel	hoch
		Verlust W/kg			Verlust W/kg		
V 10	3000	0,32	0,35	0,78	0,3	0,28	0,17
	5000	0,7	0,84	1,87	0,7	0,58	0,35
	7000	1,27	1,55	3,44	1,29	1,0	0,62
	9000	1,98	2,50	5,55	2,08	1,65	1,0
	10000	2,36	3,05	6,8	2,54	2,0	1,24
V 15	11000	2,84	3,65	8,1	3,1	2,45	1,49
	12000	3,38	4,30	9,56	3,7	3,0	1,80
	13000	3,88	5,05	11,2	4,35	3,48	2,12
	14000	4,45	5,95	13,4	5,1	4,1	2,48
	15000	5,3	7,4	16,5	6,4	5,0	3,0

In den Blechen dürfen Grübchen oder Warzen nicht in größerer Anzahl vorhanden sein. Die Blechdicke soll nicht an diesen Stellen festgestellt werden. Die größte zulässige Abweichung in der Dicke einer Tafel darf 10% nicht überschreiten.

Magnetisierung von weichem Dynamoblech

Mittelwerte für die Feldstärke H, die magnetische Induktion B und die Permeabilität μ

B Gauß	Dynamoblech unlegiert		Dynamoblech schwach legiert		Grauguß		Stahlguß	
	H *)	$\mu = \frac{B}{H}$	H *)	$\mu = \frac{B}{H}$	H *)	$\mu = \frac{B}{H}$	H *)	$\mu = \frac{B}{H}$
2000	0,65	3080	0,3	6670	6	334	0,8	2500
3000	1	3000	0,45	6670	9,8	306	1,26	2380
4000	1,343	2980	0,6	6670	17	235,5	1,95	2050
5000	1,69	2960	0,95	5270	25	200	2,8	1785
6000	2,07	2900	1,3	4620	37,5	160	3,8	1570
7000	2,5	2800	1,65	4240	56,5	124	4,9	1430
8000	3	2666	2	4000	81,7	98	6,3	1270
9000	3,75	2400	2,8	3210	117	77	7,9	1140
10000	4,8	2085	3,8	2630	168	59,5	9,9	1010
11000	6,5	1695	5	2200	264	41,7	12,2	900

Kaltgewalzte Transformatorenbleche Verlustzahlen W/kg	B	Dicke mm	
		0,35	0,5
	V 10	0,5···0,8	0,8 ···1,1
	V 15	1,1···1,75	1,75···2,45
	V 17	1,6···2,5	2,5 ···3,2

Probeentnahme. Jeder Lieferung sind für je 2,5 t mindestens 4 Probetafeln zu entnehmen. Aus diesen Tafeln sind Streifen von 30 × 500 mm im Gesamtgewicht von 10 kg mit scharfem Werkzeug gratfrei zu schneiden, und zwar die eine Hälfte der Streifen in Walzrichtung, die andere Hälfte quer dazu.

*) AW/cm; (1 Aw/cm = 1,2566 Oersted)

Transformatoren

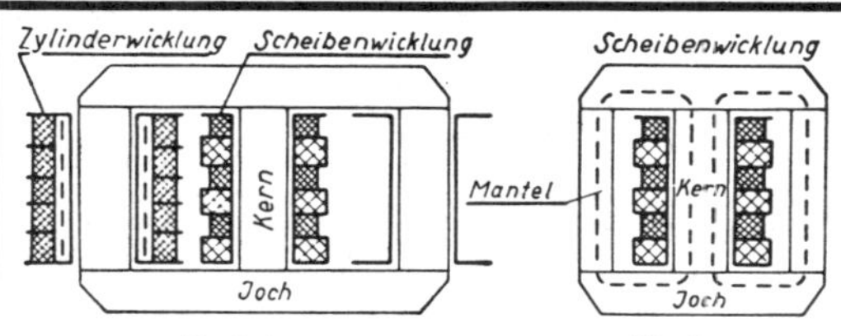

Drehstrom-Kerntransformatoren **Einphasen-Manteltransformatoren**

Aufbau der Transformatoren

Wirksames Eisen (geschlossener magnetischer Kreis) aus dünnen Blechen (Kern- und Jochbleche). Mantel- oder Kerntype. Hochspannungswicklung = Scheibenwicklung. Niederspannungswicklung = Zylinder- oder Scheibenwicklung. Die Transformatoren werden gekühlt mit Luft oder Öl (im Ölkessel mit Rippen- oder Wasserkühlung). Größere Rippenkessel erhalten ein Ausgleichgefäß (zur Verhütung der Kondenswasserbildung) am Deckel (Ölkonservator) und ein Fahrgestell. Die Stromdurchführungen liegen im Deckel. Zur Füllung ist bestes Raffinadeöl (s. Isolieröle, S. 64) erforderlich. Es muß frei sein von Salzen, Säuren, Alkali, Schwefel und Beimengungen, wie Fasern, Sand usw. Vor dem Einfüllen ist es bei 120° abzukochen, um das Wasser auszuscheiden. Genormte Transformatoren siehe Seiten 137 und 140.

Gebräuchliche Schaltgruppen für Transformatoren

Kennzahl	Schaltgruppe	Zeigerbild OS	Zeigerbild US	Schaltungsbild *) OS	Schaltungsbild *) US	Übersetzung **) U_{L_1}, U_{L_2}	Bisherige Bezeichnung
Drehstrom-Leistungstransformatoren							
0	Dd0					$\frac{w_1}{w_2}$	A1
0	Yy0					$\frac{w_1}{w_2}$	A2
0	Dz0					$\frac{2w_1}{3w_2}$	A3
5	Dy5					$\frac{w_1}{\sqrt{3}w_2}$	C1
5	Yd5					$\frac{\sqrt{3}w_1}{w_2}$	C2
5	Yz5					$\frac{2w_1}{\sqrt{3}w_2}$	C3
6	Dd6					$\frac{w_1}{w_2}$	B1
6	Yy6					$\frac{w_1}{w_2}$	B2
6	Dz6					$\frac{2w_1}{3w_2}$	B3
11	Dy11					$\frac{w_1}{\sqrt{3}w_2}$	D1
11	Yd11					$\frac{\sqrt{3}w_1}{w_2}$	D2
11	Yz11					$\frac{2w_1}{\sqrt{3}w_2}$	D3
Einphasen-Leistungstransformatoren							
0	Ii0					$\frac{w_1}{w_2}$	E

Schaltart	Einph.-Trafo	Offene Schalt.	Dreieck	Stern	Zickzack
OS-Seite	I	III	D	Y	Z
US-Seite	i	iii	d	y	z

Parallelschalten von Transformatoren

Nur Transformatoren gleicher Schaltungsgruppe mit gleichem Übersetzungsverhältnis und gleicher Kurzschlußspannung dürfen hoch- und niederspannungsseitig auf das gleiche Netz geschaltet werden. Bei ungleicher Kurzschlußspannung nimmt derjenige mit niederer Kurzschlußspannung die größere Belastung auf. Der Transformator wird dreiphasig oberspannungsseitig angeschlossen, und eine Phasenleitung wird an eine Phase des Unterspannungsnetzes gelegt. Vor Anschluß der beiden letzten Unterspannungsphasenleitungen muß mit einem Voltmeter oder einer Glühlampe geprüft werden, ob zwischen sämtlichen Klemmen und den Anschlußpunkten keine Spannung herrscht.

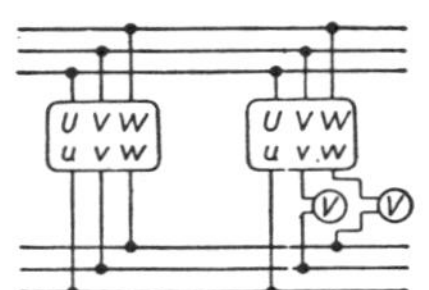

Wirkungsweise:

Transformatoren wandeln ohne mechanische Bewegung elektrische Leistung um in elektrische Leistung anderer Spannung und Stromstärke.

Die magnetischen Schwankungen, die durch den Primär-Wechselstrom erzeugt werden, induzieren in der Sekundärwicklung eine EMK wechselnder Richtung (gleiche Frequenz). Das Übersetzungsverhältnis der Spannungen ist gleich dem Verhältnis der Windungszahlen. Die Stromstärken verhalten sich umgekehrt wie die Spannungen. Die Spannungsänderung beträgt bei induktionsfreier Belastung etwa 2%, bei induktiver Belastung (cos φ = 0,8) etwa 6%. Kurzschlußspannung ist diejenige Spannung in % der Nennprimärspannung, die nötig ist, um in der kurzgeschlossenen Niederspannungswicklung den Nennprimärstrom zu erzeugen (etwa 2 bis 5%).

Vorwiegend werden folgende Schaltungen angewendet:

- Yy 0 bei kleineren Verteilungstransformatoren mit sekundär wenig belastbarem Sternpunkt
- Dy 5 bei großen Verteilungstransformatoren mit sekundär voll belastbarem Sternpunkt
- Yz 5 bei kleinen Verteilungstransformatoren mit sekundär voll belastbarem Sternpunkt
- Yd 5 bei Haupttransformatoren großer Kraftwerke u. Motorstationen, die nicht zur Verteilung dienen

12

Leistungsschilder der Maschinen (DIN 42961)

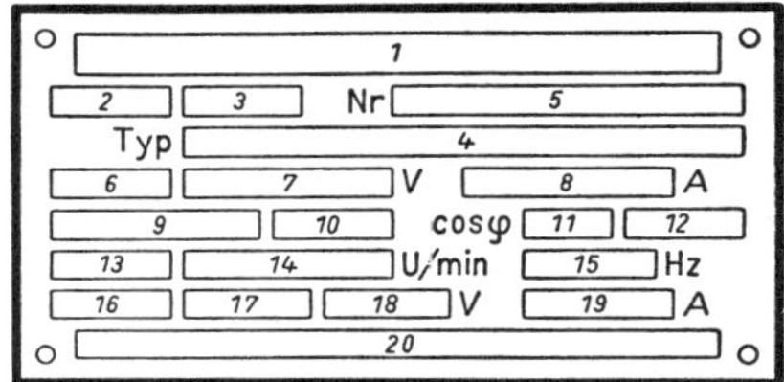

Felder-Erklärung

1 Hersteller oder Ursprungszeichen

2 Stromart. Folgende Abkürzungen sind zulässig:
G für Gleichstrom D für Drehstrom
E für Einphasenstrom S für Sechsphasenstrom
Z für Zweiphasenstrom

3 Arbeitsweise. Folgende Abkürzungen sind zulässig:
Gen für Generatoren EU für Einankerumf.
Mot für Motoren KU für Kaskadenumf.
BLM Blindleistungsmaschine

4 Modellbezeichnung (Typ) oder Listennummer

5 Fabriknummer (Maschinennummer)

6 Schaltart:
| Einphasen offen
⊥ Einphasen mit Hilfsphase
L Zweiphasen verkettet
|² Zweiphasen unverkettet
Y Dreiphasen Stern
Y Dreiphasen Stern mit herausgeführtem Nullpunkt
△ Dreiphasen Dreieck
||| Dreiphasen offen
|n n-phasen offen, z. B. 6 Sechsphasen offen. Bei Dreiphasenläufern fällt das Schaltzeichen fort.

7 Nennspannung, bei Umformern die Nenngleich- und Nennwechselspannung

8 Nennstrom, bei Umformern der Nenngleichstrom und Nennwechselstrom

9 Nennleistung in kW oder W bei allen Motoren, bei Gleichstrom- und Asynchrongeneratoren und Wechselstrom - Gleichstrom - Einanker - Umformern; Nennleistung in kVA bei Synchrongeneratoren, Synchron-Phasenschiebern und Gleichstrom-Wechselstrom-Einanker-Umformern

10 Abkürzung kW, kVA, W oder VA

11 Nennleistungsfaktor cos φ
Bei Synchrongeneratoren, die voreilenden kapazitiven Blindstrom liefern sollen und bei Synchronmotoren und Phasenschiebern, die nacheilenden induktiven Blindstrom aufnehmen sollen, ist das Zeichen „u" (untererregt) hinzuzufügen.

12 Betriebsart s. a. S. 124
A Dauerbetrieb: Kein Vermerk
B Kurzzeitig. Betrieb: KB u. vereinb. Betriebsz.
C Aussetzend. Betrieb: AB u. relat. Einschaltd.

13 Drehrichtung
Rechtslauf von Antriebseite
Linkslauf von Antriebseite

14 Nenndrehzahl **15 Nennfrequenz**

16 Schaltart für Erregung vgl. 6

17 Das Wort **„Erregung"** bei Gleichstrommaschinen, Synchronmaschinen und Einanker-Umformern, das Wort **„Läufer"** bei Asynchronmaschinen

18 Nennerregerspannung oder Läuferstillstandspannung

19 Erregerstrom bei Nennbetrieb (bei Erregerstrom über 10 A) oder der Läuferstrom

20 Zusätzliche Vermerke (z. B. Kühlmittelmenge bei Fremdlüftung, Wasserkühlung usw.)

12

Regeln für Transformatoren (VDE 0532)

Leistungstransformatoren LT: Die Wicklungen sind elektrisch getrennt und parallel zu den zugehörigen Netzen geschaltet. Die gesamte Leistung wird induktiv übertragen.

Zusatztransformatoren ZT: Die Wicklungen sind elektrisch getrennt, wobei die eine in Reihe, die andere parallel zu den zugehörigen Netzen geschaltet wird. Die Zusatzleistung wird induktiv übertragen.

Spartransformatoren SpT: Beide Wicklungen sind leitend hintereinander geschaltet, wobei die eine in Reihe, die andere parallel zu den Netzen liegt. Die Durchgangsbelastung wird teils leitend, teils induktiv übertragen (induktiver Spannungsteiler).

Wicklungen: Aufnahmewicklung (Primärwicklung) ist die die elektrische Energie aufnehmende Wicklung. **Abgabewicklung** (Sekundärwicklung) ist die die elektrische Energie abgebende Wicklung. **Ausgleichwicklung** ist eine Wicklung, die dazu dient, Sternpunktsverlagerungen zu unterdrücken. Die **Schubwicklung** dient zur Unterdrückung von Streufeldern. **Oberspannungswicklung** (OS-Wicklung) ist die Wicklung mit der höheren Isolation gegen Erde. **Unterspannungswicklung** (US-Wicklung) ist die Wicklung mit der niedrigeren Isolation gegen Erde. Ein Transformator kann mehrere Primär- u. Sekundärwicklungen haben. **Innenraum-Transformatoren** bedürfen keiner Vorkehrungen gegen Witterungseinflüsse. **Freiluft-Transformatoren** müssen wetterfest und dürfen nicht schwitzwassergefährdet sein. **Trocken-Transformatoren** ohne Feuchtigkeitsschutz dürfen nur in trockenen Räumen verwendet werden.

Kühlungsarten:

a) **Selbstkühlung** (S): Der Transformator wird durch natürlichen Zug und Strahlung gekühlt.

b) **Fremdkühlung** (F): Die Kühlluft wird durch Lüfter bewegt, die zum Transformator gehören.

c) Kühlungsarten bei erzwungenem Ölumlauf mit Pumpe:

1. **Selbstkühlung und Ölumlauf (SU):** Das umgewälzte Öl wird durch natürlichen Zug und Strahlung gekühlt.
2. **Fremdlüftung und Ölumlauf (FU):** Das umgewälzte Öl wird durch Lüfter gekühlt, die zum Transformator gehören.
3. **Wasserkühlung und Ölumlauf (WU):** Das umgewälzte Öl wird in einem Wasserkühler außerhalb des Ölkessels gekühlt.

Schutzarten und **Betriebsarten** wie bei den Maschinen. **Genormte Nennspannungen** s. S. 121. **Grenztemperaturen** s. S. 69. Genormte Nennleistungen: für Drehstromtransformatoren (50 Hz):
5, 10, 20, 30, 50, 75, 100, 125, 160, 200, 250, 320, 400, 500, 640, 800, 1000, 1250, 1600, 2000, 2500, 3200, 4000, 5000, 6400, 8000, 10000 usw. kVA;
für Einphasenstrom (16⅔ Hz):
1, 2, 3, 5, 7, 13, 20, 35, 50, 70, kVA.

Anzapfungen: Trafos über 5 kVA erhalten fast stets 2 Anzapfungen für max. +5%, die in spannungslosem Zustande mit Umsteller umzuschalten sind. Anzapfungstransformatoren für Spannungseinstellung im Betriebe (bis ±15% und mehr) erhalten Lastumschalter, die ähnlich wie Zellenschalter das Überbrücken von 2 Stufen über einen Widerstand (meist unter Öl) vornehmen und durch ein Spannungsrelais und Verstellmotor gesteuert werden.

Öltransformatoren für Drehstrom nach DIN 42502*/42503

Öl-Transformatoren mit Kupferwicklung, Selbstkühlung (S) und normalen (DIN 42503 erniedrigten) Leerlauf-Strömen und -Verlusten für Drehstrom 50 Hz, bis 500 kVA (DIN 42503 bis 630 kVA) und 20 kV. Bezeichnung eines Transformators mit Kupferwicklung, Selbstkühlung (S) und normalen Leerlauf-Strömen und -Verlusten für Drehstrom 50 Hz, Nennleistung 100 kVA, Nennoberspannung 15 kV, Nennunterspannung 0,4 kV, Schaltung Yz 5: Transformator 100 kVA 15/0,4 Yz 5 DIN 42502.

Nennoberspannung OS in kV: 5, 6, 10, 15, 20 Nennunterspannung US in kV: 0,231 (bis 400 kVA) 0,4, 0,525			Anzapfung ± 4% durch Umsteller in spannungslosem Zustand über Deckel einstellbar.
Schaltgruppe 0,231 bei US in kV: Yy 0	0,4 Yz 5 oder Dy 5 (DIN 42503 bis Pn 200 Yz 5)	0,525 Yy 0	Unterspannungswicklung ohne Anzapfung, Sternpunkt bis 0,525 kV stets herausgeführt.

	Nenn-leistung (Baugr.) P_n kVA	Leerlauf-strom i_0[1] % von I_n	Leerlaufverluste V_0 in W		Kurzschlußverluste V_k (75 °C)[2] in W		Kurzschlußspannung u_k (75 °C) in % von U_n			
							bis 10 kV		bis 20 kV	
			bis 10 kV	bis 20 kV	Yy 0	Yz 5 Dy 5	Yy 0	Yz 5 Dy 5	Yy 0	Yz 5 Dy 5
DIN 42502	**30**	7,0	200	240	780	870	3,8	4,0	4,3	4,5
	50	6,5	300	340	1250	1350	3,6	3,8	4,1	4,3
	75	6,0	410	460	1700	1850	3,5	3,7	3,9	4,1
	100	5,5	510	570	2100	2300	3,5	3,7	3,8	4,0
	125	6,0	610	670	2560	2750	3,5	3,7	3,8	4,0
	160	5,8	730	800	3200	3300				
	200	5,5	870	950	3800	3900				
	250	6,0	1040	1120	4600	4700				
	315	5,7	1240	1350	5500	5600				
	400	5,3	1470	1600	6600	6700				
	500	5,0	1700	1900	—	8000				
DIN 42503	50	2,8	190	210	1150	1250	4,0			
	100	2,6	320	340	1950	2150				
	160	2,4	455	480	2800	3100				
	200	2,4	545	570	3300	3600				
	250	2,3	670		4100					
	315	2,3	800		4900					
	400	2,1	960		6000					
	500	2,1	1150		7150					
	630	2,0	1350		8400					

Fettgedruckte Nennleistungswerte bevorzugen.

[1]) Mittelwert der 3 Phasen. [2]) Bei DIN 42502: Stromstärken über 600 A bedingen um 5% höhere Werte; bei DIN 42503: bis 400 kVA bei US ≧ 231 V, darüber bei US ≧ 400 V.

Durchführungen nach DIN 42530 bis 42532. Anordnung symmetrisch zur Querachse; ausgenommen US-Seite unter 100 kVA. Austausch von Innenraum- gegen Freiluft-Durchführungen muß möglich sein.

Kessel: Deckel aus Blech mind. 6 mm dick. Ölablaßvorrichtung A 22 DIN 42551. 1 Thermometertasche A DIN 42554. 2 Erdungsschrauben, 4 Zugösen, 2 bis 4 Anhebeösen, 4 gelochte Laschen an den Ecken des Deckels zum Festzurren des Transformators beim Transport.

Fahrgestell und Größtmaße nach DIN 42520.

Ölausdehnungsgefäß: Anordnung bis einschließlich 200 kVA auf der US-Breitseite; darüber auf der linken Schmalseite von der US-Seite aus gesehen. 1 Entlüfter und Füllstutzen nach DIN 42553 sowie Öffnungsmöglichkeit für Reinigung; 1 Ölstandsanzeiger A DIN 42552 und 1 Ölablaß DIN 42552.

Buchholz-Relais: bis einschl. 200 kVA ohne Buchholz-Relais; darüber Zwischenstück für Buchholz-Relais 1″.

Anstrich: für Innenraum: 1 Grund- und 1 Deckenanstrich; für Freiluft: 1 Grund- und 2 Deckenanstriche. Farbe RAL 7033 (werden Transformatoren nach dieser Norm nicht in der Farbe RAL 7033 lackiert, ist hellgrau DIN 1843 zu bevorzugen).

Kennzeichnung: Leistungsschild aus Email oder Metall; Schildgröße nach DIN 825.

Vorschriften: Ausführung, Prüfung, Toleranzen und Überlastbarkeit nach VDE 0532.

Bezeichnungen

Nennbetrieb NB = Betrieb mit Nennprimärspannung U_1, Nennfrequenz f, Sekundärstrom I_2 und Betriebsart, die das Leistungsschild enthält.

Scheinleistung P_s = $U \cdot I \cdot \sqrt{3}$ in VA, kVA od. MVA.

Aufnahme P_1 = an den Primärklemmen aufgenommene Wirkleistung in W, kW, MW.

Abgabe P_2 = an den Sekundärklemmen abgegebene Wirkleistung.

Übersetzung $\ddot{u}$ = Spannungsverhältnis der Primärwicklung zur Sekundärwicklung bei Leerlauf.

Nennprimärspannung U_1 = Spannung, für die die Primärspule gebaut ist.

Nennsekundärspannung U_2 = Leerlaufspannung an Sekundärwicklung.

Windungszahl Z_1 = primäre Windungszahl

Windungszahl Z_2 = sekundäre Windungsz.

$$\ddot{u} = \frac{Z_1}{Z_2} = \frac{U_1}{U_2}$$

Nennsekundärstrom I_2 = Vollaststrom, für den die Sekundärwicklung bemessen ist.

Nennprimärstrom $I_1 = I_2 \cdot \frac{U_2}{U_1}$

*) Normblatt zurückgezogen.

12

Nennleistung $P = U_2 \cdot I_2 \cdot \cos\varphi_2$. P ist verschieden von der bei NB abgegebenen P_S, da U_2 sich gegenüber der sekundären Klemmenspannung um den inneren Spannungsabfall vermindert.

Nennfrequenz f = Frequenz, für die der Transformator gebaut ist.

Wirkungsgrad $\eta = \frac{\text{Abgabe}}{\text{Abgabe} + \text{Verluste}} = \frac{P_2}{P_2 + V}$

Ohne nähere Bezeichnung gilt der Wirkungsgrad η für einen sekundären Leistungsfaktor (Phasenfaktor) $\cos\varphi_2 = 1$. Die Abgabe P_2 bei Vollast errechnet sich aus der Nennleistung P, dem sekundären Leistungsfaktor $\cos\varphi_2$ und der prozentualen Spannungsänderung u_φ zu

$P_2 = P \cdot \cos\varphi_2 \cdot (1 - \frac{u_\varphi}{100})$ für Vollast

η in % $\approx 100 - \frac{100 \cdot V}{P \cdot \cos\varphi_2}$

Die Verluste setzen sich zusammen aus Verlusten im Stahl (Leerlaufarbeit, Leerlaufverluste) und im Kupfer bzw. Al (Stromwärmeverluste, Ohmsche Verluste, Wicklungsverluste). Der Kupferverlust (Wicklungsverlust) ändert sich quadratisch mit der Belastung.

Wirkungsgrad 0,9 bis 0,98 bei $\cos\varphi = 1$.

$$\eta = 100 - \frac{100 \cdot (\text{Verluste in Kupfer u. Stahl i.kW})}{\text{Kilowattleistung} + (\text{Verluste in Kupfer und Stahl in kW})}$$

Beispiel: Der Wirkungsgrad eines 50-kVA-6000-V-Transformators bei ½ Last und $\cos\varphi = 0{,}7$ ist zu errechnen.
Lösung: kW-Leist. = 50 · 0,5 · 0,7 = 17,5 kW. Leerlaufverlust (Stahlverlust) nach S. 137 V_0 = 300 W. Wicklungsverlust u_r = 2,5% (=0,025) = 50 · 0,025 · 0,5² = 0,313 kW,

daher $\eta = 100 - \frac{100\,(0{,}300 + 0{,}313)}{17{,}5 + (0{,}300 + 0{,}313)} = \mathbf{96{,}6}\%$

Kurzschlußspannung u_k in % der Nennprimärspannung = Spannung, die entweder bei kurzgeschlossener Sekundärwicklung an die Primärwicklung (Aufnahme des Nennprimärstroms) oder bei kurzgeschlossener Primärwicklung an die Sekundärwicklung gelegt werden müßte (Aufnahme des Nennsekundärstroms).

Nennkurzschlußstrom I_k = Primärstrom, im betriebswarmen Zustand aufgenommen, wenn bei kurzgeschlossener Sekundärwicklung die Nennspannung U_2 an die Primärwicklung gelegt würde. Er kann als ein Vielfaches des Nennprimärstromes I_1 ausgedrückt werden:

$\frac{I_k}{I_1} = \frac{1}{u_k}$. In % ist für nachstehendes Beispiel

$\frac{I_k}{I_1} = \frac{1}{u_\varphi}$; $\frac{I_k}{100} = \frac{1}{3{,}56}$; $I_k = \frac{1 \cdot 100}{3{,}56} \approx 28\, I_1$.

Leerlaufverlust V_0 in Watt = Aufnahme bei Nennprimärspannung, Nennfrequenz und offener Sekundärwicklung. N_0 besteht aus Verlusten im Eisen, im Dielektrikum und durch Stromwärme. Die Nennprimärspannung liegt dabei an der Hauptanzapfung.

Kurzschlußverlust V_k in Watt = gesamte Stromwärmeleistung bei Nennstrom I_1 und Nennfrequenz f, die in allen Wicklungen und Ableitungen (also zwischen den Klemmen im betriebswarmen Zustand) verbraucht wird. V_k wird bei kurzgeschlossener Sekundärwicklung und eingestelltem Nennstrom I_1 ermittelt.

Die **Spannungsänderung** (in % der Nennsekundärspannung) bei einem anzugebenden Leistungsfaktor $\cos\varphi$ ist die Änderung der Sekundärspannung, die bei Übergang vom Leerlauf auf Nennbetrieb auftritt, wenn Primärspannung und Frequenz unverändert bleiben.

Spannungsänderung $u_\varphi = u_\varphi' + 0{,}5\, u_\varphi''^2$

$u_\varphi' = u_r \cdot \cos\varphi + u_s \cdot \sin\varphi$ | u_r = Ohmscher Spannungsabfall in %
$u_\varphi'' = u_r \cdot \sin\varphi - u_s \cdot \cos\varphi$

u_s = Streuspannung = $\sqrt{u_k^2 - u_r^2}$
= $\sqrt{\text{Nennkurzschlußspannung}^2 - \text{Ohmscher Sp.-Abf.}}$

Beispiel: Die Spannungsänderung eines 50-kVA-6000-V-Transformators bei $\cos\varphi = 0{,}8$ ist zu errechnen. Ohmscher Sp.-Abf. u_r = 2,5%.

Lösung:
Nennkurzschlußspannung u_k nach S. 137 = 3,6%.
Streuspannung $u_s = \sqrt{3{,}6^2 - 2{,}5^2} = 2{,}59 \approx 2{,}6\%$
$\cos\varphi = 0{,}8$; $\varphi = 36°\,50'$; $\sin\varphi = 0{,}599 \approx 0{,}6$
$u_\varphi' = 2{,}5\% \cdot 0{,}8 + 2{,}6\% \cdot 0{,}6 = 2 + 1{,}56 = \mathbf{3{,}56}\%$
$u_\varphi'' = 2{,}5\% \cdot 0{,}6 - 2{,}6\% \cdot 0{,}8 = 1{,}5 - 2{,}08 = \mathbf{-0{,}58}\%$.

Die Spannungsänderung u_φ wird daher:

$$u_\varphi = \frac{3{,}56}{100} + 0{,}5 \cdot \left(\frac{-0{,}58}{100}\right)^2 = \frac{3{,}56}{100} + \frac{0{,}5 \cdot 0{,}336}{10000} = \mathbf{3{,}56}\%$$

Das zweite Glied der Summe kann vernachlässigt werden. Bei Streuspannungen u_s bis 4% ist daher folgende Formel ausreichend genau: $u_\varphi = u_\varphi' = u_r \cdot \cos\varphi + u_s \cdot \sin\varphi$.

Aufstellung in geschlossenem Raum. Die Transformatoren werden in feuersicher abgeschlossenen, gut gelüfteten Kammern aufgestellt. Bei größeren Transformatoren ist zweckmäßig eine Ölfanggrube vorzusehen, die gleichzeitig die Luftzufuhr übernimmt. Monatlich ist eine Ölprobe zu entnehmen und die Trübung festzustellen. Nach 1½ Jahren ist der Transformator zu öffnen und das Öl von Rückständen zu reinigen.

Anlaß- und Einstelltransformatoren erhalten Anzapfungen der Wicklung, die zu besonderen Klemmen geführt sind, **Spar**transformatoren besitzen gemeinsame Hoch- und Niederspannungswicklung (in Anlagen über 250 V nur für höchstens 25% Spannungsunterschied).

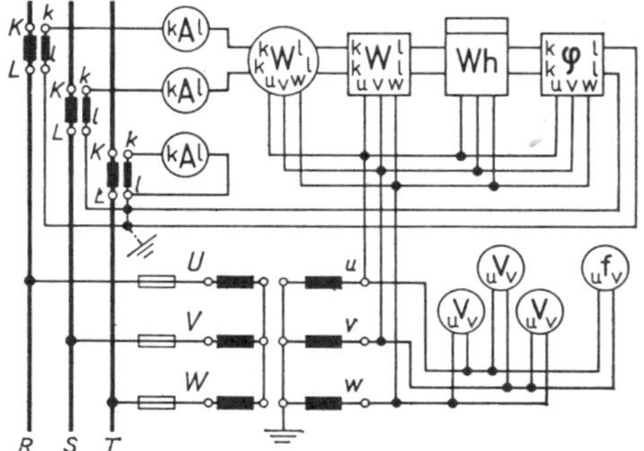

Angaben auf dem Leistungsschild:
1. Name oder Firmenzeichen, 2. Typenbezeichnung, 3. Fertigungsnummer, 4. Baujahr, 5. Kurzzeichen (LT, ZT, SpT), 6. Reihe, 7. Nennleistung, 8. Nennspannungen, 9. Nennströme, 10. Nennfrequenz, 11. Nennkurzschlußspannung, 12. Nennkurzschlußstrom, 13. höchstzulässige Kurzschlußdauer, 14. Kurzzeichen der Schaltgruppe, 15. der Kühlungs- und 16. Schutzart, 17. der Betriebsart, 18. der Isolierstoffklasse (nur bei Trockentransf.), 19. Gesamtmasse sowie Type, 20. Reihe und Nennstrom des Stufenschalters.

U V
u v

Transformatoren (Fortsetzung)

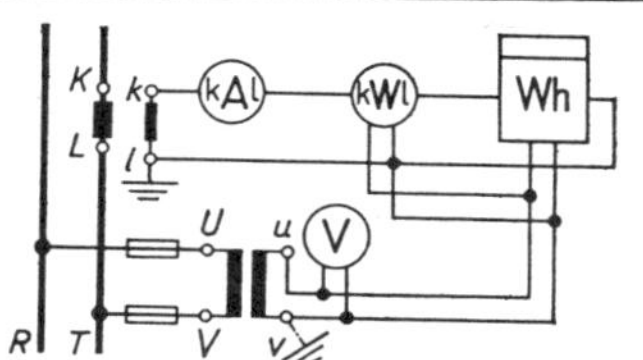

Dreh-Transformatoren (DrT) sind Transformatoren mit gegeneinander beweglichen Wicklungen. Sie werden als Zusatz-Transformatoren oder Spar-Transformatoren benutzt und sind nach Art der Asynchronmaschinen gebaut. Durch Verdrehen des Läufers wird die Größe der Sekundärspannung geändert.

Meßwandler dienen zum Wandeln der Hochspannung in niedrige Meßspannungen (100 Volt) (Spannungswandler) oder zur Herabsetzung des Stromes im Instrument auf max. 5 Amp. (Stromwandler). Außer den Instrumenten können auch noch die Relais der Oberspannungsschalter und die Phasenlampen angeschlossen werden.

Die Meßwandler sind genormt (VDE 0414). Sie werden entsprechend ihrer Genauigkeit in Klassen eingeteilt. Klassenzeichen: Kl. 0,1; 0,2; 0,5; 1; 3; 10. Jeder Klasse sind bestimmte Fehlergrenzen zugeordnet. Kl. 0,5 bis 10 gelten für Betriebsinstrumente.

Drehstrom-Öltransformatoren nach DIN 42520 (DIN 42503, 42510)

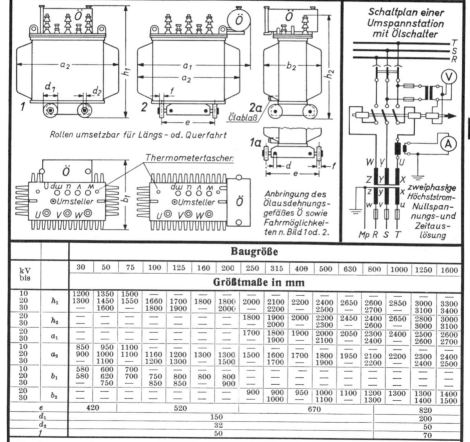

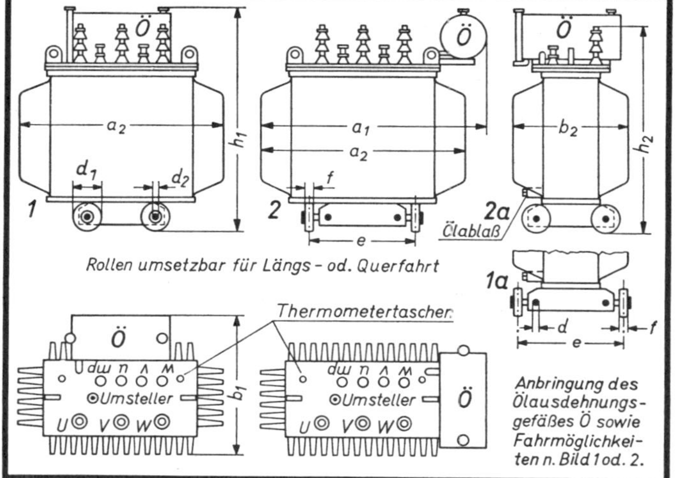

Rollen umsetzbar für Längs- od. Querfahrt

Thermometertaschen

Anbringung des Ölausdehnungsgefäßes Ö sowie Fahrmöglichkeiten n. Bild 1 od. 2.

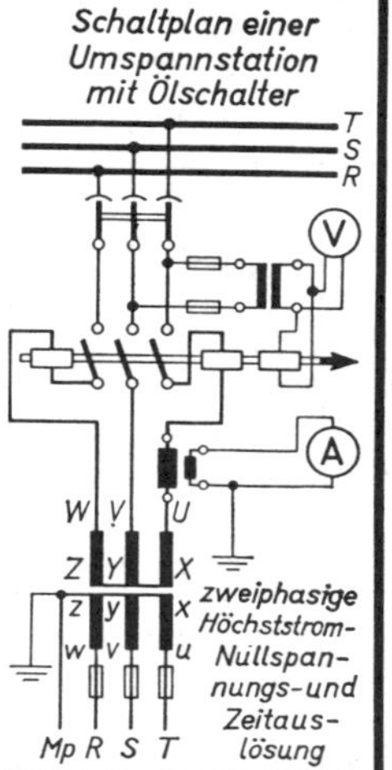

Schaltplan einer Umspannstation mit Ölschalter

zweiphasige Höchststrom-Nullspannungs- und Zeitauslösung

kV bis		Baugröße 30	50	75	100	125	160	200	250	315	400	500	630	800	1000	1250	1600
		Größtmaße in mm															
10	h_1	1200	1350	1500	—	—	—	—	—	—	—	—	—	—	—	—	—
20	h_1	1300	1450	1550	1660	1700	1800	1800	2000	2100	2200	2400	2650	2600	2850	3000	3300
30	h_1	—	1600	—	1800	1900	—	2000	—	2200	—	2500	—	2700	—	3100	3400
20	h_2	—	—	—	—	—	—	—	1800	1900	2000	2200	2450	2400	2650	2800	3000
30	h_2	—	—	—	—	—	—	—	—	2000	—	2300	—	2600	—	3000	3100
20	a_1	—	—	—	—	—	—	—	1700	1800	1900	2000	2050	2300	2400	2500	2600
30	a_1	—	—	—	—	—	—	—	—	1900	—	2100	—	2400	—	2600	2700
10	a_2	850	950	1100	—	—	—	—	—	—	—	—	—	—	—	—	—
20	a_2	900	1000	1100	1160	1200	1300	1300	1500	1600	1700	1800	1950	2100	2200	2300	2400
30	a_2	—	1100	—	1200	1300	—	1500	—	1700	—	1900	—	2200	—	2400	2500
10	b_1	580	600	700	—	—	—	—	—	—	—	—	—	—	—	—	—
20	b_1	580	620	700	750	800	800	800	—	—	—	—	—	—	—	—	—
30	b_1	—	750	—	850	850	—	900	—	—	—	—	—	—	—	—	—
20	b_2	—	—	—	—	—	—	—	900	900	950	1000	1100	1200	1300	1300	1400
30	b_2	—	—	—	—	—	—	—	—	1000	—	1100	—	1300	—	1400	1500
e		420		520					670						820		
d_1		150													200		
d_2		32													50		
f		50													70		

Transformatoren bis Baugröße 500 sollen durch eine Tür von 2050 × 1050 hindurchgehen. Am Ölausdehnungsgefäß ist je ein Kniestück beiderseits angebracht, eins für Ölstandanzeiger, das andere zum Ölablassen. Bis Baugröße 100 ohne Rollen ist h_1 um 40 mm niedriger.

*) **Zum Schaltplan:** Ölschalter nur für kleine Kurzschlußleitungen; für größere Druckgasschalter mit Betätigung über Stromwandler (Sekundär-Relais).

Transformatorenkammern für Öltrafos 6···30 kV

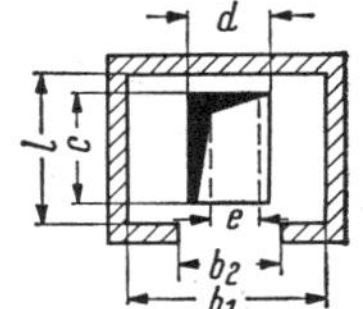

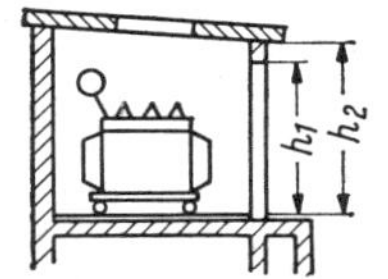

Leistung kVA P	Leistungsverlust Cu kW	Leistungsverlust Al kW	Masse max. Ges. kg	Masse max. Öl kg	Spurweite mm e	Rollenbreite mm f
100	3,5	3,65	745	204	520	40
160	4,8	5,6	900	250	520	40
200	5,6	6,45	1400	506	520	40
315	8,6	9,5	2140	625	670	50
500	11,5	13,7	3065	1015	670	50
800	16	18,8	3950	1200	670	50
1250	22	27,5	5550	1650	820	70
1600	26,5	33,1	7100	2300	820	70

kVA P	Kammer L	Kammer b_1	Kammer h_1	Türöffnung b_2	Türöffnung h_2	Fußbodenöffnung c	Fußbodenöffnung d
100	2510	2135	2750	1125	2000	1160	870
160	2760	2260	2917	1250	2250	1380	945
200	2760	2260	2917	1250	2250	1480	945
315	3385	2385	3500	1250	2500	1965	960
500	3385	2385	3500	1500	3000	2095	1070
800	3760	2885	4083	1500	3500	2340	1130
1250	3760	2885	4083	1500	3500	2415	1200
1600	4010	3010	4500	2500	3500	2560	1220

Belüftung der Kammer

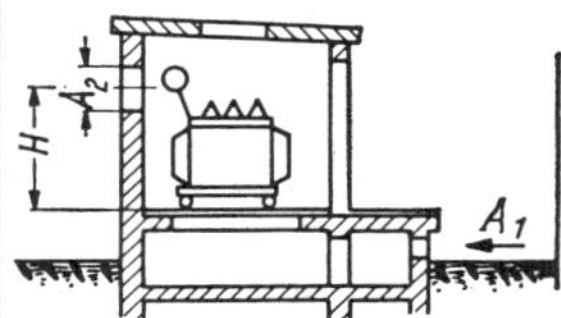

Höchsttemperatur 35° C in Trafomitte

A_1 Zuluftquerschnitt (m²)

A_2 Abluftquerschnitt (m²)

H Höhe bis Mitte Abluftquerschnitt in m

P Trafoleistung (kVA); Po Leerlaufverlust (kW)

Pv Verlustleistung: $Pv = Po +$ Al- (bzw. Cu-) Verlust (kW)

$A_2 = 0{,}188 \dfrac{Pv}{\sqrt{H}}$; $A_1 = 0{,}92\, A_2$ (m²)

Für Jalousien und Drahtgewebe.

Vor den Öffnungen sind die Tabellenwerte mit 1,3 zu multiplizieren.

$H=$	2 m A_1	2 m A_2	2,5 m A_1	2,5 m A_2	3 m A_1	3 m A_2	3,5 m A_1	3,5 m A_2
P								
100	0,45	0,49	0,4	0,43	0,37	0,4	0,34	0,37
160	0,68	0,74	0,6	0,66	0,55	0,6	0,51	0,56
200	0,79	0,86	0,7	0,77	0,64	0,7	0,6	0,65
315	—	—	0,95	1,04	0,93	1,03	0,87	0,95
500	—	—	—	—	1,37	1,49	1,29	1,4
800	—	—	—	—	—	—	1,73	1,88
1250	—	—	—	—	—	—	2,46	2,75
1600	—	—	—	—	—	—	2,93	3,31

Leitungsschutzsicherungen mit geschlossenem Schmelzeinsatz **500 V bis 200 A** (VDE 0635) **LS-Sicherungen: Ausführungsart:** LS-Sicherungen bestehen aus Sockel (mit Abdeckung), Paßeinsatz, Schmelzeinsatz und Schraubkappe. Abmessungen s. DIN 40400, 46200, 46206, 49301, 49310 bis 49365.

Nennwerte

a) Nennspannung ist 500 V.

b) Nennströme sind: für Sicherungssockel und Schraubkappen: 25, 63, 100 und 200 A; für Schmelzeinsätze und Paßeinsätze: 2, 4, 6, 10, 16, 20, 25, 35, 50, 63, 80, 100, 125, 160 und 200 A.

c) Schmelzeinsätze bis 63 A Nennstrom und weniger müssen sowohl für Wechselstrom als auch für Gleichstrom geeignet sein.

Sicherungen müssen so gebaut sein, daß ein Schmelzeinsatz nicht durch einen solchen größeren Nennstrom ersetzt werden kann, ohne daß der Paßeinsatz ausgewechselt wird.

Berührungsschutz

Sicherungen müssen so gebaut sein, daß unter Spannung stehende Teile nicht berührbar sind, wenn der Sicherungssockel wie im normalen Gebrauch ordnungsgemäß installiert und angeschlossen ist und der Paßeinsatz, wenn vorhanden, sowie der Schmelzeinsatz eingesetzt sind.

Der Schmelzeinsatz muß sich leicht auswechseln lassen, ohne daß unter Spannung stehende Teile berührt werden.

Anschlußklemmen von Sicherungssockeln

a) Sicherungssockel müssen Anschlußklemmen besitzen, die den Anschluß mit Schrauben, Bolzen und Muttern ermöglichen. Die Vorrichtung zum Anklemmen der Leitungen darf nicht zur Befestigung anderer Teile dienen.

b) Anschlußklemmen müssen den Anschluß von Leitungen mit den in der Tafel aufgeführten Querschnitten zulassen.

Nennstrom A	Nennquerschnitt mm²
25	1 bis 6
63	2,5 bis 16
100	10 bis 35
200	16 bis 95

Aufbau der Schmelzeinsätze

a) Schmelzeinsätze müssen einen geschlossenen Schmelzraum besitzen und so gebaut sein, daß es weder möglich ist, die Endkontaktflächen von Hand zu entfernen noch Teile zu ersetzen, die die Unverwechselbarkeit sicherstellen, ohne den Schmelzeinsatz unbenutzbar zu machen.

b) Schmelzeinsätze müssen einen Kennmelder besitzen, der bei in die Schraubkappe eingesetztem Schmelzeinsatz sichtbar ist. Dieser Kennmelder muß bis zu einer Spannung von 100 V herab zuverlässig arbeiten.

Aufbau der Paßeinsätze

a) Paßeinsätze müssen so gebaut sein, daß ihr Metallteil aus einem Stück besteht und daß sie den bei ihrem normalen Gebrauch auftretenden Beanspruchungen gewachsen sind.

b) Der Metallteil des Paßeinsatzes muß glatte Kontaktflächen ohne Grat besitzen, und die untere Kontaktfläche muß über den keramischen Isolierstoff vorstehen.

Der Teil des Paßeinsatzes, der den Unverwechselbarkeitsring bildet, muß aus keramischem Isolierstoff bestehen, so daß der Stromkreis einwandfrei unterbrochen wird, wenn im normalen Gebrauch die Schraubkappe leicht gelöst wird.

Schmelzzeiten

a) Die Schmelzzeiten der Schmelzeinsätze müssen sowohl bei niedrigen als auch bei hohen Belastungen den Vorschriften entsprechen.

b) Die Schmelzeinsätze werden in wie im normalen Gebrauch befestigten Sicherungssockeln geprüft, die mit Leitern der Querschnitte und Längen angeschlossen sind, die in der Tafel angegeben sind.

Nennstrom A	Querschnitt mm²	Mindestlänge des Leiters je Anschlußklemme m
bis 25	6	1
über 25 bis 63	16	1
über 63 bis 100	35	1,25
über 100 bis 200	95	1,5

Die Schmelzzeiten werden bei den nachstehend aufgeführten Prüfströmen festgestellt: 1) 7facher Nennstrom für alle Schmelzeinsätze, mit Ausnahme derjenigen für 2 und 4 A, die mit dem 5fachen Nennstrom geprüft werden; 2) 1,75facher Nennstrom für flinke Schmelzeinsätze; 3) 5facher Nennstrom für träge Schmelzeinsätze.

Die Schmelzzeit von flinken (trägen) Schmelzeinsätzen bei 1,75fachem (5fachem) Nennstrom darf nicht weniger als 10 (6) Sekunden betragen.

Schaltvermögen

Schmelzeinsätze müssen, wenn sie mit einem Strom zwischen ihrem kleinsten Schmelzstrom und ihrem Schaltvermögen belastet werden, einwandfrei arbeiten, ohne daß die Sicherung beschädigt oder die Umgebung gefährdet wird.

Drehstrom-Gleichstrom-Umformer

I. Motorgeneratoren bestehen aus einem Asynchron- oder Synchronmotor, der mit einem Gleichstromgenerator unmittelbar gekuppelt ist. V o r t e i l : einfaches Anlassen, leichte Einstellung der Gleichstromspannung. N a c h t e i l : schlechter Wirkungsgrad, da zwei getrennte Maschinen, deren η sich miteinander multiplizieren (bei Asynchronmotoren Phasenverschiebung). Das Anlassen kann von der Drehstrom- oder Gleichstromseite aus erfolgen; im letzteren Fall ist eine besondere Gleichstromquelle (Batterie) erforderlich.

II. Einankerumformer

Aufbau wie die Gleichstrommaschinen, jedoch mit Dämpferwicklung. Drei oder sechs symmetrisch liegende Ankerspulen sind angezapft und zu Schleifringen geführt. Als Drehstromsynchronmotor betrachtet, liegen die Pole hier außen und die Ständerwicklung auf dem Anker (Außenpolmaschine). Die Spannung der Drehstromseite ist etwa 61% der Spannung der Gleichstromseite. Da die Gleichstromspannung gegeben ist, wird daher die Drehstromspannung anomal (besonderer Transformator). Aus dem gleichen Grunde ist die Gleichstromspannung nur mit besonderen Hilfsmitteln (Induktionssteller, Drehtransformator) einstellbar. Durch die Verstellung der Erregung werden lediglich die Strom- und Spannungsphasen gegeneinander verschoben. (Der Leistungsfaktor cos φ wird auf 1 gebracht.)

V o r t e i l : guter Wirkungsgrad und Leistungsfaktor.

N a c h t e i l : schwer einstellbar, besonderer Transformator ist erforderlich. Das Anlassen von der Gleichstromseite oder durch Anwurfmotor erfordert Synchronisiereinrichtung auf der Drehstromseite. Man läßt daher (s. Abbildung) mit der Dämpferwicklung drehstromseitig mit angezapfter Transformatorenspannung asynchron an und schaltet bei Vollauf und nach richtiger Polung der Gleichstromseite auf volle Spannung um (auch selbsttätig durch Fallgewicht). Die Synchronisiereinrichtung fällt hierdurch fort. Der Einankerumformer läßt sich auch umgekehrt als Gleichstrom-Drehstromumformer verwenden wie ein Motorgenerator mit Synchronmotor.

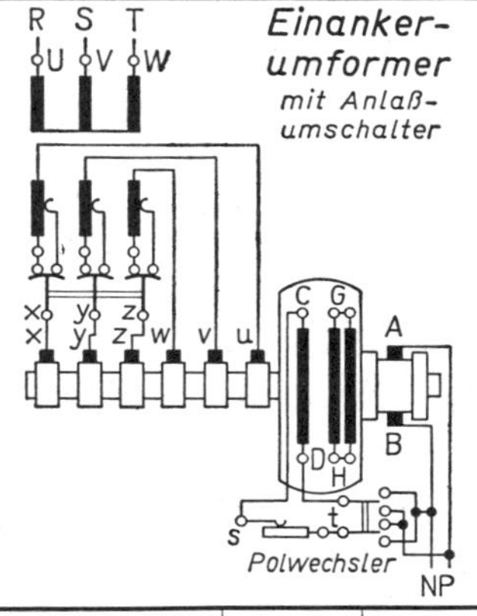

B e i s p i e l: Für welches Übersetzungsverhältnis ist der Transformator für einen Einankerumformer zu wählen, der Drehstrom von 6000 Volt in Gleichstrom von 440 Volt umformen soll?

L ö s u n g: Es muß die Drehstromspannung an den Schleifringen des Einankerumformers 61% der herausgenommenen Gleichstromspannung betragen. Sie wird daher 440 · 0,61 ≈ 270 Volt.

Der Transformator ist für eine Oberspannung von 6000 Volt und eine Unterspannung von 270 Volt zu bestellen. Sein Übersetzungsverhältnis berechnet sich aus 6000:270 = 22,2; es beträgt also **22 : 1.**

III. Frequenzwandler. Dem unmittelbaren Antrieb zwischen Motor und schnellaufender Arbeitsmaschine (Holzbearbeitungsmaschinen, Spinnzentrifugen) steht oft entgegen, daß die bei 50 Hz mit einem 2 poligen Motor erreichbare Höchstdrehzahl von 3000 Uml./min. nicht ausreicht. Um einen Strom von höherer Frequenz zu erhalten, verwendet man entweder kleine Motorgeneratoren mit Synchrongeneratoren höherer Polzahl oder treibt einen Asynchronmotor entgegen seiner Drehrichtung an und entnimmt seinem Läufer den höherfrequenten Strom (z. B. 100 oder 150 Hz).

Belastbarkeit von Selen-Gleichrichtern mit runden Platten		Anzahl der benötigten Platten			
Durchmesser	Belastbarkeit bei Einweg-Gleichrichtg.	Wechselspannung	Einweg-	Zweiweg-	Brükken-
			Schaltung		
mm	mA	V	Stück	Stück	Stück
		2,4 u. 6	1	1	1
20	150	12	1	2	2
30	350	24	2	3	3
40	600	40	4	7	7
60	1 400	60	6	11	11
80	2 500	80	7	14	14
100	3 900	125	11	22	22
120	5 600	220	19	38	38
150	8 900	380	33	65	65
200	15 700	500	43	85	85

Trockengleichrichter (Graetz-Schaltung)		Einphasenanschluß	Drehstromanschluß
Spannungskurve	Natürliche Welligkeit	48%	4%
Stromkurve	Formfaktor $I_{\text{eff}} : I_{\text{mittel}}$		
	bei Ohmscher Belastung	1,15	1,05
	bei Batterieladung	1,5	≈1,02
	bei Batterieladung über Drossel	1,05	≈1,0

Stromrichter

Die Stromrichter sind ruhende Umformer.

Hauptarten:

1. **Gleichrichter** formen Dreh- oder Wechselstrom in Gleichstrom um.
2. **Umrichter** formen Drehstrom in Einphasenstrom beliebiger Frequenz um, z. B. Drehstrom von 50 Hz in Einphasenstrom von 16⅔ Hz für die Bundesbahn.

Ferner gibt es noch **Wechselrichter,** die einen Gleichstrom in Wechselstrom umformen, **Gleichstrom-Umrichter** zur Veränderung der Spannungshöhe des Gleichstromes, **Stellumrichter** zur Einstellung der Frequenz in Wechselstromkreisen. Die Abarten beruhen auf den gleichen Grundsätzen.

Vorteile der Stromrichter: Hoher Wirkungsgrad auch bei niedriger Belastung, Wegfall umlaufender Massen, geringer Verschleiß, schnelle Betriebsbereitschaft, geringe Wartung, leichte Fundamente, geringer Platzbedarf. Der Leistungsfaktor ist gleich 1.

Netzanschluß: Die Stromrichter sind an das speisende Netz über einen Eingangstransformator angeschlossen, der meist nicht nur als Wandler dient, sondern auch die Phasenzahl auf 6 oder 12 vermehrt, um so geringere Welligkeit der vom Stromrichter abgenommenen Spannung und bessere Stromverteilung auf das Speisenetz zu erhalten. Umrichter haben gewöhnlich auch einen **Ausgangstransformator.**

Quecksilberdampf-Stromrichter

werden für mittlere und große Leistungen verwendet.

Man unterscheidet:

1. **Glas-Stromrichter** bis 500 Amp. mit 2, 3 oder 6 Anodenarmen an dem birnenförmigen Kolben (über 115 Volt gebogene Arme) mit Luftkühlung, bei größeren Leistungen durch Ventilator.

2. **Pumpenlose Eisenstromrichter** für mittlere Leistungen, 150 bis 1800 Amp. Gefäße mit Kühlrippen für Ventilatorkühlung.

3. **Groß-Stromrichter** mit oder ohne Kühlwasserpumpe, bis 8000 Amp., mit 12- bis 24anodigen Stahlgefäßen. Hierfür werden auch **Einanoden-Gefäße** verwendet, wobei man (je nach Leistung) 6 bis 24 Einzelgefäße zu einem Block zusammenfaßt.

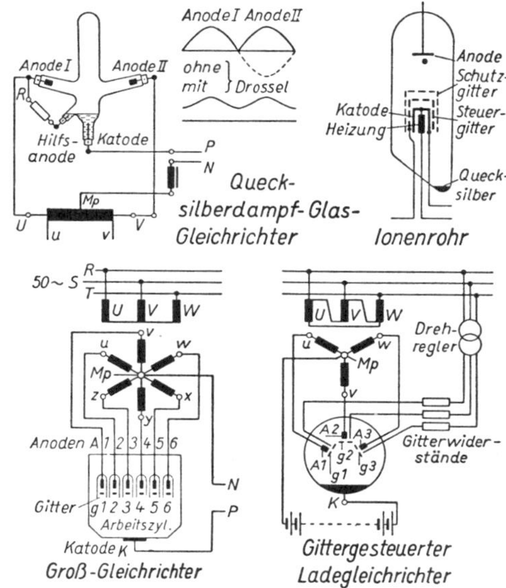

Aufbau: Bei allen Ausführungen ist die aus Quecksilber bestehende Katode (unten) für alle Anoden eines Gefäßes (oben) gemeinsam. Bei Stahlgefäßen sind die aus Graphitzylindern bestehenden Anoden durch eine eingeschweißte Glasisolierung gegen das Gefäß isoliert. Die Anoden sind zur Vermeidung von Rückzündungen mit Schutzrohren umgeben, in denen sich auch die Steuergitter befinden. Die sehr große Luftleere wird bei Groß-Stromrichtern durch eine Luftpumpe ständig aufrechterhalten. Die Gittersteuerung dient in erster Linie zur Spannungseinstellung. Die Zündung erfolgt bei kleinen Glasgefäßen durch Kippen, wodurch eine kurzzeitige Strombrücke zwischen Hilfsanode und Katode entsteht, die den Lichtbogen einleitet. Bei mittleren Gefäßen verwendet man die Tauchzündung, bei der eine in das Katodenquecksilber eintauchende Eisennadel unter Spannung gesetzt und durch einen außenliegenden Magneten aus dem Quecksilber herausgehoben wird, so daß ein Lichtbogen entsteht, der über die Erregeranoden den Lichtbogen zu den Hauptanoden einleitet. Bei großen Gefäßen wird die Spritzzündung benutzt, bei der in einem unten angebrachten, mit Quecksilber gefüllten Rohr ein kleiner Eisenkolben durch eine das Rohr umschließende Magnetspule nach unten gezogen wird, wodurch das Quecksilber nach oben an die Zündanode spritzt, den Strom schließt und damit den Lichtbogen einleitet.

Wirkungsweise der Quecksilberdampf-Stromrichter

Zwischen je einer Anode und der Katode bildet sich bei jeder Welle wechselweise ein Stromübergang durch den Quecksilberdampf des luftleeren Glaskolbens hindurch. Der Stromübergang findet nur von jeder Anode zur Katode statt, nicht umgekehrt. Der negative Teil des Wechselstromes wird durch die Schaltung nach oben umgekehrt. Die Drossel gleicht die scharfen Einschnitte des entstehenden pulsierenden Gleichstromes etwas aus.

Die Gittersteuerung gestattet eine stufenlose Einstellung der Spannung auf der Gleichstromseite. Das Gitter kann durch einen kleinen Drehtransformator oder durch übergelagerten Gleichstrom gesteuert werden. Bei Phasengleichheit zwischen Gitterwechselspannung und Speisenetz fließt der volle Anodenstrom (Höchstwert der Gleichstromspannung); bei einer um 180° verschobenen Gitterspannung ist der Anodenstrom völlig gesperrt. Auch durch Änderung der Spannungsamplitude kann der Zündeinsatz verschoben werden. Auch als Schnellabschalter bei Kurzschlüssen wird die Gittersteuerung in Verbindung mit einem Überstromrelais verwendet, das dem Gitter negative Spannung zuführt und damit die Zündung der Anoden unterdrückt (Stromtor).

Wirkungsweise der Umrichter

Die Umrichter sind zwei in getrennten oder in einem gemeinsamen Arbeitszylinder untergebrachte Gleichrichter, von denen der eine die positive, der andere die negative Halbwelle liefert (Gegentakt). Die Gittersteuerung sperrt die Stromlieferung des einen Gleichrichters während der Arbeitszeit des anderen ab. Die Gitter liegen an der Drehstrom- und Einphasenseite; sie bleiben also mit beiden im Takt. Die Spannungskurve des Wechselstroms kann, wie in der Abbildung dargestellt, dadurch erreicht werden, daß man die Sekundärwicklungen des Eingangstransformators verschieden abstuft (Zahlen 1 bis 6 und 1' bis 6'). Die stark gezeichnete Umhüllende ist dann die Einphasenspannungskennlinie. Man kann aber auch einem trapezförmigen Wechselstrom eine zusätzliche Spannung (durch Zusatztrafo, unsymmetrische Anzapfung des Haupttransformators oder die 3. Harmonische eines stark gesättigten Transformators) überlagern.

Schließlich kann man aus einer Schar von gleichen Drehstrom-Spannungslinien mittels der Gittersteuerung die Einphasenkurve herausschälen (siehe Bild nächste Seite oben).

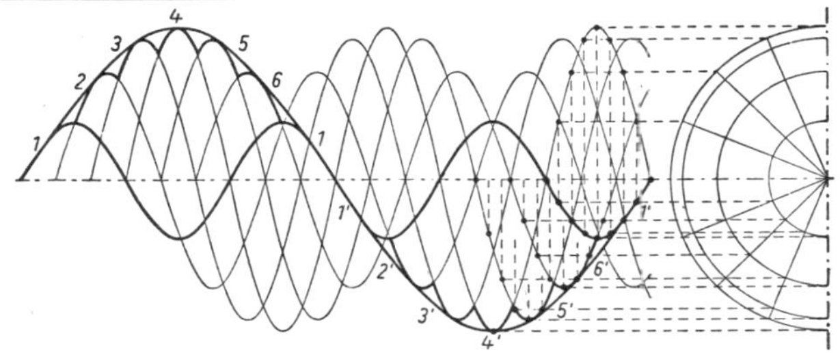

Umwandlung eines 50-Hz-Drehstromes in einen $16^2/_3$-Hz-Einphasenstrom

Stromrichter (Forts.)

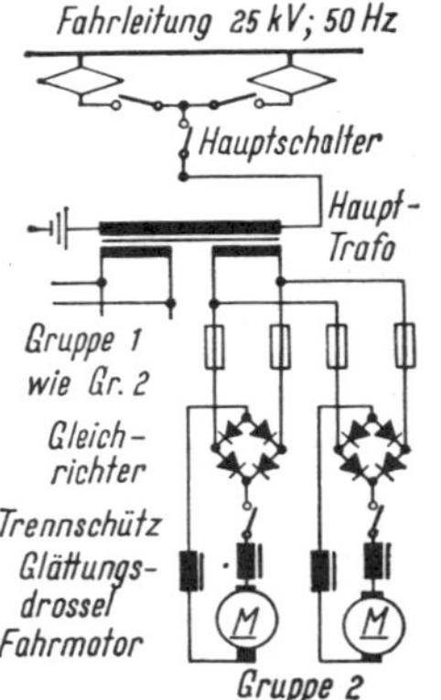

Gleichrichterlok
50 Hz ≈ 3000 kW

Mechanische Stromrichter

1. Kleine Glasröhrenrelais mit schwingendem Anker, Gleich- oder Wechselrichter (Zerhacker) z. B. für Autorundfunkempfänger 250 V, 200 mA.

2. Kontaktumformer. Synchron bewegte Kontakte in Drehstrom-Brückenschaltung mit Funkenlöschdrossel, magnetischer und mechanischem Spannungssteller. $U \leqq 400$ V; $I \approx 8000 \cdots 10\,000$ A. Anwendung in der Großchemie.

Trockengleichrichter

1. **Kupferoxydulgleichrichter.** Sperrschicht zwischen Kupfer und Kupferoxydul. Stromdurchlaßrichtung vom Kupferoxydul zum Kupfer (+). $U_S \approx 20$ V/Zelle. $I_D \leqq 100$ A. Anwendung nur noch als Meßgleichrichter oder Sperrzelle.

2. **Selengleichrichter.** Dünne Selenschicht auf Metallplatte. Gegenelektrode Eisen oder Metallegierung. Sperrschicht zwischen Selen- und Gegenelektrode. Stromdurchlaßrichtung von der Gegenelektrode (+) zum Selen. $U_S \approx 30$ V/Zelle. Verwendung als Leistungsgleichrichtersätze $U \approx 300$ V, $I_D \leqq 10\,000$ A auch mit Fremdluft oder Ölkühlung. Als Hochspannungsgleichrichter $U_S \leqq 100$ kV, Frequenzbereich bis 500 Hz.

Halbleiter-Kristall-Gleichrichter

1. **Germanium-Gleichrichter.** Der Halbleiter Germanium wird durch Zusatz von Spuren von Bor, Indium oder Gallium für positive Ladungen (p-Germanium), durch Zusatz von Antimon, Arsen oder Phosphor für negative Ladungen (n-Germanium) leitfähige Stromdurchlaßrichtung an der Grenzschicht von n- zum p-Germanium $U_S \approx 200$ V/Zelle. Durchlaßstrom bei gleicher Fläche etwa 1000 mal höher als beim Selengleichrichter bei fast verlustloser Gleichrichtung, daher größte Leistung auf kleinstem Raum mit geringstem Baustoffaufwand. Anwendung für fast alle Zwecke der Elektronik (bis 30 kHz) und in Sätzen zu Leistungsgleichrichtern.

2. **Silicium-Gleichrichter.** Der Halbleiter Silicium bildet mit einem Kontaktmetall einen Gleichrichter. Seine Eigenschaften sind fast die gleichen wie beim Germanium-Gleichrichter. Sein Vorteil liegt in der leichten Beschaffung des Ausgangswerkstoffes, wenn auch die Herstellungskosten der Siliciumkristalle noch hoch sind. Er ist daher der gegebene Gleichrichter für Höchstleistungen. Anwendung z. B. als Leistungsgleichrichter in elektrischen Lokomotiven. Infolge seines geringen Raumbedarfes läßt er sich leicht auf Gleichstrommotoren aufbauen, die dann aus dem Drehstromnetz unmittelbar betrieben werden können.

Spannungsabfall der Trockengleichrichter

Der Spannungsabfall U_v im Trockengleichrichter setzt sich zusammen aus einem konstanten Wert K für jede Bauart und dem von der jeweiligen Durchlaßstromstärke I_D abhängigen Ohmschen (Bahn-)Verlust.

Bauart des Gleichrichters	K V	ϱ Ω cm
Selen	0,65	1,1
Germanium	0,5	0,004
Silicium	0,75	0,002

$U_D = \varrho \frac{I_D}{A}$ $U_v = K + \varrho \frac{I_D}{A}$ I_D in A, U_D, U_v, K in V, ϱ in Ω cm

A = Durchgangsfläche in cm².

Beispiel: Für einen Germanium-Gleichrichter mit $F = 2$ cm² und $I_D = 100$ A wird $U_v = 0{,}5 + 0{,}004 \frac{100}{2} = 0{,}7$ V

Ein Selengleichrichter gleicher Abmessung könnte bei gleichem Spannungsabfall nur mit einem Durchlaßstrom von $I_D = (0{,}7 - 0{,}65) \frac{2}{1{,}1} = 0{,}098$ A $= 98$ mA belastet werden.

Schaltungen der Trockengleichrichter

Die Parallelschaltung von Trockengleichrichtern wird angewendet, wenn die Leistung nicht mehr in einer Zelle untergebracht werden kann. Die Gesamtdurchgangsstromstärke kann jedoch nur mit 80···90% der Summe der Einzelzellenstromstärken in Rechnung gestellt werden, da die inneren Widerstände auch der Zellen gleicher Bauart nie völlig gleich hoch sind. Bei größeren Unterschieden muß eine Ausgleichsdrossel eingebaut werden, um gleiche Stromaufteilung zu erhalten. 12

Bei der Reihenschaltung bei höheren Wechselstromspannungen als die Sperrspannung einer Zelle ist die Spannungsaufteilung auf die Zellen nicht gleichmäßig. Man greift daher die Spannungen für jede Zelle an einer parallelen Widerstands- oder Kondensatorkette nach Art der Spannungsteiler ab.

Die zusätzlichen Bauteile (Drossel, Widerstände oder Kondensatoren) bedingen jedoch Verluste, die den Gesamtwirkungsgrad verschlechtern.

Die Graetzschaltung (Brückenschaltung) benötigt auch bei Zweiweggleichrichtung keinen Mittelpunktsleiter; sie eignet sich daher besonders für den Anschluß an Einphasenwechselstrom- und Drehstromnetze ohne Mp-Leiter.

Einweg-Schaltung | Parallel-Schaltung | Reihen-Schaltung | Mittelpunkt-(Zweiweg-)Sch.

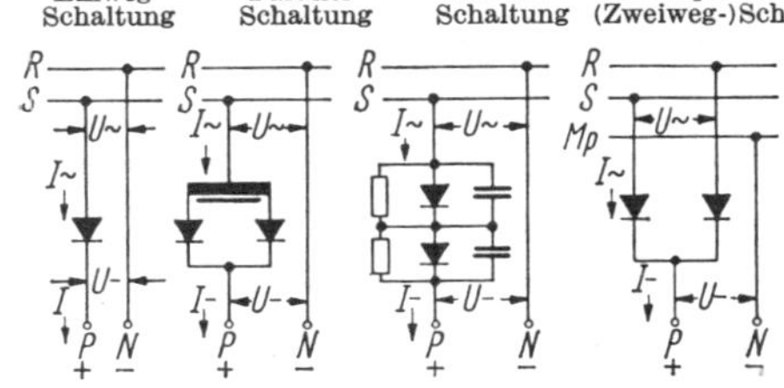

Sternschaltung | Brückenschaltungen (Einphasen-Graetz) (Dreiphasen-Graetz)

R
S
T
Mp
U~
I~
U-
I-
P
N
+
−

Akkumulatoren (Sammler) (s. a. VDE 0510 u. DIN 40730, 40731)

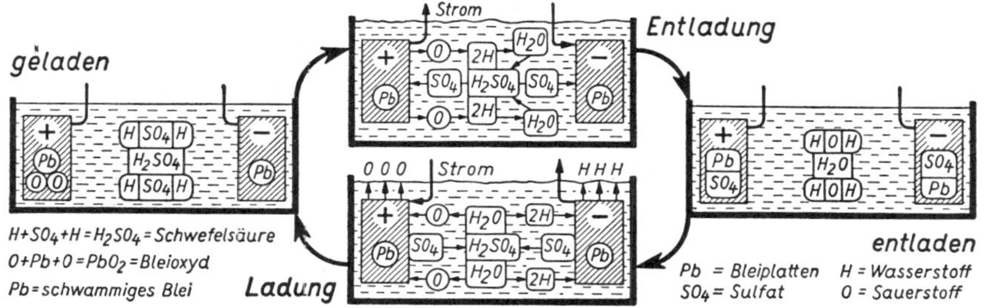

Bei der Aufladung wird elektrische Energie in chemische Energie umgesetzt, die sich bei Entladung wieder in elektrische Energie verwandelt. Dieser Wechselprozeß spielt sich bei den Bleiakkumulatoren unter Mitwirkung der verdünnten, chemisch reinen Schwefelsäure zwischen den braunen positiven und grauen negativen Platten ab. Die Schwefelsäure dient als Elektrolyt gleichzeitig zur Stromleitung im Innern der Zelle.

Es werden unterschieden: **ortsfeste** Akkumulatoren, **Fahrzeug**akkumulatoren, **tragbare** Akkumulatoren.

1. **Bleiakkumulatoren** mit Schwefelsäure als Elektrolyt
   a) mit positiven Großoberflächenplatten (Gro)
   b) mit positiven Gitterplatten (Gi)
   c) mit positiven Panzerplatten (Pz)
   und neg. Masseplatten (Felder-, Rahmen-, Kastenpl.)
2. **Stahlakkumulatoren** mit Kalilauge als Elektrolyt
   a) mit pos. Röhrchenplatten } (Nickel-Stahl) od.
   b) mit pos. Taschenplatten } (Nickel-Cadmium).
   c) mit pos. Faltbandplatten u. neg. Taschenplatten

Die Klemmenspannung schwankt bei Ladung und Entladung. Dabei unterscheidet man Entladungsschlußspannung, Ladeschlußspannung, mittlere Lade-(Entlade-)spannung, Ruhespannung (nach Ausgleich des Elektrolyten an den offenen Polen).

Als **Nennspannung** wird gerechnet je Zelle bei Bleiakkumulatoren 2 V, bei Stahlakkumulatoren 1,2 V.

Kapazität C in Ah (Entladestromstärke × Entladezeit) ist das Arbeitsvermögen (Elektrizitätsmenge) eines Akkumulators. Bei Angabe der Kapazität (C) muß jedesmal gesagt werden, für welche Entladestromstärke bzw. für welche Entladedauer sie sich versteht.

Wirkungsgrad: Verhältnis der Ah bei Ladung und bei Entladung (Ah-Wirkungsgrad) bzw. der Wh bei Ladung und bei Entladung (Wh-Wirkungsgrad).
Ah-Wirkungsgrad 0,9 (konstant)
Wh-Wirkungsgrad 0,75 bis 0,7 (je nach Entladestromst.)

Ladefaktor ist der umgekehrte Wert des Wirkungsgrades, also die Zahl, mit der die bei Entladung erhaltene Anzahl Ah (Wh) multipliziert werden muß, um die Ah (Wh) für die Ladung zu bestimmen.

Bleiakkumulatoren (ortsfest)

Positive Großoberflächenplatten (Gro)
Negative Kasten- oder Gitterplatten.

Glasgefäße. Bei 2 oder 3 Zellen Parallelschaltung durch gemeinsame Polleiste. Größere Zellen Holzkästen mit Bleiausschlag, Hartgummikästen oder Steinzeugkästen.

Plattentrennung: Holz, Hartgummi, Glasrohre.
Elektrolyt: Verdünnte Schwefelsäure.

Tabelle 1: **Genormte Plattentypen** (Neben der Normbezeichnung ist noch d. in d. Listen der Akkumulatoren-Fabrik A.G. angewendete Bezeichnung angeführt)

Bezeichnung Norm	AFA	Kapaz. 3stg.	Abmessungen (mm) Breite	Höhe + Pl.	Höhe — Pl.
Bsn 12	KL22	12	100	145	149
Bsn 27	L 1	27	168	174	183
Bsn 54	L 2	54	168	336	350
Bsn 108	L 4	108	354	360	380
Bsn 216	L 8	216	354	710	750
Bsn 324	L12	324	525	720	—

Tabelle 2: **Genormte Zellen**

Zellenbezeichnung nach Norm: Anzahl der Plattenpaare und Plattentype, z. B. Zelle mit 6 Plattenpaaren Bsn 108 = 6 Bsn 108.

Gefäßarten: Normaltypen		Einbau in
1 Bsn 12 (12 Ah)	bis 4 Bsn 12 (48 Ah)	Glasgefäßen
1 Bsn 27 (27 Ah)	„ 5 Bsn 27 (135 Ah)	Glasgefäßen
4 Bsn 54 (216 Ah)	„ 12 Bsn 54 (648 Ah)	Glasgefäßen
6 Bsn108 (648 Ah)	„ 31 Bsn108 (3348 Ah)	Hartgummi- oder Kunststoffkästen
13 Bsn216 (2808 Ah)	„ 32 Bsn216 (6912 Ah)	Hartgummi- oder Kunststoffkästen
22 Bsn324 (7128 Ah)	„ 47 Bsn324 (15228 Ah)	Hartgummi- oder Kunststoffkästen

Tabelle 3: **Kapazität und Entladestromstärke** je Plattenpaar bei ½···10stündiger Entladung

Entladezeit	Std.	½	1	2	3	5	7½	10
Bsn 12	Ah	6,5	8,4	10,7	12	13,8	15,1	16
	A	13,2	8,4	5,3	4	2,8	2	1,6
Bsn 27	Ah	14,9	19	24	27	31	34	36
	A	29,8	19	12	9	6,2	4,5	3,6
Bsn 54	Ah	29,8	38	48	54	62	68	72
	A	59,6	38	24	18	12,5	9	7,2
Bsn 108	Ah	59,6	76	96	108	124	136	144
	A	119,2	76	48	36	25	18	14,5
Bsn 216	Ah	119,8	152	192	216	248	272	288
	A	238,4	152	96	72	50	36	29
Bsn 324	Ah	179	228	288	324	372	408	432
	A	397	228	144	108	74	54	43

Tabelle 4: **Anfangs-, Mittel- und Schlußspannung bei** ½···10stündiger Entladung (Anfangsspannung nach 10% Entladung)

Entladezeit Std.	½	1	2	3	5	7½	10
Bsn 12 und Bsn 27							
Anfangsspannung V	1,82	1,88	1,92	1,94	1,96	1,97	1,98
Mittelspannung V	1,76	1,83	1,87	1,89	1,91	1,93	1,94
Schlußspannung V	1,67	1,75	1,78	1,80	1,81	1,82	1,83
Bsn 54							
Anfangsspannung V	1,79	1,86	1,91	1,93	1,95	1,97	1,98
Mittelspannung V	1,74	1,82	1,87	1,89	1,91	1,93	1,94
Schlußspannung V	1,65	1,74	1,77	1,79	1,81	1,82	1,83
Bsn 108							
Anfangsspannung V	1,77	1,84	1,90	1,92	1,95	1,97	1,98
Mittelspannung V	1,71	1,80	1,86	1,88	1,90	1,92	1,93
Schlußspannung V	1,62	1,72	1,76	1,78	1,80	1,82	1,82
Bsn 216							
Anfangsspannung V	1,71	1,81	1,88	1,91	1,94	1,96	1,97
Mittelspannung V	1,66	1,77	1,84	1,87	1,90	1,92	1,93
Schlußspannung V	1,56	1,68	1,74	1,77	1,79	1,81	1,82
Bsn 324							
Anfangsspannung V	1,69	1,79	1,87	1,90	1,93	1,95	1,97
Mittelspannung V	1,64	1,75	1,83	1,86	1,89	1,91	1,93
Schlußspannung V	1,55	1,67	1,73	1,76	1,79	1,80	1,81

Ladung: Der Nennladestrom = 3stündiger Entladestrom wird zweckmäßig bei Eintritt der Gasentwicklung (2,4 V je Zelle) auf ⅓ durchgehend oder fallend von ½ auf ¼ bis zum Ladeschluß herabgesetzt. Beim Anstieg der Ladespannung auf 2,4 V/Zelle entweichen an der positiven Platte Sauerstoff-, an der negativen Platte Wasserstoffbläschen.

Ladeschlußspannung 2,75 V je Zelle.

Bleiakkumulatoren (Fortsetzung)

Ruhespannung: Je Zelle = Säuredichte + 0,84 V, also bei einer vollgeladenen Zelle mit einer Säuredichte von 1,20 = 1,20 + 0,84 = 2,04 V.

Beispiele:

1. Eine Batterie soll 200 A 3 Stunden lang hergeben. Kapazität C = 200 × 3 = 600 Ah. Nach Tabelle 2 kommt eine Type Bsn 54 in Betracht, und zwar mit 600 : 54 = 11 oder 12 Plattenpaaren.
   11 Bsn 54 hat eine Kapazität von 11 × 54 = 594 Ah bei 594 : 3 = 198 A Entladestromstärke (AFA-Type 11 × L2 = L22).
   12 Bsn 54 hat eine Kapazität von 12 × 54 = 648 Ah bei 648 : 3 = 216 A Entladestromstärke (AFA-Type 12 × L2 = L24).
2. Welche Kapazität haben diese Typen bei 10stündiger Entladung? Nach Tabelle 3
   11 Bsn 54 = 11 × 72 = 792 Ah bei 79 A
   12 Bsn 54 = 12 × 72 = 864 Ah bei 86 A

Zellenzahl:

Bei Anlagen ohne Regelung der Batteriespannung rechnet man im allgemeinen mit der Nennspannung von 2 V, besonders bei Anlagen mit Spannungen unter 100 V:

12 Volt ... 6 Zellen 32 Volt ... 16 Zellen
24 Volt ... 12 Zellen 60 Volt ... 30 Zellen

In Licht- und Kraftanlagen, wo auf gleichbleibende Netzspannung geachtet wird, berechnet man die Zellenzahl nach der Entladeschlußspannung Tabelle 4. Gebräuchlich sind für kleine und mittlere Anlagen unter Zugrundelegung einer Entladeschlußspannung von 1,83 Volt:
für 110 Volt ... 60 Zellen, für 220 Volt ... 120 Zellen.

Zur Einstellung der Batteriespannung dient der **Zellenschalter.** Um bei Ladeschluß 110 V zu haben, sind 110 : 2,75 = 40 Zellen erforderlich; es sind also 60—40 = 20 Zellen abschaltbar einzurichten = ⅓ der Batteriezellenzahl. Der Doppelzellenschalter hat deshalb 21 Kontakte, zwischen denen bei 110 V immer 1 Zelle, bei 220 V immer 2 Zellen liegen. Soll die Spannung nur bei der Entladung geregelt werden, so genügt ein Einfachzellenschalter. Hierbei rechnet man zu Beginn der Entladung zur Sicherheit mit 2,1 V Zellenspannung; für 110 V sind also 52 Zellen nötig, und es müssen 60—52 = 8 Zellen = rd. ⅛ der Batteriezellenzahl abgeschaltet werden.

In Fernmeldeanlagen werden statt der Zellenschalter auch alkalische Gegenzellen verwendet, die eine Gegenspannung von 2 bis 2,5 V haben.

Für Spannungsverlust im Netz sind entsprechend mehr Zellen aufzustellen.

Tabelle 5: **Umrechnungstabelle für 100 l Säure.** Die Säuredichte, in g/cm³ gemessen, entspricht der Wichte der Säure.

Akkumulatoren-Säure		Schwefelsäure 96 %	destilliert. Wasser
Grad Beaumé	Säuredichte	Liter	Liter
22	1,18	16	84,30
23	1,19	17	83,32
24	1,20	18	82,34
25	1,21	19	81,36
26	1,22	20	80,38
27	1,23	21	79,40
28	1,24	22	78,42
29	1,25	23	77,44
30	1,26	24	76,46
31	1,27	25	75,48
32	1,28	26	74,50

Die Änderung der Säuredichte während der Ladung und Entladung ist ein Maßstab zur Überwachung der Batterie. Sie ist jedoch bei den einzelnen Bauarten und Zellengrößen verschieden und abhängig von der bei der Füllung verwendeten Säuredichte (1,20, 1,24 oder 1,28) und von der Entladezeit.

Tabelle 6: **Änderung der Säuredichte** bei Ladung und Entladung.

	Ladung	Entladung
Anfang	1,17	1,24
nach 1 Std.	1,18	1,23
„ 2 „	1,195	1,223
„ 3 „	1,123	1,217
„ 4 „	1,21	1,213
„ 5 „	1,217	1,21
„ 6 „	1,223	1,205
„ 7 „	1,226	1,2
„ 8 „	1,23	1,195
„ 9 „	1,233	1,19
„ 10 „	1,235	1,18
„ 11 „	1,237	1,17
„ 12 „	1,24	—

Die Werte der Säuredichte sind Mittelwerte. Die genauen Werte gibt die Lieferfirma an. Ah-Wirkungsgrad (unabhängig von der Entladestromstärke) = 0,90 (Ladefaktor 1,1). Wh-Wirkungsgrad abhängig von der Entlade- und Ladestromstärke) = 0,75···0,70 (Ladefaktor 1,33···1,43).

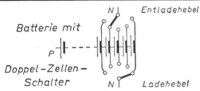

Batterie mit Doppel-Zellen-Schalter — Entladehebel, Ladehebel, N, P

Anschluß-Vorschrift: Verbinde den negativen Endpol der Elemente mit negativem Pol der Ladeleitung, die positiven Pole miteinander. Prüfung durch angefeuchtetes Polreagenzpapier auf Holzunterlage (negativer Pol färbt rot).

Pufferbatterien: Stromaufnahme bei schwachem, Stromabgabe bei starkem Netzbedarf.

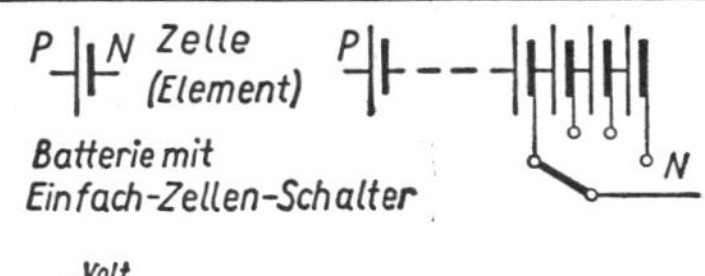

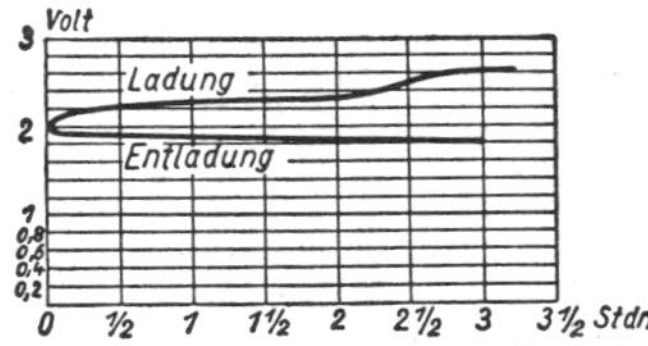

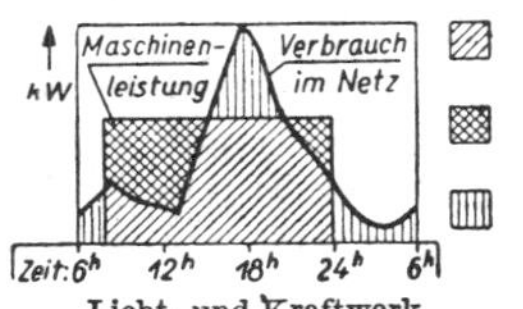

Licht- und Kraftwerk

Maschinen decken Verbrauch (Betrieb von 8···24 Uhr)

Maschinen laden Batterie

Batterie deckt Spitzenverbrauch u. Mindestverbrauch

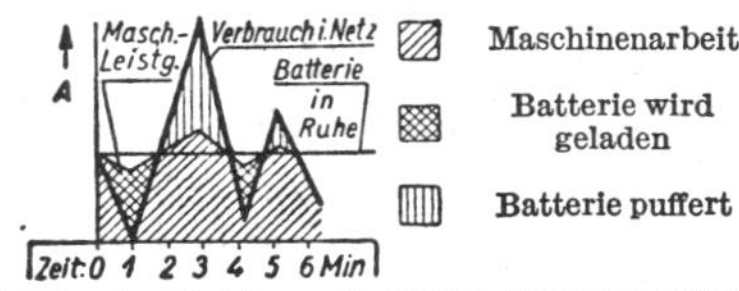

Maschinenarbeit

Batterie wird geladen

Batterie puffert

Bahnkraftwerk (ohne selbsttätige Zusatzmaschine)

13

Fahrzeug-Bleiakkumulatoren und Klein-Batterien

Die Zellen der Fahrzeug-Bleiakkumulatoren haben als positive Platten: Gitterplatten **Gi**, Panzerplatten **Pz** oder Großoberflächenplatten **Gro**.

Eigenschaften:

Batterieart	Gewicht	Raumbedarf	Preis	Unterhaltungskosten	Lebensdauer Entladungen +Platten	Lebensdauer Entladungen —Platten
Gi	gering	gering	niedrig	höher	300···350	600···700
Pz	mittel	mittel	höher	mittel	1000	1000
Gro	hoch	hoch	hoch	gering	1000	2000

Anwendungsgebiete:
Gi: Elektrofahrzeuge, Elektrokarren, Starter, Triebwagen. **Pz, Gro:** Verschiebelok., Wasserfahrzeuge, Notbeleuchtung, Notreserve, Elektrokarren mit kleinem Fahrbereich, Zugbeleuchtung.

Batteriegewicht in kg, **Zellenraum** in dm³, kWh-**Kapazität** je Zelle bezogen auf die 5stdge. kWh-Kapazität (nur für Überschlagsrechnungen) und normale **Ladezeit** in Stdn.

Batterieart	Gewicht kg/kWh	Zellenraum dm³/kWh	Kap./Zelle kWh	norm. Ladezeit h
bis **Gi 800**	45···55	17···20	0,14···1,6	7½
bis **Gi 1890**	50···70	19···29	0,6 ···3,7	7½
bis **Pz 1650**	59···75	20···29	0,18···3,3	9
bis **Gro 1080**	93···120	29···38	0,14···2,2	5

Ladeschlußspannung: 2,75 Volt/Zelle.
Zellenzahl bei Aufladung aus 110-V-Netz = 110:2,75 = 40 Zellen;
Zellenzahl bei Aufladung aus 220-V-Netz = 220:2,75 = 80 Zellen.
Kleinere Elektrokarren: 20 Zellen (Aufladung in Reihe).

Schwere Fahrzeuge: 120 oder 160 Zellen (besonderer Ladesatz).
Eisenbahntriebwagen: 168 Zellen.
Ladung: Wie bei den ortsfesten Batterien, meist selbsttätig mit „Pöhler"-Ladeschalter. Ladestromstärke = 5stdger Entladestrom *I* 5. Nachladungen in Betriebspausen können bis zur Gasentwicklung mit höherer Ladestromstärke ausgeführt werden.
Entladestromstärke: Der mittlere Entladestrom soll in der Regel nicht höher als der einstündige Dauerentladestrom *I* 1 sein (Ausnahme Starterbatterien s. u.).
Entladeschlußspannung: 1,83 i. M./Zelle (Starterb. s. u.).
Kapazitäten K 1···K 5 und **Entladestromstärken** *I* 1···*I* 5 in % der 5stdgen (K 5 bzw. J 5 = 100) bei den **Entladezeiten** 1···5 Stunden.

Entladezeit in Stunden		1	2	3	5
Kapazität	%	K 1	K 2	K 3	K 5
		62	77	87	100
Entladestrom	%	*I* 1	*I* 2	*I* 3	*I* 5
		310	190	145	100

Beispiel: Die Batterie für ein gleisloses Elektrofahrzeug soll dauernd 6 kW bei einer 5stdgen Stromzeit/Tag leisten, Ladung am 220-Volt-Netz (80 Zellen).
Lösung: Tägliche Arbeit = 6 · 5 = 30 kWh oder je Zelle 30 000:80 = 375 Wh oder 375:1,83 = rd. **200** Ah bei K 5. Nach Tab. eine **5Gi200** oder **4Pz200.** Gewicht der Gi-Batt.: 80 · 14+10% (für Tröge) = rd. 1200 kg, der Pz-Batt.: 80 · 20,5+10% = rd. 1800 kg. Nach der Überschlagtab. 30 · 45 = 1350 kg für Gi bzw. 30 · 59 = 1770 kg für Pz. Überschläglicher **Raumbedarf:** 30 · 17 = 510 dm³ für Gi bzw. 30 · 20 = 600 dm³ für Pz.

Blei-Zellen für gleislose Batterie-Fahrzeuge
Kurzzeichen (Type): Erste Zahl = Anzahl der positiven Platten. **Gi** = Gitterplatten, **Pz** = Panzerplatten, **Gro** = Großoberflächenplatten. K 5, K 3, K 1 = Kapazität in Ah, *I* 5, *I* 3, *I* 1 = Entladestrom in A bei 5-, 3- u. 1stdger Entladung. K 5 = Nennkapazität bei +30°C nach 80 Entladungen. Anfangskapazität = 65% der Nennkapazität.
Beispiel: 3Gi 80 = Zelle mit 3 positiven Gitterplatten von Nennkapazität 80 Ah.
Abmessungen: *a* = Länge, *b* = Breite, *c* = Höhe in mm.
Gew. = Gewicht gefüllt in kg.

Type	K5	K3	K1, *I*1	*I*5	*I*3	*a*	*b*	*c*	Gew.	alteType
3Gi	**80**	70	50	16	23	51	148	335	6	3Ky210
5Gi	**132**	115	80	26	38	81	148	335	10	5Ky210
6Gi	**160**	140	100	32	46	96	148	335	11,5	—
4Gi	**160**	140	100	32	46	66	197	350	11,5	4Ky225
5Gi	**200**	175	125	40	58	81	197	350	14	5Ky225
7Gi	**280**	245	165	56	81	112	197	355	19,5	7Ky225
3Gi	**150**	130	90	30	43	51	197	410	11	3Ky285
4Gi	**200**	175	125	40	58	66	197	410	14	4Ky285
5Gi	**250**	220	155	50	73	81	197	410	17	5Ky285
6Gi	**300**	260	185	60	87	96	197	410	20	6Ky285
7Gi	**350**	300	215	70	100	112	197	420	23,5	7Ky285
8Gi	**400**	350	250	80	116	127	197	420	27	8Ky285
3Pz	**90**	78	55	18	26	72	157	340	11,5	3Pa220
Pz	**120**	105	75	24	35	72	197	350	13	3Pa230
Pz	**160**	140	100	32	46	93	197	350	17	4Pa230
4Pz	**200**	175	125	40	58	93	197	420	20,5	4Pa290
3Gro	**70**	60	43	14	20	87	147	325	12	3Go39
4Gro	**94**	82	58	19	27	114	147	325	16	4Go39

Blei-Akkumulatoren n. DIN 40 733 Bl. 1 u. 2/7.66
Zellen geschlossener Bauart mit positiven Großoberflächenplatten
Gro Platten hochstehend; **Gro Q** Platten querliegend (hoher Elektrolytraum)
*) Entlade-Schlußspannung

Kurzzeichen		Kapazität bei K 10 Ah	V*)	K 5 Ah	V*)	K 3 Ah	V*)	Einbauart
1 Gro (1 Gro Q)	**6,5**	6,5		5,5		4,8		Kunststoffgefäße
2 Gro (2 Gro Q)	**13**	13	1,83	11	1,82	9,6	1,80	
3 Gro (3 Gro Q)	**19,5**	19,5		16,5		14,4		
12 V 1 Gro	**6,5**	6,5		5,5		4,8		Holzkästen
12 V 1 Gro Q	**6,5**							
12 V 2 Gro	**13**	13	1,83	11	1,82	9,6	1,80	
12 V 2 Gro Q	**13,5**							
12 V 3 Gro	**19,5**	19,5		16,5		14,4		
12 V 3 Gro Q	**19,5**							

Blei-Batterien
für Kraftfahrzeuge nach DIN 72 311 (Bl. 1···7)
K20 Kapaz. in Ah, *I*20 Entladestr. in A b. 20stdger Entl.
K10 Kapaz. in Ah, *I*10 Entladestr. in A b. 10stdger Entl.
*I*170 Entladestr. während 170 Sekund.
U_s Entladeschlußspannung Maße in mm
Minusklemme liegt an Masse.
a Länge, *b* Breite, *c* Höhe, **Gew.** = Gewicht gefüllt.

Licht- und Zündbatterien

Nennspannung 6 Volt	Kapazität K 20 Ah	Kapazität K 10 Ah	Entladestr. *I* 20 A	Entladestr. *I* 10 A	Abmessungen *a* mm	*b* mm	*c* mm	Gew. kg
U_s=5,25 Volt	4,5	4	0,225	0,4	82	95	123	1,9
	8	7	0,4	0,7	82	95	166	2,9
	16	14	0,8	1,4	82	131	166	4,2

Starter- (Anlasser-), **Licht- und Zündbatterien**

Nennspannung 6 Volt	Kapaz. K 20 Ah	Kapaz. K 10 Ah	Entladestrom *I* 170 A	*I* 20 A	*I* 10 A	Abmessungen *a* mm	*b* mm	*c* mm	Gew. kg
U_s=3 Volt (5···7 Sek. nach Entladebeginn 4 Volt)	56	50	186	2,8	5	177	171	220	12,7
	70	62,5	245	3,5	6,3	177	201	220	14,9
	84	75	294	4,2	7,5	177	230	220	17,6
	98	87,5	342	4,9	8,8	177	252	220	19,9
	112	100	392	5,6	10	177	282	220	22,8
	180	162	630	9	16	182	393	250	36,2
	Dgl. für Langeinbau								
	84	75	294	4,2	7,5	493	82	230	—
	90	81	314	4,5	8,1	493	82	230	—
	98	87,5	342	4,9	8,8	493	91	230	—
	105	94	367	5,2	9,4	493	91	230	—
	112	100	392	5,6	10	493	102	230	22
	120	108	410	6	11	493	102	230	—

Starter- (Anlasser-), **Licht- und Zündbatterien**

Nennspannung 12 Volt	Kapaz. K 20 Ah	Kapaz. K 10 Ah	Entladestrom *I*170 A	*I* 20 A	*I* 10 A	Abmessungen *a* mm	*b* mm	*c* mm	Gew. kg
U_s=6 Volt (5···7 Sek. nach Entladebeginn 8 Volt)	56	50	186	2,8	5	182	311	220	25
	70	62,5	245	3,5	6,3	182	366	220	30
	84	75	294	4,2	7,5	182	422	220	34,5
	105	94	368	5,3	9,4	197	513	240	46,5
	135	122	474	6,8	12,2	223	513	240	57
	180	162	630	9	16,2	295	525	250	75

Stahl- (Nickel-Cadmium- und Nickel-Eisen-) Akkumulatoren

nach VDE 0510 und DIN 40751···40756

Stahl-Akkumulatoren unterscheiden sich von den Blei-Akkumulatoren durch ihre Baustoffe und den elektrochemischen Vorgang. Bezüglich der wirksamen Massen unterscheidet man Nickel-Eisen-Akkumulatoren und Nickel-Cadmium-Akkumulatoren. Bei beiden Arten bestehen die positiven Elektroden aus Nickelsauerstoffverbindungen. Die negativen Elektroden der Nickel-Eisen-Akkumulatoren haben als wirksame Masse Eisensauerstoffverbindungen, die Nickel-Cadmium-Akkumulatoren Cadmiumsauerstoffverbindungen oder ein Gemenge beider.

Die Dichte von 1,2 bei 20° C und geladener Zelle der als Elektrolyt dienenden reinen Kalilauge KOH (auch mit Lithiumhydroxyd-Zusatz) ändert sich bei Ladung und Entladung nur unwesentlich; sie ist daher kein Maßstab für den Ladezustand. Bei der Ladung wird das Nickelhydroxyd $Ni(OH)_2$ der positiven Elektrode in die höhere Oxydationsstufe $Ni(OH)_3$ überführt, während in den negativen Elektroden das Eisenhydroxyd $Fe(OH)_2$ zu metallischem Eisen (Fe) bzw. das Cadmiumhydroxyd, $Cd(OH)_3$, zu metallischem Cadmium (Cd) reduziert wird. Bei der Entladung ist der Vorgang umgekehrt.

Die Masse der positiven Platten ist eingebettet bei:

Röhrchenzellen **RA** in senkrecht nebeneinanderstehenden Röhrchen,
Faltbandzellen **FN** in senkrechten, gefalteten Bändern,
Taschenzellen **TN** in waagerecht übereinanderliegenden Taschen.
Nickel-Eisen-Zellen **RAE** werden nur als Röhrchenzellen ausgeführt.

Die negativen Platten sind Taschenplatten.

Taschenzellen werden außer mit normalem (**TN**), mit kleinem (**TK**) und mit besonders kleinem (**TS**) Innenwiderstand gebaut. Der Zahlenwert im Kurzzeichen ist die Anzahl der Ah für 5 stündige Entladung (K 5). **H** bzw. **HW** am Schluß des Kurzzeichens gilt für Zellen mit hohem bzw. hohem und weitem Laugenstand.

Die positiven und negativen Platten sind zu Plattensätzen vereinigt und als Plattenblock in einem Stahlblechgefäß (Zellengefäß) eingebaut, dessen Deckel, aus welchem die Pole herausragen, verschweißt ist. Auf dem Deckel befindet sich zugleich die Füllöffnung bzw. das Zellenventil. Die Akkumulatoren haben daher hohe mechanische Festigkeit.

Ladespannung in Volt je Zelle bei normaler 7 stündiger Ladung mit gleichbleibender Stromstärke:

Nickel-Cadmium-Röhrchen-Zellen **RA** 1,45 bis 1,85 Volt
Nickel-Cadmium-Faltband-Zellen **FN** 1,45 bis 1,85 Volt
Nickel-Cadmium-Taschen-Zellen **TN** 1,35 bis 1,80 Volt
Nickel-Eisen-Röhrchen-Zellen **RAE** 1,60 bis 1,85 Volt

Zellenzahl = Betriebsspannung geteilt durch 1,2 (mittlere Entladespannung).

Ladeschlußspannung = Zellenzahl mal 1,8 bei TN, mal 1,85 bei RA, RAE und FN.

Ladestromstärke = dem 5 stündigen Entladestrom (höhere Ladeströme bis zu einer Laugentemperatur von höchstens +45° C zulässig).

Wirkungsgrad: 71 % in Ah, 50 bis 60 % in Wh.

Einbauart: TN, TK, RA, RAE in Holzträger oder Isolierkästen,
LTN, LRA, LRC, LRD in Stahltröge,
URC in Stahltröge mit Schlagwetterschutz.

Masse und Raumbedarf:

Ausführung	RA, FN, RAE	LRA LRAE	TN	TK	LTK	TS
Wh/kg	26	25	23	21	21	17
kg/Wh	0,038	0,04	0,044	0,049	0,049	0,059
Wh/dm³	37	51	35	33	44	22
dm³/Wh	0,027	0,021	0,029	0,031	0,023	0,046

Kapazität K 0,5 bis K 10 und **Entladestromstärken** I 0,5 bis I 10 in % der 5 stündigen (K 5 bzw. I 5).
Mittlere Entladespannungen U_m 0,5 bis U_m 10 und **Entladeschlußspannungen** U_s 0,5 bis U_s 10 n Volt bei den Entladezeiten 0,5 bis 10 Stunden.

	Entl. Std.	0,5	1	2	3	4	5	8	10
Kapazität	%	K 0,5	K 1	K 2	K 3	K 4	K 5	K 8	K 10
	TN	—	—	—	94	98	100	103	104
	TK	67	83	93	97	99	100	102	104
	TS	80	89	95	98	99	100	101	102
	RA FN	—	—	95	97	99	100	102	103
	RAE	—	—	90	95	98	100	104	106
Entladestromstärke	%	I 0,5	I 1	I 2	I 3	I 4	I 5	I 8	I 10
	TN	—	—	—	157	123	100	65	52
	TK	670	415	233	162	124	100	64	52
	TS	800	445	238	164	124	100	63	51
	RA FN	—	—	237	162	124	100	64	51
	RAE	—	—	225	159	123	100	65	53
Mittlere Entladespann.	Volt	U_m0,5	U_m1	U_m2	U_m3	U_m4	U_m5	U_m8	U_m10
	TN	—	—	—	1,17	1,19	1,20	1,23	1,24
	TK	1,0	1,10	1,17	1,20	1,21	1,22	1,23	1,24
	TS	1,13	1,19	1,22	1,23	1,24	1,25	1,25	1,26
	RA FN	—	—	1,04	1,11	1,14	1,16	1,19	1,20
	RAE	—	—	1,10	1,16	1,19	1,21	1,24	1,25
Entladeschlußspann.	Volt	U_s 0,5	U_s 1	U_s 2	U_s 3	U_s 4	U_s 5	U_s 8	U_s 10
	TN	—	—	—	0,96	0,98	1,0	1,02	1,03
	TK	0,87	0,97	1,04	1,07	1,09	1,10	1,11	1,12
	TS	0,99	1,04	1,07	1,08	1,09	1,10	1,10	1,11
	RA FN	—	—	0,83	0,90	0,93	0,95	0,98	0,99
	RAE	—	—	0,90	0,95	0,98	1,0	1,03	1,04

Zellen-Typenreihen und Ausführungsbeispiele

Anwendung	Type	Kapazität (K 5) von Ah	bis Ah	Beispiel Kurzzch.	Außenmaße mm lang	breit	hoch	Masse kg gefüllt	Lauge
allgemein	TN	7,5	415	TN 11 H	28	81	194	0,85	0,19
	RA, RAE	75	450	RA 112	54	132	346	5,2	1,1
	RC, RCE	225	675	RC 280	84	132	488	13,3	2,85
	FN	2,5	450	FN 150	68	135	346	9,5	2,0
Sonderfälle	TK	74	306	TK 74	56	130	280	4,9	0,69
Zugbeleuchtg.	TN	60	360	TN 60 H	43	186	278	5,5	0,95
	TK	92	317	TK 320 H	125	186	349	13,5	3,15
Elektro-Fahrzeuge	LTN	91	355	LTN 91	51	137	375	6,0	0,72
	LRA	112	300	LRA 300	133	137	369	13,7	2,8
	LRC	225	450	LRC 450	133	137	560	21,9	4,8
	LRD	245	392	LRD 392	133	137	475	17,0	3,5
Gruben-Lok.	URC	225	675	URC 675	147	196	582	31,5	6,85
Starter	TS	72	310	TS 72	54	172	310	6,3	1,12

Doppelzellen für Handleuchten

DIN 40 751, 2,4 Volt Nennspannung;
Normaltypen: Nennkapazität in Ah bei 5 stündiger Entladung (K 5). U_s Entladeschlußspannung in Volt.

Type	Nennkapazität K 5					U_s
DTN	4,5	6,5	7	12	23	2
DR	5	7	—	—	—	1,9
DFN	5	7	—	7,5	—	1,9

Elektroschweißung (Lichtbogenschweißung)

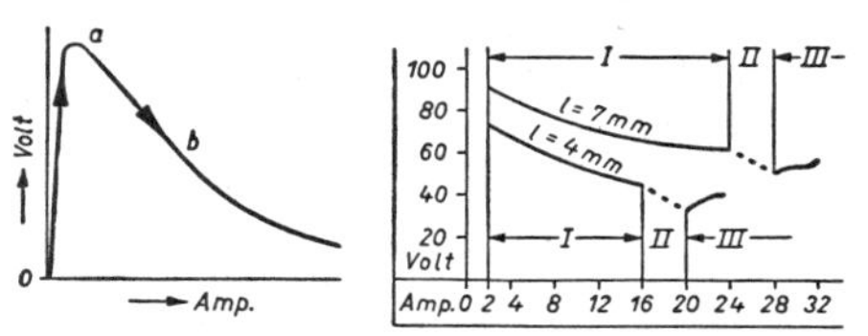

Lichtbogen-Charakteristik

a Leerlaufspannung

b Arbeitsspannung

I ruhige Zone (Schweißz.)
II unruhige Zone
III Zischen
l Lichtbogenlänge

Der Lichtbogen hat eine fallende Charakteristik; mit fallender Spannung und Lichtbogenlänge wächst seine Stromstärke. Die Lichtbogenschweißgeneratoren und Transformatoren passen sich dieser Charakteristik an.

Arbeitsweise: Ein Gleichstrom-Lichtbogen-Schweißgenerator muß den Kurzschlußstrom betriebsmäßig kurzfristig aushalten können.
Ein Gleichstrom-Lichtbogen-Schweißumformer besteht aus einem oder mehreren Schweißgeneratoren und einem Antriebsmotor.

Betriebsarten: 1. Dauerbetrieb (DB) für selbsttätige oder ähnl. Schweißung. 2. Handschweißbetrieb (HSB) z. B. Einschaltung 66 Sek., Kurzschluß 2 Sek., Leerlauf 54 Sek.; Spiel zusammen 122 Sek.

Spannung und Strom: Man unterscheidet Leerlauf-, Arbeits- und Lichtbogenspannung; Schweiß-, Dauerschweiß- und Nenn-Handschweißstrom, der nach VDE 0530 zugelassen ist.
Genormte Arbeitsspannungswerte:
für Schweißströme bis 100 A 15 V, bis 200 A 20 V, bis 250 A 25 V, bis 350 A 30 V, bis 500 A 35 V, über 500 A 40 V.

Stellbereich: Der Nenn-Handschweißstrom ist der größte einstellbare Strom, der kleinste muß $^1/_5$ bis $^1/_6$ davon betragen.
Vergleiche hierzu VDE 0540.

Lichtbogenbildung: Ziehen und Halten des Lichtbogens muß bei Verwendung von blanken Stahlelektroden in allen Stellungen (waagerecht, senkrecht und auch überkopf) möglich sein.

Leistungsschilder müssen enthalten: 1. Hersteller. 2. Modell oder Listennummer. 3. Fertigungsnummer. 4. Nenndrehzahl. 5. Höchste Leerlaufspannung. 6. Stellbereich. 7. Betriebsart; Beispiele DB···A···V oder HSB···A···V. (Für HSB zusätzlich auch Angaben für etwaigen DB.) 8. Nenn-Erregerspannung.

a) Einstellung durch verstellbare Polfüllung

b) Einstellung durch Steller im Knotenpunkt der parallelen Feldhälften

Charakteristik

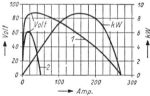

Rosenberg-Schweißgenerator

Der selbsterregte Rosenberg-Generator besitzt bereits fallende Charakteristik. Das vom Schweißstrom hervorgerufene Gegenfeld schwächt das Primärfeld. Der Reststrom (Primärstrom minus Schweißstrom) erzeugt in jedem Augenblick die richtige Arbeitsspannung. Durch in der Achsrichtung verschiebbare Eisenfüllungspole (Stellpole) kann das Primärfeld geschwächt und damit ein geringerer Schweißstrom eingestellt werden.

Selbsterregte Nebenschlußgeneratoren müssen eine Dämpferwicklung erhalten, da sie sonst nach einem Kurzschluß zu träge zünden.

Bei den Schweißgeneratoren mit Eigenerregung und Gegenverbundwicklung wird die Zündspannung durch den Nebenschlußsteller des Erregergenerators eingestellt. Die Gegenverbundwicklung schwächt die Spannung bei wachsendem Schweißstrom. Die Hilfspole unterdrücken die Funkenbildung. Zur Beruhigung des Lichtbogens dienen Drosselspulen.

Die **Krämer**schaltung besitzt außerdem noch eine selbsterregte Nebenschlußwicklung, die bewirkt, daß die Arbeitsspannung im Schweißgebiet (15···30 V) steiler abfällt.

Elektroschweißung (Fortsetzung)

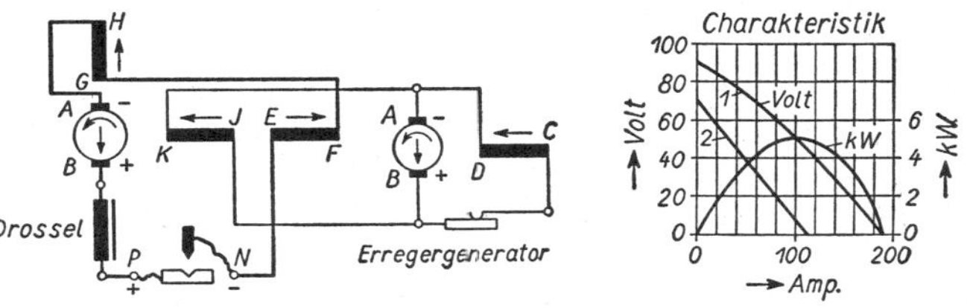

Schweißgenerator mit Eigenerregung und Gegenverbundwicklung

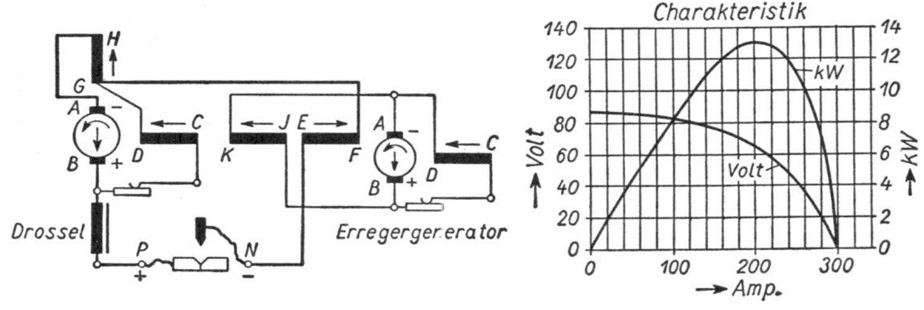

Schweißgenerator in Krämerschaltung

Schweißtransformatoren

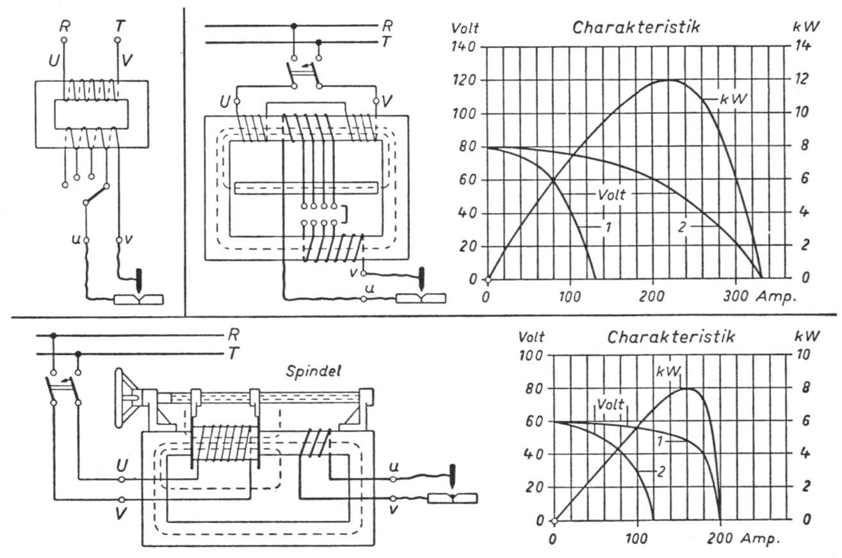

Schweißtransformatoren baut man mit großer magnetischer Streuung, d. h. man läßt einen Teil der magnetischen Feldlinien nicht durch die Schweißstromwicklung (Sekundärwicklung) gehen. Einstellung durch Anzapfung. **durch Veränderung der Lage der Spulen zueinander oder durch Vertauschen von stärker induzierten Spulenteilen gegen schwächer induzierte Spulenteile. Die Leerlaufspannung wird gewöhnlich durch Anzapfungen auf der**

13

Elektroschweißung (Fortsetzung)

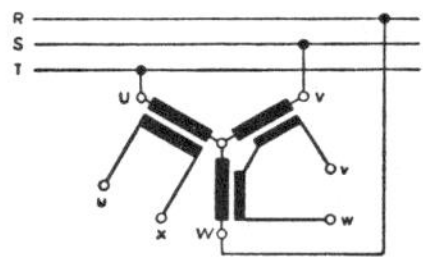

Scottsche Schaltung

Primärseite eingestellt. Beim Anschluß von zwei Transformatoren verteilt man die Schweißleistung auf die drei Phasen durch Scottsche Schaltung.

Ein Lichtbogen-Schweißtransformator muß in Arbeitsweise, Betriebsarten, Spannung, Strom, Stellbereich usw. dem Schweißgenerator S. 148 gleichen. Das Leistungsschild muß außerdem enthalten: Schaltung; Nenn-Primärspannung, Primärstrom, Kurzschlußstrom; Nennleistung, Kurzschlußleistung, Leistungsfaktor. **Vgl. VDE 0541.**

Die Vorteile der Gleichstromschweißung werden durch den geringen Wirkungsgrad der Schweißmaschinen (Motorgeneratoren) wirtschaftlich stark beeinträchtigt. Man baut daher auch ortsveränderliche Schweißgleichrichter (mit Trockengleichrichter, s. S. 143).

Zum Niederschmelzen von 1 kg Schweißstoff (Elektroden) braucht man etwa 2 kWh. Geschweißt wird bei Gleichstrom mit Minus an der Elektrode, bei umhüllten Elektroden auch mit Plus.

Wechselstromschweißung: Ummantelte Elektroden (teuer); Gleichstromschweißung: meist nackte Elektroden (billiger); Lichtbogen steht besser.

Bei der UP-Schweißung wird die Schweißstelle durch ein Pulver, bei der Schutzgasschweißung durch ein Gas von der Umgebung abgeschlossen.

Widerstandsschweißung (Stumpf-, Punkt- und Rollenschweißen)

Die Widerstandsschweißung ist auf bestimmte Querschnitte und Wechselstrom beschränkt. (Wo nur Gleichstrom zur Verfügung steht, erzeugt man den erforderlichen Wechselstrom durch einen Motorgenerator mit Wechselstrom-Schweißgenerator, z. B. für 3 Spannungen.) Die Schweißstelle wird beim Stromdurchgang vom Kern nach der Oberfläche erhitzt. Der Widerstand der Schweißstelle ist klein, die Stromstärke groß, die Spannung niedrig (1,5 bis 5 Volt). Der Transformator ist in der Maschine eingebaut. Die Einspannstellen sind gekühlt.

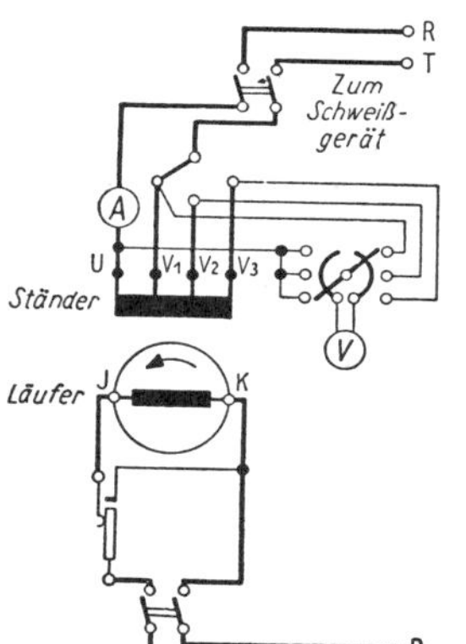

Wechselstrom-Schweißgenerator für 3 Spannungen

Stumpfschweißen von Stahl und Kupfer*)

Maschinen-(Trafo-)Leist. kVA	1,5	2	3	7,5	15	25	40	60	80	120	200
Stahlquerschnitt der Schweißstelle .. mm²	30	50	80	200	400	600	1000	1500	2000	3000	5000
Kupferquerschnitt der Schweißstelle .. mm²	15	20	40	75	150	200	350	500	700	1000	1600
Schweißdauer bei Stahl s	2	4	5	15	30	40	60	100	130	180	265
Leistungsfaktor .. etwa	0,8	0,8	0,8	0,7	0,7	0,7	0,6	0,5	0,4	0,4	0,3

Punktschweißen von Stahlblechen

Maschinen-(Trafo-)Leist. kVA	1,5	3	7,5	15	25	40
Höchste Einzelblechdicke .... mm	0,5	1	1,5	4	7,5	10
Schweißdauer ...... s	0,8	1,3	1,8	4	7,4	10

Anmerkung: Das Schweißen der starken Kupferquerschnitte ist wegen der großen Leitfähigkeit schwierig. Die Schweißdauer wächst mit der Einspannlänge. Daher kurz einspannen, sonst bis zu 100% Mehrverbrauch an elektrischer Arbeit.

Elektrische Nietwärmer bestehen aus einem Transformator, der die Netzspannung auf 3 Volt herabsetzt. Die Einspannstellen sind gekühlt. Stromverbrauch, Dauer und Kosten der Erwärmung eines mittelgroßen Nieterhitzers gibt die nachstehende Tabelle.

Anzahl der Erwärmungskontakte		Niete				Elektrische Angaben					Preis für die Erwärmung eines Nietes bei einem Strompreis von 0,10 DM je kWh
		Durchmesser	Länge	je Stunde werden erwärmt		Erforderliche Energie an der Maschine		für ein Niet erforderliche Erwärmung an einer Kontaktstelle		erforderliche Energie in kWsec	
an der Maschine	im Betrieb	mm	mm	je Maschine Stück	je Kontakt Stück	mittl. Leistung kW	Höchstleistung kW	Massenerwärm. sec	Einzelerwärm. sec		Pf
3	3	10	20	430	143	4,2	14	25	7,5	35	0,097
		13	26	384	128	7,9	20	29	11	75	0,208
		16	32	336	112	13,9	30	32	17,5	148	0,411
		20	40	186	62	16,9	36	58	27	325	0,977
	2	23	42	96	48	14,2	31	76	35	540	1,500
		25	52	76	38	16,2	35	93	42	750	2,083

*) Bei der „Abschmelz-Stumpfschweißung“ werden die Schweißflächen durch den zwischen ihnen durch wiederholtes Annähern und Entfernen erzeugten Lichtbogen vorerhitzt.

Blitzschutz und Blitzableiter

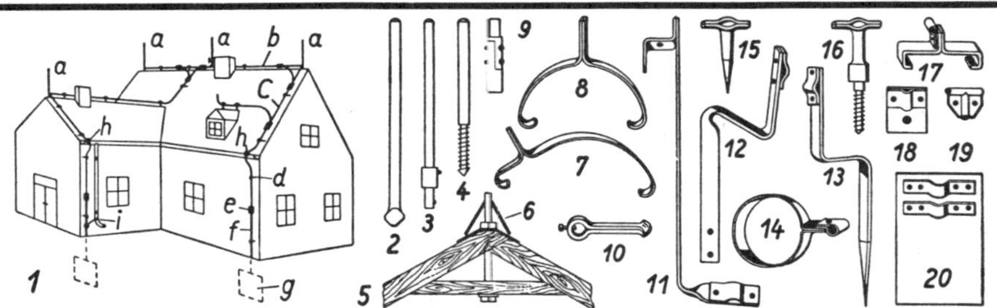

Abb. 1: **a.** Auffangstangen. — b. Dachleitung. — c. Gebäudeleitung. — d. Leitungsstütze. — e. Trennstück. — f. Erdeinführung. — g. Erdplatte. — h. Dachrinnenanschluß. — i. Rohrschelle. Abb. 2. u. 4. Auffangstangen (DIN 48802). — 3. Schornsteinschutzstange (48802). — 5. Befestigung einer Auffangstange. — 6. Dachdurchführung (48808). — 7. u. 8. Dachleitungsstützen an First und Gratsteinen (48826). — 9. Trennstück (48836). — 10. Befestigungsanker (48805). — 11. Dachleitungsstütze für Ziegeldächer (48826). — 12. u. 13. Dachleitungsstützen für den Dachfirst (48826). — 14. Rohrschelle mit Klemmschuh. — 15. Leitungsstütze (48828). — 16. Dachleitungsstütze für Schiefer- und Pappdächer (48828). — 17. Klammer mit Klemmschuh. — 18. u. 19. Verbindungsstücke (48836). — 20. Erdplatte (48852).

Blitze sind elektrische Funken von größter Stärke und Spannung. Sie sind die sichtbaren Begleiterscheinungen des Ausgleichs gewaltiger elektrischer Spannungsunterschiede zwischen Wolken oder zwischen Wolken und Erde. Sie bewirken Erschütterungen der Luftmassen (Donner), entzünden brennbare Stoffe (Brandgefahr) und suchen den kürzesten Weg durch erhöhte Gegenstände (Blitzeinschlag in Bäume, Häuser, Menschen, Tiere usw.).

Blitzschutz. Da die Elektrizität ihren Weg durch gut leitende Metalle ohne Funkenbildung zurücklegt, schützt man Bauten durch Blitzableiter.

Auffangvorrichtungen sind besonders erforderlich auf Turm- und Giebelspitzen, Schornsteinen, Dunstschloten, Antennenmasten, Fahnenstangen, Firsten. Ist der Höhenunterschied zwischen First- und Traufkante <1 m, so müssen bei Gebäudebreiten unter 20 m nur Trauf und Giebelkanten, bei über 20 m auch der First Auffangeinrichtungen erhalten. Bei Fabrikschornsteinen genügt als Auffangeinrichtung eine metallene Kopfplatte oder ein Spannring aus verzinktem Flachstahl von 10 mm Dicke mit kurzen oder ohne Auffangstangen. Für Ableitungen wird verzinkter Rundstahl 10 mm ⌀, verzinkter Bandstahl $30 \times 3{,}5$ mm², Kupferseil oder Rundkupfer nach Tabelle verwendet. Stangenbaustoff meistens verzinkter Rundstahl (DIN 48802).

Mindestabmessungen der Leitungen:

Werkstoff	oberirdisch	unterirdisch
Rundstahl, verzinkt	8 mm ⌀	10 mm ⌀
Bandstahl, verzinkt	$20 \times 2{,}5$ mm	$30 \times 3{,}5$ mm
Stahlseil	unzulässig	unzulässig
Rundkupfer	8 mm ⌀	8 mm ⌀
Bandkupfer	$20 \times 2{,}5$ mm	$20 \times 2{,}5$ mm
Kupferseil	7×3 mm ⌀	unzulässig
Rundaluminium	10 mm ⌀	unzulässig
Aluminiumseil	unzulässig	unzulässig

Werden vorhandene Leitungen aus Zink und Blei als Hauptleitungen benutzt, z. B. Regenfallrohre oder Wasserleitungen, so muß der metallische Querschnitt mindestens 100 mm² betragen.

Befestigung der Leitungen durch Halter (verzinkter Stahl) in Abständen von 1 bis 1,5 m. Bei Kupferleitungen **können** Halter aus Kupfer oder Bronze verwendet werden. Gegen unmittelbar aufliegende Befestigung mit Haken oder Krampen in etwa 1 m Abstand oder Verlegen in Putz ist nichts einzuwenden.

Dachleitungen sind über die Stellen hinwegzuführen, die dem Einschlagen des Blitzes am meisten ausgesetzt sind (Wetterseite). Zu den Ableitungen führende Dachleitungen sollen nicht weiter als 20 m voneinander entfernt sein.

Ableitungen: An jedem Gebäude sollen zwei Ableitungen vorhanden sein. Ihr Abstand soll nicht mehr als 20 m betragen. Einzelstehende Schornsteine und Türme mit mehr als 40 m Höhe erhalten 2 Ableitungen im Mindestabstand der Stegeisenbreite. Ableitungen sind über dem Erdboden vor Beschädigung zu schützen (DIN 48850). — Verbindungen sind vor Oxydation durch wetterfesten Anstrich zu schützen. Natürliche Ableitungen (Gas- und Wasserleitungen, Fallrohre der Dachrinnen) sollen mit der Blitzableiteranlage leitend verbunden sein.

Erdungen. Haupterder: Gas- und Wasserrohre, Brunnen-Stahlrohre oder Pumpen, in das Grundwasser versenkte Kupfer- oder Stahlplatten. **Nebenerder:** Rohre, Schienen, Anschlüsse an Geleise, unterirdische Verbindungen mit Erdern von Starkstromanlagen mit Betriebsspannungen unter 1000 V. Baustoffe wie für Leitungen. Plattenerder sind zu vermeiden; wenn aus besonderen Gründen erforderlich, Erdplatten aus verzinktem Stahl nicht unter 3 mm dick, aus Kupfer nicht unter 1,5 mm, Größe 0,5 m² (DIN 48852). - Grundwasser bietet gute Erdung (Verlegung der Erder in feuchtes Erdreich).

Richtlinien für den Anschluß der Blitzableiter an Wasser- und Gasleitungsrohre

Die Hausleitungen für Wasser und Gas sollen nach Möglichkeit als Gebäudeleitungen zum Blitzschutz mitbenutzt werden, soweit sie hinter dem Messer oder dem Hauptabsperrhahn innerhalb des Gebäudes verlaufen. Rohrleitungen u. dgl. werden mittels Rohrschellen angeschlossen.

Blitzableiter an Sprengstofflagern

Sprengstofflager in Steinbrüchen usw. sind besonders zu schützen durch Vervielfältigung der Gebäudeleitungen und Erdungen. Verlegen der Einschlagstellen ringförmig in einiger Entfernung vom Gebäude. Auffangstangen sind im Abstand 5 m von den Giebelecken zu errichten.

Planung und Ausführung einer Schutzanlage

Bei allen Planungen sind die Richtlinien für den Gebäudeblitzschutz zu beachten. Als Bauteile sind die durch den Ausschuß für Blitzableiterbau genormten Bauteile zu verwenden (DIN 48802, 48805, 48808, 48826, 48827, 48828, 48836, 48843, 48845, 48850, 48852, 48860).

Lichttechnik nach DIN 5031 bis 5036

A. Lichtquellen

1. Lichtstrom (Φ) und Lichtmenge (Q)

Lichtquellen sind Einrichtungen (Lampen, Leuchtröhren), mit denen man eine Energieform in Lichtenergie umsetzen kann, z. B. elektrische Energie in Glüh-,Bogen-, Metalldampf- oder Leuchtröhren-Lichtenergie. Die Lampen werden genauso wie z. B. die Elektromotoren nach ihrer Leistung beurteilt. Die Lichtleistung wird als Lichtstrom (Φ) bezeichnet. Die Einheit der elektrischen Leistung ist das Kilowatt (kW), die Einheit der Lichtleistung und damit des Lichtstromes das Lumen (lm). Der Lichtstrom einer elektrischen Lichtquelle ist die von ihr **abgestrahlte** Lichtleistung (nicht etwa der von ihr aufgenommene elektrische Strom).

Ist eine Lichtquelle eine gewisse Zeit im Betrieb, so leistet sie eine bestimmte Lichtarbeit, die Lichtmenge (Q), die sich aus der Vervielfachung des Lichtstromes mit der Zeit ergibt. **Lichtmenge = Lichtstrom × Zeit;** $Q = \Phi \cdot t$. Die Einheit der Lichtmenge ist die **Lumenstunde** (lmh); vgl. kWh bei der elektrischen Arbeit. In einer bestimmten Brennzeit liefert z. B. eine Glühlampe für eine gewisse Anzahl kWh eine entsprechende Anzahl von lmh. Ist z. B. eine 200-Watt-Lampe fünf Stunden im Betrieb, so verbraucht sie $\frac{5 \times 200}{1000} = 1$ kWh. Der Lichtstrom einer 200-Watt-Lampe (220 Volt) beträgt (nach S. 156, Tab. 1) 2950 lm, sie liefert daher in dieser Zeit $5 \times 2950 = 14\,750$ lmh.

2. Lichtstärke (I)

Der Lichtstrom einer frei ausstrahlenden Lichtquelle erfüllt den ganzen Raum. Ein Teil dieses Lichtstromes erfüllt einen Raumwinkel (ω) als Teil des ganzen Raumes. Einen ebenen Winkel (Flächenwinkel) mißt man mit der Länge des von diesem Winkel auf dem Kreis mit dem Halbmesser 1 ausgeschnittenen Kreisbogens. Der Raumwinkel wird durch die von ihm auf der Oberfläche der Kugel mit dem Halbmesser 1 ausgeschnittene Kugelfläche bestimmt. Wie der Flächenwinkel also durch das Verhältnis des Kreisbogenstückes zum Kreishalbmesser gemessen wird (Einheit, wenn Bogen gleich Halbmesser), so wird der Raumwinkel durch das Verhältnis des Kugeloberflächenstückes zum Quadrat des Kugelhalbmessers bestimmt (Einheit, wenn Kugelflächenstück gleich dem Quadrat des Halbmessers). Die gesamte Oberfläche der Kugel, d. h. der volle Raumwinkel, hat $4 \times 1^2 \times \pi = 12{,}566$ Einheiten.

14

Der Lichtstrom strahlt im allgemeinen nach verschiedenen Richtungen mit verschiedener Stärke; er ist also in gleich großen, aber verschieden gerichteten Raumwinkeln verschieden groß. So ist z. B. beim Tiefstrahler die Stärke des Lichtstromes in der Senkrechten (Ausstrahlungswinkel 0°) größer als bei 40°. Mißt man den in einen Raumwinkel gestrahlten Lichtstrom und teilt ihn durch die Größe des Raumwinkels, so erhält man die mittlere Lichtstärke in diesem Raumwinkel. Wird in einer bestimmten Richtung der Raumwinkel so klein gewählt, daß praktisch in diesem die Dichte des Lichtstromes unverändert ist, oder ist die Lichtquelle klein im Verhältnis zur Meßentfernung, so stellt der Bruch Lichtstrom durch Raumwinkel die **Lichtstärke** (I) in dieser Richtung dar. Lichtstärke = Raumwinkellichtstromdichte: $I = \frac{\Phi}{\omega}$. Die Lichtstärke ist immer an eine bestimmte Richtung gebunden. Bei Angabe der Größe einer Lichtstärke ist daher immer die Richtung, in der dieser Wert vorhanden ist, zu nennen. Hierzu dienen Lichtverteilungskurven (s. unter Leuchten). Die heute international festgelegte Einheit für die Lichtstärke ist die Candela (cd). Erstarrendes Platin (1769 °C) strahlt aus 1 cm² Öffnung eine Lichtstärke von 60 cd aus. Die Candela ist die Lichtstärke, mit der ein schwarzer Strahler bei der Temperatur des beim Druck einer physikalischen Atmosphäre erstarrenden Platins senkrecht zu seiner Oberfläche leuchtet, wenn diese $\frac{1}{600000}$ m² beträgt. Frühere Lichtstärkeeinheit war die „Hefner-Kerze" (HK). Für das Licht einer normalen Glühlampe oder Leuchtstofflampe entspricht 1 cd = 1,16 HK.

Der Lichtstrom 1 Lumen wird erhalten, wenn eine Lichtquelle die Lichtstärke 1 candela gleichmäßig in die Einheit des Raumwinkels strahlt.

1 Lumen ist der Lichtstrom, den 1 cd aus dem Mittelpunkt einer Kugel mit dem Radius 1 m auf jedes m² Kugelfläche aussendet.

3. **Lichtausbeute** (η). Die Lichtausbeute η einer Lichtquelle ist der Quotient aus dem von ihr ausgestrahlten Gesamtlichtstrom und der aufgenommenen Leistung (P) in Watt:

$$\text{Lichtausbeute} = \frac{\text{Lichtstrom in lm}}{\text{Leistung in Watt}}; \quad \eta = \frac{\Phi}{P} \cdots \text{lm/W}$$

Die 200-Watt-Lampe des Beispiels hat eine Lichtausbeute von $\frac{2950}{200} = 14{,}75$ lm/W.

4. Der **Wirkungsgrad** (ηL) einer betriebsmäßigen Lampenausrüstung ist das Verhältnis der Lichtströme der Lampe mit und ohne Ausrüstung (Leuchte). Die 200-Watt-Lampe mit Leuchte liefere einen Lichtstrom von 2320 lm, dann beträgt der Wirkungsgrad der Leuchte $\eta L = \frac{2320}{2950} = 0{,}8$. Zum Vergleich des Wirkungsgrades verschiedener Leuchten sind zusätzliche Angaben über die Art der Leuchte, ihre Lichtverteilung und Leuchtdichte zu machen.

5. Die **Lebens- und Nutzbrenndauer** sind bei den heutigen Glühlampen und Gasentladungslampen etwa gleich groß. Als Lebensdauer bezeichnet man die Dauer der Betriebsfähigkeit (z. B. begrenzt durch Fadenbruch), als Nutzbrenndauer die Zeit, in der der Lichtstrom um einen zu vereinbarenden Teil seines Anfangswertes abgenommen hat.

6. Die **Leuchtdichte** (B) einer Fläche (A) in einer bestimmten Richtung (Winkel ε gegenüber Flächennormalen) ist der Quotient aus der Lichtstärke der Fläche (I) in dieser Richtung und der senkrechten Projektion der Fläche auf eine zu dieser Richtung senkrechte Ebene. Die Leuchtdichte ist eine lichttechnische Grundgröße, die für den im Auge hervorgerufenen Helligkeitseindruck wesentlich maßgebend ist. Die Leuchtdichte 1 Stilb (sb) wird erhalten wenn die Lichtstärke 1 candela von einer ebenen Fläche von 1 cm² in senkrechter Richtung ausgestrahlt wird.

$$\text{Leuchtdichte} = \frac{\text{Lichtstärke i. d. Ausstrahlungsrichtung}}{\text{Fläche (cm}^2) \times \cos\varepsilon}.$$

$$B = \frac{I_\varepsilon}{A \cdot \cos\varepsilon}$$

ε = Ausstrahlungswinkel (Winkel zwischen Ausstrahlungsrichtung und Flächennormale).

Das Apostilb (asb) ist eine kleinere Untereinheit der Leuchtdichte. Es ist

$$1 \text{ asb} = \frac{1}{10\,000\,\pi} \text{ sb}$$

In einfachen Fällen genügt die Berechnung von Beleuchtungsanlagen nach der Leuchtdichte.

Die **spezifische Lichtausstrahlung** (R) einer leuchtenden Fläche (A) ist der Quotient aus dem von dieser Fläche ausgestrahlten Lichtstrom und der Größe der Fläche (Flächenlichtstromdichte der Ausstrahlung) in lm/cm²: $R = \Phi : A$. Die Lichtausstrahlung 1 Phot (ph) wird erhalten, wenn der Lichtstrom 1 Lumen von der Fläche 1 cm² ausgestrahlt wird.

B. Beleuchtung

Die Beleuchtungsstärke (E) einer Fläche ist der Quotient aus dem auf diese fallenden Lichtstrom und der Größe der Fläche in m² (Flächenlichtstromdichte der Einstrahlung). Die Einheit der Beleuchtungsstärke ist das Lux (lx). Die Beleuchtungsstärke 1 Lux

Lichttechnik (Fortsetzung)

wird erhalten, wenn der Lichtstrom 1 Lumen auf die Fläche 1 m² eingestrahlt wird. Zur Bewertung einer Beleuchtung gehören folgende Angaben:

1. **Mittlere Beleuchtungsstärke** (E_m) auf der Arbeits- oder Gebrauchsfläche. Die Beleuchtungsstärkenwerte sind entsprechend der verschiedenen Lichtstromdichte innerhalb eines größeren Raumwinkels verschieden. Das Verhältnis des gesamten die Fläche treffenden Lichtstromes zur Flächengröße stellt daher die mittlere Beleuchtungsstärke der Fläche dar, um die die Beleuchtungsstärken der Flächenteile nach oben und unten schwanken. Je kleiner die Fläche wird, um so geringer werden diese Schwankungen. Auf einer kleinen punktförmigen Fläche sind Unterschiede praktisch nicht mehr möglich. Das Verhältnis $\Phi : F$ ist dann die Beleuchtungsstärke in diesem Punkt.

Es ist gleichgültig, ob der Lichtstrom von einer oder mehreren Leuchten geliefert wird.

2. **Geringste und höchste Beleuchtungsstärke** (E_{min} und E_{max}) sowie Gleichmäßigkeit der Beleuchtung $\frac{E_{min}}{E_{max}}$ mit dem Zähler 1. Außer der mittleren Beleuchtungsstärke wird gewöhnlich nur die „Beleuchtungsstärke der ungünstigsten Stelle", also E_{min}, vorgeschrieben. Die erforderliche Gleichmäßigkeit kann durch Leuchten mit geeigneter Lichtverteilung, Zahl und Verteilung der Leuchten, passende Wahl des Verhältnisses zwischen Aufhängehöhe und ihrem Abstand und durch Heranziehung der Reflexion von Decken, Wänden und Einrichtungsgegenständen des Raumes erreicht werden.

3. **Raumwirkungsgrad** (ηR). Praktisch wird der von der Leuchte gelieferte Lichtstrom nicht vollständig auf die zu beleuchtende Fläche auftreffen. Der auf die Fläche auftreffende Teil heißt Nutzlichtstrom ΦN; er ist das Produkt aus der mittleren Beleuchtungsstärke in Lux und der Meßfläche in m². Der Raumwirkungsgrad ηR für eine Fläche ist das Verhältnis des Nutzlichtstromes zu dem von der Leuchte gelieferten Lichtstrom.

4. **Der Beleuchtungswirkungsgrad** (ηB) in einem Raum ist das Verhältnis des Nutzlichtstromes (ΦN) auf der zu beleuchtenden Fläche zum gesamten Lichtstrom (Φ) der Lichtquelle: $\eta B = \eta L \cdot \eta R$ (Leuchtenwirkungsgrad ηL siehe S. 152, Abschn. 4).

5. **Die Schattigkeit** (S) ist das Verhältnis der Beleuchtungsstärke (E) ohne jede Abschattung minus Beleuchtungsstärke im stärksten Schatten (E_0) zur Beleuchtungsstärke ohne Abschattung: $S = \frac{E - E_0}{E}$.

Übersicht der Maßeinheiten

Benennung	Einheit	Einheitszeichen	Formelzeichen
Lichtstrom	Lumen	lm	Φ
Lichtmenge	Lumenstd.	lmh	Q
Lichtstärke	Candela	cd	I
Beleuchtungsstärke	Lux	lx	E
Leuchtdichte	Stilb	sb	B
	Apostilb	asb	
Spezifische Lichtausstrahlung	Phot	ph	R
Lichtausbeute	Lumen/W	lm/W	η

Leitsätze für die Innenraumbeleuchtung mit künstlichem Licht nach DIN 5035

Die künstliche Beleuchtung soll günstige Sehverhältnisse schaffen, einer vorzeitigen Ermüdung entgegenwirken, Unfälle verhüten und dazu beitragen, im Menschen diejenige Stimmung zu erzeugen, die seinem jeweiligen Wollen und Handeln angepaßt ist. Nur wenn die Beleuchtung diese Bedingungen erfüllt, fördert und erhält sie das physische und psychische Wohlbefinden und damit Lebensfreude und Lebenskraft des Menschen.

Allgemeinbeleuchtung

In der Regel ist Allgemeinbeleuchtung von Räumen vorzuziehen: sie soll den Raum in seiner Gesamtheit zur Wirkung bringen. Eine gleichmäßige Allgemeinbeleuchtung ist in Arbeitsräumen notwendig, wenn an allen Arbeitsstellen gleich gute Sehverhältnisse geschaffen werden sollen.

Wegen der in Versammlungs-, Theater- und Konzerträumen, Kaufhäusern, Sporthallen und dergleichen erforderlichen Sicherheitsbeleuchtung sind die baupolizeilichen Bestimmungen, ferner VDE 0108/4.59 und 108a/9.62 „Vorschriften für das Errichten und den Betrieb elektrischer Starkstromanlagen in Versammlungsstätten und Warenhäusern sowie von Sport- und Versammlungsstätten im Freien" und DIN 18 600 (z. Z. noch Entwurf) „Versammlungsstätten, Richtlinien für Bau und Betrieb" zu beachten.

Arbeitsplatzbeleuchtung

Arbeitsplatzbeleuchtung ist nur in Verbindung mit zusätzlicher Allgemeinbeleuchtung auszuführen.

Beleuchtungsstärke

Leistung und Arbeitsfreude nehmen, wie neuere Untersuchungen zeigen, mit steigender Beleuchtungsstärke bis zu Werten über 1000 Lux stetig zu, während gleichzeitig geringere Ermüdung auftritt und Unfälle, Fehler und Ausschuß abnehmen. Die Erkennbarkeit feiner Einzelheiten steigt noch bis zu sehr viel höheren Werten der Beleuchtungsstärke weiter an.

Die empfohlenen Werte für die Beleuchtungsstärke sind in der folgenden Tabelle zusammengestellt.

Die Beleuchtungsstärke wird im allgemeinen bei Allgemeinbeleuchtung in der waagerechten Ebene 0,85 m über dem Boden, bei Arbeitsplatzbeleuchtung auf dem Arbeitsplatz gemessen.

Zur Erleichterung der Seharbeit bei alleiniger Allgemeinbeleuchtung sollte das Arbeitsfeld gleich hell oder heller sein als die Umgebung. Müheloses Sehen und Wohlbefinden können durch farbige Gestaltung des Arbeitsfeldes und durch geeignete Raumfarben gefördert werden. Es empfiehlt sich, für Decke, Wände und Einrichtungsgegenstände helle Farben zu wählen.

Ansprüche auf Grund der Sehaufgabe	Allgemeinbeleuchtung Mittlere Beleuchtungsstärke		Arbeitsplatzbeleuchtung bei	
	Lux[1]	Lux[2]	Lux[1]	Lux[2]
sehr gering	30	60	—	—
gering	60	120	—	—
mäßig	120	250	250	500
hoch	250	500	500	1000
sehr hoch	600	1000	1000	2000
außergewöhnl.	—	—	4000	4000–8000

[1]) Gilt für günstige Seh- und Arbeitsbedingungen, insbesondere bei hellem Arbeitsgut, guten Kontrastverhältnissen oder wenn die Arbeit nur kurzfristig neben andauernden Arbeiten der nächst niedrigeren Gruppe der Ansprüche an die Sehaufgabe verrichtet wird.

[2]) Gilt für dauernde Arbeiten, für schwierige Seh- und Arbeitsbedingungen hinsichtlich Reflexionsgrad, Farbe, Kontrast des Arbeitsgutes sowie Arbeitstempo und auch für ungünstige Tageslichtverhältnisse.

Mit steigendem Lebensalter nimmt die Sehleistung ab. Für ältere Menschen sind deshalb höhere Beleuchtungsstärken bis zum doppelten Betrag der in der Tabelle aufgeführten Werte erforderlich, die beispielsweise durch zusätzliche Arbeitsplatzbeleuchtung geschaffen werden können.

Schattenwirkung und Lichteinfall

Das Erkennen der Körperlichkeit eines Gegenstandes und seiner Oberflächenbeschaffenheit wird durch die Schattenbildung wesentlich unterstützt. Die Beleuchtung soll deshalb im allgemeinen nicht zu schattenarm, die Tiefe der Schatten (Schattigkeit) allerdings im allgemeinen gering, der Verlauf der Schattenränder allmählich (weiche Schatten) sein.

Schlagschatten können stören, besonders dann, wenn in den betreffenden Räumen starker Verkehr herrscht, wenn große Gegenstände bearbeitet oder bewegt und wenn die bei flachem Lichteinfall entstehenden Schatten auf Gegenständen im Arbeitsfeld sehr groß werden. Sie können unter Umständen Gefahren bilden, z. B. wenn Schlagschatten auf Treppenstufen das Gehen unsicher machen. Bei weichen Schatten wird die Tiefe des Kernschattens nicht so störend empfunden wie bei harten Schatten. Weiche Schatten geringer Tiefe entstehen bei regelmäßiger Anordnung von Leuchten mit großer

14

Lichttechnik (Fortsetzung)

14

Beleuchtungsansprüche folgender Arbeiten und Räume

Raumart	gering	mäßig	hoch	sehr hoch
Räume für allgemeine Aufgaben	Wasch- u. Lagerräume, Garagen	Maschinensäle, Grobsortierung	Sortierung, Instrumentenablesung	
	Verpackung, Expedition		Kontrolle, Revision	
Stahlwerke, Gießereien, Walzwerke, Drahtzieherei	Gießen großer Formen, Gußputzen, Grobwalzen, Ziehen grober Drähte, Sandstrahlen	Gewöhnliches Formen v. Hand u. mit Maschinen, Spritzguß, Kokillenguß, Walzen u. Ziehen mittelfeiner Profile	Kernmacherei, feine Handformarbeit, Kontrolle v. Spritzgußteilen, Walzen von Feinblechen, Ziehen feiner Drähte	
Metallbearbeitung	Schmieden am Amboß und Gesenk, Kupferschmiede, Schruppen	Drehen, Bohren, Fräsen, Hobeln, Ziehen, Grobschleifen, Grobmontage, Biegearbeiten, Schlosserarbeiten	Feine Dreh-, Bohr- und Hobelarbeiten, Feinschleifen, Einrichten von Werkzeugmaschinen, Polieren, Feinmontage	Werkzeug-, Lehren- und Vorrichtungsbau, feinmechan. Arbeiten, Uhrmacherei
		Stanzen, Löten		
Steinzeugindustrie, Glashütten, Emaillierwerke	Zementfabriken, Arbeit am Ofen, Mischen der Rohstoffe, Mahlen, Arbeiten in Ziegeleien	Emaillieren, Glasblasen, Walzen, Pressen, Formen einfacher Teile, Glasieren	Schleifen, Ätzen, Polieren v. Glas, feine Form- und Dekorarbeiten, Herstellung von Glasinstrumenten	Schleifen optischer Gläser, Kristallglas-Handschleifen und Gravieren
Elektrotechnische Industrie		Kabel- und Leitungsherstellung, Montage großer Maschinen, Lackieren und Tränken v. Spulen	Montage von Telefonapparaten, kleinen Motoren u. Radioapparaten	Montage feiner Meßinstrumente, Justieren, Prüfen
			Wickeln feiner Drahtspulen	
Chemische Industrie, Gummi-, Farben- und Seifenfabriken und dgl.	Arbeit an Öfen, Kochern, automatischen Destillieranlagen, Mischen, Walzen, Kollergängen, Mühlen, Pulverisierung	Filteranlagen, Elektrolyse, Abfüllen, Zentrifugieren, Formen von Gummiwaren, Vulkanisieren, Pressen von Kunststofferzeugnissen	Reparatur v. Fahrrad- und Autodecken und -schläuchen, Kontrollarbeiten, Analysen, Rezeptbearbeitung	
			Farbprüfungen	
Nahrungs- und Genußmittelindustrie	Arbeiten im Brauhaus, am Malzboden, Waschen, Abfüllen von Fässern, Reinigung, Sieben, Schälen, Kochen in Konserven- u. Schokoladenfabriken, Arbeiten in Zuckerfabriken	Bäckereien, Abfüllen von Flaschen und anderen Behältern, Kaffeerösten, Zerkleinern von Gemüse und Obst, Mühlen, Kirnen von Margarine, Mischen.	Dekorieren v. Konfekt, Sortierung, Farbkontrolle von Zucker, Zigarrensortierung	
		Molkereien, Schlächtereien, Raffinerien von Zucker, Herstellung von Zigarren und Zigaretten, Küchenarbeit		
Verschiedene Handwerke und Gewerbe	Einkitten von Glasscheiben	Zuschneiden von Glasscheiben, gewöhnliche Malerarbeiten, Seilerei, Tapezierwerkstätten	Friseurarb., Schönheitspflege, Glasmosaikarbeit, Spritzlackieren, Dekorationsmalerei	
Holzbearbeitung	Arbeit am Sägegatter	Arbeiten an der Hobelbank, Leimen, Sägen, Fräsen, Zusammenbau, Korbwarenherstellung	Polieren, Lackieren, Modelltischlerei, Intarsienarbeit, Arbeit an Holzbearbeitungsmaschinen	
Gerberei, Lederverarbeitung	Arbeit an den Bottichen und Gruben	Schaben, Spalten, Schleifen, Walken der Häute	Nähen, Polieren, Sortieren, Pressen, Zuschneiden, Schuhfabrikation	
Textilfabrikation und -verarbeitung	Arbeit an Bändern	Ballenaufbrechen, Krempeln, Waschen, Färben, Bügeln, Mangeln, Arbeit am Reißwolf, Jute- u. Hanfspinnerei	Spinnen, Spulen, Zwirnen	Maschenaufnehmen
			Putzmacherei, Weben, Wirken, Nähen, Farbprüfung	
Papierherstellung u. -verarbeitung, graphisches Gewerbe	Arbeiten an Holländern, Kollergängen, Holzschleiferei	Gewöhnliche Buchbinderarbeit, Schleifen und Zurichten von Lithographiesteinen und -platten	Zuschneiden, Vergolden, Handdruck, Prägen, Ätzen von Klischees, Arbeiten an Steinen und Platten, Papiersortierung	Retusche, Lithographie
	Papier- und Wellpappenmaschinen, Kartonagenfabrikation, Tapetendruck, Hand- und Maschinensatz, Zurichten des Satzes		Farbkontrolle bei Mehrfarbendruck	
Büros		Allgemeine Büroarbeiten		
		Archiv, Registratur	Maschinenschreiben, Postsortierung	
			Technisches Zeichnen	
Unterrichtsräume	Umkleideräume	Aulen, Musiksäle, Maschinenlaboratorien, Turnhallen	Chemie- und Physikübungsräume	
			Zeichensäle, Handarbeits-, Bastelarbeitsräume	
Verkaufsräume	Abstellräume	Vorrats- und Lagerräume	Verkaufsräume für dunkle Waren	Verkaufsräume für helle Waren in Warenhäusern
Wohn- und Aufenthaltsräume	Nebenräume	Wohn-, Hotelzimmer, Gaststätten	Küchen in Wohnungen, Bäder	Näharbeiten
		Schul-Küchenarbeiten, Lesen, Schreiben, Rasieren		
Krankenhaus	Waschräume, Toiletten, Krankenzimmer, Bäder, Inhalatorien, Massage-, Bestrahlungsräume	Verbandsräume, Röntgenzimmer, Aufenthalts-(Tages)-räume für Genesende	Ärztliche Sprech- und Untersuchungszimmer, Diagnostik- und Behandlungsräume, Apotheken	Operationssäle, Obduktionsräume

Leuchtfläche, z. B. Leuchten für Leuchtstofflampen. Durch Reflexion eines Teils des Lichtstroms der Leuchten an hellen Raumbegrenzungsflächen werden Schatten aufgehellt. Bei der Bearbeitung kleinster Gegenstände können zur Erhöhung der Kontraste tiefe Schatten, wie man sie durch geeignet angebrachte Glühlampenleuchten erhält, erforderlich sein.

Arbeitsplätze werden, wo möglich, dem Tageslichteinfall entsprechend orientiert. Die künstliche Beleuchtung soll in diesem Falle hierauf Rücksicht nehmen. Bei tiefen Räumen ist eine besondere, das Tageslicht ergänzende künstliche Beleuchtung vorzusehen.

Auf den Arbeitsplätzen soll das Licht in der Hauptsache schräg seitlich von oben einfallen.

Örtliche Gleichmäßigkeit der Beleuchtung

Arbeitsräume bzw. Arbeitszonen sollen in ihrer ganzen Ausdehnung gleichmäßig beleuchtet sein. In einseitig befensterten Räumen, in denen die Arbeitsplätze nur in den hell beleuchteten Zonen vorhanden sind, ist jedoch ein mäßiger Abfall der Beleuchtungsstärke zur Raumtiefe in Anlehnung an die Tageslichtverhältnisse vertretbar.

Bei Allgemeinbeleuchtung oder arbeitsplatzorientierter Allgemeinbeleuchtung soll das Verhältnis der kleinsten Beleuchtungsstärke E_{min} zu der mittleren E_m (in Lux) in gleichem Raumzweck dienenden Zonen den Wert von 0,5 (1:2) möglichst nicht unterschreiten.

Zeitliche Gleichmäßigkeit der Beleuchtung

Um Augenermüdung und andere die Wahrnehmbarkeit beeinträchtigende Folgen zu vermeiden, dürfen – von vorübergehenden unvermeidbaren Unregelmäßigkeiten abgesehen – keine mit dem Auge wahrnehmbaren Flimmererscheinungen und Schwankungen der Beleuchtung als Folge zeitlicher Änderungen der Beleuchtungsstärke auftreten.

Schwankungen der Beleuchtungsstärke können verursacht sein durch zu geringe Frequenz oder Schwankungen der Netzspannung. Spannungsschwankungen können beim Anlassen von Motoren auftreten, die aus dem gleichen Netzteil gespeist werden. Es empfiehlt sich in solchen Fällen, die Lampen an andere, nicht gestörte Netzteile anzuschließen.

Für Beleuchtungszwecke reicht die im allgemeinen übliche Frequenz von 50 Hz aus. Die vorwiegend im Bahnbetrieb übliche Frequenz von $16^2/_3$ Hz ist für Beleuchtungszwecke nur unter besonderen Vorsichtsmaßnahmen (Gleichrichter mit Glättungseinrichtung, Frequenzumformer) benutzbar.

Eventuell auftretendes Flimmern, das Störungen und Gefahren durch den sogenannten stroboskopischen Effekt mit sich bringen kann, ist erforderlichenfalls durch Anschluß benachbarter Lampen an verschiedene Phasen eines dreiphasigen Wechselstromnetzes, bei Entladungslampen auch durch Betrieb zweier benachbarter Lampen an einem induktiven und einem kapazitiven Vorschaltgerät zu vermeiden.

Blendungsfreiheit

Blendung darf weder durch Lampen oder Leuchten, noch durch Spiegelungen auf glänzenden Flächen (Reflexblendung) hervorgerufen werden.

Starke Blendung bewirkt eine Herabsetzung der Sehfunktionen (physiologische Blendung); ein schwächerer Grad der Blendung kann, vor allem bei längerem Aufenthalt in einem Raum, ein unangenehmes Gefühl erzeugen und das Wohlbefinden herabsetzen (psychologische Blendung). Die Blendung hängt vornehmlich von der Leuchtdichte und der Größe der gesehenen leuchtenden Fläche, vom Verhältnis dieser Leuchtdichte zur Leuchtdichte der Umgebung oder des Hintergrundes sowie von der Entfernung der Blendquelle vom Auge und ihrer Lage im Gesichtsfeld ab.

Die Leuchtdichte leuchtender Flächen muß umso kleiner sein, je größer ihre gesehene Ausdehnung ist. Je niedriger das allgemeine Beleuchtungsniveau ist, desto geringer muß die Leuchtdichte der verwendeten Lampen und Leuchten sein.

Um Blendung durch Leuchten oder Lampen auszuschalten, ist deshalb folgendes zu beachten:

In Arbeitsräumen sollen diejenigen Flächen von Leuchten oder Lampen, die von den Benutzern in einem Winkelbereich von 0° bis 30° oberhalb der horizontalen Blickrichtung gesehen werden, keine höheren Leuchtdichten als 0,4 sb besitzen. Leuchtstofflampen ohne lichtstreuende Umhüllung oder Abschirmung im üblichen Blickbereich sind, besonders bei dunklem Umfeld, zu vermeiden.

Bei der Beleuchtung von Räumen, die nur kurzzeitig aufgesucht werden, kann die Leuchtdichte der vom Auge im Winkelbereich von 0° bis 30° über der Horizontalen gesehenen Fläche 0,6 sb betragen.

Blendung, hervorgerufen durch Spiegelung von Leuchten in beleuchteten Gegenständen (Reflexblendung), kann im allgemeinen durch geeignete Wahl der Lichteinfallsrichtung, in manchen Fällen durch entsprechende Behandlung der Oberfläche (mattes Papier, matter Kopierstift, Tasten von Schreib- und Rechenmaschinen aus nicht spiegelndem Material und dergleichen) vermieden werden.

Lichtfarbe und Farbwiedergabe

Die Lichtfarbe des künstlichen Lichtes und die durch seine spektrale Zusammensetzung bewirkte Farbwiedergabe bestimmen zusammen mit der Farbgebung des Raumes das Farbklima und das farbige Aussehen der Gegenstände im Raum.

Für eine Farbwirkung wie am Tage ist eine tageslichtweiße Lichtfarbe bei einer Beleuchtungsstärke von etwa 1000 Lux oder mehr notwendig.

Die Farben des Raumes und der Gegenstände im Raum werden nur dann als natürlich empfunden, wenn im auffallenden Licht alle Spektralbereiche in ausgewogenen Anteilen vorhanden sind wie bei Tageslicht oder bei Lampen guter Farbwiedergabe.

Durch Glühlampen und Warmton-de-Luxe-Leuchtstofflampen mit guter Farbwiedergabe entsteht eine bevorzugte Wiedergabe der roten Farbtöne. Dies ist überall dort günstig, wo es auf vorteilhaftes Aussehen der menschlichen Haut oder von Lebensmitteln u. dgl. ankommt. Die Wiedergabe bei weißen Leuchtstofflampen mit guter Farbwiedergabe (Zusatzbezeichnung „de Luxe“) ist mehr der bei Tageslicht angenähert. Diese Lampen kommen deshalb besonders in Büros, Schulen, Kaufhäusern und an Arbeitsplätzen zur Anwendung, bei denen hohe Anforderungen an die Farbwiedergabe und an die Beleuchtungsstärken gestellt werden.

In Werkräumen mit geringen Ansprüchen an die Farbwiedergabe können auch Quecksilber-Hochdrucklampen mit Leuchtstoff, Mischlichtlampen usw. verwendet werden. Ferner kann in Sonderfällen durch Licht von Quecksilber-Hochdrucklampen ohne Leuchtstoff, Natriumdampflampen und ähnlichen Lichtquellen, in deren Spektrum nicht alle Farbbereiche enthalten sind, die Sehschärfe des Auges gesteigert werden.

Verkehrszonen und Verkehrswege

Hierzu gehören Eingangshallen, Flure, Treppen, Rolltreppen, Vorräume vor Aufzügen, Lastenaufzüge, Aufzugskabinen und dergleichen.

Die Beleuchtung solcher Verkehrszonen richtet sich in erster Linie nach den Ansprüchen, die die Verkehrsbelastung stellt.

Einzelanforderungen

Räume mit **sehr geringen Ansprüchen** sind z. B. Nebenräume und Abstellräume.

Außergewöhnlich hohe Ansprüche stellen z. B. Räume für Goldschmiedearbeiten, Edelsteinschleifen, Gravieren, Kunststopfen, Stahl- und Kupferstiche sowie Operationssäle und Obduktionsräume.

Wartung der Beleuchtungsanlage

Die Beleuchtungsstärke verringert sich durch Alterung und Verstaubung der Lampen, Leuchten und der Raumausstattung ständig.

Es ist daher nötig, die Beleuchtungsstärke von Zeit zu Zeit nachzuprüfen. Die Anlage muß spätestens dann überholt werden (Reinigung von Leuchten und Lampen, ggf. Ersatz, Neuanstrich von Decken und Wänden), wenn der Wert der Beleuchtungsstärke von 80% ihres mittleren Betriebswertes abgesunken ist.

Eine solche periodische Überholung der Beleuchtungsanlage setzt voraus, daß die Anlage (Leuchten und Lampen) leicht und gefahrlos zugänglich ist. Unter Umständen ist es wirtschaftlicher, ausgefallene Lampen nicht einzeln auszuwechseln, sondern eine ganze Anlage nach einer gewissen Nutzbrenndauer der Lampen neu zu bestücken (Gruppenersatz).

Beginn und Schluß der Beleuchtung

An den Arbeitsstellen und Verkehrsgängen von Innenräumen muß künstliche Beleuchtung eingeschaltet werden, wenn die Tagesbeleuchtung unter die „empfohlenen Werte“ dieser Leitsätze sinkt.

Die Beleuchtung von **Innenräumen** ermittelt man rechnerisch nach dem Seite 157 erläuterten Verfahren.

Außenbeleuchtungsanlagen werden i. allg. Punkt für Punkt aus Lichtverteilungskurven berechnet (S. 166).

Lichttechnik (Fortsetzung)

Glühlampen nach DIN 49800

1. Allgebrauchslampen, Hauptreihe HR
innenmattiert (<1% Lichtverlust) oder klar

Volt	Leistungsaufnahme W	bei 220 V Lichtstrom lm	bei 220 V Lichtausbeute lm/W	Durchmesser Größtmaß mm	Länge Größtmaß mm	Sockel	Normalpackung Stück
110…113 120…123 125…128 135…138 220…225 230…235 240…245 250…255 260…265	15	120	8,0	57	100	E 27 oder B 22	100
	25	220	8,8	62	107		70
	40*)	400	10,0	62	107		70
	60*)	730	12,2	67	114		70
	75*)	950	12,7	67	114		70
	100*)	1 380	13,8	77	128		50
	150	2 100	14,0	82	166		50
	200	2 950	14,7	92	185		50
	300	4 800	16,0	113	240	E 40	25
	500	8 450	16,9	133	275		16
	1000	18 500	18,5	153	310		4
	2000	38 400	19,2	203	380		2

*) in gängigen Spannungen mit Doppelwendel

Sonderausführungen: Opallampen, Tageslichtlampen – 40…200 W, Sockel E 27 oder B 22

2. Stoßfeste Lampen SF
innenmattiert oder klar

Volt	W	lm	lm/W	Durchmesser mm	Länge mm	Sockel	Packung
110…235	25	185	7,4	62	107	E 27 oder B 22	70
	40	320	8,0	62	107		
	60	505	8,4	67	114		

3. Röhrenlampen, klar

Volt	W	lm	lm/W	Durchmesser mm	Länge mm	Sockel	Packung
110…235	15	—	—	28	110	E 14	100
	25			20	115		
	25			28	110		
	25			25	85		
	25	—	—	25	80	B 15	

4. Soffittenlampen L
klar oder außenmattiert, mit Kappen

Volt	W	lm	Ø	Länge	Sockel	Packung
110…225	25	—	30	281	S 19	50
	40		38	311		50
	60		38	311		50

5. Tropfenlampen
klar; kleine Abmessungen

Volt	W	lm	Ø	Länge	Sockel	Packung
110…235	15	—	40	70	E 14	100
	25		45	77		

6. Birnenlampen
klar; kleine Abmessungen

Volt	W	lm	Ø	Länge	Sockel	Packung
110…235	15	—	26	57	E 14	150
	25		28	72		

7. Nählichtlampen, klar

Volt	W	lm	Ø	Länge	Sockel	Packung
110…235	in Röhrenform					
	25	—	25	85	E 14	100
	in Tropfenform					
	25	—	40	70	E 14	100

8. Kerzenlampen, innenmattiert

Volt	W	lm	Ø	Länge	Sockel	Packung
110…235	25	—	35	100	E 14	100
	40		38			

9. Lampen 24…65 V. Hauptreihe
innenmattiert oder klar

Volt	W	lm	Ø	Länge	Sockel	Packung
24 40…42 65	15	—	57	100	E 27 oder B 22	100
	25		62	107		70
	40		62	107		
	60		67	114		
	100		67	128		50

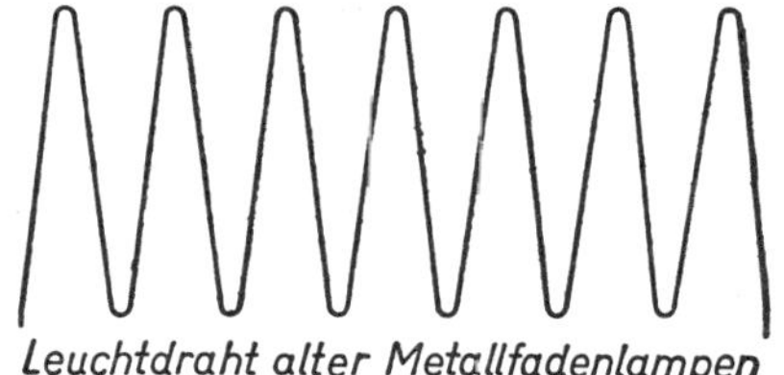

Leuchtdraht alter Metallfadenlampen
(Große Oberfläche, daher niedrige Glühtemperatur, niedrige Leuchtstärke)

Neuere Glühlampen

Einfach-Drahtwendel

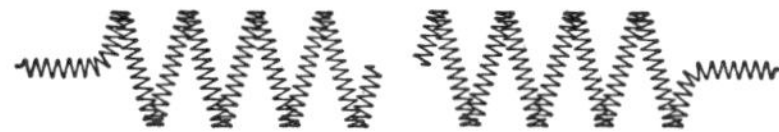

Doppel-Drahtwendel

Lampenfassungen und -sockel (s. S. 161)

Fassungsart	Kurzzeichen ≈ mm Ø	Nennspannung V	Hauptverwendungszweck	mit Schalter Nennstr. A	ohne Schalter Nennstr. A	Leitungsquerschnitt mm²	Gänge auf 1"
Schraub- (Edison-) Gewinde DIN 40 400	E 10	Kleinsp.	Zwerglampen und Kleinlampen	—	0,5	0,5…0,75	14
	E 14	250	aller Art	2	2	0,75…1	9
	E 27	250 500	Glühlampen 15…200 W Heizsonnen	2	4	0,75…2,5	7
	E 40	750	Glühlampen 300…2000 W	—	30	1,5…6	4
Bajonett	B 15	250	Bahnen;	2	2	0,75…1	entfällt
	B 22		erschütterungsreiche Betriebe	2	4	0,75…2,5	
Soffitten	S 15		Soffittenlampen	2	2		
	S 19			2	2		

Beleuchtung geschlossener Räume mit reflektierenden Decken und Wänden

Die mittlere Beleuchtungsstärke E_m auf der Meßebene 1 m über der Bodenfläche setzt sich in einem geschlossenen Raum mit reflektierenden Decken und Wänden zusammen aus der Beleuchtungsstärke, die von dem direkt von der Lichtquelle auf die Meßebene ausgestrahlten Lichtstrom hervorgerufen wird, und dem auf die Meßebene fallenden, von den Decken und Wänden reflektierten Lichtstrom. Da die Leuchten im allgemeinen groß sind im Verhältnis zu ihrem Abstand von der Meßebene, so daß das quadratische Entfernungsgesetz nicht gilt, ist die Berechnung des direkten Anteils nicht einfach. Der reflektierte Anteil ist abhängig von der Reflexion von Decken und Wänden, von der Lichtverteilung der Leuchten und den Verhältnissen von

14

Lichttechnik (Fortsetzung)

Raumhöhe, Raumbreite und Raumlänge. Die Berechnung der mittleren horizontalen Beleuchtungsstärke erfolgt nach dem **Wirkungsgradverfahren.** Der Beleuchtungswirkungsgrad η_B wurde hierbei für Räume verschiedener Abmessungen, verschiedener Reflexionen von Decken und Wänden und für verschiedene Beleuchtungsarten durch Messung ermittelt (s. Kurven 1 bis 4).

Der Beleuchtungswirkungsgrad ist dann $\eta_B = \dfrac{E_m \cdot A}{\Phi}$

E_m = mittlere Horizontal-Beleuchtungsstärke 1 m über dem Fußboden (in lx)
A = Bodenfläche des Raumes (in m²) = Breite b × Länge l
Φ = Lichtstrom sämtl. verwendeter Lichtquellen (in lm).

Die Werte η_B für **quadratische** Räume werden den Schaulinien 1 bis 4 entnommen. Der erforderliche Lichtstrom aller Lichtquellen errechnet sich zu $\Phi = \dfrac{E_m \cdot A}{\eta_B}$

Die η_B-Werte gelten für die in den Schaulinien angegebenen Leuchtenwirkungsgrade η_L. Bei abweichendem η_L sind die η_B-Werte proportional umzurechnen.

Für **rechteckige** Räume ist

$$\eta_B = \eta_{B\,\text{breit}} + \tfrac{1}{3} \cdot (\eta_{B\,\text{längs}} - \eta_{B\,\text{breit}})$$

η_B breit = Wirkungsgrad für quadratischen Raum, Kante = Breite b.
η_B längs = Wirkungsgrad für quadratischen Raum, Kante = Länge l.

Beleuchtungswirkungsgrade η

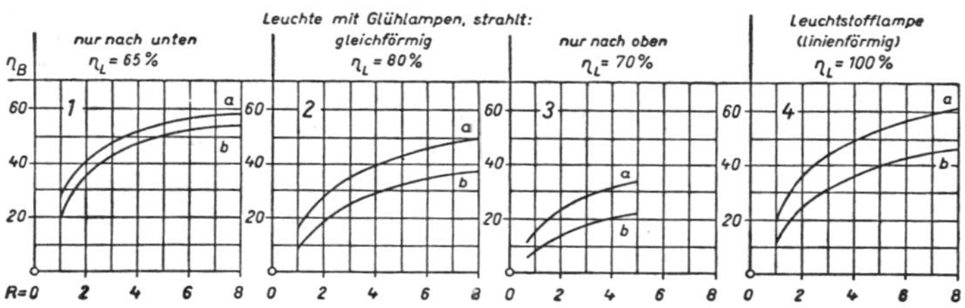

R = Raumverhältnis = Raumbreite : Aufhängehöhe

Linien a: Decke hell, Wände mittelhell,
Linien b: Decke mittelhell, Wände dunkel

1. Beispiel: Drehereihalle, Bodenfläche A = 20 × 40 = 800 m², Decke hell, Wände mittelhell. Die Leuchten strahlen nach unten, Aufhängehöhe 5,5 m. Es gilt Schaulinie 1 a:

Raumverh. Rbreit $= \dfrac{b}{h} = \dfrac{20}{5{,}5} \approx 3{,}6$ η_B breit = 0,49

Raumverh. Rlängs $= \dfrac{l}{h} = \dfrac{40}{5{,}5} \approx 7{,}3$ η_B längs = 0,57

$\eta_B = 0{,}49 + \tfrac{1}{3}\,(0{,}57 - 0{,}49) \approx 0{,}52$

Für mittelfeine Arbeit wird mittlere Beleuchtungsstärke E_m = 120 Lux empfohlen (S. 153). Gesamter Lichtstrom

$\Phi = \dfrac{120\,\text{lx} \cdot 800\,\text{m}^2}{0{,}52} = \dfrac{96\,000}{0{,}52} \approx 185\,000\,\text{lm}.$

Lichtstrom einer 300-W-Lampe beträgt 4800 lm. Erforderlich sind 185 000 : 4800 ≈ 39 Leuchten zu 300 W.

2. Beispiel: Zeichensaal, Grundfläche A = 5 × 8 = 40 m², Decke hell, Wände mittelhell. Reine Allgemeinbeleuchtung durch Leuchtröhren, Aufhängehöhe 3,5 m. Schaulinie 4 a:

Raumverh. Rbreit $= \dfrac{5}{3{,}5} \approx 1{,}43$, η_B breit = 0,28

Raumverh. Rlängs $= \dfrac{8}{3{,}5} \approx 2{,}29$, η_B längs = 0,38

$\eta_B = 0{,}28 + \tfrac{1}{3} \cdot (0{,}38 - 0{,}28) \approx 0{,}31.$

Gesamter Lichtstrom Φ bei 600 lx (sehr feine Arbeit)

$\Phi = \dfrac{E_m \cdot A}{\eta_B} = \dfrac{600 \cdot 40}{0{,}31} = 77\,400\ \text{lm}.$

Eine **Einheitsleuchtröhre** ER-GW 200 (s. S. 159) liefert bei I = 75 mA einen Lichtstrom von 1360 lm. Erforderlich sind 77 400 : 1360 ≈ 57 Röhren. Leistungsaufnahme P = 57 · 50 W = 2850 W. — Bei Verwendung von **Leuchtstofflampen** L 40 W/25 (s. S. 162) mit 2200 lm sind 35 Röhren erforderlich; Leistungsaufnahme einschl. Drosselspule P = 35 · 50 W = 1750 W. — Die gleiche Beleuchtungsstärke erhält man mit 16 Stück 300-W-Glühlampen, Leistungsaufnahme 16 · 300 = 4800 W.

Lampenzahl je Stromkreis

Glühlampen nach Tab. 1 S. 156		Watt	150	200	300	500	1000	2000
Stromstärke je Lampe	110 V	Ampere	1,36	1,82	2,72	4,55	9,1	18,2
	220 V	Ampere	0,68	0,91	1,36	2,27	4,55	9,1
Art der Fassung			Edison E 27		Edison E 40			
Sicherung 10 Ampere	110 V	Stück	7	5	3	2	1	—
(1,5 mm² Kupferleitungsquerschn.)	220 V	Stück	14	11	7	4	2	1
Sicherung 25 Ampere	110 V	Stück	18	13	9	5	2	1
(4 mm² Kupferleitungsquerschn. Nur Fassung E 40)	220 V	Stück	36	27	18	11	5	2

Glühlampen nach Tab. 1 S. 156		Watt	15	25	40	60	100	
Stromstärke je Lampe	110 V	Ampere	0,14	0,23	0,36	0,54	0,91	Bei Neuanlagen in Gebäuden nimmt man nicht mehr als 15…20 Lampen in einen Kreis.
	220 V	Ampere	0,07	0,11	0,18	0,27	0,46	
Sicherung 10 Ampere	110 V	Stück	70	43	27	18	11	
(1,5 mm² Kupferleitungsquerschn.)	220 V	Stück	140	91	54	36	22	

14

Lichttechnik (Fortsetzung)

Beleuchtungskalender (Mitteleuropäische Zeit)

Monat	Beleuchtungszeit Beginn	Beleuchtungszeit Ende	Monat	Beleuchtungszeit Beginn	Beleuchtungszeit Ende	Monat	Beleuchtungszeit Beginn	Beleuchtungszeit Ende
Januar 1.—10.	16^{35}	7^{50}	Mai 1.—10.	19^{55}	4^{15}	September 1.—10.	19^{05}	5^{10}
Januar 11.—20.	16^{50}	7^{45}	Mai 11.—20.	20^{10}	4^{00}	September 11.—20.	18^{45}	5^{25}
Januar 21.—31.	17^{05}	7^{40}	Mai 21.—31.	20^{25}	3^{45}	September 21.—30.	18^{20}	5^{40}
Februar 1.—10.	17^{25}	7^{25}	Juni 1.—10.	20^{35}	3^{35}	Oktober 1.—10.	18^{00}	6^{00}
Februar 11.—20.	17^{40}	7^{05}	Juni 11.—20.	20^{45}	3^{30}	Oktober 11.—20.	17^{35}	6^{15}
Februar 21.—28.	18^{00}	6^{45}	Juni 21.—30.	20^{50}	3^{15}	Oktober 21.—31.	17^{15}	6^{30}
März 1.—10.	18^{15}	6^{30}	Juli 1.—10.	20^{50}	3^{15}	November 1.—10.	16^{55}	6^{50}
März 11.—20.	18^{30}	6^{10}	Juli 11.—20.	20^{40}	3^{45}	November 11.—20.	16^{40}	7^{05}
März 21.—31.	18^{45}	5^{45}	Juli 21.—31.	20^{30}	4^{00}	November 21.—30.	16^{30}	7^{20}
April 1.—10.	19^{05}	5^{20}	August 1.—10.	20^{10}	4^{20}	Dezember 1.—10.	16^{25}	7^{35}
April 11.—20.	19^{20}	5^{00}	August 11.—20.	19^{50}	4^{35}	Dezember 11.—20.	16^{20}	7^{45}
April 21.—30.	19^{40}	4^{35}	August 21.—31.	19^{30}	4^{50}	Dezember 21.—31.	16^{25}	7^{50}

Beleuchtungsstunden in den einzelnen Monaten

Monat	Jan.	Febr.	März	April	Mai	Juni	Juli	Aug.	Sept.	Okt.	Nov.	Dez.	Zus. f. 1 Jahr
von Sonnenuntergang bis 17 Uhr	6	—	—	—	—	—	—	—	—	—	9	19	34
bis 18 Uhr	36	9	—	—	—	—	—	—	—	12	39	50	146
bis 19 Uhr	67	37	15	—	—	—	—	—	9	43	69	81	321
bis 20 Uhr	98	65	46	19	1	—	—	7	38	74	99	112	559
bis 21 Uhr	129	93	77	49	26	8	11	37	68	105	129	143	875
bis 22 Uhr	160	121	108	79	57	38	42	68	98	136	159	174	1240
bis 23 Uhr	191	149	139	109	88	68	73	99	128	167	189	205	1605
bis 24 Uhr	222	177	170	139	119	98	104	130	159	198	219	236	1970
bis 1 Uhr	253	205	201	169	150	128	135	161	188	229	249	267	2335
bis 2 Uhr	284	233	232	199	181	158	166	192	218	260	279	298	2700
bis 3 Uhr	315	261	263	229	212	188	197	223	248	291	309	329	3065
bis Sonnenaufgang	462	376	360	288	242	203	218	272	321	392	432	475	4041
von 3 Uhr	147	115	97	59	30	15	21	49	73	101	123	146	976
von 4 Uhr	116	87	66	29	2	—	—	18	43	70	83	115	629
von 5 Uhr	85	59	35	3	—	—	—	—	13	39	53	84	371
von 6 Uhr	54	31	7	—	—	—	—	—	—	8	33	53	186
von 7 Uhr bis Sonnenaufgang	23	5	—	—	—	—	—	—	—	—	4	22	54

14

Hochspannungs-Leuchtröhren für Leuchtwerbung

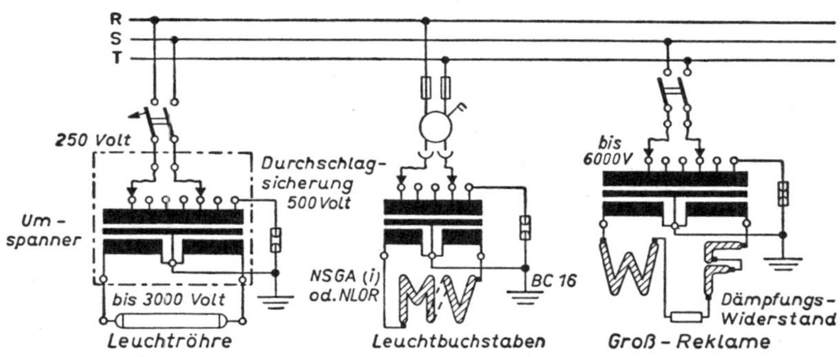

Die gewöhnliche, mit mehr als 1000 Volt und Netz- oder Hochfrequenz betriebene Leuchtröhre (Gasentladungsröhre) ist eine Glasröhre mit einer unter geringem Druck stehenden Gasfüllung. An den Enden der Röhre befinden sich Elektroden für den Stromübergang vom Leiter zur Gassäule. Als Gase dienen Edelgase (Neon, Argon, Helium) oder gewöhnliche Gase, wie Stickstoff, Kohlensäure, Wasserstoff. Edelgase entstammen natürlichen Gasquellen und sind auch in der Luft in geringen Mengen vorhanden. Sie verbinden sich mit keinem anderen chemischen Element. Die an sich farblosen Gase senden beim Stromdurchgang durchdringende, leuchtende Strahlen aus (Lumineszenz). Das Licht entsteht durch den Zusammenprall der Gas- und Dampfatome mit den Elektronen ohne wesentliche Wärmeentwicklung (Kaltstrahler) im Gegensatz zur Glühlampe, bei der nur etwa 5% der zugeführten Leistung in Licht und 95% in Wärme umgesetzt werden. Die Leuchtröhren arbeiten daher außerordentlich wirtschaftlich; außerdem können alle Strahlenarten (Farben) des Spektrums erzeugt werden.

Je nach Gasart und Gasdruck ist die Farbe des Lichtes verschieden.

Je nach Beschaffenheit des Entladungsgefäßes unterscheidet man Klarglasröhren und farbige Filterglasröhren. Bei Leuchtstoffröhren ist auf der Innenseite des Glases eine Leuchtschicht aufgetragen, die durch die ultraviolette Strahlung der Entladung angeregt wird und zusätzlich Licht erzeugt. Solche Röhren werden nicht nur für Außenanlagen hergestellt, sondern auch zur Innenbeleuchtung, z. B. in Form der in bestimmten Längen hergestellten geraden Einheits-Leuchtröhren. **Tageswirkung:** Klarglasröhren sind farblos und durchsichtig, Filterglasröhren erscheinen wie durchsichtiges, farbiges Glas. Opalröhren und die für Innenbeleuchtung bestimmten Einheitsleuchtröhren sind opalweiß und undurchsichtig. **Leuchtwirkung** von Werbelichtröhren: 1. Klarglas: blau oder rot. 2. Filterglas: blau, grün oder rot. 3. Leuchtröhren: blau, grün, gelb, rot, lila, gelblichweiß, tageslichtweiß u. a.

Vorteile der Leuchtröhren: Es entsteht keine Blendung durch zu hohe Leuchtdichte; daher sind auch keine lichtzerstreuenden Mittel erforderlich (Leuchtenwirkungsgrad $\eta L = 100\%$). Die Lichtausstrahlung ist längs der Röhre gleichmäßig, Höchstwert der Strahlung senkrecht zur Röhrenachse. Der Leistungsverbrauch (einschließlich Transformatorverlustleistung $\approx$ 20 W/m) ist viel geringer als bei Glühlampenlicht. Die Leistungsaufnahme hängt vom Röhrendurchmesser und von der Röhrenlänge ab. Übliche Röhrendurchmesser 10, 13, 17 oder 22 mm, höchste Gesamtlänge der Röhren etwa 5 bis 14 m je Stromkreis bei der höchstzulässigen Sekundärspannung von 6000 Volt. Die Höhe der Sekundärspannung hängt vor allem von der Wahl der Anzapfung der Primärwicklung ab, in geringeren Grenzen auch von der Einstellung des Luftspaltes am Joch des verwendeten Streutransformators. Leistungsfaktor der Gesamtanlage $\cos \varphi \approx 0{,}6$ bis 0,8. Bei Gleichstromnetzen ist die Verwendung eines zusätzlichen Gleichstrom-Wechselstrom-Umformers erforderlich.

Einheitsleuchtröhren für 220 V ~

1. Lichtfarbe: Glühlampenweiß (Typ ER-GW)

Leuchtlänge cm	Leistungsaufnahme W*)	Stromstärke mA	Lichtstrom lm	Lichtausbeute lm/W
100	23	50	460	20
	32	75	680	21
	40	100	900	22
150	30	50	690	23
	40	75	1020	25
	50	100	1350	27
200	36	50	920	25
	50	75	1360	27
	62	100	1800	29

*) einschließlich Transformator

2. Für sonst. Lichtfarben. Leuchtlänge 100 cm, $I = 75$ mA

Lichtfarbe	Glühlampenweiß	Milchweiß	Rötlichweiß	Tageslichtweiß
lm	680	540	610	565
lm/W	21	17	19	18

3. Transformator-Leerlaufspannung, sekundär

Röhrenstrom mA	Volt je m	dazu Volt je Röhre
50···70	400	260
75···100	300	260

Die Bauart der Elektrode bestimmt die höchstzulässige Röhrenstromstärke. Die Lichtausbeute der Leuchtröhren ist etwa doppelt so groß wie die entsprechender Glühlampen (vgl. Werte in lm/W der obigen Tab. 1 mit denen der Tab. 1 Seite 156).

Die Röhrenoberfläche wird während des Betriebes kaum handwarm. Die für Innenanlagen bestimmten Röhren sind bis etwa —10 °C betriebsfähig, doch nimmt der Lichtstrom bei tieferer Temperatur ab. Gebrauchslage und Formgebung der Röhren beliebig. Es werden auch **Leuchtröhren-Blockbuchstaben** hergestellt, die in geeigneter Weise zusammengesetzt werden können. Buchstabenhöhe je nach Schriftgattung 20 bis 50 cm, entsprechende Leuchtröhrenlänge im Durchschnitt 70 bis 420 cm für Kleinbuchstaben.

Die Lebensdauer von Leuchtröhren beträgt bei nicht zu hoher Strombelastung mehrere tausend Stunden. Eine kleine Lichtabnahme kann durch Verkleinern des Luftspaltes am Speisetransformator ausgeglichen werden. Durch allmähliches Verkleinern der Primärspannung kann auch eine langsame Abnahme der Lichtstärke beim Abschalten erreicht werden (Verdunkelungsschaltung). Rundfunkstörungen treten bei richtiger Installation nicht auf.

Installation der Leuchtröhren: Die mit den Elektroden verbundenen Kappensockel der Röhren werden mittels Sockelschalter oder Klemmfedern festgehalten. Die Kontaktstellen werden mit Isolierstoffkappen spannungssicher abgedeckt (Kaschierungen). Verdrahtung mittels Hochspannungssonderkabels; Transformator dicht an Leuchtröhren. Bleche und Transformatorkern durch getrennt verlegte Schutzleitung verläßlich erden (z. B. über Wasserleitung). Betriebsmäßige Verwendung von Schaltern oder Meßgeräten auf der Hochspannungsseite ist verboten.

Transformator-Leerlaufspannung

sekundär für Leuchtröhren bei Außenanlagen

Röhrenstrom		mA	25···35		50···70		dazu je Röhre
Röhren-Ø		mm	10	13	17	22	
Sekundärspannung			Volt je m				+ Volt
Leuchtfarbe	rötlich (Neon)		1000	850	700	580	300
	andersfarbig		700	580	460	370	300

Glühlampen-Reklamelicht

Perlenschrift und Transparente

Die älteste Ausführung mit offenen Lichtkanälen und sichtbaren Fassungen und Lampen ist wenig wetterbeständig und wirkt bei Tage häßlich; sie ist noch bei Laufschriftreklame oder Figurendarstellung (Perlenschrift) üblich mit weißen oder bunten Lampen. Die von innen, seitlich oder von außen beleuchteten Transparente haben meist eingesetzte, geschnittene oder gemalte Buchstaben. Bei großen Transparenten treten an die Stelle von Glühlampen Leuchtstofflampen.

Flutlicht

Für Fassadenbeleuchtung aus Entfernungen von 6 bis 20 m eignen sich die Geräte mit Emaillereflektor (bis 90° Streuwinkel) am besten; für 20 bis 150 m verwendet man Scheinwerfer mit stark gerichtetem Licht.

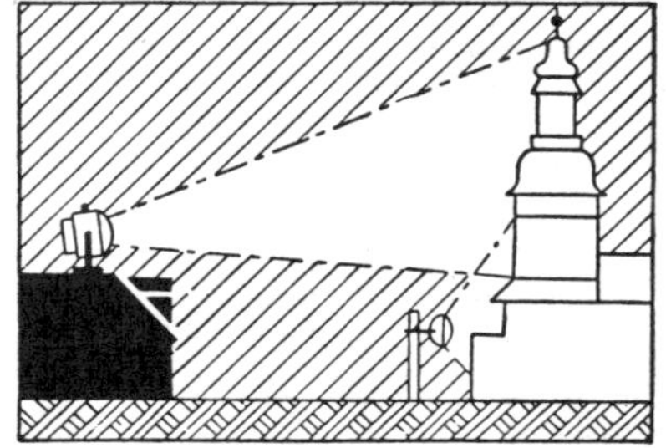

Schematische Darstellung einer Anleuchtung mit Spiegel- bzw. Emaille-Anleuchtgeräten (versch. Streuwinkel).

14

Lichttechnik (Fortsetzung)

Bei Wahl der Befestigungsstellen der Anleuchtungsgeräte muß vor allem darauf geachtet werden, daß der Straßenverkehr nicht durch Blendung gefährdet wird. Fassaden können auch mit nach vorn abfallenden Schrägstrahlern, die unter dem Dachsims hängen, von oben angestrahlt werden. Anleuchtungsgeräte mit Lampen bis 1500 Watt verwendet man bei Entfernungen von 200 m auch in Steinbrüchen und Braunkohlengruben, da sie leicht ohne Änderung der Leitungsanlage und des Leuchtenstandortes den jeweiligen Veränderungen an den Gewinnungsstellen folgen können.

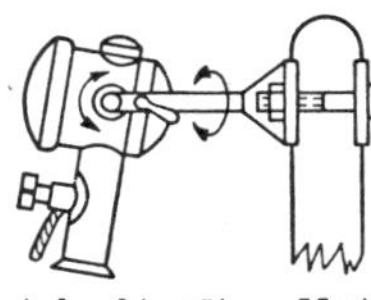

Anleuchtgerät am Mast

Leuchtgeräte für Filmaufnahmen und Fotografie mit offen brennendem Effektkohlenlichtbogen, abgeschlossenem Lichtbogen oder mit Glühlampen von 500 bis 3000 Watt (Lichtwurflampen) für Szenenbeleuchtung sind meist Stativgeräte (Versatzgeräte) mit vertikaler oder drehbarer Verstellung und parabolischen oder kastenförmigem Reflektor. Sie werden mit 1 bis 9 Bogenlampen bzw. 1 bis 15 Lichtwurflampen besteckt. Für Oberlicht dienen Bogenlampen mit kegeligen Tiefstrahlern. Als Aufheller für ein gleichförmiges Lichtfeld veränderlicher Größe verwendet man Scheinwerfer für Glühlampen bis 600 mm Spiegeldurchmesser oder solche mit Bogenlampen bis 300 Ampere und 1000 mm Spiegeldurchmesser.

Metalldampflampen

Quecksilber-Hochdrucklampen. Zum Unterschied von Niederdrucklampen (Dampfdruck etwa 0,01···1 Torr*)) ist bei Hochdrucklampen (Dampfdruck 100···760 Torr) nur ein verhältnismäßig kleines Entladungsrohr erforderlich. Dieses befindet sich bei der Hochdrucklampe innerhalb eines zur Verhinderung der Wärmeleitung luftleer gepumpten Außenkolbens, der bei Typen kleinerer Wattzahl die Form eines Glühlampenkolbens hat. Die für das Auge schädliche ultraviolette Strahlung wird im Außenkolben vollständig verschluckt. Eine solche Lampe darf nur über die für die Röhre bestimmte Vorschaltdrosselspule, welche die Stromstärke begrenzt, an die Netzspannung angeschlossen werden. Leistungsfaktor der Anlage cos $\varphi \approx 0{,}5$. Für praktisch induktionsfreien Betrieb wird auf der Netzseite ein Kompensations-Kondensator parallel geschaltet (je nach Leistungsaufnahme der Röhre 8···31 μF).

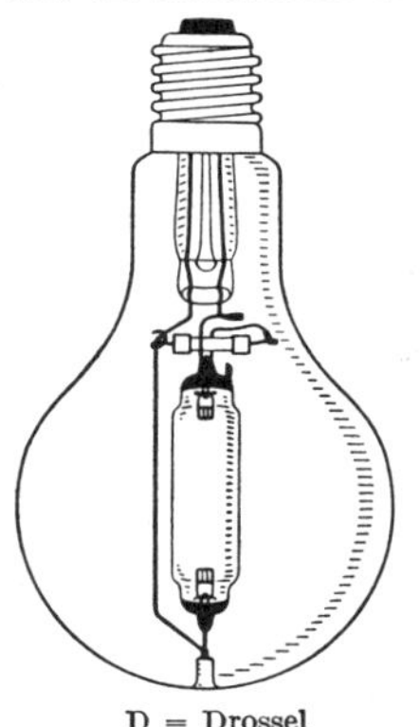

D = Drossel
E_1 E_2 = Hauptelektroden

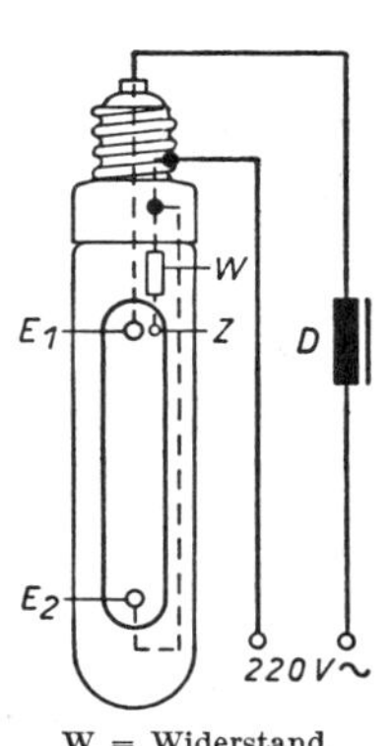

W = Widerstand
Z = Zündelektrode

Quecksilberdampflampen geben etwa 2- bis 3fachen Lichtstrom der Glühlampen gleicher Wattzahl.

In einem Röhrenkolben findet die Entladung zwischen 2 Elektroden statt. Beim Einschalten bildet sich zunächst eine Glimmentladung zwischen der Zündelektrode (Z) und der benachbarten Hauptelektrode, worauf die Zündung einsetzt. Nach dem Zünden sinkt die Spannung an der Röhre. Die Drossel muß daher die übrige Spannung aufnehmen. Das Quecksilber (Hg) verdampft und bildet schließlich eine etwa 8 mm starke Lichtsäule im Rohrinnern. Anlaufzeit nach dem Einschalten etwa 5 Minuten. Lichtfarbe bläulichweiß (rote Strahlen fehlen ganz). Leuchtdichte 200 bis 500 sb. Der Höchstwert der Lichtausstrahlung ist senkrecht zur Röhrenachse. Nutzbrenndauer der Lampe mindestens 2000 h (bei 1000 Schaltungen). Lichtabnahme nach dieser Zeit ≈ 20%. Als reines Hg-Licht gute Wirkung beim Anleuchten von Baumgruppen, Flächen, Firmenzeichen, Straßen, Hafenanlagen und Lagerplätzen. Für Innenanlagen mit bewegten Gegenständen wegen des „Flimmerns" (Verlöschen und Aufleuchten bei jeder Halbwelle des Wechselstromes) nur als „Mischlicht" verwendbar. Hochdrucklampen werden auch mit Leuchtstoffbelag hergestellt (HQL, HPL).

Mischlicht entsteht durch Zumischung von trägem Glühlampenlicht, wodurch auch die roten Farben richtig wiedergegeben werden. Tageslichtfarbe erhält man bei einem Mischungsverhältnis der Lichtstrom-

Quecksilberdampf-Hochdrucklampen (mit Leuchtstoff HQL) für 220 Volt

Typen (Bezeichnungen) **) Brennlage senkrecht. Bei übrigen Typen Gebrauchslage beliebig.		Form	Leistungsaufnahme Lampe allein ≈Watt	Leistungsaufnahme einschl. Drossel ≈Watt	Stromstärke Amp.	Lichtstrom lm	Lichtausbeute einschl. Drosselverluste lm/W	Außendurchmesser mm	Länge einschl. Sockel mm	Sockel	Ausführung
HQA 300	HP 80 W	Kugel	75	83	0,7	2 850	34	81	155	E 27	in Matt
HQA 500	HP 125 W	Kugel	120	130	1,1	4 750	37	91	170	E 27	in Matt
HgH 1000**)	HO 1000 L	Röhre	265	280	2,2	9 500	34	51	290	E 40	klar
HQA 1000	HO 1000	Röhre	265	280	2,2	11 000	39	51	290	E 40	klar
HgH 2000**)	HO 2000	Röhre	450	475	3,7	19 000	40	51	330	E 40	klar
HgH 5000**)	—	Röhre	900	955	7,5	40 000	42	43	338	Stifte	klar
HQL 50	Ellipsoidförmiger Außenkolben		50	59	0,63	1 600	27	55	130	E 27	Auf Kolbeninnenseite
HQL 80			80	89	0,8	2 800	31	70	155	E 27	
HQL 125			125	137	1,15	4 800	35	75	170	E 27	
HQL 250			250	266	2,2	11 000	41	90	225	E 40	Leuchtstoffschicht
HQL 400			400	425	3,3	19 000	45	120	292	E 40	
HQL 1000			1000	1045	7,5	52 000	50	165	380	E 40	

*) 1 Torr = Druck von 1 mm Quecksilbersäule.

mengen von 1:1. Dieses Verhältnis ist jedoch nur für Schaufenster und Läden nötig. Dieses Mischlicht ist gegenüber den sog. „Tageslichtleuchten" mit Farbfiltern bedeutend wirtschaftlicher. Im Freien und in Fabrikräumen kommt man mit einer Mischung von Glühlampen zu Hg-Licht von 1:2 bis 1:4 aus. Die Hg-Lampe zündet erst wieder nach einer Abkühlzeit von etwa 5 Minuten.

Beispiel für die Verwendung von Mischlicht (siehe Tabelle unten): Die 10 Glühlampen von je 500 Watt einer Straße sollen durch Mischlicht ersetzt werden.

Gesamtanschlußwert d. alt. Beleuchtung = 5000 Watt

Gesamtlichtstrom der alten Beleuchtung = 84500 lm.

Bei einem Mischverhältnis von 1:1 liegt HQA 500 + Glühl. 300 mit 10 · 9550 = 95500 lm, bei 1:1,7 liegt HQA 500 + Glühl. 200 mit 10 · 7650 = 76500 lm der alten Beleuchtung am nächsten. Bei Beibehaltung der 10 Lichtpunkte ergibt sich im ersten Falle eine Ersparnis an elektrischer Leistung von 5000—4300 = 700 Watt (14%) bei einer Lichtstromvermehrung von 95500—84500 = 11000 lm (13%); im zweiten Falle steht einer Leistungsersparnis von 5000—3300 = 1700 Watt (34%) eine Lichtstromverminderung von 84500—76500 = 8000 lm (9,5%) gegenüber, oder bei gleichem Lichtstrom eine Ersparnis von rund 25% in beiden Fällen. Mit Rücksicht auf das bessere Durchdringungsvermögen des Mischlichtes wählt man den wirtschaftlicheren zweiten Fall. — Ändert man die Schaltung noch so, daß man die Hg- und Glühlampen getrennt brennen lassen kann, so kann man in verkehrsschwachen Zeiten (z. B. nachts) die Beleuchtungskosten auf etwa die Hälfte bei gleichmäßiger Flächenbeleuchtung einschränken.

Mischlicht. Mischverhältnis, Gesamtanschlußwert, Gesamtlichtstrom, Lichtausbeute

Quecksilberdampflampe 220 V	Glühlampe 220 V Watt	60	100	200	300	500	1000
	lm	610	1250	2900	4800	8300	18500
HQA 300	Mischverhältnis rund	1:4,7	1:2,3	1:1	1:0,6	—	—
83 Watt	Gesamtanschlußwert W	143	183	283	383	—	—
2850 lm	Gesamtlichtstrom lm	3460	4100	5750	7650	—	—
	Lichtausbeute lm/W	24	22,4	20,3	20,0	—	—
HQA 500	Mischverhältnis rund	1:7,8	1:3,8	1:1,7	1:1	1:0,6	—
130 Watt	Gesamtanschlußwert W	190	230	330	430	630	—
4750 lm	Gesamtlichtstrom lm	5360	6000	7650	9550	13050	—
	Lichtausbeute lm/W	28,2	26	23,2	22,2	20,7	—
HgH 1000	Mischverhältnis rund	—	1:7,6	1:3,3	1:2	1:1,1	—
280 Watt	Gesamtanschlußwert W	—	380	480	580	780	—
9500 lm	Gesamtlichtstrom lm	—	10750	12400	14300	17800	—
	Lichtausbeute lm/W	—	28,6	25,8	24,7	22,8	—
HgH 2000	Mischverhältnis rund	—	—	1:6,5	1:4	1:2,3	1:1
475 Watt	Gesamtanschlußwert W	—	—	675	775	975	1475
19000 lm	Gesamtlichtstrom lm	—	—	21900	23800	27300	37500
	Lichtausbeute lm/W	—	—	32,5	30,7	28,0	25,4

14

Bei **Mischlichtlampen** befinden sich innerhalb eines mattierten Außenkolbens zwei verschiedenartige elektrische Lichtquellen, und zwar ein Quecksilberdampf-Hochdruckbrenner und eine Wolframdrahtwendel, welche gleichzeitig als Lichtquelle und als Vorwiderstand dient. Eine besondere Drosselspule für die Quecksilberdampfröhre ist nicht erforderlich. Leistungsfaktor $\cos\varphi \approx 1$. Rundfunkstörungen treten, abgesehen vom Einschaltgeräusch, nicht auf. Die Nutzbrenndauer beträgt ≈ 2000 h. Verhältnis der Lichtströme des Quecksilberbrenners und der Glühwendel ≈ 1:1; die Lichtfarbe ist ähnlich dem Tageslicht. Der Leistungsverbrauch ist um 13···17% niedriger als bei lichtstromgleichen Glühlampen. Die Brennlage ist beliebig. Lichtabnahme am Ende der Nutzbrenndauer ≈ 25%. 1 bis 2 Minuten nach dem Einschalten erreicht der Lichtstrom des Quecksilberbrenners seinen Vollwert. Dadurch geht die Lichtfarbe von der Glühlampenfarbe in ein tageslichtähnliches Weiß über. Wiedereinschaltung ist erst nach etwa 2 Minuten möglich. Anwendung von Mischlichtlampen für Arbeitsräume, Schaufenster oder für Außenbeleuchtung.

Durch die neuen farbkompensierten Quecksilber-Hochdrucklampen sind die Mischlichtlampen überholt.

Mischlichtlampen

Bezeichnungen		Form	Nennspanng. Volt	Leistg.-Aufn. Watt	Lichtstrom lm	Lichtausbeute lm/W	Außendurchm. mm	Länge mm	Sockel	Ausführung
HWA 300	ML 160 W	Kugel	225	165	2850	17	91	182	E 27	matt
HWA 302	ML 160 W	Kugel	235							
HWA 500	ML 250 W	Kugel	225	260	4750	18	112	230	E 40	matt
HWA 502	ML 250 W	Kugel	235							

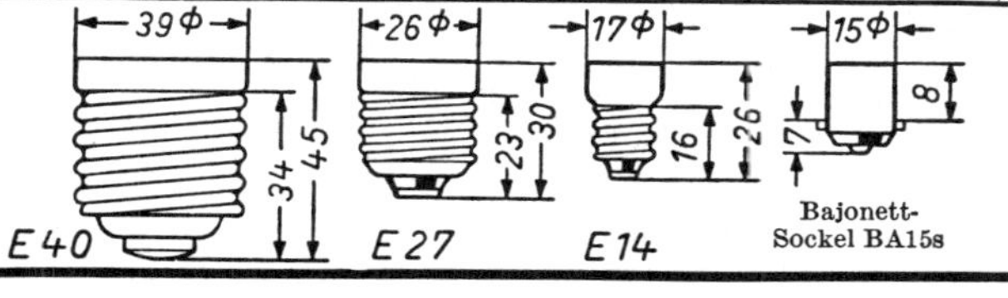

39 Φ — 34 — 45 — E 40

26 Φ — 23 — 30 — E 27

17 Φ — 16 — 26 — E 14

15 Φ — 8 — 17 — Bajonett-Sockel BA15s

Sockelarten

(siehe Tabelle S. 156)

Der Schraubsockel E 27 ist der am meisten verwendete Sockel für Glühlampen bis 200 W. Der Bajonettsockel BA 20d (nicht abgebildet) hat 2 voneinander isolierte Kontakte am Sockelboden.

Lichttechnik (Fortsetzung)

Leuchtstofflampen

Leuchtstofflampen sind Entladungslampen, welche zum Unterschied von Hochspannungs-Leuchtröhren ohne Transformator an ein 220-V-Wechselstromnetz angeschlossen werden können. Sie bestehen aus einem Glasrohr, das etwas Quecksilber enthält (Quecksilberdampf-Niederdrucklampe). Auf der Innenwand ist eine Leuchtstoffschicht aufgetragen. Die bei der Entladung entstehende ultraviolette Strahlung wird durch den Leuchtstoff in sichtbare Strahlung umgewandelt und vermehrt dadurch die sichtbare Strahlung um ein Vielfaches. **Lichtfarben:** T Tageslichtweiß, W Weiß, G Gelblichweiß, I Warmton. Anwendung für Arbeitsräume, Schaufenster, Wohn- und Aufenthaltsräume. Der Lichtstrom beträgt etwa das 4fache von dem einer Glühlampe gleicher Wattzahl; Stromverbrauch ≈ $^1/_3$ von dem einer lichtstromgleichen Glühlampe. Brennlage beliebig. Die Röhre wird im Betrieb handwarm. Bei Temperaturen unter 5 °C fällt der Lichtstrom merklich ab. Nutzbrenndauer 3000 h, Lichtabnahme am Ende derselben ≈ 30%. Zur Strombegrenzung des Entladevorganges ist eine Drosselspule D erforderlich.

Für die Inbetriebnahme der Röhren von über 50 cm Länge dient ein Glimmstarter G. Nach dem Einschalten leuchtet der Glimmstarter, der zunächst die volle Spannung erhält, sofort auf. Infolge der Erwärmung biegt sich die Bimetallelektrode durch und schließt die Entladungsstrecke kurz; die Glimmlampe ist erloschen, die Leuchtstofflampen-Elektroden werden vorgeheizt. Nach rascher Abkühlung geht die Bimetallelektrode in die Ruhelage zurück, öffnet den Stromkreis Drossel-Lampenelektroden-Glimmstarter und führt damit einen Spannungsstoß der Drossel herbei; die Lampe leuchtet auf. Im Betrieb dient die Drossel zur Begrenzung des Lampenstromes.

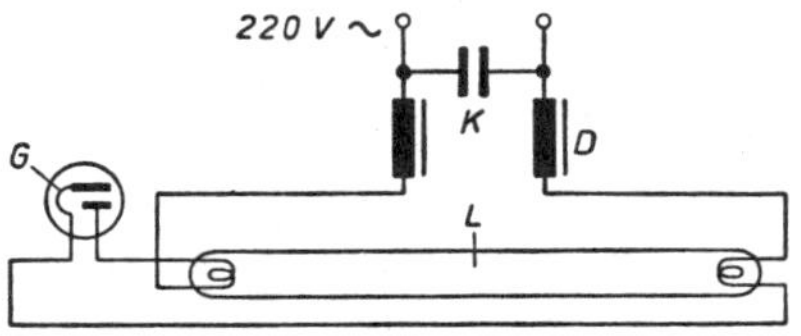

D = Drosselspule | K = Kondensator
G = Glimmstarter | L = Leuchtstofflampe

Die Wiedereinschaltung ist sofort nach dem Ausschalten möglich. Leistungsfaktor der Anlage $\cos\varphi \approx 0{,}5$. Zur Verbesserung auf $\cos\varphi \approx 1$ ist ein Kompensations-Kondensator K erforderlich.

Leuchtstofflampen in Stabform 220 V ~ Lichtfarbe: Weiß (25), Warmton (30), Warmton Zweischicht (32)

Watt	Kurzzeichen	Ø mm	Länge mm	Lichtstrom lm
10	L 10 W / 25	26	470	440
16	L 16 W / 25	26	720	820
20	L 20 W / 25 L 20 W / 30	38	590	900 1070
25	L 25 W / 25 L 25 W / 30	38	970	1300 1550
40	L 40 W / 25 L 40 W / 30 L 40 W / 32	38	1200	2200 2650 1800
65	L 65 W / 25 L 65 W / 30 L 65 W / 32	38	1500	3500 4250 2900

Watt	Kurzzeichen	Ø mm	Länge mm	Lichtstrom lm
in U-Form				
16	L 16 W / 25 U L 16 W / 30 U	26	370	800 850
20	L 20 W / 25 U	38	310	850
40	L 40 W / 25 U L 40 W / 30 U	38	610	2050 2350
65	L 65 W / 25 U	38	765	3300
in Ringform				
22	L 22 W / 25 C	29	220	760
32	L 32 W / 25 C	32	312	1500
40	L 40 W / 25 C	32	411	2050

Kinolampen

Erforderliche Beleuchtungsstärke auf der Bildwand 100 lx. Bei größeren Anlagen verwendet man als Lichtquelle selbsttätig regelnde Bogenlampen. Die erreichbare Bildhelligkeit ist ≈ 5mal so groß wie bei Glühlampen. Bei großen Bogenlampen wird der Lichtbogen elektromagnetisch gerichtet. Für kleinere Filmtheater kommen auch Glühlampen in Frage (s. Tab.). In neuerer Zeit werden erfolgversprechende Versuche mit Höchstdrucklampen gemacht. Lichtwurflampen haben eine große Leuchtdichte. Der Glühfaden wird viel stärker erhitzt als bei normalen Glühlampen (3000° C); daher weißere Lichtfarbe, große Empfindlichkeit gegen Erschütterungen, geringe Lebensdauer (i. a. ≈ 100 h). Die vorgeschriebene Brennlage ist einzuhalten und für ausreichende Luftkühlung zu sorgen.

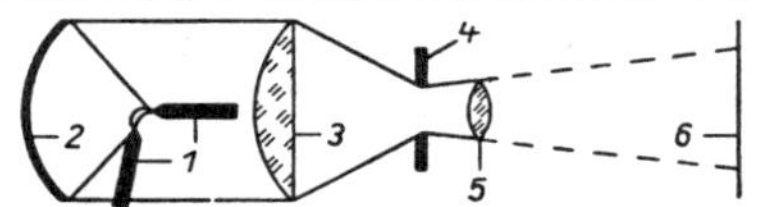

1 = Bogenlampe mit „Hochintensitätskohlen" (Kohlen mit Leuchtzusätzen).
2 = Hohlspiegel aus versilb. Glas oder Metall mit Nickel- oder Aluminiumbelag. 200, 250 oder 300 mm Ø.
3 = Kondensor mit Luft- oder Wasserkühlung.
4 = Bildfenster 21 × 17,5 mm = 367,5 mm².
5 = Objektiv, Lichtstärke 1:2, Brennweite ≧ 15 cm.
6 = Bildwand.

Projektionslampen				Scheinwerferlampen				Schmalfilmlampen				Kinolampen			
Watt	Volt	lm	h*)	Watt	Volt	lm	h*)	Watt	Typen für	lm	h*)	Watt	Typen für	lm	h*)
1000	110	20 000	300	100	110	1 200	500	50	0,45 A	750	50	25	6 V	420	100
	220	19 000			220	1 000		100	110 V, 220 V	≈ 1 800	50		25 V	490	30
1500	110	32 400	300	250	110	4 100	500		0,9 A	1 800		30	6 V; verschd.	335	100
	220	30 600			220	3 500			3,5 A	2 260			Leuchtkörper	520	100
2000	110	46 000	300	500	110	8 900	500	200	1,8 A	4 200	25	100	12 V	2 000	100
	220	42 000			220	8 100			4 A	4 150	50	500	110 V	11 200	100
3000	110	72 000	300	1000	110	20 000	500	250	5 A	6 500	25		220 V	10 600	
	220	64 000			220	18 300			110 V, 220 V	≈ 5 500	50	900	30 V	26 000	100
5000	110	124 000	300	*) h = mittl. Lebensdauer (Stunden)				375	5 A	9 300	50	1000	110 V	20 500	100
	220	120 000						500	5 A	12 200	25		220 V	19 000	

14

Leuchten

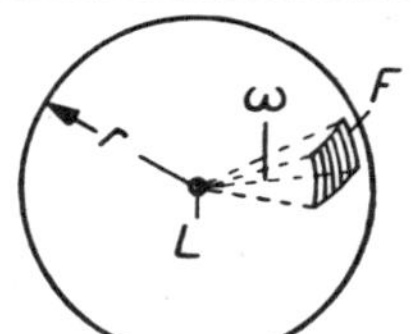

Bei Kugelleuchten leuchtet jede Leuchtflächeneinheit gleich stark.

L = Lichtquelle
ω = Raumwinkel
F = Leuchtflächeneinheit
r = Kugelhalbmesser

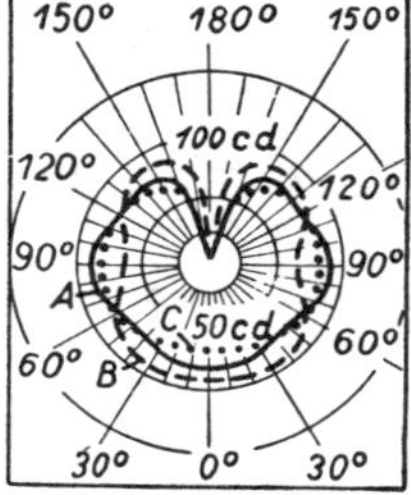

Lichtverteilung der nackten Glühlampe.

Linie A: Leuchtdraht in Zickzackwendelform.

Linie B: Leuchtdraht in Kreiswendelform.

Linie C: Leuchtdraht in Wellenwendelform.

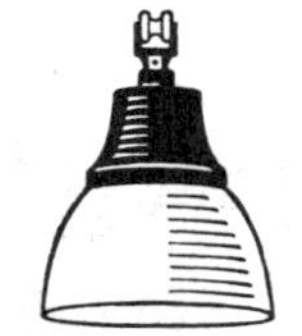

Leuchte für vorwiegend direktes Licht (Opalglas-Reflektor).

Links: Lichtverteilungslinie.

Leuchte für direktes Licht mit unten offener Glocke, Porzellanaufsatz und Emaille-Reflektor.

Links: Lichtverteilungslinie.

Tiefstrahler mit Fassungsverstellung.

Links: Lichtverteilungslinie.

Die dargestellten Lichtverteilungsbilder (Lichtstärke-Kennlinien) entsprechen einem Lichtstrom von 1000 Lumen (lm).

Die **nackte Glühlampe** blendet infolge ihrer hohen Leuchtdichte von etwa 800 Stilb zu stark und hat für viele Zwecke eine ungeeignete Lichtverteilung. Das Auge verträgt ohne Blendung nur Leuchtdichten bis etwa ½ Stilb.

Lichtverteilung der nackten Lampe

Die Lampe strahlt in den unteren und oberen Halbraum etwa gleich viel Licht aus. Für Platzbeleuchtung und in Räumen ohne helle Decke geht also mehr als die Hälfte des ausgestrahlten Lichtes verloren.

Die **Leuchten** lenken den Lichtstrom dahin, wo er gebraucht wird, machen die Lichtquelle durch Abschirmung oder Streuung blendungsfrei und schützen die Glühlampe vor Stoß und Witterung.

Vorwiegend direktes Licht: Der Hauptteil des Lichtes strahlt in den unteren Halbraum, etwas Licht geht seitlich nach oben. Anwendung: Außenbeleuchtung von Straßen mit hohen Hausfronten; Innenbeleuchtung von Räumen, bei denen auch die Wände und die Decke mit beleuchtet werden sollen (Fabrikräume mit heller Decke, Läden, Festhallen).

Direktes Licht: Das von der Glühlampe in den oberen Halbraum strahlende Licht wird durch Schirme in den unteren Halbraum geworfen. Außen für Straßen, Plätze, Höfe usw. (Aufhängehöhe nicht unter 5 m, Lampenabstand 4- bis 5fache Aufhängehöhe.) Innenräume, bei denen nur Wände und Boden beleuchtet werden sollen (milde Schatten).

Direktes Licht tiefstrahlend: Ein tiefer Blechschirm wirft den Hauptteil des Lichtes nach unten. Je nach Einstellung der Lampe im Schirm 2- bis 4fache Bodenbeleuchtung unter der Lampe gegenüber einer nackten Lampe. **Außen** zur Beleuchtung eines beschränkten Feldes, wo seitliche Abblendung erwünscht ist (Kräne, Hellinge, Häfen, Lagerplätze, Weichenstraßen, auch Straßen bei 9 m Aufhängehöhe und 20 m Lampenabstand). **Innen,** wo es auf gute Bodenbeleuchtung ankommt, und wenn Schatten durch gute Verteilung der Lichtpunkte vermieden werden (Fabriken, Werkstätten, Schaufenster, Setzereien, Operationssäle, Arbeitstische). Arbeitsplatzlampen und Schrägstrahler siehe S. 164 und 165.

Die als Beispiele abgebildeten Leuchten eignen sich besonders zur Straßenbeleuchtung in Landgemeinden, Nebenstraßen u. dgl.

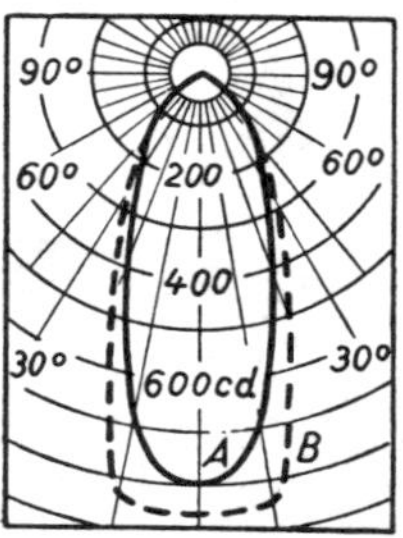

Schaufenster-Spiegeltiefstrahler mit Lichtverteilungslinie

Linie A: bei 40 Watt Besteckung.

Linie B: bei 75 Watt Besteckung bei innenmattierter Glühlampe.

Leuchten (Fortsetzung)

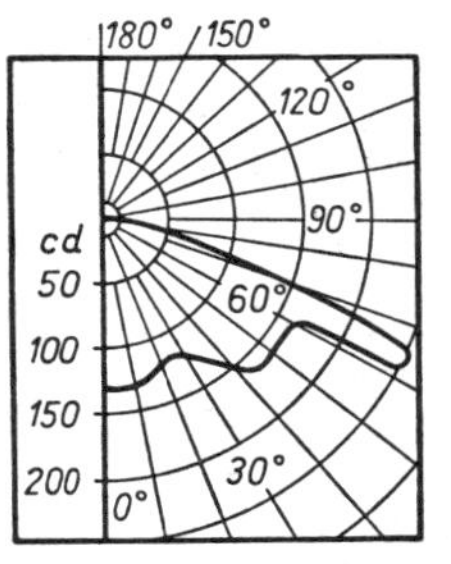

Lichtverteilungslinie

Schirm-Spiegelbreitstrahler mit eingesetztem Glassilberspiegel-Reflektor und konischem Mattglas-Abblendring

Vorwiegend tiefstrahlendes Licht (Konusleuchten, offene Kugelleuchten): Das Licht wird unter starker Streuung vorwiegend nach unten breit verteilt. — Nur innen. — Decke und Wände sind gleichmäßig beleuchtet, die Fläche unter der Leuchte besonders gut. Für Läden, Säle, Schaufenster und Büros. Bei Verwendung lichtstreuender Einsätze, Doppelzylinder oder Schirme im unteren Teil für Schulen.

Bild unten zeigt eine Konusleuchte (staubdicht) für vorwiegend tiefstrahlendes Licht. Überfangdichte der Glocke von oben nach unten abnehmend.

Staubdichte Ausführung der Leuchten ist für Textil- und Kohlenbetriebe, Mühlen, Aufbereitungsanlagen usw. notwendig.

Direktes Licht, breitstrahlend: Größte Lichtausstrahlung seitlich in Winkeln zwischen 60° und 80° zur Senkrechten. Große Reichweite und starke, gleichmäßige Bodenbeleuchtung bei großem Lampenabstand. Der Schirmbreitstrahler besitzt außer einem tiefen Außenschirm einen Glasspiegel-Einsatz zur Lichtlenkung in die Breite. Das Licht strahlt nach allen Seiten gleichmäßig aus (Platzbeleuchtung).

Halbindirektes Licht: Der Hauptteil des Lichtstromes wird in den oberen Halbraum geworfen und von der weißen Decke und Wand zurückgestrahlt. Nur wenig Licht geht stark gestreut unmittelbar nach unten. Keine Blendung, milde Schatten, keine Spiegelung. Nur innen für Schreibbüros, Sitzungssäle und Schulen.

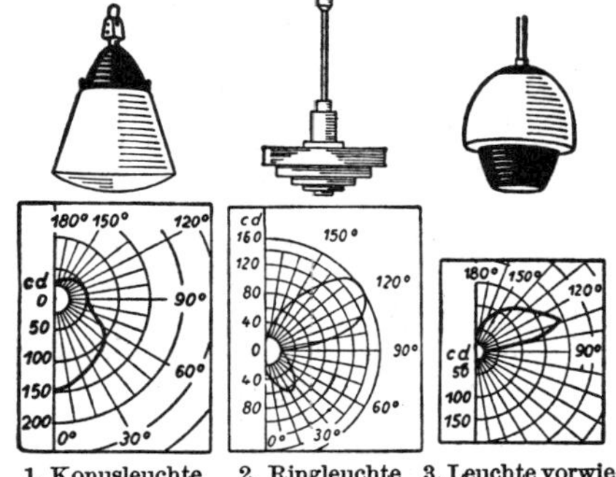

1. Konusleuchte tiefstrahlend 2. Ringleuchte halbindirekt 3. Leuchte vorwiegend indirekt

Ringleuchte für halbindirektes Licht. Mattiertes Klarglas.

Ganzindirektes Licht: Alles Licht geht nach oben. Ganz ruhig wirkende Beleuchtung ohne Schatten. Nur innen. Zeichensäle, Ausstellungsräume, Lesezimmer, da keine Spiegelung auf Glas oder glattem Papier.

Arbeitsplatzbeleuchtung: Tischlampen, Werkplatzlampen, Reißbrettlampen. Der Tiefstrahler verteilt das Licht breit über die Arbeitsfläche. Blendungsfrei. Große Reichweite. Dreimal höhere Lichtausbeute gegenüber der nackten Lampe. Gelenkleuchten lenken den Lichtkegel immer dorthin, wo er gerade gebraucht wird.

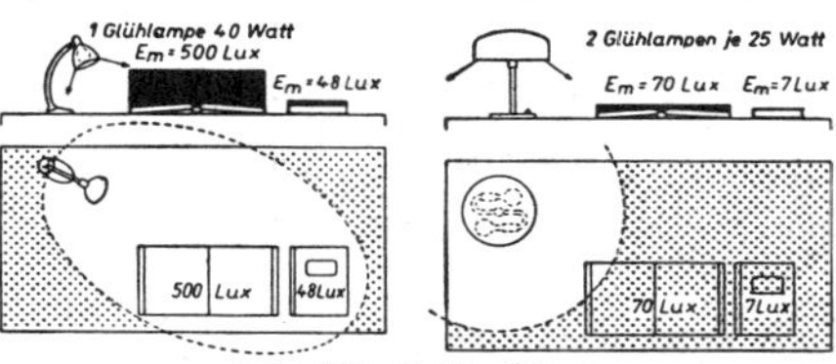

Schreibtischbeleuchtung

Zweckmäßig Unvorteilhaft

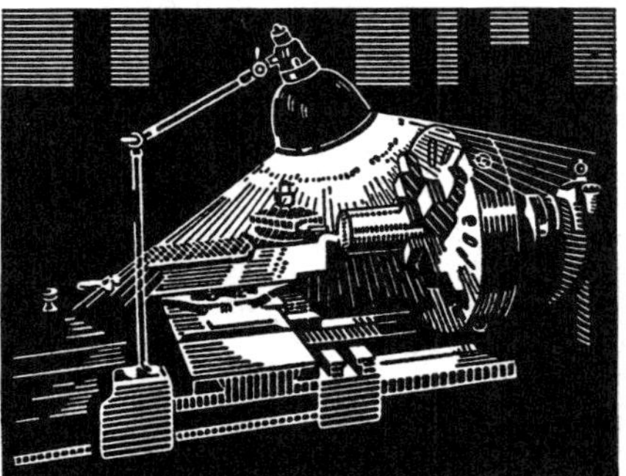

Drehbankbeleuchtung

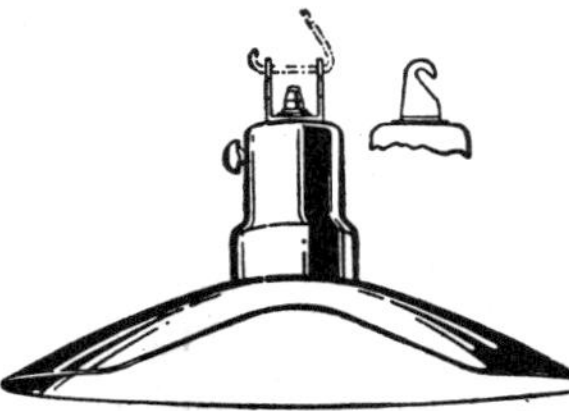

Langfeldleuchte mit seitlichem Ausschnitt für Arbeitsmaschinen mit langen Schlitten (Schleifbänke, Fahrkartendrucker usw.). (Hierfür werden jetzt meist Leuchtstofflampen verwendet.)

Schrägstrahler werfen das Licht unter 45° nach einer Seite. Beleuchtung von Schildern, Montageplätzen, Fahrplänen, Schaufenstern und feuergefährdeten Räumen von außen sowie als Schrankenleuchten für Bahnen (Besteckung mit 2 Lampen mit Ausschaltung einer Lampe bei geöffneter Schranke).

Leuchten (Fortsetzung)

Anwendung der Schrankenleuchten

Kugelleuchte

Anordnung der Schrankenleuchten

2 Röhren 4 Röhren

Zur Lampenachse steht:
A = nackte Lampe quer
B = nackte Lampe längs
C = Leuchte quer
D = Leuchte längs

Lichtverteilung für 1000 lm
A: bei Kreiswendeln; B: bei Wellenwendeln

Leuchte für Leuchtstofflampen

Leuchte für Leuchstofflampen als Allgemeinbeleuchtung von Geschäftsräumen, Werkstätten, Gaststätten und als Ersatz für Langfeldleuchten. In Wohnungen als Ankleidespiegelbeleuchtung und für Sonderzwecke.

Beleuchtungsanlagen Ausführungsbeispiele

Heime: Allgemeinbeleuchtung, Küche 90 lx, Wohnzimmer 80 lx, Schlafzimmer 45 lx, Bad 50 lx, Treppe, Flur und Keller 20 lx, Platzbeleuchtung: Küche 250 lx, zum Lesen 240 lx, zum Nähen 400 lx, Bett und Spiegel 40 lx. Mindestleistungsgrößen der Lampen (Watt):

Raum (G Glühlampen) (L Leuchtstofflamp.)	Allgemein- Beleuchtung		Platz- Beleuchtung	
	G in W	L in W	G in W	L in W
Küche	100	40	40	25
Wohnzimmer	100	40	75	25
Schlafzimmer . . .	75	25	40	16
Bad	60	16	—	—
Treppe, Flur, Keller.	25	16	—	—

Allgemeinbeleuchtung als Decken- oder Wandleuchten; in Küche, Bad, Keller abwaschbare Keramikleuchten, im Keller mit Schutzkorb. Platzbeleuchtung als Tisch-, Steh-, Spiegel-, Bett- oder Sonderleuchten.

Hotels: Lange Flure Leuchtstoffeckleuchten oder Lichtbänder. **Speisesaal:** Trübglaswandleuchten mit 40-W-Leuchtstofflampen (120 lx). Tischleuchten mit 25-W-Glühlampen. **Schreib- und Lesezimmer:** Leuchtbänder mit 40-W-Leuchtstofflampen. Tischleuchten an den Schreib- und Leseplätzen mit 75-W-Glühlampen. Küche, Zimmer, Bad wie vor unter Heime.

Krankenhäuser: Krankenzimmer, Küche, Bad, Treppe, Keller wie bei Heime. Lange Flure wie bei Hotels. Tagesraum wie bei Schreibzimmer. Operationszimmer: Glühlampen Mattglasleuchten außerhalb des Raumes über Glaskuppel. Matter, blendungsfreier Raumanstrich. Kleine Scheinwerfer als Platzbeleuchtung.

Schulen: Allgemeinbeleuchtung der Klassenzimmer durch Leuchtröhrenbänder über dem oder seitlich der Fenster (bei breiten Klassenzimmern zusätzliches Eckleuchtenband) oder Breitstrahler mit Glühlampen über den Bänken. Leichte Reinigungsmöglichkeit beachten. Beleuchtungsstärken: Lehrerpult und Tafel 180 lx, Schülerplätze 120 lx, Zeichensäle 200 lx, Treppen 30 lx.

Hörsäle: Leuchtstoffbänder (auch über Zwischendecken) oder abgeschirmte Spiegelleuchten (120 lx) (über Experimentiertischen 200 lx). Kleine Schrägstrahler an Dozentenpult und Tafel. Kleine, abgeschirmte Platzleuchten an den Hörerplätzen (zwangsläufig einschaltbar bei Verdunklung). Mensa 80 lx über den Tischen.

Büroräume: Leuchtbänder an Wänden und Decken oder Spiegelleuchten mit oberem Teillichtauslaß (90 lx). Gelenkleuchten an den Schreibtischen (60 W).

Versammlungsräume, Konferenzzimmer: Spiegelrasterleuchten ($\gamma \geqq 45°$) mit oberem Teillichtauslaß über dem Tisch 180 lx. Schrägstrahler für Rednerpult (60 W). Allgemeinbeleuchtung des Zuhörerraumes (40 lx).

Turnhallen: Glühlampen-Tiefstrahler, innen versilbert, mit 200-W-Lampen (40 bis 80 lx) oder Raster-Leuchtstofflampen 40 W (80 bis 120 lx), auch gemischt. Bei Anordnung über Zwischendecken doppelte Lampenanzahl. Gute Reinigungsmöglichkeit beachten.

Sporthallen: Spielfeld 100 bis 200 lx. Leuchten möglichst hoch und gegen Beschädigung geschützt aufhängen. Zugänglichkeit durch Laufstege an der Decke. Tribünen mäßig hell (15 lx). In Boxhallen Tiefstrahler mind. 10 m über dem Ring. In Schwimmhallen möglichst auch Unterwasserlicht durch mit Plexiglas abgedecktes Leuchtband an der Bassinkante.

Gewerbliche Anlagen

Bäckereien: Staubdichte Leuchten. Allgemeinbeleuchtung nur schwach (10 lx), namentlich vor dem Ofen. Lampen, Leuchten vor (nicht über) den Gärstangen. Keramikleuchten über den Trögen der Knetmaschinen. Für Backtische und Wirkbänke abschaltbare Wandleuchten. Schwache, eingebaute Backofenleuchten.

Fleischereien und **Wurstküchen:** Wasserdichte Leuchten über den Kesseln, dem Hackklotz und den Tischen. Tiefstrahler über den Maschinen (Kutter usw.). Beleuchtungsstärke an den Arbeitsplätzen 60 bis 100 lx.

Schuhmacherwerkstätten: Hauptwert auf gute Platzbeleuchtung legen. Kleine Tiefstrahler an Gelenkarmen an den Arbeitstischen und Ausputzmaschinen. Sonder-(meist Röhren-) Leuchten mit kleinem Reflektor, der das Licht schattenlos und blendungsfrei dicht an die Nadel heranbringt, an den Durchnäh- und Steppmaschinen. Als Allgemeinbeleuchtung Leuchtstoffröhrenleuchten mit oberem Teillichtauslaß (40 W).

Schneiderwerkstätten: Über den Zuschneidetischen Rasterleuchten mit oberem Teillichtauslaß. Arbeitsplatz- und Maschinenbeleuchtung wie bei den Schuhmacherwerkstätten. Im Anproberaum vorwiegend Tiefstrahler zur besseren Erkennung des Faltenwurfes. Allgemeinbeleuchtung unterteilen zwecks stärkerer Beleuchtung bei der Anprobe.

Frisierräume: Spiegelbeleuchtung durch seitlich vom (nicht über dem) Spiegel angebrachte, nach vorn abgeblendete Leuchtstoffröhrenlampen (25 W). Hinter jedem Sessel 1 m, über ½ m hinter dem Kopf des Kunden eine schrägstrahlende Leuchtstoffspiegelleuchte.

Schaufenster: Grundlicht durch Leuchtstofflampen; **Punktlicht** zur Anstrahlung einzelner Gegenstände durch Glühlampen mit Gelenkspiegelleuchten oder durch verspiegelte Glühlampen.

Anordnung der Leuchten (siehe Abb. S. 166):

Bild 1: Grundlicht durch Leuchtstofflampen mit Spiegelreflektoren (SL) über Rasterdecke (RD).
Bild 2: Grundlicht durch Leuchtstofflampen (L) über Rasterdecke und Punktlicht (P).
Bild 3: Grundlicht durch schrägstrahlende Mehrröhren-Rasterleuchten (RL) und seitliches Punktlicht (P).
Bild 4: Ober- (O), Rampen- (R) und Seiten-(S) licht durch Leuchtstoffspiegelleuchten, bei tiefen Schaufenstern durch zusätzliche nach vorn abgeschirmte (Ecken-) Leuchten (E).

Direktblendung wird vermieden durch Anordnung der Lichtquellen außerhalb der normalen Blickrichtung oder Abblendung in Blickrichtung durch Trübgläser oder Raster.

Raster sind gitterförmige Abblendungen aus Trübglas, Metall oder Furnierholz mit weißem Anstrich. Der übliche Blendschutzwinkel ist $\gamma = 45°$, doch kommen auch 15, 60 und 90° vor. Schaufenster-Rückwände nicht aus Spiegeln, Glas oder glänzendem Holz, um Rückspiegelung (helle Kleckse) zu vermeiden. Gegenüberliegende stark beleuchtete Schaufenster spiegeln sich ebenfalls störend in schwach beleuchteten, dunkel dekorierten Schaufenstern.

14

Leuchten (Fortsetzung)

Beleuchtungs-stärken	In dunklen (3 lx) Straßen	In hellen (10 lx) Straßen
Helle Dekoration	300 lx	600 lx
dunkle Dekoration	600 lx	1000 lx*)
wechselnde Dekoration	600 lx*)	1000 lx**)

*) in Sonderfällen bis 2000 lx, **) Lampen zur Anpassung in Gruppen unterteilt.

Läden: Leuchtbänder oder Glas-Rasterspiegelleuchten mit Leuchtstofflampen über den Verkaufsständen. Platzleuchten an Kasse, Packtischen und Waagen. Sonst wie bei Schaufenster.

Industrie: Übliche Größen der Leuchtstofflampen 40, 65 und 85 W. In hohen Hallen Mischlicht aus Quecksilberdampf- und Glühlampen oder Hochdruck-Quecksilberdampf-Leuchtstofflampen bis 1000 W. Leuchten für Glüh-, Misch- und Quecksilberdampflampen Tiefstrahler mit oberem Teillichtauslaß oder lichtdurchlässigen Reflektoren zur oberen Raumaufhellung. Leuchten für Leuchtstoffröhren aus Kunststoff mit Aluminium-Reflektoren. Tiefer hängende Leuchtbänder (z.B. über Fließbändern) Rasterabblendung. Zur Einschränkung der Lichtverluste durch Verstauben Durchlüftungskanäle (Schlitze) im oberen Leuchtenteil (s. Bild 7).

Aufhängung der Leuchtbänder an U-förmigen Tragschienen, die zur Unterbringung der Zuleitungen dienen und auch noch Fremdleitung aufnehmen können. In Montagehallen Leuchten auch an den Laufkranträgern aufhängen. Zugänglichkeit hoch aufgehängter Leuchten durch feste oder fahrbare Laufstege oder Seilwinden mit Leitungskupplungen. Platzbeleuchtung an Maschinen durch Gelenkleuchten. Im Freien Tiefstrahler (S. 163) oder Scheinwerfer. Beleuchtungsstärken s. DIN 5035.

Schaufensterbeleuchtung

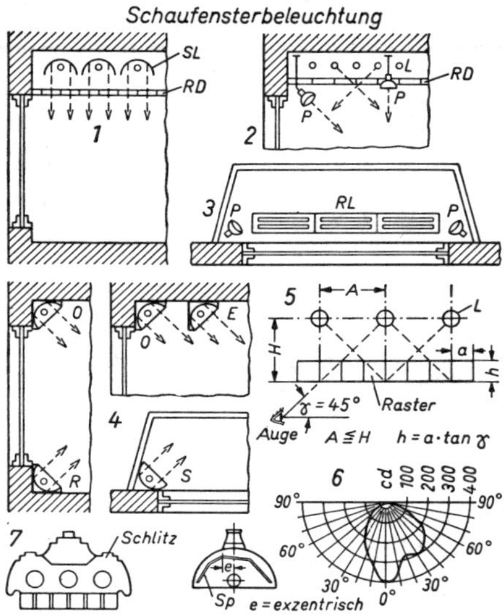

E Eckleuchte; L Leuchtstofflampe; O Oberlicht; P Punktleuchte; R Rampenlicht; RD Rasterdecke; RL Rasterleuchte; S Seitenleuchte; SL Spiegelleuchte; Sp Spiegel; γ Blendschutzwinkel.

Berechnung der Beleuchtungsstärke E aus der Lichtstärke I

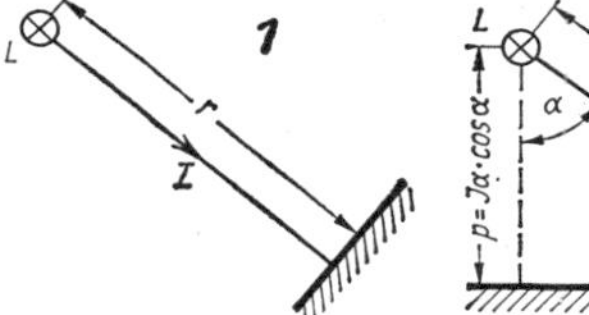

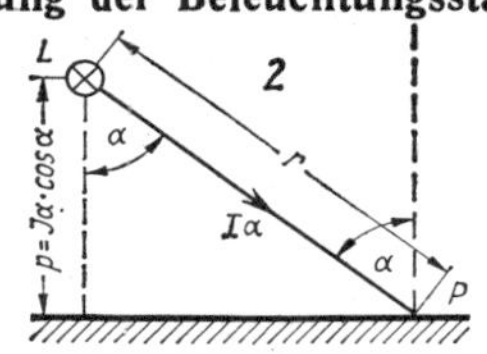

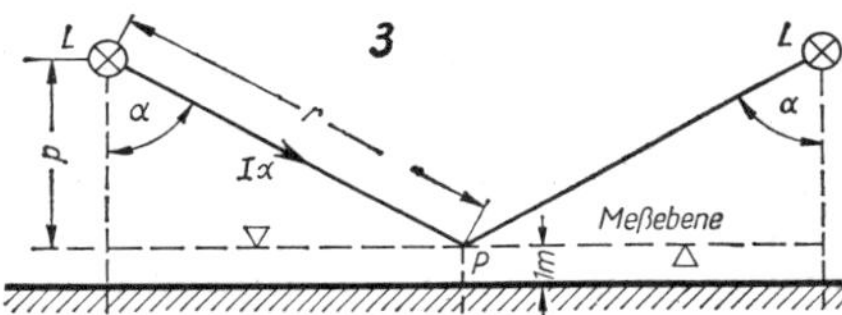

Entfernungsgesetz: Die Beleuchtungsstärke E auf einer senkrecht zur Strahlungsrichtung I im Abstand r von der Lichtquelle L liegenden Fläche A nimmt ab mit dem Quadrat des Abstandes r (Bild 1).

I. $E = I : r^2$ in Lux $\qquad I$ = Lichtstärke in cd

Ist die Fläche so gedreht, daß die Lichtstrahlung (I_α) unter dem Winkel α zur Flächennormalen einfällt, so ist die Beleuchtungsstärke E im Punkt P (s. Bild 2):

II. $$E = \frac{I_\alpha \cdot \cos\alpha}{r^2} \text{ in Lux}$$

Straßen- und Streckenbeleuchtung (Bild 3)

Gegeben ist meistens die Mindestbeleuchtungsstärke E in der Mitte zwischen 2 Leuchten. E wird von 2 Leuchten erzeugt, so daß eine Leuchte nur den Beleuchtungsanteil E:2 zu liefern hat.

III. $$I_\alpha = \frac{E \cdot r^2}{2 \cdot \cos\alpha} \text{ in cd}$$

Entfernung r, direkt schwer zu messen, ist gleich Lichtpunkthöhe p über der Meßebene (1 m über dem Boden), dividiert durch cos α. $r = p : \cos\alpha$. Dieser Wert (in Formel III eingesetzt) ergibt:

$$I = \frac{E}{2\cos\alpha} \cdot \frac{p^2}{\cos^2\alpha} = \frac{E \cdot p^2}{2 \cdot \cos^3\alpha} \text{ in cd}$$

Sollen die Beleuchtungsstärken E für die gegebene Lichtausstrahlung (Lichtverteilungskurve) einer Leuchte an mehreren beliebigen Punkten auf der Meßebene ermittelt werden, so gilt folgende Formel mit veränderlichem α:

IV. $$E = \frac{I_\alpha \cdot \cos^3\alpha}{p^2} \text{ in Lux}$$

Die Lichtstärkewerte I_α sind für die jeweiligen Ausstrahlungswinkel aus der Lichtverteilungskurve der benutzten Leuchte zu entnehmen. Zu den so ermittelten Beleuchtungsstärken müssen dann noch die von benachbarten Leuchten erzeugten Beleuchtungsstärken anteilmäßig addiert werden. Der $\cos^3\alpha$ ist aus der Zahlentafel neben der Fluchtlinientafel (S. 167) zu entnehmen. Hat man die Lichtstärke I_α durch Einsetzen der Werte in die vorstehende Formel errechnet, so ermittelt man aus der Lichtverteilungslinie der gewählten Leuchte die Lichtstärke dieser Leuchte in Richtung α bei einer Glühlampe mit einem Lichtstrom von 1000 Lumen, für welche Bestecknng diese Linien immer gezeichnet sind. Durch Division des errechneten Wertes von I_α durch den aus der Lichtverteilungslinie abgelesenen stellt man fest, den wievielfachen Wert des Lichtstromes von 1000 Lumen die zu verwendende Glühlampe aussenden muß, um in Richtung α die oben errechnete Lichtstärke I_α zu ergeben. Die Glüh- oder Metalldampflampe wird dann nach den Tabellen auf S. 156, 160 oder 161 gewählt.

Es soll im Regelfalle

a) die Lichtpunkthöhe p nicht kleiner sein als ein Drittel der Straßenbreite;

b) der Leuchtenabstand a bei Tiefstrahlern gleich dem 3- bis 4fachen der Lichtpunkthöhe, bei Leuchten für direktes Licht gleich dem 3- bis 4fachen der Lichtpunkthöhe (und mehr, wenn nur als Richtungslampen), bei Schirmbreitstrahlern gleich dem 5- bis 5,5fachen der Lichtpunkthöhe.

14

Leuchten (Fortsetzung)

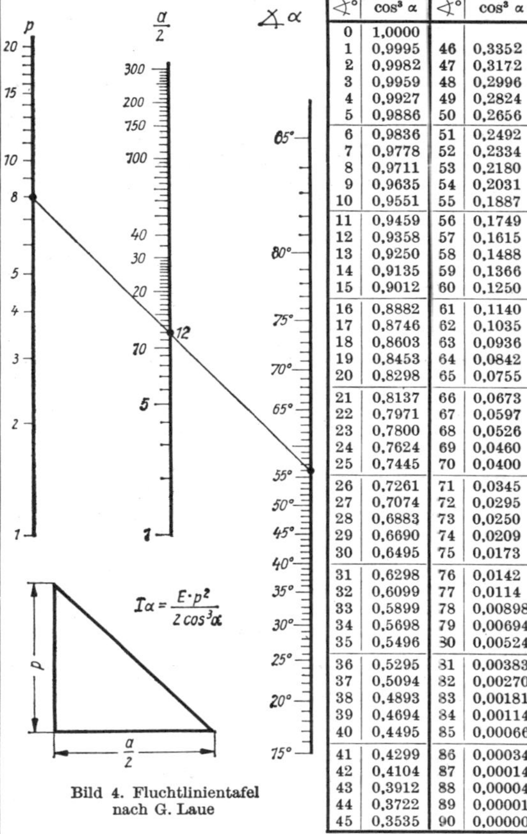

Bild 4. Fluchtlinientafel nach G. Laue

∡°	cos³ α	∡°	cos³ α
0	1,0000		
1	0,9995	46	0,3352
2	0,9982	47	0,3172
3	0,9959	48	0,2996
4	0,9927	49	0,2824
5	0,9886	50	0,2656
6	0,9836	51	0,2492
7	0,9778	52	0,2334
8	0,9711	53	0,2180
9	0,9635	54	0,2031
10	0,9551	55	0,1887
11	0,9459	56	0,1749
12	0,9358	57	0,1615
13	0,9250	58	0,1488
14	0,9135	59	0,1366
15	0,9012	60	0,1250
16	0,8882	61	0,1140
17	0,8746	62	0,1035
18	0,8603	63	0,0936
19	0,8453	64	0,0842
20	0,8298	65	0,0755
21	0,8137	66	0,0673
22	0,7971	67	0,0597
23	0,7800	68	0,0526
24	0,7624	69	0,0460
25	0,7445	70	0,0400
26	0,7261	71	0,0345
27	0,7074	72	0,0295
28	0,6883	73	0,0250
29	0,6690	74	0,0209
30	0,6495	75	0,0173
31	0,6298	76	0,0142
32	0,6099	77	0,0114
33	0,5899	78	0,00898
34	0,5698	79	0,00694
35	0,5496	80	0,00524
36	0,5295	81	0,00383
37	0,5094	82	0,00270
38	0,4893	83	0,00181
39	0,4694	84	0,00114
40	0,4495	85	0,00066
41	0,4299	86	0,00034
42	0,4104	87	0,00014
43	0,3912	88	0,00004
44	0,3722	89	0,00001
45	0,3535	90	0,00000

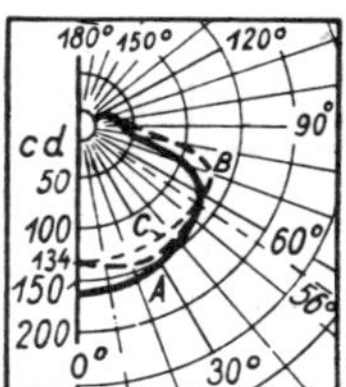

Bild 5. Lichtverteilung einer Leuchte für direktes Licht mit unten offener Glocke mit einer 1000-Lumen-Glühlampe

A = Kreiswendel; B = Wellenwendel

gezeichneten Lichtverteilungslinie erhalten, also 5450 Lumen. Gewählt wird eine 300-Watt-Glühlampe für 220 Volt mit einem Lichtstrom von 4800 Lumen. Die Leuchte ist für diese Lampe zu wählen (Sockel E 40, S. 161). Die geforderte Beleuchtungsstärke von E = 4 Lux wird nicht ganz erreicht; sie beträgt nur:

$$E = \frac{2 \cdot I_\alpha \cdot 4{,}80 \cdot 0{,}1749}{p^2} = \frac{2 \cdot 134 \cdot 4{,}80 \cdot 0{,}1749}{64} = 3{,}52 \text{ Lux}$$

Die Beleuchtungsstärke senkrecht unter der Leuchte ist:

$$E = \frac{I}{p^2} = \frac{135 \cdot 4{,}80}{64} = 10{,}1 \text{ Lux}$$

Der Wert I = 135 ist aus der Lichtverteilungslinie Linie B Bild 5 abgelesen für $\alpha = 0°$.

Die Gleichmäßigkeit der Beleuchtung ist 3,52:10,1 = 1:2,87, also sehr gut.

An Stelle der 300-Watt-Glühlampe kann auch eine Quecksilberdampf-Hochdrucklampe (z. B. HQA 500) mit 4750 Lumen verwendet werden. Die Berechnung wäre dann mit diesem Wert durchzuführen.

1. Beispiel: Eine Verkehrsstraße von 22 m Breite soll mit Leuchten für direktes Licht nach S. 163 beleuchtet werden.

Lichtpunkthöhe über der Meßebene > ⅓ der Straßenbreite = > 22 : 3, gewählt 8 m [Befestigungshöhe der Wandrosetten der Seilüberspannung über Straßenoberkante = 8 + 1 + (8 : 30) (Durchhang) + 0,5 (Leuchtenlänge) ≈ 9,8 m]. Gefordert wird an der ungünstigsten Stelle (also in der Mitte der zwei Leuchten) eine Beleuchtungsstärke von etwa 4 Lux (s. S. 155).

Der Lampenabstand a darf nach vorstehendem die 3- bis 4fache Lichtpunkthöhe betragen. Gewählt wird 3 × 8 = 24 m, also a : 2 = 12 m. Nach der Fluchtlinientafel ergibt sich mit p = 8 und a:2 = 12 ein Winkel α von 56°. Der $\cos^3 \alpha$ wird nach der Tabelle 0,1749. Die benötigte Lichtstärke I_α ist dann:

$$I_\alpha = \frac{E \cdot p^2}{2 \cos^3 \alpha} = \frac{4 \cdot 8^2}{2 \cdot 0{,}1749} \approx 730 \text{ cd}$$

Aus der Lichtverteilungslinie liest man auf Linie B unter 56° eine Lichtstärke in dieser Richtung von 134 cd ab.

Benötigt werden 730 cd. Die Lampe muß also den 730:134 = 5,45fachen Lichtstrom der für 1000 Lumen

2. Beispiel: Ein Marktplatz von 40 m Breite, 60 m Länge soll mit Mischlichtlampen (Seite 161) beleuchtet werden. Gewählt Lichtpunkthöhe p = 10 m. Gefordert (in der Mitte von 2 Leuchten) eine Beleuchtungsstärke von etwa 4 Lux. Lampenabstand a = 20 m.

Lösung: Nach der Fluchtlinientafel Winkel α = 45°, $\cos^3 \alpha$ = 0,3535, Lichtstärke $I_\alpha = \frac{4 \cdot 10^2}{2 \cdot 0{,}3535}$ = 565 cd.

Aus der Lichtverteilungslinie liest man auf Linie B unter 45° eine Lichtstärke in dieser Linie von 140 cd ab.

Benötigt werden 565 cd. Die Lampe muß also den 565:140 = 4fachen Lichtstrom nach Bild 5, also 4000 Lumen erhalten. Gewählt HWA 500 mit einem Lichtstrom von 4750 Lumen (Sockel E 40 nach S. 161).

Beleuchtungsstärke $E = \frac{2 \cdot 140 \cdot 4{,}75 \cdot 0{,}3535}{10^2}$ = 4,7 Lux.

Beleuchtungsstärke senkrecht unter der Leuchte $E = \frac{135 \cdot 4{,}75}{100}$ = 6,4 Lux. Gleichmäßigkeit der Beleuchtung ist 4,7:6,4 = 1:1,36, also ausgezeichnet.

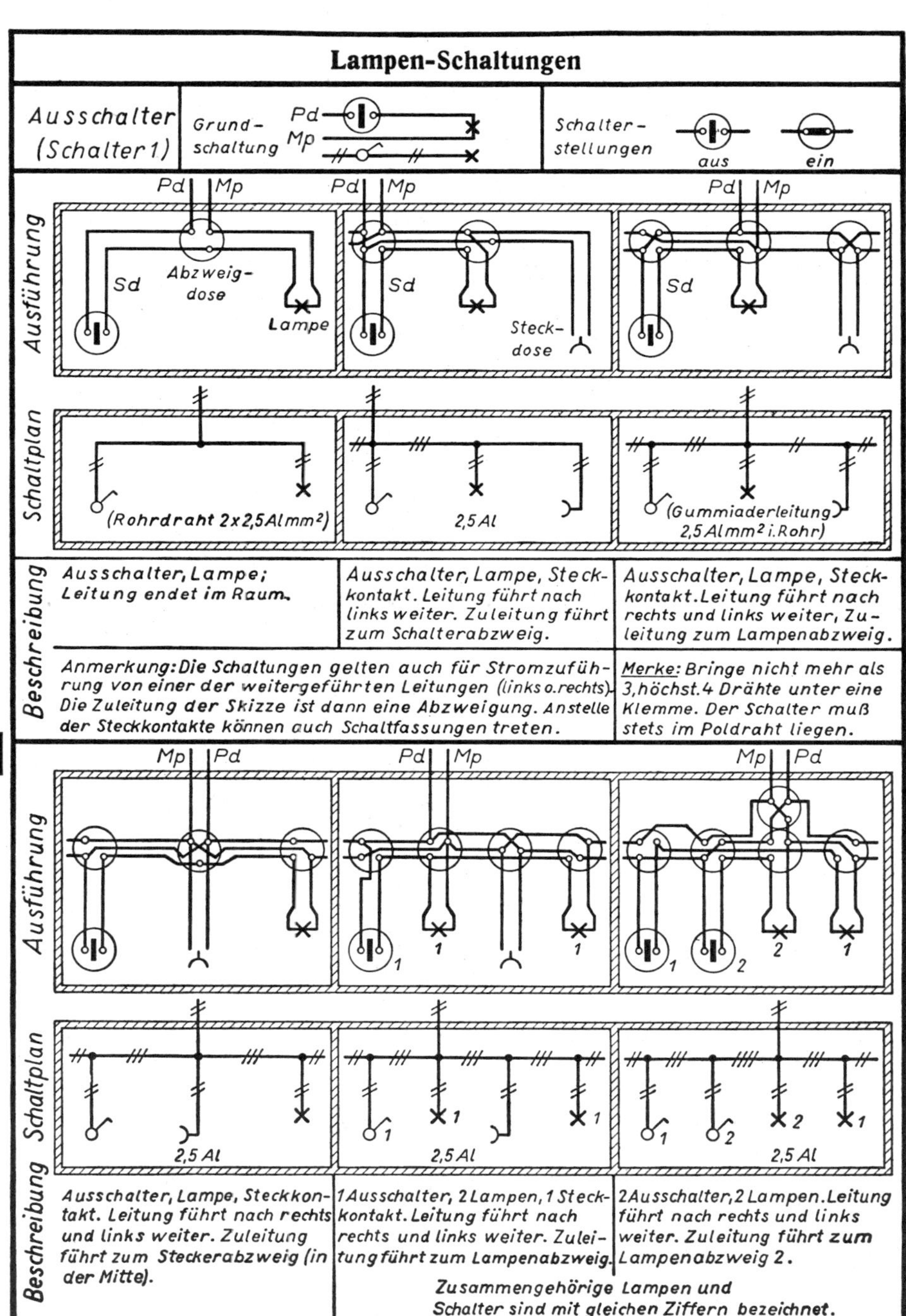

14

Pd = **Poldraht** geht von der Stromquelle zum Schalter, der Steckdose oder Hahnfassung, führt Spannung gegen Erde. ***Sd*** = **Schalterdraht** zwischen Schalter und Stromverbraucher. ***Mp*** = Mittelpunkts- (Nullpunkts-, Sternpunkts-)draht = Rückleiter vom Stromverbraucher zur Stromquelle.

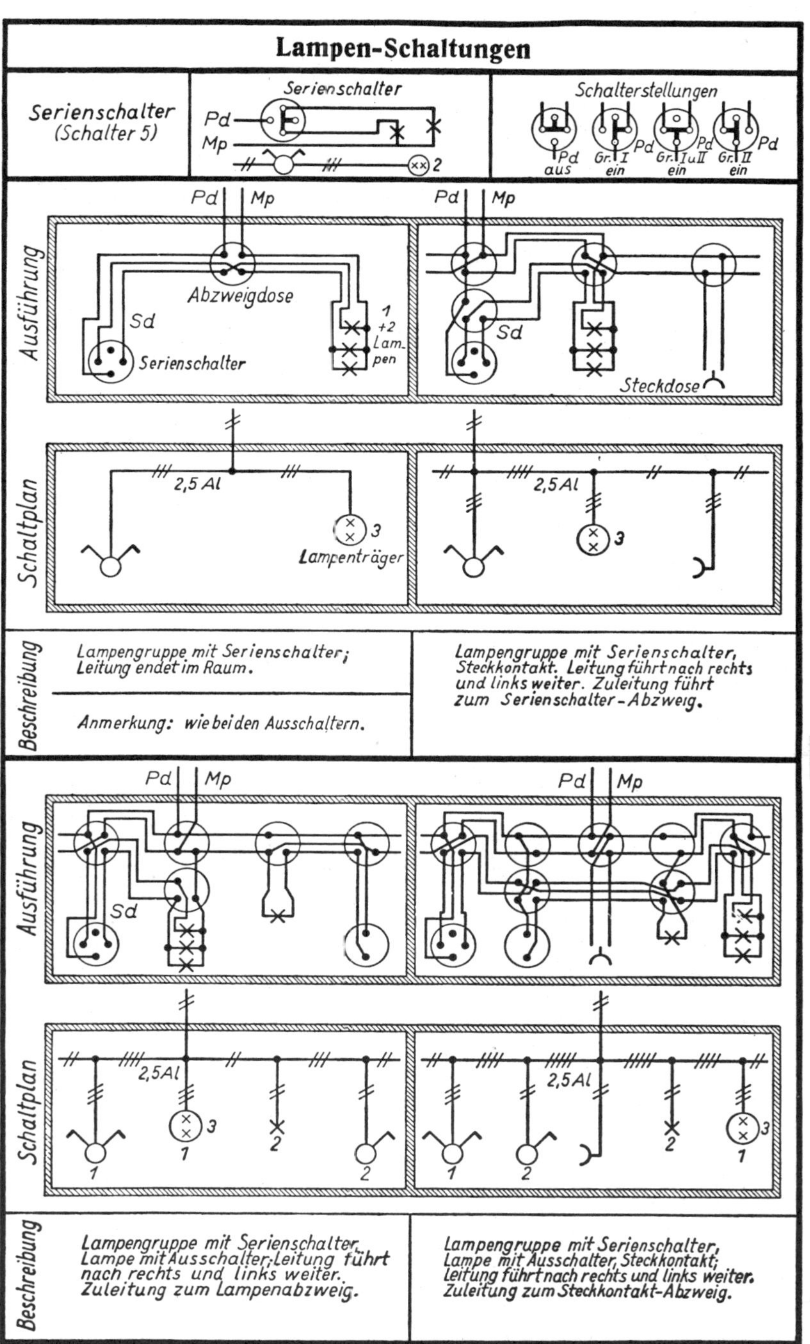

Pd **Poldraht** ***Sd*** **Schalterdraht** ***Mp*** **Rückleiter**
Merke für S. 166···170: Schalter und Hahnfassungen müssen stets an ***Pd*** liegen.

Lampen-Schaltungen

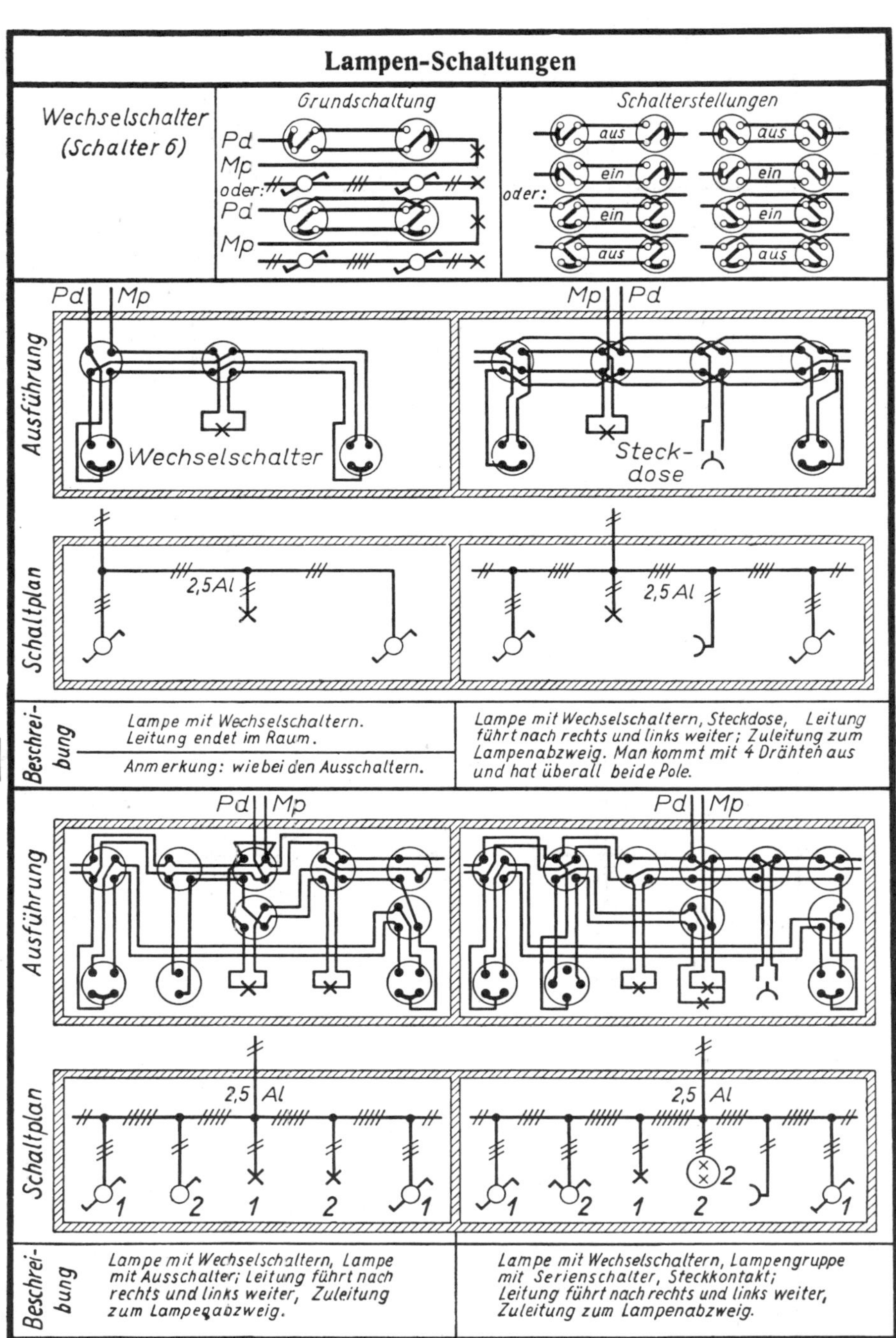

14

Pd **Poldraht** ***Sd*** **Schalterdraht** ***Mp*** **Rückleiter**

Lampen-Schaltungen

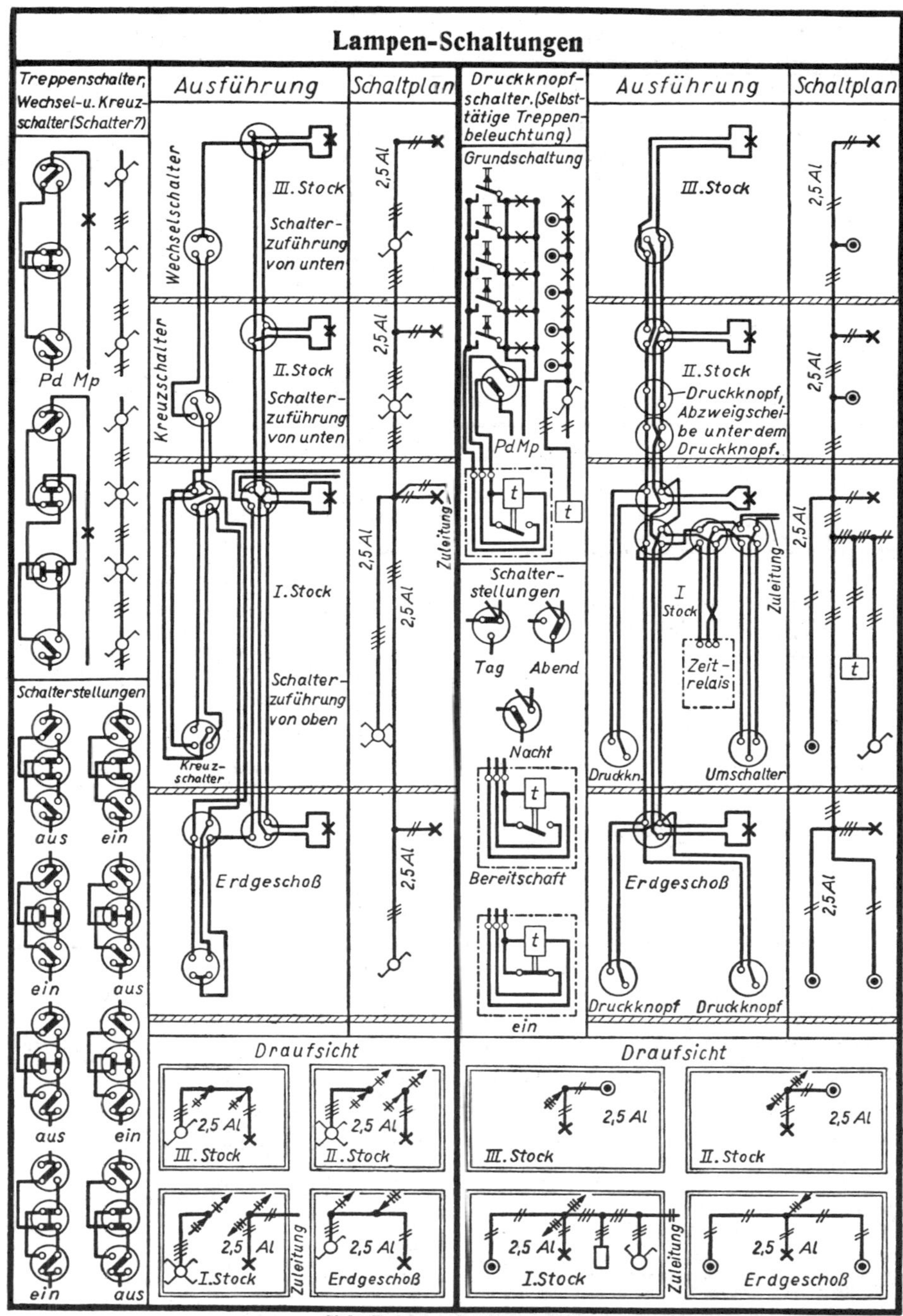

Siehe Fußnoten S. 168 und 169.

14

1…8 Ergänzungsaufgaben, 9 Nachinstallation, 10 Neueinrichtung

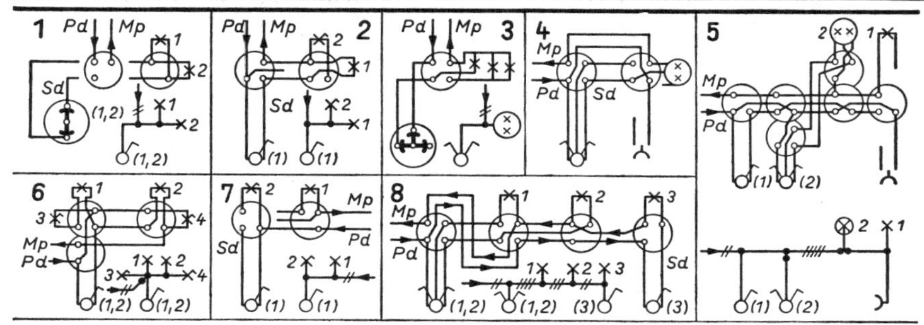

Leuchtenaufhängung an Stahlseilen

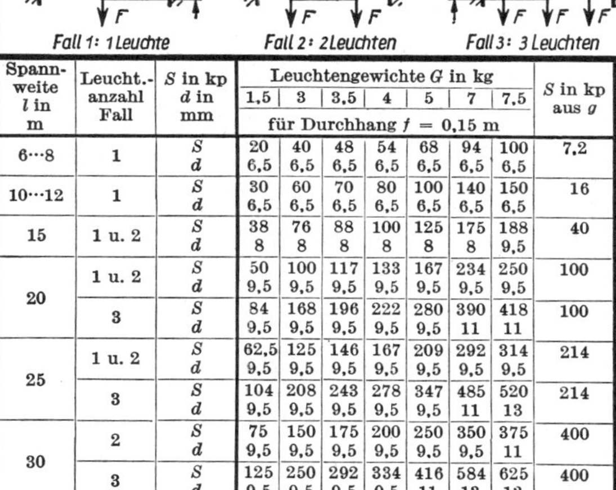

Spannweite l in m	Leucht.-anzahl Fall	S in kp d in mm	Leuchtengewichte G in kg für Durchhang f = 0,15 m: 1,5	3	3,5	4	5	7	7,5	S in kp aus g
6…8	1	S	20	40	48	54	68	94	100	7,2
		d	6,5	6,5	6,5	6,5	6,5	6,5	6,5	
10…12	1	S	30	60	70	80	100	140	150	16
		d	6,5	6,5	6,5	6,5	6,5	6,5	6,5	
15	1 u. 2	S	38	76	88	100	125	175	188	40
		d	8	8	8	8	8	8	9,5	
20	1 u. 2	S	50	100	117	133	167	234	250	100
		d	9,5	9,5	9,5	9,5	9,5	9,5	9,5	
	3	S	84	168	196	222	280	390	418	100
		d	9,5	9,5	9,5	9,5	9,5	11	11	
25	1 u. 2	S	62,5	125	146	167	209	292	314	214
		d	9,5	9,5	9,5	9,5	9,5	9,5	9,5	
	3	S	104	208	243	278	347	485	520	214
		d	9,5	9,5	9,5	9,5	9,5	11	13	
30	2	S	75	150	175	200	250	350	375	400
		d	9,5	9,5	9,5	9,5	9,5	9,5	11	
	3	S	125	250	292	334	416	584	625	400
		d	9,5	9,5	9,5	9,5	11	13	13	

g Seilgewicht in kg/m; d Seil-Ø in mm; G Leuchtengewicht in kg; l Spannweite in m; f Durchhang in m; S Seilzug in kp. Für gleichmäßig verteilte Belastung g/m in kp wird

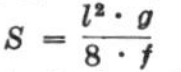

$$S = \frac{l^2 \cdot g}{8 \cdot f}$$

z. B. für Drahtseil d = 6,5 mm Ø u. l = 8 m ist g = 0,135 kg/m und

$$S = \frac{l^2 \cdot g}{8 \cdot f} = \frac{8^2 \cdot 0{,}135}{8 \cdot 0{,}15} = 7{,}2 \text{ kp}$$

Bei doppeltem Durchhang verringern sich die Seilzüge S auf die Hälfte usw. Das Anlegen einer Leiter an das Seil ergibt bedeutend größere Seilzüge S.

Beispiel: Höhe des Stahlseils 7 m über Erde, Spannweite l = 8 m ergibt eine seitliche Kraft $F \approx$ 20 kp. Damit bei f = 0,15 m seitlicher Verschiebung des Stahlseils

$$H \approx S = \frac{F \cdot l}{4 f} = \frac{20 \cdot 8}{4 \cdot 0{,}15} \approx 267 \text{ kp}$$

gegenüber 20 kp durch die Leuchten. Der Querschnitt müßte also ≈ 13,4-mal größer, der Durchmesser = $d \cdot \sqrt{13{,}4}$ = 3,66 d sein.

Stahlseil-Bruchfestigkeit 130 kp/mm², Al-Seil 19 kp/mm² angenommen, ergibt 130:19 ≈ 7fachen Querschnitt für Al-Seile oder $d \cdot \sqrt{7} \approx 2{,}65\, d$.

Die Seilzüge bei Stahl und Al sind annähernd gleich. Die Spannungen aus Eigengewicht fallen nicht ins Gewicht.

Horizontal-Installation

Die seitherigen Unterputz- und Imputzausführungen kommen in der Hauptsache nur noch als Ersatz und Erweiterungen bei Altbauten in Betracht.

Vorteile der HI: Wegfall aller Abzweigdosen, keine Schwächung der Wände durch Stemmarbeiten, fast keine Leiterarbeiten, schnelle Montage der in der Werkstatt vorgefertigten, für jeden Wohnungstyp genormten und abgelängten Leitungen und damit eine wesentliche Steigerung der Arbeitsproduktivität bei Typenwohnbauten.

Sämtliche Leuchten-, Geräte- und Tasterleitungen führen zu einem Zentralverteiler. Die horizontalen Leitungen werden auf der Rohdecke vor der Aufbringung des Ausgleichsbetons verlegt. Die vertikalen Anschlußleitungen des Zentralverteilers werden hinter seinem bis zum Fußboden und zur Decke verlängerten Halterahmen zusammengefaßt. Die vertikalen Leitungen vom Fußboden zu den Drucktastern liegen im Türfutter. Die Steckdosenleitungen sind als im Fußboden liegende Ringleitung ausgebildet, die Steckdosen selbst sind bis zu diesem Ring herab verlängert.

Der Zentralverteiler enthält die Anschlüsse für die Zuführungen vom Zähler, 42 V-Trafo, die Ableitungen zum Steckdosenring und zu den Geräten (z. B. Herd), die Sicherungen und die Stromstoßschütze (max. 8).

Werkstattarbeiten:

Ablängen der Leitungen und Anschluß an den Zentralverteiler. Herstellung des Steckdosenringes.

Herstellung des Halterahmens für den Zentralverteiler.

Montagearbeiten:

Befestigung des Halterahmens.

Legung der Leitungen hinter Zentralverteiler auf den Rohdecken und im Türfutter.

Befestigung der Drucktaster und Steckdosen (gegebenenfalls im Klebeverfahren).

Anschluß der Zuleitungen vom Zähler und 42 V-Trafo. Die Treppenbeleuchtung- und die Hausklingelanlage werden in gleicher Weise installiert.

Galvanische Elemente und Batterien nach DIN 40850

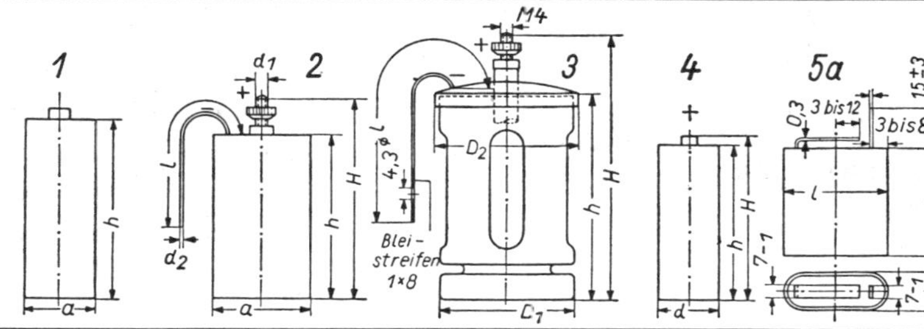

1. Zellenteile

Art	Form	Ausführung	Zinkbecher Durchmesser Außen d_1	Zinkbecher Durchmesser Innen d_2	Zinkbecher Wanddicke s	Zinkbecher Höhe h	Kohlenstift Durchmesser d_3	Kohlenstift Länge
B	rund	nahtlos	$15 \pm^{0,2}_{0,1}$	—	0,25±0,025	45±0,2	5±0,05	47±0,2
C			$19,6\pm^{0,2}_{0,1}$	—	0,3 ±0,025	34±0,2		34±0,2
D					0,3 ±0,025	55±0,3	6±0,06	56±0,2
E			$23,9\pm^{0,2}_{0,1}$	—	0,3 ±0,025	45±0,3		46±0,2
J			$31,5\pm^{0,25}_{0,15}$	—	0,4 ±0,025	57±0,3	8±0,08	58±0,2
K	rund	gelötet	—	33	0,6(0,5)	75(83)		94±0,2
	eckig		—	33 × 33	0,5	92		
L	rund		—	48,5	0,7	93	12±0,10	104±0,5
	eckig		—	48 × 48	0,8	85(98)		
M	rund		—	60	0,8	120(140)		155±0,5
N	rund		—	72	1,2	162	18±0,15	175±0,5
	eckig		—	72 × 72	1,2	150, 158, 165		
Q	eckig		—	97 × 97	1,2	155, 172	12±0,10	175±0,5
R	eckig		—	148 × 148	1,2	155	18±0,15	175±0,5
X	offener Blechmant.		240 gestreckte		1	80	15±0,12	175±0,5
Y			325 Mantellänge		1	150	18±0,15	270±0,5

Kurzzeichen: Zur einheitlichen und eindeutigen Bezeichnung von galvanischen Stromerzeugern.

Erster Buchstabe: **E** = Element bzw. **B** = Batterie.

Zweiter Buchstabe: **B** bis **R** = Bezeichnung der f. den Aufbau benutzten Zellenart (s. Tafel 1). **X** oder **Y** = bei Naßelementen nur zur Unterscheidung der Größe, weil Zelle und Element gleich sind (s. Tafel 3).

Dritter Buchstabe: **T**, **F** oder **L** = Ausführungsart der Zelle. **T** = Trokken, **F** = Füllbraunstein, **L** = Trokken-Luftsauerstoff.

Bei Batterien mit je 2 oder mehr parallelgeschalteten Zellen wird eine entsprechende Zahl **vor** die Zellenbezeichnung gesetzt.

Vierter Buchstabe: **V** = Vereinfachte Ausführung.

Beispiel: ELF = **Element** aus Zelle **L** i. **Füllbraunsteinausführung. BDT 90** = **Batterie** aus Zellen **D**, **90** Volt Nennspannung. **B 2 J 4,5** = **Batterie** aus **2** Zellen **J** parallel, **4,5** Volt Nennspannung.

2. Trocken-, Füll- und Luftsauerstoffelemente

Nennspannung 1,5 V

Bezeichnung eines Trockenelementes mit dem Kurzzeichen ELT:

Trockenelement ELT DIN 40850

Kurzzeichen Trockenelement	Kurzzeichen Füllelement	Kurzzeichen Luftsauerstoffelement	a rund	a quadratisch	h Größtmaß	H Größtmaß	Schraubklemme Pluspol Gewinde d_1	Anschlußdraht für Minuspol d_2	Anschlußdraht für Minuspol l Kleinstmaß
EKT	EKF	EKL	—	38±1 × 38±1	100	113	M 4	1	60
ELT	ELF	ELL	—	55±2 × 55±2	110	125	M 4	1	90
EMT	—	EML	66±2	—	160	178	M 4	1	90
ENT	ENF	ENL	—	80±3 × 80±3	180	200	M 5	1	110
EQT	—	EQL	—	105±3 × 105±3	195	210	M 5	1	140
—	—	ERL	—	158±5 × 158±5	195	210	M 5	1	200

3. Naßelemente

Bezeichnung eines Naßelementes mit dem Kurzzeichen EX: **Naßelement EX DIN 40850**

Kurzzeichen	Durchmesser Glasgefäß D_1	Durchmesser Deckel D_2	Schulterhöhe h Größtmaß	Gesamthöhe H Größtmaß	Bleistreifen für —Pol l Kleinstmaß
EX	100+3	107+3	160	200	120
EY	125+3	135+3	250	300	135

4. Stabbatterien

Bezeichnung einer Stabbatterie mit dem Kurzzeichen BCT 3: **Stabbatterie BCT 3 DIN 40850**

Kurzzeichen	Durchmesser d	Schulterhöhe h Größtmaß	Gesamthöhe H Größtmaß
BCT 3	21±0,7	72	74
BET 3	25±0,8	99	100

5. Flachbatterien

Bezeichnung einer Flachbatterie mit dem Kurzzeichen BH 4,5: **Flachbatterie BH 4,5 DIN 40850**

Kurzzeichen	Nennspannung V	Breite b	Länge l	Schulterhöhe h	Bild
BDT 4,5	4,5	22—2	62,5—2	66—2	5a
BJT 3	3	34—2	68 —3	79—4	5b
BJT 4,5	4,5	34—2	100 —3	79—4	

Begriffe: Man unterscheidet galvanische Zellen, Elemente und Batterien. — Die **Zelle** besteht aus Zink und Kohleelektrode sowie Elektrolyt. Das **Element** ist eine mit einem Behälter versehene gebrauchsfertige Zelle. Die **Batterie** besteht aus mehreren Zellen, die zu einer Einheit zusammengeschaltet und -gebaut sind. Galvanische Elemente und Batterien werden kurz „galvanische Stromerzeuger" genannt und müssen VDE 0807 „Vorschriften für galvanische Elemente und Batterien" entsprechen. Elektrolyt für Beutelelemente: 100g Salmiaksalz auf 1 l Wasser.

15

Lichtmaschine und Anlasser

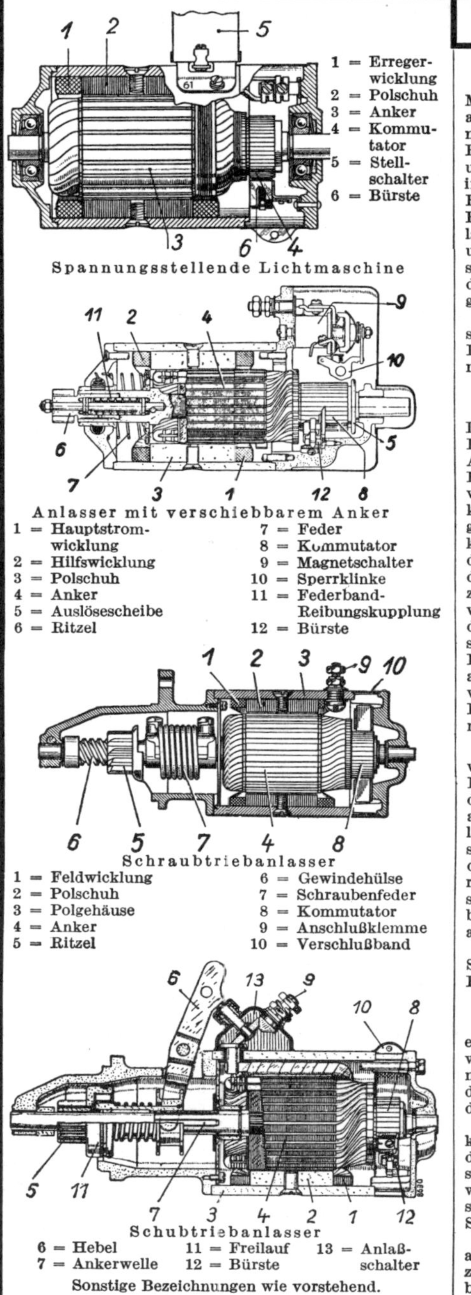

1 = Erregerwicklung
2 = Polschuh
3 = Anker
4 = Kommutator
5 = Stellschalter
6 = Bürste

Spannungsstellende Lichtmaschine

Anlasser mit verschiebbarem Anker

1 = Hauptstromwicklung
2 = Hilfswicklung
3 = Polschuh
4 = Anker
5 = Auslösescheibe
6 = Ritzel
7 = Feder
8 = Kommutator
9 = Magnetschalter
10 = Sperrklinke
11 = Federband-Reibungskupplung
12 = Bürste

Schraubtriebanlasser

1 = Feldwicklung
2 = Polschuh
3 = Polgehäuse
4 = Anker
5 = Ritzel
6 = Gewindehülse
7 = Schraubenfeder
8 = Kommutator
9 = Anschlußklemme
10 = Verschlußband

Schubtriebanlasser

6 = Hebel
7 = Ankerwelle
11 = Freilauf
12 = Bürste
13 = Anlaßschalter

Sonstige Bezeichnungen wie vorstehend.

Spannungsstellende Lichtmaschine

Die mit 3500···6000 Umdrehungen in der Minute vom Motor durch Vorgelege, Keilriemen oder Rollenkette angetriebene Lichtmaschine ist eine Nebenschlußmaschine, deren Klemmenspannung durch einen im Erregerstromkreis liegenden, durch eine Spannungs- und Stromspule beeinflußten Widerstand-Schnellsteller innerhalb der obigen Drehzahlgrenzen nahezu auf gleicher Höhe gehalten wird. Sie ist mit einer Akkumulatoren-Batterie parallel geschaltet, die bei stillstehendem und langsam laufendem Motor den Strom für die Beleuchtung usw. und für den Anlaßmotor liefert. Bei genügend schnell laufendem Motor übernimmt die Lichtmaschine die Stromlieferung für die Beleuchtung usw. und lädt gleichzeitig die Batterie auf.

Sinkt die Maschinenspannung unter die Batteriespannung, so trennt der Stellschalter die Verbindung. Damit wird eine Entladung der Batterie über die Lichtmaschine vermieden.

Anlasser mit verschiebbarem Anker

Der Anlaßmotor ist ein Reihenschlußmotor mit hohem Drehmoment, dessen Anker mit dem Ritzel in seinen Lagern verschiebbar ist. Der Rückstellfeder, die den Anker aus seiner Mittellage und damit das Ritzel außer Eingriff bringt, wirkt eine Hilfsfeld-Reihenschlußwicklung entgegen, die beim Drücken des Anlaßdruckknopfes den Anker in das Feld hineinzieht und ihn gleichzeitig langsam dreht. Hat das Ritzel in den Zahnkranz des Schwungrades eingegriffen, so schaltet ein in den Motor eingebauter elektromagnetischer Schalter die Haupt-Reihenschlußwicklung des Anlaßmotors hinzu, wodurch der Fahrmotor mit voller Kraft angedreht wird. Nach den ersten Zündungen nimmt die Leistung des Anlaßmotors und damit die Feldstromstärke sehr schnell ab; die Kraft der Rückstellfeder überwiegt die Einzugskraft des Motorfeldes und bringt das Ritzel außer Eingriff. Solange der Druckknopf noch gedrückt wird, läuft der Anlaßmotor außer Eingriff leer weiter. Beim Loslassen des Druckknopfes steht auch der Anlaßmotor still.

Schraubtriebanlasser (Bendix-Trieb)

werden beim Einschalten — in der Regel durch einen Fußschalter — sofort unter vollen Strom gesetzt. Dadurch läuft der Anker mit einem kräftigen Ruck schnell an. Das auf einem Steilgewinde 6 auf der Ankerwelle leicht verschiebbare Ritzel 5 kann diesem Ruck infolge seiner Trägheit nicht sofort folgen und schraubt sich daher selbsttätig auf der Ankerwelle nach dem Schwungrad zu und in die Verzahnung hinein. Nach dem Anspringen des Motors wird das Ritzel vom Motor her beschleunigt und schraubt sich infolgedessen selbsttätig aus der Schwungradverzahnung wieder heraus.

Trifft beim Einspuren Zahn auf Zahn, so nimmt die Schraubenfeder 7 das Drehmoment so lange auf, bis das Ritzel einspuren kann.

Schubtriebanlasser (Anlasser mit Fußeinrückung)

Das Ritzel wird mit Hilfe eines Hebels 6, der mit einem Anlaßpedal verbunden ist, auf der Ankerwelle 7 verschoben und in Eingriff mit der Schwungradverzahnung gebracht. Am Ende der Einspurbewegung wird durch den gleichen Hebel der auf dem Polgehäuse 3 des Anlassers sitzende Anlaßschalter 13 eingeschaltet.

Der sofort einsetzende Strom bewirkt damit ein kräftiges Durchdrehen des Motors. Nach dem Anspringen des Motors wird das Ritzel vom Schwungrad her beschleunigt und durch den Freilauf 11 von der Anlasserwelle losgekuppelt. Wird der Einspurhebel freigegeben, so wird das Ritzel 5 durch Rückzugfedern wieder aus der Schwungradverzahnung herausgezogen.

Der Schubschraubtriebanlasser ist ein Schraubtriebanlasser, bei dem wie beim Schubanlasser das Ritzel zunächst durch einen mechanisch oder elektromagnetisch betätigten Hebel bis zum Einspuren gebracht wird.

Ausrüstung für Kraftwagen   Zünd-, Licht- und Anlaß-Anlage

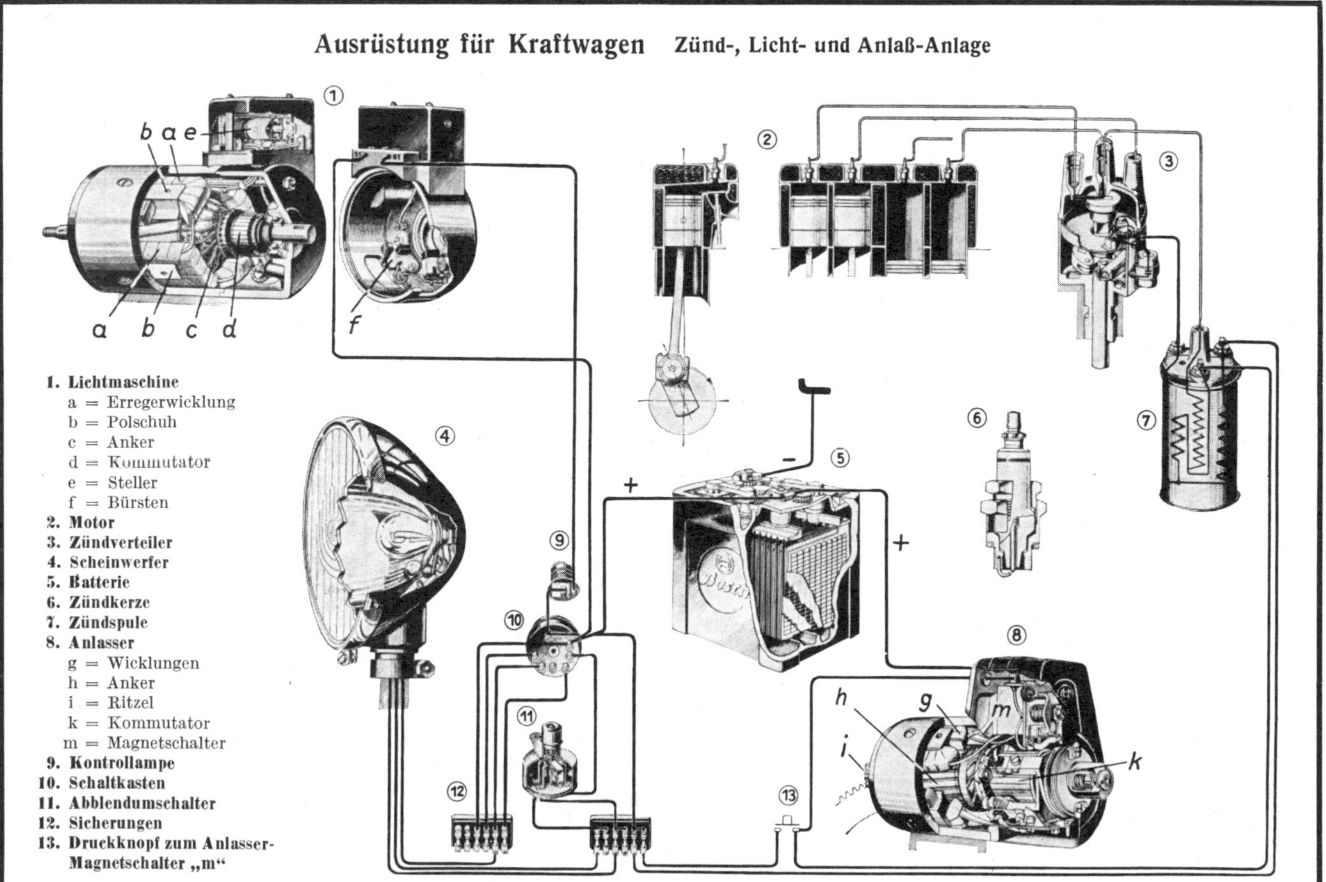

1. Lichtmaschine
a = Erregerwicklung
b = Polschuh
c = Anker
d = Kommutator
e = Steller
f = Bürsten
2. Motor
3. Zündverteiler
4. Scheinwerfer
5. Batterie
6. Zündkerze
7. Zündspule
8. Anlasser
g = Wicklungen
h = Anker
i = Ritzel
k = Kommutator
m = Magnetschalter
9. Kontrollampe
10. Schaltkasten
11. Abblendumschalter
12. Sicherungen
13. Druckknopf zum Anlasser-Magnetschalter „m“

Schaltplan eines Kraftwagens mit Ottomotor (6 und 12 V)

Kennfarben der Leitungen: nach DIN 72551:

bl hellblau
br braun
ge gelb
gn grün
gr grau
li lila
ro rot
sw schwarz
ws weiß

sw/ws-gn: Grundf. sw, Kennf. ws-gn
geschirmt

AL Anlasser
BA Batterie
EK Entstörkondensator
HO1 Signalhorn
KE Zündkerzen
LE Scheinwerfer
LE4 Begrenzungsleuchte
LE5 Deckenleuchte
LE6 Nebelscheinwerfer
LE7 Rückfahrscheinwerfer
LE8 Bremsschlußleuchte
LE9 Kennzeichenbeleuchtung
LE10 Blinkleuchten
LE15 Schaltbrettleuchte
LE16 Ladezeigelampe
LE17 Handleuchte
LE19 Öldruckzeigelampe
LJ Lichtmaschine
RM Radio
SH4 Zündschalter
SH10 Blinkschalter mit Anzeigelampe
SH11 Blinkgeber
SH12 Fußabblendschalter
SH13 Schalter
SH14 Drucktaster
SH16 Bremslichtschalter
SH19 Lichtschalter mit Anzeigelampe
SH40 Steckdose
SH41 Stecker
SH45 Sicherungen
WS Wischer
XY1 Zigarrenanzünder
XY2 Wagenheizer
XY3 Heizscheibe
XY4 Kraftstoffmelder
XY5 Kraftstoffzeiger
ZS Zündspule
ZV Zündverteiler

Die Ziffern in den Leitungen bezeichnen die Klemmen, zu denen die Leitungen führen. Lampen und Leistungsbedarf s. S. 178.

Die Rückleitung des Stromes erfolgt über die Masse des Fahrgestells: es ist deshalb für gute Masseverbindung der Verbraucher zu sorgen.

Kupferleitungen	Anlass.-leitung	Lichtmaschinenleitungen	
Zulässige Belastung A/mm²	20	4,5 ··· 5,5	
Zul. Spannungsabfall %	4	2,5	
Nennstromstärke der Sicherungen	Batteriespannung 6 V	12 V	24 V
Lampenkreise und Radio	15	8	4
Heizkreis	50	25	12

Schaltplan eines Kraftwagens mit Dieselmotor (12 oder 24 V)

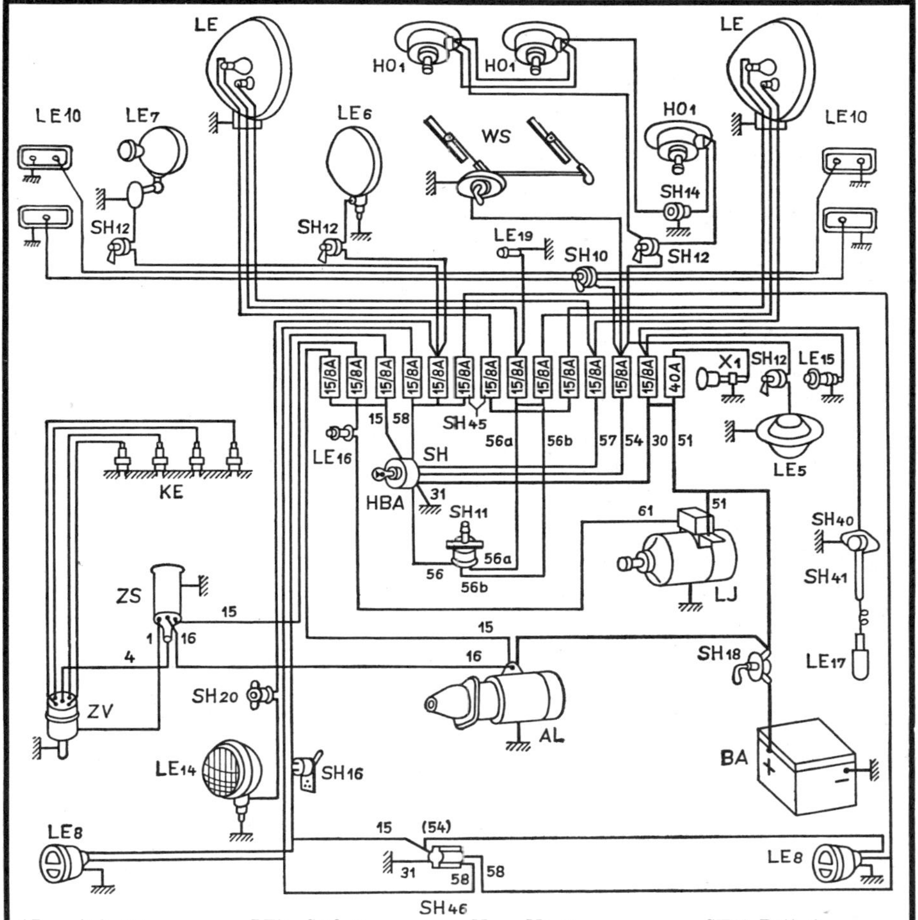

AL	Anlasser
BA	Batterie
HO1	Tellerhorn
KE10	Glühkerzen
KE11	Glühkerzen-Kontrollwiderstand
KE12	Glühkerzenwiderstand
LE	Scheinwerfer
LE4	Seitenleuchte
LE5	Deckenleuchte
LE6	Breitstrahler
LE7	Sucher
LE8	Brems-Schluß-Nummerleuchte
LE10	Blinkleuchten
LE14	Rückfahrleuchte
LE15	Schaltbrettleuchte
LE17	Handleuchte
LE19	Fernlicht-Anzeigeleuchte
LE20	Dreieckzeichen
LJ	Lichtmaschine
M	Masse
RS	Reglerkasten
SH	Schaltkasten
SH10	Blinkerschalter mit Anzeigeleuchte
SH11	Fußabblendschalter
SH12	Ein- und Ausschalter
SH14	Druckknopfschalter
SH16	Bremslichtschalter
SH18	Batterie-Hauptschalter
SH19	Glühkerzenschalter
SH20	Rückfahrschalter
SH40	Steckdose
SH41	Stecker
SH45	Sicherungen
SH46	Steckdose für Anhängerkabel
WS	Wischer

Die Rückleitung des Stroms erfolgt über die Masse des Fahrgestells; es ist deshalb für gute Masseverbindung der Verbraucher zu sorgen.

Erläuterungen

1. Jedes Schlußlicht muß laut gesetzlicher Vorschrift eine für sich gesicherte Leitung haben.

2. Sucher und Breitstrahler müssen laut gesetzlicher Vorschrift (ebenso wie die Scheinwerfer) zwangsläufig ausgeschaltet werden, wenn die Nummerbeleuchtung ausgeschaltet wird. Sie werden deshalb an die mit Klemme 58 des Schaltkastens verbundenen Sicherungen angeschlossen.

Scheinwerfer-, Sucher- und Kleinlampen DIN 72 601 (Blatt 1···4)

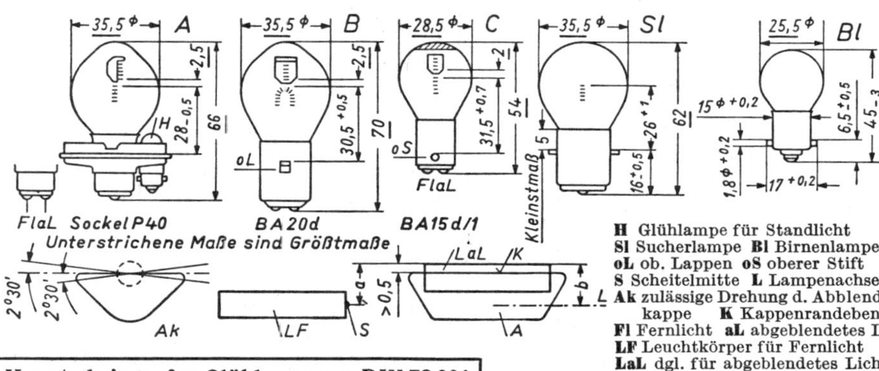

H Glühlampe für Standlicht
Sl Sucherlampe **Bl** Birnenlampe
oL ob. Lappen **oS** oberer Stift
S Scheitelmitte **L** Lampenachse
Ak zulässige Drehung d. Abblendkappe **K** Kappenrandebene
Fl Fernlicht **aL** abgeblendetes L.
LF Leuchtkörper für Fernlicht
LaL dgl. für abgeblendetes Licht

Hauptscheinwerfer-Glühlampen n. DIN 72 601

Form	Bezeichnung und Leistungsstempel	Nenn-spannung	Prüfwerte: Spannung	Prüfwerte: Aufnahme Watt		Prüfwerte: Lebensdauer Brenn-stund.	Zulässige Abweichung ±0,4	±0,3
		Volt	Volt	Fl	aL		a	b
A	6 V 35/35 W	6	6,3	35	35	100	0,9	0,6
	12 V 35/35 W	12	13,5	35	35			
B	6 V 25/25 W	6	6,75	25	25	100	1,1	1,1
	6 V 35/35 W	6	6,3	35	35			
	12 V 35/35 W	12	13,5	35	35			
C	6 V 15/15 W	6	6,75	15	15	100	0,9	0,6
Sucher- und Kleinlampen							Lichtstrom mindestens	
Sl	6 V 15 W	6	6,0	15		100	210 lm	
	6 V 25 W	6	6,0	25			390 „	
	12 V 25 W	12	12,0	25			440 „	
Bl	6 V 15 W	6	6,75	15		75	210 „	
	12 V 15 W	12	13,5				230 „	
Kl	6 V 3 W	6	6,75	3		200	26 „	
	12 V 3 W	12	13,5				27 „	
	6 V 5 W	6	6,75	5			46 „	
	12 V 5 W	12	13,5				44 „	
Sf	6 V 3 W	6	6,75	3		200	27 „	
	12 V 3 W	12	13,5				27 „	
	6 V 5 W	6	6,75	3			46 „	
	12 V 5 W	12	13,5				47 „	

Prüfwerte im Mittel aus mindestens 10 Stück. **Bezeichnungsbeispiele:** Glühlampe mit 2 Leuchtkörpern für Hauptscheinwerfer Form A f. 6 Volt 35/35 Watt: **Glühlampe A 12 V 35/35 W DIN 72 601.** — Sucherlampe 6 Volt 25 Watt: **Sucherlampe 6 V 25 W DIN 72 601.** — **Kugellampe 12 V 5 W DIN 72 601** usw.

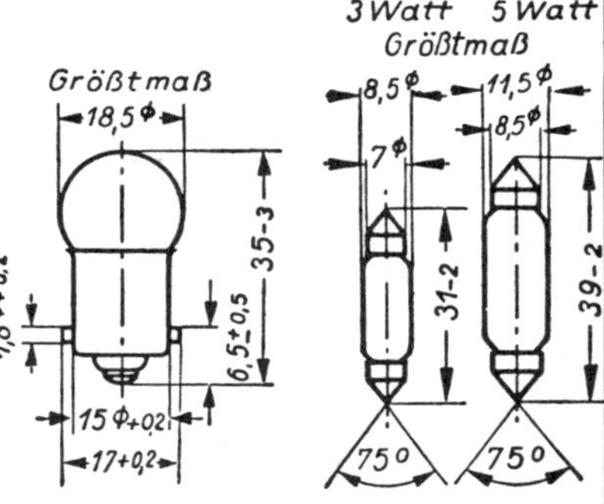

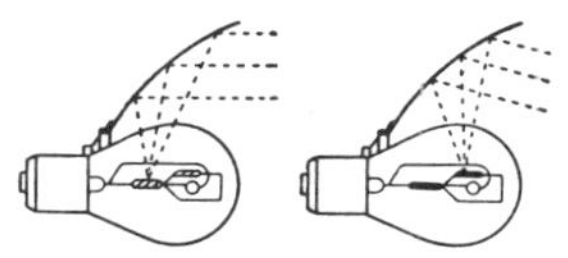

Bilux-Lampe

Abbildung links: Fernlicht, rechts: abgeblendet. Der birnenförmige Glaskörper dieser Lampe enthält einen Fernlicht- und einen Abblendfaden. Der Fernlichtfaden hat die Form eines Winkels und liegt im Brennpunkt des Scheinwerferspiegels. Der Abblendfaden schließt sich nah an den Fernlichtfaden an und ist ein wenig aus der Scheinwerferachse nach oben gerückt; unter ihm ist ein dachförmiger Abdeckschirm angebracht.

Leistungsbedarf der Kraftwagen-Stromverbraucher

Anlasser für Pkw 0,8···3 kW
Anlasser für Lkw 2,2···12 kW
Scheinwerfer-Fernlicht je Lampe 45 W
Scheinwerfer-Abblendlicht je Lampe 40 W
Parkleuchte 3···5 W
Nebelscheinwerfer je Lampe 35 W
Winker mit Lampe 30···40 W

Kennzeichenleuchte 10 W
Schlußleuchte, Deckenleuchte je 5 W
Bremsleuchte, Blinkleuchte je 18 W
Instrumentenleuchte je 2 W
Begrenzungsleuchte je 4 W
Batteriezündung 15 W

Anlaß-Glühkerzen je 100 W
Hörner und Fanfaren je 25···40 W
Scheibenwischer 15···25 W
Wagenheizer 20···60 W
Radio 25···30 W
Zigarrenanzünder 100 W
Heizscheibe 30···70 W

15

Blanke Leitungen BC = blankes Kupfer, BA = blankes Aluminium

Kupfernormen VDE 0201 siehe Seite 66. Aluminiumnormen VDE 0202 siehe Seite 66 u. 67.

a) Leitungsdrähte für Starkstromleitungen (BCe) DIN 48200 u. 48201, Kupfer

Querschnitt in mm²		Durchmesser *d* in mm	kg/1000 m	Widerstand (rund) Ω/1000 m bei 20° (Größtwert)
Nennwert	Istwert		Kupfer	Kupfer
4	4,01	2,26	35,60	4,45
6	5,9	2,75	52,86	3
10	9,9	3,55	88,09	1,8
16	15,9	4,50	141,55	1,1

b) Leitungsseile für Starkstromleitungen (BCm bzw. BAm) DIN 48201

Querschnitt mm²		Einzeldrähte		Seildurchm. (umschrieb. Kreis) *d* Nennwert mm	kg/1000 m		Widerstand (rd.) Ω/1000 m	
Nennwert	Istwert	Anzahl	Durchm. mm		Kupfer	Aluminium	Kupfer	Aluminium
10	10	7	1,35	4,1	84··· 99	—	1,78	—
16	15,9	7	1,7	5,1	135··· 155	41··· 47	1,115	1,96
25	24,2	7	2,1	6,3	206··· 235	63··· 72	0,715	1,24
35	34	7	2,5	7,5	295··· 330	91···101	0,51	0,88
50	49	7	3	9	430··· 475	132···144	0,356	0,58
	48	19	1,8	9	413··· 470	127···144		
70	66	19	2,1	10,5	562··· 644	170···195	0,255	0,435
95	93	19	2,5	12,5	802··· 905	245···275	0,188	0,326
120	117	19	2,8	14	1018···1130	310···340	0,149	0,247
150	147	37	2,25	15,8	1265···1435	385···440	0,119	0,204

Isolierte Starkstromleitungen (VDE 0250)

Die Leitungen haben schwarz-rote Prüfkennfäden bzw. Auf- oder Eindrucke —VDE—. Außerdem enthalten sie einen Firmenkennfaden oder Firmenzeicheneindruck in je 15 cm Abstand sowie Aufdruck der Kurzzeichen der Art, des Querschnittes, nötigenfalls der Nennspannung z. B. NYA 16e Al. Prüfvorschriften s. VDE 0472, Gummihüllen s. VDE 0208, Kunststoffhüllen s. VDE 0209.

Erläuterungen zu der nachstehenden Zusammenstellung: Die **Spannungsangaben** (Nennspannungen) sind die Spannungen zwischen den Leitern, für die die Leitungen gebaut sind.

Verwendung: In **Drehstromanlagen,** deren Dreieckspannung, sowie in **Einphasen-** und **Gleichstromnetzen** mit symmetrischer Spannungsverteilung, deren Betriebsspannung nicht höher ist als die 1,15fache Nennspannung der Leitung.

In einpolig **geerdeten** Einphasen- und Gleichstromnetzen, deren Spannung gegen Erde nicht höher ist als die 0,66fache Nennspannung der Leitung. Für geerdete Gleichstrom- und Leuchtröhrenanlagen sind in Sonderfällen die Nennspannungswerte der Leitungen in Klammern beigesetzt. z. B. (750 V).

Verlegungsorte und **-arten.** Maßgebend sind VDE 0100, 0101, 0108, 0115, 0118, 0128, 0165, 0170, 0171.

tr trockene Räume **ft** feuchte Räume **fr** im Freien	**ap** auf Putz **ip** im Putz **up** unter Putz	**o** in Rohr **g** auf Glocken, Schellen	**s** in Stahlrohr oder Rollen	**W** an Werkzeugmaschinen, Kranen

Beispiel: tr:oup bedeutet: Verlegung in trockenen Räumen in Rohr unter Putz.

Kurzzeichen: Die Kurzzeichen lassen bereits auf den Aufbau der Leitungen oder ihre Verwendungsart schließen. Es bedeutet z. B. **N** Norm (als erster Buchstabe für alle genormten Leitungen). Ferner:

A Ader
B vieldrähtig
BU Bleimantel
C leitende Hülle
CE dgl. über den Einzeladern
F feindrähtig
FA Fassungsader
FF feinstdrähtig
FL Aufzugsteuerleitung
G Gummi
H Hochfrequenz
IF Stegleitung
LG Schlauchleitung, besonders leicht
LH desgl., leicht
LO Leuchtröhre (ozonbeständig)
M G- oder Y-Mantel
MH Schlauchleitung, mittel
P Panzer
PL Pendelleitung
R Metall-(Rohr-)Mantel
S Schnur
SG Sondergummi
SH Schlauchleitung, stark
SL Schweißleitung
SSH Schlauchleitung, stärkste
St Steuerleitung
T Trosse
TS Theaterleitung
U Umflechtung oder Hülle
W wetterfest
Y Kunststoff
Z Zinkband

Außerdem:
A Aluminiumband, auch Außenhülle
R auch Runddrahtbewehrung
Gb Gegenwendel
M auch Mischung
H auch Wärmeschutz
F auch Fahrzeug oder Freileitung

Adern: Die Ader besteht aus dem Leiter und der Isolierhülle. Die Isolierhülle sperrt Strom und Spannung gegen die Umgebung ab. Die Art und Wanddicke der Isolierhülle ist maßgebend für die Nennspannung der Leitung.

Farben der Aderhüllen, Isolierhüllen oder der Leiterbespinnung:
bei 2 Adern: Hellgrau/Schwarz
dritte Ader: Rot
vierte Ader: Blau
fünfte Ader: Schwarz

Aderanordnung:
vs verseilt
fl flach nebeneinander
rd rund

16

Isolierte Starkstromleitungen (Fortsetzung)

Leiter: Kupferleiter **Cu** nach VDE 0201, bei Gummi-Isolierhüllen verzinnt oder durch Zwischenfilm von der Isolierhülle getrennt. (Bei vorgeschriebener Verzinnung **Cuz.**) Aluminiumleiter **Al** nach VDE 0202, Mindestfestigkeit bei eindrähtigen Leitern bis 10 mm^2 Nennquerschnitt 13···17 kp/mm^2.

Nennquerschnitte in mm^2. Der wirksame Querschnitt darf den Nennquerschnitt um nicht mehr als 5% unterschreiten. **Leiterarten** (Drahtzahlen): **e** eindrähtig, **m** mehrdrähtig, **v** vieldrähtig, **f** feindrähtig, **ff** feinstdrähtig.

Mindest-Drahtzahl der viel- und feindrähtigen Cu-Leiter bis 6 mm^2

Nennquerschnitt	0,5	0,75	1	1,5	2,5	4	6
vieldrähtig (v)	—	—	7	7	7	19	19
feindrähtig (f)	16	24	32	30	50	56	84

Mindest-Drahtzahlen der Leiter von 10 bis 120 mm^2

Nennquerschnitt mm^2	Cu und Al mehrdr. (m)	Cu vieldr. (v)	Cu feindr. (f)	Cu feinstdr. (ff)
10	7	49	80	—
16	7	49	127	—
25	7	84	200	796
35	19	133	280	1115
50	19	133	400	1592
70	19	189	560	1427
95	19	259	485	1936
120	37	336	614	2445

Abkürzungen zu der Aufbauliste:

- **Alb** Aluminiumband
- **Bg** Gewebeband
- **BM** Bleimantel
- **Bz** Bespinnung (Zell- oder Baumwolle)
- **F** Film
- **Feb** Stahlband, rostgeschützt
- **Fev** Stahldraht, verzinkt
- **Fez** dgl., verzinnt
- **G** Gummimischung
- **GIa···GIIIc** dgl. nach VDE 0208
- **GMII···GMIIIc** Gummimäntel
- **Gv** Gummimischung, vulkanisiert
- **GMv** Gummimantel, vulkanisiert
- **P** Papierbewicklung
- **RB** Regenerat-Bitumenmischung
- **Sh** Schutzhülle, chem. widerstandsfähig
- **Stb** Stahlband mit Masse
- **Th** Tränkung hitzebeständig
- **Tw** dgl. wärmebeständig (55°)
- **Twf** dgl. wetterfest
- **Uhg** Umflechtung aus hitzebeständ. Garn
- **Ug** dgl. aus Glanzgarn oder Seide
- **Uz** dgl. aus Zell- oder Baumwolle
- **Y** thermoplastischer Kunststoff
- **YI···YIII** dgl. nach VDE 0209
- **YMI···YMIII** Kunststoffmäntel
- **Znb** Zinkblechband

Aufbau der isolierten Leitungen

Kurzzeichen	Aderzahl	Leiterart Querschnitt	Isolierhülle	Aderhüllen Außenhüllen
I. Leitungen für feste Verlegung				
Gummiaderleitungen. 1000 V (750 V) -tr: oap, oup, güp-				
NGA	1	Cu 1,5···16 e Cu 16···500 m Al 2,5···25 e Al 25···500 m	GIa	(über 6 mm^2 Bg o. F) Uz, Tw
NGAB	1	Cu 1,5···500 v	GIa	wie bei NGA
NGAF	1	Cu 1,5···300 f	GIa	wie bei NGA
NGAU	1	Cu 1,5···16 e Cu 16···70 m	GIa	wie bei NGA Uhg, Th
Kunststoffaderleitungen. 1000 V (750 V) -oap, oup, güp-				
NYA	1	wie bei NGA	YI	YI
NYAB	1	wie b. NGAB	YI	YI
Sonderkunststoffaderleitungen. 1000 V (750 V), ft; fr, güp. an Maschinen, im Schiffsbau				
NSYA NSYAB NSYAF	1 1 1	wie bei NGA, NGAB u. NGAF	YI	YI
Sondergummiaderleitungen. 2, 3, 6, 10, 15 kV. -tr: für Schienenfahrzeuge und Obusse				
NSGA	1	Cuz 1,5···10 e Cuz16···300m Al 2,5···16 e Al 25···300 m	G	Bg, Uz, Tw
NSGAF	1	Cuz1,5···300f	G	Bg, Uz, Tw
NSGAFM	1	Cuz1,5···300f	G	Bg, Uz
Stegleitungen. 380 V -tr: ip, up-				
NYIF	2 u. 3	Cu 1,5···2,5	YI	Gv. fl. mit Steg
NYIFY	2 u. 3	Cu 1,5···2,5	YI	YIII fl. mit Steg

Kurzzeichen	Aderzahl	Leiterart Querschnitt	Isolierhülle	Aderhüllen Außenhüllen
Mantelleitungen. 500 V -tr, ft: ap, ip, up-				
NYM	1	Cu 1,5···10 e Cu 16 m	YI	YIII
	2···5	Cu 1,5···10 e Cu 16···35 m	YI	YIII
Geschirmte Mantelleitungen. 500 V, ft, H, ap, ip, up				
NHYM	2···4	Cu 1,5···6 e	YI	Cuz, YIII
	5	Cu 1,5 e	YI	
Rohrdrähte. 380 V, NRAM, NYRAM, NRAMZ, NYRAMZ, NRAMA, NYRAMA -tr: ap, ip, up-				
NRAM (NRAMZ) [NRAMA]	2···5	Cu 1,5···10 e Cu 16···25 m Al 2,5···16 e Al 25 m	GIa	Bg o. F, vs, RB, Feb (Znb) [Alb]
NYRAM (NYRAMZ) [NYRAMA]	2···5	wie bei NRAM	YI	vs, RB, Feb (Znb) [Alb]
NYRAM (NYRAMZ) [NRAMA]	2···5	wie bei NRAM	GIa	vs, RB, Feb (Znb) [Alb]
NYRAM (NYRAMZ) [NYRAMA]	2···5	wie bei NRAM	YI	vs, Gv, RB, Feb, (Znb) [Alb]
Umhüllte Rohrdrähte. 500 V -tr, ft: ap, up-				
NRUY (NRUZY) NRUAY	2···5	wie bei NRAM	GIa	Bg, o. F, vs, RB, Feb (Znb) Alb, Sh, (YIII)
NYRUY (NYRUZY) NYRUAY		wie bei NRUY	YI	wie bei NRUY

Leitungen NGAT, NSGAB, NIF und NGM nicht mehr lieferbar.

Isolierte Starkstromleitungen (Fortsetzung)

Kurzzeichen	Aderzahl	Leiterart Querschnitt	Isolierhülle	Aderhüllen Außenhüllen

Rohrdrähte für Räume mit Hochfrequenzanlagen. NHRA (NHRAZ), NHRAA, NHYRA (NHYRAZ), NHYRAA. 380 V -tr: ap, up- Aufbau wie bei den entsprechenden NRA- bzw. NYRA-Leitungen, jedoch mit Cu-Beidraht unter dem Mantel und Gv- oder Y-Aderhülle.

Umhüllte Rohrdrähte für Räume mit Hochfrequenzanlagen. NHRUY(NHRUZY), NHRUAY, NHYRUY(NHYRUZY), NHYRUAY. 500 V -tr, ft: ap, up- Aufbau wie die entsprechenden NRU- bzw. NYRU-Leitungen, jedoch mit Cu-Beidraht unter dem Mantel.

Bleimantelleitungen. 500 V -ft: ap, up-

Kurzzeichen	Aderzahl	Leiterart Querschnitt	Isolierhülle	Aderhüllen Außenhüllen
NBUY	2···5	Cu 1,5···10 e Cu 16 ···35 m Al 2,5···16 e Al 25 ···35 m		Bg o. F, vs, Gv, BM, Sh o. Y
NYBUY	2···5	wie bei NBU	YI	vs, Gv, BM, Sh o. Y

Bleimantelleitung für Räume mit Hochfrequenzanlagen. NHBUY, NHYBUY. 500 V -ft: ap, up- Aufbau wie bei den entsprechenden NBUY-, NYBUY-Leitungen, jedoch mit Cu-Beidraht unter dem Bleimantel.

Leuchtröhrenleitungen. Gummiisoliert. 3,75 kV -tr: sap, sup-

Kurzzeichen	Aderzahl	Leiterart Querschnitt	Isolierhülle	Aderhüllen Außenhüllen
NLOY	1	Cuz 1,5···4 f	G	YIII
desgl. kunststoffisoliert 3,75 und 7,5 kV				
NYL	1	Cuz 1,5 f	YI	
desgl. kunststoffisoliert, geschirmt 3,75 und 7,5 kV				
NYLC	1	Cuz 1,5 f	YI	Beflecht. aus Cuz
desgl. kunststoffisoliert mit Metallmantel 3,75 und 7,5 kV, in Leuchtröhrenanlagen				
NYLRZY	1	Cuz 1,5 f	YI	YIII Metallm. aus Zink mit Beidraht
NYLRAY	1	Cuz 1,5 f	YI	YIII Metallm. aus Al mit Beidraht
desgl. gummiisoliert mit Metallmantel 3,75 kV, in Leuchtröhrenanlagen				
NLORZY	1	Cuz 1,5···4 f	G	YIII, Zinkmantel mit Beidraht
NLORAY	1	Cuz 1,5···4 f	G	YIII, Al-Mantel mit Beidraht

Fassungsadern. 380 V. Für feste Verlegung in und an Leuchten (nicht zulässig zum Anschluß ortsveränderlicher Stromverbraucher)

Kurzzeichen	Aderzahl	Leiterart Querschnitt	Isolierhülle	Aderhüllen Außenhüllen
NFA	1	Cuz 0,5···0,75 e oder f	GIb	Uz, Tw, Ug
NFA fl	2	Cuz 0,5···0,75 f	oder	vs, Ug
NFA vers	2···4	Cuz 0,5···0,75 f	c	Ug, vs

Pendelschnüre. 380 V. Für Schnur- und Zugpendel sowie für feste Verlegung in und an Leuchten (nicht zulässig zum Anschluß ortsveränderlicher Stromverbraucher).

Kurzzeichen	Aderzahl	Leiterart Querschnitt	Isolierhülle	Aderhüllen Außenhüllen
NPLrd	2···3	Cuz 0,75 f	Bz, GIb	vs, Ug, mit Traghanfschnur

II. Leitungen zum Anschluß ortsveränderlicher Stromverbraucher.

Gummiaderschnüre. 380 V -tr-

Kurzzeichen	Aderzahl	Leiterart Querschnitt	Isolierhülle	Aderhüllen Außenhüllen
NSA rd	1···3	Cuz 0,75···1,5 f	GIb	vs, Ug
NSA fl	2	Cuz 0,75···1,5 f	GIb	fl, Ug

Leitungen mit Flamm- oder Wärmestrahlungsschutz. 380 V -tr, für Handleuchten und Kleingeräte.

Kurzzeichen	Aderzahl	Leiterart Querschnitt	Isolierhülle	Aderhüllen Außenhüllen
NHU	2···3	Cuz 1···1,5 f	GIb	Bg, vs, Bg, Uhg, Th

Schweißleitungen. 200 V-tr. ft, fr- zum Anschluß an Schweißgeräte.

Kurzzeichen	Aderzahl	Leiterart Querschnitt	Isolierhülle	Aderhüllen Außenhüllen
NSLF	1	Cu 25···240 f	2xBg	GMIIIc
NSLFF	1	Cu 25···240 ff	2xBg	GMIIIc

Gummischlauchleitungen mit Tragorgan. (Hanfkern) 500 V, tr, ft, Steuerleitungen für Aufzüge, Förderanlagen, an Werkzeugmaschinen.

Kurzzeichen	Aderzahl	Leiterart Querschnitt	Isolierhülle	Aderhüllen Außenhüllen
NFLG	nur ab 6 adr.	Cuz 1···6 f	Bz Gbl	Bg, vs, Gb, G III a

Theaterleitungen. 380 V -tr. NTK Soffittenleitung. NTSK Versatzleitung.

Kurzzeichen	Aderzahl	Leiterart Querschnitt	Isolierhülle	Aderhüllen Außenhüllen
NTK	2. u. mehr	Cuz 2,5···50 f	GIb	Bg, vs, Bg, Uz, Ug
NTSK	2 und mehr	Cuz 2,5···50 f	GIb	Bg, vs, o. fl. Bg, Uz Hülle aus Segeltuch

Leichte Gummischlauchleitungen. 380 V tr-ft, fr- für Geräte bei geringen mechanischen Beanspruchungen.

Kurzzeichen	Aderzahl	Leiterart Querschnitt	Isolierhülle	Aderhüllen Außenhüllen
NLH	2···4	Cuz 0,75 f	GIb	vs, GMIIIa

Sondergummischlauchleitungen. 380 V -tr, ft, fr- für leichte Elektrowerkzeuge bei hohen Verdrehungs- und Knickbeanspruchungen.

Kurzzeichen	Aderzahl	Leiterart Querschnitt	Isolierhülle	Aderhüllen Außenhüllen
NMHVö	3···4	7 Fex, 24 Cuz = 0,75 mm²	Bz, GIb	vs, Uz, GMIIIa

Mittlere Gummischlauchleitungen. 380 V bei 0,75···1,5 mm², 1000 V (750 V) bei 2,5···6 mm². -tr, ft, fr- für Küchen, Werkstatt- und landwirtschaftliche Geräte bei mittleren mechanischen Beanspruchungen.

Kurzzeichen	Aderzahl	Leiterart Querschnitt	Isolierhülle	Aderhüllen Außenhüllen
NMH	1···7	Cuz 0,75···4 f	GIb	Bg, vs, GMIIIa

Starke Gummischlauchleitungen. 1000 V (750 V) -tr, ft, fr- für schwere Geräte wie Werkzeuge, fahrbare Motoren und landwirtschaftliche Geräte bei hohen mechanischen Anforderungen.

Kurzzeichen	Aderzahl	Leiterart Querschnitt	Isolierhülle	Aderhüllen Außenhüllen
NSH	1	Cuz 1,5···400 f	GIb	Bg, GMII, GMIIIa/b
NSH	2···4	Cuz 1,5···185 f	GIb	Bg, vs, GMII, Bg, GMIIIa/b
NSH NSH	5 ab 6	Cuz 1,5···70 f Cuz 1,5···6 f	G1 G1	Bg, Tragorgan (Hanf) GMI, Bg, GMIIIa/b
desgl. geschirmt, 1000 (750) V. Ft für schwere Geräte bei hohen mechanischen Beanspruchungen, in der Nähe von Hochfrequenzanlagen.				
NSHC	2···4	Cuz 1,5···16 f	GI	Bg, vs, GMI, Bg, Cux-geflacht, Bg, GMIIIa

Starke Gummischlauchleitungen für Bergwerke unter Tage bei hohen mechanischen Beanspruchungen. 1000 V (750 V) -tr, ft-

Kurzzeichen	Aderzahl	Leiterart Querschnitt	Isolierhülle	Aderhüllen Außenhüllen
NSSH	1	Cuz 1,5···400 f	GIb	Bg, GMII, Bg, GMIIIc
NSSH	2···4	Cuz 1,5···185 f	GIb	Bg, vs, GMII, Bg, GMIIIc
NSSH	mehr als 4	Cuz 1,5···6 f	GIb	Bg, vs, GMII, Bg, GMIIIa/b

Leitungen für 6 kV:

NHSSH	Hochsp.-Gummischlauchleitung für B und T
NHSSHC	desgl. mit leitender Hülle unter dem Außenmantel
NHSSHCE	desgl. mit leitender Hülle über dem Leiter und / oder über den einzelnen Adern
NHSSHCEC	desgl. wie NHSSHCE sowie mit leitender Hülle unter dem Außenmantel
NHSSHK	desgl. mit Gummikreuz im Kern
NHSSHKSt	wie NHSSHK und mit Steuerleitungen (St)

Leitungstrossen. 1, 3, 6, 10 u. 15 kV -ft, fr- für sehr hohe mechanische Beanspruchung. (Einadrig mit Fev- oder Stb-Bewehrung nur für Gleichstrom.) Auch mit Tragseilen aus Fez. Auch mit Runddrahtlitzenbewehrung.

Kurzzeichen	Aderzahl	Leiterart Querschnitt	Isolierhülle	Aderhüllen Außenhüllen
NTM	1 und mehr	Cuz 2,5···185 f (v)	GIb	Bg, vs, GMII, Bg, GMIIIb; oder GMIIIc, Schutzpolster, Fev oder Stb. Sh

NTM	mit 1 Gummimantel	
NTMC	„ 1 „	u. leitender Hülle unter dem Mantel (nur einadrig)
NTMCE	„ 1 „	u. leitender Hülle über jeder Ader
NTS	„ 2 Gummimänteln	
NTSC	„ 2 „	u. leitender Hülle zw. den Mänteln
NTSCE	„ 2 „	u. leitender Hülle über jeder Ader
NTRA	„ 1 Gummimantel,	Schutzpolster, Runddrahtbewehrung und Außenhülle
NTFAA	„ 1 „	Schutzpolster, Flachdrahtbewehrung und doppelter Außenhülle
NTRGb	„ 1 „	Schutzpolster, Runddrahtbewehrung und Stahlbandgegenwendel

16

Papierbleikabel und Papieraluminiummantelkabel in Starkstromanlagen nach VDE 0255 und 36.0255

Einleiter und **Mehrleiterkabel** (Zwei-, Drei- und Vierleiterkabel) bis 30 kV Kabelnennspannung (U). Vielleiterkabel (mehr als 4 Leiter) bis 1 kV.

Verwendung: In Gleichstromanlagen bis 1,5 kV, in Drehstromanlagen, deren Dreieckspannung und in ungeerdeten Einphasenstromanlagen, deren Betriebsspannung nicht mehr als 15% höher als die Kabelnennspannung ist. Ferner in einpolig geerdeten Einphasenstromanlagen (Bahnen), deren Spannung gegen Erde (U_0) nicht mehr als 15% höher ist als die 0,58fache Kabelnennspannung.

Gürtelkabel: Mehrere verseilte Adern unter gemeinsamer Gürtelisolierung und gemeinsamem Mantel.

H-Kabel (Hochstädter-Kabel): Mehrere einzeln mit metallisiertem Papier geschirmte und dann verseilte Adern unter gemeinsamem Mantel.

Mehrmantelkabel: Mehrere einzeln mit Blei ummantelte und dann verseilte Adern, z. B. Dreimantelkabel.

Kennzeichen: Unter dem Mantel ein Papierstreifen mit Aufdruck der Herstellerfirma. Aufdruckabstand nicht größer als 30 cm.

Aderfarben: Zwei Adern rot-naturfarben, dritte Ader blau, vierte Ader blau-naturfarben. Schutzleiter (Null- oder Erdleiter) naturfarben.

Leiter: Kupfer nach VDE 0201, Aluminium nach VDE 0202.

e eindrähtig, m mehrdrähtig, r rund, s sektorförmig.

Prüfdrähte (Cu mind. 1 mm², Al mind. 1,5 mm²) nur für Kabelnennspannung bis 1 kV.

Mindestdrahtzahlen:

Nennquerschnitt mm²		1,5 bis 35	50	70	95	120	150	185	240	300	400
Rundleiter	Cu	1	1	19	19	30	30	30	30	49	49
	Al	1	1	3	3	7	7	11	13	24	24
Sektorleiter	Cu	1	6	6	11	11	18	18	27	27	37
	Al	1	1	2	2	3	3	15	27	27	32

Vierleiterkabel bis 1 kV mit Schutz-(oder Mp-)leiter **geringeren** Querschnitts:

Außenleiter	25	35	50	70	95	120	150	185	240	300	400 mm²
Schutzleiter	16	16	25	35	50	70	70	95	120	150	185 mm²

Isolierhüllen: Getränktes Papier. Wanddicken 1,2 bis 14 mm je nach Kabelnennspannung und Leiterquerschnitt s. VDE 0255 Tafel II und III.

Bleimantel: Bleireinheitsgrad 99,90 bis 99,95%. Wanddicken je nach Kabelkerndurchmesser, für Durchmesser bis 60 mm 1,05 bis 1,95 mm s. VDE 36.0255 Tafel IV.

Aluminiummantel: Al-Reinheitsgrad mind. 99,7%, Wanddicken je nach Kabelkerndurchmesser für Durchmesser bis 60 mm 1,1 bis 1,8 mm.

Schutzhüllen (Sh) über dem Mantel bei nicht bewehrten Kabeln: Zähflüssige Masse, mehrere Lagen vorgetränktes Papierband, 1 Lage vorgetränkter Faserstoff (Jute) mit Zwischenschichten aus zähflüssiger Masse, nichtklebender Überzug. Innere Schutzhülle bei bewehrten Kabeln über dem Mantel: wie vor (ggf. ohne die Faserstofflage), zähflüssige Masse bei Stahlbandbewehrung.

Bewehrung (Bew.): 2 Lagen mit Masse überzogenes Stahlband oder Flach-, Profil- und Runddraht. Gegenwendel für drahtbewehrte Kabel in Bergwerken unter Tage aus mit Masse überzogenem Stahlband von mind. 0,5 mm Dicke.

Äußere Schutzhülle (äSh) über der Bewehrung: Zähfl. Masse, vorgetr. Jute, Masse nichtklebender Überzug.

Kurzzeichen der Kabel mit Cu-Leitern:

NK blanker Bleimantel (BM)
NKA BM und Schutzhülle
NKB BM, Sh, Stahlbandbew.
NKF BM, Sh, Flachdrahtbew.
NKR BM, Sh, Runddrahtbew.
NKBA BM, Sh, Stahlbandbew., äSh
NKFA BM, Sh, Flachdr.bew., äSh
NKRA BM, Sh, Runddr.bew., äSh

NKZA BM, Sh, Z-drahtbew., äSh
NKFG BM, Sh, Flachdr.bew., Gegenwendel aus Flachdraht
NKFGb BM, Sh, Flachdr.bew., Stahlbandgegenwendel
NKRG BM, Sh, Runddr.bew., Flachdrahtgegenwendel
NKRGb BM, Sh, Runddrahtbew., Stahlbandgegenw.

NKRRA BM, Sh, doppelte Runddrahtbew., äSh
NKZRA BM, Sh, Z-drahtbew., Runddr.bew., äSh
A hinter N Al.-Leiter
E vor K Mehrmantelkabel

H bzw. HE vor K H-Kabel
O hinter F od. R offene Drahtbewehrung
AA (am Ende) doppelte äußere Schutzhülle
-K, -Kw, -Kfl od. -R (am Ende) Korrosionsschutz
A hinter K Aluminiummantel mit Korrosionsschutz

Den Kurzzeichen folgen Leiterzahl (e, m), Querschnittart (r, s) und Nennspannung, z. B. NKBA 3 × 150 rm 10 kV.
Papierkabel (Beispiele): — Durchmesser, Längen und Gewichte nur Richtwerte.

Einleiterkabel bis 1 kV für Gleichstrom (Herstellungslänge 500 m). **NKBA** und **NAKBA**. Bis 16 mm² eindrähtig, ab 25 mm² mehrdrähtig (bis 25 mm² Runddrahtbewehrung). Gewichte je 100 m in kg.

Querschnitt eines Leiters	mm²	1,5	2,5	4	6	10	16	25	35	50	70	95	120	150	185	240
Außendurchmesser	mm	15	15	16	16	17	18	21	21	23	24	26	28	30	32	35
NKBA-Gewicht	kg	65	70	77	84	94	107	140	145	170	200	250	290	330	400	480
„ zul. Belastung	A	35	50	65	85	110	155	200	250	310	380	460	535	610	685	800
NAKBA-Gewicht	kg	—	—	75	80	90	97	110	120	140	160	190	210	240	270	320
„ zul. Belastung	A	—	—	50	70	90	125	160	200	250	305	370	430	490	550	640

Dreileiter-Gürtelkabel bis 1 kV. **NKBA** und **NAKBA.** Leiter bis 16 mm² eindrähtig rund, ab 25 mm² mehrdrähtig, sektorförmig. Gewichte je 100 m in kg.

Querschnitt eines Leiters	mm²	1,5	2,5	4	6	10	16	25	35	50	70	95	120	150	185	240
Außendurchmesser	mm	18	19	20	21	22	24	27	29	32	34	37	42	46	50	55
Herstellungslänge	m	500	500	500	500	500	500	500	500	500	500	500	500	450	400	300
NKBA-Gewicht	kg	90	100	115	130	150	190	250	300	360	450	560	710	850	990	1260
„ zul. Belastung	A	25	35	45	60	80	110	135	165	200	245	295	340	390	445	515
NAKBA-Gewicht	kg	—	95	105	120	135	160	200	230	270	310	370	475	560	640	800
„ zul. Belastung	A	—	25	35	45	65	90	110	130	160	195	235	270	310	355	410

Dreileiter-(Hochspannungs-)**Gürtelkabel. NKBA** und **NAKBA.** Leiter wie vorstehend. Gewichte je 100 m in kg.

Nennspannung	kV	3	3	3	3	3	3	3	6	6	6	6
Querschnitt eines Leiters	mm²	6	10	16	25	35	50	70	6	10	16	25
Außendurchmesser	mm	24	26	28	30	32	34	37	29	31	33	35
Herstellungslänge	m	500	500	500	500	500	500	500	500	500	500	500
NKBA-Gewicht	kg	160	190	230	270	330	400	490	220	250	290	340
„ zul. Belastung	A	60	80	105	135	165	200	245	55	75	100	130
NAKBA-Gewicht	kg	148	175	200	225	260	300	350	205	225	260	290
„ zul. Belastung	A	50	65	85	110	130	160	195	45	60	80	105
Nennspannung	kV	6	6	10	10	10	10	10	15	15	15	15
Querschnitt eines Leiters	mm²	35	50	10	16	25	35	50	16	25	35	50
Außendurchmesser	mm	37	41	33	35	38	41	43	40	45	50	55
Herstellungslänge	m	500	500	500	500	450	450	400	400	350	350	300
NKBA-Gewicht	kg	390	500	290	310	400	480	560	330	450	530	650
„ zul. Belastung	A	160	195	65	85	110	135	165	80	105	130	155
NAKBA-Gewicht	kg	320	410	270	280	350	420	460	300	400	470	550
„ zul. Belastung	A	130	155	50	70	90	110	130	65	85	105	125

Die Strombelastbarkeit gilt für Einzelkabel im Erdboden. Sie ist zu ermäßigen: bei H-Kabeln auf 95%, bei mehreren Kabeln im Erdboden nebeneinander mit 7 cm Abstand auf:

Anzahl	2	3	4	5	6	8	10
%	90	80	75	70	65	62	60

bei Einzelkabeln in Luft auf 80%, bei mehreren Kabeln nebeneinander frei in Luft auf:

Zwischenr. = Anzahl		3	6
Kabeldurchm.	%	75	70
ohne Zwischenr.	%	65	60

Kunststoffmantelkabel siehe VDE 0271/272.

Verlegung der Starkstromleitungen

Gummibleikabel: Einleiter- und Mehrleiterkabel Verwendung in Drehstromanlagen bis 1 kV Dreieckspannung und Einphasenanlagen bis 1 kV, in Gleichstromanlagen bis 1,5 kV; in einpolig geerdeten Einphasenanlagen bis 600 V gegen Erde, in einpolig geerdeten Gleichstromanlagen bis 750 V gegen Erde.
Verzinnte Cu-Leiter ab 1,5 mm², Al-Leiter ab 4 mm². Isolierhüllen und Aderhüllen wie bei NGA bzw. NSGA. Bleimantel, Schutzhüllen, Bewehrung und Kurzzeichen wie bei den Papierbleikabeln, Kurzzeichen jedoch mit zusätzlichem G vor K, z. B. NGK, NGKA.
Kunststoffbleikabel: Statt Gummiisolierung thermoplastischer Kunststoff, sonst wie bei NYA. Verwendung, Bleimantel und Bewehrung wie bei den Gummibleikabeln. Kurzzeichen wie bei den Papierbleikabeln, jedoch mit zusätzlichem Y vor K, z. B. NYK. Strombelastbarkeit von Gummi- und Kunststoffbleikabeln bei Anordnung in Luft.
Bei Häufung nebeneinander in Luft: Belastbarkeit in %

Anzahl		3	6
Zwischenraum-Kabeldurchmesser	%	95	90
Kein Zwischenraum	%	85	80

Für einzeln in Erde liegende Kabel 125%

Kunststoffkabel mit Kunststoffmantel bis 10 kV nach VDE 0271. Nennspannungen: Dreiadrige, vieradrige, einadrige Drehstromkabel bis 1 kV (0,6 kV gegen Erde). Zweiadrige, einadrige Einphasen- und Gleichstromkabel bis 0,6 kV gegen Erde. Vieladrige Steuer- oder Signalkabel 1 kV (0,6 kV gegen Erde). Für Nennspannungen über 0,6 kV (gegen Erde) werden mehradrige Kabel für 3,5 und 5,8 kV (gegen Erde) hergestellt.
Verlegung: In Innenräumen, im Freien, in Erde und im Wasser. Kennzeichen: Wie bei den isolierten Starkstromleitungen und außerdem der Aufdruck VDE 0271.

Kabel mit Kupferleitern (Beispiele):

NYY	allgemein Kabel mit Kunststoffisolierung und Kunststoffmantel ohne Bewehrung
NYCY	desgl. mit Schirm (Cu) über den gemeinsam umhüllten Adern
NYRRGbY	desgl. mit doppelter Runddrahtbewehrung (Cu) und Gegenwendel (Stahlband)
NAYCY	wie NYCY; jedoch mit Al-Leiter
C	Schirmkonzentrisch. Mittel- od. Schutzleiter
CE	Schirm über jeder Ader
Q	Beflechtung aus verzinktem Stahldraht

Weitere Kurzzeichen wie bei den Papierkabeln.

Strombelastbarkeit in Ampere von einadrigen Gleichstromkabeln mit Betriebsspannungen bis 1,5 kV sowie von 2-, 3- und 4adrigen Einphasen- und Drehstromkabeln bis 0,6 kV (gegen Erde) bei 20 °C Umgebungstemperatur.
Anmerkung: Die Werte gelten auch für gummiisolierte Kabel mit Gummimantel.

Nennquerschn.	mm²	1,5	2,5	4	6	10	16	25	35	50	70	95	120	150	185	240
einadrig	Cu	35	50	65	85	110	155	200	250	310	380	460	535	610	685	800
in Erde	Al	—	—	52	68	86	125	160	200	250	305	370	430	490	550	640
desgl.	Cu	28	40	52	68	88	125	160	200	250	305	370	430	490	550	640
in Luft	Al	—	—	42	54	70	100	130	160	200	245	295	345	390	440	510
zweiadrig	Cu	30	40	50	65	90	120	155	185	235	280	335	380	435	490	570
in Erde	Al	—	—	40	52	72	96	125	150	190	225	270	305	350	390	455
desgl.	Cu	24	32	40	52	72	96	125	150	190	225	270	305	350	390	455
in Luft	Al	—	—	32	42	58	77	100	120	150	180	215	245	280	310	365
drei- u. vier-	Cu	25	35	45	60	80	110	135	165	200	245	295	340	390	445	515
adrig in Erde	Al	—	—	36	48	64	88	110	130	160	195	235	270	310	355	410
desgl.	Cu	20	28	36	48	64	88	110	130	160	195	235	270	310	355	410
in Luft	Al	—	—	29	38	51	70	88	105	130	155	190	215	250	285	330

Strombelastbarkeit in Ampere von mehradrigen Kabeln über 0,6 kV (gegen Erde) bei 20 °C Umgebungstemperatur

Nennquerschn.	mm²	6	10	16	25	35	50	70	95	120	150	185	240
3,5 kV (geg. E.)	Cu	55	75	100	130	160	195	235	280	325	370	420	490
in Erde	Al	44	60	80	105	130	155	190	225	260	295	335	390
desgl. in Luft	Cu	44	60	80	105	130	155	190	225	260	295	335	390
	Al	35	48	64	84	105	125	150	180	210	235	270	310
5,8 kV (geg. E.)	Cu	—	65	85	110	135	165	200	240	280	320	360	420
in Erde	Al	—	52	68	88	110	130	160	190	225	255	290	335
desgl. in Luft	Cu	—	52	68	88	110	130	160	190	225	255	290	335
	Al	—	42	54	70	88	105	138	150	180	205	230	270

Mindest-Drahtzahlen der Leiter

Nennquerschnitt	mm²	1···16	25	35	50	70	95	120	150	185	240	300	400	500
Rund-	Cu	1	7	7	19	19	19	37	37	37	61	61	61	61
leiter	Al	—	7	7	7	19	19	19	37	37	37	61	61	61
Sektor-	Cu	—	—	6	6	14	18	27	33	33	33	37	37	—
leiter	Al	—	—	6	6	14	18	18	18	27	27	27	27	—

Anmerkung:
Für **Post-, Bahn-** und **Wasserstraßenkreuzungen** sind die jeweils neuesten Behördenvorschriften maßgebend, u. zwar:
PKV Postkreuzgs.-Vorschr. f. fremde Starkstromanlagen;
BKV Bahnkreuzgs.-Vorschr. f. fremde Starkstromanlagen;
WKV Wasserstraß.-Kreuzungsvorschr. für fremde Starkstromanlagen.

Mindestquerschn. mm²	Verlegungsart (* Höchstabstd. d. Befestigungspunkte i. m)
0,5	Fassungsadern (NFA) in und an Beleuchtungskörpern
0,75	Gummiaderschnüre (NSA), leichte und mittlere Gummischlauchleitungen (NLH, NMH, NMHV), Pendelschnüre NPL
1	Andere ortsveränderliche Kupferleitungen, Nulleiter NLC, Aufzugsteuerleitg. NFLG
1,5	Bewegliche Leitungen, starke Gummischlauchleitungen NSH
1,5	Festverlegte isolierte Kupferleitungen aller Art in Rohr; Rohrdrähte; wetterfeste Leitungen, Bleikabel
1,5	Festverlegte isolierte Kupferleitungen aller Art auf Isolierkörpern im Regelfall (1,00 m*)
1,5	Blanke Kupferleitungen in Rohr, Mantel- und Stegleitungen
2,5	Festverlegte isolierte Aluminiumleitungen, Nulleiter NLA auf Isolierkörpern oder in Rohr (1,00 m*)

Mindestquerschn. mm²	Verlegungsart (* Höchstabstd. d. Befestigungspunkte i. m)
2,5	Biegsame Theaterleitungen NTK, NTSK, Leitungstrossen NTM
4	Blanke Leitungen aller Art in Gebäuden
4	Festverlegte isolierte Leitungen aller Art auf Isolierkörpern (1 bis 20 m*)
4	Blanke Leitungen aller Art im Freien auf Isolierkörpern mit Ausnahme von Post- und Bahnkreuzungen (bis 20 m*)
4	Erdungsleitungen außerhalb elektrischer Betriebsräume
6	Blanke und isolierte Kupfer- und Stahlfreileitungen auf Isolierkörpern mit Ausnahme von Post-, Bahn- und Wasserstraßenkreuzungen (20 bis 35 m*)
10	desgleichen; Nulleiter NE, NBE im Erdboden (über 35 m*)
16	Blankes und isoliertes Aluminiumseil auf Isolierkörpern mit Ausnahme von Bahn- und Wasserstraßenkreuzungen (bis 35 m*)

16

Isolierte Leitungen in Fernmeldeanlagen nach VDE 0890

Kurzzeichen und Abkürzungen

- **A** Ader
- **Afl** Ausführungslitze
- **Av** Adern verseilt
- **Bd** Beidraht 0,5 Cu
- **Bz** Bespinnung aus Zellwolle
- **Eig** Eisengarn
- **F** bedeckt mit Film
- **fd** feindrähtig
- **Fk** in Formkabeln
- **frt** freitragend
- **ft** feuchte Räume
- **Gh** Gummihülle
- **Gi** Gummiisolierung
- **Gm** Gummimantel
- **I** Ausführung I
- **II** Ausführung II
- **Kl** Kupferlahnfäden
- **L** Lacküberzug
- **Lg 1** Lage, **2 Lg** 2 Lagen
- **Li** Litzenleiter, verseilte oder verwürgte Drähte
- **Lk** Lackierung
- **oB** offene Bewicklung mit Textilfäden
- **P** Papierbewicklung
- **S** Seideumspinnung
- **s** Seele
- **St** Metallband
- **(St)** Schirm (statischer Schutz)
- **Tf** Textilfäden
- **Y** thermoplastische Kunststoffhülle
- **Tr** Tränkung
- **tr** trockene Räume
- **U** Umflechtung
- **US** Umflechtung Seide
- **UZ** Umflechtg. Zellwolle
- **Wd** Wanddicke mm
- **YG** Kunststoff

Klassen der Anlagen

- **A** Klingelanlagen
- **B** Postanlagen
- **C** Sicherungsanlagen

Schaltdrähte nach VDE 0812

Kurzzeichen Bezeichnung Betriebsspannung	Ø mm Werkstoff Widerst. Ω/km	Isolierung und Umhüllung	Räume Klasse der Anlagen
SB Seidenbaumwolldraht 100 V	0,5 Cu 96 Ω	2 LgS, LgZ, Tr	tr Räume: A, B
SL Seidenlackdraht 100 V	0,5; 0,8 Cu 96; 36,6	2 LgS, Lk	tr: B, C
LP Lackpapierdr. 100 V	0,5 Cu 96 Ω	Lk, 2 LgP, LgZ, Tr	tr: B
Seidenlackdrähte, Seidenfilmdrähte			
SUL 600 V	0,5 Cu 96 Ω 0,8 Staku 138 „ 1 „ 88 „ 1,4 „ 45 „	2 LgS, US, Lk	tr: B, C. ft: A, B, C
LSL **FSL** 250 V	0,5 Cu 96 Ω	Lk, 2 LgS, Lk F, 2 LgS, Lk	tr: B, C. ft: A, B, C
LUL 350 V **FUL** 350 V	0,8 Cu 36,6 Ω 1 „ 23,4 „ 1,4 „ 11,9 „ 1,8 „ 7,2 „	Lk, US, Lk F, US, Lk	tr u. ft: A, B, C
LSUL **FSUL** 1000 V	0,5 Cu 96 Ω 0,8 „ 36,6 „ 1 „ 23,4 „	Lk (od. F), 2 LgS, US, Lk	tr u. ft: A, B, C
LSL (St) **FSL (St)** 100 V	0,5 Cu 96 Ω	Lk, 2 LgS, Lk, St F, 2 LgS, Lk, Av, St	tr u. ft: B, C
LSL (St) UL **FSL (St) UL** 100 V	0,5 Cu 96 Ω	Lk, 2S, Lk, Bd, St, US, Lk F, 2S, F, Bd, St, Av, US, Lk	tr u. ft: B, C
LSUL (ST) UL **FSUL (ST) UL** 1000 V	0,5 Cu 96 Ω	Lk,2S,US,Lk,Bd,St,US,Lk F, 2 S usw. wie oben	tr u. ft: B, C
Kunststoffdrähte **YG** 600V	0,5 Cu 96 Ω 0,8 Staku 138 „ 1 „ 88 „ 1,4 „ 45 „	Y 0,5 Wd	tr u. ft: A, B, C
SYG I 1000 V **SYG II** 2000 V	0,5 Cu 96 Ω 0,8 Staku 138 „ 1 „ 88 „ 1,4 „ 45 „ 1,8 „ 27 „	2 LgS, Tr, Y 0,3 Wd 2 LgS, Tr, Y 0,5 Wd	
Nisu Gummidraht **Nisul** Gummilackdraht geschirmt 350 V	0,6 Cu verzinnt 65 Ω je km	A: Gh 0,6 Wd Av s: Gh 0,5 Wd Bd verzinnt St, UZ, Tr od. Lk	tr u. ft: A, B, C

Cu-Schaltlitzen nach VDE 0812

Kurzzeichen Bezeichnung Betriebs-Sp. *F* in mm^2	Drahtzahlen mal Ø in mm	Isolierung Umhüllung MΩ/km	Räume Klasse der Anlagen
		Verwendung	
LifSU, Seidenlitze, feindrähtig, 60 V *F* = 0,05; 0,1; 0,14; 0,2; 0,5; 0,75; 1; 1,5 mm^2	Drähte 26, 51, 72, 102, 256, 384, 512 × 0,05 Ø 392 × 0,07	2 LgS 1×US	tr u. ft Räume: A, B, C frt
LiSU Seidenbaumwollitze 100 V	18×0,1 14×0,15 16×0,2	2 LgS, UZ, Tr 0,2 MΩ	tr: A, B, C frt, Afl
LiSUL Seidenlacklitze, 350 V	24×0,2 20×0,25 21×0,3	2 LgS, US, Lk 20 MΩ	tr u. ft: A, B, C Fk, frt, Afl
LiYG Kunststofflitze 600 V	*F* = 0,14 mm^2 0,25 „ 0,5 „ 0,75 „ 1 „ 1,5 „	Y; Wd bis 1 = 0,5 „ 1,5 = 0,6 0,5 MΩ	tr u. ft: A, B, C Fk, frt
Seiden-Kunststofflitzen **LiSYG I** 1000 V **LiSYG II** 2000 V	I u. II auch 35×0,3 2,5 mm^2	2 LgS, Tr, Y I Wd 0,3 II „ 0,5 10 MΩ Fk, frt	tr u. ft: A, B, C
Seidenlack(film)litzen		LyS, Lk, US 10 MΩ	
LiSLU, 250 V 0,08; 0,14 u. 0,5 mm^2	10×0,1 18×0,1 16×0,2	Fk, frt, Afl	tr u. ft: A, B, C Afl u. ft: nur A, B
LiFSL 250 V 0,14 u. 0,5 mm^2	18×0,1 16×0,2	F, 2 LgS, Lk 20 MΩ Fk, frt, Afl	tr u. ft: A, B, C
LiFSLU 1000 V 0,14 u. 0,5 mm^2		wie oben, noch 1 US	Afl u. ft: nur A, B
LiLSUL 1000 V 0,5 u. 0,75 mm^2	16×0,2 24×0,2	Lk, 2 LgS, US, Lk 100 MΩ	tr u. ft: A, B, C

Bezeichnungsbeispiel für ein 30adriges Lackpapierkabel mit Cu-Leitern 0,5 mm Ø und Dreierverseilung: **30 LPK 0,5 Cu III.**

Anwendungsbeispiele: LPK-Verbindungskabel für Sprech-, Meß- und Signalzwecke. **LKPK**-Lack-Kordel-Papierkabel, wie LPK, jedoch mit geringer Kopplung.

LKPKh desgleichen mit höherer Spannung.

LPK (MD) - Lackpapierkabel mit geschirmten Paaren, wie LPK bei höheren Frequenzen.

Isolierte Leitungen in Fernmeldeanlagen (Fortsetzung) *)

Abkürzungen:

Ø	Durchm. in mm	**Az**	Aderzahl	**pg**	paarig	**UCu**	Umflechtung Cu
Ad	Doppelader	**Fev**	Stahl, verzinkt	**Pz**	Aderpaarzahl	**W**	Tränkung in wachsartiger Masse
Adz	Doppeladerzahl	**Fk**	Kabelquerschnitt	**Ra**	Widerstand von 1 Einzelader		$1 \times 1 \times 0{,}5$ = 1 Ae 0,5 mm²
Ae	Einzelader	**Gb**	Gewebeband	**Si**	Seidenisolierung		$2 \times 1 \times 0{,}5$ = 2 Ae 0,5 „
Aez	Einzeladerzahl	**oB**	offene Bewicklung mit Textilfäden	**Staku**	Stahlkupfer verzinkt		$1 \times 2 \times 0{,}5$ = 1 Ad 0,5 „
Ah	Außenhülle	**ag**	adrig				$2 \times 2 \times 0{,}5$ = 2 Ad 0,5 „

Schnüre mit Kupferdraht-Litzenleitern nach VDE 0814

Bezeichnung Art Betr.-Spannung	Aufbau *A* mm² Widerstd.	Adern, Aderisolierung	Verwendung, Art der Außenhülle
Seidenschnüre für trockene Räume			
Klingelschnur 60 V DIN 47 401	10 × 0,10 0,08 mm² 0,3 Ω/m	Az 2 Tf, LgS	ortsbewegliche Taster
Anschlußschnur 100 V ag DIN 47 402 pg DIN 47 403	18 × 0,10 0,14 mm² 0,2 Ω/m	Az 1···9 2 LgS, US Pz 2···40 3 LgS, Tr	Tischapp. UEig Nebenstelle UZ, UEig
Schalt- u. Meßschnur, 100 V DIN 47 404	105 × 0,05 0,2 mm² 0,15 Ω/m	Az 1 od. 2 2 LgS, Tr, US	Prüf- und Wähleranl. US, UEig
Gummischnüre (auch für feuchte Räume)			
Anschlußschnüre, gegen Feuchtluft geschützt 250 V			
m. Umflechtung ag DIN 47 405	Az 1···8 od. Pz 2···17	LgS, Gh, US	UZ, UEig, oB, UZ
pg DIN 47 406		LgS, Gh, LgS	UEig
mit Gummimantel ag DIN 47 407	18 × 0,10 0,14 mm² 0,2 Ω/m	Az 2···4 LgS, Gh 0,4 dick	Gm 0,8 dick, spritzwasserfest
mit Gummimantel, geschirmt, ag od. pg DIN 47 408		Az od. Pz 3···4 LGS, Gh, US	oB, UCu, UZ, Gm

Schnüre mit Kupferlahn-Litzenleitern nach VDE 0814

Seidenschnüre 100 V		Adern	Ah; Verw.
Rundfunkschnur DIN 47 450	9 × (0,3 × 0,02) 0,05 mm² 0,4 Ω/m	LgZ od. S, UZ 2 A flach	Uz; tr Lautspr. Kopfhörer
Dgl. geschirmt		2 A rund	UKL, UZ
Geräteschnur DIN 47 451	21 × (0,3 × 0,02) 0,12 mm² 0,2 Ω/m	Az 1···8 2 LgS, US	UEig; tr Fernhörer
Hebdrehwählerschnur DIN 47 452		Az 2···5 2 S, UEig	starke Beanspruchung
Stöpselschnur DIN 47 453		Az 1···6 2 S, US	US, UEig s. stark
Gummischnüre (Geräteschnüre) 250 V			
mit Beflechtung DIN 47 454	21 × (0,3 × 0,02) 0,12 mm² 0,2 Ω/m	Az 1···8 2S, Gh, US	tr, ft sehr stark UEig
Gummimantel DIN 47 455		Az 2···4 2 LgS, Gh 0,4 mm dick	spritzwasserfest Gm
m. Gummimantel, geschirmt DIN 47 456			sehr starke Beanspruch. UZ,UKL,UZ Gm 1 mm

Bezeichnungsbeispiele: 3adrige Seidenschnur mit Drahtlitzenleitern nach DIN 47 402:
Seidenschnur 3 DIN 47 402
4paarige Gummischnur mit Drahtlitzenleitern nach DIN 47 408, rote Außenbeflechtung:
Gummischnur 4p DIN 47 408 rt

Schlauchleitungen nach VDE 0817

Kurzzeichen Bezeichnung Betriebsspannung	Ausführungsarten der Kabel: Einzeladern	Ausführungsarten der Kabel: Doppeladern	$\frac{Ak}{A \cdot Ø}$ Beispiele	*Ra* Ω je km	Beansprruch.
GH I mit Gi Ausführung I ungeschirmt 250 V	1 × 1 × 0,25 1 × 1 × 0,5 1 × 1 × 0,75	1 × 2 × 0,25 1 × 2 × 0,5 1 × 2 × 0,75	0,5 mm² 16 × 0,2	36,8	gewöhnliche mechanische Beanspruchung
	Aez und Adz = 1···5, 7, 8, 10, 12, 14, 16, 19, 24, 30				
GHCH I wie oben geschirmt 250 V	2 × 1 × 0,25 2 × 1 × 0,5 2 × 1 × 0,75	2 × 2 × 0,25 2 × 2 × 0,5 2 × 2 × 0,75	0,75 mm² 24 × 0,2	24,6	
	Az wie oben 2···30				
GH II mit Gummiisolierung Ausführung II 250 V	1 × 1 × 0,75 1 × 1 × 1 1 × 1 × 1,5 1 × 1 × 2,5	1 × 2 × 0,75 1 × 2 × 1 1 × 2 × 1,5 1 × 2 × 2,5	0,75 mm² 24 × 0,2 1 mm² 20 × 0,25	24,6 18,9	starke mechanische Beanspruchung
	Az wie oben 1···16				
GHCH II wie oben geschirmt 250 V	2 × 1 × 0,75 2 × 1 × 1 usw. wie oben	2 × 2 × 0,75 2 × 2 × 1	1,5 mm² 21 × 0,3 2,5 mm² 35 × 0,3	12,5 7,5	
	Az wie oben 2···16				
SH mit Si 100 V	2 × 1 × 0,75	2 × 2 × 0,75	0,25 mm² 14 × 0,15	74,9	geringe Beanspr.
	Az wie bei GHCHII				
SHCH mit Si geschirmt 100 V	2 × 1 × 0,25	2 × 2 × 0,25			
	Aez und Adz = 2, 3, 4, 5, 6, 8, 10, 12, 16				

Bezeichnungsbeispiele: Schlauchleitung mit Gummiisolierung, Ausführung II, geschirmt, mit 10 Paaren von *A* = 0,75 mm²:

GHCH II 10 × 2 × 0,75 mm².

Schlauchleitung mit Gummiisolierung, Ausführung I, ungeschirmt, mit 2 geschirmten Paaren von *A* = 0,25 mm² und 10 ungeschirmten Adern von *A* = 0,5 mm²:

$$\textbf{GH I} \; \frac{2 \times 2 \times 0{,}25 \text{ mm}^2 \text{ (C)}}{10 \times 1 \times 0{,}5 \text{ mm}^2}$$

(C) bedeutet: Gummiinnenmantel mit Gewebeband und Schirm aus Cu-Draht 0,2 Ø, geschirmt.

Drähte nach VDE 0815 B

Kurzzeichen Bezeichnung Betr.-Spanng.	Drahtzahl × Ø mm Werkstoff	Isolierung Widerstand	Räume, Klasse der Anlage
PW Papierwachsdraht 60 V ~	1 × 0,8 Fev	LgP, W 632 Ω/km	trockene Räume Klasse A. Klingel- und Rufleitungen
BW Baumwollwachsdr. 60 V ~	1 × 0,8 2 × 0,8 Fev	Lg Kunstfaser, W 632 Ω/km	
G Gummidraht 250 V ~	1 bis 4 × 0,8	Gh 0,6 mm 632 Ω/km Ah: Gb, Tr	trocken: B, C. feucht: A, B, C. Sprech- oder Signalleitungen
YG Kunststoffdraht 600 V ~	0,2 bis 1 1- u. 2adrig vers. Fev	Y 0,5 mm	
GU Wetterfester Draht 600 V ~	1 × 1,4 2 × 1,4 Staku	Gh 0,8 mm Ah: wetterfest	feucht: A,B,C. Frei- u. Einführungsltg.

*) **Die Verwendungsmöglichkeiten sind in VDE 0800 angegeben.**

Stoffwahl für elektr. Leitungen und Zubehör (Spannung unter 500 V)

Ort	Art der Leitung siehe S. 177	Art der Verlegung	Beleuchtungskörper	Schalter, Sicherung
Freileitung (Bei Kreuzungen siehe VDE 0210)	BC BA PLW	Bis 4 Leitungen gebogene Stützen; darüber Traversen, gerade Stützen. Bei Kreuzungen Schutznetze oder erhöhte Sicherheit.	wasserdichte Leuchten	wasserdicht
	NSYA	Hauseinführungen. Senkrechte Leitungen in verzinktem Stahlpanzerrohr, mit Einführungspfeifen		
Leitungen im Freien	BC, PLW NSYA	an Drahtseilen zugfrei aufgehängt Senkrechte Leitungen wie bei Freileitungen	wasserdichte Leuchten	wasserdicht
Wohngebäude: Hausanschluß Steigeleitung	NKBA NGA, NYA	(Stahlpanzer- oder Isolierrohr) auf oder unter Putz	—	plombierbar auf Putz
Wohngebäude: Keller, trocken	NGA NYA	verzinktes Stahl(panzer)rohr oder Isolierrohr Rollen; senkrecht in Rohr	einfach einfach	auf Putz auf Putz
Wohngebäude: Keller, feucht Waschküche	NYBUY NBUY NRUY	auf Abstandschellen	wasserdicht	wasserdicht auf Putz
Wohngebäude: Erd- u. Obergeschosse, Dachgeschoß	NGA NYA NRAM	Isolierrohr oder Stahlrohr oder Stahlpanzerrohr unter Putz auf Putz, NYJF, NYM im Putz	nach Wahl nach Wahl nach Wahl	auf Putz unter Putz
Wohngebäude: Bad	NGA, NYA NBUY NRUY	unter Putz auf Abstandschellen	wasserdicht, keine Steckdosen im Handbereich der Wanne	außerhalb des Handbereichs der Wanne
Geschäftsräume, Lager, Fabrikräume	NRAM NGA NYRAM NYM	wie Wohngebäude. Über Betondecken Stahlpanzerrohr ohne Abzweige und ohne Krümmungen (Lampenaufhängepunkte, zugleich von unten zugängliche Abzweigstellen)	nach Wahl	auf oder unter Putz
Warenhäuser		Wasserdichte Steckkontakte im Fußboden		
Maschinen, Krane	NYA NKFA	Stahlpanzerrohr mit Endverschlüssen (Blech oder Grauguß)	—	Schaltkästen aus Grauguß
Fabriken mit Säuredämpfen Akkumulatorenräume	BC NRUY NBUY	mit Emaillelack gestrichen auf Isolatoren. Säurefest imprägniert auf Isolatoren. Senkrecht in verbleitem Stahlpanzerrohr, mit Einführungspfeifen	Porzellanleuchten	Porzellan, wasserdicht
Maschinenhäuser	NK NKA	in Tonrohren mit Bleiendverschlüssen	—	—
Feuergefährdete Betriebsstätten und Lagerräume	NBUY	mit Grauguß-Endverschlüssen, Abzweigdosen vergießen	wasserdicht verschraubte Leuchten	wasserdicht in verriegelten Kästen
Brauerei, Brennerei, Molkerei, Badeanstalten, Ställe, Aborte	NRUY NBUY NYBUY	senkrechte Leitungen vermeiden, mit Speziallack streichen	wasserdichte Leuchten	wasserdichte Porzellanschalter (Stallschalter)
Garagen	NGA NBUY NRUY	Stahlrohr bzw. Abstandschellen	wasserdichte Leuchten	wasserdicht verriegelt
Staubige Betriebe (Zement-, Düngemittelfabriken)	NYA NGA NBUY	Isolatoren, Mantelrollen, PVC-Rohr verklebt verschraubtes Stahlpanzerrohr	wasserdicht	wasserdicht
Bahnanlagen: Tunnel, Personentunnel, Unterführungen	NKFA NYA NGA NBUY	Blech- oder Gummiendverschlüsse Isolatoren, Mantelrollen verschraubtes Stahlpanzerrohr (ohne Wassersäcke horizontal verlegt)	wasserdicht	wasserdicht mit Steckschlüssel
Bahnsteighallen, überdeckte Ladestege	NYA NGA NBUY	Isolatoren, Mantelrollen, PVC-Rohr verklebt Stahlrohr mit Emailfarbe gestrichen	wasserdicht	wasserdicht mit Steckschlüssel
Lokomotivschuppen	PLW NBUY	Isolatoren; senkrechte Leitungen in verbleitem Stahlpanzerrohr mit Einführungspfeifen	wasserdicht	wasserdicht
Kohlenkräne Drehscheiben, Schiebebühnen	NKBA NSYA	Grauguß-Endverschlüsse verschraubtes, verbleites Stahlpanzerrohr mit Speziallack streichen	— —	Schaltkästen aus Grauguß
Nicht überdachte Ladestege	PLW	wie bei Leitungen im Freien	wasserdichte Schirmleucht.	wasserdicht
Werkbänke in Hallen	NGA NYA NRUY	an Drahtseilen zugfrei aufgehängt verschraubtes Stahlpanzerrohr zu Grauguß-Steckern an den Werkbänken verlegt	Pendel, Gelenkarm, Werkplatzl.	wasserdicht
Gleise, Ladestraßen	BC NKBA	} wie bei Freileitungen Grauguß-Endverschlüsse	Grauguß-Schirmleucht. an Wandarm.	wasserdicht mit Steckschlüssel

Umhüllte Leitungen nach VDE 0252

a) **Wetterfeste Leitungen.** PLWC (Kupferleiter), PLWA (Al-Leiter) Verwendung für Freileitungen in Starkstrom- und Fernmeldeanlagen als Korrosionsschutz der Leiter. Kennfäden (Kupfer- und Al-Leiter) wie bei den isolierten Leitungen. Cu braucht nicht verzinnt zu sein.

Der Leiter ist mit roter bzw. schwarzer wetterfester Masse überzogen, 2 Lagen getränkten Papiers und mit einer Zellwolle oder dgl. besponnen und nochmals getränkt, darüber eine Beflechtung, die mit wetterfester Masse getränkt ist. Rote Masse enthält trockene Öle und Metalloxyde, schwarze Masse besteht aus bituminösen Stoffen.

b) **Nulleiter-Leitungen NLC** (Kupferleiter), NLA (Al-Leiter).

Verwendung: Nicht zur Verlegung in Erde.

Leiter: NLC 1adrig, 1···10 l, 25···120 m
NLA 1adrig, 2,5···16 l, 25···120 m

Hülle: Zellwolle-Beflechtung, getränkt mit grauer Masse.

c) **Nulleiter-Leitungen für Erdverlegung.** NE, NBE, NYE (Kupferleiter), NAE, NABE, NAYE (Al-Leiter) 1adrig, 10···500 m.

Hülle: NE und NAE: Überzug aus zäher Masse, 4 Lagen getränktes Papier, 1 Lage getr. Faserstoff.

NBE, NABE, NYE, NAYE: Blei- oder Kunststoffmantel über dem Leiter, sonst wie vor.

Mindestdurchhang von Kupferfreileitungen

für Niederspannung in Ortsnetzen

Bei verschiedenen Querschnitten auf dem gleichen Gestänge ist der Durchhang des stärksten Querschnittes für alle Querschnitte zu wählen.

Querschnitt in mm²	Wärmegrad + 10° C			+ 25° C			— 10° C		
	Spannweite in m								
	20	35	50	20	35	50	20	35	50
	Durchhang in cm								
6 bis 25	25	40	70	25	50	80	15	25	50
35	35	50	75	40	60	85	25	35	55
50	45	60	80	50	70	90	35	45	60
70	55	70	90	60	80	100	45	55	70
95	65	80	100	70	90	110	55	65	80

Grenzspannweiten für gleich hohe Aufhängepunkte

für Leitungsseile (nicht für Bahn-, Post-, Wasserstraßen- und Seilbahnenkreuzungen) VDE 0210

Nennquerschnitt	Kupfer	Bronze Bz I	Bz II	BzIII	Aluminium	Stahlaluminium*	Aldrey	Stahl St I	St II	StIII	StIV
mm²	m	m	m	m	m	m	m	m	m	m	m
10	100	190	270	450	—	—	—	—	—	—	—
16	160	300	400	640	—	245	—	300	525	845	1030
25	240	470	610	805	60	340	350	380	660	1070	
35	350	640	810	950	80	420	435	450	790		
50	540	740	945	1100	110	515	540	525	920		
70	670	850	1080	—	140	610	650	600	1060		
95	755	960	—	—	190	710	790	685			
120	815	1030	—	—	230	820	890	740			
150	865	1090	—	—	290	890	995	790			
185	915	—	—	—	360	970	1100	840			

Zulässige Zugspannungen *) Seile n. DIN 43 204	kp/mm²
Eindrähtige Kupferleitungen	12
Kupferseile	19
Aluminiumseile	8
Stahl-Aluminiumseile	11···12
Aldrey	12
Bronze-I-Seile	24
Bronze-II-Seile	30
Bronze-III-Seile	35

Eindrähtige Leitungen aus anderen Werkstoffen 35% der Dauerzugfestigkeit. Seile aus anderen Werkstoffen 50% der Dauerzugfestigk.

Grenzspannweiten für Bahn-, Post- und Wasserstraßenkreuzungen VDE 0210

Nenn-(Mindest-)querschnitt mm²	Aluminium m	Aldrey m	Stahlaluminium m	Kupfer Cu m	Bronze Bz I m	Bz II m	Bz III m	Stahl St I m	St II m	St III m
25	45	240	185	175	290	385	600	280	495	980
35	55	325	270	255	460	595	710	335	590	1160
50	80	405	385	410	560	710	830	390	690	—
70	110	490	455	505	635	810	940	450	790	—
95	140	590	530							
120	175									
150	220									
185	280									
240	390									

Werkstoffe		Al	Aldrey	St-Al	Cu	Bz I	Bz II	Bz III	St I	St II	St III	St IV
Eigengewicht	kg/dm³	2,7	2,7	3,65	8,9	8,9	8,65		7,8	7,8	7,8	7,8
Dauerzugfestigkeit	kp/mm²	12	24	*)	30	40	50	62	32	56	90	110
Prüffestigkeit	kp/mm²	18	30	*)	40	50	60	70	40	70	120	150

*) Für Stahl-Al-Seile gilt das 0,9fache der Summe der Festigkeiten der einzelnen Werkstoffe unter Beachtung des Querschnittsverhältnisses.

16

16

Mindestabstände der Leitungen voneinander und von Gebäudeteilen

	Art der Leitung		Blanke Leitungen												Isolierte Leitungen offen verlegt			Kabel
	Betriebsspannung der Starkstromanlage		unter 1000 Volt VDE 0100						1000 Volt und darüber VDE 0101						unter 1000 Volt		1000 V und darüber	beliebig hoch
									1000	3000	6000	10 000	20 000	30 000	in Gebäuden	im Freien		
	Spannweite des Leitungsfeldes	m	bis 2[2])	2…4	4…6	6…20	bis 30	über 30	alle Spannweiten						1	—	—	3[6])
Mindestabstand der Starkstromleitungen	voneinander	cm	5	10	15	20	35	35	5[5])	7,5[5])	10[5])	12,5[5])	18[5])	26[5])	—	—	—	—
	von Gebäudeteilen	cm	5	5	5	5	—	—	5[5])	7,5[5])	10[5])	12,5[5])	18[5])	26[5])	1	2	5	80 in Rohr
	desgl. bei Führung an Gebäudeaußenseiten (als Freileitung)	cm	5	5	5	5	—	—	[4]) 10	10	10	18	26	36	—	—	10[4])	25—80
	von der Erde	m	2,5	2,5	2,5	2,5	5	5	6	6	6	6	6	6	2,5	2,5	—	—
	desgl. bei Wegeübergängen	m	—	—	—	—	6	6	7	7	7	7	7	7	—	—	—	—
	über Dächern		2,5	2,5	2,5	2,5	2,5	2,5	3	3	3	3	3	3	—	—	—	—
	von Bäumen		1,25	1,25	1,25	1,25	1,25	1,25	2,5	2,5	2,5	2,5	2,5	2,5	—	—	—	—
	bei Kreuzung und Näherung von Gebäuden vom nächsten Gebäudepunkt (als Freileitung)	m	1,25	1,25	1,25	1,25	1,25	1,25	5	5	5	5	5	5	—	1,25	—	1 unter Erde in Rohr
	von Schienenoberkante bei Bahnkreuzungen	m	—	7	7	7	7	7	7	7	7	7	7	7	—	—	—	
	von Gleismitte	m	—	5	5	5	5	5	5	5	5	5	5	5	—	—	—	
	von Fernmeldeleitungen der Post, Bahn und Wasserstraßen-Verwaltung	waagerecht m	—	—	—	—	1,25[1])	1,25[1])	1,25[1])	1,25[1])	1,25[1])	1,25[1])	1,25[1])	1,25[1])	[3])	1,25[1])	—	0,8 in Rohr
	von der Fahrleitung elektr. Bahnen 3 m über höchstem Punkt der Fahrleitung	senkrecht m	—	—	—	—	1[1])	1[1])	2[1])	2[1])	2[1])	2[1])	2[1])	2[1])	[3])	1[1])	—	0,5 in Rohr
	bei Durchführung durch Forsten		—	—	—	—	Siehe VDE 0210								—	—	—	—

[1]) Für Zweifach-Aufhängung mit Prelldraht oder Schutznetz. [2]) Für feuchte Räume. [3]) Leitungen sind möglichst voneinander zu entfernen, bei Kreuzungen in Isolierrohr zu verlegen. [4]) Möglichst zu vermeiden. [5]) Innen-Anlagen. Bei Freileitungen sind die Abstände nach VDE 0210 zu ermitteln. [6]) In Betrieben unter Tage.

Außendurchmesser und **Gewichte** von Gummiaderleitungen **NGA**, Nulleitern **NL** und Rohrdrähten **NRA**

Art:			NGA			NL			NRA								
	A	*d*	*Da*	Gew. Cu	Gew. Al	*Da*	Gew. Cu	Gew. Al	**2 A** *Da*	Gew. Cu	Gew. Al	**3 A** *Da*	Gew. Cu	Gew. Al	**4 A** *Da*	Gew. Cu	Gew. Al
eindrähtig	**1,5**	1,38	3,5	2,7	—	2,4	1,8	—	9,5	12,5	—	10	15,5	—	11	18,6	—
	2,5	1,78	4,1	4,1	2,6	2,8	2,8	1,3	11	17,2	14,2	11,5	22,5	17,3	12,5	26	20
	4	2,25	4,8	6	3,5	3,3	4,2	1,7	12	22	17	13	29	20,2	15	36	26
	6	2,75	5,3	8,2	4,5	3,8	6,1	2,4	13,5	28,5	21	14,5	35,5	24,5	16	50	35,5
	10	3,55	7,5	13,6	7,4	4,6	9,8	3,5	16,5	40	28	18	55	37	20	78	56
	16	4,5	8,4	20	10	5,6	15,4	5,5	20	—	40	21,5	—	50	24	—	65
mehrdrähtig	**6**	3,2	5,7	8,9	5,2	4,1	6,4	2,7	—	—	—	—	—	—	—	—	—
	10	4,1	8	14,8	8,6	5,1	10,6	4,2	—	—	—	—	—	—	—	—	—
	16	5,1	9	21,5	11,5	6,1	16	6	20	60	—	21,5	80	—	24	105	—
	25	6,3	10,7	32,5	17	7,8	24,5	9	24	82	57	26	120	75	29	150	90
	35	7,5	12	43	21	8,9	34	12									
	50	9	14	60,5	29	10,5	48	16									
	70	10,5	16	81	37	12,2	67	23									

A Leiterquerschn. in mm², *d* Leiterdurchm. in mm, *Da* Außendurchm. in mm, **Gew.** Gewicht in kg/100 m, **Cu** Kupfer, **Al** Aluminium, **A** Aderzahl

Zuordnung der NGA-Leitungen zu den lichten Weiten von Gasrohren für Dachständer, Durchführungen u. dgl.

Lichte Weite		Leitungsquerschnitte mm²															Äußerer Rohr-Ø
		1,5	2,5	4	6	10	16	25	35	50	70	95	120	150	185	240	
Zoll	mm	Anzahl der Leitungen															mm
3/8	9,5	2	1	1	—	—	—	—	—	—	—	—	—	—	—	—	16,5
½	12,5	3	2	1	1	1	1	—	—	—	—	—	—	—	—	—	21
5/8	15,8	4	3	2	1	1	1	1	—	—	—	—	—	—	—	—	23
¾	19	—	4	3	2	1	1	1	—	—	—	—	—	—	—	—	26,5
1	25,4	—	—	4	3	3	2	1	1	1	1	—	—	—	—	—	33
1¼	31,7	—	—	—	4	4	3	3	2	1	1	1	—	—	—	—	42
1½	38	—	—	—	—	—	4	4	3	2	1	1	1	—	—	—	48
1¾	44,4	—	—	—	—	—	—	—	4	3	2	2	1	1	1	—	54
2	50,7	—	—	—	—	—	—	—	—	4	3	3	2	1	1	1	60
2¼	57,1	—	—	—	—	—	—	—	—	—	4	3	3	2	1	1	66
2½	63,4	—	—	—	—	—	—	—	—	—	—	4	4	3	2	1	75

Isolier- und Schutzrohre

Falzrohr (F): Mantel Flußstahl, Schutzauflage Aluminium (FAl), Lack (FL) oder Blei (FPb). Auskleidung getränktes Papier.
Gummirohr (G) Regeneratgummi mit anorganischen Füllstoffen.
Kunststoffrohr (IKA): Kunststoff hart für Verlegung auf Putz (hellgrau), weich für Unterputzverlegung (dunkelgrau).

1. **Abmessungen** in mm und **Gewichte** in kg/100 m. Lieferlängen 3 m mit Muffe. *DN* Nennweite, *Di* Innendurchmesser, *Da* Außendurchmesser.

a) **Falzrohre (F)**, **Gummirohre (G)**, **Kunststoffrohre (IKA)**, **Stahlpanzerrohre (Stp)**.

DN	*Di*	*Da* F	*Da* G,IKA	*Da* Stp	Gewichte FAl	Gewichte FL	Gewichte FPb	Gewichte G,IKA	Gewichte Stp	Pg-Gew.
7	7	11	10	—	9	9,8	10,4	5,6	—	—
9	9	13	12	15,2	11,2	12,2	12,7	7	53,3	9
11	11	15,8	14	18,6	14,8	15,2	16,5	8,2	70	11
13	13,5	18,7	16,5	20,4	17,8	19,2	20	10	79	13,5
16	16	21,2	20	22,5	23,8	25,2	26,3	16	88,5	16
21	21	—	—	28,3	—	—	—	—	127	21
23	23	28,5	27	—	35,7	37,4	39	22	—	23
29	29	34,5	34	37	47,2	49,2	51,2	35	202	29
36	36	42,5	41	47	61,2	63,5	66	42	318	36
42	42	—	—	54	—	—	—	—	340	42
48	48	54,5	—	59,3	79	82	86	—	420	48

c) Steckrohre (Ste)

DN	*Di*	*Da*	Gew.	*DN*	*Di*	*Da*	Gew.
8	8,2	10	20	23	23,8	26	68
11	11,2	13	27	32	32	34,5	104
14	14,2	16	34	41	41,5	44,5	160
16	16,5	18,5	44	48	48,5	51,5	190

DIN 49020	**Stahlpanzer-(Stapa-)rohr (Stp)**: Mantel Flußstahl geschweißt oder nahtlos gezogen, außen rostgeschützt, Pg-Gewinde nach DIN 40430. Auskleidung getränktes Papier.
49001	**Stahlrohr (Sta)**: wie Staparohr, jedoch ohne Auskleidung.
	Steckrohr (Ste): Flußstahl geschweißt oder nahtlos gezogen, innen lackiert, außen rostgeschützt.
8061/62	**Thermoplastisches Kunststoffrohr** für Temperaturen unter 35°: Polyvinylchlorid (**PVC**). **n** normale Verlegung auf und unter Putz, **f** für feuchte Räume, **x** für explosionsgefährdete Räume.
—	**Peschelrohr (P)**: Überlapptes Stahlrohr innen und außen lackiert.

b) Stahlrohr ohne Auskleidg. m. Gewinde (**Sta**)

DN	*Di*	*DA*	Gew.	PG-Gew
10	10	12,5	35	7
12	12,4	15,2	44	9
15	15,6	18,6	57	11
17	17,4	20,4	63	13,5
19	19,5	22,5	72	16
24	24,9	28,3	100	21
33	33	37	150	29
42	42	47	225	36
49	49,5	54	290	42
54	54,3	59,3	360	48

d) Thermoplastische Kunststoffrohre (**PVC**)

DN	*Da*	*Di* n	*Di* f	*Di* x	Gewicht n	Gewicht f	Gewicht x
8	12	10	8	8	4,8	8,7	8,7
10	15	13	11	11	6,1	11,3	11,3
15	20	17	15	15	12,1	19	19
20	25	22	19	19	15,3	29	29
25	32	29	26	24	20	38	49
32	40	36	33	30	33	56	76
40	48	44	41	37	40	67	102
50	60	56	52	47	50	97	151
60	75	70	66	59	79	138	236

e) Peschelrohr (**P**)

DN	*Di*	*Da*	Gew.	*DN*	*Di*	*Da*	Gew.
8	8,5	10	19	26	26	28	71
14	14	15,5	28	37	37	40	150
18	18,5	20,5	36				

Zuordnung der Leitungen*) zu den Rohrweiten (Nennweiten *DN*). Innendurchmesser s. vorst. Tabelle 1a bis 1e. *Kursive* Zahlen: Für gerade bis 4 m lange Strecken genügt das nächstkleinere Rohr.

Leiterquerschnitt

1 NGA — über | unter Putz

2 NGA — über | unter Putz

3 NGA — über | unter Putz

4 NGA od. 3 NGA u. 1 NL — über | unter Putz

1 NGA u. 1 NL — über | unter Putz

2 NGA u. 1 NL — über | unter Putz

Isolierrohre: F Falzrohr (auch Gummirohr **G** unter Putz und Kunststoffrohr **IKA**), **Stp** Stahlpanzerrohr nach DIN 49048 und 49049.

mm²	1 NGA über F	über Stp	unter F	unter Stp	2 NGA über F	über Stp	unter F	unter Stp	3 NGA über F	über Stp	unter F	unter Stp	4 NGA od. 3 NGA u. 1 NL über F	über Stp	unter F	unter Stp	1 NGA u. 1 NL über F	über Stp	unter F	unter Stp	2 NGA u. 1 NL über F	über Stp	unter F	unter Stp
1,5	11	11	13	13	11	*13*	13	13	*13*	*13*	*16*	*16*	16	16	*23*	*21*	11	*13*	13	13	*13*	*13*	*16*	16
2,5	11	11	13	13	*16*	*16*	16	16	13	16	*23*	*21*	23	21	23	21	13	13	*16*	*16*	16	16	*23*	21
4	11	11	13	13	16	16	*23*	*21*	16	21	23	21	23	21	23	21	*16*	*16*	16	16	16	16	23	21
6	11	11	13	13	*23*	*21*	23	21	23	21	23	21	23	21	*29*	*29*	16	16	*23*	*21*	23	21	23	21
10	13	13	13	13	23	21	29	29	23	21	*29*	*29*	29	29	29	29	*23*	*21*	23	21	23	21	*29*	*29*
16	13	13	16	16	23	29	36	29	29	29	29	29	*36*	*36*	*36*	*36*	23	21	23	*29*	29	29	29	29
25	16	16	*23*	*21*	29	29	*36*	36	*36*	*36*	36	36	36	36	36	36	29	29	29	29	*36*	*36*	36	36
35	23	21	23	21	36	36	36	36	36	36	36	36	48	42	48	42	*36*	*36*	*36*	*36*	36	36	36	36
50	23	21	23	21	36	*42*	48	42	48	42	48	42	48	—	48	—	36	36	*48*	*42*	48	42	48	42
70	23	21	*29*	*29*	48	42	—	42	48	42	—	—	—	—	—	—	*48*	42	48	42	48	42	—	—

Schutzrohre: Sta Stahlrohre mit Gewinde ohne Auskleidung, **Ste** Steckrohr

mm²	1 NGA über Sta	über Ste	unter Sta	unter Ste	2 NGA über Sta	über Ste	unter Sta	unter Ste	3 NGA über Sta	über Ste	unter Sta	unter Ste	4 NGA od. 3 NGA u. 1 NL über Sta	über Ste	unter Sta	unter Ste	1 NGA u. 1 NL über Sta	über Ste	unter Sta	unter Ste	2 NGA u. 1 NL über Sta	über Ste	unter Sta	unter Ste
1,5	10	8	10	11	12	11	12	14	12	11	*15*	14	15	16	17	16	10	11	12	*14*	12	11	15	14
2,5	10	8	10	11	15	14	15	16	15	16	17	16	17	23	19	23	12	14	15	14	15	14	17	16
4	10	11	12	14	15	16	17	16	15	16	19	*23*	19	23	24	23	15	14	15	16	15	16	19	16
6	10	11	12	14	19	16	19	23	19	23	24	23	24	23	24	23	15	16	17	16	19	16	24	23
10	*12*	*14*	12	14	19	23	24	23	24	23	24	23	33	32	33	32	17	16	19	*23*	24	23	24	23
16	12	14	15	16	24	23	24	32	24	32	33	32	33	32	33	32	19	23	24	23	24	23	33	32
25	15	16	17	*23*	24	32	33	32	33	32	33	*41*	42	41	42	41	24	32	24	32	33	32	33	32
35	19	23	24	23	33	41	*42*	41	42	32	42	41	42	41	49	48	33	32	33	32	42	41	42	41
50	24	23	24	23	42	41	42	*48*	42	48	49	48	—	—	—	—	33	41	42	41	42	41	49	48
70	24	23	*33*	*32*	42	48	42	48	49	48	—	—	—	—	—	—	42	41	42	48	49	48	—	—

P Überlapptes Stahlrohr (Peschelrohr), **PVCn** Thermopl. Kunststoffrohr

mm²	1 NGA über P	über n	unter P	unter n	2 NGA über P	über n	unter P	unter n	3 NGA über P	über n	unter P	unter n	4 NGA od. 3 NGA u. 1 NL über P	über n	unter P	unter n	1 NGA u. 1 NL über P	über n	unter P	unter n	2 NGA u. 1 NL über P	über n	unter P	unter n
1,5	8	8	14	10	14	10	14	10	14	10	14	*15*	*18*	15	14	*20*	14	10	14	10	14	10	14	15
2,5	8	8	14	10	14	*15*	14	15	18	15	18	15	18	*20*	18	20	14	10	14	*15*	18	15	18	15
4	14	10	14	10	18	15	18	15	18	*20*	18	20	*26*	20	26	20	14	15	14	15	18	15	18	20
6	14	10	14	10	18	*20*	18	20	26	20	26	20	26	20	26	*25*	18	15	18	15	26	20	26	20
10	14	10	*18*	10	26	20	26	25	26	*25*	26	25	*37*	25	37	25	18	20	18	20	26	20	26	*25*
16	*18*	10	18	15	26	*25*	26	25	37	25	37	25	37	*32*	37	*32*	26	*25*	26	*25*	26	25	37	25
25	18	15	26	20	*37*	25	37	32	37	32	37	32	37	32	37	32	37	25	26	25	*37*	32	37	32
35	*26*	20	26	20	37	32	37	32	37	32	37	32	—	32	—	32	37	25	37	25	37	32	—	32
50	26	20	26	20	37	32	37	40	—	40	—	40	—	50	—	50	37	32	37	32	—	40	—	*40*
70	26	20	26	20	—	40	—	40	—	40	—	*50*	—	*60*	—	60	—	40	—	40	—	40	—	50

*) Gummiaderleitungen (NGA) nach den „Vorschriften für isolierte Starkstromleitungen" VDE 0250, Nulleitungen (NL) nach den „Vorschriften für umhüllte Leitungen" VDE 0252.

Kupfer-Runddrähte nach DIN 46431 genau gezogen für Maschinen M sowie Fernmelde- und Meßgeräte F.

Bezeichnung eines genau gezogenen Kupfer-Runddrahtes von Nenn-∅ $d = 0{,}25$ mm Typ F: Runddraht 0,25 F DIN 46431 E-Cu
(Bei M-Drähten kein Kurzzeichen hinter dem Nenn-∅)

Nenn-durch-messer	Zuläss. Abwei-chung	Quer-schnitt mm²	kg/1000 m ≈	Durch-messer	Zuläss. Abwei-chung	Quer-schnitt mm²	kg/1000 m ≈	Nenn-durch-messer	Zuläss. Abwei-chung	Quer-schnitt mm²	kg/1000 m ≈
0,03		0,00071	0,0063	0,55		0,2376	2,12	2,1	±0,025	3,464	30,8
0,04		0,00126	0,0112	0,6		0,2827	2,52	2,2		3,801	33,8
0,05		0,00196	0,0175	0,65	±0,009	0,3318	2,95	2,3		4,155	37,0
0,06	±0,002	0,00283	0,025	0,7		0,3849	3,43	2,4		4,524	40,3
0,07		0,00385	0,034	0,75		0,4418	3,93	2,5		4,909	43,7
0,08		0,00503	0,045	0,8		0,5027	4,47	2,6		5,309	47,3
0,09		0,00636	0,057	0,85		0,5675	5,05	2,7	±0,03	5,726	51,0
0,1		0,00785	0,070	0,9	±0,012	0,6362	5,66	2,8		6,158	54,8
0,11	±0,003	0,00950	0,085	0,95		0,7088	6,31	2,9		6,605	58,8
0,12		0,01131	0,101	1		0,7854	6,99	3		7,069	62,9
0,13		0,01327	0,118	1,05		0,8659	7,71	3,1		7,548	67,2
0,14	±0,004	0,01539	0,137	1,1		0,9503	8,46	3,2		8,043	71,6
0,15		0,01767	0,157	1,15		1,0387	9,24	3,3		8,553	76,1
0,16		0,02011	0,179	1,2		1,131	10,07	3,4		9,079	80,8
0,18		0,02545	0,226	1,25	±0,016	1,227	10,92	3,5	±0,04	9,621	85,6
0,2	±0,005	0,03142	0,280	1,3		1,327	11,81	3,6		10,179	90,6
0,22		0,03801	0,338	1,35		1,431	12,74	3,8		11,341	100,9
0,25		0,04909	0,437	1,4		1,539	13,70	4		12,566	111,8
0,28		0,06158	0,548	1,45		1,651	14,70	4,2		13,854	123,3
0,3		0,07069	0,629	1,5		1,767	15,73	4,5	±0,05	15,904	141,6
0,32		0,08042	0,716	1,55		1,887	16,79	4,8		18,096	161,1
0,35	±0,007	0,09621	0,856	1,6	±0,02	2,011	17,90	5		19,635	174,8
0,38		0,1134	1,01	1,65		2,138	19,03	5,2		21,237	189
0,4		0,1257	1,12	1,7		2,270	20,2	5,5	±0,06	23,758	211
0,42		0,1385	1,23	1,75		2,405	21,4	5,8		26,421	235
0,45	±0,009	0,1590	1,42	1,8	±0,025	2,545	22,6	6		28,274	252
0,48		0,1810	1,61	1,9		2,835	25,2				
0,5		0,1964	1,75	2		3,142	28,0				

Für die weiteren nach hundertstel Millimeter genormten Nenndurchmesser zwischen 0,19 und 0,47 gelten die zulässigen Abweichungen der Drähte mit dem nächsthöheren Nenndurchmesser. Werkstoff: Kupfer für die Elektrotechnik nach DIN 40500, $\gamma = 8{,}9$, $\varrho = 1/57$ bei 20° C.

Lieferart: Bis 0,8 mm Durchmesser auf Lieferrollen nach DIN 46390. Darüber bis 1,2 mm auch in Rippen oder Haspeln, über 1,2 mm vorzugsweise in Ringen oder Haspeln (Kupferdraht, rund, handelsüblich s. DIN 1766).

Wickeldrähte, Runddrähte aus Kupfer, isoliert,
einfach und doppelt lackisoliert, nach DIN 46435 Bl. 1/9.66

Runddraht aus Kupfer, einfach lackisoliert (L) | **Runddraht aus Kupfer, doppelt lackisoliert (2 L)**
Außendurchmesser: (Kl = Kleinst-, Gr = Größtmaß); ¹) Gleichstrom Widerstand bei 20° C für 1 Meter

Nenn-∅ mm (L)	Außen-∅ d_2 Kl	Außen-∅ d_2 Gr	Nennwert Ω/m¹)	Nenn-∅ mm (L)	Außen-∅ d_2 Kl	Außen-∅ d_2 Gr	Nennwert Ω/m¹)	Nenn-∅ mm (2 L)	Außen-∅ d_2 Kl	Außen-∅ d_2 Gr	Nennwert Ω/m¹)	Nenn-∅ mm (2 L)	Außen-∅ d_2 Kl	Außen-∅ d_2 Gr	Nennwert Ω/m¹)
0,03	0,034	0,038	24,39	*0,5	0,526	0,548	0,08781	0,03	0,039	0,041	24,39	*0,5	0,543	0,569	0,08781
*0,032	0,036	0,040	21,44	*0,56	0,587	0,611	0,07000	*0,032	0,041	0,043	21,44	*0,56	0,606	0,632	0,07000
0,036	0,040	0,045	16,94	0,6	0,626	0,654	0,06098	0,036	0,045	0,049	16,94	0,6	0,648	0,674	0,06098
*0,04	0,044	0,050	13,72	*0,63	0,658	0,684	0,05531	*0,04	0,050	0,054	13,72	*0,63	0,678	0,706	0,05531
0,045	0,050	0,056	10,84	*0,71	0,739	0,767	0,04355	0,045	0,055	0,061	10,84	*0,71	0,762	0,790	0,04355
*0,05	0,056	0,062	8,781	*0,75	0,779	0,809	0,03903	*0,05	0,062	0,068	8,781	*0,75	0,802	0,832	0,03903
0,056	0,062	0,069	7,000	*0.8	0,829	0,861	0,03430	0,056	0,068	0,076	7,000	*0,8	0,853	0,885	0,03430
0,06	0,066	0,074	6,098	*0,85	0,879	0,913	0,03038	0,06	0,073	0,081	6,098	*0,85	0,905	0,937	0,03038
*0,063	0,068	0,078	5,531	*0,9	0,929	0,965	0,02710	*0,063	0,077	0,085	5,531	*0,9	0,956	0,990	0,02710
*0,071	0,076	0,088	4,355	*0,95	0,979	1,017	0,02432	*0,071	0,087	0,095	4,355	*0,95	1,007	1,041	0,02432
*0,08	0,088	0,098	3,430	*1	1,030	1,068	0,02195	*0,08	0,099	0,105	3,430	*1	1,059	1,093	0,02195
*0,09	0,098	0,110	2,710	*1,06	1,090	1,130	0,01953	*0,09	0,109	0,117	2,710	*1,06	1,121	1,153	0,01953
*0,1	0,109	0,121	2,195	*1,12	1,150	1,192	0,01750	*0,1	0,121	0,129	2,195	*1,12	1,181	1,217	0,01750
*0,112	0,122	0,134	1,750	*1,18	1,210	1,254	0,01576	*0,112	0,135	0,143	1,750	*1,18	1,241	1,279	0,01576
*0,125	0,135	0,149	1,405	*1,25	1,281	1,325	0,01405	*0,125	0,147	0,159	1,405	*1,25	1,313	1,351	0,01405
*0,14	0,152	0,166	1,120	*1,32	1,351	1,397	0,01259	*0,14	0,164	0,176	1,120	*1,32	1,385	1,423	0,01259
0,15	0,163	0,177	0,9756	*1,4	1,433	1,479	0,01120	0,15	0,174	0,188	0,9756	*1,4	1,466	1,506	0,01120
*0,16	0,173	0,187	0,8575	*1,5	1,533	1,581	0,009757	*0,16	0,185	0,199	0,8575	*1,5	1,568	1,608	0,009757
0,17	0,184	0,198	0,7596	*1,6	1,633	1,683	0,008575	0,17	0,196	0,210	0,7596	*1,6	1,669	1,711	0,008575
*0,18	0,195	0,209	0,6775	*1,7	1,733	1,785	0,007596	*0,18	0,206	0,222	0,6775	*1,7	1,771	1,813	0,007596
0,19	0,204	0,220	0,6081	*1,8	1,832	1,888	0,006775	0,19	0,217	0,233	0,6081	*1,8	1,870	1,916	0,006775
*0,2	0,216	0,230	0,5488	*1,9	1,932	1,990	0,006081	*0,2	0,227	0,245	0,5488	*1,9	1,972	2,018	0,006081
*0,224	0,242	0,256	0,4375	*2	2,032	2,092	0,005488	*0,224	0,252	0,272	0,4375	*2	2,074	2,120	0,005488
*0,25	0,268	0,284	0,3512	*2,12	2,154	2,214	0,004884	*0,25	0,279	0,301	0,3512	*2,12	2,195	2,243	0,004884
*0,28	0,301	0,315	0,2800	*2,24	2,274	2,336	0,004375	*0,28	0,310	0,334	0,2800	*2,24	2,316	2,366	0,004375
0,3	0,322	0,336	0,2439	*2,36	2,393	2,459	0,003941	0,3	0,333	0,355	0,2439	*2,36	2,436	2,488	0,003941
*0,315	0,336	0,352	0,2212	*2,5	2,533	2,601	0,003512	*0,315	0,349	0,371	0,2212	*2,5	2,577	2,631	0,003512
*0,355	0,377	0,395	0,1742	*2,65	2,682	2,754	0,003126	*0,355	0,392	0,414	0,1742	*2,65	2,728	2,784	0,003126
*0,4	0,424	0,442	0,1372	*2,8	2,831	2,907	0,002800	*0,4	0,438	0,462	0,1372	*2,8	2,878	2,938	0,002800
*0,45	0,475	0,495	0,1084	*3	3,030	3,110	0,002439	*0,45	0,490	0,516	0,1084	*3	3,078	3,142	0,002439

Die mit * gekennzeichneten Nenn-∅ entsprechen den IEC-Empfehlungen 182-1, 1. Ausgabe 1964 und sind bevorzugt zu verwenden.

16

Kupfer-Runddrähte lackisoliert nach DIN 46435 (Fortsetzung)

Durchmesserzunahme durch die Lackisolierung: Maße in mm

Nenndurchmesser d_1	Lackdrähte L Zunahme d_2—d_1		Doppellackdrähte 2 L Zunahme d_2—d_1	
	Kleinstmaß	Größtmaß	Kleinstmaß	Größtmaß
von 0,03···0,04	0,006	0,010	0,011	0,017
über 0,04···0,05	0,007	0,013	0,014	0,022
über 0,06···0,08	0,008	0,016	0,017	0,025
über 0,08···0,12	0,011	0,019	0,021	0,031
über 0,12···0,2	0,015	0,025	0,027	0,041
über 0,2 ···0,3	0,020	0,030	0,033	0,053
über 0,3 ···0,4	0,023	0,037	0,040	0,060
über 0,4 ···0,5	0,028	0,042	0,045	0,075
über 0,5 ···0,7	0,030	0,050	0,055	0,085
über 0,7 ···1	0,040	0,060	0,065	0,105
über 1 ···2	0,045	0,075	0,080	0,120
über 2 ···3	0,055	0,085	0,095	0,145

Als Nenndurchmesser (d_1) des Lackdrahtes gilt der Nenndurchmesser des Kupfer-Runddrahtes nach DIN 46431. Bei den Außendurchmessern sind die zulässigen Abweichungen vom Nenndurchmesser des Kupfer-Runddrahtes nach DIN 46431 berücksichtigt.

Technische Lieferungsbedingungen für Lackdrähte

Die Bedingungen gelten für vorstehend aufgeführte Kupfer-Runddrähte, lackisoliert L und 2L von 0,03 bis 3 mm Nenndurchmesser.

Draht — Typ M für Maschinen; Typ F von 0,03 bis 1 mm Nenndurchmesser für Fernmelde- und Meßgeräte.

Lieferung: Die Drähte sind auf Lieferrollen nach DIN 46390 zu liefern. Die Spulen müssen glatt und gleichmäßig fest bewickelt sein. Die Rundung der Rollenflansche bleibt unbewickelt, damit der Draht beim Abwickeln gut abläuft. Die äußere Drahtlage ist (z. B. durch eine Papierumhüllung) gegen mechanische Beschädigung zu schützen. Jede Lieferrolle soll möglichst nur eine, höchstens 2 Drahtlängen enthalten. Die 2 Drahtlängen dürfen nicht durch Lötung oder sonstwie mechanisch verbunden werden. In geeigneter Entfernung vor dem Ende der äußeren Drahtlänge ist vielmehr ein auffälliger Papierstreifen einzulegen.

Kennzeichnung. Klebezettel auf der Stirnseite der Lieferrolle mit folgenden Angaben:

Kurz-Bezeichnung nach DIN 46435 (z. B. 2L 0,09 F DIN 46435 E — Cu), Liefermonat und -jahr, beim Hersteller gebräuchliche Kurzbezeichnung des Drahtlackes, Anzahl der Drahtlängen bei mehr als einer Länge, ein Feld für Prüf- und Gewichtsvermerke.

Verpackung: Schutz der Lieferrollen gegen Feuchtigkeit und mechanische Beschädigung beim Transport.

Forderungen und Prüfungen:

Typprüfung ist gelegentlich, aber nicht bei jeder Lieferung durchzuführen (Prüfung der Dehnung der Lackisolation durch Zugversuch, der Erweichungstemperatur und Beständigkeit der Lackisolierung gegen Spulentränkung und Tränkmittel, der Spannungsfestigkeit bei 150 °C).

Auswahlprüfung ist nur an einem Teil jeder Lieferung durchzuführen (alle übrigen nachstehenden Prüfungen).

Stückprüfung ist an jeder Lieferrolle durchzuführen, und zwar in dem Umfang, der zur Beurteilung der Güte notwendig ist (besonders zu vereinbaren).

Werkstoff: Kupfer für die Elektrotechnik n. DIN 40500.

Halbzeug: Kupfer-Runddraht nach DIN 46431 mit glatter, blanker Oberfläche.

Zugfestigkeit und Bruchdehnung des Leiters
Meßlänge 200 mm. Prüfung nach DIN 50146

Nenndurchmesser d_1 mm	Zugfestigkeit kp/mm² Größtwert	Bruchdehnung in % Kleinstwert
von 0,03···0,09	30	10
über 0,09···0,25	30	15
über 0,25···0,4	28	20
über 0,4 ···1,5	27	25
über 1,5 ···3	27	30

Die Lackisolierung wird an der Einspannstelle **nicht** entfernt.

Gleichstrom-Widerstand nach DIN 46431. Prüfung nach DIN 46453 (nur für Typ F gefordert).

Leiter- und Außendurchmesser: Durchmesserzunahme nach DIN 46431 und 46435. Prüfung nach DIN 46453.

Lackisolierung: glatt, von gleichmäßiger Farbe, ohne Blasen, Krater, Löcher oder Lackverdickungen.

Dehnung der Lackisolierung durch Zugversuch nach DIN 46453. Dehnung bis 25%, Meßlänge 500 mm, Dehngeschwindigkeit 10 bis 20 mm/s. Die Lackisolierung darf nach der Dehnung keine Risse, Löcher oder Abblätterungen haben.

Wickelversuch nach DIN 46453. Die Drahtproben müssen sich um einen zylindrischen Dorn vom Durchmesser der nachstehenden Tafel mit etwa 100 U/min wickeln lassen. Bewertungen: gut, mittel, schlecht, siehe DIN 46453. Es ist nur Bewertung „gut" zulässig. Bei Bewertung „mittel" ist der Wickelversuch an den Drahtproben der gleichen Lieferrolle so oft zu wiederholen, bis Zufälligkeiten ausgeschlossen sind.

Wickelversuch mit Wärmebehandlung. Zeitdauer der Wärmebehandlung: Typ M: 18 Std. bei 125° C±3°
Typ F: 6 Std. bei 100° C±3°

Bewertung „mittel" nach der Wärmebehandlung beim Wickelversuch noch zulässig.

Nenndurchmesser d_1 mm	Dorndurchmesser für Lackdraht L mm	Dorndurchmesser für Doppellackdraht 2 L mm
von 0,03···0,1	0,3	0,5
über 0,1 ···0,13	0,4	0,7
über 0,13···0,16	0,5	1,0
über 0,16···0,23	0,7	1,4
über 0,23···0,33	1,0	2,0
über 0,33···0,4	1,4	3,0
über 0,4 ···0,6	2,0	4,0
über 0,6 ···1,0	3,0	6,0
über 1,0 ···1,5	5,0	10,0
über 1,5 ···2,0	8,0	15,0
über 2,0 ···3,0	15,0	30,0

Erweichungstemperatur der Lackisolierung:
Typ M ≧ 150 °C; Typ F = 100° C.

Beständigkeit gegen Spulentränkung: Typ M ≧ Bleistifthärte H; Typ F nach Vereinbarung. Von **Tränkmitteln** (Erdwachs, Bienenwachs und deren Gemischen) darf die Lackisolierung nicht angegriffen werden. Prüfung nach DIN 46453 für Typ M nicht gefordert; für Typ F nach Vereinbarung.

Feuerbeständigkeit. Nach dem Entfernen d. Drahtprobe aus einer Flamme darf d. Lackisolier. nicht weiterbrennen.

Fehlerstellen: Bei Lackdraht L ≦ 1 Fehlerstelle je m
Bei Lackdraht 2L ≦ 0,3 Fehlerstelle je m

Prüfung im Quecksilberbad nach DIN 46453: 20 mm Tauchlänge, 0,7 bis 1 m/s Durchgangsgeschwindigkeit, 110 Volt Gleichspannung. Registrierung durch Impulszähler für 10 Imp./s von 0,04 s Dauer. Bei Doppellackdrähten Typ F nach Vereinbarung auch Wasserbad, 50 mm Tauchlänge, Registrierung durch kurzschwingendes Galvanometer.

Spannungsfestigkeit. Bei Raumtemperatur (20° C±5°) und 150 °C±3° darf bei mindestens 8 von 10 Drahtproben kein Durchschlag eintreten, wenn die in nachstehender Tafel angegebene Prüfwechselspannung angelegt wird. Prüfung nach DIN 46453. Bei Typ F wird die Prüfung bei 150 °C nicht gefordert. Die Probe wird einmal um einen polierten Metallzylinder (D) gewickelt und mit Belastungsgewicht (G) zum vollen Anliegen an den Zylinder gebracht. Die am Draht und Zylinder anliegende Prüfwechselspannung ($U\sim$) ist ½ min lang von 0 bis zum Durchschlag zu steigern.

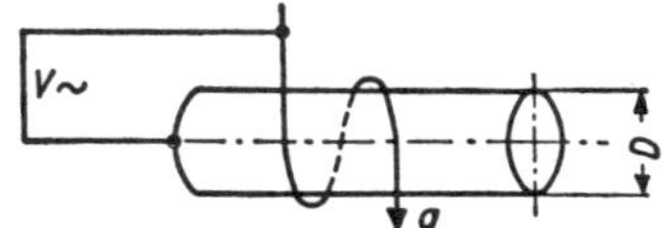

Nenn-Durchmesser d_1 mm	Prüfwechselspannung bei 20°C±5° L*) V	Prüfwechselspannung bei 20°C±5° 2L**) V	Prüfwechselspannung bei 150°C±3° L*) V	Prüfwechselspannung bei 150°C±3° 2L**) V	Zyl.-Ø D mm	Gewicht G g
von 0,03···0,07	220	440	110	220	30	2···5
über 0,07···0,4	380	750	220	440	30	5···50
über 0,4 ···1	500	1000	380	750	30	50···500
über 1 ···3	750	1500	500	1000	50···100	1000···4000

*) L = Lackdraht, **) 2 L = Doppellackdraht

Sonderforderungen für Typ F. Prüfung nach DIN 46453. Isolationswiderstand bei 20°C±5° und 80% relativer Luftfeuchte 50 MΩ · km; bei 70°C±3° 10 MΩ · km.

Dielektrischer Verlustfaktor bei 20°C±5° und 80% relativer Luftfeuchte sowie bei 70°C±3° höchstens 0,04.

16

Kupfer- Runddrähte nach DIN 46436 ein- und mehrfach besponnen

Bezeichnung eines Kupfer-Runddrahtes vom Durchmesser d_1 = 1,5 mm mit zweifacher Baumwollbespinnung Typ M:

Runddraht 2 B 1,5 DIN 46 436 E-Cu

		Kurzzeichen	Nenndurchmesser d_1 von 0,03 bis 0,05	über 0,05 bis 0,1	über 0,1 bis 0,2	über 0,2 bis 0,3	über 0,3 bis 0,5	über 0,5 bis 0,8	über 0,8 bis 1,5	über 1,5 bis 3	über 3 bis 4	über 4 bis 6
Naturseide	1 × besponnen	S	0,035	0,035	0,035	0,04	0,04	0,04				
	2 × besponnen	2 S	0,07	0,07	0,07	0,07	0,07	0,08	0,1			
Triacetat-Kunstseide	1 × besponnen	Kt	0,04	0,04	0,04	0,04	0,05	0,05				
	2 × besponnen	2 Kt	0,08	0,08	0,08	0,08	0,09	0,09	0,11			
Kupfer-Kunstseide	1 × besponnen	Kc	—	0,05	0,05	0,05	0,06	0,06	0,07			
	2 × besponnen	2 Kc	—	0,09	0,09	0,09	0,11	0,11	0,12			
Viskose-Kunstseide	1 × besponnen	Kv			0,08	0,08	0,1	0,1	0,11	0,11		
	2 × besponnen	2 Kv			0,15	0,15	0,18	0,18	0,19	0,19		
Glasseide lackiert	1 × besponnen	Gs	—	—	—	—	—	0,12	0,12	0,15	—	—
	2 × besponnen	2 Gs	—	—	—	—	—	0,22	0,22	0,26	0,3	0,4
Baumwolle	1 × besponnen	B			0,1	0,1	0,12	0,12	0,12	0,15		
	2 × besponnen	2 B			0,16	0,16	0,22	0,22	0,22	0,26	0,3	0,4
Zellwolle	1 × besponnen	Z					0,13	0,13	0,13	0,16		
	2 × besponnen	2 Z					0,22	0,22	0,22	0,26	0,3	0,4
Papier	1 × besponnen	P					0,12	0,12	0,12	0,15	0,2	0,2
	2 × besponnen	2 P					0,22	0,22	0,22	0,26	0,3	0,35
Triacetat-Folie	1 × besponnen	Ft					0,1	0,1	0,1	0,13	0,13	0,13
	2 × besponnen	2 Ft					0,2	0,2	0,2	0,25	0,25	0,25

Nenndurchmesser des isolierten Kupfer-Runddrahtes gleich Nenndurchmesser des Kupfer-Runddrahtes nach DIN 46 431.

Der Größtwert des Außendurchmessers d_2 eines besponnenen Drahtes ist die Summe des Größtwertes des Runddrahtdurchmessers d_1 nach DIN 46 431 und der Durchmesserzunahme (d_2—d_1) nach vorst. Tabelle. Beispiel: Außendurchmesser d_2 des besponnenen Drahtes 2 Kv 0,7 DIN 46 436 E-Cu:

d_2 = 0,7 + 0,012 + 0,18 = 0,892 mm.

Die zulässige Abweichung vom Größtwert der Durchmesserzunahme beträgt bei Isolierung mit Glasseide und Triacetatfolie —20%, bei den übrigen Isolierungsarten —10%.

Verklebte oder imprägnierte Bespinnung ist in der Bezeichnung zusätzlich anzugeben:

für verklebte Ausführung durch „v", z. B.:

Runddraht 2 Kvv 0,7 DIN 46 436 E-Cu.

für imprägnierte Ausführung durch „i", z. B.:

Runddraht 2 Pi 1,5 DIN 46 436 E-Cu.

Den Außendurchmesser-Größtwerten sind für verklebte Ausführung 0,02 mm und für imprägnierte Ausführung 0,05 mm hinzuzurechnen.

Mit Glasseide besponnene Drähte werden nur mit lackierter Bespinnung geliefert. Die zusätzliche Durchmesserzunahme durch die Lackierung ist für diese Drähte in den Werten der Tabelle bereits enthalten.

Einmalige Bespinnung von blanken Drähten ergibt keine einwandfreie Isolierung; ihre Verwendung wird nicht empfohlen. Diese Werte gelten deshalb nur für die Errechnung der Zunahme bei gemischter Isolierung. Für blanke Drähte mit einmaliger Bespinnung wird die Prüfung nach DIN 46 436 Bl. 3 nicht angewendet. Bei gemischter Isolierung ergibt sich die Durchmesserzunahme aus der Summe der Einzelwerte.

Bei den mit Papier oder Triacetatfolie besponnenen Drähten müssen die einzelnen Lagen 35 bis 45% überlappt gewickelt sein.

Kupfer-Runddrähte lackisoliert und ein- und mehrfach besponnen nach DIN 46 436 (besponnene Lackdrähte).

Kurzzeichen: Vor die Kurzzeichen für die Bespinnung tritt noch das Lackzeichen L.

Bezeichnung eines Kupfer-Runddrahtes, lackisoliert (L), mit 2 Lagen Viskose-Kunstseide (2 Kv) besponnen, vom Nenndurchmesser d_1 = 0,2 mm, Typ F: Runddraht L 2 Kv 0,2 F DIN 46 436 E-Cu.

Nenndurchmesser von 0,03 bis 3 mm nach DIN 46 431.

Die Größtwerte der Außendurchmesser (d_2) ergeben sich aus den Größtwerten des Kupferdrahtes (d_1) nach DIN 46 431, den Größtwerten (d_2—d_1) der Durchmesserzunahmen durch die Lackisolierung nach DIN 46 435 und die Bespinnung nach DIN 46 436.

Beispiel: Außendurchmesser (d_2) des lackisolierten, besponnenen Drahtes L 2 Kv 0,2 F DIN 46 436 E-Cu: d_2 = 0,2 + 0,005 + 0,025 + 0,15 = 0,38 mm. Sonstige Bestimmungen wie vorst. bei den besponnenen Drähten.

Technische Lieferungsbedingungen für besponnene Rund- und besponnene Lackdrähte.

Die Bedingungen gelten für besponnene Kupfer-Runddrähte von 0,03 bis 6 mm Nenndurchmesser und für besponnene Lackdrähte von 0,03 bis 3 mm Nenndurchmesser nach DIN 46 436. Art der Isolierstoffe s. vorst. Tabelle.

Drahttypen, Lieferung, Kennzeichnung und Verpackung wie bei den Lackdrähten nach DIN 46 435.

Werkstoff und **Halbzeug:** Als Halbzeug für besponnene Lackdrähte ist Kupferlackdraht nach DIN 46 435 zu verwenden. (Sonst wie bei den Lackdrähten.)

Zugfestigkeit und Bruchdehnung des Leiters.

Die Bespinnung muß an den Einspannstellen entfernt sein, die Lackisolierung jedoch nicht. (Sonst wie bei den Lackdrähten.)

Gleichstromwiderstand (wie bei den Lackdrähten).

Leiter-Durchmesser nach DIN 46 431, Durchmesserzunahme nach DIN 46 436. Prüfung nach DIN 46 453. Wickelversuch: Bei den von den Drahtproben auf einen zylindrischen Dorn hergestellten Drahtwendeln darf sich die Bespinnung nicht so stark verschieben, daß der Leiter (oder Lack) bei Betrachtung mit einer Lupe (2fache lineare Vergrößerung) sichtbar wird. Risse in der Papier- oder Folienbespinnung dürfen nicht auftreten. Prüfung nach DIN 46 453.

Querschnitte für Steigeleitungen in Wohngebäuden

(Mindestquerschnitt 2,5 mm² mit Rücksicht auf Erweiterungen)*)

Anschlußwert	Gleich- und Wechselstrom						Drehstrom					
	Zweileiter 110 bis 120 Volt		Zweileiter 220 Volt Dreileiter 2 × 110 Volt		Dreileiter 2 × 220 Volt		3 × 125 Volt Dreieckspann.		3 × 220 Volt Dreieckspann. 3 × 125 Volt Sternspannung		3 × 380 Volt Dreieckspann. 3 × 220 Volt Sternspannung	
kW	Kupfer mm²	Aluminium mm²	Kupfer mm²	Aluminium mm²	Kupfer mm²	Aluminium mm²	Kupfer mm²	Aluminium mm²	Kupfer mm²	Aluminium mm²	Kupfer mm²	Aluminium mm²
1	2,5	6	2,5	2,5	2,5	2,5	2,5	2,5	2,5	2,5	2,5	2,5
1,5	4	10	2,5	2,5	2,5	2,5	2,5	4	2,5	2,5	2,5	2,5
2	6	16	2,5	4	2,5	2,5	4	6	2,5	2,5	2,5	2,5
4	16	25	4	6	2,5	2,5	6	10	2,5	4	2,5	2,5
8	25	50	10	16	2,5	4	16	25	4	6	2,5	2,5
12	35	70	16	16	6	10	25	35	6	10	2,5	4
20	70	120	25	35	16	25	35	50	16	25	6	10

*) Viele Elektrizitätswerke schreiben größere und unterschiedliche Mindestquerschnitte für Orte mit und ohne Gasversorgung vor.

Kupferdraht (ϱ = 1:56) **Widerstand und Belastung**			**Stromdichte in A/mm²**				
			2	2,5	3	4	6
Ø mm	A mm²	Ω/100 m	zul. Belastung in A				
0,05	0,00196	911	0,004	0,005	0,006	0,008	0,012
0,08	0,005	357	0,010	0,013	0,015	0,020	0,030
0,10	0,0078	229	0,016	0,020	0,024	0,032	0,048
0,12	0,0113	158	0,022	0,028	0,033	0,044	0,066
0,15	0,0177	100,9	0,035	0,044	0,053	0,070	0,106
0,18	0,0254	70,2	0,051	0,064	0,076	0,102	0,152
0,2	0,0314	56,7	0,063	0,079	0,094	0,126	0,188
0,25	0,0491	36,3	0,098	0,122	0,147	0,196	0,294
0,3	0,0707	25,2	0,141	0,176	0,212	0,282	0,424
0,35	0,0962	18,5	0,192	0,240	0,288	0,384	0,576
0,4	0,1257	14,2	0,251	0,314	0,377	0,502	0,754
0,45	0,159	11,2	0,318	0,398	0,477	0,636	0,954
0,5	0,196	9,08	0,392	0,490	0,588	0,784	1,176
0,55	0,238	7,50	0,476	0,595	0,714	0,952	1,428
0,6	0,283	6,30	0,566	0,708	0,849	1,132	1,698
0,65	0,332	5,38	0,664	0,830	1,00	1,328	2,00
0,7	0,385	4,64	0,770	0,963	1,16	1,54	2,32
0,75	0,442	4,03	0,884	1,105	1,33	1,77	2,66
0,8	0,503	3,55	1,01	1,26	1,51	2,02	3,02
0,9	0,636	2,80	1,27	1,59	1,91	2,54	3,82
1,0	0,785	2,27	1,57	1,96	2,36	3,14	4,72
1,1	0,950	1,88	1,90	2,38	2,85	3,80	5,70
1,2	1,131	1,58	2,26	2,83	3,39	4,52	6,78
1,3	1,327	1,35	2,65	3,31	3,98	5,30	7,96
1,4	1,539	1,16	3,08	3,85	4,62	6,16	9,24
1,5	1,767	1,01	3,53	4,41	5,30	7,06	10,60
1,6	2,010	0,887	4,02	5,02	6,03	8,04	12,06
1,8	2,545	0,700	5,09	6,36	7,64	10,18	15,28
2,0	3,141	0,567	6,28	7,85	9,42	12,56	18,84
2,5	4,909	0,363	9,82	12,27	14,73	19,64	29,46

Man rechnet für **E—Cu F 20/2** mit ϱ = 1:57, für **E—Cu F 30** mit ϱ = 1:56 (s. S. 62).

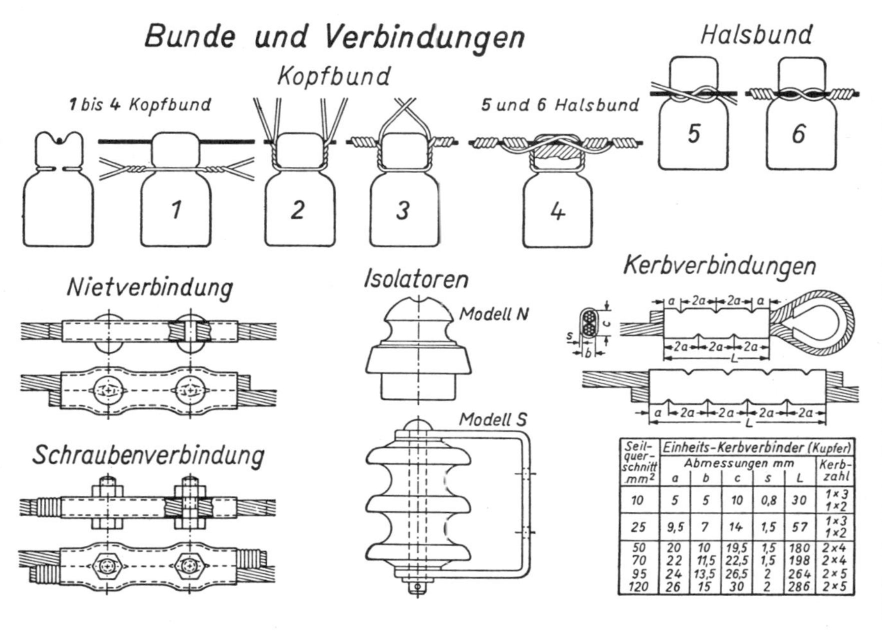

Seil-querschnitt mm²	Einheits-Kerbverbinder (Kupfer)					
	Abmessungen mm					Kerbzahl
	a	b	c	s	L	
10	5	5	10	0,8	30	1×3 1×2
25	9,5	7	14	1,5	57	1×3 1×2
50	20	10	19,5	1,5	180	2×4
70	22	11,5	22,5	1,5	198	2×4
95	24	13,5	26,5	2	264	2×5
120	26	15	30	2	286	2×5

16

16

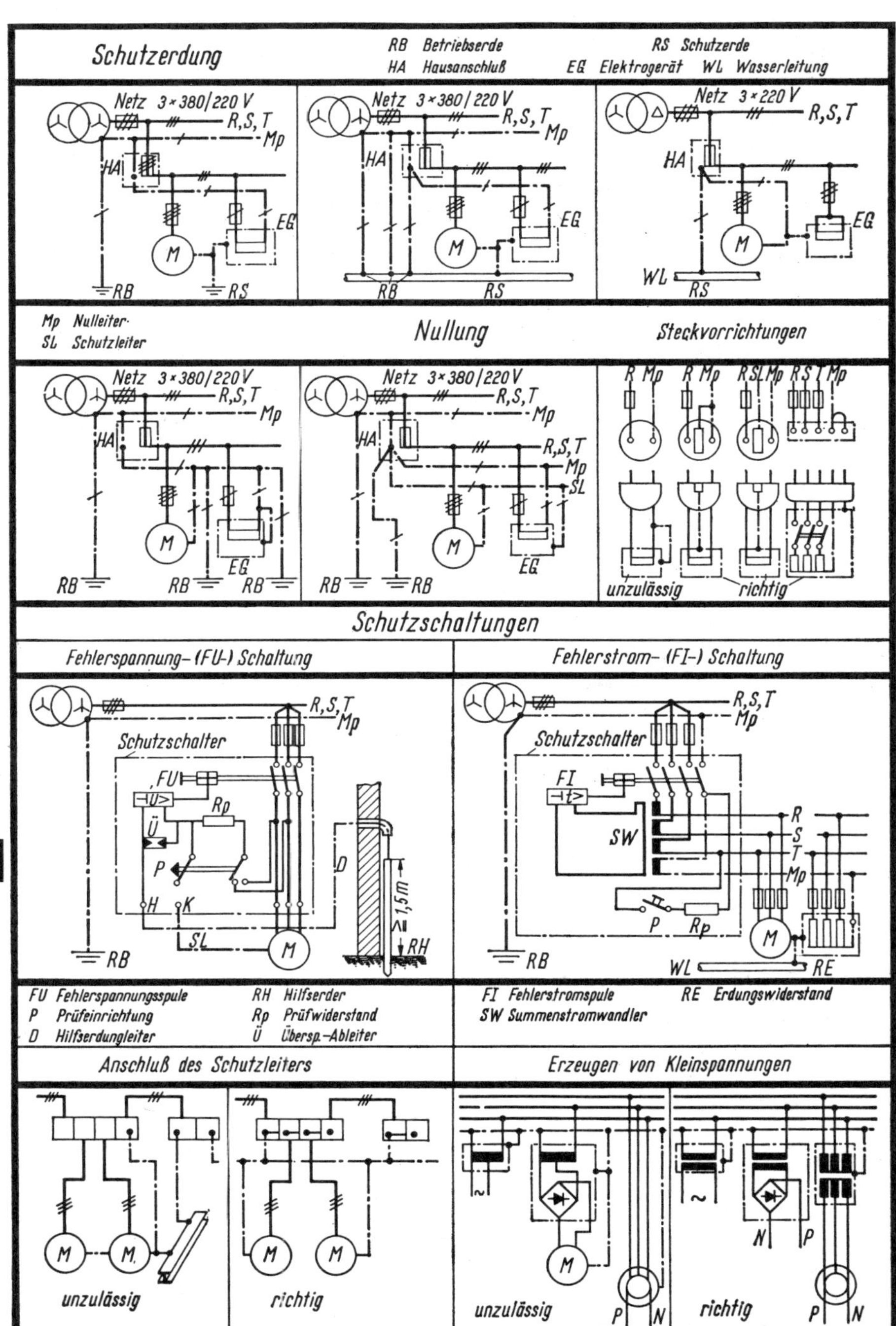

Schaltungen entsprechen VDE 0100

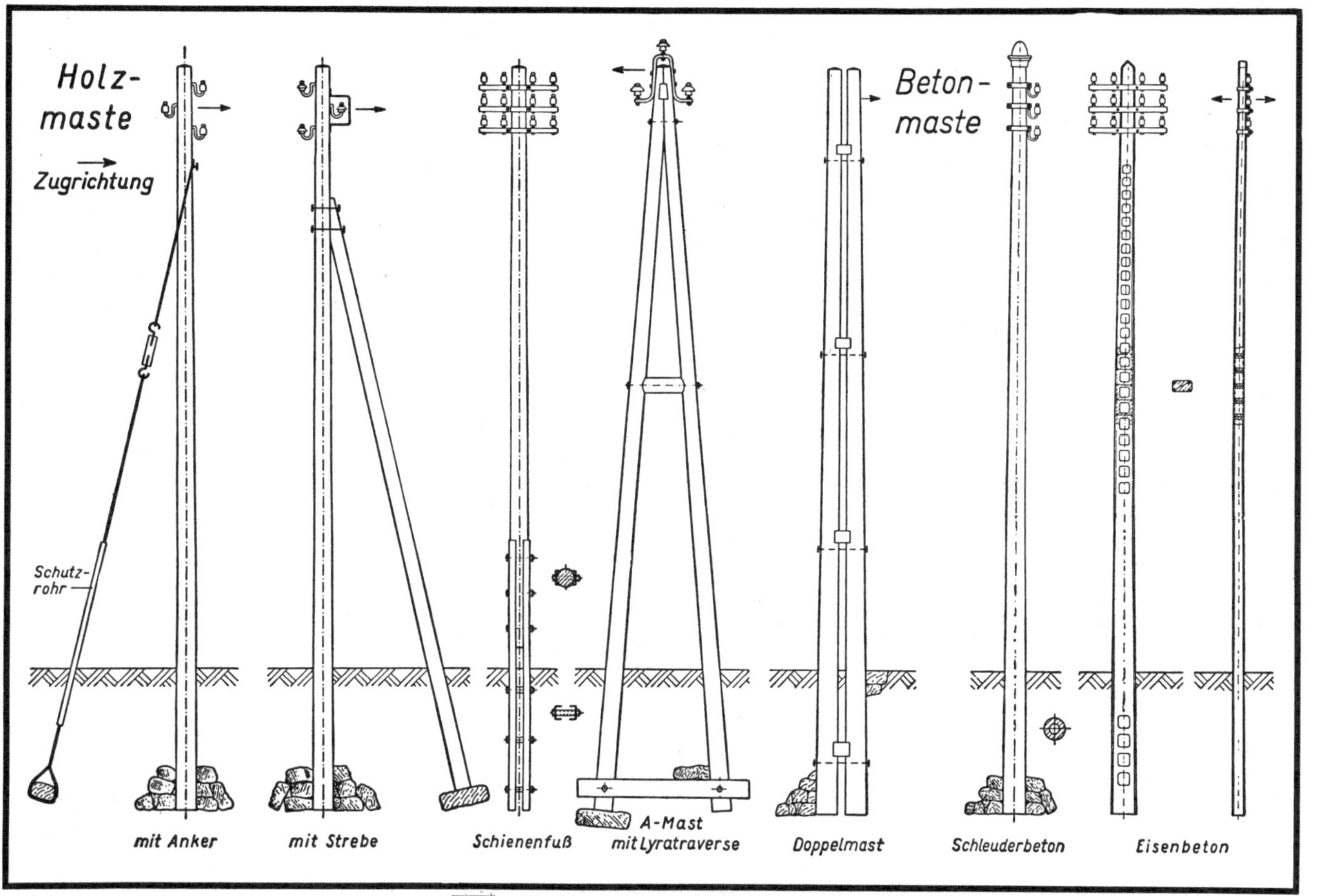

Holz-
maste
Zugrichtung
Schutz-
rohr
mit Anker
mit Strebe
Schienenfuß
A-Mast
mit Lyratraverse
Doppelmast
Beton-
maste
Schleuderbeton
Eisenbeton

16

Stahlmaste

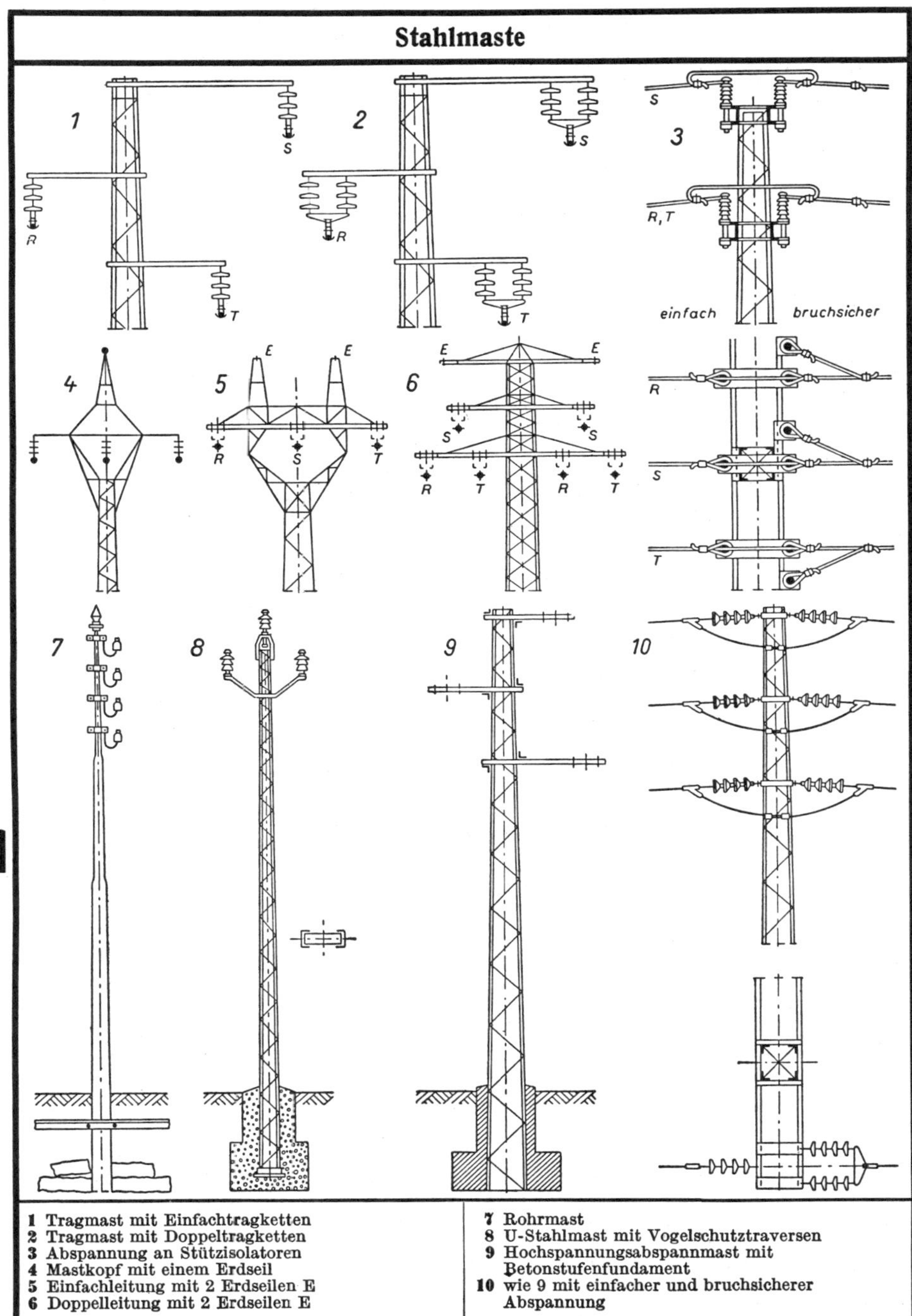

1 Tragmast mit Einfachtragketten
2 Tragmast mit Doppeltragketten
3 Abspannung an Stützisolatoren
4 Mastkopf mit einem Erdseil
5 Einfachleitung mit 2 Erdseilen E
6 Doppelleitung mit 2 Erdseilen E
7 Rohrmast
8 U-Stahlmast mit Vogelschutztraversen
9 Hochspannungsabspannmast mit Betonstufenfundament
10 wie 9 mit einfacher und bruchsicherer Abspannung

16

Leitungsberechnung (Beispiele siehe S. 198)

ϱ = spezifischer Widerstand für 1 m Länge und 1 mm² Leiterquerschnitt
l = Strecke in m (Speisepunkt bis Verbraucher)
l_1 = 2 l für Gleichstrom (Hin- u. Rückleitung)
U = Betriebsspannung (Außenleiterspannung) in Volt (nicht zwischen Außen- und Nulleiter)
U_v oder u = Spannungsverlust in Volt
p_u = Spannungsverlust in % von U

P = zu übertragende Leistung in Watt
P_v = Leistungsverlust in Watt
p_n = Leistungsverlust in % von P. Bei Gleichstrom und induktionsfreiem Wechselstrom ist U_v proportional P_v, bei Drehstrom ist p_n größer infolge Phasenverschiebung zwischen Strom und Spannung.
I = Stromstärke in der Leitung in Ampere
A = Querschnitt der Leitung in mm²

Tabelle 1. Berechnungsformeln für Kupferleitungen Die gebräuchlichen Formeln sind umrändert.

Stromart	Spannungsverlust	Querschnitt mm²	Leistungsverlust	Querschnitt mm²
Gleichstrom und Zweileiter-Wechselstrom bei induktionsfreier Belastung	$\boxed{U_v=\varrho\cdot\frac{2\,l\,I}{A}}$ * $U_v=\frac{l\cdot I}{28\,A}$ $U_v=\varrho\cdot\frac{2l\cdot P}{A\,U}$	$\boxed{A=\varrho\cdot\frac{2\,l\,I}{U_v}}$ * $A=\frac{l\cdot I}{28\,U_v}$ $A=\varrho\cdot\frac{2l\cdot P}{U_v\cdot U}$	$p_n=\varrho\cdot\frac{200\cdot l\cdot P}{A\cdot U^2}$ erforderliche Spannung: $U=\sqrt{\varrho\cdot\frac{200\cdot l\cdot P}{A\cdot p_n}}$	$A=\varrho\cdot\frac{200\cdot l\cdot P}{p_n\cdot U^2}$
Drehstrom Freileitungen nach Tabellen 2 bis 4	$U_v=\varrho\cdot\frac{1{,}73\,l\,I\cos\varphi}{A}$ $U_v=\varrho\cdot\frac{l\cdot P}{A\,U}$	$A=\varrho\cdot\frac{1{,}73\,l\,I\cdot\cos\varphi}{U_v}$ $A=\varrho\cdot\frac{l\cdot P}{U_v\cdot U}$	$\boxed{p_n=\frac{\varrho\cdot 100\;l\cdot P}{A\;U^2\cos^2\varphi}}$ * bei $\cos\varphi=0{,}8$: $p_n=\frac{2{,}8\cdot l\cdot P}{A\cdot U^2}$ * bei $\cos\varphi=1$: $p_n=\frac{1{,}8\cdot l\cdot P}{A\cdot U^2}$ Erford. Spann. $U=\sqrt{\varrho\cdot\frac{100\;l\cdot P}{A\,p_n\cdot\cos^2\varphi}}$	$\boxed{A=\frac{\varrho\cdot 100\;l\cdot P}{p_n\cdot U^2\cos^2\varphi}}$ $A=\frac{2{,}8\cdot l\cdot P}{p_n\cdot U^2}$ $A=\frac{1{,}8\cdot l\cdot P}{p_n\cdot U^2}$

*** Formelfaktoren für Aluminium, Aldrey, Stahl**

Anstatt	28	2,8	1,8	für Kupfer
setze ein:	17,5	4,5	2,9	für Aluminium
	15	5,2	3,3	für Aldrey
	3,8	21	13	für Stahl

Beispiel für Aldreyleitung Gleichstrom: $A=\frac{l\cdot I}{15\cdot U_v}$

Spezif. Widerstand der Leitungen bei 15°: Kupfer ϱ = 0,0175; Aluminium ϱ = 0,0282; Aldrey ϱ = 0,0327; Zink ϱ = 0,059; Stahl ϱ = 0,128. Bei 20° siehe S. 64.

Drehstromleitungen sind vor allem auf Leistungsverlust durchzurechnen, auf Spannungsverlust nur Installationsleitungen von mehr als l = 100 m und Freileitungen.

Tabelle 2. Produktwerte zur Leitungsberechnung

Querschnitt A mm²	Gleichstrom oder ind.-freier Zweileiter-Wechselstrom **Spannungsverlust U_v** 4 V	6 V	8 V	10 V	12 V	14 V	16 V	für l = 1000 m Ω
	Streckenlänge × Stromstärke **P_w = Produktwerte $I\times l$**							
1,5	171	257	343	428	514	600	685	11,67
2,5	286	428	571	714	857	1 000	1 140	7,000
4	457	685	914	1 140	1 370	1 600	1 830	4,375
6	685	1 030	1 370	1 710	2 060	2 400	2 740	2,917
10	1 140	1 710	2 280	2 860	3 430	4 000	4 570	1,750
16	1 830	2 740	3 650	4 570	5 480	6 400	7 310	1,094
25	2 860	4 280	5 710	7 140	8 570	10 000	11 400	0,700
35	4 000	6 000	8 000	10 000	12 000	14 000	16 000	0,500
50	5 710	8 570	11 400	14 300	17 100	20 000	22 800	0,350
70	7 990	12 000	16 000	20 000	24 000	28 000	32 000	0,250
95	10 900	16 300	21 700	27 100	32 600	38 000	43 400	0,184
120	13 700	20 600	27 400	34 300	41 100	48 000	54 800	0,146
150	17 100	25 700	34 300	42 800	51 400	60 000	68 500	0,117
185	21 200	31 800	42 400	53 000	63 600	74 200	84 800	0,095
240	27 400	41 100	54 800	68 500	82 200	95 900	109 600	0,073
300	34 200	51 400	68 500	85 600	102 500	120 000	137 000	0,058

Die nach Tabelle 2 errechneten Werte des Spannungsverlustes U_v und des Querschnittes A sind mit den Umrechnungsfaktoren der Tabelle 3 zu multiplizieren, die errechneten Werte der Streckenlängen l und Stromstärke I durch die Umrechnungsfaktoren zu dividieren.

Tabelle 3. Umrechnungstabelle

Stromart und Art der Leitung	Werkstoff	Querschnitt A in mm² 10 16	25 35	50	70	95
Drehstrom*)	**Umrechnungsfaktor**					
Induktiv belastete Niedersp.-Freileitungen $\cos\varphi=0{,}8$	Kupfer	0,8	0,9	1,1	1,3	1,5
	Alum.	1,3	1,4	1,5	1,6	1,8
	Aldrey	1,5	1,6	1,7	1,8	2,1
dgl. Installationsleitungen	Kupfer	0,70				
	Alum.	1,13				
	Aldrey	1,31				
Induktionsfrei belastet. Glühlicht $\cos\varphi=1$	Kupfer	0,87				
	Alum.	1,40				
	Aldrey	1,63				
Gleichstrom oder **Zweileiter-Wechselstrom**						
Induktionsfrei belastet Alle Leitungen	Kupfer	1				
	Alum.	1,61				
	Aldrey	1,87				
	Stahl	7,33				

Ableitung der Formeln (Tab. 1)

Gleichstrom und induktionsfreier Zweil.-Wechselstrom:

$$U_v=\varrho\cdot\frac{l_1\cdot P}{A\cdot U}\qquad U_v=\varrho\cdot\frac{2l\cdot U\cdot I}{A\cdot U}\qquad U_v=\varrho\cdot\frac{2l\cdot I}{A}$$

Da auch $U_v=\frac{p_u\cdot U}{100}$, gilt Gleichung $\frac{p_u\cdot U}{100}=\varrho\cdot\frac{2l\cdot I}{A}$

$$p_u=\varrho\cdot\frac{100\cdot 2\;l\cdot I}{U\cdot A}\text{ oder }p_u=\varrho\cdot\frac{200\cdot l\cdot I}{A\cdot U}$$

Da $I=\frac{P}{U}$ und $p_u=p_n$, wird $p_n=\varrho\cdot\frac{200\;l\cdot P}{A\cdot U^2}$

Drehstrom: Leistung $P=1{,}73\cdot U\cdot I\cdot\cos\varphi$; also ist

$$U_v=\varrho\cdot\frac{l\cdot 1{,}73\cdot U\cdot I\cdot\cos\varphi}{A\cdot U}\quad\Big|\quad U_v=\varrho\cdot\frac{1{,}73\;l\cdot I\cdot\cos\varphi}{A}$$

Aus den Formeln

$$P_v=\frac{p_n\cdot P}{100}\;\Big|\;P_v=I^2\cdot R\;\Big|\;R=\frac{\varrho\cdot l_1}{A}\;\Big|\;I=\frac{P}{1{,}73\cdot U\cdot\cos\varphi}\;\Big|\;l_1=3l$$

wird $\frac{p_n\cdot P}{100}=\frac{P^2}{3\cdot U^2\cdot\cos^2\varphi}\cdot\frac{\varrho\cdot 3l}{A}$

$$p_n=\frac{100\cdot P^2\cdot\varrho\cdot 3\cdot l}{P\cdot 3\;U^2\cdot\cos^2\varphi\cdot A}=\frac{\varrho\cdot 100\;l\cdot P}{A\cdot U^2\cdot\cos^2\varphi}$$

Der Leistungsverlust ist also infolge der Phasenverschiebung größer als bei induktionsfreier Belastung.

*) Niederspannungs-Freileitungen ≈ 450 mm Leiterabstand. — Installationsleitungen in gemeinsamem Rohr, auf 3fach Rollen oder verseilte Kabel.

Leitungsberechnung (Fortsetzung)

Berechnungsbeispiele zu Tab. 2 und 3, S. 197

1. In einer induktionsfrei belasteten Zweileiter-Wechselstrom-Cu-Leitung von $A = 70\ \mathrm{mm}^2$ mißt man in $l = 1500$ m Entfernung eine Stromstärke $I = 8$ A. Ermittle den Spannungsverlust U_v. — Lösung: Produktwert $P_w = I \cdot l = 8 \cdot 1500 = 12\,000$ steht in Tabelle 2 neben $A = 70\ \mathrm{mm}^2$ unter Spannungsverlust U_v = **6 V.** — Bei $l = 2750$ m wären $P_w = 8 \cdot 2750 = 22\,000$ und U_v = **11 V** (Mittel zwischen 10 und 12 V); bei $l = 5000$ m wären $P_w = 8 \cdot 5000 = 40\,000 = 2 \cdot 20000$ und $U_v = 2 \cdot 10$ = **20 V.**

2. Der Spannungsverlust in einer Gleichstrom-Cu-Leitung von $A = 50\ \mathrm{mm}^2$ und $l = 143$ m Streckenlänge beträgt $U_v = 10$ V. Stromstärke? — Lösung: Für $A = 50\ \mathrm{mm}^2$ und $U_v = 10$ V zeigt die Tabelle $P_w = 14\,300$. $P_w : l = 14\,300 : 143$ = **100 A** = I.

3. Wie groß wären P_w und I nach Beispiel 2 bei U_v = 12,5 V? — Lösung: Für $U_v = 12$ V zeigt die Tabelle $P_w = 17\,100$. Dann ist für $U_v = 12{,}5$ der Produktwert $P_w = (17\,100 \cdot 12{,}5) : 12$ = **17812,5** und 17812,5 : 143 = **125 A** = I.

4. Der Spannungsverlust einer Gleichstrom-Cu-Leitung darf bei $l = 330$ m Streckenlänge und $I = 32$ A Belastung $U_v = 24$ V betragen. Berechne A. — Lösung: Da die Tabelle U_v nur bis 16 V zeigt, U_v aber proportional I ist, rechnet man mit halben Größen $I = 16$ A und $U_v = 12$ V **oder** mit Viertelgrößen $I = 8$ A und $U_v = 6$ V und erhält $P_w = I \cdot l = 16 \cdot 330 = 5280$ für $U_v = 12$ V bzw. $8 \cdot 330 = 2640$ für $U_v = 6$ V. Die Tabelle zeigt die Werte 5480 bzw. 2740 und $A = 16\ \mathrm{mm}^2$. Wir wählen A = **16 mm².**

5. Wie lang ist eine Aluminium-Kabelstrecke für Zweileiter-Wechselstrom bei induktionsfreier Belastung von $I = 10$ A, $A = 2{,}5\ \mathrm{mm}^2$ und $U_v = 8$ V Spannungsverlust? — Lösung: Nach Tabelle 2 ist $P_w = 571$. Eine Cu-Leitung würde demnach $l = P_w : I = 571 : 10 \approx 57$ m lang sein. Für Aluminium beträgt der Umrechnungswert 1,61 und $l = 57 : 1{,}61 \approx$ **35,4 m.**

6. Ein Drehstrom-Glühlicht-Cu-Kabel von $A = 70\ \mathrm{mm}^2$ und $l = 1200$ m ist mit $I = 100$ A belastet. Wie groß ist der Spannungsabfall U_v? — Lösung: $P_w = I \cdot l = 100 \cdot 1200 = 120\,000$. Tabelle 2 reicht also nicht aus. Man findet unter 6 V den Wert 12 000. Für 120 000 wird demnach $U_v = (6 \cdot 120\,000) : 12\,000 = 60$ V. Nach
16 Tabelle 3 ist dieser Wert für Cu und Drehstrom mit 0,87 zu multiplizieren. Also ist $U_v = 60 \cdot 0{,}87 \approx$ **52 V.**

7. In einer Installationsleitung für einen Drehstrommotor mit einer Stromstärke von $I = 60$ A sind bei 380 V 2% Spannungsverlust zulässig. Wie stark wird A für eine Aluminiumleitung bei $l = 40$ m? — Lösung: $U_v = 0{,}02 \cdot 380 = 7{,}6 \approx 8$ V; $I \cdot l = 60 \cdot 40 = 2400$. Der nächstliegende Tabellenwert ist $P_w = 2280$, wofür man $A = 10\ \mathrm{mm}^2$ Querschnitt findet, der aber bei Rohrverlegung nur mit 48 A belastet werden darf. Es ist daher $16\ \mathrm{mm}^2$ zu wählen. Für Drehstrom und Aluminium ist dieser Wert nach Tabelle 3 mit 1,13 zu multiplizieren. $A = 16 \cdot 1{,}13 = 18{,}1\ \mathrm{mm}^2$, erhöht auf **25 mm².**

8. In einer Drehstrom-Aldrey-Freileitung von $A = 95\ \mathrm{mm}^2$ und $l = 500$ m werden bei Motorenbelastung ($\cos \varphi = 0{,}8$) 30 A gemessen. Wie groß ist U_v? — Lösung: $I \cdot l = 30 \cdot 500 = 15\,000$. Nach Tabelle 2 ist $U_v \approx 6$ V. Für Drehstromfreileitung und Aldrey von $A = 95\ \mathrm{mm}^2$ ist dieser Wert noch mit 2,1 zu multiplizieren. Daher $U_v = 6 \cdot 2{,}1 \approx$ **12 V.**

9. Wieviel Glühlampen zu je 40 W können bei 220 V an einer 30 m langen, in Rohr verlegten Al-Leitung von 2,5 mm² bei 2 V Spannungsverlust gleichzeitig brennen? — Lösung: Stromstärke einer Lampe 40 : 220 = 0,18 A. Nach Tabelle 2 ist $P_w = 286$ für 4 V, für 2 V = 143 und $I = 143 : 30 = 4{,}75$ A. Für Al nach Tabelle 3 $4{,}75 : 1{,}61 = 2{,}95$ A oder $2{,}95 : 0{,}18$ = rd. **16** Glühlampen zu je **40 W.**

Tabelle 4. Belastbarkeit und Überlastungsschutz isolierter Leitungen nach VDE 0100/0100 Ü

(Gummi- oder Kunststoffisolierung)

VDE 0100 betrifft Stammbestimmungen, VDE 0100 Ü Übergangsbestimmungen (S. 266).

Gruppe 1: Rohrverlegung (bis zu 3 Leitungen in 1 Rohr).

Gruppe 2: Rohrdrähte, Feuchtraumleitungen, Stegleitungen, mehradrige Freiluftleitungen und Leitungen zum Anschluß ortsveränderlicher Stromverbraucher einschließlich Leitungstrossen.

Gruppe 3: Einadrige Leitungen
a) frei in Luft verlegt (Leitungszwischenraum mindestens gleich Leitungsdurchmesser),
b) zum Anschluß ortsveränd. Stromverbraucher

Leitungsquerschnitt	Gruppe 1			Gruppe 2			Gruppe 3		
	höchstzul. Dauerbel.	Sicherung Nennstrom nach VDE 0100	Sicherung Nennstrom nach VDE 0100 Ü	höchstzul. Dauerbel.	Sicherung Nennstrom nach VDE 0100	Sicherung Nennstrom nach VDE 0100 Ü	höchstzul. Dauerbel.	Sicherung Nennstrom nach VDE 0100	Sicherung Nennstrom nach VDE 0100 Ü
mm²	A	A	A	A	A	A	A	A	A
	A. Leitungen mit Kupferleitern								
0,75	—	—	—	13	10	10	16	10	15
1	12	6	10	16	10	15	20	15	20
1,5	16	10	15	20	15	20	25	20	25
2,5	21	15	20	27	20	25	34	25	35
4	27	20	25	36	25	35	45	35	50
6	35	25	35	47	35	50	57	50	60
10	48	35	50	65	50	60	78	60	80
16	65	50	60	87	60	80	104	80	100
25	88	60	80	115	80	100	137	100	125
35	110	80	100	143	100	125	168	125	160
50	140	100	125	178	125	160	210	160	200
70	—	—	—	220	160	225	260	200	260
95	—	—	—	265	200	260	310	225	300
120	—	—	—	310	225	300	365	260	350
150	—	—	—	355	260	350	415	300	430
185	—	—	—	405	300	350	475	350	430
240	—	—	—	480	350	430	560	430	500
300	—	—	—	555	430	—	645	500	—
400	—	—	—	—	—	—	770	600	—
500	—	—	—	—	—	—	880	700	—
	B. Leitungen mit Aluminiumleitern								
2,5	16	10	15	21	15	20	27	20	25
4	21	15	20	29	20	25	35	25	35
6	27	20	25	37	25	35	45	35	50
10	38	25	35	51	35	50	61	50	60
16	51	35	50	68	50	60	82	60	80
25	69	50	60	90	60	80	107	80	100
35	86	60	80	112	80	100	132	100	125
50	110	80	100	140	100	125	165	125	160
70	—	—	—	173	125	160	205	160	200
95	—	—	—	210	160	200	245	200	225
120	—	—	—	245	200	225	285	225	260
150	—	—	—	280	225	260	330	260	300
185	—	—	—	320	260	300	375	300	350
240	—	—	—	380	300	350	440	350	430
300	—	—	—	435	350	—	510	430	—
400	—	—	—	—	430	—	605	500	—
500	—	—	—	—	—	—	690	600	—

Zu Tabelle 4 (Sicherung Nennstrom): Als zugeordnete Stromsicherungen sind Leitungsschutzsicherungen (Schmelzsicherungen) n. VDE 0610 und 0635 sowie Leitungsschutzschalter zu verstehen.

Fortsetzung S. 199

Höchstzulässige Dauerbelastungen, Leistungs- und Spannungsverluste je 100 m Streckenlänge

Leitungen

Die **Klammergrößen** sind Stromstärken nach den Übergangsvorschriften S. 266

Querschnitt A	Höchstzuläss. Dauerstrom	Sicherung Nennstrom	Gruppe 1 Rohrverlegung		Gleichstrom Betriebsspannung Volt				Drehstrom Betriebsspannung 125 Volt cos φ			220 Volt cos φ			380 Volt cos φ			500 Volt cos φ		
					110	220	440	600	1	0,8	0,6	1	0,8	0,6	1	0,8	0,6	1	0,8	0,6
mm²	A	A			**A. Isolierte Kupferleitungen**															
			Höchstbel.*)	kW	1,32	2,64	5,28	7,2	2,6	2,1	1,6	4,6	3,7	2,8	7,9	6,3	4,7	10,4	8,3	6,2
			Leistungs-	kW	0,51	0,51	0,51	0,51	0,78	0,78	0,78	0,78	0,78	0,78	0,78	0,78	0,78	0,78	0,78	0,78
1	12	6	verlust P_v	%	39,0	19,5	9,75	7,1	29,6	37,2	49,0	16,9	21,0	27,8	9,9	14,4	16,6	7,4	9,4	12,5
		(10)	Spannungs-	V	42,9	42,9	42,9	42,9	37,2	29,6	22,3	37,2	29,6	22,3	37,2	29,6	22,3	37,2	29,6	22,3
			verlust U_v	%	39,0	19,5	9,75	7,1	29,6	23,8	17,6	16,9	13,5	10,1	9,9	7,8	5,9	7,4	6,0	4,5
			Höchstbelastg.	kW	1,76	3,52	7,04	9,6	3,46	2,76	2,1	6,1	4,9	3,7	10,5	8,4	6,3	13,9	11,1	8,3
			Leistungs-	kW	0,61	0,61	0,61	0,61	0,91	0,91	0,91	0,91	0,91	0,91	0,91	0,91	0,91	0,91	0,91	0,91
1,5	16	10	verlust P_v	%	34,6	17,3	8,65	6,4	26,4	33,1	43,2	14,9	18,6	24,5	8,7	10,8	14,4	6,6	8,3	11,0
		(15)	Spannungs-	V	38,1	38,1	38,1	38,1	33,1	26,4	19,9	33,1	26,4	19,9	33,1	26,4	19,9	33,1	26,4	19,9
			verlust U_v	%	34,6	17,3	8,5	6,4	26,4	21,2	15,9	14,9	12,0	9,0	8,7	7,0	5,2	6,6	5,3	4,0
			Höchstbelastg.	kW	2,31	4,62	9,24	12,6	4,55	3,6	2,7	8,0	6,4	4,8	13,8	11,1	8,3	18,2	14,6	10,9
			Leistungs-	kW	0,63	0,63	0,63	0,63	0,94	0,94	0,94	0,94	0,94	0,94	0,94	0,94	0,94	0,94	0,94	0,94
2,5	21	15	verlust P_v	%	27,2	13,6	6,8	5,0	20,8	26,0	34,7	11,7	14,7	19,5	6,8	8,46	11,3	5,2	6,4	8,6
		(20)	Spannungs-	V	30,0	30,0	30,0	30,0	26,0	20,8	15,6	26,0	20,8	15,6	26,0	20,8	15,6	26,0	20,8	15,6
			verlust U_v	%	27,2	13,6	6,8	5,0	20,8	16,6	12,5	11,8	9,5	7,1	6,8	5,5	4,1	5,2	4,2	3,1
			Höchstbelastg.	kW	2,97	5,94	11,9	16,2	5,85	4,7	3,5	10,3	8,2	5,3	17,8	14,2	10,7	23,4	18,7	14,0
			Leistungs-	kW	0,65	0,65	0,65	0,65	0,97	0,97	0,97	0,97	0,97	0,97	0,97	0,97	0,97	0,97	0,97	0,97
4	27	20	verlust P_v	%	22,0	11,0	5,5	4,0	16,7	20,6	27,8	9,5	11,8	15,7	5,4	6,8	9,1	4,2	5,2	6,9
		(25)	Spannungs-	V	24,2	24,2	24,2	24,2	20,6	16,7	12,6	20,6	16,7	12,6	20,6	16,7	12,6	20,6	16,7	12,6
			verlust U_v	%	22,0	11,0	5,5	4,0	16,7	13,4	10,1	9,5	7,6	5,7	5,4	4,4	3,3	4,2	3,3	2,5
			Höchstbelastg.	kW	3,85	7,7	15,4	21,0	7,58	6,1	4,6	13,3	10,7	8,1	23,0	18,4	13,8	30,3	24,7	18,2
			Leistungs-	kW	0,73	0,73	0,73	0,73	1,09	1,09	1,09	1,09	1,09	1,09	1,09	1,09	1,09	1,09	1,09	1,09
6	35	25	verlust P_v	%	18,9	9,45	4,73	3,5	14,5	18,1	23,8	8,2	10,2	13,6	4,8	5,9	7,9	3,6	4,5	6,0
		(35)	Spannungs-	V	20,8	20,8	20,8	20,8	18,1	14,5	10,9	18,1	14,5	10,9	18,1	14,5	10,9	18,1	14,5	10,9
			verlust U_v	%	18,9	9,45	4,73	3,5	14,5	11,6	8,7	8,2	6,6	5,0	4,8	3,8	2,9	3,6	2,9	2,2
			Höchstbelastg.	kW	5,28	10,6	21,2	28,8	10,4	8,3	6,2	18,3	14,7	11,0	31,6	25,3	19,0	41,6	33,3	25,0
			Leistungs-	kW	0,82	0,82	0,82	0,82	1,23	1,23	1,23	1,23	1,23	1,23	1,23	1,23	1,23	1,23	1,23	1,23
10	48	35	verlust P_v	%	15,5	7,8	3,9	2,9	11,9	14,9	19,3	6,8	8,2	10,9	3,9	4,7	6,3	3,0	3,6	4,8
		(50)	Spannungs-	V	17,1	17,1	17,1	17,1	14,9	11,9	8,9	14,9	11,9	8,9	14,9	11,9	8,9	14,0	11,9	8,9
			verlust U_v	%	15,5	7,8	3,9	2,9	11,9	9,5	7,1	6,8	5,4	4,0	3,9	3,1	2,3	3,0	2,4	1,8
			Höchstbelastg.	kW	7,15	14,3	28,0	39,0	14,0	11,1	8,4	24,7	19,7	14,8	42,8	34,2	25,7	56,2	45,0	33,7
			Leistungs-	kW	0,94	0,94	0,94	0,94	1,41	1,41	1,41	1,41	1,41	1,41	1,41	1,41	1,41	1,41	1,41	1,41
16	65	50	verlust P_v	%	13,2	6,6	3,3	2,4	10,1	12,6	16,7	5,7	7,1	9,5	3,3	4,1	5,5	2,5	3,0	4,1
		(60)	Spannungs-	V	14,5	14,5	14,5	14,5	12,6	10,1	7,6	12,6	10,1	7,6	12,6	10,1	7,6	12,6	10,1	7,6
			verlust U_v	%	13,2	6,6	3,3	2,4	10,1	8,1	6,1	5,7	4,6	3,5	3,3	2,6	2,0	2,5	2,0	1,5
			Höchstbelastg.	kW	9,68	19,4	38,8	52,8	19,0	15,2	11,4	33,4	26,7	20,0	58,0	46,4	34,8	76,1	60,9	45,7
			Leistungs-	kW	1,11	1,11	1,11	1,11	1,67	1,67	1,67	1,67	1,67	1,67	1,67	1,67	1,67	1,67	1,67	1,67
25	88	60	verlust P_v	%	11,5	5,7	2,9	2,1	8,7	11,2	14,9	5,0	6,4	8,5	2,9	3,7	4,9	2,2	2,7	3,6
		(80)	Spannungs-	V	12,6	12,6	12,6	12,6	11,2	8,7	6,5	11,2	8,7	6,5	11,2	8,7	6,5	11,2	8,7	6,5
			verlust U_v	%	11,5	5,7	2,9	2,1	8,7	7,0	5,2	5,0	4,0	3,0	2,9	2,3	1,7	2,2	1,7	1,3
			Höchstbelastg.	kW	12,1	24,2	48,4	66,0	23,8	19,0	14,3	41,8	33,4	25,1	72,5	58,0	43,5	97,5	78,0	58,5
			Leistungs-	kW	1,2	1,2	1,2	1,2	1,9	1,9	1,9	1,9	1,9	1,9	1,9	1,9	1,9	1,9	1,9	1,9
35	110	80	verlust P_v	%	10,2	5,1	2,5	1,9	7,8	9,8	13,3	4,5	5,7	7,6	2,6	3,3	4,4	2,0	2,4	3,2
		(100)	Spannungs-	V	11,2	11,2	11,2	11,2	9,8	7,8	5,8	9,8	7,8	5,8	9,8	7,8	5,8	9,8	7,8	5,8
			verlust U_v	%	10,2	5,1	2,5	1,9	7,8	6,2	4,6	4,5	3,5	2,6	2,6	2,1	1,5	2,0	1,6	1,2
			Höchstbelastg.	kW	15,4	30,8	61,6	84,0	30,3	24,2	18,2	53,2	42,5	31,9	92,0	73,6	55,3	121	96,9	72,7
			Leistungs-	kW	1,4	1,4	1,4	1,4	2,1	2,1	2,1	2,1	2,1	2,1	2,1	2,1	2,1	2,1	2,1	2,1
50	140	100	verlust P_v	%	9,1	4,5	2,3	1,7	7,0	8,7	11,5	4,0	4,9	6,6	2,3	2,9	3,8	1,7	2,1	2,8
		(125)	Spannungs-	V	10,0	10,0	10,0	10,0	8,7	7,0	5,2	8,7	7,0	5,2	8,7	7,0	5,2	8,7	7,0	5,2
			verlust U_v	%	9,1	4,5	2,3	1,7	7,0	5,6	4,2	4,0	3,2	2,4	2,3	1,8	1,4	1,7	1,4	1,0

16

Beispiel: Cu-Leitungen Gruppe 1 für 35 A Dauerstrom erhalten $A = 6$ mm² Querschnitt und Sicherungen für 25 (35) A Nennstrom. Für $l = 45$ m Streckenlänge und 220 V Betriebsspannung betragen bei

	Gleichstrom	Drehstrom	
die Höchstbelastung	$= 7{,}70$ kW	$\cos\varphi = 1$	13,3 kW
Leistungs- P_v	$= 0{,}45 \cdot 0{,}73 = 0{,}33$ kW	$0{,}45 \cdot 1{,}09$	0,49 kW
Verlust p_n	$= 0{,}45 \cdot 9{,}45 = 4{,}3$ %	$0{,}45 \cdot 8{,}2$	3,7 %
Spanngs.- P_v	$= 0{,}45 \cdot 20{,}8 = 9{,}4$ V	$0{,}45 \cdot 18{,}1$	8,15 V
Verlust p_u	$= 0{,}45 \cdot 9{,}45 = 4{,}3$ %	$0{,}45 \cdot 8{,}2$	3,7 %

Beispiel: Die Dauerbelastung einer isolierten Al-Leitung beträgt 27 A. Welche Mindestquerschnitte A und welche Sicherungen sind nach Gruppen 1, 2 und 3 zu wählen?

Lösung:

Gruppe	Seite	Dauerbelstg.	Querschnitt	Sicherung
1	198	27 A	6 mm²	20 (25) A
2	200	29 A	4 mm²	20 (25) A
3	202	27 A	2,5 mm²	20 (25) A

Nach S. 199 und 201 genügen Cu-Leitungen Gr. 1 und 2 mit $A = 4$ und 2,5 mm²; Sicherungen 20 (25) A.

*) Höchstzulässige Dauerbelastung.

Weitere Berechnungsbeispiele siehe Seite 205.

Höchstzulässige Dauerbelastungen, Leistungs- und Spannungsverluste je 100 m Streckenlänge	Leitungen
Die **Klammergrößen** sind Stromstärken nach den Übergangsvorschriften S. 266	(Fortsetzung)

Querschnitt A	Höchstzuläss. Dauerstrom	Sicherung Nennstrom	Gruppe 1 Rohrverlegung		Gleichstrom				Drehstrom											
					Betriebsspannung Volt				Betriebsspannung											
									125 Volt			220 Volt			380 Volt			500 Volt		
									cos φ			cos φ			cos φ			cos φ		
					110	220	440	600	1	0,8	0,6	1	0,8	0,6	1	0,8	0,6	1	0,8	0,6
mm²	A	A			**B. Isolierte Aluminiumleitungen**															
			Höchstbelastg.	kW	1,76	3,5	7,0	9,6	3,46	2,77	2,08	6,1	4,9	3,7	10,6	8,5	6,4	13,9	11,1	8,3
			Leistungs-	kW	0,58	0,58	0,58	0,58	0,87	0,87	0,87	0,87	0,87	0,87	0,87	0,87	0,87	0,87	0,87	0,87
2,5	16	10	verlust P_v	%	32,8	16,4	8,2	6,0	25,2	31,4	41,8	14,3	17,8	23,5	8,3	10,2	13,6	6,3	7,8	10,5
		(15)	Spannungs-	V	36,2	36,2	36,2	36,2	31,4	25,2	18,8	31,4	25,2	18,8	31,4	25,2	18,8	31,4	25,2	18,8
			verlust U_v	%	32,8	16,4	8,2	6,0	25,2	20,1	16,0	14,5	11,5	7,6	8,3	6,6	5,0	6,3	5,0	3,8
			Höchstbelastg.	kW	2,31	4,6	9,2	12,6	4,54	3,64	2,72	7,9	6,4	4,7	13,8	11,0	8,3	18,2	14,6	10,9
			Leistungs-	kW	0,62	0,62	0,62	0,62	0,93	0,93	0,93	0,93	0,93	0,93	0,93	0,93	0,93	0,93	0,93	0,93
4	21	15	verlust P_v	%	27,0	13,5	6,7	4,9	20,6	25,7	34,2	11,7	14,8	19,8	6,8	8,4	11,2	5,1	6,4	8,5
		(20)	Spannungs-	V	29,6	29,6	29,6	29,6	25,7	20,6	15,4	25,7	20,6	15,4	25,7	20,6	15,4	25,7	20,6	15,4
			verlust U_v	%	27,0	13,5	6,7	4,9	20,6	16,5	12,3	11,7	9,4	7,1	6,8	5,4	4,1	5,1	4,1	3,1
			Höchstbelastg.	kW	2,96	5,9	11,8	16,2	5,8	4,68	3,51	10,3	8,2	6,2	17,8	14,2	10,7	23,4	18,7	14,0
			Leistungs-	kW	0,68	0,68	0,68	0,68	1,03	1,03	1,03	1,03	1,03	1,03	1,03	1,03	1,03	1,03	1,03	1,03
6	27	20	verlust P_v	%	23,1	11,5	5,8	4,2	17,6	22,0	29,4	10,0	12,6	16,6	5,8	7,3	9,6	4,4	5,5	7,4
		(25)	Spannungs-	V	25,4	25,4	25,4	25,4	22,0	17,6	13,2	22,0	17,6	13,2	22,0	17,6	13,2	22,0	17,6	13,2
			verlust U_v	%	23,1	11,5	5,8	4,2	17,6	14,1	10,6	10,0	8,0	6,0	5,8	4,3	3,5	4,4	3,5	2,6
			Höchstbelastg.	kW	4,18	8,4	16,8	22,8	8,2	6,56	4,92	14,5	11,6	8,7	25,0	20,0	15,0	32,9	26,3	19,7
			Leistungs-	kW	0,81	0,81	0,81	0,81	1,22	1,22	1,22	1,22	1,22	1,22	1,22	1,22	1,22	1,22	1,22	1,22
10	38	25	verlust P_v	%	19,5	9,7	4,9	3,9	14,9	18,6	24,8	8,5	10,5	14,0	4,9	6,1	8,1	3,7	4,6	6,2
		(35)	Spannungs-	V	21,4	21,4	21,4	21,4	18,6	14,9	11,2	18,6	14,9	11,2	18,6	14,9	11,2	18,6	14,9	11,2
			verlust U_v	%	19,5	9,7	4,9	3,6	14,9	11,9	8,6	8,5	6,8	5,1	4,9	3,9	2,9	3,7	3,0	2,2
			Höchstbelastg.	kW	5,6	11,2	22,4	30,6	11,0	8,8	6,6	19,4	15,5	11,6	33,6	26,9	20,2	44,2	35,4	26,5
			Leistungs-	kW	0,92	0,92	0,92	0,92	1,38	1,38	1,38	1,38	1,38	1,38	1,38	1,38	1,38	1,38	1,38	1,38
16	51	35	verlust P_v	%	16,4	8,2	4,1	3,0	12,5	15,6	20,9	7,1	8,9	11,9	4,1	5,1	6,8	3,1	3,9	5,2
		(50)	Spannungs-	V	18,0	18,0	18,0	18,0	15,6	12,5	9,4	15,6	12,5	9,4	15,6	12,5	9,4	15,6	12,5	9,4
			verlust U_v	%	16,4	8,2	4,1	3,0	12,5	10,0	7,5	7,1	5,7	4,3	4,1	3,3	2,5	3,3	2,5	1,9
			Höchstbelastg.	kW	7,6	15,2	30,4	41,4	14,9	11,9	8,94	26,3	21,0	15,8	45,4	30,3	27,2	59,8	47,8	35,9
			Leistungs-	kW	1,07	1,07	1,07	1,07	1,61	1,61	1,61	1,61	1,61	1,61	1,61	1,61	1,61	1,61	1,61	1,61
25	69	50	verlust P_v	%	14,1	7,0	3,5	2,6	10,8	13,5	18,0	6,1	7,7	10,2	3,6	4,4	5,9	2,7	3,4	4,5
		(60)	Spannungs-	V	15,5	15,5	15,5	15,5	13,5	10,8	8,1	13,5	10,8	8,1	13,5	10,8	8,1	13,5	10,8	8,1
			verlust U_v	%	14,1	7,0	3,5	2,6	10,8	8,6	6,5	6,1	4,9	3,7	3,6	2,9	2,1	2,7	2,2	1,6
			Höchstbelastg.	kW	9,46	18,9	37,8	51,6	18,6	14,9	11,2	32,8	26,2	19,7	56,6	45,3	34,0	74,4	59,5	44,6
			Leistungs-	kW	1,48	1,48	1,48	1,48	1,78	1,78	1,78	1,78	1,78	1,78	1,78	1,78	1,78	1,78	1,78	1,78
35	86	60	verlust P_v	%	11,6	7,8	3,9	2,3	9,6	12,0	16,0	5,5	6,8	9,0	3,1	3,9	5,2	2,4	3,0	4,0
		(80)	Spannungs-	V	13,8	13,8	13,8	13,8	12,0	9,6	7,2	12,0	9,6	7,2	12,0	9,6	7,2	12,0	9,6	7,2
			verlust U_v	%	15,6	7,8	3,9	2,3	9,6	7,7	5,8	5,5	4,4	3,3	3,1	2,5	1,9	2,4	1,9	1,4
			Höchstbelastg.	kW	12,1	24,2	48,4	66,0	23,8	19,1	14,3	41,9	33,6	25,2	72,5	58,0	43,5	95,4	76,3	57,2
			Leistungs-	kW	1,4	1,4	1,4	1,4	2,1	2,1	2,1	2,1	2,1	2,1	2,1	2,1	2,1	2,1	2,1	2,1
50	110	80	verlust P_v	%	11,6	5,8	2,9	2,1	8,6	10,8	14,7	4,9	6,2	8,3	2,8	3,6	4,8	2,2	2,7	3,7
		(100)	Spannungs-	V	12,4	12,4	12,4	12,4	10,8	8,6	6,5	10,8	8,6	6,5	10,8	8,6	6,5	10,8	8,6	6,5
			verlust U_v	%	11,6	5,8	2,9	2,1	8,6	6,9	5,2	4,9	3,9	3,0	2,8	2,3	1,7	2,2	1,7	1,3

Beispiel: Ein Drehstrommotor, Schutzart P 22, von 4 kW Leistungsabgabe mit Schleifringläufer, 380 V, 1000 U/min soll durch eine bewegliche Leitung an einen 100 m entfernten Mast angeschlossen werden. Welcher Querschnitt A ist zulässig, und wie hoch ist der Leistungsverlust?

Lösung: Nach Seite 126 hat der Motor eine Leistungsabgabe von 4 kW bei $\eta = 82\%$ Wirkungsgrad, also $4 : 0{,}82 = 4{,}88$ kW Leistungsaufnahme aus dem Netz. Sein Leistungsfaktor beträgt nach S. 126 $\cos\varphi = 0{,}8$. Nach S. 201 und 202 Gruppe 2 (mehradrige Leitung) findet man für Drehstrom 380 V und $\cos\varphi = 0{,}8$ die nächstliegenden Werte: für Kupfer $A = 0{,}75$ mm², für Aluminium $A = 2{,}5$ mm². Die kleinsten Tabellenwerte (Höchstbelastung 6,84 kW für Cu bzw. 11,1 kW für Al) liegen höher. Daher stehen die Leistungsverluste für Cu-Leitung im Verhältnis 4,88 : 6,84, für Al-Leitung 4,88 : 11,1. Für Cu ist $P_v = (1{,}21 \times 4{,}88) : 6{,}84 =$ **0,86 kW**, für Al ist $P_v = (1{,}49 \times 4{,}88) : 11{,}1 =$ **0,65 kW**.

Die Gleichstromwerte gelten auch für **induktionsfreien** Einphasenwechselstrom (Glühlichtbeleuchtung).

Induktiv belasteter Einphasenstrom wird als Phase eines Drehstromnetzes von der **1,73 fachen** Einphasenleistung behandelt.

Beispiel: Wie groß sind A, I und U_v für einen Elektroherd von 6 kW Anschlußwert? Einphasiger Anschluß an 220 V, $\cos\varphi = 0{,}8$, Leitungslänge = 30 m, Rohrverlegung.

Lösung: Entsprechende Drehstromleistung $= 6 \cdot 1{,}73 = 10{,}4$ kW. Tabellenwerte: 11,6 kW (für 220 V und $\cos\varphi = 0{,}8$), $A = 10$ mm², höchstzulässiger Dauerstrom = 38 A. Die Stromstärke $I = 6000 : (220 \cdot 0{,}8) = 34$ A liegt unter Höchstwert. Tabellenwert für $U_v/100 = 6{,}8\%$. Für 30 m und 10,4 kW wird

$$U_v = \frac{6{,}8 \cdot 30 \cdot 10{,}4}{100 \cdot 11{,}6} = 1{,}8\%$$

U_v kann bei Heizgeräten bis 3% betragen.

16

Höchstzulässige Dauerbelastungen, Leistungs- und Spannungsverluste je 100 m Streckenlänge

Die **Klammergrößen** sind Stromstärken nach den Übergangsvorschriften S. 266

Querschnitt A	Höchstzuläss. Dauerstrom	Sicherung Nennstrom	Gruppe 2 Rohrdrähte, Feuchtraumleitungen, Stegleitungen, **mehradrige Ltg.** a) frei in Luft, b) bewegl., ortsveränderlicher Anschluß, Trossen		Gleichstrom Betriebsspannung Volt				Drehstrom Betriebsspannung 125 Volt cos φ			220 Volt cos φ			380 Volt cos φ			500 Volt cos φ		
					110	220	440	600	1	0,8	0,6	1	0,8	0,6	1	0,8	0,6	1	0,8	0,6
mm²	A*)	A			**A. Isolierte Kupferleitungen**															
			Höchstbelastg.	kW	1,43	2,86	5,72	7,8	2,82	2,26	1,69	4,95	3,96	2,97	8,55	6,84	5,13	11,3	9,05	6,8
			Leistungs-	kW	0,81	0,81	0,81	0,81	1,21	1,21	1,21	1,21	1,21	1,21	1,21	1,21	1,21	1,21	1,21	1,21
0,75	13	10	verlust P_v	%	56,2	28,1	14,1	10,3	42,8	53,5	71,5	24,3	30,5	40,6	14,1	17,7	23,6	10,7	13,4	17,8
		(10)	Spannungs-	V	61,9	61,9	61,9	61,9	53,5	42,8	32,1	53,5	42,8	32,1	53,5	42,8	32,1	53,5	42,8	32,1
			verlust U_v	%	56,2	28,1	14,1	10,3	42,8	34,2	25,6	24,3	19,4	14,6	14,1	11,3	8,5	10,7	8,6	6,4
			Höchstbelastg.	kW	1,76	3,52	7,04	9,6	3,47	2,78	2,08	6,1	4,9	3,7	10,5	8,4	6,3	13,9	11,1	8,3
			Leistungs-	kW	0,92	0,92	0,92	0,92	1,37	1,37	1,37	1,37	1,37	1,37	1,37	1,37	1,37	1,37	1,37	1,37
1	16	10	verlust P_v	%	51,8	25,9	13,0	9,5	39,6	49,5	65,8	22,4	28,0	37,0	13,0	16,3	21,8	9,9	12,5	16,5
		(15)	Spannungs-	V	57,1	57,1	57,1	57,1	49,5	39,6	29,7	49,5	39,6	29,7	49,5	39,6	29,7	49,5	39,6	29,7
			verlust U_v	%	51,8	25,9	13,0	9,5	39,6	31,6	24,2	22,4	18,0	13,5	13,0	10,4	7,8	9,9	7,9	5,9
			Höchstbelastg.	kW	2,2	4,4	8,8	12,0	4,33	3,46	2,6	7,6	6,1	4,6	13,2	10,6	7,9	17,4	13,9	10,4
			Leistungs-	kW	0,95	0,95	0,95	0,95	1,44	1,44	1,44	1,44	1,44	1,44	1,44	1,44	1,44	1,44	1,44	1,44
1,5	20	15	verlust P_v	%	43,3	21,6	10,8	7,9	33,1	41,4	55,4	18,8	23,6	31,3	10,9	13,6	18,3	8,3	10,4	13,9
		(20)	Spannungs-	V	47,6	47,6	47,6	47,6	41,4	33,1	24,8	41,4	33,1	24,8	41,4	33,1	24,8	41,4	33,1	24,8
			verlust U_v	%	43,3	21,6	10,8	7,9	33,1	26,4	19,8	18,8	15,1	11,3	10,9	8,7	6,5	8,3	6,6	5,0
			Höchstbelastg.	kW	2,97	5,94	11,9	16,2	5,85	4,68	3,51	10,3	8,2	6,2	17,8	14,3	10,7	23,4	18,7	14,0
			Leistungs-	kW	1,04	1,04	1,04	1,04	1,57	1,57	1,57	1,57	1,57	1,57	1,57	1,57	1,57	1,57	1,57	1,57
2,5	27	20	verlust P_v	%	35,0	17,5	8,8	6,4	26,8	33,6	41,7	15,3	19,1	25,4	8,8	11,0	14,7	6,7	8,4	11,2
		(25)	Spannungs-	V	38,5	38,5	38,5	38,5	33,6	26,8	20,2	33,6	26,8	20,2	33,6	26,8	20,2	33,6	26,8	20,2
			verlust U_v	%	35,0	17,5	8,8	6,4	26,8	21,4	16,2	15,3	12,2	9,2	8,8	7,1	5,3	6,7	5,4	4,0
			Höchstbelastg.	kW	3,96	7,92	15,8	21,6	7,8	6,2	4,7	13,7	11,0	8,2	23,7	19,0	14,2	31,2	25,0	18,7
			Leistungs-	kW	1,16	1,16	1,16	1,16	1,74	1,74	1,74	1,74	1,74	1,74	1,74	1,74	1,74	1,74	1,74	1,74
4	36	25	verlust P_v	%	29,2	14,6	7,3	5,4	22,3	27,9	37,0	12,7	15,8	21,2	7,3	9,1	12,3	5,6	7,0	9,3
		(35)	Spannungs-	V	32,2	32,2	32,2	32,2	27,9	22,3	16,7	27,9	22,3	16,7	27,9	22,3	16,7	27,9	22,3	16,7
			verlust U_v	%	29,2	14,6	7,3	5,4	22,3	17,8	13,4	12,7	10,1	7,6	7,3	5,9	4,4	5,6	4,5	3,3
			Höchstbelastg.	kW	5,17	10,3	20,7	28,2	10,2	8,2	6,1	17,9	14,3	10,7	30,9	24,8	18,5	40,7	32,6	24,4
			Leistungs-	kW	1,32	1,32	1,32	1,32	1,97	1,97	1,97	1,97	1,97	1,97	1,97	1,97	1,97	1,97	1,97	1,97
6	47	35	verlust P_v	%	25,4	12,7	6,4	4,7	19,4	24,2	32,2	11,0	13,8	18,4	6,4	7,9	10,6	4,8	6,0	8,1
		(50)	Spannungs-	V	28,0	28,0	28,0	28,0	24,2	19,4	14,5	24,2	19,4	14,5	24,2	19,4	14,5	24,2	19,4	14,5
			verlust U_v	%	25,4	12,7	6,4	4,7	19,4	15,5	11,6	11,0	8,8	6,6	6,4	5,1	3,8	4,8	3,5	2,9
			Höchstbelastg.	kW	7,15	14,3	28,6	39,0	14,1	11,4	8,4	24,8	19,9	14,9	42,8	34,2	25,7	56,2	45,0	33,7
			Leistungs-	kW	1,51	1,51	1,51	1,51	2,28	2,28	2,28	2,28	2,28	2,28	2,28	2,28	2,28	2,28	2,28	2,28
10	65	50	verlust P_v	%	21,1	10,6	5,3	3,9	16,2	20,2	27,2	9,2	11,5	15,3	5,3	6,7	8,8	4,0	5,1	6,8
		(60)	Spannungs-	V	23,2	23,2	23,2	23,2	20,2	16,2	12,1	20,2	16,2	12,1	20,2	16,2	12,1	20,2	16,2	12,1
			verlust U_v	%	21,1	10,6	5,3	3,9	16,2	13,0	9,7	9,2	7,4	5,5	5,3	4,3	3,3	4,0	3,2	2,4
			Höchstbelastg.	kW	9,57	19,1	38,3	52,2	18,8	15,0	11,3	33,2	26,6	19,9	57,3	45,8	34,4	75,3	60,2	45,2
			Leistungs-	kW	1,69	1,69	1,69	1,69	2,52	2,52	2,52	2,52	2,52	2,52	2,52	2,52	2,52	2,52	2,52	2,52
16	87	60	verlust P_v	%	17,6	8,8	4,4	3,2	13,4	16,8	22,4	7,6	9,5	12,7	4,4	5,5	7,3	3,4	4,2	5,6
		(80)	Spannungs-	V	19,4	19,4	19,4	19,4	16,8	13,4	10,1	16,8	13,4	10,1	16,8	13,4	10,1	16,8	13,4	10,1
			verlust U_v	%	17,6	8,8	4,4	3,2	13,4	10,7	8,0	7,6	6,1	4,6	4,4	3,5	2,7	3,4	2,7	2,0
			Höchstbelastg.	kW	12,7	25,3	50,6	69,0	24,9	20,0	14,9	43,9	35,2	26,3	75,5	60,5	45,3	99,5	79,7	59,7
			Leistungs-	kW	1,89	1,89	1,89	1,89	2,84	2,84	2,84	2,84	2,84	2,84	2,84	2,84	2,84	2,84	2,84	2,84
25	115	80	verlust P_v	%	14,9	7,4	3,7	2,7	11,4	14,3	19,1	6,5	8,1	10,8	3,8	4,7	6,3	2,9	3,6	4,8
		(100)	Spannungs-	V	16,4	16,4	16,4	16,4	14,3	11,4	8,6	14,3	11,4	8,6	14,3	11,4	8,6	14,3	11,4	8,6
			verlust U_v	%	14,9	7,4	3,7	2,7	11,4	9,1	6,9	6,5	5,2	3,9	3,8	3,0	2,3	2,9	2,3	1,7
			Höchstbelastg.	kW	15,7	31,5	62,9	85,8	31,0	24,8	18,6	54,5	43,6	32,7	94,0	75,2	56,4	124	99,2	74,4
			Leistungs-	kW	2,09	2,09	2,09	2,09	3,16	3,16	3,16	3,16	3,16	3,16	3,16	3,16	3,16	3,16	3,16	3,16
35	143	100	verlust P_v	%	13,3	6,6	3,3	2,4	10,2	12,8	17,0	5,8	7,2	9,7	3,3	4,2	5,6	2,5	3,2	4,3
		(125)	Spannungs-	V	14,6	14,6	14,6	14,6	12,7	10,2	7,6	12,7	10,2	7,6	12,7	10,2	7,6	12,7	10,2	7,6
			verlust U_v	%	13,3	6,6	3,3	2,4	10,2	8,2	6,1	5,8	4,6	3,5	3,3	2,7	2,0	2,5	2,0	1,5
			Höchstbelastg.	kW	19,6	39,2	78,3	107	38,6	30,9	23,2	68,0	54,4	40,8	117	93,8	70,3	154	124	92,6
			Leistungs-	kW	2,26	2,26	2,26	2,26	3,43	3,43	3,43	3,43	3,43	3,43	3,43	3,43	3,43	3,43	3,43	3,43
50	178	125	verlust P_v	%	11,5	5,8	2,9	2,1	8,9	11,1	14,8	5,0	6,3	8,4	2,9	3,7	4,9	2,2	2,8	3,7
		(160)	Spannungs-	V	12,7	12,7	12,7	12,7	11,1	8,9	6,7	11,1	8,9	6,7	11,1	8,9	6,7	11,1	8,9	6,7
			verlust U_v	%	11,5	5,8	2,9	2,1	8,9	7,1	5,4	5,0	4,0	3,0	2,9	2,3	1,7	2,2	1,8	1,3

Bei Gleichstrom stehen Leistungs- und Spannungsverluste im gleichen Verhältnis: bei gleichem sind P_v in % = U_v in %; alle P_v in kW sind gleich groß, ebenso alle U_v in V. — **Bei Drehstrom** und gleichem A sind alle P_v in kW gleich groß, bei gleichem cos φ auch alle U_v in V.

***) Der höchstzulässige Dauerstrom liegt bei Gruppe 2 rund 30% höher als bei Gruppe 1.**

Höchstzulässige Dauerbelastungen, Leistungs- und Spannungsverluste je 100 m Streckenlänge

Leitungen (Fortsetzung)

Die **Klammergrößen** sind Stromstärken nach den Übergangsvorschriften S. 266

Querschnitt A	Höchstzuläss. Dauerstrom	Sicherung Nennstrom	Gruppe 2 Rohrdrähte, Feuchtraumleitungen, Stegleitungen, mehradrige Ltg. a) frei in Luft, b) bewegl., ortsveränderlicher Anschluß, Trossen		Gleichstrom Betriebsspannung Volt				Drehstrom Betriebsspannung 125 Volt cos φ			220 Volt cos φ			380 Volt cos φ			500 Volt cos φ		
					110	220	440	600	1	0,8	0,6	1	0,8	0,6	1	0,8	0,6	1	0,8	0,6
mm²	A	A			**B. Isolierte Aluminiumleitungen**															
			Höchstbelastg.	kW	2,31	4,62	9,24	12,6	4,55	3,64	2,73	8,0	6,4	4,8	13,8	11,1	8,9	18,2	14,6	10,9
			Leistungs-	kW	0,99	0,99	0,99	0,99	1,49	1,49	1,49	1,49	1,49	1,49	1,49	1,49	1,49	1,49	1,49	1,49
2,5	21	15	verlust P_v	%	43,0	21,5	10,8	7,9	32,8	41,0	54,6	18,7	23,2	31,1	10,8	13,1	16,8	8,2	10,2	13,7
		(20)	Spannungs-	V	47,3	47,3	47,3	47,3	41,1	32,8	24,6	41,1	32,8	24,6	41,1	32,8	24,6	41,1	32,8	24,6
			verlust U_v	%	43,0	21,5	10,8	7,9	32,8	26,2	19,7	18,7	15,0	11,2	10,8	8,6	6,5	8,2	6,6	4,9
			Höchstbelastg.	kW	3,19	6,38	12,8	17,4	6,28	5,02	3,76	11,1	8,9	6,7	19,1	15,3	11,5	25,7	20,6	15,4
			Leistungs-	kW	1,19	1,19	1,19	1,19	1,80	1,80	1,80	1,80	1,80	1,80	1,80	1,80	1,80	1,80	1,80	1,80
4	29	20	verlust P_v	%	37,2	18,6	9,3	6,8	28,5	35,6	47,9	16,2	20,2	26,9	9,4	11,8	15,7	7,1	8,7	12,0
		(25)	Spannungs-	V	41,0	41,0	41,0	41,0	35,6	28,5	21,4	35,6	28,5	21,4	35,6	28,5	21,4	35,6	28,5	21,4
			verlust U_v	%	37,2	18,6	9,3	6,8	28,5	22,8	17,1	16,2	13,0	10,7	9,4	7,5	6,0	7,1	5,7	4,3
			Höchstbelastg.	kW	4,07	8,14	16,3	22,2	8,0	6,4	4,8	14,1	11,3	8,5	24,4	19,6	14,6	32,2	25,8	19,3
			Leistungs-	kW	1,29	1,29	1,29	1,29	1,93	1,93	1,93	1,93	1,93	1,93	1,93	1,93	1,93	1,93	1,93	1,93
6	37	25	verlust P_v	%	31,6	15,8	7,9	5,8	24,2	30,2	40,3	13,7	17,1	22,8	7,9	9,9	13,2	6,0	7,5	10,0
		(35)	Spannungs-	V	34,8	34,8	34,8	34,8	30,2	24,2	18,1	30,2	24,2	18,1	30,2	24,2	18,1	30,2	24,2	18,1
			verlust U_v	%	31,6	15,8	7,9	5,8	24,2	19,3	14,5	13,7	11,0	8,2	7,9	6,3	4,7	6,0	4,8	3,6
			Höchstbelastg.	kW	5,61	11,2	22,4	30,6	11,0	8,8	6,6	19,5	15,6	11,7	33,6	26,9	20,2	44,1	35,3	26,5
			Leistungs-	kW	1,47	1,47	1,47	1,47	2,2	2,2	2,2	2,2	2,2	2,2	2,2	2,2	2,2	2,2	2,2	2,2
10	51	35	verlust P_v	%	26,2	13,1	6,6	4,8	20,0	25,0	33,4	11,4	14,3	19,0	6,6	8,2	10,9	5,0	6,2	8,3
		(50)	Spannungs-	V	28,8	28,8	28,8	28,8	25,0	20,0	15,0	25,0	20,0	15,0	25,0	20,0	15,0	25,0	20,0	15,0
			verlust U_v	%	26,2	13,1	6,6	4,8	20,0	16,0	12,0	11,4	9,1	6,8	6,6	5,3	4,0	5,0	4,0	3,0
			Höchstbelastg.	kW	7,48	15,0	29,9	40,8	14,7	11,8	8,8	26,0	20,8	15,6	44,8	35,8	26,9	58,8	47,0	35,3
			Leistungs-	kW	1,66	1,66	1,66	1,66	2,45	2,45	2,45	2,45	2,45	2,45	2,45	2,45	2,45	2,45	2,45	2,45
16	68	50	verlust P_v	%	21,8	10,9	5,5	4,0	16,6	20,8	27,8	9,5	11,8	15,7	5,5	6,8	9,1	4,2	5,2	6,9
		(60)	Spannungs-	V	24,0	24,0	24,0	24,0	20,8	16,6	12,5	20,8	16,6	12,5	20,8	16,6	12,5	20,8	16,6	12,5
			verlust U_v	%	21,8	10,9	5,5	4,0	16,6	13,3	10,0	9,5	7,6	5,7	5,5	4,4	3,3	4,2	3,4	2,5
			Höchstbelastg.	kW	9,9	19,8	39,6	54,0	19,5	15,6	11,8	34,3	27,4	20,6	59,2	47,4	35,5	77,9	62,3	46,7
			Leistungs-	kW	1,83	1,83	1,83	1,83	2,74	2,74	2,74	2,74	2,74	2,74	2,74	2,74	2,74	2,74	2,74	2,74
25	90	60	verlust P_v	%	18,4	9,2	4,6	3,4	14,1	17,6	23,2	8,0	10,0	13,2	4,6	5,8	7,7	3,5	4,4	5,9
		(80)	Spannungs-	V	20,3	20,3	20,3	20,3	17,6	14,1	10,6	17,6	14,1	10,6	17,6	14,1	10,6	17,6	14,1	10,6
			verlust U_v	%	18,4	9,2	4,6	3,4	14,1	11,3	8,5	8,8	6,4	4,8	4,6	3,7	2,8	3,5	2,8	2,1
			Höchstbelastg.	kW	12,3	24,6	49,3	67,2	24,2	19,4	14,5	42,7	34,2	25,6	73,6	58,9	44,2	97,0	77,6	58,2
			Leistungs-	kW	2,02	2,02	2,02	2,02	3,04	3,04	3,04	3,04	3,04	3,04	3,04	3,04	3,04	3,04	3,04	3,04
35	112	80	verlust P_v	%	16,4	8,2	4,1	3,0	12,6	15,7	20,9	7,1	9,1	11,9	4,1	5,2	6,9	3,1	3,9	5,2
		(100)	Spannungs-	V	18,0	18,0	18,0	18,0	15,7	12,6	9,4	15,7	12,6	9,4	15,7	12,6	9,4	15,7	12,6	9,4
			verlust U_v	%	16,4	8,2	4,1	3,0	12,6	10,1	7,6	7,1	5,7	4,3	4,1	3,3	2,5	3,1	2,5	1,9
			Höchstbelastg.	kW	15,4	30,8	61,6	84,0	30,4	24,4	18,2	53,5	42,8	32,1	92,1	73,7	55,3	121	97,1	72,8
			Leistungs-	kW	2,22	2,22	2,22	2,22	3,31	3,31	3,31	3,31	3,31	3,31	3,31	3,31	3,31	3,31	3,31	3,31
50	140	100	verlust P_v	%	14,4	7,2	3,6	2,6	11,0	13,7	18,3	6,2	7,7	10,3	3,6	4,5	6,0	2,7	3,4	4,5
		(125)	Spannungs-	V	15,8	15,8	15,8	15,8	13,7	11,0	8,2	13,7	11,0	8,2	13,7	11,0	8,2	13,7	11,0	8,2
			verlust U_v	%	14,4	7,2	3,6	2,6	11,0	8,8	6,6	6,2	5,0	3,7	3,6	2,9	2,2	2,7	2,2	1,6
			Höchstbelastg.	kW	19,0	38,0	76,0	104	37,4	29,9	22,4	66,0	52,8	39,6	114	91,2	68,4	150	120	90
			Leistungs-	kW	2,4	2,4	2,4	2,4	3,61	3,61	3,61	3,61	3,61	3,61	3,61	3,61	3,61	3,61	3,61	3,61
70	173	125	verlust P_v	%	12,6	6,3	3,2	2,3	9,7	12,1	15,8	5,5	6,9	9,1	3,2	4,0	5,3	2,4	3,0	4,0
		(160)	Spannungs-	V	13,9	13,9	13,9	13,9	12,1	9,7	7,3	12,1	9,7	7,3	12,1	9,7	7,3	12,1	9,7	7,3
			verlust U_v	%	12,6	6,3	3,2	2,3	9,7	7,8	5,8	5,5	4,4	3,3	3,2	2,6	1,9	2,4	1,9	1,4
			Höchstbelastg.	kW	23,1	46,2	92,4	126	45,5	36,4	27,3	80,0	64,0	48,0	138	111	82,9	182	146	109
			Leistungs-	kW	2,6	2,6	2,6	2,6	4,0	4,0	4,0	4,0	4,0	4,0	4,0	4,0	4,0	4,0	4,0	4,0
95	210	160	verlust P_v	%	11,4	5,7	2,8	2,1	8,7	10,9	14,5	5,0	6,3	8,3	2,9	3,6	4,8	2,2	2,8	3,7
		(200)	Spannungs-	V	12,5	12,5	12,5	12,5	10,9	8,7	6,5	10,9	8,7	6,5	10,9	8,7	6,5	10,9	8,7	6,5
			verlust U_v	%	11,4	5,7	2,8	2,1	8,7	7,0	5,2	5,0	4,0	3,0	2,9	2,3	1,7	2,2	1,8	1,3
			Höchstbelastg.	kW	27,0	54,0	108	147	53,0	42,4	31,8	93,5	74,8	56,1	161	129	96,7	212	170	127
			Leistungs-	kW	2,8	2,8	2,8	2,8	4,24	4,24	4,24	4,24	4,24	4,24	4,24	4,24	4,24	4,24	4,24	4,24
120	245	200	verlust P_v	%	10,5	5,3	2,6	1,9	8,0	10,0	13,3	4,5	5,7	7,5	2,6	3,3	4,3	2,0	2,5	3,3
		(225)	Spannungs-	V	11,5	11,5	11,5	11,5	10,0	8,0	6,0	10,0	8,0	6,0	10,0	8,0	6,0	10,0	8,0	6,0
			verlust U_v	%	10,5	5,3	2,6	1,9	8,0	6,4	4,8	4,5	3,6	2,7	2,6	2,1	1,6	2,0	1,6	1,2

Beispiel: Ein Drehstrommotor belastet eine Al-Leitung mit 380 V Betr.-Sp. bei $\cos\varphi = 0{,}8$ bis zu 47,4 kW; $l = 225$ m. Dann muß $A = 25$ mm² sein. Für 100 m ist $P_v = 2{,}74$ kW oder 5,8% v. 47,4 kW. Für $l = 225$ m ist $P_v = 2{,}25 \cdot 2{,}74 =$ **6,2 kW** oder $2{,}25 \cdot 5{,}8 =$ **13,0%**. $U_v = 2{,}25 \cdot 14{,}1 =$ **31,7 V** oder $2{,}25 \cdot 3{,}7 =$ **8,3%** v. 380 V.

Die Spannung müßte daher am Verteilungspunkt (Umformerstation) auf $380 + 31{,}7 = 411{,}7$ V gehalten werden. Im Regelfall beträgt sie aber nur ≈ 400 V. Um ein zu großes Absinken der Motorleistung zu verhüten, wird der nächstgrößere Leitungsquerschnitt $A = 35$ mm² gewählt.

Höchstzulässige Dauerbelastungen, Leistungs- und Spannungsverluste je 100 m Streckenlänge

Die **Klammergrößen** sind Stromstärken nach den Übergangsvorschriften S. 266

Leitungen
(Fortsetzung)

Querschnitt *A*	Höchstzuläss. Dauerstrom	Sicherung Nennstrom	**Gruppe 3** Einadrige Ltg., frei verlegt a) in Luft auf Isolierkörpern, b) z. Anschluß ortsveränderl. Stromverbraucher		Gleichstrom Betriebsspannung Volt				Drehstrom Betriebsspannung 125 Volt cos φ			220 Volt cos φ			380 Volt cos φ			500 Volt cos φ		
					110	220	440	600	1	0,8	0,6	1	0,8	0,6	1	0,8	0,6	1	0,8	0,6
mm²	A*)	A			**A. Isolierte Kupferleitungen**															
			Höchstbelastg.	kW	1,76	3,52	7,04	9,6	3,46	2,77	2,08	6,1	4,9	3,7	10,5	8,4	6,3	13,9	11,1	8,3
			Leistungs-	kW	1,22	1,22	1,22	1,22	1,83	1,83	1,83	1,83	1,83	1,83	1,83	1,83	1,83	1,83	1,83	1,83
0,75	16	10	verlust P_v	%	69,1	34,6	17,3	12,7	52,8	66,0	88,0	30,0	37,4	49,5	17,4	21,8	29,1	13,2	16,5	22,0
		(15)	Spannungs-	V	76,1	76,1	76,1	76,1	66,0	52,8	39,6	66,0	52,8	39,6	66,0	52,8	39,6	66,0	52,8	39,1
			verlust U_v	%	69,1	34,6	17,3	12,7	52,8	42,2	31,7	30,0	24,0	18,0	17,4	13,9	10,4	13,2	10,6	8,0
			Höchstbelastg.	kW	2,2	4,4	8,8	12,0	4,33	3,46	2,60	7,6	6,1	4,6	13,2	10,6	7,9	17,3	13,8	10,5
			Leistungs-	kW	1,46	1,46	1,46	1,46	2,15	2,15	2,15	2,15	2,15	2,15	2,15	2,15	2,15	2,15	2,15	2,15
1	20	15	verlust P_v	%	64,8	32,4	16,2	11,9	49,6	62,0	82,6	28,2	35,2	46,8	16,3	20,3	27,2	12,4	15,5	20,9
		(20)	Spannungs-	V	71,4	71,4	71,4	71,4	62,0	49,6	37,2	62,0	49,6	37,2	62,0	49,6	37,2	62,0	49,6	37,2
			verlust U_v	%	64,8	32,4	16,2	11,9	49,6	39,7	29,8	28,2	22,6	16,9	16,3	13,0	9,8	12,4	10,0	7,4
			Höchstbelastg.	kW	2,75	5,50	11,0	15,0	5,42	4,33	3,25	9,5	7,6	5,7	16,5	13,2	9,9	21,6	17,3	13,0
			Leistungs-	kW	1,49	1,49	1,49	1,49	2,24	2,24	2,24	2,24	2,24	2,24	2,24	2,24	2,24	2,24	2,24	2,24
1,5	25	20	verlust P_v	%	54,0	27,0	13,5	9,9	41,3	51,6	68,9	23,4	29,4	39,2	13,6	17,0	22,6	10,3	12,9	17,5
		(25)	Spannungs-	V	59,5	59,5	59,5	59,5	51,6	41,3	31,0	51,6	41,3	31,0	51,6	41,3	31,0	51,6	41,3	31,0
			verlust U_v	%	54,0	27,0	13,5	9,9	41,3	33,0	24,8	23,4	18,7	14,0	13,6	10,9	8,2	10,3	8,3	6,2
			Höchstbelastg.	kW	3,74	7,48	15,0	20,4	7,36	5,89	4,42	13,0	10,4	7,8	22,4	17,9	13,4	29,4	23,5	17,6
			Leistungs-	kW	1,64	1,64	1,64	1,64	2,48	2,48	2,48	2,48	2,48	2,48	2,48	2,48	2,48	2,48	2,48	2,48
2,5	34	25	verlust P_v	%	43,8	21,9	10,9	8,1	33,6	42,0	56,0	19,1	23,8	31,8	11,1	13,9	18,5	8,4	10,6	14,1
		(35)	Spannungs-	V	48,4	48,4	48,4	48,4	42,0	33,6	25,2	42,0	33,6	25,2	42,0	33,6	25,2	42,0	33,6	25,2
			verlust U_v	%	43,8	21,9	10,9	8,1	33,6	26,9	20,2	19,1	15,3	11,4	11,1	8,9	6,7	8,4	6,7	5,0
			Höchstbelastg.	kW	4,95	9,90	19,8	27,0	9,75	7,80	5,85	17,2	13,8	10,3	29,6	23,7	17,8	39,0	31,2	23,4
			Leistungs-	kW	1,81	1,81	1,81	1,81	2,72	2,72	2,72	2,72	2,72	2,72	2,72	2,72	2,72	2,72	2,72	2,72
4	45	35	verlust P_v	%	36,5	18,3	9,1	6,7	27,9	34,9	46,5	15,9	19,7	26,4	9,2	11,5	15,3	7,0	8,8	11,6
		(50)	Spannungs-	V	40,1	40,1	40,1	40,1	34,9	27,9	20,9	34,9	27,9	20,9	34,9	27,9	20,9	34,9	27,9	20,9
			verlust U_v	%	36,5	18,3	9,1	6,7	27,9	22,3	16,7	15,9	12,7	9,5	9,2	7,4	5,5	7,0	5,6	4,2
			Höchstbelastg.	kW	6,27	12,5	25,1	34,2	12,3	9,8	7,4	21,8	17,4	13,1	37,6	30,1	22,6	49,4	39,5	29,6
			Leistungs-	kW	1,94	1,94	1,94	1,94	2,9	2,9	2,9	2,9	2,9	2,9	2,9	2,9	2,9	2,9	2,9	2,9
6	57	50	verlust P_v	%	30,9	15,5	7,7	5,7	23,5	29,4	39,1	13,4	16,7	22,2	7,7	9,68	12,8	5,9	7,4	9,8
		(60)	Spannungs-	V	34,0	34,0	34,0	34,0	29,4	23,5	17,6	29,4	23,5	17,6	29,4	23,5	17,6	29,4	23,5	17,6
			verlust U_v	%	30,9	15,5	7,7	5,7	23,5	18,8	14,2	13,4	10,7	8,0	7,7	6,2	4,6	5,9	4,7	3,5
			Höchstbelastg.	kW	8,58	17,2	34,3	46,8	16,9	13,5	10,1	29,4	23,5	17,6	51,4	41,1	30,8	67,5	54,0	40,5
			Leistungs-	kW	2,16	2,16	2,16	2,16	3,26	3,26	3,26	3,26	3,26	3,26	3,26	3,26	3,26	3,26	3,26	3,26
10	78	60	verlust P_v	%	25,2	12,6	6,3	4,6	19,4	24,2	32,3	11,0	14,0	18,5	6,4	7,9	10,7	4,8	6,0	8,0
		(80)	Spannungs-	V	27,8	27,8	27,8	27,8	24,2	19,4	14,5	24,2	19,4	14,5	24,2	19,4	14,5	24,2	19,4	14,5
			verlust U_v	%	25,2	12,6	6,3	4,6	19,4	15,5	11,6	11,0	8,8	6,6	6,4	5,1	3,8	4,8	3,9	2,9
			Höchstbelastg.	kW	11,4	22,9	45,8	62,4	22,5	18,0	13,5	39,6	31,7	23,8	68,5	54,8	41,1	90,0	72,0	54,0
			Leistungs-	kW	2,41	2,41	2,41	2,41	3,64	3,64	3,64	3,64	3,64	3,64	3,64	3,64	3,64	3,64	3,64	3,64
16	104	80	verlust P_v	%	21,1	10,5	5,3	3,9	16,2	20,2	27,0	9,2	11,5	15,3	5,3	6,3	8,9	4,0	5,0	6,7
		(100)	Spannungs-	V	23,2	23,2	23,2	23,2	20,2	16,2	12,1	20,2	16,2	12,1	20,2	16,2	12,1	20,2	16,2	12,1
			verlust U_v	%	21,1	10,5	5,3	3,9	16,2	13,0	9,7	9,2	7,4	5,5	5,3	4,2	3,2	4,0	3,2	2,4
			Höchstbelastg.	kW	15,1	30,2	60,4	82,2	29,6	23,7	17,8	52,1	41,7	31,3	90,0	72,0	54,0	119	95,2	71,4
			Leistungs-	kW	2,68	2,68	2,68	2,68	4,05	4,05	4,05	4,05	4,05	4,05	4,05	4,05	4,05	4,05	4,05	4,05
25	137	100	verlust P_v	%	17,8	8,9	4,5	3,3	13,6	17,0	22,7	7,7	9,7	12,8	4,5	5,6	7,5	3,4	4,3	5,7
		(125)	Spannungs-	V	19,6	19,6	19,6	19,6	17,0	13,6	10,2	17,0	13,6	10,2	17,0	13,6	10,2	17,0	13,6	10,2
			verlust U_v	%	17,8	8,9	4,5	3,3	13,6	10,9	8,2	7,7	6,2	4,6	4,5	3,6	2,7	3,4	2,7	2,0
			Höchstbelastg.	kW	18,5	37,0	74,0	101	36,4	29,1	21,8	64,0	51,2	38,4	111	88,8	66,6	146	117	87,6
			Leistungs-	kW	2,88	2,88	2,88	2,88	4,35	4,35	4,35	4,35	4,35	4,35	4,35	4,35	4,35	4,35	4,35	4,35
35	168	125	verlust P_v	%	15,5	7,8	3,9	2,9	11,9	14,9	19,8	6,8	8,5	11,3	3,9	4,9	6,5	3,0	3,8	5,0
		(160)	Spannungs-	V	17,1	17,1	17,1	17,1	14,9	11,9	8,9	14,9	11,9	8,9	14,9	11,9	8,9	14,9	11,9	8,9
			verlust U_v	%	15,5	7,8	3,9	2,9	11,9	9,5	7,1	6,8	5,4	4,1	3,9	3,1	2,3	3,0	2,4	1,8
			Höchstbelastg.	kW	23,1	46,2	92,4	126	45,5	36,4	27,3	80,0	64,0	48,0	138	111	83	182	146	109
			Leistungs-	kW	3,15	3,15	3,15	3,15	4,72	4,72	4,72	4,72	4,72	4,72	4,72	4,72	4,72	4,72	4,72	4,72
50	210	160	verlust P_v	%	13,6	6,8	3,4	2,5	10,4	13,0	17,3	5,9	7,4	9,8	3,4	4,3	5,7	2,6	3,3	4,3
		(200)	Spannungs-	V	15,0	15,0	15,0	15,0	13,0	10,4	7,8	13,0	10,4	7,8	13,0	10,4	7,8	13,0	10,4	7,8
			verlust U_v	%	13,6	6,8	3,4	2,5	10,4	8,3	6,2	5,9	4,7	3,5	3,4	2,7	2,0	2,6	2,1	1,6

Beispiel: Eine nach Gruppe 3 verlegte Aldreyleitung von l = 500 m soll 10 kW Drehstrom von 380 V bei cos φ = 0,8 übertragen. Berechne A.
Lösung: Wir berechnen zuerst A für Kupfer nach obiger Tab. Für l = 100 m wäre die gleichartig wirkende Belastung = (500 × 10 kW) : 100 = 50 kW (Tabellenwert 54,8 kW mit P_v = 6,3 %). Für 50 kW ist P_v = (6,3 · 50) : 54,8 = 5,75 % bei A = 16 mm² Cu. Für P_v = 5 % wäre A = (16 · 5,75) : 5 = 18,4 mm² Cu. **Für Aldrey** ist A nach Tab. 3, S. 197, mit 1,5 zu multiplizieren, also A = 18,4 · 1,5 = 27,6; gewählt A = **25 mm²**.

Der höchstzulässige Dauerstrom liegt bei Gruppe 3 rund 60 % höher als bei Gruppe 1 und rund 23 % höher als bei Gruppe 2.

Höchstzulässige Dauerbelastungen, Leistungs- und Spannungsverluste je 100 m Streckenlänge

Die **Klammergrößen** sind Stromstärken nach den Übergangsvorschriften S. 266

B. Isolierte Aluminiumleitungen

Querschnitt A	Höchstzuläss. Dauerstrom	Sicherung Nennstrom	**Gruppe 3** **Einadrige** Leitungen (frei) a) in Luft auf Isolierkörpern, b) zum Anschluß ortsveränderl. Stromverbraucher		Gleichstrom Betriebsspannung Volt 110	220	440	600	Drehstrom Betriebsspannung 125 Volt cos φ 1	0,8	0,6	220 Volt cos φ 1	0,8	0,6	380 Volt cos φ 1	0,8	0,6	500 Volt cos φ 1	0,8	0,6
mm²	A	A																		
			Höchstbelastg.	kW	2,97	5,94	11,9	16,2	5,83	4,66	3,50	10,3	8,2	6,2	17,8	14,0	10,7	23,4	18,7	14,0
			Leistungs-	kW	1,65	1,65	1,65	1,65	2,5	2,5	2,5	2,5	2,5	2,5	2,5	2,5	2,5	2,5	2,5	2,5
2,5	27	20	verlust P_v	%	55,4	27,7	13,9	10,2	42,3	52,9	70,5	24,0	30,3	40,0	13,9	17,8	23,2	10,6	13,3	17,7
		(25)	Spannungs-	V	61,0	61,0	61,0	61,0	52,9	42,3	31,7	52,9	42,3	31,7	52,9	42,3	31,7	52,9	42,3	31,7
			verlust U_v	%	55,4	27,7	13,9	10,2	42,3	33,8	25,3	24,0	19,2	14,4	13,9	11,1	8,3	10,6	8,5	6,3
			Höchstbelastg.	kW	3,85	7,70	15,4	21,0	7,56	6,05	4,54	13,3	11,0	8,2	23,0	18,4	13,8	30,4	24,3	18,2
			Leistungs-	kW	1,76	1,76	1,76	1,76	2,45	2,45	2,45	2,45	2,45	2,45	2,45	2,45	2,45	2,45	2,45	2,45
4	35	25	verlust P_v	%	44,8	22,4	11,2	8,2	32,4	40,5	64,0	18,4	22,1	29,9	10,7	14,9	17,7	8,1	10,1	13,5
		(35)	Spannungs-	V	49,3	49,3	49,3	49,3	40,5	32,4	24,3	40,5	32,4	24,3	40,5	32,4	24,3	40,5	32,4	24,3
			verlust U_v	%	44,8	22,4	11,2	8,2	32,4	25,9	19,4	18,4	14,7	11,0	10,7	8,6	6,4	8,1	6,5	4,9
			Höchstbelastg.	kW	4,95	9,90	19,8	27,0	9,74	7,79	5,84	17,2	13,8	10,3	29,7	23,8	17,8	39,0	31,2	23,4
			Leistungs-	kW	1,91	1,91	1,91	1,91	2,86	2,86	2,86	2,86	2,86	2,86	2,86	2,86	2,86	2,86	2,86	2,86
6	45	35	verlust P_v	%	38,4	19,2	9,6	7,1	29,4	36,8	49,0	16,7	20,8	27,8	9,7	12,0	16,1	7,4	9,2	12,2
		(50)	Spannungs-	V	42,3	42,3	42,3	42,3	36,8	29,4	22,1	36,8	29,4	22,1	36,8	29,4	22,1	36,8	29,4	22,1
			verlust U_v	%	38,4	19,2	9,6	7,1	29,4	23,5	17,6	16,7	13,4	10,0	9,7	7,8	5,8	7,4	5,9	4,4
			Höchstbelastg.	kW	6,71	13,4	26,8	36,6	13,2	10,6	7,9	23,2	18,6	13,9	40,2	32,2	24,1	52,8	42,2	31,7
			Leistungs-	kW	2,1	2,1	2,1	2,1	3,16	3,16	3,16	3,16	3,16	3,16	3,16	3,16	3,16	3,16	3,16	3,16
10	61	50	verlust P_v	%	31,2	15,6	7,8	5,7	23,8	29,9	40,0	13,6	16,9	22,6	7,9	9,8	12,1	6,0	7,5	9,9
		(60)	Spannungs-	V	34,4	34,4	34,4	34,4	29,9	23,8	17,9	29,9	23,8	17,9	29,9	23,8	17,9	29,9	23,8	17,9
			verlust U_v	%	31,2	15,6	7,8	5,7	23,8	19,0	14,3	13,6	10,9	8,2	7,9	6,3	4,7	6,0	4,4	3,6
			Höchstbelastg.	kW	9,02	18,0	36,1	49,2	17,8	14,2	10,7	31,2	25,0	18,7	54,0	43,2	32,4	71,0	56,8	42,6
			Leistungs-	kW	2,4	2,4	2,4	2,4	3,56	3,56	3,56	3,56	3,56	3,56	3,56	3,56	3,56	3,56	3,56	3,56
16	82	60	verlust P_v	%	26,4	13,2	6,6	4,8	20,1	25,1	33,4	11,4	14,3	19,1	6,6	8,3	11,0	5,0	6,3	8,4
		(80)	Spannungs-	V	29,0	29,0	29,0	29,0	25,1	20,1	15,1	25,1	20,1	15,1	25,1	20,1	15,1	25,1	20,1	15,1
			verlust U_v	%	26,4	13,2	6,6	4,8	20,1	16,1	12,1	11,4	9,1	6,8	6,6	5,3	4,0	5,0	4,0	3,0
			Höchstbelastg.	kW	11,8	23,5	47,1	64,2	23,4	18,7	14,0	40,7	32,6	24,4	70,5	56,4	42,3	92,6	74,1	55,6
			Leistungs-	kW	2,6	2,6	2,6	2,6	3,9	3,9	3,9	3,9	3,9	3,9	3,9	3,9	3,9	3,9	3,9	3,9
25	107	80	verlust P_v	%	22,0	11,0	5,5	4,0	16,8	21,0	27,8	9,6	12,0	16,0	5,5	6,9	9,2	4,2	5,3	7,0
		(100)	Spannungs-	V	24,2	24,2	24,2	24,2	21,0	16,8	12,6	21,0	16,8	12,6	21,0	16,8	12,6	21,0	16,8	12,6
			verlust U_v	%	22,0	11,0	5,5	4,0	16,8	13,4	10,1	9,6	7,7	5,8	5,5	4,4	3,3	4,2	3,4	2,5
			Höchstbelastg.	kW	14,5	29,0	58,1	79,2	28,6	22,9	17,2	50,3	40,2	30,2	87,0	69,6	52,2	114,5	91,6	68,7
			Leistungs-	kW	2,8	2,8	2,8	2,8	4,24	4,24	4,24	4,24	4,24	4,24	4,24	4,24	4,24	4,24	4,24	4,24
35	132	100	verlust P_v	%	19,4	9,7	4,9	3,5	14,8	18,5	24,6	8,4	10,5	14,0	4,9	6,1	8,1	3,7	4,6	6,2
		(125)	Spannungs-	V	21,3	21,3	21,3	21,3	18,5	14,8	11,1	18,5	14,8	11,1	18,5	14,8	11,1	18,5	14,8	11,1
			verlust U_v	%	19,4	9,7	4,9	3,5	14,8	11,8	8,9	8,4	6,7	5,0	4,9	3,9	2,9	3,7	2,9	2,2
			Höchstbelastg.	kW	18,2	36,3	72,6	99,0	35,7	28,6	21,4	62,9	50,3	37,7	109	87,2	65,4	143	114	85,8
			Leistungs-	kW	3,7	3,7	3,7	3,7	4,7	4,7	4,7	4,7	4,7	4,7	4,7	4,7	4,7	4,7	4,7	4,7
50	165	125	verlust P_v	%	16,9	8,5	4,2	3,1	13,1	16,4	22,0	7,5	9,4	12,5	4,3	5,4	7,2	3,3	4,1	5,5
		(160)	Spannungs-	V	18,6	18,6	18,6	18,6	16,4	13,1	9,8	16,4	13,1	9,8	16,4	13,1	9,8	16,4	13,1	9,8
			verlust U_v	%	16,9	8,5	4,2	3,1	13,1	10,5	7,9	7,5	6,0	4,5	4,3	3,4	2,6	3,3	2,6	2,0

Beispiel: Mit wieviel kW kann man eine einadrig auf Isolierkörpern verlegte Kupferleitung von l = 100 m Streckenlänge und A = 35 mm² Querschnitt belasten? Wie hoch wird der kW-Verlust bei 220 Volt a) bei Gleichstrom, b) bei Drehstrom und cos φ = 0,8?

Lösung: a) Unter Gleichstrom findet man S. 203, Gr. 3, (220 Volt) für A = 35 mm² eine Belastung von **37 kW** und einen Leistungsverlust von P_v = **2,88 kW** oder **7,8%**. b) Für Drehstrom von 220 Volt und cos φ = 0,8 findet man eine Belastung von **51,2 kW** und P_v = **4,35 kW** = **8,5%**.

Beispiel: Wieviel kW kann eine nach Gr. 3, S. 204, verlegte Al-Leitung von A = 35 mm² und l = 350 m übertragen, wenn Drehstrom von 500 Volt und cos φ = 0,8 vorhanden und P_v = 5% zulässig ist?

Lösung: Nach der vorletzten Spalte oben können 35 mm² höchstens 91,6 kW übertragen. Für l = 100 m ist dabei P_v = **4,6%**. Für 350 m Streckenlänge würde P_v = 3,5 · 4,6 = **16,1%** betragen. Der Leistungsverlust darf aber nur 5% betragen, die Aluminiumleitung dürfte deshalb nur mit (91,6 × 5) : 16,1 = **28,4 kW** belastet werden.

Querschnitte über 120 mm² bei Freileitungen und **150 mm²** bei Drehstromkabel werden unterteilt; man verwendet dann mehrere Leitungen je Pol oder Phase bzw. Parallelkabel.

Nulleiter (Mittelleiter) erhalten bei Gleichstrom die Hälfte, bei Drehstrom den gleichen Querschnitt der für die anteilige Lichtbelastung berechneten Außenleiter.

Beispiel: Eine Kupferspeiseleitung nach Gr. 3 für 2 · 220 Volt Gleichstrom mit Mittelleiter, 40 kW Motorenbelastung und 20 kW Lichtbelastung für eine Streckenlänge von l = 300 m mit 5% Spannungsverlust ist zu berechnen.
Lösung S. 205 oben.

16

Leitungen und Beispiele (Fortsetzung)

Lösung: Die Außenleiter führen 40 + 20 = 60 kW, oder nach Tabelle S. 68 = 60 · 2,28 = 136,8 Amp. $I \times l$ = 136,8 · 300 ≈ 41 000; Spannungsverlust = 5% von 440 = 22 Volt. In der Tabelle 2, S. 195, findet man den nächsten Wert für $I \times l$ = 41 100, wozu ein Spannungsverlust von nur 12 Volt und ein Querschnitt von 120 mm² gehört. Da aber 22 Volt Spannungsverlust zugelassen sind, wird der Querschnitt im Verhältnis 12 : 22 kleiner, also (120 × 12) : 22 = 65,5. Gewählt **70 mm²** für die Außenleiter, die auch bis 260 A belastet werden dürfen (Tab. S. 196). Die Lichtbelastung beträgt 20 kW = 20 000 : 440 = 45,5 A; für 300 m Streckenlänge wird $I \times l$ = 13 650 (Tabellenwert 14 300) mit 10 Volt Verlust und 50 mm² Querschnitt. Bei 22 Volt Spannungsverlust daher 50 · (10 : 22) = 22,7 mm². Der Mittelleiter erhält die Hälfte, also 11,4 mm². Gewählt **10** oder **16 mm²**.

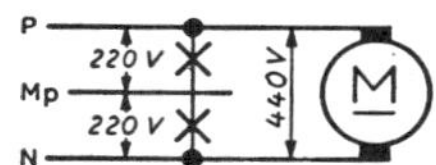

Beispiel: Eine nach Gruppe 3 verlegte Kupferspeiseleitung für 380/220 Volt Drehstrom mit Nullleiter, 35 kW Motorenbelastung bei cos φ = 0,8 und 15 kW Glühlichtbelastung bei cos φ = 1 für eine Streckenlänge von l = 300 m mit P_v = 5% Leistungsverlust ist zu berechnen.

Lösung: Die Außenleiter von 300 m Länge führen 35 kW Kraftstrom; der gleiche Leistungsverlust würde bei 100 m durch 3 · 35 = 105 kW auftreten. Nach Tabelle S. 203 wird bei 105 kW (Tabellenwert 111 kW), 380 Volt und cos φ = 0,8 der Querschnitt A = 50 mm² bei 4,3% Verlust. Bei 5% also (50 · 4,3) : 5 = **43 mm²** für die Kraftbelastung. Außerdem führen die Außenleiter noch 15 kW Lichtstrom mit cos φ = 1. Man erhält genau wie vorstehend für 3 · 15 = 45 kW (51,4 kW Tabellenwert) = 6,4% Leistungsverlust (zulässig 5%) einen Querschnitt von 10 mm², oder mit 5% Leistungsverlust (10 · 6,4) : 5 = **12,8 mm²**. Die Außenleiter werden daher 43 + 12,8 = 55,8 mm² oder ≈ **50 mm²**. Der Nullleiter wird gleich dem Außenleiter für Licht = 12,8 mm². Gewählt A = **16 mm²**.

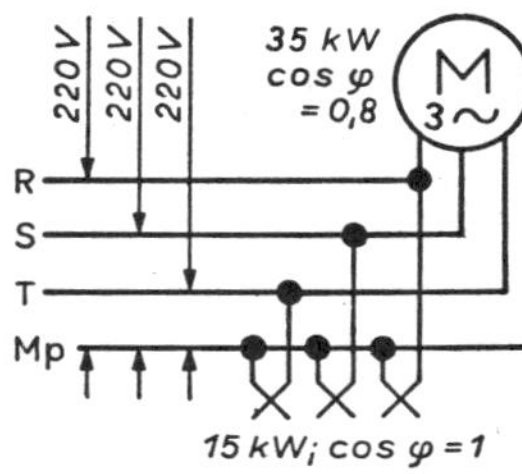

Stahl-Aluminiumleitungen n. DIN 48 204

A = Nenn-, A_{ges} = Gesamt-, A_{fe} = Stahlkern- und A_{al} = Aluminiummantel = Querschnitt in mm² Querschnittverhältnis Al/Fe = 5,7 bis 6. d = Gesamt-, d_{fe} = Stahlkerndurchmesser. m = mittlere Masse in kg/km. R = Widerstand in Ω/km bei 20° C. D_z = Drahtzahl, L_z = Lagenzahl.

St-Al-Seil					Stahlkern			Al-Mantel		
A mm²	A_{ges} mm²	d mm	m kg/km	R Ω/km	A_{fe} mm²	d_{fe} mm	D_z Stk	A_{al} mm²	D_z Stk	L_z Stk
16	17,8	5,4	64	1,96	2,55	1,8	1	15 3	6	1
25	27,8	6,8	98	1,24	4	2,25	1	23,8	6	1
35	40,1	8,1	140	0,88	5,7	2,7	1	34,3	6	1
50	56,3	9,6	190	0,58	8	3,2	1	48,3	6	1
70	77,7	11,6	280	0,44	11,6	4,35	7	66,2	26	2
95	105	13,4	370	0,33	15	4,95	7	90	26	2
120	143	15,7	510	0,23	20,9	5,85	7	123	26	2
150	174	17,3	610	0,19	25,4	6,45	7	149	26	2
185	215	19,2	770	0,16	31,7	7,2	7	184	26	2
240	276	21,7	980	0,12	40,1	8,1	7	236	26	2
300	344	24,2	1220	0,10	49,5	9	7	295	26	2

Für die Berechnung des Widerstandes wird nur der Al-Querschnitt als leitend angenommen.
Kupfer-, Aluminium- und Aldreyseile s. S. 187.

Freileitungen

Zulässige Zugbeanspruchungen in kp/mm²
Cu = Kupfer-, Al = Aluminium-, Ald = Aldrey-, Al/St = Stahlaluminium*) (s. a. S. 187)

A mm²	Cu kp	Al kp	Ald kp	Al/St kp
16	304	—	—	196
25	475	200	300	306
35	665	280	420	440
50	950	400	600	620
70	1330	560	840	855
95	1805	760	1140	1155
120	2280	960	1440	1570
150	2850	1200	1800	1915
185	3125	1480	2220	2365
240	4550	1920	2880	3050
300	5700	2400	3600	3780

*) bezogen auf den Gesamtquerschnitt A_{ges}

Leitungsdruck mit Eislast

= mittl. Leitungsgewicht + 180 · $\sqrt{d}$ in kp/km

A mm²	Cu kp/km	Al,Ald kp/km	Al/St kp/km
16	550	—	484
25	690	535	567
35	820	603	653
50	1000	674	747
70	1200	770	890
95	1500	900	1030
120	1750	1000	1225
150	2050	1140	1360
185	2400	1250	1560
240	2000	1500	1820
300	3600	1800	2100

Freileitungswerkstoffe: Reinwichte γ in kg/dm³, Prüffestigkeit σ_z in kp/mm². Zulässige Zugbelastung σ_{zul} in kp/mm², Wärmedehnungszahl $\varepsilon_t = z \cdot 10^{-5}$, Mindestquerschnitt A_{min} in mm²

Werkstoff	Kupfer	Bronze			Alumin.	Aldrey	Stahl				Stahl/Aluminium		
		I	II	III			I	II	III	IV	5,7 6	4,3	3
γ =	8,9	8,9	8,65	8,65	2,7	2,7	7,8	7,8	7,8	7,8	3,45	3,65	3,98
σ_z =	40	50	60	70	18*)	30	40	70	120	150	**)	**)	**)
σ_{zul} =	19	24	30	35	8	12	16	28	45	55	11	11,5	12
z =	1,7	1,7	1,66	1,66	2,3	2,3	1,23	1,1	1,1	1,1	1,95	1,76	1,66
F_{min} =	10	10	10	10	25	25	16	16	16	16	16	16	16

*) Bei Drahtdurchmesser ≧ 2,5 mm ... 17 kp/mm².

**) 0,9fache der Prüffestigkeit, die sich unter Beachtung des Al/St-Querschnittverhältnisses als arithmetisches Mittel der Summe der Prüffestigkeiten der Einzeldrähte ergibt; z. B. Al/St = 6

40 = 1 · 40
108 = 6 · 18
148 : 7 = 21,2; 21,2 · 0,9 = 19 kp/mm²

Leitungen (Fortsetzung)

Strombelastungsfähigkeit von blanken Rund- und Flachkupfer sowie Rund- und Flachaluminium in Schaltanlagen. Siehe Beispiel auf Seite 215

Querschnitt	Durchmesser	Rundkupfer		Rundaluminium	
		Masse je m	Dauerbelastung	Masse je m	Dauerbelastung
mm²	mm	kg	A	kg	A
28,3	6	0,25	120	0,076	60
50,3	8	0,45	150	—	—
78,5	10	0,7	210	0,21	160
201	16	1,8	410	0,54	316
314	20	2,8	540	0,85	410
707	30	6,3	900	1,91	690

Für gestrichene Schienen liegen die Belastungswerte 5···10% höher; für Gleichstrom ≈ 10% höher.

Die mit * bezeichneten Abmessungen sind vorzugsweise für Sammelschienen.

Querschnitt	Abmessungen	Flachkupfer			Flachaluminium		
		Masse je m	Dauerbelastung je Pol oder Phase (Schienenanzahl)				Masse je m
			1	2	1	2	
mm²	mm × mm	kg	A	A	A	A	kg
24	12 × 2	0,21	110	200	80	140	0,065
30	15 × 2	0,27	140	240	95	170	0,081
40	20 × 2	0,36	185	315	120	220	0,108
75	25 × 3	0,67	270	460	180	330	0,202
150*	30 × 5	1,34	400	700	270	500	0,405
200	40 × 5	1,78	520	900	350	650	0,540
400*	40 × 10	3,56	750	1350	515	975	1,08
250*	50 × 5	2,23	630	1100	425	780	0,675
500*	50 × 10	4,45	920	1620	625	1150	1,35
300*	60 × 5	2,67	750	1300	500	900	0,81
600*	60 × 10	5,34	1100	1860	730	1300	1,62
400	80 × 5	3,56	950	1650	650	1170	1,08
800*	80 × 10	7,12	1400	2300	930	1650	2,16
1000	100 × 10	8,9	1700	2700	1100	1950	2,7
1200	120 × 10	10,7	2000	3200	1310	2350	3,24

Fahrdrähte

Rillen-Fahrdrähte für elektr. Bahnen n. DIN 43141 Bl. 1
Rund-Fahrdrähte für Förderanlagen n. DIN 43141 Bl. 2

Maße in mm

Bezeichnung eines Rillen-Fahrdrahtes (Ri) von 80 mm² Querschnitt (Kurzzeichen Ri 80):

Fahrdraht Ri 80 DIN 43141

Ri Rillen-Fahrdraht — BRi Breit-Rillen-Fahrdraht — RiK Rillen-Fahrdraht mit Kadmium (Kennrille durchlaufend) — Ru Rund-Fahrdraht

Querschnitt mm² ± 4%	Kurzzeichen für Form			Form Ri u. RiK			Form BRi	kg/1000 m*)	Kurzzeichen		kg/1000 m*)
	Ri	BRi	RiK	*c*	*d*	*e* ± 0,2	*h*	≈		*d*	≈
25	—	—	—	—	—	—	—	—	Ru 25	5,6	225
35	Ri 35	—	—	3	7	4,2	—	310	Ru 35	6,7	310
50	Ri 50	—	—	3,3	8,2	5,6	—	445	Ru 50	8,0	445
65	Ri 65	—	—	3,5	9,4	5,6	—	580	Ru 65	9,1	580
80	Ri 80	BRi 80	RiK 80	3,8	10,6	5,6	6,4	710	Ru 80	10,1	710
100	Ri 100	BRi 100	RiK 100	4	12	5,6	7,9	890	Ru 100	11,3	890
120	Ri 120	BRi 120	—	4	13,2	5,6	9,4	1070	—	—	—
150	Ri 150	BRi 150	—	4	14,8	5,6	11,4	1335	—	—	—

Werkstoff: Form Ri, BRi und Ru: E-Cu nach DIN 1708. Leitfähigkeit bei 20° C mind. 56 $\frac{\text{m}}{\Omega \cdot \text{mm}^2}$.

Form RiK: E-Cu nach DIN 1708 mit etwa 0,7% (Gew.-%) Kadmium. Leitfähigkeit bei 20° C mind. 50 $\frac{\text{m}}{\Omega \cdot \text{mm}^2}$.

*) Gerechnet mit einer Dichte von 8,9 kg/dm³. Technische Lieferbedingungen siehe DIN 43140.— Fahrdrahtklemmen Ri, BRi u. RiK siehe DIN 43142 u. DIN 43144.

Bewertung der Anlasser (siehe auch Seite 208 und 215)

Stufen sind die Widerstandsteile, die beim Weiterbewegen des Kontaktteiles jeweils kurzgeschlossen werden.

Stellungen sind die Ruhelagen des beweglichen Kontaktkörpers (Zahl der Stellungen = Stufenzahl + 1).

Vorstufen. Der Strom erreicht nicht den Anlaß-Spitzenstrom. Anlauf braucht noch nicht stattzufinden.

Anlaßstufen sind die Stufen, deren aufeinanderfolgendes Kurzschließen den Anlauf herbeiführt.

Nennstrom I nimmt der Motor bei Vollast auf.

Einschaltstrom I_e: Strom auf der ersten Stellung.

Anlaß-Spitzenstrom I_2 ist der Stromstoß, der beim Kurzschließen einer Anlaßstufe auftritt.

Anlasser werden nach folgenden Angaben bewertet:

1. Leistungsaufnahme (Nennstr.) $P = U \cdot I$ in W.
2. Mittlere Anlaßaufnahme $\frac{U \cdot I_m}{1000}$ in kW.
3. Anlaßzeit t in sek, während der nur die Anlaßstufen Strom führen.
4. Anlaßzahl z = Anzahl der Anlaßvorgänge bis zum Erreichen der Endtemperatur.
5. Anlaßhäufigkeit h = Anzahl der stündlich zulässigen Anlaßvorgänge.
6. Anlaßschwere $I_m : I$ s. S. 115.
7. Zulässige Belastung des Endkontaktstückes.

Prüfspannungen mit 50 Hz 1 min lang.

Nennspannung V	250	550	750	1000	3000	6000	10000
Prüfspannung V	2000	2500	3000	5000	11000	20000	32000

16

Durchhangsberechnung für Aluminium-Freileitungen

Werkstoff: Aluminium

Querschnitt A = 50 mm². Zul. Höchstspannung p = 8 kp/mm², 1 + 6 = 7 Drähte je 3 mm Ø. Seildurchmesser (Nennwert) = 9 mm. Spannweite =

a = 100 m
f = Durchhang in m
φ = Durchhang in % der Spannweite
g = Leitungsmasse in kg/m
t = Temperatur in °C
ε_t = Wärmeausdehnungszahl für 1° C = $2{,}3 \cdot 10^{-5}$ = 0,000023
E = Elastizitätsmodul des Werkstoffes in kp/mm² (für Aluminium = 5600). Ausgangsgrößen mit Index $_0$ bezeichnet.

Dann ist $f = \dfrac{a^2 \cdot g}{8 \cdot F \cdot p}$

$$p^3 + p^2 \left[\frac{g_0^2 \cdot a^2 \cdot E}{24 A^2 \cdot p_0^2} + \left(t - t_0\right) \varepsilon_t \, E - p_0\right] = \frac{g^2 \cdot a^2 \cdot E}{24 A^2}$$

g = 0,134 kg/m, $g_Z = 0{,}18 \sqrt{d}$ kg/m (d in mm)

$g_Z = 0{,}18 \sqrt{9} = 0{,}54$ kg/m
g_Z = 0,54 kg/m $\quad g_0 = g + g_Z = 0{,}674$ kg/m

Die kritische Spannweite ist

$$a_{\text{krit}} = 18{,}97 \, p_0 \sqrt{\frac{\varepsilon_t \cdot A^2}{g_0^2 - g^2}}$$

$$= 18{,}97 \cdot 8 \sqrt{\frac{0{,}000023 \cdot 50^2}{0{,}674^2 - 0{,}134^2}}$$

$$= 151{,}8 \sqrt{\frac{0{,}0575}{0{,}43632}} = 151{,}8 \sqrt{0{,}1318}$$

$$= 151{,}8 \cdot 0{,}363 = \mathbf{55{,}10\ m < 100\ m.}$$

Es ist daher mit — 5° + Zusatzlast zu rechnen. Weiter ist die kritische Temperatur zu berechnen, bei welcher der Durchhang gleich der bei — 5° + Zusatzlast ist.

$$t_{\text{krit}} = \frac{p_0}{E \cdot \varepsilon_t}\left(1 - \frac{g}{g_0}\right) - 5^0$$

$$= \frac{8}{5600 \cdot 0{,}000023}\left(1 - \frac{0{,}134}{0{,}674}\right) - 5^0$$

$$= \frac{8 \cdot 0{,}801}{0{,}129} - 5^0 = 49{,}7 - 5 = \mathbf{44{,}7^0}$$

$$f = \frac{100^2 \cdot 0{,}674}{8 \cdot 50 \cdot 8} = \frac{6740}{3200} = \mathbf{2{,}1\ m} \left(\begin{matrix}0{,}674 - 5^0 + \\ \text{Zusatzlast}\end{matrix}\right)$$

Durchhang in % der Spannweite

$$\varphi = \frac{100 \cdot f}{a} = \frac{100 \cdot 2{,}1}{100} = \mathbf{2{,}1\%}$$

Von 2,1% auf der Waagrechten im Diagramm senkrecht hoch bis zu dem Punkt 44,7°, welcher zwischen den Kurven für 40 und 50° abzuschätzen ist. Die Schnittpunkte der Geraden durch diesen Punkt nach der Spannweite 100 m auf der Senkrechten mit den Kurven geben den Durchhang in % für die entsprechenden Temperaturen.

Für	— 40°	— 30°	— 20°	— 10°	± 0°	+ 10°	+ 20°	+ 30°	+ 40°	+ 50°	+ 60°
%	0,53	0,65	0,78	1,0	1,2	1,4	1,6	1,83	2,0	2,2	2,38
cm	53	65	78	100	120	140	160	183	200	220	238

Durchgang in cm bei — 5° + Zusatzlast = 168,5 cm.

Werkstoff: Aluminium

Querschnitt A = 50 mm². Zugspannung p = 4 kp/mm², 1 + 6 = 7 Drähte je 3 mm Ø. Seildurchmesser 9 mm; Spannweite a = 30 m.

Mit den gleichen Bezeichnungen wie oben wird mit g = 0,134 kg/m, g_Z = 0,54 kg/m und g_0 = 0,674 kg/m zunächst die kritische Spannweite, bei welcher Durchhang bzw. Seilspannung für — 5° und Zusatzlast und — 20° C gleich groß werden, berechnet. Für geringere Spannweiten als kritische Spannweite ist mit — 20°, für größere als kritische Spannweite mit — 5° + Zusatzlast zu rechnen.

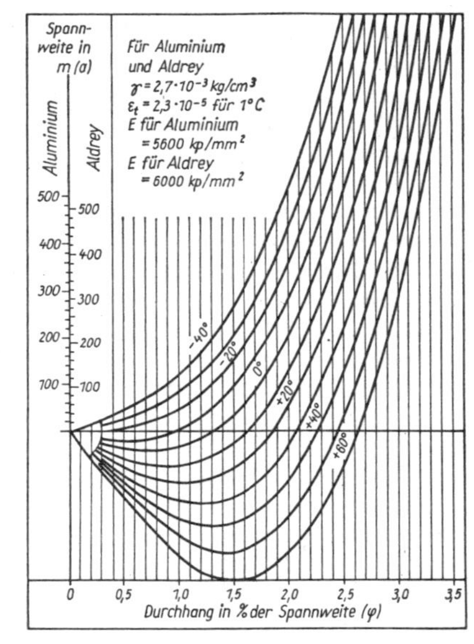

Für Aluminium ist

$$a_{\text{krit}} = 18{,}97 \cdot p_0 \sqrt{\frac{\varepsilon_t \cdot A^2}{g_0^2 - g^2}}$$

$$= 18{,}97 \cdot 4 \sqrt{\frac{0{,}000023 \cdot 50^2}{0{,}674^2 - 0{,}134^2}} = 75{,}88 \sqrt{\frac{0{,}0575}{0{,}43632}}$$

$$= 75{,}88 \cdot 0{,}363 = \mathbf{27{,}5\ m < 30\ m.}$$

Es ist daher mit —5° + Zusatzlast zu rechnen.

Für das graphische Verfahren nach Szilas ist die kritische Temperatur, bei welcher der Durchhang des unbelasteten Seiles gleich dem bei — 5° + Zusatzlast ist, noch zu bestimmen.

$$t_{\text{krit}} = \frac{p_0}{E \cdot \varepsilon_t}\left(1 - \frac{g}{g_0}\right) - 5^0$$

$$= \frac{4}{5600 \cdot 0{,}000023}\left(1 - \frac{0{,}134}{0{,}674}\right) - 5^0$$

$$= \frac{4}{0{,}129} \cdot 0{,}801 - 5^0 = 24{,}8 - 5^0 = \mathbf{19{,}8^0}$$

$$f = \frac{30^2 \cdot 0{,}674}{8 \cdot 50 \cdot 4} = \mathbf{0{,}38\ m;}\ \varphi = \frac{100 \cdot 0{,}38}{30} = \mathbf{1{,}27\%}$$

Von 1,27% auf der Waagrechten im Diagramm senkrecht hoch bis zu dem Punkt 19,8°, welcher zwischen den Kurven von 10° und 20° abzuschätzen ist. Die Schnittpunkte der Geraden durch diesen Punkt nach der Spannweite 30 m auf der Senkrechten mit den Kurven heruntergelotet, geben den Durchhang in % für die entsprechenden Temperaturen.

Für	— 40°	— 30°	— 20°	— 10°	± 0°	+ 10°	+ 20°	+ 30°	+ 40°	+ 50°	+ 60°
%	0,16	0,19	0,25	0,38	0,56	0,86	1,15	1,46	1,7	1,9	2,13
cm	4,8	5,7	7,5	11,4	16,8	25,8	34,5	43,8	51	57	63,9

Durchhang für —5° + Zusatzlast = 1,27 · 30 = 38,1 cm.

Erwärmung der Anlasser und Steller **nach VDE 0650 (S. 206 und 215)**

Erwärmung ist der Unterschied zwischen der Temperatur des Geräteteils und des umgebenden Kühlmittels (Luft, Öl). Unter der Voraussetzung, daß die Lufttemperatur nicht höher als 35 °C ist, darf die Erwärmung der Anlasser und Steller bei ordnungsmäßiger Benutzung und unbehindertem Luftumlauf folgende Werte nicht überschreiten:

1. **Widerstände mit Luftkühlung.** Die Erwärmung soll, an der Austrittsstelle der Luft gemessen, nicht höher als 175 °C sein, und keine Stelle des Gehäuses soll eine höhere Erwärmung als 125°C zeigen.
2. **Widerstände mit Ölkühlung.** Das Öl soll an der wärmsten Stelle zwischen den Widerstandselementen nicht mehr als 80 °C Erwärmung zeigen.
3. **Widerstände mit Sandkühlung.** Der Sand soll zwischen den Widerstandselementen keine höhere Erwärmung als 150 °C haben.
4. **Wasserwiderstände** mit Zusatz von Soda u. dgl. Die Erwärmung soll 60 °C nicht überschreiten.
5. **Stufenschalter.** Die Erwärmung der Kontakte in Luft soll an keiner Stelle 40 °C bei geblätterten Bürsten u. 60 °C bei massiven, feststehenden od. beweglichen Kontaktstücken überschreiten. Stufenschalter unter Öl dürfen die für das Öl zulässige Erwärmung erreichen.
6. **Magnetwicklungen.** Die Erwärmung richtet sich nach der Wärmebeständigkeit der Isolierstoffe.

Werkstoff		Grenztemperatur	Grenzerwärmg.
Faserstoff	ungetränkt	90 °C	50 °C
	getränkt oder in Füllmasse	100 °C	60 °C
Lackdraht			
Blanker Draht		100 °C	65 °C

7. Für **Hilfsmotoren** und **Hilfstransformatoren** gelten die Bestimmungen der VDE 0530 bzw. VDE 0532.— Die zugelassenen Erwärmungen werden durch Thermometer oder Thermoelemente gemessen.

Thermoelemente (Kennlinien)*

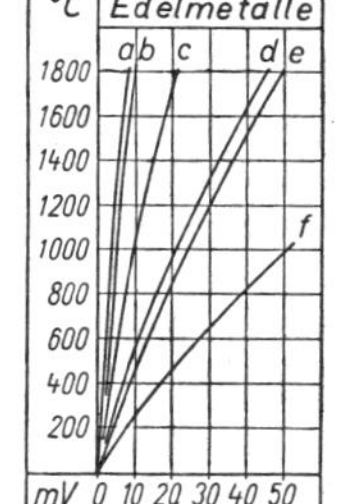

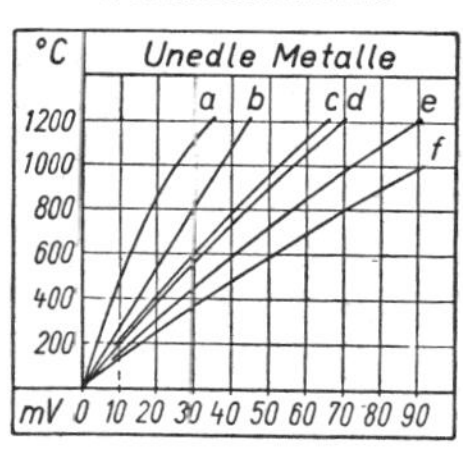

Thermoelemente aus Edelmetallen

a = Rhodium, Rhodiumrhenium (8 % Rhenium Re)
b = Iridium, Rhodiumiridium (40 % Iridium)
c = Platin, Platinrhodium (10 % Rhodium Rh)
d = Platin, Legierung aus 90,5 % Platin, 4,5 % Rhenium und 5 % Rhodium
e = Platin, Platinrhenium (8 % Rhenium)
f = Pallaplat (Goldpalladiumplatin), Platinrhodium

Thermoelemente aus unedlen Metallen

a = Nickel, Kohle; **b** = Nickel, Chromnickel
c = Konstantan, Kupfer (oder Silber)
d = Konstantan, Stahl; **e** = Konstantan, Chromnickel
f = Legierung aus 84 % Nickel + 16 % Molybdän
Legierung aus 50 % Nickel + 50 % Kupfer

Bis 3000 °C nur im Vakuum oder in reduzierender Flamme; 5,8 mV bei 2570 °C. Legierung aus 75 % Wolfram und 25 % Molybdän.

Elektrowärme

Die gesetzliche Einheit für die Messung der Wärmemengen ist die Kilokalorie (kcal), früher Wärmeeinheit (WE) genannt. 1 kcal erwärmt 1 kg (= 1 Ltr.) Wasser bei Atmosphärendruck von 14,5 auf also 15,5 °C, um 1 °C. Bezeichnet m (kg) die Masse des zu erwärmenden festen, flüssigen oder gasförmigen Körpers, c die Wärmemenge, die erforderlich ist, um 1 kg dieses Körpers um 1 °C zu erwärmen (spezifische Wärme des Körpers), t_1 die Anfangstemperatur (°C) und t_2 die Endtemperatur (°C), so ist die erforderliche Wärmemenge:

$$W = m \cdot c\,(t_2 - t_1)\ \text{kcal}$$

Werte von c siehe S. 61.

Beispiel 1: Um 2 kg Wasser von 12° auf 90° zu erwärmen, sind $W = 2 \cdot 1{,}0\,(90-12) = 2 \cdot 78 = 156$ kcal nötig. Um die gleiche Gewichtsmenge Maschinenöl um die gleiche Temperatur zu erwärmen, sind nur $W = 2 \cdot 0{,}40\,(90-12) = 62{,}4$ kcal nötig.

Beispiel 2: Um 1 kg Dampf von 10 at (kp/cm²) zu erzeugen aus Wasser v. 12 °C, rechnet man nach Tabu. A, S. 170: Der Wärmeinhalt des Dampfes bei 10 kp/cm² ist für 1 kg Dampf (1 kg verdampftes Wasser) = 663,9 kcal; 1 kg Wasser von 12 °C besitzt aber bereits 12 kcal. Es sind daher nur noch $663{,}9 - 12 = 651{,}9$ kcal nötig. Um die zuzuführenden Wärmemengen W_1 zu erhalten, ist W noch durch den Wirkungsgrad des Heizgerätes (siehe S. 212) zu dividieren. $W_1 = W : \eta$.

Das Joulesche Gesetz: Die durch I (Amp.) im Widerstand R (Ω) in t Sek. erzeugte Wärmemenge ist: $W = 0{,}239 \cdot I^2 \cdot R \cdot t$ (in cal). Für $I^2 \cdot R = I \cdot U = P$, bei W in kcal, P in Watt u. t in Sek. wird $W = 0{,}000239 \cdot I \cdot U \cdot t = 0{,}000239\ P \cdot t$. Für W in kcal, P in kW u. t in Stunden wird $W = 0{,}000239 \cdot 1000 \cdot 3600 \cdot P \cdot t = 860 \cdot P \cdot t$. Bedeutet $A = P \cdot t$ die aufzuwendende elektr. Arbeit in kWh, so ist die erzeugte Wärmemenge in kcal $W = 860 \cdot A$. Die elektrische Arbeit von 1 kWh entspricht also einer Wärmemenge von 860 kcal. Eine Kilokalorie (kcal) wird mit 1 : 860 = 0,00116 kWh erzeugt (s. S. 278).

Aus den Formeln ergeben sich:

1) die für eine erforderliche Wärmemenge (W in kcal) aufzuwendende elektrische Arbeit $A = W : 860 = 0{,}00116\ W$ in kWh = $1{,}16 \cdot W$ in Wh oder = $4185 \cdot W$ in Wsek.

2) der Anschlußwert (P in kW)

$$P \text{ in kW} = \frac{A}{t_h} = \frac{W}{860 \cdot t_h} \quad \text{(Heizzeit } t_h \text{ in Stunden)}$$

$$P \text{ in kW} = \frac{A \cdot 60}{t_{min}} = \frac{W}{14{,}3 \cdot t_{min}} \quad \text{(Heizzeit } t_{min} \text{ in Min.)}$$

$$P \text{ in kW} = \frac{A \cdot 3600}{t_{sek}} = \frac{W}{0{,}239 \cdot t_{sek}} \quad \text{(Heizzeit } t_{sek} \text{ in Sek.)}$$

Bei Hausgeräten ist die Heizzeit in Minuten (t_{min}), der Anschlußwert (P) in Watt und der Verbrauch (A) in kWh üblich; daher $P = \dfrac{A \cdot 60\,000}{t_{min}} = \dfrac{W \cdot 70}{t_{min}}$ Watt.

Beispiel: Die 2 kg Wasser des Beispiels 1 erforderten 156 kcal. Das widerstandsbeheizte Elektrowärmegerät (Kochtopf) habe einen Wirkungsgrad von 80 %; dann sind 156 : 0,8 = 195 kcal (W) zuzuführen oder eine elektrische Arbeit (A) von $W : 860 = 195 : 860 = 0{,}227$ kWh.

* Genormte Werte s. DIN 43 710/12.

S. a. Elektrische Raumheizung Seite 214

Das Wasser soll in 20 Minuten erwärmt sein; der Anschlußwert beträgt daher $\frac{0{,}227 \cdot 60\,000}{20} = 681$ Watt ≈ 680 Watt.

Die Heizzeit (t_{min}) ergibt sich aus dem Anschlußwert (P_{Watt}) und der Wärmemenge (W_{kcal}) zu $t_{min} = \frac{W \cdot 70}{P}$ min, in unserem Beispiel $\frac{195 \cdot 70}{680} = 20$ Minuten.

Die Stromstärke I (A) folgt aus dem Anschlußwert P (W) und U (V) zu $I = P : U$ Ampere oder aus der Wärmemenge W (kcal) zu $I = \frac{1000\, W}{0{,}239 \cdot U \cdot t_{sek}} = \frac{4185 \cdot W}{U \cdot t_{sek}}$ (A) oder $\frac{70 \cdot W}{U \cdot t_{min}}$ (A).

Im Beispiel wird bei $U = 220$ Volt $I = 680 : 220 = 3{,}1$ Amp. (oder $\frac{4185 \cdot 195}{220 \cdot 1200} = 3{,}1$ (A) wie vor).

Aus der Spannung (U) und der Stromstärke (I) finden wir den Gesamtwiderstand (R) des Heizleiters zu $R = \frac{U}{I}$ Ω (im Beispiel $\frac{220}{3{,}1} = 71$ Ω). Wir finden den Widerstand (R) aber auch unmittelbar aus der Wärmemenge (W), der Stromstärke (I) und der Heizzeit t zu $R = \frac{4185 \cdot W}{I \cdot I \cdot t_{sek}} = \frac{70 \cdot W}{I \cdot I \cdot t_{min}} = \frac{4185 \cdot 195}{3{,}1 \cdot 3{,}1 \cdot 1200} = \frac{70 \cdot 195}{3{,}1 \cdot 3{,}1 \cdot 20} = 71$ Ω.

Die Widerstände für 1 m Länge des Heizleiters aus genormten Widerstandsbaustoffen sind aus der Tabelle S. 215 für die Drahtdurchmesser zu entnehmen. Ist der Nenndurchmesser des Widerstandsdrahtes bekannt (etwa als vorgeschriebener Mindestdurchmesser, z. B. 0,09 mm bei Heizkissen), oder wählt man ihn aus Festigkeitsgründen (z. B. bei Heizleitern für Temperaturen, bei denen man nicht an die Grenztemperaturen des Heizleiters [s. Tab. 1] heranzugehen braucht), so ist die Länge (l) des Heizleiters durch Division des Widerstandes R durch den Sollwert (Ω für 1 m) des betr. Nenndurchmessers zu errechnen. Z. B. wird für einen errechneten Gesamtwiderstand $R = 880$ Ω, einen gewählten Nenndurchmesser von 0,1 mm eines WM 100-Heizleiters die Länge $l = 880 : 127{,}5 = 6{,}9$ m.

Errechnet wird der Nenndurchmesser aus der Arbeitstemperatur des Heizgerätes (S. 211, Tab. 3) und der Grenztemperatur des Heizleiters (S. 210, Tab. 1). Die Grenztemperatur muß größer sein als die Arbeitstemperatur; sie ist durch die Lebensdauer des Heizkörpers und seiner Isolation beschränkt. Man darf also die wärmeabgebende Oberfläche bei einer bestimmten Heizleitertemperatur und einer bestimmten Arbeitstemperatur nur mit einer bestimmten Wattzahl/cm² Oberfläche belasten. Je näher die Arbeitstemperatur an die Grenztemperatur herankommt, um so kleiner wird diese Einheits-Oberflächenbelastung des Heizleiters oder Heizkörpers (S. 211, Tab. 2). Allgemein besteht für freie Strahlung ν das Stefan-Boltzmannsche Gesetz:

$$\nu_y = C \left[\left(\frac{T_1}{100}\right)^4 - \left(\frac{T_2}{100}\right)^4\right] \text{ in W/cm}^2$$

Für freie Strahlung schwarzstrahlender Flächen (offene Kochplatten, Röster, Industrieöfen) wird:

$$\nu_y = 5{,}7 \left[\left(\frac{T_1}{1000}\right)^4 - \left(\frac{T_2}{1000}\right)^4\right]$$

ν_y = spezifische Oberflächenbelastung
C = Festwert, z. B. $5{,}7 \cdot 10^{-4}$ bei schwarzstrahlenden Flächen
T_1 = Grenztemp. des Heizleiters oder der Isolation
T_2 = Arbeitstemp. des Heizgerätes
} absolute Temperatur $T = t + 273$

Aus dieser Gleichung oder aus Tab. 2 ergibt sich die Gesamtoberfläche (O) des Heizleiters oder Heizkörpers (Patrone, Scheide, Zapfen): $O = P : \nu$ in cm² (P in Watt).

Für Heizdrähte ist $O = \pi \cdot d \cdot l = \frac{1}{10} \cdot \frac{P}{\nu}$ | Länge $l = \frac{\pi \cdot d^2}{4} \cdot \frac{R}{\varrho}$

d in mm; l in m; P in Watt; ν in Watt/cm²; R in Ω

$$d = 0{,}34372 \cdot \sqrt[3]{\frac{P \cdot \varrho}{\nu_y \cdot R}} = 0{,}34372 \cdot \sqrt[3]{\frac{I^2 \cdot \varrho}{\nu}} \text{ in mm.}$$

Für die gebräuchlichsten Heizdrähte WM 50 ($\varrho = 0{,}5$) und WM 100 ($\varrho = 1{,}0$) wird in mm:

$$d_{WM\,50} = \mathbf{0{,}2728} \cdot \sqrt[3]{\frac{P}{\nu \cdot R}} = \mathbf{0{,}2728} \cdot \sqrt[3]{\frac{I^2}{\nu}}$$

$$d_{WM\,100} = \mathbf{0{,}34372} \cdot \sqrt[3]{\frac{P}{\nu \cdot R}} = \mathbf{0{,}34372} \cdot \sqrt[3]{\frac{I^2}{\nu}}$$

Die gestreckte Länge l des Heizdrahtes in m ist dann:

$$l = \frac{\pi \cdot d^2}{4} \cdot \frac{R}{\varrho} = \frac{\pi \cdot d^2}{4} \cdot \frac{P}{I^2 \cdot \varrho} = \frac{\pi \cdot d^2}{4} \cdot \frac{U}{I \cdot \varrho} \text{ in m}$$

Für WM 50 wird $l_{WM\,50} = 1{,}57\, d^2 \cdot R$ in m

Für WM 100 wird $l_{WM\,100} = 0{,}785\, d^2 \cdot R$ in m

Für 220 Volt wird $l_{WM\,50/220} = 345{,}4 \frac{d^2}{I}$ in m

Für 220 Volt wird $l_{WM\,100/220} = 172{,}7 \frac{d^2}{I}$ in m

Beispiel: Für den Kochtopf des Beispieles 1 mit $P = 680$ W, $J = 3{,}1$ A, $R = 71$ Ω, $U = 220$ Volt, 100 °C Arbeitstemperatur und 600° C Heizleitertemperatur (mit Rücksicht auf die Glimmerisolation) ergibt sich eine Einh.-Oberflächenbelastung nach Tab. 2 $\nu = 3{,}2$ W/cm². Für WM 50 ($\varrho = 0{,}5$) folgt aus vorstehendem:

$$d_{WM\,50} = 0{,}2728 \cdot \sqrt[3]{\frac{680}{3{,}2 \cdot 71}} \approx \mathbf{0{,}4\ mm.} \text{ Oder}$$

$$d = 0{,}34372 \cdot \sqrt[3]{\frac{3{,}1^2 \cdot 0{,}5}{3{,}2}} \approx 0{,}4 \text{ mm und } l = 345{,}4 \cdot \frac{0{,}4^2}{3{,}1}$$

$= \mathbf{17{,}8\ m}$ für $U = 220$ Volt $l_{WM\,50/220}$. Diese große Länge läßt sich schwer unterbringen. Wählt man WM 100 ($\varrho = 1{,}0$), so wird

$$d_{WM\,100} = 0{,}34372 \cdot \sqrt[3]{\frac{680}{3{,}2 \cdot 71}} \approx 0{,}5 \text{ mm}$$

und $l = 172{,}7 \frac{0{,}5^2}{3{,}1} \approx \mathbf{14\ m.}$

Die gestreckte Länge kann man aber auch aus Tab. S. 215 entnehmen: Für $d_{WM\,100} = 0{,}5$ ist der Sollwert für 1 m = 5,09 Ω. Bei $R = 71$ wird $l = 71 : 5{,}09 \approx 14$ m. Bei Amberglimmer kann man äußerstenfalls bis $\nu = 10$ W/cm² gehen (entsprechend einer Heizleitertemperatur von 900°) und erhält dann einen Durchmesser $d_{WM\,100} \approx 0{,}35$ und eine gestreckte Länge von $l = 71 : 10{,}4 \approx 6{,}8$ m. Die Tabellen 4 und 5 S. 213 enthalten die Werte d und l für einige Fälle.

17

Elektrowärme (Fortsetzung)

Bügeleisen
Widerstandsdraht zwischen Glimmer

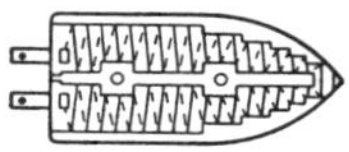

Lichtbogenschweißung

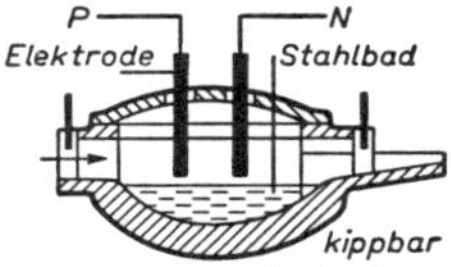

Elektro-Stahlofen

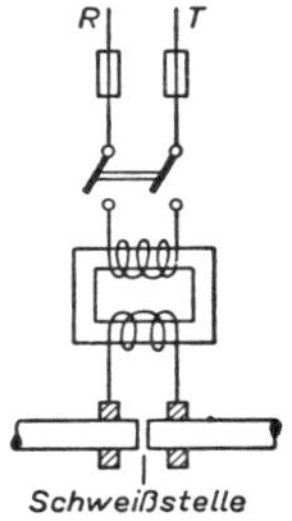

Wechselstrom-Widerstands-schweißung

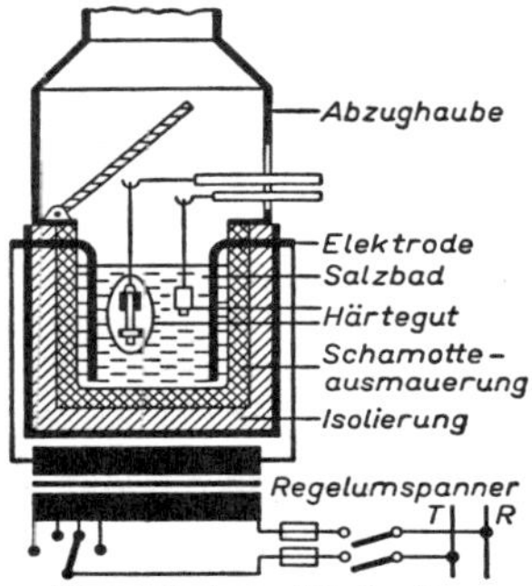

Elektrischer Härteofen

a) Widerstandsheizung (alle Stromarten)

Widerstandsdraht wird durch den Strom erhitzt. Wirkungsgrad etwa 80% (1 kWh erzeugt etwa 700 Kilokalerien). Schnellerhitzung bei Bügeleisen, Tauchsieder, Kochtopf, Elektroherd, Nietwärmer, Lötkolbenwärmer, Dauererwärmung bei Heißwasserspeicher, Speisenwärmer, Wärmekissen.

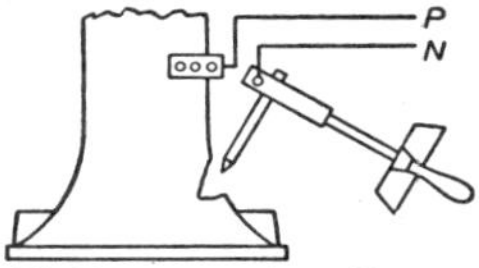

b) Elektrodenheizung

Widerstandsheizung, bei der die zu erwärmende Flüssigkeit den Widerstand bildet (Wirkungsgrad = 100%). Durchlauferhitzer, Salzbad, Härtebäder, elektrisch beheizte Dampfkessel. Nur Wechselstrom mit besonderem Transformator.

Die Temperaturen werden durch Umsteckvorrichtungen, Stellwiderstände, Stelltransformatoren oder Elektrodenverschiebung geregelt.

c) Lichtbogenheizung*)

Ausnutzung der hohen Lichtbogentemperatur von 3700 °C des Lichtbogens zur Schweißung von Grauguß und Stahl, zum Betrieb von Elektrostahlöfen und zur Karbiderzeugung. Zur Lichtbogenschweißung sind in besonderen Maschinen erzeugter Gleichstrom (Rosenberg-, Krämerschaltung) oder besondere Schweißtransformatoren erforderlich (S. 104, 148···150).

d) Induktionsheizung*)

Niederfrequenz-Schmelzöfen: Eine ringförmige Schmelzrinne um den einen Schenkel eines Trafos bildet die in sich kurzgeschlossene Sekundärwicklung (w = 1) mit sehr hohen Strömen. *Mittelfrequenz-Schmelzöfen:* In einem MF-Generator werden 600···2400Hz erzeugt. Die kippbare Gießwanne ist von einer Zylinderspule umgeben, die das Schmelzgut durch Wirbelströme erhitzt. *Induktive Oberflächenhärtung* für Zahnräder u. dgl. verwendet Frequenzen bis 200 000 Hz, so daß nur die Oberfläche glashart wird, aber das Innere zähe bleibt (Hochfr.-Röhrengeneratoren).

Tab. 1. Heizleitertemperaturen, Heizleiterwerkstoffe, Isolierstoffe bzw. Umgebung

Heizleitergrenztemperatur bis zu °C	Heizleiter: Werkstoffe	Heizleiter: Klasse	Isolierstoff bzw. Umgebung	Bemerkung
	Neusilber 58 Cu, 22 Ni, 20 Zn Nickelin 67 Cu, 31 Ni, 2 Mn	WM 30 WM 30	Asbest (nur f. Heizkissen) Heizmikanit	zundern über 400°
400	Konstantan, Rheotan 55% Cu, 45 Ni	WM 50		—
1075	Stahlhaltiges Chromnickel 60 Ni, 15 Cr, 23 Fe, 2 Mn	WM 100	Heizmikanit mit 97% Glimmer (Muskowit bis 600°, Amber bis 900°), keramische Massen (kein Porzellan)	Chrom macht zunderfest, Stahl bringt Zähigkeit und höhere mech. Festigkeit. Die zulässige Betriebstemperatur nimmt mit dem Chromgehalt zu (Höchstwert bei 30% Cr); Chrom macht aber spröde.
1150	Stahlfreies Chromnickel NiCr 80 20 80 Ni, 20 Cr (Spuren von Mn und Mo)	WM 110 bis 120	Kieselgur (bis 800°) Steatit (Magnesiumsilicat), Siliciumcarbid, Glas, Schlacken, Emaille	
 1250 1150 950	Chrom-Aluminium-Stahl CrAl Megapyr, 65 Fe, 30 Cr, 5 Al Kanthal, 67,5 Fe, 25 Cr, 5,5 Al, 2 Co Ferropyr, 86 Fe, 6 Cr, 8 Al	 WM 140 WM 145 WM 120	Schamotte, Tonerde, Backerrohr, Istrakörper (MgO)	Nur in größeren Drahtdicken für Industrieöfen als Stab, Band oder Felge (nicht in Wendeln)
1150 1250	Chromnickel NiCr 80 20 Chrom-Aluminium-Stahl	WM 100 —	Luft (Sauerstoff)	Reine Metalle oxydieren zu stark
1000 1100 1200 1300	Nickel Stahl Chromnickel Chrom-Aluminium-Stahl CrAl	WM 10 WM 13 WM 110	Wasserstoff als Schutzstoff, z. B. beim Blankglühen im Siemens-Stassinetofen	—
1200	Stahlfreies Chromnickel	WM 110	Stickstoff (Kohlenoxyd und Kohlenwasserstoff)	Keine Aluminiumverbindung. Hoher Nickelgehalt
950 1100	Stahlhaltiges Chromnickel Stahlfreies Chromnickel	WM 100 WM 110	Wasserdampf, z. B. in Elektrokesseln	Nur mäßiger Eisengehalt wegen der Rostgefahr
1000	Stahlfreies Chromnickel	WM 110	Schwefelfreies Stadtgas,	—
1200	Chrom-Aluminium-Stahl	—	Wassergas, Generatorgas	Mit hoh. Aluminiumgehalt

Über 1300° C werden Siliciumcarbidstäbe (Silit, Globar), Molybdän (2100°) und Wolfram (2800°) verwendet.

*) Anschlußwerte und Energieverbrauch s. S. 212/213.

Elektrowärme (Fortsetzung)

Tab. 2. Einheits-Oberflächenbelastung ν (sprich Ny) in Watt/cm²

Grenztemp. d. Heizleiters; ν in Watt/cm² für die Arbeitstemperatur t_2 (°C), T_2 (°C)

t_1 °C	T_1 °C	t_2: 0	100	200	300	400	500	600	700	800	900	1000	1100	1200	1300	1400	1500
		T_2: 273	373	473	573	673	773	873	973	1073	1173	1273	1373	1473	1573	1673	1773
300	573	0,61	0,50	0,33	0												
400	673	1,17	1,06	0,88	0,56	0											
500	773	2,02	1,91	1,74	1,41	0,86	0										
600	873	3,31	3,20	3,04	2,70	2,14	1,29	0									
700	973	5,11	4,99	4,83	4,50	3,94	3,09	1,80	0								
800	1 073	7,47	7,35	7,18	6,86	6,30	5,44	4,16	2,35	0							
900	1 173	10,72	10,60	10,43	10,09	9,55	8,66	7,41	5,7	3,25	0						
1 000	1 273	14,93	14,82	14,65	14,21	13,74	12,86	11,63	9,8	7,47	4,22	0					
1 100	1 373	20,12	20,01	19,84	19,51	18,95	18,10	16,81	15,01	12,65	9,40	5,19	0				
1 200	1 473	26,85	26,74	26,56	26,23	25,66	24,82	23,54	21,74	19,38	16,13	11,92	6,73	0			
1 300	1 573	34,78	34,67	34,49	34,16	33,61	32,75	31,47	29,67	27,31	24,06	19,85	14,66	7,93	0		
1 400	1 673	44,69	44,58	44,40	44,07	43,52	42,66	41,38	39,58	37,22	33,97	29,76	24,57	17,84	9,91	0	
1 500	1 773	56,26	56,15	55,97	55,64	55,09	54,24	52,95	51,15	48,79	45,54	41,33	36,14	29,41	21,48	11,57	0

Bemerkung: Für die in Tab.1 enthaltenen Isolierstoffe und Grenztemperaturen gelten die gleichen Einh.-Oberflächenbelastungen und Grenztemperaturen. Für Glimmerisolation ist ν = 5 bis 10 W/cm².

Tab. 3. Arbeitstemperaturen, Anschlußwerte (Leistungsaufnahme)

A. Haushalt und Kleingewerbe (Ärzte, Friseure)

Arb.-Temp. °C	Gegenstand	Anschlußwert	Bemerkungen
30	Warmwasserbereiter (Durchlauferhitzer) 0,15 l Heißwasser je Min. von 30° (Anfangstemperatur 10°)	220 W	Der Gesamtstromverbrauch im Haushalt für die Speisenbereitung einschl. Aufwaschwasser beträgt je Tag und Kopf 0,35 bis 1,5 kWh.
70	Zimmeröfen	50 W je m³ Luftraum	

95 — Heißwasserbereiter (Heißwasserspeicher)

Speicherinhalt Liter	Anheiz-(Lade-)zeit Stunden	Anschlußwert W	Heißwasserentnahme in 24 Std. Liter	Wasseranschluß Gasrohr ″
15	12	180	30	3/8
25	11½	250	55	3/8
50	10	500	120	½
80	8½	700	220	½
100	8	1 200	300	¾
200	7¾	2 400	620	¾
400	7¾	4 800	1 250	1
100 — 120 (Badeofen)	8	1 400	350	1/2 bis 3/4

Für Betriebe (größerer Verbrauch) sind kürzere Anheizzeiten nötig und daher höhere Anschlußwerte. Elektroherde i. M. 3 kW Anschlußwert.

Arb.-Temp. °C	Gegenstand	Anschlußwert	Bemerkungen
100	Heizkissen	65 W	Mindest - Nenndurchmesser des Heizleiters: 0,09 mm, bei Kissen < 30 × 40 cm Fläche 0,08 mm. Geschlossene Kochplatten für Herde 145 mm ⌀ 1000 W; 180 mm ⌀ 1500 W; 220 mm ⌀ 1800 W.
	Kochtöpfe	340 W je Liter Inhalt bei 20 Min. Anheizzeit	
200	Bügeleisen (3 kg Gewicht)	bis 600 W	
250	Bratpfannen je nach Größe	300 W im Mittel	**Absorptions-Kühlschränke** arbeiten ohne Motor, ohne Kompressor oder Ventilator, ohne Wasserkühlung. Verbrauch tägl. ≈ 2,8 kWh.
300	Kochplatten (150 mm ⌀) offen	500 W	
	Lötkolben	je nach Größe u. Anheizzeit 150 bis 1000 W	
350	Bratofen (Bratröhre)		

B. Großgewerbe und Industrie

Arb.-Temp. °C	Gegenstand	Anschlußwert	Bemerkungen
bis 95	Durchlauferhitzer f. zentrale Warmwasserversorgung u. -heizung. Bis 2 kW u. 500 Volt Heizbänder u. Heizpatronen. Von 2 bis 200 kW f. jede Spannung Heizbänder od. Elektrod.	$P = \frac{Q_1 \cdot (t_e - t_a)}{775}$ in kW	P = Anschlußwert in kW; Q_1 = Wassermenge je Stunde in l; t_e = Endtemp. in °C; t_a = Anfangstemp. in °C; $t_e - t_a$ = Temp.-Erhöhg. 80° b. 85°
70 / 120	Öfen für Raumheizung	180 W / 300 W	Widerstand mit Luftzirkulation

bis 165 (s. Bem.) — Heißwasserspeicher bis 6 atü Betriebsdruck

$$P = \frac{Q_2 \cdot (t_e - t_a)}{700 \cdot H} \text{ in kW}$$

Speicherinhalt (Q_2) Liter	Anheiz-(Lade-)zeit (H) Stunden	Heißwasserentnahme (Q_{24}) in 24 Stunden Liter	Anschlußwert (P) kW	Wasseranschluß Gasrohr ″
100	8	300	1,2	¾
200	7¾	620	2,4	¾
300	7¾	940	3,6	1
400	7¾	1 250	4,8	1
500	7¾	1 550	6,0	1¼
600	7½	1 850	7,2	1¼
1 000	7½	3 100	12,0	1½
1 500	7	4 700	18,0	1½
2 000	7	6 300	25,0	2

Bemerkungen:
P = Anschlußwert in kW
Q_2 = Heißwassermenge (Speicherinhalt) in Liter
H = Anheiz-(Lade-)zeit in Std.
t_e = Endtemperatur in °C
t_a = Anfangstemperatur in °C
$t_e - t_a$ = Temperaturerhöhung normal 80° bis 85°
bei 1,5 atü (Niederdruck) 110°
bei 6 atü (Hochdruck) 150°

$$\text{Speicher-Inhalt} = \frac{\text{Wasserbedarf in 24 St.} \times \text{Anheizzeit}}{24} = \frac{Q_{24} \cdot H}{24}$$

Regelung durch Temperaturregler mit Strom-Aus- und -Einschalter

17

Elektrowärme (Fortsetzung)

Arb.-Temp. °C	Gegenstand	Anschlußwert	Bemerkungen
95°	Warmwasserheizung mit: Durchlauferhitzer . . . . Heißwasserspeicher	$P = \frac{2{,}5\,Q_1(t_e - t_a)}{1000} \cdot 1{,}1$ in kW $P = \frac{2{,}5\,Q_1(t_e - t_a)}{1000} \cdot 1{,}2$ in kW	einschl. der Rohrleitungs- und Strahlungsverluste
18—20°	Wärmespeicheröfen (Wärmespeicher aus Beton oder Sand)	1 kW für 25 m³ Luftraum	Anheizzeit 8 Stunden. Kachel- oder Eisenöfen
100 bis 200°	Trockenschränke, -öfen, -kammern, -tunnel für Formen, Kerne, Spulen, Ziegel, Chemikalien, Lebensmittel, Apparate für Papier, Entkeimen und Entlausen. Heizkörper am Boden, an den Seitenwänden in Stockwerken oder als besonderer Lufterhitzer mit Lüfter	siehe folgende Tabelle	

Rauminhalt m³ Luft	Anheizzeit Minuten	Leistungsaufnahme P in kW: Trockentemperatur 100 °C, Anheizen	Trockentemperatur 100 °C, Fortheizen	Trockentemperatur 200 °C, Anheizen	Trockentemperatur 200 °C, Fortheizen
0,05	40	1,05	0,35	3,3	1,1
0,10	40	1,4	0,47	4,2	1,4
0,15	40	1,8	0,6	5,5	1,8
0,30	40	2,5	0,8	7,2	2,4
0,50	40	3,4	1,1	9,9	3,3
1,0	40	4,6	1,5	13,5	4,5
1,5	40	6,0	2,0	18,0	6,0
2,0	50	6,0	2,5	18,0	8,0

Arb.-Temp. °C	Gegenstand	Anschlußwert	Bemerkungen
bis 700°	Einzelplatz-Beheizung durch Strahlung: Heizsonnen, Strahlöfen, Heizdraht spiralförmig gewickelt od. Silitstäbe Widerstandsheizöfen (Heißluftöfen) mit Plattenheizkörpern	500 bis 1500 W 0,5; 0,75; 1,0; 1,25; 2,0; 2,5; 3,0; 4,0 kW	1 bis 3 Heizstäbe gewellter Reflektor Leistungsregelung durch Drehschalter
bis 212° je nach Dampfdruck	Elektro-Dampfkessel **Widerstandsheizung:** a/1 Heizpatronen /2 Heizscheiden Gleichstrom bis 600 V Wechselstrom bis 800 V	Erzeugte Dampfmenge = 1,27⋯1,33 kg/kWh b. $\eta = 100\,\%$ Heizleiter i. Glimmer eingepreßt bis 1000 kW; $\nu = 5$ bis 10 W/cm²	1,5 kg/kWh bei 19 at rund. Querschn. } Heizl. a. Dräht. flach. ,, } oder Bändern $\eta \approx 90$ bis 93 % $\cos\varphi$ = praktisch 1 Anheizzeit 5 bis 30 Minuten Heizdraht ∅: 0,8; 0,9 und 1,0 mm
	b) Heizzapfen (Heizleiter) auf Asbestschiefer Wechselstrom bis 100 V	50 bis 2000 kW; ν = 8 bis 15 W/cm²	
	Elektrodenheizung: nur für Wechselstrom 110 bis 20 000 V	Unbegrenzte Leistungseinstellung 10 bis 100 % stets nötig, da der Wasserwiderstand mit steigendem Salzgehalt u. steigender Temperatur stark abnimmt. Bei 100° ist der Widerstand nur noch 1/3 des Widerstandes von 20°	η = 95 bis 99 % $\cos\varphi$ = 1 Anheizzeit 15 bis 30 Minuten, Wasserwiderstand je cm Elektroden-Entfernung und cm² Elektrodenfläche (Wasserquerschnitt) = 50 000 bis 200 Ω.
100°	Elektro-Großküche: direkt geheizte 100-l-Kessel	Ankochen 10 bis 12 kW, Fortkochen 4 kW	Heizleiter: Glühwendel i. Stäbe u. Platten aus keramischer Masse Ankochzeit 1 Stunde
102°	Indirekt durch Dampfmantel 0,3 at geheizte Elektrokessel η = 92 %	siehe folgende Tabelle	

Inhalt Liter	Leistungsaufnahme kW	Kochzeiten Minuten	Ankochverbrauch kWh
75	25 bis 9	28 bis 66	9
200	42 ,, 15	44 ,, 104	24
500	78 ,, 28	58 ,, 136	58
1000	90 ,, 33	100 ,, 225	116

Arb.-Temp. °C	Gegenstand	Anschlußwert	Bemerkungen
700°	Grill- und Spießbratapparat	8 bis 12 kW	Glühwendel v. Stahlblechen auch i. mitglühend. keramisch. Masse

C. Schwerindustrie

Arb.-Temp. °C	Gegenstand	Anschlußwert	Bemerkungen
stellbar bis 3500°	**a) Stahlerzeugung**		
	Lichtbogenöfen f. Stahllegierungen	Anschlußwert: $P = 750$ kVA	
	Ferrosilicium 45 %	6000 kWh/t	Elektrodenverbrauch 25 bis 300 kg/t
	75 %	1 200 ,,	
	Ferromangan 80 %	3 500—5 000 ,,	
	Ferrochrom (65 % Cr, 2 % C)	6 500—7 000 ,,	60 bis 120 kg/t
	(65 % Cr, 1 % C)	13 000 ,,	
	weniger als 1 % C	27 000 ,,	
	Ferromolybdän a. Molybdändioxyd	7 400 ,,	Fassungsvermögen der Öfen mit direkter Lichtbogenerhitzung 25 t
	,, ,, Calciummolybdat	15 000 bis 16 000 ,,	
	,, ,, Molybdändioxyd u. Ferrosilicium	1 000 ,,	Zum Feinen werden die Öfen von Stern auf Dreieck geschalt.
	Ferrowolfram	7 000 ,, 8 000 ,,	
	Ferrophosphor	6 000 ,, 7 000 ,,	
	Ferrotitan	7 000 ,, 8 000 ,,	
	Ferrovanadin	7 500 ,,	
	Stahl und Stahlformguß einschl.	700 ,, 900 ,,	
	Feinen Grauguß	650 ,, 800 ,,	

Arb.-Temp. °C	Gegenstand	Anschlußwert	Bemerkungen
stellbar bis 3500°	Hochfrequenzöfen: 500 Hertz Für Walz-, Schmiede- u. Sonderstähle	Anschlußwert 1600 kVA zum Einschmelzen (2 h) 500 bis 600 kWh/t zum Feinen 50 bis 200 kWh/t	6 t Fassungsvermögen
	b) Stahlverarbeitung		
	Widerstandsöfen: Heizkörper aus Chrom-Nickel in Spulen an der Decke aufgehängt, in Nischen an den Seiten eingebaut.		
1 000	Muffelöfen zum Glühen u. Härten	Anschlußwert 500 kW	
	Beispiele:		
1 000	Stoßglühofen für durchlaufenden Betrieb	„ 320 „	Ofenlänge 26 m, Nutzquerschnitt 800 · 500 mm, Schachttiefe 8 m = Ø1,25 m
1 000	Schachtglühofen f. Bleche u. Röhren	„ 500 „	
900	Muldenofen für Bandstahl	„ 90 „	
900	Einsatzofen	„ 70 „	Nutzraum 1,5 · 0,6 · 0,4 m
800	Blockglühofen für 20 t	„ 350 „	250 kWh/t, Anheizzeit 14 h
900	Gußglühofen für 12 t	„ 540 „	400 bis 450 kWh/t
730	Blankglühofen für Stahl (Siemens-Stassinet)	„ 123 „	200 kWh/t im Mittel (Schutzgas: Wasserstoff)
1 350	Salzbadöfen zum Härten von Schnellstählen, 3 dm³ Salzbad	„ 15 „	
1 250	Schmiedeofen, 0,48 m³ Kammergröße, 120 kg Stundendurchsatz:	„ 50 „	200 kWh/t
	kleinere Öfen 70 kg	„ 30 „	200 kWh/t
	kleinere Öfen 30 kg	„ 12 „	200 kWh/t
	Temperofen Fassung: 0,5 t	„ 40 „	775 „
	1,0 t	„ 65 „	625 „
	7,5 t	„ 250 „	600 „
	12 t	„ 350 „	450 „
	25 t	„ 600 „	375 „
300	Anwärmen von Feinblechwalzen	„ 80 „	Anheizzeit 8 h
150	Kerntrockenofen	„ 450 „	115 kWh/t Kerne

Weitere Temperaturen: Nietwärmer 800°···1000°, Stumpf-, Punkt- u. Nahtschweißmaschine 1400···1500°. Lichtbogenschweißung und Metallschmelzöfen 3700···4000°

Tab. 4

Heizleiter WM 100; Isolation: Amberglimmer; Oberflächenbelastung ν = 10 W/cm²; Betriebstemperatur 100 °C, Heizleitertemperatur ≈ 900 °C, Betriebsspannung 220 V.

Anschlußwert P (Watt)	100	200	300	400	500	600	700	800	900	1000	1200	1500	2000	
Stromstärke I (Amp.)	0,454	0,908	1,36	1,82	2,28	2,72	3,18	3,64	4,09	4,54	5,45	6,82	9,08	
Widerstand R (Ω)	484	242	161	121	96,5	81,0	69,2	60,5	53,7	48,4	40,3	32,2	24,2	
Nenndurchmesser des Heizleiters d (mm)	0,09	0,16	0,20	0,25	0,28	0,30	0,35	0,40	0,40	0,45	0,5	0,6	0,7	$d = 0{,}344\sqrt[3]{\frac{P}{10 \cdot R}}$
Gestreckte Länge l (m)	3,08	4,9	5,1	5,9	6,0	5,7	6,7	7,6	6,6	7,7	7,9	9,1	9,3	gestuft nach S. 215.

Tab. 5

Heizleiter WM 100; Isolation: Schamotte; Oberflächenbelastung ν = 26 W/cm²; Betriebstemperatur 400 °C, Heizleitertemperatur 1200 °C, Betriebsspannung 220 V.

Anschlußwert P (W)	100	200	300	400	500	600	700	800	900	1000	1200	1500	2000	
Stromstärke I (A)	0,454	0,908	1,36	1,82	2,28	2,72	3,18	3,64	4,09	4,54	5,45	6,82	9,08	
Widerstand R (Ω)	484	242	161	121	96,5	81,0	69,2	60,5	53,7	48,4	40,3	32,2	24,2	
Nenndurchmesser des Heizleiters d (mm)	0,07	0,11	0,14	0,18	0,2	0,22	0,25	0,28	0,3	0,35	0,4	0,45	0,5	$d = 0{,}344\sqrt[3]{\frac{P}{20 \cdot R}}$
Gestreckte Länge l (m)	1,85	2,3	2,5	3,1	3,0	3,1	3,4	3,7	3,8	4,7	5,4	5,1	4,8	gestuft nach S. 215.

Heizleiterlegierungen DIN 17470: Höchstzulässige Anwendungstemperatur t_{max} in °C, spezifischer Widerstand in Ω · mm²/m bei °C, Zugfestigkeit σ_B in kp/mm²

Kurzname	t_{max}	Spezifischer Widerstand ϱ bei °C									Chem. Zusammensetzung*)				Dichte	σ_B	Schmelztemp. °C
	°C	20	200	400	500	600	700	800	900	1000	Al	Cr	Fe	Ni	kg/dm³	kp/mm²	
CrAL 20 5	1200	1,37	1,38	1,39	1,41	1,42	1,43	1,44	1,44	1,45	5	20	Rest	—	7,2	60···80	1500
CrAL 25 5	1300	1,44	1,44	1,45	1,45	1,46	1,47	1,48	1,49	1,49	5	25	Rest	—	7,1	65···85	1500
CrNi 25 20	1050	0,95	1,03	1,11	1,15	1,18	1,20	1,22	1,24	1,26	—	25	Rest	20	7,8	60···75	1380
NiCr 30 20	1100	1,04	1,11	1,17	1,20	1,22	1,24	1,26	1,28	1,30	—	20	Rest	30	7,9	68···83	1390
NiCr 60 15	1150	1,13	1,16	1,20	1,22	1,21	1,21	1,22	1,23	1,24	—	15	20	Rest	8,2	75···90	1390
NiCr 80 20	1200	1,12	1,13	1,15	1,16	1,15	1,14	1,14	1,14	1,15	—	20	—	Rest	8,3	75···90	1400
Toleranz ±	—	5%		6%		7%			8%								

*) Nähere Angaben über die chemische Zusammensetzung siehe DIN 17 742

Versprödungserscheinungen: CrAL Kaltsprödigkeit möglich nach Gebrauch zwischen 400 und 550° C und oberhalb 1000° C. **CrNi** Kaltsprödigkeit möglich nach Gebrauch zwischen 500 und 700° C. **NiCr** Verminderte Biegbarkeit zwischen 500 und 900° C.

17

Elektrowärme (Fortsetzung) — **Elektrische Raumheizung**

Genaue Werte für die Raumheizung erhält man durch eine Rechnung, welche den Wärmedurchgang durch die Wände usw. berücksichtigt. Die zum Heizen eines Raumes benötigte Leistung P in kW beträgt:

$$P = \frac{A \cdot k\,(t - t_1)}{860}$$

A = Fläche der Wände, Decken usw.; t = die gewünschte Zimmertemperatur; t_1 = Außentemperatur; k = Wärmedurchgangszahl, das ist die stündlich durch 1 m² bei 1 °C Temperaturunterschied hindurchtretende Wärme in kcal.

Tabelle der *k*-Werte

Steindicke		½	1	2
Backsteinwände (Außenwand)		2,4	1,7	1,1
Backsteinwände (Innenwand)	k =	2,2	1,5	1,0
Fußböden je nach Dicke	k =	0,4	bis	1,0
Decken je nach Dicke	k =	0,5	bis	1,2
Fenster einfach k = 5,0; doppelt k = 2,3		Türen k = 2,0		

Für Räume mit mehreren Außenwänden oder solche in ungeschützter Lage ist außerdem noch ein Zuschlag von 10 bis 15% zu machen.

Beispiel: Ein Zimmer von 5 × 7 m Bodenfläche und 3 m Höhe liege mit der Schmalseite nach außen. Es habe 4 m² Fensterfläche und 4 m² Türfläche. Welche Leistung ist zur Erhaltung einer Innentemperatur von 20 °C nötig, wenn im Freien —20 °C herrschen und die benachbarten Räume nicht geheizt werden?

Die Leistung für die einzelnen Flächen ist getrennt zu berechnen.

Außenwände (2 Steine dick)

$$P_1 = \frac{(3 \cdot 5 - 4)\,1{,}1 \cdot [20 - (-20)]}{860} = 0{,}56 \text{ kW}$$

Fenster

$$P_2 = \frac{4 \cdot 5 \cdot [20 - (-20)]}{860} = 0{,}93 \text{ kW}$$

Innenwände (1 Stein dick)

$$P_3 = \frac{[(2 \cdot 7 + 5)\,3 - 4] \cdot 1{,}5\,(20 - 0)}{860} = 1{,}85 \text{ kW}$$

Türen

$$P_4 = \frac{4 \cdot 2 \cdot (20 - 0)}{860} = 0{,}19 \text{ kW}$$

Boden

$$P_u = \frac{5 \cdot 7 \cdot 0{,}6\,(20 - 0)}{860} = 0{,}49 \text{ kW}$$

Decke

$$P_o = \frac{5 \cdot 7 \cdot 0{,}8 \cdot (20 - 0)}{860} = 0{,}65 \text{ kW}$$

Gesamtleistung P = 4,67 kW

Das ergibt je m³ $= \frac{4670}{7 \cdot 5 \cdot 3} \approx 45$ Watt.

Das Wärme-Äquivalent der elektrischen Energie ist = 0,239 (s. S. 208).

Um 1 m³ Luft um 1 °C zu erwärmen, sind ≈ 0,31 Kilogrammkalorien erforderlich, also 0,31 · 1,157 ≈ 0,36 Wattstunden. Für Übergangsheizung rechnet man 40 Watt je m³ und für Dauerheizung 60 bis 100 W je m³. Zur Ermittlung des Wärmebedarfs für Räume bis zu 5 m Höhe kann nachstehende Tabelle benutzt werden.

Tabelle zur Ermittlung des Wärmebedarfs

Art der Begrenzungsfläche*)	Erforderliche Watt für 1 m² Begrenzungsfläche, wenn d. Temperaturunterschied (°C) zwischen außen und innen beträgt:							
	5°	10°	15°	20°	25°	30°	35°	40°
Wände, 12 cm dick	15	29	44	58	73	87	102	115
„ 24 „ „	11	21	31	42	52	63	73	82
„ 38 „ „	8	15	23	30	38	45	53	60
„ 51 „ „	7	13	20	26	33	38	45	51
Decken gewölbt	5	8	13	16	21	24	29	32
„ Balkenlage	4	6	9	12	15	17	21	23
Fußböden unterwölbt	4	7	10	14	17	21	24	28
„ Balkenlage	3	5	7	9	12	14	15	23
Türen	15	23	35	46	58	70	81	93
Fenster, einfach	40	60	94	125	157	188	219	230
„ doppelt	20	30	44	60	73	87	102	115
Oberlicht, einfach	50	61	94	125	156	187	218	250
„ doppelt	25	35	52	70	87	104	122	140

*) Für Außenwände 10% Zuschlag.

Beispiel: Ein Zimmer mit einer Grundfläche von 4 × 5 m und einer Höhe von 3,5 m hat 2 Doppelfenster von je 2 m Höhe und 1,3 m Breite und 2 Türen von je 2,5 m Höhe und 1,2 m Breite.

Wanddicke = 1 Stein = 24 cm, Decke und Fußboden in Balkenlage ausgeführt. Wieviel Watt müssen für Dauerheizung des Zimmers aufgenommen werden, wenn der Temperaturunterschied 25°C beträgt?

Größe der Begrenzungsflächen:

Fenster: 2 · 1,3 · 2 = 5,2 m²
Türen: 2 · 1,2 · 2,5 = 6,0 m²
11,2 m²

Wandfläche
einschl. Fenster u. Türen 2 · [(4 + 5) · 3,5] = 63 m²
ausschl. „ „ „ 63—11,2 = 51,8 m²
Fußboden 4 · 5 = 20,0 m²
Decke 4 · 5 = 20,0 m²

Zuschlag von 10% für die Außenwand
= 0,1 · [(5 · 3,5) — (2 · 2 · 1,3)] = 1,23 m²

Nach Tabelle sind erforderlich:

Wände:	51,8 · 52	=	2 693,6 Watt
Zuschlag:	1,23 · 52	=	64,0 „
Fenster:	5,2 · 73	=	379,6 „
Türen:	6 · 58	=	348,0 „
Fußboden:	20 · 12	=	240,0 „
Decke:	20 · 15	=	300,0 „
Gesamtleistung P		=	**4025,2 Watt ≈ 4 kW**

Das Zimmer hat 4 · 5 · 3,5 = 70 m³ Inhalt.

Es sind erforderlich je m³ $\frac{4\,025{,}2}{70}$ = **57,5 W/m³**

Wickeldrähte, Runddrähte aus Widerstandslegierungen, nicht isoliert, nach DIN 46461 /11.66

Nenn-durchm. mm	Nenn-quer-schnitt mm²	Gleichstrom-Widerstand je Meter bei 20° C [1])[2]) (Ω/m) CuMn 12 Ni Nenn-wert [3])	zul. Abw. %	CuNi 20 Mn 10 und CuNi 44 Nenn-wert [3])	zul. Abw. %	CuNi 30 Mn Nenn-wert	zul. Abw. %	CuMn 2 Al Nenn-wert	zul. Abw. %	CuMn 12 NiAl Nenn-wert	zul. Abw. %
0,03	0,0007069	608		693		566					
0,04	0,001257	342		390		318					
0,05	0,001963	219		250		204					
0,06	0,002827	152	± 8	173	± 8	141	± 8				
0,07	0,003848	112		127		104					
0,08	0,005027	85,5		97,5		79,6					
0,09	0,006362	67,6		77,0		62,9					
0,1	0,007854	54,7		62,4		50,9					
0,12	0,01131	38,0		43,3		35,4					
0,15	0,01767	24,3	± 7	27,7	± 7	22,6	± 7				
0,18	0,02545	16,9		19,3		15,7					
0,2	0,03142	13,7		15,6		12,7					
0,25	0,04909	8,76	± 6	10,0	± 6	8,15	± 6				
0,3	0,07069	6,08		6,93		5,66					
0,35	0,09621	4,47		5,09		4,16					
0,4	0,1257	3,42	± 5	3,90	± 5	3,18	± 5				
0,5	0,1963	2,19		2,50		2,04					
0,6	0,2827	1,52		1,73		1,41		0,442		1,77	
0,7	0,3848	1,12		1,27		1,04		0,325		1,30	
0,8	0,5027	0,855		0,975		0,796		0,249		0,995	
0,9	0,6362	0,676	± 4	0,770	± 4	0,629	± 4	0,196	± 4	0,785	± 4
1,0	0,7854	0,547		0,624		0,509		0,159		0,636	
1,2	1,131	0,380		0,433		0,354		0,111		0,442	
1,4	1,539	0,279		0,318		0,260		0,081		0,325	
1,6	2,011	0,214		0,244		0,199		0,062		0,249	
1,8	2,545	0,169		0,193		0,157		0,049		0,196	
2,0	3,142	0,137		0,156		0,127		0,040		0,159	
2,5	4,909	0,0876	± 4	0,100	± 4	0,0815	± 4	0,0255	± 4	0,102	± 4
3,2	8,042	0,0535		0,0609		0,0497		0,0155		0,0622	
4	12,57	0,0342		0,0390		0,0318		0,0099		0,0398	
5	19,63	0,0219		0,0250		0,0204		0,00637		0,0255	
6	28,27	0,0152		0,0173		0,0141		0,00424		0,0177	

[1]) Die Werte gelten für den Lieferzustand geglüht

[2]) Für beglaubigungsfähige Präzisionswiderstände entscheiden die Technischen Oberbehörden

[3]) Berechnet aus den Nennquerschnitten mit den Richtwerten für die Dichte nach DIN 17471

Strombelastungsfähigkeit blanker Widerstandsdrähte

Quer-schnitt mm²	Durch-messer mm	Widerstandsdrähte (Konstantan) Dauerbetrieb A	Dauerbetrieb A/mm²	Kranbetrieb (Kontroller) A	Kranbetrieb A/mm²	Anlasser mit Luftkühlung A	Anlasser mit Luftkühlung A/mm²	Anlasser mit Ölkühlung A	Anlasser mit Ölkühlung A/mm²
0,0078	0,1	0,077	9,9	0,13	17	0,19	24	0,35	45
0,0314	0,2	0,24	7,6	0,4	13	0,58	18	1,1	34
0,0707	0,3	0,47	6,7	0,8	11	1,1	16	2,1	30
0,126	0,4	0,76	6,0	1,3	10	1,8	14	3,4	27
0,196	0,5	1,1	5,6	1,9	10	2,6	13	5	25
0,283	0,6	1,5	5,3	2,6	9	3,6	13	7	24
0,385	0,7	1,9	5,0	3,3	8,5	4,5	12	9	22
0,503	0,8	2,4	4,8	4,1	8,3	5,7	11,5	11	22
0,636	0,9	2,9	4,6	5	8	7	11	13	21
0,785	1,0	3,5	4,4	6	7,6	8,5	10,5	16	20
0,95	1,1	4,1	4,3	7	7,4	10	10	18	20
1,13	1,2	4,7	4,1	8	7	11,5	10	21	18
1,33	1,3	5,4	4,0	9,3	7	13	9,5	24	18
1,54	1,4	6,2	4,0	10,5	7	15	9,5	28	18
1,77	1,5	6,9	3,9	12	6,8	17	9,5	31	18
2,01	1,6	7,6	3,8	13,5	6,6	18	9	34	17
2,27	1,7	8,5	3,7	15	6,5	20	8,8	39	17
2,54	1,8	9,3	3,6	16	6,3	22	8,6	42	16
2,84	1,9	10,2	3,6	17,5	6,2	24	8,6	46	16
3,14	2,0	11,1	3,5	19	6	27	8,4	50	16
3,80	2,2	13,0	3,4	22,4	5,9	31	8,2	58	15,3
4,91	2,5	16,1	3,3	28	5,7	39	8,0	70	15
6,16	2,8	19,5	3,2	33,6	5,4	46	7,5	88	14,2
7,07	3,0	21,3	3,0	37	5,2	50	7,0	95	13,5
8,55	3,3	25,6	3,0	44	5,1	60	7,0	115	13,5
9,62	3,5	28,2	2,9	50	5	70	7,0	130	13

Beispiel: Bei einem Widerstandsdraht von 2,5 mm Ø beträgt der Querschnitt 4,91 mm². — Die Belastung bei Kranbetrieb beträgt 28 Amp.; für 1 mm² demnach 28 : 4,91 = 5,7 Amp.

Beispiel zu S. 206: Eine Leitungsschiene aus Flachaluminium 60 × 10 soll durch eine Kupferschiene ersetzt werden.

Lösung: Belastungsfähigkeit der Aluminiumschiene = 750 Amp. Hierzu paßt Flachkupferschiene 60 × 8 mit 850 Amp. Belastungsfähigkeit. In der Praxis würde auch Kupferschiene 60 × 6 mit 730 Amp. als ausreichend angesehen werden.

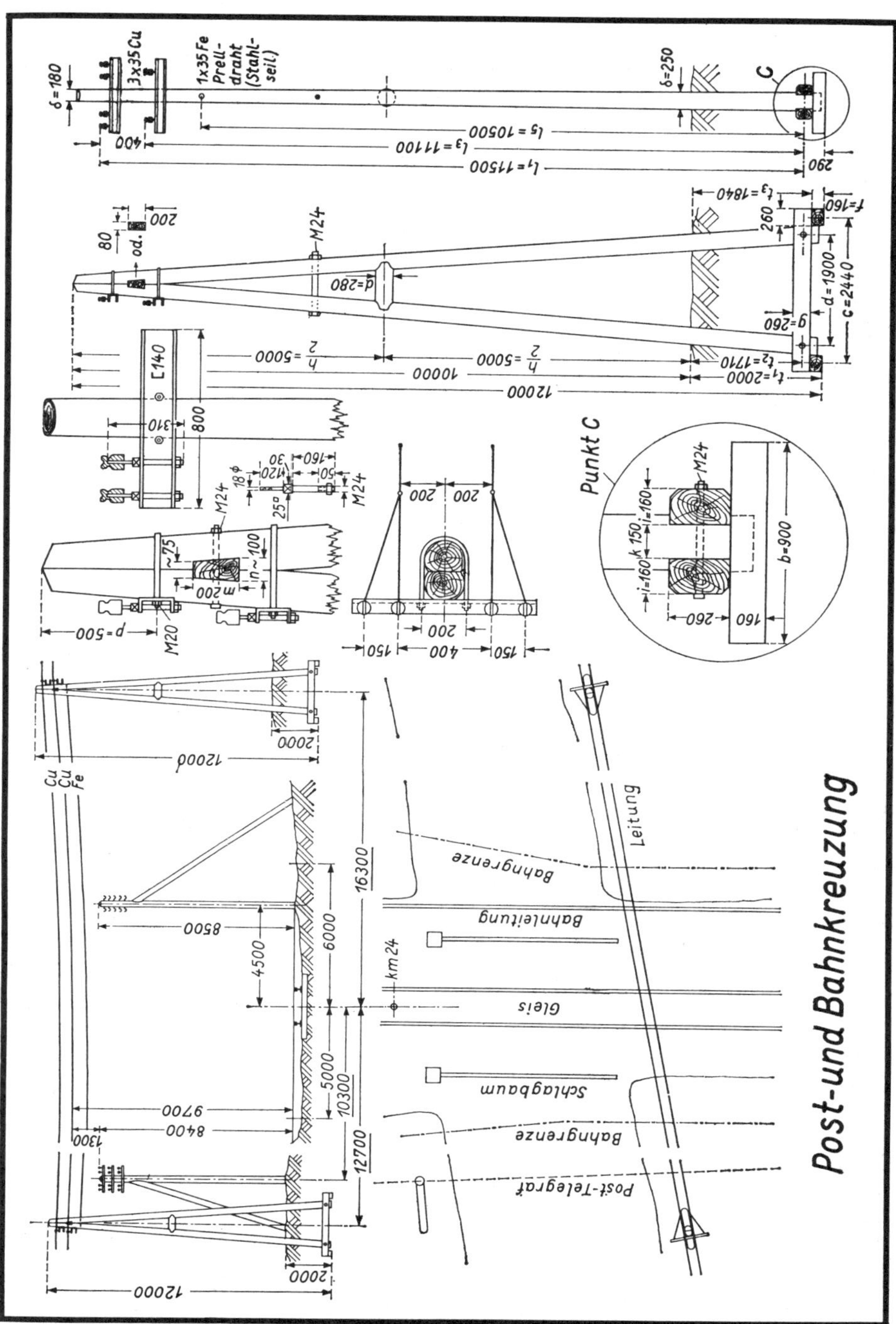

Bei Post- und Bahnkreuzungen ist bruchfeste Aufhängung des Leiters (an 2 Isolatoren) erforderlich.

Mastberechnung

Post- und Bahnkreuzung mit Holz-A-Masten auf Plattenfundament

mit Zangenbohlen und Hartholzdübelung an den Zöpfen. (Hierzu Zeichnung S. 216.)

Es sind zu verlegen 3 Niederspannungsleitungen für Drehstrom von 50 Perioden und 220 Volt Spannung mit je 35 mm² Querschnitt, Hartkupferseil und einer Seilspannung von 4 kp/mm². Im Kreuzungsfeld von 29 m Spannweite außerdem ein Prelldraht (Stahlseil) von 35 mm² und ebenfalls 4 kp/mm² Spannung. Die Nachbarfelder haben 30 m Spannweite. Die Leitungen sind mit ⊔-Stahl-Traversen an den A-Masten bruchsicher zweifach aufgehängt. Die Durchhangzahlen bei den verschiedenen Temperaturen sind aus nebenstehender Tabelle zu entnehmen.

Spannweite m	Durchhang in cm bei — 20°	— 10°	+ 0°	+ 10°	+ 20°	+ 30°	+ 40°	— 5° und Zusatzlast
10	3	5	8	10,5	13	15,5	17,5	—
15	6,5	10	14	17,5	21	24	27	16,5
20	17,5	22	26,5	30,5	34	37,5	40,5	29
25	33,5	38,5	43	47	51	54	58	45,5
30	53	58	62	67	71	75	78	65,5
35	77	81,5	86	90	94	98	102	89
40	104	109	113,5	118	122	126	130	116
45	135	140	144	148,5	153	157	161	147
50	168,5	173,5	178	182,5	187	191	195	181
55	207,5	212	216,5	221	223,5	230	234	219
60	249	253,5	258	262,5	267	271	275	261
65	294	298,5	303	307,5	312	316	320	306
70	343	348	352,5	357	361	365	369	355
75	395,5	400	404,5	409	413,5	418	422	407,5

Eigengewicht der Kupferseile = 0,0089 kp/cm³; Wärmeausdehnungszahl für 1 °C = 0,000017;

$$\text{Dehnung auf Zug} = \frac{1}{1300000}\ \text{cm}^2/\text{kp}.$$

$$\text{Zusatzlast} = 180\sqrt{d},\ \text{worin } d = 7{,}5\ \text{mm}.$$

Die erforderlichen Abmessungen sind in die entsprechende Grund- und Aufrißskizze der Mastzeichnung mit Traverse und Isolatorenstütze eingetragen.

Länge des Mastes l = 12,00 m
über der Erde h = 10,00 m

Eingrabtiefen t_1 = 2,00 m, t_2 = 1,71 m, t_3 = 1,84 m

Durchmesser des Mastes δ = 0,18 m (Zopf), δ = 0,22 m (Mitte), δ = 0,25 m (Erde).

Festigkeitsnachweis

1. Beanspruchung durch den Zug der Leitungen und des Prelldrahtes

Höhe des Angriffspunktes m	Äußere Kräfte	Im Kreuzungsfeld: Anzahl	Querschnitt mm²	Belastung kp/mm²	Zugkraft kp	Biegungsmoment kpm	In den Nachbarfeldern: Anzahl	Querschnitt mm²	Belastung kp/mm²	Zugkraft kp	Biegungsmoment kpm
11,5	Starkstromleitung .	2	35	4	280	3220	2	35	4	280	3220
11,1	Starkstromleitung .	1	35	4	140	1554	1	35	4	140	1554
10,5	Prelldraht	1	35	4	140	1470	—	—	—	—	—
					560	6244				420	4774

Bei Bahnkreuzungen ist mit dem Bruch sämtlicher vom Kreuzungsmast abgehenden Leitungen eines Feldes zu rechnen, bei Postkreuzungen nur mit dem Bruch von zwei Dritteln der Leitungen. Da 6244 — 4774 = 1470 < 6244, so ist mit M = 6244 zu rechnen.

2. Winddruck auf Mast, Querträger und Isolatoren

$$W_m = \frac{0{,}18+0{,}25}{2}\cdot 10\cdot 70\cdot 0{,}8 = 120 \quad (\text{Nach VDE 0210 } W = c\cdot q\cdot A)$$

Zuschlag für hintere Stütze = 80
≈ 200 kp

Querträger sind 2 ⊏ 140, 0,8 m lang, daher

$$W_q = 2\cdot 0{,}14\cdot 0{,}8\cdot 55\cdot 2{,}6 = 32\ \text{kp}$$

für die Isolatoren ≈ 2 kp
34 kp

Moment des Winddruckes

$$M_w = 34\cdot 11{,}15 + 200\left(\frac{10}{2}+1{,}71\right) = 379 + 1342 = 1721\ \text{kpm}.$$

Gesamtmoment M_1 max = 6244 + 1721 = **7965 kpm.**

11,15 = resultierender Hebelarm für Traversen und Isolatoren.

3. Winddruck senkrecht zur Leitungsrichtung

Statt 29 m Spannweite im Kreuzungsfeld sind ≈ 30 m gesetzt. Der Durchmesser 35 mm² Querschnitt beträgt 7,5 mm = 0,0075 m.

a) Winddruck auf die Leitungen:

$$W_{l_1} = 3\cdot 0{,}0075\cdot 30\cdot 52{,}5\cdot 1{,}2 = 42\ \text{kp}$$

$$W_{l_2} = 1\cdot 0{,}0075\cdot \frac{30}{2}\cdot 52{,}5\cdot 1{,}2 = 7\ \text{kp}$$

49 kp ≈ 50 kp

b) Winddruck auf den Mast:

$$W_m = \frac{0{,}18+0{,}25}{2}\cdot 10\cdot 2\cdot 70\cdot 0{,}8 = 240\ \text{kp}$$

Querholz = 30 kp
270 kp

Gesamtmoment des Winddruckes:

$$M_2\ \textbf{max} = 50\,(11{,}1 - 1{,}71) + 270\cdot\frac{10}{2} = \mathbf{1820\ kpm.}$$

4. Beanspruchung des Mastes in der Leitungsrichtung

Stabkraft in den Stangen ist $F = \dfrac{M_1\,\text{max}}{d} = \dfrac{7965}{1{,}9} \approx 4200$ kp.

$J = 25\ F\cdot l_k^2$, wobei F in Mp und l_k in m zu setzen ist.

(d siehe Skizze S. 216 rechts unten.)

Knicklänge:

$$l_k = l - p - \frac{t_1}{2} = 12 - 0{,}5 - 1 = 10{,}5\ \text{m}.$$

$$J = 25\cdot 4{,}2\cdot 10{,}5^2 = 11576\ \text{cm}^4$$

Bei 22 cm mittlerem Mastdurchmesser ist das vorhandene Trägheitsmoment J = 11 500 cm⁴ also noch ausreichend.

5. Beanspruchung des Mastes senkrecht zur Leitungsrichtung

Widerstandsmoment des Mastquerschnittes an der Erdoberfläche bei δ = 25 cm Ø $W = 2\cdot 1534 = 3068$ cm³.

Die Biegungsbeanspruchung beträgt also:

$$\sigma_b = \frac{M_2\text{max}}{W} = \frac{182\,000}{3068} = \mathbf{59\ kp/cm^2.}$$

6. Beanspruchung des Hartholzdübels

Höhe des Dübels m = 20 cm,
Breite n = 8 cm, Länge l = 18 cm.

a) Scherbeanspruchung:

$$\sigma_s = \frac{F}{m\cdot l} = \frac{4200}{20\cdot 18} \approx \mathbf{11{,}7\ kp/cm^2.}$$

b) Druckbeanspruchung:

$$\sigma_b = \frac{F}{\frac{n\cdot l}{2}} = \frac{4200}{4\cdot 18} \approx \mathbf{58\ kp/cm^2.}$$

Mastberechnung (Fortsetzung)

7. Fundamente

Als Fundamentplatten und Zangenbohlen werden normale Eisenbahnschwellen verwendet.

Abmessungen der Platten $= 26 \times 16 \times 90$ cm
Abmessungen der Zangen $= 26 \times 16 \times 270$ cm
Entf. der Plattenmitten $c = 2{,}7 - 0{,}26 = 2{,}44$ m.
$t_1 = 2$; $t_2 = 1{,}71$; $t_3 = 1{,}84$; $a = 0{,}26$; $b = 0{,}9$; $h = 10$ m.
γ Holz 0,6 Mp/m³; γ Erde 1,6 Mp/m³; $\sigma e = 25$ Mp/m³.
Reibungswinkel Erde $\varrho = 34°$; Erdwiderstandszahl $\lambda p = \tan^2 (45° + \varrho : 2) = \tan^2 62° = 1{,}88^2 = 3{,}53$ Mastgew.

$$G_m = l \cdot \gamma h \cdot 2 \frac{d^2 \pi}{4} = 12 \cdot 0{,}6 \cdot 2 \cdot \frac{0{,}22^2 \pi}{4} \approx 0{,}55 \text{ Mp}$$

Erdgew. $G_e = 2a \cdot b \cdot t_3 \cdot \gamma e = 2 \cdot 0{,}26 \cdot 0{,}9 \cdot 1{,}84 \cdot 1{,}6 = 1{,}38$ Mp

Gesamtgewicht $G_s \approx$ **2,00 Mp**

Spitzenzug Z aus M_1 max geteilt durch Länge von Mastspitze bis Mitte Zangenbohle $(h + t_2)$:

$$Z = \frac{7965}{11{,}71} = 680 \text{ kp} \approx \mathbf{0{,}7\ Mp}$$

Bodenpressung:

$$p = \frac{\dfrac{Z\ (h+t_2)}{c} + \dfrac{G_s}{2}}{a \cdot b} = \frac{\dfrac{0{,}7\,(10{,}0+1{,}71)}{2{,}44} + \dfrac{2}{2}}{0{,}26 \cdot 0{,}9} = \mathbf{18{,}6\ Mp/m^2}$$

Bodenpressung $p < 25$ Mp/m².

Reibungswiderstand der Erde

Ru*) $= 0{,}8 \tan\varrho \cdot \gamma e \cdot t_3^2\,(a+b)$
$= 0{,}8 \cdot 0{,}6745 \cdot 1{,}6 \cdot 1{,}84^2 \cdot (0{,}26 + 0{,}9) = 3{,}39$ Mp
(0,8 = Sicherheitszahl)

Es muß sein:

$$\frac{Z \cdot (h+t_2)}{c} - \frac{G_m}{2} \leq \frac{G_e}{2} + Ru$$

$$= \frac{0{,}7\,(10{,}0+1{,}71)}{2{,}44} - \frac{0{,}6}{2} \leq \frac{1{,}38}{2} + 3{,}39 = 3{,}06 \leq 4{,}08$$

Gesamterddruck Rup*) $= \tan\varrho\ \gamma e \cdot \lambda p \cdot t_3^2\ (a+b)$
$= 0{,}6745 \cdot 1{,}6 \cdot 3{,}53 \cdot 1{,}84^2 \cdot (0{,}26 + 0{,}9) = 14{,}96$ Mp

Gesamte Zugkraft:

$$Z_{max} = \frac{\left(\dfrac{G_s}{2} + 0{,}9 \cdot Rup\right) \cdot c}{h + t_2} = \frac{(1 + 0{,}9 \cdot 14{,}96) \cdot 2{,}44}{10{,}0 + 1{,}71} = \mathbf{3{,}01\ Mp}$$

$$\text{Standsicherheit} = \frac{Z_{max}}{Z} = \frac{3{,}01}{0{,}7} = 4{,}3\text{fach}$$

Beanspruchung der Fundamentplatten

Die Bodenpressung beträgt 1,86 kp/cm². Die Fundamentplatten springen rechts und links 21 cm über die Zangen vor. Auf diese überkragenden Enden wirkt je der Druck

$F = 21 \cdot 26 \cdot 1{,}86 \approx 1016$ kp am Hebelarm 10,5 cm.
Es ist also $M = 1016 \cdot 10{,}5 = 10\,668$ kpcm.

Das Widerstandsmoment der Platte ist $W = \dfrac{26 \cdot 16^2}{6} \approx 1110$ cm³

Es ist also $\sigma p = \dfrac{M}{W} = \dfrac{10\,668}{1110} = \mathbf{9{,}6\ kp/cm^2}$.

Ganz ähnlich errechnet sich die Beanspruchung der Zangenbohlen zu

$$\sigma_z = \frac{1{,}86 \cdot 26 \cdot 90 \cdot 0{,}5\,(244 - 190)}{2 \cdot \frac{1}{6} \cdot 16 \cdot 26^2} \approx \mathbf{33\ kp/cm^2}.$$

8. Querträger, gewählt ⊏ 140

Diese Träger sind auf Biegung und Verdrehung beansprucht nach Hütte:

$$\sigma_i = \frac{M_b}{W}\left(1 + 2{,}9\,\alpha_0^2\,\frac{M_t^2}{M_b^2}\right)$$

$$\alpha_0 = \frac{\sigma_b}{1{,}3\ \tau_t} = \frac{1200}{1{,}3 \cdot 840} = 1{,}1$$

$M_t = 35 \cdot 4 \cdot 0{,}2 = 28$ kpm
$M_b = 35 \cdot 4 \cdot 0{,}2 = 28$ kpm

Für ⊏ 140 ist $W_y = 14{,}8$ cm³

$$\sigma_i = \frac{2800}{14{,}8}\left(1 + 2{,}9 \cdot 1{,}1^2 \cdot \frac{28^2}{28^2}\right)$$

$= 189\,(1 + 3{,}5) \approx 850$ kp/cm²

Zulässig 1200⋯1500 kp je cm².

Die Isolatorenstützen sind mit 22 mm ∅ reichlich stark, so daß sich eine Berechnung erübrigt.

Berechnung eines Flußstahlmastes

Die Länge der beiden Maste ist $L = 11$ m über Erde.

Spannweite im Kreuzungsfeld $a = 28{,}95$ m. Linkes Nachbarfeld zweigt unter $\gamma = 150°$ ab, rechter Mast steht in Flucht. Durchhang f (s. S. 207 oder Tabelle von Jäger)

Beanspruchung durch den Zug der Leitungen

Höhe des Angriffspunktes über Erde	Äußere Kräfte	Im Kreuzungsfeld					Im Nachbarfeld				
		Anzahl	Querschnitt	Belastung p in	Zugkraft	Biegungsmoment	Anzahl	Querschnitt	Belastung p in	Zugkraft	Biegungsmoment
m			mm²	kp/mm²	kp	kpm		mm²	kp/mm²	kp	kpm
12,00	Starkstromleitung	1	50	3,8	190	2280	1	35	7	245	2940
10,66	Starkstromleitung	2	50	3,8	380	4050	2	35	7	490	5220
						$M_k = 6330$					$M_n = 8160$

Im Kreuzungsfeld: $f_{max} = \sqrt{f^2 + 0{,}375 \cdot y \cdot a} = \sqrt{0{,}54^2 + 0{,}375 \cdot 0{,}14 \cdot 28{,}95} = 1{,}35$ m (fWert für $t = +40°$).

Biegungsmoment $M_x = (M_n + M_k) \cdot \sin\alpha = (8160 + 6330) \cdot 0{,}2588 \approx 3750$ kpm
$M_y = (M_n - M_k) \cdot \cos\alpha = (8160 - 6330) \cdot 0{,}9659 \approx 1770$ kpm

$y = 0{,}14$ m Verlängerung bei Kettenbruch

$\tan\beta = \dfrac{M_x}{M_y} = \dfrac{3750}{1770} = 2{,}119$; Winkel $\beta = 64°\,44'$ (Siehe Momente-Kräfte-Schaubild S. 220) Leitungswinkel $\alpha = \alpha_1 = 15°$

Biegungsmoment $M_R = \sqrt{M_x^2 + M_y^2} = \sqrt{3750^2 + 1770^2} \approx 4150$ kpm

Mit $M_n : 3$ wird:
$M_x = (M_n : 3 + M_k) \cdot \sin\alpha = (2720 + 6330) \cdot 0{,}2588 \approx 2342$ kpm.

*) Ru = Reibung beim zulässigen (Rup beim größten) Zug zwischen dem über einer Platte lagernden Erdprisma und der umgebenden Erde bei Plattenfundamenten mit 2 Platten.

Mastberechnung (Fortsetzung)

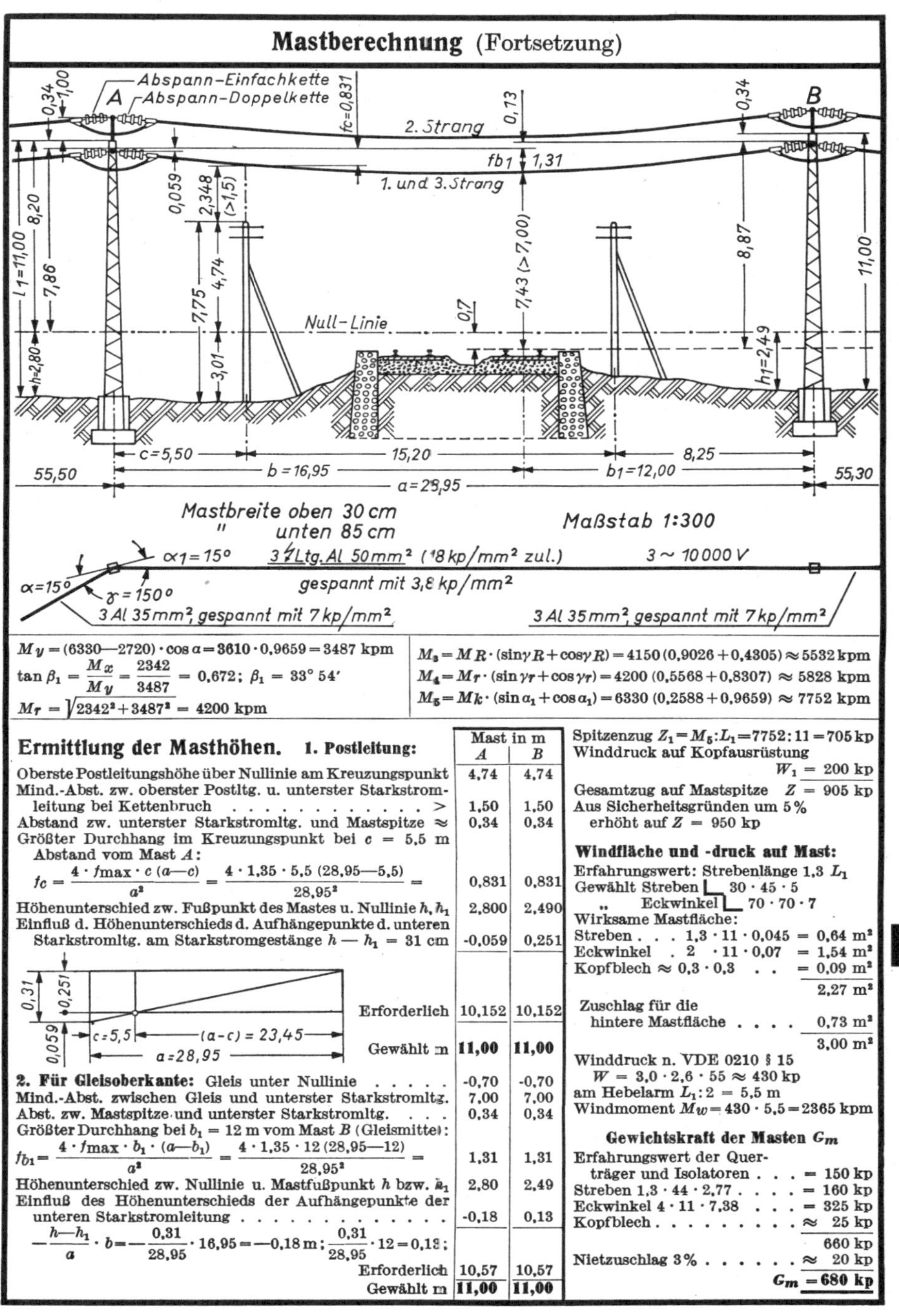

$M_y = (6330 - 2720) \cdot \cos\alpha = 3610 \cdot 0{,}9659 = 3487$ kpm

$\tan\beta_1 = \frac{M_x}{M_y} = \frac{2342}{3487} = 0{,}672;\ \beta_1 = 33°\,54'$

$M_r = \sqrt{2342^2 + 3487^2} = 4200$ kpm

$M_3 = M_R \cdot (\sin\gamma_R + \cos\gamma_R) = 4150\,(0{,}9026 + 0{,}4305) \approx 5532$ kpm

$M_4 = M_r \cdot (\sin\gamma_r + \cos\gamma_r) = 4200\,(0{,}5568 + 0{,}8307) \approx 5828$ kpm

$M_5 = M_k \cdot (\sin\alpha_1 + \cos\alpha_1) = 6330\,(0{,}2588 + 0{,}9659) \approx 7752$ kpm

Ermittlung der Masthöhen. **1. Postleitung:**

	Mast in m A	Mast in m B
Oberste Postleitungshöhe über Nullinie am Kreuzungspunkt	4,74	4,74
Mind.-Abst. zw. oberster Postltg. u. unterster Starkstromleitung bei Kettenbruch . . . . >	1,50	1,50
Abstand zw. unterster Starkstromltg. und Mastspitze ≈	0,34	0,34
Größter Durchhang im Kreuzungspunkt bei $c = 5{,}5$ m Abstand vom Mast A: $f_c = \frac{4 \cdot f_{max} \cdot c\,(a-c)}{a^2} = \frac{4 \cdot 1{,}35 \cdot 5{,}5\,(28{,}95-5{,}5)}{28{,}95^2} =$	0,831	0,831
Höhenunterschied zw. Fußpunkt des Mastes u. Nullinie h, h_1	2,800	2,490
Einfluß d. Höhenunterschieds d. Aufhängepunkte d. unteren Starkstromltg. am Starkstromgestänge $h - h_1 = 31$ cm	-0,059	0,251
Erforderlich	10,152	10,152
Gewählt m	**11,00**	**11,00**
2. Für Gleisoberkante: Gleis unter Nullinie	-0,70	-0,70
Mind.-Abst. zwischen Gleis und unterster Starkstromltg.	7,00	7,00
Abst. zw. Mastspitze und unterster Starkstromltg.	0,34	0,34
Größter Durchhang bei $b_1 = 12$ m vom Mast B (Gleismitte): $f_{b1} = \frac{4 \cdot f_{max} \cdot b_1 \cdot (a-b_1)}{a^2} = \frac{4 \cdot 1{,}35 \cdot 12\,(28{,}95-12)}{28{,}95^2} =$	1,31	1,31
Höhenunterschied zw. Nullinie u. Mastfußpunkt h bzw. h_1	2,80	2,49
Einfluß des Höhenunterschieds der Aufhängepunkte der unteren Starkstromleitung . . . . $-\frac{h-h_1}{a} \cdot b = -\frac{0{,}31}{28{,}95} \cdot 16{,}95 = -0{,}18$ m; $\frac{0{,}31}{28{,}95} \cdot 12 = 0{,}13$;	-0,18	0,13
Erforderlich	10,57	10,57
Gewählt m	**11,00**	**11,00**

Spitzenzug $Z_1 = M_5 : L_1 = 7752 : 11 = 705$ kp
Winddruck auf Kopfausrüstung $W_1 = 200$ kp
Gesamtzug auf Mastspitze $Z = 905$ kp
Aus Sicherheitsgründen um 5 % erhöht auf $Z = 950$ kp

Windfläche und -druck auf Mast:

Erfahrungswert: Strebenlänge 1,3 L_1
Gewählt Streben ∟ 30 · 45 · 5
" Eckwinkel ∟ 70 · 70 · 7

Wirksame Mastfläche:
Streben . . . 1,3 · 11 · 0,045 = 0,64 m²
Eckwinkel . 2 · 11 · 0,07 = 1,54 m²
Kopfblech ≈ 0,3 · 0,3 . . = 0,09 m²
2,27 m²
Zuschlag für die hintere Mastfläche . . . . 0,73 m²
3,00 m²

Winddruck n. VDE 0210 § 15
$W = 3{,}0 \cdot 2{,}6 \cdot 55 \approx 430$ kp
am Hebelarm $L_1 : 2 = 5{,}5$ m
Windmoment $M_W = 430 \cdot 5{,}5 = 2365$ kpm

Gewichtskraft der Masten G_m

Erfahrungswert der Querträger und Isolatoren . . . = 150 kp
Streben 1,3 · 44 · 2,77 . . . . = 160 kp
Eckwinkel 4 · 11 · 7,38 . . . = 325 kp
Kopfblech . . . . ≈ 25 kp
660 kp
Nietzuschlag 3 % . . . . . . ≈ 20 kp
G_m = 680 kp

18

Mastberechnung (Fortsetzung)

Momente-Kräfte-Schaubild

(α = Mastneigungswinkel)

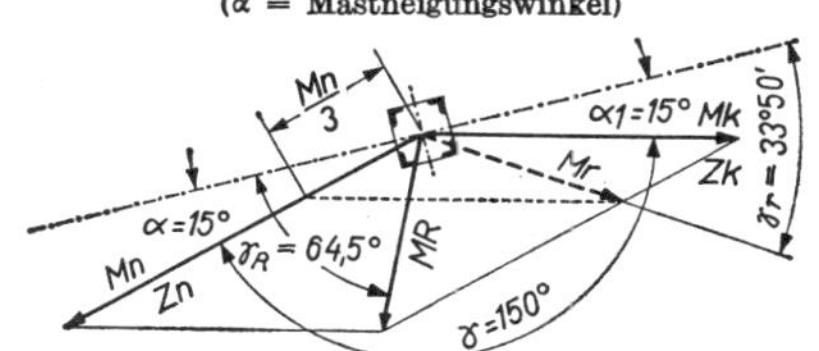

Festigkeitsnachweis:

Mast-Breite oben = 30 cm, unten = 85 cm
Knicklänge der Eckwinkel 70/70/7 h_k = 97 cm
Knicklänge der Streben 30/45/5 h_d = 50 cm oben
h_d = 87 cm unten

Bo=30cm
Bu=85cm
xo=26,06
xu=81,06
e=1,97

Für Niet-Ø d = 1,3 cm, Loch-Ø = 1,4 cm ist:

$A_s = \frac{1{,}4^2 \pi}{4} = 1{,}54$ cm² A_l = Lochleibungsquerschnitt

$A_l = 1{,}4 \cdot 0{,}5 = 0{,}7$ cm²

Gesamtmoment M_{ges} = Momente für Winddruck + Leitungszug = $M_w + M_z = 430 \cdot 5{,}5 + 950 \cdot 11 = 12815$ kpm

Werte der Eckwinkel $70 \cdot 70 \cdot 7 : A_d = 9{,}4$ cm², $A_z = 9{,}4 — 1{,}4 \cdot 0{,}7 = 8{,}42$ cm², $i_x = \sqrt{J_x : A_d} = 2{,}12$ cm.

Kraft in einem Eckwinkel ohne Berücksichtigung der Gewichtskraft der Masten $S = \frac{M_{ges}}{2 \cdot x} = \frac{12815}{2 \cdot 0{,}8106} = 7900$ kp

$S_d = 7900 + (G_m : 4) = 7900 + 170 = 8070$ kp
$S_z = 7900 — (G_m : 4) = 7900 — 170 = 7730$ kp

$\lambda = \frac{h_k}{i_x} = \frac{97}{2{,}12} \approx 46$ dafür $\omega = 1{,}18$ (S. 45)

Druckbeanspr. $\sigma_d = \frac{S_d \cdot \omega}{A_d} = \frac{8070 \cdot 1{,}18}{9{,}4} \approx 1013$ kp/cm²

Zugbeanspr. $\sigma_z = S_z : A_z = 7730 : 8{,}42 \approx 920$ kp/cm²

Zulässig für σ_d und σ_z bis 1600 kp/cm²

Werte der Streben $30 \cdot 45 \cdot 5 : A_d = 3{,}53$ cm²
$A_z = (4{,}5 — 1{,}4) \cdot 0{,}5 = 1{,}55$ cm², da nur der flache Schenkel gerechnet werden darf.

$i_y = \sqrt{J_y : A_d} = \sqrt{1{,}44 : 3{,}53} = 0{,}64$

Querkraft an der Mastspitze, obere Strebe
$Q = Z : 2 = 950 : 2 = 475$ kp
Neigung Strebe $\beta = 60°$; $\cos \beta = 0{,}5$

Druck bzw. Zug in der Strebe:
$D = Q : \cos \beta = 475 : 0{,}5 = 950$ kp

18 Knickbeanspruchung (h_d = 50 cm) $\lambda = h_d : i_\eta = 50 : 0{,}64 = 78$. Für St 37 ist $\omega = 1{,}52$ (S. 45)

Zugbeanspruchung $\sigma_z = D : A_z = 950 : 1{,}55 = 613$ kp/cm²

Druckbeanspr. $\sigma_d = \frac{D \cdot \omega}{A_d} = \frac{950 \cdot 1{,}52}{3{,}53} = 409$ kp/cm²

Zulässig für σ_z und σ_d bis 1600 kp/cm²

Scherspannung der Niete:
$\tau = D : A_s = 950 : 1{,}54 = 617$ kp/cm² (zul. ···1600)

Lochleibungsdruck der Niete:

$\sigma_l = \frac{D}{d \cdot s} = \frac{950}{1{,}4 \cdot 0{,}5} = 1357$ kp/cm² (zul. ···4000)

Mastbreite nimmt je m um 5 cm zu, dah. $2 \tan \alpha = 0{,}05 : 1 = 0{,}05$. $2 \sin \alpha \approx 2 \tan \alpha \approx 0{,}05$.

Kraft in der unteren Strebe bei einem Neigungswinkel $\beta = 29°\,50'$ gegen die Waagrechte:

$Q_1 = (Z + W) : 2 — S \cdot 2 \sin \alpha$
$= (950 + 430) : 2 — 7900 \cdot 0{,}05 = 295$ kp

$D = Q_1 : \cos \beta = 295 : 0{,}8675 = 340$ kp

$h_d = 87$ cm; $i_y = 0{,}64$; $\lambda = \frac{87}{0{,}64} = 136$; $\omega = 3{,}12$

Zugspannung $\sigma_z = \frac{340}{1{,}55} = 220$ kp/cm² (zul. ···1600)

Drucksp. $\sigma_d = \frac{340 \cdot 3{,}12}{3{,}53} = 300$ kp/cm² (zul.···1600)

Scherspannung der Niete:
$\tau = D : A_s = 340 : 1{,}54 = 221$ kp/cm² (zul. ···1600)

Lochleibungsdruck der Niete:

$\sigma_l = \frac{D}{d \cdot s} = \frac{340}{1{,}4 \cdot 0{,}5} = 486$ kp/cm² (zul. ···4000)

Fundamentberechnung: (nach Bürklin*)

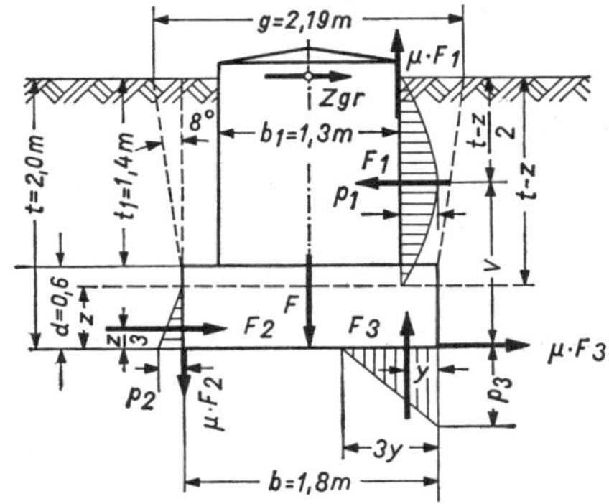

Wichte für Erde $\gamma_e = 1{,}6$ Mp/m³, für Beton $\gamma_b = 2{,}0$ Mp/m³
Reibungswinkel $\varrho = 30°$ für Lehmboden
Reibungszahl der Erde $\mu = 0{,}4$
Erdwiderstandszahl:
$\lambda_p = \tan^2 (45° + \varrho : 2) = \tan^2 (45° + 15°) = 1{,}7321^2 = 3{,}00$

F_1 = Bodendruck auf obere seitliche Gründungsfläche mit Bodenpressung p_1
F_2 = Bodendruck auf untere seitliche Gründungsfläche mit Bodenpressung p_2
F_3 = Bodendruck auf Gründungssohle mit Bodenpressung p_3
p_1' = Bodenpressung beim Bodendruck F_1 = Erdwiderstand E_w
$z \approx t : 3$ = senkrechter Drehachsenabst. v. Stufenkante
$3y$ = waagerechter Drehachsenabst. von Stufenkante

Gesamtlänge $L = L_1 + t = 11 + 2 = 13$ m
Gewichtskraft $G_e = [t_1 : 3\,(g^2 + b^2 + g \cdot b) — b_1^2 \cdot t_1]\,\gamma_e$
der Erde $G_e = [1{,}4 : 3\,(2{,}19^2 + 1{,}8^2 + 2{,}19 \cdot 1{,}8)$
$— 1{,}3^2 \cdot 1{,}4] \cdot 1{,}6$ . . . . . $\approx 5{,}2$ Mp
Gewichtskraft des Betons $G_b = (b^2 \cdot d + b_1^2 \cdot t_1) \cdot \gamma_b$
$= (1{,}8^2 \cdot 0{,}6 + 1{,}3^2 \cdot 1{,}4) \cdot 2{,}0 = (3{,}24 \cdot 0{,}6 + 1{,}69 \cdot 1{,}4) \cdot 2$
$= (1{,}944 + 2{,}366) \cdot 2 = 4{,}31 \cdot 2 =$ . . . . 8,62 Mp
Gewichtskraft der Masten G_m = ... 0,68 Mp
Ges. Gew.-Kraft G = **14,50 Mp**

Schaubild für die Sicherheitszahl S, abhängig vom Verhältnis $b:t$

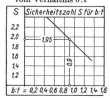

S | Sicherheitszahl S für b:t
2,2 2,0 1,8 1,6 1,4 1,2
1,95
0,9
b:t = 0,2 0,4 0,6 0,8 1,0 1,2 1,4 1,6

Für $b : t = 1{,}8 : 2 = 0{,}9$ ist nach Schaubild Sicherheitszahl $S = 1{,}95$.
Stützmoment auf Fundamentsohle $M = Z \cdot L = 950 \cdot 13 = 12\,350$ kpm
Grenzmoment $M_{gr} = M \cdot S = 12\,350 \cdot 1{,}95 \approx 24100$ kpm $\approx 24{,}1$ Mpm
Grenzspitzenzug $Z_{gr} = Z \cdot S = 950 \cdot 1{,}95 \approx 1850$ kp $\approx 1{,}85$ Mp

*) Bürklin, Berechnung von Mastgründungen, Verlag W. Ernst u. Sohn, Berlin-Wilmersdorf

Mastberechnung (Fortsetzung)

Beim Rechnen mit diesen Grenzwerten darf der passive Erddruck nicht überschritten werden, die Bodenpressung p_3 nicht über $2 \cdot \sigma_t$ betragen.

$$F_3 = \frac{F - \mu \cdot Z_{gr}}{1+\mu^2} = \frac{14{,}5 - 0{,}4 \cdot 1{,}85}{1+0{,}4^2} = \frac{13{,}76}{1{,}16} = \mathbf{11{,}86\ Mp}$$

$$Q = \frac{\mu \cdot F + Z_{gr}}{1+\mu^2} = \frac{0{,}4 \cdot 14{,}5 + 1{,}85}{1+0{,}4^2} = \frac{7{,}65}{1{,}16} \approx \mathbf{6{,}60\ Mp}$$

z wird geschätzt: $z \approx t:3 = 2:3 \approx 0{,}65$ m

$$F_1 = \frac{Q \cdot b_1 (t-z)^2}{b_1 (t-z)^2 - b \cdot z^2} = \frac{6{,}6 \cdot 1{,}3 \cdot (2-0{,}65)^2}{1{,}3 \cdot (2-0{,}65)^2 - 1{,}8 \cdot 0{,}65^2}$$

$$= \frac{6{,}6 \cdot 1{,}3 \cdot 1{,}35^2}{1{,}3 \cdot 1{,}35^2 - 1{,}8 \cdot 0{,}65^2} = \frac{15{,}64}{1{,}61} = \mathbf{9{,}71\ Mp}$$

$$F_2 = F_1 - Q = 9{,}71 - 6{,}60 = \mathbf{3{,}11\ Mp}$$

$$u_1 = \frac{\mu \cdot b_1}{2} + \frac{t+z}{2} = \frac{0{,}4 \cdot 1{,}3}{2} + \frac{2+0{,}65}{2} = 1{,}585\ \text{m}$$

$$u_2 = \frac{\mu \cdot b}{2} - \frac{z}{3} = \frac{0{,}4 \cdot 1{,}8}{2} - \frac{0{,}65}{3} = 0{,}143\ \text{m}$$

$$y = \frac{F_1 \cdot u_1 + F_2 \cdot u_2 + F_3 \cdot 0{,}5\, b - M_{gr}}{F_3}$$

$$= \frac{9{,}71 \cdot 1{,}585 + 3{,}11 \cdot 0{,}143 + 11{,}86 \cdot 0{,}9 - 24{,}1}{11{,}86}$$

$$= \frac{15{,}39 + 0{,}44 + 10{,}67 - 24{,}1}{11{,}86} = \frac{2{,}40}{11{,}86} = \mathbf{0{,}20\ m}$$

Boden-pressungen: $p_1 = \dfrac{3 \cdot F_1}{2 \cdot b_1 \cdot (t-z)} = \dfrac{3 \cdot 9{,}71}{2 \cdot 1{,}3 \cdot (2-0{,}65)}$
$\approx 8{,}3\ \text{Mp/m}^2 = 0{,}83\ \text{kp/cm}^2$

$$p_2 = \frac{2 \cdot F_2}{b \cdot z} = \frac{2 \cdot 3{,}11}{1{,}8 \cdot 0{,}65} \approx 5{,}3\ \text{Mp/m}^2 = 0{,}53\ \text{kp/cm}^2$$

$$p_3 = \frac{2 \cdot F_3}{3 \cdot y \cdot b} = \frac{2 \cdot 11{,}86}{3 \cdot 0{,}2 \cdot 1{,}8} = 22{,}0\ \text{Mp/m}^2 = 2{,}2\ \text{kp/cm}^2$$

Erddruck: $e_p = \gamma_e \cdot \lambda_p \cdot \dfrac{t-z}{2} = 1{,}6 \cdot 3 \cdot \dfrac{2-0{,}65}{2} =$
$3{,}24\ \text{Mp/m}^2 = 0{,}324\ \text{kp/cm}^2$

Zulässige Beanspruchung des Baugrundes in der Tiefe t errechnet sich bei $\sigma = 5\ \text{Mp/m}^2$

$$\sigma_t = \sigma + \gamma_e \cdot t \cdot \tan^2 (45° + 0{,}5\,\varrho) = 5 + 3{,}2 \cdot \tan^2 60°$$
$$= 5 + 3{,}2 \cdot 1{,}7321^2 = 14{,}6\ \text{Mp/m}^2 = \mathbf{1{,}46\ kp/cm^2}$$

Beim Erreichen des seitlichen Erdwiderstandes E_w (Grenzfall) soll Bodenpressung an der Fundamentsohle sein

$p_3 \leqq 2 \cdot \sigma_t$, also $2{,}2 < 2 \cdot 1{,}46$ oder $2{,}2 < 2{,}92$

$$p'_1 = \frac{p_1 \cdot b_1}{1{,}5\, b_1 + (t-z)} = \frac{8{,}3 \cdot 1{,}3}{1{,}5 \cdot 1{,}3 + (2{,}0 - 0{,}65)}$$

$$= \frac{10{,}79}{1{,}95 + 1{,}35} = 3{,}27\ \text{Mp/m}^2 = \mathbf{0{,}327\ kp/cm^2}$$

Bedingungen sind erfüllt.

Querträgerberechnung für Mast *A*:

Angenommen ⊔-Stahl 65 mit $A_d = 9{,}03\ \text{cm}^2$, durch 2 Niete 11 Ø geschwächt
Schwerpunktsabstand $e = 1{,}42$ cm; $s = 0{,}55$ cm.

$J_x =$ . . . . 57,5 cm⁴ → $57{,}5\ \text{cm}^4$
Nietabzug $1{,}1\ (6{,}5^3 - 5^3) : 12 =$
$1{,}1 \cdot (274{,}63 - 125) : 12 =$ . . . . $13{,}7\ \text{cm}^4$
$43{,}8\ \text{cm}^4$

$W_x = 43{,}8 : 3{,}25 = 13{,}5\ \text{cm}^3$
$J_y =$ . . . . $14{,}10\ \text{cm}^4$
Nietabzug
$2 \cdot (0{,}75 \cdot 1{,}1^3 : 12 + 0{,}75 \cdot 1{,}1 \cdot 1{,}08^2)$ . . . . $2{,}09\ \text{cm}^4$
$12{,}01\ \text{cm}^4$

$W_y = 12{,}01 : 2{,}78 = 4{,}3\ \text{cm}^3$
Querträger 34 cm unter Mastspitze, $b_0 = 30 + 0{,}34 \cdot 5 = 31{,}7$ cm; $e_1 = 31{,}7 + 2 \cdot 1{,}42 = 34{,}54$ cm; $l = 70$ cm; $l_1 = 58{,}15$ cm; $l_2 = 23{,}7$ cm; $l_3 = 81{,}85$ cm
$i_{min} = \sqrt{J_y : A_d} = \sqrt{14{,}1 : 9{,}03} = \sqrt{1{,}56} = 1{,}25$ cm

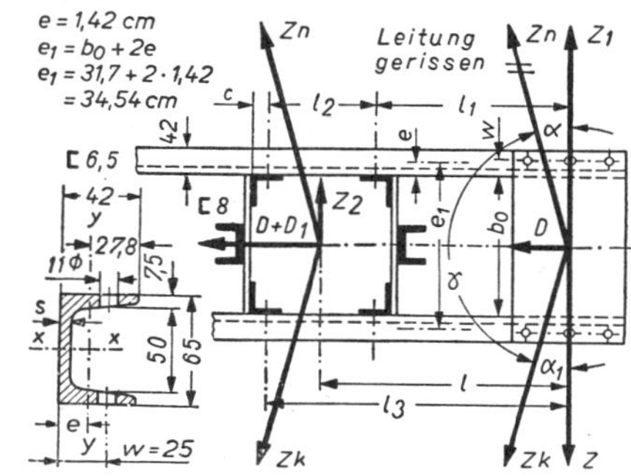

Knickbeanspruchung: $\lambda = l_1 : i_{min} = 58{,}15 : 1{,}25 = 47$
Für St 37 ist $\omega = 1{,}18$ (S. 45)
Zugkraft im Kreuzungsfeld $Z_k = 190$ kp
Zugkraft im Nachbarfeld $Z_n = 245$ kp
Zugkraft $Z = Z_k \cdot \cos 15° = 190 \cdot 0{,}9659 = 184$ kp
Druckkraft $D = Z_k \cdot \sin 15° = 190 \cdot 0{,}2588 = 49$ kp

Der unverstrebte Querträger ist als Rahmen mit parallel laufenden Stielen auf Biegung zu berechnen. Annäherungsformel der Bundespost. Der Leitungszug $Z = 184$ kp beansprucht die beiden ⊔-Stähle mit:

$$\sigma_b = \frac{Z \cdot l_1}{4 \cdot W_y} = \frac{184 \cdot 58{,}15}{4 \cdot 4{,}3} = 622\ \text{kp/cm}^2$$

$$\sigma_d = \frac{D \cdot \omega}{A_d} = \frac{49 \cdot 1{,}18}{9{,}03} \approx 6{,}4\ \text{kp/cm}^2$$

Momente aus: Gewichtskraft der Querträger (40 kp) + Isolatoren u. Zubehör (20 kp) + Leitungszugkraft (60 kp) + 1 Person (100 kp) $= G = 220$ kp.

$$\sigma_{b1} = \frac{G \cdot l_1}{2 \cdot W_x} = \frac{220 \cdot 58{,}15}{2 \cdot 13{,}5} = 474\ \text{kp/cm}^2$$

Gesamtspannung $\sigma = \sigma_b + \sigma_d + \sigma_{b1}$
$= 622 + 6{,}4 + 474 = \mathbf{1102{,}4\ kp/cm^2}$ (zul. ··· 1600)

Befestigungsschraube M 16, Kerndurchmesser $d_k = 1{,}34$ cm, Schaftquerschnitt $A = 2{,}01\ \text{cm}^2$, Kernquerschnitt $A_k = 1{,}41\ \text{cm}^2$.
Zugkraft in einer Schraube:

$$Z_s = \frac{Z \cdot l_3}{2 \cdot l_2} = \frac{184 \cdot 81{,}85}{2 \cdot 23{,}7} = 318\ \text{kp}$$

$$\sigma_z = \frac{Z_s}{A_k} = \frac{318}{1{,}41} = 225\ \text{kp/cm}^2$$

Scherkraft S in beiden Schrauben, hervorgerufen durch Zug- bzw. Druckkraft:

$$S = \frac{Z \cdot l_1}{e_1} + D = \frac{184 \cdot 58{,}15}{34{,}54} + 49 = 359\ \text{kp}$$

$$\tau_1 = \frac{S}{A} = \frac{359}{2{,}01} = 178\ \text{kp/cm}^2$$

Scherkraft S_1 in einer Schraube durch die senkrechte Kraft:

$$\frac{G \cdot l_3}{2 \cdot l_2} = \frac{220 \cdot 81{,}85}{2 \cdot 23{,}7} = 380\ \text{kp} \quad \tau_2 = \frac{S_1}{A} = \frac{380}{2{,}01} = 189\ \text{kp/cm}^2$$

$\tau = \sqrt{\tau_1^2 + \tau_2^2} = \sqrt{178^2 + 189^2} = 260\ \text{kp/cm}^2$
σ gesamt $= \sigma_z + \tau = 225 + 260 = \mathbf{485\ kp/cm^2}$ (zul. 1100)

Nachprüfung auf Lochwanddruck:

$$F_l = \sqrt{S^2 + S_1^2} = \sqrt{359^2 + 380^2} = \sqrt{273\,281} = 523\ \text{kp}$$

$$\sigma_l = \frac{F_l}{d \cdot s} = \frac{523}{1{,}6 \cdot 0{,}55} \approx 600\ \text{kp/cm}^2\ (\text{zul.} \cdots 2500)$$

18

Mastberechnung (Fortsetzung)

Kopfbügelberechnung

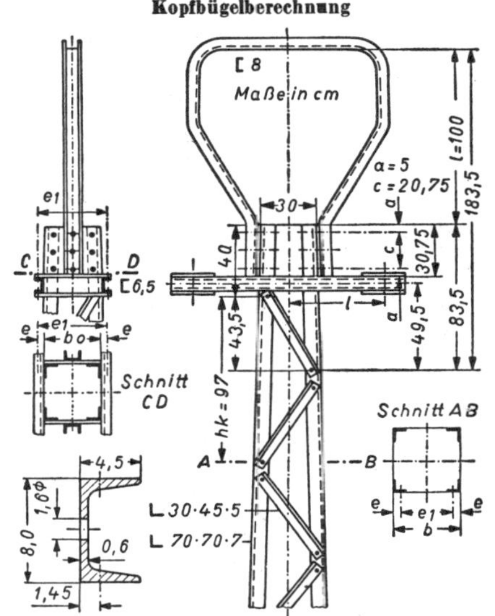

Es wird gerechnet mit dem Zug im Kreuzungsfeld oder dem Differenzzug, wenn dieser größer ist als der Zug Z_k im Kreuzungsfeld.

In unserem Beispiel mit Z_k, da $Z_n - Z_k = 245 - 190 = 55 < 190$ ist. Gewählt ⊔-Stahl 80 mit $A = 11\ \text{cm}^2$.

$J_x = \ldots\ldots\ldots\ 106\ \text{cm}^4$

Nietabzug $\dfrac{1{,}6^3 \cdot 0{,}6}{12} = \dfrac{0{,}205\ \text{cm}^4}{105{,}795\ \text{cm}^4}$

$W_x = \dfrac{105{,}795}{4} = 26{,}45\ \text{cm}^3$

$J_y = \ldots\ldots\ldots\ 19{,}4\ \text{cm}^4$

Nietabz. $= \dfrac{0{,}6^3 \cdot 1{,}6}{12} + 1{,}6 \cdot 0{,}6 \cdot 1{,}15^2 = 0{,}029 + 1{,}27 = 1{,}3\ \text{cm}^4$

$J_y = 18{,}1\ \text{cm}^4$

$W_y = 18{,}1 : 3{,}05 = 6\ \text{cm}^3$

Biegungsmoment im Kreuzungsfeld:

$M_b = Z\ (l+a) = 184\ (100+5) = 19\,320\ \text{kp/cm}$

Biegungsbeanspruchung:

18

$\sigma_{b1} = \dfrac{M_b}{2 \cdot W_x} = \dfrac{19320}{2 \cdot 26{,}45} = 365\ \text{kp/cm}^2$

$\sigma_{b2} = \dfrac{D \cdot (l+a)}{4 \cdot W_y} = \dfrac{49 \cdot (100+5)}{4 \cdot 6} = 214\ \text{kp/cm}^2$

Gesamt σ_b = **579 kp/cm²**

(zulässig 1600 kp/cm²)

Befestigungsschrauben

Gewählt Schrauben M 16 mit Kerndurchmesser $d_k = 1{,}34$ cm, Schaftquerschnitt $A = 2{,}01\ \text{cm}^2$, Kernquerschnitt $A_k = 1{,}41\ \text{cm}^2$.

Zugbeanspruchung:

$\sigma_z = \dfrac{D \cdot (l+a+c)}{2 \cdot c \cdot A_k} = \dfrac{49\ (100+5+20{,}75)}{2 \cdot 20{,}75 \cdot 1{,}41} = 105\ \text{kp/cm}^2$

$\tau = \dfrac{Z \cdot (l+a+c)}{2 \cdot c \cdot A} = \dfrac{184\ (100+5+20{,}75)}{2 \cdot 20{,}75 \cdot 2{,}01} = 278\ \text{kp/cm}^2$

Gesamt σ = **383 kp/cm²**

(zulässig 1600 kp/cm²)

Nachprüfung auf Lochwanddruck:

$F = \dfrac{Z \cdot (l+a+c)}{2 \cdot c} = \dfrac{184 \cdot (100+5+20{,}75)}{2 \cdot 20{,}75} \approx 560\ \text{kp}$

$\sigma_l = \dfrac{F}{d \cdot s} = \dfrac{560}{1{,}6 \cdot 0{,}6} = 583\ \text{kp/cm}^2$ (zul. 2500)

Das Profil wurde reichlich gewählt mit Rücksicht auf die Befestigungsschrauben. Sicherheitshalber setzt man auch Schrauben auf Mitte.

Berechnung der Streben auf Verdrehen für Mast A (s. Skizze S. 221)

Druckkraft $D = 49$ kp, Zugkraft $Z = 184$ kp

Druckkraft $D_1 = Z_n \cdot \sin 15° = 245 \cdot 0{,}2588 = 63{,}4$ kp

Zugkraft $Z_1 = Z_n \cdot \cos 15° = 245 \cdot 0{,}9659 = 237$ kp

$Z_2 = Z_1 - Z = 237 - 184 = 53$ kp

	Oberste Strebe unter dem Querträger	Strebe am Erdaustritt
e cm	1,97	1,97
i_y cm	0,64	0,64
h_d cm	50	87
$\lambda = h_d : i_y$	50 : 0,64 = 78	87 : 0,64 = 136
ω	1,52	3,12
b_u cm	30 + 5 · 0,835 = 34,17	85
b cm = $b_u - 2e$	34,17 — 2 · 1,97 = 30,23	85 — 2 · 1,97 = 81,06 = b_1
	β = 60°	β = 29° 50′
$\cos\beta$	$\cos\beta$ = 0,5	$\cos\beta$ = 0,8675
$2 \sin\alpha$	$\dfrac{85-30}{1100} = \dfrac{55}{1100} = 0{,}05$	0,05
A_d cm²	3,53	3,53
A_z cm²	1,55	1,55

Drehmoment $M_t = (Z + Z_2) \cdot 70 = (184 + 53) \cdot 70 = 237 \cdot 70 = 16\,590$ kpcm*)

Biegungsmoment:

$M_b = (D + D_1) \cdot (49{,}5 + 183{,}5) + (D \cdot 49{,}5)$
$= 112{,}4 \cdot 233 + 49 \cdot 49{,}5 = 26189{,}2 + 2425{,}5$
$= 28615$ kpcm.

Strebe unter dem Querträger

Querkraft $Q_{max} = \dfrac{M_t}{2b} + \dfrac{2 \cdot (D + D_1) + D}{2} - \dfrac{M_b}{2b} \cdot 2 \sin\alpha$

$= \dfrac{16590}{2 \cdot 30{,}23} + \dfrac{2 \cdot 112{,}4 + 49}{2} - \dfrac{28615}{2 \cdot 30{,}23} \cdot 0{,}05$

$= 274 + 136{,}9 - 23{,}7 =$ **387 kp**

Druckkraft $D_{max} = \dfrac{Q_{max}}{\cos\beta} = \dfrac{387}{0{,}5} =$ **774 kp**

Beanspruchung der Strebe:

$\sigma_z = D_{max} : A_z = 774 : 1{,}55 = 500\ \text{kp/cm}^2$

$\sigma_d = \dfrac{D_{max} \cdot \omega}{F_d} = \dfrac{774 \cdot 1{,}52}{3{,}53} = 333\ \text{kp/cm}^2$ (zul. 1600)

Nietbeanspruchung: $d = 1{,}4$ cm Ø, $A_s = 1{,}54\ \text{cm}^2$, $A_l = 0{,}7\ \text{cm}^2$

$\tau = D_{max} : A_s = 774 : 1{,}54 = 503\ \text{kp/cm}^2$ (zul. 1280)

$\sigma_l = D_{max} : A_l = 774 : 0{,}7 = 1106\ \text{kp/cm}^2$ (zul. 4000)

Strebe am Erdaustritt

Querkraft $Q' = \dfrac{Q_{max} \cdot b}{b_1} = \dfrac{387 \cdot 30{,}23}{81{,}06} = 144$ kp

Druckkraft $D' = \dfrac{Q'}{\cos\beta} = \dfrac{144}{0{,}8675} = 166$ kp

Beanspruchung der Strebe:

$\sigma_z = D' : A_z = 166 : 1{,}55 = 107\ \text{kp/cm}^2$

$\sigma_d = \dfrac{D' \cdot \omega}{A_d} = \dfrac{166 \cdot 3{,}12}{3{,}53} = 147\ \text{kp/cm}^2$ (zul. 1600)

Nietbeanspruchung:

$\tau = D' : A_s = 166 : 1{,}54 = 108\ \text{kp/cm}^2$ (zul. 1280)

$\sigma_l = D' : A_l = 166 : 0{,}7 = 237\ \text{kp/cm}^2$ (zul. 4000)

*) Unter der Annahme, daß eine der äußeren Leitungen im Nachbarfeld gerissen ist.

Funk-Entstörung von Geräten, Maschinen und Anlagen nach VDE 0875

Arten der Entstörungsmittel

Die Art der Anwendung der Entstörungsmittel wird durch die elektrische Anlage bestimmt und an nachstehenden Schaltungsbildern erläutert.

Als Entstörungsmittel werden hauptsächlich verwendet:

Kondensatoren
Kondensatoren mit Widerständen
Drosseln
Drosseln in Verbindung mit Kondensatoren
Abschirmung.

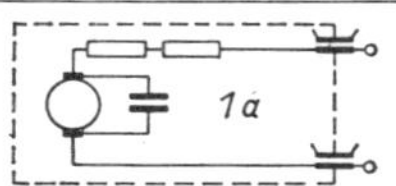

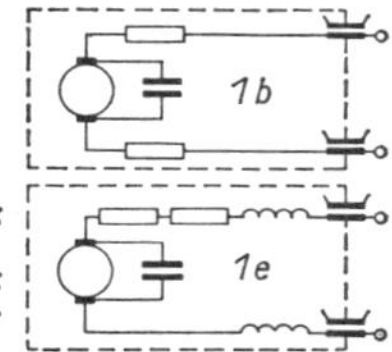

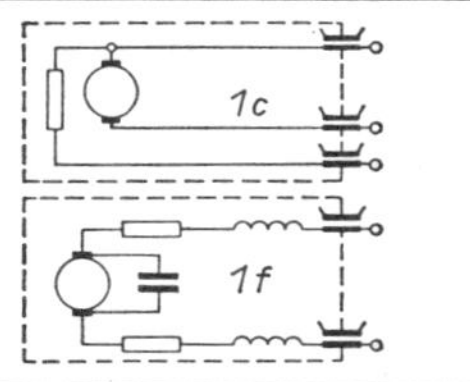

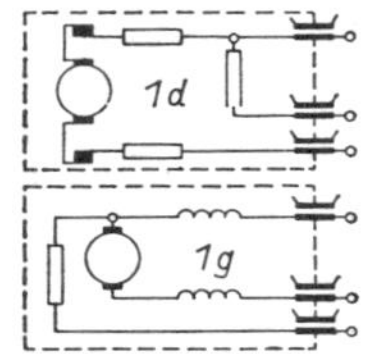

Nr. 1 a···1 d. Die Beschaltung mit Kondensatoren allein.
Nr. 1 e···1 g. Die Beschaltung mit Drosseln und Kondensatoren.

Maßnahmen an Schaltern und Schaltgeräten

Nr. 2 a···2 c. Die günstigsten Werte des Widerstandes, der Kapazität und der Induktivität, bei denen größte Störungsverminderung eintritt, sind durch Versuche zu ermitteln.

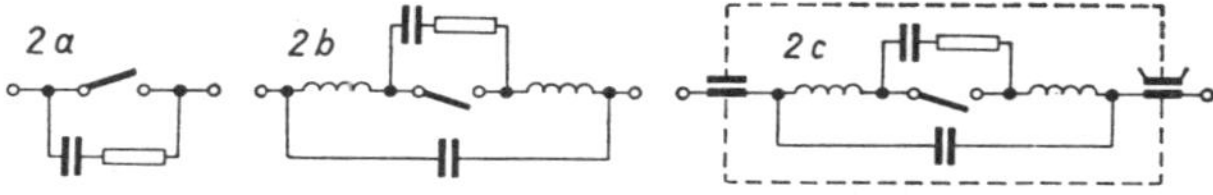

Elektrische Klingeln, Relais

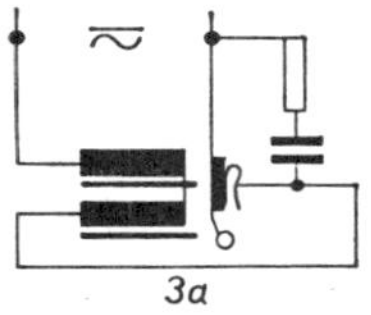

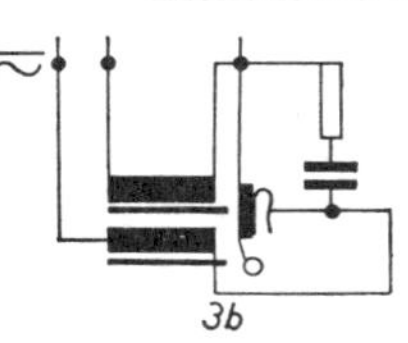

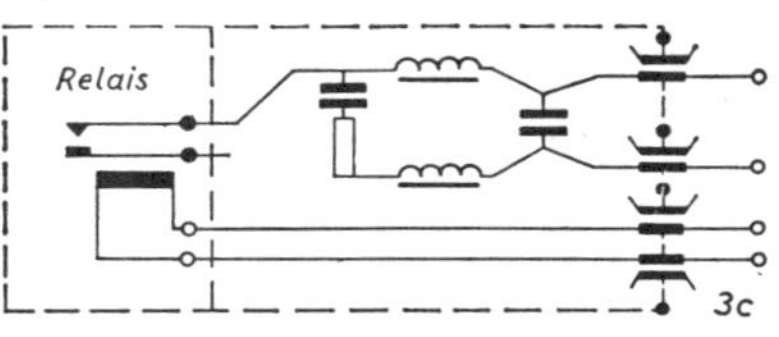

Wähler — und Fernschreiber

Der Antriebsmotor ist zu entstören. Die Wirkung der Entstörungsmaßnahmen kann durch ein Hochfrequenzfilter, das unmittelbar am Fernschreiber angebracht ist, erhöht werden.

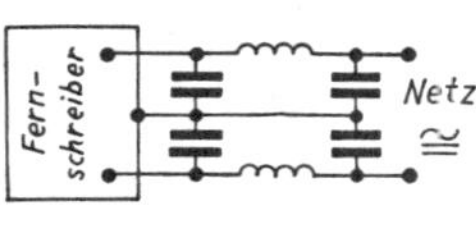

Maßnahmen an Hochfrequenz-Heilgeräten

Maßnahmen im Behandlungskreis

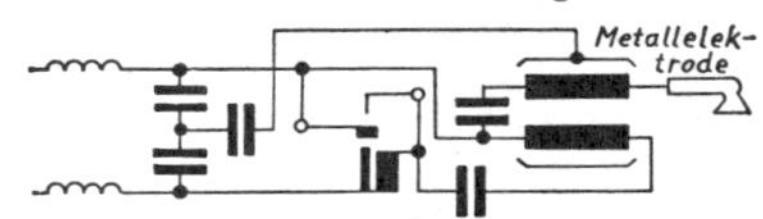

Quecksilberdampf-Stromrichter

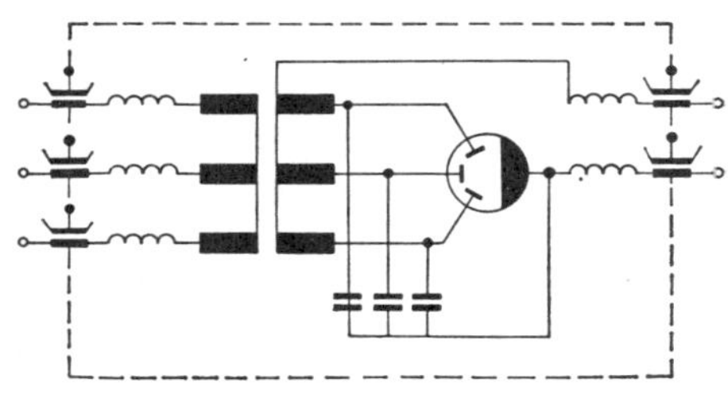

Als Entstörungsmittel werden angewendet:

1. Kondensatoren zwischen Anoden und Katode.
2. Beschaltung der vom Stromrichter ausgehenden Leitungen mit Hochfrequenzfiltern.

Verminderung der Ausstrahlung von Diathermiegeräten durch Abschirmung

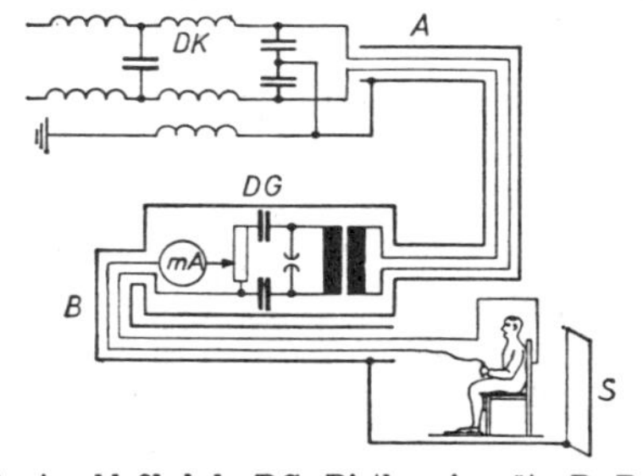

A Anschlußkabel, DG Diathermiegerät, B Behandlungskabel, S Metallschirm, DK Drosselkette.

VDE 0100/12.65

Bestimmungen für das Errichten von Starkstromanlagen mit Nennspannungen bis 1000 Volt (Auszug)

(Neugefaßte Paragraphen sind mit dem Kennbuchstaben N versehen.)

I. Gültigkeit

§ 1 N Geltungsbeginn § 2 N Geltungsbereich

II. Begriffserklärungen

§ 3 N a) Anlage und Netz
b) Betriebsmittel und Anschlußarten
c) Leiterarten
d) Elektrische Größen und ähnliche Begriffe
e) Erdung f) Raumarten g) Fehlerarten
h) Schutzmaßnahmen gegen zu hohe Berührungsspannung

III. Allgemeines

A. Schutzmaßnahmen

1. Verhütung von Unfällen

§ 4 N Schutz gegen zufälliges Berühren betriebsmäßig unter Spannung stehender Teile
§ 5 N Schutz gegen zu hohe Berührungsspannung
§ 6 N Allgemeines über zusätzliche Schutzmaßnahmen
§ 7 N Schutzisolierung § 8 N Kleinspannung
§ 9 N Schutzerdung § 10 N Nullung
§ 11 N Schutzleitungssystem
§ 12 N Fehlerspannungs(FU)-Schutzschaltung
§ 13 N Fehlerstrom(FI)-Schaltung
§ 14 N Schutztrennung

2. Schutz gegen Überspannung

§ 15 N Vermeidung von Spannungserhöhungen über 250 V gegen Erde auf der Unterspannungsseite
§ 16 N Schutz bei Übertritt der Oberspannung auf die Unterspannungsseite, Erdung eines Netzpunktes
§ 17 N Erdungen in Kraftwerken und Umspannanlagen zur Energielieferung an Verbraucher mit Nennspannungen bis 1 kV
§ 18 N Schutz elektrischer Anlagen gegen Überspannungen infolge atmosphärischer Entladungen

3. Isolationszustand von Anlagen

§ 19 N Isolationswiderstand

4. Erder

§ 20 N Allgemeine Bestimmungen für Erder und Erdungen
§ 21 N Anordnung und Ausführung von Erdern und Ausführung der Erdungsleitungen

5. Prüfungen

§ 22 N Prüfung der Schutzmaßnahmen mit Schutzleiter
§ 23 N Prüfung des Isolationszustandes von Verbraucheranlagen
§ 24 N Prüfung des Isolationszustandes von Fußböden

B. Elektrische Maschinen, Transformatoren und Drosselspulen, Hebezeuge

§ 25 N Elektrische Maschinen
§ 26 N Transformatoren und Drosselspulen
§ 27 N Bleibt frei
§ 28 N Hebezeuge

C. Schalt- und Verteilungsanlagen

§ 29 N Allgemeines

D. Elektrische Betriebsmittel in Verbraucheranlagen

§ 30 N Allgemeines § 31 N Schaltgeräte
§ 32 N Leuchten und Zubehör
§ 33 N Elektromotorisch angetriebene Verbrauchsmittel für den Hausgebrauch und ähnliche Zwecke
§ 34 N Elektrowärmegeräte § 35 N Elektrozaungeräte
§ 36 N Fernmelde-, Rundfunk- und Fernsehgeräte
§ 37 N Elektromedizinische Geräte
§ 38 N Lichtbogenschweißgeräte

E. Leuchtstofflampen- und Leuchtstoffröhrenanlagen

§ 39 N Allgemeines

F. Beschaffenheit und Verlegung von Leitungen und Kabeln

§ 40 N Isolierte Starkstromleitungen und Kabel
§ 41 N Bemessung von Leitungen und Kabeln und deren Schutz gegen zu hohe Erwärmung
§ 42 N Verlegung von Leitungen und Kabeln

IV. Zusatzbestimmungen für Betriebsstätten und Räume sowie Anlagen besonderer Art

§ 43 N Elektrische Betriebsstätten
§ 44 N Abgeschlossene elektrische Betriebsstätten
§ 45 N Feuchte und ähnliche Räume
§ 46 N Nasse und durchtränkte Räume
§ 47 N Heiße Räume § 48 N Anlagen im Freien
§ 49 N Bade- und Duschecken
§ 50 N Feuergefährdete Betriebsstätten
§ 51 N Bleibt frei
§ 52 N Ladestationen und Ladeeinrichtungen für Akkumulatoren
§ 53 N Bleibt frei
§ 54 N Elektrische Prüffelder, Justierräume, Laboratorien und Einrichtungen für Versuche
§ 55 N Baustellen
§ 56 N Landwirtschaftliche Betriebsstätten

Anhang

I. Gültigkeit

§ 1 N **Geltungsbeginn**

a) Diese Bestimmungen galten ab 1. November 1958. Mit der Änderung a gelten sie ab 1. Februar 1966. Die durch VDE 0100 a/12.65 geänderten §§ 1 N, 2 N, 3 N, 6 N und 33 N sowie die §§ 1 bis 37 von VDE 0100/11.58 und VDE 0100 Ü/11.58 werden zum gleichen Zeitpunkt ungültig.

b) Für im Bau und in Planung befindliche Anlagen gilt daneben VDE 0100/11.58 in der bisherigen Fassung noch bis zum 31. Januar 1967.

c) Die bezüglich der Farbkennzeichnung von Kabeln und Leitungen geltenden Bestimmungen in VDE 0100/11.58 bleiben daneben noch bis zum 31. Januar 1969 bestehen.

§ 2 N **Geltungsbereich**

a) Diese Bestimmungen gelten für

1. Starkstromanlagen mit Nennspannungen zwischen beliebigen Leitern, die bei Wechselstrom bis 1000 V eff. max. 500 Hz, bei Gleichstrom bis 1500 V einschl. betriebsmäßiger Oberschwingungen betragen.

Sie sind anzuwenden auf

1.1 das Errichten elektrischer Anlagen

1.2 die Ausrüstung von Kraftfahrzeugen mit elektromotorischem Antrieb und für bewegliche, nicht schienengebundene elektrische Einrichtungen außer Oberleitungs-Omnibussen.

Inwieweit diese Bestimmungen für See- und Binnenschiffe anzuwenden sind, ist in DIN 89 001 bzw. DIN 89 002 festgelegt.

b) Neben diese Bestimmungen sind zusätzlich zu beachten:

1. allgemein

VDE 0052 „Einheitliche Regelung für den Anschluß von Geräten an das Netz (VDE-Druckschrift)"
VDE 0102 Teil 2 „Leitsätze für die Berechnung der Kurzschlußströme, Teil 2, Drehstromanlagen mit Nennspannungen bis 1000 V"
VDE 0103 „Leitsätze für die Bemessung von Starkstromanlagen auf mechanische und thermische Kurzschlußfestigkeit"
VDE 0110 „Bestimmungen für die Bemessung der Kriech- und Luftstrecken elektrischer Betriebsmittel"
VDE 0125 „Leitsätze für die Berücksichtigung elektrischer Anlagen bei der Ausführung von Bauten"

2. in besonderen Starkstromanlagen

VDE 0107 „Bestimmungen für das Errichten und Instandsetzen elektrischer Anlagen in medizinisch genutzten Räumen"
VDE 0108 „Vorschriften für das Errichten und den Betrieb elektrischer Starkstromanlagen in Versammlungsstätten und Warenhäusern sowie auf Sport- und Versammlungsstätten im Freien"
VDE 0113 „Regeln für die elektrische Ausrüstung von Bearbeitungs- und Verarbeitungsmaschinen"
VDE 0128 „Vorschriften für Leuchtröhrenanlagen mit Spannungen von 1000 V und darüber"
VDE 0131 „Vorschriften für die Errichtung und den Betrieb von Elektrozäunen"
VDE 0150 „Leitsätze zum Schutz von Rohrleitungen und Kabeln gegen Korrosion durch Streuströme aus Gleichstromanlagen"
VDE 0165 „Vorschriften für die Errichtung elektrischer Anlagen in explosionsgefährdeten Betriebsstätten"
VDE 0166 „Vorschriften für die Errichtung elektrischer Anlagen in explosivstoffgefährdeten Betriebsstätten"
VDE 0168 „Vorschriften für Errichtung und Betrieb ortsveränderlicher Gewinnungs- und Fördergeräte mit Zubehör sowie rückbarer Bahnanlagen über Tage, in Tagebauen und ähnlichen Betrieben"

19

Zur Zeit der Herausgabe dieser Auflage befand sich VDE 0100/12.65 in Überarbeitung; ab Frühjahr 1972 liegt eine Neufassung vor, die dann allein Gültigkeit hat. Die vollständige VDE-Bestimmung 0100/12.65 sowie die 1972 herauskommende Neufassung ist durch die VDE-Verlag GmbH, 1 Berlin 12, Bismarckstr. 33, zu beziehen.

VDE 0190 „Richtlinien für das Erden von Starkstromanlagen mit Betriebsspannungen unter 1000 V am Wasserrohrnetz“
VDE 0211 „Vorschriften für den Bau von Starkstrom-Freileitungen mit Nennspannungen unter 1 kV“
VDE 0510 „Vorschriften für Akkumulatoren“.

3. Für Anlagen und Anlagenteile, die unter Verwendung fernmeldetechnischer Mittel errichtet werden, gilt
VDE 0800 „Bestimmungen für Fernmeldeanlagen“
VDE 0855 „Bestimmungen für Antennenanlagen“

c) Diese Bestimmungen gelten nicht für

1. elektrische Anlagen in bergbaulichen Betrieben unter Tage,

2. Förderanlagen in Tages- und Blindschächten,

3. elektrische Ausrüstungen von Kraftfahrzeugen ohne elektrischen Antrieb, soweit sie nach der Straßenverkehrs-Zulassungsordnung erfaßt sind,

4. Flugzeuge.

d) Für elektrische Betriebsmittel in elektrochemischen Anlagen sind Abweichungen zulässig, sofern durch andere Maßnahmen mindestens eine gleichwertige Sicherheit erreicht wird.

II. Begriffserklärungen

§ 3 N

a) **Anlage und Netz**

1. Als **Starkstromanlagen** gelten elektrische Anlagen mit Betriebsmitteln zum Erzeugen, Umwandeln, Speichern, Fortleiten, Verteilen und Anwenden elektrischer Energie zum Verrichten einer Arbeit, z. B. in Form von mechanischer Arbeit, zur Wärme- und Lichterzeugung oder bei elektrochemischen Vorgängen.

2. **Leitungsnetz** ist die Gesamtheit aller Leitungen und Kabel vom Stromerzeuger bis zum Verbraucher (Gerät).

2.1 **Verteilungsnetz** ist die Gesamtheit aller Leitungen und Kabel vom Stromerzeuger bis zur Verbraucheranlage ausschließlich.

3. **Freileitung** ist die Gesamtheit einer der Fortleitung von Starkstrom dienenden Anlage, bestehend aus Stützpunkten – Maste und deren Gründungen, Dachständer, Konsolen u. dgl. –, oberirdisch verlegten Leitern mit Zubehör, Isolatoren mit Zubehör und Erdungen.

4. **Durchhang** eines Leiters ist der Abstand der Mitte der Verbindungslinie seiner beiden Aufhängepunkte von dem lotrecht darunter liegenden Punkt des Leiters.

5. **Hausanschlußleitung** bei Freileitungsnetzen ist die Verbindungsleitung zwischen Verteilungsnetz und Hauseinführung.

6. **Hauseinführung** ist die Hauseinführungsleitung und der dazu gehörende Hausanschlußkasten oder eine Einrichtung, die dem gleichen Zweck dient.

7. **Hauseinführungsleitungen** sind:

7.1 bei **Freileitungsnetzen** die Verbindungsleitungen von den Freileitungsisolatoren am Gebäude, an einem Gestänge oder Dachständer bis zum Hausanschlußkasten;

7.2 bei **Kabelnetzen** die Anschlußkabel von der Eintrittsstelle ins Haus bis zum Hausanschlußkasten.

8. **Verbraucheranlage** ist die Gesamtheit aller elektrischen Betriebsmittel [siehe b) 1.] hinter dem Hausanschlußkasten.

9. **Anlagen im Freien** sind außerhalb von Gebäuden als Teil einer Verbraucheranlage errichtete Anlagen innerhalb begrenzter Grundstücke, z. B. in Höfen, Durchfahrten und Gärten, auf Bauplätzen, Bahnsteigen, Rampen und Dächern, an Kranen, Baumaschinen, Tankstellen und Gebäudeaußenwänden sowie unter Überdachungen.

9.1 Geschützte Anlagen im Freien sind z. B. Anlagen auf überdachten Bahnsteigen, in Toreinfahrten und Tankstellen.

9.2 Ungeschützte Anlagen im Freien sind z. B. Anlagen auf Rampen und auf nicht überdachten Bahnsteigen.

10. Als **Hausinstallationen** gelten elektrische Starkstromanlagen mit Nennspannung bis 250 V gegen Erde für Wohnungen sowie andere Starkstromanlagen mit Nennspannung bis 250 V gegen Erde, die in Umfang und Art der Ausführung den Starkstromanlagen für Wohnungen entsprechen.

11. Als **Errichten elektrischer Anlagen** gilt deren Neubau, deren Erweiterung oder deren Wiederaufbau.

12. Als **Bedienen** elektrischer Betriebsmittel gilt das Beobachten und das Stellen (Schalten, Einstellen, Steuern).

b) **Betriebsmittel und Anschlußarten**

1. Als **elektrische Betriebsmittel** – kurz **Betriebsmittel** – gelten alle Gegenstände, die als Ganzes oder in einzelnen Teilen dem Anwenden elektrischer Energie dienen. Hierzu gehören z. B. Gegenstände zum Erzeugen, Fortleiten, Verteilen, Speichern, Messen, Umsetzen und Verbrauchen elektrischer Energie, auch im Bereich der Fernmeldetechnik.

2. **Ortsfest** sind Betriebsmittel, wenn sie infolge ihrer Beschaffenheit oder wegen mechanischer Befestigung während des Betriebes an ihren Aufstellungsort gebunden sind. Hierunter werden auch solche Betriebsmittel verstanden, die betriebsmäßig zwar ortsfest sind, die aber z. B. zur Herstellung des Anschlusses oder zur Reinigung begrenzt bewegbar sind.

3. **Ortsveränderlich** sind Betriebsmittel, wenn sie nach Art und üblicher Verwendung unter Spannung stehend bewegt werden.

4. **Ortsfeste Leitung** ist eine Leitung, die auf einer festen Unterlage so angebracht ist, daß sich ihre Lage nicht ändert.

5. **Bewegliche Leitung** ist eine an beiden Enden beliebig angeschlossene Leitung, die zwischen ihren Anschlußstellen bewegt werden kann.

6. **Fester Anschluß** einer Leitung ist ihre unmittelbare Verbindung mit einem elektrischen Betriebsmittel, z. B. durch Schrauben, Löten, Schweißen, Nieten, Kerben, Quetschen.

7. Als **elektrische Verbrauchsmittel** – kurz **Verbrauchsmittel** – gelten elektrische Betriebsmittel, die die Aufgabe haben, elektrische Energie in einer nichtelektrischen Energieart (z. B. in Form von mechanischer oder chemischer Energie, Wärme, Schall, Licht, sonstiger Strahlung) oder zur Nachrichtenübertragung nutzbar zu machen. Sind mehrere Betriebsmittel zu einer Baueinheit zusammengesetzt, so ist für deren Einstufung als „Verbrauchsmittel“ maßgebend, daß am Ausgang der Nutzenenergie ohne Rücksicht auf den inneren Aufbau eine nichtelektrische Energieart oder eine Nachricht auftritt.

8. Als **Überstrom-Schutzorgane** (bisher Stromsicherungen oder Sicherungen) gelten Geräte oder Einrichtungen, die den Strom beim Ansteigen über die vorgeschriebene Grenze selbsttätig unterbrechen:

8.1 Schmelzsicherungen (z. B. Leitungsschutzsicherungen)

8.2 Überstromschutzschalter (z. B. Leitungsschutz-, Motorschutz-, Selbstschalter)

9. Als **Feuchtraumleitungen** gelten alle Leitungen, die zum Verlegen in feuchten, nassen und durchtränkten Räumen sowie im Freien bestimmt sind, z. B. Mantelleitungen, umhüllte Rohrdrähte, Bleimantelleitungen, mittlere und schwere Gummischlauchleitungen, Leitungstrossen.

10. Als **Schienenverteiler** gelten gekapselte Sammelschienen, die Verbrauchsmittel über Abgangskästen mit Energie versorgen.

c) **Leiterarten**

1. **Außenleiter** (Hauptleiter) sind Leiter, die Stromquellen mit Stromverbrauchern verbinden, aber nicht vom Mittel- oder Sternpunkt ausgehen.

2. **Mittelleiter** sind Leiter, die

2.1 vom **Mittelpunkt** eines Gleichstrom- oder eines Einphasen-Wechselstromsystems, z. B. eines Dreileitersystems, ausgehen;

2.2 vom **Sternpunkt** eines Mehrphasensystems, z. B. eines Drehstromsystems, ausgehen. In diesem Fall wird der Mittelleiter auch Sternpunktleiter genannt.

3. **Schutzleiter** sind Leiter, die nicht zum Betriebsstromkreis gehörende leitfähige Anlageteile verbinden:
bei der Schutzerdung mit dem Erder oder mit dem Wasserrohrnetz;
bei der Nullung mit dem Nulleiter;
bei dem Schutzleitungssystem miteinander und mit dem Erder;
bei der Fehlerspannungs(FU)-Schutzschaltung mit dem Fehlerspannungs-Schutzschalter;
bei der Fehlerstrom(FI)-Schutzschaltung mit dem Erder.

4. **Nulleiter** sind unmittelbar geerdete Mittel- oder Sternpunktleiter in Netzen, in denen die Nullung als Schutzmaßnahme angewendet wird.

5. Als **Schutzkontaktstücke** – kurz Schutzkontakte – gelten Schaltstücke im Zuge des Schutzleiters, wie z. B. bei Steckvorrichtungen.

d) **Elektrische Größen und ähnliche Begriffe**

1. **Nenngrößen**, z. B. Nennspannung, Nennstrom, Nennleistung, Nennfrequenz, sind Größen, welche die Bemessung der Betriebsmittel und der Anlagen kennzeichnen. Angaben über Betriebseigenschaften sowie Grenz- und Prüfwerte werden auf diese Nenngrößen bezogen, soweit nicht ausdrücklich etwas anderes bestimmt ist.

2. **Reihenspannung** ist diejenige genormte Spannung, für welche die Isolation eines Betriebsmittels bemessen ist.

3. **Betriebsspannung** ist die jeweils örtlich zwischen den Leitern herrschende Spannung an einem Betriebsmittel oder Anlageteil.

4. Als **Spannung gegen Erde** gilt:

4.1 in Netzen mit geerdetem Mittel- oder Sternpunkt die Spannung eines Außenleiters gegen den geerdeten Mittel- oder Sternpunkt;

4.2 in den übrigen Netzen die Betriebsspannung.

19

5. **Handbereich** ist der Bereich, in den ein Mensch ohne besondere Hilfsmittel von üblicherweise betretenen Stätten aus mit der Hand nach allen Richtungen hin gelangen kann. Als Reichweite eines Menschen, von der Standfläche aus gemessen, gilt nach oben mindestens 2,5 m in seitlicher Richtung sowie nach unten mindestens 1,25 m.

An Stätten, an denen üblicherweise sperrige oder lange, nicht für die Betriebsspannung isolierte Gegenstände bewegt werden, ist das Mindestmaß für den Handbereich entsprechend zu vergrößern.

6. **Betriebsisolierung** ist die für die Reihenspannung der Betriebsmittel bemessene Isolierung betriebsmäßig unter Spannung stehender Teile gegeneinander, gegen nicht unter Spannung stehende leitfähige Teile und zum Schutz gegen zufällige Berührung.

7. **Schutzisolierung** [siehe h) 1.].

8. **Stromkreis** ist die geschlossene Strombahn zwischen Stromquelle und Stromverbraucher.

Je nach Art des Anschlusses der Stromverbraucher kann ein Stromkreis aus einem Außenleiter und dem Mittelleiter (Sternpunktleiter) oder aus mehreren oder sämtlichen Außenleitern mit oder ohne Mittelleiter bestehen. Sind jedoch in einem Drehstromnetz z. B. drei zweipolige Stromverbraucher, und zwar einer zwischen R und Mp, der andere zwischen S und Mp und der dritte zwischen T und Mp angeschlossen und ist jeder dieser Anschlüsse für sich abgesichert, so handelt es sich um drei verschiedene Stromkreise.

9. **Allpoliges** Schalten ist das Schalten aller Außenleiter.

e) **Erdung**

1. **Erde** im Sinne dieser Bestimmungen ist die Bezeichnung für das Erdreich und für den Erdboden.

2. **Bezugserde** ist ein Bereich der Erde, insbesondere der Erdoberfläche, der von dem zugehörigen Erder so weit entfernt ist, daß zwischen beliebigen Punkten dieses Bereiches keine merklichen Spannungen auftreten.

3. **Erder** sind Leiter, die in das Erdreich eingebettet sind und mit ihm in leitender Verbindung stehen (Band-, Stab-, Plattenerder, metallene Wasserrohrnetze). Teile von Zuleitungen zu einem Erder, die unisoliert im Erdreich liegen, gelten als Teile des Erders.

4. **Erdungsleitung** ist eine Leitung, die einen zu erdenden Anlageteil mit einem Erder verbindet, soweit sie außerhalb des Erdreichs oder isoliert im Erdreich verlegt ist.

5. **Erdungssammelleitung** ist eine Erdungsleitung, an die mehrere Erdungsleitungen angeschlossen sind.

6. **Erdungsanlage** ist die Gesamtheit miteinander leitend verbundener Erder mit ihren Erdungsleitungen und gegebenenfalls Erdungssammelleitungen.

7. **Erden** heißt, einen Punkt des Betriebsstromkreises oder einen nicht zum Betriebsstromkreis gehörenden leitfähigen Teil über eine Erdungsanlage mit dem Erdreich verbinden.

8. **Spezifischer Erdwiderstand** ist der spezifische elektrische Widerstand von Erdreich. Er wird meist in $\Omega\ m^2/m = \Omega\ m$ angegeben und stellt dann den Widerstand eines Würfels Erdreich von 1 m Kantenlänge zwischen zwei gegenüberliegenden Würfelflächen dar.

9. **Ausbreitungswiderstand** eines Erders bzw. einer Erdungsanlage ist der Widerstand des Erdreichs zwischen dem Erder bzw. der Erdungsanlage und der Bezugserde.

10. **Erdungswiderstand** ist die Summe von Ausbreitungswiderstand des Erders und Widerstand der Erdungsleitung.

11. **Gesamterdungswiderstand** ist der an einer Stelle meßbare Erdungswiderstand aller zusammenwirkenden Erdungen.

12. **Erdung** ist die leitende Verbindung zwischen den zu erdenden leitfähigen Teilen und dem Erdreich über eine Erdungsanlage. Sie wird als offen bezeichnet, wenn Überspannungssicherungen oder Schutzfunkenstrecken in die Erdungsleitung eingebaut sind.

Schutzfunkenstrecken begrenzen die Höhe der Überspannung dadurch, daß sie über einen Lichtbogen eine sonst widerstandslose Verbindung zum Erder herstellen.

13. **Betriebserdung** ist die Erdung eines zum Betriebsstromkreis gehörenden Anlageteils, z. B. des Mittel- oder Sternpunktes eines Stromerzeugers oder des Mittel- oder Sternpunktleiters an beliebiger Stelle im Leitungsnetz.

Sie wird bezeichnet:

13.1 als unmittelbar, wenn sie außer dem Erdungswiderstand nach 10. keine weiteren Widerstände enthält;

13.2 als mittelbar, wenn sie über zusätzliche ohmsche, induktive oder kapazitive Widerstände hergestellt ist.

Offene Erdungen gelten nicht als Betriebserdung.

14. **Schutzerdung** [siehe h) 4.].

15. **Steuererder** sind Erder einer Erdungsanlage, die der Potentialsteuerung einer Erdungsanlage dienen.

16. **Potentialsteuerung** einer Erdungsanlage ist eine Beeinflussung der Potentialverteilung durch eine besondere Anordnung von Steuererdern zur Verminderung der Schritt- und Berührungsspannung.

f) **Raumarten**

1. **Elektrische Betriebsstätten** sind Räume oder Orte, die im wesentlichen zum Betrieb elektrischer Anlagen dienen und in der Regel nur von unterwiesenen Personen betreten werden; z. B. Schalträume, Schaltwarten, Verteilungsanlagen in abgetrennten Räumen, abgetrennte elektrische Prüffelder und Laboratorien, Maschinenräume von Kraftwerken und dgl., deren Maschinen nur von elektrotechnisch unterwiesenen Personen bedient werden.

2. **Abgeschlossene elektrische Betriebsstätten** sind Räume oder Orte, die ausschließlich zum Betrieb elektrischer Anlagen dienen und unter Verschluß gehalten werden. Der Verschluß darf nur von beauftragten Personen geöffnet werden. Der Zutritt ist nur unterwiesenen Personen gestattet; z. B. abgeschlossene Schalt- und Verteilungsanlagen, Transformatorzellen, Schalterzellen, Verteilungsanlagen in Blechgehäusen oder in anderen abgeschlossenen Anlagen, Maststationen, Triebwerksräume von Aufzügen.

3. **Trockene Räume** sind Räume oder Orte, in denen in der Regel kein Kondenswasser auftritt oder in denen die Luft nicht mit Feuchtigkeit gesättigt ist; z. B. Wohnräume, Büros, Geschäftsräume, Verkaufsräume, Dachböden, Treppenhäuser, beheizte und belüftbare Keller. Küchen und Baderäume in Wohnungen und Hotels gelten in bezug auf die Installation als trockene Räume, da in ihnen nur zeitweise Feuchtigkeit auftritt.

4. **Feuchte und ähnliche Räume** sind Räume und Orte, in denen die Sicherheit der Betriebsmittel durch Feuchtigkeit, Kondenswasser, chemische oder andere Einflüsse beeinträchtigt werden kann.

5. **Nasse und durchtränkte Räume** sind Räume oder Orte nach 4., in denen die Fußböden und Wände zu Reinigungszwecken öfters abgespritzt werden; z. B. Bier- und Weinkeller, Naßwerkstätten, Wagenwaschräume sowie Räume in Bade- und Waschanstalten, Käsereien, Molkereien, Brauereien, Metzgereien, Gerbereien, chemischen Fabriken, galvanischen Betrieben.

6. **Heiße Räume** sind Räume oder Orte mit Temperaturen über 35° C. Diese Räume können außerdem feucht nach 4. oder naß und durchtränkt nach 5. sein. Solche Räume oder Orte kommen z. B. in Hüttenwerken, Glasfabriken, Gaswerken, Kokereien, Kesselhäusern, an Glüh-, Schmelz- und Trockenöfen vor.

7. **Feuergefährdete Betriebsstätten** sind Räume oder Orte oder Stellen in Räumen oder im Freien, bei denen die Gefahr besteht, daß sich nach den örtlichen und betrieblichen Verhältnissen leicht entzündliche Stoffe in gefahrdrohender Menge den elektrischen Betriebsmitteln so nähern können, daß höhere Temperaturen an diesen Betriebsmitteln oder Lichtbögen eine Brandgefahr bilden.

Hierunter können fallen: Arbeits-, Trocken-, Lagerräume oder Teile von Räumen sowie derartige Stätten im Freien, z. B. Papier-, Textil- und Holzverarbeitungsbetriebe, Heu-, Stroh-, Jute-, Flachslager, Garagen und deren Nebenräume zur Unterstellung von Kraftfahrzeugen für Vergaserkraftstoffe.

7.1 **Leicht entzündlich** sind brennbare feste Stoffe, die der Flamme eines Zündholzes 10 s lang ausgesetzt nach Entfernen der Zündquelle von selbst weiterbrennen oder weiterglimmen, z. B. Heu, Stroh, Strohstaub, Hobelspäne, lose Holzwolle, Magnesiumspäne, Reisig, loses Papier, Baum- und Zellwollfasern.

8. **Explosionsgefährdete Betriebsstätten** sind Räume oder Orte, in denen sich nach den örtlichen und betrieblichen Verhältnissen Gase, Dämpfe, Nebel oder Staube, die mit Luft explosible Gemische bilden, in gefahrdrohender Menge ansammeln können.

9. Als **elektrische Anlagen auf Baustellen** gelten die elektrischen Einrichtungen für die Durchführung von Arbeiten auf Hoch- oder Tiefbaustellen sowie bei Stahlbaumontagen.

Zu Baustellen gehören auch Bauwerke und Teile von solchen, die ausgebaut, umgebaut, instandgesetzt oder abgebrochen werden.

Als Baustellen gelten nicht Stellen, an denen lediglich Handleuchten, Lötkolben, Schweißgeräte, Elektrowerkzeuge nach VDE 0740, z. B. Bohrmaschinen, Tellerschleifer, Polierer und andere Geräte einzeln verwendet werden.

10. Als **landwirtschaftliche Betriebsstätten** gelten Räume, Orte oder Bereiche, die Zwecken der Landwirtschaft oder ähnlichen Zwecken dienen, in denen infolge der Einwirkung von Feuchtigkeit, Staub, stark chemisch angreifenden Dämpfen, Säuren oder Salzen auf die Isolierung der elektrischen Betriebsmittel Unfallgefahr auch für Nutztiere (Großvieh) oder durch Vorhandensein leicht entzündlicher Stoffe erhöhte Brandgefahr besteht.

Hausinstallationen fallen nicht hierunter.

Als Nutztiere (Großvieh) gelten z. B. Pferde, Rinder, Schafe, Schweine.

In landwirtschaftlichen Betriebsstätten (siehe auch § 56 N) gelten als feuchte Räume und zugleich feuergefährdete Betriebsstätten nach 7.: Ställe

19

(auch Räume für Geflügelhaltung), Scheunen, Häcksellager, Heu- und Strohböden, Tennen (Dielen), Körnertrocknungsanlagen, Schrotmühlenräume u. dgl.

g) **Fehlerarten**

1. **Isolationsfehler** ist ein fehlerhafter Zustand in der Isolierung.

2. **Körperschluß** ist eine durch einen Fehler entstandene leitende Verbindung zwischen nicht zum Betriebsstromkreis gehörenden leitfähigen Teilen und betriebsmäßig unter Spannung stehenden Teilen elektrischer Betriebsmittel.

3. **Kurzschluß** ist eine durch einen Fehler entstandene leitende Verbindung zwischen betriebsmäßig gegeneinander unter Spannung stehenden Leitern, wenn im Fehlerstromkreis kein Nutzwiderstand liegt.

4. **Erdschluß** ist eine durch einen Fehler, auch über einen Lichtbogen, entstandene leitende Verbindung eines Außenleiters oder eines betriebsmäßig isolierten Mittelleiters mit Erde oder geerdeten Teilen.

5. **Vollkommener** Körper-, Kurz- oder Erdschluß liegt vor, wenn die leitende Verbindung an der Fehlerstelle praktisch widerstandslos ist.

6. **Unvollkommener** Körper-, Kurz- oder Erdschluß liegt vor, wenn die leitende Verbindung an der Fehlerstelle Widerstand besitzt.

7. **Fehlerstrom** (I_F) ist der Strom, der durch einen Isolationsfehler zum Fließen kommt.

8. **Fehlerspannung** (U_F) ist die Spannung, die bei einem Fehler zwischen den der Berührung zugänglichen nicht zum Betriebsstromkreis gehörenden leitfähigen Teilen untereinander oder zwischen diesen und der Bezugserde auftritt.

9. **Erderspannung** (U_E) ist die bei Stromfluß durch einen Erder oder eine Erdungsanlage zwischen diesen und der Bezugserde auftretende Spannung.

10. **Berührungsspannung** (U_B) ist der Teil der Fehler- oder Erderspannung, der vom Menschen überbrückt werden kann.

11. **Schrittspannung** (U_s) ist der Teil der Erderspannung, der von einem Menschen mit einer Schrittweite von etwa 1 m überbrückt werden kann.

12. **Ableitstrom** ist der Strom, der betriebsmäßig von den unter Spannung stehenden Anlageteilen oder Teilen eines Betriebsmittels über die Betriebsisolierung zu nicht zum Betriebsstromkreis gehörenden leitfähigen Teilen fließt, wenn diese Teile mit dem Mittelpunkt des Stromsystems oder einem unmittelbar geerdeten Netzpunkt oder Erde leitend verbunden werden. Der Ableitstrom kann auch einen kapazitiven Anteil haben, z. B. bei Verwendung von Entstör-Kondensatoren.

h) **Schutzmaßnahmen gegen zu hohe Berührungsspannung**

1. **Schutzisolierung** ist eine zusätzliche Isolierung zur Betriebsisolierung derart, daß ein nicht zum Betriebsstromkreis gehörender berührbarer leitfähiger Anlageteil entweder beim Versagen der Betriebsisolierung keine Spannung annehmen kann oder außen isoliert ist.

2. **Standortisolierung** ist eine Schutzisolierung, bei welcher der Mensch durch seinen Standort gegen Erde und gegen die im Handbereich befindlichen mit Erde in Verbindung stehenden leitfähigen Teile isoliert ist.

3. **Schutzkleinspannung** ist eine Schutzmaßnahme, bei der die Betriebsmittel ohne leitende Verbindung mit Anlagen höherer Spannung mit Nennspannungen betrieben werden, die den Wert von 42 V zwischen beliebigen Leitern nicht überschreiten.

4. **Schutzerdung** ist die unmittelbare Erdung eines nicht zum Betriebsstromkreis gehörenden leitfähigen Teiles der Betriebsmittel oder Anlage zum Schutze von Menschen gegen zu hohe Berührungsspannung.

5. **Nullung** ist die leitende Verbindung zwischen den nicht zum Betriebsstromkreis gehörenden leitfähigen Teilen elektrischer Betriebsmittel und dem Nulleiter.

6. **Schutzleitungssystem** ist die leitende Verbindung aller nicht zum Betriebsstromkreis gehörenden leitfähigen Anlageteile untereinander sowie mit den leitenden Gebäudekonstruktionsteilen, Rohrleitungen und dgl. und Erdern.

7. **Fehlerspannungs(FU)-Schutzschaltung** ist die Schaltung, bei der ein FU-Schutzschalter selbsttätig mittelbar oder unmittelbar auslöst, wenn zwischen den nicht zum Betriebsstromkreis gehörenden leitfähigen Anlageteilen und einem mit der Spannungsspule verbundenen Erder (Hilfserder) eine zu hohe Berührungsspannung auftritt.

8. **Fehlerstrom (FI)-Schutzschaltung** ist die Schaltung, bei der ein FI-Schutzschalter selbsttätig mittelbar oder unmittelbar auslöst, wenn über die geerdeten nicht zum Betriebsstromkreis gehörenden leitfähigen Anlageteile ein Fehlerstrom fließt, der den Auslösestrom des Schalters überschreitet.

9. **Schutztrennung** ist die Trennung des Stromkreises eines Verbrauchers von der übrigen Anlage durch einen Trenntransformator.

i) **Betriebsarten**

1. Bei Dauerbetrieb (DB) ist die Betriebszeit so lang, daß die Beharrungstemperatur erreicht wird.

2. Bei aussetzendem Betrieb (AB) wechseln Einschaltzeiten mit Pausen ab, deren Dauer nicht genügt, daß die Abkühlung auf die Temperatur des Kühlmittels erreicht wird. Die Summe aus Einschaltzeit und Pause ist die Spieldauer. Das Verhältnis von Einschaltzeit zu Spieldauer ist die „relative Einschaltdauer".

3. Bei kurzzeitigem Betrieb (KB) ist die Betriebszeit so kurz, daß die Beharrungstemperatur nicht erreicht wird; die Pause ist lang genug, daß die Abkühlung auf die Temperatur des Kühlmittels erreicht wird.

k) Als Hebezeuge gelten Winden zum Heben von Lasten, Elektrozüge und Krane aller Art.

III. Allgemeines

A. Schutzmaßnahmen

1. Verhütung von Unfällen

§ 4 N

Schutz gegen zufälliges Berühren betriebsmäßig unter Spannung stehender Teile

a) 1. Die betriebsmäßig unter Spannung stehenden Teile elektrischer Betriebsmittel müssen entweder in ihrem ganzen Verlauf isoliert (Betriebsisolierung) oder durch ihre Bauart, Lage, Anordnung oder durch besondere Vorrichtungen gegen zufälliges Berühren geschützt sein.

Ausgenommen sind Betriebsmittel in elektrischen Betriebsräumen (siehe § 43 N) und in abgeschlossenen elektrischen Betriebsräumen (siehe § 44 N).

2. Lack- oder Emailleüberzug, Oxidschicht sowie Faserstoffumhüllungen (Umspinnung, Umklöpplung, Gewebebänder — mit Ausnahme solcher nach VDE 0340, „Vorschriften für Isolierband" —), auch wenn sie getränkt sind, gelten nicht als Isolierung im Sinne des Berührungsschutzes.

3. Bei Schweißeinrichtungen, Glüh- und Schmelzöfen sowie elektro-chemischen Anlagen, z. B. für Elektrolyse, kann von einem Berührungsschutz abgesehen werden, wenn dieser technisch und aus Betriebsgründen nicht durchführbar ist. In diesen Fällen sind andere Maßnahmen zu treffen, isolierender Standort, isolierende Fußbekleidung, isolierendes Werkzeug. Darüber hinaus sind Warnschilder anzubringen.

4. Bei Nennspannungen bis 42 V ist der Schutz der unter Spannung stehenden Teile gegen zufälliges Berühren auch im Handbereich entbehrlich, wenn die Nennspannung nach § 8 N c) erzeugt wird. Diese Erleichterung gilt nicht in feuer- oder explosionsgefährdeten Betriebsstätten oder wenn die Schutzmaßnahme „Schutzkleinspannung" nach § 8 N angewendet wird.

b) Absperrungen durch Gitter, gelochte Bleche usw. gelten nur dann als Schutzvorrichtungen gegen zufälliges Berühren betriebsmäßig unter Spannung stehender Teile, wenn an keiner Stelle Durchgriffsöffnungen vorhanden sind, durch die ein Berühren unter Spannung stehender Teile mit einem beweglichen Tastfinger nach VDE 0470/1.61, „Regeln für Prüfgeräte und Prüfverfahren", § 3, Ausführung C, möglich ist.

c) Abdeckungen, Schutzgitter, Gehäuse und dgl. müssen zuverlässig befestigt und mechanisch widerstandsfähig sein.

d) Schutzverkleidungen und Außenhüllen von Leitungen und Kabeln müssen, soweit ihre Einführung in die elektrischen Betriebsmittel im Handbereich liegt, in die Abdeckungen der elektrischen Betriebsmittel eingeführt werden.

Metallene Umhüllungen dürfen nicht in den Anschlußraum elektrischer Betriebsmittel, mit Ausnahme von Kabelendverschlüssen und Kabelkästen, hineinragen.

§ 5 N

Schutz gegen zu hohe Berührungsspannung

a) Das Auftreten von Isolationsfehlern, z. B. Körperschluß, durch die Berührungsspannungen entstehen, muß in erster Linie durch den zuverlässigen Bau der Betriebsmittel, insbesondere unter Verwendung geeigneter Isolierstoffe sowie durch einwandfreies Isolieren der betriebsmäßig unter Spannung stehenden Teile (Betriebsisolierung) und durch sorgfältiges Errichten der elektrischen Anlagen durch Fachleute verhindert werden.

b) Darüber hinaus ist in den unter § 6 N a) 1. genannten Fällen eine zusätzliche Schutzmaßnahme erforderlich.

1. Das Anwenden von Schutzmaßnahmen befreit den Hersteller von elektrischen Betriebsmitteln nicht von der Verpflichtung, die Betriebsmittel einwandfrei auszuführen; er darf sich in keinem Fall darauf verlassen, daß später beim Errichten von Anlagen noch Schutzmaßnahmen angewendet werden.

Den zusätzlichen Schutzmaßnahmen ist beim Errichten von Anlagen größte Aufmerksamkeit zu widmen, da sie im Falle eines Fehlers in der elektrischen Anlage dem Auftreten oder Bestehenbleiben zu hoher Berührungsspannung vorbeugen sollen.

19

c) Als zu hohe Berührungsspannung im Sinne dieser Vorschriften gelten Spannungen über 65 V [Ausnahmen siehe § 16 N b)]. Bei Wechselspannungen ist der Effektivwert maßgebend.

d) Schutzmaßnahmen gegen zu hohe Berührungsspannung siehe § 3 N h) 1, 3···9.

§ 6 N
Allgemeines über zusätzliche Schutzmaßnahmen

a) Anwendung

1. Schutzmaßnahmen sind erforderlich

1.1 in Anlagen und bei Betriebsmitteln mit Spannungen über 65 V gegen Erde (mit Ausnahme von 2.),

1.2 bei Erweiterungen bestehender Anlagen in Räumen, in denen nach früheren Bestimmungen keine Schutzmaßnahmen erforderlich waren, nach 1.1 jedoch jetzt verlangt werden.

2. Schutzmaßnahmen werden nicht gefordert in Anlagen und bei Betriebsmitteln mit

2.1 Spannungen bis 65 V gegen Erde (siehe jedoch z. B. besondere Bestimmungen in §§ 32 N, 33 N, 34 N, 56 N);

2.2 Spannungen bis 250 V gegen Erde für

2.21 Elektrizitätszähler in Verbraucheranlagen sowie Schaltuhren und Relais, die neben solchen Zählern eingebaut sind; Hausanschlußkästen [siehe auch § 42 N h) 5.11].

2.22 Hausinstallationen in Räumen mit isolierendem Fußboden, in denen sich keine zufällig berührbaren mit Erde in Verbindung stehenden Einrichtungen befinden, z. B. Wasser-, Gas- oder Heizungsanlagen.

2.3 Wechselspannungen bis 1000 V und Gleichspannungen bis 1500 V für

2.31 Metallrohre mit Auskleidungen, Metallrohre zum Schutze von Mehraderleitungen oder Kabeln, Metalldosen mit Auskleidungen (Unterputzdosen, Verbindungs- und Abzweigdosen), Metallumhüllungen oder Metallmäntel von Leitungen sowie Bewehrungen von Leitungen oder Kabeln;

2.32 Stahl- und Stahlbetonmaste in Verteilungsnetzen;

2.33 Dachständer und mit diesen leitend verbundene Metallteile in Verteilungsnetzen [siehe auch § 18 N b) und § 42 N h) 3.4 bis 3.6].

b) Ausführung

Für die Auswahl der Schutzmaßnahmen nach § 7 N bis § 14 N sind die örtlichen Verhältnisse maßgebend.

Die für besondere Betriebsstätten gegebenen Hinweise, z. B. für Baustellen, landwirtschaftliche Betriebsstätten, sind zu beachten.

1. Die Wirksamkeit der angewendeten Schutzmaßnahmen muß gewährleistet sein durch

1.1 dauerhafte Herstellung;

1.2 richtige Schaltung der Schutzmaßnahmen mit Schutzleiter und Prüfung nach § 22 N;

1.3 gut leitende Verbindung aller nicht zum Betriebsstromkreis gehörenden berührbaren leitfähigen Teile von Betriebsmitteln, die im Fehlerfall unmittelbar Spannung annehmen können,

miteinander,

mit der Schutzleiteranschlußklemme und dem Schutzleiter;

1.4 sinnvolle Anwendung;

1.41 Schutzkontaktsteckdosen ohne angeschlossenen Schutzleiter dürfen nicht angebracht werden.

1.42 In einem Raum mit Steckdosen mit Schutzkontakt oder Betriebsmitteln, die in eine Schutzmaßnahme mit Schutzleiter einbezogen sind, dürfen Steckdosen ohne Schutzkontakt und Betriebsmittel ohne Schutzmaßnahme nicht vorhanden sein, ausgenommen Steckdosen für Schutzkleinspannung und Schutztrennung.

1.5 Verhinderung nachteiliger Beeinflussung verschiedener Schutzmaßnahmen.

19

2. Der Schutzleiter muß

2.1 in Verbraucheranlagen grüngelb gekennzeichnet sein. Dies gilt auch für den Nulleiter.

Diese Kennzeichnung darf für keinen anderen Leiter verwendet werden.

2.11 Die grüngelbe Kennzeichnung darf entfallen in Schalt- und Verteilungsanlagen und bei Schleifleitungen, wenn der Schutzleiter oder das Schutzleiteranschlußteil auf andere Weise, z. B. durch Form oder Aufschrift kennbar gemacht wird.

2.12 Die Kennzeichnung darf entfallen, wenn der Schutzleiter aus Gehäuseteilen von elektrischen Betriebsmitteln oder Konstruktionsteilen nach 2.4 besteht.

2.2 in seinem Querschnitt den Bestimmungen, die für die einzelnen Schutzmaßnahmen mit Schutzleiter gelten, entsprechen;

2.3 sorgfältig verlegt und an die z. B. nach DIN 40011 oder nach 2.11 gekennzeichnete Anschlußstelle angeschlossen werden; durch Prüfung nach § 22 N muß die Verwechslung von Schutzleiter und Außenleiter verhindert werden;

2.4 bei Verwendung von Konstruktionsteilen als Leiter folgenden Bedingungen genügen:

2.41 Metallgehäuse von elektrischen Betriebsmitteln oder deren Konstruktionsteile sowie Stahlgerüste und -teile elektrischer Anlagen, z. B. Krangerüste, Schalttafeln, Kabelroste, müssen eine Einheit von ausreichender elektrischer Leitfähigkeit bilden.

2.42 Konstruktionsteile usw. nach 2.41 sind an den Verbindungsstellen so zu verschweißen oder unter Verwendung geeigneter Hilfsmittel (z. B. Fächerscheiben nach DIN 6798) so zu verschrauben oder zu nieten, daß die Verbindungsstellen gut leitfähig bleiben;

2.43 die leitenden Metallquerschnitte müssen dem erforderlichen Schutzleiterquerschnitt mindestens leitwertgleich sein;

2.44 die Konstruktionsteile usw. sind mit dem Schutzleiter unter Verwendung geeigneter Hilfsmittel (siehe 2.42) zu verbinden; die Verbindungen müssen gegen Selbstlockern gesichert sein;

2.45 der Ausbau von einzelnen Konstruktionsteilen, die den Schutzleiter nach 2.41 bilden, darf keine Unterbrechung des Schutzleiters zur Folge haben.

2.46 Spannseile, Aufhängeseile und dgl. dürfen nicht als Schutzleiter benutzt werden.

2.5 Die Schutzleiter müssen in beweglichen Leitungen beim Anschluß an Verbrauchsmittel, ortsveränderliche Verteilungen und dgl. in der Umhüllung als grüngelb gefärbte Ader [siehe § 40 N b)] enthalten sein, die betriebsmäßig keinen Strom führt.

2.51 Dieser besondere Schutzleiter darf entfallen, wenn in Räumen, in denen eine Schutzmaßnahme nicht erforderlich ist und auch nicht angewendet wird, bewegliche Leitungen unmittelbar (d. h. ohne Steckvorrichtungen) mit der Anlage und mit dem Betriebsmittel verbunden werden.

2.52 Bei Anwendung der Nullung darf in beweglichen Leitungen der Mittelleiter Schutzfunktion haben, wenn

2.521 Leitungen gemäß Anhang Tafel II Nr. 11 und 13 festverlegt sind,

2.522 Leitungen gemäß Anhang Tafel II Nr. 13 ortsveränderlich verlegt sind, aber mindestens einen Leiterquerschnitt von 10 mm² haben und die zugehörigen Steckvorrichtungen polunverwechselbar sind.

3. Steckvorrichtungen

3.1 Stecker, Kupplungsdosen, Gerätestecker und Gerätesteckdosen müssen einen Schutzkontakt haben. Steckvorrichtungen für Verbrauchsmittel mit Schutzisolierung brauchen keinen Schutzkontakt zu haben.

3.2 Steckdosen zur Anwendung der zusätzlichen Schutzmaßnahme „Schutztrennung" dürfen keinen Schutzkontakt haben.

3.3 Stecker dürfen nicht in Dosen eingeführt werden können, die in derselben Anlage für höhere Spannung verwendet werden.

4. Verbrauchsmittel mit Schutzisolierung

Für Verbrauchsmittel mit Schutzisolierung nach § 7 N gelten folgende Bestimmungen:

4.1 Abweichend von Absatz b) 2.3 darf ein Schutzleiter nicht angeschlossen werden.

4.2 Abweichend von Absatz b) 2.5 darf die am Verbrauchsmittel fest angeschlossene bewegliche Anschlußleitung keinen Schutzleiter enthalten.

Wird beim Instandsetzen eine dreiadrige Anschlußleitung verwendet, so darf der dritte Leiter nicht als Schutzleiter an das Verbrauchsmittel angeschlossen werden.

4.3 Stecker, die zusammen mit der am Verbrauchsmittel fest angeschlossenen beweglichen Anschlußleitung ohne Schutzleiter ein unteilbares Ganzes bilden, z. B. solche aus Weichgummi oder thermoplastischen Isolierstoffen, müssen zwar in eine Schutzkontaktsteckdose passen, dürfen aber keine Schutzkontaktstücke haben.

4.4 Bewegliche Anschlußleitungen ohne Schutzleiter, die mit dem Stecker ein unteilbares Ganzes bilden, dürfen nur für Verbrauchsmittel mit Schutzisolierung verwendet und nur an diese angeschlossen in Verkehr gebracht werden.

Vorstehende Bestimmung ist erforderlich, um zu erreichen, daß diese Anschlußleitung nur als Bestandteil schutzisolierter Verbrauchsmittel in Verkehr gebracht und damit die gefahrbringende unzulässige Verwendung dieser Anschlußleitung bei nicht schutzisolierten Verbrauchsmitteln verhindert wird.

5. Die Schutzmaßnahmen dürfen weder aufgehoben noch unwirksam gemacht werden, z. B. durch Verlängerungs- oder Geräteanschlußleitungen ohne Schutzleiter oder durch Zwischenstecker ohne Schutzkontakt.

In Räumen, in denen Schutzmaßnahmen erforderlich sind, dürfen diese auch nicht dadurch umgangen werden, daß Verbrauchsmittel, die in diesen Räumen betrieben werden, an Steckdosen ohne Schutzkontakt, die sich in benachbarten Räumen befinden, angeschlossen werden.

§ 7 N Schutzisolierung

a) Die Schutzisolierung soll die Überbrückung einer zu hohen Berührungsspannung gegen einen mit Erde in Verbindung stehenden leitfähigen Teil oder gegen den Standort verhindern.

b) Die Schutzisolierung des Betriebsmittels ist der Standortisolierung vorzuziehen.

c) 1. Beim Anwenden der Schutzisolierung des Betriebsmittels sind alle der Berührung zugänglichen leitfähigen Teile, die im Fehlerfall unmittelbar oder mittelbar Spannung annehmen können, fest und dauerhaft mit Isolierstoff zu bedecken. Statt dessen können zusätzlich zur Betriebsisolierung die der Berührung zugänglichen leitfähigen Teile auch durch fest eingebaute Isolierstücke von allen Teilen getrennt werden, die im Fehlerfall unmittelbar Spannung annehmen können. Lack- oder Emailleüberzug, Oxydschicht sowie Faserstoffumhüllungen (Umspinnung, Umklöpplung, Gewebebänder), auch wenn sie getränkt sind, gelten nicht als Schutzisolierung. Dagegen gelten äußere Umhüllungen bzw. Mäntel von Feuchtraumleitungen nach VDE 0250 „Vorschriften für isolierte Starkstromleitungen" als Isolierung im Sinne des Berührungsschutzes. Schmiegsame Elektrowärmegeräte können wie schutzisolierte Geräte angeschlossen werden, wenn sie VDE 0725 / 10.61 entsprechen.

2. Schutzisolierte Betriebsmittel müssen den in den Gerätevorschriften festgelegten Bestimmungen entsprechen und mit dem Zeichen der Schutzisolierung nach DIN 40 014 gekennzeichnet sein.

3. Für den Anschluß von beweglichen Leitungen an Verbrauchsmittel mit Schutzisolierung gilt § 6 N b) 4.

d) Die Standortisolierung als Schutzmaßnahme ist nur bei ortsfesten Betriebsmitteln zulässig. Hierbei müssen gegebenenfalls nicht isolierender Fußboden sowie im Handbereich befindliche, mit Erde in Verbindung stehende leitfähige Teile isolierend abgedeckt sein. Die Abdeckungen müssen folgende Bedingungen erfüllen:

1. Sie müssen widerstandsfähig und so groß sein, daß die Betriebsmittel nur vom isolierten Standpunkt aus berührt werden können.

2. Sie müssen fest mit ihrer Unterlage verbunden sein (elektrische Betriebsstätten sind hiervon ausgenommen). Sind mehrere Betriebsmittel vorhanden, die vom isolierten Standort aus erreicht werden können, so müssen ihre nicht zum Betriebsstromkreis gehörenden leitfähigen Teile untereinander leitend verbunden sein.

§ 8 N Schutzkleinspannung

a) Die Schutzkleinspannung soll das Zustandekommen einer zu hohen Berührungsspannung verhindern.

b) 1. Bei der Schutzmaßnahme „Schutzkleinspannung" darf die Nennspannung nicht höher als 42 V sein.

2. Es ist unzulässig, Leiter auf der Kleinspannungsseite zu erden oder mit Anlagen höherer Spannung leitend zu verbinden.

c) Zum Erzeugen von Schutzkleinspannungen sind zu verwenden:
Schutz- und Klingeltransformatoren (VDE 0550)
Umformer mit elektrisch voneinander getrennten Wicklungen (VDE 0530)
Akkumulatoren (VDE 0510)
galvanische Elemente (VDE 0807)

d) Für Stromkreise mit Schutzkleinspannung gelten folgende Bedingungen:

1. Installationsmaterial und Leitungen müssen mindestens für die Reihenspannung 250 V isoliert sein (ausgenommen sind Spielzeug und Fernmeldegeräte).

2. Stecker dürfen nicht in Dosen eingeführt werden können, die in derselben Anlage für höhere Spannungen, z. B. 110 oder 220 V, verwendet werden.

3. Geräte zum Anschluß an Schutzkleinspannung dürfen keine Schutzleiterklemme haben.

§ 9 N Schutzerdung

a) Die Schutzerdung soll das Bestehenbleiben einer zu hohen Berührungsspannung an nicht zum Betriebsstromkreis gehörenden leitfähigen Anlageteilen verhindern. Sie wird hergestellt durch Anschluß der zu schützenden Anlageteile an einen Erder.

b) 1. Bei Schutzerdungen, bei denen im Fehlerfall mit dem Rückfluß des Erdschlußstromes durch das Erdreich gerechnet wird, ist folgende Bedingung zu erfüllen: Der Schutzerdungswiderstand R_S an geschützten Betriebsmitteln darf nicht größer sein als $\dfrac{65\ \text{V}}{I_a}$

Hierin ist I_a der Abschaltstrom des vorgeschalteten Überstrom-Schutzorgans des schutzgeerdeten Betriebsmittels.

2. Bei Schutzerdungen, bei denen der Sternpunkt oder betriebsmäßig geerdete Außenleiter und der Schutzleiter der Verbraucheranlage mit dem Wasserrohrnetz verbunden sind, gelten folgende Bedingungen:

2.1 In Netzen mit geerdetem Sternpunkt oder geerdetem Außenleiter ist ein vorhandener Sternpunkt- oder geerdeter Außenleiter an möglichst vielen Stellen, an den Hauptrohren oder an den Hausanschlüssen, mit dem Wasserrohrnetz zu verbinden.

2.2 Der Widerstand der Leiterschleife (Summe der Widerstände von Betriebs- und Schutzerdung und der Zuleitung) darf nicht größer sein als $R_{Sch} = \dfrac{U_E}{I_a}$

Hierbei bedeuten: U_E = Spannung gegen Erde, I_a = Abschaltstrom des vorgeschalteten Überstrom-Schutzorgans des schutzgeerdeten Betriebsmittels, R_{Sch} = Schleifenwiderstand.

3. Bei Anschluß von Verbrauchsmitteln über bewegliche Anschlußleitungen gilt § 6 N b) 2.5.

4. Die Nennquerschnitte der Schutzleiter müssen mindestens Tafel 2 entsprechen.

5. In Leitungsnetzen und Anlagen, in denen die Schutzerdung nach b) 1. angewendet wird, ist die Nullung von Stromverbrauchern unzulässig.

6. Der Mittel- bzw. Sternpunktleiter muß in Verbraucheranlagen mechanisch geschützt und isoliert verlegt sein.

7. In Freileitungsnetzen müssen im Handbereich Betriebserdungsleiter mechanisch und gegen zufällige Berührung geschützt sein.

Für den Betriebserdungsleiter an Holzmasten und an Gebäuden gilt eine hölzerne Abdeckleiste von 2,5 m Länge als ausreichender Schutz. Bei Stahl- und Stahlbetonmasten bedingt der Schutz gegen zufälliges Berühren die isolierte Verlegung des Betriebserdungsleiters.

Wird für den Betriebserdungsleiter Bandstahl verwendet, so genügt ein Querschnitt von 100 mm² bei einer Mindestdicke von 3 mm.

Tafel 2: Nennquerschnitte in mm² für Schutzleiter

Außenleiter	Schutzleiter Isolierte Starkstromleitungen und 1-kV-Kabel mit 4 Leitern	Schutzleiter blank (Cu) geschützt*)
0,5	0,5	—
0,75	0,75	—
1	1	—
1,5	1,5	1,5 (4)
2,5	2,5	1,5 (4)
4	4	2,5 (4)
6	6	4
10	10	6
16	16	10
25	16	16
35	16	16
50	25	25
70	35	35
95	50	50
120	70	50
150	70	50
185	95	50
240	120	50
300	150	50
400	185	50

*) Klammerwerte ungeschützt

8. Der Querschnitt einer Erdungssammelleitung muß mindestens gleich dem Querschnitt des Schutzleiters des höchst abgesicherten Betriebsmittels sein.

9. Die Schutzerdung ist gemäß § 22 N vor Inbetriebnahme der Anlage zu prüfen.

10. Für das Ausführen der Schutzerdung und der Erdungsleitungen gelten §§ 20 N und 21 N.

19

§ 10 N Nullung

a) Die Nullung soll das Bestehenbleiben zu hoher Berührungsspannungen an nicht zum Betriebsstromkreis gehörenden Anlageteilen verhindern. Sie erfordert einen unmittelbar geerdeten Mittel- oder Sternpunkt und wird hergestellt durch den Anschluß der zu schützenden Anlageteile an den Nulleiter oder an einen mit dem Nulleiter in Verbindung stehenden besonderen Schutzleiter.

Für Erweiterungen bestehender Anlagen gelten die nachstehenden Bestimmungen auch in Netzen mit Betriebsspannungen bis höchstens 3 × 220 V ohne Sternpunktleiter, wenn ein Außenleiter betriebsmäßig geerdet ist und als Schutzleiter verwendet wird.

Für diesen Außenleiter gilt sinngemäß b) 8. und 10.

b) Die Nullung als Schutzmaßnahme ist nur zulässig, wenn folgende Bedingungen erfüllt sind:

1. Die Querschnitte der Leitungen zwischen Stromerzeuger oder Transformator und Stromverbraucher sind so bemessen, daß mindestens der Abschaltstrom I_A des nächsten vorgeschalteten Überstrom-Schutzorgans nach Tafel 1 zum

Fließen kommt, wenn an irgendeiner Stelle des Leitungsnetzes ein vollkommener Kurzschluß zwischen einem Außenleiter und dem Nulleiter entsteht.

Transformatoren in Stern-Stern-Schaltung sind wegen der hohen Jochstreuspannung für Anlagen mit Nullung meistens nicht geeignet.

Die Erfüllung der Bedingung 1. kann auch durch Einbau entsprechend abgestufter Sicherungen erreicht werden.

1.1 Statt Sicherungen können auch Stationsschutzschalter eingebaut werden, deren Auslöser durch den geringst auftretenden Kurzschlußstrom im Nulleiter bzw. durch den Differenzstrom der drei Außenleiter betätigt werden und die den Stromkreis unter Berücksichtigung des Faktors k für Kabel und Freileitungsnetze nach Tafel 1 unterbrechen.

1.2 Kann die Bedingung unter b) 1. in einem Teil des Verteilungsnetzes nicht erfüllt werden, so darf in diesem Verteilungsnetz die Nullung als Schutzmaßnahme gegen zu hohe Berührungsspannung nicht angewendet werden.

1.3 Kann die Bedingung unter b) 1. in Verbraucheranlagen nicht erfüllt werden, so darf in diesen dennoch genullt werden, wenn der Nulleiter durch einen Schutzschalter, z. B. FU-Schutzschalter, überwacht wird. Dabei muß der Schutzschalter den Nulleiter zwangsläufig zusammen mit den Außenleitern abschalten. In diesem Fall darf ein besonderer Schutzleiter erst hinter dem Schutzschalter vom Nulleiter abgezweigt werden.

2. Der Leitwert des Nulleiters muß mindestens gleich dem des Außenleiters sein. Ausnahmen sind entsprechend Tafel 3 zulässig.

Tafel 3: Nennquerschnitte in mm² für Nulleiter bei gleichem Werkstoff

Außenleiter	Nulleiter	
	in Rohr, Mehraderleitungen, Kabeln	in Freileitungen, in offen verlegten Leitungen im Freien und in Gebäuden
1,5	1,5	—
2,5	2,5	—
4	4	4
6	6	6
10	10	10
16	16	16
25	16	25
35	16	35
50	25	50
70	35	50
95	50	50
120	70	70
150	70	70
185	95	95
240	120	120
300	150	150
400	185	185

3. Der Nulleiter ist in der Nähe des Stromerzeugers oder Transformators zu erden, in Freileitungsnetzen außerdem mindestens an den Enden der Netzausläufer (jeder Abzweig mit einer Länge über 200 m).

Anlagen im Freien sind in diesem Fall wie Netzausläufer zu behandeln. Der Gesamterdungswiderstand aller Betriebserdungen darf 2 Ω nicht überschreiten.

3.1 Der Querschnitt der Erdungsleitung des Nulleiters im Netz bei Anwendung der Schutzmaßnahme „Nullung" soll bei Verlegung über der Erde bei Kupfer mindestens 16 mm², bei verzinktem Stahlband 100 mm² bei einer Mindestdicke von 3 mm betragen.

Bei isolierter Verlegung von Kupferleitungen in der Erde gilt der gleiche Mindestquerschnitt wie bei Verlegung über der Erde. Bei Verlegung blanker Leitungen in der Erde sind die Bestimmungen für Erder in § 20 N zu beachten.

3.2 Der Erdungswiderstand eines oder mehrerer Erder in der Nähe des Stromerzeugers oder Transformators sowie im Bereich der letzten 200 m eines Netzausläufers soll 5 Ω nicht überschreiten.

4. Ist im Bereich des Verteilungsnetzes ein metallenes Wasserrohrnetz vorhanden, so muß der Nulleiter an möglichst vielen Stellen, mindestens aber an den Hauptrohren oder an den Hausanschlüssen, mit dem Wasserrohrnetz verbunden werden. Die Verbindungsleitung muß hinsichtlich ihrer Leitfähigkeit dem Nulleiter gleichwertig sein.

Ihr Querschnitt braucht jedoch nicht mehr als 50 mm² Cu bei Bandstahl 100 mm² bei einer Mindestdicke von 3 mm betragen.

Der häufige Anschluß des Nulleiters an das Wasserrohrnetz hat in erster Linie den Zweck, daß bei Unterbrechung des Nulleiters noch eine Verbindung durch das Rohrnetz vorhanden ist. Diese Schutzwirkung wird durch mehrfachen Anschluß des Nulleiters an die Wasserleitung innerhalb von Gebäuden erhöht. Hierdurch soll ferner erreicht werden, daß in dem Ortsnetz kein guter Einzelerder ohne Verbindung mit dem Nulleiter vorhanden ist.

5. In Leitungsnetzen und Anlagen, in denen die Nullung angewendet wird, ist die Schutzerdung ohne Verbindung mit dem Nulleiter unzulässig. Ausgenommen sind Verbraucheranlagen, in denen die Bedingungen nach § 9 N b) 2. erfüllt sind, und Umspannanlagen, in denen niederspannungsseitige Metallteile an die oberspannungsseitige Schutzerdung angeschlossen werden und der Sternpunkt gesondert geerdet wird [siehe § 17 N c)].

6. In Leitungsnetzen und Anlagen, in denen die Nullung angewendet wird, ist die FU-Schutzschaltung ohne Verbindung des Schutzleiters mit dem Nulleiter nur zulässig, wenn der Schutzleiter und das geschützte Gerät keine Verbindung mit Erdern haben, deren Erdungswiderstand kleiner als 1 Ω ist.

7. In Freileitungsnetzen soll der Nulleiter unterhalb der Außenleiter verlegt werden. Diese Bestimmung gilt nicht für die Erweiterung bestehender Freileitungsnetze mit oben liegendem Nulleiter.

8. In Verbraucheranlagen ist der Nulleiter wie die Außenleiter zu isolieren, ebenso sorgfältig wie diese zu verlegen und mit diesen bei Rohrverlegungen und Mehraderleitung in gemeinsamer Umhüllung zu führen.

8.1 Der Nulleiter [siehe § 3 N c) 4.] muß grüngelb, der Mittelleiter [siehe § 3 N c) 2.] hellblau gekennzeichnet sein [siehe § 40 N b)].

9. Wird für die Nullung im fest verlegten Teil der Anlage neben dem Mittel- oder Sternpunktleiter ein besonderer Schutzleiter geführt, so gilt für diesen die Verlegungsvorschrift unter 8.

9.1 Dieser Schutzleiter muß in seinem ganzen Verlauf grüngelb gekennzeichnet sein und darf nach der Aufteilung nicht mehr mit dem Mittel -oder Sternpunktleiter verbunden werden.

9.2 Bei nachträglichem Verlegen des Nulleiters und eines Schutzleiters in vorhandenen Anlagen kann bei fest verlegten Leitungen auf die gemeinsame Umhüllung, nicht aber auf deren Isolierung, sorgfältiges Verlegen und Kennzeichnen verzichtet werden.

9.3 Die Schutzleiter dürfen nicht mit den Mittel- oder Sternpunktleitern auf die gleiche Schiene gelegt werden, sondern müssen eine eigene Schutzleiterschiene erhalten. Dies gilt nicht für Hausinstallationen.

10. Überstrom-Schutzorgane am Nulleiter an Stellen, hinter denen er als Schutzleiter benutzt wird, sind unzulässig.

11. Nulleiter dürfen für sich allein nicht schaltbar sein. Sind sie zusammen mit den Außenleitern schaltbar, so muß das im Nulleiter liegende Schaltstück beim Einschalten vor- und beim Ausschalten nacheilen.

11.1 Bei Verwendung von Schaltern mit Momentschaltung genügt gleichzeitiges Schalten von Null- und Außenleitern.

12. Das alleinige Verwenden des Bleimantels von Kabeln als Nulleiter ist unzulässig.

13. Das alleinige Verwenden des Aluminiummantels von Kabeln als Nulleiter ist zulässig, wenn das Kabel VDE 0255 entspricht und der Aluminiummantel an allen Trennstellen durchlaufend und dauerhaft leitend verbunden ist. Der Querschnitt des Aluminiummantels und der Verbindungsleitungen in den Muffen muß mindestens dem Nulleiterquerschnitt leitwertgleich sein.

Trennstellen des Aluminiummantels müssen vor dem Auftrennen leitend überbrückt werden. Alle Verbindungsstellen sind gegen Korrosion zu schützen.

Der gegen Erde isolierte Aluminiummantel, der als Nulleiter dient, ist an mehreren Stellen des Kabelnetzes zu erden.

Für Kabel mit isoliertem Bleimantel nach VDE 0255 und 0265 oder Kabel nach VDE 0271 gelten die vorstehenden Bestimmungen sinngemäß.

14. Bei Anschluß von Verbrauchsmitteln über bewegliche Anschlußleitungen gilt § 6 N b) 2.5.

15. Die Wirksamkeit der Nullung ist gemäß § 22 N vor Inbetriebnahme der Anlage zu prüfen.

§ 11 N **Schutzleitungssystem**

a) Das Schutzleitungssystem soll zu hohe Berührungsspannungen verhindern. Dies wird durch Verbinden aller zu schützenden nicht zum Betriebsstromkreis gehörenden Anlageteile miteinander, mit den der Berührung zugänglichen leitenden Gebäudekonstruktionsteilen, Rohrleitungen und dgl. sowie mit Erdern über einen Schutzleiter erreicht.

b) Die Anwendung des Schutzleitungssystems ist nur in begrenzten Anlagen zulässig, z. B. in Fabriken mit eigenem Stromerzeuger oder eigenem Transformator mit getrennten Wicklungen oder beweglichen Stromerzeugeranlagen (Notstromsätze) zum Betrieb einzelner ortsveränderlicher Betriebsmittel.

c) Beim Schutzleitungssystem sind folgende Bedingungen zu erfüllen:

1. Erdung eines Netzpunktes ist nur als offene Erdung zulässig.

Meßgeräte oder Relaiseinrichtungen mit hohem innerem Widerstand (mindestens 15 k Ω) dürfen jedoch zum Prüfen oder Melden der Unterschreitung festgelegter Mindestwerte des Isolationszustandes der Anlage zwischen Leiter und Erde angeschlossen werden.

2. Alle in die Schutzmaßnahme einzubeziehenden Anlageteile sowie die der Berührung zugänglichen leitenden Konstruktionsteile, metallene Rohrleitungen und sonstige gute Erder sind gut leitend mit dem Schutzleiter zu verbinden [siehe auch § 6 N b) 2.4].

3. Zum Prüfen des Isolationszustandes der Anlage ist ein Überwachungs-Schutzorgan anzubringen, das auch das Ansprechen der Überspannungssicherungen oder Schutzfunkenstrecke erkennen läßt und die Unterschreitung eines Mindestwertes des Isolationszustandes optisch oder akustisch anzeigt.

4. Der Schutzleiter ist entweder mit den Außenleitern als grün-gelber isolierter Leiter in gemeinsamer Umhüllung oder als gesonderter blanker Leiter zu führen. Als solcher ist er zu kennzeichnen, z. B. nach DIN 40 705.

5. Die Nennquerschnitte der Schutzleiter und der Verbindungen zum Schutzleiter müssen mindestens Tafel 2 und den Bestimmungen des § 21 N entsprechen.

6. Wird bei Kabeln der Metallmantel zur Querschnittsverstärkung des Schutzleiters mit herangezogen, so kann der Schutzleiterquerschnitt bei Außenleiterquerschnitten über 10 mm² um eine Stufe niedriger gewählt werden, als in Tafel 2 angegeben ist. Die Metallmäntel sind in den Muffen untereinander sowie am Anfang und Ende mit dem Schutzleiter gut leitend zu verbinden.

7. Der Erdungswiderstand des gesamten Schutzleitungssystems darf 20 Ω nicht überschreiten. Kann dieser Wert auch durch zusätzliche Erder nicht erreicht werden, so muß die Spannung des Schutzleiters gegen Erde durch Relais überwacht werden, die beim Überschreiten von 65 V die Anlage unverzögert abschalten.

8. Für das Ausführen der Erdung und des Schutzleitungssystems gelten die Bestimmungen der §§ 20 N und 21 N.

9. Für bewegliche Anschlußleitungen gelten die Bestimmungen des § 9 N b) 3. sinngemäß.

Bei Anschluß von Verbrauchsmitteln über bewegliche Anschlußleitungen gilt § 6 N b) 2.5.

10. Für bewegliche Stromerzeugeranlagen (Notstromsätze) mit einer Leistung bis 25 kVA zum Betrieb einzelner ortsveränderlicher Betriebsmittel gilt folgendes:

Die Anlagen dürfen mit einer Nennspannung bis höchstens 380 V ∼ bzw. 440 V – betrieben werden. Die beweglichen Anschlußleitungen müssen mindestens der Ausführung NSH nach VDE 0250 entsprechen. Der Erdungswiderstand des Schutzleitungssystems darf 100 Ω nicht überschreiten.

Die unter 3. geforderte Überwachungseinrichtung kann entfallen, wenn die Anlage bei vollkommenem Doppelkörperschluß an jeder Stelle selbsttätig nach 1 s allpolig abgeschaltet wird.

§ 12 N **Fehlerspannungs(FU)-Schutzschaltung**

a) Die FU-Schutzschaltung soll das Bestehenbleiben einer zu hohen Berührungsspannung an einem nicht zum Betriebsstromkreis gehörenden leitfähigen Anlageteil dadurch verhindern, daß bei ihrem Auftreten die Fehlerstelle innerhalb 0,2 s allpolig abgeschaltet wird. Ein etwa vorhandener Mittel- bzw. Sternpunktleiter muß gleichzeitig mitabgeschaltet werden.

Die FU-Schutzschaltung besteht aus dem Schutzschalter mit Fehlerspannungsspule und Prüfeinrichtung, dem Schutzleiter, dem Hilfserder und dem Hilfserdungsleiter.

b) Beim Anwenden der FU-Schutzschaltung sind folgende Bedingungen zu erfüllen:

1. Schalter mit Fehlerspannungsspule müssen VDE 0660 sowie bei Stromstärken bis 25 A VDE 0663 entsprechen.

2. Die Fehlerspannungsspule ist wie ein Spannungsmesser anzuschließen, so daß sie die zwischen dem zu schützenden Anlageteil und dem Hilfserder auftretende Spannung überwacht.

3. Der Hilfserdungsleiter muß gegen den Schutzleiter und gegen das Gehäuse des zu schützenden Gerätes und gegen metallene Gebäude- und Konstruktionsteile, die mit dem Gerät in leitender Verbindung stehen, so isoliert verlegt sein, daß die Fehlerspannungsspule nicht überbrückt wird. Um Zufallsüberbrückungen der Fehlerspannungsspule zu vermeiden, ist der Hilfserdungsleiter isoliert zu verlegen.

4. Der Schutzleiter darf nur mit den nicht zum Betriebsstromkreis gehörenden leitfähigen Teilen solcher elektrischen Betriebsmittel in Verbindung kommen, deren Zuleitungen im Fehlerfall durch den Schutzschalter abgeschaltet werden; andernfalls ist auch der Schutzleiter isoliert zu verlegen.

5. Der Schutzleiter und der Hilfserdungsleiter sind innerhalb von Gebäuden durch Verkleiden (z. B. in Rohr) oder als Adern einer Mehraderleitung oder als einadrige Mantelleitungen vor mechanischer Beschädigung geschützt zu verlegen.

6. Wird der Hilfserdungsleiter zu einem außerhalb des Gebäudes liegenden Erder geführt, so muß sein Querschnitt § 21 N entsprechen.

7. Werden mehrere Geräte an einen FU-Schutzschalter angeschlossen und ist eines dieser Geräte mit einem guten Erder verbunden, der einem Schutzerder gleichwertig ist, dann muß der Querschnitt jedes Schutzleiters mindestens gleich dem halben Außenleiterquerschnitt desjenigen Gerätes sein, das am höchsten abgesichert ist.

8. FU-Schutzschalter in Räumen, in denen nach § 6 N a) 1. Schutzmaßnahmen anzuwenden sind, müssen schutzisoliert sein.

9. Bei Anschluß von Verbrauchsmitteln über bewegliche Anschlußleitungen gilt § 6 N b) 2.5.

10. Als Hilfserder muß ein besonderer Erder verwendet werden, der nicht im Spannungsbereich anderer Erder liegen darf (Ausnahme: siehe Ziffer 11).

Er muß daher einen Abstand von mindestens 10 m von anderen Erdern haben. Besondere Hilfserder kommen in der Regel in landwirtschaftlichen und anderen gewerblichen Betrieben, in nassen Räumen, z. B. Waschküchen, in Frage.

11. Als Hilfserder dürfen Wasserrohrnetze nur benutzt werden, wenn dadurch die Fehlerspannungsspule nicht überbrückt wird.

Gegebenenfalls ist die zwangsläufige Erdung des Betriebsmittels aufzuheben (z. B. bei Heißwasserspeichern durch Einbau eines isolierenden Zwischenstückes in die Wasserleitung).

12. Für das Herstellen der Hilfserdung sind unter Beachtung von § 21 N folgende Mindestmaße einzuhalten:

1. bei Rohrerdern ½zölliges Rohr, 1,5 m tief,
2. bei Plattenerdern 50 cm × 50 cm,
3. bei Banderdern 10 m lang.

In Ausnahmefällen (z. B. felsiger Boden) ist unter Zugrundelegung von 65 V Berührungsspannung ein Erdungswiderstand bis 800 Ω zulässig. Bei Einhaltung der unter 1. bis 3. angegebenen Maße wird in der Regel ein Erdungswiderstand unter 200 Ω erreicht.

13. Es dürfen nur FU-Schutzschalter verwendet werden, die allpolig — bei Vorhandensein eines Mittel- oder Sternpunktleiters auch diesen — abschalten.

14. In Netzen mit nicht geerdetem Sternpunkt- oder Mittelleiter sind FU-Schutzschalter mit mindestens zweipoliger Prüfeinrichtung zu verwenden.

15. Wird ein Gerät, z. B. Großküchenherd, an eine Erdung angeschlossen, durch die Ableitströme fließen sollen, so ist darauf zu achten, daß die Schutzschaltung in ihrer Wirkungsweise nicht beeinträchtigt wird. Kommt z. B. ein Ableitstrom von 100 mA zustande, dann darf der Widerstand des Erders R_A nicht größer als 50 Ω sein.

16. Die FU-Schutzschaltung ist gemäß § 22 N vor Inbetriebnahme der Anlage zu prüfen.

§ 13 N **Fehlerstrom(FI)-Schutzschaltung**

a) Die FI-Schutzschaltung soll das Bestehenbleiben einer zu hohen Berührungsspannung an einem nicht zum Betriebsstromkreis gehörenden leitfähigen Anlageteil dadurch verhindern, daß ein Fehlerstrom, der einen bestimmten Wert überschreitet, die Zuleitungen allpolig und einen etwa vorhandenen Mittel- oder Sternpunktleiter innerhalb 0,2 s abschaltet. Sämtliche durch FI-Schutzschalter geschützte Geräte sind so zu erden, daß sie beim Fließen des Auslösestromes des Schalters über ihren Erder keine zu hohe Berührungsspannung annehmen.

b) Beim Anwenden der FI-Schutzschaltung sind folgende Bedingungen zu erfüllen:

1. Der Erdungswiderstand R_E am geschützten Betriebsmittel darf nicht größer sein als $\frac{65\ \text{V}}{I_{FN}}$

Hierin ist I_{FN} der Nenn-Fehlerstrom (Auslösestrom) des vorgeschalteten FI-Schutzschalters.

2. Bei Anschluß von Stromverbrauchsgeräten über bewegliche Anschlußleitungen gilt § 6 N b) 2.5.

3. Bei der Herstellung der Erdungen ist § 21 N zu beachten.

4. Die FI-Schutzschaltung ist gemäß § 22 N vor Inbetriebnahme derAnlage zu prüfen.

§ 14 N Schutztrennung

a) Die Schutztrennung trennt den Stromkreis **eines** Stromverbrauchers mit einer Nennspannung bis höchstens 380 V durch einen Trenntransformator oder Motor-Generator vom speisenden Netz.

Durch die Schutztrennung soll verhindert werden, daß sekundärseitig Berührungsspannungen aus dem speisenden Netz zwischen nicht zum Betriebsstromkreis gehörenden leitfähigen Teilen des Betriebsmittels und Erde bei Körperschluß am Betriebsmittel auftreten können.

Die Schutzmaßnahme „Schutztrennung" ist nur wirksam, solange auf der Sekundärseite kein Erdschluß auftritt, z. B. durch Beschädigung der Leitungen oder durch Körperschluß in einer Kupplungs-Steckvorrichtung mit metallenem Gehäuse.

b) Beim Anwenden der Schutztrennung sind folgende Bedingungen zu erfüllen:

1. Die Schutztrennung ist nur zulässig in Netzen mit Spannungen bis 500 V. Die Nennspannung auf der Sekundärseite des Trenntransformators oder Motor-Generators darf bei zweipoligen Verbrauchsmitteln nicht höher als 250 V und bei dreipoligen Verbrauchsmitteln nicht höher als 380 V sein.

2. An einen Trenntransformator oder an einen Motor-Generator darf nur ein Verbrauchsmittel mit höchstens 16 A Nennstrom angeschlossen werden.

3. Trenntransformatoren oder Motor-Generatoren müssen zum Anschließen des Verbrauchsmittels eine fest eingebaute Steckdose **ohne** Schutzkontakt haben.

4. Bewegliche Anschlußleitungen der Verbrauchsmittel müssen mindestens der Ausführung NMH nach VDE 0250 entsprechen.

5. Trenntransformatoren müssen VDE 0550 entsprechen und durch das vorgeschriebene Zeichen gekennzeichnet sein; Motor-Generatoren müssen VDE 0530 entsprechen. Leitfähige Gehäuse ortsfester Trenntransformatoren müssen mit einer Anschlußklemme versehen sein, an die der Schutzleiter anzuschließen ist. Ortsveränderliche Trenntransformatoren müssen schutzisoliert nach § 7 N sein.

6. Der Sekundärstromkreis von Trenntransformatoren oder Motor-Generatoren darf nicht geerdet werden und nicht mit anderen Anlageteilen leitend verbunden sein.

7. Bei besonderer Gefährdung, wie sie bei metallisch leitendem Standort vorliegt, z. B. in Kesseln, auf Stahlgerüsten, Schiffsrümpfen und dgl., ist das Gehäuse des zu schützenden Verbrauchsmittels mit dem Standort durch einen besonderen Leiter zu verbinden, dessen Querschnitt nach Tafel 2 zu bemessen ist. Dieser Leiter muß außerhalb der Zuleitung sichtbar verlegt werden. Im übrigen siehe § 33 N d) 3.

8. Bei Arbeiten in Kesseln ist der Trenntransformator oder Motor-Generator **außerhalb** des Kessels aufzustellen.

2. Schutz gegen Überspannung

§ 15 N
Vermeidung von Spannungserhöhungen über 250 V gegen Erde auf der Unterspannungsseite

a) In Mehrleiteranlagen mit Betriebsspannungen über 250 V zwischen den Außenleitern und nicht mehr als 250 V zwischen je einem Außenleiter und dem Mittelpunkt ist der Mittelpunkt unmittelbar zu erden, um zu verhindern, daß bei Erdschluß eines Außenleiters die Spannung eines anderen Außenleiters gegen Erde höher als 250 V wird. Ausnahme: siehe § 11 N c) 1.

b) Der Widerstand der Betriebserdung nach a), die aus einem Erder oder mehreren im Leitungsnetz verteilten Erdern bestehen kann, darf höchstens 2 Ω betragen. **Ein** Erder muß in der Nähe der Stromquelle liegen.

19 c) Kann ein Erdungswiderstand von 2 Ω nicht erreicht werden, so ist durch weitere Maßnahmen, z. B. durch Stationsschutzschalter (siehe VDE 0660/4.62, Tafel 11) zu verhindern, daß zwischen einem Außenleiter und dem Erder oder den Erdern eine höhere Spannung als 250 V bestehenbleibt.

§ 16 N
Schutz bei Übertritt der Oberspannung auf die Unterspannungsseite
Erdung eines Netzpunktes

a) Als Schutz des Unterspannungsnetzes bei Übertritt der Oberspannung aus Netzen mit Betriebsspannungen von über 1 kV muß der Mittelpunkt, der Mittelleiter oder ein Außenleiter des Unterspannungsnetzes unmittelbar oder offen über Überspannungs-Schutzorgane oder Schutzfunkenstrecken geerdet werden.

b) Der Widerstand einer Erdung nach a) ist so niedrig zu bemessen, daß bei einem Übertritt der Oberspannung auf die Unterspannungsseite durch den auftretenden kapazitiven Erdschlußstrom des Oberspannungsnetzes (Einfacherdschlußstrom) keine höhere Erderspannung als 125 V am Nulleiter oder am geerdeten Außenleiter hervorgerufen wird oder bestehenbleibt.

Um diese Bedingungen zu erfüllen, ist in Verbindung mit einer Erdung nach a) auch die Anwendung von Schaltern mit strom- oder spannungsabhängigen Auslösern oder anderen gleichwertigen Mitteln zulässig.

c) Ist die Abschaltstärke der Überstrom-Schutzorgane der Oberspannungsseite kleiner als der Erdschlußstrom, so kann sie der Bemessung der Erdung zugrunde gelegt werden.

d) Stromrichteranlagen sind von den Bestimmungen von a) bis c) ausgenommen. Als Maßnahme gegen Gefährdung von Stromrichteranlagen durch zu hohe Spannung kann der Einbau von Relais zur Abschaltung dienen.

§ 17 N
Erdungen in Kraftwerken und Umspannanlagen zur Energielieferung an Verbraucher mit Nennspannungen bis 1 kV

Aus der Vielgestaltigkeit der Bauart und Betriebsweise der Kraftwerke, Umspannanlagen und Netze mit Nennspannungen über 1 kV und bis 1 kV ergeben sich verschiedene Möglichkeiten für die Durchführung der Erdungsmaßnahmen.

Nennspannungen über 1 kV werden nachstehend kurz mit „Hochspannung", Nennspannungen bis 1 kV mit „Niederspannung" bezeichnet.

Es gelten folgende Bestimmungen:

a) Alle zu erdenden Teile der Anlagen sind an eine gemeinsame Erdungsanlage anzuschließen.

1. wenn das Hochspannungsnetz aus Kabeln mit Metallmänteln ausreichender Leitfähigkeit (z. B. aus Blei oder Aluminium) und darüber liegender, nichtisolierender Schutzhülle besteht;

2. wenn das Hochspannungsnetz aus Kabeln und Freileitungen besteht, in allen Anlagen im Bereich des Kabelnetzes mit leitenden Außenmänteln. Dieses Kabelnetz muß mehr als zwei Strahlen mit einer Gesamtlänge von mindestens 3 km haben.

Kabel mit nichtisolierender Schutzhülle werden kurz als „Kabel mit leitendem Außenmantel" bezeichnet.

b) Eine gemeinsame Erdungsanlage ist auch zweckmäßig in Anlagen, an die ein ausgedehntes Niederspannungskabelnetz mit leitenden Außenmänteln angeschlossen ist, oder in denen die Trennung der Erdungsanlagen schwer durchführbar ist. Dies gilt z. B. für Erdungsanlagen in Orts- oder Industrienetzen, die über leitende Versorgungsleitungen wie Wasserleitungen, leitende Außenmäntel von Erdkabeln oder dgl. mittelbar oder unmittelbar verbunden sind.

Dabei muß die gemeinsame Erdungsanlage so bemessen sein, daß die durch einen Erdschluß hervorgerufene Erderspannung 65 V nicht überschreitet.

c) Sind die Voraussetzungen nach a) und b) nicht gegeben, dann ist die Niederspannungs-Betriebserdung an einer getrennten Erdungsanlage vorzunehmen.

Der Abstand der getrennten Erder soll im allgemeinen 20 m nicht unterschreiten.

Werden Niederspannungs-Freileitungen durch Kabel an die Station angeschlossen, so ist dafür zu sorgen, daß dadurch die beabsichtigte Trennung der Erdungen nicht aufgehoben wird.

1. Die zu erdenden Teile der Niederspannungsanlage können mit der Niederspannungs-Betriebserdungsanlage verbunden werden, wenn diese Anlageteile von der Hochspannungs-Erdungsanlage ohne weiteres getrennt werden können und die Nullungsbedingungen im Niederspannungsnetz erfüllt sind.

2. Die zu erdenden Teile der Niederspannungsanlage können mit der Hochspannungs-Schutzerdungsanlage verbunden werden, wenn diese Anlageteile nicht ohne weiteres von der Hochspannungs-Schutzerdungsanlage getrennt werden können, z. B. in Anlagen aus Stahl, Stahlbeton oder bei Hochspannungsanlagen mit motorbetätigten Schalterantrieben, mit Hilfsauslösern, Motorantrieben und dgl.

Sind geerdete Metallteile oder stahlarmierter Beton der Umspannstationen (einschließlich Mastumspannstellen) von einem Standort außerhalb der Anlage berührbar, so ist in etwa 1 m Abstand und etwa 0,5 m Tiefe ein Steuererder zu verlegen, der an die gemeinsame Schutzerdungsanlage angeschlossen wird.

§ 18 N
Schutz elektrischer Anlagen gegen Überspannungen infolge atmosphärischer Entladungen

a) Für den Schutz von Netz- und Verbraucheranlagen sind die „Leitsätze für den Schutz elektrischer Anlagen gegen Überspannungen", VDE 0675, maßgebend.

1. Freileitungsnetze

1.1 Erdung

Um die günstigste Schutzwirkung von Ventilableitern und Schutzfunkenstrecken nach VDE 0675/9.57, § 46 a), zu erreichen, sind diese auf kürzestem Wege und mit möglichst niedrigem Erdungswiderstand zu erden.

Vorhandene Erder, z. B. von Blitzschutzanlagen, Rohrleitungen im Erdreich, können zur Erdung der Ableiter verwendet werden (siehe VDE 0190/5.57).

1.2 **Schutz der Netze mit Betriebsspannungen bis 1 kV**
In den Netzen sind Ableiter möglichst an Verzweigungen und vor allem an den Enden längerer Ausläuferleitungen einzubauen. Die Abstände der Einbauorte der Ableiter sollen 1000 m, in Gegenden mit großer Gewitterhäufigkeit etwa 500 m nicht überschreiten. Bei zwischengeschalteten Kabeln sind Ableiter an den Endverschlüssen zweckmäßig.

In Netzen, in denen die Nullung als Schutzmaßnahme gegen zu hohe Berührungsspannung zugelassen ist, ist die Erdung der Ableiter mit dem Nulleiter zu verbinden.

In Netzen, in denen die Nullung als Schutzmaßnahme gegen zu hohe Berührungsspannung nicht zugelassen ist, ist auch zwischen Sternpunktleiter und Erdung ein Ableiter anzubringen. Ist der Sternpunktleiter am Einbauort der Ableiter geerdet, so entfällt dieser Ableiter, aber die Erdungsleitung ist nach § 9 N b) 6. isoliert auszuführen.

1.3 **Schutz der Verbraucheranlagen**
Werden Verbraucheranlagen durch Ableiter geschützt, so sollen diese möglichst nahe der Hauseinführung unter Beachtung von VDE 0675/9.57, § 46 a) eingebaut werden. Die Ableitererdung ist mit allen in der Verbraucheranlage vorhandenen Erdern zu verbinden [siehe a) 1.1).

In Netzen, in denen die Nullung als Schutzmaßnahme gegen zu hohe Berührungsspannung zugelassen ist, ist die Erdung der Ableiter mit dem Nulleiter zu verbinden.

In Netzen, in denen die Nullung als Schutzmaßnahme gegen zu hohe Berührungsspannung nicht zugelassen ist, ist auch zwischen Sternpunktleiter und Erdung ein Ableiter anzubringen.

Ableiter und Schutzfunkenstrecke dürfen nicht in Räumen mit leichtentzündlichem Inhalt angebracht werden.

Sie sind ferner von entzündlichen Gegenständen, z. B. Holz, feuersicher getrennt anzubringen.

2. **Elektrische Anlagen in Bauwerken mit Blitzschutzanlagen**
In Bauwerken mit Blitzschutzanlagen müssen elektrische Anlagen in ausreichender Entfernung von der Blitzschutzanlage verlegt oder an Näherungsstellen durch Überspannungsschutzeinrichtungen mit der Blitzschutzanlage verbunden werden [siehe auch „Richtlinien des Ausschusses für Blitzableiterbau" (ABB)].

b) **Dachständer**
Dachständer für elektrische Starkstromleitungen dürfen nicht mit der Blitzschutzanlage leitend verbunden werden. Sie muß vom Dachständer mindestens 3 cm entfernt bleiben.

c) **Zusammenschluß von Erdungen**
Erdungen von Blitzschutzanlagen und Überspannungsableitern dürfen mit Erdungen von Starkstromanlagen metallisch verbunden werden. Durch diesen Zusammenschluß dürfen jedoch nur Verbindungen hergestellt werden, die nach § 12 N und § 17 N zugelassen sind.

3. Isolationszustand von Anlagen

§ 19 N Isolationswiderstand

a) In trockenen und feuchten Räumen von Verbraucheranlagen muß der Isolationswiderstand der Anlageteile ohne Verbrauchsgeräte zwischen zwei Überstrom-Schutzorganen oder hinter der letzten Stromsicherung mindestens 1000 Ω je Volt Betriebsspannung betragen (z. B. 220 000 Ω bei 220 V Betriebsspannung), d. h. der Fehlerstrom in jeder dieser Teilstrecken darf bei der Betriebsspannung nicht größer als 1 mA sein. Sind diese Teilstrecken länger als 100 m, so darf je weitere angefangene 100 m der Fehlerstrom abermals 1 mA betragen.

b) In nassen Räumen und im Freien verlegte Leitungen brauchen im allgemeinen den Bedingungen unter a) nicht zu entsprechen. Es ist jedoch ein den besonderen Verhältnissen angemessener Isolationswiderstand anzustreben, der den Wert von 50 Ω/V nicht unterschreiten darf.

c) Der Isolationszustand der Verbraucheranlagen ist gemäß § 23 N zu prüfen.

4. Erder

§ 20 N Allgemeine Bestimmungen für Erder und Erdungen

1. **Banderder** sind Erder aus Band, Rundmaterial oder Seil, die im allgemeinen in geringer Tiefe eingegraben werden. Sie können außer in gestreckter Verlegung als sogenannte Strahlen-, Ring- oder Maschenerder oder Kombinationen aus diesen aufgeführt werden.

2. **Staberder** sind Erder aus Rohr oder Profilstahl, die in den Erdboden eingetrieben werden.

3. **Plattenerder** sind Erder aus Blechplatten (voll, gelocht oder aus Streckmetall). Sie werden im allgemeinen in größeren Tiefen eingegraben.

4. **Zuleitungen** zu einem Erder, die blank in der Erde verlegt sind, gelten als Teil des Erders.

b) **Spezifischer Erdwiderstand und Ausbreitungswiderstand**

1. Der spezifische Erdwiderstand schwankt stark. Tafel 4 enthält rohe Mittelwerte für verschiedene Erdarten.

Tafel 4: Mittelwerte der spezifischen Erdwiderstände

1	2	3	4	5	6	7
Art des Erdreichs	Moorboden	Lehm-, Ton- und Ackerboden	feucht. Sand	feucht. Kies	trock. Sand und trock. Kies	steiniger Boden
spezif. Widerstand ϱ (Ω · m)	30	100	200	500	1000	3000

2. Der Ausbreitungswiderstand der Erder hängt von der Art und Beschaffenheit des Erdreichs (spezifischer Erdwiderstand) und von den Abmessungen und der Anordnung der Erder ab. Tafel 5 enthält Mittelwerte von Ausbreitungswiderständen für Erdabmessungen nach Tafel 6. Mäßige Abweichungen von den dort angegebenen Querschnitten beeinflussen den Ausbreitungswiderstand nur wenig.

Tafel 5
Ausbreitungswiderstand bei einem spezifischen Erdwiderstand von ϱ_1 = 100 Ω m

1	2	3	4	5	6	7	8	9	10	11
Art des Erders	Band und Seil Länge in m				Stab und Rohr Länge in m				senkr. Platte Oberkante etwa 1 m in Erde Größe in m	
	10	25	50	100	1	2	3	5	0,5 × 1	1 × 1
Ausbreitungs- Ω widerstd.	20	10	5	3	70	40	30	20	35	25

Für andere spezifische Erdwiderstände ϱ sind die vorstehenden Ausbreitungswiderstände mit ϱ/ϱ_1 = $\varrho/100$ zu vervielfachen.

3. **Messung des Ausbreitungswiderstandes**
Der Ausbreitungswiderstand einer Erdungsanlage muß meßbar sein. Erforderlichenfalls sind zugängliche lösbare Verbindungen vorzusehen (§ 21 N), die eine getrennte Messung an einzelnen Erdern ermöglichen.

c) **Werkstoffe und Abmessungen von Erdern**

1. Als Werkstoff für Erder ist zweckmäßig feuerverzinkter oder kupferplattierter Stahl oder Kupfer zu verwenden, soweit nicht örtliche Verhältnisse (z. B. in chemischen Betrieben) einen anderen Werkstoff bedingen.

2. Die Mindestabmessungen von Erdern sind aus Tafel 6 zu entnehmen. Sie sollen mit Rücksicht auf Korrosion und Strombelastbarkeit nicht unterschritten werden.

3. Soweit Erder nur der Potentialsteuerung dienen, soll der Mindestquerschnitt bei feuerverzinktem oder kupferplattiertem Stahl 16 mm² und bei Kupfer 10 mm² betragen.

Wenn im Erdreich eine verstärkte Korrosion zu erwarten ist oder unverzinkte Stahlrohre, -bleche oder -seile als Erder benutzt werden, so empfiehlt es sich, etwa den 1,5fachen Querschnitt nach Tafel 6 zu verwenden.

Tafel 6: **Mindestquerschnitte für Erder**

Nr.	Arten der Erder	Werkstoff 1 Stahl feuerverzinkt	Werkstoff 2 Stahl kupferplattiert	Werkstoff 3 Kupfer
1	Banderder	Bandstahl 100 mm² Mindestdicke 3 mm Leitungsseil 95 mm² (nicht feindrähtig)	50 mm²	Kupferband 50 mm² Mindestdicke 2 mm Leitungsseil 35 mm² (nicht feindrähtig)
2	Staberder	Flußstahlrohr 1″ Winkelstahl L 65 · 65 · 7 U-Stahl 6½ T-Stahl T 6 Kreuzprofilstahl 50 · 3 od. sonstige gleichwertige Profilstäbe	Stahl 15 mm ⌀ Kupferauflage 2,5 mm dick	Kupferband 50 mm² Mindestdicke 2 mm Leitungsdraht oder -seil 35 mm² (nicht feindrähtig) Kupferrohr 30 × 3
3	Plattenerder	Stahlblech 3 mm	—	Kupferblech 2 mm

4. Leichtmetalle sind für Verlegung im Erdreich nur zulässig, wenn sie sich in einem bestimmten Erdreich als weit korrosionsbeständiger erweisen als Stahl oder Kupfer.

d) **Sonstige Erder**

1. Wasserrohrnetze sind als Erder heranzuziehen. Ist ihr Ausbreitungswiderstand zu groß, so ist er durch Anschluß zusätzlicher Erder, z. B. der Metallmäntel von Kabeln, zu verbessern. Hierbei ist darauf zu achten, ob ihr Erdungswiderstand nicht durch Rohre, Muffen oder Flansche aus isolierenden Stoffen vermindert ist. VDE 0190 ist zu beachten.

2. Wird die Wasserleitung innerhalb von Gebäuden zur Erdung herangezogen, so müssen die Wassermesser gut leitend durch ein verzinntes Kupferseil von mindestens 16 mm^2 oder ein verzinktes Stahlseil von mindestens 25 mm^2 oder verzinkten Bandstahl von 3 mm Mindestdicke überbrückt werden. Die Wasserleitung darf in Gebäuden zur Erdung nur dann benutzt werden, wenn sie eine gut leitende Verbindung bis zum Wassermesser hat. VDE 0190 ist zu beachten.

3. Die Metallmäntel von Kabeln, die nicht mit Kunststoff isoliert und unmittelbar im Erdreich verlegt sind, können als Erder herangezogen werden, wenn die Verbindung über die Muffen mindestens leitwertgleich mit dem Metallmantel ist.

Der Querschnitt dieses Überbrückungsleiters muß mindestens betragen:

4 mm^2 Cu bei Außenleiter-Querschnitten bis 6 mm^2,
10 mm^2 Cu bei Außenleiter-Querschnitten über 10 mm^2.

§ 21 N

Anordnung und Ausführung von Erdern und Ausführung der Erdungsleitungen

a) **Anordnung und Ausführung von Erdern**

1. Bei der Auswahl und Anordnung der Erder sind die örtlichen Verhältnisse, die Bodenbeschaffenheit und der zulässige Ausbreitungswiderstand zu berücksichtigen.

2. Der Erder muß in guter Verbindung mit dem umgebenden Erdreich stehen. Gut leitende Erdschichten sind wegen des geringeren Aufwandes zu bevorzugen. In trockenen Erdschichten sind die Erder bei nicht bindigem Erdreich einzuschlämmen, bei bindigem Erdreich sorgfältig zu verstampfen. Steine und grober Kies unmittelbar am Erder vergrößern den Ausbreitungswiderstand. Der Ausbreitungswiderstand von Band- und Staberdern ist hauptsächlich von ihrer Länge, weniger vom Querschnitt abhängig.

3. Banderder sollen im allgemeinen 0,5 bis 1 m tief verlegt werden, wenn die Bodenverhältnisse dies erlauben. Auf die Abhängigkeit des Ausbreitungswiderstandes von dem Feuchtigkeitsgehalt der oberen Bodenschicht und auf Frost ist Rücksicht zu nehmen. Ihre Länge richtet sich nach dem erforderlichen Ausbreitungswiderstand (siehe Tafel 5).

Bei Strahlenerdern soll die Unterteilung gleichmäßig sein und der Winkel zwischen benachbarten Strahlen 60° nicht unterschreiten.

4. Staberder sind möglichst lotrecht in die Erde einzutreiben. Ihre Länge richtet sich nach dem erforderlichen Ausbreitungswiderstand (siehe Tafel 5).

Sind mehrere Staberder notwendig, um den erforderlichen niedrigen Ausbreitungswiderstand zu erreichen, so ist ein gegenseitiger Mindestabstand von der doppelten Länge eines einzelnen Erders anzustreben. Sind die parallel geschalteten Staberder nicht mit ihrer ganzen Länge wirksam (z. B. bei ausgetrockneter oder gefrorener Bodenoberschicht), so ist als Mindestabstand die doppelte wirksame Länge zu wählen.

5. Plattenerder sind lotrecht in die Erde einzubetten. Ihre Abmessung richtet sich nach dem erforderlichen Ausbreitungswiderstand (siehe Tafel 5). Im allgemeinen sind Platten 1 m × 0,5 m üblich. Die Plattenoberkante soll mindestens 1 m unter der Erdoberfläche liegen.

Werden mehrere Plattenerder zur Erzielung eines niedrigen Ausbreitungswiderstandes angeordnet, so ist ein gegenseitiger lichter Abstand von mindestens 3 m zu empfehlen.

b) **Ausführung der Erdungsleitungen**

1.1 Mit Rücksicht auf mechanische Festigkeit muß der Mindestquerschnitt der Erdungsleitungen betragen:

bei fester mechanisch geschützter Verlegung	1,5 mm^2 Cu, 2,5 mm^2 Al,
bei fester mechanisch ungeschützter Verlegung	4 mm^2 Cu
oder bei Bandstahl von mindestens 2,5 mm Dicke	50 mm^2 Fe.

1.2 Erdungsleitungen aus Aluminium sind für mechanisch ungeschützte Verlegung nicht zulässig.

1.3 In Decken und Wanddurchführungen und an Stellen mit besonderer mechanischer Gefährdung sind Erdungsleitungen in jedem Fall zu schützen.

1.4 Blanke Erdungsleitungen sind nach DIN 40705 zu kennzeichnen.

2. Zur Prüfung des Ausbreitungswiderstandes eines Erders ist in die Erdungsleitung an zugänglicher Stelle eine Trennstelle einzubauen. Sie ist möglichst dort anzuordnen, wo ohnehin Übergangsstellen erforderlich sind.

3. Die Anschlußstelle am Erder muß mechanisch fest und elektrisch gut leitend, z. B. durch Schweißverbindung oder gesicherte Schrauben, hergestellt sein.

Bei Verwendung von Schellen, z. B. bei Rohrerdern, müssen mindestens Schrauben M 10 verwendet werden.

4. Verbindungsstellen im Erdreich sind erforderlichenfalls gegen Korrosion zu schützen.

5. Erdungsleitungen über der Erde müssen sichtbar oder bei Verkleidung zugänglich verlegt und gegen zu erwartende mechanische und chemische Zerstörung geschützt werden. Erdungsleitungen sind bei Durchführung durch Decken oder Wände in jedem Fall zu schützen.

Schalter oder ohne Werkzeug leicht lösbare Verbindungen sind in Erdungsleitungen und Erdungssammelleitungen für Schutzerdung unzulässig.

Erdungsleitungen für Entstörkondensatoren müssen für die Ableitung von Strömen von mehr als 3,5 mA wie die Außenleiter isoliert und ebenso sorgfältig wie diese verlegt sein.

6. Verbindungen von Erdungs- und Erdungssammelleitungen untereinander sowie Abzweigungen von diesen sind so herzustellen, daß eine sichere, elektrisch gut leitende Verbindung dauernd gewährleistet ist.

5. Prüfungen

§ 22 N

Prüfung der Schutzmaßnahmen mit Schutzleiter

a) Die Schutzmaßnahmen Schutzerdung, Nullung, Schutzleitungssystem, FU-Schutzschaltung und FI-Schutzschaltung sind vor Inbetriebnahme der Anlage durch den Errichter zu prüfen.

Die Prüfungen müssen eine eingehende Besichtigung aller für die Schutzmaßnahmen wichtigen Anlageteile und die Messungen umfassen, durch die die Wirksamkeit der Schutzmaßnahmen nachgewiesen wird.

b) Wenn Netzströme zur Messung verwendet werden, dürfen Schutzleiter oder die in die Schutzmaßnahme einbezogenen Betriebsmittel nur kurzzeitig und stufenweise mit kleinen Stromstärken beginnend belastet werden. Läßt bereits die Prüfung mit kleiner Meßstromstärke erkennen, daß die Schutzmaßnahmen nicht in Ordnung sind, so darf die Prüfung nicht mit größeren Stromstärken fortgesetzt werden.

§ 23 N

Prüfung des Isolationszustandes von Verbraucheranlagen

a) Die Prüfung ist wie folgt durchzuführen:
1. Alle nicht geerdeten Leiter gegen Erde.
2. Alle nicht geerdeten Leiter gegeneinander.

Diese Prüfung ist nur bei Leitungen erforderlich, die zwischen Schaltern, Überstrom-Schutzorganen und anderen Trennstellen liegen.

b) Die Prüfung ist mit Gleichspannung durchzuführen, die mindestens gleich der Nennspannung der Anlage sein muß. Bei Nennspannungen unter 500 V darf sie 500 V nicht unterschreiten. Bei diesen Nennspannungen muß das Prüfgerät mindestens 1 mA Strom liefern.

§ 24 N

Prüfung des Isolationszustandes von Fußböden

Zum Nachweis, ob der Isolationszustand von Fußböden im Sinne der Schutzmaßnahmen nach § 6 N a) 2.22 ausreicht, ist der Standortübergangswiderstand wie folgt zu bestimmen:

a) In Netzen mit geerdetem Netzpunkt ist zunächst die Spannung des Netzes gegen Erde U_1 mit einem Spannungsmesser zu messen. In Netzen mit nicht geerdetem Netzpunkt ist für die Messung ein Außenleiter hilfsweise zu erden.

b) Der Fußboden ist an der Stelle, an der gemessen werden soll, mit einem feuchten Tuch von etwa 270 × 270 mm zu bedecken. Auf das feuchte Tuch ist eine Metallplatte von etwa 250 × 250 × 2 mm aufzulegen und mit einem Gewicht von etwa 75 kg zu belasten. Zwischen der belasteten Metallplatte und einem gegen Erde unter Spannung stehenden Außenleiter des Netzes ist die Spannung U_2 mit einem Spannungsmesser, dessen innerer Widerstand Ri etwa 3000 Ω ist, zu messen.

c) Die Messung ist an mindestens drei beliebig gewählten Stellen des Fußbodens auszuführen.

d) Der Standortübergangswiderstand R_{St} darf an keiner der Meßstellen 50 kΩ unterschreiten.

19

B. Elektrische Maschinen, Transformatoren und Drosselspulen, Hebezeuge

§ 25 N Elektrische Maschinen

a) Einbau

1. Die Schutzart der Maschinen (Fremdkörper- und Berührungsschutz sowie Wasserschutz nach DIN 40050, Kurzzeichen: z. B. P 33) soll nach den Beanspruchungen am Aufstellungsort entsprechend gewählt werden.

2. Die Maschinen sind so aufzustellen, daß ihre betriebsmäßige Bedienung und Wartung möglich ist und eine der Kühlungsart der Maschine entsprechende ausreichende Kühlung gewährleistet wird.

3. An der Maschine angebaute Antriebe, z. B. Stelleinrichtungen, ferner Überwachungseinrichtungen, z. B. Thermometer, sollen auch im Betrieb gut und gefahrlos zugänglich sein.

4. Das Leistungsschild soll auch nach Aufstellung der Maschinen gut abgelesen werden können.

b) Anschlüsse

1. Anschlußleitungen sind so auszuwählen und Leitungsanschlüsse so auszuführen, daß sie auftretende Schwingungsbeanspruchungen ohne Schäden aushalten.

2. Metallschläuche dürfen an Maschinen, die betriebsmäßig bewegt werden, zum Schutz von Einzeladern oder Gummischlauchleitungen nicht verwendet werden.

c) Überwachungs- und Schutzeinrichtungen

Auf die Zweckmäßigkeit eines Schutzes gegen unzulässige thermische Beanspruchung, insbesondere bei nicht ständig beaufsichtigten Maschinen, wird hingewiesen.

Der erforderliche Schutz kann durch geeignete Konstruktion oder Anbringung selbsttätiger Schutzeinrichtungen (z. B. Motorschutzschalter) auch gegen die Auswirkung von inneren und äußeren Fehlern gegeben sein.

Überwachungseinrichtungen für flüssige Kühlmittel von Maschinen sollen so aufgestellt werden, daß eine einwandfreie Bedienung vom Standort des Bedienenden aus möglich ist.

§ 26 N Transformatoren und Drosselspulen

a) Allgemeines

1. Das Leistungsschild soll auch nach Aufstellung der Transformatoren gut abgelesen werden können.

2. Bestimmungen über die Verwendung von Spartransformatoren sind in Vorbereitung (siehe ferner auch VDE 0550 Teil 4/...64, Entwurf 1).

b) Einbau

1. Die Schutzart der Transformatoren und Drosselspulen (Fremdkörper- und Berührungsschutz sowie Wasserschutz nach DIN 40050, Kurzzeichen: z. B. P 33) soll nach den Beanspruchungen am Aufstellungsort entsprechend gewählt werden.

2. Transformatoren sind so aufzustellen oder anzubringen, daß eine ausreichende Kühlung sichergestellt ist.

3. Am Transformator angebaute Antriebe, z. B. Stelleinrichtungen sowie Ventilatoren, Überwachungseinrichtungen usw., sollen auch im Betrieb gut und gefahrlos zugänglich sein.

4. Die Gefahr von Bränden und deren Ausdehnung muß berücksichtigt werden, sofern der Aufstellungsort oder die Bauart ein Übergreifen von Bränden nicht überhaupt ausschließt.

Hierzu können eine oder mehrere der folgenden Maßnahmen dienen:

4.1 Ölabflußeinrichtungen oder mit Kies oder Schotter abgedeckte Ölauffanggruben. Für Leistungen bis 630 kVA genügen entsprechend hohe Türschwellen.

4.2 Fest eingebaute Löscheinrichtungen für zerstäubtes Wasser, Kohlensäure und dgl., insbesondere für Transformatoren größerer Leistung.

4.3 Brandschutzwände.

5. Transformatoren und Drosselspulen sind so einzubauen, daß der freie Verkehr in Ausgängen und Treppen durch Brände und Verqualmung nicht behindert wird.

6. Bei Transformatoren und Drosselspulen mit nicht brennbarer Füllung sind abweichend von 4. und 5. lediglich Vorkehrungen zur Aufnahme der Füllung bei Undichtigkeiten des Kessels erforderlich.

7. Luftdrosselspulen müssen so eingebaut werden, daß das Magnetfeld des Kurzschlußstromes eiserne Gegenstände nicht in die Spule hineinreißt und daß benachbarte Metallteile nicht unzulässig erwärmt werden.

c) Überwachungs- und Schutzeinrichtungen

Auf die Zweckmäßigkeit eines Schutzes für Transformatoren und für Drosselspulen über 16 kVA gegen unzulässige thermische Beanspruchungen wird hingewiesen.

Der erforderliche Schutz kann durch geeignete Konstruktion oder Anbringung selbsttätiger Schutzeinrichtungen auch gegen die Auswirkung von inneren und äußeren Fehlern gegeben sein.

Überwachungseinrichtungen für flüssige Kühlmittel von Transformatoren und Drosselspulen sollen so aufgestellt werden, daß eine einwandfreie Bedienung vom Standort des Bedienenden aus möglich ist.

§ 27 N bleibt frei

§ 28 N Hebezeuge

a) Bedienungsgänge für Schalt- und Verteilungsanlagen

Abweichend von § 29 N brauchen auf Hebezeugen Bedienungsgänge für Schalt- und Verteilungsanlagen nur einen freien Durchgang von mindestens 0,4 m Breite und 1,8 m Höhe zu haben. Kann aus konstruktiven Gründen die Höhe von 1,8 m nicht eingehalten werden, so darf sie bis auf ein Mindestmaß von 1,4 m verringert werden. Hierbei muß entsprechend der notwendigen Verringerung die Breite des Bedienungsganges vergrößert werden. Bei einem Mindestmaß von 1,4 m Höhe muß die Breite mindestens 0,7 m betragen.

b) Schalter

Schalter müssen räumlich so angebracht sein, daß Arbeiten an ihnen, insbesondere auch Funktionsprüfungen, gefahrlos möglich sind.

Als Fernschalter können auch Schütze verwendet werden.

1. Netzanschlußschalter

1.1 Hauptschleifleitungen oder bewegliche Hauptanschlußleitungen müssen durch Netzanschlußschalter (Lastschalter) allpolig abschaltbar sein.

1.2 Bei Turmdrehkranen auf Baustellen kann als Netzanschlußschalter der Hauptschalter am Baustellenverteiler verwendet werden. Die Bedingung, daß dieser Schalter eine Einrichtung zur Sicherung gegen irrtümliches oder unbefugtes Einschalten haben muß, gilt sinngemäß als erfüllt, wenn durch andere Maßnahmen eine Unterspannungsetzung der Zuleitung des Turmdrehkranes verhindert wird, z. B. durch eine sichere Verwahrung der Steckvorrichtung.

1.3 In Sonderfällen, z. B. bei Anordnung von zwei Hauptschleifleitungssystemen, die wahlweise zur Speisung des Hebezeuges benutzt werden können, oder bei Einteilung einer Hauptschleifleitung in galvanisch getrennte Abschnitte, darf von den vorgenannten Bestimmungen in Anpassung an die örtlichen Gegebenheiten abgewichen werden, wenn auf andere Weise die notwendige Sicherheit erreicht wird.

2. Trennschalter

2.1 Jedes Hebezeug muß mit einem Trennschalter ausgerüstet sein, der dessen Anlage von der Hauptschleifleitung bzw. von der beweglichen Hauptanschlußleitung abtrennt [Ausnahmen siehe 2.2, 2.3 und c)].

Der Trennschalter muß eine Sicherung gegen irrtümliches oder unbefugtes Einschalten haben.

Abklappbare Stromabnehmer geeigneter Konstruktion gelten als Trennschalter.

2.2 Wird nur ein einziges flurbetätigtes Hebezeug gespeist, so darf der Trennschalter entfallen.

2.3 Der Trennschalter darf auch entfallen, wenn der nach 3.1 geforderte Kranschalter elektrisch unmittelbar hinter den Stromabnehmern der Hauptschleifleitungen liegt und die Aufgaben des Trennschalters übernimmt.

3. Kranschalter

3.1 Jedes Hebezeug muß mit einem Kranschalter (Lastschalter) ausgerüstet sein, mit dem alle Bewegungen des Hebezeuges vom Bedienungsstandort aus stillgesetzt werden können. Der Kranschalter muß allpolig schalten (siehe § 31 N).

3.2 Der elektrische Anschluß von Lastaufnahmemitteln, die im spannungsfreien Zustand ihre Last nicht halten können, muß vor dem Kranschalter erfolgen.

3.3 Der Kranschalter darf entfallen bei

3.31 ortsfesten Hubwerken und Hubwerken von Hebezeugen, deren Kran- und Katzfahrwerke von Hand betätigt werden.

3.32 flurgesteuerten Schienenlaufkatzen, wenn das Katzfahrwerk von Hand oder mit einem Elektromotor bis zu 500 W angetrieben wird.

c) Sonderstromkreise

1. Sonderstromkreise, z. B. Steckdosen- und Beleuchtungsstromkreise, Stromkreise für kontinuierliches Temperieren und Belüften, Stromkreise für durch Sicherheitsbestimmungen geforderte elektrische Einrichtungen, die bei Instandhaltungs- und Änderungsarbeiten nicht abgeschaltet bleiben dürfen, sind so zu verlegen, daß ihr Betrieb während der genannten Arbeiten ohne Verwendung von Schleifleitungen oder Schleifringkörpern möglich ist.

2. Diese Sonderstromkreise sind vor dem Trennschalter nach b) 2.2 anzuschließen, wenn sie mit der Schutzmaß-

19

nahme „Schutzkleinspannung" nach § 8 N betrieben werden.

3. Wird eine höhere Spannung als 42 V verwendet, so sind diese Stromkreise über einen zweiten Trennschalter anzuschließen. Dieser Trennschalter muß eine Sicherung gegen irrtümliches oder unbefugtes Einschalten haben.

In diesen Fällen wird zur Erhöhung der Sicherheit eine galvanische Trennung vom speisenden Netz empfohlen.

d) Schleifleitungen, Schleifringkörper

1. Schutzleiter und Schutzleiter-Stromabnehmer

1.1 Bei Energiezuführung über Schleifleitungen oder Schleifringkörper muß der Schutzleiter eine besondere Schleifleitung oder einen besonderen Schleifring erhalten, deren Träger sich von denen der stromführenden Leitungen oder Schleifringe eindeutig sichtbar unterscheiden müssen.

1.2 Der Schutzleiter darf betriebsmäßig keinen Strom führen.

Verlegung auf Isolatoren wird auch bei Anwendung der Nullung nicht gefordert.

1.3 Die Verbindung des Hebezeuges mit dem Schutzleiter muß über Gleitschuhe erfolgen. Rollen, Walzen und dgl. dürfen nicht verwendet werden.

Stromabnehmer für Schutzleiter müssen so beschaffen sein, daß sie gegen die übrigen Stromabnehmer nicht ohne weiteres austauschbar sind.

2. Anordnung

2.1 Schleifleitungen müssen so verlegt oder verkleidet sein, daß betriebsmäßig, z. B. beim Besteigen oder Begehen der Fahrbahnlaufstege und Kranträgerlaufbühnen einschließlich der Zugänge, keine zufällige Berührung möglich ist. Entgegen § 3 N d) 5. wird für den Handbereich nach unten ein Mindestmaß von 0,1 m festgelegt.

2.2 Schleifleitungen müssen so angeordnet oder geschützt sein, daß sie von den Tragmitteln auch bei pendelnder Last nicht berührt werden können.

3. Querschnitte

Bei Querschnitten unter 25 mm² bzw. über 150 mm² Kupfer sind Stromschienen zu verwenden.

Im Bereich von 25 mm² bis 150 mm² dürfen Kupferdrähte verwendet werden.

4. Mindestabstände

4.1 Der Mindestabstand unter Spannung stehender Teile voneinander und von geerdeten Teilen muß an Schleifleitungen bei zwangsläufiger Führung zwischen Schleifleitung und Stromabnehmer, z. B. durch Stromabnehmerwagen oder durch konstruktive Maßnahmen am Hebezeug, gewährleistet sein und muß mindestens 10 mm betragen.

In fabrikfertig geprüften Anlagen bis 500 V Betriebsspannung genügt ein Mindestabstand von 6 mm.

4.2 Ist die Führung nicht zwangsläufig gehalten, so muß der Abstand entsprechend den Abweichungsmöglichkeiten zwischen Schleifleitung und Stromabnehmer, z. B. bei Pendeln des Stromabnehmers selbst oder bei Bewegung des Hebezeuges mit dem Stromabnehmer gegenüber der Schleifleitung, so groß gewählt werden, daß der unter 4.1 genannte Mindestabstand von 10 mm nicht unterschritten werden kann.

5. Stützenabstand

5.1 Werden Stromschienen als Schleifleitungen verwendet, so darf der Stützabstand 2,5 m nicht überschreiten.

5.2 Bei Verwendung von Rund- oder Profildrähten als Schleifleitungen ist bei einer Schleifleitungs-Gesamtlänge bis 12 m eine Unterstützung nicht erforderlich.

Bei größeren Längen darf die Entfernung der Stützen 8 m nicht überschreiten.

Bei Schleifleitungen, die sich selbsttätig nachspannen, sind größere Stützenabstände zulässig, wenn die technischen Werte, z. B. Durchhang, Windabdruck, gleich oder günstiger sind als bei fest abgespannten Schleifleitungen mit 8 m Stützenabstand.

6. Isolatoren

6.1 Isolatoren dürfen nur aus keramischen oder gleichwertigen Stoffen bestehen.

6.2 Schleifleitungsisolatoren sollen eine Kriechstrecke von mindestens 60 mm haben.

6.3 Bei Vorliegen erschwerender Bedingungen, z. B. in Räumen mit aggressiver Atmosphäre oder bei Gefahr der Ablagerung von leitfähigen Stauben oder in Schleifleitungskanälen, darf die Kriechstrecke von 60 mm nicht unterschritten werden.

6.4 Eine raumsparende Anordnung der Schleifleitung, z. B. als Kleinschleifleitung, muß noch eine Mindestkriechstrecke von 30 mm vorsehen.

Hierbei muß dem Absinken der Isolationswerte, z. B. durch die Ablagerung von leitfähigen Stauben oder Feuchtigkeit, durch besondere Maßnahmen, z. B. Abdeckung, weitgehend vorgebeugt werden.

e) Bewegliche Anschlußleitungen

1. Als bewegliche Anschlußleitungen für Schienenlaufkatzen, deren Katzfahrwerk von Hand oder mit einem Elektromotor bis 500 W angetrieben wird, müssen mindestens NFLG- oder NMH-Leitungen nach VDE 0250 oder diesen gleichwertige, bei allen übrigen Hebezeugen mindestens NSH-Leitungen nach VDE 0250 oder diesen gleichwertige verwendet werden.

Bei höheren mechanischen Beanspruchungen, z. B. Schleifen auf dem Erdboden, sind Leitungstrossen NT nach VDE 0250 zu verwenden.

3. Der innere Biegedurchmesser der Leitung darf an keiner Stelle den 10fachen Durchmesser der Leitung unterschreiten.

4. Leitungstrommeln müssen die Leitungen selbsttätig aufwickeln.

f) Leitungen und Kabel für feste Verlegung

1. Zur festen Verlegung sind nur Mantelleitungen NYM, Bleimantelleitungen NYBUY, Gummischlauchleitungen mindestens NMH, Kunststoffschlauchleitungen mindestens NYMHY nach VDE 0250 oder Kabel nach VDE 0255, 0265 oder 0271 zu verwenden. Bei der Auswahl und Verlegung der Leitungen und Kabel sind gegebenenfalls erschwerende Betriebsbedingungen zu berücksichtigen.

2. Leitungen und Kabel dürfen auch im Freien unmittelbar auf Konstruktionsteilen und dgl. mit Schellen befestigt werden.

g) Steuer- und Hilfsstromkreise; Beleuchtungsstromkreise

Steuer- und Hilfsstromkreise dürfen nur mit Nennspannungen bis 500 V betrieben werden.

Bei der Verwendung beweglicher Leitungen oder Schleifleitungen wird die Anwendung von Spannungen bis 250 V gegen Erde empfohlen.

h) Krangerüst als Schutzleiter

Wird das Krangerüst als Schutzleiter nach § 6 N b) 2.4 verwendet, so ist:

1. bei Energiezuführung über Schleifleitung von dem Schutzleiterstromabnehmer eine unmittelbare Verbindung zu der Krangerüstkonstruktion zu legen. Diese Verbindung muß gegen Selbstlockern gesichert sein;

2. der Schutzleiteranschluß der elektrischen Betriebsmittel so vorzunehmen, daß entweder eine zusätzliche leitende Verbindung mit der Konstruktion hergestellt wird, z. B. flexibler Cu-Leiter mit Kabelschuhen, oder die elektrischen Betriebsmittel dauerhaft gut leitend mit der Konstruktion verschraubt werden.

i) Steuerketten

1. Bei flurbedienten elektrischen Hebezeugen müssen entweder in den Steuerketten unmittelbar über dem Handbereich oder bei geringer Kettenlänge in der Nähe ihrer oberen Befestigung Isolatoren eingebaut sein, oder es müssen Bedienungsschnüre aus isolierenden Stoffen verwendet werden.

2. Steuerketten und Bedienungsschnüre sind dicht über den Handgriffen zwangsläufig so zu führen, daß sie sich nicht verschlingen können.

k) Schaltgeräte bei flurbedienten Hebezeugen

Flurbediente Hebezeuge müssen sich beim Loslassen der Betätigungsorgane selbsttätig stillsetzen. Dies gilt nicht für Betätigungsorgane in ortsfesten Steuerständen.

C. Schalt- und Verteilungsanlagen

§ 29 N Allgemeines

a) Für Schalt- und Verteilungsanlagen, auch in der Bauform von Tafeln, Gerüsten, Schränken und Kästen, sind nur Baustoffe zulässig, die den im Betrieb auftretenden mechanischen sowie den Feuchtigkeits- und Wärme-Beanspruchungen standhalten und schwer entflammbar (siehe DIN 4102 Bl. 1) sind.

Schalt- und Verteilungsanlagen müssen den im Betrieb zu erwartenden äußeren Einwirkungen, wie Staub, Feuchtigkeit, Gasen und Dämpfen, gewachsen sein.

In trockenen Räumen ist als Umrahmung, Schutzverkleidung und Schutzgeländer auch Holz zulässig.

Träger unter Spannung stehender Teile müssen den elektrischen Beanspruchungen standhalten.

b) Für Isolierstoffe bestehen u. a. folgende VDE-Bestimmungen:

VDE 0318 „Regeln für Prüfverfahren an Schichtpreßstoffen: Hartpapier und Hartgewebe"

VDE 0320 „Regeln für Kunststoff-Formstoffe"

VDE 0335 „Leitsätze für die Prüfung keramischer Isolierstoffe"

c) Leiter und deren Träger sind so zu bemessen und anzuordnen, daß die bei Kurzschluß auftretenden Kräfte ohne Schäden für die Anlage aufgenommen werden.

19

d) Metallteile von Schalt- und Verteilungsanlagen, bei denen eine Schutzmaßnahme gegen zu hohe Berührungsspannung anzuwenden ist, müssen mit einer nach DIN 40011 gekennzeichneten Anschlußstelle für den Schutzleiter versehen sein [siehe auch § 6 N].

e) Schalt- und Verteilungs-Tafeln, die im Betriebszustand nicht von der Rückseite zugänglich sind, müssen so gebaut sein, daß die Zu- und Ableitungen nach Befestigen der Tafel vorderseitig angeschlossen werden können.

f) Anschlüsse für Mittel- oder Sternpunktleiter sind zugänglich und einzeln lösbar, z. B. auf einer Schiene so anzuordnen, daß ihre Zugehörigkeit zu den einzelnen Stromkreisen eindeutig erkennbar ist. Dies gilt auch für Anschlüsse von Schutzleitern, die getrennt mitgeführt werden.

g) Schalt- und Verteilungstafeln müssen zum Schutz gegen zufälliges Berühren betriebsmäßig unter Spannung stehender Teile sowie gegen Eindringen fremder Gegenstände, z. B. durch eine Umrahmung, geschützt sein.

Abdeckungen, die unter Spannung stehende nicht isolierte Metallteile und die Anschlußdrähte gegen zufälliges Berühren schützen, sollen nur mit Hilfe von Werkzeug entfernbar sein.

Der Abstand unter Spannung stehender, nicht isolierter Teile von nicht unter Spannung stehenden Teilen der Schalt- und Verteilungstafeln von der Wand, von Metallrohren, metallumkleideten Rohren und Rohrdrähten muß mindestens 15 mm betragen.

h) In Schalt- und Verteilungs**anlagen** in bewohnten und gewerblichen Räumen sowie Betriebsstätten müssen die betriebsmäßig unter Spannung stehenden Teile gegen zufälliges Berühren geschützt sein [siehe § 4 N].

Für elektrische Betriebsstätten gilt § 43 „Elektrische Betriebsstätten", für abgeschlossene elektrische Betriebsstätten § 44 „Abgeschlossene elektrische Betriebsstätten".

Bedienungsgänge **zwischen** einer Schalt- und Verteilungsanlage und einer gegenüberliegenden Wand müssen mindestens 0,8 m breit sein. Bedienungsgänge **vor** einer Schalt- und Verteilungsanlage müssen mindestens 0,8 m, zwischen zwei Schalt- und Verteilungsanlagen mindestens 1 m breit und mindestens 2 m hoch sein. Die Mindesthöhe unter Spannung stehender nicht geschützter Teile in Bedienungsgängen in elektrischen und abgeschlossenen elektrischen Betriebsstätten muß 2,5 m betragen.

Bei größeren Schalt- und Verteilungsanlagen ist darauf zu achten, daß Bedienungsgänge auch in Notfällen gefahrlos verlassen werden können.

Die Abstände der dem Berührungsschutz dienenden Teile von den dahinter liegenden unter Spannung stehenden Teilen sind Tafel 7 zu entnehmen.

Tafel 7

Art des Raumes	Abstand mm	Art des Schutzes
Betriebsstätten (allgemein)	40	Blechverkleidung, Blechtüren
elektrische Betriebsstätten	100	Gitter, Gittertüren
abgeschlossene elektrische Betriebsstätten	200	Geländer

i) Bei Schalt- und Verteilungsanlagen mit mehr als einem Stromkreis sind die einzelnen Stromkreise, z. B. durch Schilder, zu kennzeichnen.

D. Elektrische Betriebsmittel in Verbraucheranlagen

§ 30 N Allgemeines

a) Elektrische Betriebsmittel müssen den für sie geltenden VDE-Bestimmungen entsprechen.

Es ist darauf zu achten, daß jedes Gerät das Ursprungszeichen trägt und mit den Nenngrößen gekennzeichnet ist.

b) Elektrische Betriebsmittel dürfen nicht an Netze angeschlossen werden, deren Nennspannung höher als die Nennspannung des Betriebsmittels ist.

c) Stromverbrauchsgeräte müssen, soweit sie nicht ein- oder angebaute Schalter besitzen oder über Steckvorrichtungen nach § 31 N c) 4. angeschlossen sind, zum In- und Außerbetriebsetzen durch zugeordnete Schalter schaltbar sein. Als Schalter können auch Motor-Schutzschalter, Leitungs-Schutzschalter, Fehlerspannungs-Schutzschalter und Fehlerstrom-Schutzschalter verwendet werden.

Die Schalter und zum Schalten dienende Steckvorrichtungen müssen bei motorisch betriebenen Geräten vom Stand des Bedienenden leicht erreichbar sein.

d) Elektrische Betriebsmittel sind so auszuwählen und anzubringen, daß durch den bei Betrieb mit der Nennspannung des Netzes zu erwartenden höchsten Betriebsstrom keine die Anlage und die Umgebung gefährdende Temperatur auftreten kann.

e) Elektrische Betriebsmittel müssen den im Betrieb zu erwartenden äußeren Einwirkungen, z. B. durch Staub, Feuchtigkeit, Gase und Dämpfe, gewachsen sein.

f) Leitungen und Kabel sind nach § 40 N auszuwählen.

§ 31 N Schaltgeräte

a) Schalter

1. Schalter müssen je nach Verwendungszweck VDE 0632 bzw. VDE 0660 entsprechen.

2. Schaltgeräte nach VDE 0660 müssen den an der Einbaustelle zu erwartenden Anforderungen hinsichtlich Schaltvermögen genügen.

3. Installationsschalter nach VDE 0632 zum Schalten von Stromkreisen für Leuchtstofflampen müssen eine Nennstromstärke von mindestens 10 A haben.

4. Schalter, ausgenommen Leerschalter nach VDE 0660, müssen alle Pole, die unter Spannung gegen Erde stehen, gleichzeitig schalten. Einpoliges Schalten ist zulässig:

4.1 In Zweileiterstromkreisen mit Sicherungen oder LS-Schaltern des Typs L bis 10 A oder LS-Schaltern des Typs H bis 16 A und Nennspannungen bis 250 V;

4.2 In Beleuchtungsstromkreisen mit Fassungen E 40, die bis 25 A gesichert sind;

4.3 In Betriebsmitteln, die durch Steckvorrichtungen angeschlossen werden, soweit nicht in den VDE-Bestimmungen für die betreffenden Betriebsmittel etwas anderes gesagt ist.

5. In Stromkreisen mit einem geerdeten Leiter müssen einpolige Schalter in festverlegten Leitungen im nicht geerdeten Leiter angeordnet sein.

6. Bei Wechselschaltung dürfen an einpolige Wechselschalter (Schalter 6 VDE 0632 Tafel IV) die beiden Leiter des Stromkreises nicht angeschlossen werden.

7. Schalter sind so anzubringen, daß sie durch betriebsmäßige Erschütterungen oder durch das eigene Gewicht ihrer beweglichen Teile nicht von selbst schalten können.

Metallene Bedienungsteile für Installationsschalter, wie Stangen, Ketten u. dgl., dürfen nur über ein Isolierstück mit dem Schalter verbunden sein.

8. An Einbaustellen mit Temperaturen über 60° C müssen Warmschalter nach VDE 0632 mit der Kennzeichnung T verwendet werden.

b) Anlasser und Regler (Steller)

1. Anlasser und Regler müssen VDE 0660 entsprechen.

2. Anlasser und Regler, in denen Wärme entwickelt wird, sind so anzubringen, daß die Einbaustelle keine unzulässigen Temperaturen annehmen kann.

3. Wenn netzseitig eingebaute Anlasser auch die Aufgabe haben, den Stromkreis aus- und einzuschalten, so müssen sie die Forderungen nach a) erfüllen; andernfalls müssen besondere Schalter angebracht werden.

c) Steckvorrichtungen

1. Steckvorrichtungen müssen VDE 0620 bzw. VDE 0660 entsprechen.

2. Als zweipolige Steckvorrichtungen bis 16 A 250 V dürfen in Hausinstallationen mit Rücksicht auf die Sicherheit der mit diesen Steckvorrichtungen umgehenden Laien nur verwendet werden:

zweipolige Steckdosen 10 A 250 V ≂ und 10 A 250 V—16 A 250 V ~
ohne Schutzkontakt nach DIN 49402
mit Schutzkontakt nach DIN 49440 und DIN 49442
zweipoliger Stecker 10 A 250 V ≂ und 10 A 250 V—16 A 250 V ~
ohne Schutzkontakt nach DIN 49406
mit Schutzkontakt nach DIN 49441 und DIN 49443

Diese in Absatz c) 2. enthaltene Forderung gilt nicht für bereits bestehende Anlagen mit anderen Steckvorrichtungen.

3. Stecker und Steckdosen müssen im Leitungszug so angebracht sein, daß die Steckerstifte in nicht gestecktem Zustand nicht unter Spannung stehen. Die Reihenfolge von Steckdose und Stecker im Leitungszug wird durch die Richtung des Energieflusses bestimmt.

4. Steckvorrichtungen dürfen bei Nennspannungen bis 250 V, bei Drehstrom mit geerdetem Mittelleiter (Sternpunktleiter) bis 380 V, auch zum In- und Außerbetriebsetzen dienen, sofern der Nennstrom bei Gleichstrom 10 A, bei Wechselstrom 16 A nicht überschreitet.

5. In Steckvorrichtungen dürfen Schutzleiter nur an die durch das Schutzzeichen gekennzeichnete Stelle angeschlossen werden.

6. Treten an Gerätesteckern betriebsmäßig Temperaturen über 60° C auf, so müssen Warm-Gerätesteckdosen mit der Kennzeichnung T nach VDE 0620 verwendet werden.

19

7. Die Verwendung von Steckvorrichtungen, auch mit Berührungsschutz, in Verbindung mit Fassungen oder mit Lampensockeln zum Einschrauben in Fassungen ist unzulässig. Wandsteckdosen sollen mindestens 30 cm über dem Fußboden angebracht sein.

8. Abzweigstecker, auch mit Berührungsschutz und Schutzkontakt, sind unzulässig.

9. An einen Stecker darf nur eine ortsveränderliche Leitung fest angeschlossen werden.

d) **Überstrom-Schutzorgane (Leitungsschutzsicherungen, Leitungsschutzschalter)**

1. Überstrom-Schutzorgane müssen je nach dem Verwendungszweck den VDE-Bestimmungen VDE 0635, 0641 und 0660 entsprechen.

2. Vor LS-Schaltern ist eine Schmelzsicherung von höchstens 100 A vorzuschalten. Solche Schalter sind mit einem Stern * gekennzeichnet (siehe VDE 0641/3.64 § 7). Das Vorschalten einer Schmelzsicherung vor LS-Schaltern ist erforderlich, um zu vermeiden, daß der Schalter beim Überschreiten der zulässigen Kurzschlußstromstärke (Veränderung der Netze) beschädigt wird. In diesem Falle übernimmt die Sicherung die Abschaltung.

3. In Sicherungssockeln bis 63 A sind Paßeinsätze entsprechend des nach § 41 N zu wählenden Überstrom-Schutzorgans einzusetzen, um die Verwendung von Schmelzeinsätzen oder Schraub-LS-Schaltern für zu hohe Nennströme auszuschließen.

Ein Paßeinsatz nach DIN 49 360 ist nicht erforderlich bei Sicherungssockeln E 27 nach DIN 49 326 für Schmelzeinsätze 25 A und bei Sicherungssockeln E 33 nach DIN 49 327 für Schmelzeinsätze 63 A.

Für Schmelzeinsätze und Schraub-LS-Schalter mit Nennströmen unter 10 A sind Paßeinsätze 10 A zulässig.

4. Offene Schmelzsicherungen (Streifensicherungen) sind unzulässig.

5. Bei einseitiger Einspeisung muß die Zuleitung an den Fußkontakt bzw. an die Fußkontaktschiene der Sicherungssockel angeschlossen werden.

Die leitende Verbindung mehrerer Sicherungssockel muß für den höchsten zu erwartenden Betriebsstrom der angeschlossenen Stromkreise bemessen sein.

6. Überstrom-Schutzorgane müssen so angeordnet sein, daß ein etwa auftretender Lichtbogen keine Gefahr bringt.

7. Sicherungen dürfen nicht geflickt oder überbrückt werden.

§ 32 N Leuchten und Zubehör

a) **Leuchten für Glühlampen, Entladungslampen und Leuchtstoffröhren**

1. Leuchten müssen VDE 0710 „Vorschriften für Leuchten mit Betriebsspannungen unter 1000 V“ entsprechen.

2. Bei der Auswahl der Leuchten ist auf einen dem Verwendungszweck entsprechenden Wasserschutz oder Staubschutz sowie auf die Umgebungstemperatur zu achten.

3. Leuchtenklemmen (Lüsterklemmen) und Leuchtendosen müssen VDE 0606 „Vorschriften für Verbindungsmaterial bis 750 V“ entsprechen.

4. Die Aufhängevorrichtung für Leuchten, z. B. Deckenhaken, muß das 5fache Gewicht der daran zu befestigenden Leuchte, mindestens 10 kg, ohne Formänderung tragen können.

5. Die Leitungen müssen übersichtlich und so zugeführt werden, daß eine Beschädigung der Leitungen oder ihrer Isolation vermieden wird.

6. Ortsfeste Leuchten können mittels Leuchtenklemmen oder Steckvorrichtungen oder auch unmittelbar an die Zuleitung angeschlossen werden.

Ortsveränderliche Leuchten können über festen Anschluß oder über Steckvorrichtungen mit dem Netz verbunden werden.

7. Leuchten müssen so angebracht werden, daß die Leitungen durch Bewegen der Leuchte nicht beschädigt werden.

8. Leitungen NPL und NMHVö dürfen auch als Tragorgan für Schnur- und Zugpendel verwendet werden, wenn das Gesamtgewicht der Leuchte 5 kg nicht übersteigt und die Anschlußstellen an beiden Enden von Zug entlastet sind.

9. Schnur- und Zugpendelleuchten sowie ortsveränderliche Leuchten sind nur für Spannungen bis 250 V gegen Erde zulässig.

10. Handleuchten in Kesseln, Behältern, Rohrleitungen und ähnlichen engen Räumen mit leitenden Baustoffen dürfen nur mit Kleinspannung nach den Bestimmungen von § 8 N betrieben werden.

Faßausleuchten und Backofenleuchten dürfen nur mit Schutzkleinspannung nach den Bestimmungen von § 8 N betrieben werden.

Leuchten, die für Instandsetzungs-, Reinigungs- und sonstige Arbeiten vorübergehend in Kesseln, Behältern, Rohrleitungen und ähnlich engen Räumen mit leitenden Baustoffen ortsfest angebracht werden, dürfen nur unter Anwendung einer der Schutzmaßnahmen „Schutzisolierung“, „Schutztrennung“ oder „Schutzkleinspannung“ betrieben werden.

Schutztransformatoren oder Umformer zur Erzeugung der Schutzkleinspannung sowie Trenntransformatoren müssen außerhalb des Kessels oder engen Raumes aufgestellt werden.

b) **Zubehör**

1. Fassungen für Glühlampen, Metalldampflampen, Glimmlampen und ähnliche müssen VDE 0616 entsprechen.

Ausgenommen sind Glühlampenfassungen, die nur Bauteil eines anderen Gerätes sind, z. B. Glimmlampen-Halterungen in Schaltern und Bügeleisen.

2. In Anlagen mit Betriebsspannungen über 250 V bis 750 V sind nur Fassungen B 22, E 27 und E 40 oder Sonderausführungen zulässig. Die der Berührung zugänglichen Teile müssen aus Isolierstoff bestehen.

c) **Zubehör für Leuchtstofflampen und Leuchtstoffröhren,** wie Fassungen, Vorschaltgeräte, Starter, Transformatoren usw., muß VDE 0712, VDE 0713 und VDE 0560 entsprechen.

§ 33 N Elektromotorisch angetriebene Verbrauchsmittel für den Hausgebrauch und ähnliche Zwecke, Werkzeuge

a) Verbrauchsmittel mit elektromotorischem Antrieb für den Hausgebrauch und ähnliche Zwecke müssen VDE 0730 entsprechen.

b) Elektrowerkzeuge müssen VDE 0740 entsprechen.

c) Handnaßschleifmaschinen müssen mit „Schutzkleinspannung“ oder „Schutztrennung“ betrieben werden.

d) In und an betriebsmäßig eingebauten Kesseln, Behältern, Rohrleitungen aus leitfähigen Stoffen dürfen bei begrenzter Bewegungsfreiheit Elektrowerkzeuge nur bei Einhaltung der nachstehenden Bedingungen betrieben werden:

1. Bei Verwendung von Wechselspannung muß „Schutzkleinspannung“ nach § 8 N oder „Schutztrennung“ nach § 14 N angewendet werden.

2. Bei Verwendung von Gleichspannung aus einem Gleichstromnetz darf die Nennspannung 250 V nicht überschreiten. Hierbei ist eine der geeigneten zusätzlichen Schutzmaßnahmen gegen zu hohe Berührungsspannung nach § 5 N anzuwenden.

3. Elektrische Fernsteuerung muß mit „Schutzkleinspannung“ gemäß § 8 N oder mit „Schutztrennung“ gemäß § 14 N betrieben werden.

4. Bei Antrieb des Werkzeuges über eine biegsame Welle oder ein ähnliches Kraftübertragungsmittel muß die Welle oder dgl. vom Antriebsmotor durch Schutzisolierung getrennt sein.

Elektrowerkzeuge müssen mit einer Vorrichtung zur Abschaltung am Arbeitsort oder mechanischer Stillsetzung ausgerüstet sein.

5. Schutztransformatoren, Motorgeneratoren, Trenntransformatoren, Trennumformer und Motoren gemäß 4., 1. Abs., mit zugehörigen Schaltern müssen außerhalb der Kessel oder Behälter aufgestellt sein.

6. Bewegliche Leitungen sind mindestens in Ausführung NMHöu, NMHVö nach VDE 0250 oder diesen gleichwertiger Ausführung zu verwenden.

7. Bei Nennspannungen über 42 V dürfen Kupplungssteckvorrichtungen in Kesseln nur in Anwendung kommen, wenn die Anschlußleitungen länger als 10 m sind. Kupplungssteckvorrichtungen müssen ein Isolierstoffgehäuse haben. Schalter dürfen in diese Verlängerungsleitungen nicht eingebaut werden.

e) Elektromotorisch angetriebenes Spielzeug darf nur

1. an Anlagen mit Nennspannungen bis 24 V angeschlossen werden. Diese Spannungen sind nach § 8 N c) zu erzeugen;

2. über Spielzeugtransformatoren nach VDE 0551 oder Motorgeneratoren nach VDE 0530 mit Nenn-Sekundärspannungen bis 24 V angeschlossen werden.

Eine leitende Verbindung des Spielzeugs mit dem Netz, auch mit dem Schutzleiter oder über Widerstände, z. B. Lampenwiderstände, darf nicht vorhanden sein.

§ 34 N Elektrowärmegeräte

a) Elektrowärmegeräte für den Haushalt und ähnliche Zwecke müssen VDE 0720 entsprechen.

b) Schmiegsame Elektrowärmegeräte, z. B. Heizkissen, Heizdecken, müssen VDE 0725 entsprechen.

c) Infrarotstrahlgeräte zur Tieraufzucht und Tierhaltung müssen VDE 0133 entsprechen.

d) Elektrowärmegeräte mit Elektrodenbeheizung müssen VDE 0720 Teil 14 entsprechen.

e) Industrielle Elektrowärmegeräte müssen VDE 0721 entsprechen.

f) Elektrowärmegeräte nach a), b), c) und d) sind nur in Anlagen mit Nennspannungen bis 380 V zulässig.

g) Kinderkochherde, Kinderbacköfen und Kinderbügeleisen sind nur für Betriebsspannungen bis 250 V und Stromstärken bis 6 A zulässig.

h) Elektrisch beheizte Geräte für Haut- und Haarbehandlung, die während des Gebrauches mit dem menschlichen Körper in Berührung kommen können, sind entweder mit Schutzisolierung oder mit Schutzkleinspannung nach § 8 N zu betreiben.

i) Heißwasserspeicher, Boiler und Durchlauferhitzer dürfen nur ortsfest angebracht werden.

k) Fassungen nach VDE 0616 sind zum Anschluß elektrischer Heizkörper und Heizlampen unzulässig.

§ 35 N Elektrozaungeräte

Elektrozaungeräte mit Netzanschluß müssen VDE 0667 „Vorschriften für Elektrozaungeräte mit Netzanschluß", solche mit Batteriebetrieb VDE 0668 entsprechen.

Für die Errichtung und den Betrieb von Elektrozäunen gilt VDE 0131.

§ 36 N Fernmelde-, Rundfunk- und Fernsehgeräte

Fernmeldegeräte müssen VDE 0804 entsprechen.

Fernmeldeanlagen müssen VDE 0800 entsprechen.

Rundfunk-, Drahtfunk- und Fernsehempfänger, Hoch- und Niederfrequenzverstärker sowie verwandte Geräte müssen VDE 0860 entsprechen.

Rundfunk- und verwandte Geräte dürfen nur mit Nennspannungen bis 250 V betrieben werden.

§ 37 N Elektromedizinische Geräte

Elektromedizinische Geräte müssen VDE 0750 entsprechen. Sie sind nur in Anlagen mit Spannungen bis 250 V gegen Erde zulässig.

§ 38 N Lichtbogenschweißgeräte

Lichtbogenschweißgeräte müssen VDE 0540 oder VDE 0541 entsprechen.

E. Leuchtstofflampen- und Leuchtstoffröhren-Anlagen*)

§ 39 N Allgemeines

Leuchtstofflampen und Leuchtstoffröhren-Anlagen mit Nennspannungen bis 1000 V und einer Frequenz von etwa 50 Hz müssen den nachstehenden Bedingungen genügen.

Bei Anwendung anderer Frequenzen oder bei Gleichspannung gelten diese Bestimmungen sinngemäß. Sie gelten auch für Anlagen mit Metalldampflampen ohne Leuchtstoff.

a) Verbindungsleitungen in Leuchtstofflampen- und Leuchtstoffröhren-Anlagen, in denen keine betriebsmäßig zusammengebauten Leuchten verwendet werden, müssen einen Querschnitt von mindestens 1,5 mm² Cu haben.

b) Werden in solchen Anlagen Leuchtstofflampen oder Leuchtstoffröhren räumlich getrennt von den Vorschaltgeräten angebracht, dann können die Verbindungsleitungen mehrerer Leuchtstoffröhren oder Leuchtstofflampen in einem Rohr zusammengefaßt werden, wenn sie demselben Stromkreis angehören.

c) Sollen Leuchtstofflampengruppen oder Leuchtstoffröhrengruppen auf die drei Außenleiter verteilt werden, so muß jeder Drehstromkreis durch einen allpoligen Schalter geschaltet werden. Die zu einem Drehstromkreis gehörenden Leitungen müssen dabei in einem Rohr oder in einer mehradrigen Leitung oder in denselben Hohlräumen von Lichtbändern oder Vouten verlegt sein, die zur Aufnahme der Leitungen bestimmt sind.

Zur Vermeidung einer Überlastung der Mittelpunktleiter ist in Drehstromanlagen mit solchen Leitern bei Verwendung von induktiven und kapazitiven Vorschaltgeräten darauf zu achten, daß diese Vorschaltgeräte gleichmäßig auf die einzelnen Außenleiter verteilt werden.

d) Zur Vermeidung von Schockwirkungen beim Berühren abgeschalteter Anlagen mit Kondensatoren sind parallel zu den Kondensatoren, die mehr als 0,5 Mikrofarad haben, Entladewiderstände anzuordnen.

e) Drosselspulen, Transformatoren und Widerstände, die nicht in Leuchten, Verteilungskästen oder Verteilungstafeln eingebaut sind, müssen mindestens der Schutzart P 20 genügen.

f) Vorschaltgeräte, z. B. Drosselspulen, Transformatoren, Widerstände und Kondensatoren mit brennbarer Füllung dürfen nicht unmittelbar auf oder in der Nähe von entzündlichen Stoffen angebracht werden, damit im Fehlerfall kein Brand entstehen kann. In Schaufenstern, Schaukästen u. dgl., in denen größere Mengen leicht entzündlicher Stoffe ausgestellt werden, müssen die Vorschaltgeräte entweder außerhalb oder derart angeordnet werden, daß die vorstehende Bestimmung auch dem Ausstellungsgut gegenüber eingehalten wird.

g) Verteilungskästen und Verteilungstafeln, in welche Drosselspulen, Transformatoren, Widerstände und Kondensatoren mit brennbarer Füllung eingebaut werden, müssen aus schwer entflammbaren Stoffen bestehen.

h) Geräte, die nicht zum Einbau bestimmt sind, dürfen nicht in geschlossene Schutzgehäuse eingebaut werden.

i) Werden innerhalb eines Lichtbandes die Zuführungsleitungen durch die Leuchten geführt, dann ist das gesamte Lichtband als Teil der Installationsanlage zu betrachten.

Zuführungsleitungen sowie Abzweigungen von diesen dürfen nur durch Schraubklemmen verbunden werden.

Die Schraubklemmen müssen an der Leuchte befestigt sein und bezüglich der Schlagweiten und Kriechwege VDE 0110 „Vorschriften für die Bemessung der Kriech- und Luftstrecken elektrischer Betriebsmittel", Gruppe B, entsprechen und gegen zufälliges Berühren unter Spannung stehender Teile geschützt sein. Leuchtenklemmen (Lüsterklemmen) sind hierfür nicht zulässig.

F. Beschaffenheit und Verlegung von Leitungen und Kabeln

§ 40 N Isolierte Starkstromleitungen und Kabel

a) Bestimmungen über den Aufbau.

Isolierte Starkstromleitungen und Kabel müssen den jeweils gültigen VDE-Bestimmungen entsprechen.

Dies sind zur Zeit:

VDE 0206 Leitsätze für die Farbe von Außenmänteln und Außenhüllen aus Kunststoff oder Gummi für Kabel und isolierte Leitungen.

VDE 0248 „Bestimmungen für gummiisolierte Starkstromleitungen nach CEE-Empfehlungen"

VDE 0249 „Bestimmungen für kunststoffisolierte Starkstromleitungen nach CEE-Empfehlungen"

VDE 0250 Vorschriften für isolierte Starkstromleitungen

VDE 0252 Vorschriften für umhüllte Leitungen

VDE 0255 Bestimmungen für Kabel mit massegetränkter Papierisolierung und Metallmantel für Starkstromanlagen (ausgenommen Gasdruck- und Ölkabel)

VDE 0265 Vorschriften für Kabel mit Gummi- oder Kunststoffisolierung sowie mit Bleimantel für Starkstromanlagen

VDE 0271 Vorschriften für Kabel mit Gummiisolierung und Gummimantel oder mit Kunststoffisolierung und Kunststoffmantel für Starkstromanlagen.

VDE 0283 Vorschriften für probeweise verwendbare isolierte Starkstromleitungen

VDE 0284 Vorschriften für mineralisolierte Starkstromleitungen mit Kupfermantel

VDE 0293 Bestimmungen für eine neue Aderkennzeichnung von Starkstromkabeln und isolierten Starkstromleitungen mit Nennspannungen bis 1000 V

b) Kennzeichnung der Adern (Leiter) nach VDE 0293 in Verbraucheranlagen

1. Adern, die als Schutzleiter verwendet werden, müssen in ihrem ganzen Verlauf grüngelb gekennzeichnet sein. Dies gilt auch für den Nulleiter.

2. Die grüngelb gekennzeichnete Ader darf nicht für einen anderen Zweck verwendet werden, z. B. als Schalt- oder Außenleiter.

3. Werden der konzentrische Leiter oder der Metallmantel eines Kabels oder der konzentrische Leiter oder die Aderabschirmungen von Leitungen als Schutzleiter verwendet, so brauchen diese nicht besonders gekennzeichnet zu sein.

Bei NYD und NYFAD (PR) ist die mittlere Ader als Schutzleiter zu verwenden.

4. Wird eine Ader als Mittel- oder Sternpunktleiter verwendet, so ist hierfür eine hellblau gekennzeichnete Ader zu verwenden.

5. In der Übergangszeit [nach § 1 N c)] sollten schon bestehende Anlagen möglichst im bisherigen Farbschema erweitert werden. In bestehenden übersichtlichen Anlagenteilen dürfen Erweiterungen auch mit Kabeln und Leitungen erfolgen, deren Adern nach VDE 0293 gekennzeichnet sind.

Sofern neuerstellte Anlagen oder übersichtliche Anlageteile in bestehenden Anlagen nach dem neuen Farbschema installiert sind, dürfen darin Kabel und Leitungen mit der früheren Farbkennzeichnung nicht mehr verwendet werden.

*) Für Leuchtröhren-Anlagen mit Transformator-Leerlaufspannungen über 1000 V gilt VDE 0128.

Tafel 8
Mindest-Leiterquerschnitte für Leitungen

Verlegungsart	Mindestquerschnitt in mm²	
	bei Cu	bei Al
feste, geschützte Verlegung	1,5	2,5
Leitungen in Schalt- und Verteilungsanlagen bei Stromstärken bis 2 A .... über 2 A bis 16 A .... über 16 A	 0,5 0,75 1,0	—
offene Verlegung (auf Isolatoren) Abstand der Befestigungspunkte bis 20 m....................... über 20 bis 45 m	 4 6	 16 16 (mehrdrähtig)
bewegliche Leitungen für den Anschluß von leichten Handgeräten bis 1 A Stromaufnahme und einer größten Länge der Anschlußleitung von 2 m, wenn dies in den entsprechenden Gerätebestimmungen festgelegt ist .... Geräten bis 2 A Stromaufnahme und einer größten Länge der Anschlußleitung von 2 m, wenn dies in den entsprechenden Gerätebestimmungen festgelegt ist ...... Geräten bis 10 A Stromaufnahme, für Gerätesteck- und Kupplungsdosen bis 10 A Nennstrom ..... Geräten über 10 A Stromaufnahme, Mehrfachsteckdosen, Gerätesteckdosen und Kupplungsdosen mit mehr als 10 A bis 16 A Nennstrom	 0,1 0,5 0,75 1,0	—
Fassungsadern	0,75	
Lichtketten für Innenräume zwischen Lichtkette und Stecker zwischen den einzelnen Lampen	 0,75 } siehe VDE 0,5 } 0710 Teil 3	
Starkstrom-Freileitungen	s. VDE 0211, § 6	

§ 41 N Bemessung von Leitungen und Kabeln und deren Schutz gegen zu hohe Erwärmung

a) Mechanische Festigkeit und Strombelastung

Die Leiterquerschnitte sind nach den vorliegenden Betriebsverhältnissen zu bemessen.

1. Mechanische Festigkeit

Leitungen und Kabel müssen eine ausreichende mechanische Festigkeit haben.

Der Nennquerschnitt der Leiter muß bei Leitungen den in Tafel 8 angegebenen Mindestwerten entsprechen.

Tafel 9
Zulässige Dauerbelastung isolierter Leitungen bei Umgebungstemperaturen bis 25° C

Nennquerschnitt mm²	Gruppe 1		Gruppe 2		Gruppe 3	
	Cu A	Al A	Cu A	Al A	Cu A	Al A
0,75	—	—	13	—	16	—
1	12	—	16	—	20	—
1,5	16	—	20	—	25	—
2,5	21	16	27	21	34	27
4	27	21	36	29	45	35
6	35	27	47	37	57	45
10	48	38	65	51	78	61
16	65	51	87	68	104	82
25	88	69	115	90	137	107
35	110	86	143	112	168	132
50	140	110	178	140	210	165
70	175	—	220	173	260	205
95	210	—	265	210	310	245
120	250	—	310	245	365	285
150	—	—	355	280	415	330
185	—	—	405	320	475	375
240	—	—	480	380	560	440
300	—	—	555	435	645	510
400	—	—	—	—	770	605
500	—	—	—	—	880	690

Bei Umgebungstemperaturen über 25° C ist die zulässige Dauerbelastung entsprechend Tafel 11 bzw. 12 geringer.

2. Dauerbelastung von isolierten Leitungen

2.1 Leiter isolierter Leitungen nach § 40 dürfen höchstens mit den in Tafel 9 angegebenen Stromstärken dauernd belastet werden, wobei folgende Gruppen zu unterscheiden sind:

Gruppe 1: Eine oder mehrere in Rohr verlegte einadrige Leitungen, z. B. NYA;

Gruppe 2: Mehraderleitungen, z. B. Mantelleitungen, Rohrdrähte, Bleimantel-Leitungen, Stegleitungen, bewegliche Leitungen;

Gruppe 3: Einadrige, frei in Luft verlegte Leitungen, wobei die Leitungen mit Zwischenraum von mindestens Leitungsdurchmesser verlegt sind, sowie einadrige Verdrahtungen in Schalt- und Verteilungsanlagen und Schienenverteiler.

2.2 Bei Umgebungstemperaturen bis 25° C ist die zulässige Dauerbelastung der Leitungen nach Tafel 9, bei Umgebungstemperaturen über 25° C nach Tafel 11 oder 12 einzuhalten.

Bei Umgebungstemperaturen über 55° C müssen Leitungen mit erhöhter Wärmebeständigkeit verwendet werden. Leitungen mit erhöhter Wärmebeständigkeit (Grenztemperatur am Leiter 100 bzw. 180° C) siehe VDE 0283. Die zulässige Belastbarkeit ist Tafel 12 zu entnehmen.

Für die der Bemessung von Leitungen zugrunde zu legende Umgebungstemperatur ist gegebenenfalls die Leitungsanhäufung zu berücksichtigen.

3. Dauerbelastung von Kabeln

Es gelten:

Für Kabel mit massegetränkter Papierisolierung und Metallmantel für Starkstromanlagen VDE 0255,

für Kabel mit Gummi- oder Kunststoffisolierung sowie mit Bleimantel für Starkstromanlagen VDE 0265,

für Kabel mit Gummiisolierung und Gummimantel oder mit Kunststoffisolierung und Kunststoffmantel für Starkstromanlagen VDE 0271.

4. Belastbarkeit von Leitungen und Kabeln in Sonderfällen

4.1 Bei Aussetz- oder Kurzzeitbetrieb usw. darf zeitweise eine Erhöhung der Belastung blanker oder isolierter Leitungen oder von Kabeln auftreten. Die Leitungsquerschnitte sind von Fall zu Fall zu berechnen.

Die Grenztemperatur der Leiter von gummiisolierten Leitungen beträgt 60° C, von kunststoffisolierten Leitungen 70° C.

4.2 Wird der Nennstrom von Motoren bei Mehrmotorenantrieben durch längere Anlaufzeiten, Anlaßhäufigkeiten oder Belastungsstöße zeitweilig überschritten, so ist der Nennstrom des Antriebs (Antriebsnennstrom) als quadratischer Mittelwert für die Bemessung des Leiterquerschnittes zu ermitteln.

Bezüglich der Belastbarkeit des Querschnittes von Leitungen darf dieser Mittelwert dem nach Tafel 9 gleichgesetzt werden, solange die Einschaltdauer des Spitzenstroms unter den Werten der Tafel 10 bleibt; ist die Einschaltdauer größer, so ist nach 4.1 zu verfahren.

Für Kabel gelten die Belastungswerte entsprechend der unter 3. genannten Baubestimmungen.

Tafel 10
Zulässige Einschaltdauer für Leitungsbelastbarkeit nach dem quadratischen Mittelwert

Nennquerschnitt mm²	Zulässige Einschaltdauer s
bis 6	4
von 10 bis 25	8
von 35 bis 50	15
von 70 bis 150	30
von 185 und mehr	60

4.3 Für blanke Leiter und fest verlegte einadrige Verbindungen zwischen Maschinen, Transformatoren, Akkumulatoren, Schaltanlagen und dgl. bis 50 mm² Cu- oder 70 mm² Al-Querschnitt gelten die Werte der Gruppe 3 in Tafel 9.

Für größere Querschnitte sowie für Fahr- und Freileitungen gilt Tafel 9 nicht.

Derartige Verbindungen sind so zu bemessen, daß sie bei dem höchsten vorkommenden Betriebsstrom genügend mechanische Festigkeit haben und keine für den Betrieb oder die Umgebung gefährliche Temperatur annehmen können (vgl. auch DIN 43 670, 43 671 und 48 215).

b) Schutz der Leitungen und Kabel gegen zu hohe Erwärmung

Leitungen und Kabel müssen durch Überstrom-Schutzorgane gegen zu hohe Erwärmung geschützt werden, die sowohl durch betriebsmäßige Überlastung als auch durch vollkommenen Kurzschluß auftreten kann.

1. Überlastschutz

1.1 Bei zu erwartender langdauernder Belastung der Leiterquerschnitte über die Werte nach Tafel 9 ist unter Berücksichtigung der Streuwerte der Überstrom-Schutzorgane gegebenenfalls eine geringere Sicherungsstufe als nach Tafel 13 zugeordnet (bei Schutzschaltern eine unter der zulässigen Belastbarkeit liegende Einstellung) zu wählen.

1.2 Für Leitungen sind

Leitungsschutzsicherungen nach VDE 0635 und 0660 oder Leitungsschutzschalter nach VDE 0641 bei Umgebungstemperaturen bis zu 25° C den Leiterquerschnitten isolierter Leitungen nach Tafel 13 zuzuordnen. Bei höheren Umgebungstemperaturen ist Tafel 11 bzw. 12 zu berücksichtigen.

Selbstschalter und Schütze mit thermisch verzögertem Auslöser nach VDE 0660 so einzustellen, daß der eingestellte Strom höchstens den Werten der Tafel 9, 11 oder 12 entspricht.

Tafel 11

Zulässige Belastbarkeit isolierter Leitungen bei Umgebungstemperaturen über 25° C bis 55° C

Umgebungstemperatur °C	Zulässige Dauerbelastung in % der Werte der Tafel 9	
	Gummiisolierung	Kunststoffisolierung
über 25 bis 30	92	94
über 30 bis 35	85	88
über 35 bis 40	75	82
über 40 bis 45	65	75
über 45 bis 50	53	67
über 50 bis 55	38	58

Tafel 12

Zulässige Belastbarkeit wärmebeständiger Leitungen bei Umgebungstemperaturen über 55° C

Umgebungstemperatur °C bei Leitungen mit		Zulässige Dauerbelastung in % der Werte der Tafel 9
Grenztemperatur 100° C	Grenztemperatur 180° C	
über 55 bis 65	über 55 bis 145	100
über 65 bis 70	über 145 bis 150	92
über 70 bis 75	über 150 bis 155	85
über 75 bis 80	über 155 bis 160	75
über 80 bis 85	über 160 bis 165	65
über 85 bis 90	über 165 bis 170	53
über 90 bis 95	über 170 bis 175	38

1.3 Für Kabel können Überstrom-Schutzorgane gewählt werden, deren Nennstrom bzw. deren eingestellter Auslösestrom bis zum zulässigen Wert für die Dauerbelastung der Kabel nach den einschlägigen VDE-Bestimmungen betragen darf.

1.4 Überstrom-Schutzorgane dürfen an beliebiger Stelle des Stromkreises angebracht werden.

Zwischen Leitungsanfang und nachfolgendem Überstrom-Schutzorgan für diese Leitung dürfen weder Abzweige noch Steckvorrichtungen vorhanden sein.

1.5 Verringert sich der Leiterquerschnitt, dann muß auch der verjüngte Querschnitt gegen zu hohe Erwärmung durch Überlast geschützt sein [Ausnahme siehe d) 4.].

Der Überlastschutz kann entfallen, wenn das verjüngte Leitungsende nicht länger als 2 m und die vorgeschaltete Stromsicherung nicht mehr als drei Sicherungsstufen höher ist, als es der Zuordnung zu den Querschnitten nach Tafel 13 für den Überlastschutz entspricht.

Dieses Leitungsstück darf nicht auf brennbarer Unterlage, z. B. Holz, angebracht werden.

1.6 Werden an eine Leitung oder an ein Kabel Stromkreise angeschlossen, die z. B. auf einer Verteilungstafel vereinigt sind, so gilt diese Leitung als gegen Überlast geschützt, wenn die Summe der Nennströme bzw. der eingestellten Stromwerte von thermischen Auslösern der Überstrom-Schutzorgane gegen Überlast aller abgehenden Leitungen gleich oder kleiner ist als der Nennstrom der für die Zuleitung zulässigen Überstrom-Schutzorgane gegen Überlast.

1.7 Der Überlastschutz einer Leitung darf entfallen in Anlagen mit aussetzendem oder kurzzeitigem Betrieb und Dauerbetrieb mit aussetzender oder kurzzeitiger Belastung, z. B. Krananlagen und ähnlichen Betrieben, bei denen die Leitungen nach a) 4.1 oder 4.2 bemessen sind.

2. Kurzschlußschutz

Am Anfang der Leitung oder des Kabels sind Überstrom-Schutzorgane gegen die Auswirkungen von Kurzschlußströmen anzubringen.

2.1 Diese Bedingung gilt als erfüllt, wenn am Anfang der Leitung oder des Kabels Überstrom-Schutzorgane gegen Überlast nach 1. eingebaut sind.

Tafel 13

Zuordnung von Überstrom-Schutzorganen zu den Nennquerschnitten isolierter Leitungen[1])

Nennquerschnitt[1]) mm² (Cu)[2])	Gruppe 1 A	Gruppe 2 A	Gruppe 3 A
0,75	—	10	16
1	10	16	20
1,5	16	20	25
2,5	20	25	35
4	25	35	50
6	35	50	63
10	50	63	80
16	63	80	100
25	80	100	125
35	100	125	160
50	125	160	200
70	160	224	250
95	200	250	300
120	250	300	355
150	—	355	425
185	—	355	425
240	—	425	500
300	—	500	600
400	—	—	710
500	—	—	850

Bei Umgebungstemperaturen über 25° C muß der Nennstrom der Überstrom-Schutzorgane durch Anwendung der Prozentsätze nach Tafel 11 bzw. 12 verringert werden; dabei ist der dem Rechnungswert nächstniedrigere Nennstrom der Überstrom-Schutzorgane zu wählen.

[1]) Der Nennquerschnitt der Leiter muß bei Leitungen den in Tafel 8 angegebenen Mindestwerten entsprechen.

[2]) Bei Verwendung von Aluminiumleitungen ist die Nennstromstärke der Überstrom-Schutzorgane eine Stufe niedriger zu wählen.

2.2 Als Überstrom-Schutzorgane gegen Kurzschluß dürfen Leitungsschutzsicherungen nach VDE 0635 und 0660 oder Leitungsschutzschalter nach VDE 0641 bis zu drei Stufen höher, als es der Zuordnung zu den Querschnitten nach den Tafeln 9 bzw. 13 für den Überlastschutz entspricht, gewählt werden, wenn im Verlauf der Leitung Überstrom-Schutzorgane gegen Überlast eingebaut sind (Ausnahmen siehe 1.5, 2. Absatz und 1.7).

c) Sonderbestimmungen

1. Parallel geschaltete Leitungen oder Kabel.

2. Licht- und zweipolige Steckdosen-Stromkreise.

2.1 Lichtstromkreise dürfen nur bis 25 A gesichert werden.

Leuchtstofflampen- und Leuchtstoffröhren-Stromkreise sowie Lichtstromkreise mit Fassungen E 40 können mit höheren Überstromschutzorganen gesichert werden. Dabei ist auf die zulässige Belastung der Leitungen und des Installationsmaterials zu achten.

2.2 In Hausinstallationen dürfen Lichtstromkreise, auch solche mit zweipoligen Steckdosen bis 16 A Nennstrom, sowie reine Steckdosen-Stromkreise mit zweipoligen Steckdosen bis 16 A Nennstrom, nur mit Sicherungen oder LS-Schaltern des Typs L bis 10 A oder mit LS-Schaltern des Typs H bis 16 A gesichert werden.

3. Dreipolige Steckdosen-Stromkreise

4. Schutzleiter

Schutzleiter dürfen keine Überstrom-Schutzorgane erhalten; Einrichtungen zur Überwachung des Stromes im Nulleiter, z. B. Stationsschalter, müssen beim Ansprechen gleichzeitig entweder nur die Außenleiter oder die Außenleiter mit dem Nulleiter abschalten.

d) Ausnahmen

Die Bedingungen über das Anbringen von Überstrom-Schutzorganen nach b) brauchen nicht eingehalten zu werden

1. für Verteilungsnetze

2. für Leitungen und Kabel in Schalt- und Verteilungsanlagen, soweit sie Verbindungsleitungen zwischen elektrischen Maschinen, Transformatoren, Akkumulatoren, Schaltanlagen und dgl. darstellen und nicht für den Eigenbedarf, z. B. Beleuchtung, Kraftversorgung usw. verlegt werden.

3. in Fällen, in denen durch das Wirken eines etwa angebrachten Überstrom-Schutzorgans Gefahren im Betrieb der betreffenden Einrichtungen hervorgerufen werden können, z. B. Erreger-, Bremsstromkreise an elektrischen Maschinen.

4. Die Bestimmung b) 1.5 gilt nicht für bewegliche Leitungen unter 1 mm² Cu, die über Stecker angeschlossen werden.

Für die vorgenannten Fälle gilt a) 4.3 2. Absatz sinngemäß.

19

§ 42 N Verlegung von Leitungen und Kabeln

a) Allgemeines

1. Leitungen müssen durch ihre Lage oder durch Verkleidung vor mechanischer Beschädigung geschützt sein. Im Handbereich ist stets eine Verkleidung zum Schutz gegen mechanische Beschädigung erforderlich (ausgenommen elektrische Betriebsstätten sowie Starkstrom-Freileitungen).

Als ausreichend verkleidet gelten z. B. Leitungen in Rohren mit dem Kennzeichen A nach VDE 0605, Rohrdrähte, Feuchtraumleitungen und Kabel.

2. Die Schutzart der Betriebsmittel muß durch ordnungsgemäße Einführung der Anschlußleitung (z. B. Stopfbuchsenverschraubung) erhalten bleiben.

3. An besonders gefährdeten Stellen, z. B. Fußbodendurchführungen, ist für einen zusätzlichen Schutz zu sorgen, z. B. durch übergeschobene Kunststoff- oder Stahlrohre oder durch Verkleidungen, die sicher befestigt sein müssen. In Schächten und begehbaren Kanälen, die nicht nur zur Aufnahme von Leitungen dienen, dürfen Leitungen nur dann verlegt werden, wenn sie ordnungsgemäß befestigt werden können und nicht schädigenden Einflüssen ausgesetzt sind.

In Wänden, Decken oder Fußböden aus Schütt- oder Stampfbeton sowie unmittelbar auf oder unter Drahtgeweben, Streckmetallen od. dgl. dürfen nur solche Leitungen verlegt werden, die den zu erwartenden Beanspruchungen standhalten, z. B. NYM-Leitungen oder Leitungen in Stahl- oder Kunststoffrohren.

Im Erdreich und in nicht zugänglichen unterirdischen Kanälen außerhalb von Gebäuden dürfen nur Kabel verlegt werden.

4. Im und unter Putz sowie in Decken und Wandhohlräumen verlegte und für diese Verlegungsart nach § 40 N geeignete Leitungen gelten als außerhalb des Handbereichs angeordnet und mechanisch geschützt. Leitungen sollen nach Möglichkeit in und unter Putz senkrecht oder waagrecht geführt werden (siehe auch DIN 18015).

5. In Verbraucheranlagen dürfen in einem Kabel oder einer Mehraderleitung oder bei Verwendung von Einaderleitungen in einem Rohr nur die Adern eines Stromkreises einschließlich der zu diesem Stromkreis gehörigen Steuer- und Signaladern vereinigt sein; ausgenommen sind Leitungen und Kabel für Energieverbraucher, die als eine Einheit anzusehen sind und nur eine Zuleitung haben, z. B. Maschinen mit Mehrmotorenantrieb

Weitere Ausnahmen siehe § 43 N f) und § 44 N d) sowie VDE 0108, VDE 0113 und VDE 0168.

Werden Steuer- und Signalleitungen getrennt von den Leistungsstromkreisen verlegt, so dürfen sie für mehrere Stromkreise in einem Kabel, in einer Mehraderleitung sowie in einem Rohr vereinigt sein. Für Bühnenmehraderleitungen bzw. Bühnenmehraderkabel gilt VDE 0108.

Sollen mehrere Wechselstromverbraucher auf einen Drehstromkreis verteilt werden, dürfen die zum Drehstromkreis gehörigen Leitungen in einem Rohr, in einer Mehraderleitung oder in einem Mehraderkabel verlegt werden.

In diesem Fall müssen die Leiter in den Drehstromkreisen gleichen Querschnitt haben.

6. Werden die Leiter ungeschnitten durchgeführt, so können für mehrere Stromkreise gemeinsame Durchgangskästen verwendet werden.

Sind in diesen Kästen Verbindungen oder Abzweigungen erforderlich, dann müssen die Verbindungs- oder Abzweigklemmen verschiedener Stromkreise durch isolierende Zwischenwände getrennt werden. Dies gilt nicht für Reihenklemmen.

19

7. Leitungsverbindungen

7.1 Die Verbindungen von Adern miteinander sowie Abzweigungen von Leitungen dürfen nur auf isolierender Unterlage oder mit isolierender Umhüllung durch Schraubklemmen, schraubenlose Klemmen, Quetsch-, Kerb- und Nietverbindungen, Löten oder Schweißen vorgenommen werden. Schraubklemmen müssen VDE 0609, schraubenlose Klemmen VDE 0607 entsprechen. Die Verbindungsstellen müssen zugänglich bleiben.

7.2 Anschlüsse sowie Verbindungen und Abzweigungen innerhalb der Rohrverlegung und Mehraderleitungen dürfen nur in Dosen oder Kästen hergestellt werden.

7.3 Verbindungsmaterial muß nach VDE 0606 hergestellt sein.

7.4 Anschluß- und Verbindungsmittel (siehe VDE 0606, 0607 und 0609) müssen der Anzahl und den Querschnitten der anzuschließenden bzw. zu verbindenden Leiter entsprechen.

7.5 Es darf nicht mehr als eine Ader an die Anschlußklemmen, z. B. von Schaltern und Steckdosen, angeklemmt werden, es sei denn, daß als Verbindungsklemmen ausgebildete Klemmen (siehe VDE 0632 und 0620) oder gleichwertige Anschlußmittel verwendet werden.

7.6 Im Zuge festverlegter Leitungen (außerhalb von Geräten) dürfen Leuchten-Klemmen (Lüsterklemmen) und Geräteklemmen nicht für die Verbindung von Leitungsadern verwendet werden.

8. Alle Anschlüsse beweglicher Leitungen müssen in jedem Fall, auch bei nur vorübergehend aufgestellten elektrischen Betriebsmitteln, sorgfältig hergestellt werden.

8.1 Leitungen für ortsveränderliche Stromverbraucher sowie für begrenzt ortsveränderliche Stromverbraucher (z. B. Herde, Kühlschränke) müssen an den Anschlußstellen von Zug und Schub entlastet, Leitungsumhüllungen gegen Abstreifen und Leitungsadern gegen Verdrehen gesichert sein. Schutzleitungsadern in Betriebsmitteln mit Metallgehäusen müssen so lang sein, daß sie beim Versagen der Zugentlastung erst nach den stromführenden Adern auf Zug beansprucht werden. Die Zugentlastungsvorrichtung darf nicht unter Spannung stehen und muß so beschaffen sein, daß ein mechanisches Beschädigen der zugentlasteten Leitung vermieden wird.

8.2 Knicken von Zuleitungen an der Einführungsstelle muß durch entsprechende Maßnahmen, z. B. durch Abrunden der Einführungsstelle oder durch Tüllen, verhindert werden. Verknoten der Leitungen in sich und Festbinden der Leitungen am Betriebsmittel sind unzulässig. Metallschläuche und Schutzwendeln aus Metall dürfen als Schutz gegen Knickungen nicht verwendet werden.

8.3 Mehrdrähtige Leiter müssen an den Anschlußstellen gegen das Abspleißen einzelner Drähte gesichert sein z. B. durch Kabelschuhe, Ringösen, Schellenklemmen, Keilzwingenklemmen, Mantelklemmen oder durch Löten oder Schweißen.

9. Beim Anschluß von begrenzt beweglichen Betriebsmitteln, z. B. Motoren auf Federwippen (Motoren mit Spannschienenbefestigung fallen nicht hierunter), Waschmaschinen oder Elektroherden, oder solchen Geräten, deren Anschlußstellen nicht für den Anschluß fest verlegter Leitungen ausgebildet oder zugänglich sind, dürfen die fest verlegten Leitungen nicht unmittelbar in die Anschlußräume der Betriebsmittel eingeführt werden. Das Betriebsmittel muß durch Verwendung einer beweglichen Anschlußleitung (z. B. Gummischlauchleitung) an die fest verlegte Leitung z. B. mittels Geräteanschlußdose oder Steckvorrichtung angeschlossen werden.

10. Wenn Zugbeanspruchungen an beweglichen Leitungen zu erwarten sind, dürfen Stopfbuchsenverschraubungen und dgl. nicht als einziges Zugentlastungsmittel verwendet werden.

11. Die Erde darf nicht zur betriebsmäßigen ausschließlichen Rückleitung für Starkstromanlagen benutzt werden; die Rückleitung muß in allen Fällen durch einen besonderen Leiter erfolgen.

12. Bei Kreuzungen oder Näherungen zwischen Starkstrom- und Fernmeldeleitungen ist ein Mindestabstand von 10 mm einzuhalten oder es ist ein Trennsteg erforderlich.

Nebeneinander liegende Klemmen der Starkstrom- und Fernmeldeanlage sind getrennt anzuordnen und so auszuführen, daß sie leicht zu unterscheiden sind [siehe VDE 0800/3. 63, § 12 g) 1. und 2.].

b) Offen verlegte Leitungen in Gebäuden

1. Isolierte Leitungen

1.1 Gummiader- und Kunststoffaderleitungen, z. B. NGA, NYA, dürfen nicht in und auf Holzleisten sowie unmittelbar auf, im oder unter Putz verlegt werden.

1.2 In Gebäuden müssen solche Leitungen auf Isolierkörpern verlegt werden und mindestens 1 cm von der Wand entfernt bleiben. Für Verlegung im Freien siehe g) 1.3.

In Schalt- und Verteilungsanlagen dürfen isolierte Leitungen auf schwer entflammbarer glatter Unterlage verlegt werden.

2. Blanke Leitungen

2.1 Ungeerdete blanke Leiter

2.11 dürfen nur auf Isolierkörpern verlegt werden, die den an den Einbaustellen zu erwartenden elektrischen und mechanischen Beanspruchungen gewachsen sind;

2.12 müssen bei

Spannweiten von mehr als 6 m mindestens 20 cm,

Spannweiten von 4 bis 6 m mindestens 15 cm,

Spannweiten von 2 bis 4 m mindestens 10 cm,

Spannweiten von weniger als 2 m mindestens 5 cm voneinander und bei Verlegung an Gebäuden mindestens 5 cm von der Wand entfernt sein;

2.13 dürfen in und zwischen Schaltanlagen und Akkumulatoren, Maschinen und Transformatoren in kleineren Abständen als 5 cm voneinander verlegt werden, wenn durch Leiterprofile mit genügender Seitensteifigkeit oder durch isolierende Abstandhalter gewährleistet ist [siehe auch § 29 N c)], daß die Abstände nach VDE 0110 eingehalten werden;

2.14 dürfen ohne Abstand voneinander angeordnet werden, wenn sie zur Querschnittsverstärkung parallel geschaltet sind, d. h. wenn sie gleicher Polarität zugehören und nicht einzeln betrieben werden können.

2.2 Geerdete blanke Leitungen aus Kupfer oder verzinktem Stahl dürfen unmittelbar an Gebäuden befestigt oder in die Erde verlegt werden. Einer Beschädigung der Leitungen durch die Befestigungsmittel oder äußere Einwirkung ist vorzubeugen.

c) Mehraderleitungen

1. Allgemeines
Metallhüllen sowie etwa vorhandene blanke Beidrähte dürfen allein weder als betriebsmäßig stromführende Leiter noch als Mittel- oder Schutzleiter benutzt werden.

2. Rohrdrähte
Rohrdraht nach VDE 0250 darf nur in trockenen Räumen für feste Verlegung auf, im und unter Putz verwendet werden [siehe auch § 40 N, Tafel I (Anhang)].

3. Stegleitungen NYIF, NYIFY

3.1 Stegleitungen dürfen nur in trockenen Räumen für feste Verlegung in und unter Putz verwendet werden.

3.2 Stegleitungen müssen – abgesehen von nachstehenden Ausnahmen – auf ihrem ganzen Verlauf von Putz bedeckt sein.

3.3 Anhäufung durch Bündelung von Stegleitungen ist unzulässig.

3.4 Stegleitungen in Holzhäusern siehe Abschnitt i).

3.5 Zur Befestigung von Stegleitungen dürfen nur solche Mittel und Verfahren angewendet werden, die eine Formänderung oder Beschädigung der Isolierhülle ausschließen.

3.6 Als Zubehör für Stegleitungen dürfen nur Dosen aus Isolierstoff verwendet werden.

4. Feuchtraumleitungen

4.1 Feuchtraumleitungen dürfen im Erdreich nicht verlegt werden.

4.2 Bei Verlegung an Spanndrähten müssen

4.21 Spanndrähte und ihr Zubehör den am Aufhängungsort zu erwartenden mechanischen, chemischen und Witterungsbeanspruchungen genügen;

4.22 Spanndrahtschellen am Spanndraht aus Isolierstoff bestehen oder – bei Metallschellen – mit fabrikmäßig hergestellter Isolierstoffeinlage versehen sein. Metallschellen aus nichtrostendem Stahl sind dann zulässig, wenn der Spanndraht beiderseitig eine isolierte Aufhängung erhält.

d) Rohre

1. Rohre für Verlegung von Leitungen müssen VDE 0605 entsprechen. Rohre mit der Kennzeichnung „A" sind für die Verlegung auf Putz, unter Putz und im Putz zugelassen, Rohre mit Kennzeichnung „B" nur für Verlegung unter Putz und im Putz. Kunststoffrohre zur Verlegung auf Putz müssen aus flammwidrigem Werkstoff, z. B. PVC, bestehen. Rohre sind in Dosen, Muffen, Winkelstücke und Geräte so einzuführen, daß die Isolierung der Leitungen durch vorstehende Teile oder scharfe Kanten nicht verletzt werden kann.

2. Bei Rohrverlegung muß die lichte Weite der Rohre sowie die Anzahl und der Halbmesser der Krümmungen so gewählt sein, daß die Adern bzw. Leitungen ohne Beschädigung eingezogen werden können.

3. Metallrohre nach 1. dürfen nicht als Mittel- oder Schutzleiter allein benutzt werden.

e) Kabel

1. Die Kabel müssen den in § 40 N a) genannten VDE-Bestimmungen entsprechen.

2. Kabel müssen gegen die am Verlegungsort zu erwartenden chemischen und mechanischen Einwirkungen geschützt sein, siehe auch a) 3.

3. Die Gefahr von Bränden, deren Ausdehnung und Folgen müssen durch die Art der Kabellegung möglichst herabgesetzt werden. Äußere Umhüllungen, sofern sie nicht schwer entflammbar sind, müssen entfernt werden, wo dies zur Verhütung der Ausdehnung von Bränden erforderlich ist.

4. An Kabelverbindungsstellen müssen die Metallmäntel, konzentrischen Leiter, Schirme und Bewehrungen gut leitend miteinander verbunden werden, es sei denn, daß eine gegenseitige Isolierung erforderlich ist (siehe auch DIN 47 600, Bl. 3).

5. Kabel mit Tränkmasse müssen an ihren Enden so abgedichtet werden, daß das Austreten von Tränkmasse und das Eindringen von Feuchtigkeit verhindert wird.

Bei kunststoffisolierten Kabeln ist eine Endabdichtung erforderlich, wenn mit dem Eindringen von Wasser in die Kabel gerechnet werden muß.

6. Im Erdreich verlegte Kabel sollen mindestens 0,6 m, unter Fahrbahnen von Straßen jedoch mindestens 0,8 m unter der Erdoberfläche verlegt werden.

Die Kabel sind auf fester, glatter und steinfreier Oberfläche der Grabensohle möglichst in Sand oder steinfreies Erdreich zu betten.

f) Freileitungen

Freileitungen müssen VDE 0211 entsprechend ausgeführt werden.

g) Offen verlegte Leitungen im Freien

1. Offen verlegte Leitungen müssen

1.1 außerhalb des Handbereiches, z. B. von Balkonen, Fenstern, Dächern usw. angeordnet sein; ausgenommen sind wetterfeste gummi- oder kunststoffisolierte Leitungstypen (bezüglich der in Einzelfällen erforderlichen Abstände siehe VDE 0211/5. 62 § 32);

1.2 bei größtem Durchhang über befahrbaren Wegen und Plätzen mindestens 5 m, im übrigen mindestens 4 m vom Erdboden entfernt sein;

1.3 bei Ausführung in Sonder-Kunststoffaderleitungen NSYA mindestens 2 cm von der Wand entfernt sein.

h) Hauseinführungen

1. Allgemeines

1.1 Die Mindestquerschnitte für Hauseinführungsleitungen sind gemäß § 41 N, Tafel 13, bei Dachständer-Anschlüssen nach Gruppe 1, bei Wandanschlüssen nach Gruppe 2 entsprechend dem Nennstrom der Hausanschlußsicherung (Überstrom-Schutzorgan gegen Überlast) zu bemessen.

1.2 Dachständer- oder Wandanschlußleitungen dürfen nicht durch explosionsgefährdete Räume geführt werden oder in ihnen münden.

2. Wandanschlüsse in Freileitungsnetzen

2.1 Leitungen und Kabel

2.11 Es dürfen nur Leitungen der Typen NSYA, NGW (PR), NFGW (PR), NYW (PR), NFYW (PR) sowie Feuchtraumleitungen oder Kabel verwendet werden.

2.12 Auf feuerbeständigen Wänden müssen die Leitungen so angebracht sein, daß bei einem Lichtbogenkurzschluß das Leitungsstück ausbrennen kann, ohne daß die Gefahr der Ausweitung des Brandes besteht.

2.13 Auf Fachwerkwänden, hinter denen sich keine leicht entzündlichen Stoffe befinden, dürfen die Leitungen wie unter 2.12 angebracht werden. Umhüllte Rohrdrähte dürfen jedoch die Balken des Fachwerks nur kreuzen.

2.14 Auf Holzwänden oder blechverkleideten Holzwänden, hinter denen sich keine leicht entzündlichen Stoffe befinden, dürfen nur folgende Verlegungsarten angewendet werden:

2.141 Kabel und Feuchtraumleitungen müssen auf einer mindestens 0,3 m breiten lichtbogenfesten Unterlage oder mit einem Luftabstand von mindestens 0,15 m auf Halteschellen mit Isolierstoffeinlagen angebracht werden.

2.142 Einzelleitungen der in 2.11 genannten Bauformen müssen auf höchstens 0,3 m voneinander entfernten Abstandschellen aus keramischem oder gleichwertigem Isolierstoff so angebracht werden, daß die einzelnen Adern mindestens 30 mm voneinander und von der Wand entfernt gehalten werden.

2.15 Auf Fachwerk-, Holz- oder Blechwänden, hinter denen sich leicht entzündliche Stoffe befinden, dürfen nur folgende Verlegungsarten angewendet werden:

2.151 Kabel und Feuchtraumleitungen auf einer mindestens 0,3 m breiten lichtbogenfesten Unterlage wie 2.141 oder

2.152 Einzelleitungen nach 2.142.

Bei diesen Verlegungsarten muß durch bauliche Maßnahmen sichergestellt sein, daß bis zu einem seitlichen Abstand von 0,6 m von Kabeln, Feuchtraumleitungen oder den äußeren Leitern von Einzelleitungen das Nähern leicht entzündlicher Stoffe verhindert ist.

2.16 Bei Wandanschlüssen mit Auslegerohrgestängen muß das Rohr von Fachwerk-, Holz- oder Blechwänden einen Mindestabstand von 0,15 m haben. Befinden sich hinter den Wänden leicht entzündliche Stoffe, so muß dieser Mindestabstand 0,5 m betragen.

Diese Abstände dürfen unterschritten werden, wenn zwischen Rohr und Wand eine mindestens 0,3 m breite lichtbogenfeste Unterlage nach 2.141 angebracht wird.

Es müssen außerdem Vorkehrungen getroffen sein, die das Nähern leicht entzündlicher Stoffe verhindern. Der letzte Absatz von 2.15 gilt hier sinngemäß.

2.2 Wanddurchführungen

2.21 Bei feuerbeständigen Wänden sind die einadrigen Leitungen in einzelnen Rohren durch die Wände zu führen. Die Rohre sind mit Gefälle nach außen hin einzubauen.

Es wird empfohlen, Kunststoff- oder Keramikrohre zu verwenden.

Kabel und Feuchtraumleitungen können ohne zusätzlichen Schutz durchgeführt werden.

2.22 Bei Fachwerkwänden müssen Leitung oder Kabel durch eine nichtbrennbare Füllung eingeführt werden und vom Fachwerkgebälk allseits mindestens 0,2 m entfernt sein. Im übrigen gilt 2.21.

2.23 Bei Holz- oder Blechwänden sind die Leitungen entweder einzeln in je einem Kunststoff- oder Keramikrohr mit Gefälle nach außen zu führen, oder es sind Kabel oder Feuchtraumleitungen lichtbogenfest von brennbaren Baustoffen getrennt durch die Wand zu führen.

3. Dachständeranschlüsse

3.1 Als Einführungsleitung ist NSYA- oder NYW-Leitung oder eine mindestens gleichwertige Leitung zu verwenden.

3.2 Dachständereinführungen in Normalausführung „N" nach DIN 48 175 dürfen nur unter folgenden Bedingungen ausgeführt werden:

3.21 Sie müssen in trockenen, nicht feuergefährdeten Räumen enden.

3.22 Die Dachhaut darf nicht so abgedichtet sein, daß mit der Bildung von Kondenswasser in größerem Umfang gerechnet werden muß.

3.23 Die vom Dachständer durchdrungene Dachhaut muß aus harter Bedachung, z. B. Ziegel, Beton, Normendachpappe, bestehen.

3.24 Das Dachständerrohr darf oberhalb der Hausanschlußsicherung nur etwa auf Balkenbreite auf Holz anliegen.

3.25 Bei vollkommenem Kurzschluß ist am Einbauort zwischen Mittel- und Außenleiter und bei Netzen ohne Mittelleiter zwischen zwei Außenleitern folgendes zu beachten:

Bei Schmelzsicherungen muß mindestens der 2,5fache Nennstrom oder bei Schutzschaltern mindestens das 1,25fache des Einstellstromes des Kurzschlußauslösers des nächst vorgeschalteten Überstrom-Schutzorgans zum Fließen kommen.

3.3 Sind die Bedingungen nach 3.2 nicht zu erfüllen, muß die Dachständereinführung der Ausführung „S" nach DIN 48 175 oder eine Ausführung gewählt werden, die mindestens die gleiche elektrische Festigkeit und Kriechstromsicherheit wie bei der genormten Ausführung in Werkstoff, Bauart und bei der Montage gewährleistet. Der Dachständer darf dann weder durch einen Raum, der zur Lagerung oder Verarbeitung leicht entzündlicher Stoffe dient, hindurchgeführt werden noch in ihm münden.

Steht ein solcher Raum nicht zur Verfügung, so darf das Dachständerrohr durch diesen Raum hindurchgeführt werden oder der Dachständer in ihm münden, wenn die Umgebung des Hausanschlußkastens durch eine dichte Abgrenzung aus mindestens feuerhemmenden Bauteilen, z. B. Asbestzementplatten, gegen Eindringen von leicht entzündlichen Stoffen geschützt ist.

In beiden Fällen muß jedoch die Sonderausführung „S" angewendet werden.

Eine einfache Abgrenzung des Hausanschlußkastens genügt, wenn die Einaderleitungen vom Ende des Mehrkanalrohres bis zu den Anschlußklemmen an den Sicherungselementen auch im Schutzabstand nach § 50 N a) 1.3 verlegt werden.

Dachständer und mit diesen leitend verbundene Anlagenteile dürfen weder genullt noch schutzgeerdet werden. Von ihnen müssen andere Anlagenteile, die in eine Schutzmaßnahme einbezogen werden müssen, isoliert werden.

3.5 Wird das Dachständerrohr in eine Blitzschutzanlage einbezogen, so ist es über eine allseitig geschlossene Schutzfunkenstrecke (siehe § 18 N) anzuschließen.

3.6 Auf Gebäuden aus Stahlkonstruktionen oder Stahlbetonkonstruktionen und auf Dächern mit leitender Dachhaut ist das Dachständerrohr und gegebenenfalls dessen Anker gegen elektrisch leitende Bauteile zu isolieren.

4. Kabelanschlüsse

Für die Verlegung von Kabelanschlüssen gelten die entsprechenden Bestimmungen unter 2.14 und 2.15.

5. Hausanschlußkästen

5.1 Hausanschlußkästen dürfen nicht in feuergefährdeten Räumen oder an feuergefährdeten Stellen angebracht werden (Ausnahme siehe 3.3).

5.2 Der Hausanschlußkasten muß an leicht zugänglicher Stelle angebracht werden und ist entsprechend der Art des Raumes oder des Platzes für seine Anbringung nach den Schutzarten mindestens P 30 oder mindestens P 43 (DIN 40 050) zu wählen. Im Freien und in feuchten Räumen angeordnete Hausanschlußkästen müssen der Schutzart P 43 entsprechen.

5.3 Hausanschlußkästen auf brennbaren Baustoffen wie Holz sind von diesen durch eine lichtbogenfeste Unterlage zu trennen, siehe auch 2.141 (ausgenommen Sonderausführung „S").

5.4 Werden Hausanschlußkästen in Räumen eingebaut, über denen leicht entzündliche Stoffe lagern, so ist bei Holzdecken ein Hausanschlußkasten nach der Schutzart P 43 zu verwenden. Außerdem sind die Fugen der Decke oberhalb des Hausanschlußkastens gegen Herabfallen leicht entzündlicher Stoffe zu dichten, z. B. durch Holzleisten.

Der Mindestabstand des Kastens einschließlich der hier angeschlossenen Leitungen von der Decke muß 20 cm betragen.

i) Verlegung von Leitungen und Kabeln in Gebäuden aus vorwiegend brennbaren Baustoffen

Stegleitungen dürfen nicht verlegt werden.

IV. Zusatzbestimmungen für Betriebsstätten und Räume sowie Anlagen besonderer Art

Die in diesem Abschnitt enthaltenen Bestimmungen ändern oder ergänzen die entsprechenden Bestimmungen des Abschnittes III.

§ 43 N Elektrische Betriebsstätten

a) Elektrische Betriebsstätten sind nach VDE 0105, § 11 h) 2. kenntlich zu machen.

b) Elektrische Betriebsstätten sind abzugrenzen, z. B. durch Türen, Seile oder Schranken.

Türen sind schließbar, z. B. mit einfachem Schnappschloß, Drehknopf, Klinke auszuführen.

c) Als Schutz gegen zufälliges Berühren blanker, unter Spannung stehender Teile sind Schutzvorrichtungen, z. B. Schutzleisten oder Geländer oder Abdeckungen, anzubringen.

Bezüglich der Abstände usw. siehe § 29 N.

1. Schutzvorrichtungen sind zuverlässig zu befestigen.

1.1 Bei Spannungen bis 250 V gegen Erde können Halterungen verwendet werden, die gegen unbeabsichtigtes Entfernen gesichert sind.

1.2 Bei Spannungen über 250 V gegen Erde dürfen die Schutzvorrichtungen nur mit Werkzeug oder Schlüssel entfernbar sein.

2. Werden als Schutz gegen zufälliges Berühren blanker, unter Spannung stehender Teile Abdeckungen aus Metall verwendet, so müssen sie gegen Verformung ausreichend widerstandsfähig sein.

d) Der Schutz gegen mechanische Beschädigung ist nur insoweit erforderlich, als mit mechanischen Beanspruchungen zu rechnen ist.

e) Nulleiter dürfen entgegen § 10 N b) 11. auch für sich allein abschaltbar sein, wenn die Wirksamkeit der zusätzlichen Schutzmaßnahme „Nullung" nicht beeinflußt wird.

f) Innerhalb elektrischer Betriebsstätten dürfen Leitungen verschiedener Stromkreise in einem Rohr, in einer Mehraderleitung oder in einem Kabel verlegt werden.

§ 44 N Abgeschlossene elektrische Betriebsstätten

a) Abgeschlossene elektrische Betriebsstätten sind nach VDE 0105, § 11 h) 2. kenntlich zu machen.

b) Der Eintritt darf nur durch verschließbare Türen oder besondere Zugänge, z. B. Zementdeckel mit darunterliegender, verschließbarer Abdeckung für Unterflurstationen möglich sein.

1. Türen müssen nach außen aufschlagen.

2. Türschlösser müssen so beschaffen sein, daß der Zutritt unbefugter Personen jederzeit verhindert ist, in der Anlage befindliche Personen diese aber ungehindert verlassen können.

c) Als Schutz gegen zufälliges Berühren blanker, unter Spannung stehender Teile dürfen Vorrichtungen, z. B. Schutzleisten oder Geländer oder Abdeckungen, angebracht werden.

Bezüglich der Abstände usw. siehe § 29 N.

1. Schutzvorrichtungen sind zuverlässig zu befestigen, so daß sie gegen unbeabsichtigtes Entfernen gesichert sind.

2. Werden als Schutz gegen zufälliges Berühren blanker, unter Spannung stehender Teile Abdeckungen aus Metall verwendet, so müssen sie gegen Verformung ausreichend widerstandsfähig sein.

Von diesen Schutzvorrichtungen kann abgesehen werden, wenn sie nach den örtlichen Verhältnissen entbehrlich oder der Bedienung und Beaufsichtigung hinderlich sind.

d) Es gelten weiterhin die besonderen Bestimmungen in § 43 N d) bis f).

§ 45 N Feuchte und ähnliche Räume

Elektrische Betriebsmittel müssen zusätzlich zu den allgemein gültigen Bestimmungen folgenden Bedingungen genügen:

a) Leitungen und Kabel

1. Für feste Verlegung auf, in und unter Putz dürfen nur Feuchtraumleitungen nach VDE 0250 mit Kunststoffumhüllung oder Bleikabel nach VDE 0255 und 0265 sowie bleimantellose Kabel nach VDE 0271 verwendet werden.

Außerhalb des Handbereiches sind auch blanke Leitungen und NSYA-Leitungen auf Isolierkörpern, z. B. auf Stützenisolatoren oder Zugisolatoren nach DIN 48150 oder auf Mantelrollen nach DIN 48022 zulässig.

2. Ätzenden Dämpfen und Dünsten ausgesetzte Metallteile müssen gegen Korrosion geschützt sein, z. B. durch Schutzanstrich oder Verwendung korrosionsfester Stoffe.

3. Als bewegliche Leitungen sind mindestens mittlere Gummischlauchleitungen (NMH) nach VDE 0250 erforderlich.

b) **Elektrische Betriebsmittel (außer Leitungen und Kabeln)**

1. Elektrische Betriebsmittel müssen mindestens in tropfwassergeschützter Ausführung verwendet werden (Schutzart P 1 nach DIN 40050).

Abzweigdosen, Schalter und Steckdosen sind an den Einführungsstellen feuchtigkeitssicher abzudichten.

2. Für Beleuchtungsanlagen sind Spannungen bis höchstens 250 V gegen Erde zulässig. Leuchten müssen in regengeschützter Ausführung, Handleuchten außerdem schutzisoliert sein.

3. Bei Stromverbrauchsgeräten müssen die betriebsmäßig unter Spannung gegen Erde stehenden Leiter durch Schalter mit erkennbarer Schaltstellung oder durch Steckvorrichtungen [§ 31 N c) 4.] schaltbar sein. Ausgenommen hiervon sind fest angebrachte Leuchten.

4. Korrosionsschutz siehe a) 2.

§ 46 N **Nasse und durchtränkte Räume**

Für elektrische Anlagen und Betriebsmittel gelten neben § 45 N noch folgende Bestimmungen:

a) Installationsmaterial muß mindestens abgedichtet sein (Kurzzeichen 2 Tropfen). Die übrigen Betriebsmittel müssen mindestens spritzwassergeschützt sein (Schutzart P 2 nach DIN 40050).

b) Leuchten müssen mindestens der Schutzart strahlwassergeschützt nach VDE 0710 (Kurzzeichen 2 Tropfen in zwei Dreiecken) entsprechen. Im übrigen gelten für sie die unter § 45 N b) 2. genannten Bedingungen.

§ 47 N **Heiße Räume**

a) Elektrische Betriebsmittel in heißen Räumen müssen den besonderen Beanspruchungen in diesen Räumen entsprechen. Elektrische Anlagen müssen so errichtet werden, daß der Isolationszustand der vollbelasteten Anlage bei betriebsmäßiger Raumtemperatur erhalten bleibt.

b) Für heiße Räume, die außerdem feucht oder naß sind, gelten zusätzlich die Bestimmungen für feuchte oder nasse Räume.

c) Leitungen und Kabel nach § 45 N a) 1. dürfen bei Raumtemperaturen bis zu 55° C für gummiisolierte Leitungen, bis zu 65° C für kunststoffisolierte Leitungen verwendet werden. Bei Raumtemperaturen über 55° C müssen Leitungen mit erhöhter Wärmebeständigkeit verwendet werden.

§ 48 N **Anlagen im Freien**

a) Leitungen und Kabel wie § 45 N a).

b) Elektrische Betriebsmittel wie § 45 N b).

c) Leuchten müssen mindestens der Ausführung regengeschützt (Kurzzeichen 1 Tropfen im Quadrat) nach VDE 0710, Teil 1/12.64, §§ 6 und 7 entsprechen. Diese Forderung gilt auch für die Anbringung an geschützten Orten. Treten höhere Beanspruchungen, z. B. durch Schwall- oder Spritzwasser auf, so sind Leuchten entsprechend höherer Schutzart zu verwenden.

§ 49 N **Baderäume und Duschecken**

A. Baderäume und Duschecken in Wohnungen und Hotels

a) Leitungen

1. Die zu verlegenden Leitungen dürfen keinen Metallmantel haben.

Es dürfen verlegt werden:

Mantel- und Stegleitungen nach VDE 0250, Gummiader- und Kunststoffaderleitungen nach VDE 0250 in nichtmetallenen Rohren nach VDE 0605.

2. In Duschecken dürfen keine Leitungen unter oder im Putz verlegt werden.

3. Leitungen, die zur Stromversorgung anderer Räume oder Orte dienen, dürfen nicht durch Baderäume führen.

4. Leitungen dürfen nicht im oder unter Putz innerhalb des gekennzeichneten Schutzbereiches verlegt werden, es sei denn, daß sie zur Versorgung eines festangebrachten Verbrauchsmittels, z. B. Heißwasserspeicher, dienen, das innerhalb dieses Schutzbereiches angebracht ist. Die Leitungen sind möglichst senkrecht, nur notfalls waagerecht, von oben oder von der Rückseite in die Verbrauchsmittel einzuführen. Fest angebrachte Verbrauchsmittel, deren Anschlußstelle unterhalb der Badewannenoberkante liegt, sind mit senkrecht verlaufenden Leitungen von unten aus anzuschließen.

b) Schalter und Steckdosen

1. Schalter und Steckdosen dürfen innerhalb des in Bild 39 b) gekennzeichneten Schutzbereiches nicht angebracht werden. Ausgenommen sind Einbauschalter an Verbrauchsmitteln, deren Verwendung innerhalb des Bereiches nach Bild 39 b) unvermeidbar ist.

2. In Duschecken dürfen weder Schalter noch Steckdosen angebracht werden.

3. In Baderäumen dürfen nur Steckdosen mit Schutzkontakt verwendet werden, ausgenommen Steckdosen für Schutzkleinspannung oder hinter Trenntransformatoren.

c) Leuchten

Leuchten müssen mindestens spritzwassergeschützt sein (Kurzzeichen: 1 Tropfen im Dreieck).

Für diese Betriebsmittel wird die Schutzisolierung empfohlen.

d) Schutzmaßnahmen

1. Alle in Baderäumen und Duschecken verwendeten ortsfesten und ortsveränderlichen elektrischen Betriebsmittel müssen in eine Schutzmaßnahme gegen zu hohe Berührungsspannung einbezogen sein.

2. Potentialgleichheit

2.1 Der leitfähige Ablaufstutzen an der Bade- oder Duschwanne, die leitfähige Badewanne oder Brausetasse und die metallenen Rohrleitungen sind untereinander zu verbinden. Diese Verbindungen sind auch dann erforderlich, wenn in Baderäumen und Duschecken keine elektrischen Einrichtungen vorhanden sind.

2.2 Der Verbindungsleiter muß einen Mindestquerschnitt von 4 mm^2 Cu haben oder aus feuerverzinktem Bandstahl von mindestens 2,5 mm Dicke (50 mm^2) bestehen.

2.3 Bei Anwendung der Schutzmaßnahmen Schutzerdung nach § 9 N b) 2. oder Nullung nach § 10 N ist der Schutzleiter an die Potentialausgleichsleitung an zentraler Stelle, z. B. an einer Verteilungstafel oder dem Hausanschluß anzuschließen, soweit der Schutzleiter nicht bereits mit der Verbrauchswasserleitung anderweitig gut leitend verbunden ist.

B. Andere Baderäume und Duschecken als solche in Wohnungen und Hotels

a) Baderäume und Duschecken in Badeanstalten u. dgl. gelten als nasse und durchtränkte Räume nach § 46 N.

b) Für medizinisch genutzte Baderäume gilt zusätzlich VDE 0107.

§ 50 N **Feuergefährdete Betriebsstätten**

a) Verhütung von Bränden, die durch Isolationsfehler entstehen

1. Zur Verhütung von Bränden durch zu hohe Erwärmung einer Kurzschluß- und Erdschluß-Fehlerstelle ist bei festverlegten Leitungen und Kabeln eine der Maßnahmen nach 1.1, 1.2 oder 1.3 anzuwenden.

Dies gilt auch dann, wenn Leitungen oder Kabel durch die feuergefährdete Betriebsstätte hindurchgeführt sind oder wenn sie auf der Außenseite der die feuergefährdete Betriebsstätte begrenzenden brennbaren Wände verlegt werden sollen.

1.1 Kurzschluß- und Erdschluß-Brandschutz.

1.11 Kurzschluß-Brandschutz durch Überstrom-Schutzorgane.

Der Querschnitt der Leitungen oder Kabel ist so zu bemessen, daß mindestens der Abschaltstrom $I_A = kI_N$ des nächsten vorgeschalteten Überstrom-Schutzorgans zum Fließen kommt, wenn am Ende des Stromkreises ein vollkommener ein- bzw. zweipoliger Kurzschluß entsteht.

Hierin bedeutet k den Faktor nach Tafel 1 von § 9 N, I_N den Nennstrom des Überstrom-Schutzorgans und I_A den errechneten oder gemessenen Mindestkurzschlußstrom (Abschaltstrom).

1.12 Erdschluß-Brandschutz durch Art der Leitungsverlegung oder durch FI-Schutzschalter.

1.2 Isolationsüberwachung durch FU- oder FI-Schutzschaltung.

Innerhalb der Umhüllung von Leitungen oder Kabeln beliebiger Bauarten ist ein besonderer Überwachungsleiter gemeinsam mit den stromführenden Leitern zu führen.

FI-Schutzschalter dürfen nur mit einem Nenn-Fehlerstrom bis höchstens 1 A verwendet werden.

1.3 Schutzabstand

Einaderleitungen oder Einaderkabel beliebiger Bauart sind voneinander und von leitfähigen Teilen, die mit Erde in Verbindung stehen, getrennt zu verlegen.

2. Wird als Schutzmaßnahme gegen zu hohe Berührungsspannung die Nullung angewendet, muß von der letzten Verteilung außerhalb der feuergefährdeten Betriebsstätte bis zu dem zu schützenden Gerät ein besonderer Leiter als Schutzleiter geführt werden.

3. An der Mittelleiterschiene an Verteilungen sind Maßnahmen zu treffen, z. B. Anordnung von Trennklemmen, so daß der Isolationswiderstand aller Leitungen oder Kabel, die sich in feuergefährdeten Betriebsstätten befinden, ohne Abklemmen des Mittelleiters gegen Erde gemessen werden kann.

4. In Einzelgaragen oder Ölfeuerungsanlagen in Wohngebäuden brauchen die Maßnahmen nach 2. und 3. nicht durchgeführt zu werden.

5. Größere zugängliche leitfähige Gebäude-Konstruktionsteile, wie Stahlkonstruktionen, Metallrohrleitungen,

19

sollen untereinander und mit dem Schutzleiter z. B. an Verteilungstafeln verbunden werden.

b) Leitungen und Kabel

1. Leitungen dürfen nicht offen, z. B. auf Isolatoren, verlegt werden. Ausgenommen sind Schleifleitungen, z. B. in Spinnereien, wenn sich leicht entzündliche Stoffe in gefahrdrohender Menge nicht ansammeln können.

Dies kann z. B. durch Abblasen oder durch Abdeckung in Verbindung mit innerem Überdruck verhindert werden.

2. Bewegliche Leitungen müssen mindestens als mittlere Gummischlauchleitungen (NMHöu nach VDE 0250) oder gleichwertige Bauarten ausgeführt sein.

c) Installationsmaterial

1. Installationsschalter, Steckvorrichtungen, Abzweigdosen u. dgl. in Räumen, die durch Staub oder Faserstoffe feuergefährdet sind, müssen mindestens tropfwassergeschützt (Kurzzeichen: 1 Tropfen) sein.

2. Steckvorrichtungen sollen ein Isolierstoffgehäuse haben. Wandsteckdosen sind an besonders gefährdeten Stellen gegen mechanische Beschädigung zu schützen.

d) Schaltgeräte, Transformatoren, Maschinen

1. Schalt- und Verteilungsanlagen, Schaltgeräte, Überstrom-Schutzorgane, Anlasser, Transformatoren u. dgl. müssen mindestens in Schutzart P 31, in Räumen, die durch Staub oder Faserstoffe feuergefährdet sind, mindestens in Schutzart P 4. ausgeführt sein.

Bei Schienenverteilern genügt die Schutzart P 3.

2. Maschinen, ausgenommen Elektrowerkzeug nach VDE 0740, müssen mindestens in Schutzart P 3. ausgeführt sein. In Räumen, die durch Staub oder Faserstoffe feuergefährdet sind, müssen die Klemmkästen mindestens in Schutzart P 4. gekapselt sein.

3. Motoren, die selbsttätig geschaltet, ferngeschaltet oder nicht ständig beaufsichtigt werden, müssen durch einen Motorschutzschalter nach VDE 0660 oder durch gleichwertige Einrichtungen geschützt werden.

e) Leuchten

1. Leuchten müssen mit Gehäusen aus schwer entflammbaren Baustoffen versehen sein.

2. Leuchten in Räumen, die durch Staub oder Faserstoffe feuergefährdet sind, müssen mindestens in Schutzart P 4. ausgeführt sein.

3. Lampen und Einbauteile von Leuchten müssen an Stellen, an denen mit einer mechanischen Beschädigung zu rechnen ist, ausreichend, z. B. durch Abdeckungen genügender Festigkeit (Kunststoffe), durch widerstandsfähige Schutzgitter, Schutzkörbe oder Schutzgläser geschützt sein. Diese Schutzvorrichtungen dürfen bei nachträglicher Anbringung nicht an den Fassungen befestigt sein.

f) Wärmegeräte

1. Wärmegeräte in der Nähe von entzündlichen Stoffen müssen mit Vorrichtungen versehen sein, die eine Berührung der Heizleiter mit solchen Stoffen verhindern.

2. Wärmegeräte müssen auf mindestens feuerhemmender Unterlage befestigt werden.

3. Betriebsmäßig unter Spannung stehende Teile von elektrischen Heizgeräten und Widerständen müssen durch ein Gehäuse gegen zufälliges Berühren geschützt sein, das betriebsmäßig an keiner Stelle eine höhere Temperatur als 115° C annimmt. Die Ablage von Gegenständen auf dem Gehäuse muß durch die Bauart erschwert sein.

4. Bei Trocknungsanlagen mit Warmluftheizung jeglicher Art (Elektrizität, Gas, Öl) müssen die Heizregister und Gebläse selbsttätig ausgeschaltet werden, wenn der Luftstrom unterbrochen oder die durchstreichende Luft unzulässig hoch erwärmt wird. Dabei sind Vorkehrungen zu treffen, daß die Stillsetzung nur von Hand wieder aufzuheben ist.

19

Die Höhe der zulässigen Erwärmung richtet sich nach dem zu trocknenden Stoff und nach den mit dem heißen Luftstrom in Berührung kommenden Bauteilen. Die Höchsttemperatur beträgt z. B. bei Holz, Heu oder Stroh 115° C.

§ 51 N Bleibt frei

§ 52 N Ladestationen und Ladeeinrichtungen für Akkumulatoren

a) Für die Errichtung von Ladestationen und Ladeeinrichtungen gilt VDE 0510, insbesondere § 18.

b) Entgegen § 31 N c) 3. ist die Reihenfolge von Steckdose und Stecker im Leitungszug der Verbindungsleitung zwischen Ladegerät und Batterie unabhängig von der Richtung des Energieflusses.

§ 53 N Bleibt frei

§ 54 N Elektrische Prüffelder, Justierräume, Laboratorien und Einrichtungen für Versuche

a) Für die ortsfesten Beleuchtungs-, Heizungs-, Lüftungs- und Energieversorgungseinrichtungen, ausschließlich der eigentlichen Prüfstände, gelten die Bestimmungen unter III. und IV.

b) Ständige Prüffelder, Justierräume und Laboratorien sind mit festen Abgrenzungen und Warnschildern zu versehen.

Prüfstände und Versuchseinrichtungen außerhalb der ständigen Prüffelder, Justierräume und Laboratorien sind durch auffallende Abgrenzung (Schranken, Seile oder dgl.) und zusätzlich mit Warnschildern kenntlich zu machen.

c) Die für Versuche verwendeten Betriebsmittel, z. B. Prüfobjekte, Meßgeräte, Steller, Kondensatoren, Verbindungen, brauchen den Bestimmungen unter III. nicht zu entsprechen.

d) Der Schutz gegen zufällige Berührung nach § 4 N und zusätzliche Schutzmaßnahmen nach § 6 N können entfallen, soweit sie bei der Bedienung oder Prüfung hinderlich oder nach den örtlichen Verhältnissen entbehrlich sind [siehe auch VDE 0105 Teil 1/8. 64 § 9 g)].

e) Der Standort des Bedienenden soll gegen Erde isoliert sein.

f) Gänge sollen hinreichend breit und die Bedienungsräume genügend groß sein.

g) Entgegen § 31 N c) 3. ist die Reihenfolge von Steckdose und Stecker im Leitungszug der Verbindungsleitungen in Meßschaltungen unabhängig von der Richtung des Energieflusses.

h) Entgegen § 29 N a) darf Holz als Bau- und als Isolierstoff verwendet werden.

§ 55 N Baustellen

a) Speisepunkt

1. Betriebsmittel auf Baustellen müssen von besonderen Speisepunkten aus versorgt werden.

Als Speisepunkte gelten z. B. Baustromverteiler, der Baustelle besonders zugeordnete Abzweige vorhandener ortsfester Verteilungen oder Transformatoren mit getrennten Wicklungen, nicht aber Wandsteckdosen in Hausinstallationen oder ähnlichen ortsfesten Anlagen [siehe auch § 3 N f) 9.].

2. Hinter Baustromverteilern sind eine oder mehrere der folgenden zusätzlichen Schutzmaßnahmen anzuwenden: Schutzisolierung, Schutzkleinspannung, FI-Schutzschaltung oder Schutztrennung.

FI-Schutzschalter müssen VDE 0664 entsprechen.

3. Vor Inbetriebnahme der Anlage sind die Schutzleiter-Schutzmaßnahmen, insbesondere an aufgestellten Baustromverteilern, gegen zu hohe Berührungsspannung gemäß § 22 N zu prüfen.

b) Hauptschalter

Die Anlage muß durch einen oder mehrere jederzeit zugängliche und gekennzeichnete Hauptschalter allpolig abschaltbar sein. Die Schaltstellung muß erkennbar sein.

Als Hauptschalter kann z. B. ein FI-Schutzschalter verwendet werden.

c) Schalt- und Verteilungsanlagen

1. Schalt- und Verteilungstafeln müssen aus Metall oder Isolierstoffen bestehen und mindestens der Schutzart P 32 nach DIN 40050 entsprechen.

2. Holz darf nur als Baustoff für Schutzgeländer oder Befestigungswände und als zusätzliche Verkleidung und Umrahmung verwendet werden.

d) Leitungen

1. Als bewegliche Leitungen sind starke Gummischlauchleitungen NSHöu nach VDE 0250 oder gleichwertige Leitungsarten zu verwenden. An Stellen, an denen die Leitungen mechanisch besonders beansprucht werden können, sind sie durch geeignete Maßnahmen, z. B. durch Hochlegen, zu schützen.

Für Elektrowerkzeuge und Leuchten sind mindestens mittlere Gummischlauchleitungen NMHöu nach VDE 0250 oder gleichwertige Leitungsarten zu verwenden.

2. Bei Verbindung von hochgelegten Leitungen miteinander muß die Kupplungs- oder Verbindungsstelle zusätzlich von Zug entlastet sein.

3. Freileitungsmaste der Baustellenanlage sollen so aufgestellt sein, daß sie den durch den Baustellenbetrieb bedingten erhöhten mechanischen Beanspruchungen genügen.

4. Blanke Leitungen und umhüllte Leitungen nach VDE 0252 dürfen bei Spannungen über 42 V von Gerüsten und Bauwerksteilen aus nicht berührbar sein.

e) Installationsmaterial

1. Installationsschalter, Steckvorrichtungen, Abzweigdosen u. dgl. müssen mindestens tropfwassergeschützt (Kurzzeichen: 1 Tropfen) sein.

2. Es dürfen nur genormte Steckvorrichtungen nach VDE 0620 verwendet werden.

Beispiele:

zweipolige Steckdosen mit Schutzkontakt, druckwasserdicht, 10 A 250 V ≃ und 10 A 250 V—, 16 A 250 V ~ nach DIN 49 442;

Zweipoliger Stecker mit Schutzkontakt, druckwasserdicht, 10 A 250 V ≃ und 10 A 250 V—, 16 A 250 V ~ nach DIN 49 443;

dreipoliger Stecker mit Mp- und mit Schutzkontakt 16 A 380/220 V ~ nach DIN 49 445;

dreipoliger Stecker mit Mp- und mit Schutzkontakt 16 A 380/220 V ~ nach DIN 49 446;

dreipolige Steckdosen mit Mp- und mit Schutzkontakt 25 A 380/220 V ~ nach DIN 49 447;

dreipoliger Stecker mit Mp- und mit Schutzkontakt 25 A 380/220 V ~ nach DIN 49 448;

dreipolige Kragensteckvorrichtungen mit Winkelprofilstiften und Schutzkontakt 15 A 380 V~ nach DIN 49 449;

dreipolige Kragensteckdose für Rundstifte mit Schutzkontakt, 16 bis 100 A, 380/220 und 500 V nach DIN 49 450;

dreipolige Kragenstecker mit Rundstiften und Schutzkontakt 16 bis 100 A, 380/220 und 500 V nach DIN 49 451.

Auf ein und derselben Baustelle sollen für eine bestimmte Polzahl und Stromstärke nur Steckvorrichtungen derselben Bauart verwendet werden. Sie sollen ein Isolierstoffgehäuse haben.

f) Schaltgeräte, Transformatoren, Maschinen

1. Schaltgeräte, Anlasser, Transformatoren und Maschinen, nicht jedoch Elektrowerkzeuge nach VDE 0740, müssen mindestens der Schutzart P 33 entsprechen.

2. Alle elektromotorisch betriebenen Geräte und Maschinen müssen zum In- und Außerbetriebsetzen durch zugeordnete Schalter allpolig schaltbar sein. Diese Schalter müssen an zugänglicher Stelle angebracht und vom Stand des Bedienenden aus leicht erreichbar sein.

Bei Elektrowerkzeugen genügt eine Abschaltung, die nur eine Stillsetzung der Geräte bewirkt. Die allpolige Abschaltung erfolgt durch die Steckvorrichtung.

g) Leuchten

1. Leuchten, ausgenommen solche für Schutzkleinspannung, müssen mindestens in Schutzart regengeschützt (1 Tropfen im Quadrat) ausgeführt sein.

2. Handleuchten, ausgenommen solche für Schutzkleinspannung, müssen strahlwassergeschützt (2 Tropfen in 2 Dreiecken) ausgeführt sein.

Sie müssen VDE 0710, Teil 4, entsprechen.

h) Wärmegeräte

Wärmegeräte müssen mindestens der Schutzart P 3, spritzwassergeschützt (Kurzzeichen 1 Tropfen im Dreieck), entsprechen.

§ 56 N Landwirtschaftliche Betriebsstätten

a) Hauptschalter

Die Anlage muß im ganzen, gebäude- oder gebäudeabschnittsweise durch jederzeit zugängliche und gekennzeichnete Hauptschalter allpolig abschaltbar sein. Die Schaltstellung muß erkennbar sein.

Als Hauptschalter können Fehlerspannung(FU)- oder Fehlerstrom(FI)-Schutzschalter verwendet werden.

Stromkreise, deren Leitungen nur gelegentlich benutzt werden, z. B. während der Dreschzeit, müssen einen eigenen Schalter erhalten, der entsprechend zu kennzeichnen ist.

b) Zusätzliche Schutzmaßnahmen gegen zu hohe Berührungsspannung

1. An elektrischen Betriebsmitteln in und an Ställen, für die zusätzliche Schutzmaßnahmen für Nutztiere (Großvieh) in Betracht kommen, z. B. an Wasserpumpen, Heißwasserspeichern, Entmistern, Dunggreifern, Rübenschneidern, Futterdämpfern, Jauchepumpen, Steckdosen, darf im Fehlerfall keine höhere Berührungsspannung als 24 V bestehen bleiben.

2. Metallene Leitungen, z. B. Wasserleitungen, Rohrleitungen von Melkeinrichtungen, die in den Stall führen, sind durch eine Isoliermuffe so zu unterbrechen, daß die Metallrohrenden

2.1 bei senkrechter Leitungsführung einen Abstand von mindestens 0,2 m,

2.2 bei waagerechter Leitungsführung von mindestens 1 m erhalten.

Die metallenen Rohrleitungen von Geräten, die sich im Stall selbst befinden, sind in gleicher Weise gegen das Gerät zu isolieren.

3. FI-Schutzschalter dürfen nur mit einem Nenn-Fehlerstrom bis höchstens 0,5 A verwendet werden.

c) Schutz der Leitungen und Kabel gegen zu hohe Erwärmung

1. Überstrom-Schutzorgane zum Schutz gegen Überlast nach Tafel 13 von § 41 N sind stets am Leitungsanfang anzuordnen.

2. Für Licht- und zweipolige Steckdosen-Stromkreise gelten die Bestimmungen nach § 41 N c) 2.2 (Hausinstallationen).

d) Leitungen und Kabel

1. Es sind Feuchtraumleitungen nach § 40 N, Tafel I (Anhang) oder Kabel mit Kunststoffmänteln nach Tafel II oder III (Anhang) zu verlegen.

2. Innerhalb des befahrbaren Teiles von Hofräumen dürfen nur im Erdboden verlegte Kabel oder Mantelleitungen für selbsttragende Aufhängung im Freien NYMZ (PR) oder gleichwertige Bauarten in mindestens 5 m Höhe verwendet werden.

3. Anschlußvorrichtungen zum Einhängen in Freileitungsteile dürfen nicht verwendet werden.

4. Bewegliche Leitungen müssen mindestens als mittlere Gummischlauchleitungen NMHöu oder gleichwertige Bauarten, bei schwerer Beanspruchung NSHöu oder gleichwertige Bauarten, ausgeführt sein.

5. Bei gemeinsamer Anordnung von Motor, Schalter usw. auf dem Gestell einer Arbeitsmaschine oder dgl. müssen die Leitungen auf diesem fest verlegt werden.

e) Installationsmaterial

1. Steckvorrichtungen müssen ein Isolierstoffgehäuse haben und an einer von leichtentzündlichen Stoffen frei bleibenden Stelle angebracht werden. Wandsteckdosen sind an besonders gefährdeten Stellen gegen mechanische Beschädigung zu schützen.

2. Es dürfen nur genormte Steckvorrichtungen nach VDE 0620 verwendet werden. Beispiele siehe § 55 N e) 2.

In ein und derselben landwirtschaftlichen Betriebsstätten sollen für eine bestimmte Polzahl, Spannung und Stromstärke nur Steckvorrichtungen derselben Bauart verwendet werden.

f) Schaltgeräte, Transformatoren, Maschinen

1. Schalt- und Verteilungsanlagen, Schaltgeräte, Überstrom-Schutzorgane, Anlasser, Transformatoren und dgl. müssen mindestens in Schutzart P 43 ausgeführt sein.

2. Als Überstrom-Schutzorgane sind bis 25 A Nennstrom fest eingebaute LS-Schalter nach VDE 0641 oder Schutzschalter nach VDE 0660 zu verwenden.

3. Maschinen, ausgenommen Elektrowerkzeuge nach VDE 0740, müssen mindestens in Schutzart P 33, Klemmenkästen mindestens in Schutzart P 43 ausgeführt sein.

4. Motoren, die selbsttätig geschaltet, ferngeschaltet oder nicht ständig beaufsichtigt werden, müssen durch einen Motorschutzschalter nach VDE 0660 oder eine gleichwertige Einrichtung geschützt werden.

5. Werden Motoren ortsveränderlicher Maschinen, z. B. Dreschsätze, Kartoffeldämpfanlagen, in verschiedenen Verteilungsnetzen eingesetzt, so ist darauf zu achten, daß die gewählte Schutzmaßnahme gegen zu hohe Berührungsspannung in den Verteilungsnetzen zulässig ist und wirksam werden kann.

6. Melkeinrichtungen müssen VDE 0730 entsprechen.

g) Leuchten

Leuchten sollen schutzisoliert sein.

h) Wärmegeräte

1. Wärmestrahlgeräte.

1.1 Wärmegeräte zur Tieraufzucht und Tierhaltung müssen VDE 0720 Teil 10 entsprechen.

1.2 Wärmestrahlgeräte müssen so angebracht werden, daß sie allseitig mindestens 0,5 m von Tieren oder brennbaren Baustoffen entfernt sind, sofern nach VDE 0720) Teil 10 keine größeren Abstände vorgeschrieben sind.

Darüber hinaus müssen nicht fest installierte Strahlgeräte mit einer sicheren Aufhängevorrichtung, z. B. starken Kette, Karabinerhaken, an Schraubösen oder geschlossenen Deckenösen aufgehängt werden. Die Schraubösen oder geschlossenen Deckenösen müssen so befestigt sein, daß sie einem Zug vom 5fachen Gewicht des Wärmestrahlgerätes, mindestens aber 10 kp, standhalten. Die Zuleitung darf nicht zum Aufhängen benutzt werden.

1.3 Wärmestrahlgeräte mit Dunkelstrahlern dürfen nur in Ställen angebracht werden, wenn in diesen Kurzstreu, Sand oder dgl. als Bodenbedeckung vorhanden ist.

2. Kükenaufzuchtbatterien

2.1 Wärmeplatten müssen VDE 0720, Teil 10 entsprechen und von brennbaren Baustoffen entfernt angebracht werden.

2.2 Als Schutzmaßnahme gegen zu hohe Berührungsspannung sind Schutzisolierung oder Schutzkleinspannung anzuwenden.

2.3 Bewegliche Leitungen müssen bei Metallwänden durch ein in diese fest eingebautes Isolierstück, das die Vorder- und Rückseite überragt, eingeführt werden.

i) Elektrozäune

1. Elektrozaun-Geräte für Weidebetrieb müssen VDE 0667 bzw. VDE 0668 entsprechen. Sie dürfen nicht in feuergefährdeten Betriebsstätten angebracht werden.

2. Elektrozäune müssen nach VDE 0131 errichtet werden. Die Zaunleitung darf nicht durch feuergefährdete Betriebsstätten geführt werden. Bei ihrer Wegführung von einem Gebäude ist eine Überspannungs-Schutzeinrichtung (Ableiter mit Erdung) auf mindestens feuerhemmenden Bauteilen nach DIN 4102 außerhalb des Gebäudes anzubringen.

Bestimmungen für das Errichten von Starkstromanlagen mit Nennspannungen von 1 kV und darüber (Auszug)

(VDE 0101/7.60)

Inhalt

Diese Bestimmungen bestehen aus Vorschriften, Regeln und Leitsätzen (vgl. VDE 0022).

I. Gültigkeit

§ 1. Geltungsbeginn

a) Diese Bestimmungen traten am 1. Juli 1960 in Kraft.
Mit der Änderung a gelten sie ab 1.9.1962.

b) Die bisher gültigen Vorschriften VDE 0101/V.43 treten am gleichen Tage außer Kraft mit Ausnahme der Bestimmungen in den §§ 11 l), 18 c), d) und i), 28 und 29, die als VDE 0101 Ü/7.60 erscheinen.

c) Im Bau befindliche und geplante Anlagen dürfen bis 30. Juni 1961 entsprechend VDE 0101/V. 43 fertiggestellt werden.

§ 2. Geltungsbereich

a) Diese Bestimmungen gelten für das Errichten und Erweitern von elektrischen Starkstromanlagen oder ihren Teilen mit Nennwechselspannungen zwischen beliebigen Leitern von 1 kV und darüber mit Betriebsfrequenzen unter 100 Hz. Sinngemäß gelten diese Bestimmungen auch für Gleichstromanlagen, deren Spannung einschließlich ihrer betriebsmäßigen Oberschwingungen höher als 1,41 kV ist.

b) Anlagen, die den zur Zeit ihrer Herstellung geltenden Bestimmungen entsprechen, müssen nur dann nachstehenden Bestimmungen genügen, wenn das Belassen des bisherigen Zustandes einen erheblichen Mißstand bedeutet, durch den Leben oder Gesundheit von Personen gefährdet wird.

c) Diese Bestimmungen gelten nicht für Starkstromanlagen in Fahrzeugen sowie bei Fahr- und Speiseleitungen elektrischer Bahnen (vgl. VDE 0115), für elektrische Anlagen in bergbaulichen Betrieben unter Tage (vgl. VDE 0118), ferner nicht für elektrochemische Anlagen. Für Elektrofilteranlagen gelten sie nur in Verbindung mit den in Vorbereitung befindlichen Bestimmungen für Elektrofilteranlagen.

d) Für das Errichten und Erweitern von Anlagen sind außerdem die VDE-Bestimmungen der Gruppen 0 bis 8 und die DIN-Normen der Gruppen 1, 4, 18, 40, 43, 46 und 48 zu beachten.

e) Beim Errichten, Ändern und Erweitern von Starkstromanlagen ist VDE 0105 „Vorschriften für den Betrieb von Starkstromanlagen" besonders zu beachten.

II. Begriffe

§ 3. Begriffserklärungen

a) Raumbegriffe, Raumarten

1. Bewohnte Gebäude sind Bauwerke, die Wohn- oder ähnlichen Zwecken mit dauerndem Aufenthalt von Personen oder dem öffentlichen Verkehr dienen. Hierunter fallen z. B. auch Hotels, Postämter usw.

2. Betriebsstätten sind Räume oder Orte, die beliebigen Betriebsarbeiten dienen und elektrotechnisch nicht unterwiesenen Personen regelmäßig zugänglich sind, z. B. Werkstätten, Maschinenräume.

3. Elektrische Betriebsstätten s. VDE 0100, § 3 N f 1 (S. 226).

4. Abgeschlossene elektrische Betriebsstätten s. VDE 0100, § 3 N f 2 (S. 226).

5. Feuchte und ähnliche Räume oder Betriebsstätten s. VDE 0100, § 3 N f 4 (S. 226).

6. Feuergefährdete Betriebsstätten s. VDE 0100, § 3 N f 7 (S. 226).

7. Explosionsgefährdete Betriebsstätten s. VDE 0100, § 3 N f 8 (S. 226).

b) Anlagen

1. Starkstromanlage ist eine elektrische Anlage zum Erzeugen, Umwandeln, Speichern, Fortleiten, Verteilen und Anwenden elektrischer Energie.

2. Innenanlage ist eine Anlage im umbauten Raum, deren elektrische Betriebsmittel gegen unmittelbare Witterungseinflüsse geschützt sind.

2.1 Innenanlage in offener Bauweise ist eine Anlage, deren elektrische Betriebsmittel nicht allseitig gegen Berühren durch Maßnahmen nach c) 1 geschützt sind.

3. Freiluftanlage ist eine Anlage im Freien, deren elektrische Betriebsmittel den Witterungseinflüssen unmittelbar ausgesetzt sind.

4. Gekapselte Anlage ist eine Anlage, deren elektrische Betriebsmittel allseitig gegen Berühren durch Maßnahmen nach c) 1 geschützt sind.

c) Berühren und Berührungsschutz

1. Schutz gegen Berühren liegt vor, wenn sich Personen unter Spannung stehenden Teilen nicht gefahrbringend nähern und diese nicht berühren können. Geeignete Schutzvorrichtungen sind z. B. geschlossene Gehäuse, Wände, Bleche, Platten, Vollwandtüren.

2. Schutz gegen zufälliges Berühren liegt vor, wenn sich Personen unter Spannung stehenden Teilen nicht zufällig gefahrbringend nähern und diese nicht zufällig berühren können. Geeignete Schutzvorrichtungen sind z. B. Schutzgitter, Gittertüren, ferner auch Geländer, Leisten sowie Ketten in Freiluftanlagen.

3. Schutzbereich ist ein in dieser Vorschrift festgelegter Bereich zwischen den Grenzen zugänglicher Räume einerseits und unter Spannung stehenden Teilen anderseits.

4. Handbereich s. VDE 0100, § 3 N d 5 (S. 226).

d) Allgemeine Begriffe

1. Elektrische Betriebsmittel s. VDE 0100, § 3 N b 1 (S. 225).

2. Nenngrößen s. VDE 0100, § 3 N d 1 (S. 225).

3. Reihenspannung s. VDE 0100, § 3 N d 2 (S. 225).

4. Betriebsspannung s. VDE 0100, § 3 N d 3 (S. 225).

5. Prüfspannung ist die Spannung, die an den Prüfling zum Nachweis eines bestimmten Isoliervermögens angelegt wird.

6. Berührungsspannung s. VDE 0100, § 3 N g 10 (S. 227).

7. Isolation ist der Grad der galvanischen Trennung von Teilen, die gegeneinander und gegen Erde betriebsmäßig unter Spannung stehen.

8. Isolierung ist die Gesamtheit der in ihre endgültige technische Form gebrachten Isoliermittel.

9. Blanke Leiter sind Leiter ohne Umhüllung.

10. Abstand ist die kürzeste Entfernung gegeneinander unter Spannung stehender Teile in gasförmigem, flüssigem oder festem Isoliermittel.

11. Geprüfte Anschlußzonen sind die in der Betriebsanweisung angegebenen, nach VDE 0111 geprüften Zonen in der Umgebung der Geräteanschlüsse. Für diese ist nachgewiesen, daß die anzuschließenden Leiter innerhalb der Anschlußzone gegeneinander und gegen geerdete Teile des Betriebsmittels ausreichend isoliert sind.

12. Freischalten heißt, einen Teil einer Anlage von den unter Spannung stehenden Teilen allseitig und allpolig, z. B. durch eine Trennstrecke, die den Bedingungen nach § 17 c) 2 genügt, so abzutrennen, daß an ihnen unter Beachtung von VDE 0105 gefahrlos gearbeitet werden darf.

13. Erden s. VDE 0100, § 3 N e 7 (S. 226).

III. Bestimmungen

A. Betriebsmittel

§ 4. Schaltgeräte

a) Für Schaltgeräte und ihre Antriebe vgl. auch VDE 0660, VDE 0670 und VDE 0672.

b) Auswahl (siehe Original)

c) Einbau (siehe Original)

d) Antriebe (siehe Original)

§ 5. Meßwandler

a) Für Meßwandler vgl. auch VDE 0414.

b) 1. Stromwandler

1.1 Stromwandlerkerne zum Anschluß von Meßgeräten (Meßkerne und Zählkerne) sind, wenn keine Zwischenwandler verwendet werden, mit einer so niedrigen Nennüberstromziffer und einer solchen Nennleistung auszuwählen, daß die angeschlossenen Meßgeräte bei Kurzschlußströmen nicht beschädigt werden.

1.2 Stromwandlerkerne zum Anschluß von Schutzrelais (Schutzkerne) sind mit einer so hohen Nennüberstromziffer auszuwählen, daß die Stromfehler bei Kurzschlußströmen nicht zu groß werden. Die Nennleistung der Schutzkerne ist mindestens für die größte zu erwartende Bürde auszulegen.

2. Spannungswandler

2.1 Spannungswandler sind so auszuwählen, daß Nennleistung und Klassengenauigkeit für die angeschlossenen Geräte ausreichen.

2.2 Resonanzüberspannungen sind durch geeignete Maßnahmen zu verhindern (vgl. VDE 0675).

c) Einbau (siehe Original)

§ 6. Transformatoren und Drosselspulen

a) Für Transformatoren und Drosselspulen vgl. auch VDE 0532.

b) Bei begrenzt kurzschlußfesten Transformatoren und Drosselspulen sind Maßnahmen zu treffen, damit deren Nennkurzschlußstrom nicht überschritten wird.

c) Einbau (siehe Original)

d) Überwachungs- und Schutzeinrichtungen

1. Überwachungs-, Regel- und Steuereinrichtungen sind einzubauen, soweit sie für den ordnungsgemäßen Betrieb des Transformators erforderlich sind.

2. Selbsttätige Schutzeinrichtungen gegen die Auswirkungen von Überlastungen, inneren und äußeren Fehlern sollen je nach Größe und Bedeutung der Anlage vorgesehen werden.

e) Parallelbetrieb

Transformatoren, die mit anderen parallel arbeiten, sollen hinsichtlich Übersetzung, Schaltgruppe und Kurzschluß-Spannung hierfür geeignet sein (vgl. VDE 0532).

§ 7. Elektrische Maschinen

a) Für elektrische Maschinen vgl. auch VDE 0530.

b) Die Anschlüsse der Maschinen sollen den Beanspruchungen durch den Kurzschlußstrom am Einbauort genügen [vgl. VDE 0530/7. 55 § 43 c)].

c) Einbau (siehe Original)

§ 8. Stromrichter

a) Für Stromrichter einschließlich Zubehör, Transformatoren, Drosselspulen, Regel- und Schutzeinrichtungen vgl. auch VDE 0555.

b) Stromrichteranlagen sind so auszurüsten, daß im Kurzschlußfalle keine für die verschiedenen Anlageteile unzulässigen Beanspruchungen auftreten können.

c) Einbau (siehe Original)

d) Überwachungs- und Schutzeinrichtungen

1. Überwachungs-, Regel- und Steuereinrichtungen sind einzubauen, soweit sie für den ordnungsgemäßen Betrieb des Stromrichters erforderlich sind.

2. Stromrichteranlagen sollen mit Schutzeinrichtungen gegen Überbeanspruchungen und Störungen des Stromrichters versehen sein; z. B. selbsttätig auslösende Schalter, Sperrgitter bei Quecksilberdampf-Stromrichtern, Kontaktvakuummeter, Kontaktthermometer, Buchholzrelais.

Bei Störungen des Stromrichterbetriebes (Versagen der Ventilwirkung des Stromrichters) sollen die Schutzeinrichtungen den Stromrichter auf der Wechsel- und Gleichstromseite abschalten. Wenn gleichstromseitig keine Rückströme möglich sind, genügt Ausschalten auf der Wechselstromseite.

e) Parallelbetrieb

Für den Parallelbetrieb von Stromrichtern gilt VDE 0555.

§ 9. Kondensatoren

a) Für Kondensatoren vgl. auch VDE 0560 (Teil 1, 3, 4, 5).

b) 1. Bei der Wahl der Nennspannung bzw. der Belastbarkeit der Kondensatoren sind Spannungserhöhungen durch vorgeschaltete Induktivitäten, z. B. durch Schaltdrosselspulen, Drosselspulen für Tonfrequenz, Saugkreisdrosselspulen usw. zu berücksichtigen.

2. Kondensatoren für Kopplung, Spannungsmessung und Überspannungsschutz müssen nach der Reihenspannung der Anlage gewählt werden, auch wenn die Betriebsspannung niedriger ist.

3. Es wird empfohlen, den Sternpunkt von Leistungskondensatoren in Drehstromnetzen nicht unmittelbar zu erden (vgl. VDE 0560, Teil 4).

c) Einbau

Ausreichende Kühlung der Kondensatoren muß sichergestellt sein.

d) Überwachungs- und Schutzeinrichtungen sind einzubauen, soweit sie für den ordnungsgemäßen Betrieb der Kondensatoren erforderlich sind, z. B. Kurzschlußschutz, Vergleichsschutz, thermischer Schutz.

e) Schalt- und Strombegrenzungseinrichtungen

1. Schalter zum Schalten von Kondensatoren vgl. VDE 0670.

2. Schalter zum Schalten von Kondensatoren müssen Schnelleinschaltung und Schnellausschaltung haben (z. B. Sprungantrieb, Speicherantrieb, Druckluftantrieb).

3. Schaltgeräte sollen Kondensatoren allpolig und möglichst gleichzeitig schalten.

4. Sind die Verbindungen zwischen Leistungskondensatoren, die unter Spannung parallel geschaltet werden, so kurz, daß der Spannungsanstieg an ihnen infolge des Nennstromes der kleinsten Kondensatorengruppe weniger als etwa 0,1% der Nennspannung beträgt, so sind Einrichtungen vorzusehen, die Stromstöße beim Parallelschalten und im Falle von Rückzündungen beim Ausschalten begrenzen, z. B. Drosselspulen oder Vorwiderstände. Vorwiderstände verhindern außerdem im Falle von Rückzündungen beim Ausschalten von Kondensatoren steile Überspannungen, die im Netz durch Reflexion zu Überschlägen führen können.

f) Entladevorrichtungen von Leistungskondensatoren

1. Das gefahrlose Entladen von Leistungskondensatoren muß sichergestellt sein. Hierzu können dienen:

1.1 Wicklungen von Motoren, Transformatoren, Spannungswandlern, Drosselspulen, Widerstände, die unmittelbar mit den Kondensatoren verbunden sind.

1.11 Spannungswandler sollen nur zwischen die Leiter geschaltet werden (V-Schaltung). Einpolig isolierte Wandler sind für Entladezwecke wegen der Überspannungsgefahr zu vermeiden.

1.2 Widerstände oder Induktivitäten, die mit dem Kondensator baulich vereinigt sind.

1.3 Zuschaltbare Entladevorrichtungen.

1.4 Ausnahme: Entladevorrichtungen können entfallen, wenn ein gefahrloses Entladen durch fachmännisches Personal sichergestellt ist (vgl. VDE 0105).

2. Entladewiderstände sollen mechanisch und thermisch genügend fest sein.

3. Entladewiderstände, die mit den Kondensatoren nur dann verbunden werden, wenn diese ausgeschaltet sind, sollen diese innerhalb 10 s auf eine Spannung entladen, die 10% des Effektivwertes der Nennspannung nicht übersteigt.

4. Sind Kondensatoren mit Entladewiderständen baulich vereinigt, so darf die Entladezeitkonstante (das Produkt aus Entladewiderstand in Ω und Kondensatorkapazität in F) höchstens 90 s betragen.

5. Ein Kondensator darf durch selbsttätige Regeleinrichtungen erst wieder zugeschaltet werden können, wenn seine Restspannung kleiner als 10% der Nennspannung ist.

g) Warnschilder und Hinweise

1. Kondensatoren, deren Gehäuse unter Spannung stehen, sind nach VDE 0105 zu kennzeichnen.

2. An der Absperrung von Kondensatoren-Anlagen ohne selbsttätige Entladung sind Warnschilder anzubringen: „Vor Berühren: Entladen, Erden und Kurzschließen".

3. Kondensatoren mit selbsttätiger Entladung und einer Entladezeit von mehr als 1 min sind zusätzlich mit einem Schild auszurüsten: „Achtung! Entladezeit länger als 1 min."

§ 10. Überspannungs- und Blitzschutz

a) Für den Schutz der Anlagen gegen innere und äußere Überspannungen vgl. auch VDE 0675.

b) Überspannungsableiter sind so einzubauen, daß sie ordnungsgemäß arbeiten können, und so zu erden, daß ihre Schutzwirkung nicht beeinträchtigt wird.

c) Überspannungsableiter außerhalb elektrischer und außerhalb abgeschlossener elektrischer Betriebsstätten sind so anzuordnen, daß sie bei ordnungsgemäßem Arbeiten, z. B. beim Ausblasen von Löschrohren oder beim Ansprechen von Überdruck-Membranen Personen nicht gefährden. Diese Forderung gilt als erfüllt, wenn die Unterkante des Ableiters mindestens 4 m über dem Erdboden liegt. Andernfalls sind geeignete Schutzvorkehrungen zu treffen.

d) Maßnahmen gegen Blitzeinwirkungen vgl. VDE 0141 und VDE 0675.

§ 11. Leitungen und Kabel

a) Für Leitungen und Kabel vgl.

1. Leiter-Werkstoffe: VDE 0201, 0202, 0203, DIN 40 500, 40 501

2. Blanke Leiter: DIN 43 670, 43 671, 46 413, 46 424, 46 433, 48 201, 48 204

3. Isolierte Leitungen und Kabel: VDE 0250, 0255, 0265, 0271, 0283, 0286

b) Leitungsverlegung.

1. Blanke Leitungen sind mittels Isolatoren zu befestigen. Bei der Auswahl der Isolatoren ist folgendes zu beachten:

1.1 Reihenspannung

1.2 Art der Anlage, Innen- oder Freiluftanlage

1.3 Mechanische Festigkeit, z. B. Umbruchkraft, Abspannzug, vgl. VDE 0103, 0210, 0294

2. Isolierte Leitungen und Kabel sind so zu legen, daß ihre Betriebseigenschaften nicht gefährdet sind.

Hierbei sind zu beachten:

2.1 Wärmeabfuhr, insbesondere bei Verlauf des Kabels in Umgebung verschiedener Wärmeleitfähigkeit.

2.2 Stoßkurzschlußströme, insbesondere bei einadrigen Kabeln.

2.3 Streuströme und Korrosion.

2.4 Bodenbewegungen, Schwingungen (Maschinenfundamente, Brücken), Erschütterungen.

19

2.5 Schutz gegen mechanische Beschädigung (z. B. durch Abdecken mit Platten, Abdeckhauben, Steinen, Einziehen in Rohre oder dgl.).

2.6 Beim Auslegen von Kabeln sollten folgende Richtwerte für die Biegeradien für Kabel mit dem Außendurchmesser D_A nicht unterschritten werden:

Kabel	Papierisolierte Kabel mit Bleimantel oder gewelltem Metallmantel	Papierisolierte Kabel mit glattem Aluminiummantel bis 50 mm ⌀	Kunststoffkabel
mehradrig	$15 \times D_A$	$25 \times D_A$	$15 \times D_A$
einadrig	$25 \times D_A$	$30 \times D_A$	$15 \times D_A$

Bei einmaligen Biegungen, z. B. vor Endverschlüssen, können die Biegeradien äußerstenfalls auf die Hälfte verringert werden, wenn fachgemäße Bearbeitung (Erwärmen auf 30° C, Biegen über Schablone) sichergestellt ist.

3. Metallene Umhüllungen (Bewehrung, Mantel, Schirm oder dgl.) von Kabeln und Leitungen sind nach VDE 0141 zu erden. Sie müssen an Verbindungsstellen gut leitfähig miteinander sowie mit metallenen Garnituren (Muffen, Endverschlüssen) verbunden werden.

4. Die Gefahr von Bränden, deren Ausdehnung und Folgen müssen durch die Art der Kabellegung möglichst herabgesetzt werden. Hierfür sind z.B. bei freiliegenden Kabeln innerhalb von Gebäuden sowie in Kanälen oder Schächten folgende Maßnahmen erforderlich:

4.1 Kabel dürfen nicht in oder auf entflammbaren Baustoff gelegt werden.

4.2 Äußere Umhüllungen müssen entfernt werden, sofern sie nicht schwer entflammbar gemacht sind.

Feuerhemmende Trennwände zwischen den Kabeln oder eine geeignete Schottung werden empfohlen.

5. Meß-, Steuer-, Melde- und ähnliche Hilfskabel sollen von Kabeln mit Betriebsspannungen von 1 kV und darüber möglichst getrennt gelegt oder durch feuerhemmende Trennwände geschützt werden.

6. Bei Näherung oder Kreuzung mit Anlagen anderer Art und über deren gegenseitige Beeinflussung vgl. auch VDE 0150, 0210, 0226, 0228 sowie VDE 0101 Ü/7.60, solange eine entsprechende neue VDE-Bestimmung nicht erschienen ist, ferner DIN 1998.

c) Anschlüsse und Verbindungen

1. Anschlußleitungen an Betriebsmitteln sind so zu bemessen, daß sie keine unzulässige Wärme auf die Geräteanschlüsse übertragen.

2. Anschlußleitungen an Betriebsmitteln sind so anzuordnen, daß sie keine unzulässigen Kräfte auf die Anschlüsse der Betriebsmittel übertragen.

3. Für die Verbindung blanker Leiter miteinander und mit Betriebsmitteln vgl. VDE 0670, DIN 43 673, 43 675, 46 200, 46 209.

4. Schraubverbindungen sind so auszuführen, daß ein ausreichender Anpreßdruck dauernd erhalten bleibt.

Unzulässige Temperaturen können z. B. an Anlauffarben erkannt werden.

5. Blanke Leitungen mit geschweißten Verbindungen sind entsprechend der Entfestigung des Materials bei der Wärmebehandlung auszulegen.

6. Verbindungsstellen von Leitern aus verschiedenen Metallen im Freien und in feuchten Räumen müssen gegen Korrosion geschützt werden.

7. Die Isolierung der Anschlußenden von Kabeln und isolierten Leitungen ist mechanisch zu schützen, wenn sie nach Entfernen des Mantels oder der Bewehrung mechanisch gefährdet ist.

8. Anschlußräume für Leitungen und Kabel müssen so geräumig sein, daß sachgemäß angeschlossene Leiter ausreichend gegeneinander und gegen Erde isoliert sind. Einführungen sind so anzuordnen oder auszubilden, daß Niederschlagswasser möglichst nicht zur Einführungsstelle fließen, auf keinen Fall aber eindringen kann.

B. Allgemeines

§ 12. Isolation

a) Für die Isolation elektrischer Wechselstromanlagen und ihrer Betriebsmittel gelten die Prüfspannungen nach VDE 0111, für Gleichstrom-Anlagen bis 3 kV Nennspannung die Prüfspannungen nach VDE 0660.

b) 1. Falls eine Anlage durch äußere Überspannungen so gefährdet ist, daß ein Überschreiten der herabgesetzten unteren Stoßpegel der probeweise zugelassenen Reihe S nach VDE 0111 (Anhang) zu erwarten ist (z. B. Freileitungsnetze in gewitterreichen Gegenden), so sind in Innenanlagen die Mindestabstände *a* nach Tafel 1 und in Freiluftanlagen die Mindestabstände *c* nach Tafel 4 einzuhalten.

2. Falls eine Anlage Überspannungen ausgesetzt ist, die ein Überschreiten der herabgesetzten unteren Stoßpegel der probeweise zugelassenen Reihe S nach VDE 0111 (Anhang) nicht erwarten lassen (z. B. Kabelnetze oder Anlagen mit geeigneten Überspannungsschutzeinrichtungen), so genügen in Innenanlagen die Mindestabstände *b* nach Tafel 1 und in Freiluftanlagen die Mindestabstände *d* nach Tafel 4.

3. Bei fabrikfertigen Anlagen dürfen die Mindestabstände nach Tafel 1 unterschritten werden, wenn das Isoliervermögen entsprechend § 23 nachgewiesen wird.

c) Im übrigen sind die Bestimmungen der §§ 18 und 19 zu beachten.

d) Werden Anlagen, bei denen weder der Sternpunkt noch ein Außenleiter starr geerdet ist, über Spartransformatoren gespeist, so muß die Isolation der auf der Unterspannungsseite angeschlossenen Anlage nach der Reihenspannung der Oberspannungsseite bemessen sein.

§ 13. Schutz gegen Berühren

a) Alle betriebsmäßig unter Spannung stehenden Teile einer Anlage müssen geschützt werden:

1. in Betriebsstätten
allseitig gegen Berühren. Die Schutzvorrichtungen dürfen nur mit Werkzeugen zu entfernen, Türen nur mit Bart- oder Sicherheitsschlüsseln zu öffnen sein.

2. in elektrischen Betriebsstätten
innerhalb des Handbereiches gegen Berühren,
außerhalb des Handbereiches gegen zufälliges Berühren.
Bei unter Spannung stehenden Teilen elektrischer Maschinen (z. B. Wickelköpfen) genügt Schutz gegen zufälliges Berühren.

3. in abgeschlossenen elektrischen Betriebsstätten gegen zufälliges Berühren. Schutzbereiche vgl. §§ 18 und 19.

b) Der Schutz gegen Berühren muß durch die Bauart, z. B. durch Isolierung, geschlossene Gehäuse, Wände, Bleche, Platten, Vollwandtüren, erfolgen.

Die Leiterisolation des abgesetzten Kabels allein gilt nicht als ausreichender Schutz gegen zufälliges Berühren.

19

c) Der Schutz gegen zufälliges Berühren muß durch die Bauart, z. B. durch Schutzgitter, Gittertüren, ferner auch Geländer oder Schutzleisten, in Freiluftanlagen auch durch Ketten erfolgen.

d) 1. Schutzvorrichtungen müssen mechanisch widerstandsfähig sein und zuverlässig befestigt werden.

2. Aushängbare leitfähige Schutzvorrichtungen müssen so gesichert sein, daß sie bei ihrem sachgemäßen Handhaben unter Spannung stehenden Teilen nicht zu nahe kommen können.

3. Zellentüren dürfen nur mit Schlüsseln, auch Steckschlüsseln, zu öffnen sein, soweit keine Sicherheits- oder Bartschlüssel vorgeschrieben sind.

4. Schutzleisten, die ohne Werkzeug entfernt werden können, müssen aus nichtleitfähigem Material oder Holz bestehen.

5. Es wird empfohlen, Teile von Geräten in Innenanlagen, die unter Spannung stehen können, gegenüber betriebsmäßig geerdeten Teilen erkennbar zu machen, z. B. durch andere Farbgebung.

§ 14. Erdung

a) Als Schutz gegen zu hohe Berührungsspannung ist die Schutzerdung anzuwenden.

b) Schutz- und Betriebserdungen sind nach VDE 0141 auszuführen.

c) Einrichtungen zum Erden und Kurzschließen vgl. §§ 17 f), 18 d), 19 d), ferner VDE 0105 und 0141.

§ 15. Klimabedingungen

Siehe Originalvorschrift.

§ 16. Kurzschlußstrom

a) Anlagen sind so zu errichten, daß sie den thermischen und dynamischen Beanspruchungen durch den Kurzschlußstrom genügen. Vgl. auch VDE 0103 [Ausnahmen vgl. § 17 b) 2].

b) Abzweige mit Drosselspulen zum Kurzschlußbegrenzen dürfen, bei kurzen und sicheren Verbindungen zwischen Sammelschienen und Drosselspulen, für die verminderte Kurzschlußbeanspruchung bemessen werden.

c) Für das Ermitteln der Kurzschlußströme und der Kurzschlußbeanspruchung der Anlagen vgl. VDE 0102 und VDE 0103.

C. Anlagen

§ 17. Schaltung

a) Schaltzeichen und Schaltpläne siehe DIN 40 704, 40 706, 40 708 bis 40 719, 43 676, 43 677, 43 678, 43 680, 43 681, 43 682.

b) Schaltung

1. Die Schaltung soll einfach und übersichtlich sein, damit Schalthandlungen rasch und sicher ausgeführt werden können.

2. Die Schaltung ist so zu entwerfen, daß Anlagenteile thermisch und dynamisch nicht unzulässig beansprucht werden.

Die Schaltung kann so entworfen werden, daß normalerweise getrennt betriebene Anlagenteile – wenn es betrieblich unvermeidlich ist – kurzfristig zusammengeschaltet werden können, auch wenn dabei die Kurzschlußleistung die Nennwerte der Anlage überschreitet, z. B. um Abzweige von einer Gruppe auf eine andere umzuschalten. Bei einer solchen Schaltung sollen geeignete Schutzmaßnahmen vorgesehen oder Betriebsanweisungen erlassen werden, um Personen nicht zu gefährden.

3. Jedes Netz ist mindestens an einer Stelle mit einer Spannungsmeßeinrichtung und einer Erdschlußanzeigevorrichtung zu versehen. Dabei soll bei Mehrfachsammelschienen die Spannung jeder Sammelschiene meßbar sein. Umschaltbare Meßeinrichtungen sind zulässig.

c) Freischalten

1. Anlagen oder Anlagenteile müssen nach den Betriebserfordernissen freigeschaltet werden können.

1.1 In der Regel sind in jeder Anlage auf allen Seiten Einrichtungen für das Freischalten einzubauen.

1.11 Eine räumlich entfernte Freischalteinrichtung erfüllt diese Forderung, wenn die Verantwortung für das Freischalten in einer Hand liegt.

1.2 Eine Freischaltmöglichkeit von nur einer Seite genügt in den Fällen, in denen keine Rückspannung auftreten kann, z. B. bei Stichleitungen, Generatoren, Motoren, Kondensatoren.

Rückspannung, z. B. über Transformatoren oder Spannungswandler (z. B. über Synchronisier-Sammelschienen), ist durch entsprechende Maßnahmen zu verhindern.

1.21 In Anlagen, die als Ganzes spannungslos gemacht werden dürfen, genügt es, wenn an den Einspeisestellen freigeschaltet werden kann.

1.3 An mehrere Sternpunkte angeschlossene Sammelschienen und Geräte, ausgenommen Überspannungs-Ableiter, müssen freigeschaltet werden können.

2. Für das Freischalten sind Einrichtungen erforderlich, die den Bedingungen für Trennstrecken nach VDE 0670 bzw. VDE 0672 oder der nachstehenden Bedingung 2.2 entsprechen.

2.2 Zum Freischalten sind außerdem zulässig: Ausfahrbare Schalteinrichtungen, deren feste Gegenschaltstücke in der Trennstellung zwangsläufig abgedeckt und bei denen die Mindestabstände nach § 18 Tafel 1 zwischen Schutzabdeckung und dem unter Spannung stehenden Gegenschaltstück eingehalten sind.

Diese Schutzabdeckungen erfüllen dann auch die Bedingungen für den Berührungsschutz.

d) Schalten von Betriebs- und Kurzschlußströmen

Schaltgeräte für das Schalten von Betriebs- und Kurzschlußströmen sind je nach den Betriebserfordernissen vorzusehen, nach § 4 b) auszuwählen und einzubauen.

Trennschalter dürfen nur zum annähernd stromlosen Schalten verwendet werden (vgl. VDE 0670).

f) Erden und Kurzschließen

1. Jeder Anlageteil muß einwandfrei geerdet und kurzgeschlossen werden können.

Hierfür sind zulässig: Erdungsschalter [vgl. § 4 d) 5.] und Erdungsseile.

2. Erdungs- und Kurzschließ-Vorrichtungen müssen den Bestimmungen VDE 0141 genügen. Vgl. auch VDE 0105.

§ 18. Aufbau von Innenanlagen[1])

a) Abstände in Luft

1. Die Abstände unter Spannung stehender Teile eines Systems sollen gegeneinander und gegen geerdete Teile mindestens nach Tafel 1 bemessen werden. Hierbei ist nach VDE 0111 zwischen Anlagen nach Reihe N (Mindestabstände *a*) und nach der laut Anhang zu VDE 0111 probeweise zugelassenen Reihe S (Mindestabstände *b*) zu unterscheiden. Für die Auswahl der beiden Reihen vgl. § 12.

2. Die Abstände zwischen Anlageteilen gleicher Reihenspannung, die asynchron betrieben werden können, sollen mindestens die 1,2fachen Werte der Tafel 1 haben.

---

[1]) Hierzu gehören auch gekapselte Anlagen zur Aufstellung im Freien. Für Anlagen in bewohnten Gebäuden gilt zusätzlich § 21.

19

Tafel 1 **Mindestabstände in Luft**

Reihe N	Mindestabstände *a* mm	Reihe S	Mindestabstände *b* mm	Bemerkungen
1 N	40	1 S	40	bei nicht starr geerdetem Sternpunkt (volle Isolation)
3 N	65	3 S	60	
6 N	90	6 S	75	
10 N	115	10 S	90	
20 N	215	20 S	160	
30 N*)	325	30 S*)	270	
45 N	520	45 S	380	
60 N	700	60 S	520	
110 N	1100	110 S	950	
150 N	1550	150 S	1350	
220 N	2200	220 S	1850	
110 NE	950	110 SE	800	bei starr geerdetem Sternpunkt (verringerte Isolation)
150 NE	1350	150 SE	1100	
220 NE	1850	220 SE	1550	
380 NE	2900	380 SE	2700	

*) Für Erweiterung bestehender Netze bis 35 kV Nennspannung vorläufig zugelassen.

3. Die Abstände zwischen Anlageteilen verschiedener Reihenspannungen sollen mindestens die 1,2fachen Werte der höheren Reihenspannung der Tafel 1 haben.

4. Wenn die Abstände zwischen den Anschlüssen der Geräte und Isolatoren oder deren Abstände nach Erde kleiner sind als die Mindestabstände nach 1., so ist nach 4.1 oder 4.2 zu verfahren.

4.1 Geräte und Isolatoren, die nach der Prüfspannung bemessen sind, sollen in den geprüften Anschlußzonen nach der Montageanweisung angeschlossen werden (vgl. VDE 0670).

4.2 Isolierende Zwischenwände oder isolierte Leiter dürfen verwendet werden, wenn ihr Isoliervermögen z. B. durch Modellversuche nachgewiesen ist.

b) Gänge und Türen

1. Breite der Gänge.

Die Breite der Gänge und Zugangsräume muß ausreichend für freie Bewegung und Transport sein. Die Gangbreiten nach Tafel 2 dürfen nicht unterschritten und durch in den Gang hineinragende Teile, z. B. Antriebe, Schaltwagen in Trennstellung, nicht eingeengt werden.

Für größere Anlagen werden breitere Gänge empfohlen.

Für Montagegänge hinter gekapselten Anlagen genügt eine Mindestbreite von 500 mm.

Tafel 2 **Mindestbreite *F* der Gänge**

Zweck des Ganges oder Zugangsraumes	Breite bei Spannung einseitig mm	zweiseitig mm
zur Beaufsichtigung . .	$F_1 = 800$	$F_2 = 1000$
zur Bedienung	$F_3 = 1000$	$F_4 = 1200$

2. Höhe der Gänge, Tafel 3: Mindestmaße für Schutzabstände bei Innenanlagen, 3. Ausgänge und Türen abgeschlossener elektr. Betriebsstätten und c) Schutz gegen Berühren und zufälliges Berühren siehe Originalvorschrift!

d) Erden und Kurzschließen

1. Zum Anschließen von Erdungsseilen müssen für jede Zelle ausreichende und gut zugängliche Stellen für festen Anschluß am Gerüst sowie blanke Stellen an den Leitungen oder Geräten vorhanden sein, soweit nicht durch eingebaute Erdungs-Schaltgeräte außer den abgehenden Leitungen auch die inneren Einrichtungen der Zellen geerdet werden können.

2. Das Anschließen der Erdungsvorrichtungen an die Erdungsanlage soll ohne Betreten der Zellen möglich sein. Die Zellentür darf beim Anschließen geöffnet sein (vgl. VDE 0141).

e) Beleuchtung, Belüftung

1. Ausreichende Beleuchtung und Belüftung der Anlage sind vorzusehen.

2. Installationsleitungen sind so zu legen, daß sie durch Lichtbogeneinwirkungen möglichst nicht gefährdet werden.

3. Teile der Installation, die gewartet werden oder an denen gearbeitet werden muß, z. B. Leuchten, sind so anzubringen, daß bei fachgerechtem und sorgfältigem Arbeiten keine Berührungsgefahr mit unter Hochspannung stehenden Anlageteilen besteht.

f) Bezeichnungen, Warnschilder usw.

1. Sammelschienen-Systeme, Zellen, Abgänge und sonstige wichtige Anlageteile sind ausreichend, eindeutig und gut lesbar zu bezeichnen.

Bei Zellensystemen sind die Bezeichnungen unverwechselbar und so anzubringen, daß sie sowohl bei geschlossener als auch bei geöffneter Zellentür gut erkennbar sind. Wenn erforderlich, sind die Bezeichnungen innerhalb und außerhalb der Zelle anzubringen.

Treffen mehrere Leitungen so an einer Station zusammen, daß sie verwechselt werden können, so sind die Leitungen auch an der Außenwand der Station zu kennzeichnen.

2. Blanke Leiter sind in geeigneter Weise zu kennzeichnen. Kennfarben für Leiter siehe DIN 40 705.

3. Die in diesen Bestimmungen und in VDE 0105 für den Betrieb von Starkstromanlagen geforderten Warnschilder, Warntexte, Aufschriften usw. sind in der Anlage gut lesbar anzubringen.

Übersichtsschaltpläne vgl. VDE 0105.

4. Für die Aufbewahrung von Schaltstangen und -zangen, Spannungssuchern, Erdungs- und Kurzschließvorrichtungen ist eine gut zugängliche trockene Stelle vorzusehen.

§ 19. Aufbau von Freiluftanlagen

19

a) Abstände in Luft

1. Die Abstände unter Spannung stehender Teile eines Systems sollen gegeneinander und gegen geerdete Teile mindestens nach Tafel 4 bemessen werden. Hierbei ist nach VDE 0111 zwischen Anlagen nach Reihe N (Mindestabstände *c*) und nach der laut Anhang zu VDE 0111 probeweise zugelassenen Reihe S (Mindestabstände *d*) zu unterscheiden. Für die Auswahl der beiden Reihen vgl. § 12.

2. Die Abstände zwischen Anlageteilen gleicher Reihenspannung, die asynchron betrieben werden können, sollen mindestens die 1,2fachen Werte der Tafel 4 haben.

3. Die Abstände zwischen Anlageteilen veranschiedener Reihenspnungen sollen mindestens die 1,2fachen Werte der höheren Reihenspannung der Tafel 4 haben.

Tafel 4 **Mindestabstände *c* und *d* in Luft**

Reihe N	*c* mm	Reihe S	*d* mm	Bemerkungen
bis 10 N	150	bis 10 S	150	bei nicht starr geerdetem Sternpunkt (volle Isolation)
20 N	215	20 S	160	
30 N	325	30 S	270	
45 N	520	45 S	380	
60 N	700	60 S	520	
110 N	1100	110 S	950	
150 N	1550	150 S	1350	
220 N	2200	220 S	1850	
110 NE	950	110 SE	800	bei starr geerdetem Sternpunkt (verringerte Isolation)
150 NE	1350	150 SE	1100	
220 NE	1850	220 SE	1550	
380 NE	2900	380 SE	2700	

4. Wenn die Abstände zwischen den Anschlüssen der Geräte und Isolatoren oder deren Abstände nach Erde kleiner sind als die Mindestabstände nach 1., so ist wie folgt zu verfahren: Geräte und Isolatoren, die nach der Prüfspannung bemessen sind, sollen in den geprüften Anschlußzonen nach der Montageanweisung angeschlossen werden (vgl. VDE 0670).

5. Abstände im Freien.
Mindestabstände blanker Leitungen von Gebäudeteilen vgl. auch VDE 0210.

b) Gänge und Zugangswege innerhalb der Anlage

1. Breite der Gänge usw.
Die Breite der Gänge und Zugangswege muß ausreichend für freie Bewegung und Transport sein. Die Gangbreiten nach Tafel 5 dürfen nicht unterschritten und durch in den Gang hineinragende Teile, z. B. Antriebe, Steuerschränke, nicht eingeengt werden.

Tafel 5 **Mindestbreite *F* der Gänge innerhalb der Anlage**

Zweck des Ganges oder Zugangsweges	Breite bei Spannung einseitig mm	zweiseitig mm
zur Beaufsichtigung . .	F_1 = 800	F_3 = 1000
zur Bedienung	F_2 = 1000	F_4 = 1200

2. Höhe der Gänge usw., Tafel 6: Mindestmaße für Schutzabstände in Freiluftanlagen und c) Schutz gegen Berühren und zufälliges Berühren siehe Originalvorschrift!

d) Erden und Kurzschließen s. § 18 d) Abs. 1

e) Gerüste, Abspannungen usw.

1. Festigkeitsberechnung der Gerüste und Portale vgl. VDE 0210.

2. Die auf Zug beanspruchten Klemmen, Schlußbunde und sonstigen Zubehörteile für Abspannungen in Freiluft-Schaltanlagen sind für mindestens den 2,5fachen Wert des auftretenden höchsten Seilzuges zu bemessen und dürfen sich bei diesem Wert nicht nennenswert verformen. Dabei darf dieser Wert 90% der Nennlast des Leiters nach VDE 0210/2. 58 § 14 nicht überschreiten.

f) Beleuchtung s. § 18 e) 1...3

g) Bezeichnungen, Warnschilder usw.

1. Sammelschienen-Systeme, Abzweige, Transformatoren usw. sind eindeutig und gut lesbar zu bezeichnen.

2. Die in diesen Bestimmungen und in VDE 0105 für den Betrieb von Starkstromanlagen geforderten Warnschilder, Warntexte und Aufschriften usw. sind in der Anlage gut lesbar anzubringen.
Übersichtsschaltpläne vgl. VDE 0105.

19

§ 20. Hilfsanlagen

a) Hilfsstromanlagen

1. Für das Errichten der gesamten Hilfsstromanlage vgl. VDE 0100 und VDE 0510.

2. Spannung und Leistung von Hilfsstromanlagen sind nach den Erfordernissen der elektrischen Anlage, wie Dauerverbrauch und Spitzenbelastung, z. B. beim Schalten von Kraftantrieben, Notbeleuchtung usw. zu bemessen.

3. Die Spannung der Hilfsstromanlage darf die zulässigen Grenzen für Betätigung und Betrieb der Schaltgeräte und dgl. nicht über- oder unterschreiten (vgl. VDE 0660 und VDE 0670). Der Spannungsabfall in den Zuleitungen ist zu beachten.

4. Verbraucher, die nicht zu den Hilfseinrichtungen der Anlage gehören, aber von der gleichen Stromquelle gespeist werden, sind getrennt zu sichern.

b) Druckluftanlagen

1. Für Druckluftanlagen zum Erzeugen und Verteilen von Druckluft für den Antrieb elektrischer Geräte oder zur Lichtbogenlöschung bestehen die Unfallverhütungs-Vorschriften und u. a. folgende Normblätter: DIN 43 609, 43 614, 43 615 und 43 685.

2. Druckluftanlagen sollen nach Druckbereich, Kesselvolumen, Kompressorleistung, Rohrquerschnitten, Absperrmöglichkeiten, Anordnungen und Ausführung den Anforderungen der Schaltanlagen genügen.

3. Druckluftbehälter und Druckluftrohre sind außen und innen gegen Korrosion zu schützen (vgl. auch VDE 0150).

4. Die vom Kompressor angesaugte Luft soll möglichst kühl, trocken, staub- und chemikalienfrei sein. Nötigenfalls sind Ansaugfilter vorzuschalten. Öl und Wasser sind aus der verdichteten Luft auszuscheiden.

5. Zusätzliche Lufttrocknung wird empfohlen (Entfeuchten, Druckminderung).

6. Druckluftanlagen sind so zu errichten, daß sie einwandfrei entwässert werden können.

7. Ständig unter Druck stehende Rohrleitungen sind gegen unmittelbare Lichtbogeneinwirkung möglichst zu schützen.

8. Alle Teile der Druckluftanlage, die betriebsmäßig zu betätigen oder zu warten sind, müssen gefahrlos zugänglich sein, auch wenn die Hochspannungsanlage unter Spannung steht.

9. Druckluftanlagen sind so zu errichten, daß die vorgeschriebenen regelmäßigen Prüfungen durchgeführt werden können.

10. Rohrleitungen zu den elektrischen Geräten und Druckluftbehältern müssen absperrbar sein.

c) Meldeeinrichtungen

1. Schaltstellungs- und Störungsmeldungen von Geräten, Anlageteilen und dgl. sollen innerhalb der gleichen Anlage nach einheitlichen Grundsätzen ausgeführt werden. Die Melder sollen eindeutig angeordnet und gekennzeichnet sein.

2. Lampen, welche die Freischaltung einer Hochspannungszelle anzeigen, dürfen nur aufleuchten, wenn die Zelle freigeschaltet ist (Arbeitsstromschaltung). Die entsprechende Schaltung gilt für Türverriegelungen und dgl.

3. Elektrischer oder pneumatischer Schaltfehlerschutz ist so auszuführen, daß Schaltgeräte nur schalten können, wenn der Verriegelungsmagnet erregt ist oder die Druckluft am Verriegelungsventil ansteht (Arbeitsschaltung).

4. Elektrisch übertragene Stellungs- oder Zustandsmeldungen sollen von Hilfsschaltern gegeben werden, die unmittelbar von dem zu meldenden Schaltgerät gesteuert werden. Das gleiche gilt

sinngemäß bei anderen Übertragungsmitteln. Die Schaltstellungsmelder müssen den Bedingungen nach VDE 0670 entsprechen.

5. Hilfsschalter sowie Gebergeräte sollen möglichst so eingebaut und angeordnet sein, daß sie gefahrlos beobachtet und gewartet werden können.

6. Geräte für Gefahr- und Störmeldungen müssen so gebaut sein, daß die Gefahr oder Störung eindeutig erkennbar ist.

Das akustische Signal soll unabhängig vom optischen Signal abstellbar sein.

7. Hilfsstromquellen sollen vom Spannungszustand des zu überwachenden Anlageteiles möglichst unabhängig sein. Eine Störung in der Hilfsstromquelle selbst soll in wichtigen Anlagen erkennbar sein.

D. Besondere Anlagen

§ 21. Besondere Anlagen mit normalen Betriebsbedingungen

Es gelten folgende zusätzliche Bestimmungen:

a) Elektrische Anlagen in bewohnten Gebäuden

1. Die Anlage ist als abgeschlossene elektrische Betriebsstätte zu errichten.

2. Es dürfen nur öllose oder ölarme Schaltgeräte und Meßwandler verwendet werden.

3. Die Anlage ist allseitig (Decken, Wände, Fußböden, Türen, Kanäle) mindestens feuerhemmend von dem übrigen Gebäude zu trennen.

4. Räume mit Öltransformatoren sind von dem übrigen Gebäude allseitig feuerbeständig zu trennen. Türen, die unmittelbar ins Freie führen, sind feuerhemmend oder mindestens aus Stahlblech auszuführen.

5. Sind die Bedingungen unter 3. und 4. bei vorhandenen Gebäuden nicht zu erfüllen, so sind schnell wirkende Schutzeinrichtungen gegen innere Fehler der Transformatoren vorzusehen.

6. Transformatoren sind gegen unzulässige Überlastung, z. B. durch entsprechende Niederspannungs-Sicherungen, Selbstschalter oder Temperaturrelais, ferner gegen Kurzschlüsse zu schützen.

7. Die Be- und Entlüftung von Transformatorenräumen muß unmittelbar ins Freie führen. Die Öffnungen sind so anzuordnen oder auszubilden, daß eine Gefährdung von Personen an Stellen, die dem öffentlichen Verkehr zugänglich sind, nicht zu erwarten ist.

8. Rohrleitungen, die nicht für den Betrieb der Hochspannungsanlage gebraucht werden, dürfen durch diese nicht hindurchführen, oder es sind besondere Schutzmaßnahmen vorzusehen.

b) Gekapselte Anlagen in Betriebsstätten und elektrischen Betriebsstätten

1. Anlagen sind so auszuführen oder aufzustellen, daß auch bei Störungen eine Gefährdung von Personen in unmittelbarer Nähe der Anlage nicht zu erwarten ist.

2. Von außen zugängliche Türen dürfen nur mit Bart- oder Sicherheitsschlüssel zu öffnen sein.

c) Elektrische Anlagen in Bauwerken für größere Menschenansammlungen (Versammlungsstätten) Für die Ausführung dieser Anlagen vgl. VDE 0108.

d) Maststationen

1. Betriebsmäßig unter Spannung stehende, gegen Berühren ungeschützte Teile müssen mindestens 5 m über dem Erdboden liegen. Andernfalls sind die Stationen nach § 19 zu errichten. Freileitungsteil vgl. VDE 0210.

2. Einrichtungen für das Freischalten sind so anzuordnen, daß sie gefahrlos bedienbar sind und daß die noch unter Spannung stehenden Teile bei Arbeiten nicht zufällig berührt werden können.

3. Als Schutz gegen zufälliges Berühren sind die gleichen Maßnahmen anzuwenden wie bei Freileitungsmasten (vgl. VDE 0210 und VDE 0105).

§ 22. Anlagen mit anormalen Betriebsbedingungen

Zusätzlich gelten für nachstehende Anlagen folgende Bestimmungen:

a) Für feuchte und ähnliche Räume oder Betriebsstätten dürfen Betriebsmittel der entsprechenden Schutzart nach DIN 40050 verwendet werden.

b) Für feuergefährdete Betriebsstätten und Lagerräume dürfen Betriebsmittel, in denen Funken oder hohe Temperaturen auftreten können, z. B. elektrische Maschinen, Transformatoren, Widerstände, Schalter, Sicherungen, nur insoweit verwendet werden, als leicht entzündliche Stoffe von den gefahrbringenden Teilen ferngehalten werden.

c) Für explosions- und explosivstoffgefährdete Betriebsstätten vgl. VDE 0165 und VDE 0166.

Die Originalvorschriften enthalten noch Bestimmungen über die Prüfung fabrikfertiger Anlagen (§ 23).

Übergangsbestimmungen für das Errichten von Starkstromanlagen mit Nennspannungen von 1 kV und darüber nach VDE 0101 Ü/7. 60

Von den Bestimmungen in VDE 0101/V. 43 bleiben nachstehend aufgeführte, in einigen Punkten überarbeitete Teile weiterhin in Kraft, bis sie durch eine Neufassung ersetzt werden [siehe auch VDE 0101/7. 60 § 1 b)].

A. Schalt- und Meßstangen, Schaltzangen

[Bisher § 11 l) von VDE 0101/V. 43]

Schalt- und Meßstangen müssen aus mechanisch widerstandsfähigem Isolierstoff bestehen und einer Prüfspannung gleich der 3fachen Betriebsspannung genügen. Bei Schaltstangen, Meßstangen und Schaltzangen mit Holzschaft muß zwischen Handhabe und Betätigungsfeld ein besonderes Zwischenstück aus Isolierstoff der erwähnten Spannungsfestigkeit vorhanden sein. Die zulässige Grifflänge muß durch die Formgebung (z. B. Wulst oder Scheibe) begrenzt sein. Auf Schaltstangen und Schaltzangen ist die Spannung, bis zu der die betreffende Stange oder Zange benutzt werden darf, anzugeben.

An Schaltstangen, Meßstangen und Schaltzangen dürfen Erdungsvorrichtungen nicht angebracht sein.

B. Kabelverlegung bei Annäherung an Fernmeldeanlagen sowie auf Bahn-, Wasserstraßengelände usw.

[Bisher § 18 c), d) und i) von VDE 0101/V. 43]

a) Starkstromkabel bei Annäherung an Fernmeldeanlagen, s. S. 242, § 42 N 12) VDE 0100

C. Prüffelder und Laboratorien

s. VDE 0100 § 54 N (S. 246)

[Bisher § 28 von VDE 0101/V. 43]

D. Einrichtungen für Betriebsversuche und behelfsmäßige Einrichtungen

s. VDE 0100 § 54 N (S. 246)

[Bisher § 29 von VDE 0101/V. 43]

b) Behelfsmäßige Einrichtungen sind durch Warnschilder zu kennzeichnen und durch Schutzgeländer, Schutzverschläge oder dgl. gegen den Zutritt Unbefugter abzugrenzen, nötigenfalls unter Verschluß zu halten. Den örtlichen Verhältnissen ist dabei Rechnung zu tragen.

Bestimmungen für den Betrieb von Starkstromanlagen

(VDE 0105 / Teil 1/11.60) Teil 1, Allgemeine Bestimmungen (Auszug)

Diese Bestimmungen bestehen aus Vorschriften, Regeln, Leitsätzen und Erklärungen (siehe VDE 0022/6. 54 „Vorschriftenwerk des Verbandes Deutscher Elektrotechniker [VDE] e. V., Bedeutung, Einteilung und Zustandekommen“).

Außer Teil 1 Allgemeine Bestimmungen gelten folgende Sonderbestimmungen (in Vorbereitung):

Teil 2 Sonderbestimmungen für den Betrieb von Starkstromanlagen in Versammlungsstätten und Warenhäusern sowie auf Sport- und Versammlungsstätten im Freien (nach VDE 0108).

Teil 3 Sonderbestimmungen für den Betrieb von Fahrleitungen und Fahrzeugen elektrischer Bahnen (nach VDE 0115).

Teil 4 (freigehalten).

Teil 5 Sonderbestimmungen für den Betrieb von Elektro-Fischereianlagen in Binnengewässern (nach VDE 0136).

Teil 6 Sonderbestimmungen für den Betrieb ortsveränderlicher Gewinnungs- und Fördergeräte mit Zubehör sowie rückbarer Bahnanlagen über Tage, in Tagebauen und ähnlichen Betrieben (nach VDE 0168).

Teil 7 Sonderbestimmungen für den Betrieb von Akkumulatoren-Anlagen (nach VDE 0510).

Teile 8 bis 10 (freigehalten).

Teil 11 Vorschriften für den Betrieb und die Überwachung von elektrischen Anlagen in den der Aufsicht der Bergbehörde unterstehenden Betrieben (Auszug aus den Bergverordnungen für elektrische Anlagen).

I. Gültigkeit

§ 1 Geltungsbeginn

a) Diese Bestimmungen traten am 1. November 1960 in Kraft.

§ 2 Geltungsbereich

a) 1. Diese Bestimmungen gelten für den Betrieb von Starkstromanlagen[1]).

2. Bei Hausinstallationen und den angeschlossenen Geräten, soweit es sich lediglich um deren zweckbestimmte, verkehrsübliche Benutzung (Gebrauch) handelt, genügt die Einhaltung folgender Bestimmungen: § 4 f); § 5 f) 1. und 2., g) 1. und 2., h); § 6 a), e), f), i) 1. Satz.

b) Die Bestimmungen sind auch beim Errichten und Verändern von Starkstromanlagen zu beachten, soweit dabei die Anlagen oder einzelne Teile unter Spannung stehen, unter Spannung stehende Teile berührt werden können oder Spannung an den im Bau befindlichen Anlageteilen auftreten kann.

c) Die Bestimmungen von Teil 1 gelten für die in Teil 2 bis 10 genannten Anlagen zusammen mit den Sonderbestimmungen in Teil 2 bis 10.

Für den Betrieb elektrischer Anlagen (Starkstrom- und Fernmeldeanlagen) in den der Bergaufsicht unterstehenden Betrieben gelten die Bestimmungen in Teil 1 und die Sonderbestimmungen in den Teilen 3, 6, 7 bis 10 sinngemäß neben den bergbehördlichen Vorschriften (Teil 11).

II. Begriffe

§ 3 Begriffserklärungen

Für VDE 0105 gelten die Begriffserklärungen von VDE 0100, 0101 sowie die anderer VDE-Bestimmungen, auf die Bezug genommen wird.

Außerdem gelten folgende Begriffserklärungen:

a) Betrieb von Starkstromanlagen umfaßt das Bedienen und Arbeiten.

1. Bedienen umfaßt das Schalten, Stellen (Regeln), Steuern und Überwachen. Hierzu gehört auch das Einsetzen und Auswechseln von Schraubsicherungen, von Glühlampen und Gasentladungslampen unter 1000 W.

2. Arbeiten im Sinne dieser Bestimmungen umfaßt:

2.1 Reinigen: Hierzu gehört in elektrischen Betriebsstätten und abgeschlossenen elektrischen Betriebsstätten auch das Reinigen der Räume und Flächen.

2.2 Instandhalten: Hierzu gehört das Pflegen (z. B. Schmieren, Anstreichen), Prüfen, Instandsetzen und Auswechseln von Teilen.

2.3 Beseitigen von Störungen.

2.4 Ändern und Erweitern.

b) Arbeitskräfte

1. Als Fachmann im Sinne dieser Bestimmungen gilt, wer auf Grund seiner fachlichen Ausbildung, Kenntnisse und Erfahrungen sowie Kenntnis der einschlägigen Bestimmungen die ihm übertragenen Arbeiten beurteilen und etwa mögliche Gefahren erkennen kann.

Zur Beurteilung der fachlichen Ausbildung kann auch eine mehrjährige Tätigkeit auf dem betreffenden Arbeitsgebiet herangezogen werden.

2. Als unterwiesene Person im Sinne dieser Bestimmungen gilt, wer über die ihr übertragenen Aufgaben und die etwa möglichen Gefahren bei unsachgemäßem Verhalten unterrichtet und erforderlichenfalls angelernt wurde.

c) Hausinstallationen sind Starkstromanlagen mit Spannungen bis 250 V gegen Erde für Wohnungen und gewerblich benutzte Anlagen, die im Umfang und Charakter einer Wohnungsinstallation entsprechen.

d) Freischalten heißt, einen Teil einer Anlage von den unter Spannung stehenden Teilen allpolig und allseitig abtrennen[2]). Bei Anlagen mit Nennspannungen von 1 kV und darüber müssen zusätzlich die Bedingungen der Trennstrecken nach VDE 0101/7. 60 § 17 c) 2. eingehalten werden.

III. Bestimmungen

§ 4 Allgemeines

a) 1. Den Arbeitskräften sind die für ihre Arbeit geltenden Bestimmungen, Betriebsvorschriften und Arbeitsschutzbestimmungen bekanntzugeben, zu erläutern und deren Befolgung zur Pflicht zu machen. In Zeitabständen, die den Betriebsverhältnissen angepaßt sind, ist dies zu wiederholen.

2. Vor Beginn der Arbeit hat sich der für die Durchführung der Arbeit Verantwortliche von der Einhaltung der Bestimmungen zu überzeugen und die Arbeitskräfte auf besondere Gefahren hinzuweisen, die für diese nicht ohne weiteres erkennbar sind. Für die Freigabe von abgeschalteten Arbeitsstellen zu Beginn der Arbeit gilt § 7 d).

3. Für Personen, die nur vorübergehend tätig sind, genügt die Unterrichtung für den Bereich ihrer Arbeit und die Ermahnung zur Vorsicht unter Hinweis auf die möglichen Gefahren.

b) 1. Soweit Einrichtungen und Aushänge zur Unfallverhütung und Brandbekämpfung [§§ 9 a) 2. und 11.] gebraucht werden, sind diese in erforderlichem Maße zur Verfügung zu stellen.

2. Bei Unfällen ist nach VDE 0134 vorzugehen. Eine ausreichende Anzahl der ständig beschäftigten Arbeitskräfte ist mit der Wiederbelebung vertraut zu machen.

3. Bei Bränden ist nach VDE 0132 vorzugehen. Für die Brandbekämpfung sind Arbeitskräfte in der Bedienung geeigneter Löschgeräte zu unterrichten.

4. Bei Ausbruch eines Brandes sind die gefährdeten Teile der Starkstromanlage auszuschalten, soweit sie nicht für die Brandbekämpfung unter Spannung gehalten werden müssen oder sich nicht durch die Ausschaltung andere Gefahren ergeben.

c) Werden Mängel beobachtet, die eine Gefahr für Personen oder die Anlage zur Folge haben, so sind von den an und in Starkstromanlagen beschäftigten Arbeitskräften sofort Maßnahmen zur Beseitigung der Mängel zu treffen. Sofern die Betriebsverhältnisse dies nicht zulassen, ist die Gefahr zunächst einzuschränken, z. B. durch Absperren, Kenntlichmachen, Anbringen von Hinweisschildern. Der Vorgesetzte ist sobald wie möglich zu benachrichtigen [siehe § 5 i)].

---

[1]) Starkstromanlagen nach VDE 0100 und VDE 0101.

[2]) Siehe VDE 0100/11. 58 § 3 N d) 9. und VDE 0101/7. 60 § 3 d) 12.

19

d) Die Zugänge zu Maschinen-, Schalt- und Verteileranlagen sowie die Bedienungs- und Kontrollgänge sind freizuhalten und dürfen nur in Sonderfällen vorübergehend zum Aufenthalt benutzt werden.

e) In gefahrbringender Nähe von unter Spannung stehenden elektrischen Anlageteilen, z. B. in Schaltzellen, ist das Aufbewahren von Gegenständen, wie Kleidungsstücke, Fahrräder, Montagematerial (lange Stäbe, lose Drahtrollen) und leicht entzündlichen Stoffen, Ölfässern und Werkzeug verboten. An Kabeln und Leitungen sowie an Verkleidungen, Schutzgittern, Gehäusen und Antrieben dürfen keine Gegenstände, außer Kennzeichnungs- und Warnschildern [siehe § 11 h)], angehängt oder befestigt werden.

f) Leicht entzündliche Stoffe und Gegenstände dürfen nicht in gefahrbringender Nähe von elektrischen Maschinen, Sicherungstafeln, Wärmegeräten sowie Geräten mit offenen Kontaktstellen (z. B. Anlassern mit offenen Kontaktbahnen) und von ungeschützt verlegten, unter Spannung stehenden Leitungen gelagert werden.

g) Das Betreten von elektrischen Betriebsstätten und abgeschlossenen elektrischen Betriebsstätten sowie von Prüffeldern und fliegenden Prüfständen durch Unbefugte ist zu verbieten bzw. zu verhindern.

§ 5 Bedienen von Starkstromanlagen

a) Die zum gefahrlosen Bedienen von Starkstromanlagen nötigen Hilfsmittel*) müssen benutzt werden (siehe auch § 11).

b) Die Schlüssel von abgeschlossenen elektrischen Betriebsstätten sind so zu verwahren, daß sie Unbefugten nicht zugänglich sind.

c) Abgeschlossene elektrische Betriebsstätten dürfen nur von beauftragten Personen geöffnet werden. Sie dürfen bei Nennspannungen von 1 kV und darüber nur so weit betreten werden, als ein Schutz gegen zufälliges Berühren vorhanden ist. Abgeschlossene elektrische Betriebsstätten mit Nennspannungen unter 1000 V ohne Schutz gegen zufälliges Berühren dürfen nur von Fachleuten und unterwiesenen Personen betreten werden.

d) Nicht betriebsfähige Schalter und Schalter von Anlagen, die nicht betriebsfähig sind oder nicht betrieben werden dürfen, sind durch Warnschilder als solche zu kennzeichnen und nach Möglichkeit schaltunfähig zu machen. Eine Fernbetätigung ist in jedem Fall unwirksam zu machen (Verriegeln der Schalter, Entfernen der Sicherungen im Betätigungsstromkreis, örtliches Ablassen der Druckluft oder dgl.).

e) Beim Schalten von Trennschaltern (Trennern) mit unmittelbarer Betätigung (z. B. durch Gestänge oder Schaltstangen) in Anlagen, deren Aufbau keinen Schutz gegen Lichtbogen gewährt, dürfen nur die Personen zugegen sein, die damit zu tun haben.

f) 1. Das Verwenden geflickter oder überbrückter Sicherungen ist verboten.

2. Das Auswechseln von unter Spannung stehenden oder stromführenden Schraubsicherungen ist zulässig, wenn dies gefahrlos möglich ist.

g) 1. Bei der Benutzung elektrischer Betriebsmittel (z. B. ortsveränderliche Geräte, Leitungen, Steckvorrichtungen) ist darauf zu achten, daß sie den jeweiligen örtlichen und betrieblichen Anforderungen genügen.

Bewegliche Anschlußleitungen, Stecker und Kupplungen sind schonend zu behandeln und vor Beschädigung durch Kanten, schwere Belastung, Überfahren mit schweren Fahrzeugen und Geräten, vor scharfem Einklemmen und dgl. zu schützen. Bewegliche Zuleitungen dürfen im Betrieb und beim Transport der Geräte nicht auf unzulässigen Zug beansprucht werden. Die Leitungen sind außerdem gegen andere schädliche Einwirkungen, z. B. durch Öl, Säure, Wärme, zu schützen.

2. Bei Geräten, die über Steckvorrichtungen mit einem Schutzleiter angeschlossen werden, ist darauf zu achten, daß dieser auch bei Verlängerungsleitungen nicht unterbrochen ist. Die zugehörigen Verlängerungsleitungen müssen Schutzleiter, Schutzkontaktstecker und Kupplungsstücke mit Schutzkontakt haben.

h) Elektrische Geräte, insbesondere Wärmegeräte, sind so aufzustellen und zu betreiben, daß sie keinen Brand verursachen können.

i) Tritt in einer Starkstromanlage mit einer Nennspannung von 1 kV und darüber ein Erdschluß auf, durch den die Anlage nicht sofort automatisch abgeschaltet wird, so sind unverzüglich Maßnahmen zu treffen, um die Fehlerstelle einzugrenzen. Nach Auffinden der Fehlerstelle ist, falls eine Abschaltung nicht möglich, einer unmittelbaren Gefährdung von Personen vorzubeugen, z. B. durch Absperren der Erdschlußstelle [siehe auch § 4 c)].

*) Bestimmungen für isolierte Werkzeuge und Hilfsmittel sind in Vorbereitung.

k) Nach einem Kurzschluß in explosionsgefährdeten Betriebsstätten darf erst dann eingeschaltet werden, wenn der kurzschlußbehaftete Teil der Anlage abgetrennt oder der Fehler beseitigt worden ist.

§ 6 Erhalten des ordnungsgemäßen Zustandes

a) 1. Starkstromanlagen sind den Errichtungsvorschriften entsprechend in ordnungsgemäßem Zustand zu erhalten. Die dafür notwendigen Arbeiten sind je nach ihrer Art durch Fachleute oder durch unterwiesene Personen oder durch andere Personen unter Aufsicht von Fachleuten oder unterwiesenen Personen durchzuführen. Mängel sind sobald wie möglich zu beseitigen [siehe auch § 4 c)].

2. Das Erhalten des ordnungsgemäßen Zustandes bedingt im allgemeinen nicht, daß bestehende Anlagen, die nach der zur Zeit ihrer Erstellung gültig gewesenen Fassung der Errichtungsvorschriften ausgeführt sind, später in Kraft getretenen Errichtungsvorschriften jeweils angepaßt werden müssen. Sie müssen jedoch angepaßt werden, wenn das Belassen des bisherigen Zustandes einen erheblichen Mißstand bedeutet, der das Leben oder die Gesundheit von Personen gefährdet bzw. eine unmittelbare Brand- oder Explosionsgefahr darstellt.

b) Bei Änderung der betrieblichen Voraussetzungen (z. B. Art der Betriebsstätte, trocken, feucht, feuer- oder explosionsgefährdet) müssen die vorhandenen Anlagen den jeweils gültigen Errichtungsvorschriften angepaßt werden.

c) 1. Starkstromanlagen mit Nennspannungen unter 1000 V müssen in einem Isolationszustand erhalten bleiben, der den Bestimmungen in VDE 0100 entspricht.

2. Die Schutzmaßnahmen gegen zu hohe Berührungsspannung sind nach den VDE-Bestimmungen (VDE 0100, VDE 0141) wirksam zu erhalten. Änderungen, insbesondere ein Erhöhen der Auslösestromstärke und -zeit der verwendeten Schalter und Sicherungen, dürfen nur durch einen Fachmann nach vorheriger Prüfung der Zulässigkeit durchgeführt werden.

3. Bei Schutztrennung ist die Isolierung der beweglichen Leitung des anzuschließenden Gerätes vor jeder Benutzung auf offensichtliche Schäden zu prüfen.

d) 1. Isolierte Werkzeuge, Schutzkleidung, Schutzvorrichtungen, Bedienungsgeräte und sonstige Hilfsmittel [siehe § 11 a)] müssen in einwandfreiem Zustand erhalten werden.

2. Isolierende Schutzkleidung muß vor jedem Gebrauch von dem Benutzer auf offensichtliche Schäden untersucht werden. Isolierende Handschuhe und Schuhe müssen in angemessenen Zeitabständen auch elektrisch auf ihre Schutzwirkung geprüft werden.

e) Zum Reinigen sind elektrische Geräte (auch Leuchten) spannungsfrei zu machen, wenn betriebsmäßig unter Spannung stehende Teile dabei berührt werden können.

Der spannungsfreie Zustand kann z. B. durch Herausnehmen der Sicherungen, Herausziehen des Steckers oder allpoliges Ausschalten erreicht werden. Das Unterbrechen mit dem zugehörigen Schalter genügt nicht immer, da dieser bei Leuchten und Kleingeräten in der Regel nur einpolig schaltet.

f) Schadhafte elektrische Betriebsmittel dürfen bis zu ihrer Instandsetzung nicht weiterbenutzt werden, es sei denn, daß ihre Weiterbenutzung offensichtlich gefahrlos ist. Behelfsmäßig ausgebesserte Betriebsmittel dürfen nur kurze Zeit benutzt werden. Für Sicherungen gilt § 5 f) 1.

g) Isolierflüssigkeiten und Lichtbogen-Löschmittel müssen in elektrischen Betriebsmitteln stets in ausreichender Menge enthalten sein und in solchen Zeitabständen erneuert werden, daß die Betriebssicherheit gewährleistet ist.

h) Starkstromanlagen in gewerblichen und industriellen Betrieben sind in angemessenen Zeiträumen durch einen Fachmann zu prüfen, soweit sie nicht ständig fachmännisch überwacht werden.

Für die Prüfung in landwirtschaftlichen Betrieben und ländlichen Anwesen siehe 2. Durchführungsverordnung zum Energiewirtschaftsgesetz.

i) Die für die Sicherheit erforderlichen Sicherheits-, Schutz- und Überwachungseinrichtungen von Starkstromanlagen dürfen weder unwirksam gemacht noch unzulässig verstellt oder geändert werden. Ausgenommen sind Eingriffe beim Prüfen von Anlagen, Suchen von Störungen und kurzzeitigen Umschaltungen.

k) 1. Warnschilder, Aufschriften und Aushänge müssen gut lesbar sein, an leicht sichtbaren Stellen angebracht und in gutem Zustand erhalten werden. Nicht mehr zutreffende Warnschilder, Aufschriften, Bezeichnungen und Aushänge sind zu entfernen.

2. In Schaltplänen [siehe § 11 f)] sind die an den Anlagen vorgenommenen Änderungen und Erweiterungen unverzüglich einzutragen.

19

§ 7 Herstellen und Sicherstellen des spannungsfreien Zustandes vor Arbeitsbeginn

a) Vor Beginn der Arbeiten, die nur im spannungsfreien Zustand ausgeführt werden dürfen (siehe auch die §§ 9 und 10), ist das zuständige Bedienungspersonal von der vorgesehenen Arbeit zu verständigen.

b) 1. Wird eine Arbeit von mehreren Personen gemeinschaftlich ausgeführt, so ist eine Person als Aufsicht zu bestimmen.

2. Die aufsichtführende Person hat sich über den Schaltzustand in Verbindung mit den für die Freischaltung Verantwortlichen entweder an Hand eines gültigen Schaltplanes oder auf andere Weise zuverlässig zu unterrichten.

Dies gilt sinngemäß für Personen, die allein arbeiten.

c) Vor Beginn der Arbeiten sind folgende Maßnahmen durchzuführen:

1. Freischalten

1.11 Die Teile der Anlage, an denen gearbeitet werden soll, müssen freigeschaltet werden.

1.12 In Anlagen mit Nennspannungen von 1 kV und darüber müssen die erforderlichen Trennstrecken hergestellt werden.

Sicherungstrennschalter in Anlagen mit Nennspannungen von 1 kV und darüber genügen den Trennerbedingungen nur im ausgeschalteten Zustand.

1.13 In Anlagen mit Nennspannungen von 1 kV und darüber muß auch der Sternpunktleiter ausgeschaltet werden.

1.21 Hat der Arbeitende oder die aufsichtführende Person nicht selbst freigeschaltet, so muß die schriftliche, telegraphische, fernmündliche oder mündliche Bestätigung der Freischaltung abgewartet werden. Wird die Freischaltung mündlich oder fernmündlich gemeldet, so ist diese Meldung zur Vermeidung von Hörfehlern von der aufnehmenden Stelle zu wiederholen und die Gegenbestätigung abzuwarten. Die schriftliche, telegraphische oder fernmündliche Meldung muß Namen und erforderlichenfalls Dienststelle der für die Freischaltung und richtige Übermittlung verantwortlichen Person enthalten.

1.22 Andere Nachrichtenmittel für die Bestätigung der Freischaltung sind nur zulässig, wenn besondere Maßnahmen getroffen sind, die ein Mißverständnis ausschließen.

1.23 Das Festlegen eines Zeitpunktes, zu dem die Anlage spannungsfrei gemacht werden soll, ersetzt nicht die vorstehenden Forderungen.

Das Fehlen der Spannung ist keine Bestätigung der vollzogenen Freischaltung.

1.3 Kondensatoren, deren selbsttätige Entladung nicht sichergestellt ist, müssen mit geeigneten Vorrichtungen entladen werden.

2. Gegen Wiedereinschalten sichern

2.1 Betriebsmittel, mit denen freigeschaltet wurde, sind gegen unbeabsichtigtes oder selbsttätiges Wiedereinschalten zu sichern, soweit hierfür Einrichtungen vorhanden sind.

Bei Kraftantrieb können die Mittel für Antriebskraft oder Steuerung (Druckluft, Strom, Feder usw.) der Einwirkung auf den Antrieb entzogen werden (z. B. durch Absperren, Entlüften, Unterbrechen, Abriegeln oder Entkuppeln).

2.2 Bei handbetätigten Schaltgeräten müssen vorhandene Verriegelungseinrichtungen gegen Wiedereinschalten benutzt werden.

2.3 Werden Schmelzeinsätze oder einschraubbare Leitungsschutzschalter zum Ausschalten benutzt, so müssen diese allpolig herausgenommen und sicher verwahrt werden.

2.4 An Schaltgriffen oder Antrieben von Schaltern, an Steuerorganen, Drucktastern, Sicherungselementen, Leitungsschutzschaltern o. dgl., mit denen ein Anlageteil spannungsfrei gemacht ist oder mit denen er unter Spannung gesetzt werden kann, muß für die Dauer der Arbeit ein Warnschild zuverlässig angebracht sein. In Ausnahmefällen genügt ein eindeutig zugeordnetes Warnschild in der Nähe.

3. Spannungsfreiheit feststellen

3.1 Die allpolige Spannungsfreiheit muß in jedem Fall an der Arbeitsstelle festgestellt werden (Ausnahme für Kabel siehe 3.3).

3.11 Die Spannungsfreiheit kann mit Spannungssuchern, Meßinstrumenten und dgl. oder durch Erden der freigeschalteten Anlageteile festgestellt werden.

Das Erden zum Feststellen der Spannungsfreiheit braucht nicht den Bedingungen unter 4. zu entsprechen, es muß aber so durchgeführt werden, daß die ausführende Person nicht gefährdet wird.

3.12 Spannungssucher sind kurz vor der Benutzung auf einwandfreie Funktion zu prüfen.

3.2 Die Spannungsfreiheit darf nur durch einen Fachmann oder durch eine unterwiesene Person festgestellt werden.

3.3 Bei Kabeln und Zubehörteilen darf vom Prüfen auf Spannungsfreiheit an der Arbeitsstelle abgesehen werden, wenn das freigeschaltete Kabel einwandfrei ermittelt werden kann, z. B. durch Kabelsuchgeräte, durch Zeichnungen oder Kabelpläne. Kann das freigeschaltete Kabel nicht einwandfrei festgestellt werden, so sind vor Beginn der eigentlichen Kabelarbeiten besondere Maßnahmen zu treffen.

In das Kabel kann z. B. ein Dorn mit einem Kabelschießgerät oder mit einem Hammer unter Zuhilfenahme von Isolierstangen für Hammer und Dorn eingetrieben werden.

3.4 Bei Arbeiten an isolierten Leitungen gilt 3.3 sinngemäß.

4. Erden und Kurzschließen

4.11 An der Arbeitsstelle müssen Teile, an denen gearbeitet werden soll, erst geerdet und dann kurzgeschlossen werden.

4.12 Die Erdung und Kurzschließung müssen von der Arbeitsstelle aus sichtbar sein; wenn dies nicht zweckmäßig ist, müssen sich Erdung und Kurzschließung in der Nähe der Arbeitsstelle befinden. Für den Fall, daß bei der Arbeit die Leitung unterbrochen wird oder die Arbeiten an einer Unterbrechungsstelle (z. B. aufgetrennte Leitung) vorgenommen werden, muß an beiden Seiten der Unterbrechungsstelle geerdet und kurzgeschlossen werden.

4.2 Außer der Erdung und Kurzschließung an der Arbeitsstelle muß

4.21 bei Freileitungen über 30 kV an jeder Ausschaltstelle

4.22 bei Freileitungen von 1 bis 30 kV mindestens an einer Ausschaltstelle

geerdet und kurzgeschlossen werden. Bei Mastschaltern darf das Erden und Kurzschließen an einem der nächsten Maste durchgeführt werden.

4.31 Bei Kabelarbeiten, z. B. an Endverschlüssen oder Muffen, darf vom Erden und Kurzschließen an der Arbeitsstelle abgesehen werden, jedoch muß an den Ausschaltstellen geerdet und kurzgeschlossen werden. Bei Übergang von Kabel auf Freileitung ist bei Kabelarbeiten an der Übergangsstelle zu erden und kurzzuschließen.

4.32 Ausgenommen sind Arbeiten zum Einmessen von Fehlerstellen an Kabeln. Bei diesen muß aber vor Arbeitsbeginn kurzzeitig geerdet und kurzgeschlossen werden.

4.33 Liegen Kabel mit durchgehender, allseitig geerdeter metallener Umhüllung im Einflußbereich von Wechselstrombahnen oder starr geerdeten Hochspannungsnetzen, so ist der Metallmantel wegen der auftretenden Ausgleichs- oder Induktionsströme an der Arbeitsstelle vor dem Schneiden durch eine Leitung von mindestens 16 mm² Cu zu überbrücken.

Bei Arbeiten an den Kabeladern hat sich der Arbeitende gegen die mögliche Berührungsspannung (z. B. Induktionsspannung) zu schützen, wenn nicht durch Berechnung oder Messung festgestellt wird, daß sowohl im Betriebszustand als auch bei Erdkurzschlüssen der beeinflussenden Anlage die in VDE 0141/11.58 § 27 Bild 7, Kurve b angegebenen Werte an der Arbeitsstelle nicht überschritten werden. Diese Arbeiten dürfen nur vom Fachmann ausgeführt werden, geeignete Schutzmittel und Einrichtungen (§ 11) sind zu benützen.

4.34 Bei Arbeiten an isolierten Leitungen gelten die Bestimmungen unter 4.31 bis 4.33 sinngemäß.

4.41 Einrichtungen zum Erden und Kurzschließen müssen immer zuerst mit der Erdungsanlage bzw. mit einem Erder und dann mit den zu erdenden Leitern verbunden werden.

4.42 Bei Nennspannungen von 1 kV und darüber sind die Erdungsseile mit einer Isolier- oder Erdungsstange an die Außenleiter heranzuführen, wenn nicht vorher, z. B. bei Freileitungen, die Wurferdung (4.5) angewendet wurde.

4.43 Das Erden und Kurzschließen darf außer mit den dafür bestimmten Einrichtungen nur mit flexiblen Kupferseilen, bei Nennspannungen unter 1000 V auch mit Kupferdrähten vorgenommen werden. Die verwendeten Teile müssen eine sicher leitende Verbindung gewährleisten und einen solchen Querschnitt haben, daß sie dem Kurzschlußstrom bis zum Ausschalten standhalten (siehe Tafel 1 und VDE 0141).

4.44 Stahlgerüste und Masten dürfen mit verwendet werden, wenn sie vorstehenden Bestimmungen genügen und ihre mechanische Festigkeit nicht beeinträchtigt wird.

4.45 Ist an allen Ausschaltstellen von elektrischen Anlagen und Freileitungen mit Nennspannungen von 1 kV und darüber entsprechend 4.43 geerdet und kurzgeschlossen, so genügt an der Arbeitsstelle ein Querschnitt der Erdungs- und Kurzschlußseile von 25 mm² Cu.

4.5 Wurferdung gilt nur als vorläufige Erdung und braucht nicht 4.43 zu entsprechen. Sie ist vor Beginn der Arbeit durch die vorgeschriebene Erdung an der Ausschalt- bzw. Arbeitsstelle zu ersetzen. Für Wurferdung sind nur hochflexible Metallseile zulässig. Die Seile sind vor dem Werfen zu erden. Sie sind so zu werfen, daß niemand durch Berühren mit ihnen oder durch einen entstehenden Lichtbogen gefährdet werden kann.

4.61 In Anlagen mit Nennspannungen unter 1000 V, mit Ausnahme von Freileitungen, darf vom Erden und Kurzschließen abgesehen werden, wenn der spannungsfreie Zustand nach 1. bis 3. sichergestellt ist.

4.62 Bei Arbeiten an Freileitungen mit Nennspannungen unter 1000 V müssen alle Leiter einschließlich des Mittelleiters sowie der Schalt- und Steuerdrähte, z. B. bei Straßenbeleuchtung, in unmittelbarer Nähe der Arbeitsstelle möglichst geerdet, in jedem Falle aber kurzgeschlossen werden.

4.7 Für die Dauer von Messungen darf die Kurzschließung und Erdung aufgehoben werden, soweit es die Messung erfordert.

Tafel 1: Beispiele für die Bemessung von Erdungs- und Kurzschlußseilen nach thermischen Gesichtspunkten

Querschnitt des Kupferseiles	Höchstzulässiger Kurzschlußstrom während einer Dauer von			
mm²	10 s A	5 s A	1 s A	0,5 s A
25	1 500	2 000	4 000	5 400
35	2 000	2 500	5 500	7 500
50	3 000	4 000	8 000	10 500
70	4 000	5 500	11 500	15 000
95	5 500	7 500	16000	20 000
120	7 000	9 500	19 000	25 000

5. Gegen benachbarte, unter Spannung stehende Teile schützen.

Bei Arbeiten in der Nähe von unter Spannung stehenden Teilen ist nach § 10 zu verfahren.

d) Freigabe zur Arbeit: Die Arbeitsstelle darf nur von der aufsichtführenden Person und erst dann freigegeben werden, wenn die Maßnahmen unter c) 1. bis 5. durchgeführt sind. Dies gilt sinngemäß für Personen, die allein arbeiten.

• § 8 Unterspannungsetzen nach beendeter Arbeit

a) Die nicht mehr erforderlichen Werkzeuge und Hilfsmittel sind von der Arbeitsstelle zu entfernen und die entbehrlichen Personen zurückzuziehen. Erst dann darf mit dem Aufheben der für die Arbeit getroffenen Schutzmaßnahmen an der Arbeitsstelle begonnen werden.

b) Die für die Arbeit getroffenen Schutzmaßnahmen sind so aufzuheben, daß keine Gefährdung auftreten kann. Dabei ist die Kurzschlußverbindung stets vor der Erdung zu entfernen.

c) 1. Nach dem Aufheben der Kurzschließung und Erdung ist die Anlage als unter Spannung stehend zu behandeln.

2. Betriebsmäßige Schutzverkleidung und Warnschilder sind wieder ordnungsgemäß anzubringen.

d) 1. Die Arbeitsstelle darf nur von der aufsichtführenden Person und erst nach Erfüllen der Forderungen unter a) bis c) einschaltbereit gemeldet werden. Dies gilt sinngemäß auch für Personen, die allein arbeiten.

2. Dem zuständigen Bedienungspersonal ist von der Beendigung der Arbeit Kenntnis zu geben.

e) 1. An den Ausschaltstellen dürfen die Schutzmaßnahmen erst aufgehoben werden, nachdem die Einschaltbereitschaft von der Arbeitsstelle gemeldet worden ist. Sind mehrere Arbeitsstellen beteiligt, dürfen die Schutzmaßnahmen an den Schaltstellen erst aufgehoben werden, wenn die Freimeldungen von allen Arbeitsstellen vorliegen.

2. Kann die schaltende Person sich nicht selbst von der Einschaltbereitschaft überzeugen, muß die schriftliche, telegraphische, fernmündliche oder mündliche Bestätigung der Einschaltbereitschaft abgewartet werden. Wird die Einschaltbereitschaft mündlich oder fernmündlich gemeldet, so ist diese Meldung zur Vermeidung von Hörfehlern von der aufnehmenden Stelle zu wiederholen und die Gegenbestätigung abzuwarten. Die schriftliche, telegraphische oder fernmündliche Meldung muß Namen und erforderlichenfalls Dienststelle der für die Freimeldung und richtige Übermittlung verantwortlichen Person enthalten.

3. Andere Nachrichtenmittel für die Bestätigung der Einschaltbereitschaft sind nur zulässig, wenn besondere Maßnahmen getroffen sind, die ein Mißverständnis ausschließen.

4. Das Einschalten zu einer festgelegten Zeit ohne vorherige Freimeldung ist verboten.

§ 9 Arbeiten an unter Spannung stehenden Teilen

a) 1. Arbeiten an unter Spannung stehenden Teilen sind verboten, soweit in den Abschnitten b) bis i) keine andere Regelung enthalten ist.

2. Soweit in nachfolgenden Fällen Arbeiten an unter Spannung stehenden Teilen gestattet sind, dürfen diese nur durch Fachleute ausgeführt werden. Geeignete und den jeweiligen Verhältnissen angepaßte Schutzmittel und Schutzeinrichtungen [siehe § 4 b) 1. und § 11 a) bis c)] sind zu benutzen; sie sind von dem Benutzer vor Gebrauch auf offensichtliche Beschädigung zu untersuchen.

b) Arbeiten an unter Spannung stehenden Teilen sind zulässig, wenn die Nennspannungen zwischen den Außenleitern oder die Spannung zwischen Außenleiter und Erde nicht höher als 42 V ist [Ausnahme siehe e)].

c) 1. Bei Nennspannungen über 42 V bis zu Spannungen von 250 V gegen Erde sind Arbeiten an unter Spannung stehenden Teilen nur auf Anweisung einer verantwortlichen Person und nur dann gestattet, wenn es zur Abwendung von Gefahren oder aus wichtigen Gründen nicht angängig ist, die Teile der Anlage, an denen gearbeitet werden soll, spannungsfrei zu machen [siehe jedoch e), f), g), h), k)].

Wichtige Gründe für das Arbeiten an unter Spannung stehenden Teilen liegen vor, wenn z. B.
durch Wegfall der Spannung eine Gefährdung von Leben und Gesundheit von Personen zu befürchten ist,
in Betrieben die Erzeugnisse durch Störung des Herstellungsvorganges entwertet werden oder größere Teile eines solchen Betriebes ausfallen, bei Arbeiten in Netzen, besonders beim Herstellen von Anschlüssen, Umschalten von Leitungen und dgl., durch Ausschalten die Stromversorgung einer größeren Zahl von Verbrauchern unterbrochen würde.

2. In feuchten und ähnlichen Räumen sowie in nassen und durchtränkten Räumen muß dabei außer dem Fachmann eine weitere unterwiesene Person anwesend sein.

d) Bei Spannungen über 250 V gegen Erde dürfen Arbeiten an unter Spannung stehenden Teilen nur zur Abwendung von erheblichen Gefahren, z. B. für Leben und Gesundheit von Personen oder von Brand- und Explosionsgefahren, unter Beachtung geeigneter Vorsichtsmaßnahmen ausgeführt werden [siehe jedoch e), f), g), h), k)].

e) In feuer- und explosionsgefährdeten Betriebsstätten und Lagerräumen sind Arbeiten an unter Spannung stehenden Teilen verboten.

f) An Akkumulatoren sind Arbeiten an unter Spannung stehenden Teilen bei Beachtung geeigneter Vorsichtsmaßnahmen gestattet. Bei Nennspannungen von 1 kV und darüber muß eine geeignete und unterwiesene zweite Person anwesend sein (vgl. Teil 7).

g) In Prüffeldern und Laboratorien sind Arbeiten an unter Spannung stehenden Teilen unter Beachtung geeigneter Vorsichtsmaßnahmen und nur dann zulässig, wenn es die Arbeitsbedingungen erfordern. Mit diesen Arbeiten dürfen nur Personen betraut werden, die ausreichendes Verständnis für die vorhandenen Gefahren besitzen und sich ihrer Verantwortung bewußt sind.

h) Die Bestimmungen unter c) 1. und d) gelten in Anlagen von Elektrizitätswerken und Industriebetrieben mit der Maßgabe, daß an Stelle von Spannungen bis 250 V gegen Erde eine Nennspannung von 500 V tritt.

i) 1. Für Reinigungsarbeiten an unter Spannung stehenden Teilen gelten die gleichen Bestimmungen wie für Arbeiten an unter Spannung stehenden Teilen.

2. Beim Abspritzen von Isolatoren unter Spannung ist VDE 0143 zu beachten.

k) Abweichend von den Bestimmungen unter c) und d) dürfen an unter Spannung stehenden Teilen folgende Arbeiten ausgeführt werden:

1. Das Heranführen von geeigneten Prüfeinrichtungen oder Werkzeugen und das Abklopfen von Rauhreif mit Hilfe von Isolierstangen unter folgenden Voraussetzungen:

1.1 Die Isolierstangen zur Verwendung in Anlagen mit Nennspannungen von 1 kV und darüber müssen den Bedingungen von VDE 0101 Ü/7.60, Abschnitt A entsprechen.

1.2 Isolierstangen dürfen nur in sauberem und trockenem Zustand verwendet werden.

19

1.3 Die Isolierstangen dürfen nur von einem festen Standort aus verwendet werden und der Bedienende muß so weit von den unter Spannung stehenden Anlageteilen entfernt sein, daß er durch diese nicht gefährdet ist.

2. Das Herausnehmen und das Einsetzen von nicht gegen zufälliges Berühren geschützten Sicherungen mit geeigneten Hilfsmitteln, wenn dies gefahrlos möglich ist.

§ 10 Arbeiten in der Nähe von unter Spannung stehenden Teilen

a) Besteht bei Arbeiten an nicht unter Spannung stehenden Teilen die Gefahr des zufälligen, unmittelbaren oder mittelbaren Berührens von benachbarten unter Spannung stehenden Teilen, z. B. durch Werkzeuge oder Werkstücke, Leitungsschienen, Leitern, Gerüstteile, so muß vor Aufnahme der Arbeit auch deren spannungsfreier Zustand nach § 7 hergestellt und sichergestellt werden. An Stelle des Abschaltens können die benachbarten, unter Spannung stehenden Teile durch hinreichend feste und zuverlässig angebrachte isolierende Abdeckungen oder andere geeignete Einrichtungen gegen zufälliges Berühren geschützt werden (siehe auch § 11). Bei Anlagen mit Nennspannungen von 1 kV und darüber ist ein Erreichen der Mindestabstände nach VDE 0101/7.60 Tafeln 1 und 4 einer Berührung gleichzusetzen.

b) Sind die unter a) genannten Maßnahmen nicht möglich, gelten die Vorschriften für Arbeiten an unter Spannung stehenden Teilen (§ 9).

c) 1. Vor Beginn der Arbeiten sind Personen, die nicht mit den Gefahren vertraut sind, zu unterrichten und einzuweisen. Die Belehrung über die besonderen Gefahren ist bei länger dauernden Arbeiten und bei Änderung der Arbeitsbedingungen zu wiederholen. Der Arbeitsbereich ist jeweils genau anzugeben.

2. Nicht unterwiesene Personen müssen durch Fachleute oder unterwiesene Personen beaufsichtigt werden.

d) 1. Der Arbeitende hat stets darauf zu achten, daß er nicht mit einem Teil seines Körpers oder mit einem Gegenstand in gefahrbringende Nähe von unter Spannung stehenden Teilen gerät.

2. In der Nähe von unter Spannung stehenden Teilen arbeitende Personen müssen anliegende Kleidung tragen. Für einen festen Standort, bei dem beide Hände frei sind, ist zu sorgen.

e) 1. In Schaltanlagen mit Nennspannungen von 1 kV und darüber sind die Grenzen des Arbeitsbereiches kenntlich zu machen. Besteht während der Arbeit die Gefahr der Verwechslung der Arbeitszelle mit unter Spannung stehenden Zellen, so sind hiergegen entsprechende Vorrichtungen anzubringen.

2. Bei Arbeiten in Schaltanlagen ohne Zellentrennwände sind die Arbeitszellen von den Nachbarzellen durch geeignete Abgrenzungen, z. B. Trennwände, abzusperren, wenn die Nachbarzellen nicht spannungsfrei gemacht werden können. Bei Arbeiten an offenen, einseitig unter Spannung stehenden Trennschaltern (Trennern) und dgl. sind die unter Spannung stehenden Teile durch eingeschobene Platten oder Trennwände gegen zufälliges Berühren zu sichern. Bei Nennspannungen von 1 kV und darüber sind die Mindestabstände nach VDE 0101/7.60 Tafeln 1 und 4 und die Durchschlagsspannung der Platten oder Trennwände zu berücksichtigen.

f) 1. Bei Verwendung von Leitern und sperrigen Gegenständen in Starkstromanlagen ist darauf zu achten, daß diese beim Transport, beim Aufstellen und während der Arbeit unter Spannung stehende Teile nicht berühren oder in deren gefährliche Nähe kommen können. Als zulässige Nähe gilt bei Freileitungen und Freiluftanlagen eine Annäherung nach Tafel 2. Lassen sich diese Werte nicht einhalten, so ist nach a) zu verfahren (freischalten oder abdecken).

2. Einziehbare und absenkbare Leitern sind für den Transport in elektrischen Anlagen einzuziehen und abzusenken.

3. Müssen Leitern oder sperrige Gegenstände in der Nähe von unter Spannung stehenden Teilen bewegt werden, so muß eine geeignete Person als Aufsicht zugegen sein.

g) 1. Bei unter Spannung stehenden Freileitungen mit Nennspannungen von 1 kV und darüber dürfen Anstrich- und Ausbesserungsarbeiten an Masten und Gerüsten nur ausgeführt werden, wenn bei Annäherung an die unter Spannung stehende Teile die in Tafel 2 genannten Werte nicht unterschritten werden.

2. Die Werte für die zulässige Annäherung nach Tafel 2 gelten auch bei Außenarbeiten an Gebäuden und Freiluftanlagen. Anstrich- und Ausbesserungsarbeiten an Gerüsten und Freiluftanlagen, die ohne Gefahr vom Erdboden aus möglich sind, dürfen jedoch bei Anlagen ab Reihe 45 aufwärts von Personen, die auf dem Erdboden stehen, ausgeführt werden. Dabei darf der Arbeitende höchstens den Fußpunkt der Isolatoren erreichen können.

Tafel 2: Zulässige Annäherungen [zu § 10 g)]

Nennspannungen kV	Annäherung m
1 bis 45	1,50
über 45 „ 110	2,00
„ 110 „ 150	2,30
„ 150 „ 220	2,85
„ 220 „ 300	3,10
„ 300 „ 400	4,00

h) Liegen bei Freileitungen mehrere Systeme mit Nennspannungen von 1 kV und darüber auf gemeinsamem Gestänge, so dürfen Arbeiten an einem vorher abzuschaltenden und zu sichernden System (§ 7) nur vorgenommen werden, wenn bei Annäherung an unter Spannung stehende Teile die Werte nach Tafel 2 nicht unterschritten werden oder die unter Spannung stehenden Teile gegen zufälliges Berühren geschützt sind. Außerdem müssen Maßnahmen gegen ein Verwechseln der Systeme getroffen sein, z. B. durch Bezeichnen (Nummern, Zeichen, Farben) und durch genaue Anweisungen.

i) Sofern Freileitungen oder Leitungen in Freiluftanlagen unterhalb einer Arbeitsstelle unter Spannung bleiben müssen, sind die Beschäftigten auf die erhöhte Gefahr hinzuweisen. Werkzeuge, Material und dgl. dürfen nur außerhalb des Gefahrenbereiches hochgezogen werden. Die Möglichkeit der Berührung oder der gefährlichen Annäherung durch Werkzeuge und dgl. ist in der Arbeitsweise und den Abständen zu berücksichtigen. Personen, auch Fachleute, die in derartigen Arbeiten nicht geübt sind, müssen vor Beginn der Arbeiten besonders unterwiesen werden.

k) Beim Besteigen von Masten für Freileitungen mit Nennspannungen von 30 kV und darüber, an denen auch blanke Fernmeldeleitungen geführt sind, müssen letztere geerdet und kurzgeschlossen werden, auch wenn die Freileitungen schon abgeschaltet sind. Diese Fernmeldeleitungen dürfen nicht berührt werden, ehe sie geerdet sind.

l) 1. Werden Leitungen oder Luftkabel oberhalb oder unterhalb zu kreuzender Leitungen gezogen, die unter Spannung bleiben müssen, so ist durch besondere Vorrichtungen oder Maßnahmen dafür zu sorgen, daß sie beim Ziehen und Spannen oder beim Herunterfallen die kreuzenden Leitungen nicht berühren.

Als Schutz gegen das Berühren der unter Spannung stehenden Leitungen mit den neu zu ziehenden Leitungen werden üblicherweise Holzgerüste erstellt.

2. Unmittelbar anliegende Abdeckungen oder Umhüllungen einzelner Leiter sind gegen Lösen und Verschieben zu sichern. Dies gilt auch für Ortsnetze und Fahrleitungen. Bei Nennspannungen von 1 kV und darüber sind die Vorrichtungen und Maßnahmen den besonderen Verhältnissen anzupassen. Die Abstände der Vorrichtungen müssen ausreichend bemessen sein.

§ 11 Einrichtungen und Aushänge zur Unfallverhütung und Brandbekämpfung

a) Einrichtungen zur Unfallverhütung (Schutzvorrichtungen, Schutzmittel, Hilfsmittel*) müssen den Anforderungen des Betriebes und der Sicherheit angepaßt sein.

Als solche Einrichtungen, die je nach den Verhältnissen einzeln oder kombiniert angewendet werden können, gelten z. B.

1. **Isolierstangen** zur Verwendung als Schaltstangen, Meßstangen, Bedienungsstangen für Spannungssucher, Verlegungsstangen für isolierte Leitungen, Träger von Prüfeinrichtungen und Werkzeugen zum Heranführen an unter Spannung stehende Teile, Bedienungsstangen für Erdungseinrichtungen, Abklopfstangen [§ 9 k) 1.].

2. **Geräte und Vorrichtungen zum Sichern gegen Wiedereinschalten:** Verrieglungs- und Sperrvorrichtungen oder Schlösser für Antriebe von Schaltern und Trennschaltern (Trennern) oder dgl., einschiebbare Isolierplatten zwischen den geöffneten Kontakten von Schaltern und Trennschaltern (Trennern), Warnschilder, z. B. Schilder E und F nach l) oder Schilder mit entsprechendem Text zum Aufstecken.

3. **Geräte und Vorrichtungen zum Feststellen der Spannungsfreiheit** (§ 7): Spannungssucher [siehe Fußnote 5 zu § 7 c) 3.12], Meßinstrumente und Meßeinrichtungen, bei freigeschalteten Anlagen auch geeignete

*) Bestimmungen für isolierte Werkzeuge und Hilfsmittel sind in Vorbereitung.

Erdungsvorrichtungen [§ 7 c) 3.11], Kabelsuchgeräte, Kabelschießgeräte.

4. **Geräte und Vorrichtungen zum Erden und Kurzschließen:** Erdungsschalter, Erdungsstangen, Erdungs- und Kurzschlußseile, besondere Vorrichtungen zum Erden und Kurzschließen.

5. **Geräte und Vorrichtungen zum Abgrenzen des Arbeitsbereiches:** Einschiebbare Trennwände, Schranken, Absperrseile, Flaggen, Warnschilder.

6. **Hilfsmittel zum Vermeiden der Zellenverwechslung:** Zusätzliche auffällige Merkmale während der Dauer der Arbeiten, Warnkreuze oder dgl.

7. **Geräte und Vorrichtungen zum Abdecken oder Abschranken als Schutz gegen zufälliges Berühren unter Spannung stehender Teile:** Formstücke, Platten, Matten oder Tücher aus isolierendem Material zum unmittelbaren Abdecken von unter Spannung stehenden Teilen. Vorrichtungen aus anderen Baustoffen zum Abdecken von unter Spannung stehenden Teilen in entsprechender Entfernung. Schranken oder Seile in ausreichender Entfernung von unter Spannung stehenden Teilen.

8. **Mittel für das Isolieren des Standortes:** Isolierende Arbeitsbühne, isolierender Fußbodenbelag, isolierende Wände, isolierende Abdeckung von Eisenkonstruktionen, Rohrleitungen, Heizkörper usw.

9. **Isolierte Werkzeuge:** Werkzeuge aus Isolierstoff, Werkzeug aus leitfähigem Werkstoff mit teilweiser oder vollständiger isolierender Umhüllung mit ausreichender mechanischer und elektrischer Festigkeit, z. B. Schraubenzieher, Schraubenschlüssel, Steckschlüssel, Zangen.

10. **Hilfsmittel zum Herausnehmen und Einsetzen von Sicherungen:** Zangen und Griffe zum Herausnehmen und Einsetzen von Sicherungen, die ausreichend gegen zufälliges Berühren unter Spannung stehender Teile isolieren und ein zuverlässiges Festhalten der Sicherungen gewährleisten.

11. **Isolierende Schutzkleidung:** Besondere Kleidungsstücke, die einen gefährlichen Stromübertritt von unter Spannung stehenden Teilen auf den menschlichen Körper verhindern, z. B. Handschuhe, Schuhe, Leib- und Beinkleidung, Kopfbedeckung, Gesichtsschutz.

b) Schutzvorrichtungen, Schutzmittel und Hilfsmittel zum Arbeiten an unter Spannung stehenden Teilen müssen ausreichende elektrische und mechanische Festigkeit haben.

c) Schalt- und Meßstangen, Schaltzangen müssen VDE 0101 Ü/7.60, Abschnitt A entsprechen. Sie dürfen kein Erdungsseil haben und dürfen nicht geerdet werden.

d) 1. Zum Löschen von Bränden in Starkstromanlagen sind geeignete, der Art und Größe der Anlage angepaßte Feuerlöscher oder Feuerlöscheinrichtungen in unmittelbarer Nähe der Anlage bereitzuhalten. Ausgenommen sind kleinere unbesetzte Anlagen.

2. Die Feuerlöscher und Feuerlöschmittel sollen auch nach Ausbruch eines Brandes zugänglich sein. Sie müssen einen Hinweis über ihre Eignung zum Löschen von Bränden in elektrischen Anlagen tragen. Auf Feuerlöscher mit gesundheitsschädlichen Löschmitteln ist ein gut sichtbarer Hinweis über ihre Verwendungsmöglichkeit erforderlich.

3. In besetzten Anlagen mit Nennspannungen von 1 kV und darüber soll außerdem mindestens e i n e Löschdecke vorhanden sein, die zum Löschen brennender Kleidung bestimmt ist.

e) Feuerlöscher sind in gebrauchsfähigem Zustand zu erhalten und in den vorgesehenen Zeitabständen zu prüfen. Der Prüfvermerk ist am Feuerlöscher anzubringen.

f) 1. In elektrischen Betriebsstätten und in abgeschlossenen elektrischen Betriebsstätten, insbesondere in Schaltanlagen und Umspannwerken, muß ein Schaltplan dieser Anlage vorhanden sein.

2. Für Starkstromanlagen mit Nennspannungen unter 1000 V sind Schaltpläne nicht erforderlich, wenn aus der Beschriftung die Stromkreise ausreichend ersichtlich sind.

3. In Starkstromanlagen mit Nennspannungen von 1 kV und darüber bis zu 6 Zellen kann auf Schaltpläne verzichtet werden, wenn die Stromkreise aus der Beschriftung ausreichend ersichtlich sind.

4. Die Schaltpläne müssen den Betriebserfordernissen entsprechen und sich auf den Bereich erstrecken, der für den Betrieb übersehen werden muß.

Dies können Übersichtsschaltpläne nach DIN 40719 in vereinfachter, einpoliger Darstellung der Schaltung ohne Hilfsleitungen sein. Je nach den Erfordernissen sollen sie enthalten: 1. Stromart, Spannung, Frequenz, Anzahl und Querschnitte der Leiter; 2. Anzahl, Art und Leistung der Stromerzeuger, Transformatoren, Akkumulatoren, Gleichrichter und Kondensatoren sowie der Einspeisungen und Abzweige.

Als Schaltplan gilt auch ein Blind- oder Steckschaltbild, wenn es diesen Anforderungen entspricht.

5. Für Schaltpläne sollen die genormten Schaltzeichen verwendet werden. Für einfachere Darstellungen genügen die Schaltkurzzeichen.

g) 1. In ständig besetzten elektrischen Betriebsstätten sind diese Bestimmungen VDE 0105 Teil 1 und VDE 0132 auszulegen oder auszuhängen. Für Teilbetriebe genügen gegebenenfalls Auszüge aus den genannten Bestimmungen.

2. Meistern und Kolonnenführern, die mit Arbeiten an elektrischen Anlagen beauftragt sind, ist VDE 0105 Teil 1 auszuhändigen.

3. In elektrischen Betriebsstätten, auch wenn sie nicht besetzt sind, und in abgeschlossenen elektrischen Betriebsstätten ist VDE 0134 oder ein Auszug daraus auszulegen oder auszuhängen. Befinden sich mehrere solcher Räume in einem Gebäude, so ist der Aushang nicht in jedem einzelnen Raum erforderlich. In der Regel wird der Aushang an einer Stelle des Gebäudes genügen, sofern es sich nicht um verschiedene, vollkommen getrennte Anlagen handelt. Für ausgedehnte Anlagen sind zusätzliche Hinweise auf Werkfeuerwehr oder öffentliche Feuerwehr zweckmäßig. Für Maststationen, nicht betretbare Stahlblechstationen und Schaltschränke sind diese Aushänge nicht erforderlich.

h) 1. In Betriebsstätten sind Warnschilder oder Warntexte bei Anlageteilen mit Nennspannungen von 1 kV und darüber erforderlich. An Stellen besonderer Gefährdung sind Warnschilder auch in Betriebsstätten mit Spannungen unter 1000 V anzubringen, z. B. bei freiliegenden unter Spannung stehenden Teilen, Hauptschleifleitungen von Kranen.

2. An den Zugängen zu elektrischen Betriebsstätten und abgeschlossenen elektrischen Betriebsstätten müssen bei Spannungen über 250 V gegen Erde Schilder oder Aufschriften angebracht werden, welche vor den Gefahren der elektrischen Anlage warnen. Derartige Warnschilder sind an Stellen besonderer Gefährdung in der Anlage zu wiederholen. Bei stahlblechgekapselten Anlagen ist es nicht erforderlich, jede einzelne Zelle mit Warnschild zu versehen. Blitzpfeile dürfen nur für Anlagen mit Spannungen über 250 V gegen Erde und für Stellen erhöhter Gefährdung in Anlagen mit Spannungen bis 250 V gegen Erde verwendet werden.

3. Die Warnschilder und Blitzpfeile dürfen nicht am unter Spannung stehenden Teil selbst, sondern nur in einem angemessenen Abstand davon angebracht werden [Ausnahme siehe i)]. Besteht die Möglichkeit, daß solche Schilder in gefahrbringende Nähe von unter Spannung stehenden Teilen kommen, so müssen sie aus Isolierstoff bestehen und eine isolierte Aufhängevorrichtung haben.

i) 1. Unter Spannung stehende Gehäuse, z. B. von Kondensatoren und Stromrichtern, sind wie folgt zu kennzeichnen:

Breite Striche in der jeweiligen Kennfarbe für Leiter auf der neutralen Farbe des Gehäuses an gut sichtbarer Stelle (diese Kennzeichnung wird auch für unter Spannung stehende Gehäuseteile von Schaltern empfohlen) oder Beschriftung mit dem Text: „Vorsicht! Gehäuse unter Spannung", falls erforderlich zusätzlich mit Blitzpfeil

oder fest angebrachte Schilder mit dem Text „Vorsicht! Gehäuse unter Spannung", falls erforderlich mit zusätzlichem Blitzpfeil (Schild G).

2. Kondensatoren mit selbsttätiger Entladung und einer Entladezeit von mehr als 1 Minute sind zusätzlich mit Schild I auszurüsten: „Achtung! Entladezeit länger als 1 Minute".

k) An den Zugängen bzw. Abschlußtüren und Schranken von Kondensatorenzellen und Kondensatorenanlagen sind anzubringen:

1. Bei Anlagen bis 250 V gegen Erde das Warnschild H mit dem Text: „Vor Berühren: Entladen, Erden und Kurzschließen!"

2. Bei Anlagen mit Spannungen über 250 V gegen Erde das Warnschild H und zusätzlich das Warnschild A oder B.

l) 1. Warnschilder sollen den nachstehenden Richtlinien und Beispielen entsprechen. Die Größen sind nach dem Verwendungszweck unter Erhaltung der Warnwirkung zu wählen. Hinweise auf weitere Gefahren sind zulässig. Wenn keine Schilder benutzt werden, sind Warntexte und Blitzpfeile möglichst den Schildern anzupassen. In ein und derselben Anlage sollen für gleichartige Einrichtungen und Gefahren möglichst gleiche Warnschilder und Warntexte verwendet werden. Schilder und Schrift sollen haltbar und wetterbeständig sein.

2. Für Warnschilder wird empfohlen: Für die Schrift: Blockschrift nach DIN 1451 mit großen und kleinen Buchstaben, Farbe Schwarz; für den Grund: Farbe Gelb; für den Blitzpfeil: DIN 40006, Farbe Rot.

Warnung
vor Berührung der elektrischen Einrichtungen
Vorsicht!

Schild A

Hochspannung
Vorsicht!
Lebensgefahr

Schild B

Schild C

Nicht einschalten!
Es wird gearbeitet:
Ort:..................
....
Entfernen der Tafel
nur durch:..........
Name

Schild F

Schild D

Schild E

Vor Berühren:
Entladen, Erden
und
Kurzschließen!

Schild G

Vorsicht!
Gehäuse unter
Spannung

Schild H

Achtung!
Entladezeit länger
als 1 Minute

Schild I

Schild A (300 × 200 mm oder 200 × 120 mm) ist für Anlagen mit Spannungen über 250 V gegen Erde und an Stellen mit erhöhter Gefährdung für Anlagen bis 250 V gegen Erde vorgesehen.

Schild B (300 × 200 mm oder 200 × 120 mm) ist für Anlagen mit Nennspannungen von 1 kV und darüber vorgesehen. Zu diesem Schild wird auf den Normblattentwurf DIN 40 008 hingewiesen.

Schild C (120 × 200 mm) dient als allgemeines Warnschild, z. B. für Masten, Träger, Verkleidungen.

Schild D (200 × 120 mm) warnt vor Rückspannungen.

Schild E (200 × 120 mm) ist für Schaltstellen vorgesehen, bei denen das Schalten (Ein- und Ausschalten) eine Gefahr bedeutet.

Schild F (300 × 200 mm oder 200 × 120 mm) ist für Schaltstellen vorgesehen, an denen für die Dauer von Arbeiten ausgeschaltet wurde.

Schild G (200 × 120 mm) ist für Kondensatoren, Stromrichter und dgl. vorgesehen.

Schild H (200 × 120 mm) ist für Kondensatorenanlagen bestimmt.

Schild I (200 × 120 mm) ist für Kondensatorenanlagen bestimmt.

Vorschriften für den Betrieb elektrischer Anlagen in Bergwerken unter Tage (VDE 0119) Nachdruck 1952 *)

Inhalt siehe Original.

I. Gültigkeit

§ 1. Geltungsbeginn

Diese Vorschriften traten am 1. Juli 1936 in Kraft***).

§ 2. Geltungsbereich

Diese Vorschriften gelten für den Betrieb elektrischer Anlagen in Bergwerken unter Tage. Sie sind auch bei der Errichtung und Änderung solcher Anlagen zu beachten, wenn dabei unter Spannung oder in der Nähe Spannung führender Teile gearbeitet werden muß oder ein Übertritt von Spannung auf im Bau befindliche Anlageteile möglich ist.

20

II. Begriffserklärungen

§ 3.

a) **Betrieb** elektrischer Anlagen umfaßt die Bedienung (Schaltung, Regelung und Säuberung), Überwachung und Instandhaltung sowie Instandsetzung der elektrischen Betriebsmittel.

b) **Elektrische Betriebsmittel** im Sinne dieser Vorschriften sind Maschinen, Transformatoren, Akkumulatoren, Geräte, Leuchten sowie Kabel und Leitungen mit ihrem Zubehör.

c) Als **Betriebsspannung** wird die Spannung bezeichnet, die in leitend zusammenhängenden Netzteilen an den Klemmen der Stromverbraucher im Mittel vorhanden ist.

d) Als **Spannung gegen Erde** wird die größte Spannung bezeichnet, die

1. in Netzen ohne Betriebserdung bei Erdschluß,

2. in Netzen mit Betriebserdung bei Erdkurzschluß ein Leiter gegen Erde annehmen kann.

e) **Fernmeldeanlagen** sind Signal-, Fernsprech- und Rückmeldeanlagen sowie mit Mitteln der Fernmeldetechnik hergestellte Fernsteuerungs- und Gefahrmeldeanlagen.

f) **Elektrische Betriebsräume** sind Räume, die vorwiegend zum Betriebe elektrischer Betriebsmittel dienen (z. B. Haspelkammern, Pumpenkammern, Umformerstationen) und in der Regel nur von unterwiesenen Personen betreten werden.

g) **Abgeschlossene elektrische Betriebsräume** sind Räume, die nur beauftragten Personen mit Hilfe von Schlüsseln zugänglich sind und nur zeitweise von unterwiesenen Personen betreten werden.

h) **Elektrische Betriebsstätten** sind Räume, die im Gegensatz zu elektrischen Betriebsräumen nicht vorwiegend zum Betriebe elektrischer Betriebsmittel dienen und auch von Nichtunterwiesenen regelmäßig betreten werden.

***) Fußnote über Veröffentlichung siehe Original VDE 0119/1936.

*) Bei Inkrafttreten der in Vorbereitung befindlichen Vorschriften VDE 0105 Teil 11 verlieren diese Vorschriften ihre Gültigkeit.

i) **Feuer-, explosions- und schlagwettergefährdete Grubenräume** sind Räume, die von der zuständigen Bergbehörde als solche bezeichnet werden.

III. Allgemeines

§ 4.

Allgemeine Pflichten und Unterweisungen der im elektrischen Betriebe Beschäftigten

§ 4 a bis f stimmt inhaltlich mit § 4 a bis f, Seite 257 und 258, überein*).

IV. Bedienung

§ 5.

a) Elektrische Anlagen dürfen nur durch unterwiesene und beauftragte Personen bedient werden.

Bei der Bedienung von elektrischen Betriebsmitteln dürfen nur die zur Bedienung bestimmten Teile berührt werden; jede unnötige Berührung von ungeschützten Teilen elektrischer Betriebsmittel ist verboten.

Die Bedienenden dürfen selbständig keine Eingriffe in die elektrischen Anlagen vornehmen.

Mit beschädigten Betriebsmitteln und Leitungen darf nicht gearbeitet werden.

b) Auf die Unversehrtheit der ortsveränderlichen Leitungen — besonders an den Einführungsstellen — und auf ausreichende Zugentlastung ist zu achten.

Ortsveränderliche Leitungen dürfen nicht auf scharfen Kanten oder bewegten Teilen liegen.

Beim Umlegen ortsveränderlicher Leitungen (z. B. Abbaubeleuchtung) ist darauf zu achten, daß sie nicht beschädigt werden und den erforderlichen Durchhang haben.

c) Die elektrischen Betriebsmittel müssen sauber gehalten werden. Besonders sind sie von dicken Staubschichten und Haufwerk freizuhalten. Vorgesehene Abdeckungen müssen vorhanden und unbeschädigt sein.

Leicht entzündliche Gegenstände dürfen nicht in gefahrbringender Nähe von elektrischen Maschinen mit offenen Schleifringen oder Kommutatoren, von Geräten mit offenen Kontaktstellen und von ungeschützt verlegten, Spannung führenden Leitungen gelagert werden.

Die Zugänge zu Maschinen-, Schalt- und Verteilungsanlagen sowie die Bedienungsgänge sind freizuhalten.

d) Schalt-, Anlaß- und Steuergeräte dürfen nicht unter Gewaltanwendung betätigt werden.

Leistungsschalter und Trennschalter müssen stets schnell und vollständig ein- oder ausgeschaltet werden. Trennschalter dürfen nur in stromlosem Zustand betätigt werden.

Nach selbsttätigem Auslösen von Überstromschaltern ist Vorsicht geboten. Bei erkanntem Kurzschluß darf nur nach Abtrennung des gestörten Anlageteils eingeschaltet werden.

Abnehmbare Hilfsmittel, mit denen elektrische Geräte betätigt werden, dürfen nicht in die Hände Unbefugter kommen.

e) Ölgefüllten Transformatoren, Schalt-, Anlaß- und Steuergeräten darf außer für Untersuchungen kein Öl entnommen werden.

f) Die Verwendung geflickter oder überbrückter Sicherungen ist verboten.

Gleichartige Schmelzeinsätze entsprechender Stromstärke sind stets erreichbar und in genügender Anzahl vorrätig zu halten.

Sicherungen größerer Stromstärke oder anderer Arbeitsweise dürfen nur mit Zustimmung der für die elektrische Anlage verantwortlichen Aufsichtspersonen eingesetzt werden.

Schmelzsicherungen, die nicht ohne weiteres gefahrlos bedient werden können, dürfen nur unter Anwendung geeigneter Schutzmittel (siehe § 7 a) oder Schutzmaßnahmen ausgewechselt werden.

g) In Räumen, in denen Akkumulatoren geladen werden, dürfen während und kurz nach dem Laden offene Flammen oder glühende Körper nicht verwendet werden. Das An- und Abklemmen von Akkumulatoren während des Ladens ist nicht gestattet.

h) Unbefugte sind den elektrischen Betriebsräumen fernzuhalten.

V. Überwachung und Instandsetzung

§ 6.

Allgemeines

a) Elektrische Anlagen sind durch fachlich ausreichend vorgebildete Personen zu überwachen und in ordnungsgemäßem Zustande zu erhalten. Mängel sind in angemessener Frist abzustellen. Bei Mißständen, die das Leben oder die Gesundheit von Personen gefährden oder eine unmittelbare Brand- oder Explosionsgefahr bilden, müssen unverzüglich Maßnahmen zur Beseitigung der Gefahr getroffen werden.

Anlagen müssen den nach ihrer Erstellung in Kraft getretenen Errichtungsvorschriften angepaßt werden, wenn es die Rücksicht auf das Leben oder die Gesundheit von Personen erfordert.

Änderungen und Instandsetzungen vorhandener Anlagen müssen nach den jeweils geltenden Errichtungsvorschriften ausgeführt werden, wenn es die technischen und betrieblichen Verhältnisse gestatten.

b) Eine behelfsmäßige Ausbesserung des Gummimantels von Leitungen ist nur zulässig, wenn sich die beschädigte Leitung nicht sofort aus dem Betrieb ziehen läßt. Für baldige ordnungsgemäße Ausbesserung ist zu sorgen.

c) Elektrische Betriebsmittel, Schutzmittel und Schutzeinrichtungen, wie z. B. Erdung, Temperaturbegrenzung, Überstromauslöser und Verriegelungen, müssen in einwandfreiem Zustand erhalten werden. Eine Änderung der Einstellung von Überstromauslösern und ähnlichen Betriebsmitteln ist nur mit Zustimmung der verantwortlichen Aufsichtspersonen zulässig.

Die Betriebsmittel sind in angemessenen Zeitabständen zu reinigen.

d) In gewissen Zeitabständen ist zu prüfen, ob der Erdungswiderstand oder der Nulleiterwiderstand den Sollwerten entspricht; Mängel sind zu beseitigen. Auf die Einhaltung der Sollwerte ist besonders bei Änderung der Anlage, Auswechselung der als Überstromschutz verwendeten Schalter und Schmelzsicherungen zu achten.

e) Die elektrischen Betriebsmittel sind häufig auf ihre Erwärmung zu untersuchen. Bei gefährlicher Erwärmung sind Gegenmaßnahmen zu treffen.

---

*) Jedoch müssen die Betriebsvorschriften den Beschäftigten ausgehändigt und die Aushändigung schriftlich bestätigt werden. Siehe Original VDE 0119/1936 § 4.

f) In gewissen Zeitabständen ist zu prüfen, ob die Einrichtungen, die beim Auftreten zu hoher Spannungen gegen Erde im Unterspannungsstromkreis den Unterspannungsnullpunkt oder einen Strom führenden Leiter an Erde legen, angesprochen haben. Der ordnungsgemäße Zustand ist wieder herzustellen.

g) Temperaturbegrenzer und Überstromschutzeinrichtungen müssen richtig eingestellt sein.

h) Selbsttätige Schalter und Schutzverriegelungen dürfen nicht unwirksam gemacht werden.

i) Dichtungen zum Schutze gegen das Eindringen von Feuchtigkeit und Staub (z. B. an Steckvorrichtungen, Abzweigdosen, Klemmenkasten, Leuchten) müssen in gutem Zustand gehalten und rechtzeitig erneuert werden. Passende Dichtungen von geeigneter Beschaffenheit sind vorrätig zu halten.

k) Die Schlüssel zu abgeschlossenen elektrischen Betriebsräumen sind von den damit Beauftragten zu verwahren.

l) Nicht betriebsfähige oder überbrückte Schalter oder Schalter vor nicht betriebsfähigen Anlageteilen sind durch Warnungsschilder als solche zu kennzeichnen oder schaltunfähig zu machen. Fernbetätigte Schalter sind durch zuverlässig angebrachte Warnungsschilder zu kennzeichnen und schaltunfähig zu machen (Verriegelung der Schalter, Entfernung der Sicherungen im Betätigungsstromkreis oder dgl.).

m) Anschläge, wie Warnungsschilder, Betriebsvorschriften, Schaltpläne usw., müssen lesbar und an leicht sichtbarer Stelle angebracht und in gutem Zustand erhalten werden.

Nicht mehr zutreffende Warnungsschilder und Aufschriften sind abzuändern oder zu entfernen.

§ 7.
Unfallverhütung und Brandbekämpfung

§ 7 a, b stimmt mit § 3 a, b, Seite 257, inhaltlich überein. Gummihandschuhe, Gummischuhe und Werkzeuge mit isolierten Griffen sind als Schutzmittel verboten.

c) Zum Löschen von Bränden sind geeignete Löschmittel, z. B. Sand, Gesteinsstaub, Trockenpulverlöscher, Kohlensäurelöscher oder Schaumlöscher, an einer auch nach dem Ausbruch eines Brandes zugänglichen Stelle bereitzuhalten. Vorrichtungen zum Auffangen auslaufenden Öles sind von Wasser freizuhalten.

d) Feuerlöscher sind gebrauchsfähig zu erhalten. Bei Anlagen unter Spannung dürfen nur Feuerlöscher mit nicht leitenden Löschmitteln und nicht leitenden Treibmitteln verwendet werden. Schaumlöscher dürfen erst nach Abschalten der Anlage verwendet werden.

e) Ein Brand ist sofort zu bekämpfen und der nächsterreichbaren Aufsichtsperson zu melden.

f) Wie S. 257, § 3e.

g) Wie S. 257, § 3f.

§ 7 h stimmt mit § 3 g, Seite 257, inhaltlich überein.

20

§ 8.
Maßnahmen zur Herstellung und Sicherstellung des spannungsfreien Zustandes bei Arbeiten an elektrischen Anlagen

a) Arbeiten unter Spannung sind mit Ausnahme der in § 10 angeführten Fälle verboten.

b) Vor Beginn der Arbeiten müssen die folgenden Maßnahmen in nachstehender Reihenfolge durchgeführt werden:

Dem zuständigen Bedienungspersonal ist von den Arbeiten Kenntnis zu geben (siehe c).

Die Teile der Anlage, an denen gearbeitet werden soll, müssen abgeschaltet werden (siehe d).

Die Abschaltung und die Spannungsfreiheit müssen einwandfrei festgestellt werden (siehe e).

Bei Betriebsspannungen von 1000 V und darüber müssen Kabel entladen werden (siehe f).

Die Anlageteile müssen erst geerdet und dann kurzgeschlossen werden (siehe g).

c) § 8 c stimmt mit § 6 b, Seite 258, inhaltlich überein.

d) § 8 d stimmt mit § 6 c, Seite 259, inhaltlich überein.

e) Der spannungsfreie Zustand muß entweder an der Arbeitsstelle selbst sichtbar sein oder vor Beginn der Arbeit auf andere Weise festgestellt werden.

Bei fernbetätigten Trennschaltern muß die Abschaltung durch Besichtigung der Trennschalter selbst festgestellt werden.

Der weitere Teil von § 8 e stimmt inhaltlich mit § 6 f Absatz 1, S. 259, und § 6 f Nr. 4, S. 259, überein.

f) Bei größeren Kabellängen und höheren Spannungen können die Ladungen den Arbeitenden gefährlich werden. Die Kabel sind daher zuvor zu entladen. Hierzu ist ein geerdeter Leiter mit Hilfe einer Schaltstange mit den zu entladenden Leitern mehrmals in Berührung zu bringen.

g) Zum Schutz gegen Gefährdung durch zufälliges oder versehentliches Wiedereinschalten und gegen Rückspannungen müssen die Teile, an denen gearbeitet wird, geerdet und kurzgeschlossen werden.

Geerdet und kurzgeschlossen werden muß vor der Arbeitsstelle und — falls die Gefahr der Rückspannung besteht — an beiden Seiten der Arbeitsstelle (Ausnahmen siehe unter h und i).

Erdungen und Kurzschließungen dürfen erst vorgenommen werden, nachdem sich der Arbeitende davon überzeugt hat, daß dieses ohne Gefahr geschehen kann. Die Erdung muß mit einer vorher geerdeten Leitung vorgenommen werden.

Das Berühren abgeschalteter Leitungen vor dieser Erdung und Kurzschließung ist verboten, da durch unbefugtes Wiedereinschalten Gefahr droht.

Die Vorrichtungen für die Erdung und Kurzschließung müssen so beschaffen sein, daß sie eine gutleitende Verbindung mit den zu erdenden und kurzzuschließenden Teilen gewährleisten. Sie sind so zu bemessen, daß sie den Kurzschlußstrom so lange aushalten, bis eine vor der Kurzschlußstelle liegende Stromsicherung ausgelöst hat. Der Querschnitt der Erdleitung muß mindestens dem Leitwert von 25 mm² Kupfer entsprechen.

Ketten dürfen zur Erdung und Kurzschließung nicht verwendet werden.

h) Von einer Erdung und Kurzschließung der Arbeitsstelle kann abgesehen werden — auch wenn die Leitung aufgetrennt wird — in Anlagen, in denen

die Trennstellen aller zur Arbeitsstelle führenden Leitungen sichtbar sind,

Schaltungen nur innerhalb des Raumes, in dem die Arbeitsstelle liegt, vorgenommen werden können und

Rückspannungen nicht zu befürchten sind.

i) § 8 i stimmt mit § 6 l, Seite 259, inhaltlich überein.

k) § 8 k stimmt mit § 6 f Nr. 4, Seite 259, inhaltlich überein.

§ 9.
Maßnahmen vor Unterspannungsetzung nach beendeter Arbeit

§ 9 deckt sich inhaltlich mit § 7, S. 260.

§10.
Arbeiten unter Spannung

a) Bei Spannungen über 250 V gegen Erde sind Arbeiten unter Spannung verboten. Bei Spannungen über 42 V bis 250 V gegen Erde dürfen Arbeiten unter Spannung nur ausnahmsweise und nur von einer unterwiesenen Person oder in deren Gegenwart und unter Beachtung entsprechender Vorsichtsmaßnahmen ausgeführt werden.

b) Das Reinigen Spannung führender Teile von Betriebsmitteln, die aus Betriebsrücksichten nicht abgeschaltet werden können, ist nur mit solchen dazu bestimmten Geräten gestattet, bei denen der Übertritt von Spannung auf den mit dem Gerät Arbeitenden ausgeschlossen ist.

c) § 10 c deckt sich inhaltlich mit § 8 a, S. 260.

§ 11.
Arbeiten in der Nähe von Spannung führenden Teilen

§ 11 a stimmt mit § 9 a, Seite 260, wörtlich überein.

Muß an Teilen eines Gerätes gearbeitet werden, die sich mit anderen unter Spannung stehenden Teilen in einem gemeinsamen Gehäuse befinden, so ist das ganze Gerät vor Beginn der Arbeiten durch Abschalten spannungslos zu machen. Hiervon kann abgesehen werden, wenn die Spannung führenden Teile sicher abgedeckt werden.

§ 11 b stimmt mit § 9 b, Seite 260, inhaltlich überein.

VI. Zusatzbestimmungen für schlagwettergefährdete Grubenräume

§ 12.
Allgemeines

a) Das Arbeiten — auch das Auswechseln von Glühlampen — unter Spannung ist verboten.

Das Öffnen von Gehäusen ist nur dann gestattet, wenn die darin unter Spannung verbleibenden Teile gegen unmittelbare oder mittelbare Berührung geschützt sind.

Bei Fernmeldeanlagen — außer Schachtsignalanlagen — ist das Öffnen von Gehäusen und das Arbeiten unter Spannung gestattet, wenn eine Abschaltung aus betrieblichen Gründen nicht möglich ist und wenn die Schlagwetterfreiheit des Ortes durch eine bergmännische Aufsichtsperson festgestellt und während der Dauer der Arbeiten überwacht wird.

b) Die mit der Wartung oder Überwachung von elektrischen Anlagen betrauten Personen haben besonders darauf zu achten, daß sich der Schlagwetterschutz der elektrischen Betriebsmittel immer in ordnungsgemäßem Zustande befindet.

§ 13.
Bedienung und Überwachung

a) Werden an Betriebsmitteln Mängel festgestellt, die die Schlagwettersicherheit beeinträchtigen, oder zeigen sich an ihnen außergewöhnliche Erscheinungen, so sind die gefährlichen Teile sofort abzuschalten. Es ist dafür zu sorgen, daß sie erst wieder in Betrieb genommen werden können, wenn die Mängel sachgemäß beseitigt sind. Eine behelfsmäßige Instandsetzung, auch nur für kurze Zeit, ist verboten.

b) Die Gehäuse der druckfesten Kapselungen und der Plattenschutzkapselungen müssen vorschriftsmäßig geschlossen, alle Schrauben und Verschraubungen fest angezogen und gegen Lockern gesichert sein. Hierbei ist darauf zu achten, daß die Stoßstellen zusammengepaßter Gehäuseteile sowie die Auflageflächen von Deckeln, Türen und Klappen sauber und nicht beschädigt sind und richtig sitzen. Die Stoßstellen und Auflageflächen dürfen nur hauchartig eingefettet sein.

Dichtungen zwischen Stoßstellen und Auflageflächen dürfen nur eingelegt werden, wenn sie vom Hersteller vorgesehen sind.

Fehlende Schrauben oder Schraubensicherungen sind sofort durch gleichartige zu ersetzen.

c) Plattenschutzpakete müssen so sitzen, daß sich zwischen ihnen und den Gehäusewandungen keine Spalten von mehr als 0,5 mm Weite befinden.

Die Platten müssen unbeschädigt, ihr Abstand voneinander darf an keiner Stelle größer als 0,5 mm sein. Die Zwischenräume zwischen den Platten dürfen nicht verstopft sein.

Plattenschutzpakete dürfen beim Streichen der Gehäuse nicht mitgestrichen werden; sie sind vor dem Streichen herauszunehmen. Die Sitzflächen der Pakete dürfen auch nicht gestrichen werden.

In angemessenen Zeiträumen — aber immer nach Explosionen in den durch sie geschützten Gehäusen — müssen Plattenschutzpakete gesäubert werden.

d) Der Ölstand in ölgekapselten Anlageteilen muß mindestens die vorgeschriebene Höhe haben.

Die Ölstandsanzeigevorrichtung und die Ölablaßvorrichtung müssen dicht und unbeschädigt sein. Die Ölstandsanzeigevorrichtung ist so sauber zu halten, daß man den Ölstand ohne weiteres erkennen kann.

Das Öl muß in angemessenen Zeitabständen auf seinen ordnungsgemäßen Zustand geprüft werden (siehe VDE 0370 „Vorschriften für Isolieröle“).

e) Schaugläser müssen unversehrt sein. Beim Auswechseln von Schaugläsern ist darauf zu achten, daß Ersatzgläser der gleichen Güte und Beschaffenheit verwendet werden.

f) Beschädigte Schutzgläser von Leuchten müssen sofort durch unversehrte ersetzt werden.

Flackernde oder mangelhaft brennende Glühlampen sind abzuschalten und in ihre Fassung richtig einzuschrauben.

g) Maschinen, Transformatoren, Leuchten und Geräte müssen von Wasser freigehalten werden.

In angemessenen Zeitabständen sind die Spannung führenden, der Abnutzung oder Lockerung unterliegenden Teile im Innern von Maschinen, Transformatoren und Geräten nachzuprüfen und — wenn nötig — in Ordnung zu bringen.

Beim Auswechseln von Kontaktteilen und Leitungen ist darauf zu achten, daß in Werkstoff, Form und Bemessung richtige Ersatzteile verwendet werden.

h) Die Gehäuse ferngesteuerter Maschinen und Geräte dürfen nur geöffnet werden, wenn das Fernschalten zuverlässig verhindert ist.

i) Das Trennen von Steckvorrichtungen bei Stromdurchgang ist verboten.

k) Für die Wartung der Akkumulatorenbatterien von Lokomotiven sind die besonderen Bedienungsvorschriften zu beachten.

l) Sonderschlüssel für Verschraubungen und Verschlüsse dürfen sich nur in Händen der mit der Aufsicht und Wartung Betrauten befinden. Sie müssen so aufbewahrt werden, daß sie nicht in die Hände Unbefugter gelangen können.

m) Das Erden und Kurzschließen spannungslos gemachter Teile ist nur zulässig, wenn die Schlagwetterfreiheit des Ortes durch eine bergmännische Aufsichtsperson festgestellt und während der Dauer der Arbeit überwacht wird.

Das gleiche gilt für das Nachprüfen des Isolationszustandes und für elektrische Messungen und Spannungsprüfungen mit nicht fest eingebauten Geräten. Diese Arbeiten dürfen nur durch Elektroaufsichtspersonen oder vom Oberbergamt anerkannte Elektrosachverständige selbst oder unter deren Aufsicht ausgeführt werden.

Zum Nachprüfen des Isolationszustandes dürfen nur Kurbelinduktoren oder schlagwettergeschützte, fest eingebaute Netzprüfeinrichtungen benutzt werden.

n) Bei Arbeiten an der Anlage muß der spannungsfreie Zustand besonders sichergestellt werden. Schalter, die diesem Zweck dienen, müssen durch eine Verriegelung gesichert werden, wenn der spannungsfreie Zustand nicht durch besondere, nur vom Elektriker mit Sonderschlüssel bedienbare Schalter oder durch Herausnahme von Sicherungen verbürgt ist.

o) Beim Durchsehen und Prüfen der Anlage muß ausreichende Beleuchtung vorhanden sein.

p) Leistungsschilder, Typenbezeichnungen und das Schlagwetterkennzeichen (Sch) an elektrischen Betriebsmitteln müssen sauber und lesbar gehalten werden.

§ 14.

Instandsetzung

a) Ausbesserungen dürfen nur von Sachkundigen oder unter deren Leitung ausgeführt werden. Dabei darf die ursprüngliche Wirksamkeit des Schlagwetterschutzes nicht herabgesetzt werden.

b) Bei Ausbesserungsarbeiten ist für gute Beleuchtung zu sorgen.

c) Beim Auswechseln von Teilen des Schlagwetterschutzes elektrischer Betriebsmittel dürfen nur Ersatzteile der gleichen Güte und Beschaffenheit verwendet werden.

d) Werden Maschinen, Transformatoren, Leuchten oder Geräte so geändert, daß die in der Bescheinigung der Versuchsstrecke enthaltenen Angaben über den Schlagwetterschutz nicht mehr zutreffen, so sind sie der Versuchsstrecke zur Ausstellung eines Nachtrages erneut zur Prüfung vorzulegen. Handelt es sich um die Instandsetzung von Wicklungen, so ist außer einer Isolationsprüfung die Erwärmungsprüfung vorzunehmen, wie sie für neugelieferte Betriebsmittel in der Werksbescheinigung nachzuweisen ist.

Betriebsmittel, deren Schlagwetterschutz geändert ist, dürfen erst wieder in Betrieb genommen werden, wenn sie von der zuständigen Bergbehörde erneut zugelassen sind.

Anhang I. Schaltpläne

a) Die Schaltpläne nach § 7 f müssen Angaben über die Betriebsmittel insoweit enthalten, als sie zur Vornahme von Schaltungen in diesen Teilen der Anlage erforderlich sind. Im allgemeinen genügt es, wenn die Schaltpläne bis zu der letzten ortsfest eingebauten Verteilung durchgeführt werden und die Art der an diese angeschlossenen Stromverbraucher angegeben ist.

b) Wie Anhang I b 1, S. 261.

c) Mehrpolige Leitungen und Betriebsmittel sind im allgemeinen einpolig zu zeichnen.

Anhang II. Warnungsschilder und Warnungstexte

Siehe Seite 261/262.

Übergangsbestimmungen für das Errichten von Starkstromanlagen mit Nennspannungen unter 1000 V

(VDE 0100 Ü / 11. 58)

Diese Übergangsbestimmungen enthalten vorübergehend zulässige Abweichungen von der zur Zeit geltenden Fassung von VDE 0100. Diese Ü-Bestimmungen traten am 1. November 1958 in Kraft.

§ 19. **Leitungen**

Kabel nach VDE 0286 „Vorschriften für probeweise verwendbare Kabel mit Metallmantel" sind ebenfalls zulässig.

Regel 1 wird durch folgende Zusätze ergänzt:

wetterfeste gummiisolierte Leitungen NGW (PR) und NFGW (PR) nach VDE 0283/12. 57 sind für feste Verlegung auf Isolierkörpern im Freien und in feuchten Räumen zugelassen. Als Hauseinführungsleitungen dürfen verwendet werden: NGW (PR) für Spannweiten bis 20 m, NFGW (PR) für Spannweiten gemäß VDE 0210 „Vorschriften für den Bau von Starkstrom-Freileitungen" und VDE 0211 „Vorschriften für den Bau von Starkstrom-Freileitungen mit Nennspannungen unter 1 kV". Beide Leitungsarten dürfen auch im Handbereich verlegt werden (siehe VDE 0210/2. 58, § 36 D. 1.1).

Fassungsadern NYFA (PR) nach VDE 0283/12. 57 sind für feste Verlegung nur innerhalb von Leuchten zugelassen. Sie dürfen jedoch nicht zum Anschluß ortsveränderlicher Stromverbraucher verwendet werden.

Fassungsadern mit erhöhter Wärmebeständigkeit N2GSA (PR) nach VDE 0283/12. 57 sind für feste Verlegung in und an Leuchten zugelassen. Sie dürfen bis zu einer Grenztemperatur von 180° C beansprucht und auch als Gummiaderschnüre verwendet werden (siehe Regel 1 Abschnitt f).

Zwillingsleitungen NYZ (PR) nach VDE 0283/12. 57 sind in trockenen Räumen zum Anschluß ortsveränderlicher Stromverbraucher bei geringen mechanischen Beanspruchungen (leichte Handgeräte) zugelassen. Sie dürfen jedoch nicht für Wärmegeräte verwendet werden.

Leichte Kunststoffschlauchleitungen NYLHY rd (PR) und NYLHY fl (PR) nach VDE 0283/12. 57 sind in trockenen Räumen zum Anschluß ortsveränderlicher Stromverbraucher bei geringen mechanischen Beanspruchungen (leichte Handgeräte) zugelassen. Für wärmeerzeugende Geräte dürfen sie nur dann verwendet werden, wenn ein Berühren der Leitung mit Teilen des Gerätes, die Temperaturen über 85° C annehmen können, ausgeschlossen ist.

Mittlere Kunststoffschlauchleitungen NYMHY (PR) nach VDE 0283/12. 57 sind in trockenen Räumen zum Anschluß ortsveränderlicher Stromverbraucher bei mittleren mechanischen Beanspruchungen, für Haus- und Küchengeräte auch in feuchten Räumen, zugelassen. Für wärmeerzeugende Geräte dürfen sie nur dann verwendet werden, wenn ein Berühren der Leitung mit Teilen des Gerätes, die Temperaturen über 85° C annehmen können, ausgeschlossen ist.

Gummiaderschnüre mit erhöhter Wärmebeständigkeit N2GSA (PR), N2GSA rd (PR), N2GSA fl (PR) und N2GSA vers (PR) nach VDE 0283/12. 57 sind in trockenen Räumen zum Anschluß ortsveränderlicher Stromverbraucher bei geringen mechanischen Beanspruchungen zugelassen. Sie dürfen bis zu einer Grenztemperatur von 180° C beansprucht werden. Einadrige Gummiaderschnüre N2GSA (PR) sind auch als Fassungsadern zulässig (siehe Regel 1 Abschnitt e).

Leitungen für freitragende Verlegung im Freien. Illuminations-Flachleitungen NIFL (PR) nach VDE 0283/12. 57 sind außerhalb des Handbereiches zum Anschluß von Illuminationsfassungen bei geringen mechanischen Beanspruchungen zugelassen (Zugbelastung der Leitung höchstens 5 kp).

§ 20 A. **Schutz von Leitungen und Kabeln gegen zu hohe Erwärmung**

In Regel 1 wird Tafel 1 ersetzt durch die auf S. 198 abgedruckte Tabelle.

§ 21. **Allgemeines über Leitungsverlegung.**

a) Für offen auf Isolierkörpern verlegte isolierte Einzelleitungen (z. B. NGA oder NYA) ist als Schutzverkleidung eine Abdeckung aus Holz zulässig. Der Abstand der Leitungen von der Holzverkleidung soll mindestens 20 mm betragen.

§ 24. **Leitungen in Gebäuden.** Zusatz zu Regel 1:

c) 1. In trockenen Räumen dürfen auch bei offen auf Isolierkörpern verlegten Einzelleitungen zwei, drei oder vier zum gleichen Stromkreis gehörende Einzelleitungen in einem gemeinsamen Schutzrohr durch Zwischenwände geführt werden, wenn Strombelastungen nach Gruppe 3 von Tafel VA nicht zu erwarten sind.

Meßgeräte nach VDE 0410

Nr.	Kurzzeichen	Benennung
F 1		**Drehspulmeßwerk** mit Dauermagnet, allgemein
F 2		**Drehspul-Quotienten-meßwerk**
F 5		**Dreheisenmeßwerk**
F 7		**Dreheisen-Quotienten-meßwerk**
F 8		**Elektrodynamisches Meßwerk** (eisenlos)
F 9		Desgl. eisengeschlossen
F 10		**Elektrodynamisches Quotientenmeßwerk** (eisenlos)
F 11		Desgl. (eisengeschlossen)
F 12		**Induktionsmeßwerk**
F 13		**Induktions-Quotienten-meßwerk**
F 14		**Hitzdrahtmeßwerk**
F 16		**Elektrostatisches Meßwerk**
F 17		**Vibrationsmeßwerk**
F 18		**Thermoumformer,** nicht isoliert
F 20 a		**Desgl. mit Drehspul-meßwerk**
F 19		**Isolierter Thermo-umformer**
F 20 b		**Desgl. mit Drehspul-meßwerk**
F 21		**Gleichrichter**
		Desgl. mit Drehspul-meßwerk
F 28		**Eisenschirm für Meßgeräte.** Abschirmung von Fremdfeldern. Eisenblechgehäuse gilt nicht als Abschirmung.

Nr.	Kurzzeichen	Benennung
B 1		Gleichstrom
B 2		Wechselstrom
B 3		Gleich- u. Wechselstrom (Allstr.)
B 4		Drehstrom-Meßgerät mit 1 Meßwerk
B 5		Drehstrom-Meßgerät mit 2 Meßwerken
B 6		Drehstrom-Meßgerät mit 3 Meßwerken
D 1		senkrechte Nennlage
D 2		waagerechte Nennlage
D 3		schräge Nennlage
	60°	Desgl. mit Neigungswinkelangabe
F 32		**Nulleinstellung**
C 1		**Prüfspannung 500 V** Schwarz umrandeter Stern

Sternzeichen	Nennspannung *Un* des Meßgerätes	Prüfspannung *Up*
ohne Zahl	bis 40 V	500 V
mit „ 2	über 40 „ 650 V	2 000 V
„ „ 5	„ 650 „ 1 500 V	5 000 V
„ „ 10	„ 1 500 „ 3 000 V	10 000 V
„ „ 20	„ 3 000 „ 6 000 V	20 000 V
„ „ 30	„ 6 000 „ 10 000 V	30 000 V
„ „ 50	„ 10 000 „ 15 000 V	50 000 V
Up in kV	„ 15 000	2,2 *Un* + 20 000 V
mit Zahl 2	Instrument zum Anschluß an Meßwandler	2 000 V

Klasseneinteilung: Arten der Geräte	Klassenzeichen	Zulässige Anzeigefehler der Meßgeräte	
Feinmeßgeräte	0,1	± 0,1	% vom Meßbereich-Endwert
	0,2	± 0,2	
	0,5	± 0,5	
Betriebsmeßgeräte	1,0	± 1,0	
	1,5	± 1,5	
	2,5	± 2,5	
	5	± 5	

Die gleichen Abweichungen in % sind zulässig bei:
1) Leistungsmessern mit Phasenverschiebung 90°,
2) Änderung d. Raum-(Bezugs-)temper. um ± 10° C,
3) Änderung d. Frequenz um ± 0,1% d. Nennfrequenz.

Vorstehende Fehlergrenzen gelten für Meßgeräte einschl. der zugehörigen Neben- u. Vorwiderstände. — Getrennt gelieferte Widerstände sollen nachstehend angegebenen Genauigkeitsklassen angehören.

Fehlergrenzen getrennt gelieferter Widerstände

Neben- u. Vorwiderstandsklasse	Abweichung vom Nennwert bzw. Belastungswert zwischen +10° u. 30°C.
0,05; 0,1; 0,2; 0,5	±0,05; ±0,1; ±0,2; ±0,5% v. Nennw.

1,5 50 2 $\frac{6000}{100}$ V; $\frac{10}{5}$ A

Beispiel für einen Leistungszeiger:
Senkrechte Lage; Betriebsmeßgerät Kl. 1,5; Drehstrom 50 Hz mit 2 Meßwerken; Prüfspannung 2000 V für Spannungswandler 6000/100 V und Stromwandler 10/5 A.

21

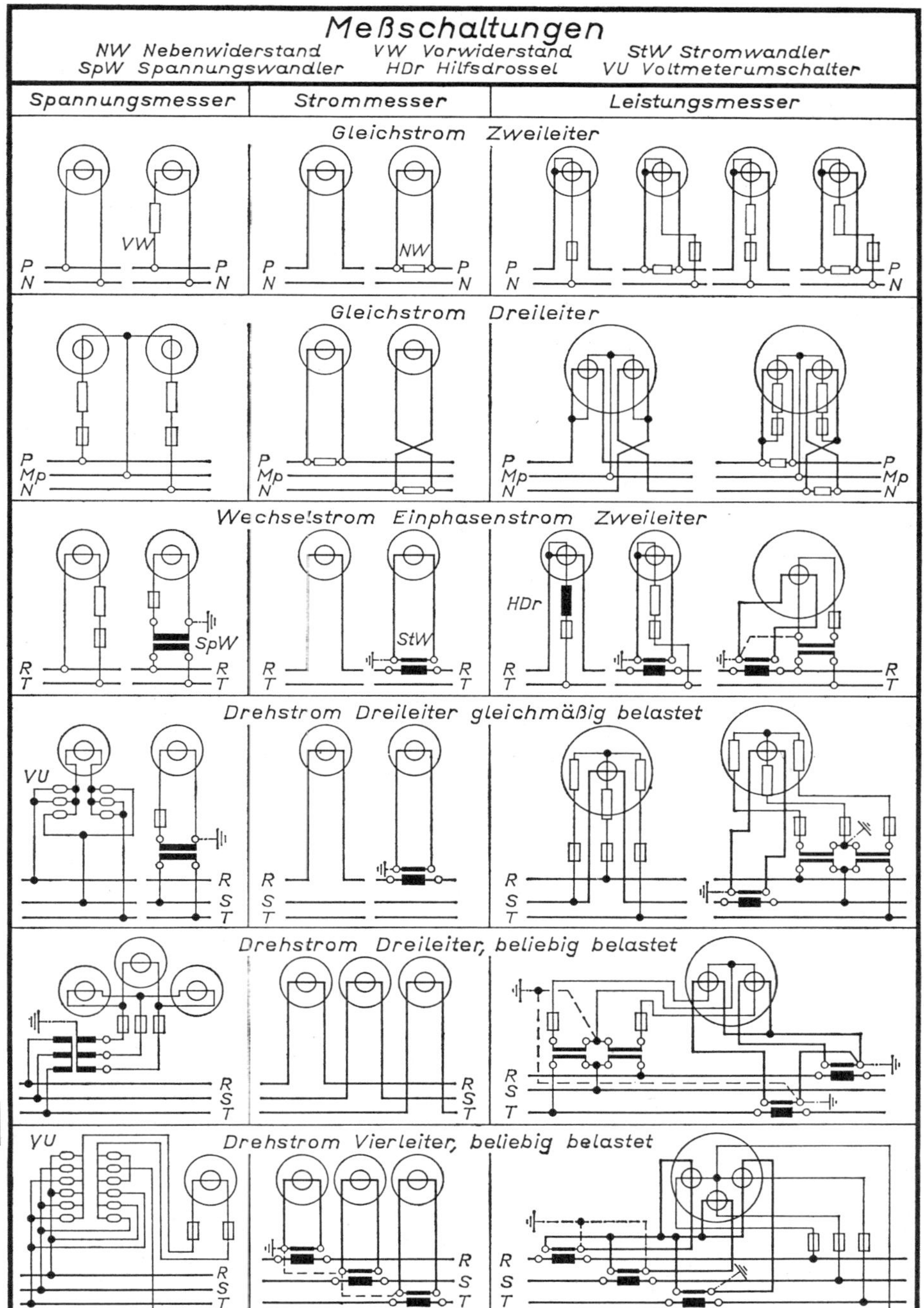
Meßschaltungen
NW Nebenwiderstand VW Vorwiderstand StW Stromwandler
SpW Spannungswandler HDr Hilfsdrossel VU Voltmeterumschalter
Spannungsmesser
Strommesser
Leistungsmesser
Gleichstrom Zweileiter
VW
NW
P
N
Gleichstrom Dreileiter
P
Mp
N
Wechselstrom Einphasenstrom Zweileiter
SpW
StW
HDr
R
T
Drehstrom Dreileiter gleichmäßig belastet
VU
R
S
T
Drehstrom Dreileiter, beliebig belastet
R
S
T
VU
Drehstrom Vierleiter, beliebig belastet
R
S
T
Mp

21

Isolations-Meßschaltungen

gegen Erde

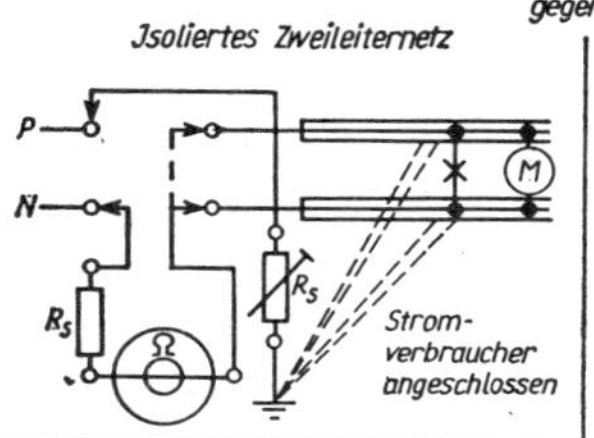

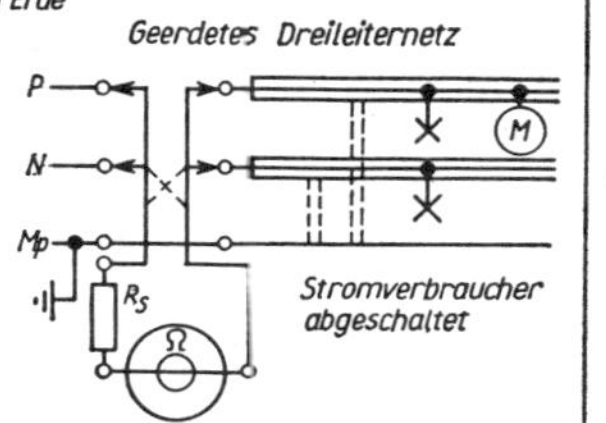

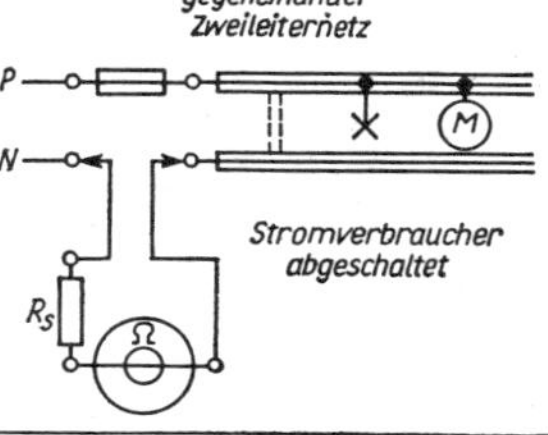

Mit dem Kurbelinduktor J Jnduktor T Einstelltaste

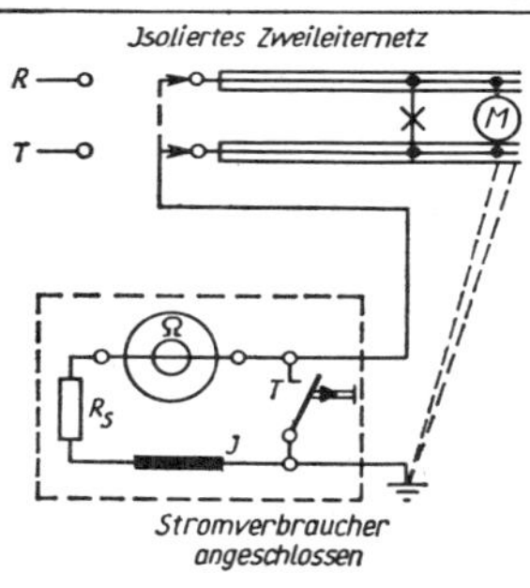

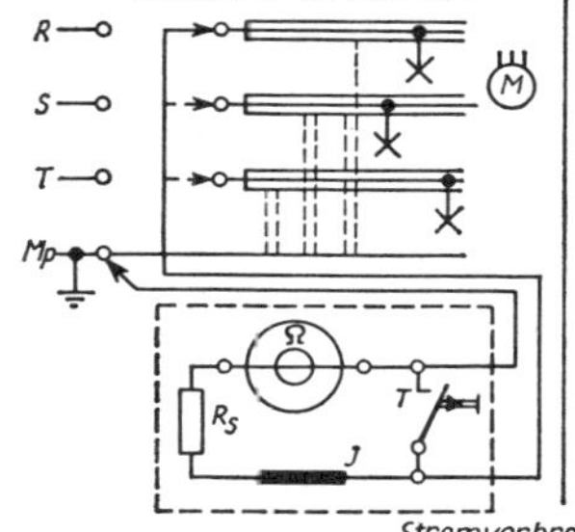

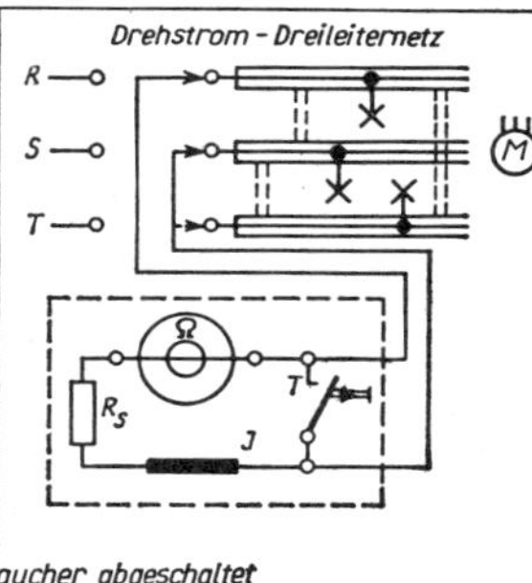

Stromverbraucher abgeschaltet

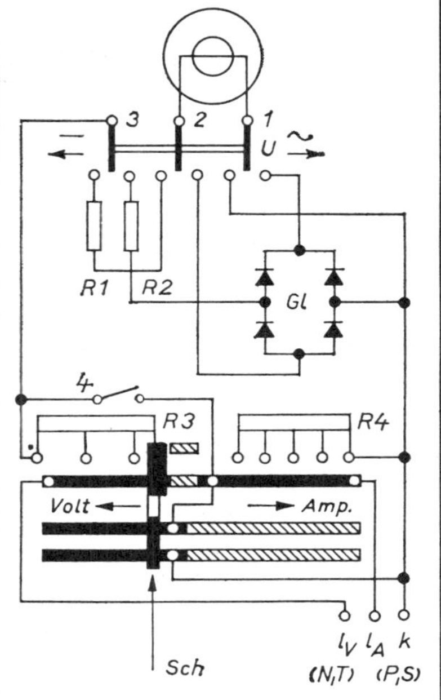

Strom- und Spannungsmesser

für Gleich- und Wechselstrom (Multavi)

Zur Messung verschieden hoher Spannungen und verschieden hoher Ströme mit demselben Meßgerät wird an das Meßwerk ein angezapfter Vorwiderstand *R* 3 bzw. Nebenwiderstand *R* 4 geschaltet. Bei Stellung des Umschalters *U* links werden Gleichspannungen bzw. Gleichströme gemessen. Bei Stellung *U* rechts ist das Meßwerk an Trockengleichrichter *Gl* (siehe Seite 143) angeschlossen; es werden Wechselspannungen bzw. Wechselströme gemessen.

1. Strommessung bei Gleichstrom:

Klemme *k* an Pol (*P*); l_A an Zuleitung zum Verbraucher (z. B. Motor); *U* nach links; Schieber *Sch* nach rechts, Kontakt 4 geschlossen. Hauptstromlauf: (*P*), *k*, *R* 4 *Sch*, l_A, zu Verbraucher, Pol *N*. Meßstromkreis: *R* 4, *U* 1. Meßgerät, *U* 2, *R* 1, *U* 3, 4, *Sch*, *R* 4.

2. Strommessung bei Wechselstrom:

Anschluß wie vor, jedoch *U* nach rechts, Hauptstromlauf wie bei 1. Nebenstromkreis: *R* 4, *Gl*, *R* 2, *U* 3, 4, *Sch*, *R* 4. Gleichrichterkreis: *Gl*, *U* 1, Meßgerät, *U* 2, *Gl*.

3. Spannungsmessung bei Gleichstrom:

Klemme *k* an Pol (*S*); l_V an Pol (*N*); *U* nach links; Schieber *Sch* nach links, Kontakt 4 offen. Meßstromkreis: (*P*), *k*, *U* 1, Meßgerät, *U* 2, *R* 1, *U* 3, *R* 3, *Sch*, l_V, (*N*).

4. Spannungsmessung bei Wechselstrom:

Anschluß wie bei 3, jedoch *U* nach rechts. Hauptkreis: (*S*), *k*, *Gl*, *R* 2, *U* 3, *R* 3, *Sch*, l_V, (*T*); Gleichrichterkreis wie bei 2.

Anmerkung: Bei den Spannungsmessungen sind *k* u. l_A kurzgeschlossen.

21

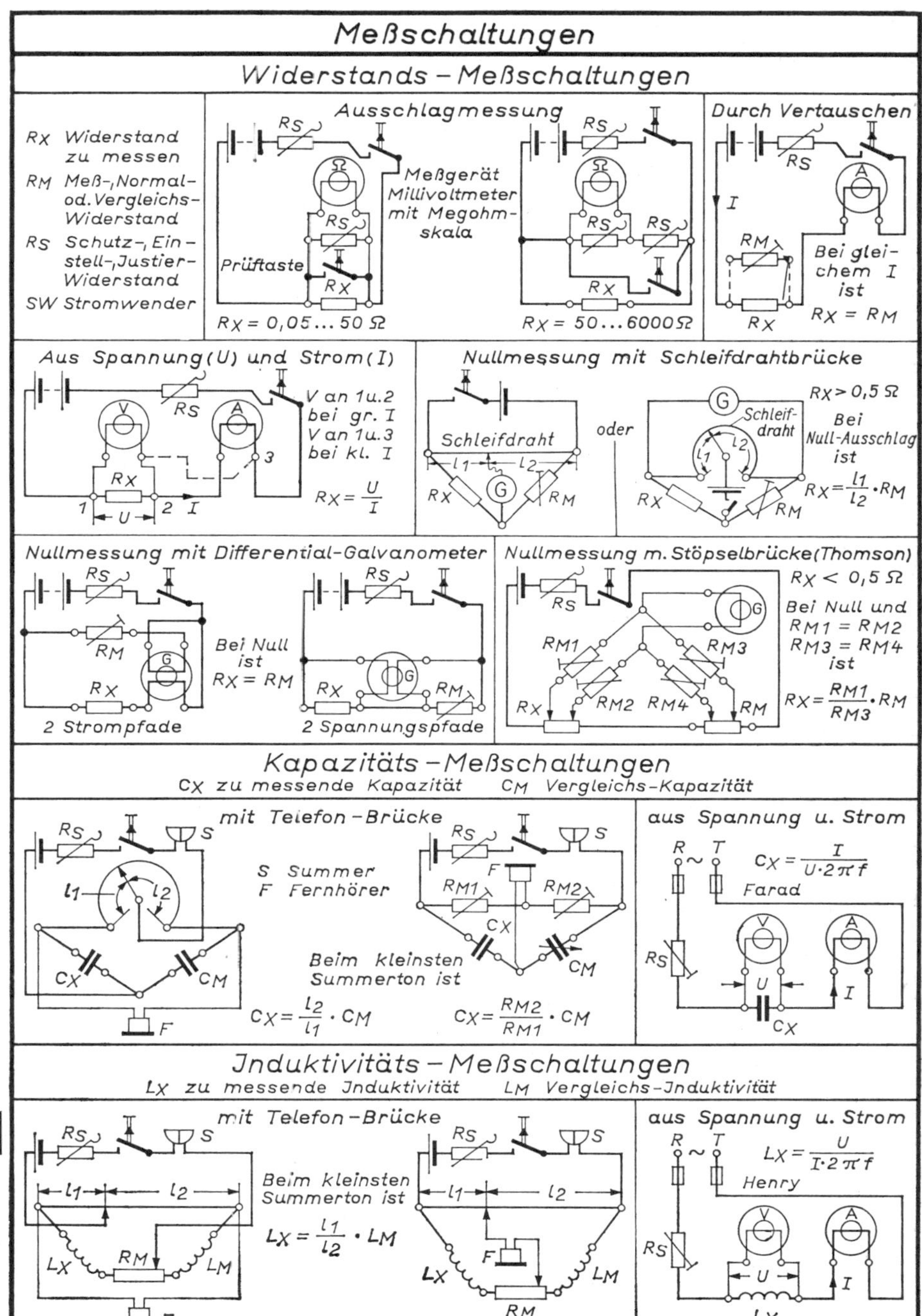

Meßschaltungen
Widerstands – Meßschaltungen
RX Widerstand zu messen
RM Meß-, Normal- od. Vergleichs-Widerstand
RS Schutz-, Einstell-, Justier-Widerstand
SW Stromwender
Ausschlagmessung
Meßgerät Millivoltmeter mit Megohmskala
Prüftaste
RX = 0,05 … 50 Ω
RX = 50 … 6000 Ω
Durch Vertauschen
Bei gleichem I ist
RX = RM
Aus Spannung (U) und Strom (I)
V an 1 u. 2 bei gr. I
V an 1 u. 3 bei kl. I
RX = U/I
Nullmessung mit Schleifdrahtbrücke
Schleifdraht
oder
RX > 0,5 Ω
Bei Null-Ausschlag ist
RX = l1/l2 · RM
Nullmessung mit Differential-Galvanometer
Bei Null ist
RX = RM
2 Strompfade
2 Spannungspfade
Nullmessung m. Stöpselbrücke (Thomson)
RX < 0,5 Ω
Bei Null und
RM1 = RM2
RM3 = RM4
ist
RX = RM1/RM3 · RM
Kapazitäts – Meßschaltungen
CX zu messende Kapazität
CM Vergleichs-Kapazität
mit Telefon-Brücke
S Summer
F Fernhörer
Beim kleinsten Summerton ist
CX = l2/l1 · CM
CX = RM2/RM1 · CM
aus Spannung u. Strom
CX = I/(U·2πf)
Farad
Jnduktivitäts – Meßschaltungen
LX zu messende Jnduktivität
LM Vergleichs-Jnduktivität
mit Telefon-Brücke
Beim kleinsten Summerton ist
LX = l1/l2 · LM
aus Spannung u. Strom
LX = U/(I·2πf)
Henry

21

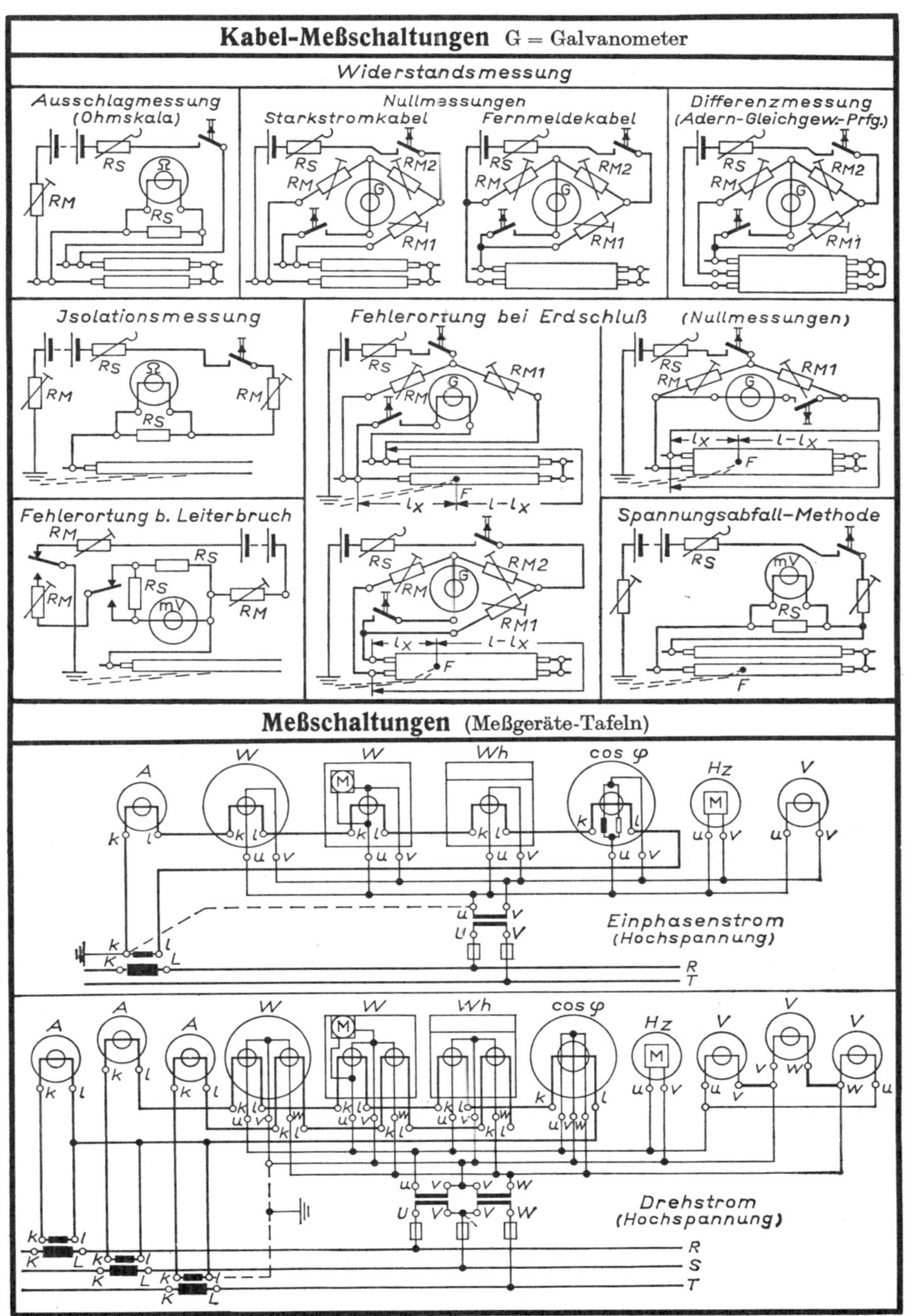
Kabel-Meßschaltungen G = Galvanometer
Widerstandsmessung
Ausschlagmessung (Ohmskala)
Nullmessungen
Starkstromkabel
Fernmeldekabel
Differenzmessung (Adern-Gleichgew.-Prfg.)
RS
RM
RM1
RM2
G
Jsolationsmessung
Fehlerortung bei Erdschluß (Nullmessungen)
Fehlerortung b. Leiterbruch
Spannungsabfall-Methode
mV
F
lx
l-lx
Meßschaltungen (Meßgeräte-Tafeln)
A
W
Wh
cos φ
Hz
V
M
k
l
u
v
U
V
K
L
R
T
Einphasenstrom (Hochspannung)
w
W
S
Drehstrom (Hochspannung)
21

Meßgeräte

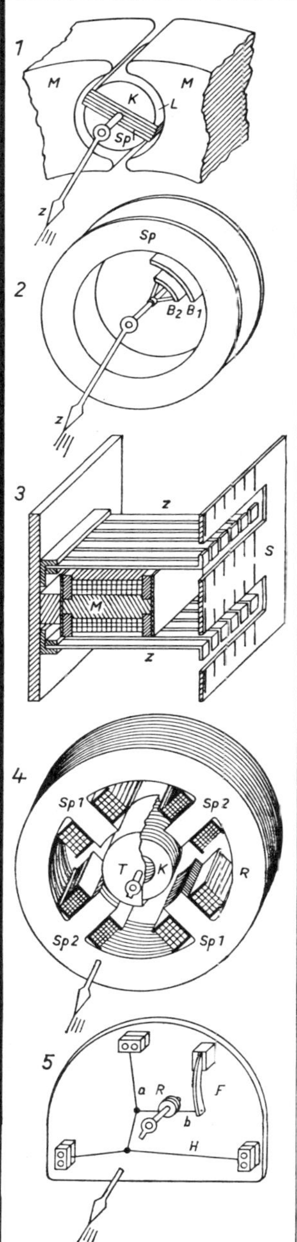

1. Drehspul-Meßgerät

Die auf ein Aluminiumrähmchen gewickelte, drehbar gelagerte Spule *Sp* ist mit einem Zeiger *Z* fest verbunden. Stromzuführung durch zwei Spiralfedern (nicht gezeichnet). Wird Spule *Sp* von Strom durchflossen, so dreht sie sich im Luftspalt *L* zwischen Dauermagnet *M* und feststehendem Weicheisenkern *K*. Die Stromzuführungsfedern erzeugen dabei eine Gegenkraft (Richtkraft). Der Zeigerausschlag ist verhältnisgleich der Stromstärke. Zeigerschwingungen, die bei plötzlichen Stromänderungen entstehen, werden durch Wirkung von Wirbelströmen gedämpft, die bei Drehung im Aluminiumrähmchen entstehen. — Bei neueren Drehspul-Meßgeräten ist der Kern *K* als Dauermagnet (Sonderlegierung) ausgeführt. Die magnetischen Feldlinien schließen sich über einem um die Drehspule gestülpten Zylinder aus Weicheisen. Vorteil: leichte, kleine Bauweise. Meßgenauigkeit bis Klasse 0,1.

Anwendung nur bei Gleichstrom. Die Skala ist gleichmäßig unterteilt. Für Messung stärkerer Ströme wird parallel zur Drehspule ein Nebenwiderstand (Shunt) geschaltet, für Spannungsmessung ein Widerstand vorgeschaltet. Meßbereiche innerhalb 1 mA···1000 A und 45 mV···1500 V. Von Temperatur- und Fremdfeld-Einfluß unabhängig. **Ausführung** häufig als Präzisions-Instrument für genaue Messungen. Da der Zeigerausschlag bei Umkehr der Stromrichtung entgegengesetzt ist, kann man das Gerät auch als Stromrichtungszeiger verwenden (Nullage in Skalenmitte). Drehspul-Meßgeräte mit Meßgleichrichtern dienen zu Wechselstrommessungen. Die Wechselstromskala ist ungleichmäßig geteilt. Siehe S. 269.

1a. Kreuzspul-Meßgerät

Aufbau des magnetischen Teils wie bei Drehspul-Meßgeräten. Länge des Luftspalts über Umfang ungleich. Zwei gekreuzte Drehspulen sind mit dem Zeiger fest verbunden. Praktisch ist keine Richtkraft vorhanden. An der Skala wird der Quotient der beiden Spulenströme (Strom- u. Spannungspfad) angezeigt. Anwendung: Widerstandsmessung, Fernmessung.

2. Dreheisen-(Weicheisen-)Meßgerät

In der Spule *Sp* befindet sich ein festliegendes, trapezförmiges Weicheisenblech B_1 und ein drehbar gelagertes Weicheisenblech B_2, das mit dem Zeiger *Z* verbunden ist. Bei stromdurchflossener Spule *Sp* entstehen in B_1 und B_2 gleichnamige Magnetpole. Die Blechstücke stoßen einander ab. Als Gegenkraft (Richtkraft) wirkt eine stromlose (nicht gezeichnete) Spiralfeder. Zeigerschwingungen werden durch Luftdämpfung (Flügelkolben im Zylinder) verhindert.

Anwendung bei Gleich- oder Wechselstrom. Erweiterung des Meßbereichs bei Spannungsmessung durch Vorwiderstand. Verwendung eines Nebenwiderstandes bei Strommessung führt zu Meßfehlern. Etwa gleichmäßige Teilung beginnt i. allg. bei 20% des Skalenendwertes. Ausführung als billiges Betriebsmeßgerät.

3. Frequenzmesser

Vor den Polen eines Elektromagnets *M* sind zwei Reihen von Stahlzungen *Z* angeordnet. Weiter rechts stehende Zungen haben eine etwas höhere Eigenschwingungszahl als die benachbarten linken Zungen. Werden die Windungen von *M* von Wechselstrom durchflossen, so kommt jene Stahlzunge in Schwingung, deren Eigenschwingungszahl der Frequenz des Wechselstromes entspricht. Das umgebogene freie Zungenende erscheint dadurch an der Skalenplatte *S* als kurzes Band.

4. Induktions-Meßgerät (Ferraris)

Die phasenverschobenen Ströme in den Spulenpaaren *Sp* 1 und *Sp* 2 (Strom- und Spannungspfad) erzeugen (wie bei einem Kurzschlußläufermotor) ein Drehfeld. Die magnetischen Feldlinien schließen sich innen über den geblätterten Kern *K*, außen über den geblätterten Polring *R*. In der Aluminiumtrommel *T* werden durch das Drehfeld Wirbelströme induziert, die die Trommel drehen. Als Gegenkraft wirken zwei stromlose Spiralfedern. Die verlängerte Trommel *T* wird von zwei Dauermagneten umschlossen. Bei Drehung entstehen in *T* Wirbelströme, wodurch Zeigerschwingungen gedämpft werden.

Anwendung bei Wechselstrom. Bei Verwendung als Leistungsmesser wird Spulenpaar *Sp* 1 vom Verbraucherstrom durchflossen; Spulen *Sp* 2 liegen an der Verbraucherspannung. Die Skala ist gleichmäßig unterteilt. Da dieses Meßgerät frequenzabhängig ist, wird es kaum noch verwendet, vielmehr dienen als Leistungsmesser die elektrodynamischen Meßgeräte (s. Bild 9 u. 10).

5. Hitzdraht-Meßgerät

Die Hitzdraht-Meßgeräte, bei denen die durch die Stromwärme veränderliche Länge des Hitzdrahtes auf die Zeigerachse übertragen wird, sind jetzt meist durch die Thermoumformer-Meßgeräte abgelöst worden.

5a. Thermoumformer-Meßgerät

Das Drehspul-Gerät *DS* (Bild 1) erhält seinen Gleichstrom über einen Abgleichwiderstand *R* aus einem Thermoelement *Th*, das an seiner Lötstelle *Ls* durch einen Heizdraht *H* erwärmt wird (Thermoumformer). Die Spannung (und damit der Strom im Gerätekreis) des Thermoelements steht in einem bestimmten Verhältnis zu der an seiner Lötstelle herrschenden Temperatur. Diese Temperatur ist von dem im Heizdraht fließenden Strom (und damit von der an den Heizdrahtenden herrschenden Spannung) abhängig. Meßgenauigkeit bis Klasse 0,5. Das Gerät ist frequenzunabhängig und in mäßigen Grenzen überlastbar. Der Thermoumformer kann auch als besonderes Gerät ausgeführt werden.

Anwendung: als Hochfrequenz-Strom- oder -Spannungsmesser.

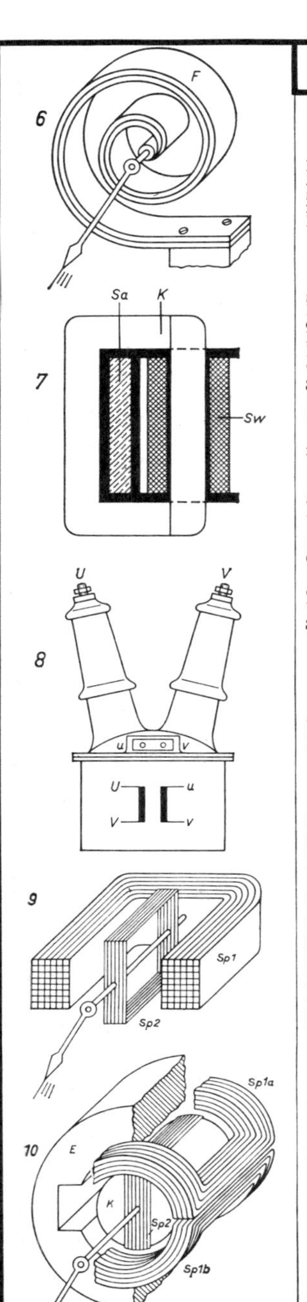

Meßgeräte

6. Bimetall-Meßgerät

Die aus zwei Metallen verschiedener Wärmeausdehnung bestehende Bimetall-Spiralfeder *F* wird durch die Stromwärme gestreckt und dreht den Zeiger. Die Feder hat große Gegenkraft und Dämpfung. Eine entgegengesetzt wirkende stromlose Bimetall-Kompensationsfeder (nicht gezeichnet) macht das Gerät unabhängig von der Raumtemperatur. Anwendung als Hochstrommesser bei Gleich- oder Wechselstrom.

Meßwandler (s. a. S. 139)

Meßwandler sind Transformatoren mit hochlegierten Blechen (große Meßgenauigkeit) zur Herabsetzung von Hochströmen (Stromwandler) oder Hochspannungen (Spannungswandler) auf einen niedrigen Meßstrom bzw. eine niedrige Meßspannung. Die Fehlergrenzen in %, die bis zu der auf dem Leistungsschild angegebenen Belastung gewährleistet werden, sind aus der Klassenbezeichnung ersichtlich. Z. B. entsteht durch einen Meßwandler der Klasse 0,2 ein Meßfehler von höchstens 0,2%.

Stromwandler-Nennstromstärken:

Primär (Klemmen K-L): 5, 10, 20, 50, 75, 100, 150, 200, 300, 400, 500, 600, 700, 800, 1000 A.

Sekundär (Klemmen k-l): 5 A für alle Primärstromstärken (in Sonderfällen auch 1 A).

7. Schienenstromwandler

zum Einbau in Sammelschienen (Sammelschiene *Sa* ist Primärwicklung, *K* Eisenkern, *Sw* Sekundärwicklung).

Isolierte Trocken- oder Ölwandler. Durchführungs-(Querloch-) und Stützerwandler (in Durchführungen oder in Stützer eingebaut, auch mit Ölisolation).

Der Sekundärstromkreis der Stromwandler darf keine Sicherungen erhalten. Beim Ausbau des Meßgerätes ist der Sekundärkreis des Wandlers vorher kurzzuschließen.

Spannungswandler-Nennspannungen:

Primär (Klemmen U-V (W)): Alle genormten Nennspannungen (s. S. 121).
Sekundär (Klemmen u-v (w)): 100 V für alle Primärspannungen.

8. Masseisolierte Topfwandler

oder Stützerwandler. Für Drehstrom werden die Wandler in V- oder Y-Schaltung mit 3 Primär- und 3 Sekundärklemmen gebaut. Beim Ausbau des Meßgerätes bleiben die Sekundärklemmen des Wandlers offen.

9. Eisenlose elektrodynamische Meßgeräte

Das magnetische Feld der feststehenden Feldspule *Sp* 1 dreht die mit dem Zeiger verbundene Drehspule *Sp* 2 so, daß deren magnetisches Feld in der gleichen Richtung verläuft wie für *Sp* 1. Die Gegenkraft entsteht durch zwei Stromzuführungs-Spiralfedern (nicht gezeichnet). Dämpfung durch Luftreibung, z. B. Flügelkolben in Zylinder.

Anwendung für **Gleich- oder Wechselstrom** bis etwa 100 Hz. Als Spannungsmesser liegen Spulen *Sp* 1 und *Sp* 2 mit einem Vorwiderstand in Reihe. Als Strommesser bis 5 A liegen *Sp* 1 und *Sp* 2 in Reihe, bei höheren Stromstärken parallel. Vielfach wird ein Stromwandler verwendet. Skalenteilung für Strom- oder Spannungsmesser ungleichmäßig. — Als Leistungsmesser ist *Sp* 1 Stromspule, *Sp* 2 Spannungsspule; Skalenteilung gleichmäßig. Eichung mit Gleichstrom. Der Einfluß magnetischer Fremdfelder auf die Anzeige ist bei **eisengeschirmten** elektrodynamischen Meßgeräten gering. — **Astatische** Meßgeräte sind gegen Fremdfelder praktisch unempfindlich. Bei diesen Geräten sind zwei gleichartige Meßwerke mit der Zeigerachse gekuppelt. Die Spulen der beiden Meßwerke werden in entgegengesetztem Sinn vom Strom durchflossen.

10. Eisengeschlossene elektrodynamische Meßgeräte

Die Wirkungsweise des Gerätes ist die gleiche wie beim vorher beschriebenen eisenlosen Meßgerät. Die feststehende Spule *Sp* 1 ist zum Unterschied von voriger Bauart in zwei Formspulen *Sp* 1a und *Sp* 1b unterteilt, die in dem geblätterten Eisenmantel *E* eingebettet sind. Die Drehspule *Sp* 2 enthält einen feststehenden Eisenkern *K*. Solche Geräte haben ein größeres Drehmoment als die eisenlose Ausführung. Gegenkraft und Dämpfung wie bei Nr. 9. Meßgenauigkeit Klasse 0,2.

21

10a. Leistungsfaktormesser

Eine Sonderbauart von elektrodynamischen Meßgeräten dient zur Messung des Leistungsfaktors ($\cos \varphi$). Die feststehenden Spulen werden vom Meßstrom durchflossen. Mit dem Zeiger sind zwei um 90° gegeneinander versetzte Drehspulen (Spannungsspulen) verbunden, deren Drehmomente einander entgegenwirken. Der Zeigerausschlag ist verhältnisgleich zum Phasenwinkel φ. Bei induktiver bzw. kapazitiver Belastung Ausschlag im entgegengesetzten Sinne. Bei stromlosem Gerät ist praktisch keine Richtkraft vorhanden.

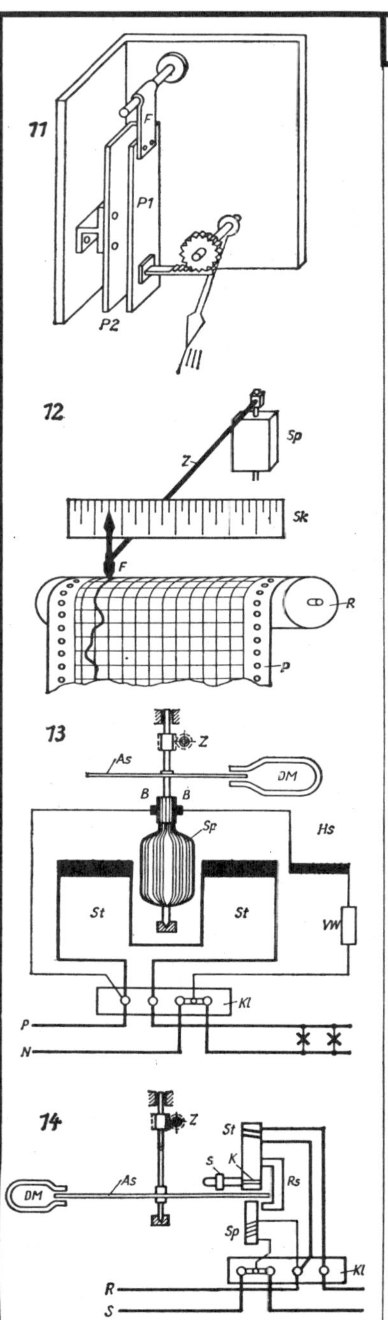

Meßgeräte

11. Elektrostatisches Meßgerät

Bei angeschlossener Spannung wird die bewegliche Platte *P1* von der feststehenden Platte *P2* abgestoßen. Der Ausschlag wird auf den Zeiger übertragen. Gegenkraft durch Blattfeder *F*, Dämpfung durch Wirbelstromwirkung oder Luftkolben. Verwendung zu Hochspannungsmessungen.

Multizellularvoltmeter sind auch für kleinere Spannungen (über rd. 50 V) verwendbar. Ein drehbares, mit dem Zeiger verbundenes Plattensystem greift kammartig in ein feststehendes zweites Plattensystem ein und wird bei angelegter Spannung hineingedreht.

Anwendung elektrostatischer Meßgeräte als Spannungsmesser bei **Gleich- oder Wechselstrom.** Die Geräte nehmen praktisch keinen Strom auf.

12. Schreibende Meßgeräte

Linienschreiber: Der von der Spule *Sp* des Meßgerätes bewegte Zeiger *Z* trägt einen Farbstift *F*, der die Zeigerstellungen auf einem Papierstreifen *P* laufend aufträgt. Die Rolle *R*, die den Papierstreifen an dem Farbstift vorbeibewegt, wird durch ein Uhrwerk (meist mit Selbstaufzug) angetrieben.

Punktschreiber: Die jeweilige Zeigerstellung wird durch einen Fallbügel etwa alle 20 Sekunden auf dem bewegten Papierstreifen punktförmig markiert.

13. Gleichstromzähler

Motorzähler: Der Wattstundenzähler ist ein Wattmeter mit umlaufender Spannungsspule (Motoranker). Der Strompfad wird durch die Stromspulen *St* gebildet. Der Spannungspfad besteht aus einem Motoranker *Sp* mit den Bürsten *B*, einem Vorwiderstand *VW* und einer Hilfsspule *Hs*, die die mechanischen Verluste des Motors ausgleicht und den Anlauf sichert. Die vom Motor geleistete mechanische Arbeit wird abgebremst durch die Wirbelstromerzeugung in der zwischen den Polen des Dauermagneten *DM* umlaufenden Aluminiumscheibe *As*. Die Umlaufgeschwindigkeit des Ankers ist verhältnisgleich der dem Netz entnommenen Leistung. Die vom Zählwerk *Z* angezeigte Gesamtzahl der Umdrehungen in der Zeit *t* ist daher ein Maß für die in dieser Zeit aus dem Netz entnommene Arbeit.

Amperestundenzähler: An die Stelle der Stromspulen *St* tritt ein Dauermagnet. Der Spannungspfad fällt fort, und der Motoranker *Sp* wird als Strompfad ausgebildet.

Elektrolytischer Amperestundenzähler: Eine Quecksilbersalzlösung wird durch den Strom zersetzt. Das ausgeschiedene Quecksilber sammelt sich in einer nach Ah geeichten Glasröhre. Durch Kippen der Röhre nach Erreichen des Skalen-Endwertes gelangt das Quecksilber wieder in den Zersetzungsraum.

14. Wechselstromzähler

Die Wechselstrom-Motor-Zähler sind fast ganz durch die Induktionszähler verdrängt, die den Vorteil haben, daß Meßstrom und -spannung feststehenden Spulen auf Kernen aus lamellierten Blechen zugeführt werden, also nicht rotierenden Teilen. Durch die beiden Wechselfelder der gegeneinander versetzten Stromspule *St* und Spannungsspule *Sp* entstehen in der Al-Scheibe Wirbelströme, die ein Drehmoment verhältnisgleich $U I \cos \varphi$ erzeugen (Wirkleistung). Das Magnetfeld schließt sich außen über den Rückschlußbügel *Rs*. Der Stromkern trägt noch eine Kurzschlußwicklung *K*, deren Induktivität durch die Schnalle *S* so abgeglichen wird, daß der Zähler bei dem Leistungsfaktor $\cos \varphi =$ Null des Netzstromes stillsteht. Die Abbremsung der Leistung durch den Dauermagneten *DM* und das Zählwerk sind die gleichen wie bei den Motorzählern (Kl = Klemmenbrett).

15. Drehstromzähler

Sie stellen eine Kombination von 2 oder 3 Wechselstrom-Induktionszählern dar, die auf die gemeinsame Zählerwelle arbeiten und daher die Leistungen der 3 Phasen addieren. Schaltung siehe „Elektrizitätszähler". Durch Änderung des Anschlusses der Spannungsspulen lassen sie sich als Blindverbrauchs-(sin φ-) Zähler schalten und messen dann $U I \sin \varphi$. Für Verrechnung der Grundgebühr (¼-Std.-Maximum) erhalten die kWh-Zähler einen Schleppzeiger, dessen Mitnehmer von der Zählerwelle über ein Rädervorgelege während jeder ¼ Std. auf einer kW-Skala vorwärtsgeschoben, dann entkuppelt und auf Null zurückgestellt wird (Schaltuhr). Damit wird die mittlere entnommene Leistung erfaßt. Aus den Ablesungen des kWh- und sin φ-Zählers läßt sich der mittlere cos φ und hieraus die zu bezahlende kVA-Höchstbelastung berechnen:

$$\tan \varphi = \frac{\text{Blind-kWh}}{\text{Wirk-kWh}}\text{; hieraus } \cos \varphi = \frac{1}{\sqrt{1+\tan^2 \varphi}}\text{;}$$

$$\text{kVA} = \frac{\text{kW-Höchstlast}}{\cos \varphi}.$$

Schräge Normschrift nach DIN 16 (8.40)

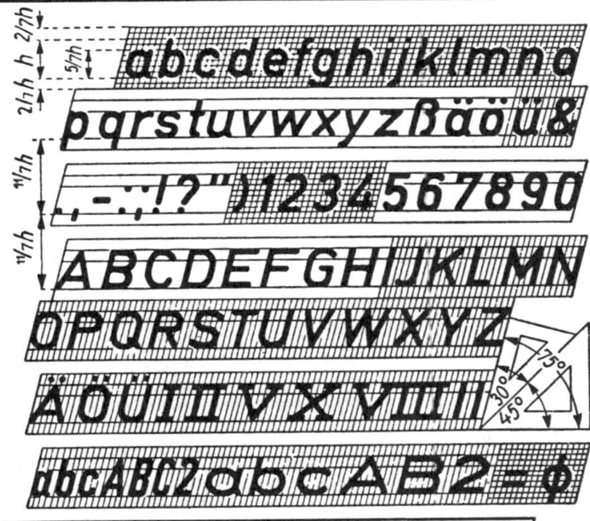

Nennhöhen h = 2 2,5 3 4 5 6 8 10 12 16 20 25 mm. Röm. Ziffern können auch ohne Köpfe und Füße geschrieben werden. Buchstabenabstand $^2/_7\ h$ oder weniger. Kursive Eng- und Breitschriften sind weniger gebräuchlich. Zeilenabstand $^{11}/_7\ h$ nur bei fortlaufendem Text, sonst größer. Strichdicke $\approx {}^1/_7\ h$.

In dieser Norm sind lediglich die für alle Arten von techn. Zeichnungen, auch für gedruckte Maßskizzen, gedruckte Zeichnungen und Normblätter vorzugsweise zu verwendeten Blattgrößen A 0 bis A 6 und die Maßstäbe für Zeichnungen angegeben. Die Blätter aller Größen können in Hoch- und Querlage verwendet werden. Die Zeichnungsvordrucke sind nach DIN 6771 oder DIN 6781 auszuführen; in diesen Normen sind auch die Lage des Schriftfeldes und der Heftrand angegeben. **Maßstäbe:** 1:2,5 1:5 1:10 1:20 1:50 1:100 1:200 1:500 1:1000 für Verkleinerungen. 2:1 5:1 10:1 für Vergrößerungen. Natürliche Größe M 1:1.

Blattgrößen, Maßstäbe nach DIN 823

Blattgrößen nach DIN 476 Reihe A	Beschnittene Zeichnung bzw. Lichtpause (Fertigblatt)	Zeichenfläche	Unbeschnittenes Blatt Kleinstmaß
A 0	841 × 1189	831 × 1179	880 × 1230
A 1	594 × 841	584 × 831	625 × 880
A 2	420 × 594	410 × 584	450 × 625
A 3	297 × 420	287 × 410	330 × 450
A 4	210 × 297	200 × 287	240 × 330
A 5	148 × 210	138 × 200	165 × 240
A 6	105 × 148	95 × 138	120 × 165

Farbe der Darstellung. Die Stammpausen sind in schwarzen Linien und in schwarzer Schrift auszuführen; sie müssen in jeder Beziehung so vollständig sein, daß in den Vervielfältigungen (Blaupausen, Weißpausen, Drucken usw.) besondere Farben entbehrt werden können. Ausnahmen sind nur zur Angabe von Farbanstrichen und für Zeichnungen, die in einer Farbe nicht klar und übersichtlich wirken, zulässig.

Zeichnungen, Faltung auf A 4 für Ordner nach DIN 824 (1.56)

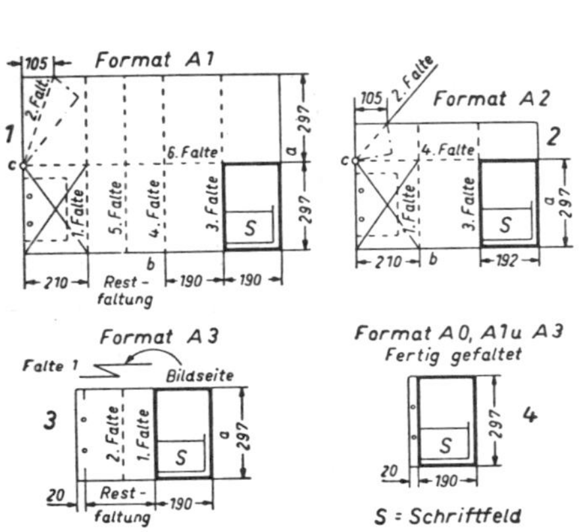

Für das Einheften in Ordner für Format A 4 sind die Zeichnungen wie folgt zu falten:

1. Das Schriftfeld muß stets oben und in richtiger Lage sichtbar sein (Bild 2).
2. Bei Beginn des Faltens muß für die Formate A 0 bis A 2 die Breite 210 mm (Falte 1) festgehalten werden, und zwar zweckmäßig durch Auflegen einer Schablone 210 × 297 mm.
3. Von c aus wird ein dreieckiges Stück der Zeichnung zurückgefaltet (Falte 2), damit bei der vollständig zusammengelegten Zeichnung nur das links unten durch ein Kreuz bezeichnete Feld gelocht oder festgeheftet wird (Bild 4).
4. Die Zeichnung wird von Seite a ausgehend auf 190 mm Breite (A 2 auf 192 mm) zweckmäßig mit einer Schablone nach links weitergefaltet. Der bei dem Falten nicht aufgehende Teil wird halbiert eingefaltet und bringt so den Zeichnungsteil mit dem Schriftfeld obenauf.
5. Die entstandenen Streifen werden von Seite b aus (Bild 1 und 4) gefaltet.

Zur Loch- und Heftrandverstärkung kann ein Karton in Größe A 5 = 148 × 210 auf die Rückseite des zu lochenden Zeichnungsteiles geklebt werden.

Bei Beachtung vorstehender Regeln ist auch das Falten jeder beliebigen Blattgröße möglich. Im allgemeinen ist nicht zu empfehlen, größere Zeichnungen als A 1 in Akten einzulegen oder einzuheften.

22

Passungen

Die bei der Bearbeitung von Werkstücken unvermeidlichen Abweichungen von den vorgeschriebenen Maßen werden **Herstellungstoleranzen** genannt. Im internationalen Passungssystem sind die zulässigen Toleranzen festgelegt für drei verschiedene Arten des Ineinanderpassens (Sitze, Passungen). **1. Spielpassung, 2. Übergangspassung, 3. Preßpassung.** Das Toleranzsystem besteht aus 16 Toleranzstufen (Grundtoleranz). Die Teile können beweglich (**mit Spiel**) oder unbeweglich (**mit Übermaß**) ineinandersitzen. Diese Spiele oder Übermaße werden einmal dadurch erreicht, daß für gleich große Bohrungen die Wellen schwächer oder dicker ausgeführt werden (System der **Einheitsbohrung**) oder daß für gleich dicke Wellen die Bohrungen größer oder kleiner ausgeführt werden als die Wellen (System der **Einheitswelle**).

Beim System der **Einheitsbohrung (Einheitswelle)** sind für alle Passungsarten die Kleinstmaße der Bohrungen (Größtmaße der Wellen) gleich dem Nennmaß. Die Wellen (Bohrungen) sind um die für die verlangte Passung erforderlichen Spiele oder Übermaße kleiner oder größer als die Bohrungen (größer oder kleiner als die Wellen).

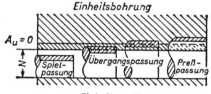

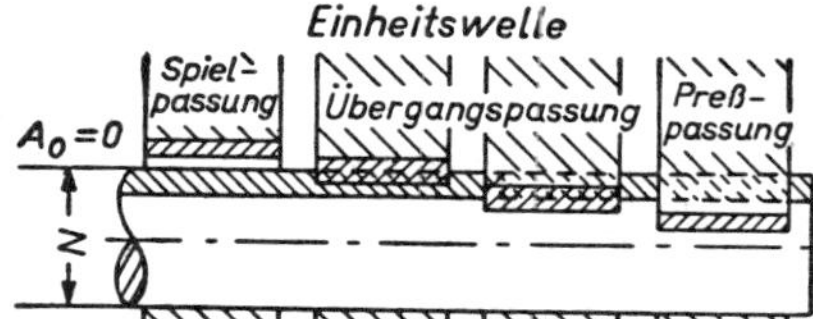

Maßtoleranzen nach DIN 7182 Bl. 1 (1. 57)

D_g, L_g **Größtmaß** und D_k, L_k **Kleinstmaß** legen die zulässigen Abweichungen vom **Nennmaß** N fest.
T_m **Maßtoleranz** = $D_g - D_k$.
T_B = Bohrungstoleranz; T_w = Wellentoleranz. **Istmaß** I = durch Messung an einem Werkstück ermitteltes Maß.
A_i **Istabmaß** = Unterschied zwischen Istmaß und Nennmaß $= I - N$
Nullinie = Ausgang für die Verteilung der Abmaße; entspricht der Lage des Nennmaßes N als Kleinstmaß der Einheitsbohrung bzw. Größtmaß der Einheitswelle.

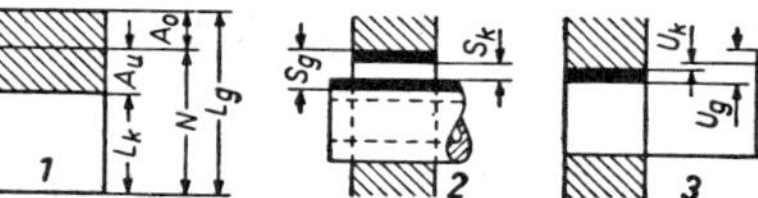

(1) Oberes Abmaß A_o (**Unteres Abmaß** A_u) ist Unterschied zwischen Größtmaß D_g, L_g (Kleinstmaß D_k, L_k) und Nennmaß N. **(2) Größtspiel** S_g (**Kleinstspiel** S_k) ist Unterschied zwischen größtem (kleinstem) Innenmaß des Außenteiles und kleinstem (größtem) Außenmaß des Innenteiles.
(3) Größtübermaß U_g (**Kleinstübermaß** U_k) ist Unterschied zwischen größtem (kleinstem) Außenmaß des Innenteiles und kleinstem (größtem) Innenmaß des Außenteiles.
A_o **ob. Abmaß** = $L_g - N$; A_u **unt. Abmaß** = $L_k - N$.
S **Spiel** = wirklicher Maßunterschied zwischen z. B. Bohrung und Welle oder Buchse und Schubstange.
S_g **Größtspiel** = D_g der Bohrung — D_k der Welle usw.
S_k **Kleinstspiel** = D_k der Bohrung — D_g der Welle usw.
U **Übermaß** = Abstand zwischen Paßflächen des Innenteiles (Welle) und Paßflächen des Außenteiles (Bohrung), sofern das Istmaß des Innenteiles größer ist als das des Außenteiles.
U_g **Größtübermaß** = D_g der größeren Welle — D_k der kleineren Kupplungsbohrung.
U_k **Kleinstübermaß** = D_k der größeren Welle — D_g der kleineren Kupplungsbohrungen.
T_p **Paßtoleranz** = Toleranz der Passung; mögliche Schwankung des Spieles oder des Übermaßes zwischen den zu paarenden Teilen:
z. B.: $T_p = T_B + T_w$ $T_p = S_g - S_k = U_g - U_k$.
Preßpassung = Passung, bei der nach dem Paaren Pressung vorhanden ist.

Toleranzeinheit $i = 0{,}45 \sqrt[3]{D} + 0{,}001 \cdot D$
(i in μ = $^1/_{1000}$ mm; D in mm).

Unter Qualität ist Arbeitsgenauigkeit bei Werkstückherstellung zu verstehen. Je kleiner die Toleranz, um so besser die Qualität. — Grundtoleranzen IT 01 bis IT 18 sind die für die ISO-Qualitäten festgelegten Toleranzen. Eine Reihe der über die verschiedenen Nennmaßbereiche gehenden Grundtoleranzen heißt Grundtoleranzreihe IT (oder ISO-Toleranzreihe).

Der Begriff Qualität ist hierbei der Toleranz des einzelnen Stückes zugeordnet. — Passungen werden herbeigeführt, indem das genormte Nennabmaß der Bohrung mit dem gewünschten Nennabmaß der Welle zusammengefügt wird. — Toleranzfeld wird durch den Buchstaben und die Kennzahl der Qualität bezeichnet. Beispiel: 30 H 9 = Toleranzfeld im Plus an Nullinie, zugeordnet Grundtoleranzreihe IT 9. 30 H 9 = 30^{+52}. Toleranzfeld von 0···52 μ = 0,052 mm. —

Die **Toleranzfelder** im ISO-System werden bei **Bohrungen mit großen Buchstaben** bezeichnet, bei **Wellen mit kleinen Buchstaben. Für** Spielsitze sind **A···H, a···h** und für Übergangs- und Preßsitze **J···Z, j···z** vorgesehen.

ISO-Grundtoleranzen nach DIN 7151 (11. 64)

IT	Nennmaßbreite mm über												
	1 bis 3	3 bis 6	6 bis 10	10 bis 18	18 bis 30	30 bis 50	50 bis 80	80 bis 120	120 bis 180	180 bis 250	250 bis 315	315 bis 400	400 bis 500
01	0,3	0,4	0,4	0,5	0,6	0,6	0,8	1	1,2	2	2,5	3	4
0	0,5	0,6	0,6	0,8	1	1	1,2	1,5	2	3	4	5	6
1	0,8	1	1	1,2	1,5	1,5	2	2,5	3,5	4,5	6	7	8
2	1,2	1,5	1,5	2	2,5	2,5	3	4	5	7	8	9	10
3	2	2,5	2,5	3	4	4	5	6	8	10	12	13	15
4	3	4	4	5	6	7	8	10	12	14	16	18	20
5	4	5	6	8	9	11	13	15	18	20	23	25	27
6	6	8	9	11	13	16	19	22	25	29	32	36	40
7	10	12	15	18	21	25	30	35	40	46	52	57	63
8	14	18	22	27	33	39	46	54	63	72	81	89	97
9	25	30	36	43	52	62	74	87	100	115	130	140	155
10	40	48	58	70	84	100	120	140	160	185	210	230	250
11	60	75	90	110	130	160	190	220	250	290	320	360	400
12	100	120	150	180	210	250	300	350	400	460	520	570	630
13	140	180	220	270	330	390	460	540	630	720	810	890	970
14	250	300	360	430	520	620	740	870	1000	1150	1300	1400	1550
15	400	480	580	700	840	1000	1200	1400	1600	1850	2100	2300	2500
16	600	750	900	1100	1300	1600	1900	2200	2500	2900	3200	3600	4000
17	—	—	1500	1800	2100	2500	3000	3500	4000	4600	5200	5700	6300
18	—	—	—	2700	3300	3900	4600	5400	6300	7200	8100	8900	9700

Zuerst steht das Zeichen der Bohrung, dann das der Welle, z. B. H9/n8 oder H9—n8 oder $\frac{\text{H9}}{\text{n8}}$.

Kurzzeichen der Einheiten nach DIN 1301 (2. 62)

Zeichen	Bedeutung	Zeichen	Bedeutung	Zeichen	Bedeutung
m	Meter	m^3	Kubikmeter	A	Ampere (Stromstärke)
km	Kilometer	dm^3	Kubikdezimeter	V	Volt (Spannung)
dm	Dezimeter	cm^3	Kubikzentimeter	Ω	Ohm (Widerstand)
cm	Zentimeter	mm^3	Kubikmillimeter	MΩ	Megohm (1 Million Ω)
mm	Millimeter	t	Tonne	S	Siemens (Leitwert)
µ	Mikron = 0,001 mm	g	Gramm	C	Coulomb; 1 C = 1 Asek (Elektrizitätsmenge)
a	Ar	kg	Kilogramm	J	Joule (Arbeit)
ha	Hektar	mg	Milligramm	W	Watt (Leistung)
m^2	Quadratmeter	p	Pond	MW	Megawatt (1 Mill. W)
km^2	Quadratkilometer	Mp	Megapond	F	Farad (Kapazität)
dm^2	Quadratdezimeter	kp	Kilopond	H	Henry (Induktivität)
cm^2	Quadratzentimeter	mp	Millipond	mA	Milliampere = 0,001 A
mm^2	Quadratmillimeter	s	Sekunde	kW	Kilowatt = 1000 W
l	Liter	min	Minute	µF	Mikrofarad = 10^{-6} F
hl	Hektoliter = 100 l	h	Stunde	kVA	Kilovoltampere
dl	Deziliter = 0,1 l	d	Tag	Ah	Amperestunde
cl	Zentiliter = 0,01 l	a	Jahr	kWh	Kilowattstunde
ml	Milliliter = 0,001 l	cal	Grammkalorie	cd	Candela (Lichtstärke)
		kcal	Kilokalorie	lm	Lumen (Lichtstrom)
				Hz	Hertz (Frequenz)

Deka (da) = 10facher, Hekto (h) = 100facher, Kilo (k) = 1000facher, Mega oder Meg (M) = 1 000 000facher Wert. — Dezi (d) = zehnter, Zenti (c) = hundertster, Milli (m) = tausendster, Mikro (µ) = millionster Teil.

Formelzeichen nach DIN 1304 (9. 65)

Zeichen	Raum und Zeit
l	Länge
h	Höhe
b	Breite
r	Halbmesser
d	Durchmesser
s	Weglänge
A, S	Fläche
S, q	Querschnitt-(-fläche)
α, β, γ	Winkel
Ω	Raumwinkel
V	Raum, Volumen
t	Zeit, Dauer
α	Winkelbeschleunigung
v	Geschwindigkeit
a	Beschleunigung
g	Fallbeschleunigung
w	Winkelgeschwindigkeit
	Periodische und verwandte Erscheinungen
τ	Zeitkonstante
T	Periodendauer
φ	Voreilwinkel, Phasenverschieb.
n	Umlaufzahl, Drehzahl in 1 min
f	Frequenz
	Mechanik
m	Masse
ϱ, d	Dichte
J	Massen-Trägheitsmoment
F	Kraft
G	Gewichtskraft
γ	Schiebung
M	Moment einer Kraft (Kraft × Hebelarm)
p	Druck (Kraft : Fläche)
σ	Zug- oder Druckspannung
τ	Schub-, Scherspannung
E	Elastizitätsmodul
G	Schubmodul

Zeichen	Mechanik (Fortsetzung)
μ	Reibungszahl
η	Dynamische Viskosität
W, A	Arbeit
W, E	Energie
	Wärme
t, ϑ	Celsius-Temperatur
T, Θ	Kelvin-Temperatur
α	Längsausdehnungszahl
γ	Raumausdehnungszahl
λ	Wärmeleitfähigkeit
S	Entropie
c	spezifische Wärmekapazität
c_p	dgl. bei konstantem Druck
c_v	dgl. bei konstantem Volumen
P	Leistung (Arbeit : Zeit)
η	Wirkungsgrad
R	Gaskonstante
	Elektrizität und Magnetismus
Q	Elektrizitätsmenge
E	elektrische Feldstärke
U	elektrische Spannung
P	Leistung, Wirkleistung
I	elektrische Stromstärke
R	elektrischer Widerstand
ϱ	spez. elektr. Widerstand
C	elektrische Kapazität
H	magnetische Feldstärke
Z	Scheinwiderstand
N, w	Windungszahl
B	magnetische Induktion
μ	Permeabilität
L	Induktivität
	Optische Strahlung
c	Lichtgeschwindigkeit
E_v	Beleuchtungsstärke
Φ_v	Lichtstrom
I_v	Lichtstärke

Mathematische Zeichen n. DIN 1302 (6.68)

Zeichen	Bedeutung
1.	erstens
$^0/_0$	vom Hundert, Prozent
$^0/_{00}$	vom Tausend, Promille
( ) [ ]	Klammer
,	Dezimalzeichen (Komma unten)
+	plus, und
—	minus, weniger
· ×	mal, multipliziert mit (Der Punkt steht auf halber Zeilenhöhe)
: / —	geteilt durch
=	gleich
≡	identisch gleich
≢	nicht identisch gleich
≠	nicht gleich
≈	nahezu gleich, rund
≙	entspricht
<	kleiner als
>	größer als
∞	unendlich
√ $\sqrt{}$	Wurzelzeichen
Δ	endliche Änderung
d	Differential
Σ	Summe von (Grenzbezeichnungen sind unter und über das Zeichen zu setzen)
∥	parallel
⋕	parallel und gleich
⊥	rechtwinklig zu
△	Dreieck
≅	kongruent
~	ähnlich, proportional
≙	entspricht
∢	Winkel
$\overline{AB}$	Strecke AB
$\overset{\frown}{AB}$	Bogen AB
...	bis
↑ ↑	gleichsinnig parallel
↑ ↓	gegensinnig parallel
3° 2′ 4″	Winkel: Grad, Min., Sek.
6g 8c 3cc	Neugrad, Neuminuten, Neusekunden

1g = 0,9°. Vergleiche S. 30.

1c = 0,54′ | 1cc = 0,324″

Sekunden : 3240 = Neugrade

Neugrade × 3240 = Sekunden

Umrechnung: **36° 42′ 30″** = 36 · 3600 + 42 · 60 + 30 = 132150″

132150″ : 3240 = 40,7870g

= **40g 78c 70cc = 40,7870g**

40,7870g · 3240 = 132150″ =

132150 : 3600 = 36° 2550″ =

36° + 2550 : 60 = **36° 42′ 30″**

Vergleich heutiger und älterer Maße und Gewichte

Länder mit metrischem Maßsystem	England (bzw. USA) 1″ = 16 oder 12 Linien
1 m	3,28085 Fuß (1 Zoll = 25,3999 mm)
1 m^2	10,764 Qu.-Fuß
1 m^3	35,315 Kub.-Fuß
1 kg	2,2046 engl. Pfund
1 kg auf 1 lfd. m	0,67197 Pfund auf 1 Fuß
1 kp/cm^2 = 1 at Druck	14,223 Pfund auf 1 Qu.-Zoll
1 kpm Arbeit	7,233 Fußpfund
1 PS (Pferdestärke)	≈ 542,5 Fußpfund/s

1 Brutto-Registertonne (BRT) = 2,832 m^3 Wasserverdrängung gestattet ≈ 1,5 t = 1500 kp Ladegewicht (bei Schiffen).
1 Knoten = 1 Seemeile/Std. = 1852 m/h (Schiffsgeschwindigkeit).
1 geographische Meile = 7420 m (≈ 4 Seemeilen).
1 Kabellänge = 185,2 m (0,1 Seemeile).
1 engl. Meile = 1760 Yards (Ellen) = 1609 m. — 1 Yard = 0,9144m.
1 Rute = 6 Ellen = 12 Fuß = 144 Zoll = 1728 Linien (1″ = 12‴). In Baden, Schweden, Schweiz: 1 Elle = 10 Fuß = 100″ = 1000‴.
1 Zoll: Rheinland 26,1667; Preußen 26,1542; Bayern 24,066 mm.
1 Quadratrute = 144 Qu.-Fuß; 1 Qu.-Fuß = 144 Qu.-Zoll.
1 Schachtrute = 1728 Kubik-Fuß; 1 Kubik-Fuß = 1728 Kubik-Zoll.
1 Morgen = 180 Qu.-Ruten (Preußen 2553, Württb. 3152 m^2).
1 Tagewerk = 40 000 Qu.-Fuß (Bayern 3407 m^2, Hannover 2602 m^2).
1 Hufe = 30 Kulmer Morgen = 66,67 preuß. Morgen = 100 Scheffelsaat. — 1 lippische Scheffelsaat ≈ 1717 m^2 ≈ 0,67 pr. Morgen.
1 Jochacker: Österreich = 5755 m^2, Ungarn = 4316 m^2.
1 Scheffel = 16 Metzen, in Preußen ≈ 55 l, Bayern 222 l.
1 Wispel ≈ 24 preuß. Scheffel ≈ 13,2 hl. — 1 Lot ≈ 17 g (Kaffee).
1 Oxhoft (Faß) ≈ 220 l. — 1 Fuder (Wein) ≈ 940 l.

Vergleich von Leistung, Arbeit, Wärme

Arbeit = Leistung × Zeit.
Formel: $A = P \cdot t$

Einheit	W	kW	PS	kcal/s	kpm/s
1 W =	1	0,001	0,00136	0,000239	0,102
1 kW =	1000	1	1,36	0,239	101,97
1 PS =	736	0,736	1	0,176	75
1 kcal/s =	4185	4,185	5,69	1	426,8
1 kpm/s =	9,81	0,00981	0,0133	0,00234	1
Einheit	**Ws**	**kWh**	**PSh**	**kcal**	**kpm**
1 Ws =	1	0,000000278	0,000000378	0,000239	0,10197
1 kWh =	3 600 000	1	1,36	860	367 100
1 PSh =	2 649 800	0,736	1	632,2	270 000
1 kcal =	4185	0,00116	0,001582	1	426,8
1 kpm =	9,81	0,00000272	0,00000378	0,002343	1

Ws = Wattsekunde
kWh = Kilowattstunde
PSh = Pferdestärkestunde
kcal = Kilokalorie (früher Wärmeeinheit WE) = erforderliche Wärmemenge, um 1 kg (1 l) Wasser um 1° C zu erwärmen
kpm = Kilopondmeter = erforderliche Arbeit, um eine Masse von 1 kg (= 1 kp Gewichtskraft) 1 m hoch zu heben.

Schmelzwärme des Wassers = erforderliche Wärmearbeit (latente Wärmemenge), um 1 kg Eis von 0° C in 1 kg Wasser von 0° C zu verwandeln = 79,7 kcal ≈ 333 500 Wattsek. ≈ 34000 kpm.
Verdampfungswärme des Wassers = erforderliche Wärmearbeit, um 1 kg Wasser von 100° C in 1 kg Dampf von 100° C zu verwandeln = 538,9 kcal = 0,625 kWh ≈ 230 000 kpm.

Zeitvergleichung

Mitteleuropäische Zeit (MEZ nach dem 15. Längengrad östlich von Greenwich) gilt in Albanien, Belgien, Dänemark, Deutschland, Frankreich, Italien, Jugoslawien, Luxemburg, Niederlande, Norwegen, Österreich, Polen, Schweden, Schweiz, Spanien, Tschechoslowakei, Tunesien, Ungarn.

Westeuropäische Zeit (WEZ nach Greenwich) in Großbritannien, Irland, Marokko, Portugal; WEZ 2 Uhr = MEZ 3 Uhr.

Osteuropäische Zeit (OEZ 30. Grad ö. v. Greenwich) in Bulgarien, Finnland, Griechenland, Rumänien, Türkei, Ägypten u. a., OEZ 4 Uhr = MEZ 3 Uhr.

In Belgien, Deutschland, Italien, Spanien u. a. Ländern zählt man die Stunden von 1 bis 24.

Gegen MEZ gehen die Uhren	nach	vor
Westeuropäische Zeit	1 Std.	—
Osteuropäische Zeit	—	1 Std.
Rußland westl. 40,0°	—	2 Std.
Rußland 40,0 bis 52,5°	—	3 Std.
Ost-China, Philippinen 120° ö. L.	—	7 Std.
Japan 135° ö. L.	—	8 Std.
Ver. Staat. v. Nordam. (U.S.A.):		
Atlantic Time 52,5— 67,5° w. L.	5 Std.	—
Eastern Time 67,5— 82,5° w. L.	6 Std.	—
Central Time 82,5— 97,5° w. L.	7 Std.	—
Mountain Time 97,5—112,5° w. L.	8 Std.	—
Pacific Time 112,5—127,5° w. L.	9 Std.	—

Das griechische Alphabet

Α α	Β β	Γ γ	Δ δ	Ε ε	Ζ ζ	Η η	Θ ϑ	Ι ι	Κ κ	Λ λ	Μ μ
Alpha	Beta	Gamma	Delta	Epsilon	Zeta	Eta	Theta	Iota	Kappa	Lambda	My
Ν ν	Ξ ξ	Ο ο	Π π	Ρ ρ	Σ σ	Τ τ	Υ υ	Φ φ	Χ χ	Ψ ψ	Ω ω
Ny	Xi	Omikron	Pi	Rho	Sigma	Tau	Ypsilon	Phi	Chi	Psi	Omega

In der Mathematik und der Technik werden griechische Buchstaben häufig als Größenbezeichnungen angewandt, z. B. α, β, γ für Winkelgrößen, η für den Wirkungsgrad, Ω für die Einheit des elektrischen Widerstands.

22

Römische Ziffern

I = 1	VI = 6	XX = 20	LXX = 70	CC = 200	DCC = 700	M = 1000
II = 2	VII = 7	XXX = 30	LXXX = 80	CCC = 300	DCCC = 800	MCC = 1200
III = 3	VIII = 8	XL = 40	XC = 90	CD = 400	CM = 900	MCD = 1400
IV = 4	IX = 9	L = 50	XCIX = 99	D = 500	CMXC = 990	MDCC = 1700
V = 5	X = 10	LX = 60	C = 100	DC = 600	CMXCIX = 999	MM = 2000

253 = CCLIII 1965 = MCMLXV

Vielfache und Teile der Maßeinheiten

da	Deka	= 10^1	= zehnfacher	Wert		
h	Hekto	= 10^2	= hundertfacher	„		
k	Kilo	= 10^3	= tausendfacher	„		
M	Mega (Meg)	= 10^6	= millionenfacher	„		
G	Giga	= 10^9	= milliardenfacher	„		
T	Tera	= 10^{12}	= billionenfacher	„		

d	Dezi	= 10^{-1}	= zehnter	Teil
c	Zenti	= 10^{-2}	= hundertster	„
m	Milli	= 10^{-3}	= tausendster	„
µ	Mikro	= 10^{-6}	= millionster	„
n	Nano	= 10^{-9}	= milliardster	„
p	Piko	= 10^{-12}	= billionster	„

Beispiele:
1 ha = 100 a   1 kW = 1000 W   1 MΩ = 1 000 000 Ω
1 dm = 0,1 m   1 mA = 0,001 A   1 µH = 0,000 001 H   1 pF = 0,000 000 000 001 F

Umrechnung von elektrotechnischen Maßeinheiten

Spannung	MV	kV	V	mV	µV
1 MV =	1	$1 \cdot 10^3$	$1 \cdot 10^6$	$1 \cdot 10^9$	$1 \cdot 10^{12}$
1 kV =	$1 \cdot 10^{-3}$	1	$1 \cdot 10^3$	$1 \cdot 10^6$	$1 \cdot 10^9$
1 V =	$1 \cdot 10^{-6}$	$1 \cdot 10^{-3}$	1	$1 \cdot 10^3$	$1 \cdot 10^6$
1 mV =	$1 \cdot 10^{-9}$	$1 \cdot 10^{-6}$	$1 \cdot 10^{-3}$	1	$1 \cdot 10^3$
1 µV =	$1 \cdot 10^{-12}$	$1 \cdot 10^{-9}$	$1 \cdot 10^{-6}$	$1 \cdot 10^{-3}$	1

Beispiel:
50 V = $50 \cdot 10^{-3}$
= 0,05 kV
5 V = $5 \cdot 10^3$
= 5000 mV

Stromstärke	A	mA	µA
1 A =	1	$1 \cdot 10^3$	$1 \cdot 10^6$
1 mA =	$1 \cdot 10^{-3}$	1	$1 \cdot 10^3$
1 µA =	$1 \cdot 10^{-6}$	$1 \cdot 10^{-3}$	1

Beispiel:
7 A = $7 \cdot 10^3$
= 7000 mA
700 mA = $700 \cdot 10^{-3}$
= 0,7 A

Widerstand	Ω	kΩ	MΩ	GΩ
1 Ω =	1	$1 \cdot 10^{-3}$	$1 \cdot 10^{-6}$	$1 \cdot 10^{-9}$
1 kΩ =	$1 \cdot 10^3$	1	$1 \cdot 10^{-3}$	$1 \cdot 10^{-6}$
1 MΩ =	$1 \cdot 10^6$	$1 \cdot 10^3$	1	$1 \cdot 10^{-3}$
1 GΩ =	$1 \cdot 10^9$	$1 \cdot 10^6$	$1 \cdot 10^3$	1

Beispiel:
70 MΩ = $70 \cdot 10^6$
= 70 Millionen Ω
7Ω = $7 \cdot 10^{-3}$
= 0,007 kΩ

Leistung	MW	kW	W	mW
1 MW =	1	$1 \cdot 10^3$	$1 \cdot 10^6$	$1 \cdot 10^9$
1 kW =	$1 \cdot 10^{-3}$	1	$1 \cdot 10^3$	$1 \cdot 10^6$
1 W =	$1 \cdot 10^{-6}$	$1 \cdot 10^{-3}$	1	$1 \cdot 10^3$
1 mW =	$1 \cdot 10^{-9}$	$1 \cdot 10^{-6}$	$1 \cdot 10^{-3}$	1

Beispiel:
3,5 kW = $3{,}5 \cdot 10^3$
= 3500 W
35 W = $35 \cdot 10^{-3}$
= 0,035 kW

Induktivität	H	mH	µH	nH cm	pH
1 H =	1	$1 \cdot 10^3$	$1 \cdot 10^6$	$1 \cdot 10^9$	$1 \cdot 10^{12}$
1 mH =	$1 \cdot 10^{-3}$	1	$1 \cdot 10^3$	$1 \cdot 10^6$	$1 \cdot 10^9$
1 µH =	$1 \cdot 10^{-6}$	$1 \cdot 10^{-3}$	1	$1 \cdot 10^3$	$1 \cdot 10^6$
1 nH =	$1 \cdot 10^{-9}$	$1 \cdot 10^{-6}$	$1 \cdot 10^{-3}$	1	$1 \cdot 10^3$
1 cm =	$1 \cdot 10^{-9}$	$1 \cdot 10^{-6}$	$1 \cdot 10^{-3}$	1	$1 \cdot 10^3$
1 pH =	$1 \cdot 10^{-12}$	$1 \cdot 10^{-9}$	$1 \cdot 10^{-6}$	$1 \cdot 10^{-3}$	1

Beispiel:
20 µH = $20 \cdot 10^3$
= 20 000 nH
oder cm
200 mH = $200 \cdot 10^{-3}$
= 0,2 H

Kapazität	F	µF	nF	pF	cm
1 F =	1	$1 \cdot 10^6$	$1 \cdot 10^9$	$1 \cdot 10^{12}$	$9 \cdot 10^{11}$
1 µF =	$1 \cdot 10^{-6}$	1	$1 \cdot 10^3$	$1 \cdot 10^6$	$9 \cdot 10^5$
1 nF =	$1 \cdot 10^{-9}$	$1 \cdot 10^{-3}$	1	$1 \cdot 10^3$	$9 \cdot 10^2$
1 pF =	$1 \cdot 10^{-12}$	$1 \cdot 10^{-6}$	$1 \cdot 10^{-3}$	1	$9 \cdot 10^{-1}$
1 cm =	$1{,}1 \cdot 10^{-12}$	$1{,}1 \cdot 10^{-6}$	$1{,}1 \cdot 10^{-3}$	1,11	1

Beispiel:
30 µF = $30 \cdot 10^6$
= 30 Millionen pF
6µF = $6 \cdot 9 \cdot 10^5$
= 5 400 000 cm
6 pF = $6 \cdot 9 \cdot 10^{-1}$
= 5,4 cm

Elektrotechnische Formeln

Strommenge	Stromstärke × Zeit = $I \cdot t$ 1 C = 1 As 3600 C = 1 Ah
Ohmsches Gesetz	Spannung = Widerst. × Stromst. $U = R \cdot I$ $I = U:R$ $R = U:I$
Spezifischer Widerstand (Einheitswiderstand) Elektrische Leitfähigkeit $\varkappa = 1:\varrho$	$\varrho = \frac{R \cdot A}{l}$ $A = \frac{\varrho \cdot l}{R}$ $l = \frac{A \cdot R}{\varrho}$ $R = \frac{\varrho \cdot l}{A}$ l in m, A in mm² $\varkappa = \frac{l}{A \cdot R}$ $A = \frac{l}{\varkappa \cdot R}$ $l = \varkappa \cdot A \cdot R$ $R = \frac{l}{\varkappa \cdot A}$
Leitungsmasse G in kg, A in mm², l in m	$G = \frac{A \cdot l \cdot \gamma}{1000}$ $A = \frac{1000 \cdot G}{\varrho \cdot l}$ $l = \frac{1000 \cdot G}{\varrho \cdot A}$ ϱ = Dichte in kg/dm³
Spannungsverlust E = el.-mot. Kraft U_k = Klemmenspannung	Leitung: $U_v = I \cdot R = \frac{I \cdot l}{\varkappa \cdot A}$ $I = \frac{U_v}{R} = \frac{\varkappa \cdot U_v \cdot A}{l}$ $R = \frac{U_v}{I}$ Generator: $U_v = I \cdot R_i = E - U_k$ $U_k = E - I \cdot R_i$ $E = I \cdot (R_a + R_i)$
Kirchhoffsche Gesetze in Reihe $R = R_1 + R_2 \cdots$ Parallelschaltung $\frac{1}{R} = \frac{1}{R_1} + \frac{1}{R_2} \cdots$	1) Stromzufluß = Stromabflüsse. $I_1 + I_2 = I_3 + I_4 + I_5 \cdots$ $I_1 : I_2 = R_2 : R_1$ $I_1 \cdot R_1 = I_2 \cdot R_2$ 2) Erzeugte Spannung = verbrauchte Spannungen $U = U_1 + U_2 + U_3 \cdots$ $U = I_1 \cdot R_1 + I_2 \cdot R_2 + I_3 \cdot R_3 \cdots$
Elektrische Leistung	P in W oder VA $= U \cdot I = R \cdot I^2 = U^2 : R$ $I = P:U$ $U = P:I$
Gleichstrom-Motoren Einphasen-Motoren Generatoren und Trafos Drehstrom-Motoren induktiv 3phasige Schleifringläufer (Läuferstrom)	P in W oder VA $= I \cdot U \cdot \eta$ P in W oder VA $= I \cdot U \cdot \eta \cdot \cos\varphi$ P in kW $= (I \cdot U):1000$ P in kVA $= (I \cdot U):1000$ P in W $= 1{,}73 \cdot I \cdot U \cdot \eta \cdot \cos\varphi$ Für i. M. $\eta \cdot \cos\varphi = 0{,}72$ wird: P in kW $= \frac{I \cdot U}{800}$ P in PS $= \frac{I \cdot U}{590}$ (Leistungsaufnahme)
Perioden f in 1 Sek. Frequenz in Hz n/min, p Polpaare	$p = \frac{f \cdot 60}{n}$ $n = \frac{f \cdot 60}{p}$ Scheinleistung P_s in kVA $= 1{,}73 \cdot I \cdot U$ P_w Wirkleistung, P_b Blindleistung P in kVA od. kW $= 0{,}00173 \cdot I \cdot U$ P_w in W od. VA $= 1{,}73 \cdot I \cdot U \cdot \cos\varphi$ P_b in W oder VA $= 1{,}73 \cdot I \cdot U \cdot \sin\varphi$
Transformatoren (Umspanner)	$\frac{U_1}{U_2} = \frac{I_2}{I_1}$ $I_1 = \frac{I_2 \cdot U_2}{U_1}$ $U_1 = \frac{I_2 \cdot U_2}{I_1}$ $I_2 = \frac{I_1 \cdot U_1}{U_2}$ $U_2 = \frac{I_1 \cdot U_1}{I_2}$
Elementschaltungen Hintereinanderschaltung n = Anzahl Elemente Parallelschaltung m = Anzahl Elemente Gemischte Schaltung	$I = E:(R_1 + R_a)$ $U_k = I \cdot R_a$ $U_v = I \cdot R_i$ $I = \frac{n \cdot E_1}{R_a + n \cdot R_i}$ | $n = \frac{I \cdot R_a}{E_1 - I \cdot R_i}$ | $R_a + nR_i = \frac{n \cdot E_1}{I}$ $I = \frac{E_1}{R_a + R_i : m}$ | $m = \frac{I \cdot R_i}{E - I \cdot R_a}$ | $E_1 = I \cdot \left(R_a + \frac{R_i}{m}\right)$ $I = \frac{n \cdot E_1}{R_a + n \cdot (R_i : m)}$ | $n = \frac{m \cdot R_a}{R_i}$ | $m = \frac{n \cdot R_i}{R_a}$ E_1 elektromotorische Kraft von 1 Element. R_a äußerer, R_i innerer Widerstand
Faradaysches Gesetz (chemische Leistung)	Niederschlagsmenge G in g (mg), g bez. auf 1 Ah $G = g \cdot I \cdot t$ $I = \frac{G}{g \cdot t}$ $t = \frac{G}{I \cdot g}$ c = elektrochemisches Äquivalent in G: Ah
Beleuchtungsstärke E_m im Mittel A Bodenfläche/m² Φ Lichtstrom in lm η Lichtausbeute	Beleuchtungsstärke E_m = Lichtstärke I in Candela, geteilt durch das Quadrat der Entfernung l in m. $E_m = I:l^2$ $I = E_m \cdot l^2$ $l = \sqrt{I \cdot E_m}$ $\Phi = \frac{E_m \cdot A}{\eta}$ $E_m = \frac{\Phi \cdot \eta}{A}$ $A = \frac{\Phi \cdot \eta}{E_m}$ $\eta = \frac{E_m \cdot A}{\Phi}$

23

Sachwörterverzeichnis

24

Sachwörterverzeichnis (Fortsetzung)

24

Sachwörterverzeichnis (Fortsetzung)

24

Sachwörterverzeichnis (Fortsetzung)

24